普通高等教育“十一五”国家

分子遗传学

（第四版）

李振刚　编著

科学出版社
北　京

内 容 简 介

本书为普通高等教育“十一五”国家级规划教材，是在前三版基础上，根据学科发展和教学改革修订而成。本书以基因、染色质的结构与功能为基础，以真核细胞的基因调控为重点，以核酸与蛋白质的相互作用为线索，对蛋白质遗传、RNA遗传进行了论述，对分子生物学的基石——中心法则，从分子遗传学的角度进行了探讨，提出了广义中心法则。对癌变、发育等重大生物学问题从分子遗传学的角度进行了论述。全书立论严谨，叙述流畅，观点明确，提出了不少新的见解与论点，跟踪了分子遗传学的发展，把科学知识的学习置于大胆讨论、活跃思维之中。

本书既是高等院校生物、医学、农林等专业的基础教材，又可作为研究生的参考用书，同时，还可供生物、遗传、医学、农林科技工作者参考使用。

图书在版编目(CIP)数据

分子遗传学/李振刚编著. —4版. —北京：科学出版社，2014.6
普通高等教育“十一五”国家级规划教材
ISBN 978-7-03-041121-1

Ⅰ.①分… Ⅱ.①李… Ⅲ.①分子遗传学-高等学校-教材 Ⅳ.①Q75

中国版本图书馆CIP数据核字(2014)第128988号

责任编辑：刘 畅/责任校对：赵桂芬
责任印制：张 伟/封面设计：迷底书装

科学出版社出版
北京东黄城根北街16号
邮政编码：100717
http://www.sciencep.com

北京华宇信诺印刷有限公司印刷
科学出版社发行 各地新华书店经销
*

2000年1月第 一 版 开本：787×1092 1/16
2004年9月第 二 版 印张：31
2008年3月第 三 版 字数：813 000
2014年6月第 四 版 2025年 3月第二十六次印刷

定价：128.00元

（如有印装质量问题，我社负责调换）

前　言

从 20 世纪 50 年代起，DNA 双螺旋的“旋风”高擎着中心法则（central dogma）的“大旗”席卷了古老的生物学的每一个角落。伴随分子生物学的热潮，人们发现，“在现代科学中，生命与非生命的界限几乎已经消失了”(Asimov，1960)。B. Commoner 不无讽刺地说：“生物学应当改造成为核酸及其创造物的化学。”(Science，1961，133：3466)

诚然，从 DNA 的复制到蛋白质分子的合成，DNA 双螺旋模型与中心法则在分子水平上揭开了生物学崭新的一页。然而，基因是怎样通过蛋白质决定个体性状的？分子生物学的理论框架已显得过于简单而难以应付。化学诱变的先驱者 C. Auerbach 在第十五届国际遗传学大会的演讲中说：“双螺旋的发现是我们在理解突变方面的巨大飞跃；但这既不是突变研究的开始，也不是突变研究的终结……突变是在活细胞内发生的一种过程，这样的过程不能用单纯的物理或化学模式进行充分描述。”著名的分子生物学家 E. Pennisi（2001）曾指出：“基因占据生物学的中心舞台已经数十年。但是最近几年的工作提出，虽然基因经常是挂牌的‘名角’(star billing)，可它们更像一些‘木偶’（puppets）。各种蛋白质，有时是 RNAs，在拉着‘线’（strings），告诉基因在何时何地打开或关闭。”因此，本书不仅论述 DNA 的遗传，而且对近年来分子生物学在 RNA 遗传、蛋白质遗传方面的进展，开辟专章进行论述；不仅论述 DNA 密码遗传，而且强调 DNA、RNA 及蛋白质的表观遗传（epigenetics）。所以，本书不是 DNA 双螺旋的生物化学，更不是中心法则的演绎，而是一切生物大分子遗传信息的分子生物学。

本书认为，分子遗传学首先是遗传学，本书坚实的理论基础仍然是 T. H. Morgan 的《基因论》，而不是 DNA 双螺旋模型与中心法则。虽然中心法则论述了遗传信息从 DNA 到蛋白质的传递以及表达的机制，受到了生物学家的普遍欢迎，推动了分子生物学的崛起。但是，20 世纪 70 年代，反转录酶的发现使 Crick 重新修订了中心法则（Nature，1970，227：561)。内含子（intron）的发现，更使 Crick 感到震撼（Science，1979，204：264)！之后，朊病毒（prion）及疯牛病使蛋白质遗传重新活跃于生物学界，表观遗传（DNA 甲基化、组蛋白密码、RNAi）的提出更使中心法则面临严峻的挑战！这说明，中心法则、DNA 双螺旋学说与传统遗传学之间还有一定的差距，《基因论》仍然是分子遗传学的坚实的理论基础。

本书特辟第 12 章中心法则导论进行讨论，显示了本书另一个特点：大学专业知识的教材不应该是传统教条的灌输，而应该是带有研讨性质的论述，使学生向学者过渡，使他们不仅是本学科的学习者，而且是本学科的研究者。

自 1980 年起，我在中国科学技术大学开设分子遗传学课程，并建立分子遗传学研究室，从事转基因与染色质遗传的研究，凡 20 余年。在本科教学以及指导硕士、博士研究生的过程中，逐步形成了本书的内容。1985 年，安徽科学技术出版社出版了一本小开本的《分子遗传学》；1990 年，中国科学技术大学出版社出版《分子遗传学概论》；2000 年，科学出版社出版了新版本的《分子遗传学》，2004年出版了第二版，2007年被审定为普通高等教育“十一五”国家级规划教材，2008年出版第三版，本次修订后推出第四版。

本书自出版以来，得到读者的广泛支持，累计印刷16次。为了反映近年分子遗传学领域的一些新进展、新思维，笔者对本书进行了修订。本次修订在保持原有体系的基础上，增加了一些新的内容，比如端粒、非编码RNA（ncRNA）、衰老的分子遗传学、表观遗传（epigenetics）与肿瘤等，同时对部分专业名词的进行了规范，希望通过对本书持续的修订，给读者带来更好的阅读与学习体验。感谢一批批读者们对本书的支持，希望广大的同行老师和同学在使用过程中提出宝贵的意见。

中国科学技术大学
李振刚
2014年5月
zgli@ustc. edu. cn

目　录

第1章 引 论

1.1 分子遗传学的含义

分子遗传学是研究遗传信息大分子的结构与功能的科学，又称为狭义的分子生物学[1]。它依据物理、化学的原理来解释遗传现象，并在分子水平上研究遗传机制及遗传物质对代谢过程的调控[2]。

分子遗传学不同于一般的遗传学。传统的遗传学“主要研究遗传单元在各世代的分布情况”[3]，而分子遗传学则着重研究遗传信息大分子在生命系统中的储存、复制、表达及调控过程。它的研究范畴如图 1.1 所示。

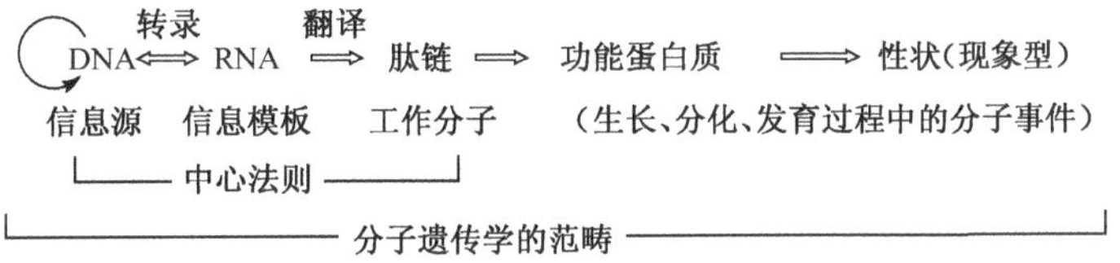

图 1.1 分子遗传学的研究范畴

1.1.1 分子遗传学不等于中心法则的演绎——中心法则可能是一个过于简化的、错误的法则

分子生物学家把分子遗传学理解为：“DNA 与 RNA 的复制与转录以及 RNA 的翻译”[1]，也就是中心法则的全过程。其实，分子遗传学的研究范畴要比中心法则广泛得多，深刻得多。它首先是遗传学，其坚实的理论基础仍然是摩尔根（T. H. Morgan）的《基因论》[3]，而不是中心法则。中心法则只是对 DNA 编码序列（基因）及其表达在分子水平上的解释。但是，从中心法则到性状的形成，仍然是一个复杂的、语焉不详的生物学过程；它不是中心法则所能解释清楚的。正如 DNA 突变研究的先驱者 Auerbach[4] 所说：“DNA 双螺旋的发现是我们在理解突变方面的巨大飞跃，但这既不是突变研究的开始，也不是突变研究的终结”，“突变是在活细胞内发生的一种过程，这样的过程不能用 DNA 的简单化学反应来说明。”分子遗传学家把目光紧紧盯在 DNA 上的时间已经太久，他们应该研究活细胞内与遗传变异有关的一切分子事件，并把目光扩展到 RNA、蛋白质甚至糖分子上面。

J. Cotter（国际绿色和平组织科学顾问）和 C. Thea（德国绿色和平组织项目主任）指出：“分子生物学的中心法则是基于 DNA 是活跃的，并可以控制基因表达的基础上提出‘DNA 生成 RNA，RNA 生成蛋白质’。50 年来的研究已经改变了这个认识。50 年来的发现使我们的认识从 DNA 是储存信息、控制生成蛋白质的主宰分子转变为 DNA 只是一个多层次复杂调控网络中的信息储存库（store of information）”。所以，“在新的科学语言中，DNA的角色变得更加被动；DNA的物理化学性质说明了它的被动性。尽管分子质量很大，DNA仍然是稳定的分子，表现出不活跃、被动的性质”。他们大胆地指出：“中心法则的语言将被修改，DNA不再是主动的，而变成了被动的。DNA不是自我复制，而是由一系列相互作用的酶复制的。DNA不能复制DNA，它只是模板”。并最后断言：“回顾这50年，许多大大小小的发现动摇了最初的中心法则和DNA是恒定的、不可改变的观点。这些新发现构成了现代分子生物学的基础，它们显示了虽然中心法则的核心部分仍然正确，但是很显然是一个过于简化的模型。”（J Cotter，C Thea. 2003. 50 years since the double helix：genetic engineering is crude and old-fashioned. greenpeace org）

笔者认为，如果如Cotter和Thea上述的“中心法则的核心部分”只是指“DNA生成RNA，RNA生成蛋白质”的话，可以说中心法则是一个过于简化但仍然正确的模型。但是，中心法则的核心部分不会是从DNA到蛋白质的一般的生化过程，而是具有遗传学意义的法则。Crick对中心法则的表述例如：“信息一旦进入蛋白质，它就不可能再输出”，“详细点说，信息的传递从核酸到核酸或从核酸到蛋白质或许是可能的，但从蛋白质到蛋白质或从蛋白质到核酸则是不可能的”（详见本书12.2.3），在朊病毒能够复制、繁殖的事实面前，“信息一旦进入蛋白质，它就不可能再输出”就是错误的。因此，中心法则可能是一个过于简化的、错误的法则。

1.1.2 分子遗传学不是核酸及其衍生物（蛋白质）的生物化学

分子遗传学研究的对象是分子水平上的生物学过程——遗传及变异的过程[1]。它研究的是动态的生命过程，而不是在试管里或电泳仪上孤立地研究生物大分子的结构与功能的简单的因果关系。有人认为分子遗传学是生物化学的一部分，是研究核酸及其衍生物（蛋白质）的一个分支。这正说明他（她）对生物学与生命现象认识的肤浅。早在1992年，*Nature*杂志的主编J. Maddox曾著文“*Is molecular biology yet a science?*”[5]，指出：“现在有那么一群叫做分子生物学家的人，他们的文章无视整体的动物、植物，也很少言及它们的生理学。对这些人来说，实验的资料大部分来自所谓‘凝胶’……分子生物学在很大程度上正变成定性的科学……如果事情只是简单地说明某个基因版本与某种遗传病相关，那么分离这种片段（如电泳），然后测序，已足矣。”但是，“以往几年的巨大成就表明，生命过程是由严格控制下进行的一些有序事件所组成”。“如果在生物的发育过程中不同形态的出现是决定于形态因子（molecular morphogens）的分子扩散作用，那么它们要何种浓度才能满足正常的发育?”这就需要研究活细胞内的动态的、整体性的分子事件才能作出比较真实的回答。而那种只管因（DNA/RNA）果（蛋白质/酶），不管过程的定性式的研究是无法回答这类实质性问题的。Maddox[5]警告说：“在人们长期地为细胞生物学现象寻找定性的解释中，他们将会相信细胞只不过是一个充满了分子开关的‘袋子’，它们作为分子传动器或开或关而出现在预定的事件序列中。这会造成一种印象，按照还原主义者的程序所进行的，对有条理地分割与干燥了的生物体的描述不会远离事物的真相……因此分子生物学家应当修正他们的路线，重振质量作用定律（law of mass action）。”

因此要真正地在分子水平上了解遗传变异的本质，仅仅研究核酸或蛋白质的生物化学是远远不够的。对于那些从活细胞中分离出来的、“干燥”了的生物大分子的化学研究是必要的，但绝不是分子遗传学研究的中心内容，更不是它的全部内容。分子遗传学所研究的应该是细胞中动态的遗传变异过程以及与此相关的所有的分子事件。很显然，这些事件决不限于中心法则，也不限于核酸、蛋白质。

1.2 分子遗传学的产生

分子遗传学的产生标志着分子生物学的崛起。分子遗传学是微生物学、遗传学、化学、物理等学科相互交叉、相互渗透的产物，究其来源，错综复杂。这里我们仅将分子遗传学发展的几个主要阶段做一简略叙述。

1.2.1 物理学的渗透——分子遗传学的物理学语言

1945年，量子力学的创始人之一薛定谔（E. Schrodinger）的《生命是什么》[6]一书出版。他倡导用物理学与化学的思想和方法研究生命的秘密。他说："目前的物理和化学虽然还缺乏能力来说明生物体中发生的各种事件，然而丝毫没有理由怀疑它们是不能用这两门科学来说明的。"

《生命是什么》一书可以说是分子生物学研究开始的标志。薛定谔是第一个用物理和化学语言对生命进行了系统描述的物理学家。薛定谔用物理与化学的语言为我们提供了现代分子生物学完整的理论框架，把生命、遗传、基因彻底分子化，并把信息论、量子力学的概念引入生命过程之中。

1.2.1.1 生命之本——负熵

"生命的特征是什么？一块物质什么时候可以说是活的呢？那就是当它继续在'做某些事情'、运动、新陈代谢等，而且可以指望它比一块无生命物质在相似情况下'维持生活'的时间要长得多。"

20世纪前期，人们认为生命现象并不服从热力学定律，因而不能用物理学定律来解释。根据热力学第二定律，自然界演化的方向是从有序到无序，而生命的发生、演化、分化、生长等过程，显然是从组织程度较低的无序到组织程度较高的有序。这是无生命世界中难以实现的。

薛定谔[6]说："我们不必因为物理学的普遍定律难以解释生命而感到沮丧。""一个有机体能够避免很快地衰退为惰性的'平衡'态，似乎成了难解之谜，以致在人类思想的最早时期，曾经认为有某种特殊的非物质的力或超自然的力（'活力'）在有机体里起作用，现在还有人是这样主张的。"

薛定谔用"负熵"的概念，使物理学渗透到生物学领域，开启了分子生物学的崛起！

熵是一个可以计算的物理学的量。在绝对零度时，任何一种物体的熵等于零。当你以缓慢的、可逆的、微小的变化使物体进入另一种状态时，熵的增加是这样计算的：在此步骤中必须供给的每一小部分热量，除以供给热量时的温度（摄氏），然后把所有这些求得的商数加起来。例如，当熔解一种固体时，熔化热除以熔点温度，就是它的熵的增加数。因此，熵的单位是卡/摄氏度。

"熵$=k\lg D$，k是所谓的玻尔兹曼常数（$k=3.2983E-24$cal①/℃），D是有关物质的原子无序状态的数量量度。要用简短的非专业性的术语对D这个量做出精确的解释几乎是不

① 1cal=4.1868J

可能的。它所表示的无序，一部分是那种热运动的无序，另一部分是存在于随机混合的、不是清楚地分开的各种原子或分子中间的无序。”[6]

薛定谔认为，既然 D 是无序的度量，它的倒数 $1/D$ 可以作为有序的度量。因为$1/D$的对数正好是 D 的负对数，玻尔兹曼的方程式可以表达为负熵$=k\lg(1/D)$。所以，负熵就是取负号的熵，它本身是有序的一个量度。

“在我们的食物里，究竟含有什么样的宝贵东西能够使我们免于死亡呢？那是很容易回答的。每一个过程、事件、事变——你叫它们什么都可以，一句话，自然界中正在进行着的每一件事，都是意味着它在其中进行的那部分世界的熵的增加。因此，一个生命有机体在不断地增加它的熵（你或者可以说是在增加正熵），并趋于接近最大值的熵的危险状态，那就是死亡。要摆脱死亡，就是说要活着，唯一的办法就是从环境里不断地汲取负熵，我们马上就会明白负熵是十分积极的东西。有机体就是以负熵为生的。或者，更确切地说，新陈代谢中的本质的东西，乃是使有机体成功地消除了当它自身活着的时候不得不产生的全部的熵。”[6]

因此，生命是以负熵为生。有机体本身吸引了一连串的负熵去抵消它在生命活动中增加的熵，从而使它自身维持在一个稳定的而又很低的熵的水平上，生命因此得以继续。他指出一个开放系统的熵不一定增加，它可以从外界引入“负熵”；生命正是一个开放系统。

$$S=\Delta S_e+\Delta S_i,\Delta S_i\geqslant 0$$

式中，ΔS_e 是外部引入的熵，它可以是负的。ΔS_i 是内部产生的熵，不能小于零。因此，系统的总熵 S 可正可负，只要 $\Delta S_i\geqslant 0$ 就不违反热力学第二定律。

1.2.1.2 基因之本——非周期性晶体分子

薛定谔认为，“一个有机体在它自身集中了‘秩序之流’，从而避免了衰退到原子混乱（从合适的环境中‘吸取秩序’）。这种惊人的天赋似乎同‘非周期性固体’，即染色体分子的存在有关。”[6]他指出，在非周期性晶体中是靠每个原子和每个自由基在固体里发挥各自的作用。在这种结构里，不必有大量的原子就可产生出几乎是无限可能的排列。

薛定谔据此推导出遗传密码的存在。他说：“一个基因——也许是整个染色体纤丝——是一种非周期性的固体。”“就基因分子的图式来说，微型密码是丝毫不错地对应于一个高度复杂的特定的发育计划，并且包含了使密码发生作用的手段，这一点已经不再是难以想象的了。”[6]

他还推算了一个基因的大小。他认为基因“在染色体上定位以后，测量那条染色体的长度并除以特定的数目，再乘以染色体的横截面，就得出了我们所需要的估计数”。“果蝇的某些细胞（唾腺细胞），由于某种原因是大大地增大了的，它们的染色体也是如此。在这些染色体上，你可以分辨出纤丝上的深色横纹的密集图案。C. D. Darlington 曾经说过，这些横纹的数目（他当时说是2000个）虽然比较多，但大体上等于用繁育试验得出的、位于染色体上的基因数。他倾向于认为，这些横纹带标明了实际的基因（或基因的分离）。在一个体积正常的细胞里测得的染色体长度，除以横纹的数目(2000)，他发现一个基因的体积等于边长为 300Å① 的一个立方体。” “300Å 大约只有 100 个或 150 个原子距离，所以，基因应该包含的原子，肯定不会超过几百万个。”[6]

---

① 1Å=0.1nm

1.2.1.3 基因的突变——生物学的量子论

“遗传的机制是同量子论的基础密切相关的，确切地讲，是建立在量子论的基础之上的。”[6]“量子论的最大启示是在‘自然界的圣典’里发现了不连续性的特点，而当时的观点却认为自然界中除了连续性外全都是荒谬的。”

按量子力学来说，一个物体在大范围内连续地改变着它的能量。例如，摆的摆动会由于空气的阻力而逐渐地缓慢下来。但是对于微观系统来说，如在原子这一级上的行为就不同了。它们大多数是不连续地发生变化的，是量子化的，通常称之为量子跃迁。薛定谔[6]对基因的突变进行了量子力学的描述：“我们将假定一个基因的结构是一个巨大的分子，只能发生不连续的变化，这种变化在于原子的重新排列并导致一种同分异构的分子。这种重新排列也许只影响到基因中的一小部分区域，大量的各种不同的重新排列也许是可能的。从任何可能的同分异构体中，把实际的构型分离出来的阈能一定是很高的（这是同一个原子的平均热能相比），致使这种变化成为一种罕有事件。这种罕有事件我们认为就是自发突变。”“就是说，突变是不出现中间形式的，而是‘跃迁式’的变异。”“跃迁式，并不是说这个变化是相当大的，而是说这是一种不连续的变化，在未变和少许改变之间没有中间形式。德弗里斯称之为突变。”德弗里斯的突变论，不妨称为生物学的量子论。因此，“突变并不是由连续的小剂量辐射相互增强而产生的一种积累效应。突变一定是由辐射期间发生在一条染色体中的单一事件所产生的”。

薛定谔还估算了一个突变点在遗传物质上的大小。他说：“突变的单一事件正是在生殖细胞的某个‘临界’体积内发生的电离作用（或类似的过程）。这种临界体积有多大呢？它可以根据观察到的突变率，按照这样的考虑来做出估计，即如果每立方厘米产生50 000个离子的剂量，使得任何一个配子（它们是在照射的区域里的）以那种特定的方式发生突变的机会只是1∶1000，那么，我们就可断定那个临界体积，即电离作用要引起突变所必须“击中”的“靶”的体积只有$1/50\ 000cm^3$的1/1000，就是说，只有五千万分之一立方厘米。”[6]

“如果在距离染色体上某个特定的点不超过‘10个原子距离’的范围内发生了一次电离（或激发），就有产生突变的一次机会。”

综上所述，我们可以看到薛定谔在《生命是什么》这本小册子中，用当时水平的物理与化学语言，给我们构筑了现代分子生物学的框架。如果把他的“非周期性晶体”换成DNA，那就是一个现代分子生物学的宣言！

1.2.2 微生物学向遗传学的靠拢

虽然摩尔根的“基因论”在1926年已经问世，但20世纪30年代的微生物学家却往往采用拉马克的遗传观点，这是因为他们对微生物的遗传可塑性往往有极深刻的印象。例如，在含有致死药物的培养基上，可以很容易地培育出对各种致死药物有抗性的微生物品系；把不能利用乳糖的微生物放在以乳糖为主要营养来源的培养基上，可以培育出利用乳糖的新品种。似乎人们所期望的微生物的任何变异，都能通过适当的培养而产生出来，这就容易使人相信培养基中的物质可以引起微生物遗传结构的定向变异。20世纪40年代抗生素的大规模使用，发生了病原菌的抗药性问题。许多灵丹妙药经过几个月的使用就会失灵，这使医药界大伤脑筋。面对这种局面，微生物学家必须回答这样一个问题：细菌的抗药性是后天获得的定向变异，还是早已发生的变异而被药物所筛选？只有明确了这个问题，医生们才能确定使用抗生素的方案：两种以上的抗生素，是同时使用还是交替使用？

实验表明，病原菌的一种抗药性，在没有该药物存在的情况下随机地发生了。利用影印培养（replica plating），可以在从来没有接触过该种致死药物（如青霉素）的培养基中分离出抗该药的菌落。这说明抗药性的产生并不是由于微生物在某种药物作用下的后天获得性遗传，而是随机发生的自发突变经过药物的筛选作用，使不具有抗药性的菌体死亡，使具有抗药性的变异菌体大量繁殖起来。拉马克学说在微生物学的最后一道防线崩溃了，人们开始转向摩尔根的基因突变理论。

1.2.3　生化遗传学的出现

近代遗传学的基础已稳固建立，人们开始转向研究基因是怎样发生作用的问题。生物化学家很自然地把性状的差别与不同的生化反应联系起来，把支配性状的基因与控制生化反应的酶联系起来。1923 年，英国人加罗德（A. E. Garrod）证明人类的黑尿症（alcaptonuria）是一种隐性遗传病。当这种纯合隐性基因存在时就不能产生尿黑酸酶，使尿黑酸（蛋白质的代谢产物）不能最终分解为二氧化碳和水而积累于血液中。这样，一部分尿黑酸多聚物沉积于软骨及其他结缔组织中，使患者年老时发生黄褐病（ochronosis），患者双颊、鼻、巩膜及耳廓呈灰黑色或褐色，有时并发变性关节炎；一部分尿黑酸则随尿排出，暴露在空气中氧化成黑色素，使尿迅速转为黑色。这一症状自婴儿期即出现（常在尿布上见黑色斑点），终身如此，故称黑尿症。这表明基因通过对酶合成的控制而影响遗传性状的发育。

但是用高等生物来研究各种突变型的生化细节，是一项繁杂艰难的工作，后来由于采用了粗糙脉孢霉为材料才得以突破。粗糙脉孢霉（*Neurospora crassa*）的菌丝体由许多菌丝细胞组成，每个菌丝中含有多个单倍体细胞核，菌丝体能通过产生单倍体的分生孢子进行无性繁殖，有性繁殖时则必须在两个不同接合型（mating type）的菌丝体之间才能发生（图 1.2）。一种接合型的分生孢子通过另一相对接合型的受精丝进入子实体中，然后分裂成若干单倍体核并与子实体中的单倍体核融合，形成合子。合子核在狭窄的孢子囊中进行减数分裂，减数分裂后的 4 个细胞再进行一次有丝分裂，最后形成 8 个单倍体的子囊孢子。子囊孢子萌发后，产生新的菌丝体。

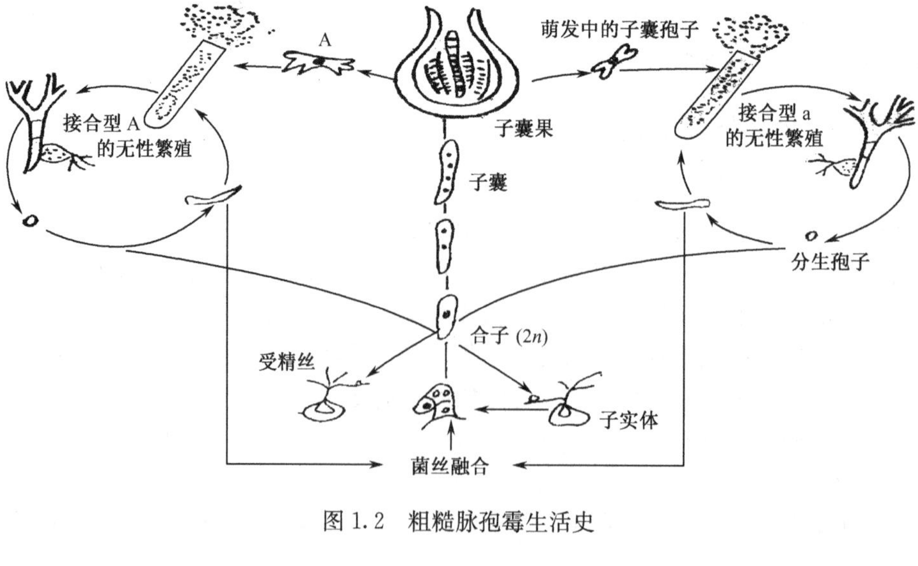

图 1.2　粗糙脉孢霉生活史

粗糙脉孢霉作为研究材料的特点是：① 因为是单倍体，没有显性基因掩盖隐性基因问题；② 孢子能在简单的化学培养基上生长并产生一系列营养缺陷型突变体；③ 一定的基因型表现为一定的性状，基因型的分离与重组必然表现为性状的分离与重组。在粗糙脉孢霉的减数分裂中，如果四分体的非姐妹染色体不发生交换，则 8 个孢子来自两种基因型（两种亲本型），必然发生 4∶4 的性状分离。如发生交换，则 8 个孢子来自四种基因型，必然发生 2∶2∶2∶2 的性状重组。如果某一性状是由单基因所决定的，则在交换后也就不存在性状重组问题，在后代中总是出现 1∶1 的性状分离。用诱变剂处理粗糙脉孢霉能得到各种营养缺陷型的突变体。有一种精氨酸营养缺陷型，必须在培养基中加入精氨酸才能正常生长发育，这种突变型的共同特点是最终不能形成精氨酸。但从具体的生化反应步骤上看，这种突变型又可分为三类（表 1.1）。

表 1.1 粗糙脉孢霉精氨酸缺陷型三类突变体的遗传控制

三类突变体生长时培养基中所必须加入的氨基酸			精氨酸形成中的酶反应与基因控制	
突变体 1	突变体 2	突变体 3		
			谷氨酸	$COOHCH_2CH_2CH(NH_2)COOH$
				基因 3 ↓ 酶 3
		+	鸟氨酸	$NH_2CH_2CH_2CH_2CH(NH_2)COOH$
				基因 2 ↓ 酶 2
	+	+	瓜氨酸	$NH_2—C(=O)NHCH_2CH_2CH_2CH(NH_2)COOH$
				基因 1 ↓ 酶 1
+	+	+	精氨酸	$NH_2C(=NH)NHCH_2CH_2CH_2CH(NH_2)COOH$

从表 1.1 可见第一类突变型不能形成精氨酸，可能因为它们不能把瓜氨酸转化为精氨酸；第二类突变型不能形成精氨酸是由于它们不能把鸟氨酸转化为瓜氨酸。第三类突变型缺乏形成精氨酸的能力，是因为它们不能把谷氨酸转化为鸟氨酸。当把第一类突变型与正常亲本杂交后，一个子囊中的 8 个孢子总是表现 4∶4 的性状分离，其中 4 个孢子能在缺少精氨酸的培养基上生长，另外 4 个则只有在加入精氨酸的培养基上才能生长。这说明第一类突变型是单一基因突变的结果。这个基因只能是表 1.1 中的基因 1，同理可证，第二类、第三类突变型分别是基因 2、基因 3 突变的结果。这意味着一个专一的基因控制一个特异的生化反应，而每一个特异的生化反应都涉及一个特异酶的催化作用。这种基因与酶之间的相关性就产生了“一个基因一个酶”的假说[7]。它表明一个基因控制着一个酶的形成。酶是蛋白质，它第一次暗示在基因的分子结构与其产物（蛋白质）之间存在着对应关系。

1.2.4 从生化遗传学到分子遗传学

基因与酶（蛋白质）的对应性，使人们想到了基因在遗传信息上与其产物相关。以下的三项重要发现更促成了从生化遗传学向分子遗传学的转变。

(1) 20 世纪 40 年代解决了遗传的物质基础问题。1928 年，格里菲思（F. Griffith）[8]把活的 RⅡ型肺炎球菌（无致病力）与灭活的 SⅢ型肺炎球菌（活时有致病力）分别注射入小白鼠体后，小鼠仍然健康，但是当用 RⅡ型活菌与灭活的 SⅢ型死菌共同注入鼠体后，则小白鼠被感染死亡，在死鼠体中发现大量活的 SⅢ型肺炎球菌。这说明 SⅢ死菌中的遗传物质使 RⅡ型转化为 SⅢ型。1944 年艾弗里（O. T. Avery）[9]进一步证明使 RⅡ型转化为 SⅢ型的遗传物质正是 SⅢ菌体的 DNA。后来赫尔希等（A. Hershey 和 M. Chase）[10]用 ^{35}S 与 ^{32}P 分别标记 T2 噬菌体的蛋白质外壳与核心 DNA。发现在感染过程中蛋白质外壳留在菌体外面，只有 DNA 进入菌体。在感染后 25min 左右菌体被溶解，产生出 100～150 个完整的 T2 噬菌体。这个实验令人信服地证明 DNA 是遗传的物质基础，它含有产生整个 T2 噬菌体的遗传信息。

（2）20 世纪 50 年代确定了分子水平上的遗传机理问题。1953 年沃森（J. Watson）和克里克（F. Crick）提出的 DNA 分子的双螺旋结构模型（图 1.3）[11]，其主要内容是：双螺旋的两条链以氢键相连，碱基的配对原则是 A 与 T，C 与 G，这个模型合理地解释了 DNA 复制和转录过程，解决了 DNA 的自我复制问题，巩固了 DNA 作为遗传物质的地位。

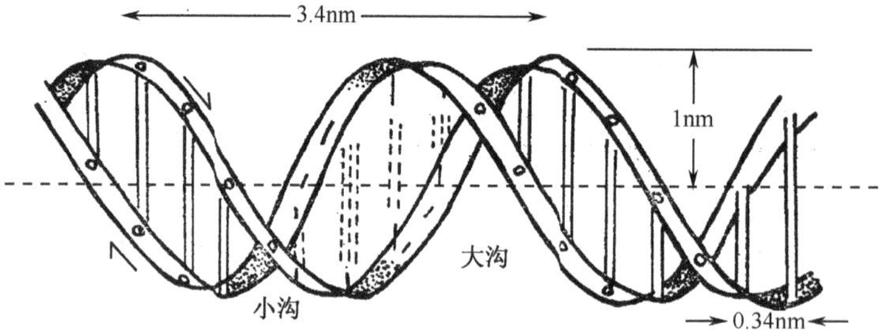

图 1.3　Watson-Crick DNA 双螺旋模型

（3）20 世纪 60 年代解决了遗传密码问题。1955 年桑格（F. Sanger）测定了牛胰岛素中氨基酸残基的准确顺序；1958 年克里克提出中心法则（centre dogma）[12]。这些工作鼓舞着人们把核酸与蛋白质的线性结构联系起来，终于导致了 1967 年“遗传密码字典”的问世。至此，分子遗传学有了稳固的基础。

1.3　分子遗传学的展望

分子遗传学的产生，标志着分子生物学已逐步地成熟为一门科学。它的每一项成就，从 DNA 双螺旋结构、遗传密码到基因工程，都使整个科学界为之鼓舞。基因是什么？基因如何复制？基因怎样行动？这些问题在 DNA 的层面上，我们现在似乎都已得到了满意的答案，但是分子遗传学并不就此止步，它正以旺盛的生命力向新的领域推进。

1.3.1　基因的概念

任何一门科学都是以概念为基础的。化学是以原子-分子概念为基础的，而遗传学则是以基因概念为基础的。基因概念的演变，标志着遗传学的发展。

摩尔根在《基因论》中提出遗传粒子理论，整个基因论是以粒子性的基因彼此独立，互不重叠为依据的。他认为基因连接成直线，好像线上的联珠。但是，分子遗传学的发展证明了基因不仅可以重叠[13]，而且可被分隔[14]。这在基因概念上是个突破。它不仅使摩尔根的基因概念过时，也使风行一时的“基因是功能单位”的顺反子概念不能成立。为此，吉尔伯特（Gilbert）提出“基因是转录单位”的新概念[15]。这个概念也还不能令人满意，因为有的基因（如启动基因或操纵基因）并不转录或不完全转录，而作为一个单位转录下来的mRNA也往往不是一个基因。从前认为基因是染色体上成直线排列的独立单元，现已发现一些相关的基因在染色体上的排列可能不是杂乱无章的，而是构成一个小的“家族”或基因群。例如，在果蝇（*D. melanogaster*）中，翅突变点的40%集中在第二条染色体上，26%集中在第三条染色体上[16]；而眼的突变点则是40%集中在第三条染色体，29%集中在第二条染色体[17]。因此，研究基因在染色体上排列或成群的规律，会使我们对染色体的结构与功能有更深入的理解。

基因及基因型的稳定性一直是传统遗传学的重要概念。但目前已认识到在某些情况下，某些DNA序列可以重新编组，以用于调节基因表达或构建新的基因[18]。自1952年McClintock[19]在玉米中发现转座子以来，在细菌[20]、酵母及果蝇[21]中也相继发现了转座子。这使人们相信可移动DNA序列的存在是生物界的普遍现象。它们在发育、分化过程中对基因的调控作用，在癌基因的激活与过量表达中的作用，在生物演化中使遗传信息的横向流动（horizontal transfer），均引起了科学界的极大兴趣，从而导致了McClintock在事隔30多年后的1983年获得了诺贝尔奖。

双胸复合基因（bithorax complex）是位于染色体Ⅲ上的5～9个紧密连锁的基因群[22]。这些基因决定着果蝇胸部体节的发育。一种有趣的突变型是使第三胸节变为第二胸节，于是原来第三胸节上的平衡器（halter）变为翅膀，造成了双胸四翅的怪物。大多数的这类自发突变型是由于一种称为Gypsy（吉普赛）的转座子的插入所引起的。这种Gypsy转座子长达73kb，两端有0.5kb的正向重复序列。这种突变型可因对突变的阻遏而恢复正常表现型，但在其DNA序列中仍保持Gypsy的插入序列。据推测，双胸突变的阻遏可能是阻遏物与插入序列相互作用的结果。总之，基因概念正经历着从稳定到动态的重大突破，随着分子遗传学的发展，新的基因概念必将出现。基因概念的演变必将促进遗传学的发展。正如摩尔根在《基因论》中所说：“当然，基因论不须，也未尝自认为是最终极的。毫无疑义，它将会经过许多变革，循着新的方向改进。”

总的来说，进入21世纪以来，基因的概念正经历着一个从静到动、从“刻板”到“活字”，从“唯DNA”到“唯蛋白质”的演变过程。转座子及朊病毒已是我们耳熟能详的事情。仅就以下事实来说明基因的“活字排版”。这种“活字排版”的属性，使我们惊异地意识到，染色体上的一个gene locus往往不仅仅是某一基因（蛋白质）的编码，而可能是成千上万种蛋白质的编码！

免疫球蛋白基因就是一个通过“活字排版”产生数以亿计的抗体基因（基因粒子）的生动例子。免疫球蛋白基因的重链、轻链（κ链、λ链）是分布在不同的染色体上的“活字版”，如果不经过大幅度的“活字排版”是产生不出数以亿计的抗体基因的。没有DNA（免疫球蛋白基因）与蛋白质（抗原）大幅度的相互作用也产生不出数以亿计的（三维立体结构的）抗体。

真核基因的“内含子”与“外显子”的结构就是一种“活字版”结构。原本认为是一个基因的编码序列，通过外显子的不同排列组合（alternative splicing）往往能够产生一种以上，甚至数百、数万种的蛋白质。我们现在只知道，在鸡、人类内耳中的某种单基因能够产生576种不同的蛋白质。而在果蝇中，某一基因能产生多达38 016种不同的蛋白质分子。(Barry Commoner. Unraveling the DNA Myth. Harpers Magazine. 2002)

1.3.2 真核细胞的基因调控

雅各布和莫诺的操纵子模型（Jacob-Monod operon model）[23]使我们对原核生物的基因调控有了比较彻底的了解。但是复杂的真核细胞是否也是这种模式？首先，这种简单的基因调控模型无法解释高等生物体中复杂性状的分化与发育过程。其次，这种模型的调控灵敏度决定于 mRNA 很快地被制造又很快地被消耗，能够对外界的生存条件（如培养基中的诱导物——乳糖）做出快速反应。而真核细胞中 mRNA 长达几十小时甚至数日的半衰期，使这种应变性的模型大大失去了调控的意义。显然，操纵子模型对真核细胞来说并不适用。最后，真核细胞中许多协同作用的基因是分散在若干不同的染色体上，不像原核生物那样只有一条“染色体”。真核细胞如何协调地控制这些分散基因的活动，我们目前知道的还很少，因此，搞清真核细胞中的调控过程，必将大大丰富分子遗传学的内容，这也是该学科的一项战略性任务。

1.3.3 遗传与发育

遗传和发育的研究“分久必合”[24]，“明了基因对于发育中的个体如何发生影响，毫无疑义地将会使我们对遗传的观念进一步扩大，对于目前不了解的许多现象也多半会有所阐明”[3]。在发育过程中，每个基因是通过怎样的调控系统来参与分化的？分化了的细胞，虽经多次细胞分裂仍能保持它们的分化状态，这表明在细胞分裂中不仅 DNA 精确地复制，基因活动的形式也同样精确地遗传给子代细胞。这种基因活动形式的发生与遗传的分子机制是什么？还有，在发育过程中存在着控制结构基因表达的所谓时序基因（temporal gene）。例如，已发现在小鼠中控制 β-葡萄苷酸酶（β-glucuronidase）的时序基因，果蝇中控制淀粉酶基因的时序基因等。另外，免疫球蛋白基因随着个体发育而发生重组，使一个有机体可以形成 140 亿个以上的抗体，而产生这些抗体的基因在胚胎发育早期是不存在的。这说明即使是基因本身也存在着一个动态的发育过程。也许，随着分子遗传学的发展，会出现一门新的学科——基因发育学。

总有一天，我们能通过遗传物质的分子活动来控制生物的发育分化吗？对人类来说，生男生女、体质、容貌是可控的吗？遗传病、癌症能消灭吗？这是分子遗传学所必须回答的。

1997 年，克隆羊多莉（Dolly）的诞生[25]，是世界上第一例由分化的体细胞发育出来的后代，它开辟了由体细胞来“复制”器官与生物体的可能性，是遗传与发育的研究异途同归的一个转折点。社会对“克隆人”的忧心忡忡将迫使生物学家再次回到细胞核与细胞质的相互作用，遗传与发育的相互联系，肉体与意识的遗传与发育等这些重大的生物学问题上来。

1.3.4 自我组合过程

遗传与发育过程中最动人的现象之一就是自我组合过程。当把 T4 噬菌体的各个“部件”混合于溶液中，它们能自动地装配成完整的 T4 噬菌体（图 1.4）。每一步骤都是沿着不同生产线，按严格顺序进行的。最后，只有在头与尾装配成功后，尾丝才能装配上去。这种例子在高等真核生物中也不陌生。例如，核糖体就是由几十种蛋白质与 rRNA 自动装配而成。甚至可以说高等生物的发育过程，实际上就是一个复杂的自我组合过程。把分离开的心脏胚胎细胞放在一起，能自动组合成心脏组织并有搏动能力。把海绵粉碎为细胞悬液后，仍能重新组合成完整的海绵动物。因此，把分子遗传学理解为只是研究 DNA 的复制、调控及表达未免过于狭隘。分子遗传学应以 DNA 的遗传机制为基础去研究亚细胞、细胞等各级水平上自我复制（或组合、装配）的分子机制。这样，才能进一步揭开遗传发育的奥秘，才能向人工合成细胞这个远大目标逼近。这项任务对我们人类的智慧将是一个真正的挑战。

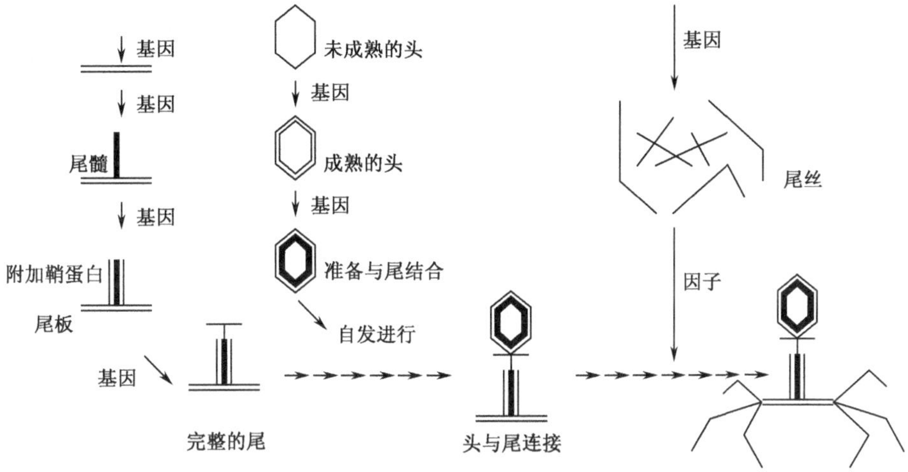

图 1.4　T4 噬菌体的自动装配

1.3.5　遗传工程

遗传工程是以分子遗传学为理论基础，以分子生物学、微生物遗传学的手段来改造或重组生物遗传特性的一门新技术。它主要是指基因重组技术，多数以原核生物（prokaryote）的质粒（plasmid）为载体。但最近的染色体工程（以人工染色体为载体，如 YAC、BAC、HAC 等）也崭露头角。

实践中，人们更感兴趣的恐怕还是遗传工程在实际应用上的巨大潜力。对于一些在细胞中产量极微而又具有极大应用价值的基因产物如胰岛素、生长激素、干扰素等，有可能通过 DNA 扩增技术而大量地生产。例如，Itakura[26]通过生长激素释放抑制因子（somatostatin）基因在大肠杆菌中的扩增与表达，第一次分离出 5mg 抑制因子。按常规这 5mg 抑制因子需要加工 60 万只羊脑才能得到。

目前，基因的重组与转化主要以大肠杆菌、酵母以及培养细胞为受体，而遗传工程的一个引人注目的发展是试图在整体动物或植物之间进行基因转移[27]，这为真正地改造生物的遗传性状或治疗人类的遗传疾病展示了一个美好的远景。例如，超级小鼠的问世，就是在哺乳动物间平行地进行基因转移的一项突破[28]。1982 年底美国的几家实验室工作人员将大白鼠生长激素基因与小白鼠金属硫蛋白基因 *MT-l* 的启动子（promotor）重组成 *Mgh* 基因，克隆后显微注射到小白鼠受精卵的原核内，然后把这些卵放回小白鼠体内进行发育，得到了 7 只具有 *Mgh* 基因的超级小鼠。这些小鼠的特点是生长速率快，生长激素（GH）水平高；74 天时体重即相当于同窝正常小鼠的二倍，血清中生长激素含量可高达正常小鼠的 100～800 倍。此项工作不仅有利于哺乳动物遗传工程的开展，也推动了对治疗某些遗传病如巨人症等的研究。

真核生物的基因组是极其庞大的，在整体情况下研究某一基因，常常由于条件错综复杂而难以分析。DNA 重组技术使我们有可能把需要研究的基因分离出来对其进行重组或改造，或把它放回严格控制的细胞中去研究基因的结构与功能，或获取理想的蛋白质产物。近年来兴起的蛋白质工程（protein engineering）开辟了一条改变蛋白质结构的新途径，使蛋白质和酶学研究进入了一个新时期[29]。蛋白质工程是应用基因重组技术去改造蛋白质分子结构；通过修改该蛋白质的 DNA 编码，创造出新的蛋白质。通过蛋白质工程已完成了几十种蛋白质分子的结构改造，在蛋白质的结构与功能方面已获得不少有价值的成果。例如，将 β-内酰胺酶的 Ser^{70} 和 Thr^{71} 进行倒位双突变，变成 Thr^{70} 和 Ser^{71}，从而使 β-内酰胺酶的活力丧失，说明了 Ser^{70} 对该酶活性的重要性[30]。另外，枯草杆菌蛋白酶的 Gly^{166} 残基是伸展于其活性中心裂缝之内的。如用带负电荷的 Asp 或 Glu 取代 Gly^{166} 残基，则其催化效率发生明显改变；而用中性的 Asn 和 Gln 取代后则对其催化效率没有明显影响[31,32]。

1.3.6 蛋白质遗传[33]

20 世纪末，疯牛病的肆虐使世人对朊病毒（prion）重视起来，Prusiner[34] 也因对其的研究荣获诺贝尔奖。之后，随着酵母中各种 prion，包括在酵母中执行正常生理功能的prion [Het-s][35]的发现，说明 prion 不仅是一种具有传染能力的蛋白质病毒，而且也是一种能够决定细胞性状的非孟德尔遗传因子。从 20 世纪末到 21 世纪初，许多论述蛋白质是遗传物质，蛋白质是基因的论文正在不断地出现，并越来越引起生物学界的重视。对于朊病毒的分子结构、复制机制的逐步深入的研究，正在揭开蛋白质遗传的神秘面纱，并使“DNA 是唯一遗传物质”的传统概念开始动摇。

导致疯牛病（mad cow disease）、羊瘙痒病（scrapie）以及人的 Kuru 病、CJD 病、GSS 病的朊病毒是一种能够迅速繁殖、传染的蛋白质病原体。迄今为止，发现它只含蛋白质，不含核酸。PrP^{Sc} 以其本身为模板，把细胞中具有正常功能的 PrP^{C} 转变为病原体 PrP^{Sc}。这两种蛋白质分子的一级结构是相同的，也就是说，它们被同一基因所编码。但它们的立体构象不同，PrP^{Sc} 比 PrP^{C} 具有高得多的 β 折叠结构。可是 PrP^{Sc} 能作为模板，把 PrP^{C} 转换为 PrP^{Sc}，而 PrP^{C} 却不能作为模板把 PrP^{Sc} 转换为 PrP^{C}！所以 PrP^{Sc} 是不折不扣的外来细胞质中的遗传模板。它能把来自细胞核基因的蛋白质改造为细胞质的遗传模板。早在 1967 年，J. S. Griffith 就说过：“用不着惊慌，一种蛋白质病原体的存在，将打烂分子生物学的整个的理论框架。”[33]

无疑地，在 21 世纪蛋白质将作为一种遗传物质向 DNA 作为唯一遗传物质的统治理论提出挑战。分子生物学的 DNA 遗传理论和基因概念必将发生巨变。

1.3.7 RNA 干扰[36,37]

1998 年在线虫（*Caenorhabditis elegans*）中发现 RNAi（RNA interference）现象[38]，随后发现 RNAi 是生物界中的普遍现象。

引发 RNAi 现象的是生物体中由双链 RNA 断裂而来的小 RNA 分子（small interfering RNA，siRNA），由 21～25 个核苷酸组成。它们能够在细胞质中以及在基因组水平上触发表观的基因沉默（epigenetic gene silencing）。在细胞质中，这种小 RNA 分子能够与其互补的 mRNA 结合，使该 mRNA 链的某一段成为双链，阻碍了它在核糖体中的翻译进程，并导致 mRNA 链的降解。在细胞核中，使转录基因中与其同源的 DNA 序列甲基化而使基因陷于沉默。这种方式称之为转录后基因沉默（posttranscriptional gene silencing，PTGS）/RNA 沉默[36]。

它一方面可能是不正常的 RNA 产物（及不适宜的细胞质环境）对它的基因的一种反馈（关闭基因）。另一方面，由于 RNAi 现象，能够对基因的表达造成一定的活动模式，使同样的基因组，呈现不同的基因活动形式。因而对性状的遗传变异及发育进程起着重要的作用。

RNAi（DNA 甲基化或 mRNA 降解）是表观的、遗传的，但不涉及基因突变。因此，称之为表观遗传学（epigenetics）。这表明：基因的表达不仅仅决定于 DNA 密码，也决定于所谓表观遗传现象（epigenetic phenomena）——基因表达形式改变；它无须涉及 DNA 密码的改变，并能在子代中维持。分子生物学的金科玉律是：DNA 突变是遗传变异及进化的唯一材料。表观遗传现象对这个金科玉律提出了严峻的挑战。

面对 RNAi 现象的发现，著名的分子生物学家 E. Pennisi [39]指出："基因占据生物学的中心舞台已经数十年。但是最近几年的工作提出，虽然基因经常是挂牌的'名角'，可它们更像是一些'木偶'。各种蛋白质，有时是 RNA，在拉着'线'，告诉基因在何时何地打开或关闭。"

1.3.8　基因组学的诞生[40]

基因组（genome）是指细胞或生物体的一套完整的单倍体遗传物质，它包括单倍体遗传物质中编码的和非编码的全部 DNA 序列。每一个基因组就是一本用 DNA 碱基的四字母（A、T、C、G）编成的"剧本"。基因组是一个十分稳定的体系，同一种系不同个体之间的染色体数目是相同的，各染色体上有相同数量的基因和基因分布，也有基本相同的核苷酸顺序。具体地说，核基因组是单倍体细胞核内的全部 DNA 序列；线粒体基因组则是一个线粒体所包含的全部 DNA 序列；叶绿体基因组则是一个叶绿体所包含的全部 DNA 序列。

人类基因组计划（Human Genome Project，HGP）是由美国科学家于 1985 年率先提出，1990 年正式启动的。美国、英国、法国、德国、日本和中国科学家共同参与了这一计划耗资 30 亿美元的人类基因组计划。这一计划旨在对 30 多亿个碱基对（当时估计约含 100 000个基因）构成的人类基因组进行精确测序，找出所有的基因并搞清它们在染色体上的位置。在人类基因组计划中，还包括对五种模式生物基因组的测序。它们是大肠杆菌、酵母、线虫、果蝇和小鼠。

整个的基因组测序工程在全世界已耗资 30 亿美元以上，获得了亿兆碱基对的 DNA 序列资料。这些资料催生了基因组学（genomics）的诞生。这是全人类研究生命科学的共同财富。它是研究已知基因及发掘新的基因，探索生命的起源、生长发育的规律、遗传变异的起因、疾病（特别是癌症）产生的机制以及长寿、衰老等重大生命现象的 DNA 宝藏。

2000 年 6 月 26 日，参加人类基因组工程项目的美国、英国、法国、德国、日本和中国的六国科学家共同宣布，人类基因组草图的绘制工作已经完成[40]。

2001年2月12日，美国Celera公司与政府资助的人类基因组计划小组分别在《科学》[41]和《自然》[42]杂志上公布了人类基因组精细图谱及其初步分析结果。两者的结果惊人地相似。

2003年4月14日，美国联邦国家人类基因组研究所（United States by the National Human Genome Research Institute，NHGRI）与国家能源部（Department of Energy，DOE）宣布，人类基因组序列图绘制成功[43]。

2006年5月18日美国和英国科学家在英国《自然》杂志网络版上发表了人类最后一个染色体——1号染色体的基因测序结果[44]。在人体全部22对常染色体中，1号染色体包含基因数量最多，达3141个，是平均水平的两倍，共有超过2.23亿个碱基对，破译难度也最大。一个由150名英国和美国科学家组成的团队历时10年，才完成了1号染色体的测序工作。历时16年的人类基因组计划——《人类生命之书》写完了最后一个章节。

与人类基因组计划结伴进行的还有模式生物及其他重要生物的基因组测序工作。

1999年，研究者们读解了多细胞生物——线虫（*Caenorhabditis elegans*）的整个基因组的9 700万个碱基[45,46]。在与单细胞酵母的1250万个碱基的基因组比较的情况下，发现由线虫基因组序列推测出的19 000个基因的1/3是新的基因（与酵母比较）。要确定这些新基因的功能还需要做更多的实验工作。

2000年解读的完整基因组有果蝇[47,48]、拟南芥（*Arabidopsis thaliana*）[49]。另外，大约60种微生物的基因组已存档在案，其中包括那些引起霍乱、脑膜炎的恶性病菌。这一时期新完成的微生物的基因组包括梅毒、肺结核、斑疹伤寒病菌以及引起性病及盲目的衣原体（*Chlamydia*）。从这些基因组中发现的蛋白质是这些病原体所特有的，它们将有利于药物或疫苗的研制。

在2002年，各种生物的基因组计划继续向纵深发展[50]。我们已经掌握了278 Mb（million bases）的蚊子（*Anopheles gambiae*）的基因组序列草图（a highly organized draft）以及疟原虫（*Plasmodium falciparum*）的基因组序列。在此基础上，希望能找到治疗这些疾病的途径。2002年4月，一家私营公司和一个中国研究小组分别公布了日本水稻（japonica）和中国水稻（indica）品种的基因组草图。在同一周内，国际水稻基因组计划（International Rice Genome Sequencing Project）发表了一份更精确的日本水稻的基因组序列草图。2002年，一个美国-英国小组完成了小鼠基因组的高质量序列草图。一个美国的公私合作的研究组完成了大鼠的基因组草图。特别是小鼠的基因有99%以上与人类相同。这对于今后分析基因组的作用具有重大意义。另外，还知道日本河豚（puffer fish）基因组是脊椎动物中已知的基因组中最小的。脊索动物海鞘的基因组业已解读，这将有助于提供脊椎动物的进化的线索。2002年正在开始的基因组计划有黑猩猩（chimp）、玉米（corn）、白杨（poplar）、家蚕（domestic silkworm），并将进一步研究蜜蜂（honey bee）、狗（dog）、牛（cow）、鸡（chicken）、海胆（sea urchin）等。

2004年12月10日家蚕基因组草图公布[51]。这使得它成为继果蝇、蚊子后的第三种被测序的昆虫。

2005年6月6日中国科学院北京基因组研究所与丹麦家猪育种生产委员会在中国北京和丹麦哥本哈根发表联合声明宣告家猪基因组序列对外公开[52]。此次公布的数据包含384

万个来自于中国和欧洲的5个不同家猪品种的基因组序列片段。这些数据是人类首次对家猪基因组进行的大规模测序研究。家猪基因组的研究表明，家猪在遗传上比通常使用的其他实验动物更接近人类。家猪在医学研究和药物试验上的应用具有重要意义。家猪基因组计划的下一阶段将完成6倍基因组覆盖的家猪基因组序列框架图。这将由美国和英国科学家牵头的国际猪基因组测序联盟合作完成。

在2006年10月26日出版的*Nature*杂志上，来自13个国家数十个科研机构的将近200名科学家组成的蜜蜂基因组测序联盟，公布了他们对蜜蜂基因组的测序结果和分析[53]。这组科学家用4年的时间，测定了这个拥有约2.36亿个碱基对的蜜蜂基因组（相当于人类基因组的不到1/10），一共辨别出了超过1万个基因。

所有这些基因组的开发将导致新的实验室研究的十年。今后，每一个新基因的解密，都将是一项专利。通过小鼠与人类、线虫与果蝇以及其他基因组的比较，可能发现在进化中的某些秘密。例如，在进化的长河中可能存在过比我们想象中多得多的处于不同时空（区）的生物群。在21世纪，根据基因组的资料将研究整个的基因组或整体的蛋白质相互作用的途径以及在不同条件下不同组织的不同的基因表达模式。成千点阵的基因芯片正在用于研究成千基因的同时表达，使我们对于癌的异质性、衰老的起因及免疫的复杂性有新的认识。因为单核苷酸多态性（SNPs）因人而异，被称为SNPs的遗传标记的数据库，将用于追踪疾病基因及确定个体对某些疾病的敏感性。人们加快了对蛋白质的研究，其中包括用蛋白质代替DNA去进行微排列。自2001年以来，当探索新的蛋白质与蛋白质的相互作用时，研究者们将充分利用已知功能的27种线虫的蛋白质去搜寻100种完全未知的蛋白质的功能。这些努力，可以说是蛋白质学纪元的到来。它将鉴定并描述每一种蛋白质及其功能以及各种蛋白质-蛋白质的相互作用。

我们应该科学地、审慎地对待人类基因组计划的完成。首先，人类基因组浩如烟海的核苷酸序列是一本没有标点、没有段落的“天书”。要搞清它的基因分布及遗传学意义所需要走的路，恐怕比完成人类基因组计划已经走过的路还要遥远。在这个急功近利的社会里，应该意识到一些科学家对于基因组计划的谈话，多少带有商业性和广告性。例如，以后公司聘用员工时要查看你的基因组作为录用的参考，有望得到可活千年的长寿基因等。能不能把一个人的基因组当成决定他一生命运的“八卦图”？生物的全部遗传信息是否都包含在DNA中？即将完成的人类基因组计划本身就对这个问题置疑。例如，根据基因组估计人类的基因只有30 000个左右，这与原先估计的100 000个基因相去甚远；而只有1000个体细胞的线虫却有20 000个基因，作为万物之灵的人类只比它多了10 000个基因，如何解释？

DNA序列分析技术的发展，毛细管电泳技术与机器人操作相结合，大大加快了序列分析的速度。人类基因组计划的加速完成，也带动了其他生物基因组计划的进行。一门崭新的学科——基因组学已在21世纪诞生并将继续发展壮大。在后基因组时代，以人类基因组为核心，将逐步阐明各种代表性生物的DNA序列。并企图以此为基础来说明生命活动的机制，从根本上治疗遗传疾病。人类耗费巨资、寄予厚望的基因组学到底会给我们带来什么？它将彻底解决癌症并给予人类长寿吗？我们拭目以待！

参考文献

[1] Stenesh J. Dictionary of Biochemistry and Molecular Biology. (second edition). New York: John Wiley & Sons. 1989.
[2] Steiner R F. The Chemical Foundations of Molecular Biology. Princeton: Van Nostrand Comp.
[3] 摩尔根 T H. 基因论. 卢惠霖译. 北京: 科学出版社. 1959.
[4] Auerbach C. Forty years of mutation research: a pilgrim's progress. Heredity, 40 (2): 177～187.
[5] Maddox J. Nature, 1992, 355: 201.
[6] Schrodinger E. What is life. New York : Cambridge Univ. Press, 1945.
[7] Beadle G W, Tatum E L. PNAS USA, 1941, 27: 499.
[8] Griffith F. J. Hyg. , 1928, 27: 113.
[9] Avery O T, et al. J. Exp. Med. , 1944, 79: 137.
[10] Hershey A D, Chase M. J. Gen. Physiol. , 1952, 36: 39.
[11] Watson J D, Crick F H C. Nature, 1953, 171: 737.
[12] Crick F H C. Symp. Soc. Exptl. Biol. , 1958, Ⅻ: 138～162.
[13] Sanger F, et al. Science, 1978, 200: 494.
[14] Williamson B. Nature, 1977, 270: 295.
[15] Gilbert W. Nature, 1978, 271: 501.
[16] Elston R, Glassman E. Genet. Res. , 1967, 9: 141.
[17] Golubovsky M D. Genetica (Russ), 1972, 8: 143.
[18] Lewin B. In "GENES". New York: John Wiley & Sons, Inc. 1978, 641.
[19] McClintock B. Cold Spring Harbor Symp. Quant. Biol. , 1952, 16: 13.
[20] Jordan E, et al. Mol. Gen. Genet. , 1968, 182: 353.
[21] Bukhari A I, et al. Cold Spring Harbor Symp. Quant. Biol. , 1977, 782.
[22] Bender W, et al. Science, 1983, 221: 23.
[23] Jacob F, Monod J. J. Mol. Biol. , 1961, 3: 318.
[24] 庄孝惠. 细胞生物学杂志, 1979, 1: 1.
[25] Wilmut A E, et al. Nature, 1997, 385: 810～813.
[26] Itakura K, et al. Science, 1977, 198: 1056.
[27] Cline M J, et al. Nature, 1980, 284: 422.
[28] Palmiter R D, et al. Nature, 1982, 300: 611.
[29] Rastetter W H. Applied Biochem. Biotech. , 1983, 8: 423.
[30] Dalbadie-Mcfarl G, et al. Proc. Natl. Acad. Sci. USA, 1982, 79: 6409.
[31] Estell D A, et al. World Biotecb. Report Outline, 1984, 181～187.
[32] 孟广震. 生物工程学报, 1985, 1 (2): 1～8.
[33] Griffith J S. Nature, 1967, 215 : 1043～1044.
[34] Prusiner S B. Science, 1991, 252: 1515.
[35] Coustou V, et al. PNAS. USA. 1997, 94: 9773.
[36] Matzke M, Matzke A J M, Kooter J M. RNA: guiding gene silencing. Science, 2001, (293): 1080.
[37] Couzin J. Small RNAs make big splash. Science, 2002, 298: 2296.
[38] Fire A, et al. Nature, 1998, 391: 806.
[39] Pennisi E. Science, 2001, 293: 1064～1067.
[40] Elizabeth P. Science, 2000, 290: 2220.
[41] Venter C, et al. Science, 2001, 291: 1304～1351.
[42] Genome Sequencing Project Group, Egea Biosciences, Inc. , Nature, 2001, 409: 860～921.
[43] Pennisi E. Science, 2003, (300): 409.
[44] Gregory S G, et al. Nature, 2006, (441): 315～321.
[45] www. ornl. gov. Human Genome News Archive Edition, February 1999, 10: 1～2.

[46] The C. elegans sequencing consortium，Science，1998，(11)：2012～2018.
[47] Myers E W，et al. Science，2000，287：2196～2204.
[48] Mark D Adams，et al. Science，2000，287：2185～2195.
[49] Arabidopsis Genome Initiative，Nature，2000，408：796～815.
[50] The News and Editorial Staffs，Breakthrough of the year，Science，2002，298：2297.
[51] Biology Analysis Group (Xia Qingyou et al.)，Genome Analysis Group (Yu Jun et al.). Science，2004，306：1937～1940.
[52] www. eurekalert. org. EurekAlert! Public release date：2005-06-06，Public release of pig genomic sequences.
[53] The honeybee genome sequencing Consortium，Nature，2006，443：931～949.

第2章 基 因

科学体系是以概念为基础的，如果化学以原子-分子概念为基础，那么遗传学就是以基因概念为基础。近代遗传学在分子水平上的研究必然带来基因概念的发展与更新。认为分子生物学完全是对《基因论》[1]的论证与扩展，只不过是传统遗传学家的一厢情愿。

在摩尔根时代，基因只是一种假设的遗传单元。“像化学家和物理学家假设看不见的原子和电子一样，遗传学者也假设了看不见的要素——基因。染色体上基因连接成直线好像线上的串珠。”[1]也就是说基因是一个独立、稳定的实体。它既是遗传的功能单位，也是突变与交换的单位。这就是摩尔根著名的所谓三位一体的基因概念。由于 DNA 双螺旋结构的确立，人们对基因的研究已突破了“看不见的要素”的帷幕，而进入基因的分子结构及功能的研究。然而 DNA 化的基因已非摩尔根基因论中的基因。正如 Watson 所说：“多年来，一般都认为只有在基因之间才发生交换，而基因内部不发生交换，染色体是由某些非遗传物质把基因像念珠一样串在一起的线状物。但是现在看来，这种观点是完全错误的。恰恰相反，所有交换都是由于遗传分子本身的断裂和复合，每一个基因含有很多能发生突变的不同位点，这些位点之间可以发生交换。在染色体上也不是彼此独立的‘念珠’或‘实体’。”我们在 DNA 双螺旋中所认识的基因是断裂的、重叠的、跳跃的，既可删除缺失又可复制扩增。摩尔根的三位一体（功能-突变-交换）的基因概念已不复存在。

但也应该看到，基因概念的彻底分子化，对解释整体性、连续性很强的遗传性状的表达或突变，有些时候显得勉强或简化。例如，传统遗传学所证明的许多单因子性状，其复杂程度（单因子决定，并不意味着性状本身简单）决不能用一种蛋白质分子的功能来充分地描述。正如基因化学诱变的先驱者 C. Auerbach 在第 15 届国际遗传学大会的演讲中所说：“双螺旋的发现是我们在理解突变方面的巨大飞跃；但这既不是突变研究的开始，也不是突变研究的终结……我们知道许多现象不能用 DNA 的简单化学反应来说明……突变是在活细胞内发生的一种过程，这样的过程不能用单纯的物理或化学模式进行充分的描述。”[2]

因此，在我们充分地看到分子生物学高度的精确性和巨大的发展活力的同时，也不应该忘记：遗传与变异是在活细胞内发生的一种过程，这样的过程毫无疑问地可以用物理或化学的模式进行更进一步的研究与解释，但用单纯的物理或化学模式不能进行充分的描述。因为，生物学过程是一个比物理、化学过程更高级复杂的过程。生物学过程中必然包含着物理、化学过程，但单纯的物理化学过程中并不包含生命过程。生物学绝不是核酸的化学或物理学。分子遗传学（或分子生物学）既不是遗传学（生物学）研究的开始，也不是遗传学（生物学）研究的终结。应该说，它只是我们目前研究遗传学（生物学）的一种先进的理论与技术。

传统的遗传学把基因严格地定义在染色体上。“不仅有染色体的一系列行动为遗传理论提供了机制，而且也积累了其他方面的证据来支持染色体上带有遗传要素或基因的观点。”[1]分子遗传学发展的结果，打破了这种染色体遗传理论的门户之见。对分子遗传学来说，基因是严格地定义在DNA分子之上的，而不管这种DNA分子是在染色体中还是在线粒体中或者在大肠杆菌的质粒中。因此，分子生物学家对于"细胞核遗传"与"细胞质遗传"的主次之分并不介意，它只专注于DNA分子的活动。耐人寻味的是分子生物学的骄子——基因工程，它实际上是把染色体遗传（如胰岛素基因）转化为细胞质遗传（如大肠杆菌中的质粒）的基因重组技术。

2.1 基因的分子概念的发展

基因（gene）一词是Johannsen[3]在1911年提出来的。他说："基因不过是一个适用的词，便于与其他的词结合起来表达近代孟德尔法则研究者们所说明的配子中的'单位因子'、'要素'或'alleles'。"Johannsen的基因一词满足了遗传学上的一个特定的需求，它把遗传的原因和效应划分为两个明确的概念，把遗传的决定因素和性状分开来。从基因导引出基因型（genotype）一词，用来描述受精卵中全套的基因及其发展性状的全部能力；并用表现型（phenotype）一词来描述基因（基因组）作用的最后结果——性状（生物性状）[4]。

2.1.1 Morgan的基因概念——基因是一个遗传/交换/突变的单位

T. H. Morgan是第一个从分子水平上考虑基因的遗传学家。他以一种犹豫的口气写道："基因并不太大，以致不能当成一种化学分子，我们的推论只能到此止步。""虽然如此，我们仍然很难放弃这个可爱的假设，就是基因之所以稳定是因为它代表着一个有机的化学实体。""这项见解既然符合于有关基因稳定性的已知事实，那么，至少它不失为一个良好的使用假说。"[1]

根据Morgan的"基因论"，遗传就是位于染色体上的粒子单位（基因）的传递。一个特定基因的存在，是根据以不同程度作用于表现型的同一性状的等位的交互的形式而被认识的。每一基因是一个物质实体，它具有以下含义：①可以复制，由一代传至另一代，在表现型形成上有一特定功能；②不能由交换再行区分；③可突变成改变了的状态。

简言之，基因是一个化学实体，它既是遗传的功能单位，又是交换的单位及突变的单位。

2.1.2 Benzer的顺反子概念[5]——基因是一个不能分割的功能单位

进一步在分子水平上说明这种DNA片段（基因）的是S. Benzer 。在二倍杂合体中，如果两个拟等位（pseudoalleles）突变点都在同一染色体上，另一条同源染色体是功能完全的，则表现为野生型。这时突变位点在同源染色体上的排列方式就叫顺式排列。如果上述的两个突变位点分别位于两条同源染色体上，使两条染色体都有缺陷，则杂合体表现为突变型。这时的排列方式就叫反式排列。在顺反两种排列情况下所表现的遗传效应统称为顺反效应。

2.1.2.1 互补测定

Benzer在研究T4噬菌体的一群紧密连锁的突变群（rⅡ突变）时，也发现有类似于上述的顺反效应，因而导出了顺反子的概念。rⅡ突变型在噬菌斑的形态上以及生长时对大肠杆菌菌株的选择上与野生型有明显的区别（表2.1）。

表 2.1 T4 噬菌体 r^+ 型与 rⅡ 突变型的区别

genetype	*E. coli* B	*E. coli* K
r^+ 野生型	噬菌斑小而边缘模糊	噬菌斑小而边缘模糊
rⅡ 突变型	噬菌斑大而边缘清楚	不能生长

Benzer 巧妙地利用了 rⅡ 的特性，通过大量的成对突变型的杂交，测定其重组频率，对 T4 噬菌体的 rⅡ 区域进行了精细的基因制图。他观察到两个突变位点的最小重组频率大约是 2/10 000，并发现了 T4 噬菌体基因组的 rⅡ 区域可分为 A、B 两个区段。已知任何 rⅡ 突变型在 K 菌株上都不会生长，所以用两种 rⅡ 突变型的混合物感染 K 品系大肠杆菌时，人们预期不会有或很少有噬菌体生长。但常有令人惊讶的发现，在细菌平板上布满了大量噬菌斑。这个事实意味着，当不能单独在 K 菌株上生长的两种突变型混合在一起时，它们就能像野生型噬菌体那样在 K 菌株上生存和行使功能。这样的两种突变型就称为互补的突变型。因为某一种能补偿另一种的功能，使两者都能生长繁殖。什么样的两种突变型才能互补呢？Benzer 发现在 A 区段发生突变的任何噬菌体颗粒都能和在 B 区段发生突变的任何噬菌体颗粒互补，反之亦然。但在同一区段发生突变的任何两个噬菌体颗粒都不会互补（图 2.1）。

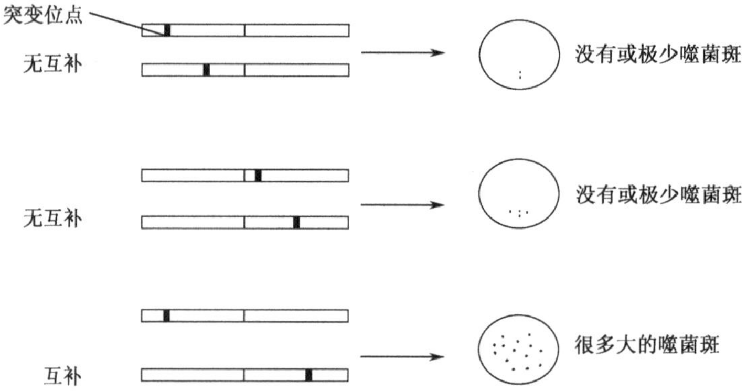

图 2.1 T4 噬菌体 rⅡ 突变型的互补实验

只有当一个突变点在 A 区段，另一个在 B 区段时，这两种噬菌体才能彼此互补各自因区段突变而丧失的那一部分功能。于是它们可以“相依为命”，并以野生型噬菌体那样的方式在细菌平板上形成许多大的溶解性噬菌斑。

A、B 两个区段中任一区段的突变不能影响另一区段的功能，这说明 rⅡ 区域中的 A、B 区段是两个独立的遗传功能单位。Benzer 把通过顺反效应（互补测定）而发现的遗传功能单位称为顺反子。这实际上就是一个基因。

Benzer 认为一个顺反子是遗传上一个不容分割的功能单位，但它并不是一个突变单位或重组单位。根据 Benzer 的精细基因图，在 rⅡ 区域的 A、B 两个顺反子约有 400 个突变位点，每个突变位点都可作为一个重组单位。因此遗传上的功能单位——顺反子，要比突变单位或重组单位大得多，这在基因概念上是一个突破。Benzer 认为：“一个顺反子，一条多肽链。”一个顺反子（cistron）实际上是一个为多肽编码的 DNA 片段，它的内部可以发生突变或重组，即包含着许多突变子（muton）和重组子（recon）。

2.1.2.2 顺反子的大小

已知 T4 噬菌体的环状遗传图周长为 1500 个图距单位（两个遗传位点的重组频率为 1%

时，它们之间的距离就规定为一个图距单位)。rⅡ突变位点的最小距离为0.02个图距（即重组频率为0.02%)，而一个DNA分子含有2×10^5个碱基对，由此可以估算出一个重组子（或交换子）相当于1～3个碱基对。

$$(0.02/1500)\times2\times10^5=2.6(\text{碱基对})$$

已知rⅡA和rⅡB顺反子各为6个图距和4个图距，可估算出它们的分子长度为

$$r\text{Ⅱ}A:(6/1500)\times2\times10^5=800(\text{碱基对})$$

$$r\text{Ⅱ}B:(4/1500)\times2\times10^5=500(\text{碱基对})$$

Benzer是第一个直接在分子水平上研究基因的功能与大小的人。他的工作证实了Morgan“可爱的假设”，但却否定了Morgan认为基因既是功能单位又是交换单位、突变单位的概念。Benzer说：“经典的基因概念是不能认为满意的。对交换单位、突变单位、功能单位应给予分别的定义。交换单位（重组子，recon）可规定为在遗传学重组中最小的、不可分割的而可以交换的单元；突变单位（突变子，muton）是最小的可变单位，它的变化导致机体突变类型的出现；功能单位（顺反子，cistron）的定义比较困难，因为这决定于所指的‘功能’水平如何，可以指一系列酶反应最终产生的一种生理效应，也可以指一种酶的合成，还可以指某一种重要氨基酸特性的决定。”

Benzer把基因（顺反子）定义为遗传上的一个不容分割的功能单位。一个顺反子包含着许多突变子和重组子。

2.1.3 Gilbert的基因概念——基因是一个转录单位

断裂基因的发现对传统的基因概念是一个挑战。1977年W. Gilbert曾预言真核细胞基因是通过重组不同的外显子而出现的，内含子则是进行外显子的重组过程所产生的残片（W. Gilbert . Nature，1978，271：501)。并预言，外显子编码蛋白质的功能区，折叠因子以及在进化中能够单独划分开来的片段等，至多由40～50个氨基酸残基的编码序列组成。内含子则是长的，在序列和大小上将是一些迅速突变的随机序列，范围在50～20 000个碱基。

Blake进一步提出很可能每一个外显子相应于蛋白质的一个结构单位（又叫结构域)。于是由“一个基因，一个蛋白质”成为了“一个外显子，一个结构域”。一个基因断裂为几个外显子，可能相应于一个蛋白质由几个结构域组成。例如，免疫球蛋白由两条轻链和两条重链组成；每条轻链有两个结构域，每条重链有4个结构域，共12个结构域，对应的免疫球蛋白基因恰好有12个外显子。当然，外显子与结构域并非在任何情况下都一一对应。例如，羧肽酶A共有5个结构单位，但它的基因却有10个外显子。但不管怎样，基因本身是由若干功能元件组装起来的，这在基因概念上就是个突破。Gilbert认为有机体只要改变RNA的剪接方式就可以很方便地利用原有基因断片来重组成一个新的基因。新基因的产生并不要求以破坏一个旧基因为先决条件。当不同的蛋白质要求某一种同样的结构和功能时，在不同的基因中有可能利用同样的外显子为组装元件。Gilbert（1985）援引Sandhof对低密度脂蛋白（LDL）受体的研究时指出，该受体基因含有18个外显子，其中有相当一部分外显子是从其他基因吸收而来的。例如，LDL含有一个400氨基酸的片段，它与表皮生长因子（EGF）前体基因有33%是同源的。它们的这个同源区均由8个外显子编码，包含在9个内含子之中。它们的9个内含子中的5个处于相同位置，一个移动了几个密码子，其余3个没有对立关系，可能是该区域作为一个整体从共同祖先进化而来时发生了丢失。另外，在该

同源区中含有一个富含半胱氨酸的 40 个氨基酸的片段，该片段由一个外显子编码，它在 LDL 受体基因和 EGF 前体基因中均重复了 3 次；它还作为一个非重复的外显子出现在血球凝集蛋白因子Ⅸ基因中。还有，在 LDL 受体和 LDL 的结构域中含有一段 40 个氨基酸的编码序列，该序列重复了 7 次；其中 4 个发生在非连续的 4 个外显子上，另外 3 个存在于单一的外显子中（似乎是 3 个外显子丢失了 2 个内含子）。这一重复序列在补体因子 C 基因中也曾出现过一次。这都说明 LDL 受体基因是来自许多不同来源的外显子的嵌合体。这意味着，不同的基因，实际上是由若干种外显子作为结构单元集合而成；就像不同的化合物分子是由不同的原子组成一样。

Gilbert 提出基因是一个转录单位。它由在成熟信使中要失掉的内含子与被表达的外显子交替组成。实际上基因是一个以不同来源的外显子为构件的嵌合体，处于沉默的 DNA 基质（内含子）之中（W. Gilbert . Science，1985，(288)：823，824)。

2.2　基因组学时代的基因概念

一种生物所编码的全部基因称为该物种的基因组（genome)。在早期的遗传学研究中，Morgan 等把遗传性状与特定的染色体区段联系起来，并提出“一个基因，一个酶”，“一个基因，一条肽链”的概念（Beadle，1941)。DNA 重组技术的发展使我们把基因与特定的 DNA 区段联系起来，并发现基因的产物是蛋白质，也可能是 RNA[6]。因此，我们在分子水平上定义基因：基因是一段制造功能产物的完整的染色体片段（a complete chromosomal segment responsible for making a functional product)[7]。这个定义包含了基因的产物、基因的功能性以及它的完整性（含有编码区与调控区)。按照这个定义，我们就可能使用简明的标准从基因组的 DNA 序列中去鉴别基因。目前使用的是 5 个标准；但这些标准使用起来并不那么得心应手。

2.2.1　开放阅读框

一个开放阅读框（open reading frames，ORF）是被起始密码与终止密码所界定的一串密码子。往往通过鉴别基因组中的大的 ORF 来寻找编码蛋白质（有别于编码较小分子质量的肽链）的基因。这种方法特别适用于原核生物以及含有少量内含子（introns）的真核个体。对于一些短小的基因以及一些在大的内含子之间夹有小的外显子（exon，编码序列）的基因则很难鉴别。

2.2.2　序列特征

从理论上讲，4 种核苷酸共组合成 64 种三联体密码子来为 20 余种氨基酸编码，因此每种氨基酸将有 2～3 种密码子为它编码。但是实际上在基因组中经常为每种氨基酸编码的只是其中的某一密码子，这种现象就称为密码子偏爱（codon bias)。一旦鉴别到 ORF，密码子偏爱就常常用来确定这个 ORF 是否是一个基因[8]。该方法适用于鉴别那些高度表达的基因。因为这类基因对它所使用的密码子表现出一种非随机性的偏爱。对于许多基因来说，这种偏爱是弱的，而含有很少密码子的小 ORFs（或 exons）则表现统计学显著意义的偏爱（bias)。除了全面的密码子偏爱之外，还有 DNA 序列的特异形式，如界定基因的位点（splice sites)[9]。计算机程序利用这种序列特征（sequence features）预测了将近 50%的外显子及20%的完整的基因。另外，ORF及序列特征的存在可能暗示某种基因产物的存在，但是无法知道它有什么功能。

2.2.3 序列保守

与专门分析某一个DNA序列相反，基因可以借助比较个体间的多重性序列（multiple sequences）而被鉴定[8,9]。物种中DNA的序列保守（sequence conservation）或守恒是测量基因产物的重要性的好方法。这种保守性序列也可能是非转录的调控单元。利用序列保守性质去寻找基因的另一个问题是它需要对具有适当进化距离的相关个体的序列进行比较。目前对某一生物所测量的基因数目永远不会是绝对的、不变的，因为它要视用于比较的特定相关生物而定。

2.2.4 基因功能的证据——转录

鉴定基因的一种非序列方法，就是寻找基因的产物——RNA或蛋白质的表达。一般是通过微阵列杂交（microarray hybridization）、SAGE、cDNA图谱或表达标签序列的分析[10~12]就可达到目的。用转座子（transposons）大规模地标定基因，在酵母中已发现了很多能产生蛋白质的新区域[13]（图2.2）。同样地，对于人类，利用标记了的cDNA与含有全部染色体序列的微阵列进行杂交，染色体的相当大的部分得到阳性的显示[14,15]。但是，好些这样的转录区到底有什么功能尚不清楚。相反地，有些开放阅读框（ORFs）似乎并不转录，还不曾检测到它们的RNA或蛋白质产物。

2.2.5 基因失活

使基因突变或阻抑它的产物也是确定基因功能的一个方法[16]。这可通过使基因破坏或RNAi实现基因失活。但是，许多编码序列的产物的失活往往不能导致一个明显的表现型(phenotype)，从而失去了鉴定的标准。例如，在酵母中，只有1/6的基因是主要的。只要酵母生长在丰富的培养基上，其他的基因并不引起某种明显的表现型[17]。这可能是由于基因产物功能的冗余性、测验的灵敏度不足或者是没有找到该产物派用场的条件。因此，许多基因难以用失活的方法来鉴定。

除了以上的鉴定基因的5项标准之外，在鉴定基因中还有一些麻烦事情如重叠基因、变通性断裂基因、假基因等。

在重叠基因中有编码蛋白质重叠读框，重叠的转录单元（如一个基因的外显子被编码在另一个基因的内含子之内），甚至编码蛋白质的基因与编码RNA的基因相重叠[18,19]。在所有的基因重叠的情况中，必须寻找出每一个基因的独特的功能序列，才能把它们彼此区别开来。我们也往往把一些潜在的重叠基因忽略过去。

在人类基因组中，一大半的基因具有剪接后不同的异构体，对于它们的数量，由于许多异构体未被鉴别而可能估计过低[20,21]。来自变通性断裂基因的产物都具有独特的功能和序列。如何称呼一个具有繁多功能产物的基因，我们目前还缺乏一个描述它们的全面的系统。看来，最好是根据那些功能的蛋白质结构域来定义分子的局部。

在定义基因中另一个少不了的麻烦就是要定义假基因（pseudogene）[22]。假基因与正常基因有相似的序列，但是在编码序列当中往往含有移码或终止密码，从而使此类基因不能产生功能性产物或者有一个可以觉察的表现型。假基因广泛地发现于动物、植物、真菌和微生物中。它们可能大量地存在。例如，在人类基因组中相对于 80 个核糖体蛋白质就关联到 2000 个左右的假基因[23]。

重要的是，假基因与真基因之间并没有绝对的界限。一个假基因在同一物种内的某一十分隔离的个体中可以是一个功能性的基因。例如，*FL08* 基因在酵母的一个品系中是活性的，而在另一个品系中则是非活性的[24]。此外，有的假基因是能够转录的[25]；而有一些假基因它们具有完整的、正常的编码区，却不表达。诸如人类的核糖体的一些假基因就是这样[23]，大概是由于它们缺乏转录的调控因子。

让我们以酿酒酵母（*Saccharomyces cerevisiae*）为例来说明定义一个基因的现状（图 2.2）。这个基因型的基因只进行少量的剪接，因此很有把握认定哪些序列是基因，是一个很好的功能基因组。当这种酵母第一次被序列分析时，所有大于 100 个密码子的 ORFs 都被命名，从而定义了约 6274 个基因[26]，可是这个数字后来被大大地修正了。首先，通过在同源序列库中的寻找以及转录作用的确认，鉴别出更多的小基因[27]。其次，283 个基因由于缺乏转录作用、缺乏功能或序列保守，而被放到“有问题的 ORFs”的范围中[28]。最后，有些假基因发现于实验室中的 *S. cerevisiae* 品系中，而在其他的品系中却是有功能的[26]。

对于酵母来说，确定短的 ORFs 特别困难。根据基因组序列草图，我们可以系统地定义所有可能的（潜在的重叠）ORFs——我们称之为“ORFome”——然后去验证它们的每一个是否编码蛋白。大约有 100 000 个可能大于 15 个密码子。这个数字将因密码子偏爱而略微降低，但却因使用转录作为鉴别标准而剧烈地降低。每一个转录实验并不能提供正面的信息给基因组中每一个可能的基因。这说明，编码一种功能性产物可能是判断一个基因的最好的标准。

酵母基因组自然比人类基因组要简单得多。我们期望许多在酵母中证明了的问题能够体现在人类基因组中。首先，我们期望人类基因组也包含着大量的潜在的 ORFs，它们具有小的外显子（平均约 140bp）以及 mRNA 剪接的复合物[20,23]。是否仅仅根据对基因组序列草图的分析就能在此等 ORFs 当中找到真正的基因是值得怀疑的。事实上，在人类基因组中最初测定的基因数目为 20 000～100 000[21,28~30]。

在基因组序列中鉴别基因，也许要回到对基因的原始的定义——编码功能性产物的一种序列——并应用功能基因组学去确定它们。如果我们再加上不同基因组比较而得来的保守序列的信息，将使整个过程更有效率。单独地根据人类基因组来进行众多基因的鉴别，虽然在理论上是可能的，但在可预见的未来未必能行得通。只有通过大规模的、系统的功能基因组的实验以及相关生物的仔细的序列比较，我们才能达到令人信服的人类基因组基因的破解与定义。

怪不得有人把已经完成的人类基因组叫做“天书”。根据基因组序列来解读基因，往往晦涩难懂，文不成句，令分子生物学家大伤脑筋。究其原因，是因为分子生物学把基因严格地定义在 DNA 序列之上，它鉴定一个基因的过程是从一定的 DNA 序列经过蛋白质产物，最后到达一定的性状（表现型）。众所周知，由于转录过程的剪接的多样性，转录后及翻译后修饰的多样性，完全打破了“一个基因，一个蛋白质”或“一个基因，一个性状”的概念，使得基因与它所表达的功能性产物（性状）之间出现了辐射的、交叉的关联，大大增加了从基因到性状的不确定性。从而，鉴定一个基因——寻找 DNA 序列与它的功能产物（蛋白质、RNA、表现型）的通道——就像在迷宫中寻找出路一样迷茫。回过头来看，过去传统遗传学定义基因的过程则极其简明而令人信服。与分子生物学定义基因的过程相反，它是

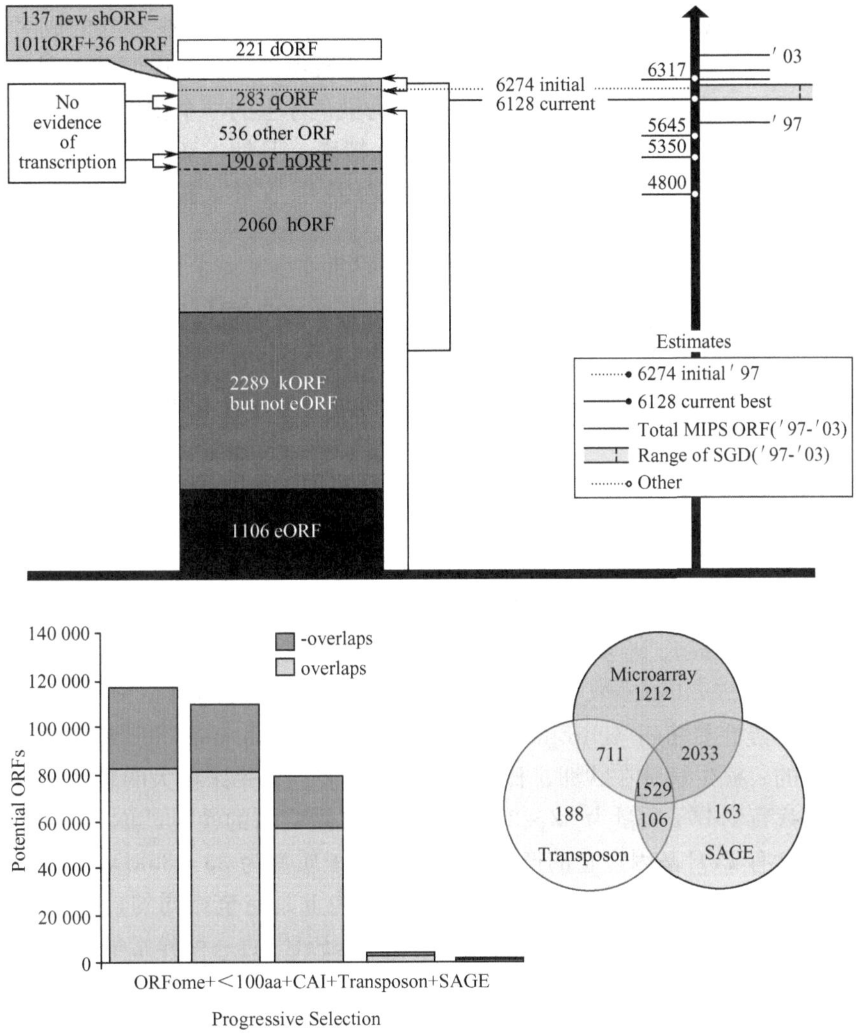

图 2.2 基因、开放阅读框（ORFs）以及可能的潜在重叠的 ORFs（ORFomes）[7]

起初公布的酵母基因组声称有 6274 个基因[26]，但是后经屡次修改。主要根据 SGD 和 MIPS 资料库。这些资料用不同的标准来鉴别 ORF。MIPS 加上了所有的后选的 ORFs，而 SGD 则有所限制。图中也列出了酵母基因数的其他的测定数据[31~34]。中央柱形（central column）表示当前对酵母基因组中各类的 ORFs 的数量分布。它们分别是 eORF（基本 ORF，essential ORF）[35]，kORF（具有明确功能的已知的 ORF，known ORF with a well-characterized function），hORF（同源 ORF，ORF validated by homology only），shORF（短 ORF，short ORF），tORF（转座子 ORF，transposon identified ORF），qORF（可疑 ORF，questionable ORF），dORF（伤残 ORF 或假基因，disabled ORF 或 pseudogene）[25]。各类 ORFs 的数目来自 MIPS 数据库。与原来的数目（6274 个基因）相比，目前的 6128 个基因反映了后来鉴别基因的两个相反的趋势。①增加了新的短 ORFS（shORFs）[27]，主要是通过转录实验（tORFs）或与资料库中新增加的蛋白质进行比较（hORFs）。②根据“没有被转录的证据”而删除一些 qORFs。也就是说，它们缺乏 SAGE 或转座子标签（找不到它们的 mRNA）或者在微阵列杂交（microarrays）中不能表达以及没有与其他蛋白质类似的序列。定义的 shORFs 的数量的悬殊变化（左下图）。第一个柱列表示酵母 DNA 序列中大于 15 个密码子的潜在的 ORFs。第二个柱列表示小于 100 个密码子的潜在 ORFs。第三个柱列表示那些未能被高度的密码子适应指数（CAI>0.11）所筛减的潜在的 ORFs。[注释：密码子适应指数（codon adaptation index，CAI），由于密码子的兼并性以及不同生物在编码同一种氨基酸时的密码子偏爱性（codon bias），以生物高度表达的基因的常用密码子为参照，测定该生物基因组中所使用的密码子与常用密码子相符合的程度称为密码子适应指数。] 剩下的两个小柱列才是潜在 ORFs 中那些具有转录证据（transposons，SAGE 测定）的 shORFs 的数量。以一种联合的形式（相当于数学上的“集”）来表示功能基因组的信息（右下图）。该图表示了根据微阵列杂交（microarray），SAGE 及转座子标签（transposon tagging）等认证了的酵母基因组中确能转录的一些 ORFs。从数学的集合论的角度来看这些“集”的和、差、交是很有意思的

从性状（表现型）到基因。“基因论者认为个体上的种种性状都起源于生殖质内的成对的要素（基因）。”“就是说，有多少种可能的性状，生殖质内便会有多少独立的成对要素。”[1]因此，一个特定基因的存在，是根据这个成对要素的表现型的不同效应而被识别的。在这种方法中，性状与基因是直截了当的关联，把基因作为染色体上的一个物理的遗传位点，并不仅仅是 DNA。看起来它不如分子生物学的基因那么精确。但是，基因是否仅仅是由 DNA 构成呢？近代分子生物学的发展对于“基因”这种遗传物质实体，提出了比 DNA 更加丰富的内容。

2.3 蛋白质基因概念的提出

R. B. Wickner 等提出：“如果一种遗传因子是一种朊病毒，它就是一种由蛋白质组成的基因。”[36]

朊病毒（prions）是一种非 DNA/RNA 的传染病原（infectious pathogens），其分子结构完全不像已知的细菌、真菌、寄生物、类病毒以及病毒等那样以所含的核酸为遗传物质，它是一种蛋白质病原体。它能引起人及动物的传染性神经软化病，如人类的 Kuru 病、CJD 病（Creutzfeldt-Jakob disease）、GSS 病（Gerstmann-Straussler-Scheinker syndrome）；动物的羊瘙痒病（scrapie）、牛海绵样脑软化病（bovine spongiform encephalopathy，BSE）又叫疯牛病（mad cow disease）、传染性水貂脑软化病（transmissible mink encephalopathy）以及马鹿与麂的慢性萎缩病（chronic wasting disease of mule deer and elk）。所有这些病目前是无药可救的。疯牛病曾在欧洲、日本流行，给世界各国带来极大的恐慌及经济灾难。

完整的朊病毒的分子质量为 33～35kDa，具有抗蛋白酶的性能，称为 PrP^{Sc}。在正常个体的基因组中含有 *PrP* 基因，它的产物也是一种分子质量为 33～35kDa，但却是对蛋白酶敏感的蛋白质，称为 PrP^{C}。PrP^{Sc} 与 PrP^{C} 在一级结构上是完全相同的，但在蛋白质分子构象上不同。PrP^{Sc} 比 PrP^{C} 具有更多的 β 折叠结构，是 PrP^{C} 的一种异常的异构体（abnormal isoform）。

朊病毒（PrP^{Sc}）是一种蛋白质病毒，它的自我繁殖是以其本身为模板对其同一基因所编码的正常蛋白（PrP^{C}）进行翻译后修饰作用，使后者转变为与其同一构象。这就是所谓“唯蛋白质假说”（protein only hypothesis）（图 6.2）[37,38]。该假说认为正常的细胞 PrP^{C} 与外源的 PrP^{Sc} 是同一基因编码。PrP^{C} 是一种跨膜蛋白，PrP^{C} 合成后，被运输到细胞表面使用。外源的 PrP^{Sc} 以其本身为模板，使正常的细胞蛋白质 PrP^{C} 转变为 PrP^{Sc}，这种转变既可在细胞表面，也可在细胞内部进行［如在核内体（endosomes）或溶酶体（lysosomes）内进行］。PrP^{Sc} 在增多后也能释放到细胞外的空间。

值得注意的是，后来在酵母中发现的［URE3］、［PSI］[39]以及在丝状真菌（*Podospora anserina*）发现的［Het-s］[40]蛋白质分子，都被证明是朊病毒蛋白质（prion protein）。［URE3］、［PSI］是酵母中两种正常蛋白分子（Ure2p、Sup35p）的 prion 形式；［Het-s］是丝状真菌中正常蛋白分子［Het-s*］的 prion 形式。它们与早期发现的朊病毒的明显不同之处在于它们已经不是传染性的病毒，而是细胞质内的一种能影响细胞的特异性性状、可复制的遗传因子[41]。因此，把它们叫做病毒已经不合适了，而是细胞中的一种非孟德尔式的遗传因子。

例如，朊病毒蛋白质［URE3］，它们是酵母中一种正常蛋白分子 Ure2p（*ure2* 基因的产物）的 prion 形式。Ure2p 与 Gln3p 共同参与氮的调控。Ure2p（蛋白）能响应对丰富氮源（如氨或谷氨酸）的使用并阻遏 Gln3p（蛋白）的活性，从而阻抑了利用贫氮源（如尿囊酸盐、USA）的活动。这是因为 Gln3p 是许多基因（*DAL5* 是其中之一）转录的正调控因子，*DAL5* 基因的产物是尿囊酸盐透性酶（Dal5p，allantoate permease），是尿囊酸盐（allantoate）的输入者（importer）；它能促进对贫氮源的使用。另外，脲酰基琥珀酸盐（ureidosuccinate，USA）也是一种贫乏而又可利用的氮源，由于脲酰基琥珀酸盐与尿囊酸盐的化学相似性，使 Dal5p 也输入了 USA。USA（脲酰基琥珀酸盐，又称 *N*-氨基甲酰-天门冬氨酸盐）是尿嘧啶生物合成的中间产物，是天门冬氨酸-氨甲酰基转移酶作用于 L-天门冬氨酸的产物。细胞如果生长在贫乏氮源中，则因它利用了 USA，而阻遏了天门冬氨酸-氨甲酰基转移酶使用 USA 去制造尿嘧啶。

Lacroute 等[42,43]发现*ure2* 基因的一些蛋白质突变体不能阻遏 Gln3p 的活性，也就不能抑制 Dal5p 对贫乏氮源的使用，从而使它们在丰富氮源（氨）上也使用 USA，这时，其氮调控的能力大减，USA 被大量输入。这种酵母品种对 USA 的使用的性状是显性的，不依减数分裂而行孟德尔式分离[44]，并通过细胞质融合而传递[45]，因而是一种影响氮代谢（nitrogen catabolism）的非孟德尔遗传因子。Lacroute 命名为［URE3］，这是一种 prion protein，它与 Ure2p（蛋白质）同为*ure2* 基因所编码，但彼此构象不同，［URE3］已失去 Ure2p 的正常功能，但却具有把 Ure2p 转变为它本身的功能。所以，［URE3］的存在可使 Ure2p 不断地减少、缺乏，这与*ure2* 基因的突变而不能制造正常的 Ure2p 的表现型是一样的。

类似的情况是另外一种蛋白质分子 Sup35，其正常功能是翻译终止作用。Sup35 和 Sup45 都是作为翻译释放因子的亚单位而识别终止密码子（UAA、UGA、UAG），把肽链从最后一个 tRNA 上释放下来。Sup35 的 prion 形式称为 PSI，它使翻译不在终止密码子处释放肽链，并通过无义抑制（nonsense suppressor）而继续进行，是对终止密码子的“通读”（readthrough）。

［URE3］和［PSI］都能在细胞内以其本身为模板，分别以 Ure2p 或 Sup35p 为作用基质进行自我繁殖。在自我繁殖过程中，细胞中已存的（preexisting）感染性蛋白质（如［URE3］、［PSI］等）是某种改变了的细胞蛋白质，它具有把与其同一基因编码的正常蛋白质转变成它本身的能力。因此，它们是感染/诱导性的 prions protein，是一种内源性的朊病毒，或者说是一种细胞内的非孟德尔式蛋白质遗传因子，它们对于细胞的一定的遗传性状起正调控或负调控作用。换言之，如果一种遗传因子是一种朊病毒，它就是一种由蛋白质组成的基因[36]。例如，［URE3］就是一种对氮异化代谢酶的转录起负调控作用的蛋白质基因。而对于真菌的一种内源性朊病毒［Het-s］来说，它表达的是细胞的正常性状（见本书蛋白质遗传一章），就是一个细胞质中正常的“蛋白质基因”。

2.4 组蛋白密码——对基因“唯 DNA”的质疑

传统的分子生物学认为基因是“唯 DNA”的。朊病毒的发现使分子生物学家提出了“蛋白质基因”的观点（R. B. Wickner，1999）；组蛋白密码（histone code）的提出则告诉我们，作为功能单位的基因可能是由 DNA 与蛋白质组合而成。这种概念不仅有一定的实验根据，而且与当今的分子生物学以及传统遗传学对基因的概念相吻合。

当今的分子生物学认为：基因是一段制造功能产物的完整的染色体片段（a complete

chromosomal segment responsible for making a functional product)[7]。

传统的遗传学认为“基因甚至可能不是一个分子，而是一群非化学性结合的有机物质”[1]。“基因是染色体的一个节段”[46]。

看来，由于蛋白质遗传的崛起以及对 DNA 表观遗传的深入研究，使基因由“唯 DNA”的观点而趋向于基因可能是 DNA 与蛋白质的结合体。

2.4.1 DNA 表观遗传与印记基因

DNA 表观遗传(学)(epigenetics)是实验胚胎学家 Waddington[47] 首先提出的：“表观遗传学是研究在发育过程中基因群（genes）的打开与关闭的机制，它产生基因活性的暂时变化或者永久性的活动形式。”而近代的表观遗传学的定义是：“对基因的功能变化的研究，这种变化可以通过体细胞有丝分裂或性细胞成熟分裂而遗传并且不需要 DNA 序列发生变化。”[48] 例如，基因组印记就是由于一些可遗传的修饰作用（如甲基化作用）控制着亲本中某个单一的等位印记基因的活性（monoallelic activity），从而导致它们在发育中的功能上的差异，使个体具有不同的性状特征。3000 年前就知道，母马配公驴的后代是骡子（mule），而公马配母驴的后代则是驴骡（hinny）。驴骡比骡子具有更浓的鬃毛和尾巴以及更强健的四肢。这说明母本与父本的基因表达格局（expression patterns）不同，各自带有永久性标记(permanently marker）或印记基因（imprinted genes），称之为基因组印记（genomic imprinting）。

DNA 甲基化是决定基因的表达程度及表达形式（遗传格局）的决定性因素；DNA 甲基化的位点及 DNA 甲基化的各种形式（methylation patterns）是表观遗传的。DNA 中并没有决定 DNA 甲基化各种形式的密码，它独立于 DNA 密码遗传之外。那么，这些表观遗传的格局是如何维持并遗传的?

2.4.2 组蛋白甲基化

大量的证据说明，染色质中的组蛋白的共价键修饰（表观遗传）对其外绕的 DNA 的甲基化起着关键的作用。染色质的重复单位称为核小体（nucleosome），它由 4 种组蛋白形成的 8 聚体［(H2A-H2B-H3-H4)×2］外绕 166bp DNA 并附加一分子组蛋白 H1 构成[49]。1993 年 A. Wolffe 等指出，让染色质组蛋白乙酰化后，可使其他促进基因表达的蛋白因子与 DNA 相作用。5 年后，分离出特异作用于组蛋白的乙酰化酶（acetylase）与去乙酰化酶(deacetylase)，并发现这些酶可以与其他调控基因表达的蛋白同步作用[50]。例如，这些酶与转录因子形成复合体而打开或关闭基因。组蛋白的乙酰化能明显地打开染色质结构，使转录因子或其他成分更容易接近 DNA。1998 年英国爱丁堡大学的 A. Bird 等指出在组蛋白上的去乙酰化酶（组蛋白去乙酰化酶）的活动与在 DNA 上使 DNA 甲基化的酶（DNA 甲基化酶）的活动是关联进行的；如果抑制了组蛋白上的去乙酰化酶，也就抑制了 DNA 的甲基化，基因仍然是活性的[50]。后来发现有一种酶可以在组蛋白的乙酰化的位点上使它甲基化，而排除了乙酰化；反之亦然。剑桥大学的 T. Kouzarides 指出组蛋白 H3 甲基化后，可以与异染色质蛋白 1（HP1）结合，HP1 有阻止转录的作用[50]（图 2.3）。

2.4.3 组蛋白密码假说

许多事实都证明组蛋白的共价键修饰（covalent modifications），如甲基化、乙酰化、磷

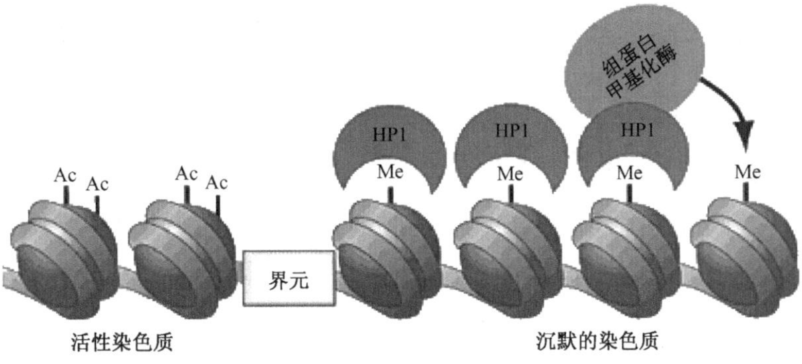

图 2.3 染色质的表观遗传标记[50]

组蛋白的乙酰化（Ac）或甲基化（Me）决定着外绕DNA的基因是否活化。HP1是一种转录抑制蛋白质

酸化等在组蛋白上是以组合的形式进行的，Allis把这种组合形式称为“组蛋白密码”。这些化学修饰改变了染色质的结构，使DNA（基因）的转录打开或者关闭，对基因的表达进行调控。这是一种基于组蛋白修饰而调控基因开/关的表观遗传现象，它的建立不须DNA突变。Allis[51]认为：“组蛋白氨基末端修饰的组合性质揭示了‘组蛋白密码’的存在，它极大地扩展了潜在的遗传密码信息。我们提出这种表观遗传的标记系统代表着一种基本的调控机制，它极大地影响着染色质模板，对细胞命运的决定以及发育的正常与否起着深远的作用。”（图2.4）“组蛋白密码”假说预示着以下三项含义。

（1）组蛋白末端不同的修饰作用将诱导与染色质相连蛋白质之间的相互亲和力。

（2）一个核小体中同一末端或不同末端的修饰可能是相互依赖的，产生不同组合。

（3）染色质高级结构的不同性质（如常染色质或异染色质域）极大地依赖于具有不同修饰的核小体的局部的浓度及组合。

“组蛋白密码”假说，提供了染色质形成各种表观遗传状态的可能性，并导致基因的活动或抑制、细胞的生长或分化。

对染色质的修饰基因可以分为 *Su*(var)（抑制群，suppresses variegation）和 *E*(var)（活化群，enhances variegation）两个基因群。*Su*(var)的基因产物有组蛋白去乙酰基转移酶（histone deacetylases，HDACs）、蛋白磷酸酶（protein phosphatases，PPTases）、*S*-腺苷甲硫氨酸（*S*-adenosylmethionine，SAM）synthetase[52]以及heterochromatin protein HP1 [*Su*(var)2-5] 等[53]。*Su*(var)基因群是诱导沉默状态染色质的。与它拮抗的是 *E*(var)基因群，其中一些基因产物是核小体依赖的ATP的重构元件（remodeling machines）的成分，如SWI/SNF、brahma complex等，它们增加整体核小体的活动[54~56]。*Su*(var)和 *E*(var)的基因产物还含有一些保守的蛋白质域（conserved protein domains），如bromo-、chromo-、SET等。这些蛋白质域也是另外两类互相拮抗的染色质调控因子的结构域，它们是polycomb（*Pc-G*）基因群和trithorax（*trx-G*）基因群。*Pc-G* 和 *trx-G* 基因群对于维持同源异形选择者基因（homeotic selector genes）及其他一些关键的发育基因的表达具有重要作用，大概是通过调整它们的作用靶位的染色质结构[54,55]。Bromodomain可见于SNF2、TAF_{II} 250、HRX/M11（mammalian trithorax）等蛋白质[57]，chromodomain则分布于polycomb

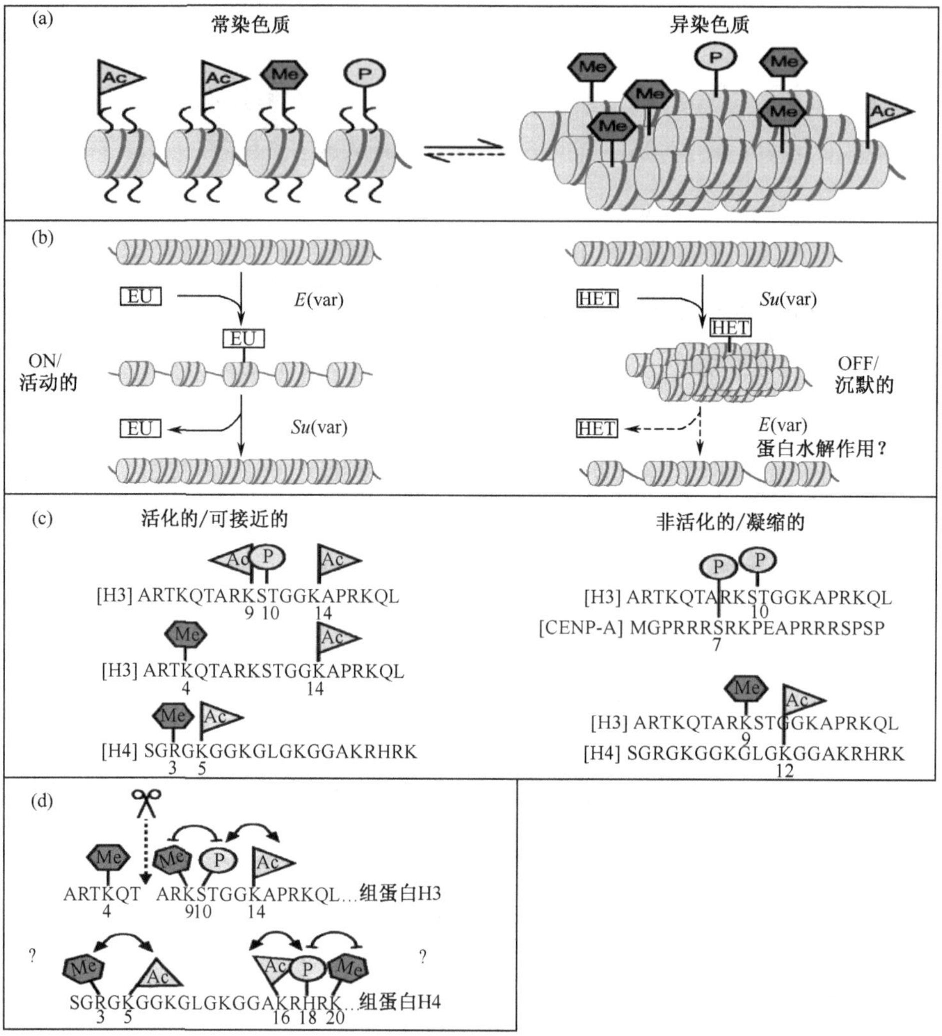

图 2.4　常染色质（euchromatin）或异染色质（heterochromatin）的组蛋白末端修饰[51]

(a) 常染色质与异染色质作为可接近的或凝缩的核小体纤维的图示，含有乙酰化的（Ac）、磷酸化的（P）及甲基化的（Me）组蛋白氨基末端（histone NH_2-terminus）。(b) *E*（var）与 *Su*（var）基因群在核小体上增加常染色质（EU）与异染色质（HET）修饰标记（modification mark）的拮抗功能。另外，*Su*（var）s 也有移去常染色质信号（euchromatic signals）的功能，而 *E*（var）s 则可使异染色质状态（heterochromatic state）去稳定。(c) 举例说明组蛋白氨基末端的联合修饰作用（combinatorial modifications），它可代表活性的或非活性染色质的“印记”（imprints）。其中的字母是组蛋白中的氨基酸残基的缩写：A，Ala；E，Glu；G，Gly；H，His；K，Lys；L，Leu；M，Met；P，Pro；Q，Gln；R，Arg；S，Ser；T，Thr。(d) 建议对组蛋白 H3 及 H4 氨基末端的协同（synergistic，联结的箭头）和拮抗的（antagonistic，两端封闭的弧线）修饰作用。带有剪刀的箭头指出可能进行蛋白水解的 H3 氨基末端

与 HP1 中[58,59]，ET 域则见于 Su(var)3-9、Pc-G 成员 E（z）及 trithorax 中[60]。这些调节模块已经广泛地用于在进化中产生大量功能多样的、调控染色质结构的蛋白质。

已经发现果蝇的 *Su*(var)*3-9*、裂殖酵母的*Cir4*、人的 *SUV39H1* 等基因都能编码组蛋白甲基转移酶（histone methyltransferases，HMTases），HMTases 能选择性地甲基化 H3 的 Lys^9（H3 第 9 位的赖氨酸）[61]。

值得注意的是，H3-Lys^9 的甲基化对 HP1 的亲和力能诱导异染色质，HP1 通过它们的 chromodomains 来识别这个表观遗传的信号[62,63]。这就在 *Su*(var) 的基因沉默功能与异染色质装配之间提供了强烈的联系[62]。一般来说，*Su*（var）和 *Pc-G* 基因系列的功能是增加异染色质表观遗传标记并移除常染色质标记。相反地，*E*（var）和 *trx-G* 基因系列则具有拮抗作用；它们的作用是建立常染色质信号（如加大核小体的活性）并使异染色质“印记”（imprint）去稳定（destabilize）或降解（图 2.4）。

组蛋白密码假说的第一个观点认为，组蛋白末端的修饰标记提供了效应子蛋白（effector proteins）结合的位点。响应这种观点的第一个是 bromodomain 蛋白模块，它选择性地与组蛋白氨基末端的共价键标记（乙酰化的赖氨酸）相作用[64~66]。此外，bromodomain 也出现于许多实际上具有组蛋白乙酰转移酶（HAT）活性的转录调控因子中，如 GCN5、PCAF、$TAF_{11}250$ 等蛋白。

组蛋白密码假说的第二个观点认为，对于组蛋白上的共价键修饰，应该具有组合读出器。$TAF_{11}250$ 本身就含有几种组蛋白修饰活性，包括两个前后排列的 bromodomain 拷贝。它的这种结构配置使它具有优先地结合二乙酰化的组蛋白肽链的适当空间[67]。人类有大约 75 种含 bromodomain 的蛋白质。其中一些蛋白质，如 poly-bromodomain 蛋白 1，它显示许多拷贝（6 个）的有规律的间隔的 bromodomains，它们能够与一个或数个组蛋白末端的特异组合的乙酰基（specific combination of acetyl groups）结合。

另一方面，chromodomains 可能是对甲基化标记的结合模块。HP1 的 chromodomain 对组蛋白 H3 的甲基化的 Lys^9（第 9 位上的赖氨酸）的结合有高度的选择性[68]。

与组蛋白假说第二个观点相符的是核小体的核心组蛋白的 4 种氨基末端尾巴都有一些基本片状结构（basic patches），每一尾巴的这些结构中都含有互相邻近的乙酰化、磷酸化及甲基化的标记[69]。有证据表明组合密码（combinatorial code）存在的可能性。H3 氨基末端似乎在 Lys^9 甲基化与 Ser^{10} 磷酸化之间存在着一个调控不同组合密码状态的开关。当哺乳动物在有丝分裂及激素的刺激下，Ser^{10} 磷酸化抑制 Lys^9 甲基化，但与 Lys^9/Lys^{14} 乙酰化协同存在［图 2.4(d)］；在这种磷酸化-乙酰化组合状态下，被修饰的 H3 尾巴标志着染色质的转录活性［图 2.4(c)］。H3 的磷酸化对有丝分裂中的染色体的凝缩也很重要[70]，而异常的 Lys^9 甲基化却与 Ser^{10} 磷酸化相对抗而导致有丝分裂中的染色体功能异常[71]。此外，H3 中 Lys^{14} 的去甲基化有助于随后的 Lys^9 的甲基化（被 Cir^4 HMTase）从而建立不同的组蛋白末端的修饰。虽然单独的 H3-Lys^9 的甲基化似乎已足以吸收 HP1 而造成异染色质区域，但是 H4 中的 Lys^{12} 的乙酰化也是另一个加强异染色质化的标记［图 2.4(c)］。

SUV39H1 HMTase 也对 H1 中 Lys^{26} 的甲基化起作用。因为 polycomb 蛋白含有 chromodomain，H1 的 Lys^{26} 与 H3 的 Lys^9 的双重甲基化就能够提供一种组合信号而形成一个 Pc-G 蛋白复合体去调节发育的靶位［图 2.5(c)］。

总之，上述事实说明，一种组蛋白的修饰可以协同或对抗的方式影响组蛋白的另一种修饰（图 2.4），从而提供了一种产生和稳定特异印记的机制。在发育中，干细胞（stem cell）在分裂后往往有一个子细胞保持干细胞印记继续增殖，其他子细胞则进入分化。上述的 Lys^9/Ser^{10} 开关或协同作用启示我们，可能存在着抉择与维持细胞命运的更普遍的机制。可能其他组蛋白末端、全部的核小体甚至非组蛋白都具有类似的机制。

组蛋白的共价键修饰无疑地是一种稳定的表观遗传印记。

组蛋白的乙酰基（acetyl groups）可被 HDACs 移去[72]，磷酸化基（phosphoryl

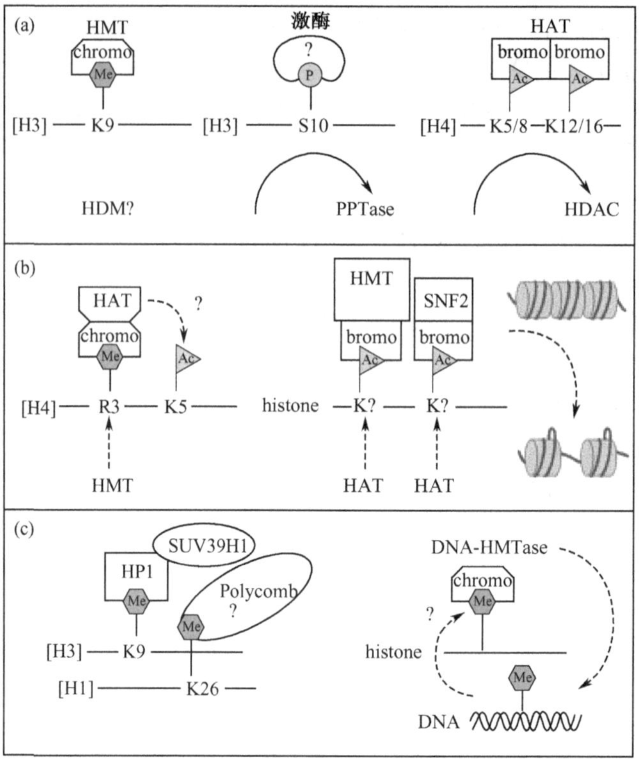

图 2.5 破译“组蛋白密码”[51]

(a) 对组蛋白修饰酶的蛋白质模块（protein modules），表示它们（chromodomain、bromodomain）与组蛋白（histone）氨基尾巴的甲基化特异位点或乙酰化标记的相互作用。能否选择性地识别磷酸化位点的蛋白模块，目前还不知道。HMT，组蛋白甲基转移酶（histone methyltransferase）；HAT，组蛋白乙酰转移酶（histone acetyltransferase）；HDM，组蛋白去甲基酶（histone demethylase）；PPTase，蛋白磷酸酶（protein phosphatase）；HDAC，组蛋白去乙酰酶（histone deacetylase）。(b) 建议的组蛋白密码的“逆转”（reversed），借助于组蛋白尾巴的相互作用。图中所示为含 chromodomain 的 HAT 和含 bromodomain 的核小体改构复合体（nucleosome-remodeling complex）的一部分。无活性的 HMTase（虚线表示），如 trx-G 蛋白 HRX。(c) 可能的功能互作及相关。在 Su（var）和 Pc-G 蛋白之间，或在组蛋白甲基化和 DNA 甲基化酶之间。它可能被位点特异的甲基化标记组合所诱导或稳定

groups）可被磷酸化酶（phosphatases）移去[73]。但现在还不知道有组蛋白去甲基酶（HDMases）的存在。如果组蛋白去甲基酶（HDMases）确实不存在，组蛋白 Lys 甲基化作用将是维持染色质状态的一种长期的表观遗传标记（epigenetic mark）。我们知道 DNA 甲基化是典型的长期维持的表观遗传，它的甲基化印记借助于 DNA 复制时的核苷酸切割（nucleotide excision）以及随之而来的 DNA 修复（DNA repair）。由此可以想象，DNA 复制及核小体的半保留分布能够起到稀释组蛋白 Lys 甲基化的作用。从组蛋白尾巴去掉甲基化标记的另一种机制可能是蛋白水解加工（proteolytic processing）。组蛋白的氨基末端好像是从组蛋白八聚体伸展出来的章鱼的八条触手，它们是暴露在外的、易于水解的。我们已知某些组蛋白尾巴可以在一定的细胞周期或特殊的发育时期被部分剪除。例如，四膜虫（Tetrahymena），在它的处于转录沉默的小核中，H3 氨基末端的头 6 个氨基酸被移去，但在处于转

录活性的大核中却保持完整。在小鼠精子发生的特殊时期，它的H3要经受ubiquitin①的水解[74]（图2.6）。已经知道在脊椎动物的精子发生或其他特异的发育情况中，要发生基因组的组蛋白的全部移除。这种在精子发生过程中组蛋白的大批量的置换（bulk displacement），提供了一种在生殖系细胞中擦去（erase）潜在雄性标记的手段，以允许发育印记的重编程。

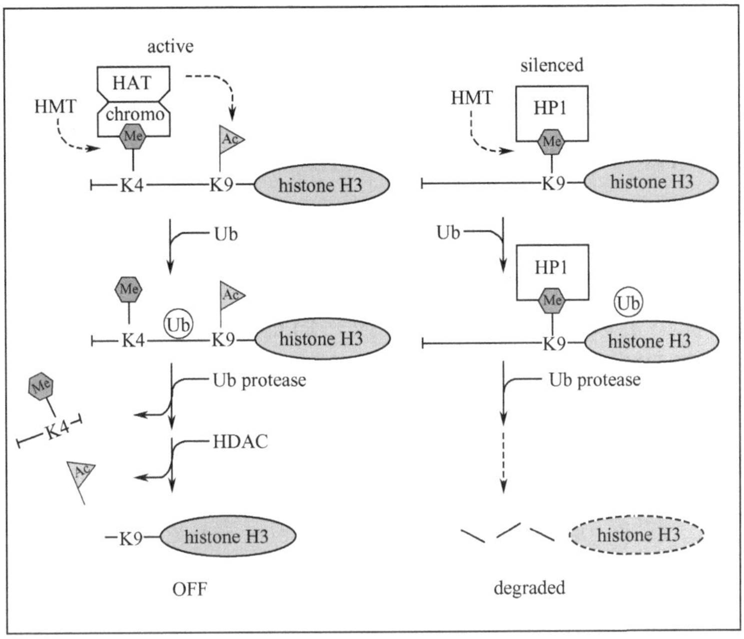

图2.6　从组蛋白H3移去稳定的甲基化标记的蛋白水解模型[51]

Ub，ubiquitin结合活性；Ub protease，ubiquitin指导的蛋白水解活性。借助于染色质环境和/或ubiquitin信号的性质，甲基化了的H3氨基末端可被蛋白水解过程移去［图左，亦见于图2.4（d）］，或者整个的H3被降解（图右）

从组蛋白的共价键修饰及酶系统对这些印记（imprint）的移除，可以看到染色质对真核基因组信息的储存及解码的重要性。已有的证据表明，程序性DNA的重安排、印记现象、生殖系细胞的沉默、干细胞的发育潜能以及全体染色体的稳定性等都受染色质表观遗传的影响。

笔者认为，如果染色质/染色体的共价键修饰（组蛋白密码）是一种表观遗传信息，而且与DNA遗传信息的开/关密切相关，那么DNA就不是染色体中唯一的遗传信息的载体；作为遗传载体的应该是整个染色体（组蛋白-DNA复合体）。正如A. S. J. Klar所指出：表观遗传学告诉我们一种绕过遗传密码的序列信息的基本的遗传调控系统，并且强调孟德尔的基因的含义要比DNA本身广泛得多[75]。令人深思的是，组蛋白的表观遗传事实的发现使我们有可能回归到孟德尔-摩尔根遗传学对基因的概念："基因甚至可能不是一个分子，而是一群非化学性结合的有机物质。"[1] "基因是染色体的一个节段。"[46] 近代分子生物学把基因定

① ubiquitin，中文译名为"遍在蛋白"、"泛素蛋白"，普遍地分布于真核细胞中。它是一种小分子的、热稳定的、非酶的多肽；由76个氨基酸组成。借助于ATP水解，ubiquitin的C端与某一蛋白质的Lys共价键结合，而使该蛋白质水解。一般认为，它可能用来降解某些损伤的或异常的蛋白质。ubiquitin还与组蛋白修饰有关，而且还是淋巴细胞表面受体位点的一部分

义为 DNA 分子的一个节段，把基因看成 DNA 专有的功能组分，看来是片面的。它已经引起或正在引起基因概念的混乱（如内含子的出现、C 值悖论、N 值悖论等）。在 21 世纪，随着分子生物学的发展，基因的概念必然会有新的突破。

2.5 新基因的产生

基因论[1]认为："总的说来，基因总数长期不变。""新基因的产生，除了由于旧基因组织内的变化以外，目前还没有证明有其他方法。""现在我们看不出在连锁群内或在它的两端有插入新基因的必要。"换言之，传统遗传学认为基因只能来自基因。基因的突变是产生新基因的唯一途径。

在长达 30 亿年的进化中，从细菌到哺乳动物基因组，DNA 含量增加了 3 个数量级[76]。早期的研究也指出，人类的基因组充满了成百成千的重复序列（如 Alu 序列）[77]。哺乳动物基因组的大部分都不是编码序列，人们认为它们都是些无用的、自私的 DNA 序列，S. Ohno称为"垃圾 DNA"(junk DNA)[90]。

但是，近来 Lev-Maor 等[78]的工作指出，人类内含子中的 Alu 序列能够成为编码序列。自 20 世纪 90 年代以来，对于垃圾 DNA，特别是对重复序列有了新的认识。越来越多的生物学家认识到重复序列是基因组的宝库[79,80]；基因组是动态的，新的功能单元在产生，旧的功能单元在绝灭。看来，转位单元（transposable elements）并不是捣乱分子，它们与周围的基因组相作用而加大了生物体的进化能力。它们作为基因组的重组合的热点（recombination hotspots），为基因组对于新的转录调控单元、多腺苷化信号以及蛋白质编码序列的缓慢的"准备使用"提供了一个机制。

1991 年，Mitchell 等[81]指出，由于鸟氨酸转氨酶基因的第 3 个内含子（intron）内的 Alu 单元的一个点突变激活了一个隐秘的接合位点（splice site），从而导致了部分的 Alu 单元（Alu element）进入一个开放阅读框（ORF）之中。因该 Alu 单元携带的读框内终止密码子而导致一种截短了的蛋白质的产生及鸟氨酸转氨酶的缺乏。这项发现引出了一个假说：类似的机制可以加速蛋白质结构的进化及加大蛋白质的变异性[82]。对于一些基因组的研究说明，在所有的脊椎动物基因组中的各类可移动的单元（mobile elements）均可用于此道。Lev-Maor 等说明了可移动单元（mobile elements）是如何插入编码区，在不伤害原有基因（或蛋白质）的情况下产生新的基因（或蛋白）（图 2.7）[78]。

2002 年 Sorek 等[83]发现人类基因组中大约 5%的变通性接合的外显子（alternatively spliced internal exons）来源于 Alu 序列。因为 Alu 单元是灵长类动物所特有的，所以这些灵长类或人类所特有的外显子（exon）比基因内其他的外显子要年轻。他们也注意到多数的此类"Alu 外显子"是变通性剪接的（alternatively spliced）。也就是说，由此基因所产生的 mRNAs，有的含有 Alu 序列，有的则没有。他们认为"Alu 单元在不危及基因组完整性的情况下，具有增强基因组的编码容量及调控多能性的进化潜力"[83]。

Sorek 等比较详细地研究了 Alu 外显子是如何加入到基因的变通性剪接之中的。他们发现该过程对 3′端剪接位点的精确选择依赖于分支位点（branch point site，BPS）与 BPS 下游的 AG 二核苷酸的距离（参见 4.4.2.2 节）。最佳距离为 19～23 个核苷酸。有意思的是，剪接体（spliceosome）所识别的是最靠近 BPS 的 AG 二核苷酸，即使有第二个更佳地用于转酯反应的 AG 位点[84]。一种剪接因子，hSlu7，对于识别正确的 AG 是必需的。因此，3′

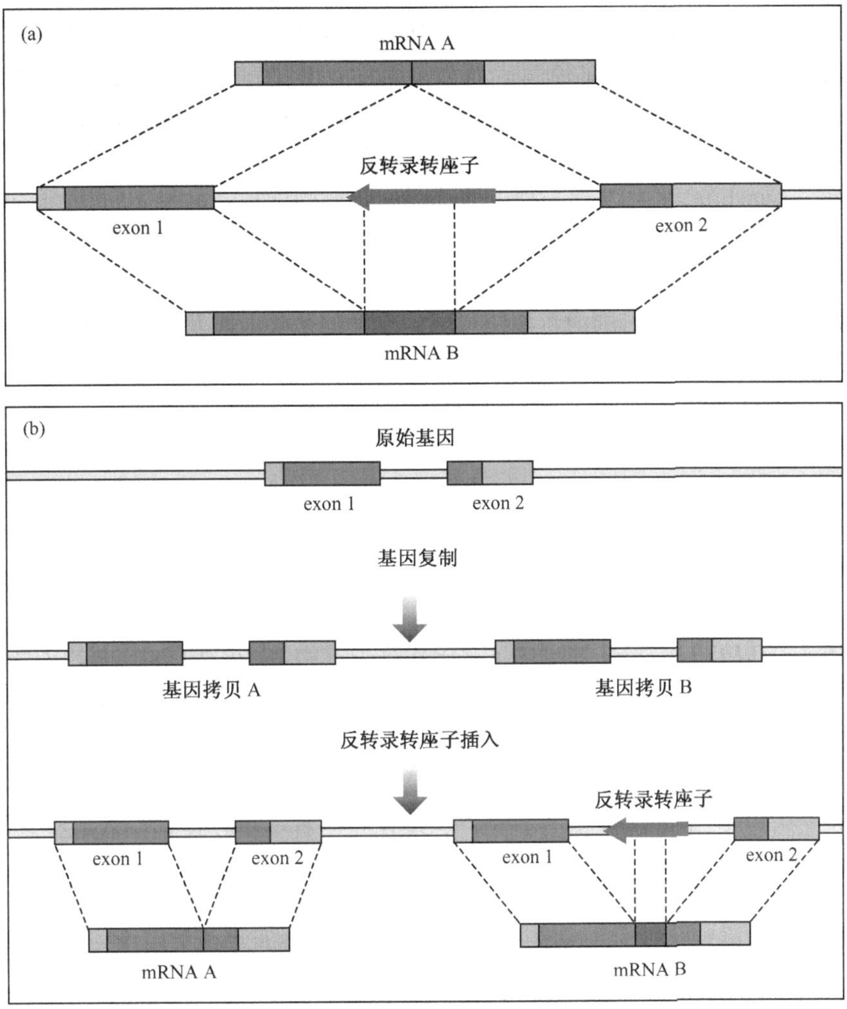

图 2.7 垃圾 DNA 怎样创造基因[78]

重复 DNA 单元（如 Alu 单元）以两种方式加入一个基因的编码区，创造新的基因或 mRNA 模板而不毁坏该基因的功能。(a) 一种反转录转座子（retrotransposon，TE-cassette），插入基因的编码区，使 mRNA 成为一个变通性的外显子（alternative exon)。(b) 在基因复制后插入一个反转录转座子。于是，基因组得到两个基因，也就是得到两种 mRNA 转录本——一种具有反转录转座子、一种仍维持原来的基因转录本

剪接位点的正确选择是 AG 位点与某些剪接因子相互作用的结果。

信号的精细的平衡也关系到一个外显子的变通性剪接。一个点突变既会使剪接信号变得太强而导致某一外显子的组成性剪接，也会使剪接信号变得太弱而导致某一外显子的剪接省略。Lev-Maor 等[78]研究了 Alu 单元内 3′剪接位点附近保持 Alu 单元变通性剪接的理想的序列信号。好像除了两个 AG 二核苷酸间的距离外，AG 上游近侧的核苷酸也起着重要作用。因此，近侧的 GAG 序列作为弱信号也足以创造一个变通性剪接的 Alu 外显子。近侧 GAG 序列的第一位的任何突变均导致组成性的 Alu 外显子剪接。这是一个重要的观察结果，因为人类基因组中 100 多万 Alu 单元的大多数都含有这种潜在的 3′剪接位点。其中的 238 000 个位点位于蛋白质编码基因的内含子内，它们中的每一个都可变为外显子。不幸的是此类突变的多数都产生异常的蛋白质，而引起疾病。但是仍有一小部分可以产生具有进化意义的蛋

白质，而自然界的"变通性剪接途径"可以在不伤害原有蛋白质的情况下去检验它们。

在不伤害原有蛋白质的情况下，开发有进化意义蛋白质的另一种途径是基因复制。基因复制是有机体产生新基因主要途径[85]。基因复制后，其中一个拷贝保持其原有功能，而另一个则可进化为新的基因。这是一个缓慢的点突变的过程。存在于基因组中被反复利用的"模块"（如转座子）可以极大地加速这种突变过程。

1997 年，Iwashita 等[86]发现一种牛的基因的开放阅读框（open reading frame）中含有一段转座子（称为 TE 盒，TE-cassette）。该 TE 盒给予牛 BCNT 蛋白（bovine BCNT protein）一个全新的结构域（domain），即一种反刍动物的反转录转座子单元-1（retrotransposable element-1，RTE-1）的内切酶结构域。有趣的是，人类及小鼠与牛 BCNT 蛋白同源的蛋白质中没有这种内切酶结构域，却含有另一种具有不同的羧基末端的结构域。问题是牛的 BCNT 蛋白何时获得了这种内切酶结构域？牛的基因组如何运作这样一种对 BCNT 的重新安排而又不失掉 BCNT 蛋白的特性？最近，Iwashita 等的研究回答了这个问题[87]。他们发现了牛 *bcnt* 基因的另一个拷贝，它与哺乳动物的 *bcnt* 同源（亦称 CFDP1），都在基因下游 6kb 处具有 TE-cassette。系统进化的分析指出：在反刍种系中，该基因复制后不久，其中的一个拷贝从 RTF-1 反转录转座子那里获得了一个内切酶结构域。于是，这个基因遭遇到加速进化。

Lev-Maor 等以及 Iwashita 等描述了基因在维护其本身的结构与功能完整的情况下，通过不同的途径（图 2.7）利用所谓垃圾 DNA（junk DNA）来产生新的基因或新的蛋白质。正如波兰谚语所说："狼吃饱了，可羊还活着。"

这种新基因及基因新产物的产生方式是"基因论"以及分子生物学的基因概念所始料不及的。基因论认为："基因总数长期不变。""现在我们看不出在连锁群内或在它的两端有插入新基因的必要。"[1]而内含子在基因中的出现，因为有悖于 DNA 序列与氨基酸序列的共线性，也使 Crick 感到极大的困惑[88]。作为垃圾 DNA 的重复序列以及转座子作为内含子插入基因促成了"狼吃饱了，可羊还活着"模式的新基因的产生，使人豁然开朗。原来 DNA 突变并不是进化的唯一材料；"垃圾 DNA"也是基因组进化的一个巨大的矿藏[89]。

2.6 基因的进化

从分子生物学理论看，生物的全部遗传信息都包含在 DNA 的序列之中。DNA 序列的变化，即所谓突变，是进化的唯一材料。但是，根据基因组计划所提供的基因资料得出的结论，基因的进化主要是通过基因的重复（gene duplication），而基因突变是次要的或是基因重复后次生的。另一方面，DNA 如果是真正的自我复制分子，它就应该是永生的。对于 DNA 自我复制的合理检验是虽然细胞保证了为此过程所必需的环境及核苷酸的供应，但是没有任何细胞内环境的特异性或信息能掺入到新的多核苷酸链的结构与功能中去。因此，只要它所在的细胞保证了该过程所需要的环境及条件，DNA 将永远地自我复制下去。如果一个基因进化了，或者变成了另外一个基因，那就证明它失掉了自我以及自我复制的特性，这肯定是外界信息进入的结果。

1970 年，洛杉矶市霍普医院的 S. Ohno 就提出基因组的扩增与多样化是由于基因的重复（gene duplication）[90]。这种观点已为大多数进化生物学家所接受。从分子生物学的角度看，这是由于 DNA 复制的"怪僻"（quirk of DNA replication）——一个基因、一小段染色体或整个基因组被拷贝两次。多余的基因（extra genes）可以具有新的功能并扩展生物体的遗传潜能。这种多余的基因可以在发育的不同时期或在不同的组织中变为有活性的基因；或者它的碱基发生变化而改变了该基因对蛋白质的编码[91]。

Ohno 的观点在过去由于这种基因变化的时间跨度太大很难取得研究材料。目前，由于基因组计划的实施，果蝇（*Drosophila melanogaster*）、酵母（*Saccharomyces cerevisiae*）和线虫（*Caenorhabditis elegans*）的基因组序列分析已经完成，使 Ohno 的观点有了验证的可能。Lynch 和 Conery[91]利用计算机程序在上述 3 种生物中去寻找这些多余的基因（duplicate genes，extra genes）以及在小鼠（*Mus musculus*）、鸡、人（*Homo sapiens*）、水稻及植物病菌（*Arabidopsis thaliana*）中可用的编码蛋白质的序列。研究者根据匹配拷贝（matched copies）之间的序列差异来测定每一拷贝的年龄以及差异积累的时间。特别地，他们计算沉默核苷酸的碱基变化（它们并不改变蛋白质编码）以确定基因重复事件（duplication event）的时期。然后，他们计算沉默碱基变化与引起蛋白质改变的碱基变化的比率（ratio）。这一比率会告诉他们该基因拷贝的变化比预期的要快还是慢。

置换取代数与沉默取代数的关系见图 2.8。

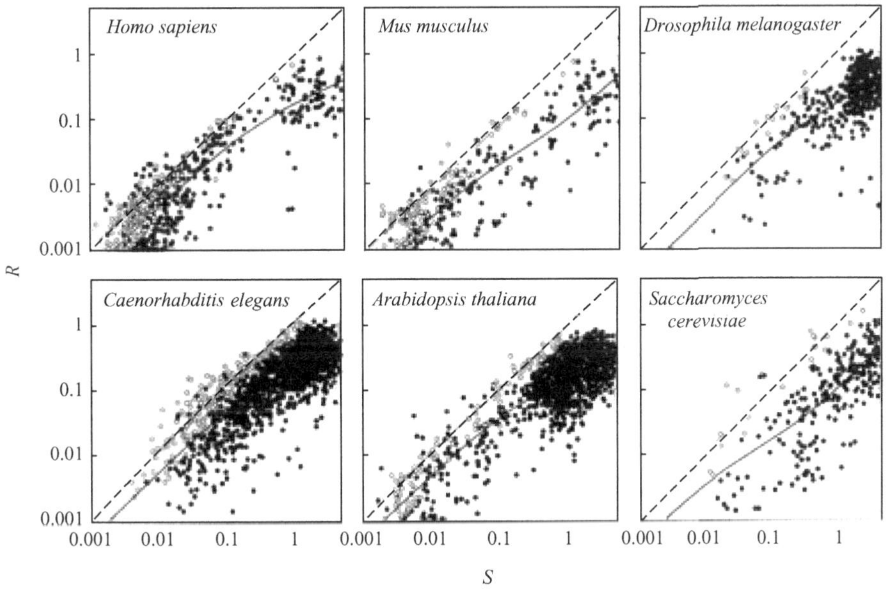

图 2.8　每一置换位点的置换取代数（R，substitutions/replacement site）作为每一沉默位点的沉默取代数（S，substitutions/silent site）的函数累积数作图[91]

每一个点代表一对基因的重复。虚线表示中性模型下的预期值，而实线是对于该数据的 E_q2（$dR/dS=1/a-be^{-mS}$）* 的最小二乘法。空点表示 R/S 比率对中性预期值 1 无明显差异的基因对数。其中的斜体字为各种生物的学名（对于该公式的进一步的解释请参阅文献[91]）

Lynch 和 Conery 发现大多数的重复基因（duplicated genes）都比较年轻并且多余的基因（extra genes）很快地消失，至少在一个进化时间等级上。例如，在人类及小鼠中，大约一半的新拷贝在 730 万年内消失。事实上，基因重复（gene duplication）过程每当在基因中发生单碱基变化时才是基因组进化的主要方式。Lynch 指出，重复基因（duplicated genes）是以一种相当高的速率发生着，平均每百万年有 0.01 个重复基因发生。这种变化速率在亲缘甚远的物种之间，比如果蝇与酵母，是非常类似的。一个具有 15 000 基因的基因型，在

100 万年期间可能获得 60～600 个重复基因来作为物种形成的材料。Wagner 说："基因重复（gene duplications）如此频繁，我们确实需要把它们作为遗传变异的重要来源来考虑。"（A. Wanger Mol. Biol. Evol.，2001）Lynch 提出使一个物种歧化为二并不需要基因多大的变化。例如，如果一个种群（population）携带的一对新近的孪生基因（twinned gene）分裂，多余拷贝（extra copies）在产生的两个类群中将发生歧化。在一个类群里，一个拷贝可能跳到一条新的染色体上，而在另一类群中，该拷贝可能转位到基因组中的另一个位点上去。如果这两个类群能够繁衍，这些基因的转移将使它们的基因组彼此不相容。尽管来自这两个类群的个体仍能交配，但它们的后代将更加不相容，终将歧化为不同物种。

基因重复的生存曲线见图 2.9。

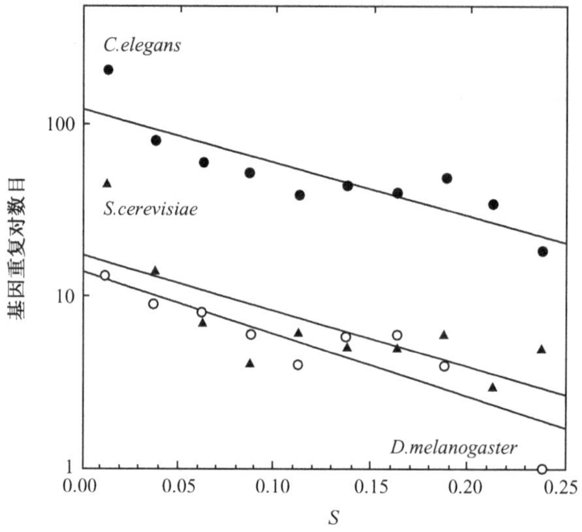

图 2.9　基因重复（gene duplications）的生存曲线（survivorship curve）[91]

以每一沉默位点的取代数（substitutions/silent site）为横坐标，以基因重复对数（number of gene-duplicate pairs）为纵坐标。图中 3 种生物分别为线虫（*C. elegans*）（●），果蝇（*D. melanogaster*）（○），酵母（*S. cerevisiae*）（▲）

综上所述，基因的进化，可以说主要是因为基因的重复（gene duplicate）而导致的基因的空间位置变化并伴以 DNA 序列突变的产物（笔者注：还有 2.5 节中的转座子插入）。虽然基因的重复有时伴随着碱基的突变，而且在发生重复之后的漫长岁月中也不可避免地发生突变，但是，正如 S. Ohno 所说，即使在不发生突变的情况下，单个基因、一小段染色体的重复，整条染色体甚至整个基因组的重复都会因为 DNA 复制的"怪僻"（quirk of DNA replication）而发生，并将可能导致物种新特性甚至新种的产生。例如，人类中的 21 三体以及其他各种三体症及染色体易位，植物染色体的重复、易位及多倍化等，往往只是基因（genes）的重复及易位并无碱基的变化，却使整个个体的性状以及生殖功能发生变化而且能够遗传。这说明，除了 DNA 的核苷酸序列是遗传信息外，基因的空间位置变化也是一种遗传信息，这种基因空间位置的变化将影响个体整个遗传框架的平衡而使生物发生遗传变异。也就是说，它不是某一蛋白质中的氨基酸的变化，而是整个个体的特征；并在漫长的自然选择的压力下可能形成新的物种。

因此，分子生物学的核心概念——DNA 序列中含有全部的遗传信息的概念又一次面临严峻的挑战！

2.7 基因与 DNA

对染色体 DNA 的分析表明，不能把染色体仅仅看成是基因的载体或盛装基因的盒子。基因是 DNA，但 DNA 并不一定就是基因。在 DNA 双螺旋的长链中，还有许多未知的领域有待于探讨。DNA 的不同结构形式（如 Z-DNA）也包含着不同的遗传信息。

2.7.1 非编码顺序

有些 DNA 序列，不论单拷贝的或多拷贝的（如 rRNA 基因间的空挡区，卫星 DNA），都是非转录的，它们既不为蛋白质编码也不为 RNA 编码。哺乳类的单倍体基因组约有 3×10^9 bp，比大肠杆菌的基因组（3×10^6 bp）要大一千倍左右。如果大肠杆菌含有 4000 个基因，那么哺乳动物将含有 400 万个基因，即使把真核细胞的复杂性与精巧性都考虑在内，这个数字也太高了。根据突变率的测定（Ohtad，et al.，1971），估计氨基酸在蛋白质中的取代速率为 8.3×10^{-9} 氨基酸位点/年。如果人的基因组含有 3×10^9 bp，而且这些碱基对都参加编码，则可转译出 10^9 个氨基酸，那么每个基因组每年将会有 8 个氨基酸发生突变。如此高的变化速率将是人类所不能忍受的灾难，会很快地导致人类的绝灭。因此对于多数 DNA 来说未必是编码顺序。

2.7.2 Z-DNA——DNA 构象是另一种遗传信息编码

A. J. Rich 是 Z-DNA 的主要发现者，他在 The Biology of Left-handed Z-DNA 一文的第一句话就是："DNA 起码以两种方式编码生物信息。"[92]一种是以 DNA 的核苷酸序列来编码蛋白质氨基酸序列；一种则是以 DNA 的形状（sharp），即 DNA 构象，它被各种生物大分子用来调控细胞结构的装配。DNA 可以呈现各种形状，其中之一就是从右手旋转的 B-DNA 转变为细长的左手旋转的 Z-DNA 构象（表 2.2，图 2.10）。这种Z-DNA构象特别容易在嘌呤与嘧啶，尤其在脱氧胞嘧啶与脱氧鸟嘌呤交替排列的 DNA 片段中发生。在 Z-DNA 双螺旋中只有相当于 B-DNA 小沟的窄沟。Z-DNA 没有大沟，而赖以识别 B-DNA 大沟的特异序列的富信息残基则位于 Z-DNA 突出的外表面。另外，如 TATA 框，当它与 TATA 结合蛋白结合时，则呈现一种严重扭曲的形状[93,94]。

表 2.2　B-DNA 与 Z-DNA 的比较

DNA 类型	每一螺旋的碱基对数	每对碱基的旋转度	碱基对间的距离/nm	螺旋直径/nm
B	10	右旋 36°	0.338	1.9～2.0*
Z	12	左旋 30°	0.371	1.8

* B-DNA 在溶液中每一螺旋的碱基对数由 10 改变为 10.4，螺旋直径由 1.9nm 改变为 2.0nm。另外，还从果蝇、人的癌细胞、麦胚等分离一类能促使 B-DNA 转变为 Z-DNA 并专一地与 Z-DNA 结合的蛋白质[100]。这类结合蛋白的相对分子质量有的高达 70 000～150 000

Z-DNA 的发现是引人注目的。1972 年 Pohl 等[95]在研究 poly（dG∶dC）的旋光色散，圆二色性及紫外吸收光谱时，发现这些特性可因高浓度盐溶液发生急剧改变，所以第一次提出存在左旋 DNA 的可能。1979 年美籍华人科学家 A. H. J. Wang 等[96]根据对脱氧（dG∶

dC)$_3$ 六聚体的 X 射线晶体衍射分析，发现了左旋 Z-DNA。它的磷酸基沿核糖-磷酸骨架的走向呈“Z”字形，只有一条极深的小沟，螺旋直径为 1.8nm，每转一圈包括 12 对碱基，距离为 4.46nm。由于 Z-DNA 有较强的抗原性，可以形成对Z-DNA专一的抗体，从而可以用来探测 Z-DNA 是否真正存在于染色质的 DNA 之中。1981 年 Lafer 等[97]用溴化的 poly（dG∶dC）与牛甲基化蛋白的复合物免疫家兔，从而获得了在 4mol/L NaCl 的浓度下能与 poly（dG∶dC）（非溴化的）很好结合的专一的抗 Z-DNA 抗体。继之，又获得了抗 Z-DNA 的单克隆抗体[98]。利用所得抗体已证明了在原生动物[99]、果蝇[100]及包括人在内的灵长类动物[101]的染色质中均有 Z-DNA 的存在。

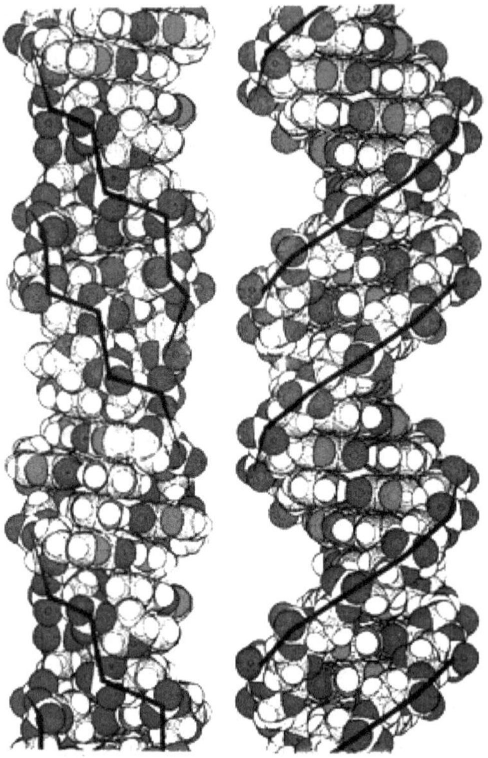

Z-DNA　　　　B-DNA

图 2.10　Z-DNA 构象和 B-DNA 构象

Z-DNA 只有相当于 B-DNA 的小沟，没有大沟。B-DNA 大沟的富有信息的特异序列位于 Z-DNA 突起部分的表面。两种 DNA 双螺旋的两条链均以黑线表示。Z-DNA 的 Z 字形走向可以看得很明显[42]

[H. Alan，R. Alexander. J. Biological Chemistry，1996，271（20）：11595～11598]

Z-DNA 可以在生理条件下当 B-DNA 的去氧胞嘧啶已经甲基化（5-methylated）时，转变为 Z-DNA。这说明 Z-DNA 是在负超螺旋（negative supercoiling）的巨大力量下形成，并借助负超螺旋而维持稳定。因此，就使 Z-DNA 具有以下特点。

（1）Z-DNA 是一种比 B-DNA 具有更高能量的构象。

（2）除了交替的嘌呤与嘧啶可以形成 Z-DNA 外，d（CG）最好，d（TG）次之，并且 d（GGGC）重复要比 d（TA）好。

（3）B-Z DNA 交接点处，每一方都有接近＋4kcal/mol 的自由能 G，以作为Z-DNA形成的能障（energetic barrier）。

根据以上特点，利用计算机分析了137个人类基因的全序列，发现容易形成Z-DNA的序列存在于其中的98个基因中。这些序列在基因中的分布不是随机的，它们在5′端的分布频率要比在3′端高10倍[102]。这说明形成Z-DNA所需的能量是由转录作用而产生的。Liu和Wang已证明负超螺旋的产生是在RNA聚合酶（RNA polymerase）沿DNA移动之后，成为稳定Z-DNA的能量来源[103]。这样看来，并不是因为形成Z-DNA而打开基因，而是由于基因的活动导致Z-DNA的形成。使用杂交或聚合酶链反应技术研究了鼠科U973细胞的*c-myc*基因（癌基因）[104]，发现了3个转录依赖的（transcription-dependent）的Z-DNA形成段落在基因5′端。如果*c-myc*失去表达，则将使这3个段落中Z-DNA形成的数量迅速减少[105]。

Z-DNA形成的段落见图2.11。

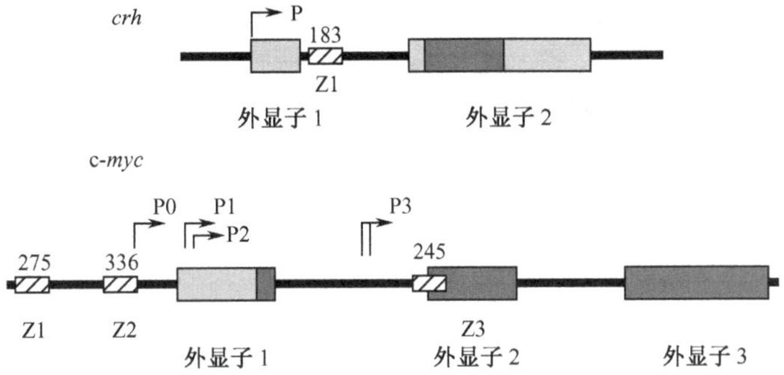

图2.11 Z-DNA形成的段落以斜线小方框表示

Z-DNA只在*crh*基因（编码corticotropin-releasing hormone）及*c-myc*基因（编码67kDa蛋白质）活跃转录时才形成，并以数字标示它们在基因内的位置。每一个基因的启动子以箭头示之，外显子（exon）被翻译区以▇表示，非翻译部分以▇表示。各个内含子（introns）以▬示之[Alan Herbert，Alexander Rich. J of Biological Chemistry，1996，271（20）：11 595～11 598]

Z-DNA的功能一般地认为与其构象的特殊分子形状直接相关。如Z-DNA形成时在5′端正在移动的转录酶可能阻止随后的转录酶转录该区域，使不断工作的转录酶有一个空间间隔；Z-DNA的形成有利于同源染色体区域（homologous chromosomal domains）的重组[106]；并能阻碍核小体（nucleosome）的形成[107]。但是，近来发现有些酶及蛋白质与Z-DNA有很高的亲和力。它们与Z-DNA结合后能发挥独特的功能。例如，一种双链RNA腺苷脱氨酶（dsRAD，double-stranded RNA adenosine deaminase），简称DRADA。该酶于RNA双链区能催化腺嘌呤（adenine）脱氨后转变为次黄嘌呤核苷（inosine）[108]（图2.12）。这种反应对于RNA的形状及长度都很敏感。该酶系中的不同成员对RNA的形状有不同的要求。值得注意的是，这些酶能改变从DNA到RNA的序列信息，从而成为表现型变异的重要来源。例如，次黄嘌呤核苷是当做鸟嘌呤被翻译的，因而可使蛋白质中的氨基酸发生置换。DRADA编辑GluR-B受体RNA的结果，导致GluR-B受体跨膜区谷氨酸（CAG）被置换为精氨酸（CGG）。在编辑过程中，RNA 3′端的内含子反折回来与待编辑的外显子形成碱基配对，以形成作为DRADA作用基质（substrate）的双链RNA。如前所述，Z-DNA在活体中是一种转录依赖的结构，它将在5′端有转录酶移动时在该酶前方形成。这种转录诱导的（transcription-induced）Z-DNA可以作为DRADA修饰基因一定区域的定位区位。RNA编辑在此发生，并阻止编辑发生于别处。重要的是，编辑酶（DRADA）与Z-DNA结合的地方，保证是正在转录的基因，并使编辑恰好在内含子被剪接之前进行。换言之，DRADA对Z-DNA的识别可以阻止该基因的进一步转录，以保证对RNA编辑的完成。DRADA是作为一个细胞内的一种复合体而存在的，可能通过其他蛋白质而互相作用，也可能其他的dsRAD存在于这个复合体中。

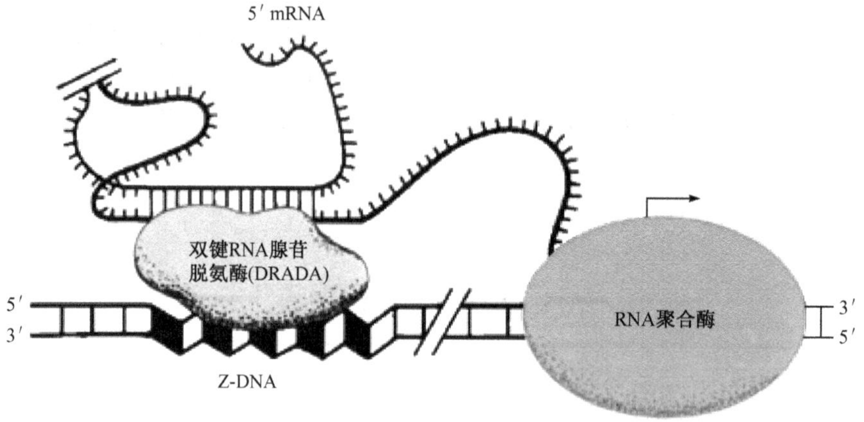

图 2.12 在活体中由于RNA聚合酶沿基因移动而产生负超螺旋使Z-DNA得以稳定
转录出的新生RNA转录本回折过来产生了双链RNA（dsRNA）。一种RNA编辑酶，DRADA（ds-RNA adenosine deaminase）以纳米亲和力（nanomolar affinity）与Z-DNA及dsRNA相结合。每一核酸被DRADA的单独的域所结合。然后，该酶催化dsRNA内的腺嘌呤的水解脱氨作用而形成次黄嘌呤核苷。次黄嘌呤在以后则被作为鸟嘌呤进行翻译。在一条pre-mRNA链中往往有数个被编辑的位点。DRADA就是利用这种DNA编码的结构信息及RNA的形状（sharp）来改变从基因到信使RNA的信息。[H. Alan，R. Alexander. J of Biological Chemistry，1996，271（20）：11 595～11 598]

我们知道，分子生物学的支柱是中心法则，它强调的是DNA序列信息的逐个的精确传递，亦即模板式的信息传递。除了突变之外，遗传信息的改变决无他途。上述的对Z-DNA的研究表明DNA除了以它的一级结构含有蛋白质中的氨基酸序列信息外，DNA的不同构象也是一种遗传信息。例如Z-DNA，它参与编辑遗传信息的生物大分子复合体的装配，在一种RNA编辑的生物大分子结构中起着必不可少的作用。这就打破了一切遗传信息都包含于DNA的序列之中的神话。也打破了遗传信息只能通过DNA的模板式传递的神话。

2.7.3 *C*值悖论

Elsasser W. M. 在他的《生物学的物理基础》[109]一书中指出："根据信息论，对于以DNA双螺旋模型和中心法则为基础的分子生物学可以提出两个确定的要求。

（1）复杂的有机体性细胞中的DNA所含有的信息内容应当比较简单的有机体细胞所含有的多。

（2）细胞应当具有把DNA上所记录的密码翻译为生物学性状的装置。信息论的实践证明，翻译的装置应当比储存密码的装置庞大得多。"

Mirsky等[110a,110b,110c]早就指出，在遗传复杂性上千差万别的生物，它们细胞中DNA的含量却往往是一样的或相近的。那些在遗传复杂性几乎一样的生物，他们细胞中的DNA含量却存在着极大的差异。没有任何资料表明，这种不相符的情况可以用DNA在遗传上的多余性或无反应性来解释。

虽然 DNA 的含量大致反映了物种间的差异，但是对 DNA 含量与物种差异的对应性，大部分还不能做出满意的解释。尤其在真核生物中 DNA 的含量并不与生物的复杂性相协调[111]。例如，酵母的基因组是 14Mb，线虫是 100Mb，果蝇是 164Mb，而与酵母处于同一水平的变形虫却具有与鲸鱼相近的基因组（>200 000Mb）；高等的被子植物（开花植物）的基因组是 50Mb，而低等的蕨类植物却高达 307 000Mb；在动物方面，海绵是 49Mb，哺乳动物（包括人）是 3000Mb，但硬骨鱼类的基因组却高达139 000Mb。这从不同生物基因组 DNA 的 *C* 值（2*C* 值）的比较中可以明显看出，如表 2.3 所示。

表 2.3　真核生物（2*C*）与原核生物（*C*）的 DNA 含量[112]　　（单位：pg）

真核生物	DNA(2*C*)	染色体数(2*n*)	学名
两栖鲵	168.0	24	*Amphiuma*
肺鱼	100.0	38	*Protopterus*
蝾螈	85.3	24	*Salamandra*
绿蝾螈	72.0	22	*Triturus viridescens*
警蛙	28.2	24	*Bombina bombina*
金线蛙	16.8	26	*Rana esculenta*
赤蛙	10.9	26	*Rana temporaria*
牛	6.4	60	*Bos taurus*(*ox*)
人	6.4	46	*Hominid*
绵羊	5.7	54	*Ovis aries*
果蝇	0.2	8	*Drosophila*
贝母	196.7	24	*Fritillaria davisii*
百合	72.2	24	*Lilium ioniflorum*
豌豆	28.0	12	*Vicia sativa*
蚕豆	4.0	12	*Vicia faba*
玉米	11.0	20	*Zea mays*
黏菌	0.384(*C*)		*Dictyostelium discoideum*
酵母	0.026(*C*)15(*n*)		*Saccharomyces cerevisiae*
原核生物	**DNA(每个细胞)**		**学名**
鼠伤寒沙门氏菌	0.014 3		*Salmonella typhimurium*
大肠杆菌	0.004 0		*Escherichia coli*
肺炎双球菌	0.002 2		*Diplococcus pneumoniae*
T2	0.000 220		
λ	0.000 005 5		
p4	0.000 016		
ϕX174	0.000 005		

由表 2.3 可见，昆虫的 *C* 值大约是 0.1（10^8 bp），而两栖类动物，如两栖鲵（*Amphiuma*）的 *C* 值是 84（8.6×10^{10} 碱基对），在昆虫与两栖类之间，*C* 值相差近千倍。两栖类的 *C* 值竟然比包括人类（3.2）在内的哺乳类（3×10^9 碱基对）的 *C* 值还高近 30 倍！所以很难令人相信这样的 *C* 值差异会与生物复杂性有什么关系。我们无法解释为什么牛与人的 DNA 含量相等，而豌豆与蚕豆均属豆科，又都只有 12 条染色体，而 DNA 含量却相差 7 倍？人为万物之灵，这个“灵”字是指人类的高度智慧与自我意识，这在遗传学上应该是最高级、最复杂的一群性状，而这些性状的表现竟然与 DNA 的 *C* 值大相径庭！人们把这种现象称为 *C* 值悖论。对于这种 *C* 值悖论，目前还没有令人满意的解释。

从图 2.13 中可以看出，包括人类在内的哺乳动物的基因组 DNA 的最高含量与爬虫动物相同，而比两栖动物、鱼类、昆虫、软体动物（如蚌、蜗牛）、开花植物等自然界的主要

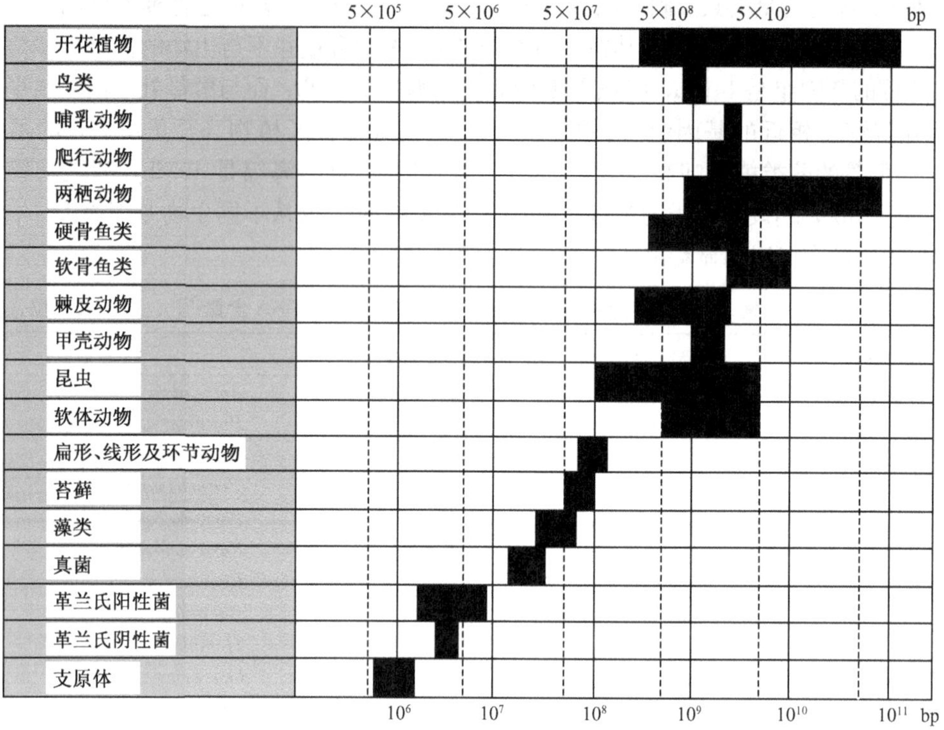

图 2.13 基因组的 DNA 含量与物种形态的复杂性并不对应[113]

的动植物类群的最高含量都低得多。比哺乳动物含量低的脊椎动物只有鸟类，还有棘皮动物（如海星）、节肢动物（如虾、蟹）、蠕虫（worms，如蛔虫、绦虫、蚯蚓）、苔藓、藻类、真菌、细菌以及支原体。鸟类的进化程度仅次于哺乳动物，但它的 DNA 的最高含量竟然与爬行动物 DNA 的最低含量一样，而且还远远不如软骨鱼类 DNA 的最低含量！众所周知，鸟类是由爬行动物进化来的，而软骨鱼类是脊椎动物中最低的类群。那么，鸟类由爬行动物的进化在 DNA 量的进化上等于零！更令人不解的是，不管从最低还是最高的 DNA 含量上看，软骨鱼类比硬骨鱼类、爬行类、鸟类、哺乳类都要高，这与进化的趋势完全相反！我们把这些事实都称之为 *C* 值悖论。

对于 *C* 值悖论已经提出了许多解释，包括基因组的部分或全部加倍（partial or complete duplication of the genome）、遗传转位（genetic transposition）、反转录加工的拟基因（retroprocessed pseudogenes）、DNA 复制滑动（replication slippage）、不等交换（unequal crossing over）及 DNA 扩大（DNA amplification）等[114]。

Petrov 等提出一个新的解释[115]：各种生物基因组的大小是由于基因组中长期积累起来的过量的非编码 DNA 被清除的速率不同所造成的结果。Petrov 指出，反转录转座子（retrotransposable elements）是 DNA 重复序列中最丰富的一类。这种反转录转座子（retrotransposons or retrotransposable elements）在玉米（*Zea mays*）和十字花科（crucifer）植物 *Arabidopsis thaliana* 中占基因组的 50%（M. San，et al. Science，1996，274：765）。很明显，这些反转录转座子的扩增将导致基因组的加大，但是这些垃圾 DNA（junk DNA）在以后的长时期中的命运如何呢？Petrov 比较这些非 LTR（non-LTR，non- long terminal repeat）的反转录转座子（retrotransposons）在蟋蟀（cricket，*Laupala*）和果蝇（*Drosophila*）的消失速率，发现它们的消失速率与它们的基因组成反比。借助于一种 Petrov 称之为“从后门溜走”（sneaking in the back door）的机制，反转录转座子在进行反转录转座时，DNA 链往往在 5′端结束前停止，造成所谓 DOA（dead on arrival）末端，即缩短了的、被删除了的末端。这种具有 DOA 末端的转座子就成为该转座子的拟基因（假基因，pseudogenes）（图 2.14）。

这些具有 DOA 末端的拟基因，不再具有转位扩增的能力，而是一种缩短了的单元（truncated element）。Petrov 利用退化 PCR 引物（degenerate PCR primer）去检验非 LTR 单元，并推算蟋蟀基因组的 DNA 丢失速率（rate of DNA loss）比果蝇的 DNA 丢失速率要慢 40 倍，而已知蟋蟀的基因组是果蝇基因组的 11 倍。因而得出 DNA 丢失速率反比于基因组大小的结论。因此，生物体的 C 值只与 DNA 丢失速率有关（丢失的是一些无义 DNA，它们不受自然选择影响），而与进化程度及生物复杂性无关。

这种说法与以前所提出的对于 C 值悖论的解释（如基因组的部分加倍、遗传转位、反转录加工的拟基因等）大同小异。主要是论证基因组的大小是受冗余 DNA 或者说垃圾 DNA 的积累的影响而产生了 C 值悖论。但是，这种解释所产生的问题比它要解决的还多。

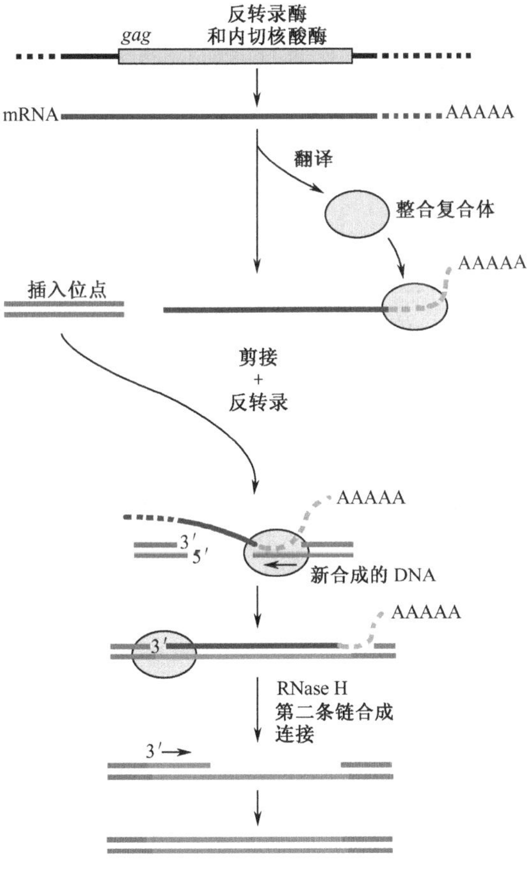

图 2.14　“从后门溜走”（sneaking in the back door）[114]

非 LTR 的反转录转座子在基因组内转位的机制。该转座子先转录成 mRNA。一部分 mRNA 翻译成蛋白质并加入整合复合体（integration complex）中。然后，整合复合体结合到 mRNA 转录本的 3′端。靶 DNA 插入位点被切开后，以切开的靶位的 3′端为引物（primer）进行反转录，在 5′连接起来。然后，用 RNase H 消化掉 mRNA 后，再合成第二条 cDNA。就是在反转录合成第一条 cDNA 接近 5′端结束时，往往停止合成，最后形成 DOA 末端——测量核苷酸丢失速率的标志（P. Capy. Science，2000，287：985～986）

首先，作为包含全部遗传信息，决定一切性状的DNA，它在进化中为什么要积累并保留越来越多的不能决定性状，不含遗传信息的垃圾DNA？如果说DNA甲基化、Z-DNA、卫星DNA等是分子水平上的性状，那么DNA垃圾化、DOA末端等是不是一种分子性状？在进化过程中，随着生物复杂性的提高，DNA的进化应该是愈来愈复杂，愈来愈有用，不可能越来越“垃圾”。因此，这种解释只不过是用DNA的“垃圾悖论”代替了“*C*值悖论”。

其次，非编码序列或冗余DNA都是不含遗传信息的DNA吗？例如，非编码序列（如内含子，前导序列，各种调控序列——启动子、增强子等）是不含遗传信息的DNA吗？重复序列不含遗传信息吗？转座子是冗余DNA吗？DNA不编码蛋白质，但是参与调控基因活动，算不算遗传信息？如果它们是遗传信息，就应该与生物的复杂性成比例，而不应把它们当成垃圾DNA去解释“*C*值悖论”。就是中性进化学说[34]，也是把那些非编码序列当成是潜在的遗传信息，而不是DNA垃圾。

其实，对*C*值悖论最简单，最明确的解释就是：虽然生物的复杂性是与它所含有的遗传信息成正相关，但是DNA所含有的并不全是遗传信息，全部的遗传信息也不是都包含在DNA之中。因而，生物的复杂性并不与基因组DNA含量成正相关。

这一结论对于近代分子生物学及近代遗传学家们来说，是难以接受的。它无疑是对“DNA是唯一的遗传物质”，“DNA含有全部遗传信息”，“DNA是进化的唯一材料”，“所有的基因都是DNA”等权威性结论的挑战！

2.7.4 *N*值悖论

当生物学界正在为*C*值悖论而困惑的时候，人们寄希望于人类基因组计划的完成。认为通过DNA序列的精细的分析，一定能够确定该物种的基因数目，提供DNA是唯一遗传物质的权威性的证据，并拨开*C*值悖论的迷雾。谁知当C. Venter等关于人类基因组计划的研究报告发表后[116]，不但*C*值悖论没有解决，反而又增加了一个*N*值悖论。他们发现人类基因组只含30 000多个基因，而只有1000多个体细胞的低等的线虫却含有20 000个基因[117]，人类的真正的遗传信息只比线虫多1/3，只等于最低级的细菌如*Pseudomonas aeruginosa*[118]的基因的5倍。更奇怪的是，比线虫高级的果蝇则只含有14 000个基因，只等于线虫的70%。人们很自然地联想到令人困惑的*C*值悖论，并把这种基因数目与生物进化程度或生物复杂性的不对应性，称之*N*值悖论（*N*表示基因的数目）。J. M. Claverie[119]评论说：“这的确是极具煽动性的，并无疑地在这个新世纪的开始将触发科学的、哲学的和宗教的论战。”

目前人们还是在尽力维护着DNA的权威，把*C*值及*N*值的事与愿违称之为“悖论”。但是“悖论”这一现实的存在，起码说明在宏伟的DNA宝座上已经出现深深的裂缝。

人们尽力弥合这个裂缝。Claverie[119]认为人类的基因虽然比只有千把个细胞的线虫多10 000个基因，是线虫基因数的1.5倍。但是不能理解成人的复杂性只是线虫的1.5倍。他提出生物的复杂性不能用基因的数目来代表，而应该用整个基因组的理论上的转录本群体（transcriptome，the universe of transcripts for the genome）来定义。这样一来，10 000个基因可就大有可为了。他指出，每一个基因在生命过程中都以开动或关闭（ON or OFF）两种状态存在，那么一个基因组中的*N*个基因就能编码2^N种转录状态。人类的复杂性比线虫的复杂性就不是1.5倍（30 000/20 000=1.5），而是

$$2^{30\,000}/2^{20\,000}=2^{10\,000}\text{倍}$$

即人类的复杂性是线虫复杂性的 $2^{10\,000}$倍！

Claverie 指出，在一个转录群体中，因为基因往往不是单独地表达，可能与其他一些基因的转录本组成亚单位，或者很多理论上的转录（本）群体是致死的。所以，不妨给上述的数字大大地打个折扣。但不管怎么说，如此定义的复杂性足以消除人类及线虫复杂性的 N 值悖论。Claverie 不无得意地说：“一个小小的数学模型就说清楚少量的基因就足以能够产生巨大的生物学复杂性。”

看来，令人烦恼的 N 值悖论在 2^N 模型面前已经烟消云散。事情果然如此简单？笔者认为：

(1) 什么是生物的复杂性？复杂性是生物性状的结构与功能的层次，它代表一定的进化阶梯。生物体不是一架 Claverie 所比喻的喷气机[119]，零部件越多则复杂性越大。例如，文昌鱼与昆虫比较，无论从发育过程还是成体性状上看，好像昆虫要复杂得多；但是文昌鱼因为其背部的一条简单的脊索而比昆虫在进化阶梯上整整高出一个数量级。所以生物的复杂性是生物进化的程度，重要的不是性状的数量，而是性状的质量。如果性状是由基因决定的话，那么复杂性应该直接地与基因的种类相关，而不能仅仅用基因所表达的性状的数量（即转录本群体的数量）来定义。例如，寄生动物的性状的数量不仅比其同类生物要简化，而且较之比它低级的生物还要少。但从基因的数量（种类）及 DNA 图谱上看，它与其同类是在同一层次的。Claverie 所谓的转录本群体（transcriptome）的数量相当于蛋白质化学反应的理论上的排列组合的数量，只与生物性状可能有的数量相对应，而与性状的质量无关，根本不能用来定义生物的复杂性。

(2) 数学的排列组合怎么能类比于生命活动中基因的组合？因为生命体不是一个万花筒！只要增加一些碎片就能成级数地增加花样。基因在发育中的组合是经过自然选择严格筛选而固定下来的，它是有限的、有序的。一个物种是经过自然选择固定下来的有限的基因型所构成的一个一定复杂性的生物，是不能用随机的 2^N 来表述的。这种 2^N 公式也许能用来表示一定数目的基因可能进化成多少物种或用来计算生物的多样性。生物体不是众多基因转录本的任意组合的万花筒！因而种种把“万花筒”复杂化的企图［如 RNA 的多聚 A 化多样性（alternative polyadenylation）、剪接多样性（alternative splicing）以及免疫球蛋白基因的重组合］并不能确立“万花筒”理论在解释复杂性方面的地位。如果非要把它比作万花筒，那么它是经过自然选择后一个或少数几个在瞬间凝固了的万花筒中的景象。

(3) Claverie 的“万花筒”理论的夸夸其谈，是漏洞百出的。既然人的 30 000 个基因能给出如此的复杂性，足以表达出一个人来，那么同样具有 30 000 个基因的其他哺乳动物，比如小鼠，它就应该与人类具有同样的复杂性！岂不可笑！这说明用分子水平的复杂性来说明生物体的复杂性的本身就是个错误。线虫有 20 000 个基因，按照 2^N 计算，对于只有千把个体细胞的线虫来说，这种 $2^{20\,000}$种转录本群体（transcriptome）的复杂性如何消受？而比线虫的复杂性要高得多的果蝇的转录本群体却只有 $2^{14\,000}$，也就是说线虫的复杂性是果蝇的 $2^{20\,000}/2^{14\,000}=2^{6\,000}$倍，又如何解释？这说明 DNA 水平的复杂性不能充分地反映生物整体的复杂性及进化水平。

笔者认为，C 值悖论与 N 值悖论的出现以及在 DNA 水平上无法给出令人信服的解释，只能说明决定生物进化程度或复杂性的遗传信息并不全部包含在 DNA 之中！

2.8 重复序列

1968 年，Britten 和 Kohne[120]已经指出：真核细胞基因组含有重复序列。某些两栖动物，如绿蛙、美洲蝾螈等基因组的 90%为重复序列 DNA[121]，某些重复频率可达一百万次。

Britten 认为重复序列可以自由地积累各种突变而不会使生物体致死，而在这些序列中一旦出现一个有适应价值的新功能的多核苷酸链时，它就会通过自然选择在相互交配的群体中传播开来。因此，重复 DNA 可能是新基因发生的材料。但是无法解释，为什么在进化过程中，应该有数千倍甚至百万倍的多次重复？有人认为它有利于同源染色体的配对。所有哺乳动物都有高度重复的 DNA，大鼠细胞在易于丢失 DNA 的培养条件下，也从不丢失卫星 DNA（一种高度重复的 DNA），这说明重复 DNA 对细胞是至关重要的。据 Diaz 等[122]报道，蝾螈（*Triturus*）的灯刷染色体的卫星 DNA（satellite DNA）有转录活性。这个发现打破了过去认为高度重复的 DNA 不能转录的说法，使人们对重复 DNA 的作用重视起来。在这种蝾螈的灯刷染色体上，组蛋白基因重复序列与大段的卫星 DNA 相间排列，由此转录下来的 RNA 前体中既有组蛋白基因的序列也有卫星 DNA 的序列。这说明卫星 DNA 在基因转录中可能有一定作用。另外，少数中等重复 DNA 可能有特殊功能，如 rDNA 能进行转录但并不导致特异蛋白质的生产，它在单细胞生物中 5 ～40 个拷贝，而在较高级的真核细胞中，每个基因型的拷贝可达 100～1000个。这种 rDNA 基因在亲缘关系相当远的不同物种中也很类似，说明它没有种的特异性（Atardi，1970）。另一类中等重复的 DNA 是组蛋白基因，它在每一单倍体基因型中的重复频率可达 1000 次，它是目前所知的唯一的既能转录又能翻译的中等重复序列。

真核细胞顺序，按其重复频率可分为三大类：单拷贝 DNA、中等重复 DNA、高度重复 DNA（表 2.4）。

表 2.4　真核细胞 DNA 序列的分类

DNA 重复程度	功能	基因组/%	拷贝数	例子
单拷贝(低重复)	能编码	45	10 左右	血红蛋白
中等重复	仅能转录	30	10^2 左右	rRNA、tRNA、组蛋白基因(能编码)
高度重复	不能转录	25	10^3 左右	satellite DNA

2.8.1 DNA 复性反应

DNA 双链在低或中等浓度溶液中加热，可以分开成为两条单链。而在适当的条件下（Tm 25℃）互补的单链间可以重新形成稳定的双链结构。测量互补单链重结合的方法一般有两种。一种方法是测减色性（hypochromicity），Doty 等指出在 260nm 波段，双螺旋 DNA 的吸收比单链 DNA 约低 40%。在重结合反应中减色性与互补碱基配对的恢复呈线性变化（Doty. PNAS，1959，45：482）。此法以减色性为互补链结合的指标，能测出 DNA 双螺旋重新形成的准确数量。另一种方法是在一定培育期间观察与羟基磷酸钙柱结合的 DNA 量。因为在一定条件下，羟基磷酸钙柱能选择性地结合双链 DNA 而让单链 DNA 通过。

2.8.1.1 复性反应方程

DNA 复性服从化学动力学的二级反应，理想的二级速率方程是

$$dC/dt=-KC^2,$$

式中，C 为单链 DNA 的浓度；t 为培育时间；该式表示反应速度与浓度的平方成正比。根据上式可得

$$(dC/dt)^{-1}=-C^{-2}/K,$$

$$dt=-1/K\cdot C^{-2}dC$$

$$\int dt=\int -1/K\cdot C^{-2}dC$$

$$t=-1/K\int C^{-2}dC=1/K\cdot C^{-1}+\text{常数} \quad (2.1)$$

当 $t=0$ 时，C 为 C_0，则

$$\text{常数}=-1/K\cdot 1/C_0\text{，代入(2.1)}$$

$$t=1/K\cdot 1/C-1/K\cdot 1/C_0$$

$$C/C_0=1/(1+KC_0t)$$

式中，C_0 为单链 DNA 的起始浓度，以每升核苷酸的浓度计；t 为时间；K 为常数，可由实验测得，在一定的实验条件下可以测定 DNA 的复性速度。

2.8.1.2 C_0t 与 $C_0t1/2$ 值

由公式可知，在实验条件恒定时，C/C_0 仅仅取决于 C_0t，也就是决定于 DNA 单链的起始浓度与保温时间的乘积。C_0t 为研究 DNA 复性提供了一个与浓度变化无关的归一化时间参量，这样我们就可以在 DNA 浓度大不相同的情况下，对各种 DNA 的复性速度进行比较。

2.8.1.3 理想反应曲线

在研究复性动力学时，常以 C/C_0 与 C_0t 的对数作图，当 $C/C_0=1/2$ 时，$K\cdot C_0t=1$，此时 C_0t 值以 $C_0t\ 1/2$ 表示（Britten 和 Kohne，1968）。图 2.15 为 DNA 理想反应曲线示例（此例中 $C_0t\ 1/2=1$，$K=1$）。在此坐标中若通过 $C/C_0=5/6$，$C/C_0=1/6$ 处的两个点画一直线，可以看到，这条直线与实际的 C_0t 曲线很接近，约有 66%的单链 DNA 是在这段与直线逼近的曲线中复性的。在该条直线与上下横坐标相交时，相交两点的 C_0t 值相差约 100 倍，表示复性是单质性的。如果该比值大于 100 倍（即大于二次方），则表示复性反应是异质性的，其中含有复性速率彼此不同的两个或两个以上的组分。图 2.16 中表示的果蝇（*Drosophila hydei*）唾腺 DNA 中的重复序列，要比蛹的 DNA 中的重复序列少。

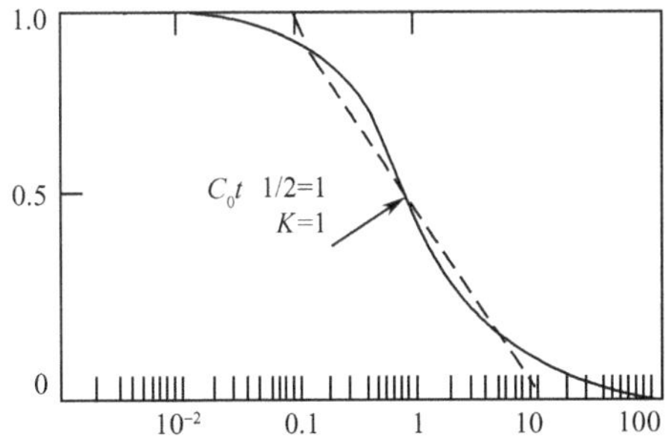

图 2.15 理想反应曲线（Britten 和 Kohne，1968）

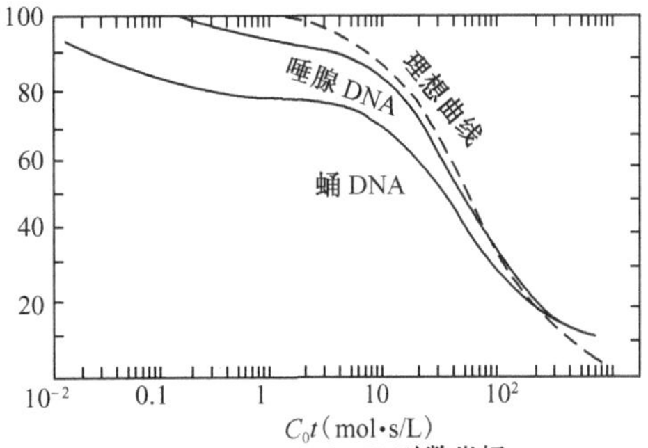

图 2.16 果蝇蛹及唾腺 DNA 复性曲线与理想反应曲线（Dickson，et al.，1971）

2.8.1.4 C_0t 1/2 与重复序列的关系

由于DNA双螺旋的复性要求两条具有互补序列的多核苷酸链（或断片）在游离溶液中发生碰撞，因此复性的速率决定于两者碰撞的概率。在变性的DNA样品中，彼此互不相同的核苷酸链数目越多，那么单位时间内任一给定的单股多核苷酸链跟另一股有互补序列的单链可能相遇的概率也就越低，复性的速率也就越慢；反之，在变性的DNA样品中含有的重复序列的数目越多，则互补单链相遇的概率就越高，复性的速率也就越快。

根据这种碰撞理论以及实验所得的数据（图2.17），我们至少可以得出两点结论：

（1）在不存在重复序列的情况下，DNA的 C_0t 1/2值与基因组大小成正比。

如图2.17所示，以互补的polyU与polyA之间的复性速率最快，C_0t 1/2最小。poly（U）+poly（A）的DNA双链可以当做是由一个核苷酸碱基对所代表的“基因组”。由于T4噬菌体的基因组含有 2×10^5 对核苷酸碱基，*E. coli* 含有 4.6×10^6 对，小牛胸腺基因组含有 3.2×10^9 对，因此T4噬菌体DNA复性的 C_0t 1/2是polyU+polyA的 10^5 倍，*E. coli* DNA的 C_0t 1/2为polyU+polyA的 5×10^6 倍，小牛胸腺DNA（非重复部分）的 C_0t 1/2则为polyU+polyA的 10^9 倍。可见DNA复性的速率是衡量基因组大小的一个尺度，但这个尺度只有在没有重复序列的情况下才准确可靠。

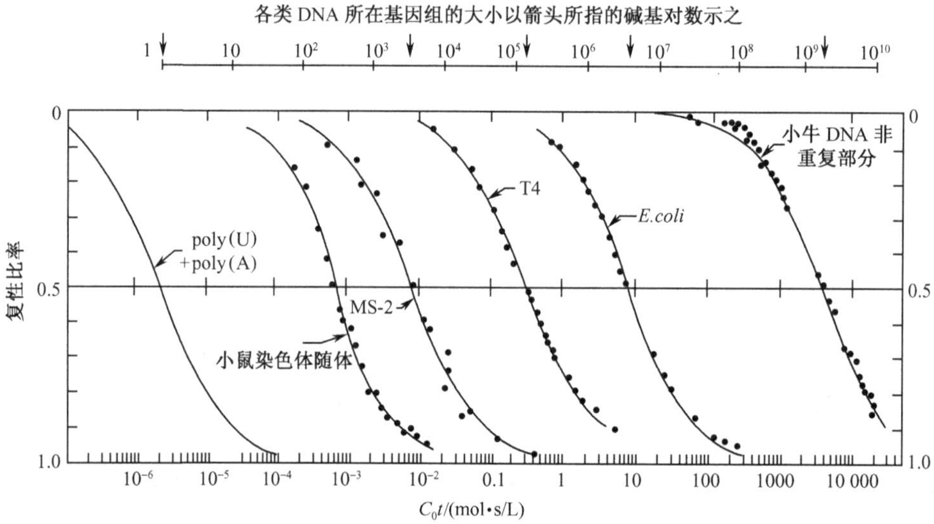

图2.17 几种DNA的复性曲线

各DNA所在的基因组的大小在上方以碱基对数示之。各变性DNA均经机械剪切成约400个核苷酸的片段，在60℃下培育复性。C_0t 表示“归一化时间”，它是在反应混合物中变性DNA的初始浓度（以每升核苷酸的浓度计）与达到复性温度时所需时间的乘积（mol·s/L）表示，以对数坐标示之。由图可见，C_0t 1/2值正比于各种来源的DNA的基因组的碱基对数（Britten和Kohne，1968）

（2）在有重复序列的复性反应中，C_0t 1/2并不因其基因组的大小而增减，而是与DNA序列的重复频率成反比。

重复序列是真核生物DNA区别于原核生物DNA的一个重要特征。如图2.17所示，小家鼠（随体）卫星DNA的复性速度反而比T4噬菌体及大肠杆菌DNA要快数千倍至数万倍。哺乳动物的基因组（10^9 bp）的比 *E. coli*（10^6 bp）大3个数量级。因此大肠杆菌的 C_0t 1/2为10左右，而小牛胸腺非重复部分的 C_0t 1/2则为 10^4 左右。但小牛胸腺的重复部分的 C_0t 1/2为0.03，竟然比病毒MS-2，T4噬菌体，*E. coli* 还要小（图2.18）。因此任何

DNA 的重复频率等于它的理想的无重复序列的单倍体基因组的 C_0t 1/2 除以该种 DNA 在复性实验中所测得的 C_0t 1/2 值。

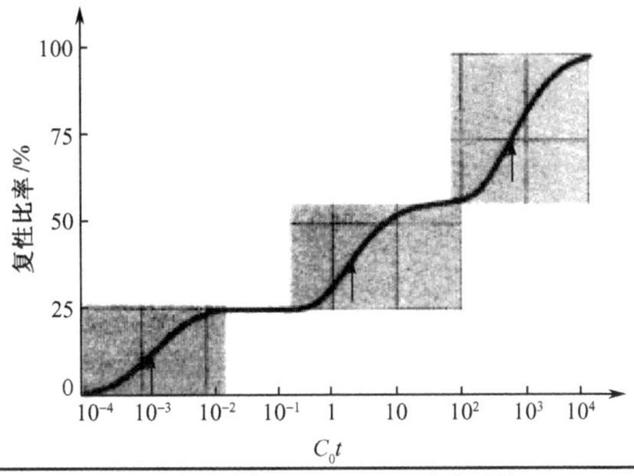

序列种类	高度重复	中度重复	单一序列*
占所在基因组百分比	25%	30%	45%
C_0t 1/2	1.3×10^{-3}（10^{-3}左右）	1.9（1 左右）	6.3×10^{2}（10^{3} 左右）
χ（复杂度）	340bp	6.0×10^{5}	3.0×10^{8}
R（重复频率）	500 000 10^{5} 左右	350 10^{2} 左右	1 10 左右

* 单一序列包括低度重复序列

图 2.18　真核细胞 DNA 的 3 种类型的复性曲线及其各项参数
（依 Lewin B. Genes，III，1987. 略有修改）

2.8.1.5　DNA 序列复杂度（sequence complex length）

复杂度（χ）是 DNA 分子中无重复的核苷酸序列的最大长度。例如，$(ATAT)_n$ 的复杂度为 2，$(ATGC)_n$ 的复杂度为 4，T4 噬菌体是由 2×10^{5} 不重复核苷酸（对）分子构成，其复杂度就是 2×10^{5}。来自不同生物的 DNA，如果反应条件及 DNA 断片大小都相同，则复杂度越大，复性速度就越小（R 值就越小）。例如，在 $(ATAT)_n$ 与 $(ATGC)_n$ 浓度相同（即每升溶液中的分子数相同），断片大小相同（都是 3 个碱基）的条件下，则 $(ATAT)_n$ 只能产生 2 种片段，$(ATGC)_n$ 则能产生 4 种片段。由于在溶液中两种 DNA 的总分子数相等，则 $(ATAT)_n$ 的每一种具体片段的分子数就是 $(ATGC)_n$ 每一种具体片段的 2 倍，因而前者的复性速度就是后者的 2 倍。

由于 C_0t 1/2 值也与复性速度大小成反比，所以，基因组的复杂度与其 C_0t 1/2 成正比（表 2.5）。

表 2.5　复杂度与 C_0t 1/2 的对比（按图 2.17 中所同时进行的一组实验）

DNA	χ/bp	C_0t 1/2
polyU	1	2×10^{-6}
$Mouse_{(satellite)}$	350	7×10^{-4}
T4 噬菌体	2×10^{5}	4×10^{-1}
E. coli	4.5×10^{6}	9×10^{0}
$Calf_{(nonrep)}$	1.9×10^{9}	4×10^{3}

复杂度与 C_0t 1/2 的关系可以下式表示。

$$\chi=\alpha C_0t\ 1/2,\qquad \alpha=\chi/C_0t\ 1/2$$

据图 2.17 及表 2.5 的数据，可知在同一实验条件下，各种 DNA 的 χ 及 C_0t 1/2 尽管不同，但它们的 α 都是一样的，即

$$\begin{aligned}\alpha &= \chi/C_0t\ 1/2\\ &=1/(2\times10^{-6}) = 350/7\times10^{-4}\\ &=2\times10^{5}/4\times10^{-1}\\ &=4.5\times10^{6}/(9\times10^{0})\\ &=1.9\times10^{9}/(4\times10^{3})\\ &=5\times10^{5}\end{aligned}$$

所以在实验中往往根据某个已知的 DNA 复杂度（如 *E. coli*，$\chi=4.5\times10^6$）及其 C_0t 1/2（实验测得值），即可求出 α 值与 χ 值，据此 χ 值可求出同一实验条件下各种 DNA 的重复频率。

2.8.1.6　DNA C_0t 曲线分析

（1）DNA 组分分析。

例如小牛胸腺 DNA（图 2.19），$C/C_0=5/6$ 和 1/6 时，其 C_0t 值分别为 10^{-2} 和 10^3 数量级，两者之比为 10^5，远大于 10^2。这说明该复性反应是异质性的，其中含有复性速率彼此不同的两个或两个以上的组分，可能含有重复序列。由图 2.19 可见，约在 $C/C_0=0.6$ 处有一段曲线接近水平，说明复性反应处于停顿状态，过了这段时间后，复性反应才重新开始。因此整个反应可分为两个部分，第一部分结束于 $C/C_0=0.6$ 处，其 DNA 量占整个 DNA 量的 40%，其复杂度小，复性速度很快。第二部分的 DNA 占整个 DNA 量的 60%，其复杂度大，复性速度很慢，第一部分复性结束后第二部分才开始，即组分数各为 $f_1=0.4$，$f_2=0.6$。

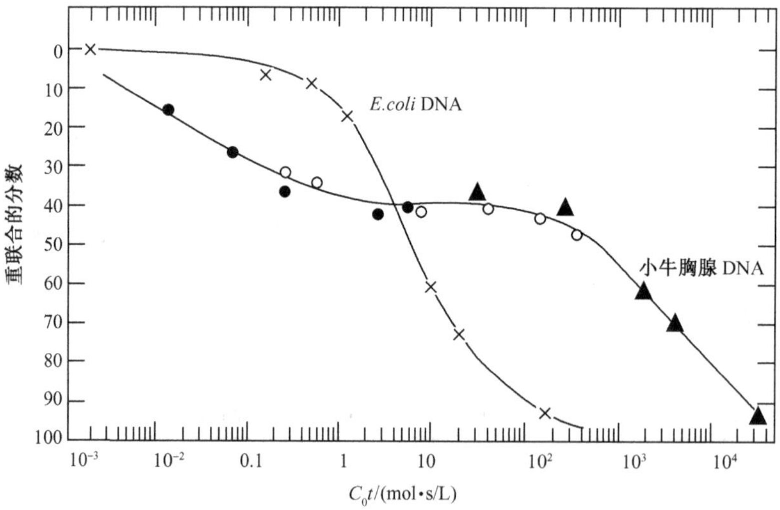

图 2.19　小牛胸腺 DNA 的复性曲线

用直线逼近法可以看出，每部分都分别符合二级反应曲线。

（2）复杂度的计算。

每部分 DNA 的复杂度可由下式求出

$$\chi = \alpha \cdot C_0t\ 1/2 \tag{2.2}$$

式中，α 值可根据已知 DNA 的复杂度（如 *E. coli* 的复杂度 $\chi=4.5\times10^6$）及其在与小牛胸腺同时进行的实验中（图 2.19）测得的 C_0t 1/2=6（*E. coli*）而得出。

$$\alpha = 4.5\times10^6/6 = 7.5\times10^5$$

要注意到（2.2）式中的 C_0t 1/2 值，由图 2.19 可得第一部分的 C_0t 1/2 是 3×10^{-2}，第二部分的 C_0t 1/2 是 4×10^3。但这都是在两部分混合的情况下所测得的 C_0t 1/2 值，若把两部分分开，让每一部分单独进行复性实验，将会发现 C_0t 1/2 值与混合时的值不同。它们之间的关系以下式表示。

$$C_0t\ 1/2(\text{单一}) = f\cdot C_0t\ 1/2(\text{混合})$$

式中，f 即后述的重复频率公式（2.3）中的 DNA 的组分数。这是因为在混合时 C_0 是整个 DNA 的浓度，其中相应的组分实际只有 $f\cdot C_0$ 的浓度，因此小牛胸腺的两部分 DNA 的复杂度，可做如下计算。

$$\begin{aligned}\chi_1 &= \alpha f_1 C_0t\ 1/2(\text{混合})\\ &=7.5\times10^5\times0.4\times3\times10^{-2}\\ &=9\times10^3\\ \chi_2 &= \alpha f_2\ C_0t\ 1/2(\text{混合})\\ &=7.5\times10^5\times0.6\times4\times10^3\\ &=1.8\times10^9\end{aligned}$$

（3）重复频率计算。

重复频率按下列公式

$$R = fN/\chi \tag{2.3}$$

式中，R 为重复频率；N 为总 DNA，即被测 DNA 所在基因组 DNA 碱基对数；f 为被测 DNA 在总 DNA 中的组分数（%）；χ 为被测 DNA 的复杂度。

例 2.1　如图 2.17 所示，小家鼠随体 DNA。

已知 $\alpha=5\times10^5$，C_0t 1/2=7×10^{-4}，$N=3.2\times10^9$，$f=10\%$

则　$\chi=\alpha\cdot C_0t$ 1/2=（5×10^5）×（7×10^{-4}）=350，

$R=0.1\times3.2\times10^9/350\approx9\times10^5$。

例 2.2　如图 2.19 所示，小牛胸腺 DNA。

已知小牛胸腺 DNA 总量 $N=3.2\times10^9$，则小牛胸腺的两部分 DNA 量为

$$N_1=f_1N=0.4\times3.2\times10^9=1.3\times10^9$$

$$N_2=f_2N=0.6\times3.2\times10^9=1.9\times10^9$$

在上节复杂度计算中已知小牛胸腺两部分 DNA 的复杂度为

$$\begin{aligned}\chi_1 &= \alpha f_1\ C_0t1/2(\text{混合})\\ &=7.5\times10^5\times0.4\times3\times10^{-2}\\ &=9\times10^3\\ \chi_2 &= \alpha f_2\ C_0t1/2(\text{混合})\\ &=7.5\times10^5\times0.6\times4\times10^3\\ &=1.8\times10^9\end{aligned}$$

χ_2 与 N_2 基本相同，可知第二部分 DNA 为非重复的单一序列，但第一部分 DNA 的核苷酸数与其复杂度相去甚远，说明该部分包含有重复序列，这两部分 DNA 的重复频率（拷

贝数）分别为

$$R_1 = N_1/\chi_1 = 1.3 \times 10^9/(9 \times 10^3) = 1.4 \times 10^5$$

$$R_2 = N_2/\chi_2 = 1.9 \times 10^9/(1.8 \times 10^9) \approx 1。$$

可见，小牛胸腺 DNA 的第一部分是快速复性的高度重复序列（10 万次以上），而第二部分是缓慢复性的单一序列。

真核生物中重复 DNA 的比较见表 2.6。

表 2.6　真核生物中重复 DNA 的比较（依 Straus Neil A，1976，重新整理）[123]

DNA 来源	单拷贝/%	重复 DNA/%	重复频率	参考文献
草履虫	85	15	53	Allem, et al. Biochem. Genet., 1972, 6: 293.
红色面包酶	80	20	60	Brooks, et al. Biochem. Genet., 1972, 6: 41.
黏菌	40	51	198	Firtel, et al. Mol. Biol., 1972, 66: 339.
蛔虫	90	10	5 500～7 000	Tobler, et al. Dev. Biol., 1972, 27: 190.
海胆	60	40	100～100 000	Kedes, et al. Nature New Biol., 1971, 230: 165.
蝗虫	90	10		Gibson, et al. Chromosoma, 1972, 38: 1291.
家蚕	55	21	500	Gage. Chromosoma, 1974, 45: 27.
果蝇	78	15	35	Wu J. Mol. Biol., 1972, 64: 211.
鲑	≤20	70	100～100 000	Britten, et al. Science, 1968, 161: 529.
绿蛙	22	40	93	Straus. PNAS USA, 1971, 68: 799.
虎螈	≤24	6	2 500 000	Straus PNAS USA, 1971, 68: 799.
鼠	65	19	1500	Holmes, et al. Biochemistry, 1974, 13(5): 841.
人	64	13/12/10	低/中/高	Saunders. J. Mol. Biol., 1972, 63: 323.

2.8.2　Alu 族重复序列[124a,124b]

灵长类 DNA 至少在一个方面与众不同，它含有两类高拷贝量的可以转位的 DNA 序列，而且遍布各条染色体。这两类 DNA 序列的转位是一种需要反转录酶的 RNA 介导的过程。其中之一是 Li 转位因子（Li transposable element），它类似于果蝇（*Drosophila*）的 F 因子（F element）及玉米的 Cin4 因子，能编码反转录酶。此类因子能借助于反馈机制来严格限制其本身在细胞内的数量。Li 因子在人类基因组中约占 4%。

另一类更为丰富的可转位成分就是 Alu 序列或 Alu 族（Alu Sequence，Alu family；哺乳动物基因组中含有非常类似 Alu 族的序列，称为 Alu-equivalent family）。在人类的相间分布的短重复序列中，Alu 成分占 1/3～1/2。每一重复序列为 300bp，经 Alu 内切酶可切成 130bp 和 170bp 的两片段，故名 Alu 族。该族在人类基因组中约有 500 000 个拷贝，重复频率为 3×10^5，约占基因组的 5%，有的高达 6%；平均每 5000 个核苷酸就会间以一个 Alu 序列。Alu 成员有 80%～88%顺序相同，它们之间的差异多为点突变。Alu 成分都有精确的 5′端顺序，但其 3′端区长短不一，内部为不完全的双体结构。其中前单体长 135bp，含有 RNA 聚合酶Ⅲ的转录控制区，后单体长 165bp，由于插入另外的 30bp 片段，致使此酶控制区失效。两单体的 3′端各有 A 区段。整个 Alu 成分两侧有短的同向重复序列（20～80bp）。

啮齿目的 Alu 序列（Alu-equivalent family）分为两类，一类如小鼠的 B1 序列长 130bp，中国仓鼠的长 134bp，都相当于 Alu 的后单体，均有 32bp 插入。由于缺乏转录起始点不能由聚合酶Ⅲ转录。另一类如小鼠的 B2 序列长 190bp，中国仓鼠和大鼠的长约 200bp，都与人 Alu 的前单体相似，均可转录 RNA。Alu 族的具体作用仍不甚清楚，Alu 序列中有一个 14bp 区域与某些病毒（papova，hepatitis B）中的复制起点的序列相同，因此推测 Alu 族与真核细胞基因组的复制起点有关。另外，某些 Alu 族成员可在试管中被 RNA 聚合酶Ⅲ（RNA polymerase Ⅲ）转录为小的 RNA，此类转录单位往往位于其他转录单位的附近。例如，在人 β-球蛋白基因群区域内就有两个这样的单位。更有甚者，某些 Alu 族成员往往包含在结构基因的转录单位之内。例如，在长链的细胞核 RNA（nRNA）之中，一个 nRNA 分子内存在着多个 Alu 拷贝，有助于该 nRNA 分子二级结构的形成。所有这些暗示 Alu 族成员可能与基因的转录、调控有关。最后，Alu 族成员是可转位成分。Alu 的转位与其转录过程结合进行。它们以 RNA 为中间体，自我引物，反转录成 cDNA，然后插入另一位置，成为新的转录单位，从而完成它的转位。在染色体外环状 DNA 分子中也含有 Alu 副本，这种成分的转位会引起 DNA 的重排[125]，从而引起细胞分化。

Alu DNA 是以 7SL RNA 的启动子来启动转录的。它的序列是细胞中 7SL RNA 基因的一种删减的形式。7SL RNA 基因编码 SRP 颗粒（signal-recognition particle）中的 RNA 成分。SRP 通过与信号肽的结合以及随后的与粗糙内质网膜上（rough ER membrane）的 SRP 受体结合，在肽链合成中起着重要的作用。因此，Alu 序列可能是起源于 7SL RNA 基因的一种可移动的假基因（mobile pseudogene）[124a,124b,126]（图 2.20，图 2.21）。

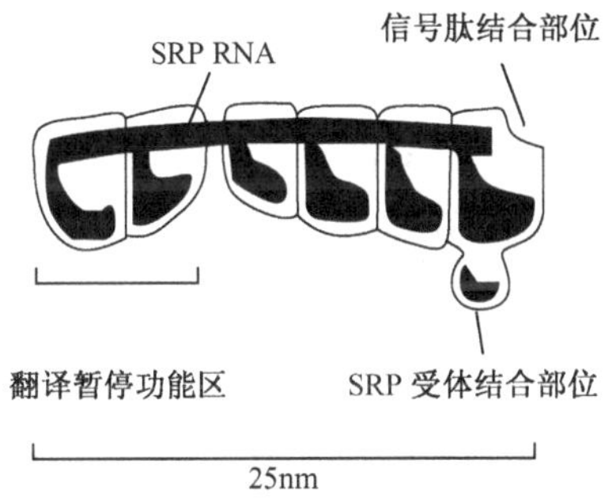

图 2.20 信号肽识别颗粒（SRP）由蛋白质与 RNA 两部分构成

其中的 RNA 成分来自 7SL RNA 基因，它与核糖体 RNA 相作用，使 SRP 与核糖体结合而暂停翻译。当它的另一端在 ER 上与 SRP 受体结合后，SRP 卸载，翻译才又继续[127]

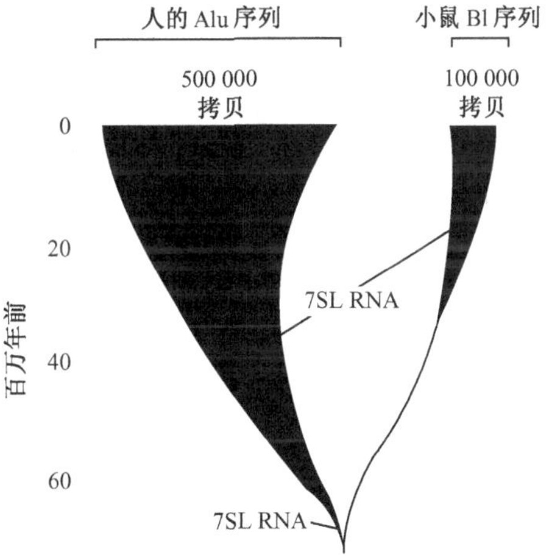

图 2.21 人类的 Alu 序列及小鼠的 Alu-equivalent 序列，在大约 6000 万年前起源于 7SL RNA 基因[128]

2.8.3 卫星 DNA

各物种的 DNA 在氯化铯梯度离心中，平衡时的浮力密度决定于它的 G+C 的含量。G+C含量越高，浮力密度越大。真核细胞 DNA 含 30%～50%的 G+C，在 DNA 分子中的不同区段，G+C 内容相差约 10%。因此，对某一物种来说，其浮力密度曲线是覆盖一定浮力密度范围的一条宽带。但是有些 DNA 片段却含有异乎寻常高的或低的 G+C 内容，其浮力密度曲线则在主带 DNA 的前后出现。这些 G+C 内容比主带的浮力密度略重或略轻的 DNA，也叫卫星 DNA（随体 DNA）（图 2.22）。卫星 DNA（satellite DNA）是一种高度重复的 DNA。重的卫星 DNA 在豚鼠、人的 DNA 中发现过，在鼠的 DNA 中则有轻的卫星 DNA。Southern[129]第一次指出卫星 DNA 是由一些含少量碱基的重复单位串联而成，并认为新的卫星 DNA 可由旧的突变而来。Brutlag[130] 报道，在果蝇（*D. melanogaster*）中有 4 种卫星 DNA，约占其基因型的 18%。

卫星 DNA 多为 2～10bp 所组成的重复单位，但其中 8bp 与 9bp 的重复单位尚未发现。卫星 DNA 多位于着丝点的异染色质中，重复频率为 10^6～10^8。果蝇的一条 X 染色体，由于着丝点异染色质大量缺失，往往不能与 Y 染色体分离[131]，因此，卫星 DNA 可能在染色体的配对、分离中起着重要作用。后来[132] 发现在果蝇的 1.688g/cm^3 卫星 DNA 中结合了特异性结合蛋白（sequence-specific satellite DNA binding protein），在牛的卫星 DNAⅢ中也有类似发现，并发现卫星 DNA 中含有大量的磷酸化 H1[133]，这些都使人们相信卫星 DNA 在染色质折叠压缩、配对及分离中有重要作用（图 2.23）。1980 年 Varley 等在蝾螈（*Triturus*）卵的灯刷染色体时期，在第一染色体的异形长臂（long heteromorphic arm）卫星 DNA 中发现有转录作用[134]。这个发现打破了过去认为卫星 DNA 不能转录的看法。对牛的卫星 DNA（Bochan，1974；Mowbray，et al.，1975）、啮齿目卫星 DNA（Horz，et al.，1974；Soutbern，1975）以及果蝇卫星 DNA（Manteuil，1975）等使用限制内切核酸酶研究的结果表明，许多卫星 DNA 中含有被数百以至数千碱基所间隔的内切核酸酶位点。例如，Botchan（1974），Mowbray（1975）等发现牛的卫星 DNAⅠ被酶切后的情况是

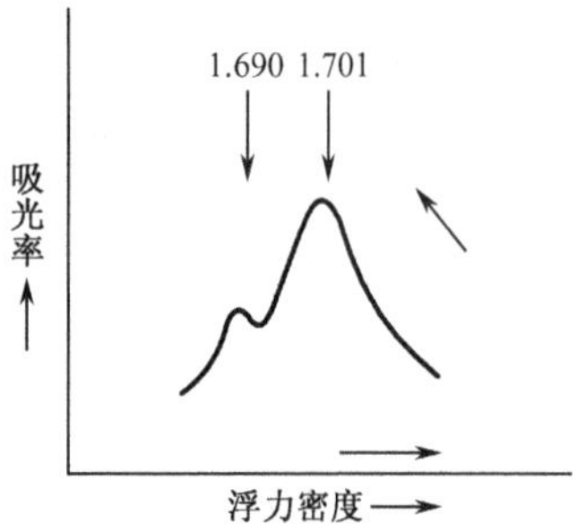

图 2.22　小鼠 DNA 的 CsCl 密度梯度离心后的主带（1.701）与卫星带（1.690）

$$H'\text{-}H\text{-}H'\text{-}H\text{-}R\text{-}H'\cdots$$

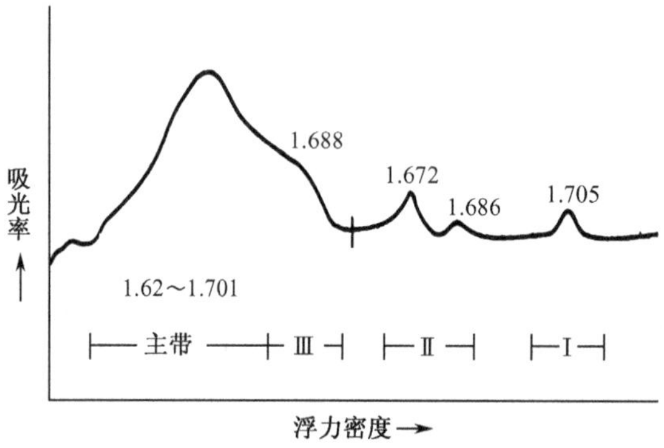

图 2.23　果蝇 DNA 的 CsCl 密度梯度离心后的主带与卫星带[130]

该 CsCl 中含 actinmycin D；高 G+C 的 DNA 不与它结合，而正常 G+C 含量的 DNA 与之结合，从而加大了这两种 DNA 密度的反差，而使二者在离心中分开。图中的第四卫星带（1.688）G+C含量不是很高，所以与主带 DNA 融合。它的正常位置（无 actinmycin D 情况下）应与 1.686（Ⅱ）卫星带融合（共带）。图中的 3 个卫星带：Ⅰ.1.705；Ⅱ.1.672～1.686；Ⅲ.1.688

其中，R 为 *R1* 内切核酸酶的切点，H 为 *Hin*d Ⅱ 内切核酸酶的切点，H′为 *Hae* 内切核酸酶的切点。他们假设短的重复单位存在于切点之间，Tartof 提出了卫星 DNA 的双结模型（two-tier pattern）[135]，认为短而简单的序列在重复 $10x$ 倍之后，其末端则以一种 DNA 序列小片段终结，这整个单元本身再重复 $10y$ 次而构成一个完整的卫星 DNA。

2.9 重复基因

2.9.1 核糖体 RNA 基因（rDNA）

这是一种中等重复并有转录活性的基因，多集中在特定部位（核仁形成区），有时则以染色体外核蛋白体（含 rDNA）的形式存在。在真核细胞中，每一个基因组都有一个 rDNA 的串联重复区域，人类有 5 个区域（Hendrson，1972），约含 200 个拷贝，两栖类（*Xenopus*）约含 600 个拷贝。rDNA 的一个重复单位由转录区段和非转录区段（spacer segment）组成。转录区段为 rRNA 前体（45S）编码，这种前体的相对分子质量为 2.5×10^6（低等脊椎或无脊椎动物）或 4.1×10^6（鸟类、哺乳类），8000～13 000 bp。转录后的 45S 前体被切成 28S（5000bp），5.8S（160bp）和 18S（2000bp）。多余的核苷酸（nonconserved NC）在成熟过程中被降解。

人类 45S rRNA 前体（重复单位）的加工见图 2.24。

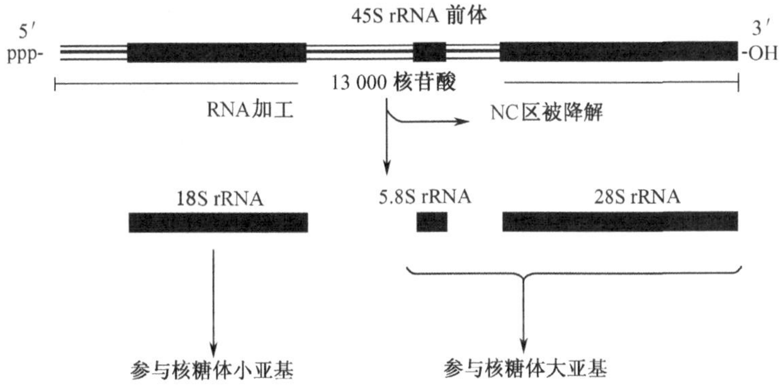

图 2.24 人类 45S rRNA 前体（重复单位）的加工（依 Alberts，et al.，1994，略有修改）

rRNA 基因的成串结构的电镜图片见图 2.25。

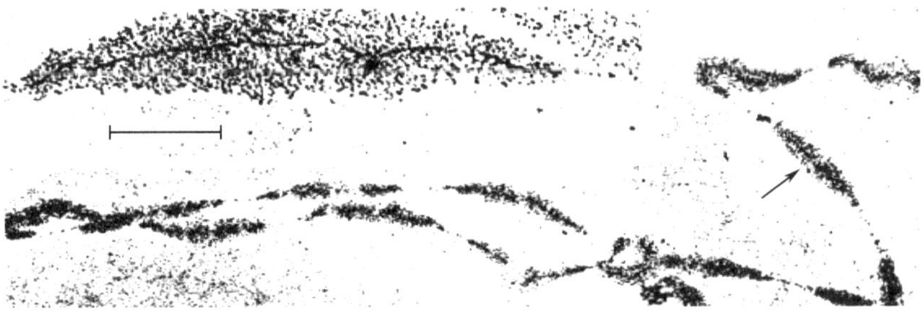

图 2.25 rRNA 基因的成串结构的电镜图片（转录区与空挡区看得很清楚）

由图 2.26 可见，rRNA 前体有两个 TS 区域（转录空挡，见图 2.26 说明），一个在中部，一个在末端。高等脊椎动物（鸟类、哺乳类）与低等脊椎动物、无脊椎动物的 rRNA 前体在两个 TS 区域的大小上往往相差 4 倍（Wallauer，1974）。即使亲缘关系相近的物种，其空挡区也不相同。对果蝇的电镜研究表明，虽然重复单位是相同的，但 X 与 Y 染色体（上面有核仁形成区）上 rDNA 的单位重复长度却不相同。X 染色体 rDNA 的重复长度为 16 000bp，而 Y 染色体 rDNA 则是 13 000bp。这说明即使在同一细胞中，重复程度也可产

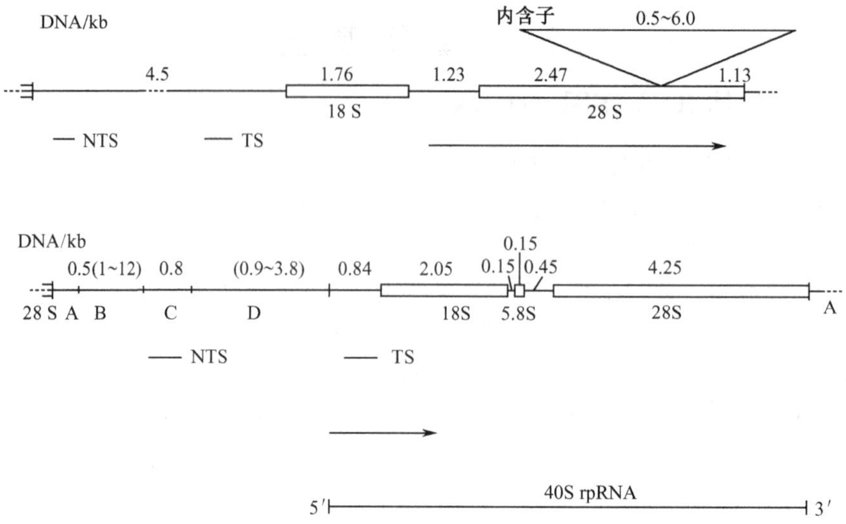

图 2.26　黑腹果蝇 rDNA 的一个重复单位（上图）及非洲爪蛙 rDNA 的一个重复单位（下图）示意

图中箭头示转录方向。TS（transcribed spacer），转录空挡，在 RNA 前体的成熟过程中将被降解掉的部分。NTS（nontranscribed spacer），两个重复单位之间的不被转录的空挡区

生差异，在对四膜虫的研究中（Karrer，et al.，1978）发现这种差异十分明显。四膜虫（*Tetrahymena*）大核的 rRNA 基因是串联重复的，而小核的 rRNA 基因却是单一序列。因为大核是由小核分裂而来，两者的 DNA 结构应该一致，那么大核的 rDNA 是怎样从小核的 rDNA 复制出来的呢？这是一个十分有趣的问题。另一个令人费解的事情是既然 45S rDNA 是一个转录单位，为什么不把它称为一个基因？如果这样，岂不就会更早地导出外显子与内含子的概念？其实，如图 2.26 所示，果蝇 rDNA 串中早就发现其中 2/3 的 28S rRNA 基因中有一段长达 6kb（0.5～6.0kb）的不转录的 DNA 序列，但此等序列不参与 28S rRNA 合成。在 1979 年还谨慎地称之为“插入片段”[136]，到 1983 年的 *GENES* 一书中则称为内含子[137]。并进一步发现在一些低等真核生物中，如四膜虫（*Tetrahymena pigmentosa*）、黏菌（*Physarum polycephalum*）的 28S rRNA 基因中也有内含子，而且像真正的断裂基因（split genes）一样，转录后进行剪接，产生有功能的 28S rRNA。在酵母（*S. cerevisiae*）、粗糙脉孢霉（*N. crassa*）的线粒体中 28S rRNA 基因也含有内含子。

2.9.2　5S rRNA 基因（5S 基因）

5S 基因的产物是 5S rRNA，分子质量是 3×10^4 Da，存在于核糖体的大亚基中。另外，在真核细胞的核糖体大亚基中，除 5S rRNA 外，还发现了 5.8S rRNA（Rubin，1972）。在所有真核细胞中，5S 基因都是多拷贝的，拷贝数在各物种间差异很大。

真核细胞的 5S rRNA 与 28S rRNA、5.8S rRNA 虽以相等分子比率存在于核糖体的大亚基中，但 5S 基因并不与 5.8S 基因连锁，可是在原始的真核生物如黏菌（*D. discoideum*）、酵母（*S. cerevisiae*）中，5S 基因则与 28S、18S、5.8S 基因连锁。这个 5S 基因受另一个启动子的控制[138]。在原核生物中，23S、16S、5S rRNA 基因不仅连锁，而且有一个共同的启动子（图 2.27）。在非洲爪蛙（*X. laevis*）中发 5S rRNA 有两种[139]，

一种是在体细胞中合成的体细胞型；一种是在卵母细胞中的卵母细胞型，但卵母细胞中也含有约 10%的体细胞型。Ford 等[140]报告，在一种 *X. laevis* 的组织培养细胞中，因卵母型 5S 基因由于异染色质化而被抑制，当移位到常染色质区域时即可活化。图 2.28 中的拟基因并不转录，但它的 101 个碱基与 5S 基因的前 101 碱基序列是完全相同的，好像是 5S 基因的一个“遗迹”。

对鼠的 L 细胞（Perry，1968）和非洲爪蛙（Miller，1974）的研究表明，5S RNA 与 rRNA 是独立转录的。rRNA 是由 RNA 聚合酶Ⅰ所转录，而转录 5S RNA 及 tRNA 的是 RNA 聚合酶Ⅲ。

几种真核生物的 5S 基因见表 2.7。

表 2.7　几种真核生物的 5S 基因

生物名称	拷贝数(单倍体)	在染色体上的位置	基因大小/bp
酵母	160～230	染色体Ⅰ	120
果蝇	160～200	56F1-9	120
非洲爪蛙	9 000～24 000	15 个端粒上	120
人	2 000	染色体Ⅰ	120

E. coli 的一个操纵子（*rrn* operon）含有 rRNA 基因及少数种类的 tRNA 基因，见图 2.27。

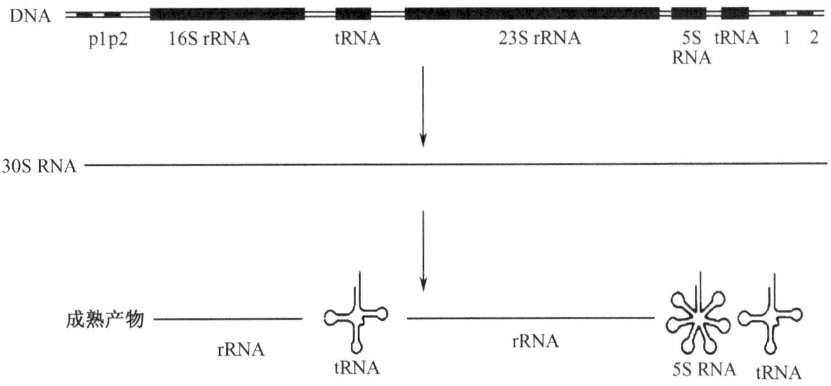

图27　*E. coli* 的一个操纵子（*rrn* operon）含有 rRNA 基因及少数种类的 tRNA 基因
它共有 7 个这样的 *rrn*，其中 3 个 *rrn* 含有 $tRNA_2^{Glu}$，另外 4 个 *rrn* 则含有 $tRNA^{Ile}$ 与 $tRNA^{Alu}$。*p*1、*p*2 是两个相距 110bp 的启动子；*p*1 距离 16S rRNA 基因约 300bp，是该操纵子的主要启动子；*p*1、*p*2的两个终止子。使用 RNase Ⅲ进行转录加工[137]

非洲爪蛙（*X. laevis*）卵母细胞型 5S 基因见图 2.28。

2.9.3　tRNA 基因（4S 基因）

tRNA 是一类小的分子，含 75～90 个核苷酸，相对分子质量 25 000 左右，沉降系数 4S。为 20 余种氨基酸转运的 tRNA 约有 40 余种，平均每种 tRNA 在不同物种的拷贝数见表 2.8。

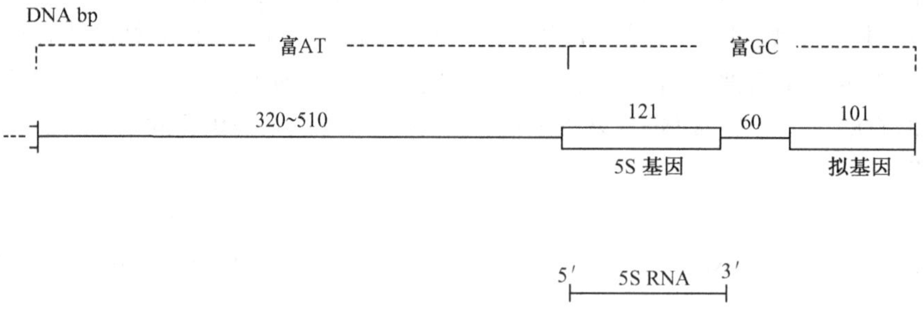

图 2.28 非洲爪蛙（*X. laevis*）卵母细胞型 5S 基因示意图[136]

表 2.8 几个物种的 4S 基因的拷贝数

物种	拷贝数	参考文献
酵母	9	H. Feldman, 1976
果蝇	10	L. Weber, E. Berger, 1976
HeLa 细胞	20	L. Hatlen, G. Attardi, 1971
非洲爪蛙	200	S. G. Clarkso et al., 1973

每种 4S 基因一般都串联成堆，空挡区较大。4S 结构基因约 140bp，其中还包括一段将在成熟后降解掉的 NC 区（Altman，1971）。S. G. Clarkson 等通过研究认为，非洲爪蛙的每种 4S 基因约有 200 个拷贝，它们串联在一起，每一个重复单位由一个空挡区（约 800bp）和一个高 GC 的结构基因组成[141]。目前对于 200 个拷贝是否有间隔尚有争论。酵母、果蝇及人的 4S 基因的拷贝数均较非洲爪蛙少 6～10 倍，而且有些是串联的，有些是分散的。例如，酵母有 320～400 个 4S 基因（Schweizer，1969），按 40 种 4S 基因计算，每种 8～10 个拷贝。醋蝇（*D. melanogaster*）的每个基因组约含 750 个 tRNA 基因。Griigliatti 等（1974）用 I^{125} 标记它的赖氨酸 4S 基因，发现在第二染色体的 48F～49A 区域串联成串。

非洲爪蛙 4S 基因的一个拷贝见图 2.29。

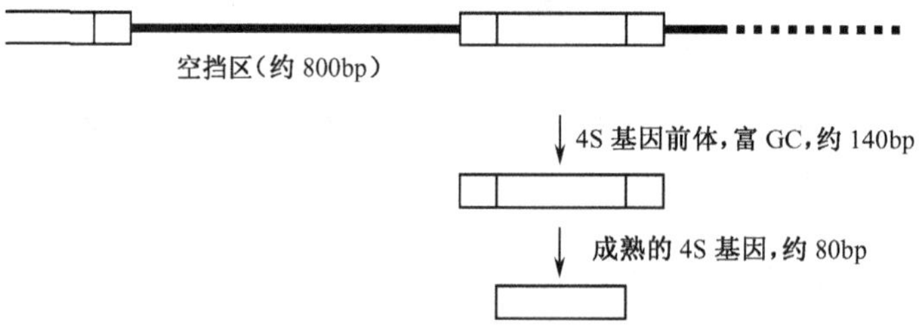

图 2.29 非洲爪蛙 4S 基因的一个拷贝

2.9.4 组蛋白基因（hDNA）

组蛋白基因是已知的重复基因中唯一具有蛋白质编码机能的基因。它们在 DNA 合成开始前短暂地表达，因而它们的活动与细胞周期密切相关。海胆的早期胚胎的细胞分裂是同步的，因此可以分离出大量的纯的组蛋白 mRNA 作为研究组蛋白基因的探针。

海胆的每一个组蛋白基因簇（histone gene cluster）都是一个含有 5 种组蛋白（H1、H4、H2B、H3、H2A）编码的重复单位，在重复单位中含有富 AT 的空挡区及富 GC 的结构基因段落。许多同样的重复单位又串联起来成为“重复单位簇”（tandem of gene clusters）而占据染色体的一定区域。各种生物组蛋白基因簇的重复频率不同。例如，小鸡为10，哺乳动物为20，爪蛙为40，果蝇100，海胆则为300～600个重复单位串联一起。因此，在海胆细胞中，约有1200个组蛋白基因就这样串联在一起，如在CsCl梯度离心中可以形成一条高密度的卫星带。估计一个重复单位中5种组蛋白的氨基酸共计710个[142]，按三联体密码计算约相当于2.1kb。已知H4的mRNA中有100左右碱基的头尾序列是不转译的，如果其他组蛋白的mRNA也是这样的话，则每个重复单位中转录mRNA的DNA约2.7kb[143]，对串联成堆的hDNA用 *E. coli* 或 *Hin*dⅢ切割，均能产生5.6kb的片段，这种片段可以与所有5种组蛋白的mRNA杂交[144]。这表明它含有它们的编码序列。对组蛋白mRNA序列的进一步研究表明：hDNA中的结构基因部分富GC（50%～56%）。各结构基因被富AT的空挡区间隔开。利用对hDNA的部分变性，富GC的基因区域仍为双链结构，而在富AT的空挡区则形成空泡，在电镜下可以清楚看到这个现象（图2.30）。

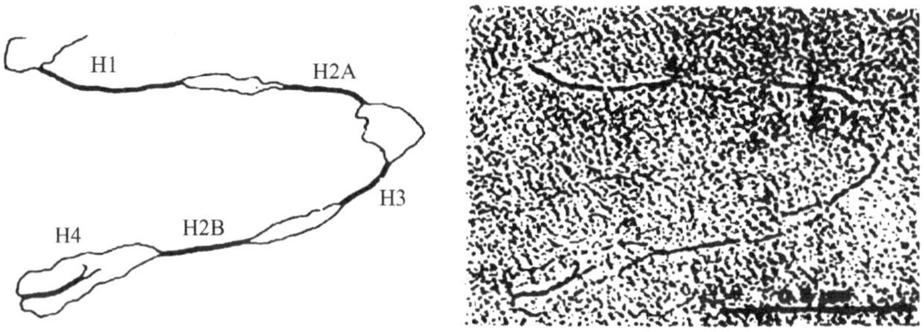

图2.30 海胆（*P. miliaris*）hDNA部分变性的电镜图片示意图。解释见正文[136]

Birnstiel等[145]总结hDNA基因结构时指出：海胆的hDNA是由5～6kb的单位在DNA链上串联重复而成。在每个重复单位内，各种组蛋白的结构基因按同一转录方向排列，其次序是H1、H4、H2B、H3、H2A，因此它们在序列上有相同的极性，彼此之间有空挡区隔开。但在其他一些物种如果蝇、蝾螈等，5种组蛋白基因的排列次序及其转录方向都有变

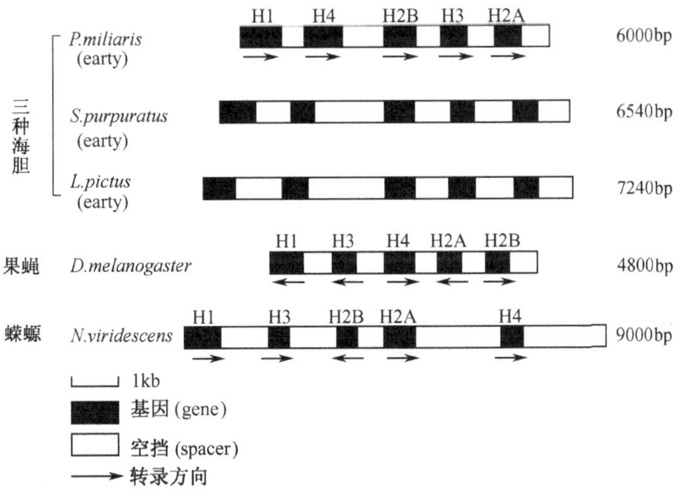

图2.31 hDNA重复单位中的组蛋白的排列及转录方向

在海胆中最标准，在其他生物中则有各种变异，转录方向也不一致[137]

异，可能与易位有关。而到鸟类、哺乳类则除各基因的排列次序有变异外，一般 hDNA（组蛋白重复单位）也不成簇重复。在一个重复单位内，因为每种组蛋白都有独立的启动子（Kukel，et al.，1977），所以 5 种组蛋白是否进行同步转录仍不清楚。

hDNA 重复单位中的组蛋白的排列及转录方向见图 2.31。

2.9.5 四膜虫 rDNA 的回文结构

四膜虫大核 rDNA 最动人的特点是 DNA 序列的回文性质，这种序列的正读与倒读的意义是一样的，并且它以 DNA 分子的中心为对称点，左右两侧的序列相同。因此，具有回文结构（palindromic structure）的 DNA 序列，它的两条互补的多核苷酸链方向相反，序列相同，而且每条链对半互补，中央区域富 AT。其实这种回文结构在 DNA 中是普遍存在的，多数序列比较短，是各种限制性内切酶的识别序列，对于基因工程很有意义。

四膜虫的线状 rDNA 分子结构见图 2.32。

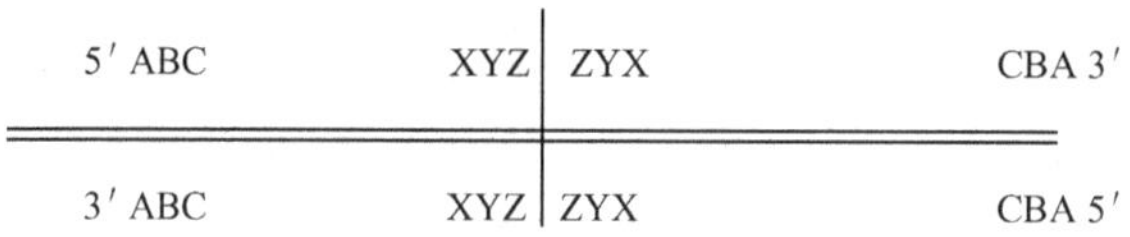

图 2.32 四膜虫的线状 rDNA 分子结构示意图

证明该回文结构有两组实验。

(1) Karrer 和 Gall[146] 利用部分变性（partial denaturation）和快速复性（snapback renaturation）等方法巧妙地说明了回文结构。将含有大核 rDNA 的低盐溶液加热到 100℃并迅速冷却后，在电镜下可见双链 DNA 较变性前缩短了一半，再把这种缩短了的双链 DNA 进行部分变性，可以看见其分子的一端扩展成一个环。这个环就是原来 DNA 分子（native DNA）富含 AT 的中央区。把 native DNA 仅仅进行部分变性时，这种环就在双链富 AT 的中央区形成。若就此进行复性，可形成“十”字形双链，再进行部分变性则在“十”字形的上下两端出现环状结构。图 2.33 中的 2 是 rDNA 彻底变性后成为两条单链，然后快速复性所得。

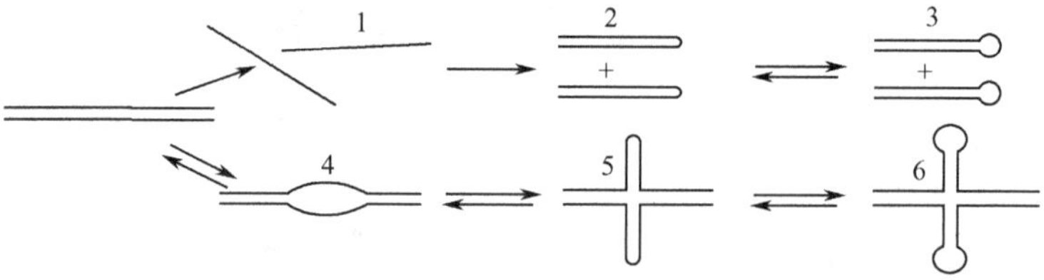

图 2.33 四膜虫 rDNA 在变性与复性过程中的各种构型[147]

(2) 限制性内切核酸酶处理四膜虫大核 rDNA，可获得自分子中心向两侧扩展的对称切点。Engberg 等[148]以 *Eco*R Ⅰ 处理四膜虫 rDNA，并分析它的杂交情况时，发现每个rDNA 分子对每种 rRNA（17S、25S）有两个编码区。两个 17S 编码区在分子中心的两侧，两个 25S 区则在更远的两侧。两个 17S 编码区可能直接相邻，也可能间以短的空挡区。杂交资料还表明分子的两个远端是非编码区，含有短的重复序列。Yao[149]以四膜虫的 rRNA（17S、25S）与大核 DNA 及小核 DNA 进行分子杂交，发现大核中 DNA 的 0.3%可以编码 rRNA，而小核 DNA 中只有 0.014%～0.030%为 rRNA 编码区。这意味着大核的每个单倍基因组含有 200 个编码拷贝，而每个小核单倍基因组则含有不到 20 个拷贝。在纤毛虫中，大核起源于小核，那么为什么对 rRNA 的编码区两者竟相差 10 倍之多呢？

Yao 等[150]以 *Eco*R Ⅰ 分别切割大核和小核的 DNA，均能得到 10×10^6 和 1.6×10^6 两种片段。但大核的 10×10^6 片段被其他适当的限制酶切割时能产生两两对称的片段；而对小核的 10×10^6 的切割并不对称。Yao 等的内切酶实验证明四膜虫小核基因组的 rDNA 是以单拷贝存在，不是回文式也不串联排列，可能只有少数几个 rDNA 拷贝。毫无疑问，四膜虫大核的回文结构 rDNA 是由小核染色体的 rDNA 增殖而成，所以小核 rDNA 应同大核一样，应该是回文形式，但事实上小核中的 rDNA 是不重复的单一rDNA。那么大核式的 rDNA 是怎样从小核的非回文式的单一 rDNA 复制出来的呢？这是一个很有趣的问题，目前仅提出了某些假设。

前面所讲的各种重复基因可概略地总结于表 2.9。

表 2.9 各种重复基因的大小、数量及分布

基因	生物	每单倍体基因数	重复基因位置	基因大小/bp	
				结构基因	空挡区
rDNA	酵母	140	70%在染色体 Ⅰ	7600	1200～1900
	果蝇	130～250	NO(核仁组织者)	7600	XNO=8400
					YNO=4800
	爪蛙	400～600	NO	7600	2000～5000
	人	300	5NOs	12 900	
5S DNA	酵母	160～230	一部分在染色体 Ⅰ	120	
	果蝇	160～200	56F-9	120	
	爪蛙	9000～24 000	15 个端粒	120	630
	人	2000	染色体 Ⅰ	120	
4S DNA	酵母	320～400		140	
	果蝇	750	48F～49A	140	
	爪蛙	7800		140	
	人	1310		140	740
hDNA	海胆	1200		370～690	2200
	果蝇		239D～39E		
	人	10～20		370～690	

2.10 重复序列及重复基因的起源

重复序列是怎样产生的？它的生物学意义是什么？这是至今还没有彻底解决的问题。现将有关的重要假说介绍如下。

(1) 滚环模型 (rolling circle model)。Gilbert 和 Dressler 于 1968 年提出滚环模型[151] (图 2.34)。

Hourcade 等[152]在 rDNA 的增幅复制时，曾观察到滚环中间体。利用放射自显影及电镜技术证明中间体正在复制过程中[153]。这使人们认为至少 rDNA 的增幅复制是以滚环复制

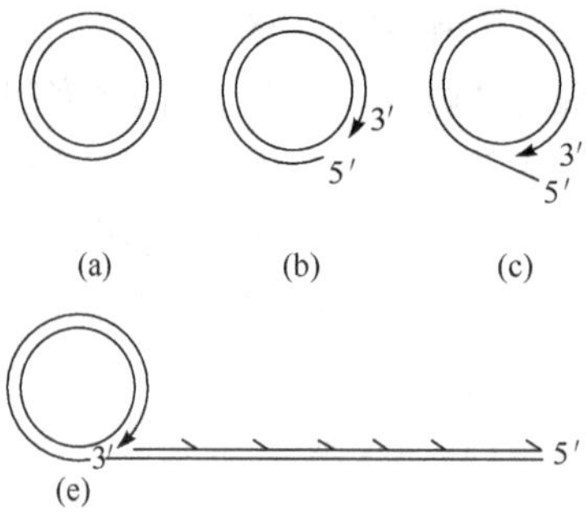

图 2.34 滚环模型示意图

(a) 环状的噬菌体 T4；(b) 内切酶把外边一条链切开；(c) 被切开的单链3′-OH端（带箭头）开始以内环为模板不断生长；(d) 被切开的单链的 5′-P 端不断地拉开，作为冈崎片段的复制样板；(e) 滚环不断地滚动，复制出任何数目的重复序列

的方式进行的。但是否所有重复基因均以滚环复制产生尚不能肯定。第一个环是怎么来的？复制成重复序列后又如何嵌入染色体的？人们猜想这可能与附加体（episome）或 λ 噬菌体对宿主染色体的整合和脱离过程相似。

(2) 不等交换（unequal crossing over）假说。Smith[154] 提出不等交换可以产生并维持重复序列。减数分裂时同源染色体联合，两条染色体相同的部分可发生交换。如果交换的部分不相等，结果一条染色单体具有重复区域，而另一条则发生缺失，该现象最早在果蝇中发现。果蝇的常态眼是圆形，由于交换的部分不相等，结果一条染色单体具有重复区域，而另一条则发生缺失，该现象最早在果蝇中发现。果蝇的常态眼是圆形，由于不等交换，使 X 染色体的 16A 区第 57.0 位基因发生重复，复眼中小眼数减少，使圆形眼变为棒形眼，有时这种重复可达三次，使棒形眼更加狭小。

(3) 突然复制假说（saltatory replication hypothesis）。不等交换虽然为重复序列的发生提供了一个可能，但仍不能很好地解释那些高度或中度重复的序列，这些重复有时达百万次。Britten 和 Kohne[155] 因此提出突然复制假说，他们认为高度重复的 DNA 的产生，是由于某一特异的 DNA 序列突然间产生成千拷贝的结果。该假说引证了一些突然快速复制的例子。例如，*Nilcotia naotophora* × *N. tabacllm* 杂交个体中，有一条染色体的异染色质区域在一至几个分裂间期中迅速增大，使这条染色体比正常染色体增大了 20～30 倍。我们知道，重复序列主要存在于异染色质部分，因此这可能是重复序列的突然复制[156]。亚麻（*Linum visitatissimum*）的 rDNA 在染色体中的大部分重复单位可因特殊的处理而诱导发生（Timmis，1973）。该假说还认为只有在进化后期复制出来的序列是同质的（homogeneous），很早前复制出的重复序列则可能是异质的（heterogeneous）。

2.11 断裂基因

近年来关于基因内部间隔序列（introns）的发现，改变了我们对基因结构的观念。把基因设想成是一段线性的、不间断的 DNA，这种观点就是对原核生物来说也不适合了。1994 年在一种土壤杆菌（*Agrobacterium rhizogenes*）的 *rolA* 基因中也发现了内含子（intron）[Magrelli，et al.，Science，1994，(266)：1986～1988]。一个基因，往往由几个互不相邻的段落组成，它们被长达数百乃至数千个碱基对的插入序列所间隔。目前，已经从病毒信息中以及珠蛋白基因、卵清蛋白、rDNA、tRNA 的基因中发现了这种插入序列。关于断裂基因 mRNA 前体的剪接机制，详见第四章；有关变通性断裂基因（alternative splicing gene），将在第五章中论述。

2.11.1 SV40 A 蛋白基因

Raddy 等[157]报道，SV40 病毒中的 A 蛋白基因中有一段 346 个核苷酸对的间隔区，把该基因分割为两部分。这段序列在 A 蛋白的 mRNA 中并不存在。

2.11.2 β-珠蛋白基因

Jeffreys 及 Flavell 在研究清楚了β-珠蛋白基因（β-globin gene）之后[158]，开始以兔β-珠蛋白 mRNA 通过反转录得到 cDNA。这个 cDNA 全长 333 个碱基，两端以 *Hae*Ⅲ限制酶的两个切点为界，实际长度相当于 mRNA 编码区的第 80～413 个碱基的区段（mRNA 编码区全长 438 个碱基），是该基因的主体。然后以 *Hae*Ⅲ切割含有 β-珠蛋白基因的天然 DNA，其中能与 cDNA 杂交的那一段，显然是 β-珠蛋白基因的 DNA 序列。但令人惊奇的是天然 DNA 模板与 cDNA 不是 1∶1，而是 3∶1 左右。天然 DNA 与 cDNA 杂交后，除与 cDNA 互补的 333 个碱基外，在第 110 氨基酸密码处有一个长约 700 碱基的间隔区，它们因为不能与 cDNA 互补而形成一个凸泡[159]。P. Leder 等（1977）也报告：鼠 β-珠蛋白基因中有两个间隔区，一个在第 104 个氨基酸的密码子处，长约 550 个碱基；一个在编码序列 5′端起始信号附近，长 50～100 个碱基。现已查明每一个具有活性的珠蛋白基因都含有两个间隔区（或叫插入序列、内含子）。家鼠、家兔、人、鸡、绵羊、山羊和非洲爪蛙中的珠蛋白基因都是如此[160]。

人类的珠蛋白基因结构见图 2.35。

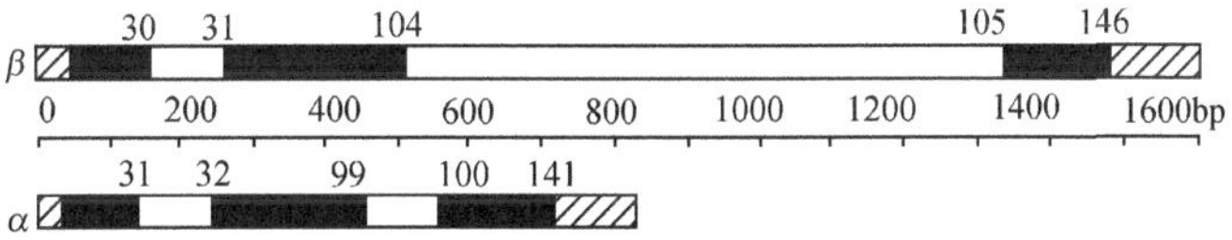

图 2.35 人类的珠蛋白基因结构。黑色区为编码区（exon）（Mauiatis，et al.，1980）

人类 β-珠蛋白基因的转录单位见图 2.36。

2.11.3 卵清蛋白基因

Doel 等[161]首先以 mRNA 为模板反转录出与卵清蛋白 mRNA 互补的 cDNA，并验证了 *Eco*RⅠ与 *Hind*Ⅲ 限制酶切不开这种 cDNA，然后就用这些酶切割鸡组织中的基因组 DNA。当用 *Hind*Ⅲ 内切基因组后，发现有 3 个 DNA 片段能与 cDNA 杂交；用 *Eco*RⅠ时则有 4 个 DNA 片段能与 cDNA 杂交这 3（或 4）个片段中的每一片仅能同cDNA某一段的序列杂交，而且各碎片杂交的序列互不重叠。这样就发现了卵清蛋白基因被几个长的插入序列分隔，而不是预想的完整而又连续的单个基因。

目前已经确定[162]卵清蛋白基因（ovalbumin gene）含有 7 个插入序列，从而被间隔为 8 段。这 8 段中包括前导序列。鸡的伴卵清蛋白（chicken conalbumin）则至少含有 16 个插入序列[163]。近来的研究表明，基因含 introns（插入序列）是普遍现象。例如，酵母中的苯

5′

外显子 1

CCATCTATTGCTTACATTTGCTTCTGACAC
AACTGTGTTCACTAGCAACTCAAACAGACA
CC**ATGGTGCACCTGACTCCTGAGGAGAAGT**
CTGCCGTTACTGCCCTGTGGGGCAAGGTGA
ACGTGGATGAAGTTCGTGGTGAGGCCCTGG

内含子 1

GCAGGTTGGTATCAAGGTTACAAGACAGGT
TTAAGGAGACCAATAGAAACTGGGCATGTG
GAGACAGAGAAGACTCTTGGGTTTCTGATA
GGCACTGACTCTCTCTGCCTATTGGTCTAT

外显子 2

TTTCCCACCCTTAGCCT**GCTGGTGGTCTAC**
CCTTGGACCCAGAGGTTGTTTGAGTCCTTT
GGGGATCTGTCCACTCCTGATGCTGTTATG
AAAGTGCTCGGTGCCTTTAGTGATGGCCTG
GCTCACCTGGACAAGCTCAAGGGCACCTTT
GCGACACTGAGTGAGCTGCACTGTGAGAAG
CTGCACGTGGATCCTGAGAACTTCAGGGTG

内含子 2

AGTCTATGGGACCCTTGATGTTTTCTTTCC
CCTTCTTTTCTATGGTTAAGTTCATGTCAT
AGGAAGGGGAGAAGTAACAGGGTACAGTTT
AGAATGGGAAACAGACGAATGATTGCATCA
GTGTGGAAGTCTCAGGATCGTTTTAGTTTC
TTTTATTTGCTGTTCATAACAATTGTTTTC
TTTTGTTTAATTCTTGCTTTCTTTTTTTTT
CTTCTCCGCAATTTTTACTATTATACTTAA
TGCCTTAACATTGTGTATAACAAAAGGAAA
TATCTCTGAGATACATTAAGTAACTTAAAA
AAAAACTTTACACAGTCTGCCTAGTACATT
ACTATTTGGAATATATGTGTGCTTATTTGC
ATATTCATAATCTCCCTACTTTATTTTCTT
TTATTTTTAATTGATACATAATCATTATAC
ATATTTATGGGTTAAAGTGTAATGTTTTAA
TATGTGTACACATATTGACCAAATCAGGGT
AATTTTGCATTTGTAATTTTAAAAAATGCT
TTCTTCTTTTAATATACTTTTTTGTTTATC
TTATTTCTAATACTTTCCCTAATCTCTTTC
TTTCAGGGCAATAATGATACAATGTATCAT
GCCTCTTTGCACCATTCTAAAGAATAACAG
TGATAATTTCTGGGTTAAGGCAATAGCAAT
ATTTCTGCATATAAATATTTCTGCATATAA
ATTGTAACTGATGTAAGAGGTTTCATATTG
CTAATAGCAGCTACAATCCAGCTACCATTC
TGCTTTTATTTTATGGTTGGGATAAGGCTG
GATTATTCTGAGTCCAAGCTAGGCCCTTTT

外显子 3

GCTAATCATGTTCATACCTCTTATCTTCCT
CCCACAG**CTCCTGGGCAACGTGGTGGTCTG**
TGTGCTGGCCCATCACTTTGGCAAAGAATT
CACGCCACCAGTGCAGGCTGCCTATCAGAA
AGTGGTCCCTGGTGGCTAATGCCCTGGC
CCACAAGTATCTCTAAGCTCGCTTTCTTGC
TGTCCAATTTCTATTAAAGGTTCCTTTGTT
CCCTAAGTCCAACTACTAAACTGGGGGATA
TTATGAAGGGCCTTGAGCATCTGGATTCTC
CCTAATAAAAAACATTTATTTTCATTGCAA

3′

TGATGTATTTAAATTATTTCTGAATATTTT
ACTAAAAAGGGAATGTGGGAGGTCAGTGCA
TTTAAAACATAAAGAAATGATGAGCTGTTC
AAACCTTGGGAAAATACACTATATCTTAAA
CTCCATGAAAGAAGGTGAGGCTGCAACCAG
CTAATGCACATTGGCAACAGCCCCTGATGC
CTATGCCCTTATTCATCCCTCAGAAAAGGAT
TCTTGTAGAGGCTTGATTTGCAGGTTAAAG
TTTTGCTATGCTGTATTTTACATTACTTAT
TGTTTTAGCTGTCCTCATGAATGTCTTTTC

图 2.36　人类 β-珠蛋白基因的转录单位

外显子 1 包含一个前导序列（两个以黑点标记的 A 之间）。外显子 3 后部是非翻译序列（两个以黑点标记的 G 之间）。用黑点标记的 AG 与 GT 是内含子序列两端的同义序列（consensus sequence）[185]

丙氨酸 tRNA（Valenzuela，1978）、四膜虫的 25S rRNA 基因（Wild，et al.，1979）、鸡的溶菌酶基因（Nguyen-Hun，et al.，1978）、鼠的生长激素基因（Soreq，et al.，1979）等都有 introns。

它们把基因分隔成几个部分（exons），这样一来，如果仍把基因看成是一个不容分割的功能单位——顺反子，显然是不正确的（图 2.37）。

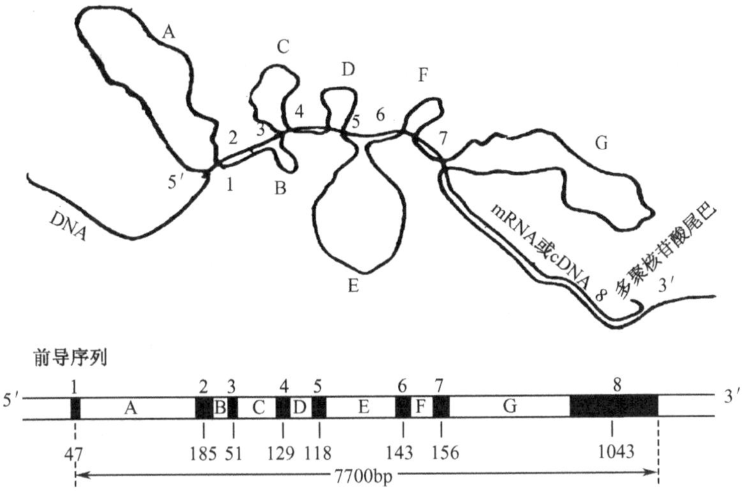

图 2.37 卵清蛋白基因结构及其与 cDNA 杂交的示意图
黑色区表示外显子，A～G 表示 7 个内含子

2.12 重叠基因

2.12.1 ΦX174 病毒的重叠基因

Sanger 等[164]分析了 ΦX174 病毒 DNA 的全序列，共由 5375 个核苷酸组成，为 9 种蛋白质编码，同一段 DNA 序列能为两种蛋白质编码。例如，*B* 基因完全在 *A* 基因内，而 *E* 基因完全在 *D* 基因之内，并且彼此的密码读框不同。有趣的是，*D* 基因的终止密码的最后一个核苷酸是 *J* 基因的起始密码的第一个核苷酸，*A* 基因的终止密码与 *C* 基因的起始密码的第一个核苷酸也有类似的重叠（图 2.38，图 2.39）。

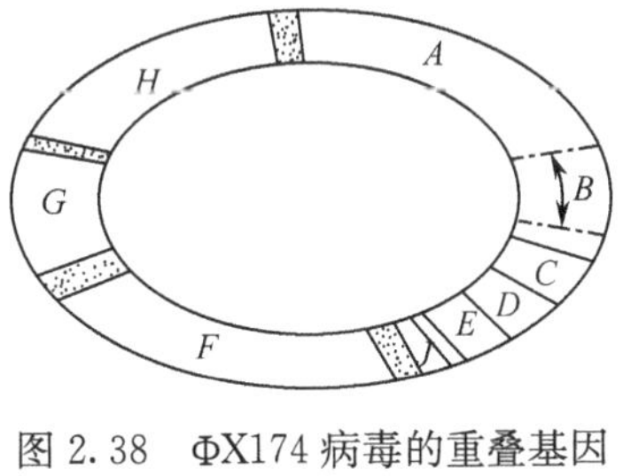

图 2.38 ΦX174 病毒的重叠基因

2.12.2 SV40 病毒的重叠基因

Fiers[165]和 Raddy 等[166]发现 SV40 序列中的*VP1*、*VP2*、*VP3* 三个基因有 122 个核苷酸重叠在一起，但阅读框不同（图 2.40）。*VP3* 与 *VP2* 有更大的重叠部分。T 抗原基因与 t 抗原基因有一个共同的起始密码子，阅读框也相同，但序列长度不同；t 抗原基因完全包含在 T 抗原基因之内。

5′···GAAGGAGUGAUGUAAUGUCUAAAGGU···3′　ΦX174 DNA的一段重叠序列(*D*、*J*、*E*)

5′···GAAGGAGUGAUGUAA3′　*D*基因mRNA的3′端序列

Glu　Gly　Val　Met　stop

5′AUGUCUAAA···3′　*J*基因mRNA起始密码的第一密码子与*D*基因终止密码的第三密码子重叠

Met　Ser　Lys

5′···GAAGGAGUGA 3′　*E*基因完全包含在*D*基因之内，但阅读框不同

Lys　Glu　stop

图 2.39　ΦX174 的 mRNA 片段

其中含有基因 *D*、*J*、*E* 的 mRNA 的部分密码，表示重叠及读码移框的情况

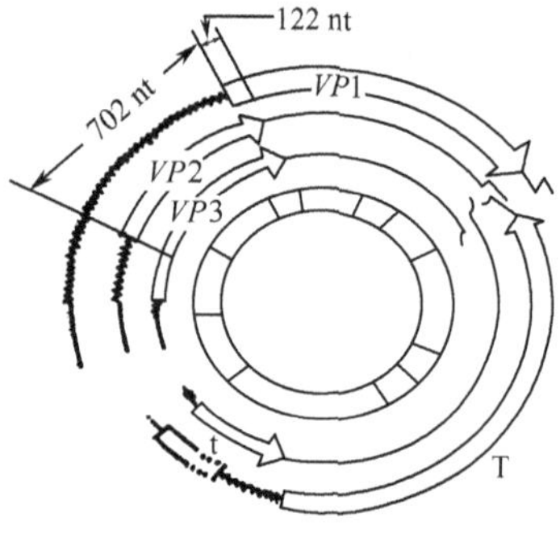

图 2.40　SV40 病毒基因图

2.12.3　重叠操纵子(overlapping operons)[167]

本节介绍重叠操纵子（overlapping operons）。在基因的重叠区位内不仅有编码序列，也有调控序列，这说明基因的重叠不仅是为了节约碱基，更重要的可能是参与对基因的调控。

2.12.3.1　*frd* 与 *ampC* 操纵子

E. coli 中有 *frd*、*ampC* 两个相邻的操纵子。*ampC* 操纵子为 β-内酰胺酶（β-lactamase）编码，*frd* 为延胡索酸还原酶(β-fumarate reductase) 编码。*frd* 操纵子有 4 个结构基因，其中两个基因（*frdA*、*frdB*）为延胡索酸还原酶中两个等分子质量的肽链编码，两个基因（*frdC*、*frdD*）为另外两个肽链编码，它们在酶中的作用是使延胡索酸酶附着在细胞质膜上。人们早就知道基因 *frdA* 与 *ampC* 操纵子距离很近，*frdA* 位于 *ampC* 基因上游 2kb 处。序列分析表明 *frdA*、*frdB*、*frdC*、*frdD* 形成一个多顺反子（polycistron），在 *frdA* 与 *frdD* 之间没有终止序列（terminator）。当增加 *frdC* 与 *frdD* 的转录时，对 *ampC* 的转录并无影响，说明在 *frdD* 与 *ampC* 之间存在终止序列。借助于启动基因突变及体外转录实验，证明 *ampC* 的启动基因位于 *frdD* 基因之内。换言之，*frdD* 肽链羧基端的 10 个氨基酸是被 *ampC* 启动基因的序列所编码（Grundstrom, et al., 1982），*frdD* 的终止密码位于－10 区与 *ampC* 转录起点之间，而整个 *frd* 操纵子终止序列则位于 *ampC* 操纵子启动基因后面的先导区（leader）之内，这个终止序列也是 *ampC* 操纵子的衰减器（attenuator）。它的两侧对称的序列也是终止因子 *rho*（ρ）所赖以发挥作用的结构特征（图 2.41）。这能部分地说明，为什么 *ampC*、β-内酰胺酶的表达率很低。在体外实验中也发现，约 96%的在 *ampC* 启动基因启动的转录本在转录了 41 个碱基之后被终止，已知衰减器在合成氨基酸的操纵子中具有重要的调控作用。因而，人们对 *frd* 的终止序列是否调控 *ampC* 调控子发生很大兴趣。

2.12.3.2　*frd* 终止序列

ampC 的 β-内酰胺酶的合成是组成性的（constitutive），没有发现任何的诱导子（inducer）或其他类似的分子能影响它的合成。但却发现 *ampC* 的 β-内酰胺酶的产量是受细胞生长速率调节的。它的产量随着生长速率的增高而增加。据 Jaurin 等的研究，这是因为在 *ampC*

转录本5′端的衰减区前面，含有一个起始密码AUG，它后面紧跟着是一个终止密码UAA，而*ampC*转录本的头三个碱基AUC正好与核糖体中16S rRNA 3′端的GAUCACCUCCU-UA-OH序列互补，这是核糖体与mRNA的结合部位。因此，核糖体既能在这个区域启动，又能在这个区域释放。但在核糖体不多时，核糖体并不在此部位结合与释放。当细胞生长速率高，蛋白质合成旺盛时，核糖体多了，就不断地在此部位进行饱和性的结合（与释放），于是就在空间上妨碍了终止序列（衰减区）形成终止区主干（terminator stem），使*ampC*操纵子的转录不被衰减而大量合成β-内酰胺酶。核糖体的数量是与生长速率成正比，因此，*ampC*基因的β-内酰胺酶的合成是与生长速率相关的。

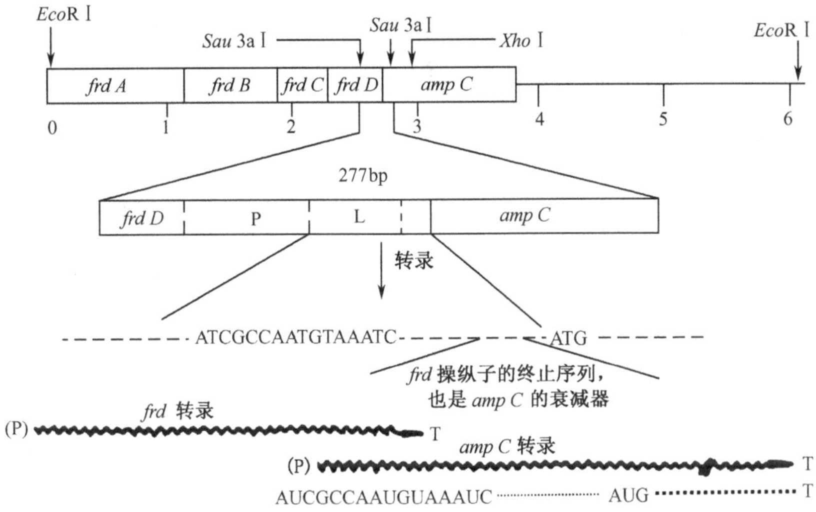

图2.41 操纵子*frdD*与*ampC*的重叠的遗传结构

P为启动子区，L为前导（leader）区（Normark，et al.，略有修改）[167]

2.13 模糊基因

原生动物布氏锥虫（*Trypanosoma brucri*）的细胞色素c氧化酶亚基Ⅲ（*Cox* Ⅲ）的肽链及RNA模板均能完整地分离出来。但是直到1988年，用它的mRNA为探针，无论在锥虫（*T. brucei*）的细胞核里还是线粒体里都找不到*Cox*Ⅲ基因的踪影。后来，Feagin等[168]用另一类锥虫（*Crithidia fasciculata* 和 *Leishmania tarentolae*）的*Cox*Ⅲ基因的保守区的部分核苷酸序列为探针，才证明*T. brucei*的*Cox*Ⅲ基因是在线粒体基因组中。之后，他们首先确定了*Cox*ⅢmRNA的顺序，惊奇地发现它60%左右的核苷酸与*Cox*Ⅲ基因根本不同！很难使人相信这就是*Cox*Ⅲ基因。这种核苷酸序列的改变都是在原转录本（transcript）中删除或插入U残基的结果。自3′端开始，遍及被测区域的2/3，在*Cox*Ⅲ基因的712个核苷酸位点上，发生了U残基的398个插入与9个删除［R Bonne. TIG，1990，6（6）：177］，其中由于一个U的插入而产生了终止密码子，从而形成了一个有意义的转录本。这种对转录本RNA的大幅度的序列改编称为RNA编辑（RNA editing），详情可见本书“中心法则导论”一章。在此之前，Feagin等还发现细胞色素b蛋白的转录本的5′端被插入了34个非编码U，并随之引入AUG起始密码。这些大幅度的RNA编辑，造成了mRNA大部分的密码子从无义信使成为有义信使，而它们原来的基因的DNA序列只不过是一串简略的意义模糊的序列（abbreviated or cryptic gene）[169]，Simpson与Shaw称之为“cryptog enes”[170]，中文文献中目前称为隐秘基因，笔者在此把它称为模糊基因（cryptogene）。这种模糊基因在病毒、原生动物、哺乳动物与植物中广泛存在，RNA编辑的程度可能不同，但改编的并不限于U，还涉及C、G、A各类残基。模糊基因在遗传学上的深远意义，现在下结论还为时过早。但它使我们不得不问：基因到底是什么?

2.14 转座子

转座子（transposon）是染色体（或质粒）上的一段DNA序列，它作为一个可以分离但不交换的单元，能从一个位点转移到另一个位点。

转座子是能够反复插入到基因组中好多位点的特殊DNA片段，它们可以从基因组的一个位点转移到另一个位点，从一个复制子（如质粒）转移到另一个复制子。转座子的共同特点是两端具有重复序列（反向，同向)，中间具有转位酶基因等序列。移位的发生是通过转座子两端的DNA序列和宿主DNA的一段序列间发生重组而实现的。移位过程可能会也可能不会伴随着转座子的复制，某些情况下，这种重组过程会涉及暂时性的RNA中间体。

当转座子移位时，常常对插入的位点没有序列选择性，所以，转座子可能会插入到基因内部，造成基因完全失活；也可能会插入到一个基因的调控序列中，造成该基因表达的改变。所以，几乎可以肯定转座因子是许多物种中新的突变的主要来源，也是导致人类遗传疾病突变的一个重要原因。正是转座因子这种对DNA不加选择的插入能力，使得它们在经过修饰后被用于生物实验中，诱导突变和作为DNA载体。

在所有生物的染色体上都有转座子。基因组序列的比较分析揭示了两个惊人的发现。第一，转座相关序列占据了物种基因组中的很大一部分。例如，人和玉米基因组的50%以上是由转座相关序列组成的，而这与基因组中仅有很小一部分的编码序列（在人的基因组中小于2%）形成了鲜明的对比。第二，转座子的含量在不同的基因组中变化很大。例如，与人、玉米不同，果蝇和酵母的基因组则富含基因而缺乏转座子。

遗传因子的转座并不仅限于实现转座子的移位功能。例如，很多病毒在感染时，也是使用了一种与转座几乎相同的途径将自己整合到宿主细胞的染色体上，所以病毒的整合反应在这里也被视为转座。同样地，在细胞中改变基因表达模式的一些DNA重排也采用了一种类似于转座的机制。再如V（D）J重组已经被了解得很清楚了，它是脊椎动物免疫系统功能发育中一个必备的反应。

2.14.1 McClintock的工作

20世纪40年代后期，B. McClintock在玉米中发现了“控制因子”，这些控制因子断裂染色体的能力引起了McClintock的注意。她发现一些植株的染色体频繁断裂，并将造成这些染色体断裂的遗传因子命名为Ds（解离子)。令人奇怪的是，她观察到这些染色体断裂的“热点”位点在不同的植株上位置也不同，甚至一个植株和它自己后代之间的位点都不同。这一现象首次揭示了遗传因子可以在染色体上移动，即“转座”。

McClintock根据她对玉米的长期研究，发现玉米粒上有色素斑点的变化。McClintock

在1952年提出了生物基因组中有可移动的控制因子（mobile controlling elements）假说[171]。玉米粒色素的斑点遗传，按传统的遗传学观点：

（显）黄
　　　　×⇒黄（显）或浅黄（共显性）⇒3×黄∶1×白（3∶1）
（隐）白

如果出现了黄斑点（或白斑点）的性状，只能假定还有一个黄（白）斑点的基因。但事实上没有，所以她认为玉米粒上色素与斑点的转变是由于有“控制因子”发生转位所造成。这些控制因子可以沿染色体移动，甚至在不同染色体间跳跃，由于控制因子的转位可使被控制基因（如玉米的黄色素基因）的表达发生改变。多数玉米的转座子以两种形式之一而存在（表2.10）。

表2.10 玉米中的几个转座因子

系统		因子	长度/bp	靶位同向重复/bp	末端反向重复/bp	位置
Ac/Ds	自主	Ac 9	4563	8	11	exon(wx-m9Ac)
	非自主	Ds 9	4369	8	11	exon(wx-m9Ds)
En/Spm	自主	En、Spm-18	8287、2242	3、3	13、13	intron(wx-844,En-1)、exon(wx-m8)
	非自主	dSpm-13	2200	3		(bz-m13)

Ds实际上是一个非自主性的DNA转座子，它通过剪切-粘贴转座子实现移动。McClintock还发现Ds的移位需要Ac（激活子）因子的存在，并提供转座酶。Ac因子现在已确定属于一个叫hAT的DNA转座子大家族，其名称是苍蝇的hobo因子、玉米的Ac因子和金鱼草的Tam因子的首字母缩写。

（1）自主因子（autonomous elements）：带有一对终端反向重复序列和一个转座酶基因的DNA转座子，本身具备了催化自身转座的所有条件，这类因子叫做自主转座因子（autonomous transposon）。

（2）非自主因子（nonautonomous elements）：很多比较简单的可移位DNA片段，叫做非自主转座子（nonautonomous transposon），它们仅有终端反向重复序列，即转座所需的cis-acting序列。细胞中自主转座因子表达的转座酶会识别这些终端反向重复序列，从而帮助非自主转座因子发生移位。但是在没有“帮助者”（转座酶）存在时，非自主转座因子只能待在原处无法移动。它必须与自主因子并存时才可以转位。

这些因子如果转位进入基因或基因附近就会引起突变。人们最早了解的是缺失突变（null mutations），也可因转位作用而减弱或加大基因的表达。有时，可因转位因子的切离（excision）而使基因恢复到野生型或者产生某种稳定的隐性表现型（recessive phenotype）。体细胞的可逆性转位作用常表现出特殊的斑纹型（variegation patterns）遗传，有的转位因子可导致染色体断裂，例如Ac/Ds系统、En/Spm系统[172]。

现已查明非自主系统是由自主系统缺失所造成，这种缺失导致转座酶（transposase）的缺乏，但却保留着反向重复末端及转座酶的作用位点。遗憾的是，当时世界正处于DNA双螺旋热潮之中，Watson与Crick（1953）提出的DNA双螺旋结构所强调的是两链的严格互补关系与基因的稳定性，对McClintock的基因可移动的观点很不理解，在当时并不受重视。

直到1968年Jordan[173a]在细菌中也证明有转座子后，才引起普遍重视。近年来在酵母、果蝇中也发现有转座子[173b]（表2.11），在人类基因组中则大量地存在着Alu族（详见本章重复序列内容 Alu 一节)。

表 2.11 果蝇 (*D. melanogaster*)、酵母 (*S. cerevisiae*) 的几种转座子

物种	转座子	拷贝数/基因组	长度/bp	末端同向重复/bp	末端反向重复/bp	靶位同向重复/bp
果蝇	copia	20～60	5000	276	13	5
	FB	约 30	500～5000	None	250～1250	9
	P	约 50 或 0	500～2900	None	31	8
酵母	δ	约 100	338			
	Ty1	约 35	约 5100(两端各有一个 δ 因子)			5

与 copia 类似的因子还有 412、297、mgd1、mgd3、B104、2nd、gypsy 等，它们的拷贝数从 10～100 (每基因组)，长度从 5500～8500bp，同向重复序列 571bp，靶位重复序列 4bp 或 5bp。copia 的转录本是具有 polyA 的 mRNA，可以是全长转录，也可以是部分长度的转录物，mRNA 的 5′末端起始于其中的一个末端重复序列的中部。两个同向重复序列可能有启动子的作用，一个是启动 copia 的转录；另一个则是启动它插入位点的下游的基因转录。

2.14.2 细菌转位基因的结构

现以细菌的三类转座因子的分子结构为例分述如下。

2.14.2.1 IS 因子

最简单的转座子，只含与转座功能有关的基因。“IS”代表的意思是插入序列 (insertion sequence)。如表 2.12 所示，IS 因子中最小的是 IS *1*，768bp；最大的是 IS *50*-R，1530bp (存在于复合转座子中的的右端)。IS 因子的两端都有一段一定长度的，顺序相同，方向相反的末端反向重复顺序，可能是转座蛋白的识别位点。所有 IS 因子都含有单一的长编码区，此区从一端的反向重复序列的内侧开始，在另一端的反向重复序列之前或在其中终止。该编码区编码转座酶。

表 2.12 IS 因子细菌转座子

名称	长度/bp	靶 DNA 重复/bp	末端反向重复/bp
IS *1*	768	9	18/23
IS *2*	1327	5	32/41
IS *3*	1300	3 或 4	32/38
IS *4*	1426	11 或 12	16/18
IS *5*	1195	4	15/16
IS *10* -R	1329	9	17/22
IS *50* -R	1531	9	8/9
IS *913* -R,L	1050	9	18/18
IS *102*	约 1000	9	18/18
ISR *1*	约 1100	未测	未测
IS *8*	约 1150	未测	未测

2.14.2.2 复合型转座子

两端带有 IS 因子的转座子，如 Tn *10* 。Tn *10* 由 3 个功能模块组成，这个结构有一定的普遍性，具备这种结构的因子称为复合转座子 (composite transposon)。最外面的两个模块叫 IS *10* L (左边) 和 IS *10* R (右边)，实际上是微型转座子。IS *10* R 是编码转座酶的基因，转座酶能够识别 IS *10* R、IS *10* L 和 Tn *10* 的末端反向重复序列。IS *10* L 的序列虽然与 IS *10* R 非常相似，但它不能编码具有功能的转座酶。所以，IS *10* R、Tn *10* 是自主转座子，而 IS *10* L 则是非自主转座子。Tn *5* 两边的 IS 因子也有类似情况（表 2.13）。

表 2.13 转座子（复合型 IS 因子）

名称	两端的 IS 因子及其方向	从属的决定子	长度/kb
Tn *681*	IS *1* 反向	ST	2.1
Tn *2571*	IS *1* 同向	cam^r	23
Tn *9*	IS *1* 同向	cam^r	2.5
Tn *2651*	IS *1* 同向或反向	cam^r	
Tn *2350*	IS *1* 同向	kan^r	10.5
Tn *2901*	IS *1* 同向	Arg	11
Tn *raf*	IS *1* 同向	Rnf	40
Tn *10*	IS *10* 反向	tet^r	9.3
Tn *D*	IS *10* 反向	tet^r	9.3
Tn-*tet*	IS *10* 反向	tet^r	9.3
Tn*D*:Tncam	IS *10* 反向	$tet^r amp^r$	14.3
Tn *5*	IS *50* 反向	kan^r	5.7
Tn *903*	IS *903* 反向	kan^r	3.1

细菌转座子 Tn *10* 是 IS *4* 家族中一个被充分研究的代表，这个家族还包括 Tn *5* 。Tn *5*是一个 9kb 长的紧密型转座因子，它编码一个自身所需转座酶的基因和几个使其对四环素具有抗性的基因（图 2.42）。

2.14.2.3 Tn*A* 族

两端不带 IS 因子，但有反向重复序列。例如，Tn *3* 全长 4957bp，两端 38 个核苷酸对的反向重复序列。没有 IS 因子（表 2.14）。除氨苄青霉素抗性基因外，还有两个与转座有关的基因，Tn*pA* 是编码转座酶（transposase），Tn*pR* 是编码解体酶（resolvase）。Tn*pA* 的转座作用与 IS 型元件类似。Tn*pR* 的产物既是基因表达的阻抑物，也具有解离酶功能。Tn*pR* 参与共整合体结构中 Tn *3* 正向重复序列之间的重组。Tn*pA* 与 Tn*pR* 之间有解离位点 IRS（或 rcs），是共整合体在解体酶作用下分成两个质粒时，Tn *3* 与靶 DNA 发生交换重组时的位点[174]。如图 2.42 所示，res 含有 3 个位点，每个位点长 30～40bp。位点 1 含有遗传学上确定的 res 位点，没有位点 1，解离反应完全不能进行。然而，其他两个位点如果缺少，解离也难以进行。

表 2.14 TnA 族转座子

名称	从属的决定子	长度/bp	靶 DNA 重复/bp	末端反向重复/bp
Tn *3*	amp^r	4957	5	38/38
Tn *1* 等	amb^r	5000	5	
Tn *1000*（γδ）	?	5800	5	36/37
IS *101*	无	209	5	31/37
Tn *501*	Hg^r	8200	5	35/38
Tn *1721*	tet^r	11 400	5	35/38
Tn *551*	ery^r	5300	5	35/35
Tn *951*	lac	16 500	5	未知

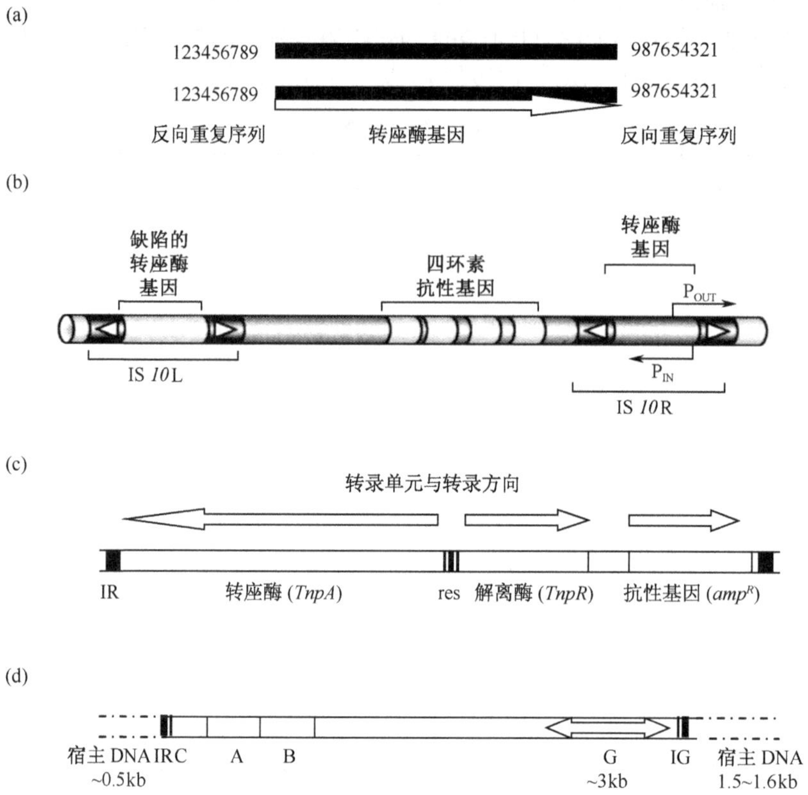

图 2.42 几种细菌转座子的分子结构示意图

(a) IS *1*，箭头示转座酶基因，两端为反向重复序列。(b) 细菌转座子 Tn *10* 的遗传结构。图中所示为细菌转座子 Tn *10* 的各个功能因子。像很多细菌转座子一样，Tn *10* 实际上在其两端携带了两个“微型转座子”，它们是 IS *10* L（左）和 IS *10* R（右）。这两种类型的 IS *10* 因子都能自行转座，也都在 Tn *10* 之外的 DNA 中被单独发现。白色三角代表 IS 因子和 Tn *10* 末端的反向重复序列。虽然 4 个拷贝在序列上并非完全相同，但它们都能被 Tn *10* 的转座酶识别并作为重组位点。(c) Tn *3* 转座子的结构。Tn *3* 全长 4957bp，两端 38 个核苷酸对的反向重复序列，没有 IS 因子。Tn*pA* 与 Tn*pR* 之间有解离位点（res，含有 3 个位点），是共整合体在解体酶作用下分成两个质粒时，Tn *3* 与靶 DNA 发生交换重组时的位点。(d) Mu DNA，基因 A、B 是转座必需的。基因 A 编码转座酶，基因 B 编码 ATP 酶。C 对 A、B 有负调控作用。G 片段是可以翻转的片段，使噬菌体产生不同的尾丝（tail fibers）而扩大其对细菌的浸染范围。IG（intergenic region），基因间区；IR（inverted repeat），反向重复序列

2.14.2.4 转座噬菌体

例如，Mu 噬菌体 DNA 约 37kb，带有 35 个以上的基因。两末端为 IG（intergenic region，基因间区），两个同方向的核苷酸对。离末端不远处有类似反向的重复序列，但位置不对称。与转座有关的是基因 A 和基因 B，位于 Mu DNA 的一端。它们分别编码 MuA（70 000）与 MuB（33 000）两种蛋白，MuA 是转座酶，MuB 蛋白是 ATP 酶。MuB 促进 MuA 的活性，并控制对 DNA 靶位点的选择。在 A、B 与末端之间有一 C 区，对 A、B 有负调节作用[175]。两端携带宿主的 DNA，其特点是两端 DNA 的长度不同，同一段 DNA 的双链不互补，而且每一个 Mu 所携带的宿主 DNA 都各不相同。

如同 λ 噬菌体，Mu 噬菌体是一种溶原性噬菌体，也是一种较大的 DNA 转座子。它浸染宿主细胞时通过转座将自己的 DNA 插入到宿主的染色体上，所用的方式与反转录病毒类似。Mu 噬菌体在裂解性生长时，通过多轮的复制性转座扩增自身 DNA。在裂解周期中，

Mu 噬菌体每小时能完成大约 100 轮的转座，它是目前已知的最高效的转座子。它的名字 Mu 是突变子（mutator）的缩写，源于其疯狂转座的能力，因为当细胞内插入一个拷贝的 Mu 噬菌体 DNA 后，细胞会因此频繁地增加新的突变。

2.14.3 真核细胞转座子的 3 种类型

前述的细菌转座子都是两端带有短的反向重复序列。而真核细胞的转座子，除了两端具有反向重复序列外，它们的两端还因为具有其他的序列结构以及经 RNA 中间体转座而与原核不同（表 2.15）。

表 2.15　真核细胞转座子的 3 种类型

结　构	含有的基因	转座方式	例子
 末端短的反向重复序列	编码转位酶	以 DNA 形式，经复制或切离而转座	P 因子，Ac-Ds，*Tam*3（金鱼草），Tn *3*，IS *1*
 末端长的同向重复序列(LTRs)	编码反转录酶类似 RNA 病毒	经 LTR 的启动子转录 RNA 中间体而转座	copia，Ty，THE-1(人)，*Bs1*（玉米）
 RNA 转录本 3′具 polyA，5′钝端	编码反转录酶	经临近启动子而转录出 RNA 中间体而转座	F 因子(果蝇)，Li(人)，*Cin*4(玉米)

2.14.4 转座子的基本特征

（1）不依赖 *recA* 基因。细菌的转座过程与一般的重组过程不同。重组过程需要双方是同源序列，并且依赖于宿主细胞的 *recA* 基因的作用。而转座过程不需要受体与供体的同源序列的重组以及 *recA* 基因的参与，也不受 *recA* 突变与否的影响。因此与依赖于宿主细胞的 *recA* 功能的正常的同源 DNA 重组不同。

（2）在靶 DNA 上产生核苷酸重复。所有转座子插入新位点后，都使靶 DNA 上出现核苷酸重复，一般是 3、5、9、11 个核苷酸，它们以同向重复位于靶 DNA 上转座因子的两侧[176]。

（3）插入的专一性。Mu 噬菌体几乎能插入到大肠杆菌染色体的所有位点[177]。Tn *10* 的插入则有很强的专一性，凡是 Tn *10* 插入位点上的核苷酸序列都是GCTNAGC[178]。Tn *9* 的插入则多发生在 AT 丰富区。

（4）转座排他性。一个质粒上如果已有一个 Tn *3*，则能排斥另一个 Tn *3* 转座到该质粒上，但不妨碍它转座到同一细胞中的其他无 Tn *3* 的质粒上去，这种排他性亦称转座免疫[179]。某些 Tn*A* 族转座子之间（Tn *3*、Tn *501*、Tn *1771*）也有转座免疫现象。Tn *3* 中的末端顺序以及 Tn*pA* 和 Tn*pR* 基因产物可能与此现象有关。目前，尚未发现其他类型的转座因子有像 Tn*A* 族类似的排他性。

（5）靶 DNA 逆位。例如，R6K 质粒往往带有一个拷贝的转座子 Tn *2660*，分离出一些 R6K 的变种质粒，它们带有两个拷贝的 Tn *2660*，这两个 Tn *2660* 之间的 DNA 序列发生逆位[180]。

（6）插入位点附近 DNA 发生缺失。转座因子有时会使靶 DNA 缺失，它比自发缺失的频率高 10.2～10.3 倍，缺失的始端是转座因子外的第一个核苷酸对，并在靶 DNA 中延伸不同的长度[181]。

（7）极性效应。当转座因子插入到某个操纵子中时，除了使插入的结构基因的功能遭受破坏外，还使同一操纵子中下游基因的功能发生障碍，使它们的表达只有原来的百分之几。多数 IS 因子插入 *gal* 或 *lac* 操纵子上都有强极性效应，IS *1* 、Tn *9* 、TIS、Tn *10* 以两种方向插入时均能产生强极性效应，而 IS *2* 、TS *3* 只有以一个方向插入时才产生强极性效应，引起极性效应的机制不清，可能与转座因子中的终止密码有关[182]。

（8）打开邻近的沉默基因。例如，IS *3* 以某一方向插入到由于缺失了启动子而不能表达或表达很弱的 *ArgE* 基因的 5′端时，它能使这个沉默了的 *ArgE* 基因重新表达。Timmerman 等[183]对 IS *3* 的序列分析表明，其末端有一个外向的启动子，这可能是它能启动沉默基因的原因。

（9）切离（excise）。对细菌转座因子来说，它们的转座过程是通过重组来拷贝出一个转座因子，然后插入到其他部位。有时，它们能从插入的 DNA 中切离，使靶 DNA 原来的顺序和功能完全恢复。切离后，一般不再插入到基因组的其他部位，去向不明。这些转座因子的切离并不需要转座酶，并且是依赖 *recA* 基因的。切离频率也比转座频率低，Tn *5* 的切离频率为 10^{-6}左右；Tn *3* 转座频率的高低与温度有关，但它的切离频率却与温度无关。说明此种切离的机理与转座的机理不同。对真核细胞的转座子来说，它们的某些转座过程，首先是一种依赖转座酶进行的切离过程，然后插入基因组的其他部位。因此，在原核与真核细胞中似乎是两种本质不同的切离过程。

2.14.5　转座的机理

2.14.5.1　反转录转位

进行此种转位的转座子叫做“反转录转座子”（retrotransposons）。例如，酵母的 Tyl 因子（Tyl element），转位的第一步是该因子全体转录成 5000 余核苷酸的 RNA，该转录本编码了一种反转录酶而合成双链 DNA。这种线状 DNA 利用一种整合酶（integrase）整合到染色体的随机位点。整个过程与反转录病毒（retrovirus）的早期感染非常近似。这种反转录转座子广泛地存在于酵母、果蝇与哺乳动物中[184]。

反转录转座见图 2.43。

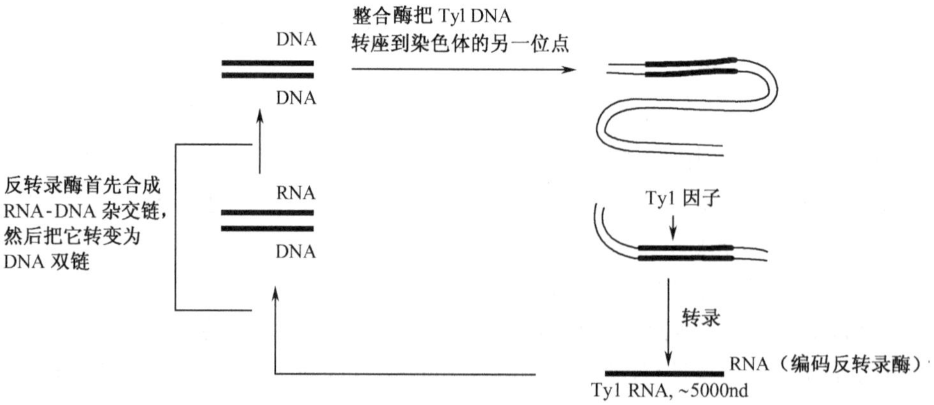

图 2.43　反转录转座示意图

反转录酶的结构与功能见图 2.44。

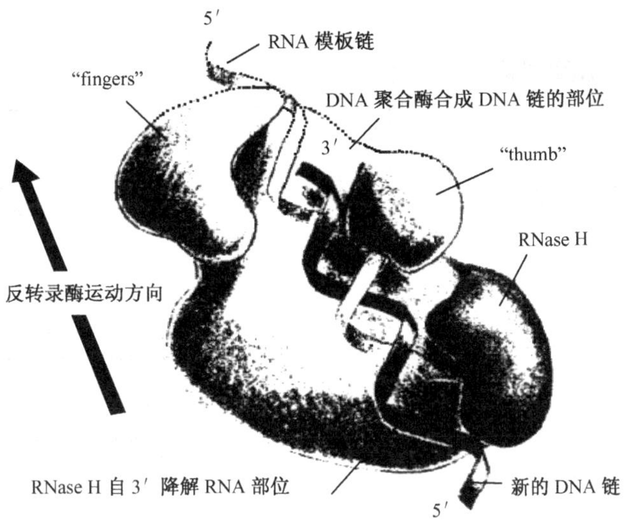

图 2.44 反转录酶的结构与功能[185]

2.14.5.2 切离转位

这种转座子可以直接地从染色体的一个位点转移到另一个位点。此类转座子的特点是两端具有 20 个左右的核苷酸的反向重复序列（inverted repeat DNA sequences），特异的转位酶（particular transposase enzyme）附着于此而使转座子切离下来，整合到另一个染色体上。原染色体在切离后留下的缺口被衔接起来，但往往在衔接位置的序列发生改动而造成突变。切离转位又叫做剪切-粘贴转座（cut-and-paste transposition），常发生在 Tn *5* 、Tn *7*、Tn *10* 及 IS *911* 等的转座中。

切离转位开始时，转座酶结合到转座子两端的反向重复序列上。一旦转座酶识别了这些序列，它就将这两端聚集在一起形成一个稳定的蛋白质-DNA 复合体，这个复合体被称为联合复合体（synaptic complex）或转座体（transpososome），它包含一个转座酶的多聚体（通常为 2～4 个亚基）和两个 DNA 末端。这个复合体的功能是确保转座子移位所需的 DNA 断裂和重新连接能够在转座因子两端的 DNA 上同时发生。此外，还能在重组过程中保护 DNA 末端免受细胞中酶的作用。下一步是将转座子 DNA 从基因组的原始位置上切离。转座子被切离后，转座酶首先释放它的 3′－OH 对靶 DNA 的插入位点的磷酸二酯键进行攻击。靶 DNA 双链被攻击的两个位点不是齐头断开，而是彼此错开几个碱基（2 个、5 个和 9 个等），造成了两个具有 5′末端突出的断头。这种错开的距离对每种转座子来说都是固定的，因此产生了转座子两端靶位点短的同向重复序列。首先转座子两条链的 3′-OH 末端与靶 DNA 的两个 5′末端突出的断头相接，完成了单链转移，并在插入的转座子的两端出现了短小的缺口。这些缺口会被细胞内的 DNA 修复聚合酶填补，并被 DNA 连接酶封闭，导致了转座子两端靶位点短的同向重复序列（图 2.45）。换句话说，这是在 DNA 单链交换反应中靶 DNA 断裂位点的黏性末端在新的靶位点所进行的靶位点复制，产生了短的重复序列。

2.14.5.3 复制转位

在转位过程中，转座子并不切离，而是在转座子两端交错地产生两个 nick（单链切口），与此同时在接受位点上也产生距离很近的两个 nick。4 个 nick 就产生了 8 个断头。其中 4 个断头发生交互重组（reciprocal recombination）连接起来，并作为 DNA 合成模板，向 3′自

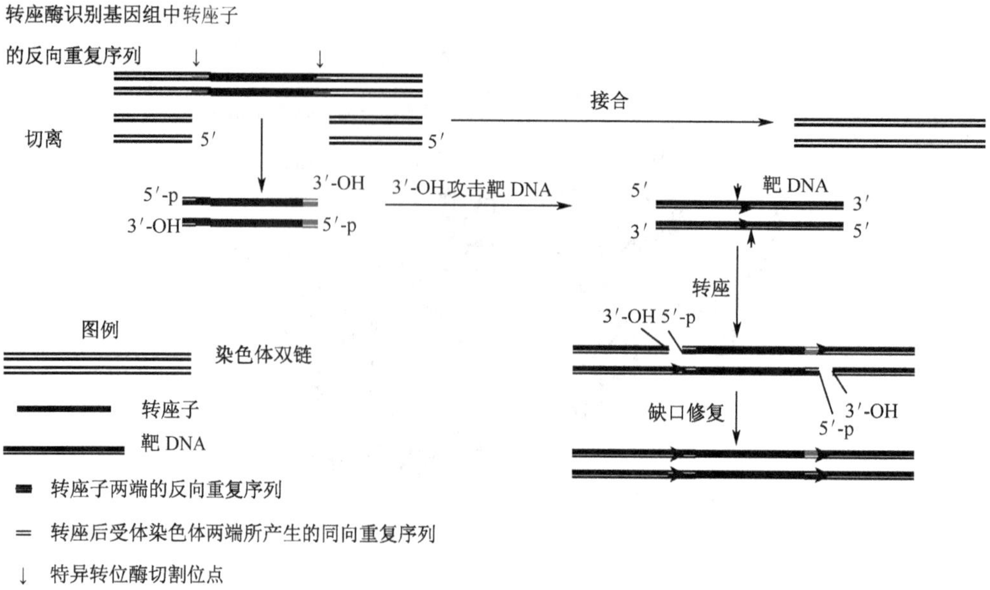

图 2.45　切离转位

由端添加核苷酸直至与5′游离端连接。最后的结果是转座子把它的一个拷贝转位，而它自己仍留在原位。大多数的原核生物转座子以及某些真核细胞的转座子使用此种转位方式。详情如图 2.46 与图 2.47 所示。

Tn *3* 转座时，形成由给体质粒与受体质粒相互融合的复制子——共整合体，在两质粒的两个连接处各带有一个同向重复的 Tn *3* （也发现某些变种形成的共整合体则带有反向重复 Tn *3* ）。然后在解体酶（Tn*pR* 编码）的作用下，使共整合体中的两个 Tn*3* 通过特异性重组而解离，产生各带一个 Tn*3* 拷贝的给体质粒与受体质粒，完成转座过程。现已提出了多种转座模型。例如，Shapiro 模型[186a,186b]（图 2.46）认为转座开始时，在有关酶的作用下先使靶位点 DNA 及转座子各自发生交错断裂；转座因子的一股 DNA 上的末端连接在靶 DNA 的一股交错断开的断头上，另一股也这样交叉连接；经过 DNA 复制，形成双股而成为共整合体。共整合体在两个同向重复的转座子之间一个专一位点上通过同源重组使共整合体解离，完成转座子由原来位点向新位点的转移。除了 Tn *3* 外，在 γ-δ、PIS102、λ-Mu 杂交体、IS *1* 等也发现能形成共整合体作为转座过程的中间体。其基本过程如图 2.46 所示。

2.14.6　转座与基因表达

可转座的因子约占高等真核生物基因组的 10%。已经证实果蝇所发生的自发突变中，1/2 以上是由于转座因子插入基因之中或者邻近某一基因所造成的。有些基因转录活性的增高或抑制也往往因为转座子的靠近。究其原因，可分以下几种。

2.14.6.1　切离效应

当转座子插入后，由于插入的机制而引起受体 DNA 一段短的“靶位加倍”（target-site duplication）（3～12bp）。当转座子在位置特异重组酶（site-specific recombination enzymes/transposase）作用下切离后，就给受体 DNA 留下一小段多余的靶位序列，而且往往引起靶位序列的种种变异，如倒位、缺失或增加。序列上的改变会导致编码的突变。

转座子切离所造成的序列变异见图 2.48。

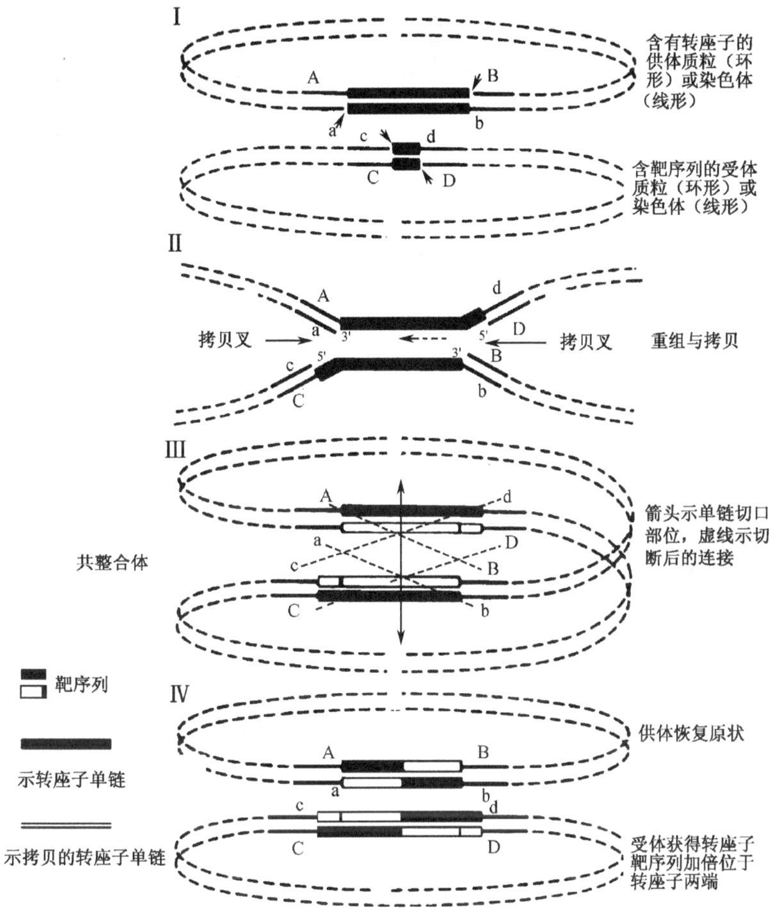

图 2.46　转座子 Shapiro 模型[186b]（依 Freifelder，并做了较大修改）[187]

2.14.6.2　双转座效应——exon shuffling[188]

当 2 个转座子被同一转座酶（transposase）识别而整合到染色体的邻近位置时，它们之间的 DNA 将变得易于被转座酶作用而转座。如果它们之间的 DNA 中含有 exon，则该 exon 将被切离，并可能插入（insertion）另一基因之中。这种效应被称为“外显子改组”（exon shuffling），是生物体产生新基因的途径之一。

双转座所引起的外显子改组（exon shuffling）见图 2.49。

2.14.6.3　位置效应[189]

如前所述，像 Ty1 的反转录转座过程，简直与 RNA 病毒的反转录插入宿主染色体的过程一模一样。只是转座子不像病毒那样还制造外壳蛋白。因此，RNA 病毒称为 retrovirus，而 Ty1 一类的转座子则称之为反转录转座子（retrotransposons）。我们不妨把转座子看成是一些像 RNA 病毒那样的染色体的寄生物，因为不产生蛋白外壳，只限于细胞内活动。众所周知，反转录病毒是带有增强子（enhancer）序列的，而很多反转录转座子也带有增强子。它们像 RNA 病毒一样，能使其插入部位附近基因的活性大增。这种作用并不改变基因的序列或引起突变，称为位置效应。

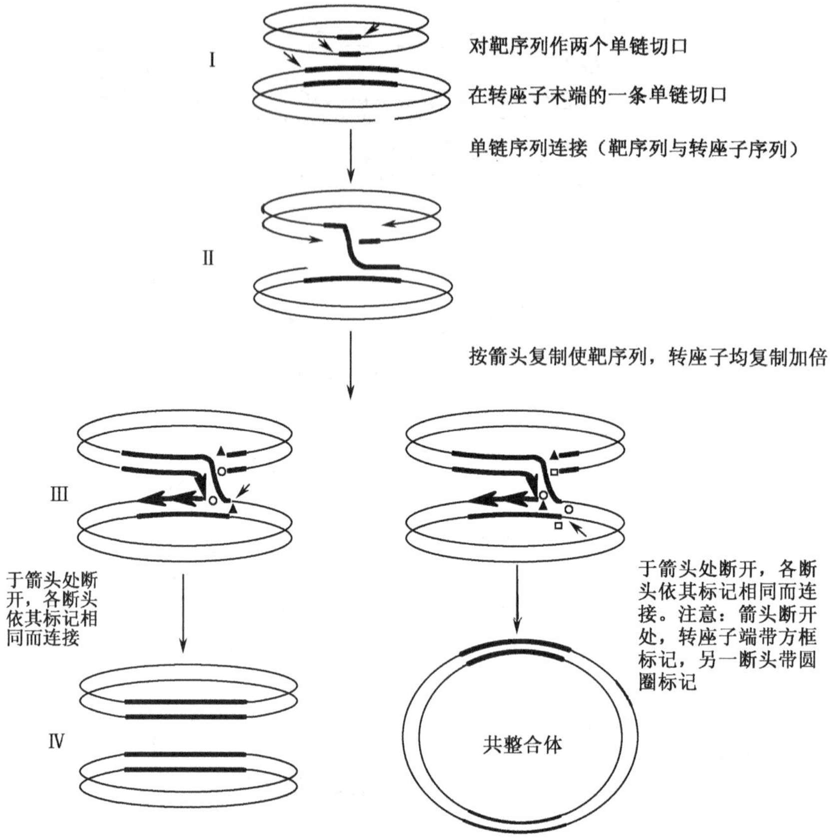

图 2.47　Freifelder 复制转座模型（依 Freifelder，略有修改）[187]
该模型除解释了一般的复制转座过程外，还解释了共整合体的产生

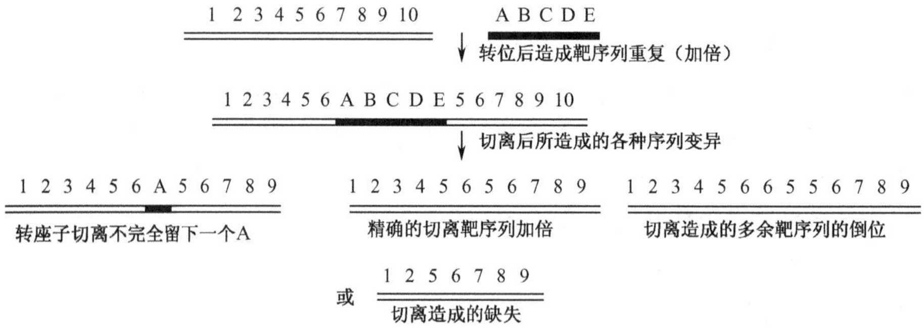

图 2.48　转座子切离所造成的序列变异（依 Alberts，et al.，略有修改）[185]

2.14.6.4　反义调节

Tn *10* 使用一种反义 RNA（antisense RNA）的机制来限制转座酶基因的表达（图 2.50）。靠近 Tn *10* 转座子中的 IS *10* R 末端的是两个启动子，它们通过宿主 RNA 聚合酶来合成各自的 RNA。指导 RNA 向内合成的启动子（称作 P_{in}）负责转座酶基因的转录，而指导向外转录的启动子（称作 P_{out}）则通过生成反义 RNA 来调节转座酶的表达。从 P_{in}和 P_{out}转录的 RNA 有一个重叠区（大约 36bp），这个重叠（互补）区使转座酶 mRNA 与反义

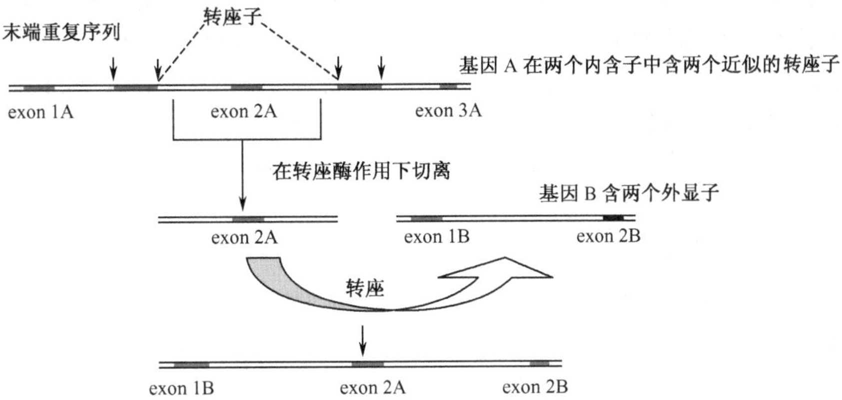

图 2.49　双转座所引起的外显子改组（exon shuffling）示意图

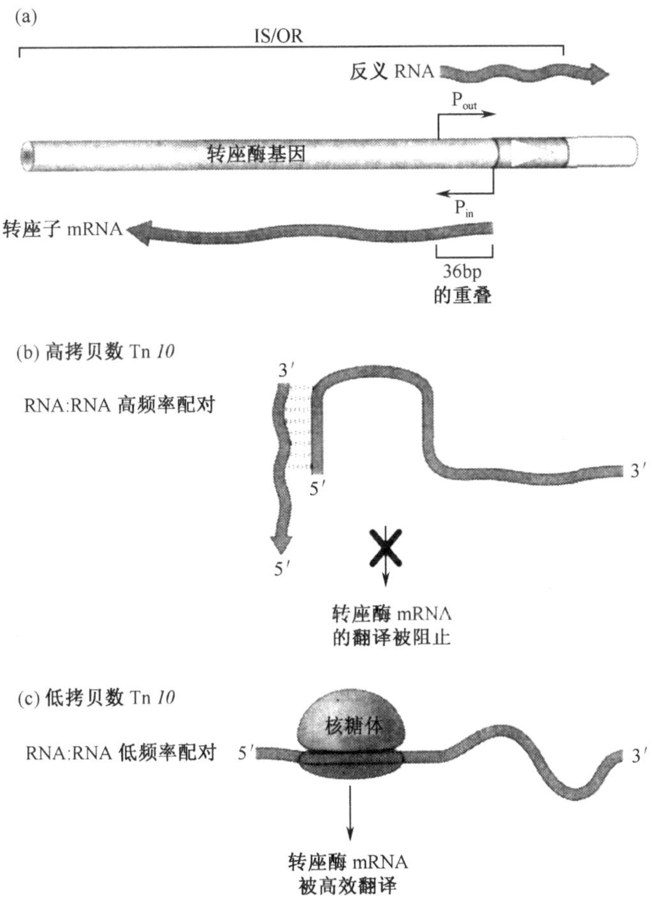

图 2.50　Tn *10* 表达的反义调节[190]

(a) 重叠的启动子区域如图所示，向左的启动子（P_{in}）启动转座酶基因的表达，向右的启动子（P_{out}）开始于距P_{in}启动子左端36bp处，它启动反义RNA的表达。这两个转录本有36bp的互补。在细胞中起始于P_{out}的反义转录本较起始于P_{in}的转录本有较长的寿命。(b) 细胞中Tn *10* 的拷贝数多时，这两个RNA的配对就频繁发生，阻止了转座酶mRNA的翻译（因而最终减少了转座子的拷贝数）。(c) 当细胞中转座子拷贝数很低时，两种RNA转录本配对很少，转座酶mRNA能够有效翻译，细胞中转座子的拷贝数增加

RNA 有约 36bp 的互补（氢键配对）。与反义 RNA 互补后的转座酶 mRNA 就无法与核糖体结合，也就阻止了转座酶蛋白的合成。通过这个机制，细胞内的 Tn *10* 拷贝数越多，反义 RNA 也就越多，反过来又限制了转座酶基因的表达(图 2.50)，因而，这个细胞株中的转座频率就会趋向降低。相反，如果细胞中仅有一个 Tn *10* 拷贝，反义 RNA 的水平就会很低，转座蛋白就会有效地合成，转座发生的频率就会大大增加。

Tn *10* 表达的反义调节见图 2.50。

2.14.6.5　转座爆炸[191]

转座子在染色体中经过一段长期沉寂之后，几种转座类型的转座子几乎同时地进入一个活跃转座的时期，它们的转座、诱变效应将在种群的少数个体中不时地被激活。这种突发的变化称之为转座爆炸（transposition bursts）。转座爆炸首先发现于发育中的玉米，使其染色体反复地断裂而引发许多突变。另外，在果蝇某些品系的杂交中也发生转座爆炸。如果这种转座爆炸发生于生殖系的细胞中，则引发“杂交性生殖障碍”（hybrid dysgenesis）。这种现象与通常的“杂交优势”现象形成鲜明的对比。

若干植物类型证明，转座爆炸可以因严酷的生存条件引发而产生众多的变异子代。这对于增强物种的生存能力，产生有用的变异是大有好处的。因此，转座因子不能仅仅看成是生物基因组中一种调控元件，有时它们也是一种增强生物生存能力的结构。

2.15　新的基因概念的展望

早在 1928 年，摩尔根在他的《基因论》中就提出了“遗传粒子理论”。他写道：“更确切地说，两个杂交个体的性状在以后世代中独立地重现，此事是能够用生殖质内的独立粒子来解释的。”并认为在染色体上“基因连接成直线，好像线上的联珠”。

分子生物学的崛起进一步支持了这种串珠式的染色体“粒子遗传”学说。在分子生物学的理论支柱——中心法则的指导下，更加完美地塑造了一个分子水平的“DNA 基因粒子”概念。根据中心法则的教义（dogma），“DNA 基因”是至高无上的君王，它对蛋白质以及遗传性状的控制是无可怀疑的。“DNA 基因”的连续的遗传信息（sequential genetic information）将不变地、逼真地、逐个碱基地传给蛋白质。这种连续的信息一旦传入蛋白质，就不再传出（注意，这是中心法则的核心概念）。每个基因可以比拟为一段段中国古老的木刻印刷（wood block printing）。这些彼此分离的基因，在 DNA 链上就像一串串珠（genes as beads on a DNA string）。基因与基因（bead and bead）之间可以分离、重组，而每一个基因（bead）是一段不可更改的连续的遗传信息；除非发生突变。

以中心法则为支撑，唯 DNA 为遗传粒子的、串珠式的基因概念似乎已深植于分子生物学之中而坚不可摧。人们乐观地期待着分子生物学的进一步研究将会更加巩固这种“DNA 基因粒子”概念。但事与愿违，随着分子生物学对于基因结构日益深入的研究，反而使以中心法则为支柱的串珠式的“基因粒子”概念模糊起来。分子生物学家们开始发现 DNA 编码蛋白质的序列没有明确的开端与结尾，基因的定义正变得粗放、模糊。甚至在给学生讲解什么是基因的时候，也难以表达清楚。“20 年前，只要用两个小时给新来的研究生讲解基因是什么以及它如何工作。可是今天却要用 3 个月的讲课去阐述基因的概念；而这并非因为学生不如从前那样聪明。”（H. Pearson. What is a Gene? Nature，2006，441：399～401.）

“过去 50 余年的研究与发现，已经使 DNA 概念从储存信息、控制并生产蛋白质的模式转变为DNA只是处于多层次的、复杂的调控网络下的信息的重要储存处。”“在许多情况下，DNA序列，所谓基因，再也不能把它设想为一个特异蛋白质的编码，其最后的蛋白质产物是不同的RNA（包括ncRNA）与调控蛋白质相互作用的结果。”（J Cotter，C Thea. 2003. 50 years since the double helix：genetic engineering is crude and old—fashioned. greenpeace org）众所周知，单独的朊病毒（蛋白质感染粒子、蛋白质基因）、噬菌体（DNA感染粒子、DNA基因）是没有基因活性的。只有朊病毒蛋白质在活细胞中找到与它“搭档”的DNA模板，或者噬菌体DNA找到它的宿主（宿主细胞中含有与它“搭档”的某个模板）时，基因才能“活”起来！一个新的基因概念呼之欲出！

参 考 文 献

[1] 摩尔根. 基因论. 卢惠霖译. 北京：科学出版社，1959.

[2] Auerbach C. Heredity，1978，40：177～178.

[3] Johannsen W. Am. Naturalist，1911，45：129.

[4] Morange M. The Misunderstood Gene. Cambridge：Harvard Univ. Press，2001.

[5] Benzer S. Scientific Ameican，1962，206：70～84.

[6] Eddy S. Cell，2002，109：137.

[7] Snyder M，Gerstein M. Science，2003，300：258～260.

[8] Burge C，Karlin S. Curr. Opin. Struct. Biol.，1998，8：346.

[9] Zhang M. Nature Rev. Genet.，2002，3：698.

[10] Horak C，Snyder M. Funct. Integ. Genomics，2002，2：171.

[11] Brown P，Botstein D. Nature Genet.，1999，21：33.

[12] Velculescu V et al. Cell，1997，88：243.

[13] Kumar A，et al. Nature Biotechnol，2002，20：58.

[14] Kapranov P，et al. Science，2002，296：916.

[15] Rinn J，et al. Genes Dev.，2003，17：529.

[16] Coelho P，et al. Curr. Opin. Microbiol.，2000，3：309.

[17] Giaever G，et al. Nature，2002，418：387.

[18] Coelho P，et al. Genes Dev.，2002，16：2755.

[19] Tycowski K T，et al. Nature，1996，379：464.

[20] Modrek B，Lee C. Nature Genet.，2002，30：13.

[21] Lander E，et al. Nature，2001，409：860.

[22] Harrison P，Gerstein M. J. Mol. Biol.，2002，318：1155.

[23] Zhang Z，et al. Genome Res.，2002，12：1466.

[24] Liu H，et al. Genetics，1996，144：967.

[25] Harrison P，et al. J. Mol. Biol.，2002，316：409.

[26] Mewes H，et al. Nature，1997，387：7（suppl.）.

[27] Kumar A，et al. Nature Biotechnol.，2002，20：58.

[28] Harrison P，et al. Nucleic Acids Res.，2002，30：1083.

[29] Venter J，et al. Science，2001，291：1304.

[30] Das M，et al. Genomics，2001，77：71.

[31] Kowalczuk M，et al. Yeast，1999，15：1031.

[32] Mackiewicz P，et al. Yeast，2002，19：619.

[33] Zhang C，Wang J. Nucleic Acids Res.，2000，28：2804.

[34] Blandin G，et al. FEBS Lett.，2000，487：31.

[35] Giaever G，et al. Nature，2002，418：387.

[36] Wickner R B，et al. Microbiology and Molecular Biology Reviews，1999，4(63)：844～861.

[37] Prusiner S B. Science，1991，252：1515～1522.
[38] Weissmann C. J. Biol. Chem.，1999，274(1)：3～6.
[39] Wickner R B. Science，1994，264：566～569.
[40] Coustou V，et al. Proc. Natl. Acad. Sci. USA，1997，94：9773～9778.
[41] Serio T R，Cashikar A G，Kowal A S，et al. Science，2000，289：1317～1321.
[42] Schoun J，Lacroute F C R. Acad. Sci.，1969，269：1412～1414.
[43] Drillien R，Aigle M，Lacroute F. Biochem. Biophys. Res. Commun.，1973，53：367～372.
[44] Lacroute F. J. Bacteriol.，1971，106：519～522.
[45] Agle M，Lacroute F. Mol. Gen. Genet.，1975，136：327～335.
[46] Stadler L J. Science，1954，120：811～819.
[47] Waddington C H. Evolution. Symp. Soc. Exp. Biol. 7，Cambridge：Cambridge University Press，1953. 186.
[48] Wu C T，Morris J R. Science，2001，293：1103～1105.
[49] 李振刚. 分子遗传学. 北京：科学出版社，2001. 26～27.
[50] Pennisi E. Science，2001，293：1064～1067.
[51] Jenuwein T，Allis C D. Science，2001，293：1074～1080.
[52] Wallrath L L. Curr. Opin. Genet. Dev.，1998，8：147.
[53] Eissenberg J C，et al. Proc. Natl. Acad. Sci. USA，1990，87：9923.
[54] Paro R，Harte P. in Epigenetic Mechanisms of Gene Regulation，Russo，V. E. A.，Martienssen R A，Riggs A D. Eds. Cold Spring Harbor：Cold Spring Harbor Laboratory Press，1996，507～528.
[55] Van Lohuizen M. Curr. Opin. Genet. Dev.，1999，9：355.
[56] Tsukiyama T，Wu C. Curr. Opin. Genet. Dev.，1997，7：182.
[57] Dhalluin C. et al. Nature，1999，399：491.
[58] Paro R，Hogness D S. PNAS. USA，1991，88：263.
[59] Jones D A，Cowell F G，Singh P B. Bioessays，2000，22：124.
[60] Tschiersch B，et al. EMBO J.，1994，13：3822.
[61] Rea S，et al. Nature，2000，406：593.
[62] annister A J，et al. Nature，2001，410：120.
[63] Nakayama J I，et al. Science，2001，292：110.
[64] Dhalluin C，et al. Nature，1999，399：491.
[65] Winston F，Allis C D. Nature Struct. Biol.，1999，6：601.
[66] Owen D J，et al. EMBO J.，2000，19：6141.
[67] Jacobson R H，et al. Science，2000，288：1422.
[68] Bannister A J，et al. Nature，2001，410：120.
[69] Cheung P，Allis C D，Sassone-Corsi P. Cell，2000，103：263.
[70] Wei Y，Yu L，Bowen J，Gorovsky M A，Allis C D. Cell，1999，97：99.
[71] Rea S，et al. Nature，2000，406：593.
[72] Hsu J Y，et al. Cell，2000，102：279.
[73] Taunton J，Hassig C A，Schreiber S L. Science，1996，272：408.
[74] Baarends W M，et al. Dev. Biol.，1999，207：322.
[75] Klar A S J. Trends Genet.，1998，14：299.
[76] Nei M. Nature，1969，221，40.
[77] Britten R，Kohne D. Science，1968，161：529.
[78] Lev-Maor G，Sorek R，Shomron N，Ast G. Science，2003，300：1288.
[79] Brosius J. Science，1991，251：753.
[80] Nowak R. Science，1994，263：608.
[81] Mitchell G A，et al. PNAS. USA，1991，88：815.
[82] Makalowski W，Mitchell G A，Labuda D，Trends Genet.，1994，10：188.

[83] Sorek R, Ast G, Graur D. Genome Res., 2002, 12: 1060.
[84] Chua K, Reed R. Mol. Cell. Biol., 2001, 21: 1509.
[85] Ohno S. Evolution by Gene Duplication. New York: Springer-Verlag, 1970.
[86] Nobukuni T, et al. J. Biol. Chem, 1997, 272: 2801.
[87] Iwashita S, et al. Mol. Biol. Evol., in press.
[88] Crick F H C. Science, 1979, 204: 264～271.
[89] Makalowski W. Gene, 2000, 259: 61.
[90] Ohno S. Evolution by Gene Duplication, Heidelberg: Springer-Verlag, 1970.
[91] Lynch M, Conery J S. Science, 2000, 290: 1151～1155.
[92] Herbert A, Rich A. J. of Biological Chemistry, 1996, 271 (20): 11595～11598 .
[93] Pohl F M, Jovin T M. J. Mol. Biol., 1972, 67: 375～396.
[94] Behe M, Felsenfeld G. PNAS. USA, 1981, 78: 1619～1623.
[95] Pohl F M, et al. J. Mol. Biol., 1972, 67: 375.
[96] Wang AH-J, et al. Nature, 1979, 282: 680.
[97] Lafer E M, et al. PNAS. USA, 1981, 780: 3546.
[98] Möller H, et al. J. Biol. Chem., 1983, 257: 12081.
[99] Lipps H L, et al. Cell, 1983, 32: 435.
[100] Nordheim A, et al. PNAS. USA, 1982, 79: 7729.
[101] Viegas-Pequignof E et al. PNAS USA, 1983, 80: 5890.
[102] Schroth G P, Chou P J, Ho P S. J. Biol. Chem., 1992, 267: 11846～11855.
[103] Liu L F, Wang J C. PNAS. USA, 1987, 84: 7024～7027.
[104] Wittig B, Dorbic T, Rich A. PNAS. USA, 1991, 88: 2259～2263.
[105] Wittig B, Wolfl S, Dorbic T, Vahrson W, Rich A. EMBO J., 1992, 11: 4653～4663.
[106] Peck L J, Wang J C. Cell, 1985, 40: 129～137.
[107] Krishna P, Kennedy B P, Waisman D M, van de Sande J H, McGhee J D. PNAS. USA, 1990, 87: 1292～1295.
[108] Polson A G, Crain P F, Pomerantz S C, McCloskey J A, Bass B L. Biochemistry, 1991, 30: 11507～11514.
[109] Elsasser W M. The Physical Foundation of Biology. New York: Pergamon Press, 1958.
[110a] Mirsky A E, Ris H J. Gen. Physiol., 1951, 34: 451.
[110b] Vendrely R, Vendrely C. Compt. Rend., 1952, 235: 444.
[110c] John B, Miklos G L G. The Eukaryotic Genome in Development and Evolution. London: Allen & Unwin, 1988.
[111] Capy P. Science, 2000, 287: 985, 986.
[112] Rees H, Jones R N. Chromosome Genetics, Edward Arnold Ltd, 1977. 19.
[113] Lewin B. GENES. John Wiley & Sons, Inc. 1983.
[114] Li W H. Molecular Evolution, Sunderland: Sinauer, 1997.
[115] Petrov D A, Sangster T A, Johnston J S, Hartl D L, Shaw K L, Science, 2000, 287: 1060～1062.
[116] Venter C, et al. Science, 2001, 291: 1304.
[117] Venter C, et al. The *C. elegans* sequencing consortium, Science, 1998, 282: 2012.
[118] Stover C K, et al. Nature, 2000, 406: 959.
[119] Claverie J-M. Science, 2001, 291: 1255～1257.
[120] Britten R T, et al. Science, 1968, 161, 529.
[121] Straus N A. PNAS USA, 1971, 68: 799.
[122] Diaz M O, et al. Cell, 1981, 24, 649.
[123] Straus Neil A. Repeated DNA in Eukaryotes, In: Handbook of Genetics, Vol 5, Molecular Genetics, New York and London: Plenum Press, 1976.
[124a] Doty P. PNAS USA, 1959, 45: 482.
[124b] Weiner A M, Deininger P L, Estratiadis A. Annu. Rev. Biochem, 1986, 55: 631～661.
[125] Jelink W R, Haynes S R. Cold Spring Harbor Symp. Quant. Biol., 1983, 1123: 470.
[126] Roberson D L, et al. In "Perspectives on genes and the molecul ar biolongy of cancer" ed. by Roberson G E, Saun-

ders G E. New York: Raven Pr. 1977, 51~80.
[127] Siegel V, Walter P. Nature, 31986, 20, 82~84.
[128] Deininger P L, Daniels G R. Trends Gen. , 1986, 2, 76~80.
[129] Southern E M. Nature, 1970, 227: 794.
[130] Brutlag D L. The Mol. Biol. of The Mammalian Genetic Apparatus. edited by Ts'o P, Elsevier North-Holland Biomedical Press. 1977, 2: 44.
[131] Peacock W J. Genetics, 1965, 51: 573.
[132] Hsieh T, Brutlag D L. PNAS USA, 1979, 76: 726.
[133] Billings P C, et al. Nucleic Acids Res. , 1979, 6: 2151.
[134] Varley J M, et al. Nature, 1980, 283: 686.
[135] Tartof K D. Ann. Rev. Genet. , 1975, 9: 355.
[136] Beyer A L, et al. In: Molecular Genetics, by Herbert Taylor J, Academic Press, 1979. 117~175.
[137] Lewin B. GENES, John Wiley & Sons, Inc. 1983.
[138] Batts-Young B, Lodish H. PNAS USA, 1978, 75: 740.
[139] Ford P J, et al. Cell, 1976, 8: 485.
[140] Ford P J. Mathieson T. Nature, 1976, 261: 433.
[141] Clarkson S G, et al. Cold Spring Harbor Symp. Quant. Biol. , 1973, 38: 451.
[142] Portmann R, et al. Nature, 1976, 264: 31.
[143] Birnstiel M L, et al. FEBS Proccedings 10th Paris Meeting, 1975, 38: 3.
[144] Birnstiel M L, et al. In: Roberson G E, Saunders G E ed. Perspectives on genes and the molecular biology of cancer. New York: Raver Pr. , 1977, 97
[145] Birnstiel M L, et al. In: Perspectives on genes and the molecular biology of cancer. ed. by Roberson G E and Saunders G E. New York: Raven Pr. , 1977. 97.
[146] Karrer K, GalI J. J. Mol. Biol. , 1976, 104: 421.
[147] Gall J G, et al. In: Perspectives on genes and the molecular biology of cancer. ed. by Roberson G E and Saunders G E. New York: Raven Pr. , 1977. 81.
[148] Engberg J, et al. J. Mol. Biol. , 1976, 104: 455.
[149] Yao M C, et al. PNAS USA, 1974, 71: 3082.
[150] Yao M C, et al. Nature, 1977, 270: 473
[151] Gilbert W O, Dressler D. CSH, 1968, 33: 473.
[152] Hourcade D, et al. PNAS USA, 1973, 70: 2926.
[153] Rohaix J D, et al. J. Mol. Biol. , 1974, 87: 473.
[154] Smith G P. CSH, 1973, 38: 507.
[155] Britten R J, Kohne D E. Science, 1968, 161: 529.
[156] Gerstel D U, et al. Chromosomos Today, 1966, 1: 41.
[157] Raddy V B, et al. Science, 1978, 200: 494.
[158] Jeffreys A J, FIavell R. Cell, 1977, 12: 429.
[159] Jeffreys A J, FIavell R. Cell, 1977, 12: 1097.
[160] Breathnach R, et al. Ann. Rev. Biochem. , 1981, 50: 349.
[161] Doel M T, et al. Nucleic Acids Res. , 1977, 4: 3701.
[162] Benoist C, et al. Nucleic Acids Res. , 1980, 8: 127.
[163] Cochet M, et al. Nature, 1979, 282: 567.
[164] Sanger F, et al. Science, 1978, 200: 494.
[165] Fiers W, et al. Nature, 1978, 278: 113.
[166] Raddy V B, et al. Science, 1978, 200: 494.
[167] Normark S, et al. Ann. Rev. Genetics, 1983, 17: 499.
[168] Feagin F E, Abraham J M, Stuart K. Cell, 1988, 53: 413~422.
[169] Benne R. TIG, 1990, 6 (6): 77~181.

[170] Simpson L, Shaw J. Cell, 1989, 57: 355～366.
[171] McClintock B. Cold Spring Harbor Symp. Quant. Biol., 1952, 16: 13.
[172] Doring H P, Starlinger P. Ann. Rev. Genet., 1986, 20: 175.
[173a] Jordan E, et al. Mol. Gen. Genet., 1968, 102: 358.
[173b] Doel M T, et al. Nucleic Acids Res., 1977, 4: 3701.
[174] Benoist C, et al. Nucleic Acids Res., 1980, 8: 127.
[175] Simpson L, Shaw J. Cell, 1989, 57: 355～366.
[176] Calos M P, et al. Cell, 1980, 20: 579.
[177] Bukhari A I. Ann. Rev. Genet., 1976, 10: 389～412.
[178] Halling S M, et al. Cell, 1982, 28: 115.
[179] Wallace L J, et al. Cold Spring Harbor Symp. Biol., 1980, 45: 183.
[180] Chaing S J, et al. J. Bacteriol, 1980, 142: 668.
[181] Saedler H, et al. Cold Spring Harbor Symp. Quant. Biol., 1981, 45: 93.
[182] Adhya S, et al. Ann. Rev. Biochem., 1978, 47: 967.
[183] Timmerman K P et al. Nucl. Acid Res., 1985, 13: 2127.
[184] Stuart K, et al. Gene, 1989, 82: 155～170.
[185] Alberts B, et al. Molecular Biology of the Cell. third edition, Garland Publishing, Inc. 1994.
[186a] Cohen S N, Shapiro J A. Scient. Amer., 1980, 40～49.
[186b] Shapiro J A, et al. Cold Spring Harbor Symp. Quant. Biol., 1979, 4 (43): 1135.
[187] Freifelder D. Molecular Biology. Science Books International, Inc., 1983. 787.
[188] Berg D E, Howe M M. Mobile DNA. Washington D C: American Society for Microbiology, 1989.
[189] Halling S M, et al. Cell, 1982, 28: 115.
[190] Watson J D, et al. Molecular Biology of Genes. Chapter 11, Fig. 11. 28, published by Pearson Education, Inc., 2004.
[191] McClintock B. Science, 1984, 226: 792～801.

第3章 染 色 质

3.1 染色体与染色质——遗传物质的两种存在形式

染色体与染色质是在细胞周期的不同时期中存在的同一遗传物质的两种形式。在细胞间期以伸展状态的染色质形态存在，染色质纤维的直径 10～30nm；在细胞中期则折叠压缩成为粗短的染色体形态，直径可达 1μm。不言而喻，在细胞间期我们只能看到染色质，在细胞中期则只能看到染色体；但是，在染色体中我们往往能看到高度折叠、压缩了的染色质。例如，在一些巨大染色体（多线染色体、灯刷染色体）中，就格外明显。

3.2 常染色质与异染色质——染色体的两种功能状态

染色体由常染色质（euchromatin）与异染色质（heterochromatin）组成。高度浓缩的异染色质与去浓缩的（decondensed）常染色质相间分布。专门的边界单元（boundary elements），作为相邻染色质区域的界标或屏障。两个反向重复序列（IR）把异染色质段落与周围的常染色质区域界定开来[1]。

常染色质容易为 DNA 结合因子接近，是具有转录活性的部分。异染色质区域一般地说不能为 DNA 结合因子接近，是转录沉默部分。染色质及高级组织的染色体结构在真核 DNA 生物学的各方面，从基因表达到染色体行为都起着重要作用。染色质的调控是局部作用（基因）与整体作用（染色质）相伴进行；这两方面都以核小体（nucleosome）为作用单位。在细胞核中，DNA 与组蛋白装配成核小体，DNA 围绕（H2A、H2B、H3、H4）$_2$ 八聚体两圈（图 3.1）。组蛋白的氨基末端含有多样的翻译后修饰[2]。其中最显著的是 H3 和 H4 的赖氨酸的高度保守的氨基末端的乙酰化与甲基化（图 3.1）。加大的乙酰化总是伴随着转录活性的加大，而乙酰化的减少总是伴随着转录活性的阻抑。

真核细胞的 DNA 形成不同的结构区域（domains），常染色质（euchromatin）与异染色质（heterochromatin），以便进行基因表达和染色体行为的调控。表观遗传的异染色质构成了染色体的大部分区域，并为染色体的分离行为所必需。最近的研究证明许多酶与蛋白质参与了异染色质的装配。这种装配过程是一个逐步的组蛋白的修饰及其氨基末端的特异修饰过程。最后，意想不到地发现了非编码的 RNAs 及 RNA 干扰（RNA interference）在表观遗传的染色质区域形成中的作用（见 3.7.1 节）。

高级染色质结构的调节直接伴随着基因表达的调控以及真核生物的遗传信息的完整，而且可能是基因、染色体、基因组和生物体的起源与进化的主要力量。

构成染色质的蛋白质也能传递遗传信息，如经过翻译后修饰（posttranslational modifi-

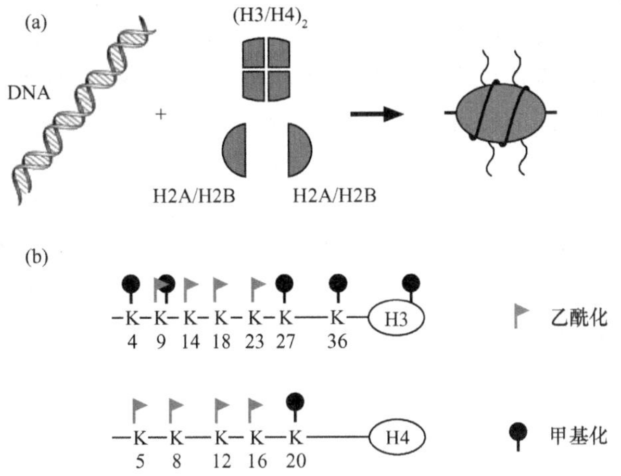

图 3.1 图示核小体及组蛋白末端的乙酰化和甲基化的位点[2]

(a) 核小体，染色体的基本单位，由基因组的 147 个碱基围绕组蛋白八聚体（H2A、H2B、H3、H4)$_2$ 两圈所组成。每一个八聚体是由组蛋白的折叠区域及向外伸展的尾巴所组成。(b) 表示 H3、H4 的氨基末端及球体区域的翻译后修饰。

cations)。为了论述这种蛋白质“自我永存”式（self-perpetuating）的染色质装配状态的遗传（其实就是目前所说的表观遗传或后生遗传），美国科学院（National Academy of Sciences）专门于 2002 年 3 月 22 日至 24 日在华盛顿召开了主题为“Self-Perpetuating Structural States in Biology，Disease，and Genetics”的会议。与会者们描述了蛋白质的新现象学(phenomenology)，并对蛋白质与染色质遗传提出了见解。“也许让与会者最惊讶的是出现了证据，证明这些非传统的遗传模式也许是普遍的。”

在染色质领域令人兴奋的发现染色质的核小体是怎样特化（乙酰化、甲基化）并维持不同的染色质状态。明显地，组蛋白尾巴残基的单一修饰就可引起常染色质（euchromatin）与异染色质（heterochromatin）的不同，甚至染色质 DNA 甲基化的维持也要依靠组蛋白尾巴残基的修饰（modification)。凡此等等的发现，我们开始认识到染色质构象（chromatin conformation）与基因表达之间应该密切相关。遗传和生化的方法已经开始说明组蛋白修饰酶（histone-modifying enzymes）和非组蛋白结构蛋白（nonhistone structural proteins）如何调控染色质遗传。“这些‘另类的’遗传机制（alternate mechanisms of inheritance）已经动摇了我们对于中心法则的盲目信仰，它加大了我们追求更加创新的见解的欲望”。(Arthur M. Sackler Colloquium of the National Academy of Sciences，“Self-Perpetuating Structural States in Biology，Disease，and Genetics，” held March 22～24，2002，at the National Academy of Sciences in Washington DC.）

3.3 染色体单线性[3]

每一条染色单体（chromatid）自始至终仅含有一条连续的 DNA 双螺旋链，这种现象称之为染色体的单线性（mononemy)。上述结论主要由对蝾螈（*Triturus viridescens*）卵母细胞灯刷染色体（lampbrush chromosomes）的分析，以及对果蝇细胞中 DNA 分子的测量而证实的。

灯刷染色体可见于两栖类卵母细胞第一次减数分裂的双线期，此时两条同源染色体配对；而每条染色体已分裂为两条染色单体。两条姐妹染色单体沿纵长压缩折叠为成串的珠状结构称为染色粒，每颗染色粒实际上能分解为两个并排的染色小点，叫姐妹染色粒，它们各向两侧伸出两个外观相同的侧环（图 3.2）。显微操作技术牵扯侧环，可证明侧环与同侧姐妹染色粒之间是相互连续的。用 RNA 酶和蛋白质酶去掉它们的 RNA 与蛋白质后，则侧环纤维直径 2～3nm，这相当于一条 DNA 双螺旋的直径；当用 DNA 酶进一步处理后，则该纤维断裂。这就证明灯刷染色中每条染色单体的主体是一条连续不断的 DNA 双螺旋链。

野生果蝇的细胞如果用去垢剂处理并以蛋白酶（pronase）消化，染色体中的 DNA 分子不致断裂，可以得到近乎完整的染色体 DNA 分子（表 3.1），其中最大的一条 DNA 链的相对分子质量与最大的一条染色体的 DNA 含量相符。这说明每条染色体中的全部 DNA 含量实际上是一个 DNA 分子的相对分子质量。在一个突变体中最大的一条染色体由于易位又增加了来自 X 染色体的一大段。这时经上述处理而得到的最大一个 DNA 分子的相对分子质量与易位后的那条最大的染色体的 DNA 含量相符合。

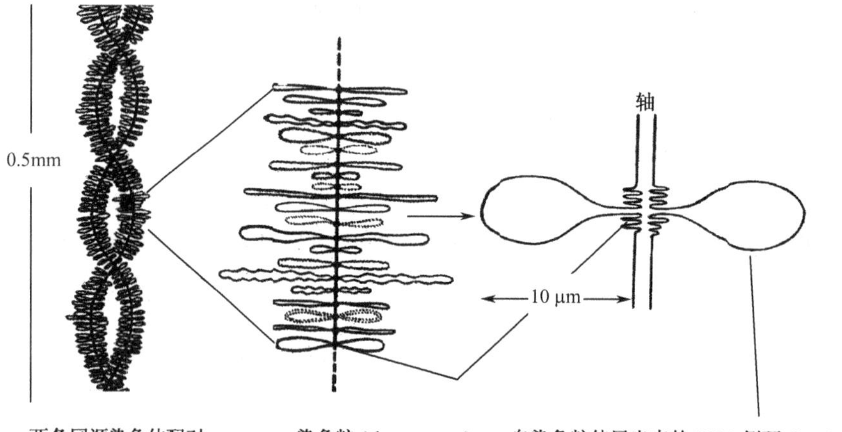

图 3.2　蝾螈卵母细胞灯刷染色体示意图

表 3.1　果蝇染色体的 DNA

基因型	最大 DNA 分子的相对分子质量	最大染色体的 DNA 的含量/Da
野生型	$(41\pm3)\times10^9$	43×10^9
易位突变型	$(58\pm6)\times10^9$	59×10^9

3.4　染色质的分子组成

染色质是真核细胞的细胞核中的遗传物质在分裂间期的存在的形式。它由 DNA、组蛋白、非组蛋白及 RNA 四种大分子组成，DNA ∶ 组蛋白 ∶ 非组蛋白 ∶ RNA = 100 ∶ 114 ∶ 33 ∶ 7。可见染色质的基本结构物质是 DNA 与组蛋白。DNA 双螺旋的直径为 2nm，与组蛋白结合后形成直径为 10nm 左右的染色质纤维。

目前认为染色质是由许多重复单位——核小体（nucleosome）串联而成，每个核小体含有一个由 H2A、H2B、H3、H4 各两分子组蛋白所组成的八聚体核心，外面绕以 166 碱基对的 DNA。DNA 链继续延伸 20～100 碱基对，称 DNA 连接丝，然后再盘绕在另一个组蛋白八聚体核心之外，如此不断重复折叠而成染色质纤维。

3.4.1 B-DNA 与 Z-DNA

目前已发现染色质中存在着右旋 DNA 与左旋 DNA。右旋 DNA 中以 B-DNA 为主（另外还有 A、C、D、E 型），左旋 DNA 就是所谓 Z-DNA（图 3.3，表 3.2）。

Z-DNA 的发现是引人注目的。1972 年 Pohl 等[4]在研究 poly（dG：dC）的旋光色散，圆二色性及紫外吸收光谱时，发现这些特性可因高浓度盐溶液发生急剧改变，所以第一次提出存在左旋 DNA 的可能。1979 年美籍华人科学家 Wang 等[5]根据对脱氧(dG：dC)$_3$ 六聚体的 X 光晶体衍射分析，发现了左旋 Z-DNA。它的磷酸基沿核糖-磷酸骨架的走向呈“Z”字形，只有一条极深的小沟，螺旋直径为 1.8nm，每转一圈包括 12 对碱基，距离为 4.46nm。由于 Z-DNA 有较强的抗原性，可以形成对 Z-DNA 专一的抗体，从而可以用来探测 Z-DNA 是否真正存在于染色质的 DNA 之中。1981 年 Lafer 等[6]用溴化的 poly (dG：dC)与牛甲基化蛋白的复合物免疫家兔，从而获得了在 4M NaCl 的浓度下能与 poly (dG：dC)（非溴化的）很好结合的专一的抗 Z-DNA 抗体。继之，又获得了抗 Z-DNA 的单克隆抗体（Moller，et al.，1983）[7]。利用所得抗体已证明了在原生动物（Lipps，et al.，1983）[8]、果蝇（Nordheim，et al.，1982）[9]及包括人在内的灵长类动物（Viegas-Pequignof，et al.，1983）[10]的染色质中均有 Z-DNA 的存在。

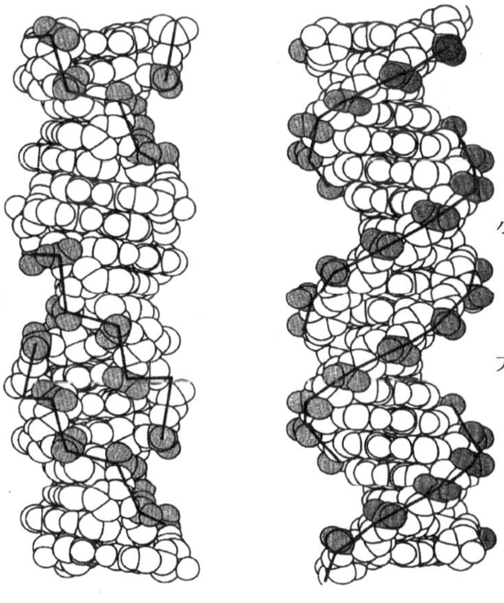

图 3.3 B-DNA 和 Z-DNA 的双螺旋结构（Lewin，1983）

表 3.2 B-DNA 与 Z-DNA 的比较

DNA 类型	每一螺旋的碱基对数	每对碱基的旋转度	碱基对间的距离/nm	螺旋直径/nm
B	10	右旋 36°	0.338	1.9～2*
Z	12	左旋 30°	0.371	1.8

* B-DNA 在溶液中其每一螺旋的碱基对数由 10 改变为 10.4，螺旋直径由 1.9 改变为 2nm

另外，还从果蝇、人的癌细胞、麦胚等中分离一类能促使 B-DNA 转变为 Z-DNA 并专一地与 Z-DNA 结合的蛋白质（Nordhim，et al.，1982）。这类结合蛋白的相对分子质量有的高达 70 000～150 000。

3.4.2 Z-DNA 与染色质的结构及功能的关系

（1）与染色质结构的关系。SV40 病毒 DNA 能在宿主细胞内形成微小染色体，具有典型的核小体结构是研究染色质的结构与功能的理想模型。处于转录活性状态的染色质，其核小体构型发生变化并对 DNase Ⅰ 敏感。利用抗 Z-DNA 的抗体对 SV40 微小染色体的研究表明，有些敏感位点正处于 Z-DNA 区段的两端，即 B-DNA 与 Z-DNA 两种构象的交接处。而且 SV40 基因组中三个潜在的 Z-DNA 区段正处于不能形成核小体的区域，这说明 Z-DNA 构象与核小体结构的形成可能有关。

（2）与基因活性的关系。SV40 DNA 与 Z-DNA 抗体结合的三个位点恰好在增强子（enhancer）的区域或其边缘，细胞学的观察也证明 Z-DNA 构象与基因转录活性的调控有关[8]。原生动物棘尾虫（*Stylonychia mytilus*）处于转录状态的大核内的染色质能与Z-DNA 抗体起明显反应，而处于静止状态的小核则不能与 Z-DNA 抗体反应。

一般认为，在一定的基因控制区，存在一类可能形成 Z-DNA 构象的序列；当与Z-DNA 结合蛋白相结合，或有关碱基受到修饰（如甲基化）[11]，或 DNA 负超螺旋结构发生[12]等情况下，该类序列就会由 B-DNA 转变成 Z-DNA 构象，于是相关区域的染色质结构发生改变，使有关基因处于活跃的转录状态。

3.4.3 染色质 RNA

染色质含有 RNA 是无疑的，约占 DNA 的 3%，但是否是染色质的固有成分，还是转录或分离过程中 RNA 的污染，尚无定论。

Huang 和 Bonner（1965）[13]首次报道在豌豆芽染色质中发现有与组蛋白相复合的 RNA，称为染色体 RNA（chromosomal RNA）。其后，在其他组织的染色质中，如鼠肝（Benjaamin，et al.，1966）、鸡胚（Huang，et al.，1969）及小牛胸腺（Shih，et al.，1969）等均有发现。该种 RNA 与 rRNA 及 tRNA 有所不同，其主链长 40～60 个核苷酸，沉降系数为 3.2S，二氢嘧啶的含量高达 11.3%，而 tRNA 仅为 3.1%，rRNA 则在 1%以下[14]。这种 RNA 能与同源的 DNA 高度杂交（5%），且不与 tRNA 及 rRNA 竞争[15]。说明这种 RNA 是独特的，有组织特异性的。Bonner（1968）[16]推测这种染色质 RNA 可能是等价地与非组蛋白结合，然后通过非组蛋白以非共价的方式结合到组蛋白上，起着调节基因表达的作用。Huang 等（1972）[14]的染色质重建实验，似乎证明了染色质 RNA 对基因调控有作用。在正常情况下，他把 11 日龄的鸡胚染色质溶于 2mol/L 盐酸胍中，可使染色质的各个组分（DNA、RNA、组蛋白、非组蛋白）解离，然后在有 5mol/L 尿素情况下，对盐酸胍透析，并逐步降低盐酸胍的浓度。这样把尿素透析掉并逐渐降低了离子强度，使染色质得以重建。重建后染色质保持着和天然染色质一样的转录特异性。为了检验染色质 RNA 的作用，他用 10^{-4}mol/L 的 Zn（NO_3）$_2$ 在 37℃下处理解离了的染色质 20h，结果发现重建后的染色质失掉了它固有的转录特异性，因为硝酸锌能在各种盐的条件下，只水解 RNA，但对蛋白质和 DNA 无作用。从而说明了 RNA 对染色质转录特异性的作用。用 RNase 代替硝酸锌，重复上述实验，也得类似结果。

但据 Artman 等（1971）[17]的研究，认为染色质 RNA 的含量变化很大，完全取决于制备染色质及 RNA 的方法：用蔗糖梯度离心法分析表层 RNA，表明它含有细胞核内所有不同类型的 RNA。因此认为染色质 RNA 是一种人为的制剂。

否认染色质 RNA 的存在或怀疑其存在的主要原因是中心法则规定 RNA 仅仅是一种遗传信息，因此就看不出染色质 RNA 内存在有什么必要。近年来发现 RNA 并不单纯是一种信使或模板，而且具有酶的活性。这对我们进一步探讨染色质 RNA 的存在及作用是有促进意义的。1982 年 Cech[18a]等报道四膜虫的核糖体 RNA 前体具有自我催化的酶活性。这种 Pre-rRNA 在没有任何蛋白质及 ATP 的情况下，能自我催化剪接、环化等反应，最后成为成熟的 rRNA。Cech 等把这种 RNA 命名为 Ribozyme，以区别于仅由蛋白质构成的酶（enzyme）。这种 RNA 类型的酶除上述的 Pre-rRNA 外，还发现了一些由蛋白质与 RNA 复合构成的酶，如核糖核酸酶 P、1，4-α-糖原支链酶、磷酸果糖激酶等[18b]。当时认为这些酶的活性必须在酶结构中的两个成分共存，缺一即无催化活性。1983 年，Altman 与 Pace 两家实验室合作证明核糖核酸酶 P 中的 RNA 组分在一定条件下，单独即能催化反应[19]。已知，核糖核酸酶 P 能催化 tRNA 分子 5′端成熟，酶中 RNA 含量为蛋白质的 5 倍。用层析法将二者分开则失活。Altman 等发现，如果把通常测活实验中的 10mmol/L Mg^{2+} 浓度提高到 20mmol/L 以上，或在 10mmol/L Mg^{2+} 溶液中加入 1mmol/L 的亚精胺（spermidine），则 RNA 组分单独就能催化 tRNA 分子 5′端成熟，具有与天然核糖核酸酶 P 同样的酶活性。为了消除蛋白质部分对分离出的 RNA 污染的疑虑，它们干脆把核糖核酸酶 P 中负责 RNA 部分的基因分离出来，单独进行体外转录；所得的 RNA 具有酶活性[20,21]。如果 RNA 既能储存信息又有催化活性，则可能在染色质的结构与功能方面起着某种作用，进一步研究染色质 RNA 的存在及功能是很有必要的。

3.4.4 组蛋白的种类与特点

组蛋白是富含赖氨酸与精氨酸的碱性蛋白质，相对分子质量 10 000～20 000。在染色质中主要的是 H2A、H2B、H3、H4 及 H1。它们的特点如表 3.3 所示。组蛋白 N 端区域多为碱性氨基酸，净电荷（＋）多。多数的酸性氨基酸和疏水氨基酸分布在 C 端的 1/3～1/2 处。核酸可视为含有大量负电荷的多元酸，因此组蛋白是以其 N 端区域与 DNA 链的负电荷结合，而以 C 端区域与其他组蛋白、非组蛋白或 DNA 的疏水区相结合，这种结合主要是依靠疏水键或范德华力（Van der Waals’force）。

表 3.3 五种主要组蛋白的分子特性

组蛋白种类	氨基酸数目	碱性氨基酸含量		酸性氨基酸含量/%	碱酸性氨基酸的比例	相对分子质量
		Lys/%	Arg/%			
H1	208	29	1	5	5.4	23 000
H2A	129	11	9	15	1.4	13 960
H2B	125	16	6	13	1.7	13 774
H3	135	10	13	13	1.8	15 342
H4	102	11	14	10	2.5	11 282

3.4.5 组蛋白 H1

（1）组蛋白 H1 的特点：由表 3.4 可见 H1 中的氨基酸分布与其他组蛋白截然相反，碱性氨基酸多集中于肽链的C端区域，而N端区含有较多的酸性氨基酸。Cole（1966）[22]指出，H1有四种类型（$H1^0$、$H1^1$、$H1^2$、$H1^3$）它们的氨基酸序列不同。

表3.4 H1与其他组蛋白的比较

氨基酸类别	H1			H2A			H2B			H3		H4	
	1～54	55～108	109～208	1～42	43～92	93～129	1～34	35～79	80～125	51～53	54～135	1～45	46～102
碱性	12	10	43	14	7	9	15	6	10	18	15	17	10
酸性	4	4	2	1	7	1	1	5	3	1	10	1	6
疏水	4	14	4	7	16	11	1	17	12	6	28	8	22
脯氨酸	7	0	16	1	2	2	4	1	1	4	2	1	0
静电荷	+8	+6	+41	+13	0	+8	+14	+1	+7	+17	+5	+16	+4

组蛋白H1与其他四种组蛋白的不同还有：其他四种组蛋白是在胚胎早期同时出现，而H1则在较晚时期出现。其他四种组蛋白的氨基酸序列在不同生物中几乎保持不变，而H1不仅在不同生物中，即使在同一有机体中，其类型（亚组分）也不相同（Elgin，1975）。同一有机体不同组织中H1的差异，暗示了它对性状的表现型有作用。

（2）组蛋白H1的结构：组蛋白H1的碱性区域不在氨基区域，而在羧基区域(124～216残基)，有一个无极性的中央区段（42～123残基）；氨基端既含有一个酸性区段（1～15残基），也含有一个碱性区段（19～35残基），在碱性区段的19～35的残基中含有2个阳离子群。在溶液中，H1的无极性的中央区段是疏水的，折叠为球状结构，其序列高度保守；碱性的羧基区是随机性的卷曲状态；氨基端的酸性区段也呈卷曲状态。羧基区域与DNA的结合很强烈，疏水的中央区段则结合较弱，它主要是与非组蛋白相结合并与其他四种组蛋白相作用，可导致染色质的超螺旋化，产生高级结构。氨基端的碱性区段也附着于DNA连接丝，起交联核小体的作用（图3.4）。

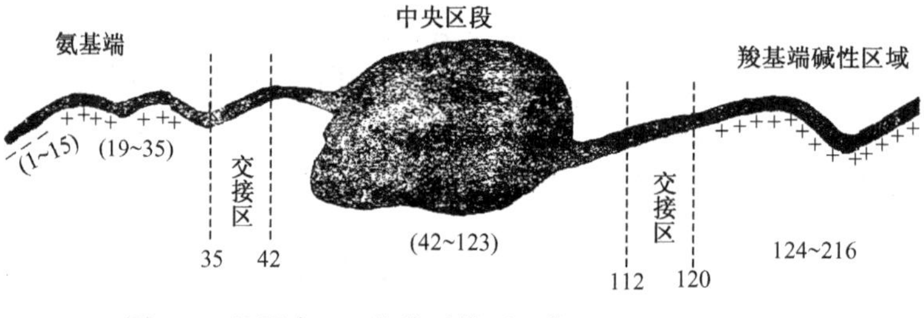

图3.4 组蛋白H1的分子模型（仿Hartman，1977）

（3）组蛋白H1的作用：Renz等（1977）在电镜下看到直径200Å的染色质二级结构是含有6～10个核小体的球状结节的纤维。以0.5mol/L NaCl溶液从染色质上选择性地除掉H1后，则球状结节解开，在核小体之间可看到约35bp的DNA连接丝，这说明H1在维持染色质的高级结构方面有重要作用。

近年来许多研究报告都指出H1的成分及含量与染色质的高级结构相关，并能影响基因的调控[23～25]（Holmgren, et al., 1985；Marion, et al., 1985；Allan, et al., 1986）。特别令人注目的是$H1^0$仅仅出现在低度分裂或不分裂的细胞中，而在高度分裂或癌变细胞中则不能发现（Smith, et al., 1984）[26]。Pieler等（1981）[27]用丁酸钠（sodium butyratic）

处理神经肿癌细胞，发现丁酸钠在抑制细胞分裂、诱发细胞分化的同时，出现了 $H1^0$。这不仅说明 $H1^0$ 与基因活动的关系，也为癌的诊断提供了线索。H1 的磷酸化往往与细胞的癌变有关（Hohmann，1983）[28]。Matsukawa（1985）[29]报告，H1 各亚组分的磷酸化程度在指数生长期及有丝分裂期是各不相同的。例如，$H1^3$ 在上述两个时期中，其磷酸化程度比 $H1^2$ 低 3.6 倍。可是，这种亚组分间的磷酸化的差别在 HeLa 细胞内并不出现。

（4）组蛋白 H1 与 DNA 的作用方式：H1 羧基端区域的阳离子群适合于与磷酸基团相作用。疏水区域是与不同蛋白质结合的区域，H1 不同亚类的机能差异可能依靠氨基末端区域，它能结合或操纵某些带阳离子多聚体的结构，如蛋白质的酸性部分或 DNA。在 H1 分子中，其氨基端的区域具有与普通的酶（如 RNA 酶、溶菌酶）相似的组成，而羧基端的另一半分子中却含有大量的赖氨酸和脯氨酸。根据 Cole（1977）[30]的意见，H1 与 DNA 的作用方式可分三种。

a. R 方式（relative restrictions）：这种方式能表示出在不同程度上 DNA 的限制作用（指酶对 DNA 的分解作用）。羧基末端的尾巴使 H1 在 DNA 分子上“抛锚”。疏水折叠部分（R）与其他非组蛋白质相作用，其机能是催化性的也可能是结构性的。不同分子类型 H1 的 NH_2 末端以不同角度与 DNA 相结合，因而使不同长度的 DNA 暴露出来，并容易受到酶的作用（如解旋酶、聚合酶、限制酶等）。R 方式提供了调节染色质活动速率的一种途径。

b. D 方式（DNA deflections）：这种方式能使 DNA 偏斜（deflecting）或变形（deforming）。D 方式的特点是氨基末端折回疏水区，而使 DNA 发生各种程度的偏斜、折叠、更易受到酶的作用。

c. C 方式（complicated complexes）：这种方式是以它与非组蛋白质（hertone）结合的复杂性为特点。疏水区的蛋白质折叠之后，又与非组蛋白质结合成为一个亚单位，而 N 端含有不同亚类的可变区；在它的两个阳离子群间的多肽链形成不同程度的环状突起（1，2，3，…）并与非组蛋白质选择性地结合，在 DNA 链上形成一个突起叫链内敏感构件（intrastrand texture sensor，ITS）。由于 ITS 中所选择结合的非组蛋白质的不同，而使 H1 发挥不同的作用。H1 能否与非组蛋白进行选择性结合呢？Spring（1977）使染色体的非组蛋白混合物通过一个与 H1 结合的琼脂糖柱子后，发现 H1 与非组蛋白质是选择性相结合的，总之，H1 的 R、D、C 方式的提出仅仅是研究 H1 的一个开始，它告诉我们：H1 在染色质的结构及机能上有重要作用（图 3.5）。

3.4.6 组蛋白 H5

Neelin 和 Butter 首次报道（1961）[31] H5 的存在，它仅仅存在于鸡、鸭、鸽子、鹅、海鸥、火鸡、鹌鹑、孔雀等几种鸟类的网织红细胞及成熟的红细胞中，而在骨髓、脾、肝等组织中则没有。H5 的相对分子质量为 23 000，由 197 个氨基酸残基组成，其中赖氨酸约占 23%，H5 与 H1 可用 5%的高氯酸或 0.5mol/L 的硫酸使其从染色质中提取出来，如果在 pH 7.0 时，以 0.5mol/L NaCl 可把 H1，分离出来，当 NaCl 浓度提高到 0.65mol/L 时，H5 也被分离下来。像 H1 一样，H5 存在于核粒之外并优先与富 AT 碱基对的 DNA 结合。H5 与 H1 对胰蛋白酶都很敏感，而两者对 DNA 都有很强的稳定化效应（stabilizing effect），所有这些都说明 H5 在染色质结构中扮演着像 H1 一样的角色。尽管如此，H5 和 H1 还是有区别的。H5 含有大量丝氨酸（21 个残基），而在氨基端 70 个残基中却没有集中的碱性或极性氨基酸。多数组蛋白是呈 α 螺旋状，而 H5 可能是以 β 结构存在。H5 含有较

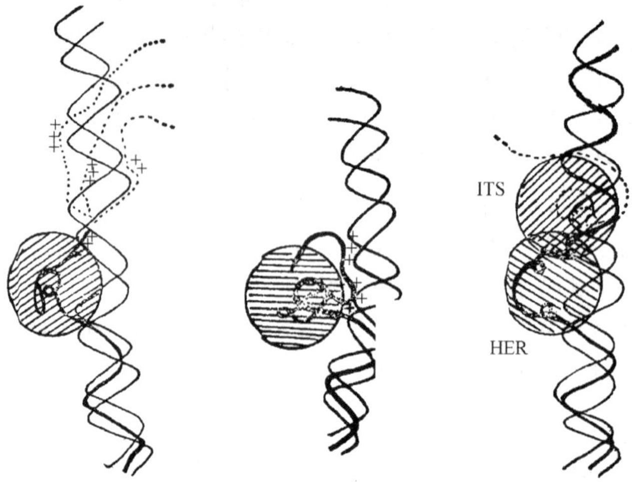

图 3.5　H1 与 DNA 的三种作用方式

ITS（intrastrand texture sensor）：链内敏感构件。HER（hertone）：非组蛋白

多的碱性氨基酸残基（32%～40%），与 DNA 有较高的亲和力及较高的热变性温度，它与 DNA 结合时氨基酸与核苷酸的比例是 1.5∶1，而 H1 两者的比例是 3(2.9～3.3)∶1。H5 对 DNA 的模板活性有抑制作用。鸟类红细胞在发育中逐渐失去转录能力，而 H5 的含量却逐步提高。这种现象不会是由于酶的缺乏而造成的，因为在成熟的鸡红细胞中有大量的 RNA 聚合酶，此时即使加入外源 RNA 聚合酶，红细胞的转录活性也不增加。如果以聚苯乙烯磺酸盐（polystyrene sulfonate）处理鸡的红细胞，H5 首先被除掉，使染色质松解，则激活了 RNA 转录（Miller，et al.，1972）。

3.4.7　染色质的非组蛋白

细胞核中另一类重要蛋白质叫非组蛋白（nonhistones protein，NHP），它包括核膜酸性蛋白（8%）、核仁酸性蛋白（19%）、不均一核蛋白（HnRNP，30%）、组织专一性蛋白（10%）以及染色质非组蛋白（以下简称 NHC，40%）。它们大多数溶于碱，但也有一部分溶于酸。总之，非组蛋白也是染色质中的一类重要蛋白质，其种类繁多，可达五百余种，相对分子质量 15 000～100 000。

(1) 染色体框架蛋白：Laemmli (1977)[32]关于染色体支架结构（scaffolding structure）的工作说明了 NHC 的重要。他用多阴离子硫酸葡萄糖和肝素（polyanions dextran sulfate and heparin）处理 HeLa 细胞中期染色体，把组蛋白去掉后，在电镜下仍能看到一个维持中期染色体基本形状的支架。该支架是由 DNA 与少量蛋白质（约为原来蛋白质量的 8%）组成；支架由致密的纤维网构成，许多 DNA 环（DNA loops）由它发出。环的平均长度为 10～30μm（30～90kb），环上无超螺旋结构。如果把每个环通过反复地超螺旋化，压缩 40 倍就成为 30nm 直径的纤维，它的长度将是 0.25～1.0μm，不超过一条染色体的直径。从染色体的横断面可见这些环呈放射状，直径 10nm，长3～4μm。说明是长约 60kb 的环围绕在一个蛋白质的中心框架上。这些 DNA 环是否以特异的序列与蛋白质支架相联结？当以内切酶或 ExonucleaseⅢ处理果蝇（*D. melanogaster*）的去组蛋白的染色体框架，可见 DNA 环大部分被消化，但留有特异的DNA段落与支架结合。以果蝇的重复100倍的组蛋白基因串（histone gene cluster）检测之，发现每一个重复单位以其两个约200bp的序列与支架联结而成为一个环（loop）。当用上述酶处理时，这两个约200bp的序列不被消化。

框架上的DNA可以用DNase消化掉而对支架的整体性没有影响。支架是由非组蛋白构成，在电泳中显示出30多条清晰的NHC带，相对分子质量大多超过50 000，其中有拓扑异构酶Ⅱ（topoisomerase）。这些非组蛋白对中期染色体的结构起稳定作用。

（2）染色质的高移动蛋白（HMG proteins）：HMG蛋白是一组染色体蛋白。它们均可以0.35mol/L NaCl从细胞核中提取出来并溶于2%三氯醋酸的蛋白（ubiquitin除外）[33]。它们可分为HMG1/2、HMG14/17以及HMGI/Y三类。

a. HMG1/2：HMG1与HMG2是相关蛋白，分子质量25～30kDa；它们的分子自N端到C端具有A、B、C三个不同的结构区域[34]，A、B是同源的，C区是酸性的C端尾巴。A与B区通常称为“HMG1 BOX”[35]，它作为一种基本序列单位存在于许多蛋白质之中，如RNA聚合酶1的转录因子UBF [36]。该蛋白由SRY（sex-determining region Y）基因[37]以及其他许多基因所编码[38]。HMG1/2的生物学功能不详。但知道它们的某些生化、物理性质。HMG1的B区经核磁共振（NMR）测定是含有三个α螺旋的L形，构成该分子的75%。HMG1/2倾向于与Y形DNA[39]，单链DNA[40]以及被cisplatin药物所修饰的DNA[41]结合。因此，HMG1/2可能在DNA的重组、复制及修复中起作用。无论是完整的HMG1还是它的B区，都可以有效地弯曲DNA[42]。体外实验证明，HMG1/2对RNA转录酶Ⅱ、Ⅲ的转录作用起激活作用；并刺激USF/MLTF对DNA的结合。

b. HMG14/17：HGM14与HMG17是一类小分子质量（约10kDa）高电荷的蛋白质。它们在N端含有大量碱性氨基酸，C端含有大量酸性氨基酸残基。从化学计量看，每一核粒可能结合两分子的HMG14/17[43]。在染色质重组实验中，磷酸化的HMG14/17可以加大核小体上DNA的长度（从145bp加大到160～165bp）[44]。像HMG1/2，HMG14/17也特别易于与单链DNA结合；因而想到HMG14/17是否特异地与活性染色质结合？根据含有HMG17的寡核小体的分部免疫测定（immuno fractionation of oligo nucleosomes），HMG17是结合于活性基因的下游而不是上游的转录起始部位[45]。可是UV交联实验（UV crosslinking）却证明HMG14/17与活跃转录的基因的结合是与非活性基因的结合的1.5～2.5倍[46]。因此，HMG14/17的生物学功能有待进一步研究。

c. HMG I/Y：是一类小分子蛋白质，分子质量约11kDa。二者的区别仅仅是HMG Y在第11位氨基酸处有一缺失（deletion），而HMG I则无[47]。此类蛋白因为能结合富AT的α卫星DNA而被称为α蛋白质[48]。HMG I在哺乳动物中期染色体中是结合于富AT重复序列的着丝粒和端粒[49]。因此，HMG I/Y可能是一类与异染色质（heterochromatin）中富AT序列相结合的蛋白质。但也观察到HMG I/Y与编码基因的promoter/enhancer的富AT序列相作用的现象[50]。例如，HMG I能够与淋巴细胞毒素基因（lymphotoxin gene）的上游激活序列的富AT序列结合[51]。在研究β-干扰素基因时，发现HMGI能与PRDH promoter element相作用并同时刺激NF-κB与此element结合[52]。而且β-干扰素基因的病毒诱导要被HMG I/Y的反义RNA减弱。所有这一切都说明HMG I/Y可能参与基因调控，但还不清楚它们是以结构（如参与promoter结构），还是以类似promoter或enhancer的结合因子的形式来起作用。

（3）染色质的其他非组蛋白：另一类非组蛋白是磷蛋白，位于核小体的连接丝DNA区域，它通过识别特定的 DNA 序列与 DNA 亲和，有强烈的种属专一性，NHP 磷蛋白能促进 RNA 转录，但它和 H1 及 DNA 的结合方式仍不清楚。

Douvas 等（1975）从肝脏的染色质中分离出肌球蛋白和肌动蛋白，其相对分子质量分别为 200 000 和 45 000。二者形成复合体，并表现出与肌动球蛋白相同的 ATPase 活性。相对分子质量为 45 000 的蛋白质也能和从肌肉中精制的肌球蛋白形成与上述相同的复合体及 ATPase 活性。此外，染色质中还含有微管蛋白和原肌球蛋白。染色质中的微管蛋白可能用于与纺锤丝结合，依靠肌肉蛋白的相互作用使染色质凝聚，形成中期染色体并向两极移动。

归纳起来，非组蛋白具有以下特点。

a. 组织的特异性：不同物种，其非组蛋白不同；不同的组织也各有其专一性的非组蛋白，这说明它与基因的选择性表达有关。Chytil 和 Spelsberg（1971）于 pH6 时以 5mol/L 尿素与 2mol/L NaCl 处理鸡输卵管染色质，选择性地除去全部组蛋白，剩下 DNA-NHP 的复合物，并用其制备抗血清。这种抗血清与输卵管的 DNA-NHP 复合物百分之百结合，但与肝、脾染色质的复合物只产生 20%的反应。SDS-聚丙烯酰胺电泳也证明：与 DNA 结合紧密的非组蛋白在鼠的肝、肾、肺、胸腺、甲状腺、脑等各种组织中，存在明显差别，而与 DNA 结合松弛的非组蛋白则基本相似。

b. 对转录作用的专一性：Elgin 等（1978）[53]分离果蝇的非组蛋白，用免疫荧光技术证明：相对分子质量为 60 000 的一种非组蛋白抗体只与唾腺多线染色体上的一定膨突（puff）相结合，这种膨突是受热休克诱导的转录活性区。O. Malley（1979）[54]证明非组蛋白 P3 决定卵清蛋白 mRNA 的转录。作用机制可能是雌激素与受体的复合物进入细胞核后，受体的 B 亚基与非组蛋白 P3 结合，促使 DNA 解链，RNA 聚合酶进入转录位点。

c. 与 DNA 结合的专一性：Van den Brock（1973）让大鼠肝的非组蛋白通过 DNA 纤维素柱时，发现其中有 4%的非组蛋白只结合到用大鼠肝脏 DNA 所制备的 DNA 纤维素柱上；这说明它与 DNA 的结合是有专一性的。用 0.6mol/L NaCl 将蛋白从 DNA 纤维素柱上洗脱下来后，测定其分子相对分子质量约为 25 900。可见非组蛋白在染色质的结构与机能均起很大作用。

3.4.8 核小体装配蛋白——核液蛋白

当把 SV40 DNA 注入爪蛙（*Xenopus*）卵母细胞中，能形成典型的核小体结构而成为环状的微小染色体（minichromosomes）。该过程也能在无细胞抽提液系统中完成；此时每装配一个核小体需要一段 195bp 的 DNA。这说明装配过程并不是必须与 DNA 复制同时进行，与所加的 DNA 序列也没有直接关系。但在该过程中发现了一种装配蛋白（assembly protein），该蛋白已从爪蛙卵母细胞中提纯，是一种相对分子质量为29 000的五聚体，它大量地含于卵母细胞的核液（nucleoplasm）中[55]。利用抗体技术证明它广泛存在于真核细胞的核液中，被称为核液蛋白（nucleoplasmin）。它是一种酸性蛋白，并不与游离 DNA 或完整的核小体结合，而只与各种单独存在的组蛋白相结合。每一个五聚体的核液蛋白分子可以结合 8 个组蛋白分子，然后把组蛋白八聚体释放给 DNA。

3.5 核小体的结构

目前认为染色质是由许多重复单位——核小体（nucleosome）串联而成，每个核小体含有一个由 H2A、H2B、H3、H4 各两分子的组蛋白所组成的八聚体核心（图 3.6），外面绕以 166 碱基对的 DNA。DNA 链继续延伸 20～100 碱基对，称 DNA 连接丝，然后再盘绕在另一个组蛋白八聚体核心之外，如此不断重复而串联、折叠成染色质纤维。H1 则与 DNA 接头（linker）相结合，构成珠间连结区。沿染色质纤维长轴进行 X 衍射可以得到重复的图谱，以及用核酸酶消化染色质后可以产生许多大小相同的片段（200 个或其倍数的碱基对）都证明了染色质重复单位的存在。八聚体中的四种组蛋白分子可能按图 3.7 方式相结合。

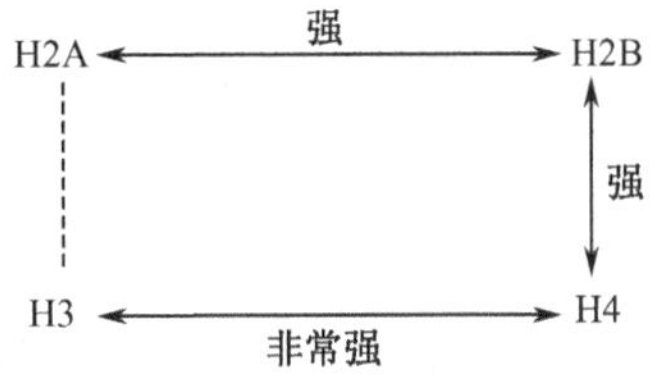

图 3.6　染色质中组蛋白交联方式[56]

整个生物界中 H3、H4 的氨基酸顺序的保守性以及在温和抽提中 H3、H4 最后从染色质上分离等事实，可以认为四聚体$(H3)_2 \cdot (H4)_2$是重复单位的核心。

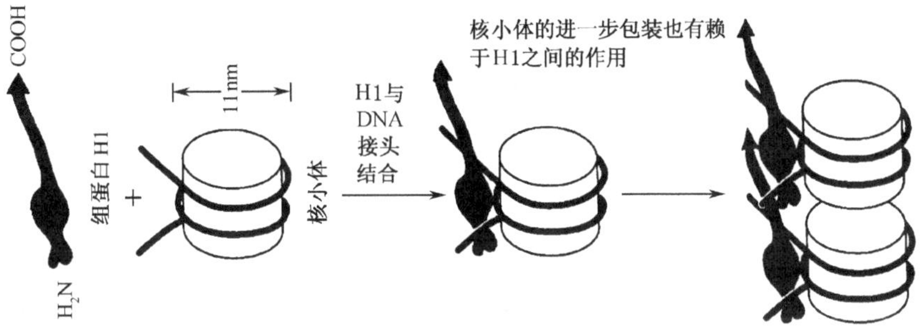

图 3.7　染色质的核小体及其串联、折叠示意

注意右侧的两个核小体不是串联，而是在 30nm 染色质纤维中，两层核小体螺旋（每层 6 个）之间的压缩包装

3.5.1　核小体 Kornberg 模型

Kornberg 于 1974 年提出[57]，1977 年又做了一些补充[30]，是迄今为止最基本的一种染色质模型。以后的模型都是在它的基础上建立的。其要点如下。

(1) 染色质纤维是由核小体（nucleosome）重复串联而成，每个核小体由核心颗粒（core particle）与连结区组成。

(2) 每个核心颗粒由 8 个组蛋白分子（H2A、H2B、H3、H4 各两个）和 200 个碱基对组成。连结区的 DNA 长度为 15～100 碱基对，并与组蛋白 H1 相结合。

(3) DNA 按某种尚未肯定的方式缠绕于八聚体周围，形成了一个直径约为 10nm 的近似球形的颗粒。这些颗粒沿染色质纤维长轴紧密地排列。

由图 3.8 可见 Kornberg 模型有三个特点：首先，他认为，按照用 X 光衍射晶体法测定的所有相对分子质量为10 000～20 000 的蛋白质的结构来推论，最好将组蛋白看作完全是球形的。其次，他认为由核心颗粒加上连结区组成的整个核小体，在结构上是致密的，即核心和连结区 DNA 都是卷曲折叠的。连结区可能对核酸酶更敏感，但它不是伸展的，它是连结区，而不是间隔，因此，图 3.8 中是一串没有间隔的紧密排列的颗粒。最后，在 Kornberg 模型中，DNA 链围绕核心颗粒的走向没有最后肯定。根据$(H3)_2 \cdot (H4)_2$四聚体（相对分子质量＝53000）与血红蛋白 $\alpha_2\beta_2$（相对分子质量＝68000）在相对分子质量、体积上的相似。已知血红蛋白四聚体的中央有一孔道，其直径小于 2nm；因此较小的$(H3)_2 \cdot (H4)_2$四聚体中央的孔道直径应该更小。推断 DNA 分子不会像串珠似的从$(H3)_2 \cdot (H4)_2$四聚体中央穿

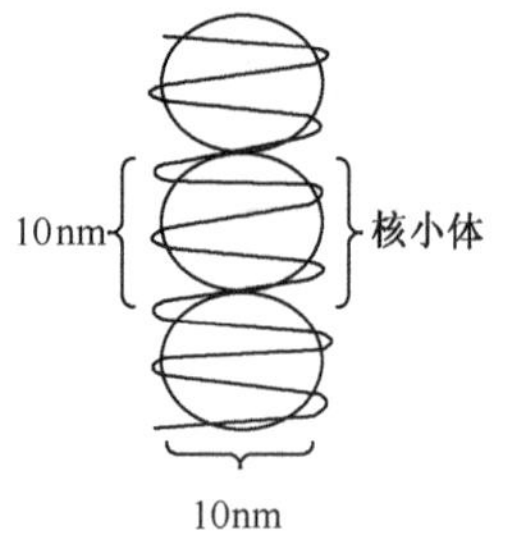

图 3.8 Kornberg 染色质结构模型

过，而可能是绕在八聚体的外面。这打破了当时普遍认为染色质是以 DNA 为轴心，外面包以组蛋白外壳的观点。

3.5.2 Jackson 模型

1977 年 Jackson 等[58]根据核酸酶对染色质的有限消化及交联剂在染色质结构研究上的应用情况提出了一个新的模型。这个模型否认八聚体的存在，而认为 DNA 超螺旋所包围的核粒，是组蛋白以 4 个二聚体为基本单位所组成的。它的意义在于指出核粒的 8 个组蛋白分子并不一定是 4 种组蛋白（H2A、H2B、H3、H4），而每一种组蛋白也不一定是两个分子。说明了染色质结构的多样性。

（1）核酸酶的研究：Clark 等（1971）证明用小球菌核酸酶（micrococcus nuclease）持续地处理染色质，只能消化掉 50%的 DNA，另外 50%的 DNA 不被消化。对不被消化的 DNA 进行电泳分离，发现是一些 60～140bp 的 DNA 片段。这种现象很自然地与钮体模型联系起来，认为绕以 140bp DNA 的钮体（珠）部分是不被消化的，被消化的是 40～60bp DNA 的钮体间区。

Jackson 等（1975）认为虽然可以用染色质钮体模型来勉强地解释核酸酶的有限消化现象，但不能说明钮体的真实存在。他们把染色质放在高浓度的尿素中；因为在高浓度的尿素溶液中，染色质将充分伸展并失去超螺旋结构，那么上述的有限消化现象也应消失。但结果在尿素溶液中，仍有 50%的 DNA 不被消化，这说明核酸酶的有限消化不一定是钮体结构存在的结果。Jackson 等认为，这是由于核酸酶把 DNA 切断，使一部分组蛋白连同消化后残余的 DNA 的断片呈游离状态。这种断片中由于 DNA 的减少而使组蛋白净电荷（+）增多，并因静电作用而与染色质更完整的区域［带净电荷（-）］相结合，从而保护了 DNA 进一步被消化。Jackson 等在用酶处理前，用甲醛在低离子强度，4℃的条件下，使组蛋白与 DNA 直接交联。如果在酶处理后，产生了如 Jackson 所推断的带净电荷的游离断片，它会与染色质更完整的区域重新结合，保护该区域的 DNA 不被进一步消化。因为这种重新结合只是静电作用，可以在高离子强度下使其分离下来，而加以验证。经上述处理后，再用核酸酶处理，结果仍然是 50%的有限消化，消化后所得到的 DNA 片段大小不一。如图 3.9 所示，核酸酶有限消化的实质是把 DNA 上由一端开始降解为 10～50bp 的小段，每一小段 DNA 上结合着组蛋白。移动的正是带有一小段 DNA 的组蛋白。所以不管组蛋白是否用甲醛固定在 DNA 上，都是 50%的有限消化。

（2）交联剂的研究：Jackson 指出在研究染色体组蛋白的结构时，广泛地使用各种交联剂，可能造成八聚体的假象。他认为经常存在的组蛋白二聚体依次是：H3-H2A、H3-H2B、H2B-H2A、H3-H4 和 H4-H2B，而很少看到 H2A-H4 和 H4-H4。如果四种组蛋白之间彼此以相等的程度结为八聚体，那么应分解成为各种均等形式，染色质模型必须考虑到这一点。例如，Thomas 和 Kornberg（1975）用交联剂（dimethylsuberimidate）在 2mol/L NaCl、pH9 的情况下分离出的组蛋白八聚体就值得怀疑。首先，在低于 0.35mol/L NaCl 的情况下，组蛋白不会从染色质上分离下来。当用 1.2mol/L NaCl 处理时，就能选择性地去掉 H2A 和 H2B 并只剩下 H3 和 H4。而在 2mol/L NaCl 时，所有的组蛋白会都被解离掉。这样就不能解释，在 2mol/L NaCl 时，Thomas 等却能得到完整的八聚体。其次，Thomas

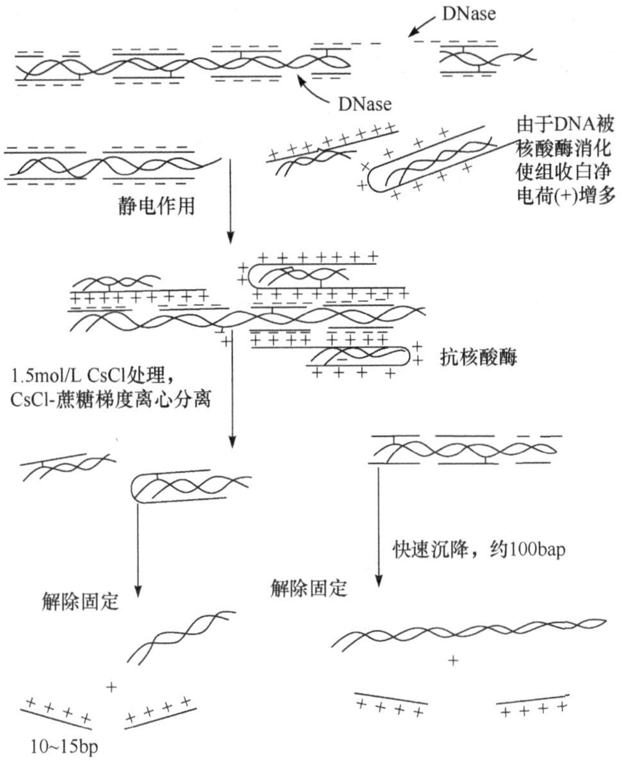

图 3.9 核酸酶有限消化后，游离的带有正电荷的染色质小片段对大片段的保护；50%的有限消化

等指出他们的八聚体无论从伸展的染色质片段还是从细胞核中提取都同样有效。但 Noll（1975）已证实，伸展开的核组蛋白（剪断的染色质）已经失去其亚单位结构。

对上述问题，Jackson 先以 1.2mol/L NaCl 处理染色质，除去 H2A、H2B 和 H1，然后在 2.0mol/L NaCl、pH7.4 溶液中加入交联剂（formaldehyde），发现形成了只含有 H3 和 H4 的八聚体。如果把染色质置于 2mol/L NaCl、pH12 中也能获得八聚体。Jackson 认为，这种八聚体不是自然状态下的八聚体，可能是在 2mol/L NaCl 作用下，由原来的八聚体分离为单体，然后又重新聚合而成的。为此，他把高浓度的蔗糖溶液配制成 2mol/L NaCl 溶液，然后加入染色质，由于高浓度蔗糖溶液妨碍了单体分子的碰撞，这时只能发现二聚体；而在低浓度蔗糖溶液中才出现多聚体，并比二聚体多。这说明二聚体是自然状态的染色质所固有的，而八聚体可能是组蛋白分子从染色质上离解后又重新组合的产物，在自然的染色质中并不存在；或是自然状态下的二聚体通过交联剂的作用，在染色质上原位形成八聚体。

（3）染色质结构的一个新模型：①Bonner（1975）、Martinson（1975）及 Jackson 等认为染色质二级结构的组蛋白核心不是以八聚体为存在形式，而是以 4 个二聚体为存在形式。②每个组蛋白分子有两个与 DNA 作用的位置和一个与另外组蛋白分子作用的位置。③假定 8 个组蛋白分子为一组，在 DNA 上作等距离线性排列，而且前 4 个分子与后 4 个分子的极性相反。④两组分子的相互作用使 DNA 沿长轴发生扭曲。由于组蛋白分子 1～8、4～8、2～6、3～7 之间的作用，使染色质二级结构保持稳定。这种二级结构的螺距为 3.5nm，覆盖 DNA 约 200bp。⑤H1 在超螺旋外面，跨于各组交界点之间。⑥8 个组蛋白在二级结构中所形成的核粒，实际上是 4 个二聚体，且二聚体之间不接触。二聚体多是 H3-H4、H4-H2B

和 H2A-H2B（Isenberg，1975），因此核粒内 4 种组蛋白分子并不按（H3＋H4＋H2A＋H2B）×2 的公式构成，其中 H2B 的比例可能较大，在不同的生物或组织中，各类组蛋白的比例可能是不同的（Wright，et al.，1975）。⑦由于模型中组蛋白的尾巴有一定的方向性，并且覆盖 DNA，所以在 4～5 之间的覆盖面有些重复而在两组交界的 1，8 之间则覆盖面减少。因此这一部分易受核酸酶的攻击，从而每隔 200bp 便有一个核酸酶的敏感点(图 3.10)。

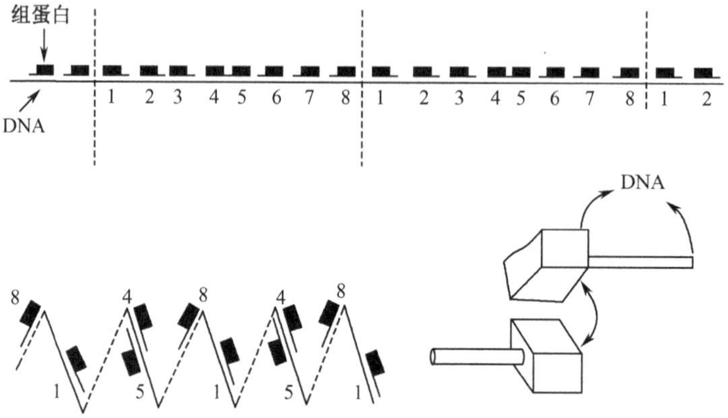

图 3.10　核小体组蛋白分子与 DNA 的排列及相互作用

3.5.3　核小体结构的近代模型[59]

自 1974 年 Kornberg 提出染色质结构的基本模型以后，历经 Van Hold[60]、Finch[61]、Felsenfeld[62] 以及 Kornberg[63] 等利用 X 光衍射、电镜三维重组技术及核磁共振技术，对染色质的结晶核粒进行了深入的研究测定以及深入的生化研究，进一步发展了 Kornberg 模型（图 3.11）。

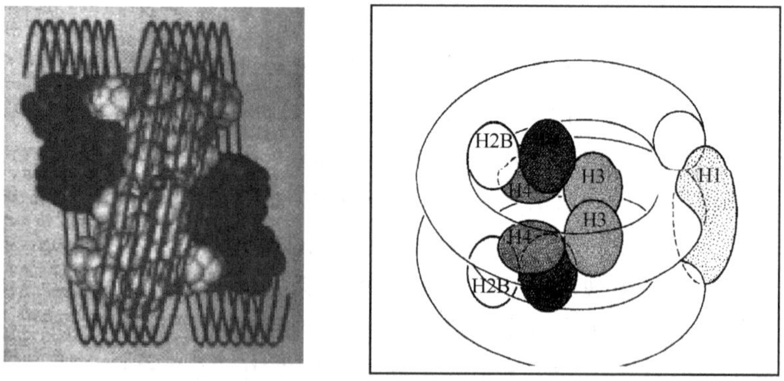

图 3.11　染色质核小体近代模型

左侧为核粒（core particle），平行的螺线是 DNA 左手超螺旋（146bp）。右侧是核小体珠（nucleosome bead/chromatosome），外绕 166bp DNA，DNA 螺旋的入口、出口处与 H1 结合

其要点如下。

（1）核小体是 11nm×11nm×5.7nm 的扁圆形球体，它以 $(H2A\text{-}H2B\text{-}H3\text{-}H4)_2$ 组蛋白八聚体为核心，DNA 左向超螺旋 2 圈（每圈 83bp，螺旋间距 2.8nm，旋转直径 11nm），再加上 0～80bp 的联络 DNA（Linker）与一分子的 H1 所组成。因此，染色质的每一重复单位的 DNA 的平均总长度为 180～210bp。

(2) 如果以小球菌核酸酶（micrococcal nuclease）轻微地消化染色质，则可获得所谓核小体珠（nucleosome bead/chromatosome）的染色质亚单位。它是166bp的DNA围绕八聚体二圈，并在DNA超螺旋的入口及出口处结合着一分子的H1。如再进一步消化，则得到所谓核粒（core particle），它是由146bp DNA围绕八聚体1.8圈的颗粒，没有H1。

(3) 组蛋白八聚体可以可逆地分为 $(H3\text{-}H4)_2$四聚体与两个H2A-H2B二聚体。八聚体的核心是由这8个分子的高度α螺旋化的球状C端区构成，核粒的146bp DNA围绕其上，而它们的N端则呈游离的状态，好像一只八爪章鱼。这些游离的N端可发生各种翻译后修饰（posttranslational modification），如乙酰化（acetylation）等。

(4) H1（或者 $H1^0$、H5）的N端与Linker DNA结合，它的球状区则与核粒上DNA超螺旋的出口与入口相作用而起结构稳定作用。H1还能使伸展的染色质纤维（10nm）折叠为30nm的纤维并参与对转录的抑制作用。

3.5.4 染色质纤维

间期细胞核的染色质大部分是以30nm直径的纤维（chromatin filament）存在，而不是伸展状态的10nm直径的纤维（beads on a string）[64]。只有把这些染色质放到非生理的低盐溶液中，才能伸展为10nm纤维[65]（图3.12）。

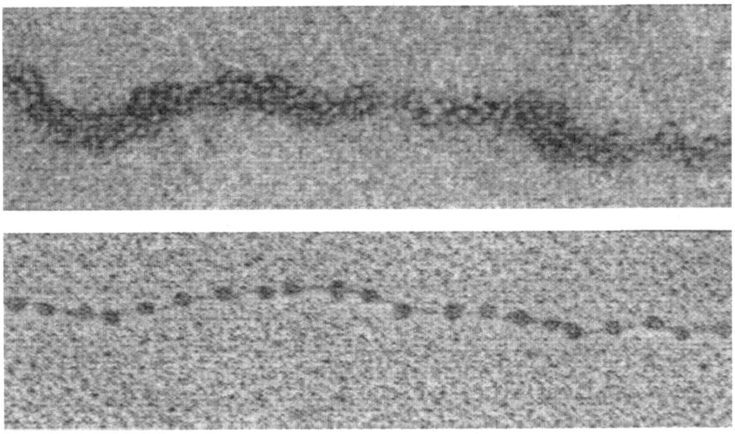

图3.12 染色质30nm纤维（上）与10nm纤维的电镜图片

事实上，30nm纤维结构的详情尚不清楚。有如下几个模型。

(1) 螺线管模型（solenoid model）：10nm纤维左向超螺旋卷曲如弹簧螺线，每圈含6个核小体，H1位于该纤维纵轴中央[65]。

(2) 超螺旋空挡模型（supercoiled spacer model）：超螺旋情况与螺线管模型相似，每圈含6个核小体；只是不是一个连续的完整的弹簧螺线，而是间以短的伸展的DNA纤维。它们是一些核酸酶敏感区，并有一些特异性的蛋白结合其上。H1可在螺线管的内侧或外侧作为核小体之间的联结者（linker）[66]（图3.13）。

(3) 交互联结模型（crossed-linker model）：10nm纤维像手风琴似地折叠（zig-zig structure），并盘旋成为一个超双螺旋结构。可以想象其外形与DNA双螺旋一样，只不过是由一系列呈Z形折叠的核小体构成。这些核小体之间以linker DNAs联结，并垂直于30nm纤维的纵轴[67]。

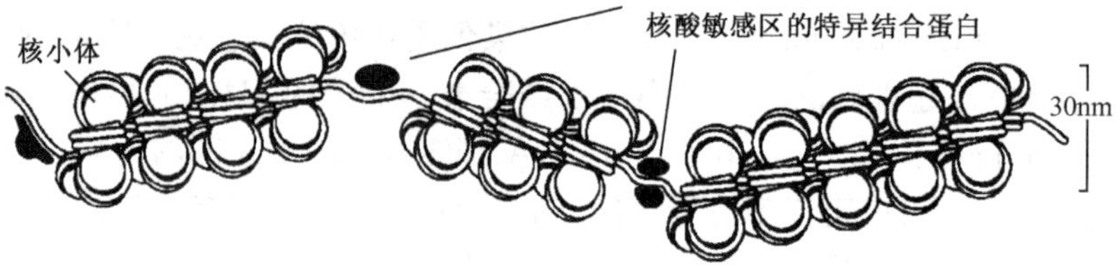

图 3.13 超螺旋空挡模型

（4）锯齿带盘旋模型（twist ribbon model）：10nm 纤维以 Z 形折叠状态（crossed-linker model）盘旋为弹簧似的螺线管[68]。

值得重视的是，30nm 纤维是染色质的天然存在状态。从 DNA 双螺旋到 10nm 纤维已压缩了 7 倍，到 30nm 纤维又压缩了 6～7 倍，因此总共压缩了 40～50 倍。30nm 纤维是一种依赖于转录活性的，或伸或缩的动态结构。以 DRB（一种嘌呤核苷酸类似物）抑制摇蚊（*Chironomus tentans*）正在活跃转录的多线染色体（Balbiani rings），在电镜下可见转录的染色质纤维（约 5nm 直径）被压缩成 20～30nm 纤维；移去 DRB 后又会恢复为转录的 5nm 纤维[69]。

3.6 常染色质基因表达的分子基础

3.6.1 核心组蛋白对转录的作用

因为酵母的基因组（per haploid genome）只含核心蛋白基因串的两个拷贝 [而果蝇（*Drosophila melanogaster*）则含有 110 个拷贝]，很适合作为研究材料。

（1）H2A-H2B：酵母中编码核心组蛋白的基因对缺陷性启动子（promoters）或增强子（enhancers）起着消除子或抑制子（suppressors）的作用[70]。借助 H2A-H2B 或 H3-H4 表达变化的研究，发现这种对转录缺陷的消除作用是由于 H2A-H2B 对 H3-H4 合成的不平衡。这说明 H2A-H2B 对 H3-H4 的化学计量影响着转录作用。另外，调整酵母 H2B-H2B 的表达，观察到不同基因染色质结构的不同程度的改变[71]。

（2）H3：*BUR* 基因（bypass UAS requirement；UAS = upstrem activating sequences，eg：promoter，enhancer）是另一类转录活性缺陷突变效应的消除者（suppressors）。它们中很多与 H3 有关。其中*BUR5* 就是 *HHT1*，它编码 H3。对 *BUR*5-1 突变基因（mutant allele）经序列分析后发现就是在 H3 的第 119 位残基发生 G→A 错义突变而使苏氨酸变为异亮氨酸（Thr→Ile）。另外还发现 SIN2 是众多的转录激活因子（transcriptional activators，能协助转录因子结合到核小体 DNA 上）——SWI1、SWI2/SNF2、SWI3 的突变作用的消除者（suppressor）[72]，它也编码酵母的 H3[73]。使野生型 H3 在 N 端潜在的乙酰化位点（acetylation sites）发生缺失（deletions）或氨基酸取代（amino-acid substitutions），将对一些*GAL4* 调控的基因（*GAL4*-regulated genes）产生比野生型高得多的活化作用（hyperactivation）[74]。这都说明染色质结构与转录活性的关系。

近来的实验（Winston，1996）[75]表明，酵母中的*Spt6* 基因（在人类也发现与*Spt6* 系列类似的基因）能够调控核小体的结构。主要因为该基因的产物 Spt6p——一种大的酸性核蛋白，能直接地与 H3 和 H4，特别是与 H3 相作用；它能参与装配核小体并在核小体改组中作为组蛋白的供体或受体。

(3) H4：把某酵母株中的两个内源性的*H4*基因删除，而加入一种含有*H4*基因的质粒[76]。质粒中的*H4*基因是处于*GAL1* promoter的调控之下。该*GAL1*启动子受半乳糖(galactose)诱导，属葡萄糖(glucose)敏感型操纵子。在葡萄糖存在的情况下，组蛋白H4将被耗尽；此时，染色质结构发生改变(termed "nucleosome loss")，而*PHO5*、*CYC1*以及*GAL1*等启动子的转录作用在没有诱导子(inducer)的情况下却增加了[77]。H4的耗尽也对*CUP1*、*HIS3*启动子起激活作用，它们的下游是*LacZ*基因[78]。这可能由于组蛋白的减删，使染色质伸展，易于转录因子的结合而激活转录作用。

Durrin等(1991)[79]对H4进行了一系列的删除、取代研究。如果在它的疏水区进行删除(deletions)，将是致死的；然而对一种叫做del(4-28)的酵母品系来说，它的H4的N端已被大量地删除(4～28残基)，确是成活的[80]。而且，del(4-28)品系的沉默配对区位(silent mating type loci)，HMLα与HMRα，被去抑制(derepressed)。这说明该区位的沉默状态涉及H4与SIR3(一种维持该区位沉默的蛋白)的相互作用，而且正常的H4第16位的赖氨酸乙酰化也将导致该区位的去抑制[81]。但是H4的N端的删除或取代却不能使*GAL1*(表达作用已降低20倍)、*PHO5*(表达作用已降低5倍)两种promoters激活。这说明H4的N端对不同的基因，起着不同的作用，或激活或抑制。

3.6.2 核小体与基因表达

3.6.2.1 核小体定位(nucleosome positioning)

(1) 交替定位(rotational positioning)与可译定位(translational positioning)。

一般地认为，核小体覆盖了整个染色质；但事实上，核小体的形成并不是随机的、任意的。核小体在染色质上的定位涉及核心组蛋白八聚体与DNA的相互作用，以及各种因子的影响(诸如与DNA特异序列结合的蛋白质)。沿DNA形成的核小体一般地受两种情况制约：富AT的DNA小沟，转录激活因子。在DNA弯曲地紧密地绕着核粒旋两圈时，紧紧地把DNA小沟压在核粒表面。因为富AT的小沟较之富GC的小沟易于压缩，因此每个八聚体都倾向于定位(positioning)DNA螺旋内侧富AT小沟最多的区域。这就是所谓交替定位。这可以通过人工合成富AT与富GC交互交替(以每一圈为周期)的DNA分子，然后进行核小体重组；这时可见到明显的交替定位[82]。众多的转录因子往往形成复合体结合在DNA上而阻止核小体的形成。因此，在基因的上游往往有缺少核小体结构的长达数百碱基对的区域。利用低浓度的DNase Ⅰ可以消化这些区域而不消化linker DNA。例如，在SV40就含有一段大约300碱基对的无核小体区域，是它DNA/RNA合成的起始区；一些结合蛋白结合其上，但阻止不了DNase Ⅰ的消化。所以核小体常沿可转录-翻译的DNA区域定位，叫做可译定位。例如，某一核粒沿距离某一基因的转录起始区－300～－144bp而定位。

(2) 核小体定位与基因活性。

核小体总是在DNA的一定的区域定位[83]。而且，核小体的定位的变化总是伴随着基因从抑制到转录状态的转变。核小体的定位、或定位的去稳定、或解除，可能是对基因转录调控的重要因素。我们已经知道活体中核小体选择性定位影响基因活性的少量例子，如酵母的TRP1/ARS1质粒[84]、小鼠的β-major珠蛋白基因[85]、小鼠乳腺癌病毒启动子[86]、果蝇的*hsp26*基因[87]、酵母的PHO5/PHO3位点[88]等。也能够在体外以短的DNA片段(150～

450bp）重组成可译定位的和交替定位的单个或两个核小体[89]来进行研究。

就拿 α2 蛋白来说，α2 蛋白是酵母中的一个与 DNA 特异序列相结合的抑制子（repressor）。α2 蛋白在 α 细胞中抑制 a 细胞的特异性基因的转录。当 α2 蛋白结合到它的操纵基因（operator）上时，则在操纵基因下方形成一个核小体，该核小体覆盖了 a 细胞的特异基因（*STE6*，*BAR1*）的 TATA 盒，从而使*STE6*、*BAR1* 不能表达。但是在一酵母株中，由于其 H4 发生缺失或取代性的突变，使由 α2 蛋白所介导的核小体定位发生了明显的去稳定性的改变。这种改变通过*STE6* 基因而使 a 细胞另一特异基因*MFa2* 部分地去抑制，表现了 5%～15%的表达。这说明 α2 蛋白阻遏转录是通过核小体定位或者与转录机制的某一成分相互作用[90]。在酵母自复制的质粒 TRP1/ARS1 中，在*TRP1* 基因上游的核酸敏感区插入 α2 的操纵基因，在 α 细胞中（不是在 a 细胞中）α2 蛋白与之结合，导致一个核小体定位并覆盖了核酸敏感区，使*TRP1* 基因不能表达[91]。

3.6.2.2　核小体变构

（1）基因活化时核小体并不消失。

众所周知，核小体结构的变化将导致基因的激活或预激活状态。这种结构的改变到底是核小体的消失，还是核小体的构型发生了某种改变？近来很多核酸消化的事例都发现超敏感区以及（and/or）亚核小体颗粒（subnucleosome）出现于基因激活作用中；说明在基因激活中于其说是核小体的消失不如说是核小体的构型的改变（reconfiguration/remodeled）。这意味着在基因活化时核心组蛋白（core histones）并未移除。

首先，对果蝇热休克基因*hsp70* 热激活后，使用化学交联技术把既有的组蛋白与 DNA 的联结固定；发现基因激活后，核心组蛋白仍然与基因相结合[92]。其次，对酵母*GAL1-GAL10* 基因系列的研究表明，在这些基因被诱导活化时，启动子区域仍然与完整的、但略有改变的核小体相联系，而不是过去认为的无核小体区域[93]。这些实验说明，转录激活情况下的染色质结构是发生了变化，但核心组蛋白八聚体并不被取代。这与核小体重构（reconfiguration）的概念相符。

（2）核小体变构（不是核小体消失）。

为什么会表现出基因激活的特征，诸如核酸酶超敏感性？有以下几种观点：

a. H1 缺失（H1 depletion）：H1 缺失会加大各种因子对 DNA 模板的结合，并允许核小体较大的移动或滑动[94]。

b. 转录因子（factors）对核小体中 DNA 的结合能诱导核酸敏感性：业已发现糖皮质素受体（glucocorticoid receptor）[95]、酵母 GAL4 蛋白[96]或热休克因子都连同TATA结合蛋白[97]结合到重组的单个的、两个的核小体上；而且不同的 promoters/enhancers 的结合因子与核小体核心相互作用也不相同[97]。

c. 基因活化时，核小体的核心可能发生某种程度的变化，诸如“显露”、“开启”或“劈裂”。用小球菌核酸酶（micrococcal nuclease）消化细胞核后，以汞［Hg(Ⅱ)］亲和层析来分离此等核小体。发现核粒中心的 H3 的第 110 位的胱氨酸的硫醇（巯）基（thiol group）变得易于与亲和树脂接近。这些实验发现在巯基（sulfhydryl group）对亲和树脂的接近性与转录活性之间存在着良好的对应关系[98]。这种“显露”的核小体的结构还不清楚，但知道它的四种核心组蛋白具有相等化学计量的乙酰化。核酸消化的研究也证明在活跃转录的基因中存在有“非典型的”或“劈裂”的核小体[99]。

d. 一系列其他因子，如组蛋白修饰作用、HMG 蛋白的结合等，都可能与染色质重构有关。

由于该项研究刚刚开始，活性基因核小体构型的变化所导致的结构、功能的结果，尚待进一步研究。

3.6.2.3 活性染色质核小体变构的机制

染色质的活化首先是一些转录因子（transcription factor，TF）结合在靶基因的 E&P（enhancer & promoter）之上，而导致核小体变构。在静止细胞中，有的 E&P 处于核小体内部，TF 无法接近。因此，TF 就必须在 DNA 复制中或核小体装配之前结合上去。这就是所谓预空竞争模型（pre-emptive competition model）[100] 或复制依赖机制（replication-dependent mechanism）[101]。在核小体装配之后，TF 仍然能够结合上去，则叫做动态竞争模型（dynamic competition model）或复制不依赖机制（replication-independent mechanism）。

（1）预空竞争模型（pre-emptive competition model）。

转录因子在 DNA 模板刚刚跨过复制叉时立即结合其上，预先地装配到染色质之中。这样，使基因活化的核小体重构发生于复制过程之中或核小体装配之前[102]。

例如，以果蝇*hsp70* 基因的启动子为靶 DNA，在染色质装配过程中，TFⅡD 及同时存在的组蛋白可以结合于染色质装配之中，而造成一个潜在的染色质模板。它能够对随后加入的热休克转录因子做出响应[103]。

（2）动态竞争模型（dynamic competition model）。

TF 的结合不需要 DNA 复制，而可以在核小体形成后结合上去。这可能是 TF 的结合位点在 Linker DNA 之上；结合点位于 DNA 的进口或入口处；某一结合点虽然在核小体内不可接近，但有关的另一个位于核小体外面的 TF 结合位点首先发挥作用，使掩盖前一位点的核粒去稳定（destabilization）或被置换（displacement）而使其暴露出来。

以 *PHO*5 启动子为例。*PHO5* 是一个酸性磷酸酶基因，在磷酸盐缺乏时被诱导。该基因一旦被诱导，则其启动子所在的四个核小体首先被扰乱（disrupts）或移除（removed）而进入转录状态[104]。在基因沉默时，这四个核小体中的第二个覆盖着两个反式激活蛋白（trans-activating proteins）——PHO2、PHO4 的结合位点；而 PHO4 的第二个结合位点则位于这四个核小体的 2、3 之间的 Linker DNA 上。首先，在诱导下，PHO4 结合于 Linker DNA 上并在 PHO2 的协助下置换了邻近的第二个核小体，暴露出另一个 PHO4 位点。目前，还不清楚当 PHO4、PHO2 结合在第二核小体区域的两个位点上后，如何扰乱（disrupts）或消除（displace）另外三个核小体。但对突变体的分析证明，PHO2 和 PHO4 的主要作用是活化染色质结构及表达 PHO5[105]。

无论是在 DNA 复制时或核小体装配之后所建立起来的染色质变构与活性都涉及启动子、增强子的结合因子以及其他影响转录活性的蛋白质。而且，各种因子的结合并不见得立即激活基因，而使基因处于前激活（pre-active）状态。使得基因在非复制状态下，能够迅速地被诱导。例如，RNA 聚合酶Ⅱ（RNA polymerase Ⅱ）是热休克基因（heat-shock genes）的转录酶；但是在没有热休克的情况下，它暂停在转录起始点下游约 25 个核苷酸处[106]。

3.6.2.4 顺式调控区段 LCR

参与核小体重构的众多的转录因子与激活因子都是属于反式作用元件（*trans*-acting element）。对人类 β-珠蛋白基因表达调控的研究发现还有一种类似启动子、增强子那样的顺式作用元件（*cis*-acting element），叫 LCR（locus control regions）。它比启动子、增强子的序列要长得多。整个β-珠蛋白基因串（β-globin gene cluster）含有5个基因，长达70kb，按5′ε、Gγ、Aγ、δ、β 3′依次排列。LCR是一个包含4～5个DNaseⅠ敏感位点的长达15kb的区域，位于ε-珠蛋白基因的5′端上游[107]。

不同的β-珠蛋白基因在发育的不同时期、不同的组织中表达，LCR调控这种发育特异性及组织特异性的表达。

在LCR上具有许多转录因子，如GATA-1、NF-E2/AP-1、Sp1、Sp1-like等结合的特异序列，这些转录因子的同时结合可以创造一个有效的激活区域并改变染色质的结构。它可能影响β-珠蛋白基因串区域，加大众多转录因子对这些基因的接近，其作用很像常规增强子的一种超活性版本（hyperactive version）[108]。因此，LCR可能是调控染色质核小体重构的一种元件，使基因处于激活或预转录状态。例如，某些类型的地中海贫血症（thalassemia）患者，他的β-珠蛋白基因串是完好无缺的，但上游的LCR缺失。这种情况下，红细胞样细胞（erythroid）中的β-珠蛋白基因是完全沉默的，而且对DNaseⅠ是抗性的。说明该细胞中的β-珠蛋白基因失掉了核小体重构的能力。

在转基因实验中，把人β-珠蛋白基因及其调控序列插入到小鼠基因组的不同部位，它因插入的不同部位而进行低水平表达，这就是所谓位置效应。但是，当基因带有LCR时，则无论插入什么部位都能进行高水平的表达。

关于LCR的作用机制，目前还不清楚。但已证明LCR还存在于其他遗传位点[106]，这有助于对LCR的进一步研究。

3.7 异染色质形成的分子机制

异染色质构成了染色体的大部分区域，异染色质区域一般说不能为DNA结合因子接近，是转录沉默的区域，并为染色体有丝分裂行为所必需。大块的异染色质围绕着功能性的染色体结构如着丝点（centromeres）、端粒（telomeres），而小的异染色质区域则散布在染色体各处[109]。经过数十年的探讨，现在明白异染色质在着丝点功能中起着重要作用。围绕着着丝粒的异染色质的DNA重复序列是姐妹染色单体（sister-chromatid）结合及染色体分离所需要的[110～113]。异染色质能稳定着丝点、端粒中的重复序列，并抑制基因组的同源序列的重组[114,115]。除此以外，异染色质的中心任务是在发育分化过程中调控基因表达；例如，异染色质使雌性哺乳动物X染色体之一失活，起着剂量补偿作用[116]。

此外，还有类异染色质结构（heterochromatin-like structures），如在果蝇（*Drosophila*）及哺乳动物中的同源异形基因串（homeotic gene clusters）、真菌的配对型基因（mating-type genes）等[117]。

异染色质的一些特性使它特别适于长期地、稳定地维持紧缩状态。首先，异染色质状态是表观遗传的，并能通过许多代的细胞分裂而稳定遗传；它可以在不同的发育条件和环境影响下发生。其次，异染色质的装配与扩展允许从序列特异遗传控制转向序列依赖的表观遗传控制。现在，我们已经开始了解这些占基因组大约一半的异染色质DNA是如何装配及进行表观遗传繁殖的。

最近的研究证明许多酶和蛋白质参与了异染色质的形成。这种形成过程是一个逐步的组蛋白的修饰及其氨基末端的特异修饰过程。组蛋白的修饰是由沿着染色质纤维逐步扩展的沉默复合体（silencing complexes）的自我寡聚化（self-oligomerization）所完成。最后，还意想不到地发现了非编码的 RNAs 及 RNA；在表观遗传的染色质区域形成中的作用。

染色质结构的调节直接伴随着基因表达的调控，而且可能是基因、染色体、基因组和生物体的起源与进化的主要力量。特别是 DNA 包装成异染色质能发挥对重要生物学过程的表观遗传的调控。近年来，我们进一步地了解了表观遗传的染色质状态是如何装配的，特别是，如何作用于组蛋白而产生改变了的染色质结构域。未来的研究热点将是 RNAi 系统或 RNAs 分子在染色质装配中，以及在染色质的表观遗传的区域中的作用。

3.7.1 异染色质形成中的因子

从酵母到哺乳动物，组蛋白及其翻译后修饰在异染色质的形成中起着关键的作用。在常核细胞中，DNA 与组蛋白装配成核小体，DNA 围绕（H2A、H2B、H3、H4）$_2$ 八聚体两圈[图 3.1(a)]。组蛋白的氨基末端含有多样的翻译后修饰[118]。其中最显著的是 H3 和 H4 的赖氨酸的高度保守的氨基末端的乙酰化与甲基化[图 3.1(b)]。加大的乙酰化总是伴随着转录活性的加大，而乙酰化的减少总是伴随着转录活性的阻抑。因此，在几乎所有的生物中，异染色质的状态总是与组蛋白的低乙酰化相联系[119]。

异染色质形成中所需要的反式因子中，有直接修饰组蛋白的酶和组蛋白结合因子。在发芽酵母中，沉默信息调节因子（silent information regulator，SIR）——基因 *Sir2*、*Sir3*、*Sir4* 的产物，是装配沉默的配对型区位（mating-type loci）与端粒 DNA 区域（telomeric DNA regions）的异染色质所需要的。Sir 蛋白（Sir proteins）形成复合体，该复合体的 Sir3 及 Sir4 亚单位在体外可与去乙酰化的组蛋白（deacetylated histone）的尾巴结合[120~122]。Sir2 亚单位是一种 NAD-依赖［nicotinamide adenine dinucleotide（NAD）-dependent］的组蛋白去乙酰化酶，它的去乙酰化酶活性是异染色质装配所需要的[115,119,122]。在裂殖酵母和后生动物中，有数种组蛋白去乙酰化酶，包括 Sir2-类 NAD-依赖去乙酰化酶和 Hdal/Rpd3-类 NAD-依赖去乙酰化酶，是沉默所需要的[123]。除了此类组蛋白去乙酰化作用外，在裂殖酵母、果蝇及哺乳动物中，组蛋白 H3 的第九位的赖氨酸（H3 Lys^9）的甲基化（methylation）也与异染色质装配正相关。该赖氨酸（H3 Lys^9）的甲基化，在果蝇是使用保守的甲基转移酶 Su（var）3-9［methyltransferase Su（var）3-9］，人类使用 SUV39H1，裂殖酵母则使用 Clr4[124,125]（三者都是 H3 Lys^9 甲基转移酶）。这些 H3 Lys^9 甲基转移酶都与另一保守性蛋白结合发挥作用；如裂殖酵母为 Swi6 蛋白，果蝇与人类则为 HP1[126]。在裂殖酵母和后生动物中，Swi6 与 HP1 与 H3 尾巴的特异结合，分别地被 Clr4 或 Suv39h 酶催化[127,128]。

DNA 甲基化对于高等真核生物的沉默染色质状态的维持也同样重要。来自植物和真菌的证据指出，在 DNA 与组蛋白甲基化之间存在着反馈机制，以致一个促进另一个的维持[129~131]。这些表观遗传标记的相互依赖说明 DNA 甲基化与染色质介导的表观遗传机制协调作用以维持沉默的染色质状态。

沉默子（silencers）、重复 DNA（repeats）及 RNAs 对于异染色质形成（nucleation）起作用。

对于异染色质的形成，虽然已经知道特异的调控位点——silencers，及序列特异的 DNA 结合蛋白起着作用[119,122]（图 3.14），但是重复 DNA（repetitive DNA）及非编码 RNAs（noncoding RNAs）在异染色质形成的区域界定上也起着重要作用[132,133]。转座子（transposons）与高度重复的卫星 DNA（satellite repeats）构成了异染色质序列的大部分，相信它们与异染色质导致邻近基因的沉默有关。虽然对于它们如何形成异染色质及引起基因

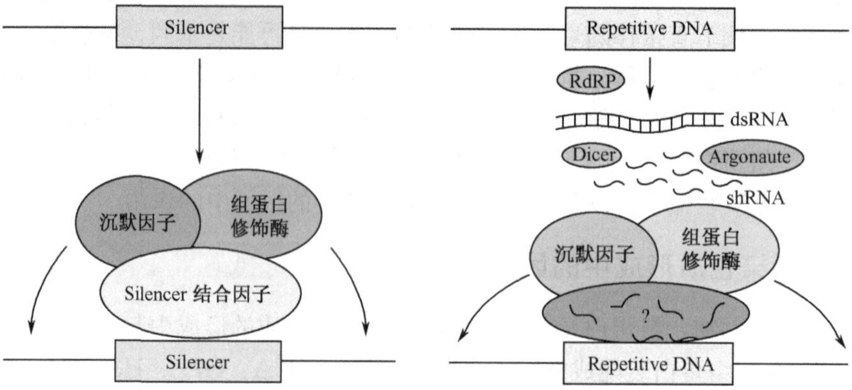

图 3.14　启动异染色质的机制[2]

异染色质结构是以一种特异的顺式序列——Silencers 为核心而形成，它被一些 DNA 结合蛋白所识别（左）。也可能，基因组中的重复 DNA 单元（如转座子）可作为异染色质形成的信号（右）。从重复 DNA 所产生的转录本（transcripts）被 RNAi 系统中的一些必需成分，诸如 RdrP（RNA 依赖的 RNA 聚合酶，RNA-dependent RNA polymerase）、Dicer 及 Argonaute 蛋白等，加工成为 shRNAs

沉默的机制还不清楚，但认为这些单元的重复性质起着重要作用[133,134]。例如在 *Schizosaccharomyces pombe*，着丝点的重复单位是异染色质形成的中心并使它邻近的 20kb 区域陷于沉默[114,135]。

各种大小的非编码的 RNA 分子在调节染色体行为方面似乎起着广泛的作用。例如，RNAs 在果蝇与哺乳动物的剂量补偿作用（dosage compensation）中对于染色质修饰活动的染色体特异区域定位[136]，以及在某些情况下对哺乳动物基因组印记[137]（genomic imprinting）都起着重要作用。在哺乳动物，来自 X-失活中心的 *Xist* RNA 是X-失活作用启动（initiation）所必需[116]，而其沉默也是被 *Tsix*、*Xist* 的反义转录本调控[138]。在植物中，双链 RNA（dsRNA）的产生可以导致转录或转录后的沉默[139]。对于 RNA 干扰通道，除了它的已知的转录后基因沉默的功能外[140]，它也参与用重复序列装配异染色质的启动[28,141]（图 3.14）。RNAi 结构中的成分，如 PAZ/Piwi 家族中的 Argonaute（*ago1*），类 RNaseⅢ的酶——Dicer（*dcr1*），以及一种 RNA 依赖的 RNA 聚合酶（*rdp1*），都是异染色质形成所需要的以及在 *S. pombe* 中用于锚定 H3 Lys^9 甲基化[135,112]。着丝点的重复序列处于低转录水平，在 *S. pombe* 中它产生的 dsRNA 足以增补异位位点（ectopic site）的异染色质；这种抑制性染色质的增补是确实地依赖 RNAi 的[135]。有趣的是，“小的异染色质”RNAs（shRNAs）类似 Dicer 裂解产物，它相应于曾经分离出来的着丝粒重复单位[142]。RNAi 的表观遗传的基因沉默作用在各种物种中似乎是保守的。一些基因所编码的 PAZ/Piwi 族（PAZ/Piwi family）的成员也为果蝇的共抑制（cosuppression）[143]、*Arabidopsis* 的染色质修饰与沉默[144]、四膜虫（*Tetrahymena*）的程序性 DNA 删除等所需要[145]。

由重复序列与 RNA 所触发的沉默的染色质装配的可能机制包括同源 DNA 序列的配对、DNA-RNA 或 RNA-RNA 的相互作用[134,139]。这种 RNAi 与异染色质装配之间的联系，提示了一个 RNA 介导的真核基因组的表观遗传构建的模型。双链 RNA 被加工成小的 RNAs，它们通过同源序列的识别而特异地锚定组蛋白修饰及基因组的表观遗传修饰（图 3.15）。虽然还不清楚 RNAs 怎样主使染色质的修饰，但使 shRNAs 连结于染色质的可能是染色质结构域蛋白（chromodomain proteins）。染色质结构域模体（chromodomain motif）在某些情况下可与 RNA 相作用[146]，而 Clr4/Suv39h1 的染色质结构域模体为异染色质区位的 H3 Lys^9 甲基化所需要[125]。在这个模型中，沉默复合体的 shRNA锚定（targeting）类似于在 *Saccharomyces cerevisiae*（该生物体好像缺乏 RNAi 途径）中借助沉默子结合蛋白（silencer-binding proteins）所进行的沉默复合体对 DNA 的锚定（图 3.14）。假设模型的两类作用均可设想是缘于 shRNAs 启动异染色质的特异性。就像 RNA 诱导的沉默复合体（RNA-induced silencing complex，RISC）锚定 mRNA 那样[33]，该模型也使 shRNAs与 DNA 或新生的 RNA 转录本在锚定区位（target locus）配对［图3.15(a)、(b)］。不管其机制如何，应该看到广泛的基因组的 DNA 重复序列都能够产生双链 RNA 转录本，而且 RNAi 介导的染色质改装能影响许多染色体功能，包括发育中的基因表达模式（gene expression patterns）。

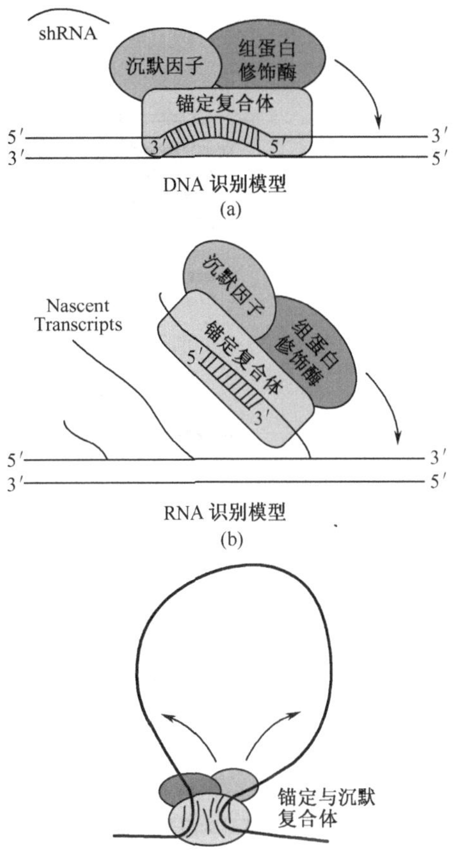

图 3.15 shRNA 介导的异染色质形成模型（hypothetical models）[2]

shRNA 介导的异染色质形成的对特异序列的启动：(a) 对 DNA 序列的识别结合；(b) 类 RISC 锚定复合体对新生转录本的识别结合；(c) RNA 介导的对异染色质结构域群的识别结合模型

RNA 也与异染色质蛋白复合体中亚单位如 HP1 的定位有关[147,148]。这种 RNA 的性质还不清楚，但它确实参与形成异染色质的高级结构。*S. pombe* 的端粒的成串（clustering of telomeres）必需 RNAi，说明 RNA 在异染色质序列形成高级结构中确有作用[5]。因此，除了启动异染色质形成外，RNAs 可能还“胶合”一些沉默因子以促进染色质区域串（clustering of heterochromatic regions）成为高级结构，使其能促进长距离调控的相互作用［图 3.15(c)］。

3.7.2 异染色质结构域的形成

对于 *S. cerevisiae* 与 *S. pombe* 的遗传及生物化学的研究，提供了异染色质形成的重要线索。一般地说，异染色质形成是先在一个特异调节位点“成核”（be nucleated），然后伴随着组蛋白修饰及与 Sir3、Sir4 和 Swi6/HP1 等结构蛋白的结合，逐步地向邻近的序列扩展[1,11]。在 *S. cerevisiae*，位点特异的 DNA 结合蛋白结合于成核位点——沉默子（silencers）之处，然后再使 Sir2/Sir4 复合体（Sir2/Sir4 complex）与 DNA 结合。首先，Sir2 蛋白使组蛋白去乙酰化而创造 Sir3 和 Sir4 往上结合的位点，Sir3 与 Sir4 的结合体一旦结合上去，将使 Sir3/Sir4 复合体结合上去（图 3.14，图 3.16）。于是，这种连续的结合及去乙酰化过程从“成核”（silencer）位点沿着染色质纤维扩散下去[120,149,150]。

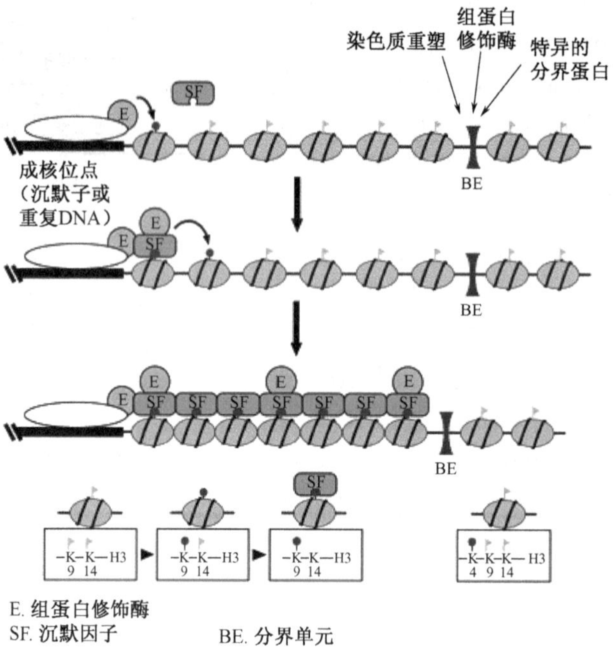

图 3.16 沉默的染色质结构域的形成模型[2]

蛋白质（proteins）结合在特异的染色质“成核”位点上；这些蛋白质直接地与 DNA 结合或者被 RNAs 所介导，组蛋白修饰酶（E），如去乙酰化酶（deacetylases）及修饰组蛋白尾巴的甲基转移酶（methyltransferases），它们创造一个沉默因子（silencing factors，SF）结合的位点。在此“成核”步骤后，众多沉默因子（如 Swi6/HP1、Sir3）的自我联结为组蛋白修饰酶（histone-modifying enzymes）提供了相互作用的界面，于是它们修饰邻近的组蛋白，为沉默因子（silencing factors）创造另一个结合位点。如此连续的修饰与结合作用，可使沉默复合体（silencing complexes）沿着核小体 DNA（nucleosomal DNA）伸展数 kb。沉默复合体的扩展将因分界单元（boundary elements，BE）的出现而被阻。最下面的一行表示以 H3 Lys^9 去乙酰化及甲基化，然后 H3 Lys^{14} 去甲基化而创造 Swi6（沉默因子）的结合位点为例来说明裂殖酵母异染色质（下左）及常染色质（下右）中组蛋白 H3 氨基末端的修饰

较之 *S. cerevisiae*，*S. pombe* 是特殊的重复序列与 RNAi 合作来启动异染色质形成。由 RNAi 介导的对双链转录本（double-stranded transcripts）加工而产生的shRNA，它标定了相应基因组区位的组蛋白修饰的活动。这种异染色质形成被认为是：创造一种使沉默因子（silencing factors）结合的组蛋白密码（histone code，详见本书第二章）而启动异染色质装配的“核化”[135]。特别是 H3 Lys^9 的去乙酰化及甲基化，是为了创建 Swi6/HP1 的结合位点[123,125]。此外，H3 Lys^{14} 的去乙酰化对于裂殖酵母的沉默以及 Swi6 在异染色质的定位好像很重要。H3 Lys^9 的甲基化与 H3 Lys^{14} 的乙酰化能够在某些基因组区域同时发生，并对携有甲基化的 H3 Lys^9 位点的转录活化提供一种机制[127]。启动组蛋白修饰的 Swi6/HP1 一旦与染色质结合，便在邻近核小体上创建另外的 Swi6 结合位点[135]。这就使组蛋白修饰和 Swi6 结合自原始的“成核”位点向外顺式地逐步扩展，并且也解释了在表观沉默（epigenetic silencing）中的 Swi6/HP1 的剂量临界作用[1]。

3.7.3 异染色质的繁殖

雌性哺乳动物的失活的X染色体的异染色质是顺式遗传的[116]。在裂殖酵母中，Swi6/HP1是维持异染色质状态的细胞记忆器的重要成分[135,151]。DNA复制时组蛋白H3/H4四聚体是随机地分布于姐妹染色质之中。因此，修饰父/母本组蛋白的成分，如Swi6/HP1或Sir3等异染色质装配蛋白，可以作为“分子书签”来印记（imprint）在新装配的核小体中父/母本的组蛋白修饰形式。因为Swi6/HP1是维持H3 Lys^9 甲基化所必需的[135,152]，它提示我们这个过程也是通过上述的顺式扩展的同一机制来完成的。因此，在组蛋白修饰和结构蛋白（与组蛋白修饰酶关联）之间的一个“表观遗传环”（epigenetic loop）可能是异染色质繁殖（propagation of heterochromatin）的基础(图3.14)。

3.7.4 异染色质域的分界线

高度浓缩的异染色质与去浓缩的（decondensed）的常染色质相间分布。异染色质一旦“成核”，就会顺式地扩展并导致邻近基因的表观沉默。但是细胞也具有对抗附近异染色质的抑制作用的相应机制，来保护那些活性的染色质区域。专门的DNA单元，边界单元（boundary elements），它作为临近染色质区域的界标或屏障来对抗相邻区域的沉默子（silencers）或增强子（enhancers）的效应[153,154]。在出芽酵母中，沉默蛋白（silencing proteins）Sir2/3/4被边界序列（boundary sequences）限定于沉默的配对型座位[155]。*S. pombe*的跨越配对型区域的不同的组蛋白甲基化形式的作图发现了两个反向重复序列（IR）把异染色质段落与周围的常染色质区域界定开来[156,157]。H3 Lys^9 甲基化以及与其相互作用的Swi6是严格地被IR单元界定在20kb的异染色质区域之内，而H3 Lys^4 甲基化却是特异地发生于周围常染色质之中。任一重复序列（指IR而言）的删除都将导致H3 Lys^9 甲基化与Swi6向邻近的常染色质区域扩散。因此，边界单元（IR）能以不同的组蛋白修饰形式来分开不同的染色质区域，并把异染色质包含在特殊区域中。组蛋白乙酰化及H3 Lys^4 甲基化可能是阻断异染色质扩展的终结器[153,155]。异染色质的扩展也可以通过相反效应的组蛋白修饰活动的平衡来控制。在出芽酵母中，靠近端粒（telomeres）的沉默与Sir3蛋白的扩展程度是被染色体的组蛋白H4 Lys^{16} 乙酰化的梯度（被类MYST乙酰化转移酶Sas2与组蛋白去乙酰酶Sir2所建立）所调节[158,159]。由Sas2所导致的H4 Lys^{16} 的全面的乙酰化是阻止SIR复合体（对Sir蛋白而言）扩展的屏障。类似地，H3 Lys^{79} 的甲基化阻止Sir蛋白在常染色质中的非特异结合[160,161]。除组蛋白修饰作用外，核小体本身的组分对于维持染色质状态也很重要。在*S. cerevisiae*中，组蛋白变种H2A.Z在环绕沉默位点的常染色质区域中的富集也是一种抗沉默的角色，它阻止异染色质的扩展[162]。

3.7.5 异染色质与发育中可遗传的基因沉默

可遗传的转录状态的维持对于多细胞生物的发育是至关重要的。大量的证据说明，该过程的失控将导致细胞的转化与癌变。在果蝇（*Drosophila*）发育中，PcG（polycomb group）蛋白作用于DNA的PREs（polycomb response elements）序列，来维持亲缘特异的同源异形基因的转录状态的关闭[8]。发现PcG族的成员，Polycomb含有一种类似Swi6/HP1的染色体结构域（chromodomain）并且是一种多蛋白复合体PRC1的成分[163]。另一种果蝇的PcG复合体是ESC/E（Z），它的人类的副本含有对H3 Lys^{27}[164,165]和H3 Lys^{9}[166,167]的甲基转移酶（methyltransferase）。这些标记与 polycomb 是同一结合位点，而 Lys^{27} 的甲基化有利于 polycomb 蛋白与 H3 结合[164]。polycomb 群复合物（polycomb group complexes）给予的这种转录的抑制作用与异染色质有许多共同的特点，包括改变了的染色质结构及有丝分裂的可遗传性。事实上，近来的研究说明 PcG 复合体 ED/EZH2 是 X 染色体失活时 H3 Lys^{27} 甲基化与异染色质形成所需要的[168,169]。因此，在发育中这种引起基因沉默的途径好像与由 Swi6/HP1 来形成异染色质的途径相似。但是，目前还没有直接的证据来说明 RNAs 或 RNAi 在 PcG 介导的发育调控中什么作用。HP1 也与常核染色质的基因的调控有关。研究 HP1 在果蝇基因组中的分布，发现了它的分布带跨越少量的常染色质位点[170]。这说明虽然 HP1 主要地集中于异染色质，但染色体臂的特殊区域也在它的控制之下。近来的研究说明，H3 Lys^{9} 甲基化与 HP1 可以起用基因沉默的特异启动子（specific promoters），直接涉及完整的异染色质成分调节常染色质基因[171,172]。异染色质的蛋白与常染色质区域连接但没有扩散，也引起常染色质基因的抑制；这是众所周知的位置效应。

3.8 染色质的非组蛋白框架

3.8.1 染色质环

以高盐溶液（2mol/L NaCl）及 Triton X-100 提取体细胞核，去掉包括组蛋白在内的大部分蛋白质，发现遗留的 DNA 仍然保持着细胞核的形态。当这些“去蛋白核”（nucleoids）通过含有不同浓度溴化乙啶（ethidum bromide）的蔗糖梯度离心时，它们的沉降特性（sedimentation properties）类似超螺旋的环状质粒 DNA，这说明长的线状的 DNA 在间期核中是被弯曲、折叠成许多环状（loops）[173]。基于沉降系数及直接地 DNA 测定，环的平均长度为 80～150kb。Laemmli 等证明，在间期核里的这种环状结构，当染色质压缩为中期染色体后仍然保持不变[174]。当分离出来的染色体以前述高盐溶液提取掉大部分蛋白后，DNA 仍然以无数 loops 锚定在一个残存的蛋白质框架上（proteinaceous scaffold），并保持着原来染色体的形态。这个框架主要由二种蛋白质组成：ScⅠ（170kDa），ScⅡ（135kDa，topoisomeraseⅡ）。电镜测量这些 loops 的大小与间期核中的大小一样。所以，这种染色质环（chromatin loop in the interphase nucleus）是染色质与染色体的共同结构特征。

3.8.2 SAR/MAR

在灯刷染色体（lampbrush chromosomes）中的染色质 loops，以及此等 loops 在多线染色体所表现的带型都是稳定遗传的[175]。这说明染色质 loops 的形成是核蛋白质与 DNA 特定序列相互作用的结果。Laemmli 等利用高盐低离子的溶液（低浓度的二碘水杨酸锂，LIS），从间期核提取蛋白质；可使蛋白质连同与其相连的染色质 loops 完整地提取出来[176]。然后，以内切酶消化，用离心法把酶切下来的非结合 DNA 片段与结合在蛋白质上的 DNA 特异序列分别开来。这两部分 DNA 片段可以分别进行电泳、分子杂交，进行鉴定。

利用此法，已鉴定了一些基因与核蛋白质（或叫染色体框架蛋白质）结合的特异序列。如果蝇组蛋白基因群和 *hsp70* 基因[176]；乙醇去氢酶基因[177]，小鼠 κ 免疫球蛋白基因[178]，核糖体 RNA 基因[179]。

这些特异序列沿基因组以 5000～112000bp 相间排列[180]。不同的位点，序列不尽相同；但一般地都是将近 200bp 并且富 AT（70%）的序列。由于这些位点是在提取了大部分核蛋白及内切酶消化以后，仍然留在核里与小量蛋白结合，所以称为（核）框架附着区（scaffold attachment region，SAR）或（核）基质附着区（matrix attachment region，MAR）。

业已证明*hsp70*基因和小鼠免疫球蛋白基因的MAR（SAR）对核基质的附着与基因的转录活性无关[181,182]。这里特别能说明问题的是*hsp70*基因，当用2mol/L NaCl溶液从核中提取时具有转录活性，而用LIS提取则没有转录活性；而LIS是能维持MAR与核蛋白结合功能的。这说明有关MAR与核蛋白的结合正相关于转录活性的观点，需要重新检验[118]。利用饱和杂交（以标记的MAR/SAR为探针）证明每一核中至少有10 000个MAR/SAR的结合位点，而且此类所谓特异结合序列并无组织特异性[119]。说明MAR/SAR是一类在核或染色体内维持染色质loops的枢纽序列[120]。

3.9 微生物的类染色质

大肠杆菌这类原核生物，只有一个裸露的大的环状DNA作为它的基因组（genome）。但它并不像我们想象的，只不过是一个放大了的质粒（plasmid）。这个环状DNA也像真核生物的染色质loops那样，弯曲折叠成大约100个loops（每个loop约40kb，13μm）最后压缩成一个像细胞核样的团块，叫核样体（nucleoid）。约占整个细胞的三分之一。

有趣的是，在大肠杆菌中也发现了若干种DNA结合蛋白：HU、H、H1、HLP1、P等；其中HU类似真核的H2B，H类似H2A，P类似protamine，H1与HLP1不详。这些结合蛋白，有的（如HU、H）是在loop的主体上使DNA产生超螺旋，好像原始的核小体；有的很可能在loop的两端起固定作用。当细胞溶解（lysed）时核样体散开，DNA与细胞膜碎片相连。这时，loops并不伸展而仍然维持。在这些loop的基部可能存在着与染色质loop类似的MAR与结合蛋白[183]。

短评：根据染色质loops，微生物loops的事实，显然存在着许多DNA结合蛋白，这些蛋白有的是维持loop主体DNA超螺旋结构，有的则在loop基部与MAR/SAR相结合起维持loop的作用。这些结合蛋白在没有细胞核结构的原核细胞中也同样存在的事实，说明它们并不是细胞核所专有的物质。至于它们在真核细胞中是否构成有一定结构与功能的核基质（nuclear matrix），一些著名的细胞分子生物学家认为目前还缺乏证据[184]。一些实验也对核基质和染色体骨架蛋白结构的真实存在提出疑问。Hadlaczky等报道[185]，若在制备染色体骨架结构时，在各提洗液中加入5%的蔗糖以抑制蛋白质的凝聚，则产生一种缺乏骨架特征的疏松结构，因此认为骨架是由蛋白质凝聚而产生的人为假象。今后的任务是要进一步提出更有说服力的实验来证明核基质的客观存在性，而不是煞有介事地把核基质当成既成事实来进行研究。

3.10 染色质的复制与转录

3.10.1 染色质的复制模型

最早的染色质复制模型是Richard等1978年提出的半核小体复制模型和Lilley和Pardon于1979年提出的染色质复制模型（分子遗传学概论，李振刚，中国科学技术大学出版社，1990，pp52～57）。后来几经修改[186～188]，实际上是以Lilley & Pardon模型为主，并结合半核小体模型的一些大同小异的综合性模型。现参照《Molecular Biology of The Cell》

一书（pp363，1994）[184]的意见，以图 3.17 表述如下。

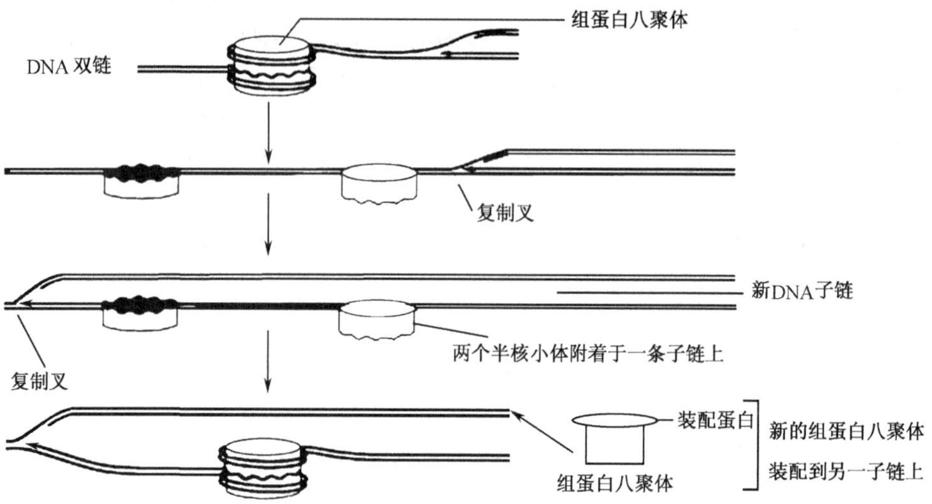

图 3.17　染色质复制模型[184]

（1）核小体在复制叉之后进行重新装配。

（2）旧核小体在跨过复制叉之前解体为两个半核小体，随机地附着在 DNA 双链的一条单链上。跨过复制叉后两个半核小体随机地附着在其中一条子链上，然后重新装配成一个核小体。

（3）一个新的八聚体由装配蛋白（assembly protein）运载到另一条子链的相对位置上，DNA 超螺旋化围绕其上形成新的核小体。

（4）装配蛋白已于 1978 年被 Laskey 等分离出来[189]，这是一种热稳定的酸性蛋白质，广泛地存在于细胞核液中，是一个由相同的分子（相对分子质量为 29 000）组成的五聚体。它是与单个的组蛋白逐一地结合，以 8 个组蛋白为饱和状态。然后把八聚体送到复制中的 DNA 上。称为分子伴娘（molecular chaperone）。

（5）组蛋白的合成是在 S 期（一般的蛋白是在细胞间期），与 DNA 的合成紧密配合。而且为了及时地在迅速合成的 DNA 上装配核小体，组蛋白基因依靠加速转录及减少 mRNA 的降解使 mRNA 加大了 50 倍。而在 S 末期 DNA 合成停止时，大部分组蛋白则在数分钟内降解。

（6）关于半核小体的问题，Weintraub 等（1976）[190]研究了 DNase Ⅰ对珠蛋白基因的消化。发现鸡的红血细胞或网织细胞中的珠蛋白基因对 DNase Ⅰ高度敏感，所以它总是被优先消化，而在珠蛋白基因向来不活动的成纤维细胞中的珠蛋白基因并不被优先消化。与此对照，用小球菌核酸酶去处理红血细胞、成纤维细胞中的珠蛋白基因时，均没有选择性优先消化。这表明活性基因的核小体结构发生了某种变化，使其对 DNase Ⅰ敏感，而对小球菌核酸酶不敏感。Felsenfeld[191]用电镜观察正进行活跃地转录的核糖体基因，发现 rRNA 基因在转录时，染色质高度伸展，其 DNA 的压缩比只有 1.2，看不到珠形的核小体结构。1978 年 Richards 等提出半核小体转录复制模型[192]认为核小体的组蛋白以其 N 端尾巴与 DNA 结合，复制或转录时半核小体的两个组蛋白四聚体的相互作用力减弱，容许酶分子通过。转录结束后，由于组蛋白作用力的影响，导致 DNA 重新超螺旋化而恢复核小体的结构。

（7）根据以上所述，可知复制后的核小体，新、旧核小体泾渭分明，没有由新、旧组蛋白混合形成的核小体。方法是用重的赖氨酸^{3}H- Lys 和用^{13}C，^{15}N 标记的其他氨基酸，去对鸡的成肌细胞的组蛋白合成进行脉冲标记，以追踪新合成的组蛋白。在成肌细胞进行了一定时间的分裂之后，把分离出的核小体用化学法交联其组蛋白，然后把交联的组蛋白与 DNA 分开，以等密度离心确定它的密度，发现所有新合成的分子都存在于最重的组分，而没有出现重与轻的中间型组分。这说明在八聚体内没有旧的和新的组蛋白的交联，新合成的组蛋白形成新的核小体，并不与旧的组蛋白形成混杂的八聚体（Leffak，et al.，1977）。

3.10.2 染色质的转录模型

3.10.2.1 核小体变构转录模型

依据染色质变构的概念，在转录时核小体并不消失，而只是结构上做某些调整，对转录呈“开放”、“打开”状态。如图 3.18 所示，在转录激活因子占据 promoter 后，转录酶自 TATA 部位滑向含有基因的核小体；它首先移动 H2A-H2B 二聚体而进入核小体，然后把 DNA 推离 H3-H4，使其能够沿着 DNA 超螺旋继续前进。在它进入下半个核小体时（DNA 超螺旋的第二圈），则上半个核小体的 H2A-H2B 复位，而下半个核小体的 H2A-H2B 离位，然后转录酶把 DNA 推离下半个核小体的 H3-H4 而继续前进；当它到达第二圈末时，离位的 H2A-H2B 复位，转录酶滑向第二个核小体[193]。

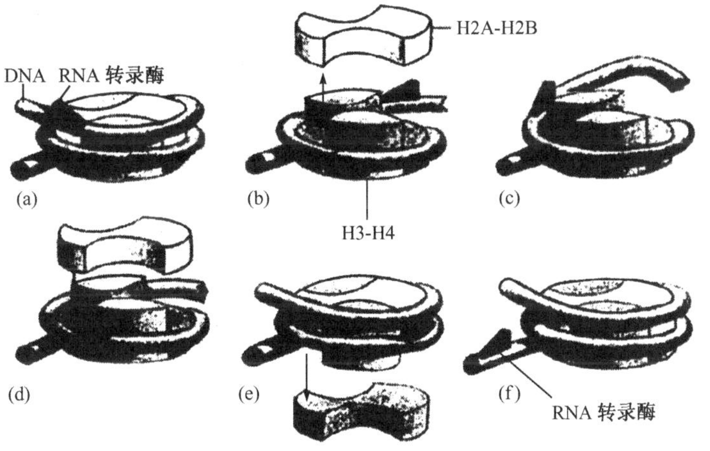

图 3.18 核小体变构（不消失）转录模型[194]

3.10.2.2 核小体复制转录模型

近年来的研究[195]表明，细胞的转录状态在染色质复制后仍然保持，但这种保持并非如过去所推测的是直接地遗传给新合成的子链，而是复制后核小体重新变构，转入转录状态（图 3.19）。

在该基因已经完全复制后，上述的已被结合的启动子上已经建立了一个功能性的转录复合体，并且启动了转录。转录酶沿转录单位依次“打开”核小体进行转录。与此同时，另一姐妹链也在启动子上结合了转录因子，并逐步启动转录。

3.10.2.3 组蛋白乙酰化转录模型[196]

核小体组蛋白中赖氨酸 NH_2-末端区域的乙酰化是染色质中具有转录活性的部分的标志[197]。大量的乙酰化使 DNA 与核粒的结合松弛，而导致核小体的变构（nucleosomal allosteric changes）[198]、并使核小体间接触去稳定[199]以及增加核小体 DNA 对转录因子的接受性能[200]；而组蛋白的去乙酰化则伴随着转录的沉默[201]，如图 3.20 所示。

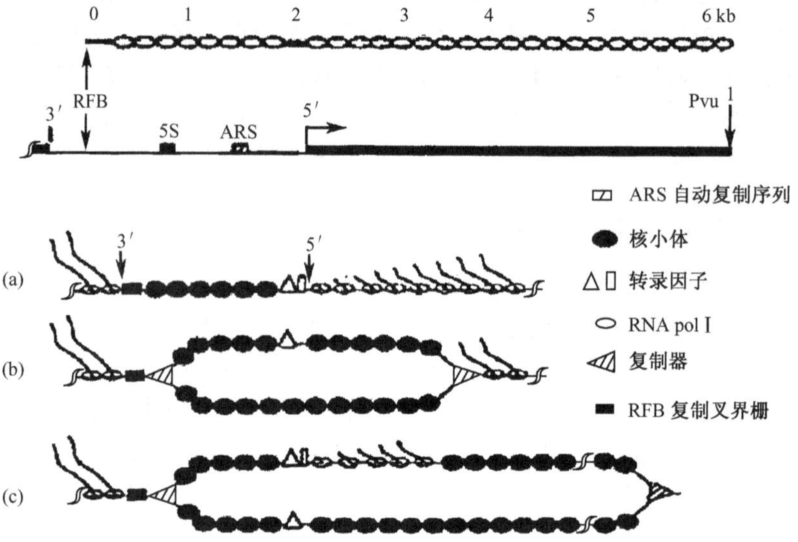

图 3.19　复制后含 rRNA 基因核小体的重新变构（激活）转录[195]

(a) 两个活性基因之间被一个核小体基因间空挡（nucleosomal intergenic spacer）隔开。上方是它的分子结构示意图。(b) DNA 的复制已经启动；左侧的复制叉在 RFB 处停止，而右侧的复制叉则进入下游基因。复制叉后的两个新复制的编码区都迅速地包装为核小体。也就是原来“打开”或“激活”的核小体又恢复为非活性的包装形式。(c) 两个新复制的链中的一个上的启动子已被转录因子结合而使其下游的核小体处于“打开”的构型（open conformation）

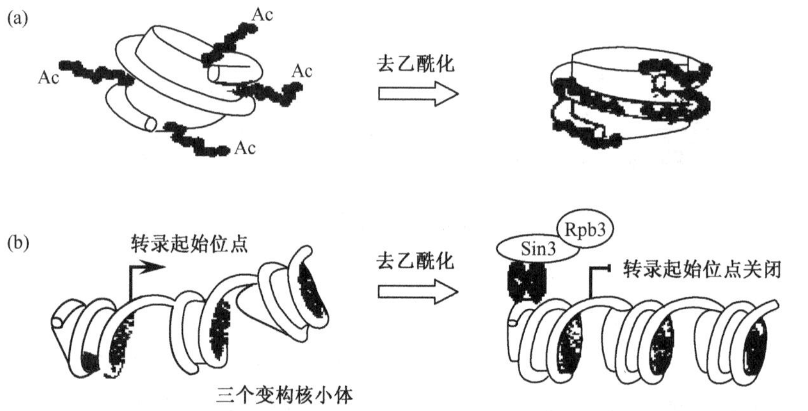

图 3.20　组蛋白乙酰化转录模型（依 Wolffe，1996）[196]

(a) 左侧是核心组蛋白的 NH_2 末端尾巴乙酰化（Ac），导致核小体变构；右侧是去乙酰化，稳定了 NH_2-末端尾巴与 DNA 的结合并使核小体处于关闭状态。(b) 左侧表示处于转录活性的染色质拥有一个转录起始位点，该位点的组蛋白充分地乙酰化（以直角箭头表示），以及三个含有乙酰化组蛋白的变构核小体。右侧表示由于组蛋白的去乙酰化而导致转录沉默。在启动子附近的 DNA 被 Sin3 结合，它又与 Rpd3 或者去乙酰化酶（deacetylase）相结合使核小体处于关闭状态，转录起始部位封闭

Rpd3 蛋白是在酵母中发现的一种转录调控因子（在人类中发现去乙酰化酶，起相同作用，并与 Rpd3 蛋白 60%同源）。Rpd3 并不与 DNA 相结合，而与 Sin3 结合发挥协同作用；Spd3 借助使组蛋白的乙酰化走向去乙酰化，并稳定核小体及其高级结构对 Sin3 的作用起加强、放大的作用。已经证明 Sin3 是作为抑制子（repressor）对广泛的基因起调控作用[202]。

Sin3 蛋白本身也不与 DNA 结合而是与另外的 DNA 结合蛋白结合（如转录因子之类），因此 Rpd3 与 Sin3 是一对共抑制因子复合体（co-repressor complex）（或者共激活因子复合体，co-activator complex），它们借助 DNA 转录因子而锚定于某一基因。

组蛋白的乙酰化只在两种氨基酸（Lys、Ser）中进行；以乙酰辅酶 A（CoA）为乙酰基（acetyl）的供体。组蛋白乙酰化后，氨基酸失去正电荷，使组蛋白与 DNA 之间联系减弱，而导致核小体变构（图 3.21）。

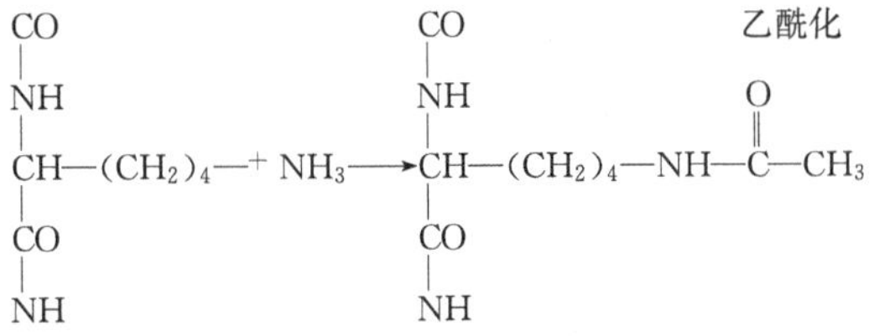

图 3.21　组蛋白(赖氨酸)的乙酰化

3.11　染色体端粒

端粒(telomere)是真核生物染色体末端的一种 DNA 重复序列，有保持染色体完整性的作用(图 3.22)。DNA 复制时的方向必须是 5′→3′，DNA 每次复制端粒就缩短一点，所以端粒的长度反应细胞复制的次数，被称作细胞寿命的“有丝分裂钟”。

科学家们在寻找导致细胞死亡的基因时，发现了一种叫端粒的、存在于染色体顶端的物质。端粒本身没有任何密码功能，它就像一顶帽子置于染色体头上。在新细胞中，细胞每分裂一次，染色体顶端的端粒就缩短一次，当端粒不能再缩短时，细胞就无法继续分裂了。这时候细胞也就到了普遍认为的分裂 100 次的极限并开始衰亡。因此，端粒被科学家们视为“生命时钟”。科学家由此又开始研究精子和癌细胞内的染色体端粒是如何长时间不被缩短的原因。

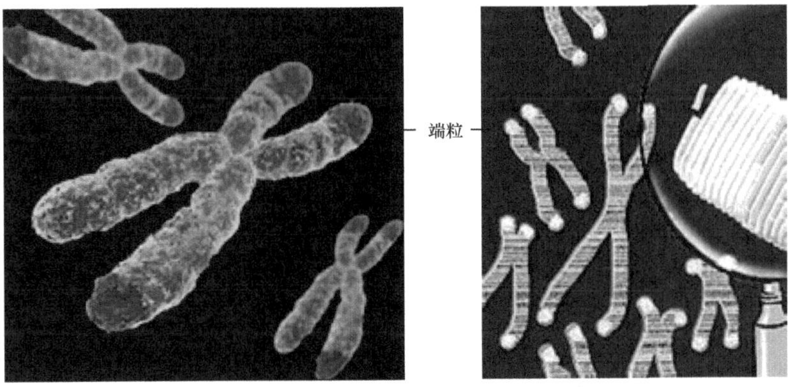

图 3.22　端粒结构示意图

1984 年，分子生物学家在对单细胞生物进行研究后，发现了一种能维持端粒长度的端粒酶，并揭示了它在人体内的奇特作用：除了人类生殖细胞和部分体细胞外，端粒酶几乎对其他所有细胞不起作用，但它却能维持癌细胞端粒的长度，使其无限制扩增。早在 20 世纪 30 年代，缪勒(Muller)和麦克林托克(Meclintock)等就已发现了端粒结构的存在。1978 年，四膜虫的端粒结构首先被测定。

1990 年起，凯文 · 哈里(C. Harley)就把端粒与人体衰老挂上了钩。①细胞越老，其端粒长度越短；细胞越年轻，端粒越长，端粒与细胞老化有关系。衰老细胞中的一些端粒丢失了大部分端粒重复序列。当细胞端粒的功能受损时，就出现衰老，而当端粒缩短至关键长度后，衰老加速，临近死亡。②正常细胞端粒较短。细胞分裂会使端粒变短，分裂一次，缩短一点。细胞分裂一次，其端粒的 DNA 丢失 30～200bp。当到一定程度时，细胞就接近衰老。③研究发现，细胞中存在一种酶，它合成端粒。端粒的复制不能由经典的 DNA 聚合酶催化进行，而是由一种特殊的逆转录酶——端粒酶完成。正常人体细胞中检测不到端粒酶。一些良性病变细胞、体外培养的成纤维细胞中也检测不到端粒酶活性。但在生殖细胞、睾丸、卵巢、胎盘及胎儿细胞中此酶为阳性。令人注目的发现是，恶性肿瘤细胞具有高活性的端粒酶，端粒酶阳性的肿瘤有卵巢癌、淋巴瘤、急性白血病、乳腺癌、结肠癌、肺癌等。人类肿瘤中广泛地存在着较高的端粒酶酶活可作为肿瘤治疗的靶点，是当前较受关注的热点之一。

凭借"发现端粒和端粒酶是如何保护染色体的"这一成果，揭开了人类衰老和罹患癌症等严重疾病的奥秘的三位美国科学家[美国加利福尼亚旧金山大学的伊丽莎白 · 布莱克本[E. Blackburn)、美国巴尔的摩约翰 · 霍普金斯医学院的卡罗尔 · 格雷德(C. Greider)、美国哈佛医学院的杰克 · 绍斯塔克(J. Szostak)]获得 2009 年的诺贝尔生理学或医学奖。

研究发现，端粒是末端由多重复的非转录序列(TTAGGG)及一些结合蛋白组成的特殊结构。端粒 DNA 是由简单的 DNA 高度重复序列组成的，染色体末端沿 $5'\rightarrow3'$ 方向的链富含 GT。在酵母和人体中，端粒序列分别为 $C_{1\sim3}A/TG_{1\sim3}$ 和 TTAGGG/CCCTAA，并有许多蛋白质与端粒 DNA 结合。

端粒 DNA 主要功能有：①保护染色体不被核酸酶降解；②防止染色体相互融合；③为端粒酶提供底物，解决 DNA 复制的末端隐缩，保证染色体的完全复制。

端粒、着丝粒和复制起点是染色体保持完整和稳定的三大要素。同时，端粒常可抑制位于端粒附近基因的转录活性(称为端粒的位置效应，TPE)。在大多真核生物中，端粒的延长是由端粒酶催化的，另外，重组机制也介导端粒的延长。

既然端粒与细胞的寿命有关，细胞何以知道它们正在接近细胞分裂的极限次数？端粒可能就是迄今所知能告诉细胞其复制极限已到的生物钟的最佳候选者。

所有原核细胞都使他们的单条染色体保持着一种闭合环状的形式；而真核生物却在环状染色体上引入了一个双链缺口，结果就使它们的染色体变成线性的了。但是，这却产生了一个问题，那就是，线性染色体的敞开端相当黏；在这种情况下，细胞中的多条线性染色体会以各种方式聚作一堆，降低、阻碍了它们发挥作用。甚至会使它们在细胞周期中不可能复制。另外，随机断裂的染色体末端黏性通常是癌症的起因。

真核生物细胞是通过在染色体的敞开端上形成"帽子"的方式来解决这个问题的。这些"帽子"结构即为端粒，由位于每一条染色体顶部的 DNA 短序列重复多次而形成。另外，端粒帽还可保护染色体的敞开端不受酶的消化。在某个时刻，真核生物还开始利用端粒将染色体锚在核膜上，这对染色体有效发挥作用似乎非常重要。

每当细胞分裂一次，每条染色体的端粒就会逐次变短一些，构成端粒的一部分基因的 50～200个核苷酸会因多次细胞分裂而不能达到完全复制而丢失，以至细胞终止其功能不再分裂。细胞分裂次数越多，其端粒磨损越多，寿命越短。因此，严重缩短的端粒是细胞老化的信号。在某些需要无限复制循环的细胞中，端粒的长度在每次细胞分裂后由能合成端粒的特殊的DNA聚合酶——端粒酶维持。端粒酶也可在多细胞真核生物中检出，但它们只存在于卵巢和睾丸以及迅速分裂的早期胚胎中(在成熟的精子和卵中并没有检出)。端粒酶还存在于那些在高等生命的大部分时间中不断分裂的细胞如毛囊细胞、某些肠细胞及白细胞中。但是，高等真核生物的大多数成年体细胞中却没有这种酶，或者含量极低。因此，端粒酶有可能在内部生物钟机制中起着重要的作用，至少对于正在分裂的细胞是这样。

随着每一轮细胞分裂的进行，端粒帽从每条染色体上逐渐地缩短，直到染色体从核膜上脱离，甚至群集在一起，使它们不可能在细胞周期中复制。染色体的脱离会使DNA基因的转录变得十分困难，而且这些脱离的染色体中会有DNA区段暴露在外面而发生损伤。最后，由于端粒顶部没有帽子或因诱发的染色体异常而暴露在外面受到损伤的DNA会激活p53-p21损伤控制系统，从而使细胞周期停止进行。

在体外培养的人成纤维细胞的生命周期中的确可以观察到端粒缩短的情况，同样在体内衰老的人细胞中也是如此，而且在两种细胞中真的观察到了染色体群集。哈钦森-吉尔福特氏儿童早老综合征及沃纳氏综合征病人细胞中的端粒明显比同年龄对照组的要短。然而，完全无限增殖的细胞具有生殖或胚胎细胞所特有的比较长的端粒，这一点表明它们端粒酶活力已经恢复了。

端粒可能就是计算细胞分裂次数的生物钟，这是一个极其诱人的问题。但是，直到最近，对于端粒缩短究竟是复制衰老的一个原因，还是复制衰老的一个结果，人们还心存疑虑。例如，在酵母与草履虫中，随着细胞逐渐变得越来越衰老，端粒并没有缩短。而且，小鼠的端粒比人的端粒要长得多，但是，小鼠细胞在体外培养时并没有活得更长。

更重要的问题是，体外复制衰老或体内复制衰老与生物全面衰老的关系，复制对于身体中很多细胞，如血液系统和免疫系统的细胞或血管的细胞终生都是重要的。但事实上，身体中的大多数细胞在大部分时间已不再分裂、复制。果蝇与线虫虽是有助于研究衰老的好模型，但是，成年果蝇与线虫的所有细胞都是有丝分裂期后的细胞，从来不分裂，可是，果蝇与线虫都是要衰老的。端粒酶在我们身体的绝大多数细胞中所起的作用并不明显。所以，对于在人类中复原端粒酶活力可能会导致复壮或长生不老的看法不能太当真。

不再分裂的细胞是怎么知道什么时间它们老了呢？例如，白发、皮肤起皱、心脏病与白内障这些衰老症状，为什么都发生在不再活跃分裂的细胞中？目前，我们对这些情况确实还不清楚。我们切记不要“瞎子摸象”，以点代面，不能用端粒作为解决衰老的万能钥匙。

参 考 文 献

[1] Labrador M. Corces V. Cell,2002,111:151.
[2] Grewal SI and Moazed D. Science,2003,301:798～802.
[3] Rees H and Jones R N. In:Chromosome Genetics, Edward Arnold Publisher Limited,1977,15～16.
[4] Pohl FM, et al. J. Mol. Biol.,1972,67:375.
[5] Wang AH-J,et al. Nature,1979,282:680.
[6] Lafer EM, et al. PNAS USA,1981,78:3546.
[7] Moller H,et al. J. Biol. Chem.,1983,257:12081.
[8] Lipps HL, et al. Cell,1983,32:435.
[9] Nordheim A,et al. PNAS USA,1982,79:7729.
[10] Viegas-Pequignof E, et al. PNAS USA,1983,80:5890.
[11] Behe M. et al. PNAS USA,1981,78:1619.

[12] Singleton OK, et al. Nature,1982,299:312.
[13] Huang RC and Bonner J. PNAS USA,1965,54:960.
[14] Huang RC and Smith MM. In:Nucleic Acid Hybridization in the Study of Cell Differentiation,ed by Ursprung H P. 1972,65.
[15] Simpson RT. In:Advances in Enzymology,ed. by Kohn A. et al. 1973,38.
[16] Bonner J, et al. In:Methods in Enzymology,1968,12:3.
[17] Artman M. and Roth JSJ. Mol. Biol. ,1971,60:291.
[18a] Cech T. Cell,1982,31:147～157.
[18b] Zaug AJ and Cech T. Nature,1986,324:429.
[19] Guerrier-Takada C, et al. Cell,1983,35:849.
[20] Guerrier-Takada C and Altman S. Science,1984,223:285.
[21] Altman S. In:Adv. Enzymol. ,1989,62:1.
[22] Cole RD, et al. J. Biol. Chem. ,1966,241:5790.
[23] Holmgren P, et al. Chromosoma(Berl),1985,93(2):123.
[24] Marion C, et al. Biochemistry,1985,24(23):6328.
[25] Allan J, et al. J. Mol. Biol. 1986,187(4):591.
[26] Smith BJ, et al. Eur. J. Biochem. ,1984,138:309.
[27] Pieler C, et al. Eur. J. Biochem. ,1981,115:329.
[28] Hohmann PG. Cancer Biochem. Biophys. ,1983,7(1):45.
[29] Matsukawa T, et al. Biochem. ,1985,98:695.
[30] Cole RD, et al. J. Bio. Chem. ,1977,241:93.
[31] Neelin JM, et al. Biochem. Physiol. ,1961,39:485.
[32] Laemmli UK. Cell,1977,12:805.
[33] Johns EW. The HMG Chromosomal Proteins. New York:Academic,1982,251.
[34] Reeck GR,Isackson PJ,Teller DC. Nature,1982,300:76～78.
[35] Landman D. Nature,1993,363:590.
[36] Jantzen HM,Admon A,Bell SP,Tjian R. Nature,1990,344:830～836.
[37] Sinclair AH,Berta P,Palmer MS, et al. Nature,1990,346:240～244.
[38] Landsman D,Bustin M. Bio-Essays,1993,15:539～546.
[39] Bianchi ME,Beltrame M,Paonessa G. Science,1989,243:1056～1059.
[40] Bonne C,Sautier P,Duguet M,de Recondo AM. J. Biol. Chem. ,1982,257:2722～2725.
[41] Pil PM. Lippard SJ. Science,1992,256:234～237.
[42] Paull TT,Haykinson MJ,Johnson RC. Genes Dev,1993,7:1521～1534.
[43] Crippa MP,Altonso PJ,Busin M. J. Mol. Biol. ,1992,228:442～449.
[44] Drew HR. J. Mol. Biol. ,1993,230:824～836.
[45] Dorbic T, Wittig B. EMBO J,1987,6:2393～2399.
[46] Postnikov YV, Shick VV, Belyavsky AV, et al. Nucleic Acids Res,1987,19:717～725.
[47] Jonson KR, Lehn DA,Reeves R. Mol. Cell Biol,1989,9:2114～2123.
[48] Solomon MJ, Strauss F, Varshavsky A. PNAS USA,1983:1276～1280.
[49] Disney JE, Johnson KR, Magnuson NS, Sylvester SR. J. Cell,Biol. ,1989,109:1975～1982.
[50] Thanos D, Maniatis T. Cell,1992,71:777～789.
[51] Fashena SJ, Reeves R, Ruddle NH. Mol. Cell Biol. ,1992,12:894～903.
[52] Thanos D, Maniatis T. Cell,1992,71:777～789.
[53] Elgin SCR, et al. Cell,1978,14:530.
[54] O'Malley B W. PNAS USA,1979,76:2252.
[55] Lasky R A, et al. Nature,1978,275: 416.
[56] Kornberg R D, et al. Ann. Rev. Biochem. ,1977,46:931.

[57] Kornberg R D, et al. Science,1974,184:865.
[58] Jackson V, et al. Bio-Essays,1993,15: 281～300.
[59] Paranjape S M, et al. Annu. Rev. Biochem. ,1994,63:265～297.
[60] Van Holde KE. Chromatin. New York:Springer-Verlag,1989.
[61] Finch J D, et al. Nature,1977,1:309～314.
[62] Felsenfeild G. Nature,1992,355:219～223.
[63] Kornberg RD, Lorch Y. Annu. Rev. Cell Biol. ,1992,8:563～587.
[64] Widom J. Annu. Rev. Biophys. Chem. ,1989,18:365～395.
[65] Thoma F, et al. J. Cell Biol. ,1979,83:403～427.
[66] McGhee JD, Nickol JM, Felsenfeld G, Rau DC. Cell. ,1983. 33:831～841.
[67] Willams SP, Athey BD, Muglia LJ,et al. Biophys J. ,1986,49:233～248.
[68] Woodcock CLF, Frado LLY, Rattner JB. J. Cell Biol. ,1984,99:42～52.
[69] Arents G, Burlingame RW, Wang BC, et al. PNAS USA,1991,88:10148～10152.
[70] Clark-Adams CD,Norris D,Osley MA,et al. Genes Dev. ,1988,2:150～159.
[71] Norris D Dunn B Osley MA. Science,1988,242:759～761.
[72] Sternberg PW,Stern MJ,Clark I,Herskowitz I. Cell,1987,48:567～577.
[73] Kruger W, Herskowitz I. Mol. Cell Biol. ,1991,11:4135～4146.
[74] Mann RK, Grunstein M. EMBO J. ,1992,11:3297～3306.
[75] Bortvin A, Winston F. Science,1996,272:1473～1476.
[76] Durrin LK,Mann RK,Grunstein M. Mol. Cell Biol. ,1992,12:1621～1629.
[77] Han M,Grunstein M. Cell,1988, 55:1137～1145.
[78] Durrin LK,Mann RK,Grunstein M. Mol. Cell Biol. ,1992,12:1621～1629.
[79] Durrin LK, Mann RK, Kayne PS, Grunstein M. Cell,1991, 65:1023～1031.
[80] Kayne PS, Kim UJ, Han M, et al. Cell,1988,155:27～39.
[81] Johnson LM,Fisher-Adams G, Grunstein M. EMBO J. ,1992,11:2201～2209.
[82] Shrader TE, Crothers DM. J. Mol. Biol. ,1990,216:69～84.
[83] Simpson RT. Prog. Nucleic Acid Res. Mol. Biol. ,1991,40:143～184.
[84] Thoma F, Bergman LW, Simpson RT. J. Mol. Biol. ,1984,177:715～753.
[85] Benezra R, Cantor CR, Axel R. Cell,1986, 44:697～704.
[86] Richard-Foy H, Hager GL. EMBO J. ,1987,6:2321～2328.
[87] Thomas GH, Elgin SCR. EMBO J. ,1988,7:2191～2201.
[88] Almer A, Horz W. EMBO J. ,1986,5:2681～2687.
[89] Archer TK, Cordingley MG, Wolford RG, Hager GL. Mol. Cell Biol. ,1991,11:688～698.
[90] Paranjape SM, Kamakaka RT, Kadonaga JT. Annu. Rev. Biochem. ,1994. 63:265～297.
[91] Roth SY, Dean A, Simpson RT. Molec. Cell Biol. ,1990, 10:2247～2260.
[92] Nacheva BA, Guschin DY,et al. Cell,1989, 58:27～36.
[93] Fedor Mj, Kornberg RD. Mol. Cell Biol. ,1989, 9:1721～1732.
[94] Bresnick EH,Busin M,Marsaud V,et al. Nucleic Acids Res. ,1992,20:273～278.
[95] Pina B,Bruggemeier U. Beato M. Cell,1990, 60:719～731.
[96] Workman JL,Kingston RE. Science,1992, 258:1780～1784.
[97] Taylor ICA,Workman JL,Schuetz TJ,Kingston RE. Genes Dev. 1991,5:1285～1298.
[98] Chen-Cleland TA, Smith MM, Le S, Sternglanz R, Allfrey VG. J. Biol. Chem. 1993,268:1118～1124.
[99] Lee MS,Garrard WT. EMBO J. ,1991,10:607～615.
[100] Felsenfeld G. Nature,1992. 355:219～224.
[101] Paranjape SM, Kamakaka RT, Kadonaga JT. Annu. Rev. Biochem. ,1994. 63:265～297.
[102] Almouzni G, Wolffe AP. Exp. Cell Res. ,1993 . 205:1～15.
[103] Becker P B, Rabindran S K, Wu C. PNAS USA, 1991. 88:4109～4113.

[104] Almer A and Hörz W. EMBO J. ,1986. 5:2681～2687.
[105] Fascher K D, Schmitz J, Hörz W. EMBO J. ,1990,9:2523～2528.
[106] Lis J, Wu C. Cell,1993. 73:1～4.
[107] Crossley M, Orkin SH. Curr. Opin. Genet. Dev. ,1993. 3:232～237.
[108] Paranjape SM, Kamakaka RT, Kadonaga JT. Annu. Rev. Biochem. ,1994,63:265～297.
[109] Grewal S I S, Elgin S C. Curr. Opin. Genet. Dev. ,2002,12:178.
[110] Bernard P, et al. Science 2001,294:2539.
[111] Nonaka N, et al. Nature Cell Biol. ,2002,4:89.
[112] Peters A,et al. Cell,2001,07:323.
[113] Hall I, Noma K, Grewal S I. PNAS USA,2003,100:193.
[114] Grewal S I, Klar A J. Genetics,1997,146:1221.
[115] Guarente L. Genes Dev. ,2000,14:1021.
[116] Avner P, Heard E. Nature Rev. Genet. ,2001,2:59.
[117] Cavalli G. Curr. Opin. Cell Biol. ,2002,14:269.
[118] Jenuwein T. Allis C D. Science,2001,293:1074 .
[119] Moazed D. Mol. Cell,2001,8:489.
[120] Hoppe G, et al. Mol. Cell. Biol. ,2002,22:4167 .
[121] Carmen A, Milne L, Grunstein M. J. Biol. Chem. ,2002,277:4778 .
[122] Gasser S M, Cockell M M. Gene,2001,279:1 .
[123] Shankaranarayana G Motamedi M, Moazed D, Grewal S I. Curr. Biol. ,2003,13:1240.
[124] Rea S, et al. Nature,2000,406:593 .
[125] Nakayama J, Rice J, Strahl B,et al. Science,2001,292:110.
[126] Aagaard L, et al. EMBO J. 1999,18:1923.
[127] Bannister A, et al. Nature,2001,410:120.
[128] Lachner M, O'Carroll D, Rea S,et al. Nature,2001,410:116.
[129] Tamaru H, Selker E U. Nature,2001,414:277.
[130] Johnson L, Cao X, Jacobsen S. Curr. Biol. ,2002,12:1360.
[131] Soppe W, et al. EMBO J. 2002,21:6549.
[132] Henikoff S. Biochim. Biophys. Acta,2000,1470:1.
[133] Hsieh J, Fire A. Annu. Rev. Genet. ,2000,34:187.
[134] Selker E U. Cell,1999,97:157.
[135] Hall I, et al. Science,2002,297:2232.
[136] Park Y, Kuroda M. Science,2001,293:1083.
[137] Sleutels F, Zwart R, Barlow D. Nature,2002,415:810 .
[138] Cohen D, Lee J. Curr. Opin. Genet. Dev. ,2002,12:219.
[139] Matzke M, Matzke A, Kooter J. Science,2001,293:1080.
[140] Hannon G. Nature,2002,418:244.
[141] VolpeT, et al. Science,2002,297:1833.
[142] Reinhart B, Bartel D. Science,2002,297:1831.
[143] Pal-Bhadra M, Bhadra U, Birchler J. Mol. Cell,2000,29:315.
[144] Zilberman D, Cao X, Jacobsen S E. Science,2003,299:716.
[145] Mochizuki K, Fine N, Fujisawa T, Gorovsky M. Cell,2002,110:689.
[146] Akhtar A, Zink D, Becker P. Nature,2000,407:405.
[147] Maison C, et al. Nature Genet. ,2002,30:329.
[148] Muchardt C, et al. EMBO Rep. ,2002,3:975 .
[149] Rusche L, Kirchmaier A, Rine J. Mol. Biol. Cell,2002,13:2207.
[150] Luo K,Vega-Palas M, Grunstein M. Genes Dev. ,2002,16:1528.

[151] Nakayama J, Klar A J, Grewal S I. Cell,2000,101:307.
[152] Schotta G, et al. EMBO J. ,2002,21:1121.
[153] West A, Gaszner M,Felsenfeld G. Genes Dev. ,2002,16:271.
[154] Labrador M, Corces V. Cell,2002,111:151.
[155] Dhillon N, Kamakaka R. Curr. Opin. Genet. Dev. ,2002,12:188 .
[156] Noma K, Allis C D, Grewal S I. Science,2001,293:1150.
[157] Litt M, Simpson M,Gaszner M, Allis Felsenfeld CDG. Science,2001,93:2453.
[158] Suka N, Luo K, Grunstein M. Nature Genet. ,2002,32:378.
[159] Kimura A,Umehara T,Horikoshi M. Nature Genet. ,2002,32:370.
[160] vanLeeuwen F,Gottschling D. Curr. Opin. Cell Biol. ,2002,14:756.
[161] Ciccone H N D, Morshead K, Oettinger M, Struhl K. PNAS USA, 2003,100:1820.
[162] Meneghini M, Wu M, Madhani H. Cell,2003,112:725.
[163] Saurin A, Shao Z, Erdjument-Bromage H,et al. Nature,2001,412:655.
[164] Cao R, et al. Science,2002,298:1039.
[165] Muller J, et al. Cell,2002,111:197.
[166] Czermin B, et al. Cell,2002,111:185.
[167] Kuzmichev A,et al. Genes Dev. ,2002,16:2893.
[168] Silva J, et al. Dev. Cell,2003,4:481.
[169] Plath K, et al. Science,2003,300:131.
[170] Sun F,et al. PNAS USA, 2000,97:5340.
[171] Nielsen S, et al. Nature,2001,412:561.
[172] Schultz D, Ayyanathan K, Negorev D, Maul G, Rauscher III F. Genes Dev. ,2002,16:919.
[173] Vogelstem B, Pardoll DM, Coffey DS. Cell,1980,22:79～85.
[174] Lewis CD, Lebkowski JS, Daly AK, Laemmli UK. J. Cell Sci. Suppl. 1984,1:103～122.
[175] Callan H G. Proc. R. Soc. London Ser. B. 1982,214:417～448.
[176] Mirkovitch J, Mirault ME, Laemmli UK. Cell,1984,39:223～232.
[177] Gasser SM, Laemmli UK. EMBO J. 1986,5:511～518.
[178] Cockerill PN, Garrard WT. Cell,1986,44:273～282.
[179] Keppel F. J. Mol. Biol. ,1986,187:15～21.
[180] Mirkovitch J, Spierer P, Laemmli UK. J. Mol. Biol. ,1986,190:255～258.
[181] Mirkovitch J, Mirault ME, Laemmli UK. Cell,1984,39:223～232.
[182] Cockerill PN, Garrard WT. Cell,1986, 44:273～282.
[183] Lewin B. GENES,John Wiley & Sons. 1987,503～507.
[184] Albert B, Bray D, Lewis J,et al. Molecular Biology of The Cell,3rd ed. Garland Publishing,Inc. 1994,385.
[185] Hadlaczky G,et al. Chromosoma,1981,81:557.
[186] Russev G, Hancock R. PNAS USA,1982,79:3143～3147.
[187] Almouzni G, Clark D J, Mechali M, Wolffe A P. Nucleic Acids Res. ,1990,18:5767～5774.
[188] Randall SK, Kelly TJ. J. Biol. Chem. ,1992,267:14359～14265.
[189] Laskey R A, et al. Nature,1978,275:416.
[190] Weintraub H,et al. Science,1976,193:848.
[191] Felsenfeld G. Nature,1978,271:115.
[192] Richards BM, et al. Phil. Trans. R. Soc. Land,B. 1978,283:287～290.
[193] Croston GE, and Kadonaga JT. Curr. Opin. Cell Biol. ,1993,5:417～423.
[194] Van Holde KE,et al. J. Biol. Chem. ,1992,267:2837～2840.
[195] Lucchini R and Sogo J M. Nature,1995,374:276～280.
[196] Wolffe AP. Science,1996,272:371～372.
[197] Allfrey V, Faulkner R M, Mirsky A E. PNAS USA,1964,51:786.

[198] Bauer WR, Hayes JJ, White JH, Wolffe A P. J. Mol. Biol. ,1994,236:685.
[199] Garcia-Ramirez M, Rocchini C, Ausio J. J. Biol. Chem. ,1995,270:17923.
[200] Lee DY, Hayes JJ, Pruss D, Wolffe AP. Cell,1993,72:733.
[201] Braunstein M, Rose AB, Holmes SG, Allis CD, Broach JR. Genes Dev. ,1993,7:592.
[202] Wang H, Shillman DJ. Mol. Cell Biol. ,1993,13:1805.

第4章　基因的复制、转录与表达

4.1　中心法则

中心法则是分子生物学的基石，它的整个过程就是基因的复制、转录与表达。它最清楚不过地表达了DNA遗传的分子机制，以及以DNA自我复制为中心的“唯DNA”论。它明确地宣示：基因是细胞中一种能够决定生物性状并通过复制而遗传下去的分子模板，而且只有DNA才是基因。在中心法则中，对于DNA（基因）、RNA、蛋白质之间的关系的表达是以DNA的自我复制为中心的。

对于中心法则，Crick表述得很明白：“我本人的思想（还有我的许多同事）是基于两个基本原理，我称之为序列假说（sequences hypothesis）和中心法则（central dogma）。对于它们两者的直接证据是无足轻重的，但我发现它们非常有助于去把握这些极复杂的问题”；所谓序列学说是假设：“核酸片段的特异性完全由其碱基序列所表达，而且这种序列是某一蛋白质的氨基酸序列的密码。”所谓中心法则是：“信息一旦进入蛋白质，它就不可能再输出。详细点说，信息的传递从核酸到核酸或从核酸到蛋白质或许是可能的，但从蛋白质或从蛋白质到核酸则是不可能的。此处所说的信息是指序列的精确决定，既指核酸中的碱基也指蛋白质中的氨基酸残基。”[1]

因此，对于分子遗传学来说，基本的遗传机制就是基于序列学说的中心法则(图4.1)。

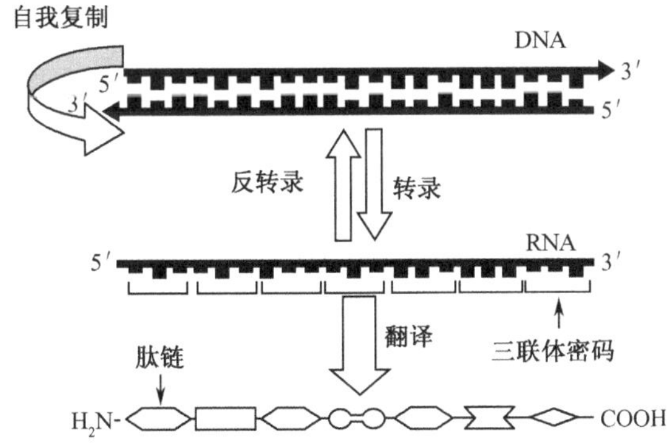

图4.1　基于序列学说的中心法则（依B. Aberts，et al. 并作较大修改）[2]

但是，朊病毒（prion）的发现，以及在酵母细胞、丝状真菌（filamentous fungi）中作为非孟德尔遗传因子——prion proteins的确认（如［URE3］、［Het-s］等），已经提出了蛋白质遗传的事实。随着疯牛病的肆虐，科学家们开始对蛋白质遗传重视起来，S. B. Prusiner也几经波折地在20世纪的最后的几年里（1997）获得诺贝尔奖。真菌细胞朊病毒蛋白的发现者 Wickner 说："如果某种遗传因子是朊病毒蛋白，那么它就是一种蛋白质基因。"[3]DNA 是分子模板，朊病毒蛋白质也是分子模板。不言而喻，它们都是遗传物质。人们正在考虑，是否还有其他的分子模板？事实上，DNA 是唯一遗传物质的观念已被打破，分子生物学正在迎接一个遗传物质多元化的时代的到来。

中心法则是以"唯 DNA 论"为基础的。近代分子生物学的发展，不仅打破了 DNA 的"唯一"地位，而且对 DNA 的"自我复制"的概念也提出了新的看法（见 4.2.7 节）。这些看法虽然还不足以推翻 DNA 的自我复制的概念，但它与朊病毒蛋白质遗传问题一起，构成了对中心法则、"唯 DNA 论"等分子生物学的传统观念的不容忽视的反动。

4.2 DNA 复 制[4]

DNA 借助于由多酶复合体所组成的复制结构，在每次细胞分裂时，首先要精确地进行复制。复制的速率，在微生物中大约是每秒 500 个核苷酸，在哺乳动物中大约是每秒 50 个核苷酸。在整个复制过程中有两个基本的需要：一是 DNA 链上的核苷酸必须为游离状态的核苷酸所识别，其次是 DNA 双螺旋必须打开，暴露彼此的氢键进行碱基配对（base-pairing）；然后把排列起来的核苷酸在多聚化酶的催化下连接成为一条新的核苷酸链。

1957 年，发现了第一个核苷酸多聚化酶——DNA 聚合酶（DNA polymerase）[5]。它以三磷酸脱氧核苷为底物，在单链 DNA 模板上进行多聚化。

在 DNA 复制中，事实上是在两条打开的单链上各合成一条新链，因此每一条新合成的 DNA 双螺旋是由新、旧各一条组成，称为半保留复制（semiconservative replication）。

4.2.1 DNA 复制的起始[6]

复制的开始，在 DNA 的特异序列区域——复制起点（replication origins）形成泡状（replication bubble）使双链分离而产生两个移动方向相反的复制叉（replication fork）以便作为 DNA 合成的模板。复制起点在原核细胞约为 300 核苷酸的区域；而在哺乳动物染色体的分子水平情况至今不详。

根据对原核生物的体外实验，首先是启动蛋白以多拷贝的形式在复制起点形成一个大的蛋白质-DNA 复合体。然后该复合体与 DNA 解链酶结合，而后解链酶装载于 DNA，启动了复制泡的产生；紧跟着它与 DNA 引发酶（DNA primase）结合，形成引发体（primosome），它从起点移动并使一个 RNA 引物引发第一条 DNA 链合成的开始。这样，就迅速地导致其余的蛋白质形成第二个复制蛋白复合体，使两个复制叉自起点向两个相反的方向不断地扩展（图 4.2）。

正常情况下，DNA 双螺旋非常稳固，在试管中需要接近沸水的温度才能打开。复制时有两种蛋白分子负担起打开双链并维持复制叉上单链的作用：DNA 解链酶（DNA helicase）与单链 DNA 结合蛋白（single strand DNA-binding proteins，SSB）。

在启动蛋白与 DNA 解链酶的联合作用下，使复制起点产生复制泡后，DNA 解链酶是一种变构"行走"蛋白质（allosteric "walking" protein）。它结合于单链之上，借助对 ATP 的水解所产生的能量，驱动 DNA 解链酶以特异的分子形状（图 4.3）沿单链迅速移动，当碰到双链时打开双链，使复制叉不断地扩展。

不言而喻，因为一个复制泡形成后，有两个向相反方向扩展的复制叉，所以应该有两个分别按 5′→3′与 3′→5′相反方向运动的 DNA 解链酶。业已证实确有这两种解链酶；大部分

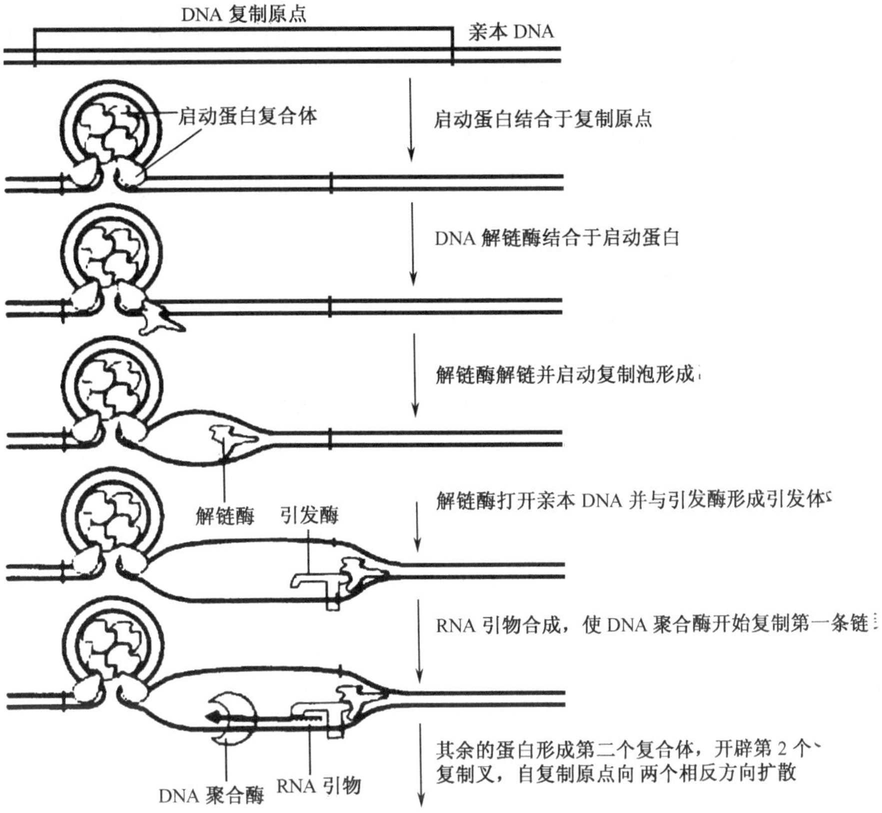

图 4.2　DNA 复制的启动（依 B. Aberts 略有改动）[2]

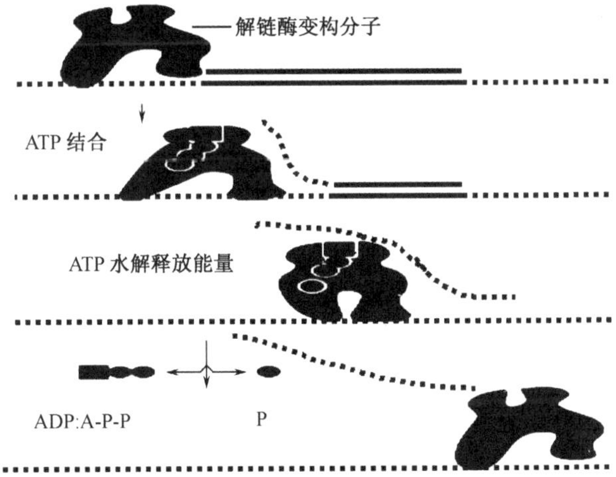

图 4.3　DNA 解链酶的变构解链运动

的解链酶（如大肠杆菌解链酶Ⅱ、Ⅲ，人的解链酶）都是沿延迟链以 5′→3′的方向移动；另一种解链酶（如 Rep 蛋白）则沿先导链以 3′→5′的方向移动。

SSB 蛋白也称螺旋去稳定蛋白（helix-destabilizing proteins），它以多拷贝形式沿尚未进行碱基配对的单链分布。它们不能直接地打开双链 DNA，但能协助 DNA 解链酶稳定一打开的单链构型。另外，它们在延迟链上的分布可以防止单链 DNA 形成发夹结构（hairpin helices），而保证它作为 DNA 聚合酶作用的模板[7]。

4.2.2　复制叉侧翼 DNA 双螺旋的解旋[8]

在 DNA 复制叉向两个方向以每秒 50～500 核苷酸的速度迅速扩展时，在复制叉前方的双股螺旋必须迅速地解旋，否则就会卷曲缠绕起来。这就是 DNA 复制中的缠绕问题（winding problem）。以大肠杆菌为例，*E. coli* 的基因组 DNA 全长 3.2×10^6 bp，以每次的复制时间为 40min 计，则它每秒钟必须使 1400bp 解旋：

$$3.2\times10^6\text{bp}/(40\times60)\approx1400\text{bp}$$

已知 DNA 是每圈 10bp，则每秒使 140 圈解旋，每分钟使 8400 圈解旋，相当于一台高速离心机在运行！这需要很高的能量。如果是真核细胞的染色体，情况就更复杂，需要的能量更高。

但是实际上，由于 DNA 拓扑异构酶Ⅰ（DNA topoisomerases Ⅰ）对 DNA 双链之一的瞬时断裂作用（transient single-strand break），缓解了这种高能旋转。DNA 拓扑异构酶Ⅰ可视为一种可逆 nick 反应（inversible nick reaction）的核酸酶，它与 DNA 的一个磷酸基共价结合从而在双螺旋的一条链上断开了一个磷酸二酯键，然后以 nick 对面的磷酸二酯键为回旋支点（swivel point），使 nick 两侧的（各含有一个游离端的）DNA 双螺旋进行自由回旋而迅速解旋（图 4.4）。由于 DNA 拓扑异构酶使磷酸二酯键断开时所释放的能量被保存于酶与磷酸的共价键之中，所以解旋后能够迅速地进行共价键破裂与磷酸二酯键再形成的逆反应，并且不需另外能量的供给。

不同的是，DNA 拓扑异构酶Ⅱ能够与 DNA 的两个链上的磷酸二酯键同时形成两个共价键。因而可造成 DNA 双链的瞬时断裂（transient double-strand break）。在迅速分裂的真核细胞中，两条染色体的 DNA 常常互相纠缠套结（tangling problem）而妨害 DNA 复制的正常进行。DNA 拓扑异构酶Ⅱ的可逆的双链的瞬时断裂作用有助于这个问题的解决（图 4.5）。DNA 拓扑异构酶Ⅱ大量地存在于增殖细胞（proliferating cells）中，原因即在于此。该酶常被作为抗癌药物开发。DNA 拓扑异构酶Ⅱ的反应需要 ATP 的水解来供应能量。

4.2.3　复制的延伸

要保证复制叉的不断扩展，两条新合成的链，一条要按 5′→3′的方向扩展，而另一条要按 3′→5′扩展；也就是说，在一条模板链上 DNA 合成和复制叉移动的方向是相同的，而在另一条模板链上则是相反的。这就需要两种不同的酶来催化。催化 5′→3′的 DNA 聚合酶是普遍存在的，而催化 3′→5′的 DNA 聚合酶则在生命体中从未发现过。这个问题由冈崎（T. Okazaki）所提出的冈崎片段（Okazaki fragments）的不连续合成解决[9]。冈崎等在 20 世纪 60 年代利用高放射性的 ^{3}H-胸腺嘧啶对正在分裂的细菌进行短暂的几秒钟的脉冲标记，使得只有紧靠复制叉处刚刚合成的 DNA 片段被标记。他们发现 DNA 两条链的复制是通过许多不连续的小片段 DNA 自 5′端向 3′端合成（沿 DNA 模板从 3′端向 5′端复制），然后将这些小片段连接成越来越大的分子。将复制中的细胞标记于 1min 之内，利用沉降分析可证明标记的核苷酸存在于沉降系数为 20S 左右的核酸小片段中。如果，在 1min 脉冲标记之后，在没有放射底物存在的情况下，使复制持续一个较长的时间，发现标记的核苷酸已存在于沉降系

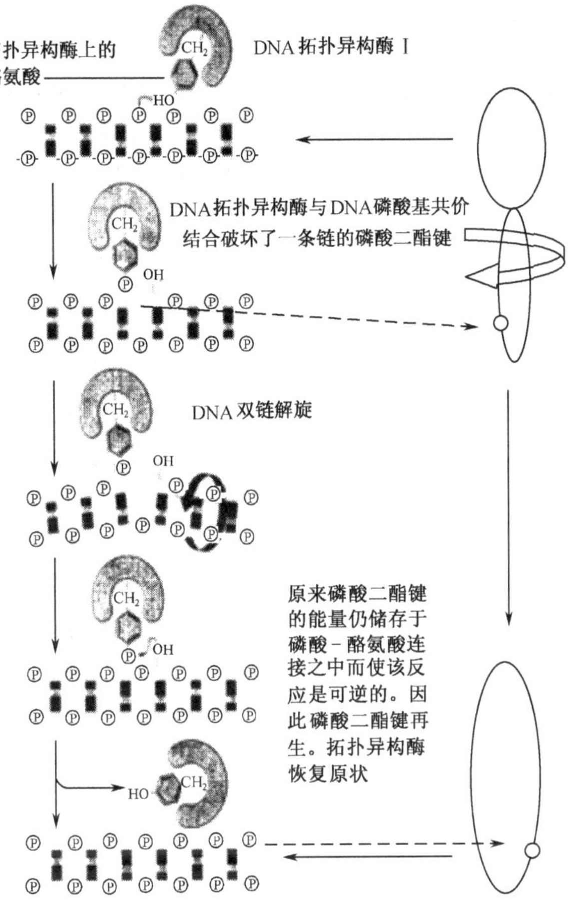

图 4.4 DNA 拓扑异构酶 I 的解旋作用示意图（仿 B. Aberts 并作补充修改）[2]

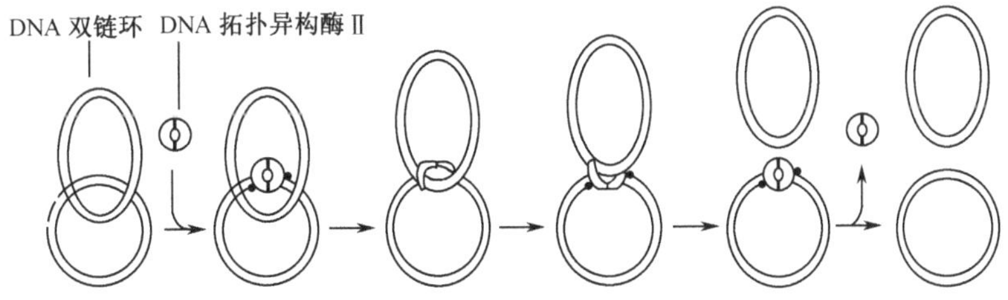

图 4.5 DNA 拓扑异构酶 II 的 DNA 双链的瞬时断裂作用示意图[2]

数为 70～120S 的较大的 DNA 片段中，这证明那些不连续地合成的 DNA 小片段连接成越来越大的片段，这种不连续合成的 DNA 小片段被称为冈崎片段[10]。冈崎片段在细菌中1000～2000 个核苷酸，在真核细胞中 100～200 核苷酸的长度。它们在按 5′→3′的方向合成后，被 DNA 连接酶修复成连续的大片段。后来 Olivera 等（1978）[11]指出，在复制叉上 DNA 的合成是不对称的，不连续复制仅仅对复制叉的移动方向与酶促反应方向相反那条链是必需的，另一条链上则是连续的复制。现在证明这种 DNA 复制叉上的复制的确是不对称的[12]。在复制叉上进行连续合成的那条子链叫做先导链（leading strand），而进行不连续合成的那条子链叫延迟链（lagging strand），它的合成要稍微比先导链要慢一些。

4.2.4 DNA 聚合酶在复制叉上滑动的机制

DNA 聚合酶实际上是一个由许多亚单位聚合起来的全酶（holoenzyme）。现以*E. coli*的 DNA polymerase Ⅲ holoenzyme 为例，该酶在结构与机能方面与真核细胞（自酵母到哺乳动物）的 DNA 聚合酶非常相似，而且被研究的比较清楚[13]。DNA polymerase Ⅲ holoenzyme（*E. coli*）含有 2 个 DNA polymerase 和 9 个其他亚单位（表 4.1）。其中的一个亚单位是一个环状蛋白质分子（clamp），它钳制着其他亚单位作为一个 DNA 复制机器整体，沿 DNA 模板滑动（图 4.6）。其他的亚单位也有协同帮助该环状蛋白质安装的作用。

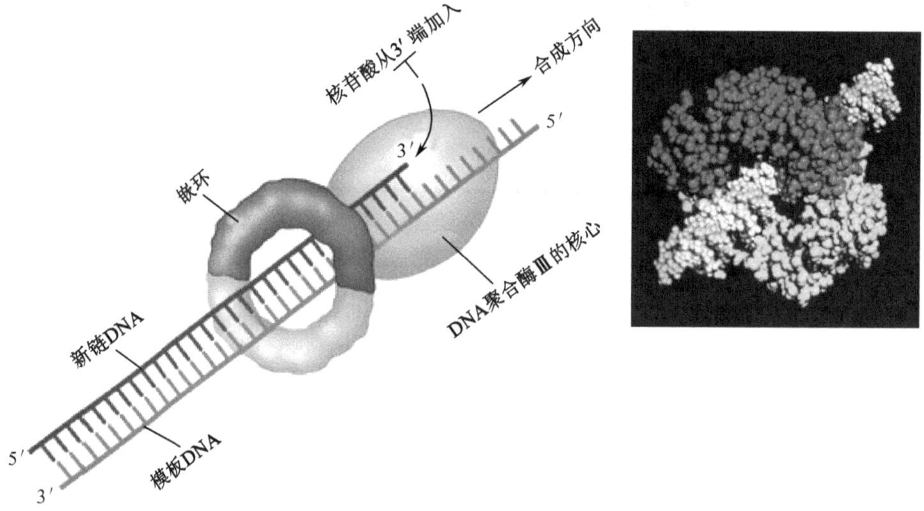

图 4.6 DNA 聚合酶Ⅲ的核心及其嵌环沿模板 DNA 滑动示意图[14]

DNA 聚合酶Ⅲ的核心（core of polymerase Ⅲ）及其嵌环（clamp）沿模板 DNA（template DNA strand）移动时，按 5′→3′方向合成新链，核苷酸不断地加在新链的 3′-OH 末端，而使新链（newly formed DNA strand）延伸

表 4.1 DNA polymerase III holoenzyme 的亚单位及亚装配元件[13]

亚单位	基因	分子质量/kDa	功能	组件		
α	*dnaE*	129.9	DNA polymerase	core	pol Ⅲ′	pol Ⅲ *
ε	*dnaQ*，*mutD*	27.5	3′-5′外切酶，校正复制错误			
θ	*holE*	8.6	刺激 ε 的外切酶活性			
τ	*dnaX*	71.1	酶核心（core）二聚化，DNA 依赖的 ATPase			
γ	*dnaX*	47.5	结合 ATP	γ 复合体		
δ	*holA*	38.7	结合到 β			
δ′	*holB*	36.9	γ ATPase 副因子，刺激嵌环（clamp）装载			
χ	*holC*	16.6	结合 SSB（单链结合蛋白）			
ψ	*holD*	15.2	跨介于 χ 和 β 之间			
β	*dnaN*	40.6	钳于 DNA 之上并滑动的环状蛋白质			

在一个细胞内有 10～20 个全酶分子[15]。这些为数不多的分子，尤其是在延迟链上合成 DNA，必须快速地从一个冈崎片段转移到另一个上去。对 *E. coli* 来说，在一条延迟链上大约要反复启动与扩展 2000～4000 个冈崎片段，每个片段 1～2kb，在 1～2s 中完成。要完成

这样快速的，反复的过程，没有上述的滑动套环机制是不可想象的。

在 DNA 复制过程中，全酶是沿着它刚刚复制的双链逐步前进的。全酶在延迟链上的不连续的冈崎片段的复制运动要比在先导链上的复制要复杂得多。这时，当全酶完成了一段冈崎片段后，它必须跨过一段 ssDNA，与前方的具有引物的 DNA 结合（图 4.7，图 4.8）。实验证明全酶不能沿 ssDNA 滑动，不管是否有 SSB[18]。就是 β 环状蛋白也只能沿 ssDNA 滑动大约 25 个核苷酸而不可能滑过 1kb，不管是否有 SSB 覆盖ssDNA[19]。因此，在跨到第二个复制点时，必须伴随着全酶的一部分亚单位的卸载与重装配过程[20]。在完成 DNA 模板（冈崎片段）复制之前，pol Ⅲ* 可以稳定地与其 β 环状蛋白结合（$t_{1/2}\approx 5$min），而在完成时 pol Ⅲ* 则以不到 1s 的时间快速地从 DNA 卸载，离开 β 环状蛋白。pol Ⅲ* 一旦离开复制好的模板，就会迅速地与上游临近的另一结合引物（RNA primer）的位点上的 β 环状蛋白结合。该 β 环状蛋白实际上是两个 β 蛋白分子首尾相接的二聚体，在装配时它的接合部位可以打开，成为开环；装配上去以后又闭合成环。新的研究表明，一个 β 环状蛋白装配到 DNA（RNA primed DNA）的速度是半秒，非常迅速，足以保证冈崎片段的合成[20]（表 4.2）。

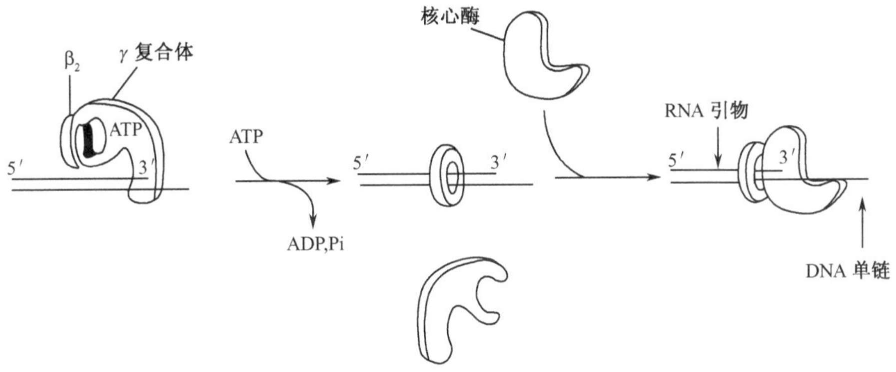

图 4.7　DNA 聚合酶的两步装配过程

γ 复合体识别一个具有引物的模板（primered template）后借助于 ATP 水解作用把 β 装配到 ssDNA 上。γ 复合体很容易分解下来，并反复地把 β 装配到另外的 DNA 模板上。γ 复合体不与裸露 ssDNA 结合，而只与覆盖了单链结合蛋白（SSB）的 ssDNA 结合。第二步则是核心酶（core）装配上去，在 β 的运载下进行 DNA 复制（依 Kelman and O' Donnell，1995）[16]

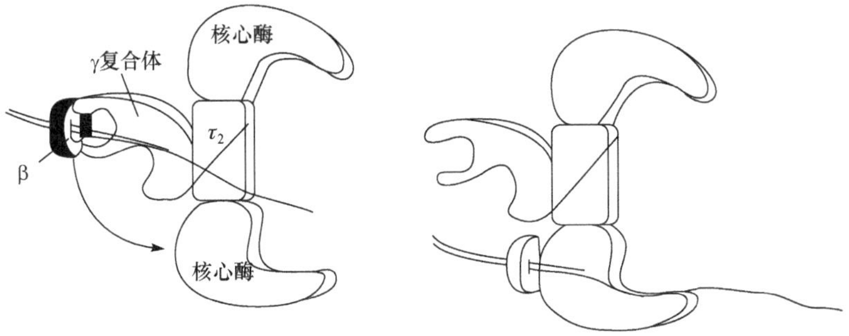

图 4.8　β 环状蛋白与 γ 复合体的卸载和与 core 的装载过程

可以作为图 4.6 的补充说明（依 Kelman and O'Donnell，1995）[17]。γ 复合体一方面与 β 环状蛋白的 C 末端相结合，它的另一端则与 τ（dimer）相结合；而 τ 二聚体则与 2 个 core 相结合

表 4.2　*E. coli* 与真核细胞复制酶的比较

复制酶	*E. coli*	真核细胞
polymerase/exonuclease	core（3 个亚单位）	pol δ（2 个亚单位）
钳环（clamp）装载者	γ 复合体（5 个亚单位）	RF-C 复合体（5 个亚单位）
滑动钳环（sliding clamp）	β	PCNA（K M Downey，C K Tan，A G So. BioEssays，1990，12：231～236）

注：请参照表 4.1

4.2.5　复制的机制[21]

对于先导链来说，在复制启动后问题比较简单。仅在复制开始时以一小段特异的 RNA primer 为引物，DNA 聚合酶借此引物连续地合成一条与先导链碱基配对的新单链。但是在延迟链上就比较麻烦，首先由 DNA 引发酶（DNA primase）合成一些长约 10 个核苷酸的 RNA primers，它们间隔地分布于延迟链上，并被 DNA 聚合酶延伸为一些间隔的冈崎片段。然后，借助于特异的 DNA 修复系统迅速地把 RNA primer 抹掉而代之以 DNA，片段间的切口（nick）则由 DNA 连接酶（DNA ligase）连接起来（图 4.9）。为什么在合成冈崎片段时不直接使用 DNA primers，而且可免去抹掉（RNA primers）和重新合成（DNA primers）的麻烦？这是因为 DNA 聚合酶作为在 DNA 合成中的自我校正的聚合酶（self-correcting-polymerase），是不能“从头”（*de novo*）合成的。而且任何酶的合成都将产生 10^{-5} 的误差，每一个冈崎片段以 200 个核苷酸计，约含有 5% 的 primer（10∶200），那么在整个基因组里所产生的突变将是巨大的！而以 RNA 为引物，虽然误差照样产生，但它在 DNA 链中是一个明显的错误拷贝的标记，修复系统很容易发现它并加以修复。整个复制叉的复制过程见图 4.10。

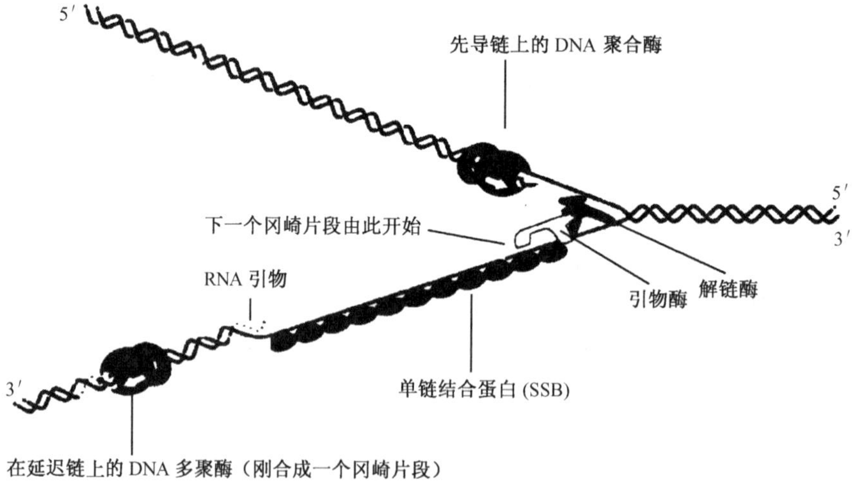

图 4.9　DNA 复制的机制以及所需要的酶（依 B. Aberts，et al.）[2]

哺乳动物的复制与原核动物有两点不同。首先，它使用两种不同的 DNA 聚合酶；DNA 聚合酶 δ 用于先导链，它能与先导链紧密结合而进行连续地合成；DNA 聚合酶 α 则结合于

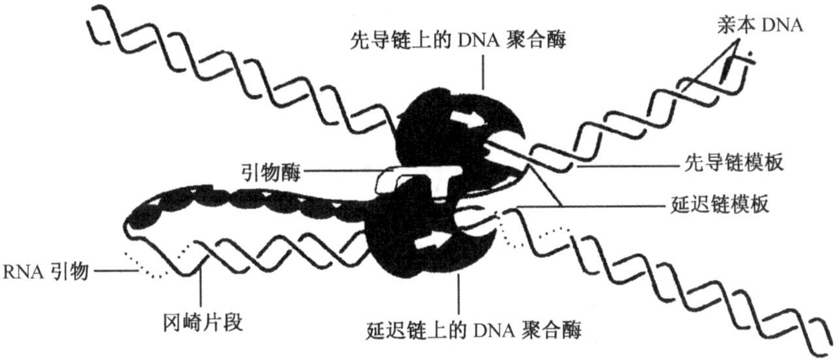

图 4.10　复制叉（三维）的复制过程（依 B. Aberts，et al.，1994）[2]

延迟链，它易于释放与重结合，而有利于间断的冈崎片段的合成。其次，哺乳动物的引物酶（DNA primase）是延迟链上 DNA 聚合酶 α 的一个亚单位，而细菌的引物酶则是单独的酶并与解链酶（DNA helicase）在复制叉顶端相结合。

4.2.6　DNA 复制中错误的校正

DNA 复制的高逼真度可达 10^{-9}。也就是说，在高等真核生物的 3×10^9 bp 的基因组中，仅仅可能发生 3 个碱基的错误。这是因为在复制中存在着不止一种的校正机制[22]。

4.2.6.1　在复制中的校正

一种重要的校正机制是由 DNA 聚合酶的 3′→5′ 外切酶活性来进行的。原来，DNA 聚合酶在合成 DNA 时必须要有一段碱基配对正确并具有 3′-OH 末端的引物链，才能进行。如果在引物 3′-OH 末端是错配的核苷酸，则不能作为有效的模板而继续延长。这时，DNA 聚合酶的 3′→5′ 外切酶活性将把错配的核苷酸切掉，直到产生一个配对正确并具有 3′-OH 末端的引物链；然后才以其 5′→3′的合成活性使引物链继续延长。因此，DNA 聚合酶可以说是一种自我校正酶（self-correcting enzyme）；在它沿 DNA 模板前进中随时去掉它自己在聚合反应中所发生的错误。如图 4.11 所示，当 DNA 聚合酶沿 DNA 模板滑动时，任何错配对均将导致螺旋的几何畸变（distortion of helix geometry）而被 DNA 聚合酶识别。

4.2.6.2　复制后的二次校正

当经过第一次 DNA 聚合酶的 3′→5′外切酶的校正后，为了消除在复制了的新链中仍可能有的少量错误，将进行二次校正。这个二次校读系统所识别的不是错配的具体的核苷酸，而是由于错配而造成的螺旋外部的扭曲。当识别出某一扭曲位点后，必须准确地把新链中的错配核苷酸消除与校正。如果把作为复制模板的旧链中正确核苷酸去掉，就会以错配链为模板而把错误固定下来。

为了准确地把新链中的错配核苷酸消除与校正，*E. coli* 是依靠对 DNA 链中 G、A、T、C 序列的 A 的甲基化的识别。因为只有在复制叉中刚刚复制出来的新链的 G、A、T、C 还没有甲基化，而与旧的模板链区别开来。在真核细胞中，由于新链被优先 nick，于是 nicks（单链上的若干切口）就成为新旧链的区别标记。

在区别开新旧链以后，该系统将把新链扭曲部位（含错配核苷酸）切除，重新以旧链为

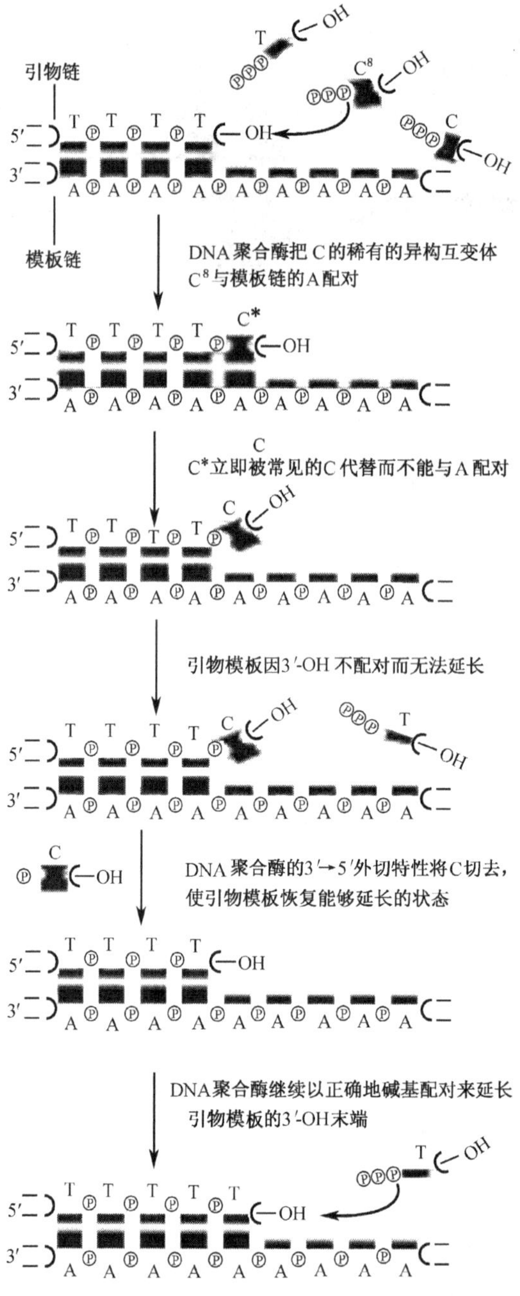

图 4.11　DNA 聚合酶的 DNA 合成及校读功能示意图[2]

模板修补起来。如图 4.12 所示，MutS 能准确地结合到扭曲位点上，MutL 则筛选出附近带有 nick 的单链；然后，把最近的一个 nick 与扭曲部位之间（包含错配核苷酸）的 ssDNA 降解掉，并进行正确的修补。在 *E. coli*，则多了一个 MutH，它首先 nicks 没有甲基化的新链中的 GATC 序列；造成 nicks 后，再由 MutS 和 MutL 进行校正。

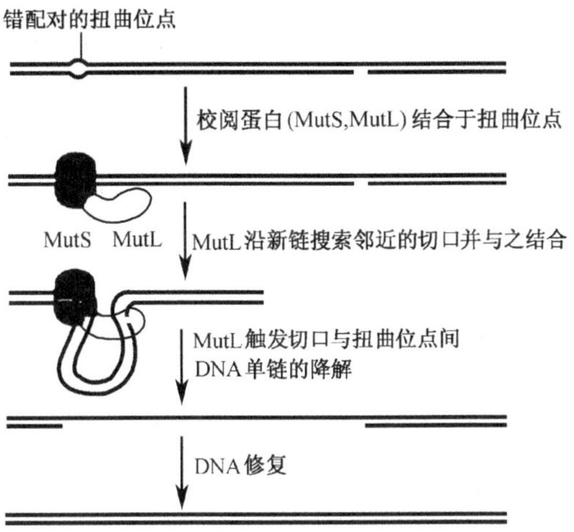

图 4.12　复制后二次校正示意图[2]

4.2.7　DNA 自我复制的新观点[23]

Watson 和 Crick 的 DNA 双螺旋模型，奠定了 DNA 复制的基础。半保留复制已经是众所周知的事情。现代分子生物学的发展，对于 DNA 复制的问题提出了两个新的问题。

(1) DNA 已经不是唯一的“自我复制”分子。现在知道，RNA 除了通过反转录-转录的途径繁殖自己外，它也能“自我复制”[24]。第 6 章也详细地叙述了蛋白质的复制与遗传。

(2) DNA 复制的机制大改观。过去认为 DNA 的复制是 DNA 聚合酶沿着 DNA 模板移动来完成复制。P. R. Cook 于 1999 年提出恰恰相反的观点[23]，认为 DNA 聚合酶被固定在一个更大的基底结构（substructure）上，它把 DNA 模板包裹起来，好像轧钢一样，DNA 运动其中，新的 DNA 双螺旋从中伸展出来。这个基底结构可能是细胞膜、细胞壁下的质膜或者更像是核基质。

1963 年 Jacob 等已提出 DNA 聚合酶可能附着在细菌的膜上，以利于复制的启动以及复制后的模板在子细胞的分布[25]。这使生化学家们想到是否聚合酶和新生的 DNA 是与一种细胞基底结构（cellular substructure）相连。后来，Webb（1997）[26]、Sharp（1999）[27]、Ogden（1988）[28]、Landouisi（1990）[29]等把细胞中合成 DNA 的前体（precursor）进行标记，然后把细胞破碎，用核酸酶从基底结构把大部分 DNA 去掉，发现标记了的新的 DNA 是与细胞基底结构诸如细菌的细胞壁、膜或者类似真核细胞的核基质（nuclear matrix）、“nucleoid cages”的核残余物（nuclear remnants）相结合的[30,31]。

还有其他的实验也证明 DNA 聚合酶在 DNA 复制中是固定不动的。哺乳动物染色体中相邻的复制起点总是同时进行 DNA 复制，而不是先后地进行[30,31]。把染色体生长在 [^{3}H] thymidine（胸腺嘧啶）中，经过去蛋白、DNA 伸展、DNA 纤维自显影（或免疫标记）以后，可以看到新复制的 DNA 沿着一条双链分散地伸展出来。这些分散的伸展出来的新复制的 DNA 的启动与延长是同步地进行的，被认为是邻近的 DNA 聚合酶的同步活动。而且，新生 DNA 是抗分离的，即使在细胞溶破及分解的生理条件下[32]。实验中往往把细胞压缩到琼脂糖胶囊中以保护易碎的模板，然后渗入核酸酶切割染色质，利用电泳去掉含有长达 150kb DNA 的染色质片段。如果 DNA 聚合酶是沿着 DNA 模板移动的话，那么大多数的多聚化活动及新生的DNA应该随移去的大的染色质片段而被洗脱（electro eluted）。但是，大部分新生DNA留了下来，这说明新生DNA被DNA聚合酶挟持并固着在细胞的基底结构上。

DNA复制位置的直接观察提供了DNA聚合酶固定不动的令人信服的证据。实验中，把S期的大鼠成纤维细胞培养于BrdU（bromodeoxyuridine，5-溴脱氧尿苷）中，吸收BrdU的各个位点则以可以看见的荧光抗体标记；这些位点并没有弥散于整个细胞核内中，而是分散在大约150个中心点（foci）上[33]。如果是DNA模板不动而聚合酶移动的话，这些位点应该收拢在一个很小的区域之内。类似的中心点现已发现于更广范围的各类细胞中［图4.13(a)］。在S期，这些中心点小而分散，但稍后异染色质复制时，它们变得较大而数目较少[34,35]。说明新生的DNA片段由小变大，而且邻近的复制片段汇合为一。双重免疫标记（既标记蛋白又标记DNA）显示，这些中心点含有DNA复制的必需因子[35]，如DNA聚合酶、增生的细胞核抗原、cyclin A、cdk2及RPA70等。这些中心点绝非细胞固定后的人工假象，因为它们是在把荧光-dUTP渗入未经固定的细胞，或者把Cy5-dUTP渗入活细胞而观察到的[36]。这些中心点在大部分染色质移去后仍然存在，暗示新生DNA是附着在某种根本的细胞基底结构上的[37]。最后，去掉染色质的细胞核的电镜观察表明，新生的DNA以其起始端与一些电子致密体（直径100～1000nm）相联，沿“核骨架”（nucleoskeleton）成串分布；稍后，这些DNA自此等结构伸出到邻近区域[37]。在每一个中心点都有许多复制叉（forks）在活动。根据中心点的数目、复制叉进行的速率、复制叉间的空间、基因组大小以及S期的时间长度等计算的结果，每一个早期S期的中心点约有40个活动的复制叉。这些结果表明每一个中心点就是一个含有许多聚化机器，对许多模板加工的工厂[37]［图4.14(b)～(e)］。当DNA从工厂脱出伸展成纤维状时，新生的DNA可借荧光轨迹看到

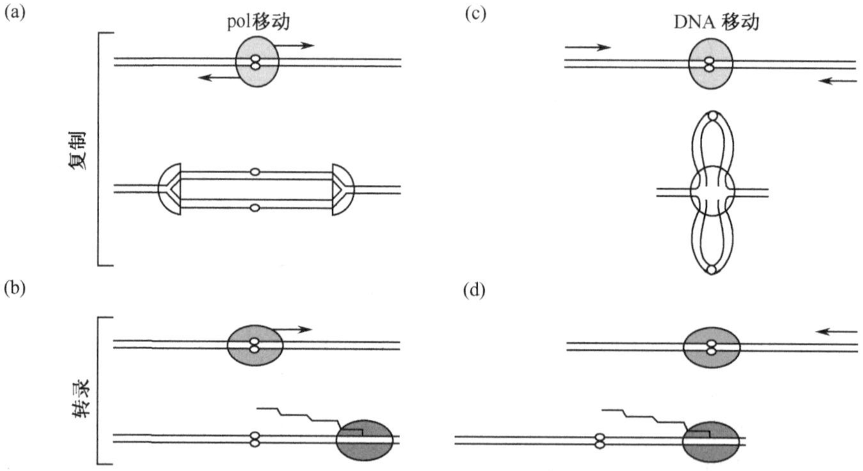

图4.13　聚合酶（卵形）在复制及转录中的移动模型（a）、（b）和固定模型（c）、（d）[23]
小圆圈代表复制起点（origins）或转录的启动子（promoters），箭头表示聚合酶（polymerase；pol）或模板（template）的移动。红色线表示转录本（transcripts）。（a）一种四聚体含有四个DNA聚合酶以及两个“半体”（halves）（每一个在先导链及延迟链上各具DNA聚合酶）分开。（b）RNA聚合酶沿DNA模板移动进行转录。（c）一个含有四个DNA聚合酶的固定不动的复合体。当亲本链的两端向固定的复合体位点移动时，DNA子链以弯曲的圈状伸展出来。（d）DNA模板滑动穿过固定不动的RNA聚合酶，转录本伸展出来

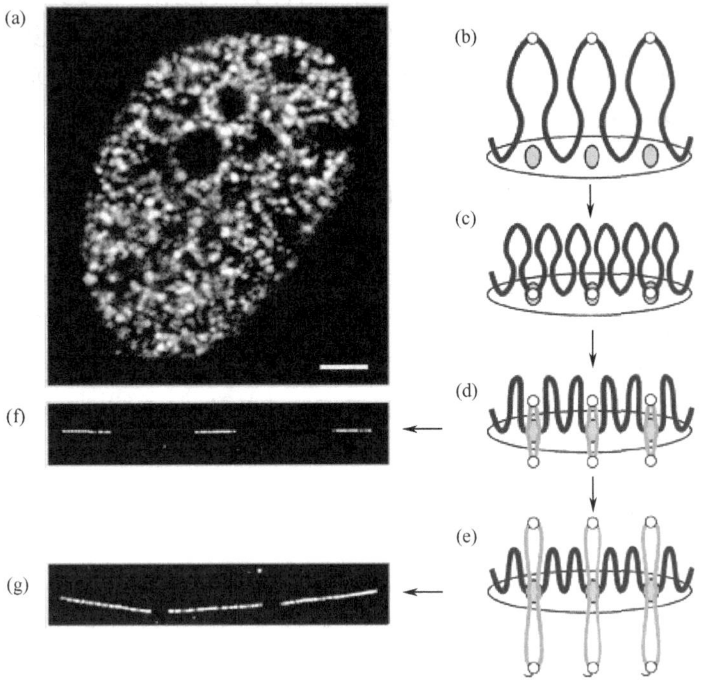

图 4.14　在 HeLa cells 中观察新 DNA 的复制[23]

(a) 复制的中心点（replication foci）。S 中期的细胞生长在 150μmol/L BrdU 中 5min，并固定。然后，把 Br-DNA 用荧光染料（Cy3）进行间接的免疫标记。用共聚焦显微镜观察细胞中心的荧光图像。新生的 DNA 在核内成分散的白色点（黑“洞”是一些核仁）。白色线段表示 2.5μm。图像由 A. Pombo 提供。(b) ～ (e) DNA 双链（图中以蓝色单线示之）在一个复制中心的结构模型。三个染色质圈（chromatin loops）的复制起点（origins，小圆圈）附着到工厂（大卵圆形）中的多聚化位点（小卵圆形）上。复制时，含有一条亲本链和一条新生链的子代双链［分别以黑（灰）色单线示之］当亲本链滑过该复制中心时，伸展于染色质圈中。在此过程中，亲本圈缩短，子代圈生长。从该工厂中剥离这个 DNA 线圈并把它伸展成直线纤维，就产生了如在 (f) 或 (g) 中所看到的结构，这里，未复制的区域是看不到的。(f)，(g) 单独的新生 DNA 纤维。细胞于 BrdU 中生长 15min 或 30min，使 DNA 纤维伸展。Br-DNA 以 Cy3 进行间接免疫标记，并以荧光显微镜拍照[39]。每一个版面含有三个新复制 DNA 区域沿着一条长约 125μm（约 375kb）的纤维。这三个区域可能是一起启动（像在 c、d 中那样）并具有相等的长度。照片为 D. A. Jackson 提供

它们沿纤维成串分布［图 4.14(f)～(g)］。

DNA 聚合酶在活的枯草杆菌（*Bacillus subtilis*）中可因把绿色荧光蛋白与酶（polC）的催化亚基融合而被看到[38]。可以看到两个复制叉（两个荧光点）在 DNA 所占空间内的移动［图 4.13(a)］。

通过以上所述，可以看到 DNA 复制是在一个不动的 DNA 聚合酶复合体的框架中，随着 DNA 模板的移动而进行的。DNA 聚合酶复合体框架的固定，可能是通过它与病毒外壳[40]、细胞膜[38]，或者细胞内部的骨架[41]等的联结。

这种复制机制的观念上的改变，它在理论上意味着什么？首先，过去理所当然地认为聚合酶沿着 DNA 移动进行复制、转录，是一种以 DNA 模板为中心的观点的反映；是突出 DNA 自我复制这一概念的。众所周知，mRNA 穿过核糖体（ribosome）翻译出肽链来，人们很自然地认为核糖体是制造蛋白质的工厂，而不会认为是 mRNA 的“自动翻译”。文件通

过复印机，文件是复制了，但我们不会认为这是文件的自我复制。因此，一个物质被复制和能够自我复制不是一回事。同样地，DNA 模板穿过一个由聚合酶构成的复合体而复制/转录出 DNA/RNA 来，人们也会很自然地认为该种蛋白质复合体就是制造 DNA/RNA 的工厂。这样一来，DNA 的复制就不是严格意义上的“自我复制”。

4.3 转录过程——RNA 合成

细胞中用于 RNA 合成的核苷酸约为用于 DNA 合成的 20 倍，虽然进行 RNA 合成的 DNA 只占全部 DNA 的 1/10 左右。它是一个在两个层次进行的过程：①仅仅一部分 DNA 被转录为核 RNA；②只有一小部分核 RNA 被加工进入细胞质内。经过上述两个步骤后，多数哺乳动物细胞只有约 1% 的 DNA 序列最后成为成熟的 mRNA 进入细胞质内。

4.3.1 转录过程的一般特点

4.3.1.1 转录的起点与终点

游离的 RNA 聚合酶（又叫转录酶）随机地碰撞染色体，只与多数的 DNA 微弱接触。当它与启动子的序列接触时就与之紧密结合，并从启动子内的起点（start site）开始转录。此后，转录酶沿 DNA 移动并逐步地打开 DNA 双链，以其中的一条为模板，按 5′→3′方向不断地合成 RNA，直到它碰到终止信号（stop/termination signal）序列为止（图 4.15，图 4.16）。

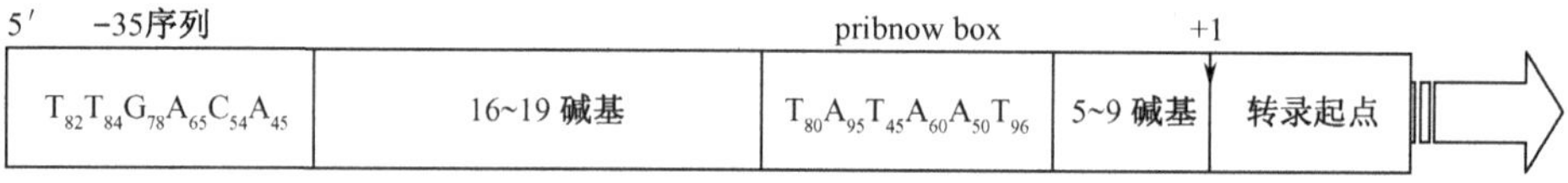

图 4.15 Promoter 结构示意

它由三个成分组成：−35 序列，pribnow box，转录起点。碱基右下角的数字是表示该碱基在序列中出现的百分率

4.3.1.2 一个转录单位中只用双链中的一条为转录模板

按理说 DNA 双螺旋的任何区域均可转录出两条序列相反的 RNA 链。但事实上，在一定区域（或一个转录单位）内只有一条链作为转录的模板[42]（图 4.17）。至于在某转录区域到底哪一条链作为转录模板，则决定于每一个将要转录的基因的启动子。这是因为启动子的序列是定向的（从−35 的 TTGACA 走向−10 的 TATA 的方向），它规定了转录的方向，也就是 RNA 聚合酶的走向；这样，作为转录模板的 ssDNA 必然是 RNA 聚合酶行程中的那一条 3′→5′的 ssDNA。因为只有以 3′→5′的 ssDNA 为模板才能符合 RNA 聚合酶按 5′→3′合成 RNA 的性能。

4.3.2 RNA 聚合酶[43]

RNA 聚合酶（RNA polymerase）是由若干亚单位组成的，相对分子质量约为500 000。*E. coli* 的 RNA 聚合酶由 4 种亚单位组成：α、β、β′、σ。其中，α 是 2 个拷贝，其他各为 1 个拷贝。σ（sigma）亚单位通常被称为起始因子，它的作用是使 RNA 聚合酶找到启动子并

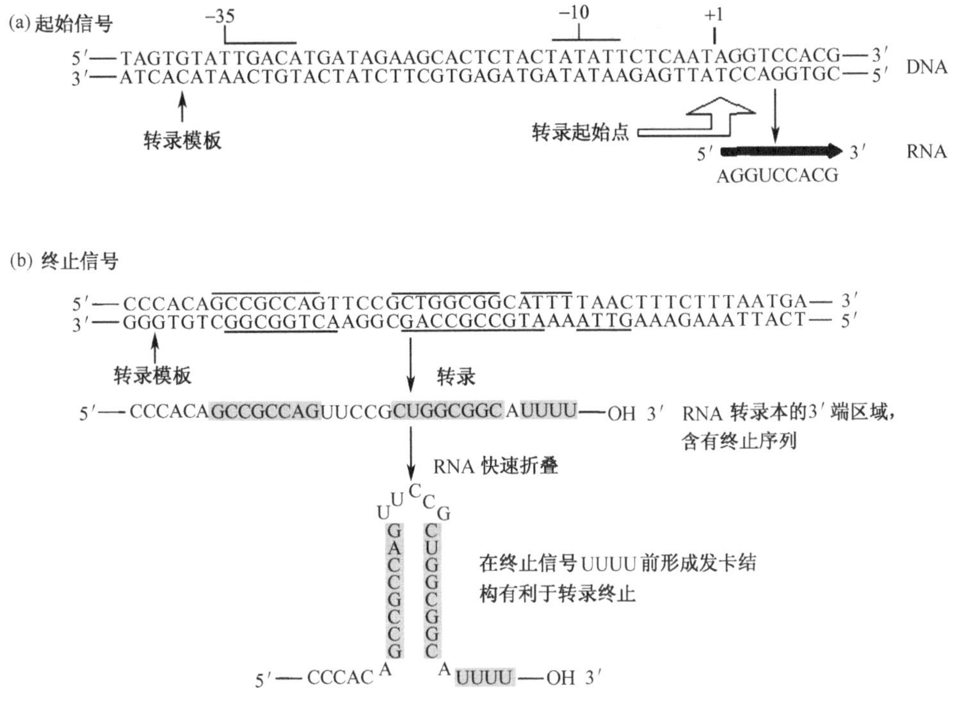

图 4.16　转录的起始与终止

(a) 转录的起始序列：Promoter 及转录起始。(b) 转录的终止序列及转录终止[2]

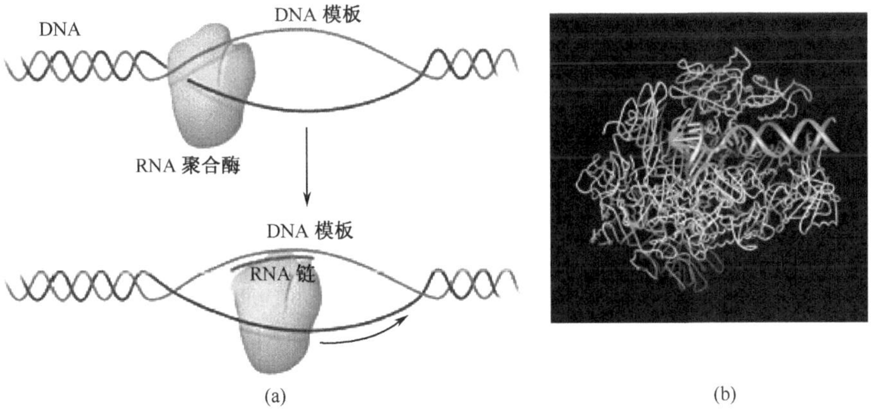

图 4.17　一个转录单位中只用双链中的一条为转录模板[14]

(a) RNA 聚合酶（RNA polymerase，手掌形）在 DNA 着陆，打开所在的双螺旋，并开始在其中的一条模板链上合成信使 RNA（上）。它沿模板链移动，合成出新生的 RNA 链（nascent RNA）（下）

(b) RNA 聚合酶在 DNA 链上合成 RNA 的结晶构造

与它结合；大约在合成了 RNA 分子头 8 个核苷酸后，σ 与 RNA 聚合酶脱离而一定数量的延长因子（elongation factors）结合上去。延长因子由几个蛋白质分子组成，它们各自的作用不详（图 4.18）。

真核生物的 RNA 聚合酶虽然与原核生物近似，但要复杂得多，而且具有两个特点。首先真核细胞含有 3 种 RNA 聚合酶：RNA polymerase Ⅰ、Ⅱ、Ⅲ。每一种都含有 10 种或更

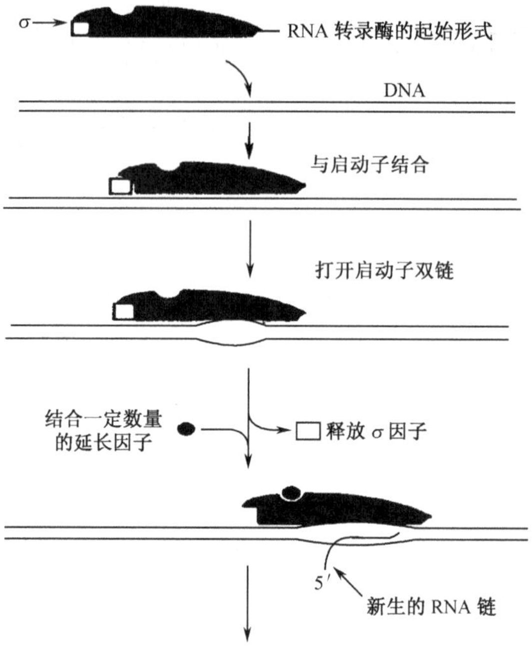

图 4.18 RNA 聚合酶催化 RNA 合成的起始

表示启动因子 σ 的结合与释放，延长因子的结合及 RNA 链合成开始

多的亚单位，都比 *E. coli* 的 RNA 聚合酶复杂。其次，细菌的 RNA 聚合酶可以结合到启动子上，并依靠自己的成分启动转录；而真核细胞的 RNA 聚合酶必须要有另外的启动蛋白，而且必须这些启动蛋白先结合到启动子上去，RNA 聚合酶才能结合上去。

RNA polyme-rase Ⅰ、Ⅱ、Ⅲ 彼此可因对 α-amanitin 的敏感性而区别开来。这是一种从致命毒菌（*Amanita phalloides*）中提取的毒素。RNA polymerase Ⅰ不受该毒素的影响；RNA polymerase Ⅱ则对它非常敏感；RNA polymerase Ⅲ 则对它中度敏感。RNA polymerase Ⅱ转录功能性基因，即那些能够最后翻译成蛋白质的基因，换句话说，它是专门合成 mRNA 的。RNA polymerase Ⅰ转录核糖体大亚基的 RNA，RNA polymerase Ⅲ则转录那些小的、稳定的 RNA，如核糖体 5S RNA、tRNA。哺乳动物细胞大约含有这 3 种 RNA 聚合酶各 20 000～30 000 个分子。其浓度随细胞的生长速率而不同。

4.4 mRNA——蛋白质合成的模板

mRNA 是蛋白质赖以合成的模板，它是 RNA 聚合酶Ⅱ（RNA polymerase Ⅱ）负责转录出来的。RNA 聚合酶Ⅱ 能够转录的 RNA 分子平均长度为 7000 个核苷酸，一般情况下可以转录 10 000～20 000 个核苷酸。这对于绝大多数的基因来说已经足够。因为成熟的 mRNA分子，具有 1200 个核苷酸就可编码 400 个氨基酸。这么长的核苷酸序列反映了真核细胞基因结构的复杂性；其中包含了若干大段的非编码序列——内含子，而一些真正的编码序列——外显子所占用的序列反而不如非编码序列多。其次，虽然所有的 RNA 分子的合成速度都是每秒 30 个核苷酸左右，但 RNA 聚合酶Ⅱ对不同基因的转录具有不同的启动频率 (initiation frequencies)，因而不同基因的转录产物在数量上有很大差别[44]。

4.4.1 mRNA 前体的加工

原核生物的 mRNA 往往一产生就是成熟的，不需转录后的修饰加工。个别的原核生物如噬菌体 T4 是先转录出大的 RNA 前体然后裂解为成熟的 mRNA 分子。大部分原核生物的 mRNA 半衰期很短，转录和翻译几乎是同时进行。真核生物的 mRNA 前体往往比成熟的 mRNA 大 4～5 倍，称为不均质核 RNA（heterogenous nucleus RNA，hnRNA）。真核生物转录后的修饰过程一般可分为三步：①在 3′末端加上一个 180～200 个腺苷酸序列叫 poly A；②转录起始后，在 5′末端加上一个 m^7GpppN 的帽子；③对大的前体 mRNA 进行加工，从而形成成熟的 mRNA。

被 RNA 聚合酶Ⅱ转录出来的 mRNA 前体称为初级转录本（primary transcripts）。统称为异质性核 RNA（hnRNA，heterogeneous nuclear RNA），其中含有若干大段的内含子序列，若干外显子间隔地分布其间。这些转录本在核内合成时，将在它的 5′末端与 3′末端进行共价键的修饰，而使它与被 RNA 聚合酶Ⅰ、Ⅲ 所转录的 RNA 区别开。首先是在 5′末端加上甲基化 G 的帽子（capped），该过程在 RNA 合成了 30 个核苷酸后就开始进行（图 4.19，图 4.20）。

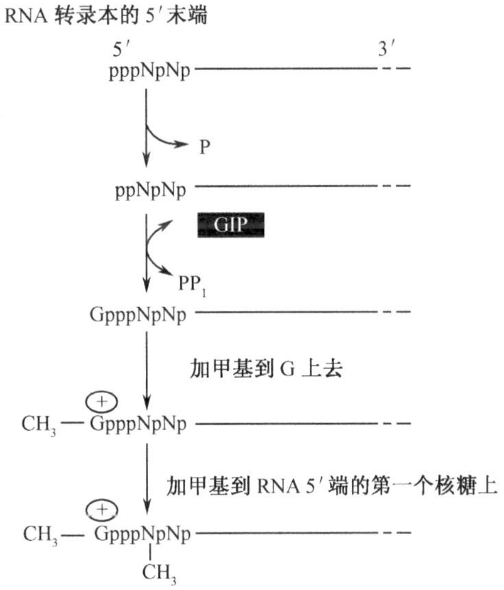

图 4.19 RNA 聚合酶Ⅱ合成的 RNA 在 5′末端加帽反应
（依 B. Aberts 1994，略有修改）[2]

多数高等生物，特别是动物病毒中合成的 hnRNA 或 mRNA 5′端有 m^7GpppXpmYp，称为Ⅰ型盖帽，另一种是 m^7GpppXpmYpmZp，称为Ⅱ型盖帽。Ⅱ型盖帽只有 mRNA 才有，是 hnRNA 向细胞质运送中对 mRNA 次级甲基化的结果。

5′端盖帽可能有抗 RNA 酶降解的作用，有保护继续合成的 RNA 遭受降解的作用。许多人还认为它参与翻译的起始过程，在启动蛋白质合成中发挥重要作用[45]。例如，把呼肠弧病毒 mRNA 的 5′末端的 m^7G 去掉，它便不能同核糖体小亚基结合形成起始复合物；因此，5′末端帽子 m^7G（5′）p 可能是核糖体识别的信号。例如，大肠杆菌 16S 核糖体 RNA 的 3′末端序列与 R17A 蛋白 RNA 的 5′末端序列之间可形成连续的 7 对互补碱基对，其他原核生物也是如此。30S 核糖体亚基附着到 mRNA 的特异位置上，可能是通过 16SRNA 和 mRNA 5′-非编码区（包括 5′帽子）之间的这种配对。不过，某些真核细胞中的病毒（如脊髓灰白质炎病毒 mRNA、脑脊髓炎病毒 mRNA）mRNA 没有m^7G（5′）p，也是有活性的信使。由此可推测真核细胞中另一种较少使用的蛋白质合成的启动方式是不需要 m^7G（5′）p 的。

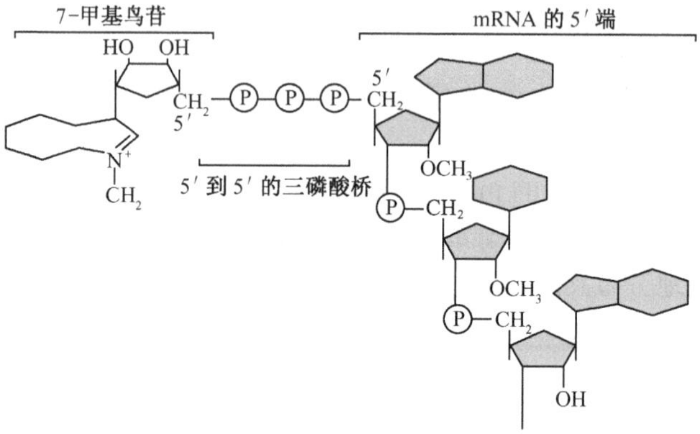

图 4.20　在 5′末端加帽的分子结构[2]

当 RNA 链沿 DNA 模板延长的过程中，在模板的一个特异位点（polyA addition site）处把它的 3′末端断裂（cleavage），同时加上 polyA 尾巴。断裂的信号位于断裂点上游 10～30 个核苷酸处，在 RNA 链上是 AAUAAA 及随后的一些不太了解的序列。断裂后，一种 polyA 聚合酶（polyA polymerase）立刻在它的 3′端加上 100～200 个腺苷酸残基而形成一条完整的初级 RNA 转录本。

与此同时，断裂后的残余 RNA 链仍在 RNA polymerase Ⅱ 的催化下，沿 DNA 模板继续延长直到碰到下一个断裂位点才终止。释放下来的 RNA 链因为没有 5′cap 而被降解。

polyA 尾巴的作用似乎是：①有助于成熟的 mRNA 从核输送到细胞质之中。如果polyA 不能加到 mRNA 上，那么由细胞核转运到细胞质中的过程就不能进行。②促进 mRNA 在细胞质中的稳定性；mRNA 的降解速度与它 3′末端 polyA 的长度相关。如将珠蛋白 mRNA 注入爪蟾卵细胞中，能合成珠蛋白。如将 polyA 尾链去掉，再注入卵母细胞中，则珠蛋白 mRNA 的半衰期会大大缩短，降解速度大大提高；这种 mRNA 的衰减将必然导致珠蛋白合成的减少[46]。③polyA 与 5′cap 一起是核糖体识别 mRNA 作为一个完整的翻译模板的信号。

4.4.2　mRNA 前体的剪接

4.4.2.1　内含子

由于内含子（intron）的发现，导致了断裂基因（split gene）的发现，这是出乎分子生物学的初衷的。因为根据中心法则的遗传信息的传递规则，没有理由要多出个“非编码序列”来转录后又除掉。但实际上，在内含子发现以前，人们早就对 hnRNA 如何演变为 mRNA 感到奇怪。利用^{3}H-uridine 放射标记 hnRNA 的实验证明，在细胞核里有些 hnRNA在 30min 内就从 7000 个核苷酸缩短到平均为 1500 个核苷酸的 mRNA。令人奇怪的是，不管 hnRNA 如何缩短，但两头的 5′cap 与 polyA 却永远保持！这暗示着从 hnRNA 到 mRNA，不是从两头降解，而是从分子内部删除了成熟 mRNA 所不需要的某些序列——

非编码序列。内含子的发现就澄清了这一事实。因此，令人感到奇怪的是中心法则的科学内涵竟如此简单，以致不能包含这一显然的潜在的事实！

最早发现的内含子序列是在感染人类的腺病毒（adenovirus）中[47]，随后在卵清蛋白基因（ovalbumin gene）和β-珠蛋白基因（β-globin gene）发现（图 4.21，图 4.22）。以后，则发现在真核细胞中除了组蛋白基因（histone genes）[48]与腺病毒多肽Ⅸ基因（adenovirus polypeptide Ⅸ gene）[49]外所有的已知的真核细胞基因都含有内含子[50]。

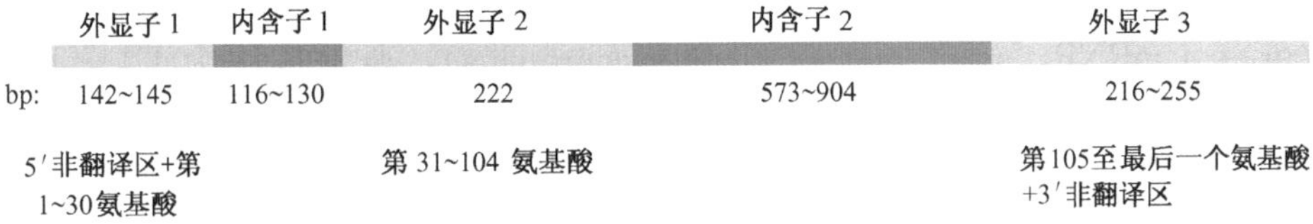

图 4.21　β-珠蛋白基因含有 2 个内含子（依 B. Lewin，1997）[51]

该基因在各物种中变化最大的是内含子 2（intron2），小鼠的 α-珠蛋白基因的 intron 2 仅 150bp。因此，小鼠的 α-珠蛋白基因的全长是 850bp，而它的 β-珠蛋白基因可长达 1382bp

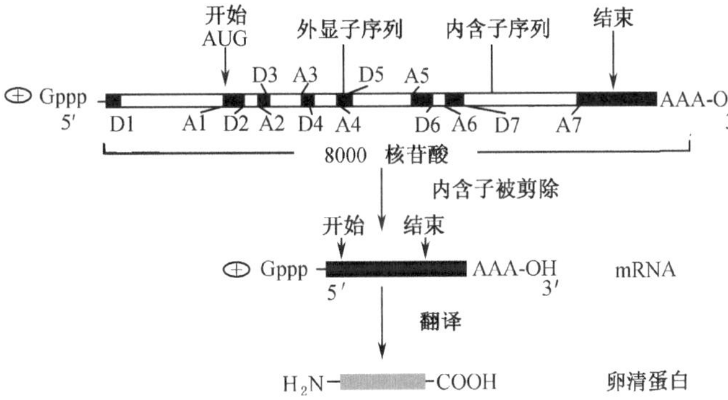

图 4.22　卵清蛋白基因含有 7 个内含子（依 B. Aberts，et al.，1994）[2]

一些人类基因的剪接情况见表 4.3。

表 4.3　一些人类基因的剪接情况

基因	基因大小/kb	mRNA 大小/kb	内含子数目/个	剪接幅度/%
β-珠蛋白	1.5	0.6	2	60
胰岛素	1.7	0.4	2	76
蛋白激酶 C	11	1.4	7	87
清蛋白	25	2.1	14	91
过氧化氢酶	34	1.6	12	95
LDL 受体	45	5.5	17	87.7
因子 Ⅷ	186	9	25	95
甲状腺球蛋白	300	8.7	36	97
（肌）营养不良蛋白	>2000	17	>50	99

4.4.2.2　剪接的机制

真核细胞中的新生成的 RNA，立刻变成一串含有蛋白质的颗粒；每一颗粒由大约 500 个核苷酸的 RNA 包裹着一个蛋白质复合体，类似染色质的核小体——DNA 与蛋白质的复合体。这种 hnRNP 颗粒（heterogenous nuclear ribonucleoprotein particles）可以用适量的核酸酶（ribonucleases）处理细胞核，使颗粒间的 RNA 联丝（类似染色质核小体之间的 DNA 联络丝）断开而提纯出来。每一颗粒的直径约 20nm（为核小体的 2 倍），RNA 链所围绕的核心颗粒至少含有 8 种不同的蛋白质，具体情况不详，但它们多含有约 80 个氨基酸的保守区，是许多 RNA 结合蛋白所具有的。有一类 hnRNA 可能与 RNA 剪接有关；这些颗粒能在内含子与外显子衔接部位的特异序列处形成，在 RNA 延长时，这些颗粒能成对地形成一个大的组合可能就是催化 RNA 剪接的（spliceosome）。在细胞核里还有一类小的细胞核核酸蛋白（snRNP，small nuclear ribonucleoproteins），通常被称为 U1…U2…U12 RNAs。他们有点像核糖体，含有一套蛋白质和一种 RNA 分子，但比核糖体要小得多；它们的分子质量是 250 000Da，而核糖体则是 450 万 Da。有些蛋白质是分布在几种 snRNP 里，有些蛋白质则是某一种 snRNP 所专有。snRNP 的功能据信可通过 RNA-RNA 碱基配对去识别特异的核酸序列，有的能介导 RNA 剪接，有一种可以裂解新生的组蛋白 RNAs 使其产生 3′末端。其他的 snRNP 的功能目前还不太了解[52]。

内含子的大小可从 80bp 到 10000bp 以上，其序列在进化过程中经常发生突变而不致影响基因的功能。唯一保守的序列是它的 5′剪接位点（5′splice site or donor site，GU）与 3′剪接位点（3′ splice site or acceptor site，AG）及其邻近的序列（图 4.23）。

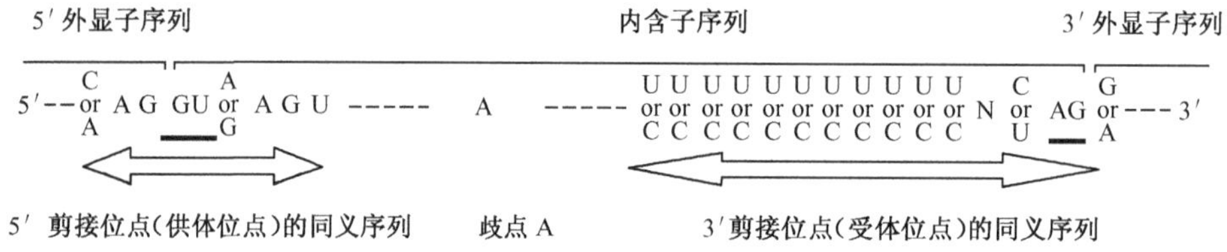

图 4.23　真核细胞 RNA 剪接的同义序列（consensus sequences）（依 B. Aberts，et al.，1994）[2]

在体外实验中已经搞清了 mRNA 前体剪接的过程[53]。方法是设计一段 DNA，并与 RNA 聚合酶温育而制造出一种仅含一个内含子的 RNA 片段。当把它加到细胞提取液里，并与 ATP 和 U1、U2、U5、U4/U6 等 snRNP 以及其他一些蛋白质共同温育时，上述各种 snRNP 装配成一个核蛋白复合物（spliceosome）。那段 RNA 中的内含子将被切下来酷似套马索形状，而两侧的外显子则首尾相连起来。

剪接过程中主要是依靠 snRNP 对剪接位点的识别以及 snRNP 的酶活性。因为 snRNP 中无论是 RNA 还是蛋白质均可具有酶活性。例如 U1，它对 5′剪接位点的识别是它的 RNA 中有导引序列与 5′剪接位点的 9 核苷酸序列互补配对。然后在其他 snRNP 的协同作用下进行剪接（图 4.24）。

完成了剪接的 mRNA 将被核孔复合体的受体所识别而输送到细胞质中。大部分在剪接中附着在 RNA 上的蛋白质都被留在核内。剪接过程没有完成或不能完成的 mRNA 是不能进入细胞质的。实验表明这可能是因为 RNA 与剪接体（spliceosome）形成大的聚集，被称为“剪接岛”（splicing islands）而被阻留在核内[54]。

4.4.2.3　四膜虫 rRNA 前体的自动剪接

多数的 mRNA 的剪接需要 snRNP 的参加，它们实际上是一种由 RNA 与蛋白质组成的酶。但在四膜虫 rRNA 前体的剪接中却发现在没有任何蛋白质存在的体外的情况下

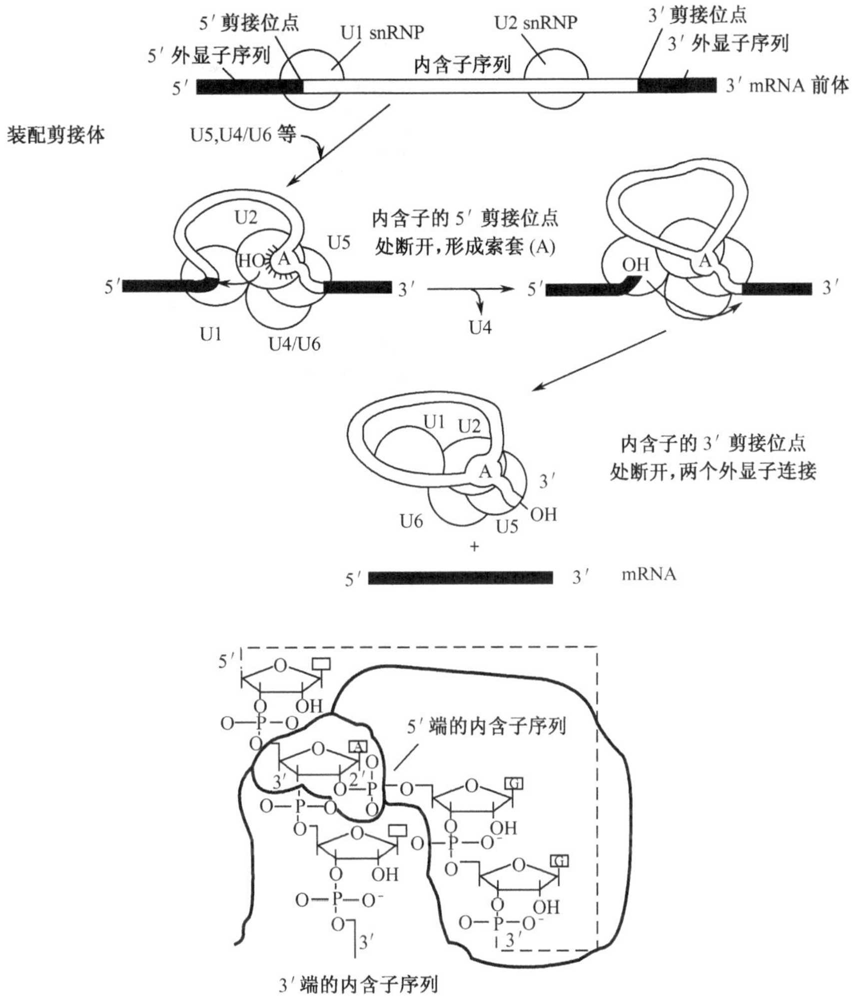

图 4.24　RNA 剪接机制

首先是各 snRNPs 借助于识别功能，结合于各自的位点。然后是分枝点 A（branch point A，见图 4.20）在 snRNPs（U1、U2、U5、U4/U6）的作用下攻击 5′剪接位点，把它切开，并与 A（腺苷酸）共价结合，内含子形成一个半游离的套索状。最后，第一个外显子的 3′-OH 末端攻击内含子的 3′剪接位点，把它切开，第一外显子与第二个外显子相连接；套索状的内含子则完全被切离（excise）下来。下图是套索（A）的分子结构。粗线条示套索形状（本书笔者添加）[2]

(*in vitro*)，内含子可以自我催化而自行剪接下来[55]。如图 4.25 所示，一个含有 413bp 内含子的 rRNA 前体，经纯化后，与 Mg^{2+} 及一个鸟苷（G-3′OH）一起保温。G-3′OH 向第一外显子与内含子之间的 UpA 的磷酸二酯键进攻使之断开，鸟苷残基连接在内含子的 5′端，并切离第一外显子。紧接着第一外显子因切离而新产生的 3′端又进攻内含子 3′末端，而把内含子切离，并把第一外显子与第二外显子连接起来。虽然生物体中大多数的 RNA 分子并不采取这种自我催化的剪接方式，但此种自我剪接方式，在真菌、细菌中也有发现。说明此种自我剪接方式早在真核生物出现的 15 亿年前就已存在。

简单的模拟实验可以先人工合成该 rRNA 的内含子（413bp），然后把鸟苷（G）和一段设计好的 RNA 链放进去。则可以发现内含子折叠卷曲形成复杂的表面，像酶一样与底物

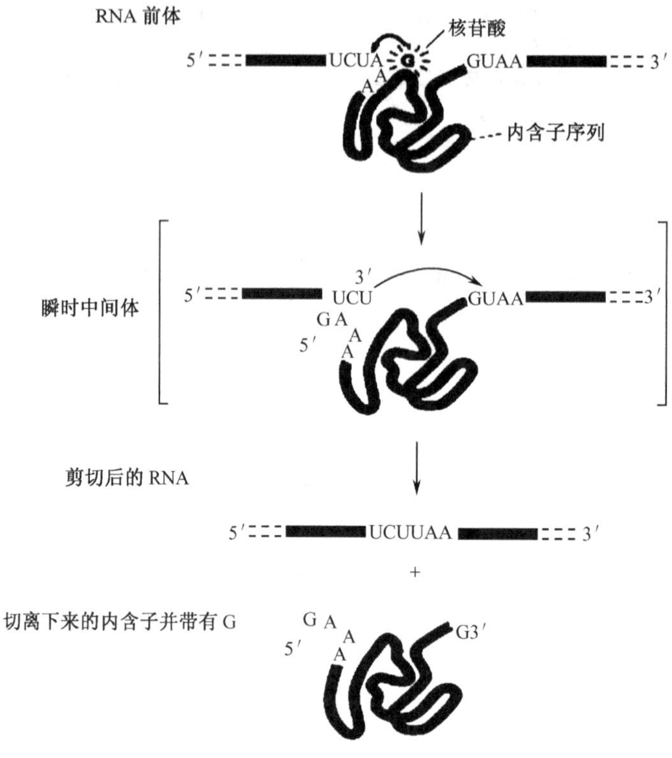

图 4.25 四膜虫 rRNA 内含子的自我剪接

(substrates)——RNA 及鸟苷紧密结合；催化鸟苷的 3′-羟基向 RNA 的特异位点攻击而将其切开（图 4.26）。

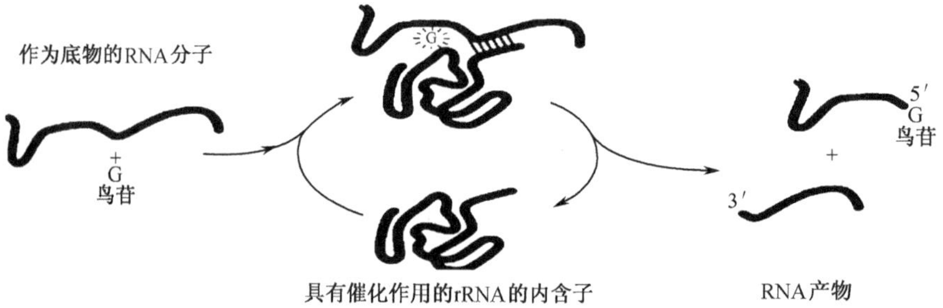

图 4.26 人工合成的纯的四膜虫 rRNA 内含子的酶催化作用[2]

4.4.3 mRNA 的降解

mRNA 在细胞核内产生与成熟后，穿过核孔进入细胞质。它们作为合成蛋白质的模板，在完成任务后，就到达细胞的一定部位死亡[56]。这意味着细胞对于 mRNA 的命运具有空间控制（spatial control）作用。在真核细胞中 mRNA 降解的前奏是先去掉 polyA 尾巴[57]。在酵母（*Saccharomyces cerevisiae*），polyA 尾巴的去掉，触发了 5′帽子的去掉，最后导致 mRNA 被一种外切酶（exonuclease）从 5′→3′降解。Sheth 和 Parker[56] 指出去帽（decapping）降解在各种生物及组织中[58~60]在一特定部位的情形（图 4.27）。这些特定的部位就是

P 小体（P bodies），其中含有去帽酶（Dcp1p 和 Dcp2p），5′→3′mRNA 外切酶（Xrn1p），去腺苷化作用后的 mRNA 结合蛋白（Lsm），以及两个增强的去帽蛋白（Dhh1p 和 Pat1p）。已知这些蛋白在 P 小体内可能以复合体存在。P 小体在每个细胞中仅 2～3 个。降解因子在 P 小体内的集中存在，说明 mRNA 的运转是在细胞的特定部位进行的。

图 4.27 mRNA 的微粒炼狱[61]

在酵母 *S. cerevisiae* 中，去帽蛋白（decapping protein）Dhh1p（点）与 mRNA 一起位于 P 小体中。在虫体胚胎，细胞质中的含有 GLD-2（polyA polymerase，点状）的生殖颗粒（P granules）。在人培养细胞的细胞质中的 stress granules，它含有 TIAR 酶（T 细胞内部抗原-1 有关蛋白，点状）和翻译启动因子 eIF3p116（点状）。培养的大鼠海马回神经元（hippocampal neurons），它含有 Staufen1 蛋白与 BC1 mRNA，在加工的神经元薄层中。在鸡成纤维细胞中，细胞骨架的肌动蛋白 mRNA（点状）包含在传送颗粒中，mRNA 颗粒集中在板状伪足的末端

mRNA 除了在 P 小体内降解外，也可以在 P 小体外进行；这主要是使用 P 小体外部的去帽酶（Dcp1p 和 Dcp2p）与 5′→3′mRNA 外切酶（Xrn1p），以及外体（exosome）来毁掉 mRNA。

在酵母细胞质中，是什么触发 mRNA 降解的中间体（去掉 polyA 尾巴的mRNA）进入固定部位？是 Ccr4p，一种去掉 mRNA 的 polyA 尾巴的酶，它能在细胞质中扩散穿行，而去帽酶则位于 P 小体内[56]。polyA 尾巴的去掉是先于 mRNAs 向 P 小体的运动的。消除去帽或 Xrn1p 外切酶的突变，加大了中间体的大小与数目，说明 mRNAs 移向 P 小体受阻。酵母的 *xrn1* 突变体特别突出地说明在缺乏该酶的情况下，有数十个中间体的染色点（foci dot）滞留在细胞质中。说明这些突变体影响了 P 小体的构建与装配；但是，对酵母进行活化位点突变后，可以立刻解决问题。

对 P 小体的进出为我们提供了一种调控 mRNA 的新手段。在去腺苷化作用与降解之间有许多不同的因子，如 Lsm 复合体、去帽蛋白等，结合到 mRNA 上。目前还不清楚它们的结合次序以及是否在移向 P 小体之前就开始了结合。许多抑制子（repressors）结合mRNA 后导致去腺苷化作用（deadenylation）[61]。其中之一的 Puf3p 广泛地扩散于细胞质中；它（以及其他的调控因子）会把 mRNAs 带到 P 小体那里，堆放在门口。在中间体中的一些蛋白质尚未鉴定，很可能是编码 mRNA 移向 P 小体的信号。在许多不同的生物学过程中都是把 mRNAs 抑制在特异的颗粒之中。当卵子发生时，失活的 mRNAs 与许多作用于 mRNAs 的蛋白质一起集中在大的颗粒中，如 RNA 结合蛋白、解旋酶（helicases）、polyA 聚合酶及结合在 3′非翻译区（UTRs，untranslated regions）的抑制子。这些颗粒因物种不同而称为极粒（polar granules）、P 颗粒（P granules）或生殖颗粒（germinal granules），它们隔离在生殖系细胞中，它们的组成指导生殖系的发育[62]。在压抑（stress）情况下的哺乳动物细胞，许多 mRNAs 被抑制并集中在特殊的细胞质集中点（foci）。这些“压抑颗粒”中含有与 40S 核糖体亚单位相联的失活的 mRNAs，以及某些 3′ UTR 调节因子（regulators）[63]。最后，许多 mRNAs 穿过细胞质被运输到特异的场所（locations）被翻译。在途中，mRNA 常

常被抑制并包装成大颗粒[64]。例如，在神经元的轴突（axons）与树突（dendrites）中，被抑制的 mRNA 是在大的神经颗粒中被运输[65,66]。在成纤维细胞中，肌动蛋白(actin)的 mRNA 是以失活的状态包装在颗粒中传送到细胞的运动边缘（moving edges）[67]。Dhh1p，一种 RNA 解旋酶，为 RNA 降解所需要[68]，并存在于 P 小体内[56]。但在早期的动物胚胎中，Dhh1p 的同类物质是翻译抑制所必需，并与失活的 mRNAs 相联结[69]。一般地，使酵母 mRNA 降解的事件也能引起其他细胞或物种的抑制作用[61,68]。

在简单的模型中，mRNAs 可以以活性或失活两种状态存在（图 4.28），抑制子和激活子主导着状态的转变。转变的结果会把 mRNA 输入颗粒中，在那里翻译停止或 mRNA 降解。mRNA 失活后总是移向 P 小体，在那里储存或销毁。生殖颗粒散布于核膜周围，在 mRNA 穿过核孔时捉住它们加以抑制[70]。异常的 mRNAs，诸如那些含有早熟的无义密码子或内含子（introns）的 mRNAs，都是通过一种“mRNA 监管”(“mRNA surveillance”)过程而被降解。该过程可以发生在 P 小体中：监管过程需要 mRNA 去帽和结合去帽酶的蛋白质[71]。通向 P 小体的路不是单行道；在特殊条件下，mRNAs 可以被重新激活而从 P 小体出现，逃避了降解。P 小体的成分好像不同于生殖颗粒（germinal granules）、紧迫颗粒（stress granules）与运输颗粒（transport particles）。但是目前还不知道每一种颗粒（particle）的成分。也许 1～2 个降解蛋白足以区别这些颗粒。

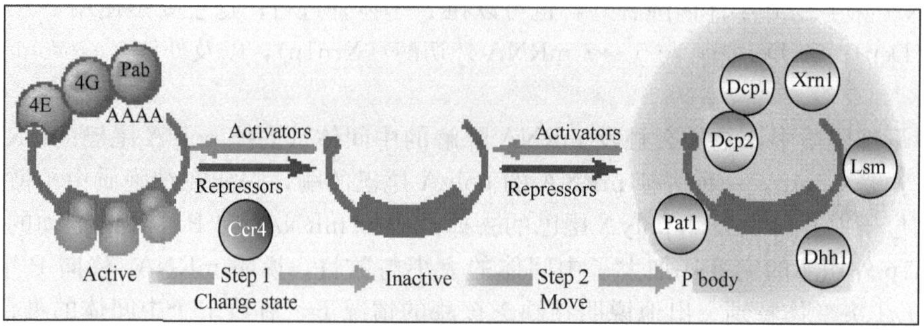

图 4.28　P 小体操控着 mRNA 的命运[61]

活性 mRNA 与核糖体（葫芦形）结合，并有翻译启动因子 eIF-4E、eIF-4G 及 polyA 结合蛋白 Pab（圆形）。Step 1：因 Ccr4p 等酶的催化，mRNA 经去腺苷化作用而转变为失活状态（inactive），产生了一个失活中间体（马蹄铁形）；这些蛋白质是否仍与中间体相联，不得而知。Step 2：中间体进入 P 小体（大的晕状球形）。它在此可被 Xrn1p 外切酶（晕状球形内的小球形）降解。mRNA 的抑制子、激活子（activators）不仅在 Step 1 中调控状态变化，也在 Step 2 中使 mRNA 进出 P 小体

4.5 蛋白质合成

4.5.1 Transfer RNA（tRNA）

细胞里含有一套 tRNA，它们是一些 70～90 个核苷酸的小 RNA 分子，相对分子质量约 25 000。它的一端借反密码子与 mRNA 的三联体密码配对；另一端，即 3′末端最后一个腺苷酸残基（A）则与相应的氨基酸相连。每一种氨基酸都有一种或数种与它相应的 tRNA 来运载它到 mRNA 模板上去。例如，运载甘氨酸（glycine，Gly）的 tRNA 就可写作 $tRNA^{Gly}$。氨基酸的羧基端与其相应的 tRNA 的 3′末端共价相连，该 tRNA 以其反密码子把氨基酸输送到 mRNA 的相应的密码子位点而使它有序地加入到正在生长的肽链中。

氨基酸的羧基与它的 tRNA 3′末端 A 的联结是一种高能酯键，而使该氨基酸活化，从而使它能加入到正在生长的肽链中，并以其自由能与下一个氨基酸的氨基形成肽键（peptide bond）。如果氨基酸不活化，是不能加入到生长的肽链中去的[72]。

tRNA 分子可以通过自身的碱基配对形成发夹结构，整个分子形成类似三叶草的结构（图 4.29）。而且 tRNA 分子中含有很多转录后修饰的稀有碱基，如 N、N-dimethyl G、dihydro U、N^6-isopentenyl A、4-thiouridine 等（表 4.4）。这些修饰后的核苷酸，能够影响 tRNA 的构型以及反密码子的碱基配对从而有利于它对 mRNA 模板的识别（图 4.30）。

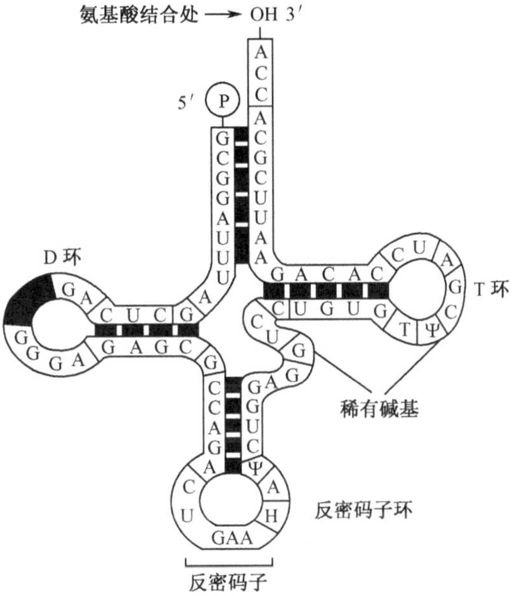

图 4.29　tRNA 的三叶草（cloverleaf）结构[2]

表 4.4　tRNA 中的一些稀有碱基

稀有碱基	缩写
假尿嘧啶(pseudouridine)	φ
胸腺嘧啶(ribothymidine)	T
5,6 二氢尿嘧啶(5,6-dihydrouridine)	HU,D
5-甲基胞嘧啶(5-methhylcytidine)	m^5c
N^4-乙酰胞嘧啶(N^4-acetylcytidine)	ac^4c
次黄嘌呤(inosine)	I
1-甲基次黄嘌呤(1-methylinosine)	m′I
1-甲基鸟嘌呤(1-methylguanosine)	m′G
1-甲基腺嘌呤(1-methyladenosine)	m′A
N^2-2-甲基鸟嘌呤(N^2-methylguanosine)	m^2G
N^7-甲基鸟嘌呤(N^7-methylguanosine)	m^7G
O^2-甲基鸟嘌呤(O^2-methylguanosine)	Gm
7-【[(顺-4,5-二羟基-2-环戊烯基-1-)氨基]甲基】-7-鸟嘌呤 {7-【[(cis-4,5-dihydroxy-2-cyclopentenyl-1-)amino]methyl】-7-guanosine}	Q

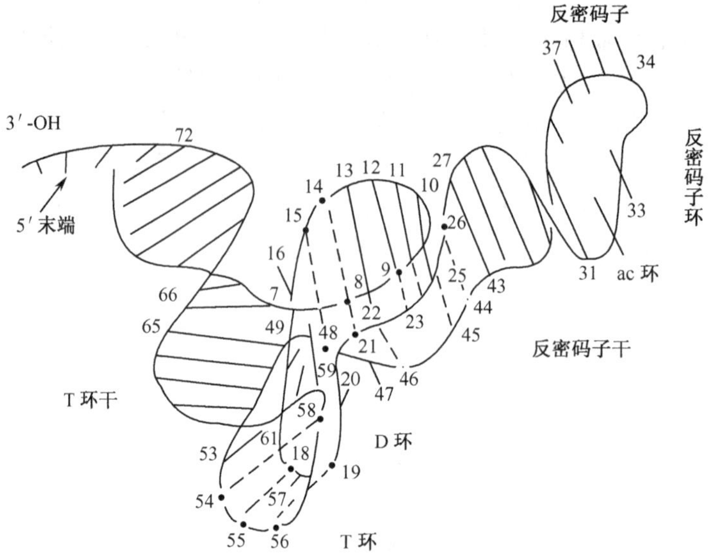

图 4.30 tRNA^{Ala}分子的立体结构

4.5.2 氨酰-tRNA 合成酶

活化的氨基酸怎样能恰好地与相应的 tRNA 结合？这就必须依靠氨酰-tRNA 合成酶。每一种氨基酸都有一种特异的氨酰-tRNA 合成酶与它相结合；该酶对相应的 tRNA 也是特异结合的。因此，氨酰-tRNA 合成酶在氨基酸与其相应 tRNA 之间起着媒介或“介绍人”的作用。依靠它把每一种氨基酸带到相应的 tRNA 上去[73](图 4.31)。

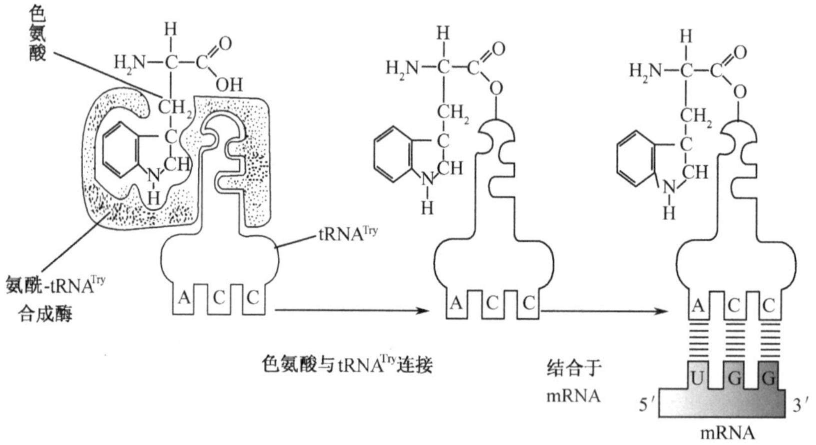

图 4.31 氨酰-tRNA 合成酶在氨基酸与 tRNA 之间的媒介作用

如果媒介发生错误，将导致翻译的错误(依 B. Aberts, et al., 1994)[46]

4.5.3 碱基配对摆动假说

在蛋白质合成中，每一种氨基酸对应核酸中的一个三联体密码。因为核酸是由 4 种核苷酸组成的，因此有产生 64 种三联体的可能(4×4×4)。而氨基酸只有 20 多种，与氨基酸对应的 tRNA 则仅有 31 种。这意味着一种氨基酸可能有一种以上的相应的 tRNA，而一个 tRNA 分子可能与 mRNA 上一种以上的三联体密码子进行碱基配对(图 4.32)。1966 年 Crick 提出摆动假说(wobble hypothesis)[74],指出某些 tRNA 的反密码子仅仅要求与 mRNA 上的三联体密码的前两个密码子配对而允许第三个密码子错配,或者说可以有某种程度的摆动(wobble)。一种氨基酸可以在"摆动"的情况下与一种以上的三联体密码相对应,称为密码的简并(degenerate)。在动物的线粒体仅有 22 种 tRNA 来运载 20 余种氨基酸进行肽链合成,这种简并或摆动的幅度就更大。

	AGA									UUA					AGC					
	AGG									UUG					AGU					
GCA	CGA						GGA			CUA				CCA	UCA	ACA			GUA	
GCC	CGC						GGC		AUA	CUC				CCC	UCC	ACC			GUC	UAA
GCG	CGG	GAC	AAC	UGC	GAA	CAA	GGG	CAC	AUC	CUG	AAA		UUC	CCG	UCG	ACG		UAC	GUG	UAG
GCU	CGU	GAU	AAU	UGU	GAG	CAG	GGU	CAU	AUU	CUU	AAG	AUG	UUU	CCU	UCU	ACU	UGG	UAU	GUU	UGA
Ala	Arg	Asp	Asn	Cys	Glu	Gin	Gly	His	Ile	Leu	Lys	Met	Phe	Pro	Ser	Thr	Trp	Tyr	Val	stop
A	R	D	N	C	E	Q	G	H	I	L	K	M	F	P	S	T	W	Y	V	

图 4.32　遗传密码的简并情况

4.5.4　tRNA 分子的其他功能

tRNA 除前述的转运氨基酸的正常功能外，还有以下的功能：①在某些氨基酸生物合成酶的合成过程中，氨基酸-tRNA 参与调节。②某些蛋白质 N 端氨基残基的来源，如哺乳动物的精氨酰-tRNA、大肠杆菌苯丙氨酰-tRNA，均可在氨酰-tRNA-蛋白质转移酶的催化下，为一些蛋白质提供某些氨酰残基。③氨酰 tRNA 转移酶可将AA-tRNA的氨酰残基转移到诸如细胞壁组分的一些寡肽上，而无需核糖体和别的核酸分子的参与。④一些 tRNA 分子，如 $tRNA^{Try}$，$tRNA^{Pro}$等，可以作为 RNA 逆转录的引物，已发现逆转录酶对 tRNA 引物有较强的亲和性，一些 RNA 病毒在其基因组 3′末端具有共价连接的类似 tRNA 片段。

4.5.5　我国 $tRNA^{Ala}$的人工合成

1981 年 11 月 20 日，我国生物化学研究所首次成功地合成了具有与天然分子相同结构和完整生物活性的酵母丙氨酸转移核糖核酸[75]。这标志着我国在人工合成生物大分子方面已经居于世界先进水平。

由于 tRNA 在蛋白质生物合成中占有重要位置，它和氨酰基 tRNA 合成酶，mRNA，RNA 以及许多蛋白质合成因子都有关系；同时 tRNA 本身的生物合成及转录后加工等，都说明 tRNA是研究核酸与核酸，核酸与蛋白质之间相互作用的极好材料，而用合成方法改变 tRNA 结构来观察其功能的变化是研究 tRNA 结构与功能的最有效的手段。

他们先用化学方法或化学方法加酶促方法合成小片段，此时除用常见的 4 种核苷酸外也使用了酵母 $tRNA^{Ala}$中含有的 7 种不同的修饰核苷酸；然后用 T_4RNA 连接酶先把小片段连接成大片段，再利用大片段分别进行 5′-半分子（核苷酸 1～35）和 3′-半分子（36～87）的合成。得到合成的两个半分子以后，进行了两个半分子人工合成，即用人工合成的 5′-半分子和天然的 5′-半分子和人工合成的 3′-半分子分别进行重组，经聚丙烯酰酚胺凝胶电泳分离，半合成产物与天然的酵母 $tRNA^{Ala}$的谱带相同；连接点，5′末端和 3′末端均正确无误，并具有生物活力，即使在鼠肝氨酰基-tRNA 合成酶存在时，也能接受丙氨酸，并能将所携带的丙氨酸在兔网织红细胞裂解液体系中参入蛋白质，说明合成的两个半分子具有正确的结构，最后，将两个人工合成的半分子重组成整分子，化学结构和天然的酵母 $tRNA^{Ala}$ 相同，并具有生物活力。

4.5.6 核糖体

核糖体是翻译系统中各种成分，mRNA、肽基-tRNA、氨酰基-tRNA 等相互作用的中心。它沿 mRNA 逐步进行而合成肽链。它由大、小亚基两部分组合而成，每个亚基又由核糖体 RNA（rRNA）及数十种蛋白质构成。是一个精密的翻译机器（表 4.5）。

表 4.5 真核与原核细胞核糖体的比较

核糖体 / 种类	大亚基			小亚基		
	S值	蛋白质种类	rRNA 种类	S值	蛋白质种类	rRNA 种类
真核细胞（80S）	60S	约 49	28S（4700nd）	40S	约 33	18S（1900nd）
MW4200000	MW2800000		5S（120nd）	MW1400000		
			5.8S（160nd）			
原核细胞（70S）	50S	34	23S（2900nd）	30S	21	16S（1540）
MW2500000			5S（120nd）			

注：MW 为相对分子质量

核糖体是一种能够进行自动装配的细胞成分。Nomura 和 Traub（1968）[76] 首次完成了大肠杆菌核糖体 30S 亚单位的重组。他们用 4mol/L 尿素、2mol/L LiCl 溶液处理 30S 亚单位，得到其中的 21 种蛋白质，以酚法得到 16S RNA，然后将两者混合于 0.3mol/L KCl、20mmol/L $MgCl_2$ 及 6mmol/L β-巯基乙醇溶液（pH7.4）中，在 40℃ 下保温，该 22 种组分即聚集成核糖核蛋白颗粒，这些颗粒在理化特性以及蛋白质合成能力方面，都与天然的 30S 亚基完全一样。开始时是以整个的蛋白质组分与 16SRNA 进行重组，后来以精制的蛋白质（21 种）与 16SRNA 混合，都获得了成功。这个实验的成功使我们可以进一步地研究 16SRNA 与各种蛋白质的相互关系以及各种蛋白质之间相互作用的次序，了解蛋白质在核糖体中的作用。

50S 大亚基的重组比较困难，Nomura 等（1970）[77] 以嗜热脂肪芽孢杆菌（*Bacillus stearothermophilus*）核糖体的各组分进行重组成功，其后，Dohme 和 Nierhaus（1976）[78] 又完成了大肠杆菌核糖体的重组。他们使用两步操作法，先以 50S 的蛋白质及 23S RNA，5S RNA 混合于 4mmol/L Mg^{2+} 及 40mmol/L NHCl 溶液中温育（44°C）20min，然后把 Mg^{2+} 浓度提高到 20mmol/L，温育（50°C）90min 而重建 50S 大亚基。核糖体由大小亚基组合而成。小亚基用于结合 mRNA 和 tRNAs（A 位、P 位），大亚基则催化肽键的形成。P 位与 A 位紧紧邻近，恰好容纳 mRNA 的两个连续的三联体密码子（图 4.33，图 4.34）。

4.5.7 肽链的合成

4.5.7.1 肽链合成的起始[79,80]

对原核细胞来说，肽链的起始过程也就是 30S 复合体的形成过程，其中核糖体小亚基结合在 mRNA 上的特异起始部位，起始 tRNA 与起始密码子退火并结合于核糖体。在此过程中还有蛋白质因子——起始因子（IF-1、IF-2、IF-3）及 GTP 的参与。虽然蛋白质合成是在 70S 核糖体上进行的，但该过程只有在大小亚基处于解离状态时才能起始。细胞中总有一些游离的大小亚基与 70S 核糖体维持平衡。

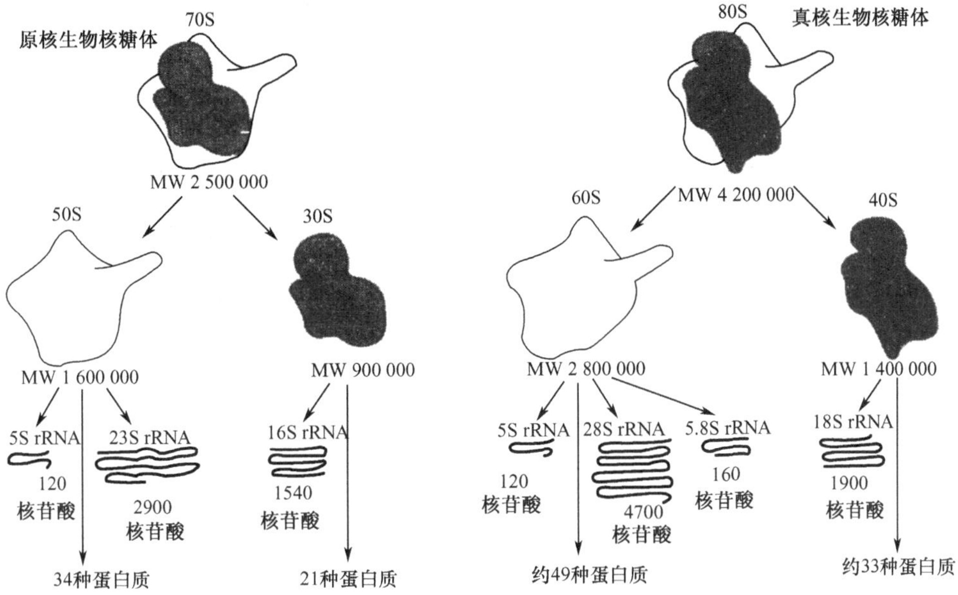

图 4.33　核糖体的组成成分[2]

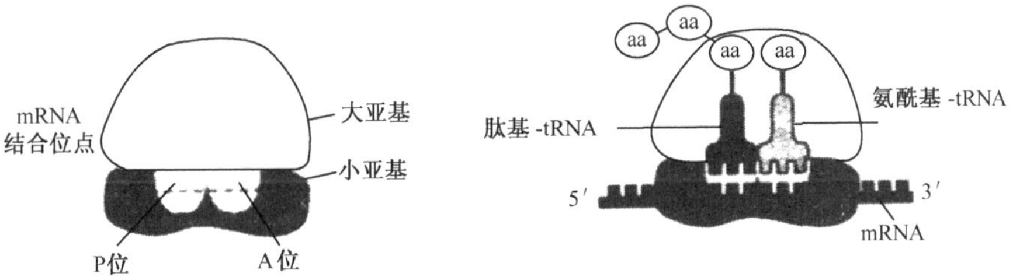

图 4.34　核糖体结构空间示意图[16]

肽链的合成总是由氨基末端开始，到羧基末端结束。在多肽合成中起始 tRNA 荷载的总是 *N*-甲酰氨酸。这是一种一头封阻起来的氨基酸。由于没有游离氨基，就使它只能作为起始的氨基酸（图 4.35）。

有两种甲硫氨酸-tRNA，只有其中一种能发生甲酰化反应而作为起始 tRNA。分析了这两种甲硫氨酸 tRNA 的全部顺序，发现它们在大肠杆菌中，三种起始因子可能以合作的方式起作用，它们都在大致相同的区域与 30S 亚基结合。它们的性质与功能可见表 4.6。

两种亚基结合形成 70S 起始复合体。这时，mRNA 处于两种亚基所形成的通道中，它以其 5′端在两种亚基结合之后，形成了 70S 起始复合体。这时，mRNA 处于两种亚基所形成的通道中，它以其 5′端的富含嘌呤的序列与 16S RNA 的 3′末端富含嘧啶的序列互补结合，而以其起始密码子与起始 tRNA 结合。虽然所有的氨基酰-tRNA一开始都是进入 A 位，但起始 tRNA 却直接进入 P 位，与蛋白质 L27 结合。起始 tRNA 的 D 臂与 23S RNA 中一段 17 个核苷酸互补结合，甲酰蛋氨酰基与 50S 亚基的转肽酶区域接触(图 4.36)。

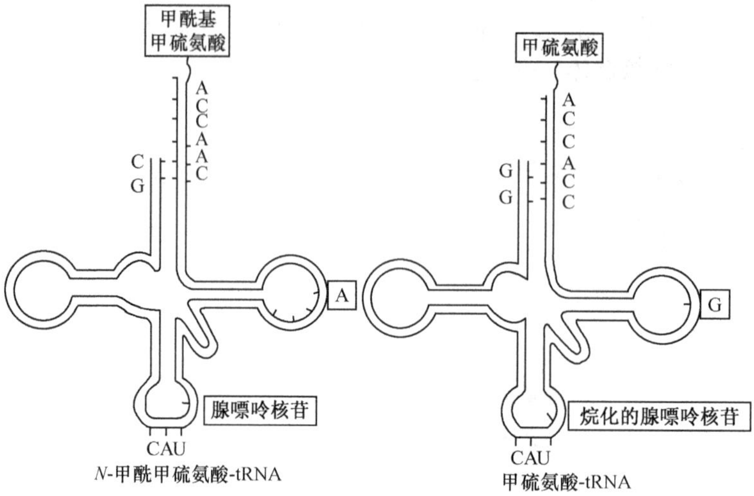

图 4.35　*N*-甲酰-甲硫氨酸-tRNA 与甲硫氨酸-tRNA 的三点区别（于图中方框所示）

表 4.6　大肠杆菌的起始因子

起始因子	多种形式	相对分子质量	形状	在起始中的作用
IF-1		9500		加强 IF-2 及 IF-3 活性
IF-2	IF-2a	95000～117000	细长	使 *N*-甲酰甲硫氨酸-tRNA 选择性
	IF-2b	85000		结合在 30S 小亚基
IF-3		20668(181 氨基酸) 19997 （缺少 N 端前 6 个氨基酸）		①使 30S 小亚基结合于 mRNA 的起始部位 ②具有解离因子活性，使 30S 与 50S 保持解离状态

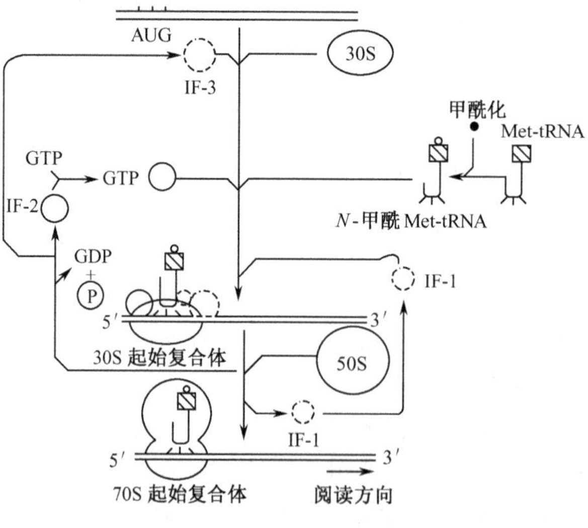

图 4.36　原核生物蛋白质合成的起始过程

真核生物的起始过程与原核生物类似，也分两个阶段进行。首先，小亚基结合起始tRNA与mRNA形成40S起始复合体，然后与60S大亚基结合面形成80S起始复合体。整个过程需要较原核生物的三种起始因子要多一倍的各种蛋白质因子（表4.7）。

表 4.7　真核生物的起始因子（Merrick W C，et al. 1977）

起始因子	相对分子质量	结构	功能
eIF-1	15 000	单链	促进 mRNA 结合于小亚基
eIF-2	55 000,35 000,50 000	三种亚基	形成 eIF-2、GTP、Met-tRNAf 复合
eIF-2A	65 000		使 Met-tRNAf 与 40S 亚基结合
eIF-3	>500 000	9～10 种亚基	使 mRNA 结合于 40S 亚基
eIF-4A	50 000	单链	促进 mRNA 结合及结合 ATP
eIF-4B	80 000	单链	促进 mRNA 结合于小亚基
eIF-4C	19 000	单链	联结两种亚基
eIF-4D	17 000	单链	作用不详(联结两种亚基?)
eIF-5	150 000	单链	释放 eIF-2、eIF-3

真核生物的起始过程除起始因子较多外，还需要GTP和ATP。另外，与原核生物不同的是起始tRNA先于mRNA与40S小亚基相结合（Staehelin，et al.，1975）。Met-tRNA、GTP、游离的eIF-2形成一种稳定的三元复合体，eIF-2能帮助Met-tRNA与40S小亚基结合而且它能控制蛋白质合成的速率（图4.37）。

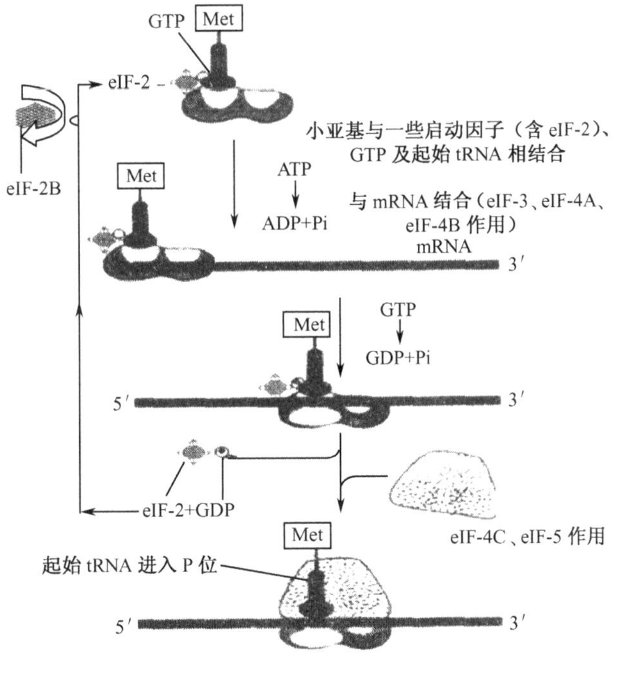

图 4.37　真核细胞的起始过程

mRNA是随后经IF-3的作用才与40S小亚基（已经结合了三元复合体）相结合的。这个过程还必须有eIF-4A及eIF-4B的促进。真核细胞mRNA还与某些蛋白质结合，以核蛋白体（mRNP）的形式参与起始过程，其具体功能不详。在40S起始复合体中，也许有一折叠结构，使5′末端更靠近起始密码子。然后，以前与小亚基结合的那些启动因子（eIF-2、eIF-3等）卸载下来，并在另外一些启动因子（eIF-4C、eIF-5等）的参与下，进一步与大亚基结合，完成了整个核糖体的装配。在80S复合体形成后，mRNA就舒展开来，配帽的5′末端便从核糖体上伸展出来。Met最终将被一种特异的氨基肽酶（aminopeptidase）去掉。

4.5.7.2 肽链的延伸[81]

首先形成EF-Tu·GTP复合体，此复合体能牢固与除起始tRNA以外的任何一种氨基酰-tRNA结合。这种特异性保证了只有能建成肽键的氨基酰-tRNA才能进入A位，以防止翻译中把内部AUG密码子误读成起始密码子。氨基酰tRNA的反密码子与相应的密码子退火，并引起tRNA发生构象变化，使T环的TΨCG与A位中5S RNA的CGAA序列互补结合。与此同时，A位上的蛋白质L7/L12与EF-Tu（延伸因子）相互作用而产生GTP酶活性，使GTP被水解为GDP，所生成的EF-Tu·GDP复合体便从核糖体上释放出来。EF-Tu·GDP复合体在EF-Ts的作用下，使复合体中的GDP被GTP取代；形成的EF-Tu·GTP复合体又可再度使用。肽键是在转肽酶的催化下，P位上的甲酰甲硫氨酸从起始tRNA的CCA端转移到A位上的氨基酰-tRNA的氨基而形成的。由于羧基已与末端腺苷的核糖以高能酯键结合，转移反应不需要额外能量。随后发生的是移位作用。在转肽反应中作为供体的无荷载的tRNA从P位移除，它的位置被从A位移至P位的肽基-tRNA占据，A位空着，等待下个氨基酰-tRNA进入。这些变化是由延伸因子EF-G引起。延伸因子在进入核糖体之前，先与GTP形成EF-G·GTP复合体，在核糖上与蛋白质L7/L12相作用而引起移位作用。我们必须注意到，EF-G与EF-Tu都与L7/L12及邻近的几种蛋白质相结合，因此，它们的结合部位是重叠的，这就排除了两种因子同时结合的可能性，从而保证了延伸作用按次序进行。移位作用的同时，核糖体以5′→3′的方向沿mRNA移至下一个密码子（图4.38）。

真核细胞的肽链延伸作用与原核生物基本相同，仅涉及的蛋白质因子不同。真核的eEF-1因子相当于原核的EF-T（EF-Tu与EF-Ts；Tu表示热不稳定，Ts表示热稳定）能以单体或聚合体形式存在单体或多聚体两种形式存在，只有单体形式才能与GTP，氨基酰-RNA形成稳定的三元复合体。三元复合体与核糖体反应，并由于RNA与5.8S RNA退火以及与尚未查明的蛋白质的结合而使氨基酰-tRNA固定在A位。真核的eEF-2因子相当于原核的EF-G，其移位机制与原核生物基本相同。

4.5.7.3 翻译的终止[82]

正常的细胞中不存在能与UAA、UAG、UGA三种密码子起反应的tRNA。这些密码子称为无义的密码或终止密码，起着终止翻译的作用，其中的一个或两个紧跟在mRNA中最后一个氨基酸的密码子的后面。例如，R17（RNA病毒）的一种变异体是自AUG后第7个三联体由CAG（谷氨酸）突变为UAG，当它感染*E. coli*后不能产生完整的肽链，而仅产生若干含6个氨基酸的片段（fMet-Ala-Ser-Asn-Phe-Thr）。在*E. coli*抽提液中可以分离出上述片段，并能发现三种释放因子（RF-1、RF-2、RF-3）。链的终止只发生在移位之后，这时肽基-tRNA处于P位，而终止密码裸露于A位。终止过程的实质是水解tRNA与多肽链的羧基端之间的链，释放出新生的肽链。这个过程必须有释放因子的参加，作用机制目前还不详。释放因子结合于核糖体的A位。RF-1（相对分子质量$=4.4\times10^4$）在UAG或UAA存在时才起作用；RF-2（相对分子质量$=4.7\times10^4$）需要在UGA或UAA存在时才发挥释

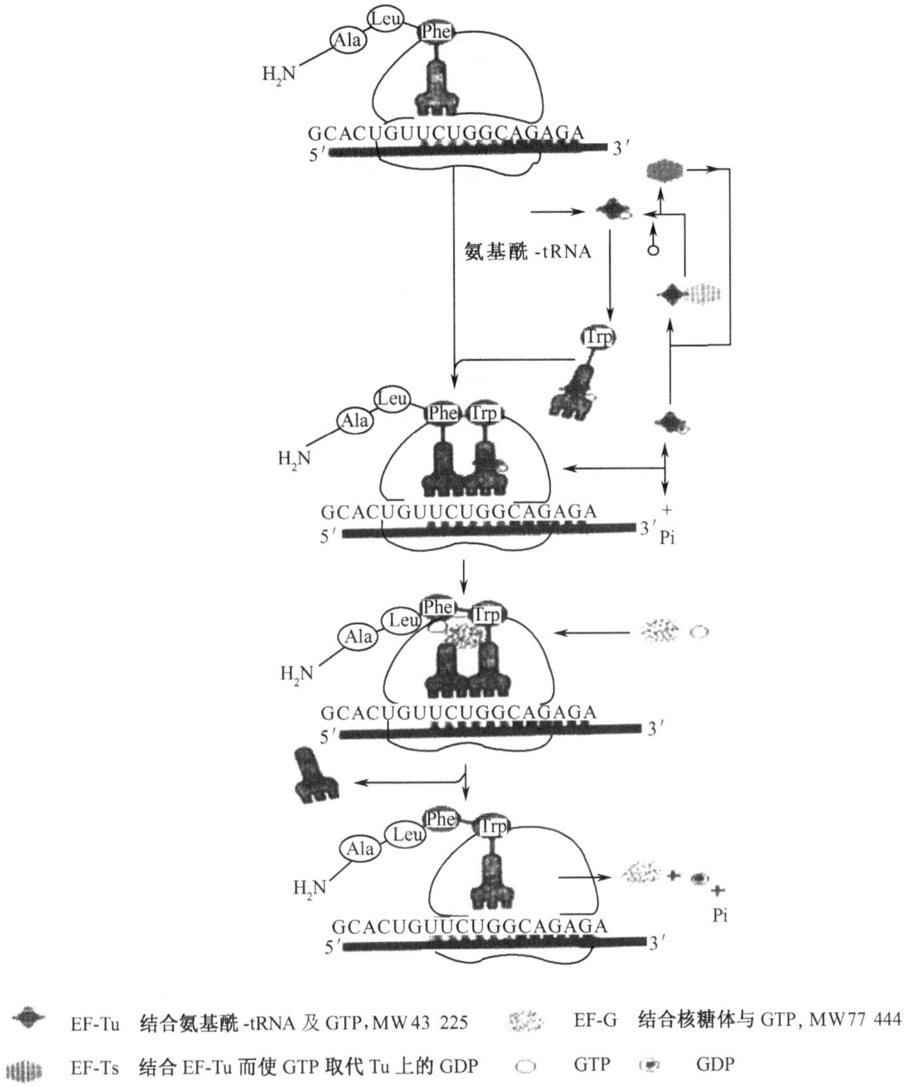

图 4.38　肽链的延伸

放作用；RF-3 的作用是提高 RF-1、RF-2 的作用，促进它们与核糖体的结合。大肠杆菌释放因子与蛋白质 L7/L12、L2 及 L11 相结合。它们的结合与释放伴有 GTP 的结合与水解。但释放过程目前并不清楚，也许 RF 因子本身就是一种水解 tRNA 与多肽链的羧基端之间的键的酶，也可能是 RF 因子影响转肽酶，使水解反应能代替转移反应，由转肽酶催化释放反应（图 4.39）。

4.5.7.4　肽链的修饰

新生的肽链在 N 端有一个甲硫氨酸残基。真核生物在新生的肽链只有 15～30 个残基长时便把甲硫氨酸裂解掉[81]。在原核生物中，此甲硫氨酸是甲酰化的、特异的脱甲酰酶将甲酰基从已完成的新生蛋白质上除掉，并常常继续把甲硫氨酸裂解掉，但大肠杆菌仍有 30% 以上的蛋白质在其 N 端保留着甲硫氨酸。

一些真核生物中的病毒产生的 mRNA 含有多种蛋白质信息，修饰作用在翻译尚在进行

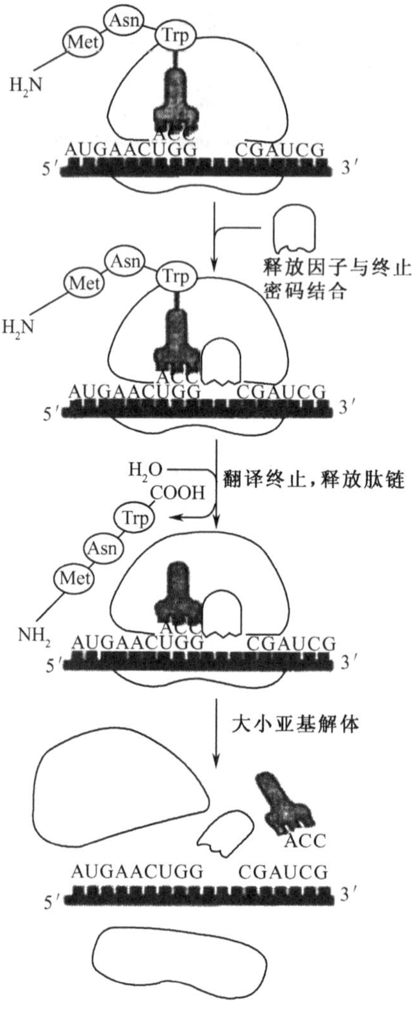

图 4.39　肽链合成的终止（依 B. Aberts，et al.，1994）[2]

中即已开始。例如，脑性心肌炎病毒的 RNA，本身就是信使，其分子质量为250kDa，相当于 8000 个核苷酸残基。它不断地被核糖体翻译，与此同时也进行着新生多肽链的水解性断裂，当翻译终止时，所释放的不是一个完整的肽链，而是 3 个肽链，其中最大的一个还要进一步裂解，最终产生 4 种病毒蛋白质[83]。

真核生物中新生蛋白质与天然蛋白质产物在结构上也往往有根大差别，这说明许多蛋白质在有功能活性的结构形成之前，要进行广泛翻译后的修饰。例如，胰岛素（insulin）就是首先合成 84 个氨基酸的胰岛素原，然后通过肽链内切酶从内部切去 33 个氨基酸，剩下两条肽链（A、B）以二硫键联结而形成胰岛素。

4.5.8　蛋白质分子的自我剪接

当我们对 DNA 中 introns 的发现仍感到困惑的时候，20 世纪 90 年代又在单细胞原核生物及真核生物的一些蛋白质分子中发现了内含肽（intein）与外显肽（extein）！这些蛋白质在翻译后，内含肽将自动删除，然后把外显肽连接起来，才能成为一个有功能的蛋白质分子

(图 4.40)。内含子的出现使得基因所决定的(转录的)RNA 与最终成熟的 mRNA 不一致;内含肽的出现又使得基因所决定的蛋白质与最终的功能性蛋白质不一致;那么基因决定性状,岂不成了一句空话?值得注意的是,inteins 并不等于 introns;introns 是 DNA 的非编码序列,而 inteins 是 DNA 中的编码序列,否则这些 inteins 的 DNA 序列不会转变成蛋白质中的氨基酸序列。既然它们是蛋白质中的氨基酸序列,也就是遗传信息。而这些作为遗传信息的 inteins 从蛋白质中的剪除,即使不算是遗传信息输出,起码也是遗传信息的再分配或重组。这种翻译后的遗传信息的重组/加工类似刀豆蛋白 A 的翻译后重组,是对中心法则的严峻挑战!

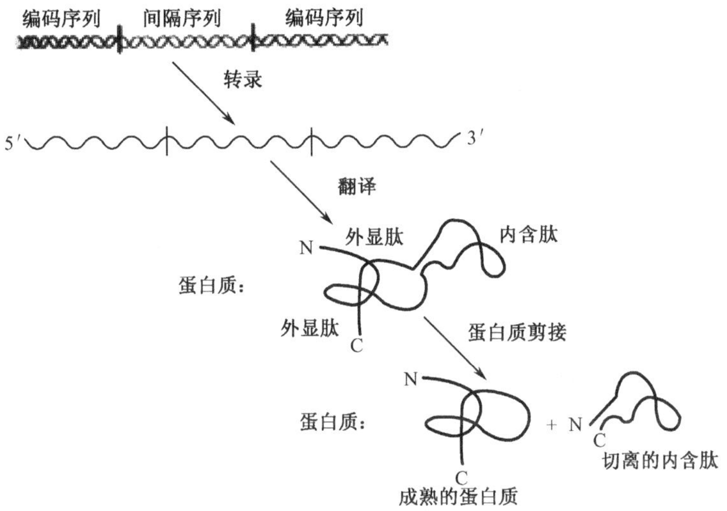

图 4.40　蛋白质剪接示意图[86]

20 世纪 80 年代中期几个实验室(Carrington,1985;Bowles,1986;Chrispeels,1986)的研究证明:刀豆球蛋白 A(concanavalin A,Con A)从“Con A 原”到Con A的翻译后修饰不仅有一些小肽段的切除,还有肽段的倒位及剪除,最后形成了一条全新的与原来 DNA 编码完全不同的肽链[84]。

“Con A 原”分子分为 5 个部分,自 N 端开始是 29 肽的信号肽,接着是 N 端半分子,经过 15 个残基组成连接肽后,有 C 端半分子,最后是 C 端末 9 肽。Chrispeels 实验室(1985)报道 Con A 原是一个糖蛋白,糖链属于 *N*-糖苷键连接的高甘露糖型。在整个“Con A 原”的分子中,只有在连接肽中有一个可以糖基化的天冬酰胺。“Con A 原”成熟为 Con A,取决于它的糖基化。如果用衣霉素抑制“Con A 原”的糖基化,则只能有很少的活性 Con A 形成。这是因为 Con A 的成熟过程必须在蛋白质体中进行,而未糖基化的“Con A 原”不能被从内质网/高尔基系统传送到蛋白质体中。Bowles(1986)等研究了巨刀豆子叶中“Con A 原”的加工过程,指出首先是天冬酰胺内切酶在“Con A 原”的中央的连接肽中的一个天冬酰胺的 C 端一侧切开,产生两个半分子。再在此酶作用下,切去两个半分子的 C 端的小肽。然后是 Con A 原分子的原来的 N 端与 C 端闭合,而在连接肽被切断的部位产生了成熟分子的 C 端与 N 端。自 N 端至 C 端共 237 个氨基酸残基。这样,因为改变了肽链的起点和终点,就引起了氨基酸序列的彻底改变。据此,我们可以看到:从“Con A 原”到 Con A,DNA 的遗传信息被大幅度地剪接重排,刀豆球蛋白 A 基因,与其说是刀豆球蛋白

A 的模板，倒不如说是编辑刀豆球蛋白 A 的一份底稿。在形成功能性蛋白质的过程中，DNA 的信息已被改得面目全非。在这里，基因（DNA 模板）只不过是遗传信息进行加工的一个遗传单元。在对遗传信息的加工改造过程中，完全破坏了 DNA 编码与肽链氨基酸序列之间的共线性。这是一个新的非 DNA 信息的加入过程。这一例子是对蛋白质全是由核酸决定的这一传统观念的一个挑战！

蛋白质剪接（protein splicing）的过程[85]与刀豆球蛋白 A 的剪接重排在本质上是一样的。都是对 DNA 编码的彻底改变，是一个新的编码序列的诞生。

蛋白质分子裂解时不需要任何外来的酶或辅助因子，但是环境条件（pH、温度、硫醇诱导）对于裂解是必需的（图 4.41）。

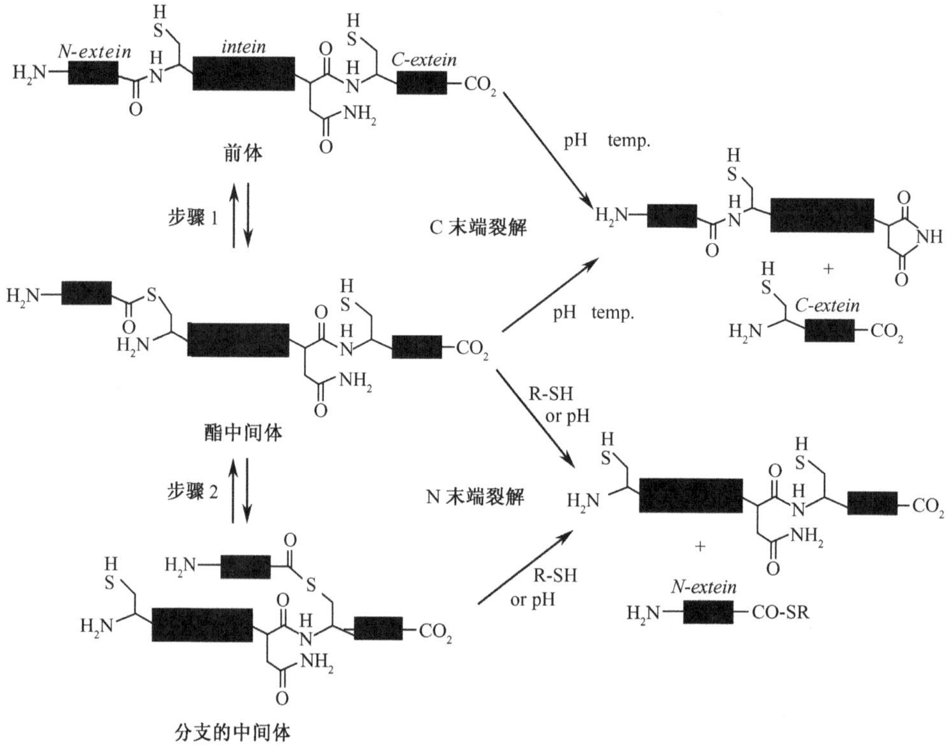

图 4.41　蛋白质剪接的裂解反应示意图[86]

通过以上可见，蛋白质剪接（protein splicing）与转录本 RNA 的剪接极其相似。值得注意的是，intein 的作用不仅是蛋白质分子本身的剪接，而且能把两个转录本的产物，即两个蛋白质分子连接成一个新的蛋白质分子。这就在蛋白质水平上大大地加大了基因表达的多样性。这样一来，一个基因两个蛋白质，两个基因一个蛋白质，已是顺理成章的事实。

在 *Synechocystis* 基因组中 *dnaE* 分为两段，*dnaE-n* 与 *dnaE-c* 相距 745kb。序列方向以箭头示之。转录/翻译后以一个 intein 的 C 端与 N 端使 *dnaE-n* 与 *dnaE-c* 连接，然后删除内含肽，生成了活性的 DNA 聚合酶 α 亚单位（图 4.42）。

短评：从基因到蛋白质，要经过各种形式的修饰与加工，说明 DNA 模板并非遗传信息的最后版本，恰恰相反，它只是一份非常粗糙的初稿。例如，在大量的变通性断裂基因（alternative splicing genes）情况下，每一个基因只是一个模棱两可（或多种可能）的“句子”，它要通过 RNA 的不同方式的重排，才能最后定型。像肌钙蛋白-T 基因所包含的遗传信息，通过重排可以有 64 种表达方式。在模糊基因（cryptogenes）的情况下，每一个基因只有通过 RNA 编辑，才能定型为有一定意义的 RNA。对于免疫球蛋白基因来说，把它比拟成一个活字版并不过分。而那些所谓稳定的基因类型，在 DNA 版本与其 RNA、蛋白质的序列之间也往往不同。因为它们仍要经过一定程度的 RNA 剪裁或翻译后修饰。作为分子模板的 DNA，它不是一个铸模或底片，而更像一个活字版。看来，中心法则通道并不是精细地逐一地传递序列信息的通道，而是一个动态的分子遗传信息的加工通道。笔者认为：基因（DNA）可以定义为遗传信息的储存与加工的单元。

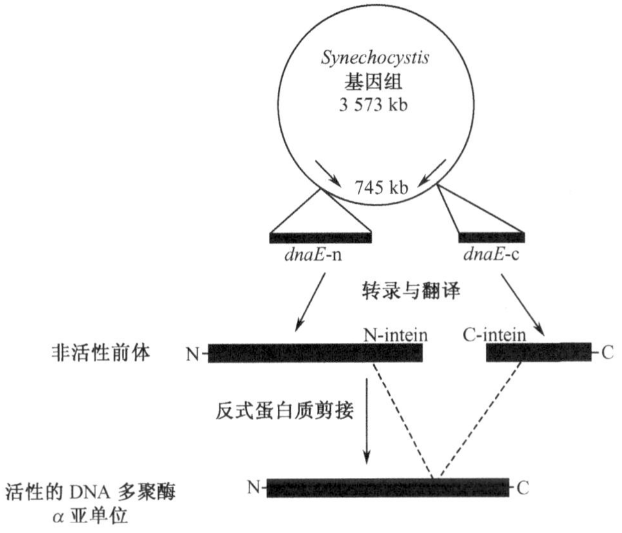

图 4.42　*Synechocystis* sp. PCC6803 中 *dnaE* 基因表达 DNA 聚合酶 α 亚单位[3]

参考文献

[1] Crick F H C. The Biological Replication of Macromolecules, Sym. Soc. Exptl. Biol. XII, 138～163.

[2] Alberts B, et al. Molecular Biology of the Cell, third ed. Garland Publishing , Inc. 1994.

[3] Wickner R B, Taylor K L, Edskes H K, Maddelein M-L, Moriyama H, Roberts B T. Microbiology and Molecular Biology Reviews, 1999, 63, 4: 844～861.

[4] Baker T A, Wickner S H. Ann. Rev. Genet. 1992, 26: 447～477.

[5] Young M C, Reddy M K, von Hippel P H. Biochemistry, 1992, 31 (37): 8675～8690.

[6] Echols H J. Biol. Chem. , 1990, 265 (25): 14697～14700.

[7] Lohman T M. J. Biol. Chem. , 1993, 268 (4): 2269～2272.

[8] Wang J C. J. Biol. Chem. , 1991, 266 (11): 6659～6662.

[9] Okazaki R. et al. Cold Spring Harbor Symp. , 1968, 33: 129.

[10] Ogawa T. Okazaki T. Annu. Rev. Biochem. , 1980, 49: 421～457.

[11] Olivera B M. PNAS USA, 1978, 75: 238.

[12] Thommes P, Hubscher U. Eur. J. Biochem. , 1990. 194 (3): 699～712.

[13] Kelman Zvi, O'Donnell M. , Annu. Rev. Biochem. , 1995, 64: 171～200.

[14] Pennisi E. Science, 2003, 300, 282～285.

[15] Wu Y H, Franden M A, Hawker J R, Mchenry C S. J. Biol. Chem. , 1984, 259: 12117～12122.

[16] Kelman Z, O'Donnell M. Ann. Rev. Biochem. , 1995, 64: 177.

[17] Kelman Z, O'Donnell M. Ann. Rev. Biochem., 1995, 64: 187.
[18] O'Donnell M E, Kongberg A. J. Biol. Chem., 1979, 254: 1748～1753.
[19] Stukenberg P T, Studwell-Vaughan P S, O'Donnell M. J. Biol. Chem., 1991, 266: 11328～11334.
[20] Stukenberg P T, Turner J, O'Donnell M. Cell, 1994, 78: 877～887.
[21] Stukenberg P T, Studwell-Vaughan P S, O'Donnell M. J. Biol. Chem., 1991, 266 (17): 11328～11334.
[22] Goodman M F, Creighton S, Bloom L B, Petruska J. Crit. Rev. Biochem. Mol. Biol., 1993, 28 (2): 83～126.
[23] Cook P R. Science, 1999, 284: 1790～1795.
[24] Johnston W K, Unrau P J, Lawrence M S, Glasner M E, Bartel D P. Science, 2001, 292: 1319～1325.
[25] Jacob F, Brenner S, Cuzin F. Cold Spring Harbor Symp. Quant. Biol., 1963, 28: 329.
[26] Webb C D, et al., Cell, 1997, 88: 667.
[27] Sharpe M E and Errington J. Trends Genet., 1999, 15: 70.
[28] Ogden G B, Pratt M J, Schaechter M. Cell, 1988, 54: 127.
[29] Landouisi A, Malki A, Kern R, Kohiyama M, Hughes P, IBID, 1990, 63: 1053.
[30] Huberman J A and Riggs A D. J. Mol. Biol., 1968, 75: 327.
[31] Jackson D A and Pombo A. J. Cell Biol., 1998, 140: 1285.
[32] Jackson D A and Cook P R. EMBO J., 1986, 5: 1403.
[33] Nakamura H, Morita T, Sato C, Exp. Cell Res., 1986, 165: 291.
[34] Nakayasu H and Berezney R. J. Cell Biol., 1989, 108: 1.
[35] Newport J and Yan H. Curr. Opin. Cell Biol., 1996, 8: 365.
[36] Manders E M, Kimura H, Cook P R. J. Cell Biol., 1998, 144: 813.
[37] Hozák P, Hassan A B, Jackson D A, Cook P R. Cell, 1993, 73: 361.
[38] Lemon K P and Grossman A D. Science, 1998, 282: 1516.
[39] Jackson D A and Pombo A. J. Cell Biol., 1998, 140: 1285.
[40] Prasad B V V, et al., Nature, 1996, 382: 471.
[41] Hozák P, Hassan A B, Jackson D A, Cook P R. Cell, 1993, 73: 361.
[42] McClain W H. FASEB J., 1993, 7 (1): 72～78.
[43] Kerppola T K. Kane C M. FASEB J., 1991 (5): 2833～2842.
[44] Miller O L. J. Cell Biol., 1981, 91: 15～27.
[45] Shatkin A J. Cell, 1976, 9: 645.
[46] Huez G, et al. PNAS USA, 1974, 71: 3134.
[47] Chow L T, Gelinas R E, Broker T R, Robert R J. Cell, 1977, 12: 1.
[48] Kedes L H. Ann. Rev. Biochem., 1979, 48: 837～870.
[49] Alestrom P, Akusjarve G, Perricaudet M, et al. Cell, 1980, 19, 671～681.
[50] Dreyfuss G, Matunis M J, Pilvol-Roma S, Burd C G. Annu. Rev. Biochem. 1993, 62: 289～321.
[51] Lewin B. Genes, 6th ed. Oxford Univ. Press, 1997, 667.
[52] Guthrie C. Science, 1991, 253: 157～163.
[53] Balvay L, Libri D, Fiszman M Y. Bioessays, 1993, 15: 165～169.
[54] Spector D L. Curr. Opin. Cell Biol., 1993, 5: 442～447.
[55] Cech T. Nature, 1993, 365: 204～205.
[56] Sheth U, Parker R. Science, 2003, 300: 805.
[57] Wilusz C J, et al. Nature Rev. Mol. Cell Biol. 2001, 2: 237.
[58] Van Dijk E. et al. EMBO J. 2002, 21: 6915.
[59] Bashkirov V et al. J. Cell Biol. 1997, 136: 761.
[60] Ingelfinger D, et al. RNA. 2002, 8: 1489.
[61] Wickens M and Goldstrohm A. Science, 2003, 300: 753～755.
[62] Houston D W. King M L. Curr. Top. Dev. Biol. 2000, 50: 155.
[63] Anderson P, Kedersha N. J. Cell Sci. 2002, 115: 3227.

[64] Chartrand P，et al. Annu. Rev. Cell. Dev. Biol. 2001，17：297.
[65] Job，C，Eberwine J. Nature Rev. Neurosci. 2001，2：889.
[66] Kiebler M，DesGroseillers L. Neuron 2000，25：19.
[67] Oleynikov Y，Singer R H. *Curr. Biol.* 2003，13：199.
[68] Coller J M，et al. RNA，2001，7：1717.
[69] Minshall N，et al. RNA，2001，7：1728.
[70] Schisa J A，et al. Development，2001，128：1287.
[71] Muhlrad，D. Parker，R. Nature，1994，370：578.
[72] McClain W H. FASEB J，1993. 7，1：72～78.
[73] Cavarelli J，Moras D. FASEB J，1993. 7 (1)：79～86.
[74] Crick F H C. J. Mol. Biol.，1966，19：540.
[75] 王德宝，生命的化学，1982，2，2：1.
[76] Traub P，Nomura M. PNAS USA，1968，59：777.
[77] Nomura M，Erdmann V A. Nature，1970，228：744.
[78] Dohme F，Nierhaus K H J. Mol. Biol. 1976，107：585.
[79] Gualerzi C O. Biochemistry，1990. 29，25：5881～5889.
[80] Merrick W C. Enzyme，1990. 44 (1～4)：7～16.
[81] Noller H F. J. Bacteriol.，1993. 175 (17)：5297～5300.
[82] Tate W P. Biochemistry，1992. 31 (9)：2443～2450.
[83] Butterworth B E，et al. Virology，1972，50：535.
[84] Voelker T A，Staswick P，Chrispeels M J. EMBO J. 1986，5 (12)：3075～3082.
[85] Kane P M，Yamashiro C T，Wolczyk D F，Neff N，Goebl M，Stevens T H. Science，1990，250：651～657.
[86] Paulus H. Annu. Rev. Biochem. 2000，69：447～496.

第5章　基因的调控

随着人类及相关生物的基因组计划的完成，人类将进入一个对数以万计的基因进行鉴定及分析的功能基因组（functional genome）时代。人类基因组仅仅含有约 3 万个基因的事实说明，对真核基因的调控机制进行分析并确定基因如何行使它的功能，将是一项十分迫切而艰巨的任务。对人类的发育、克隆、癌症的治疗、衰老与长寿等重大问题的探索与解决都说明，今后的基因调控的研究，将以真核细胞的基因调控为主。

5.1　基因调控的基本模型

5.1.1　原核基因调控基本模型

仍以 1961 年的乳糖操纵子模型[1]为基本模型（图 5.1）。1988 年探明，除了启动子邻近下游处的操纵区以外，还在－93 位、＋402 位有两个操纵区。1990 年获得了调节蛋白 LacI 的结晶，并知道 LacI 以四聚体形式结合于 21bp 的操纵区；如有异丙基硫代半乳糖苷（IPTG）与 LacI 结合，LacI 的四聚体变构而脱离操纵区[2]。

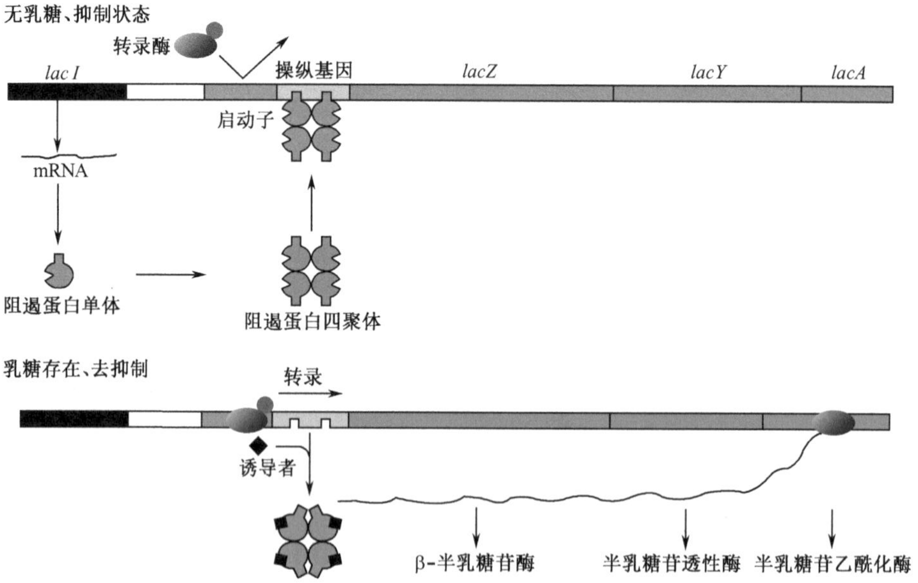

图 5.1　原核基因调控基本模型——乳糖操纵子[3]

图中的阻遏蛋白四聚体即调节蛋白 LacI。诱导子（inducer）为乳糖或人工的异丙基硫代半乳糖苷（IPTG）

5.1.2　真核基因调控基本模型

在真核生物中，DNA 被装配成核小体结构的染色质。染色质是真核细胞基因调控的主要结构。在真核细胞的调控过程中启用的是联合调控机制，细胞中的不同的特异的调控蛋白参与不同的调控结构，以启动和关闭有关基因表达（Britten and Davidson，1969）[4]。根据协同性和协同作用的原则，一个生物体可以通过启用少数调控蛋白完成多种调控作用。

在一个基因的启动/关闭的基本模型中，其上游是一段核心启动子（core promoter）的 DNA 序列，与基因邻接。核心启动子结合 RNA 聚合酶Ⅱ（polⅡ）及其辅助因子（基本转录因子复合体，亦称基本转录结构），引导 polⅡ从正确的起始位点开始转录。在细胞内缺乏调控蛋白时，核心启动子一般无活性，不能与基本转录结构相作用［但有一些核心启动子，如果蝇的热激活启动子和酵母中的 Cyc-1 启动子等，它们处于无活性状态时也含有 RNA 聚合酶和 TATA 框结合蛋白（TBP）等基本转录因子。然而，在无调控蛋白的情况下，这些因子不能引起转录］。紧靠核心启动子的上游是一段调节启动子（regulatory promoter），上游或下游的远处是增强子（enhancer）序列（图 5.2）。激活因子（activator，激活基因转录的蛋白因子）与调节启动子和增强子相结合，并通过结合在核心启动子上的激活因子与溶液中基本转录结构（基本转录因子复合体）的相互作用，使基本转录结构集结（recruitment）到核心启动子上，于是激活基因转录。有些激活因子在所有细胞中表达，而一些激活因子仅在某些特定类型的细胞中表达，调控细胞中某些特殊功能的基因（图 5.3）。

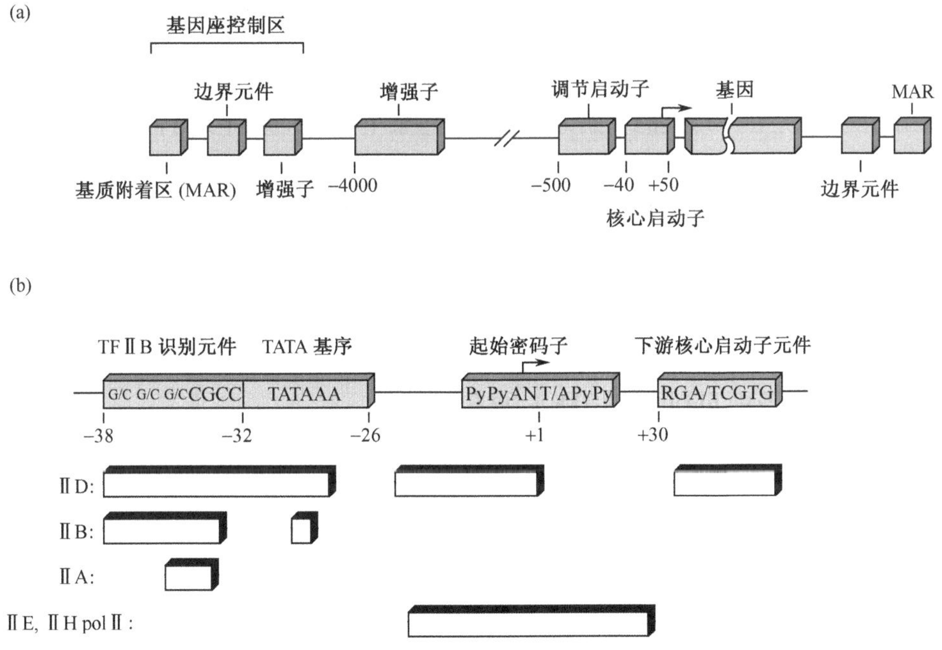

图 5.2　(a) 真核基因调控基本模型。各部位元件的功能及相互关系，详见文中。(b) 表示核心启动子中的序列元件，以及与相应序列结合的转录因子与转录酶[5]

5.2　调控序列与调控蛋白

基因的调控完全是一个 DNA 与蛋白质相互作用的过程。一些特异的 DNA 序列作为相应的基因的开关，一些基因调控蛋白质（gene regulatory proteins）结合上去来打开或关闭这些开关，称之为正调控（positive regulation）或负调控（negative regulation），相应的调控蛋白则称为激活因子（activators）或抑制因子（repressors）。

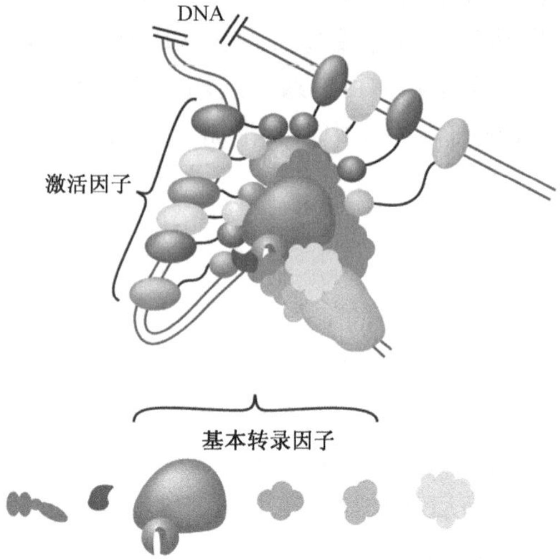

图 5.3 基本转录因子复合体（general transcription factors）与激活因子（activators）或抑制因子（repressors）的各种形式的结合，对基因的表达发挥着动态的和精细的调控[6]

5.2.1 DNA 双螺旋的表面可被调控蛋白识别

基因的表达总是在双螺旋的一条链上进行，想象中的调控蛋白要结合到调控序列上必须把 DNA 双螺旋打开，然后才能识别并结合上去。现在知道并不需要如此。暴露在 DNA 双螺旋大、小沟表面的每一对碱基的外缘都提供了它的氢键供体、氢键受体以及疏水区的情况各异的模式（pattern），这些模式是反映 4 种碱基的准确信息；调控蛋白质就是依靠对它们的识别来与调控序列结合[7a]。但是，只有在大沟（major grove）中才能反映出每 4 个碱基对排列的完整信息（图 5.4）。因此，调控蛋白一般地都是结合于大沟之中。

5.2.2 调控蛋白可以识别 DNA 的几何构型

在 20 世纪 70 年代，人们还一直认为 DNA 双螺旋具有均一的结构形式；每两个相邻的核苷酸对准确地弯曲 36°，形成每 10 个核苷酸对一个螺旋的均一的螺旋几何形状。70 年代以后，使用 X 射线晶体衍射与核磁共振分光技术对短的核苷酸序列进行的研究，发现多数的核苷酸段落都有不规则之处，如核苷酸对的倾斜、螺旋弯曲度大于或小于 36°等。比较突出的是某些 DNA 序列（如 AAAANNN，其中 N 是除 A 外的任一碱基）所形成的双螺旋有轻度弯曲；如果这些序列以 10 个核苷酸的间隔多次地重复，由于许多小弯曲的积累而使 DNA 出现明显的弯曲。另一个有关的特点是某些序列具有可以变形的倾向，因为在识别过程中，要求蛋白质与 DNA 紧密贴合，DNA 就必须做出一定程度的变形（图 5.5）。这些几何构型的特异之处都可被调控蛋白所识别[7b,7c]。

5.2.3 调控蛋白含有识别 DNA 序列的结构模式

调控蛋白对 DNA 的识别，归根结底是对 DNA 序列的识别。主要是依靠蛋白质对一定区域的 DNA 双螺旋的特异表面的强烈互补。大多数情况下，蛋白质对 DNA 表面进行大量

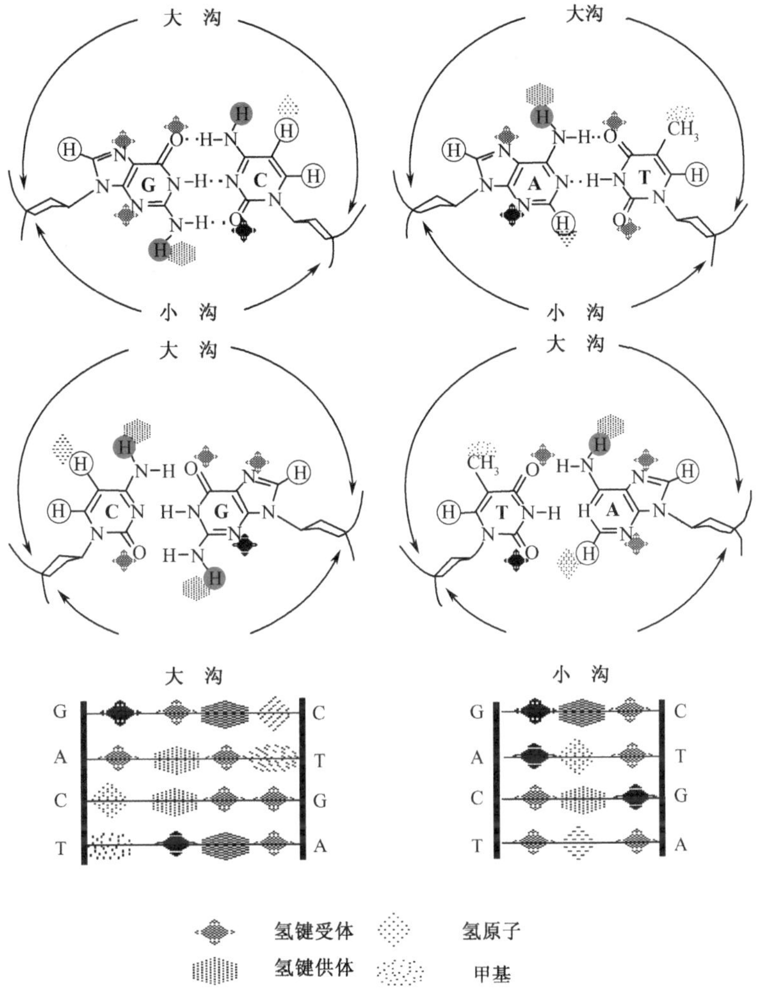

图 5.4　DNA 中不同的碱基可被调控蛋白从它们的外缘识别，而不必打开双螺旋

由图可见，大沟中每 4 个碱基对的构型信息都能给出各自不同的模式（氢键供体、氢键受体、甲基、氢原子）来被调控蛋白识别。小沟中每对碱基给出的构型信息则相对贫乏，如 G-C 与 C-G，A-T 与 T-A，彼此就无法区别；因此没有 4 个碱基对的构型信息，就不能给出各自不同的模式。上图是大沟、小沟外缘的分子信息；下图是上图的图解（仿 B. Aberts，et al. 并作重大修改）[8]

的多位点接触，包括氢键、离子键、疏水区等。虽然每个单项接触是微弱的，但 20 或 20 个以上的接触叠加起来就足以保证接触的强大及其特异性。利用 X 射线晶体衍射、核磁共振分光技术对三十几个基因调控因子的研究结果表明，这些蛋白质大多数都含有一种与 DNA 结合的结构基序（structural motif）[9]。这些模式的每一种都是以 α 螺旋及 β 折叠与 DNA 大沟相结合。如前所述，大沟中含有 DNA 序列片段相互区别的足够信息

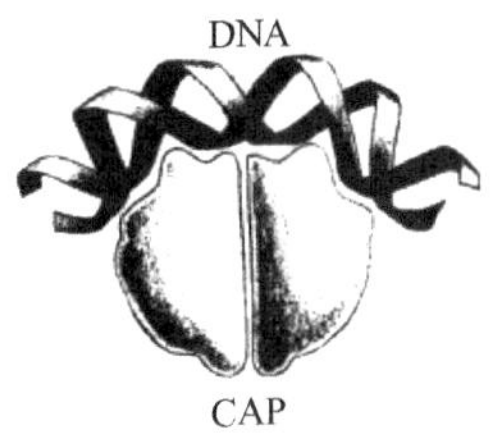

图 5.5　分解代谢活化蛋白（catabolite activator protein，CAP）与它所识别的 DNA 序列结合时，DNA 的弯曲情况。在不被蛋白质结合时，该 DNA 序列是伸直的（依 B. Aberts et al.，1994）[8]

(图 5.6)。

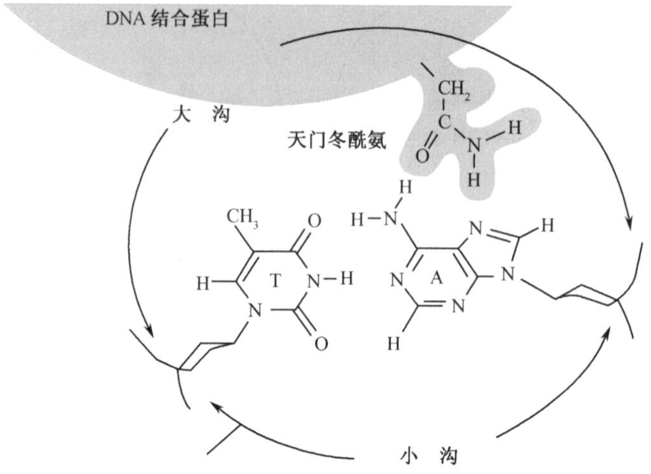

图 5.6　调控蛋白在 DNA 大沟中的一个氨基酸位点的结合

一般每个蛋白与 DNA 有 20 个左右位点的结合[8]

在这些模式中最简单、最常见的一种就是 HTH 模式（helix-turn-helix motif）[10]。这种 HTH 模式的蛋白质，起初是在细菌中发现的，现在已有成百的 HTH 模式在真核与原核细胞中发现。HTH 模式由两个 α 螺旋构成，其间以一小段氨基酸链（即所谓 turn）相连。两个 α 螺旋间的相互作用使它们之间保持一定的角度。HTH 肽链的羧基端称为识别螺旋（recognition helix），它与 DNA 大沟中的 DNA 结合；氨基一侧的链在识别特异 DNA 序列方面起着重要作用（图 5.7，表 5.1）。此类蛋白质分子中，HTH 功能域以外的多肽链的一些部分，也在与 DNA 接触中对识别过程起着微调作用。

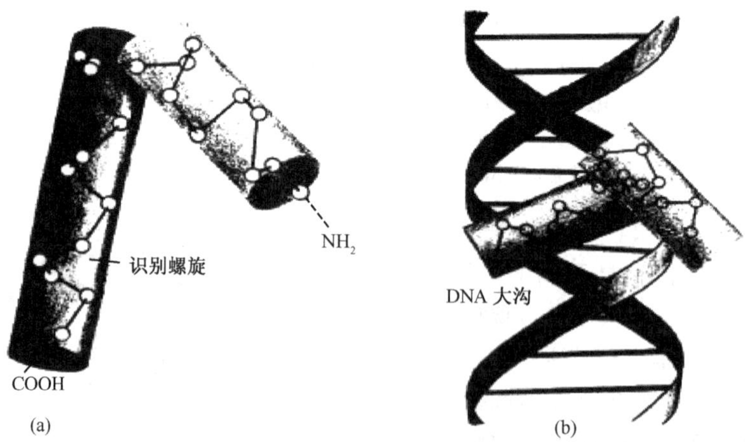

图 5.7　DNA 结合中的 HTH（helix-turn-helix）模式

(a) 图中的小圆圈代表氨基酸的中心碳原子。羧基侧的 α 螺旋（左侧较长的圆柱体）称为识别螺旋。

(b) 识别螺旋嵌入 DNA 大沟中与碱基对边缘接触[8]

表 5.1　一些调控蛋白及其所识别的 DNA 序列[11]

物种	调控蛋白	所识别的 DNA 序列（只写出互补链的一条）
微生物	lac repressor	AATTGTGAGCGGATAACAATT
	CAP	TGTGAGTTAGCTCACT
	lambda repressor	TATCACCGCCAGAGGTA
酵母	GAL4	CGGAGGACTGTCCTCCG
	MAT2	CATGTAATT
	GCN4	ATGACTCAT
果蝇	Krüppel	AACGGGTTAA
	bicoid	GGGATTAGA
哺乳动物	Spi	GGGCGG
	Oct-1	ATGCAAAT
	GATA-1	TGATAG

5.3　基因的分子调控

基因的表达与抑制实际上是一个分子水平上的开关机制（switched on and off），而扳动这个开关的是细胞周围环境中各种信号（signal）[12]。这种开关机制普遍地存在于原核及真核细胞之中，只不过有简单与复杂之分而已。

5.3.1　单因子调控——色氨酸操纵子

以色氨酸操纵子（tryptophan operon）为例。操纵子中 5 个相邻的 *trp* 基因只有在色氨酸缺乏的时候，才进行转录。色氨酸是作为一个“辅阻遏物”（corepressor）而不是作为一个诱导子行动的。它活化特异的抑制子使其结合于 *trp* 操纵基因，从而阻止操纵子的转录。色氨酸抑制子（tryptophan repressor）是一种 HTH 型调控蛋白，它只有在被两个色氨酸分子结合后才能与 *trp* 操纵子 DNA 的大沟结合。当色氨酸不存在时，原来与大沟 DNA 结合的两个螺旋（helix）倾斜、摆动，使调控蛋白离开操纵子 DNA 的大沟，*trp* mRNA 的合成就在启动基因附近开始进行[8]。因此色氨酸抑制子（tryptophan repressor）是调控色氨酸操纵子的唯一因子，而色氨酸则是开关这个因子的单一信号（图 5.8）。

但奇怪的是这样开始的转录往往不能彻底完成，大部分 *trp* mRNA 链的生长刚一开始，在第一个 *trp* 基因（gene *E*）开始转录前就停止了。这种奇怪的现象是因为在 *trpE* 与启动子-操纵子（promoter-operator）区域之间存在着一个 161 个碱基的先导区（leader），在先导区内部有一个衰减区（attenuator region），123～150bp。RNA 聚合酶往往不能通过这个衰减区，只产生 140 个左右核苷酸的片段，其中包含一部分衰减区的序列。只有当一个特异的调控因子作用于衰减器的时候，RNA 聚合酶才能通过衰减区。这种调控因子的性质还不清楚，但已知通过衰减区的量是与色氨酸的量成反比的。也就是说色氨酸的量既能直接影响 trp 阻抑蛋白，也能间接影响衰减区域。这两个调控区的共存可以对细胞内色氨酸的水平进行细调（finer tuning）。这种比较精细的调控分两个阶段进行，以对付逐渐紧急的色氨酸饥饿，开始是终止抑制子的结合，进一步饥饿时则是衰减作用的松弛。衰减区富含 AT，如何识读尚不清楚。虽然近来遗传学的分析暗示有 ρ 因子的参与，也很可能是一种专为衰减器而存在的抗终止作用（antitermination）的蛋白质。例如，λ 噬菌体转录中就存在着一种抗终

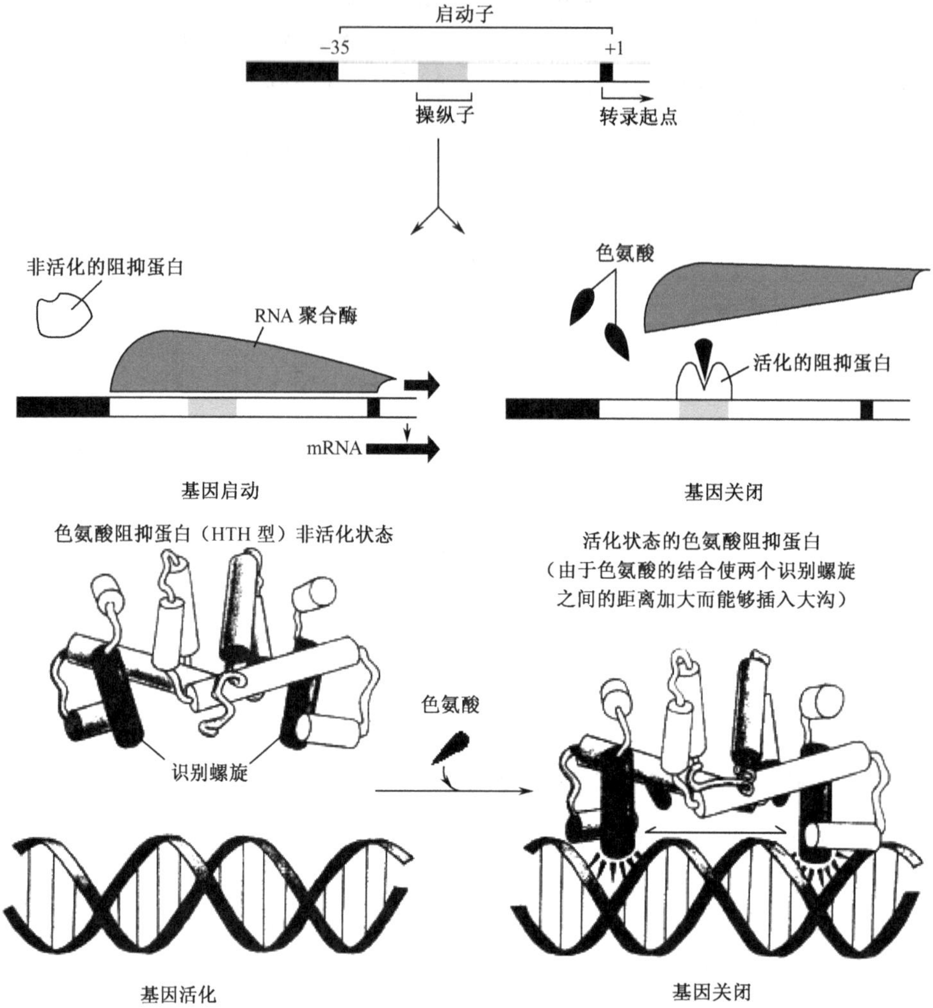

图 5.8　色氨酸操纵子的单因子开关调控

上图为调控示意。下图为调控的分子机制：色氨酸信号与 trp 阻抑蛋白的结合，使其构型改变，两个α螺旋（α helix）变得垂直而得以与操纵子 DNA 的大沟结合[8]

止蛋白。

转录中被衰减的 RNA 起什么作用，还不清楚，很可能参与为一条约 40 个氨基酸的多肽编码。这条多肽起自先导区 mRNA（leader mRNA）的始端，那里有一个含 AUG 的与核糖体相结合的区域。因此，大量的先导区 mRNA 是独立于色氨酸 mRNA 之外的。先导区 mRNA 合成的是另一种蛋白质，这种蛋白质可能与 λ 噬菌体的抗终止蛋白质类似，该蛋白质在 λ 噬菌体中，也是被一种类似引导者（leader）的序列所编码，并作为抗终止因子而工作（图 5.9）。

5.3.2　双因子调控——乳糖操纵子[1]

乳糖操纵子（lactose operon）的基因开关装置是由正调控（positive control）与负调控（negative control）组成。它的调控蛋白除了 lac 抑制子（lac repressor）外，还有一个正调

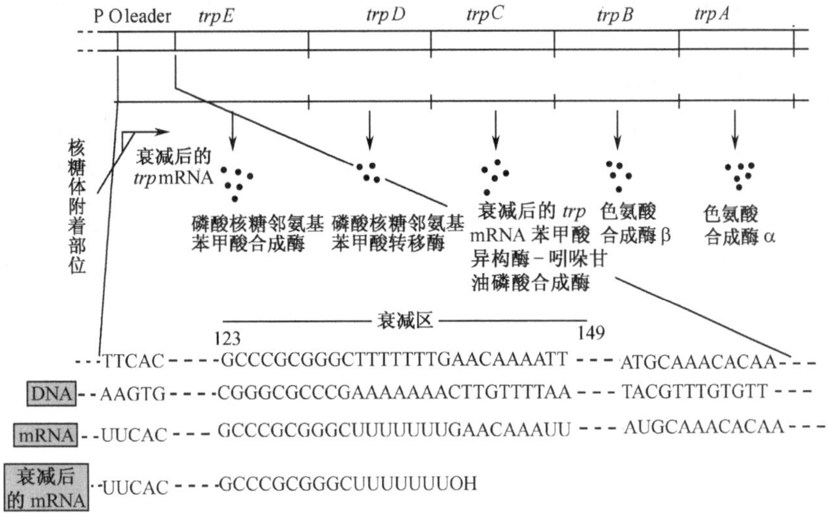

图 5.9　大肠杆菌的色氨酸操纵子

控蛋白——CAP（catabolite activator protein），又称基因激活蛋白。葡萄糖与乳糖作为两个信号，分别通过它们对 lac 抑制子与 CAP 的作用而扳动基因开关。因此，乳糖操纵子是双因子调控；它的表达只有乳糖存在而葡萄糖缺乏时才能实现[13]（图 5.10）。

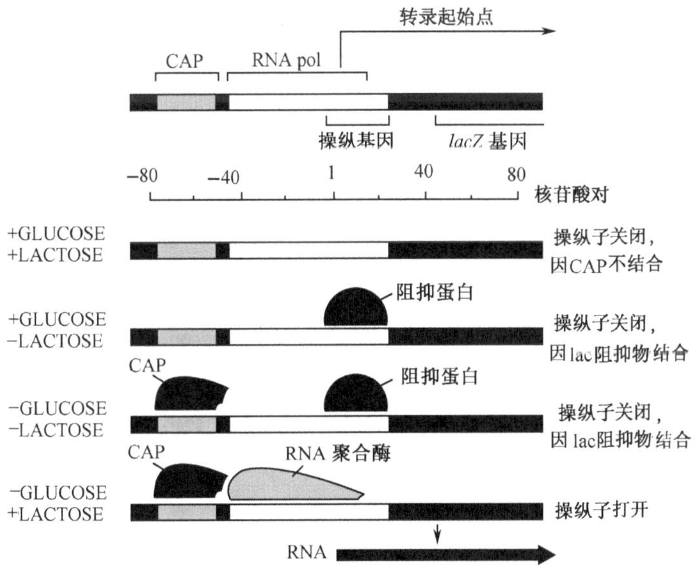

图 5.10　乳糖操纵子的双重调控

乳糖的加入增加了异乳糖（allolactose）的浓度，异乳糖与 lac 抑制子 r 结合而使其离开操纵基因。葡萄糖的加入减少了 cAMP 的浓度，而导致 cAMP 不再与 CAP 结合，使 CAP 从 DNA 卸载而关闭操纵子。由图中可见乳糖操纵子只有在乳糖存在而葡萄糖缺乏时才能表达[8]

由图 5.5 可见，CAP 结合于 DNA 后，将引起 DNA 的弯曲而有利于基因的打开。lac 抑制子[14,15]是由同一肽链的四聚体（148kDa）构成，每一条肽链含有 247 个氨基酸，分子质量是 37kDa。编码该肽链的基因在每个 *E. coli* 细胞中仅 10～20 个拷贝。由于含量甚微，其分离和鉴定非常困难。幸好它的一种突变体中这类拷贝的含量颇高，占 *E. coli* 整个细胞蛋白质的 1% 以上。

所有抑制子都结合于 DNA 的特殊部位，阻止相应的 mRNA 分子的转录。DNA 与抑制子结合的特异的核苷酸序列称为操纵基因（operator）。一般来说，一个操纵基因至少有 10～12个碱基与阻抑蛋白以氢键相结合。Lac 阻抑蛋白一旦与 DNA 结合，便留在上面，直到下次与它的诱导物相作用。对乳糖操纵基因，利用它与抑制子结合不被核酸消化的特点而得以测定。整个区域为 21 个碱基对，并以第 11 位碱基为中心，两侧的碱基呈交叉对称（图 5.11）。

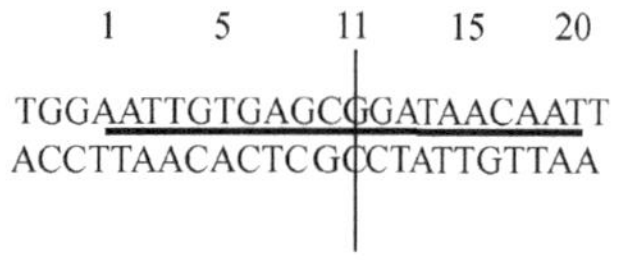

图 5.11　乳糖操纵基因序列

这种对称形式允许四聚体 lac 抑制子的两个亚单位能同时结合于操纵基因。对称的不完善，似乎说明只有那些对称的碱基（黑线上下）才参与各自的蛋白质-核酸间的相互作用。1988 年探明，除了启动子邻近下游处的操纵区以外，还在－93 位、＋402 位有两个操纵区。1990 年得到调节蛋白 LacI 的结晶，并清楚 LacI 以四聚体形式结合于 21bp 的操纵区后，如有异丙基硫代半乳糖苷（IPTG）与 LacI 结合，LacI 的四聚体变构而脱离操纵区[2]。

抑制子并不是永久结合在 DNA 上，它具有活性与否，取决于它是否与相应的诱导子（inducer or corepressor）相结合。β-半乳糖苷酶的抑制子一旦与 β-半乳糖苷或者乳糖（诱导子）结合，则抑制子就不能与它的操纵基因结合，所以加 β-半乳糖苷于细胞培养基中，就减少了有活性的 β-半乳糖苷酶的阻抑蛋白，从而使 β-半乳糖苷酶不断合成。乳糖并不是直接的诱导子，它是先转变为异乳糖（allolactose），再与抑制子结合。

阻抑蛋白与诱导子之间并不是以共价键相连，而是两种分子的一部分在构型上互补，以弱的次级键（氢键、盐键、范德华氏力）相连，这些弱的结合键可以迅速地生成或断裂，以适应生理上的需要。

在某些情况下，一种阻抑蛋白仅能控制一种蛋白质的合成，但也有控制一个以上的蛋白质合成的阻抑蛋白。例如，*E. coli* 的 β-半乳糖苷酶（β-galactosidase）、半乳糖苷透性酶（β-galactosidasepermease）、半乳糖苷乙酰基转移酶（galactoside acetylase）就是由一个阻抑蛋白所控制。早期认为一个阻抑蛋白只用于一个操纵子。后来发现一个特异的阻抑蛋白可以作用于精氨酸合成基因的 3 个不连锁的操纵子上。λ 抑制子可以特异地作用于 2 个操纵子，其中一个在调节基因的左侧，一个在右侧（图 5.12）。

5.4　原核生物操纵子的特点

（1）由被调节基因的产物所识别的操纵基因，启动基因以及为单一 mRNA 分子编码的几个相邻的结构基因所组成的功能单位总称操纵子（operon）。启动子（promoter）位于调节基因与操纵基因之间，在形成 mRNA 时 RNA 聚合酶先结合到启动基因上，因此 RNA 聚合酶在转录结构基因之前必须首先通过操纵基因，如果操纵基因和阻抑蛋白结合，则 RNA 聚合酶与启动基因的结合会受到干扰，并使 RNA 聚合酶无法通过操纵基因，这样结构基因将不能表达。而当乳糖或 β-半乳糖苷存在时，它能与阻抑蛋白结合并使之发生构型改变，阻止了阻抑蛋白与操纵基因结合，RNA 聚合酶因此可以自由地转录结构基因。乳糖操纵子

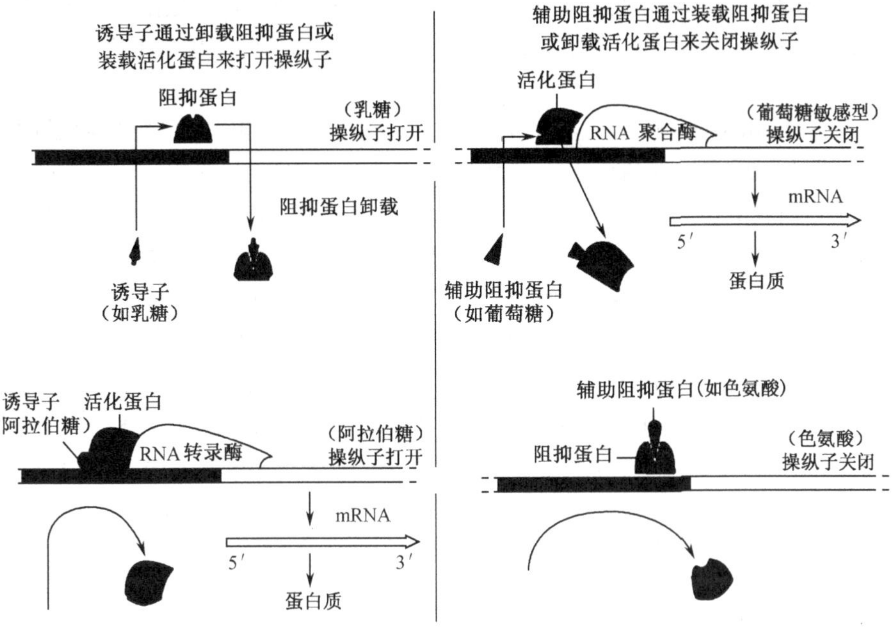

图 5.12　操纵子（operon）模型的概括[8]

repressor，activator 都是操纵子的调控蛋白；repressor 是调节基因（regulator）的产物。这些调控蛋白都会因为诱导子（inducer）、辅助阻抑蛋白（corepressor）的结合而被在操纵基因（operator）上装载或卸载，从而表现为正调控或负调控

的自然诱导物是乳糖，它以未知的方式发生某些改变而进入细胞，并与阻抑蛋白结合。在实验上使用人工的诱导物如异丙基-β-硫代半乳糖苷（IPTG）同样有效，而且不发生改变就和阻抑蛋白结合从而起诱导子的作用（图 5.13）。

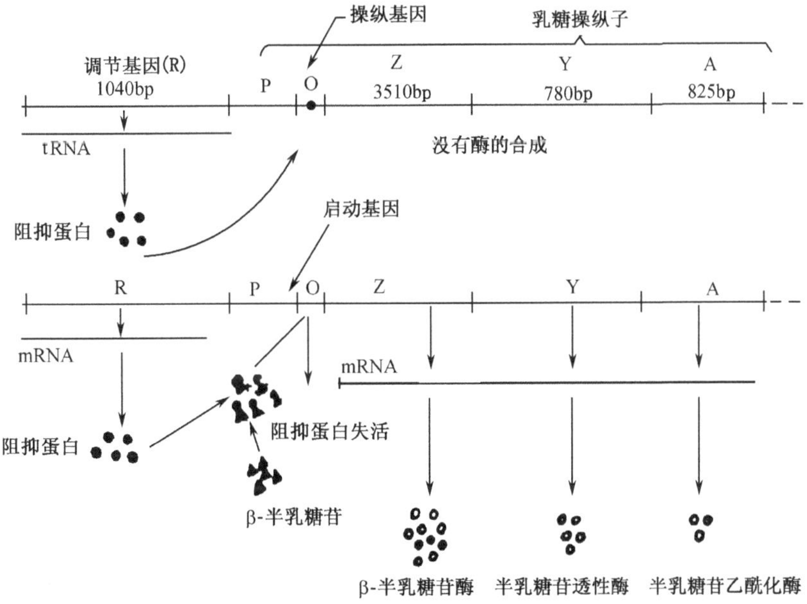

图 5.13　乳糖操纵子示意图

（2）同一操纵子中的 3 种蛋白质不是由 3 个 mRNA 翻译，而是由一个 mRNA 分子携带所有 3 种蛋白质的遗传信息。在组氨酸生物合成中，操纵子中 10 个基因的密码子，也是由一个 mRNA 分子携带的。

（3）被一条 mRNA 编码的不同蛋白质的产量不同。例如，在乳糖操纵子中，β-半乳糖苷酶、半乳糖苷透性酶、半乳糖苷乙酰化酶的产量之比约为 1∶1/2∶1/5。这可能是因为一定结构基因的核苷酸序列除了编码外，还含有一个或少数几个限速三联体对多肽合成中的某一环节加以限制（Itano，1966；Boyer，1964）。例如，一个氨基酸可以由几个不同的三联体编码，因而要求不同的 tRNA 分子。不同的 tRNA 的利用率（转运速率，与三联体、核糖体的结合速率及释放速率等）是不同的，从而决定了不同蛋白质合成速率的差异。例如，在一定条件下，有些密码子其相应的 tRNA 数量有限，核糖体往往会停滞在这些密码上等待有限的 tRNA 的到来，因此，这类密码含得越多则产量越低。在乳糖操纵子中也可能出现这样的情况，核糖体首先沿 β-半乳糖苷酶的密码移动，当它们读出该酶的翻译终止信号后，有的核糖体脱落，有的继续沿模板前进，在碰到半乳糖苷透性酶的终止信号后，又有一部分核糖体脱落。因此，β-半乳糖苷酶的产量最高而半乳糖苷乙酰化酶的产量最低。

（4）许多蛋白质的合成并不适应外界环境的变化。例如，*E. coli* 中控制葡萄糖降解的酶的数量并不因培养基中加入或移去葡萄糖而发生明显变化。虽然原因尚不清楚，但是它使我们提出一个更为普遍的问题：并不是所有的基因都必须有阻抑蛋白-操纵基因的调控，也可能通过其他途径来控制蛋白质的量。

操纵基因距离 mRNA 转录的起始位置很近，但不互相重叠，阻抑蛋白一旦结合到操纵基因上，它的作用只是阻止 mRNA 转录的启动，但对于已经开始的 mRNA 链的延长则没有作用，所以操纵基因主要是负作用（negative function）。乳糖操纵子的转录还受到另一调节蛋白——CAP 的正调控作用，因为 CAP 在与 cAMP 结合时，能激活操纵子的转录。如果操纵基因或调节基因发生突变，则不能产生正常的阻抑蛋白或阻抑蛋白不能与突变的操纵基因相结合；因而在没有诱导物存在的条件下，也不能阻止特异 mRNA 的启动，相应的蛋白质合成继续进行，这种现象称之为组成性合成（constitutive synthesis）。例如，在乳糖操纵子的组成性合成中，即使培养基中没有 β-半乳糖苷或乳糖之类的诱导子，也不需要制造 β-半乳糖苷酶等来吸收、分解诱导子，这些酶仍然被合成出来。这些在组成性合成中产生的酶叫做组成性酶（constitutive enzyme）。组成性的合成可以是高水平的，也可以是低水平的。当高水平时往往因为失去了阻抑蛋白（repressor）或者是操纵基因（operator）发生突变。由此可见，组成性合成既可由操纵基因的突变引起，（此种突变以 O^C 表示）也可由调节基因的突变引起。怎样区别这两种情况呢？在杂合型二倍体细胞中，一条为正常的染色体，另一条上有 O^C 或者突变型的调节基因，让它们处于同样的无诱导子的条件下，然后测定它们酶合成的情况，就能把 O^C 突变与调节基因突变区分开。①在调节基因突变型与正常型组合的部分二倍体细胞中，正常型的阻抑蛋白是显性的，这时虽然突变型产生的阻抑蛋白不能与操纵基因结合，但正常型的阻抑蛋白仍能与操纵基因结合。因此，在这种二倍体细胞中无组成性合成进行。②在操纵基因的突变型（O^C）与正常型组合的部分二倍体细胞中，O^C 是显性，O 是隐性，因此，在这种二倍体细胞中有组成性合成进行。虽然操纵基因突变型与正常型的调节基因都能产生正常的阻抑蛋白，但操纵基因的突变型不能与这些阻抑蛋白相结合，因而在没有诱导子底物存在时，仍然能继续合成相应的诱导酶。因此在无诱导物的情况下，根据杂合的二倍体细胞有无组成性合成，可明确地把操纵基因突变与调节基因突变区别开来。在单倍体细胞中或者纯合的二倍体细胞中，O^C与I^-是无法区别的。

无诱导合成（即组成性的合成）的量可能是 4 种因素的反映：①在缺乏阻抑蛋白与操纵基因相互作用的情况下，蛋白质合成的速率；②核糖体结合到 mRNA 模板起始点的速度；③DNA 或 mRNA 模板本身的核苷酸序列就含有决定合成速率的信息；④mRNA模板的寿命越长，则蛋白质合成越不能迅速适应外界环境的变化。目前还不能确定是什么原因造成这种非适应性的合成。我们只能设想有许多需要量较少的蛋白质的合成，并不需要阻抑蛋白或操纵基因的调控。

5.5　σ 因子级联调控模型[16a]

该模型是 Losick 和 Pero 于 1981 年所提出[16b]。Losick 和 Pero 提出的 σ 因子级联的基因调控模型（cascades of sigma factors model）认为：细菌或噬菌体在不同的生长时期，或不同的生长环境中，所表达的基因种类和程度各不相同，而 σ 因子的级联式交替，则是实现这种专一性调控的重要分子基础之一。该模型在实验上得到了枯草杆菌噬菌体 Spol 的转录系统（Fox,et al.，1976）以及大肠杆菌热休克反应系统（heat shock response system）（Neidhardt，et al.，1984）的支持。Spol 所编码的基因按其表达程序分为早期基因，中期基因和后期基因。它们受不同的 σ 因子控制。早期基因由宿主（枯草杆菌）编码的 σ^{43} 负责转录，而中期和后期基因分别受噬菌体自己编码的两个 σ 因子（gp^{28}、gp^{34}）所控制。

平心而论，σ 因子级联反应的理论首先应归功于 Watson。他指出："也可由几个操纵子来计时，只要每一个操纵子都为阅读下一个操纵子编码一个独特的特异性因子"，从噬菌体 T4 的生活周期，已经知道反特异性因子的存在，在 T4 中至少有一个基因编码一种产物，来抑制大肠杆菌的 σ 因子行使机能。更复杂得多的细菌生活周期，显然必定含有多种反特异性因子，每个反特异性因子在不同时间起作用，特异地阻断一些基因行使机能。Watson 的模型中不仅有 σ 因子，而且有反 σ 因子，这两种因子的级联反应，把功能相关而不相邻的一些基因或操纵子组成了一个行使某一功能的统一体系（图 5.14）。Watson 的模型不仅体现了基因调控的程序性（σ 因子级联），而且体现了反馈性（反 σ 因子）及整体性。

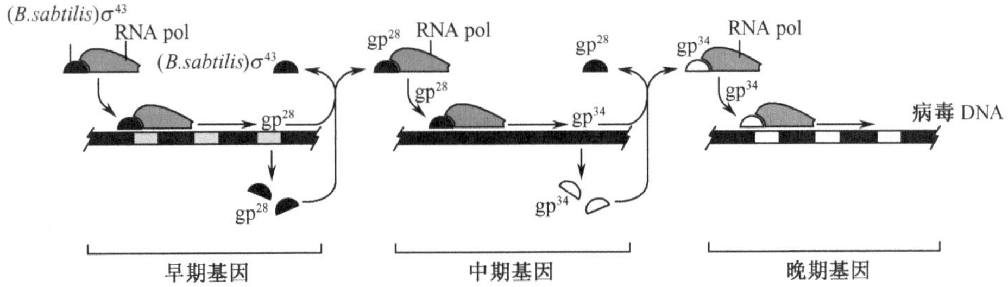

图 5.14　σ 因子级联反应模型

在此，需要提一下 RNA 全酶中的 σ（sigma）因子。起初人们认为原核生物的 RNA 聚合酶仅以一种形式存在。目前，至少已有五种 σ 因子在枯草杆菌中被发现。（σ^{43}、σ^{37}、σ^{32}、σ^{29}、σ^{28}）。还有两个由噬菌体 Spol 编码的 σ（Sgp^{28}，$Sgp^{33,34}$）也已发现。这些 σ 因子所识别的启动子在－35 和－10 区域的 DNA 序列各不相同，具有很高的专一性，这是 σ 因子行使调控作用的一个重要的分子机制。

5.6 真核基因的分子调控——多因子调控

5.6.1 真核细胞基因调控的特点

5.6.1.1 真核细胞转录启动是多步骤的

因为真核细胞的RNA聚合酶（RNA polymerase）本身不能启动转录，必须事先有一套基本转录因子（general transcription factors，也称基本转录结构）装配到启动子上，转录才能开始。这就使得转录的启动是多步骤的[17]。

不像原核细胞的RNA聚合酶那样，纯化了的真核细胞的RNA聚合酶在体外（*in vitro*）根本不能启动转录。这就导致了转录因子（transcription factor）的发现；它们对于转录的启动是必需的。这些因子并不是RNA聚合酶的一些亚单位的分离后的行动，它们是另外的独立的蛋白质因子。这些因子在启动子上装配成转录因子复合体—— 基本转录因子而使RNA聚合酶得以就位。如图5.15所示，首先是TFⅡD（TF：transcription factor）结合到启动子的TATA序列（又叫TATA BOX）上；TATA是RNA聚合酶Ⅱ所通用的序列，位于转录起点上游25个核苷酸处。TFⅡD是由许多亚单位组成，负责识别TATA序列称为TBP（TATA-binding protein）。一旦TFⅡD就位，TFⅡB紧跟上去，接着RNA聚合酶在TFⅡF的护送下到位，然后TFⅡE与TFⅡH也装配到复合体中。在聚合酶Ⅱ就位以后，必须与转录因子复合体脱离；在此起关键作用的是TFⅡH的一个亚单位——蛋白激酶（protein kinase）。在ATP存在的条件下，蛋白激酶能使RNA聚合酶Ⅱ磷酸化，因而导致RNA聚合酶Ⅱ的释放以及转录的启动。被磷酸化的是RNA聚合酶中最大的一个亚单位所伸展出来的长肽尾巴。在哺乳动物该长肽尾巴是一个七氨基酸单位（Tyr-Ser-Pro-Thr-Ser-Pro-Ser）重复了52次，而磷酸化是发生在丝氨酸和苏氨酸的侧链。

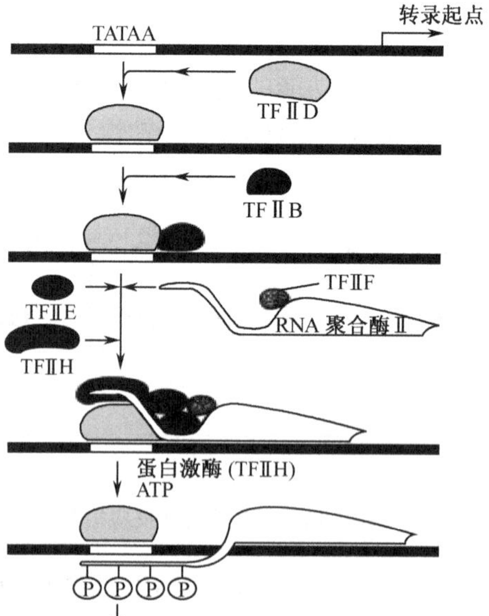

图5.15 RNA聚合酶的就位与启动有赖于很多转录因子的逐步地装配[8]

真核细胞的 polⅡ和 pol Ⅲ的到位与启动同样需要一系列转录因子的装配，TBP 也同样为 polⅡ、pol Ⅲ所需要。但是 polⅠ、pol Ⅲ所需的转录因子与 pol Ⅱ的不尽相同，而且 TBP 结合在 polⅠ、polⅢ启动子上的位点并不依赖于 TATA 序列。

5.6.1.2　真核细胞的调控蛋白对转录启动子的作用是远距离的、多因子的

有些调控蛋白所结合的调控序列称之为增强子（enhancer），它距离它所影响的启动子常常达数千个碱基对。这种现象在原核细胞中也有少数发现，而且在增强子上往往只结合一个调控蛋白，但在真核细胞的增强子上结合着调控蛋白复合体。事实上，一个启动子可被沿 DNA 链分布的很多的调控序列（regulatory sequences）及其上面的调控蛋白复合体所调控。说明真核细胞基因的远距离、多因子调控的特点[18]。

这种远距离调控是如何实现的？如图 5.16 所示，在启动子与增强子之间形成一个弯曲(loop)，使增强子上的调控蛋白复合体可以直接地与启动子上的转录因子及聚合酶接触。DNA 形成的这种弯曲使得增强子上的调控蛋白可以反复地与转录因子及聚合酶接触，这无异于在启动子区域增加了调控蛋白的浓度。

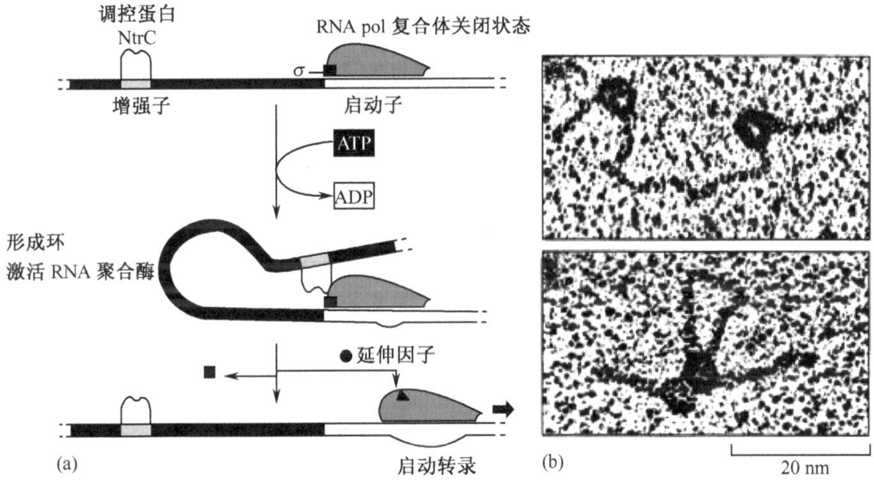

图 5.16　远距离活化基因的机制

(a) NtrC 是细菌的一种调控蛋白，在真核细胞中则是调控蛋白复合体。(b) 是该过程的电镜图片

(依 B. Alberts，et al. 并作较大修改)[8]

5.6.2　真核细胞的调控序列——基因调控区

真核细胞的一个基因调控区（gene control region）包括启动子及对其调控的所有的调控序列（regulatory sequences）[19]。这些调控序列距离启动子或远或近，多数在基因的上游，也有的在下游。

虽然大多数增强子上的调控蛋白对基因转录是正调控，但也有起负调控作用的。在高等真核细胞中一个基因的调控序列往往扩展达 50kb 之长，其中常间以不被调控蛋白所识别的空挡区（spacer）（图 5.17）。与转录因子相比，转录因子只有少数几种，但在细胞中含量丰富并装配在所有被 polⅡ转录的基因的启动子上，而调控蛋白多达数千种，分布在基因上、下游的调控区，但在细胞中含量少。不同的细胞类型或基因往往需要不同的调控蛋白，因此它们对 DNA 序列的识别有特异性。这种特异性的结合是依靠调控因子对 DNA 结合的基序(DNA-binding motifs) 来实现的。

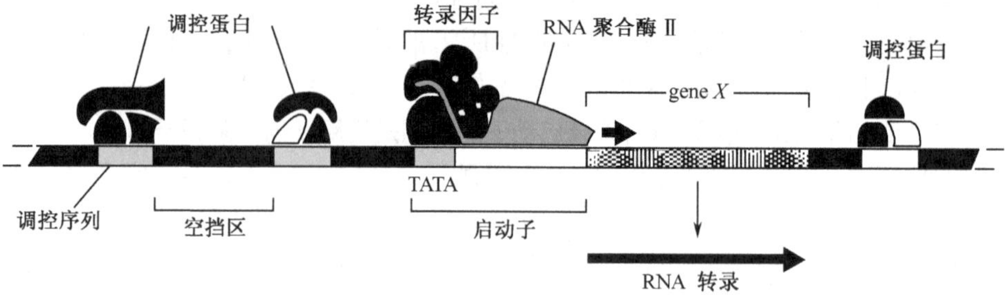

图 5.17 基因调控区示意（依 B. Alberts，et al. 略有修改）[8]

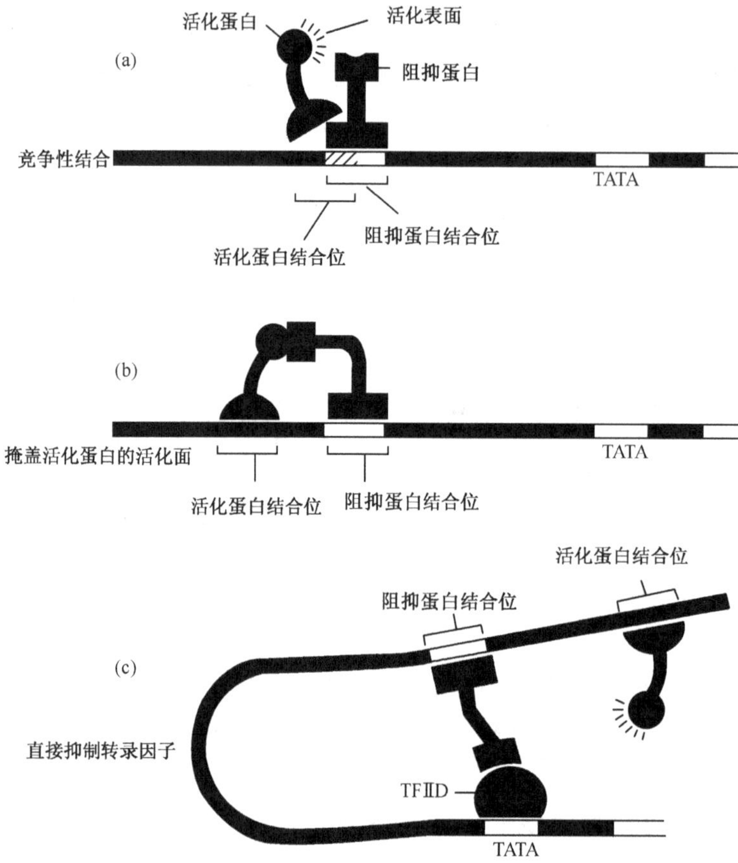

图 5.18 真核细胞的阻抑蛋白的 3 种作用方式

真核细胞抑制基因的另外一种重要方式就是本书前述的染色质结构的变化[8]

5.6.3 真核基因的调控蛋白

5.6.3.1 活化蛋白与抑制蛋白

许多调控蛋白都起着正调控作用，称为基因活化蛋白或激活蛋白（gene activator proteins）。这种蛋白至少具有两个不同的功能区域。一个区域具有与特异 DNA 调控序列识别并结合的分子结构基序（structural motifs），另一个区域则是与启动子上的转录因子接触并加速转录启动的活化区域。例如，有些活化蛋白的活化区含有许多酸性氨基酸，从而在其表面带负电荷。这些酸性活化蛋白具有加速转录因子在启动子装配的作用。例如，在某些启动子的转录因子的装配中，TFⅡB的装配对转录启动起着限速作用，酸性活化蛋白能加速TFⅡB装配，克服限速。另外的活化蛋白则把TFⅡD装载到启动子上。一般地说，在转录因子向启动子上装配的过程中，总有一些步骤是缓慢的，这就需要上游的活化蛋白来逐一地加速它们。所以，就有许多活化蛋白结合在DNA的不同的调控序列上来调控它们。这里应该强调的是，这些基因调控蛋白都必须是结合在DNA上（直接地或间接地）才能发挥作用[20]。

并非所有真核基因调控蛋白都是活化蛋白，有很多是基因阻抑蛋白（gene repressor proteins)。这些阻抑蛋白不像原核生物那样，直接地与RNA聚合酶竞争DNA结合位点（操纵基因)。调控蛋白（包括阻抑蛋白）的结合位点距TATA BOX甚远，所以它们的结合根本不与RNA聚合酶或转录因子竞争。抑制蛋白发挥作用的机制大约有三种：①与活化蛋白竞争结合位点；②掩盖活化蛋白的活化表面；③直接地与转录因子（general transcriptional factors）相作用而起抑制作用[21]（图5.18)。

5.6.3.2 调控蛋白复合体

虽然某些调控蛋白可以单独地行动，但大多数是结合成为一个复合体。一定的复合体结合在一定的DNA序列上，在复合体结合的序列上单独的蛋白是不能结合的。首先可以是两个蛋白以微弱的亲和力相结合，然后结合到相应的DNA位点上，这个二聚体随即创造一个为第三个蛋白所识别的结合面，依次类推，而形成一个活化/抑制的功能集团，或者叫调控舱（regulatory module)[22]。复合体的形成过程（图5.19）说明。

(1) 蛋白质与蛋白质之间的作用力很弱，以至它们不能事先在溶液中装配起来，而只能在DNA上装配。因此，一定的DNA调控序列就成为相应的蛋白质装配的“晶核”(nucleation site)。

(2) 不同的复合体具有不同的活化或抑制转录的功能，而同一种调控蛋白却可以参与到不同的复合体中。它到底是起活化或者抑制作用，并不决定于本身，而决定于它参加到哪一种复合体中。所以，一定的调控序列以及结合其上的复合体才是一个功能单位。

(3) 调控蛋白复合体可以活化基因，也可以抑制基因。

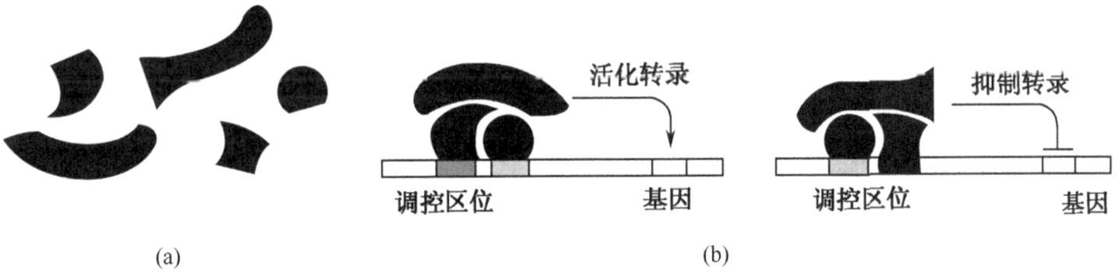

图5.19 调控蛋白复合体的装配[8]

(a) 在溶液中。(b) 在DNA上

5.6.4 真核基因表达的组合调控机制

5.6.4.1 调控蛋白二聚体组合调控

调控蛋白二聚体（regulatory dimers）对DNA的识别，无论在识别能力上，还是结合能力上都要高得多。现以亮氨酸拉链二聚体（leucine zipper dimer）为例[23]。之所以称为拉链是因为两条α螺旋在中部的疏水氨基酸侧链（经常是亮氨酸）相互作用而铰链一起形似拉链。形成拉链的部分很短，其余部分的两条 α 螺旋彼此分离；这种二聚体就像一个晒衣夹子夹住晒衣绳那样结合在 DNA 大沟中（图 5.20）。

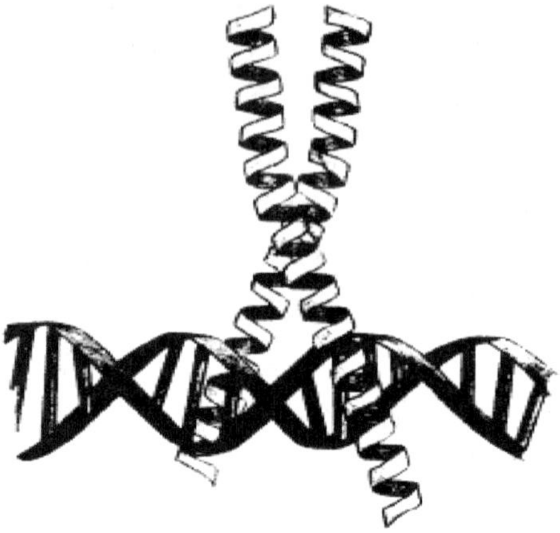

图 5.20　亮氨酸拉链二聚体与 DNA 结合

以中部的拉链为枢纽形成两个反向的 Y 形结构。下面的倒 Y 的两条 α 螺旋是与一定 DNA 序列相结合的结合域（binding domains），每一个 α 螺旋结合于 DNA 双链的一条，结合部位左右对称

除了亮氨酸拉链二聚体外，还有其他形式的二聚体[24]。它们可以是同型二聚体（homodimers），也可以是异型二聚体（heterodimers）。由于异型二聚体中的两个蛋白质具有不同的 DNA 结合、识别特异性，因而具有更高的特异性能。如图 5.21 所示，两种蛋白质单体（monomer）可以产生 3 种 DNA 结合特异性，3 种蛋白质单体则可产生 6 种不同的 DNA 结合特异性，余类推。这就是一种组合调控（combinatorial control）。它通过几种蛋白质的不同组合而产生灵活、多样的 DNA 结合特异性。它是真核细胞基因调控的重要机制之一。该机制中的二聚体可以在溶液中组合，而不像前述的调控蛋白复合体必须在 DNA 上进行。

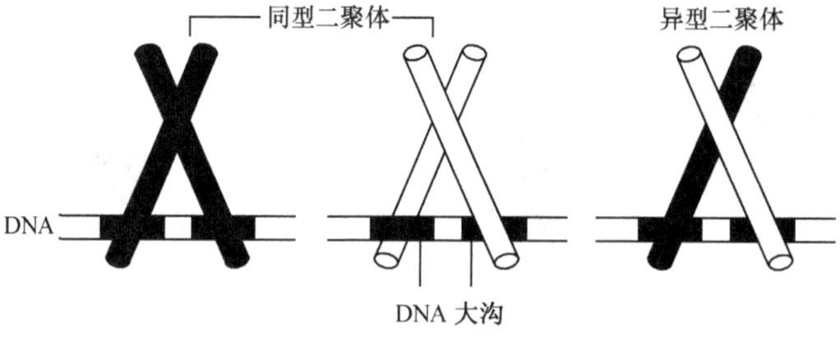

图 5.21　异型二聚体的两种蛋白质可以有 3 种不同的组合而产生 3 种 DNA 结合特异性[8]

5.6.4.2　调控蛋白多聚体组合调控[25]

另一类调控蛋白是以一个或一个以上的 Zn 原子为结构成分。所有这类配备 Zn 原子的 DNA 结合基序的蛋白都称为"锌指"（zinc fingers）。这种名称来源于最初发现时它的图解形状。图 5.22(b) 所示的这种结构的蛋白能激活真核 rRNA 的转录。锌指蛋白的特点是结构简单，由 Zn 原子所联结的只是一个 α 螺旋和一个 β 折叠。另一个特点是一个以上的锌指可以重复成串地沿大沟排列，每一锌指的 α 螺旋都与大沟 DNA 接触，形成多聚体组合。锌指结构还有更复杂的，如胞外受体蛋白（intracellular receptor proteins）是两个 α 螺旋和两个 Zn 原子构成。

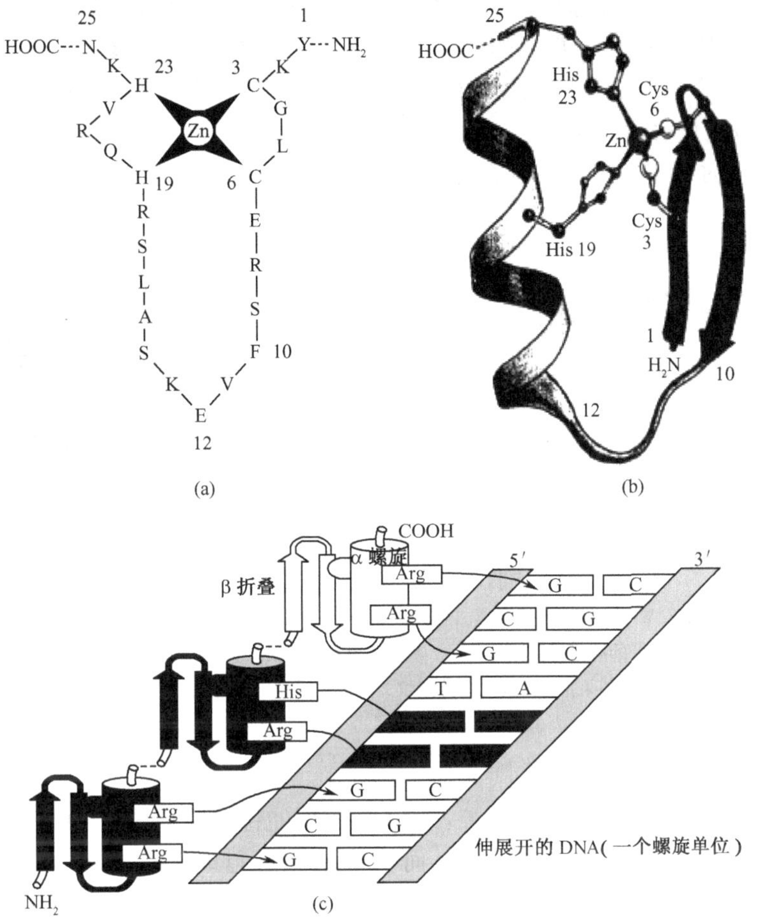

图 5.22　锌指结构示意图

(a) 结构图解，形似手指。(b) 三维结构。是由一个反平行的 β 折叠（氨基酸 1～10)和一个 α 螺旋构成。(c) 几个锌指重复成串地排列于大沟中。为图示方便起见，把一个 DNA 螺旋拉平[40]

5.6.4.3　调控舱组合的立体调控机制

各种调控蛋白组合成不同的复合体，它们必须在与相应的调控序列结合的情况下，才能活化/抑制不同的基因。调控序列是调控蛋白复合体赖以形成与作用的基础。在同一基因的漫长的调控区（可长达 50kb）中往往组织成不同的“舱位”（module）去特异地接纳在生物体的不同时空坐标中形成的调控蛋白复合体，而使基因有序地表达/抑制[26]。这对于发育过程中性状的表达模式是特别重要的。现以果蝇的 *eve* 基因（even-skipped gene）为例。

eve 基因表达时期是果蝇发育的起始时期，此时的胚胎是一个周边含有一层细胞核的合胞体（syncytium)，如果它突变而失活，则胚胎因许多部分不能形成而死亡。合胞体细胞质中含有各种调控蛋白，它们沿胚胎纵长作不均匀的分布，因而提供了胚胎各部分的定位信息(positional information)。合胞体不同部位的同质的细胞核，因处于不同的调控蛋白的组合浓度中而表达不同的基因。

eve 基因的 DNA 调控序列被设计成：它们沿胚胎纵长能够接纳 7 个不同区域的调控蛋白组合，而分别在此 7 个区域表达。利用 *eve* 基因表达产物（EVE 蛋白）的抗体反应，可

以看到沿胚胎纵长分布的 7 条纹带；每条纹带宽 5～6 个细胞核的距离。

从分子水平上来看，*eve* 基因的调控区长约 20kb，在它上面形成了 7 个调控序列“舱位”，每一“舱位”含有多倍的调控序列，特异地接纳胚胎某一区域的调控蛋白组合，从而使 *eve* 基因在该区域表达。换言之，每一个“舱位”对其相关基因的表达具有时空特异性，它只与一定发育时期和一定发育地点的相应的调控蛋白组合相结合，并使基因在该部位表达（图 5.23）。

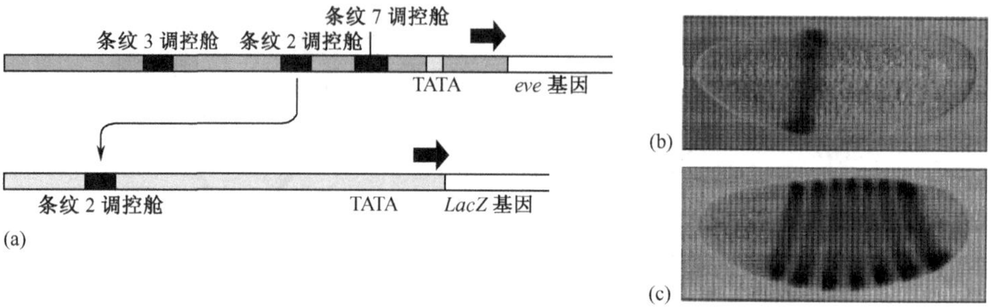

图 5.23 实验说明 *eve* 基因调控区的“舱位”结构

右上图（b），*lac Z* 基因准确地表达在第二条纹区域。右下图（c），利用 EVE 蛋白的抗体反应显色技术，可以看到 7 条纹带的有序排列，证明 *eve* 基因沿胚胎纵长在 7 个区域的表达模式（pattern）。左图（a）是对（b）的说明，如果把 *eve* 基因上游条纹 2 调控舱（长 480bp 的片段）截取下来，利用 DNA 重组技术，把它放在一个报告基因前面（如 *lacZ* 基因），然后重组到果蝇基因组里。在胚胎发育中将看到 *lac Z* 基因准确地表达在第二条纹区域[8]

一个基因的众多调控舱的组合调控，使一个基因能特异地接受生物体不同时期、不同空间的信息（不同调控蛋白的组合浓度）而使该基因进行时间与空间的特异表达[27]（图 5.24）。使遗传与发育汇合，把基因的表达调控与发育分化联系起来。像 *eve* 基因的调控区长达 20kb，共接受 20 余种不同的调控蛋白，这些蛋白到底组合成多少调控蛋白复合体？它们到底被多少个“舱位”所接受？还不清楚。因为在调控区中除了前述的活化 *eve* 基因的 7 个“舱位”外，还有多少对 *eve* 基因起抑制作用或中性的“舱位”？情况不详。从理论上讲，如果每一“舱位”中调控蛋白的数量不限，而且每一种调控蛋白可以重复地出现在不同“舱位”中，那么在进化、变异中的可能发生的组合量是巨大的！

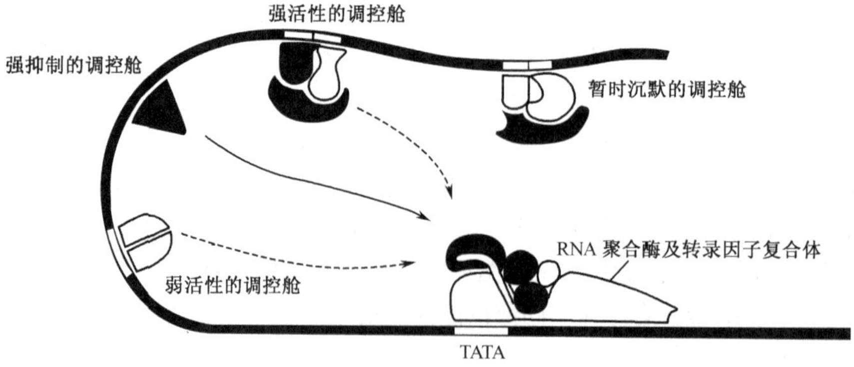

图 5.24 调控舱组合调控示意图[8]

5.7　真核基因的染色质调控

染色质结构的变化对基因的调控在第三章中已有讨论，本节再作补充。

5.7.1　常染色质与异染色质

在间期细胞中，通过光学显微镜染色技术，可以看到染色质在不同区域的凝缩程度不同。那些高度凝缩而又没有转录能力的区域称为异染色质（heterochromatin），大约占基因组的 10%；其余凝缩程度轻并具有转录能力的区域称为常染色质。常染色质虽具有转录能力，但并不是全都处于活性状态；在不同的细胞类型中，表达的基因类型不同，处于活性状态的常染色质区域也不同。常染色质中的 10%是处于活性状态（active chromatin），凝缩程度最轻，其余的常染色质是非活性的，其凝缩程度较重。在哺乳动物中，大部分异染色质集中在染色粒周围，是一些高度重复序列，称为卫星 DNA（satellite DNA）。

5.7.2　染色质结构对基因表达的作用

5.7.2.1　染色质结构的位置效应

包括异染色质在内的非活性染色质具有使其邻近基因沉默（silencing）的作用，称为位置效应（position effect）[28]。例如酵母（*S. cerevisiae*）的 *ADE 2* 基因，当它在正常位置时是正常表达的，如果人工地把该基因移到染色体末端邻近端粒（telomere）的区域，尽管所需的各类调控蛋白依然存在，但该基因不能表达。由于 *ADE 2* 基因沉默，阻遏了腺苷酸（adenine）的合成，使酵母菌落由正常的白色转变为红色；可作为该实验的监测标志。端粒附近的位置效应区可长达 10kb，可使许多基因沉默，它的效应与对端粒的距离成反比。类似的位置效应亦见于果蝇白眼基因，该基因正常时眼显红色，当突变后被抑制时则显白色，因而叫白眼基因（white gene）（图 5.25）。在眼的发育中，白眼基因有时因染色体倒位（chromosome inversion）而接近异染色质，而使眼显红白相间的斑点。红斑的出现，可能是因为在眼的发育过程中，异染色质扩展程度的不同所造成。位置效应一旦建立，则成为体细胞遗传，说明它是一个伴随着蛋白质装配的实质性过程。

5.7.2.2　染色质去凝缩的活化效应

以 β-珠蛋白基因簇（β-globin gene clusters）为例，该簇的 5 个基因（ε、γ^G、γ^A、δ、β）连锁成串，包括它的调控区在内长达 100kb。这 5 个基因在发育的不同时期、不同器官中，专一地在红细胞样细胞（erythroid）中表达。该区域的染色质在整体上去凝缩（decondensation），是它们表达的总开关[29]。在非红细胞样细胞中，β-珠蛋白基因簇是不表达的，具有抗 DNase Ⅰ消化的性能；说明它们是处于凝缩的染色质包装中。而在 β-珠蛋白基因表达的红细胞样细胞中，则对 DNase Ⅰ 消化敏感，说明染色质已经去凝缩；此时核小体的结构仍在，但染色质的高级包装已失去，而使 DNA 易于被 DNase Ⅰ 接近。

所以，基因的活化可能分两个步骤：首先染色质去凝缩，使某些调控蛋白易于接近，为转录做好准备；其次，其余的调控蛋白装配到“调控舱”，而使具体的基因进行特异性表达。

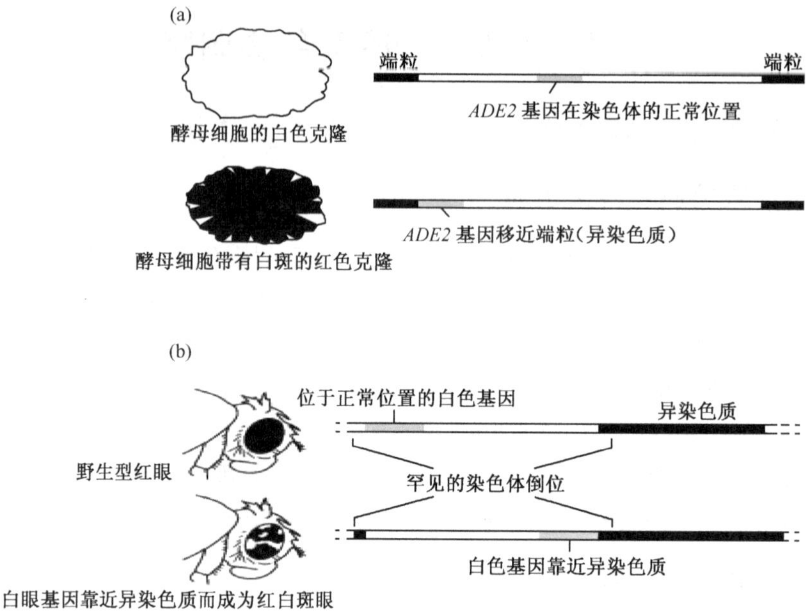

图 5.25 非活性染色质对 *ADE 2* 基因、白眼基因的位置效应[8]

第一步的去凝缩过程需要一个 DNA 区域的作用，该区域称为 LCR 区（locus control region)，它位于被调控基因上游的远端，包含在该基因簇 100kb 的调控区内（图 5.26)。在地中海贫血（thalassemia）患者的红细胞样细胞中，LCR 遗传性地缺失（deletion)，尽管β-珠蛋白基因簇及其调控蛋白依然完整，但基因不能表达。此时的 β-珠蛋白基因簇具有抗 DNase Ⅰ性能，说明在红细胞样细胞的发育过程中染色质没有去凝缩。利用 DNA 重组技术也能说明 LCR 的重要性；如果仅仅把人β-珠蛋白基因簇及其区域调控序列插入小鼠基因组，则其低量的表达依赖于插入位置的凝缩情况。如果把 LCR 序列与人 β-珠蛋白基因簇及其区域调控序列连接在一起，则插入小鼠基因组后，无论在哪个位置，人 β-珠蛋白基因都能高水平地表达。说明 LCR 序列有抗染色质位置效应的作用（图 5.27)。

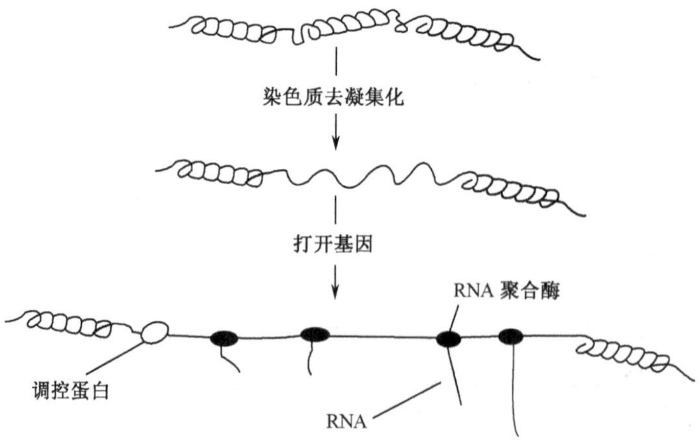

图 5.26 基因活化的两个步骤中的第一步就是染色质的去凝缩[8]

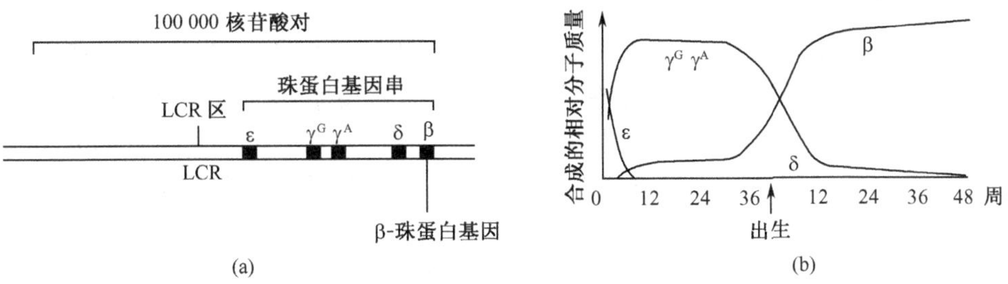

图 5.27 人 β-珠蛋白基因簇（a）及其表达水平（b）[8]

5.7.2.3 染色质的异染色质化

真核细胞可以通过常染色质的异染色质化在更广泛的遗传范围内调控基因的表达。这种整体性的调控将涉及大片的基因的失活，而起遗传平衡的作用。这在生物的发育分化中是至关重要的。

例如，人和大多数哺乳动物雌性的两条 X 染色体在胚胎早期（如在人胚的 16 天之前）都是常染色质的，以后则有一条被持久地异染色质化（Lyon，1974）。也就是说，在这些动物的体细胞中只允许一条 X 染色体上的基因活动，否则将使细胞的功能失调。例如，在妇女的宫颈癌、胃癌细胞中，异染色质化的那条 X 染色体去凝缩，而具有两条常染色质的 X 染色体。

再如半翅目粉蚧科的蚧壳虫。它们有 5 对染色体，其雌性的所有染色体都是常染色质的，而雄性中来自父方的 5 条染色体被选择性地异染色质化而失活（Berlowitz，1965；Brown，1964）。但是，在某些蚧壳虫种属的一些组织中（如肠壁、马尔丕基氏管细胞），这些失活的染色体又变成常染色质的，而且十分活跃。这说明异染色质化是功能性的，具有调控基因表达的作用。

5.7.2.4 染色质的削减——调控基因的极端手段

染色质的异染色质化是在染色质水平上调控基因表达的一种重要形式；而染色质的削减则是另外一种形式，这是一种不可逆的极端的形式。

染色质（体）削减的最著名的例子是马蛔虫（*Parascaris equaorum*）的染色体（Boveri，1887）。在它的合子中具有两条很大的复合染色体。在卵裂中，只有生殖细胞系细胞维持完整的染色体；而在体细胞中，染色体末端部分的大块异染色质被删除，其余的碎裂为许多小的染色体（Moritz and Roth，1976）。瘿蚊科则是许多染色体在体细胞中被整条的被删除（Gurdon and Woodland，1968）。例如小麦瘿蚊（*Mayetiol destructor*），它的生殖系细胞保有全部的 40 条染色体，而体细胞中则削减了 32 条染色体，只保有 8 条。类似现象在节肢动物（arthropods）[30]，脊椎动物（vertebrates）[31]中均有发现。

最生动的染色质删减的例子，莫过于纤毛虫大核的染色体[32]。以棘虫（*Stylonychia mytilus*）为例（图 5.28），新形成的大核保有全部的染色体，从第 15 小时开始，1/3 的染色体多线化，2/3 的染色体被降解。在 38h 左右多线化达到高潮，其 DNA 含量等于原来二倍体全部染色体 DNA 的 16 倍。第 50 小时时，多线化染色体沿横向囊泡化（vesicle），只有小量的囊泡留下，93%的区域被削减掉。第 75 小时，大核中的囊泡破裂，染色质片段（chromomeric）散布于大核中。此时的 DNA 成分仅为整个基因组的 1.6%，而 DNA 的含量却为原来二倍体的 2048 倍！这是些 0.2～2.2μm 的染色质片段，含有结构基因及其调控区。它们都是成体纤毛虫所需要的基因。

近年来从分子水平对这种染色质 DNA 的削减的机制进行了研究。证明在四膜虫（*Tetrahymena thermophila*）基因组中存在着一种染色体断裂序列（chromosome breakage sequence，CBS）（图 5.29）。这是一种保守的 15bp 的序列：AAAGAGGTTGGTTTA，以许多拷贝存在于小核基因组中，但在大核中已不存在。在 CBS 识别因子（CBS-recognition factor）及具有核酸酶活性的辅助因子的作用下，把断裂序列连同它两翼的约 20 个核苷酸切除，而使染色体断裂为许多小片段，然后端粒酶把断头的 3′末端加上端粒重复序列[34]。

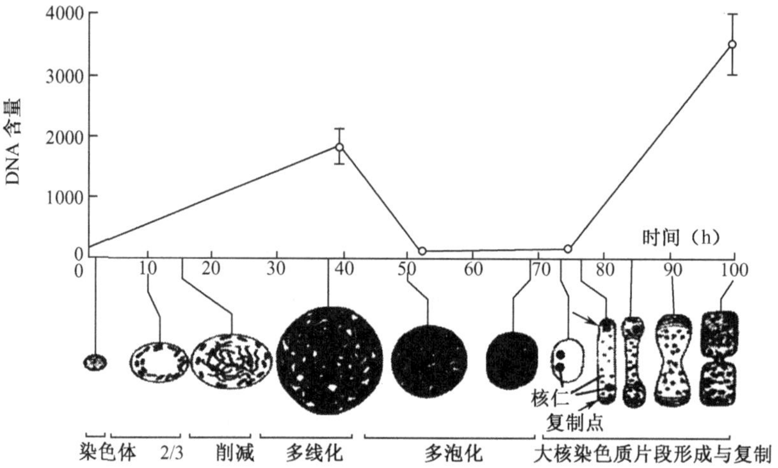

图 5.28 棘虫大核发育中染色质削减的情况（依 Raikov）[33]

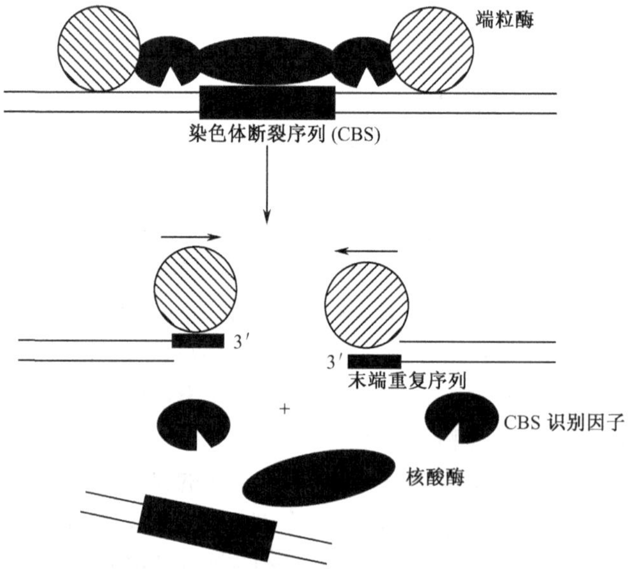

图 5.29 四膜虫（*T. thermophila*）染色体断裂模型[34]

5.8 转录后的基因调控

5.8.1 变通性断裂基因的表达

一般的断裂基因在其初级转录本（primary transcript）的剪接中（图5.30），总是把所有的内含子（introns）剪掉，然后把外显子（exons）依次地连接起来。因此，一种断裂基因只能产生一种成熟的mRNA，合成一种肽链。但是后来发现很多断裂基因在其转录本剪接中，由于内含子/外显子的界定的变化，一种断裂基因可以产生两种以上甚至几十种成熟的mRNA，从而合成几十种肽链。对于这种一个基因，多种表达方式的调控的机制，目前还不十分清楚。例如，小鼠的αA水晶体蛋白基因（αA crystallin gene）的初级转录本可以产生两种水晶体mRNA：αA水晶体mRNA与αA^{ins}水晶体mRNA。

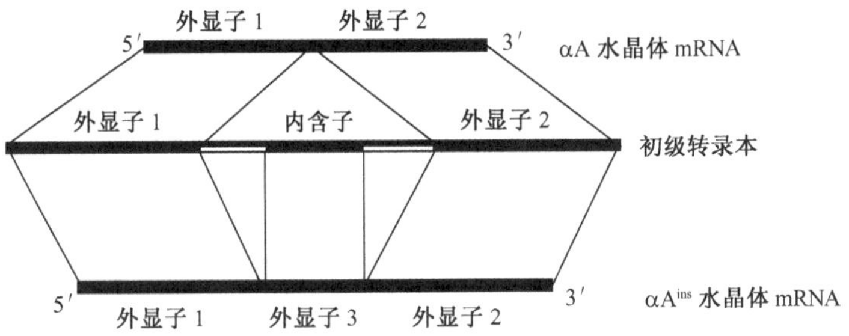

图5.30　小鼠αA水晶体pre-mRNA的变通性剪接

αA水晶体初级转录本含有2个exons和1个introns，剪接后产生αA水晶体mRNA。另外，它也能产生含有3个exons的αA^{ins}水晶体mRNA，这是因为在它长1376bp的intron内，可以分离出1个小的exon（69bp），使该初级转录本变成含有3个exons和2个introns；剪接的结果就产生了αA^{ins}水晶体mRNA

另一个生动的变通性断裂的例子是肌钙蛋白*T*基因（fast skeletal troponin T，TnT）。它共含有18个exons，其中第4、5、6、7、8共5个exons可以随机组合而产生32种组合；再加上16、17二个外显子是互斥性表达，因而，共可能表达64种mRNA（图5.31）[35]。

$$\sum_{j=0}^{n} C_n^j = 2^n,\quad \sum_{j=0}^{5} C_n^{0-5} = 2^5 = 32,\quad 32\times 2 = 64$$

变通性断裂基因（alternative splicing gene）通过不同的剪接方式产生多种肽链，打破了“一个基因，一个蛋白质”，“一个顺反子，一条肽链”的观念。变通性剪接实际上是在外显子/内含子水平上对基因表达的调控。它所调控的不是哪个基因表达或者某个基因表达不表达的问题，而是一个基因的那些exons表达的问题。在这里，基因里面有基因，基因本身变化基因，基因的定义变得似是而非。分子遗传学把基因放在分子水平上研究的结果，不得不面对这样一个问题：基因是什么?

5.8.2 反义RNA

反义RNA（antisense RNA）是一种与mRNA互补的RNA分子，它是反义基因（antisense gene）或基因的反义链（antisense strand）转录的产物。反义RNA与mRNA形成的RNA-RNA双体结构，阻止了mRNA的有效翻译，从而调控基因的表达。反义RNA不必具有和mRNA等长的核苷酸链，短的片段（如50个核苷酸）就可能起到抑制翻译，调控基

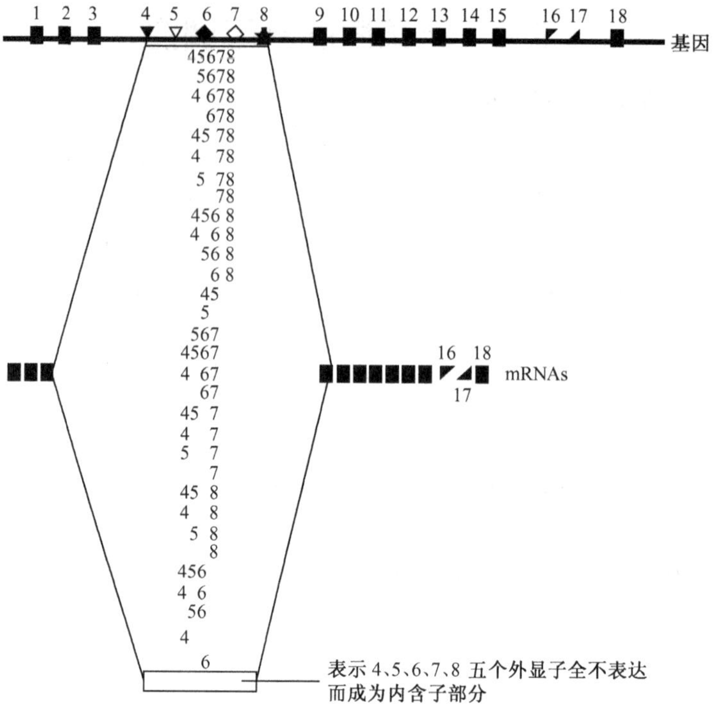

图 5.31 肌钙蛋白 *T* 基因及其 64 种 mRNAs（依 Breitbart，et al. 并做较大修改）[35]

因表达的作用。

5.8.2.1 IS*10* 的多拷贝抑制

IS*10* 是一种比较简单的转座子（transposon），又叫插入序列（insertion sequence）。它的表达属于一种多拷贝抑制（multicopy inhibition）现象；即每个拷贝的转座速率（或它的转座酶基因的转录速率）随着细胞中 IS*10* 拷贝数的增加而减少。这种调控机制是由于反义 RNA 参与转录后抑制的结果。

IS*10* 仅仅转录一种蛋白质——转座酶（transposase）；但它同时在反义链上编码一种反义 RNA（antisense RNA）。该反义 RNA 的启动子位于转座酶基因 5′区的反义链之内，其反义序列沿相反方向延伸，直至越过转座酶基因的 5′末端。因而，它能与转座酶 mRNA 的 5′区配对，阻碍转座酶 mRNA 的翻译，从而达到调控基因表达的目的[36]。

当 IS*10* 的拷贝数越来越多时，反义 RNA 的浓度也越来越高，其反义抑制效应也越来越高，而每一拷贝的转座酶的表达则随之降低。这就是所谓多拷贝抑制。这是因为在转座酶 mRNA 与反义 RNA 的浓度都很低的情况下，二者不易形成 RNA-RNA 二联体。

在 IS*10* 是单拷贝的情况下，反义 RNA 的浓度太低，反义抑制效应几乎等于零；抑制效应大约在 3 个拷贝（每细胞）以上时才表现出来[37]。因为 IS*10* 或 Tn*10* 的转座酶是顺式作用（*cis*、act）[38]，它优先地作用于最近的转座子，所以多拷贝抑制效应正比于每一拷贝的转座酶（或转座作用）的表达速率。

5.8.2.2 ColE1 质粒复制的反义 RNA

ColE1 是细菌中的一种小的、多拷贝的质粒，同类的质粒还有 pMB1、RSF1030、NTP1、CloDF13、p15A 等。此类质粒的复制是借助于一个自 ColE1 复制起点延伸约 500 核苷酸的转录物——RNA Ⅱ 作为先导链的引物来进行的。而反义 RNA 是在该引物表达区域内的反义链所表达的一小段 RNA ——RNA Ⅰ，约 100 核苷酸。它在 ColE1 复制过量时，可与 RNA Ⅱ的 5′末端区互补结合，使其构型改变而丧失引物功能；使菌体中的 ColE1 质粒不能继续复制，而保持数目的稳定[39]。

一种质粒编码的蛋白质，Rom/Rop，是由两个各为 63 个氨基酸肽链组成的二聚体；能够提高 RNA Ⅰ的抑制作用。它能加大 RNA Ⅰ与 RNA Ⅱ形成稳定复合物的速率；但它在 RNA Ⅰ缺乏时，对质粒的复制起始并无作用[40]。

RNA Ⅰ的反义效应能调控 ColE1 质粒在细胞里的数目（图 5.32）。ColE1 质粒一般地维持 20 个左右，而在 ColE1 因突变部分缺乏反义 RNA Ⅰ时，ColE1 质粒数目可达 250。

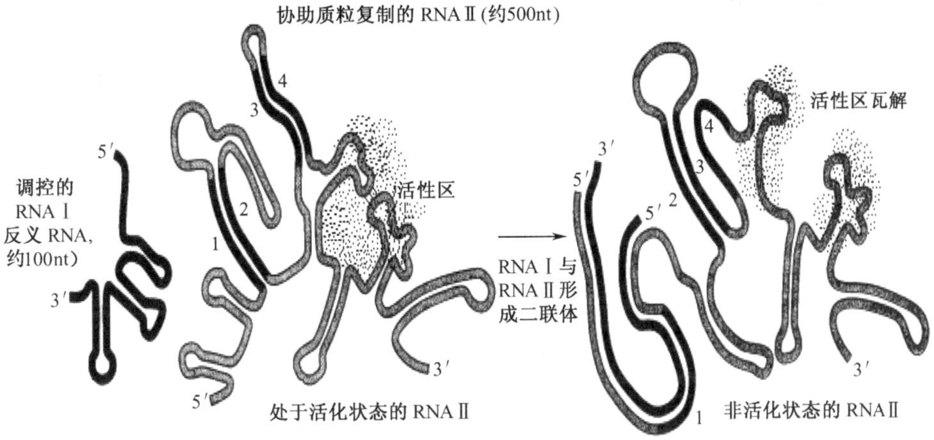

图 5.32　反义 RNA（RNA Ⅰ）调控 ColE1 质粒数目的机制示意图（依 Masukata and Tomizawa）[47]

RNA Ⅰ由于与 RNA Ⅱ的包括序列 1 的 5′末端区的结合，使处于活性状态的 RNA Ⅱ中原本与序列 1 结合的序列 2 转而与序列 3 结合，从而改变了 RNA Ⅱ的构型，使其失去活性，丧失了作为 ColE1 复制引物的功能。因而调控了 ColE1 的复制

5.9　真核基因的调控模型——Davidson-Britten 模型

Davidson-Britten 模型虽然是 20 世纪 70 年代提出的，但与近代分子遗传学所分析的分子机制颇为吻合。在 1973 年提出的模型[41]要点如下：诱导因子（包括激素、细胞内或细胞间的调节分子）与特异的蛋白质所形成的复合物，联结到序列特异的感应位点（S，sensor gene）上，感应位点使与其连锁的整合基因（I，integrator gene）活化。整合基因产生的激活蛋白（A，activator protein），与特异的序列——接受位点（R，receptor gene）结合，从而导致与其连锁的结构基因活化，转录出特定种类的 mRNA（图 5.33）。

该模型与近代的操纵子模型比较，大同小异。它的诱导因子与前述的调控信号相当，整合基因相当于产生调控蛋白（regulatory protein）的基因，接受位点则相当于调控序列（regulatory sequence）或操纵基因。另外，该模型中不同感应位点（S）连锁的一些整合基因（I）可以是互相重复的，因此不同的感应位点（S）可以同时激活同一个接受位点（R）；而不同结构基因连锁的接受位点也可以是相互重复的，所以不同感应位点连锁的整合基因也可以同时激活多个结构基因。这与操纵子模型中一种调控蛋白可以参与对多个基因的调控，

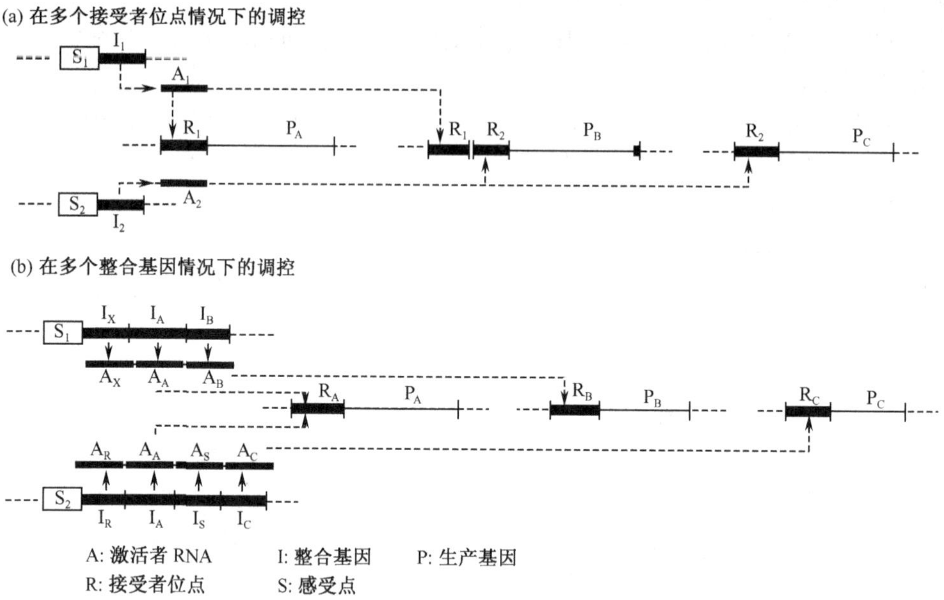

图 5.33　Davidson-Britten 的基因调控的整合模型(Integrative model)(依 De Pomerai,1985)[43]

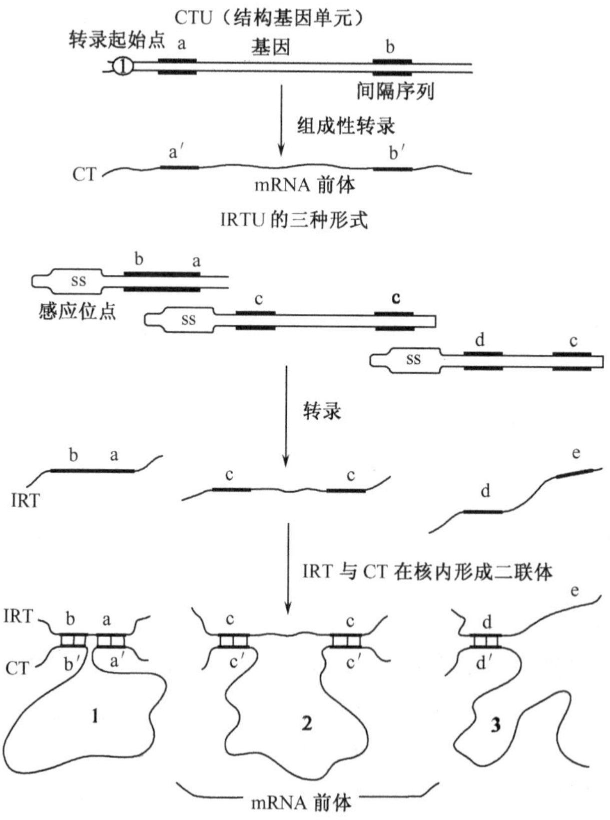

图 5.34　Davidson-Britten 的 RNA 二联体模型（依 Davidson and Britten)[42]

而一个基因又可接受多层次、多方位的信号及因子的调控等近代概念是相符的。

该模型的特点是强调整合基因和接受位点都是重复序列，整合基因系统的变化有可能导致产生新的功能，甚至产生新的组织和器官。因此，人们常把该模型称为重复序列作用假说。而近代分子遗传学也越来越认识到重复序列在基因调控中的重要性。因此，Davidson-Britten 模型在数十年后的今天，仍不失为一个对真核基因调控的高度综合的模型。

1979 年 Davidson 和 Britten 对模型又作了较大的修改[42]，其特点如下。

(1) 该模型已由十年前的基因调控（DNA 水平）退居为转录水平的调控模型，是一个转录和转录后所发生的加工过程为基础的调控系统。

(2) 提出核内 RNA 包括两个部分，一部分是结构基因的转录物，称为结构性转录本(constitutive transcript，CT)；另一部分是整合基因的转录物称为整合调控转录本（integrating-regulatory transcript，IRT)。CT 实际上相当于 pre-mRNA，即 mRNA 前体，它包含一个结构基因编码区、少量的插入序列、前导序列和短而分散的控制序列。IRT 由重复序列和单拷贝序列相间组成，或者由成群的重复序列所组成。

该模型认为 CT 中的重复序列与相应的 IRT 中的重复序列是互补的，在核内复性而形成 RNA-RNA 二联体。二联体的重复序列中存在着对特异的核酸酶敏感的序列，并具有可作为特异核酸内切酶的加工位点。二联体的这些功能保证了在一定细胞内的一些特异mRNA 的加工，使其能成功地在 5′加帽，3′加 polyA 尾巴，得以不被降解并顺利进入细胞质中表达。那些不能形成 RNA-RNA 二联体的 mRNA 前体在核内将被降解而不能输送到细胞质中。

这个模型的修改主要以在海胆方面所做的一些实验为依据。某一类型的 mRNA 在某一类细胞质中虽然是缺少的，但在细胞核内部却大量存在着它的 pre-mRNA。这说明核内的 pre-mRNA 的种类远较细胞质中的 mRNA 为多；但是许多 pre-mRNA 在核内就被降解，只有一小部分经修饰加工后运到细胞中而得以表达。这种选择性修饰加工对细胞类型而言是特异的。例如，在高度特异化的鸭的成红血细胞中，转录了 10^3～10^4 种 pre-mRNA，而翻译的最多不过几百种。再如海胆胚胎的若干 mRNA 类型，在成体肠细胞质 mRNA 中不能被发现，但在它的细胞核中却存在着相应的 pre-mRNA。小鼠脑中的若干 mRNA 类型在肾的细胞质 mRNA 中是不存在的，但在肾的细胞核 RNA 中却有发现。

在哺乳动物中已发现两种 RNA 二联体赖以形成的、或者说 IRT 与 CT 相互识别的特异的重复序列（见图 5.34 中的 a、b、c、d 等)，该种序列称之为“检验者”或 ID 序列（identifier or ID sequences)。一种是 82 核苷酸长的序列，它特异地存在于 62％的脑细胞的转录本中，而不存在于其他组织中[44]。另一种此类序列存在于小鼠早期胚胎中，或多潜能的转化细胞中；它们在分化过程中消退[45]。这两种 ID 序列分布在基因组中许多区域，都是包含在由 pol Ⅱ转录下来的含有单拷贝的长转录本中。脑型 ID 序列是位于很多在脑细胞中特异表达的基因的内含子之中[46]，但也有分散于基因组其他地方的；暗示它可能是一种转位单元。也有证据表明，很多由 pol Ⅲ转录的较短的转录本也含有此类 ID 序列。

5.10　真核基因的多位点协同调控

5.10.1　多位点协同激活的效率

真核基因转录的协同性是指多个激活蛋白之间的相互作用、激活蛋白与各 DNA 位点以及激活蛋白与转录因子复合体的协同结合，使基因的转录处于多位点的调控之下。受多个位点调控的基因转录呈S形曲线，它们协同作用的效果大于每个位点单独作用之和，大大提高了转录激活的效率。在多位点协同调控的特定条件下，激活蛋白浓度的微小变化就能够导致相应的mRNA量的明显变化，使基因表达对不同环境信号的响应具有更高的准确性与灵敏性[48]（图5.35）。

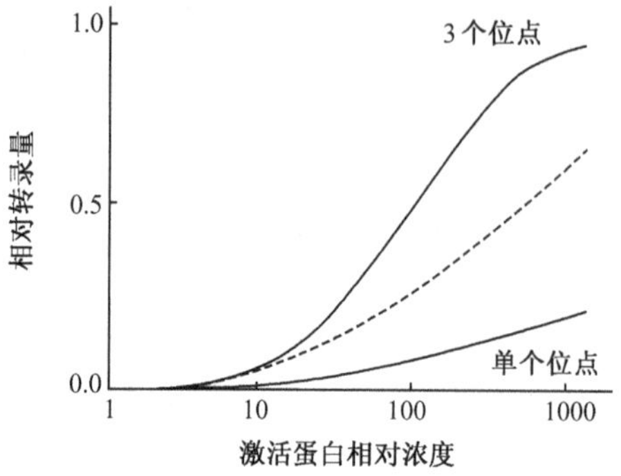

图5.35 单个上游调控位点和3个位点对基因转录的激活作用[48]

mRNA随激活蛋白浓度线性增长。其3倍转录水平用虚线表示；图中的S形曲线表示3个位点上的转录激活，其作用效果远大于单个位点激活作用的3倍

真核基因的转录起始是通过激活蛋白与基因上游的调控位点的结合，进而激活基因[49]。在真核基因的上游往往有两个以上的转录调控位点供激活蛋白结合。例如，MCM1（minichromosome maintenance protein 1），一种调控酵母细胞周期、膜蛋白合成的激活因子，在酵母基因组内有67个基因的上游都存在3个以上MCM1的结合位点；在磷脂酰肌醇合成酶*PIS*1基因上游157 bp到949 bp之间存在3个MCM1结合位点。再如ZEBRA，是EB病毒（Epstein-Barr virus，EBV）由溶原状态向溶菌状态转变过程中表达的激活蛋白，EBV基因组内有15个基因，具有3个以上ZEBRA结合位点，而在*BHLF*1基因上游227bp到1178bp范围内就有8个ZEBRA结合位点。

5.10.2 协同调控模型

Carey等[50]在具有E4启动子的基因上游构建了不同数量的酵母激活蛋白GAL4的结合位点，并使用GAL4-VP16作为融合激活蛋白来激活体外转录。发现在激活蛋白GAL4-VP16的同一浓度下，具有2个和5个结合位点的模板的转录活性分别是1个结合位点模板的3.6倍和12.5倍。在EB病毒的ZEBRA调控模型中也发现了类似的结果[48,51,52]。

为了解释协同作用，人们提出了两个模型。这两种模型并不互斥，而且都有实验证据。

5.10.2.1 协同激活模型[51]

协同激活模型（a model for synergistic eukaryotic gene activation）认为，多个激活因子和多重靶位的相互作用具有不同动力学的限速步骤，导致协同激活[51]（图5.36）。Wang等[48]系统地研究了不同数量和不同结合能力的ZEBRA结合位点对转录的激活作用，提出了多位点协同作用的理论模型。根据这一模型，基因转录的水平是激活蛋白浓度、调控位点个数、激活蛋白结合DNA位点的亲和力以及转录结构中的特定因子结合启动子的亲和力等多个变量的函数。该模型认为不同激活蛋白之间也存在着协同性，Kakidani等[53]发现酵母的GAL4和小鼠的糖皮质激素受体能够协同地激活具有这两种调控位点的小鼠基因转录。这样的协同性使有限种类的激活蛋白可以对大量的真核基因在时间和空间上进行精密的调控[54]。

5.10.2.2 增强体模型[55]

增强体模型（enhanceosome model）提出，激活因子形成了一个增强体，增强体中各种激活结构域和基本转录结构共用表面的不同部位发生相互作用，从而引起对前起始复合体的协同性集结和装配，最终导致协同性的基因激活（Carey，1998）[54]。

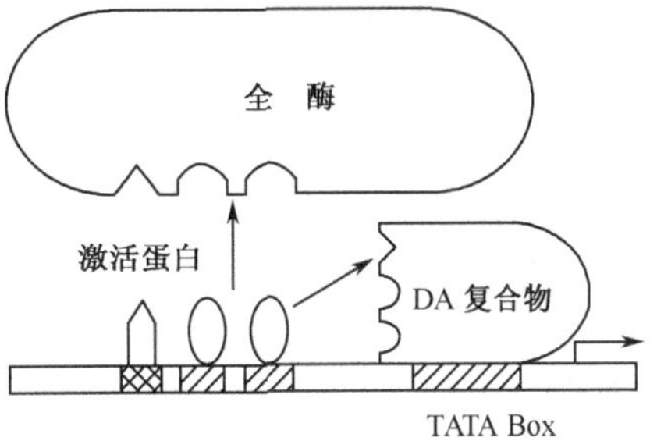

图 5.36　真核基因的协同激活模型[51]

激活蛋白与基因上游的调控位点结合，并集结 DA 复合物（由通常转录因子 TFⅡD、TFⅡA 组成的复合物）和全酶在 TATA Box 上形成转录结构。全酶由 RNA 聚合酶Ⅱ、通常转录因子（general transcription factors）和中介物因子（mediator）组成，箭头表示集结作用（recruitment）

研究表明，激活因子对增强子和调控性启动子的协同性结合引发“增强体”核蛋白结构的形成（Thnos and Maniatis，1995）[56]。增强体显示了基因活化所需的两个层次的特异性。在一个层次上，前后序列依赖性激活因子与激活因子相互作用，促进增强体在裸 DNA 或染色质上的协同性装配（Thanos and Maniatis，1995）。在另一个层次上，增强体具有一个与 pol Ⅱ基本转录结构靶表面互补的特异性激活表面，并借助该表面将基本转录结构集结到启动子上，以产生协同性转录（图 5.37）（Kim and Maniatis，1997）[57]。Kim 和 Maniatis 的研究结果说明增强体的装配分为两个阶段。第一阶段，增强体稳定含有 TFⅡD、TFⅡA、USA 共激活因子以及 TFⅡB 的复合体（Kim and Maniatis，1997）。第二阶段，增强体直接将含有 CPB/p300 的全酶集结到 TFⅡD-TFⅡA-TFⅡB-USA 复合体（Kim，et al.，1998）[58]。

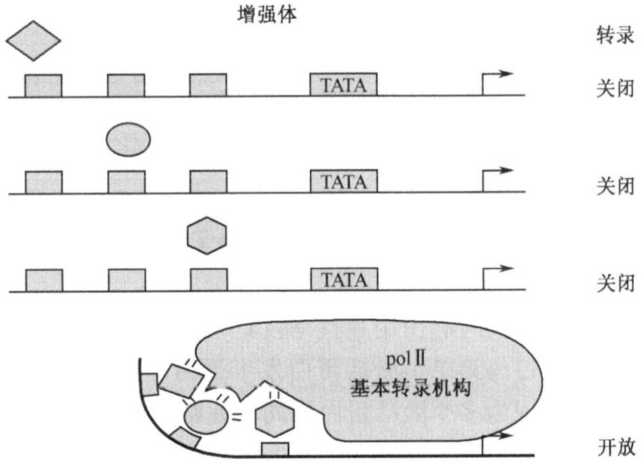

图 5.37　增强体模型[55]

增强体中的单一激活因子和 DNA 的结合微弱，不能启动转录。在能使 DNA 回折的蛋白质协助下，多种激活因子能够协同性地与 DNA 结合；一旦结合，它们就会集结基本转录结构，引起协同性转录

增强体理论的要点是：①细胞中具有一套合适的激活因子时，才能使激活因子组合与 DNA 结合。如果仅存在其中的一种激活因子，因缺乏与其他激活因子协同性相互作用，将阻止它与 DNA 的结合。②协同性使激活因子浓度（或活性）的微小变化就能引起基因的活化和抑制。pol Ⅱ基本转录结构以协同（大于简单叠加）的方式应答多个激活因子。多个激活因子要保证有效转录，就需要采用激活因子有效组合来开启基因。在组合模型中，单个因子可与特定组合的因子联合，定位于不同的调控性前后序列上以激活基因转录（Carey，1998；Ptashne and Gann，1998）[54,59]。

5.10.3　产生转录激活协同性的三种机制

(1) 激活蛋白间的相互作用。

Ouchi 等[60]发现 *IFN-γ* 基因转录时，BRCA1 和 STAT1 激活蛋白协同性地结合各自的调控位点的过程，涉及了 BRCA1 的 502～802 位氨基酸和 STAT1 的 C 端转录激活域之间的相互作用。另外的实验中，STAT5 蛋白与糖皮质激素受体之间的相互作用，则是它们协同性地激活 *β-casein* 基因转录的原因[61]。

Lehman 等[62]认为激活蛋白结合调控位点、转录结构结合启动子以及激活蛋白结合转录结构的过程都可以降低转录起始体系的自由能，而自由能的减少有利于转录结构的形成和稳定。从这个角度理解，与单个激活蛋白的作用相比，多激活蛋白之间的相互作用产生了额外的自由能降低，使多个调控蛋白同时作用的效果大于每个蛋白质单独作用之和。

(2) 激活蛋白与多个 DNA 位点的协同性结合。

原核体系中入阻遏蛋白协同性地结合 OR1、OR2、OR3 三个位点，从而调控 *cro* 基因的转录[49]这一过程已为人们熟知。真核体系中这种机制同样存在。Vashee 等[63]证明激活蛋白之间没有特异性的相互作用时，也可以协同地结合 DNA，这可能是因为 DNA 与激活蛋白的结合促进了核小体结构解体，从而使 DNA 的构象发生了有利于其他激活蛋白结合的变化。Olivier 等[64,48]发现乳头瘤病毒的 E2 激活蛋白与调控位点结合时染色质结构的确发生了显著的变化。

(3) 激活蛋白与转录结构的协同性结合。

Carey 等[52]发现激活蛋白 ZEBRA 与多个 DNA 位点的结合没有协同性，但转录结果仍然表现出协同现象，这说明协同性还有其他的产生机制。激活蛋白与转录复合物的协同作用可能与氧分子协同结合血红蛋白的机制类似，即第一个激活蛋白与转录结构结合后使后者的构象发生变化，有利于第二个激活蛋白的结合。Chi 等[65]发现转录体系加入 ZEBRA 后 TFIIA-TFIID -TATA 复合物与 DNA 的结合情况发生了明显的变化，这预示转录结构的构象可能发生了变化。

实际上，这三种机制可能同时起作用并且是彼此联系的。例如，已经结合在 DNA 位点上的第一个激活蛋白可以通过与第二个激活蛋白发生蛋白质相互作用，而稳定后者与 DNA 或转录结构的结合，从而表现为多个激活蛋白协同性地结合 DNA 或转录结构。总的协同效应应为所有协同机制的叠加。

5.10.4　协同性的本质[66]

上述三种机制都涉及了结合在多个调控位点上的激活蛋白之间直接或间接的相互作用（图 5.38）。但是，为什么单个位点的转录曲线是线性的，而只有存在多个位点的情况下才表现出 S 形的转录曲线（图 5.35）？

单个调控位点的线性曲线表明独立的位点在系统中可比作线性元件，如果在系统中加入若干个彼此独立的线性元件（如在电路中串联几个相同的电阻），总的效应是线性叠加的。只有当这些元件之间相互影响（如一个元件可以通过量子效应改变另一个元件的行为），才会出现由线性曲线到非线性曲线的变化。因此多个激活蛋白之间直接或间接的相互作用与影响可能是协同激活的本质。

基因转录过程中，激活蛋白与 DNA 多调控位点的作用已有大量研究工作，结果表明激活蛋白与基因上游调控位点的结合是转录起始的关键步骤，但对激活蛋白与转录结构相互作用的细节尚不了解。最近在酵母和高等动物的全酶（holoenzyme）中都分离到了多种中介物因子（mediator）[67]，一般认为它们与激活蛋白激活区域直接作用，从而传递激活蛋白对聚合酶Ⅱ的集结作用。研究激活蛋白与中介物因子的相互作用[68]以及中介物因子的结构、组织特异性和同源性为分析激活蛋白与转录结构的作用机制提供了手段，成为当前基因转录结理研究的热点之一。

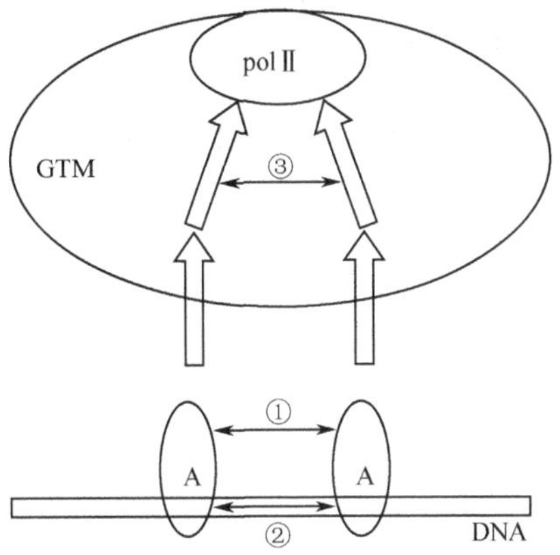

图5.38 转录协同性的本质是结合在DNA调控位点上的多个激活蛋白之间的相互作用[66]
转录协同性的本质是结合在DNA调控位点上的多个激活蛋白之间直接或间接的相互作用。这些相互作用包括：①蛋白质相互结合的直接相互作用；②激活蛋白改变DNA构象；③改变转录结构的构象的间接相互作用。空心箭头表示集结作用，实心箭头为激活蛋白之间的相互作用

目前的实验研究多限于一种激活蛋白对转录的调控作用，体内的实际情况却往往是多位点的协同激活转录过程。例如，人类*INF-β*基因具有NF-κB、ATF-2/C-Jun和IRF-1等多种激活蛋白的结合位点[69]。研究不同激活蛋白的协同作用将使我们的工作更接近基因转录的真实情况。利用基因芯片技术和生物信息学方法，研究激活蛋白对多个基因的协同调控，则将为绘制基因调控网络奠定基础[70]。

参考文献

[1] Jacob F, Monod J. J. Mol. Biol., 1961, 3: 318.
[2] Lewis M, et al. Science, 1996, 271: 1247～1254.
[3] Weaver R F. In: Molecular Biology, McGraw-Hill Companies, Inc. 2001, 177.
[4] Davidson E H and Britten R J. Science, 1979, 204: 1052.
[5] Carey M and Smale S T. 真核生物转录调控——概念、策略与方法. 陈晓红等译. 科学出版社: 2002, 8.
[6] Elizabeth Pennisi, Science, 2003, 300: 282～285.
[7a] Seeman N C, Rosenberg J M, Rich A. PNAS USA, 1976, 73: 804～808.
[7b] Crothers D M, Steitz T A. New York: Cold Spring Harbor Laboratory Press, 1992.
[7c] van der Vliet P C, Verrijzer C P. Bioessays, 1993, 15: 25～32.
[8] Alberts B, et al. Molecular Biology of the Cell, third ed. Garland Publishing, Inc. 1994.
[9] Pabo C O, Sauer R T. Annu. Rev. Biochem., 1992, 61: 1053～1095.
[10] Harrison S C, Aggarwal A K. Annu. Rev. Biochem., 1990, 59: 933～969.
[11] Verdier J M. Yeast, 1990, 6: 271～297.
[12] Yanofsky C. Transcriptional Regulation: elegance in design and discovery, In: Transcriptional Regulation, ed. by McKnight S L. and Yamamoto K R, Cold Spring Harbor, Cold Spring Harbor Laboratory Press, 1992.
[13] Gralla J D. Lac repressor, In: Transcriptional Regulation, ed. by McKnight S L and Yamamoto K R. Cold Spring Harbor: Cold Spring Harbor Laboratory Press, 1992.
[14] Nakanishi S. et al. J. Biol. Chem., 1973, 248: 5937.
[15] Lewis M, et al. Science, 1996, 271: 1247～1254.
[16a] Stragier P, Losick, R. Mol. Microbiol. 1990, 4: 1801～1806.
[16b] Losick R, Pero J. Cell, 1981, 25: 582.
[17] Zawel L, Reinberg D. Prog. Nucleic Acid Rec. Mol. Biol., 1993, 44: 68～108.

[18] Drapkin R, Merino A. Reinberg D. Curr. Opin. Cell Biol., 1993, 5: 469～476.
[19] Mitchell P J, Tjian R. Science, 1989, 245: 371～378.
[20] Lin Y S, Green M R. Cell, 1991, 64: 971～981.
[21] Herschbach B M, Johnson A D. Annu. Rev. Cell Biol., 1993, 9: 479～511.
[22] Guarente L. Machanism and regulation of transcriptional activation in eukaryotes: conserved features from yeast to humans, In: Transcriptional regulation, ed. by McKnight S L. and Yamamoto K R. Cold Spring Harbor, NY: Cold Spring Harbor Laboratory Press, 1992.
[23] Albert T. Curr. Biol., 1993, 3: 182～184.
[24] Garrell J, Campuzano S. Bioessays, 1991, 13: 493～498.
[25] Rhodes D, Klug A. Zinc fingers, Sci. Am., 1993. 268, 2: 56～59, 62～65.
[26] Johnston D, Nusslein-Volhard C. Cell, 1992, 68: 201～219.
[27] Jackle H, Sauer F. Curr. Opin. Cell Biol., 1993, 5: 505～512.
[28] Henikoff S. Curr. Opin. Genet. Dev, 1992, 2: 907～912.
[29] Dillon N, Grosveld F. Trends Genet., 1993, 9: 134～137.
[30] Beerman S. Chromosoma, 1977, 60: 297～344.
[31] Nakai Y, Kubota S, Goto, Y, Ishibashi T, Davison W, Kohno S. Chrom. Res., 1995, 3: 321～330.
[32] Prescott D M. Microbiol. Rev., 1994. 58, 2: 233～267.
[33] Raikov I B. Ann. Rev. Genet., 1976, 10: 413～440.
[34] Coyne R S, Chalker D L, Yao M-C. Ann. Rev. Genet., 1996, 30: 557～578.
[35] Breitbart R E, Andreadis A, Nadal-Ginard B. Ann. Rev. Biochem. 1987, 56: 467～495.
[36] Lee Y, Schmidt F J. Bacteriol, 1985, 164: 556～562.
[37] Simons R W, Kleckner N. Ann. Rev. Genet., 1988, 22: 567～600.
[38] Marisato D, Way J C, Kim H J, Kleckner N. Cell, 1983, 32: 799～807.
[39] Tomizawa J, Itoh T, Selzer G, Som T. PNAS. USA, 1981, 78: 1421～1425.
[40] Som T, Tomizawa J. PNAS. USA, 1983, 80: 3232～3236.
[41] Davidson E H, Britten R J. The Quartely Rev. of Biol., 1973. 48, 4: 565.
[42] Davidson E H, Britten R. J. Science, 1979, 204: 1052.
[43] De Pomerai. From Gene to Animal—An introduction to the molecular biology of animal development. Cambridge: Cambridge University Press, 1985.
[44] Sutcliffe J G, Milner R. J, Bloom F E, Lerner R A. PNAS. USA. 1982, 79: 4942～4946.
[45] Murphy D, Brickell P M, Latchman D S, Willison K, Rigby P W. J. Cell, 1983, 35: 865～871.
[46] Milner R J, Bloom F E, Lai C, Lerner R A, Sutcliffe J G. PNAS. USA. 1984, 81: 713～717.
[47] Masukata H, Tomizawa J. Cell, 1986 (44): 125～136.
[48] Wang J, Ellwood K, Lehman A M, et al. J Mol Biol, 1999, 286, 2: 315～325.
[49] Ptashne M, Gann A. Nature, 1997, 386 (6625): 569～577.
[50] Carey M, Lin Y S, Green M R, et al. Nature, 1990, 345 (6273): 361～364.
[51] Ellwood K, Huang W, Johnson R, et al. Mol Cell Biol, 1999, 19, 4 : 2613～2623.
[52] Carey M, Kolman J, Katz D A, et al. J Virol, 1992, 66 (8): 4803～4813.
[53] Kakidani H, Ptashne M. Cell, 1988, 52 (2): 161～167.
[54] Carey M. Cell, 1998, 92 (1): 5～8.
[55] Carey M and Smale S. T. In: Transceiptional Regulation in Eukaryotes: Concepts, Strategies and Techniques. 2000, Cold Spring Harbor: Cold Spring Harbor Laboratory Press.
[56] Thanos D and Maniatis T. Cell, 1995, 29: 1091～1100.
[57] Kim T K and Maniatis T. Cell, 1997, 1: 119～129.
[58] Kim T K, Kim T H, Maniatis T. PNAS. USA, 1998, 95: 12191～12196.
[59] Ptashne M and Gann A. Curr. Biol. 1998, 8: R812～822.
[60] Ouchi T, Lee S W, Ouchi M, et al. PNAS. USA, 2000, 97 (10) : 5208～5213.

[61] Wyszomierski S L, Yeh J, Rosen J M. Molecular Endocrinology, 1999, 13 (2): 330～343.
[62] Lehman A M, Ellwood K B, Carey M, et al. J. Biol. Chem., 1998, 273 (2): 932～939.
[63] Vashee S, Me/cher K, Ding W V, et al. Current Biol, 1998, 8 (8): 452～458.
[64] Aekers G K, Johnson A D, Shea M A. PNAS. USA, 1982, 79 (4): 1129～11332.
[65] Chi T, Carey M. Genes & Dev, 1996, 10 (20): 2540～2550.
[66] 薛文，王进，黄启来，郑伟娟，华子春. 生物化学与生物物理进展，2002, 29 (4): 510～513.
[67] Malik S, Roeder R G. Trends Biol Sci, 2000, 25 (6): 277～283.
[68] Park J M, Wemer J, Kim J M, et al. Mol Cell, 2001, 8 (1): 9～19.
[69] Kim T K, Maniatis T. Mol Cell, 1997, 1 (1): 119～129.
[70] Pilpel Y, Sudarsanam P, Church G M. Nature Genet, 2001, 29 (2): 153～159.

第6章 蛋白质遗传

把蛋白质也当成遗传物质，是对近代分子生物学的最严峻的挑战。早在 20 世纪 60 年代，就发现羊瘙痒病的病原体是蛋白质。自此之后，对朊病毒的研究方兴未艾，近年来疯牛病的肆虐更推波助澜，使蛋白质遗传成为分子生物学的热点话题。DNA 遗传是以“唯 DNA”的中心法则为基础，而蛋白质遗传则是以朊病毒的“唯蛋白质”（protein only）假说[1]为基础的。本章的目的不是推翻 DNA 遗传，也不奢想确立蛋白质遗传，而只是把蛋白质遗传作为分子遗传学研究中的一个闪亮的生长点来讨论。

S. B. Prusiner 于 1982 年提出朊病毒（prion）一词，意指可转移性海绵样脑软化病（transmissible spongiform encephalopathies，TSE）的蛋白质病原体[2]。它能引起如人的震颤病（Kuru 病）、克雅氏病（Creutzfeldt-Jakob disease，CJD）、吉斯综合征（Gerstmann-Straussler-Scheinker syndrome，GSS）和致死性家族失眠症（FFI）以及动物的羊瘙痒病（scrapie）、牛海绵样脑软化病（BSE，疯牛病）、鹿、猫、水貂等的海绵样脑软化病等。其症状是脑组织的海绵样化、空泡化、星形胶质细胞和微小胶质细胞的形成以及朊病毒蛋白积累，无免疫反应，使个体产生认知和运动功能的严重衰退直至死亡。1983 年“植物和动物亚病毒病源：类病毒和朊病毒国际会议”正式把朊病毒归入亚病毒领域[3]。Prusiner 等的大量试验证明这些疾病是由于朊病毒蛋白（prion protein，PrP）在脑中的繁殖与积累而引起的[4]。1995 年英国疯牛病的大流行，以及有人因食用病牛肉而感染 CJD 病[5]，使蛋白质遗传的研究再度成为热点。Prusiner 也因对朊病毒的创造性研究及“唯蛋白质”假说于 1997 年获得诺贝尔奖。这无异于是对蛋白质遗传的肯定。

事实上，在 Avery[6]、Hershey[7]等证实 DNA 是遗传物质之前，多数人都认为基因是蛋白质分子。Pauling 还提出用抗原诱导抗体的产生的概念来说明新基因的复制[8]。无独有偶，这种蛋白质分子自我复制的途径，Griffith 在事隔十几年后，因为讨论羊瘙痒病的病原体的自我复制（self-replication），又重新提起[9]。他认为蛋白质分子的复制是完全可能的。例如，由于抗原的侵入机体而刺激抗体的产生，在众多的免疫反应中，必然会有抗原分子与抗体分子在氨基酸序列上完全相同的机会。这就是蛋白质分子复制的一种方式。Griffith 还提出了另外两种蛋白质遗传的可能途径[9]。他说：“没有理由惊慌，一种感染性蛋白质（protein agent）的存在将打翻分子生物学的整个理论框架。”[9]

以羊瘙痒症（scrapie）发病机制的研究为契机，人们重新注意到蛋白质遗传的问题。早在 18 世纪，这种疾病就在欧洲的一些国家传播。患病的羊由于奇痒无比，在树干或其他物体上用力蹭擦，致使毛皮脱落（scraping off），因而得名。

在人类中，类似的疾病于 20 世纪 20 年代被几位德国和奥地利医生发现。由于用他们的名字命名此类疾病，而使他们永垂青史[10~12]。这就是 CJD 病和 GSS。1936 年，法国人用眼内注射的方式证实了羊瘙痒病的感染性[13]。其后，随着绵羊感染山羊的证实[14]，发现它在很多的物种之间可以传播。这些研究结果在英国的开普敦与爱丁堡的研究小组进行了深入的研究[15,16]。很快地发现羊瘙痒病的病原体非常抗热、抗甲醛；而此等处理对细菌与病毒的杀伤是很有效的[17]。

1957 年，Zigas 和 Gajdusek 在新几内亚高原的一个石器时代的部落—— Fore 族中发现了 Kuru 病[18]。Hadlow 提示了 Kuru 病与羊瘙痒病的类似与相关[19]。Gibbs 及 Gajdusek 发现感染 CJD 后的猩猩，许多症状与 Kuru 病或羊瘙痒病相似[20,21]。Klatzo 等也注意到 Kuru 病与 CJD、GSS 相似[22]，从 Kuru 患者的尸体解剖上也证明患的是 CJD 或 GSS 病。由此才证实人类的 Kuru 病、CJD 及 GSS 与羊瘙痒病是同一类的蛋白质病原体感染的疾病。这些疾病通称为传染性海绵样脑软化病。患者脑子病区因神经组织的大量丢失及泡囊化而呈海绵样，并存在大量的淀粉样蛋白沉积。这种沉淀是一种片层的蛋白质纤维结构，其基本的分子单元就是后来发现的朊病毒（prion）分子。

6.1　朊病毒——感染性蛋白质

6.1.1　朊病毒的分子结构与特性

朊病毒（prions）是一种非 DNA/RNA 的传染病原（infectious pathogens）。其分子结构完全不像已知的细菌、真菌、寄生物、类病毒以及病毒等那样以所含的核酸为遗传物质，它是一种蛋白质病原体，称朊病毒蛋白（prions protein，PrP）。它能引起人及动物的传染性神经软化病，如人类的 Kuru 病、CJD 病、GSS 病；动物的羊瘙痒病（scrapie）、牛海绵样脑软化病（bovine spongiform encephalopathy，BSE）又叫疯牛症（mad cow disease）、传染性水貂脑软化病（transmissible mink encephalopathy）以及马鹿与麃的慢性萎缩病（chronic wasting disease of mule deer and elk）。所有这些病目前是无可救药的。疯牛症在欧洲、日本流行，给世界各国带来极大的恐慌及经济灾难。

在被 Prions 感染的病体中发现有一种特殊的蛋白质，这是一种传染性的抗蛋白酶的、分子质量为 27～30kDa 的蛋白质，称为 PrP 27～30[1]。PrP 27～30 是一种具有侵染性且不含核酸的蛋白质，是构成朊病毒的基本单位。但是，PrP 27～30 本身不具有侵染性，而由 3 个 PrP 27～30 分子构成的“朊病毒颗粒”具有高度侵染性；PrP 27～30 还能聚合成杆状颗粒，约由 1000 个 PrP 27～30 构成的这种杆状体，总是排列成丛，杆和丛都有传染性[23,24]。朊病毒由 17 种，246 个氨基酸分子组成[23]。它包括两种形式[25]：正常的细胞型 ——PrP^C（the normal or cellular form of prion protein）和异常的病原型——PrP^{Sc}（the pathogenic or scrapie form of prion protein）。PrP^C 是一种分子质量为 33～35kDa，对蛋白酶敏感的蛋白质，完整的 PrP^{Sc} 分子质量为也是 33～35kDa，但具有抗蛋白酶的性能。PrP^{Sc} 与 PrP^C 在一级结构上是完全相同的，但在蛋白质分子构象上不同；PrP^{Sc} 比 PrP^C 具有更多的 β 折叠结构，它经过有限的水解，移去 N-末端的 67 个氨基酸而成为一个 141 个氨基酸的抗蛋白酶的核心，即 PrP 27～30 分子。分子杂交实验证明，每 ID_{50} 单位的朊病毒中具有 *PrP* 基因编码序列者<0.004，说明 PrP^{Sc} 不是感染性朊病毒颗粒的组分，它形成后经过水解，主要地以 PrP 27～30 的形式存在。PrP^{Sc} 与 PrP^C 都含一对二硫键和 2 个 N 型复合寡糖链，二硫键和糖基化残基都在 PrP 的 C 端。N 端含 22 个氨基酸残基组成的信号肽序列，C 端含由 23 个氨基酸组成的糖基磷酸肌醇锚受体结合位点（GPI）[26]（图 6.1）。

PrP^C 是一种膜蛋白，已证明它是定位于细胞膜的穴样内陷类结构域（CLDS）[27]。PrP^{Sc} 与 PrP^C 在生化特性上有下列不同：

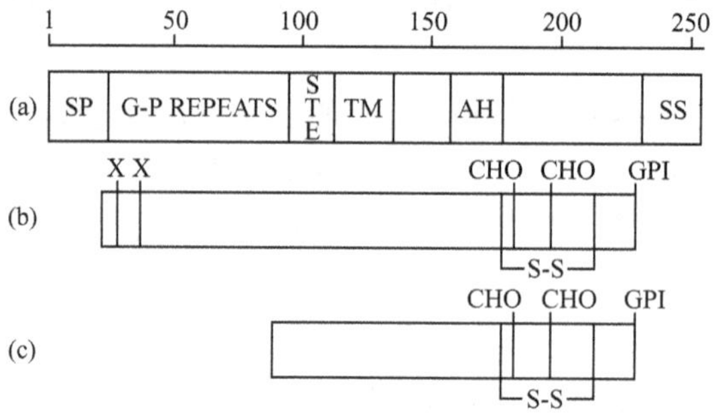

图 6.1　叙利亚金仓鼠（*Syrian golden* Ha.）的朊病毒蛋白（prion protein）的结构示意图[1]

图的上方为密码子数列。(a) SP 为 N 端含 22 个氨基酸残基组成的信号肽序列，生物合成时删去。G-P REPEATS 是富 Gly-Pro 的重复序列区，在密码子 96～112 之间是控制 PrP 拓扑（topology）的区域（stop-transfer effector，STE），113～135 编码一个跨膜（TM，transmembrane）的 α-螺旋（α-helix），157～177 编码一个两性螺旋（amphipathic helix，AH），232～254 编码一个疏水的信号序列（hydrophobic signal sequence，SS），该序列在锚定（anchor）GPI（glycoinositol phospholipid）后即被删去。(b) X 表示在 PrP^{Sc}（第 25、37 密码子）及 PrP^{C}（至少在第 25 密码子）的精氨酸（arginine）的未知修饰。它导致在 Edman 降解中损失精氨酸信号。但对此等精氨酸修饰的报告并不一致。PrP^{C} 与 PrP^{Sc} 在它们的 Cys^{179}- Cys^{214} 都含有二硫键，以及在 181 与 197 处的天冬酰胺酸糖基化（asparagine-linked glycosylation，CHO），并在 Ser^{231} 锚定糖基磷酸肌醇（glycoinositol phospholipid，GPI），使 C 端含由 23 个氨基酸组成的糖基磷酸肌醇锚受体结合位点（GPI）。(c) PrP 27～30 分子，它是 PrP^{Sc} 经过有限的水解，移去 N 端的 67 个氨基酸而成为一个 141 个氨基酸的抗蛋白酶的核心，即 PrP 27～30 分子

(1) 在非变性的去污剂中，PrP^{Sc} 不溶解[28]。

(2) PrP^{Sc} 具有抗蛋白酶的特性[29]。

(3) PrP^{C} 和 PrP^{Sc} 都借助于 GPI（glycoinositol phospholipid）在细胞膜表面附着，经磷酸肌醇脂酶 C（PIPLC）酶解后，PrP^{C} 从膜上释放出来，而 PrP^{Sc} 则不释放。用 Triton X-100 进行相分配后，PrP^{C} 在水相内，PrP^{Sc} 则在 Triton X-100 相内[30]。

(4) 特异的抗体只与 PrP^{Sc} 有血清反应，而与 PrP^{C} 无反应，证明两者具有不同的构象[31]。

(5) PrP^{C} 和 PrP^{Sc} 糖基化的比例和部位都不同，PrP^{Sc} 的糖基化比例要低于 PrP^{C}[32]。

6.1.2　朊病毒基因及其表达

朊病毒蛋白本身并不含有核酸，它是由宿主染色体基因编码的。迄今已克隆了人、25 种灵长类动物以及仓鼠、小鼠、大鼠、牛、绵羊、水貂和阿拉伯大羚羊等的朊病毒蛋白基因，并推导和测定了它们的序列。人的朊病毒蛋白基因定位于 20 号染色体短臂上，小鼠的朊病毒蛋白基因位于第 2 号染色体短臂上，说明它早在哺乳动物出现之前即已存在。有研究者认为 *PrP* 基因为一持家基因[33]。朊病毒蛋白的 RNA 并不是由一个外显子组成，但整个开放阅读框（ORF）包含在一个单一的外显子中，这排除了可通过不同的 RNA 剪接产生不同的 PrP 分子的可能，但也不能排除通过 RNA 编辑（RNA editing）或蛋白质裂解（protein splicing）产生不同类型 PrP 的可能[34]。仓鼠 *PrP*（*HaPrP*）基因是两个外显子被一个 10kb 的内含子（intron）间隔，外显子 1 编码 5′的非翻译的先导序列（leading sequence），而外显子 2 编码 PrP 以及 3′的非翻译区。小鼠 *PrP*（*MoPrP*）基因则有 3 个外显子，只有外显子 3 相当于 *HaPrP* 基因的外显子 2。以上两种基因的启动子（promoter）都是富 G-C 的多拷贝序列，适于转录因子 Spl 的结合。

对 cDNA 5′的分析发现其 mRNA 在不同位点起始，Northern 杂交也说明鼠的不同组织中朊病毒蛋白 mRNA 水平各不相同，最高表达量在脑部和胎盘，这说明朊病毒蛋白的表达是组织依赖型的[35]。虽然 PrP 的功能不明，但是知道 *PrP* mRNA 在成年动物脑中是组成性表达（constitutive expression）；在隔膜（septum）中，*PrP* mRNA 与胆碱乙酰转移酶（choline acetyl transferase）在发育中是平行增加的；*MoPrP* 的序列近 30%与小鸡中富有乙酰胆碱受体诱导活性（acetylcholine receptor-inducing activity）组分中的一种分子是相同的。

6.1.3　朊病毒的感染途径

虽然发现羊瘙痒病已有 260 多年的历史，但直到 1982 年 Prusiner 提出朊病毒假说人们才认识到它的病原体是蛋白质。目前，该假说已为大多科学家接受，但朊病毒的感染途径、增殖方式仍在争议中。

Jackson[36]认为人感染朊病毒病有三种可能途径：一是遗传突变，使朊病毒蛋白失去细胞型而易于折叠成致病型；二是医源性感染，如角膜转移手术中的捐献者为朊病毒的感染者[21]，注射用的人生长激素和促性腺激素是提取于朊病毒病患者的腺垂体[37]；三是饮食感染，如食用朊病毒病患者的脑组织[37]。而 Alter[37]不认为遗传突变是感染朊病毒的病因，他提出自然得病学说，认为 PrP^{Sc}可能是 PrP^{C} 翻译后转变而成的。

6.2　朊病毒的繁殖

6.2.1　唯蛋白假说[1]

羊瘙痒病感染的培养细胞的脉冲跟踪实验说明正常的 PrP^{C} 蛋白质转变为朊病毒蛋白 PrP^{Sc} 是一个翻译后加工过程，后者是前者的一种异常的异构体（abnormal isoform）。所谓朊病毒的感染繁殖就是由正常的 PrP^{C}蛋白质转变为 PrP^{Sc}的过程。该过程目前并不清楚，只是提出了各种设想，以解释朊病毒感染后的指数性增长。其中比较简单的模型是假设一个 PrP^{Sc}分子可与一个 PrP^{C} 分子结合为异质型二体，随即转化为两个 PrP^{Sc}分子。下一轮则是两个 PrP^{Sc}分子与两个 PrP^{C} 分子相结合，而产生四个 PrP^{Sc}……依次类推[1]。

现已证明，朊病毒（PrP^{Sc}）分为许多品系（strains），比如水貂的一种类似羊瘙痒病的朊病毒（TME，transmissible mink encephalopathy）就分为 HY（hyper）与 DY（drowsy）两个品系。Bessen 等证明（1995）HY、DY PrP^{Sc}与正常的 PrP^{C} 相感染时，PrP^{C} 将分别地被转换为 HY 朊病毒与 DY 朊病毒[38]。也就是说，PrP^{C} 将依它所接触的模板而被分别改造为 HY 或 DY PrP^{Sc}。

朊病毒是一种蛋白质病毒，它的自我繁殖是它对其同一基因所编码的正常蛋白的翻译后修饰作用，使后者转变为与其同一构象。这就是所谓“唯蛋白质假说”（protein only)[1]（图 6.2）。

6.2.2　繁殖的分子机制

关于正常的 PrP^{C} 转变为 PrP^{Sc}的分子机制，亦即朊病毒的复制，目前有重折叠模型（refolding model)[40]与成核模型（nucleation model)[41]（图 6.3，图 6.4）。

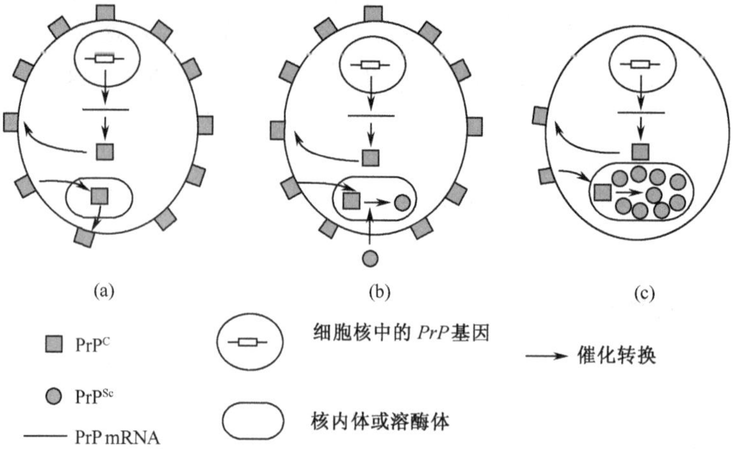

图 6.2　"唯蛋白质"模型[39]

(a) 正常的细胞 PrP^C 合成后，被运输到细胞表面使用。PrP^C 是一种跨膜蛋白。(b) "唯蛋白质"模型认为正常的细胞 PrP^C 与外源的 PrP^{Sc} 是同一基因编码。外源的 PrP^{Sc} 使正常的细胞蛋白质 PrP^C 转变为 PrP^{Sc}，这种转变既可在细胞表面，也可在细胞内部进行。(c) PrP^{Sc} 在核内体（endosomes）或溶酶体（lysosomes）的逐渐增多导致了细胞表面的 PrP^C 逐渐减少。PrP^{Sc} 在增多后也能释放到细胞外的空间

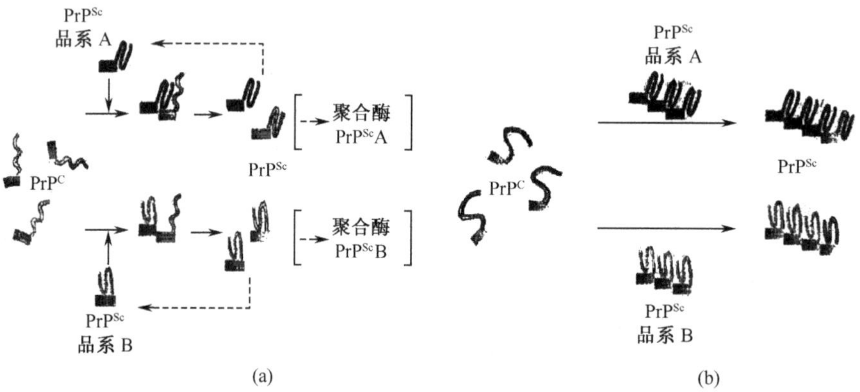

图 6.3　朊病毒的自我繁殖模型

(a) 重折叠模型（refolding model），PrP^C 在折叠为 PrP^{Sc} 模板型分子时可能需要一定的伴娘分子（chaperonin）与能源；如酵母 PSI 的繁殖（复制）就需要伴娘分子 Hsp104 的存在。在适当条件下 PrP^{Sc} 分子可能进一步聚结为纤维状或棒状。(b) 成核模型（nucleation model），PrP^C 分子在加入到预存的 PrP^{Sc} 聚集体时必须按照预存的 PrP^{Sc} 的构型进行[42]

Prions 像其他含有核酸的病毒及类病毒一样能感染宿主并在宿主细胞内繁殖。因此，它是与其他病毒处于同一进化阶梯的病原体，称为朊病毒。含有核酸的病毒的繁殖一向是核酸作为遗传物质的重要依据，而朊病毒是不含核酸的蛋白质病原体，它自然就是蛋白质作为遗传物质的依据。朊病毒（PrP^{Sc}）的繁殖是朊病毒把自己的空间构象（conformation）的信息输入到 PrP^C 的结果。这是个蛋白质的繁殖过程，自然就是一个遗传信息的传递过程。这种在蛋白质与蛋白质之间遗传信息的传递，对中心法则的蛋白质不能输出信息的概念是一个严峻的挑战。它明确地告诉我们，遗传信息并不仅仅是中心法则所说的信息大分子中的一级序列，信息大分子的构型也是一种信息，而且可以是一种遗传信息。

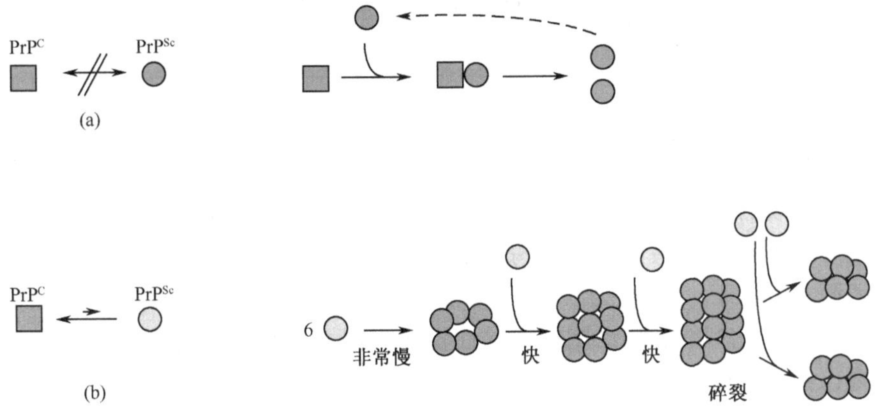

图 6.4　从 PrP^{C}到 PrP^{Sc}（构象）转变的模型[43]

(a)“重折叠模型”：构象的变化是动力学控制的，高能障阻止可察觉的自发转变。PrP^{C} 与外源的 PrP^{Sc}的相互作用，诱导 PrP^{C}转变为 PrP^{Sc}。该反应可能涉及蛋白质的伸展（unfolding）及重折叠（refolding）以解释所假定的高能障，并可能依靠酶或分子伴娘。在这种情况下，PrP^{C}因某些突变而自发地转变为 PrP^{Sc}被认为是稀少的事件；这就很好地解释了为什么家族式（familial）的 CJD 或 GSS 传染性脑软化病只在晚年才自发地发生。零星的 CJD 可能以极罕见的事件发生（每年百万分之一）导致从 PrP^{C} 到 PrP^{Sc}阶梯式转变（conversion cascade）。(b)“晶核模型”：在 PrP^{C} 与 PrP^{Sc}（或 PrP^{Sc}-类似分子）的平衡中强烈地倾向于 PrP^{C}。PrP^{Sc}只有当它位于类似晶核（crystal-like seed）或 PrP^{Sc}聚集中。“核”的形成是一种罕见的事情；一旦“核”形成后，单体的加入将随之加快。要解释转变的指数增加，就必须假设聚集体或“核”会不断地裂解为碎片以加大与单体接触的面积而使转变加速

6.3　朊病毒是细胞中的非孟德尔遗传因子[44]

在酵母中也发现了两种品系的朊病毒（PrP^{Sc}）分子，它们是酵母中两种正常蛋白分子（Ure2p、Sup35p）的朊病毒（prion）形式（表 6.1）。其中 Ure2p 是与 Gln3p 共同参与氮的调控。Ure2p 在正常的好氮源供应（可能根据 glutamine 的浓度）的情况下，就抑制作为正转录因子的 Gln3p。在 Gln3p 调控的基因中，有一种 *DAL5* 基因，产生尿囊酸盐透性酶（allantoate permease，Dal5p）。allantoate 是一种氮源，它的结构与 USA（ureidosuccinate，脲基琥珀酸盐）非常相近，因此在 Dal5p 的输送中往往混入。但在好氮源存在时，由于 Ure2p 对 Gln3p 的抑制，USA 的吸收也被抑制。当 Ure2p 被转换为 URE3（prion 形式）后，则其氮调控的能力大减，USA 被大量输入。另外一种蛋白分子 Sup35，其正常功能是翻译终止作用。Sup35 和 Sup45 都是作为翻译释放因子的亚单位而识别终止密码（UAA、UGA、UAG），把肽链从最后一个 tRNA 上释放下来。Sup35 的 prion 形式称作 PSI，它使翻译不在终止密码处释放肽链，并通过无义抑制（nonsense suppressor）而继续进行。是对终止密码的“通读”（readthrough）。

表 6.1 酵母的朊病毒及其相应基因[45]

prions	染色体的相应基因	正常基因的活动	prion 的活动
URE3	*ure2*	*Ure2p*Gln3p→Dal5p	USA 吸收
PSI	*Sup35*	翻译释放	ter readthrough

在酵母中发现的［URE3］、［PSI］[46]（表 6.1），以及在丝状真菌（*Podospora anserina*）发现的［Het-s］[47]都被证明是朊病毒蛋白质（prion protein）。它们与早期发现的朊病毒的明显不同之处在于：它们已经不是传染性的病毒，而是细胞质内的一种可遗传的、可复制的遗传因子[48]。它们能影响细胞的特异性性状，作为某些性状的遗传基础。因此，把它们叫做病毒已经不合适了。

6.3.1 ［URE3］朊病毒蛋白质，一种影响氮分解的非孟德尔遗传因子

如图 6.5 所示，脲酰基琥珀酸盐（ureidosuccinate，USA）是尿嘧啶（uracil）的生物合成的中间产物恰好与尿囊酸盐（allantoate）相似。USA 是一种贫乏的但又可用的氮源，对它的作用可被好的氮源的存在所抑制。

Lacroute 等[49,50]发现 *ure2* 基因的一些突变体能使酵母在丰富的氮源（氨）上利用 USA（图 6.5）。这种酵母品种对 USA 的使用的性状是显性的，不依减数分裂而行孟德尔式分离[51]，并通过细胞质融合而传递[52]，因而确定它是一种非染色体基因，Lacroute命名为［URE3］。这是一种 prion protein，它与 Ure2p（蛋白）同为 *ure2* 基因所编码，但彼此构象不同，［URE3］已失去 Ure2p 的正常功能，但却具有把 Ure2p 转变为它本身的功能。所以，［URE3］的存在可使 Ure2p 不断地减少、缺乏，这与 *ure2* 基因的突变而不能制造正常的 Ure2p 的表现型是一样的。

6.3.2 ［PSI］朊病毒蛋白质：作为翻译释放因子的非孟德尔遗传因子

1965 年 Cox 首先发现［PSI］[53]。当时，他发现一种孟德尔无义抑制因子（Mendelian nonsense suppressor），它误读终止密码 UAA 为有义密码（通读）时必须依赖于一种非孟德尔因子的存在，Cox 把它称为［PSI］。30 多年以来，始终没有搞清［PSI］的分子性质。最后，才搞清［PSI］不仅能抑制 UAA，而且是一个全能的（omnipotent）抑制子。它在没有其他抑制子或药物存在的情况下仍能顺利地通读 UAA、UAG 和 UGA。实际上，［PSI］可以在不需要 tRNA 突变的情况下具有低水平无义抑制作用。恰好在发现［PSI］前不久，Inge-Vechtomov 与 Andrianova[54]，Hawthorne 与 Mortimer[55]报告了 *Sup35* 基因的突变也导致全能抑制子的表现型。但是在 Sup35 与［PSI］之间没有找到明显的联系。

1994 年 Wickner 指出［PSI］是 *Sup35* 基因的蛋白 Sup35p 的朊病毒蛋白（prion protein）[56]。已知 Sup35p 是翻译释放因子 eRF3；在［psi^-］细胞中（细胞中不存在［PSI］）*Sup35* 基因的功能是完全正常的（$Sup35p^{PSI^-}$），能促成在终止密码处终结肽链合成。在［PSI^+］细胞中，部分的或全部的 Sup35p（蛋白）被转换成［PSI］的构象（$Sup35p^{PSI^+}$），导致了翻译终结的无义抑制作用。换言之，［PSI］（$Sup35p^{PSI^+}$）能催化正常的（$Sup35p^{PSI^-}$）转换为朊病毒蛋白——［PSI］（$Sup35p^{PSI^+}$）。［PSI］在活体细胞中的显性特征以及非孟德尔遗传因子的性质；以及 Sup35p 既因 *Sup35* 基因突变也因［PSI］（$Sup35p^{PSI^+}$）的存在而导

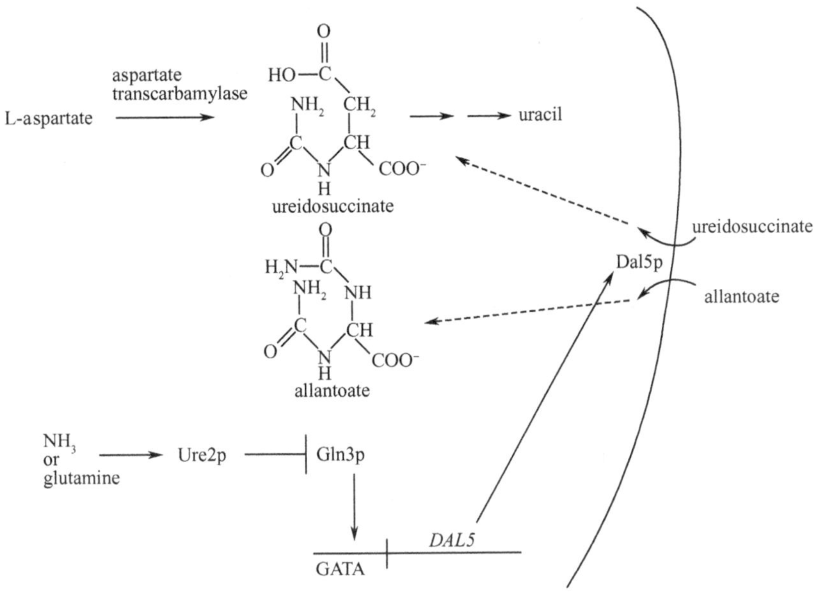

图 6.5　Ure2p（蛋白）对氮异化作用的调节功能[44]

Ure2p 是氮异化作用（nitrogen catabolism）的调节因子，它能间接地阻遏对 USA（ureidosuccinate，尿嘧啶生物合成的中间产物）的使用。酵母生长在丰富的氮源，诸如氨或谷氨酸上时就抑制了使用贫乏氮源所需的酶及输送者的转录。Ure2p（蛋白）能响应对丰富氮源的使用并阻遏 Gln3p（蛋白）的活动；Gln3p 是许多基因转录的正调控因子，这些基因（*DAL5* 就是其中的一个）的产物能促进对贫氮源的使用。*DAL5* 基因编码的 Dal5p（蛋白）是尿囊酸盐（allantoate）的输入者（importer）。由于脲酰基琥珀酸盐（USA，ureidosuccinate）与尿囊酸盐（allantoate）的化学相似性，使 Dal5p 也输入 USA。USA（脲酰基琥珀酸盐，又称 *N*-氨基甲酰-天冬氨酸盐）是尿嘧啶生物合成的中间产物，是天冬氨酸-氨甲酰基转移酶作用于 *L*-天冬氨酸的产物。细胞如果生长在贫乏氮源中，则因它利用了 USA，而阻遏了天冬氨酸-氨甲酰基转移酶使用 USA 去制造尿嘧啶。Lacroute 等发现[49,50]染色体基因 *ure2* 突变，就不能抑制这些酶对贫乏氮源的使用，使它们在丰富氮源（氨）上也使用 USA

致相似表现型的事实都因［PSI］是朊病毒蛋白（prion protein）而得到很好的解释（图 6.6）。

6.3.3　［Het-s］，一种具有正常细胞功能真菌的朊病毒蛋白[58,59]

传染性海绵样脑软化病（TSEs，transmissible spongiform encephalopathies），［URE3］和［PSI］，都是在哺乳动物或酵母中导致病态性状的朊病毒蛋白，它们与“病毒”是相关的。但后来发现的朊病毒蛋白［Het-s］却在真菌中执行着正常的细胞功能，它与“病毒”是沾不上边的，它似乎是一种执行正常功能的正常蛋白质，虽然它仍然是朊病毒家族的一员。

一个真菌（*Podospora anserina*）菌落（fungal colony）是一个合胞体（syncytium），细胞间可以交换细胞质甚至细胞核。当两个菌落生长到一起时，它们的菌丝往往融合（anastomose）而共享营养。这种菌丝融合（hyphal anastomosis）的缺点是往往把一方的病毒传给另一方。所以，这种融合只在密切相关的菌落间进行；因为它们可能含有相同的病毒。*Podospora* 菌落必须在 8 个“het”位点（loci）相同时才能进行融合。菌落在一个或更多“het”位点的等位基因不同时，虽然能够起始菌丝融合，但融合的菌丝很快地退化并形成隔

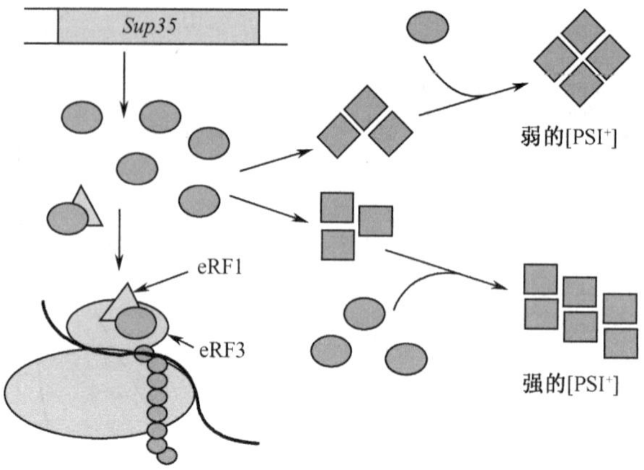

图 6.6　[PSI] prion model 示意图[57]

Sup35 基因编码释放因子 3（eRF3），它具有正常 Sup35p$^{psi^-}$ 蛋白质构象（圆形）。它与 eRF1（三角形）共同在核糖体执行释放肽链的功能。从 Sup35p$^{psi^-}$ 构象自发地转变为 Sup35p$^{PSI^+}$ 构象的频率正比于 Sup35p$^{psi^-}$ 在细胞中的有效浓度。图中所示的结晶核模型（crystal seed model）是表示一旦形成了 Sup35p$^{PSI^+}$ 结晶核，Sup35p$^{psi^-}$ 就迅速地加入到结晶核中导致［PSI$^+$］的积聚。在［PSI$^+$］细胞中较少的没有积聚的 eRF3 有利于它行使在翻译中的功能，导致低效率的在终止密码处的终结和无义抑制。图中表示了两种类型的［PSI$^+$］积聚速率，以说明［PSI$^+$］因子引起的弱的或强的对翻译终结作用的损害

障（barrier）以阻止进一步菌丝融合。这种现象称为“异核体不相容性”（heterokaryon incompatibility）。

这些位点（loci）之一，het-s 位点具有两个等位基因，*het-S* 和 *het-s*。但是 het-s 细胞只能与其他的 het-s 细胞融合，het-S 细胞只能与其他 het-S 细胞融合；如果 het-s 细胞与 het-S 细胞相遇，则发生“异核体不相容性”（heterokaryon incompatibility）现象。Coustou 等[58]证明 *het-s* 基因位点，只有它的翻译产物以 prion 形式（［Het-s］）存在时才会发生“异核体不相容性”现象。它与［URE3］、［PSI］一样，也是一种非孟德尔遗传因子。

Rizet 发现[59]具有 het-s 基因型的细胞可以表达两种表现型，一种叫［Het-s］，与 het-S 品系相遇时融合的菌丝很快地退化并形成隔障（barrier）以阻止进一步菌丝融合，表现异核体不相容性，最终导致死亡（lethal reaction）；这是真菌菌丝融合所必需的正常功能。另一种为［Het-s*］，［Het-s*］是在［Het-s］不存在时才起作用，它实际上是 *het-s* 基因的直接的蛋白质产物。它与 het-s 或 het-S 都能相容，是对真菌菌丝融合有害的。

［Het-s］是作为非孟德尔遗传因子而行动的。Coustou 等根据［Het-s］对蛋白酶有抗性，［Het-s］被消除后能自发地低频率地恢复，Het-s 蛋白的超量生产可使［Het-s］加大产生的频率等，确定［Het-s］是 *het-s* 基因的产物（Het-s*）的 prion 形式。它所表达的“异核体不相容性”（heterokaryon incompatibility）性状，是真菌生命中的正常功能（图 6.7）。这就使人想到其他的真核生物，包括哺乳动物在内，那些大量的具有正常功能的蛋白质中可能有像［Het-s］一样的 prion proteins 存在着。换言之，prion proteins 可能是一些执行细胞正常功能的蛋白质。

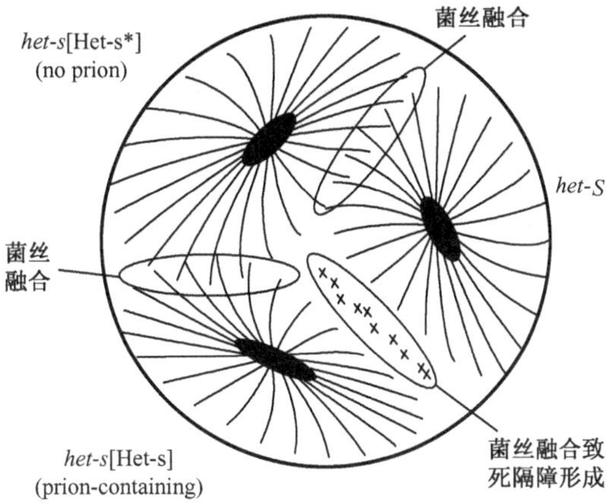

图 6.7 [Het-s] prion 是异核体不相容性（heterokaryon incompatibility）性状所必需的[58]

不同的 *Podospora* 进行菌丝（hyphae）融合时需要 *het-s* 位点（*het-s* locus）的等位基因（alleles）的一致。如果 *het-s* 与 *het-S* 菌落遭遇将导致致死反应（lethal reaction），如果 Het-s 蛋白以 prion 形式（[Het-s]）存在则为包含异核体不相容性（heterokaryon incompatibility）

6.4 朊病毒的遗传标准

Wickner 认为[44]，朊病毒（prion）是一种非孟德尔遗传因子，它是一种染色体编码蛋白的修饰形式。这种朊病毒形式已失掉了它的正常功能，但获得了把正常形式的蛋白转变为它本身的能力。他提出了鉴别朊病毒的三项遗传标准，以区别于含核酸的病毒（图 6.8）。

1. 可逆的治愈性（reversible curability）

如果朊病毒是可以治愈的，它应该能在治愈的品系内再次以低频率发生；因为当初引发朊病毒的同样事件可以再次发生。例如，[URE3] 可因把细胞放在含 1～5mmol/L 盐酸胍的培养基上生长而治愈，但是从治愈的克隆（clones）中能再次地分离出携带 [URE3] 的克隆。这些 [URE3] 克隆以类似发生于多数野生型品系中的 10^{-6} 频率发生。

2. 正常蛋白的过剩生产将加大朊病毒形成的频率（overproduction of the normal protein increases the frequency of prion formation）

因为朊病毒形成的原发事件是该蛋白的自发转变，所以该蛋白正常形式的过剩生产会加大作为此种转变的候选分子的数量。例如，增加 Ure2p 会使 [URE3] 重新产生的频率加大 20～200 倍。

3. 该蛋白的基因突变与该蛋白的朊病毒的表现型相关（phenotype relationship of prion and mutation of the gene for the protein）

因为朊病毒的繁殖是通过正常形式蛋白的转变，基因的突变将阻止正常蛋白的合成，也就阻止了朊病毒的繁殖。因此，该蛋白的染色体基因可视为该非孟德尔因子（朊病毒）的繁殖所必需的基因。该基因突变体的表现型与该非孟德尔因子（朊病毒）的表现型是一样的。因为不管是该朊病毒的存在还是该基因突变的存在，都导致同样的结果（表现型）：正常蛋白的缺乏。例如，*ure2* 突变体具有与 [URE3] 品系同样的表现型，而且这些 *ure2* 突变体不能繁殖 [URE3]。

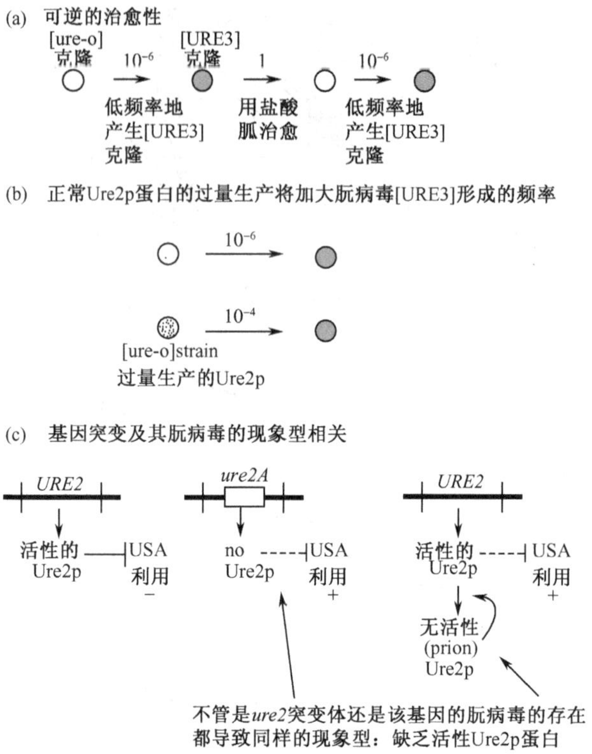

图 6.8 朊病毒（prion）的遗传上的验证[44]

对于［URE3］作为 Ure2p 的朊病毒，［PSI］作为 Sup35p 的朊病毒都得到相同的验证结果。（a）可逆的治愈性（reversible curability）：［URE3］因子被治愈后，可以再以低频率自发地获得。（b）Ure2p 的过剩生产加大了朊病毒［URE3］的发生频率。（c）*ure2* 突变体的表现型与［URE3］因子存在的表现型是相同的。因为二者都缺乏正常的 Ure2p（蛋白）。而且，*URE2* 基因是［URE3］因子的繁殖所需要的

Wickner 指出[44]上述的三条标准完全适合酵母中的两种朊病毒（［URE3］、［PSI］），对于真菌中的具有正常功能的［Het-s］则只适合前两条，而对于哺乳动物的 TSEs 则完全不适合。

6.5 朊病毒蛋白质——蛋白质基因[60]

Wickner 对于朊病毒的遗传的标准使我们需要在更广泛的遗传学的意义上来考虑朊病毒蛋白质（PrP^{Sc}）的本质。

［URE3］和［PSI］都能在细胞内分别地以 Ure2p 或 Sup35p 为作用底物进行自我繁殖。这种自我繁殖的本质是基于一种感染/诱导性的机制，而不一定是基于羊瘙痒病那样的传染性机制。在自我繁殖过程中，细胞中已存的（preexisting）感染性蛋白质（如［URE3］、［PSI］等）是某种改变了的细胞蛋白质，它失掉了正常的功能，但却具有把与其同一基因编码的正常蛋白质转变成它本身的能力。按照遗传学分析，这些已存的感染/诱导性蛋白质（prions）是典型的非孟德尔遗传因子（non-Mendelian elements），并且符合 Wickner 的三条遗传标准。

Wickner 提出，这种遗传途径的鉴别不依赖朊病毒的具体的繁殖机制的异同，而可以依据其他，诸如共价键的自我修饰机制（covalent self-modification）等。据此，朊病毒将建立在一个更广义的定义上：它包括任何可以无限繁殖本身已经变更的形式(altered form)（不需要持续的外界刺激），并可以遗传的蛋白质。这可以包括某些自我修饰的酶以及在细胞内促成正常构象转变为其本身构象的蛋白质[44]（图 6.9）。

笔者认为，Wickner 的遗传标准是适用于内源性（endogenous）朊病毒的特征，并且对于具有正常功能的内源性朊病毒来说，第三条标准也不适用。而对于外源性的（exogenous），即侵入性、传染性的朊病毒，如哺乳动物的 TSEs 则完全不适合。内源性朊病毒事实上就是存在于细胞内的一种非孟德尔式的蛋白质遗传因子，它们对于细胞的一定的遗传性状起正调控或负调控作用。换言之，如果一种遗传因子是一种朊病毒，它就是一种蛋白质基因[60]。例如，[URE3] 就是一种对氮异化代谢酶的转录起负调控作用的蛋白质基因。而对 [Het-s] 来说，它表达的是细胞的正常性状，就是一个细胞质中正常的“蛋白质基因”。因此，Wickner 的三条标准可以看成是鉴定细胞内“蛋白质基因”的标准，特别是前两条可以看成是鉴定正常性状的“蛋白质基因”的标准。

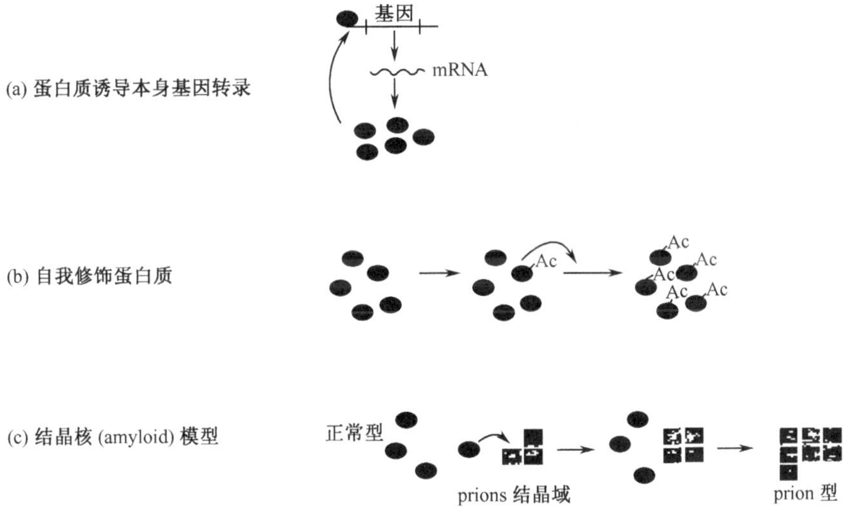

图 6.9　朊病毒（prion）的定义[60]

“朊病毒”就是感染/诱导性蛋白质（infectious protein）的意思。可以通过许多不同的机制来完成这一主题。(a) 一种蛋白质诱导它自己的基因进行转录。(b) 能自我繁殖（self-propagating）的蛋白质共价键修饰，如蛋白质的乙酰化作用。其中已经乙酰化的蛋白质能够像朊病毒那样，进行自我乙酰化（self-acetylation）。(c) 蛋白质构象（conformation）的自我繁殖，如某些能形成淀粉样沉淀（amyloid）的朊病毒

6.6　朊病毒蛋白中有一个独立的 prion 决定域

对 *ure2* 基因的删除（deletion）分析证明，它的序列中的 66～354 核苷酸位点决定着 Ure2p（蛋白）对氮的调控功能[61]，而 1～65 位点则决定着朊病毒的诱导及繁殖功能[62]（图 6.10）。虽然整体 Ure2p 的过剩表达可以使 [URE3] 的发生频率提高 20～200 倍，但它的 N 端的 65 个位点就足以诱导 [URE3] 的发生，甚至在更高的频率[61]。因此证明，Ure2p 的两个功能——朊病毒功能与氮调控功能，是由该分子的两个独立的部分所完成。

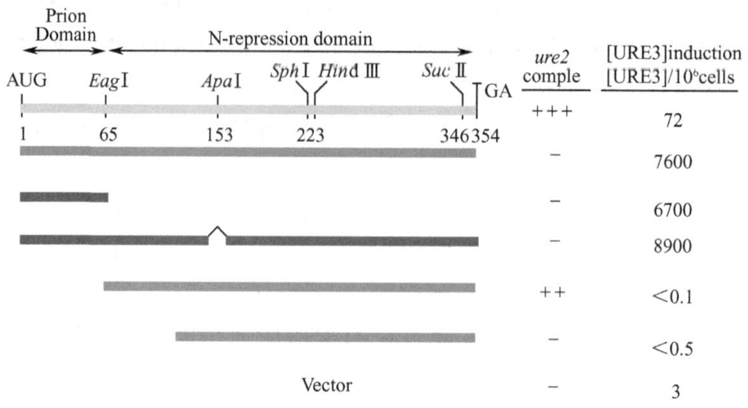

Ure2p Prion Domain:

1 MMNNNGNQVSNLSNALRQVNIGNRNSNTTT 30

31DQSNINFEFSTGVNNNNNNNSSSNNNNVQNNNSGR 65

图 6.10　Ure2p 的两个决定域——朊病毒决定域 1～65 及氮调节决定域 66～354 在结构与功能上是彼此独立的而又互相联系[44]

单独的 N 端的 65 个残基（位点）的朊病毒决定域（prion domain）在酵母过剩生产 Ure2p（蛋白质）时，所诱导的［URE3］产量相当于正常的 *URE2* 基因的表达量。朊病毒决定域（prion domain）对于［URE3］的繁殖是必需的和足够的，当它以一个完整的［URE3］分子存在时它的作用要受到一些正效应。C 端的氮调控决定域（N-repression domain）可以调控氮异化作用（nitrogen catabolism）而不需 N 端的朊病毒决定域（shown as *URE2 complex*），但是要求共价结合的朊病毒决定域被［URE3］抑制。在氮调控决定域中的突变将引起朊病毒蛋白质 Ure2p 的激增，说明正常的氮调控决定域（N-repression domain）能稳定 C 端的朊病毒决定域（prion domain），阻止它的作用—— 进行朊病毒转换

在酵母细胞内非传染性的朊病毒蛋白（［URE3］、［PSI］及［Het-s］）的存在，特别是其分子结构中朊病毒决定域的独立的存在，排除了朊病毒的功能可能是 DNA/RNA 病毒污染的怀疑，进一步证实了关于朊病毒“protein only”的假说。

6.7　消耗性蛋白质与遗传性蛋白质

这样，细胞中的蛋白质似乎被分成了两大类。

一类是消耗性的蛋白质，它们是中心法则的最后产物，所谓“工作分子”，并将在工作当中消耗殆尽。根据中心法则的概念，细胞中全部的蛋白质都应该是消耗性蛋白质，因为它们是遗传信息的终端。所有的遗传信息是不可能从蛋白质输出到另外任何生物大分子中去的，这是分子生物学的法则！因此，蛋白质不能复制自己，只有工作的份儿，直到消耗殆尽。Crick 所界定的蛋白质工作分子就好像蜂房中的工蜂，没有生殖能力，只能工作到死。但是，我们不要忘记，工蜂的命运并不像 Crick 的蛋白质那样绝对，蜂的幼虫如果被抚育在蜂王台上，就会成为具有繁殖能力的蜂王！自然界似乎在昭示我们，难道蛋白质就没有在“蜂王台”上的机会？

另一类是遗传性的蛋白质，就是我们所谈论的朊病毒蛋白质——prion protein。它们是中心法则最后产物（蛋白质）被修饰后的另一种形式（altered form），并具有把相应的蛋白

质转变为它自身的自我繁殖能力。朊病毒蛋白是怎样产生的，或者说是怎样被放在“蜂王台”上的？这个问题正如基因（DNA）是怎样产生的一样众说纷纭，有人还在研究朊病毒的进化，结果说明朊病毒的前身很可能就是与它来自同一基因（DNA）的正常基因。该正常基因由于所处的环境不同而发生蛋白质构象的稳定转变而成为所谓“朊病毒”蛋白质。它的转变后的构象相对它转变的前身蛋白质的构象更加强势、稳定，并能使前身蛋白质的构象转变为它的构象。因此，这种“朊病毒”蛋白质，并不见得是外侵的朊病毒，在真菌（酵母等）我们已经发现一些所谓“朊病毒”蛋白质（[URE3]、[PSI]、[Het-s]），它们并非入侵的朊病毒，而是正常存在的非孟德尔遗传因子 —— 细胞质基因。

因此，消耗性的蛋白质与遗传性的蛋白质的划分不是绝对的。正如工蜂与蜂王的命运不是绝对的一样。问题是要研究细胞中的蛋白质“蜂王台”！它在哪里？它是如何运作、发挥作用的？

6.8　作为细胞结构的“蛋白质复合体”的遗传

遗传学家们一直认为，细胞中众多的细胞器，只有含 DNA 的线粒体及叶绿体是独立的遗传单位。其他细胞器则是由细胞核基因所控制的。近来由于细胞分子生物学的发展，研究细胞结构的分子生物学家已经明确地指出，绝大多数的细胞器是具有自我繁殖功能的，这种功能不受 DNA 的控制，但却决定于构成它的独特的（distinct）、预存的（preexisting）蛋白质，而这些蛋白质总是以复合体的形式存在。由 J. D. Watson（DNA 双螺旋结构模型的创始人之一）等所著的权威性的《The Molecular Biology of the Cell》一书中已说得非常清楚[64]。

细胞实际上是由膜（membrane）所界定的生命空间。一个没有膜的细胞是不可理解的，一个不含蛋白质的膜是没有生命的。一个细胞，除了由膜所分割的大空间外，它的内部还被膜分割为许多不同的小的生命空间。这些小空间就是我们所说的细胞结构（compartment）及细胞器（organelle）。许多蛋白质都是以预存的（pre-existing）、后生的（epigenetic）的形式镶嵌在膜中而发挥生命作用。也就是说，许多的蛋白质以膜为依托，形成一个功能复合体。每一种蛋白质分子在此复合体中都有它特有的分子构象以及存在空间及空间分布。这很像我们在朊病毒中所看到的复合体（amyloid），不过这里的复合体是由异质性蛋白构成。但是，从另一种角度来看，如果把某一种蛋白质看成主体，其他的分子都看成是背景，那么就是一种镶嵌在背景中的主体蛋白质的复合体。一个哺乳动物细胞大约含有 10 000 种，约合 10^{10} 个蛋白质分子，这些蛋白质分子开始时是在细胞质液中按照中心法则通道合成的。但它们最终要按各自的路线装配到各种细胞器或者不同的 compartment 中，如鞭毛、纤毛、高尔基氏体、ER 等细胞器，以及在细胞膜下面的 cortex 层、细胞基质、核基质等不同的 compartment。一种蛋白质在中心法则的通道中产生后，如果它要加入到细胞结构中去，它的空间位置、分布以及分子构象都决定于预存结构（pre-existing structure）中的同源蛋白质分子的空间分布与分子构象。这是一个由消耗性蛋白转变为遗传性蛋白的过程，也是一个遗传性蛋白的繁殖过程。整个过程的机制是以已存模板为基础，类似于朊病毒的繁殖。Wickner 说：“羊瘙痒病、[URE3]、[PSI] 等朊病毒形成的基本机制，可能是形成丝状的线形晶体。在 PrP，Ure2p 和 Sup35p 加入晶体时所释放的自由能驱使它们改变自己的构象。”[18] 而在体外实验中，我们也看到由微管蛋白形成微管时，可因微管晶核的不同而装配成不同形式的微管。

6.8.1 纤毛虫的皮层遗传

Wickner 指出：细胞结构的蛋白质复合体模式（pattern）的遗传与朊病毒蛋白质的遗传是平行的[44]。

细胞内众多的细胞结构或细胞器是不含 DNA 的蛋白质复合体。很早以前，科学家就发现（1965）[65]草履虫体表（cortex）的纤毛排列图案（pattern），因配对中的偶发事故或人工显微手术而发生的改变（如纤毛排列倒向、骈联体等），将通过细胞分裂（有丝分裂或无丝分裂）遗传于后代，并明确指出这种遗传是一种拉马克遗传形式（Lamarckian process），是一种典型的以蛋白质为基础的后天获得性遗传问题，它并不伴随基因组（DNA）的改变（图 6.11）。后来发现其他的纤毛虫也具有类似的皮层遗传（cortical inheritance）。Wickner 等指出这种细胞的结构性（笔者认为实际上是作为细胞结构的蛋白质复合体）的遗传十分类似于在［URE3］、［PSI］和［Het-s］所看到的朊病毒蛋白质结构的遗传[60]，它是以朊病毒蛋白质的模板功能及自我繁殖功能为基础的。

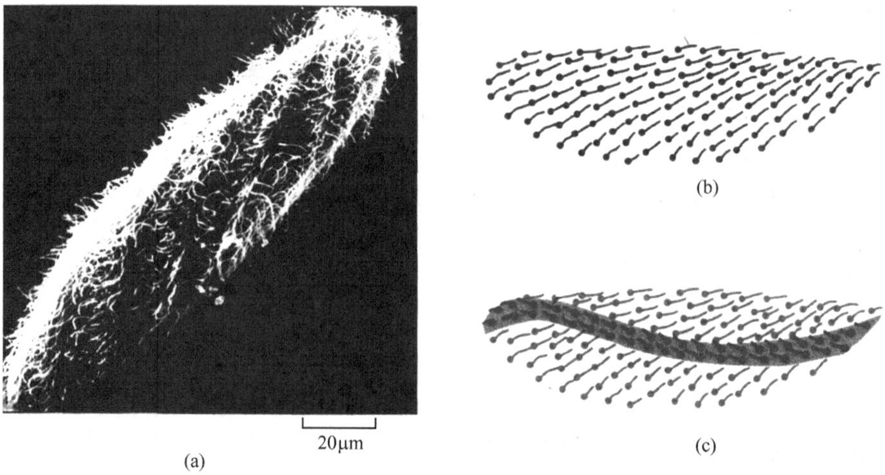

图 6.11 草履虫纤毛排列方向的变异

（a）为电镜照片。（b）、（c）为示意图。（c）中的条形阴影中的纤毛发生 180°逆转，并将遗传下去[64]

6.8.2 细胞器的复制

细胞分子生物学的研究明确指出，细胞不可能依靠细胞核里的 DNA 来重新塑造那些由膜所界定的细胞器；在细胞分裂中，各种细胞器都要通过自身的分裂，分布到子代细胞中去。有些大的细胞器（如高尔基体、ER），则要裂解为含有蛋白复合体单元的小碎片，以保证能够均匀地分布到子代细胞中去。[66]然后，由这些碎片再生出完整的细胞器。另外，完全是膜结构的内质网膜（ER），没有膜的中心粒（centrioles）、鞭毛的生长，纤毛的基体（basal body）等，也都是必须通过已存的中心粒（preexisting centrioles）或基体（preexisting basal bodies）的复制而产生。[67]

6.8.3 ER 转位器

内质网膜（ER）被从细胞中完全移除，则细胞将完全失去 ER。尽管这时细胞核中的基因仍然在正常地生产着构建 ER 所需要的全部蛋白质及酶，ER 将永远不会产生。一个新的 ER 的产生除非有一片段已存的 ER（existing ER），或者起码有一个含有转位器蛋白质（translocators）的 ER 碎片，才能保证 ER 的生长或复制。因为只有在转位器蛋白质存在时，按中心法则产生的蛋白质（更确切地说是肽链）才能进入 ER，并在 ER 中已存的相应蛋白质的模板作用下，被修饰成与已存的相应蛋白质（包括转位器蛋白）的相同形式（图 6.12）。这说明细胞器的繁殖必须以它自身的蛋白质信息[68]为模板，就好像朊病毒蛋白质的繁殖。

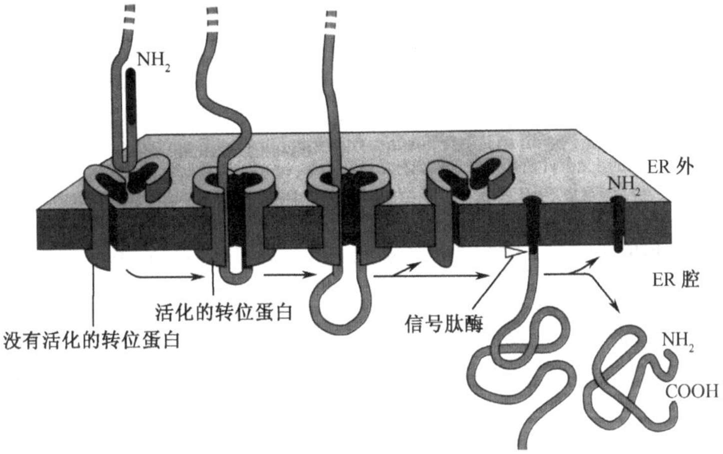

图 6.12　内质网膜的蛋白质转位器（translocator）以及肽链的转位示意图[64]

因此，构建一个细胞器所需要的信息是来自该细胞器中已存的（preexisting）、后生的（epigenetic）的蛋白质的信息。蛋白质分子从中心法则（central dogma）通道产生后，如果它要加入到某一细胞器中，该蛋白加入后的构象、空间位置（如方向）、空间分布等，均决定于已存的细胞结构的模式（pattern）。这就正如可溶性的 PrP^{C} 分子要加入到 PrP^{Sc} 的复合体（amyloid）中去，它就必须转变成与 PrP^{Sc} 相同的构象及空间位置一样（实际上是以 PrP^{Sc} 为模板把 PrP^{C} 转变为 PrP^{Sc}）。

6.8.4 中心粒的复制

中心粒（centrioles）与基体（basal bodies）是同源的细胞器，也是能自我复制的[67]。

真核细胞生物的鞭毛（flagella）和纤毛（cilia）都是由基体（basal body）产生的。如果把衣藻（*Chlamydomonas*）两条鞭毛剪掉，它们会从基体（basal bodies）迅速地重新生长出来。实际上，基体与中心粒（centriole）是同一类的细胞器。它们的分子结构非常类似，它们在功能上也往往是互相转化的（interconvertible）。例如，衣藻在进行有丝分裂时，它的鞭毛被吸收掉，基体移动到细胞内部而进入纺锤体的两极中担当中心粒的作用。

一个中心粒（centriole）或基体（basal body）呈长柱体形，宽 0.2μm，长 0.4μm。每

三个微管（microtubule）聚合为一个三联体（triplet），9 个三联体围成一个中空的长柱体。各三联体之间沿纵轴以蛋白质相连，并有蛋白质分子伸向长柱体的腔内，呈车轮状，见图 6.13[64]。

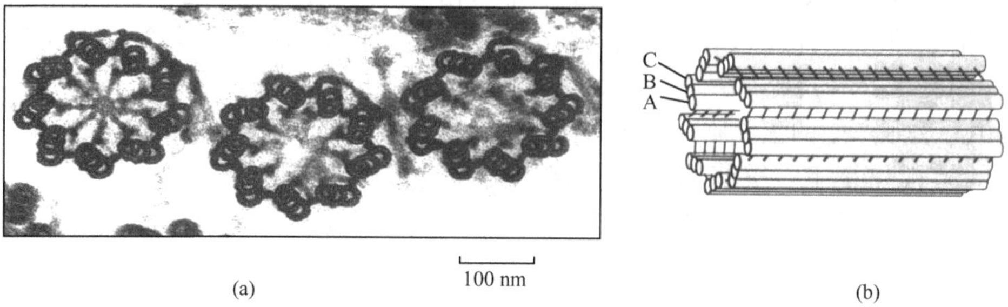

图 6.13　中心粒（centriole）或基体（basal body）的结构[64]

(a) 中心粒横切面电镜图。9 个中心粒斜排如涡轮状。(b) 中心粒或基体的侧面图。每一组微管三联体由一个完整的微管 A⁻和两个不完整的微管 B、C 组成。各三联体侧面由蛋白斜联。长柱体的中心也有蛋白质，它们在 (a) 中排列如车轮状

Palazzo 等明确指出，中心粒是通过已存的中心粒（preexisting centrioles）复制产生的[67]。在培养的成纤维细胞中，中心粒的复制与 DNA 的合成是相伴而生的。中心体（centrosome）内的两个中心粒是成一定角度而定位的。复制时，两个中心粒分开，然后一个新的中心粒在旧有中心粒附近按一定角度产生。刚刚产生的中心粒是由 9 个单一的微管对称排列而成，然后以每个微管为模板装配成微管三联体（triplet microtubule），而成为成熟的中心粒（图 6.14）。

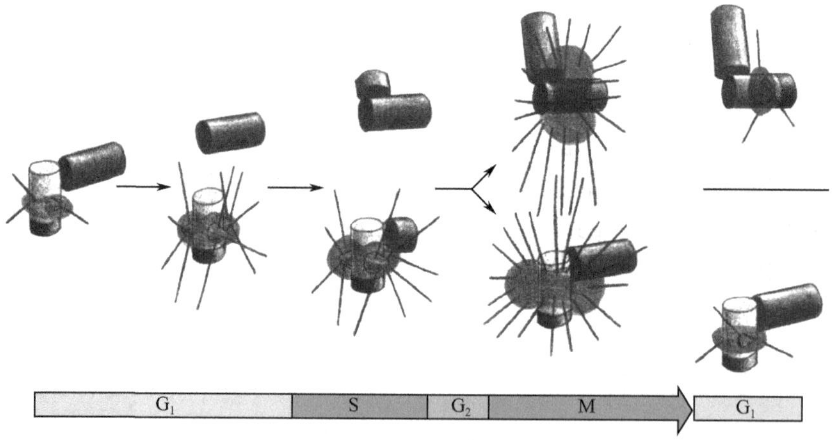

图 6.14　中心粒复制[64]

中心粒与中心体基质（centrosome）相联。在细胞周期 G_1 期，两个中心粒分开数微米。S 期时，一个子代的中心粒开始与旧中心粒成一定角度地生长，到 G_2 期时生长充分。这两对中心粒作为一个中心体复合体，一直到 M 期才分裂为二，向两极分开

中心粒或基体是由微管构成的，而微管是由微管蛋白构成的。可以想象，在细胞质中按中心法则通道产生的微管蛋白要作为中心粒的构成分子，它必须按照中心粒中已存微管蛋白的构象及空间位置加入其中。无疑，这是一个由消耗性蛋白质转变为遗传性蛋白质的过程。

是一个以 prion 繁殖机制为基础的过程。这正如前面所强调的：细胞结构的模式（pattern）遗传与朊病毒蛋白质的构象（conformation）遗传是平行的[44]，类似的蛋白质遗传现象。因此，这种平行现象不只限于被膜的细胞器，可能包括所有的能自我复制的细胞器及细胞结构。

6.8.5 细菌鞭毛的装配

鞭毛的生长或装配过程就是一个以朊病毒蛋白自我繁殖机制为基础的细胞器的复制过程。正如在朊病毒自我繁殖中，对蛋白酶敏感的 PrP^C 加入到对蛋白酶有抗性的 PrP^{Sc} 多聚体“晶核”（seed）中那样，在鞭毛的装配中是：对蛋白酶敏感的（protease-sensitive）的鞭毛蛋白（flagellin）是不断地加入到对蛋白酶抗性的（protease-resistant）鞭毛丝（flagellar filaments）——改变了构象的鞭毛蛋白多聚体（seed）中去[69]。有趣的是，由中心法则通道产生的同一种鞭毛蛋白，因它所加入的鞭毛多聚体（seed）不同，而装配成不同类型的鞭毛[70]（图 6.15）。

Yonekura 等详细地描写了这一过程[72]（图 6.16）。细长的鞭毛丝大约由数万个鞭毛蛋白（flagellin）构成。这些鞭毛蛋白是按照中心法则通道在细胞质中合成，然后到达鞭毛的基部—— 基体（basal body）。基体中有输送鞭毛蛋白的“机器”（export machinery），是一种蛋白复合体。它把到达基体的鞭毛蛋白输送到鞭毛中空的孔道中。鞭毛蛋白沿孔道向远端扩散，最终到达正在生长的鞭毛丝的顶端。到达顶端的鞭毛蛋白在一个五聚体的蛋白复合体（称为 cap）的导引下，被装配到鞭毛丝的尖端。已经证明 cap 是由 FliD 蛋白构成的特殊结构[73]，是一种能转动的分子马达（motor）。细菌的 FliD 突变体就不能把到达鞭毛丝顶部的鞭毛蛋白正确地加到鞭毛丝顶端，而是逸出鞭毛孔道丢失[74]。这说明 cap 是一个动力学阀门，使输送来的鞭毛蛋白单体能装配到鞭毛丝的顶端。已经确证鞭毛蛋白在孔道中的输送途中，它的 N 端及 C 端序列是处于伸展的非折叠状态的[75]。当它们装配到鞭毛丝顶端时，必须要按照鞭毛丝中已存的鞭毛蛋白的构象（conformation）及排列格式（pattern）进行大幅度的构象变化。

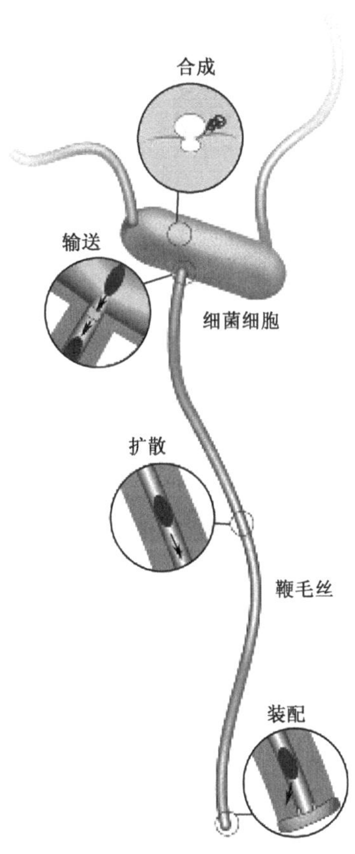

图 6.15 鞭毛的装配[71]

鞭毛蛋白单体在细菌细胞（bacterial cell）内被核糖体（ribosomes）合成后，被位于鞭毛（flagellum）基部的一个特殊的部件（specialized apparatus）输送到正在生长的鞭毛丝（flagellar filament）的孔道中。鞭毛蛋白单体沿孔道向远端扩散，最后在一个五聚体的帽状体（pentameric cap）的导引下装配到鞭毛丝顶端上去，使鞭毛丝不断地延长

鞭毛丝中的鞭毛蛋白是呈螺旋状排列，每一圈螺旋是 5.5 个鞭毛蛋白[76]。相比之下，鞭毛丝顶端的 cap 是一个五聚体的扁平的盘子（pentameric disks），没有螺旋对称可言。位于鞭毛丝顶端的扁平的 cap 五聚体伸出 5 条腿状突出（每一单体分子伸出一个突起）使得鞭毛丝顶端的腔变大。由于 cap 的围成环状的匀称排列的 5 条腿与 5.5 个鞭毛蛋白围成的螺旋不能对应（平面环状

与螺旋不对应，5 与 5.5 不对应)。这样，在 cap 每转动 72°（360°/5）时，就在 cap 与鞭毛蛋白的螺旋之间呈现一个开口，于是一个新的鞭毛蛋白单体分子就在开口处加入到鞭毛丝上。然后，cap 转动，另一个鞭毛蛋白单体分子又进入另一个开口。在整个装配过程中，转动的 cap 需要不断地发生构象变化，而装配进去的鞭毛蛋白分子就更需要按照鞭毛丝中已存的（preexisting）的鞭毛蛋白的构象及空间分布（螺旋）来改变自己的构象或形状，以便跻身于鞭毛丝中。

鞭毛中已存的鞭毛蛋白的构象及空间分布是遗传的，是鞭毛中的后生的（epigenetic）、已存的（preexisting）的信息，也是新的鞭毛蛋白装配的模板。这与朊病毒的自我繁殖过程如出一辙。因此，鞭毛的装配过程就是一种以朊病毒繁殖为机制的蛋白质遗传过程。鞭毛中已存的鞭毛蛋白就是遗传的蛋白质；而 5.5 个鞭毛蛋白所构成的螺旋是鞭毛构成模式（pattern）的一个重复单位，这种 pattern 也是遗传的（图 6.16）。

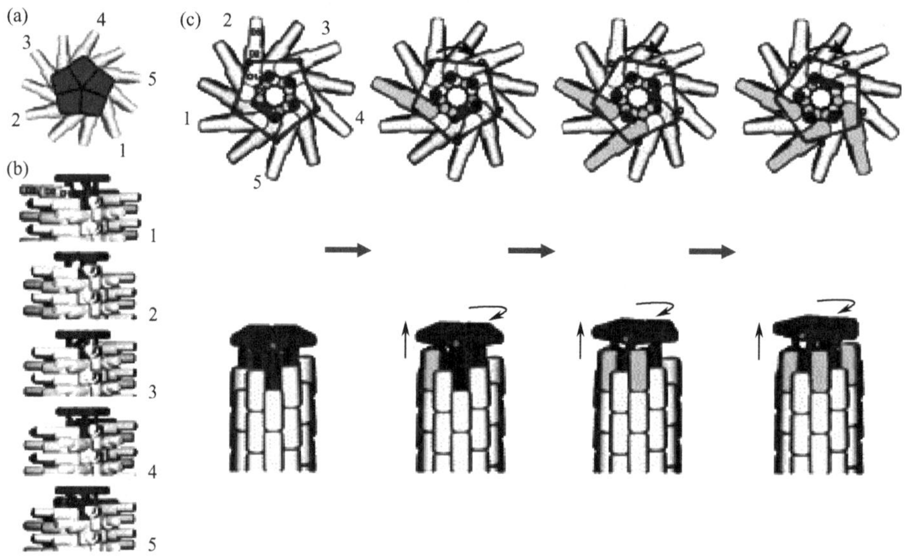

图 6.16　cap 与鞭毛丝结合及通过转动的 cap 装配鞭毛蛋白的机制[72]

(a) cap-鞭毛丝结合的复合体顶面观。所标数字（1～5）与（c）、(b) 中一致。(b) 表示 cap 在一次转动中的五个侧面观。五个侧面中的第一个（1）表示在 cap 的一次转动中出现的一个容纳新的鞭毛蛋白装配的缺口。其他四个侧面（2～5）则没有缺口。说明 cap 的每一次转动只允许装配一个鞭毛蛋白分子。(c) cap 转动及它的五条腿与鞭毛螺旋（5.5 个鞭毛蛋白分子）的相对关系的变动。在每一次转动中将出现一个缺口 [（c）的下排图]，允许一个新的鞭毛蛋白装配进去。(c) 的上排图中的黑点表示 cap 的腿与平盘（disk）的交接处。黑点的周边区表示在每次转动中腿所占据的空间的顶面观。那些较大的周边区域是与下排图中的黑色缺口相对应的。新的鞭毛蛋白将在这些依次出现的缺口中装配进去

6.8.6　微管的装配

真核细胞的鞭毛与纤毛都是由微管构成的，都是从基体生长出来的。基体与中心粒是同源细胞器，它们都是生长或装配微管的核心（seed）。

微管（microtubules）是由许多微管蛋白（tubulin）构成的。每一个微管蛋白分子（tubulin molecule）是由 α-tubulin 和 β- tubulin 二个亚单位组成的二聚体（heterodimer）。微管蛋白是多种多样的，哺乳动物起码有 6 种 α-tubulin 以及大约相等数量种类的 β-tubulin。每

一种微管蛋白都由一个专有的基因编码。不同的微管蛋白往往位于细胞的不同部位，具有不同的功能。例如，线虫（*Caenorhabditis elegans*）具有 6 个专司触觉（touch-sensitive）的神经元（neurons），它们就是由一种含有特殊 β-tubulin 的微管完成的。如果编码这种 β-tubulin的基因突变，则线虫就失去触觉功能。

一个微管是由 13 条平行的原纤维（protofilament）围成的管子；每一条原纤维则是由相间排列的 α-tubulin 和 β-tubulin 亚单位（合称 tubulin）组成。各条原纤维都以相同的极性端并列，组成的整条微管也具有极性 —— plus 端（快速生长端）和 minus 端（缓慢生长端）（图 6.17）。

微管在形成过程中，首先有一个缓慢的成核过程。该过程在试管中有纯的微管蛋白（tubulin）、Mg^{2+} 和 GTP，于 37℃即可进行，如图 6.18 所示。

Wickner 指出：scrapie、[URE3]、[PSI] 等朊病毒蛋白的自我繁殖的基本机制就是以形成纤维样的线性"晶核"（seed）、PrP、Ure2p 和 Sup35p 等蛋白（按照中心法则产生的蛋白）在加入"晶核"时所释放的能量，驱使它们改变构象，而与"晶核"中已存的 PrP^{Sc}、[URE3]、[PSI] 的构象一致。他特别指出，微管蛋白在形成微管时也因"晶核"的不同而形成不同的微管，与朊病毒的繁殖过程极其类似。

在细胞中，微管通常是从一个特异的成核位点（nucleating site）生长出来。由于溶液中对成核作用的动力学屏障，微管蛋白的多聚化（tubulin polymerization）只能在这种成核位点中装配、生长出来。在动物细胞中，往往以中心体（centrosome）为成核位点。埋藏在中心体内的是成一定角度的两个中心粒。一对中心粒周围总是被一团纤维状的细胞质网络所包围，称为"环中心粒物质"（pericentriolar material），是中心体的基质。微管蛋白的成核及多聚化就是在这里完成的。对于"环中心粒物质"中能促进成核的蛋白质成分目前还没有充分地了解，只知道有一种 γ-tubulin，它可以与 α-tubulin/β-tubulin 二聚体作用而协助微管蛋白的多聚化装配（图 6.19）。

图 6.17　微管结构示意图[64]

(a) 由 13 个微管蛋白所围成的微管腔的顶面观。(b) 一段微管的侧面观。由 13 条原纤维平行围成。每一条原纤维由 α-tubulin 和 β-tubulin两个亚单位组成的二聚体——微管蛋白分子组成

并不是所有的装配微管的成核位点都含有中心粒，如高等植物的有丝分裂中的微管装配生长中心里就完全没有中心粒，小鼠卵母细胞减数分裂的纺锤丝中也没有中心粒，在真菌和硅藻的微管装配中心只是一个埋在核膜（nuclear envelope）中没有中心粒的纺锤级体（spindle pole body）。但是，不管哪种成核位点中都含有 γ-tubulin 及其他中心体特异蛋白质。

现以真核细胞的纤毛的装配为例。图 6.20 的纤毛

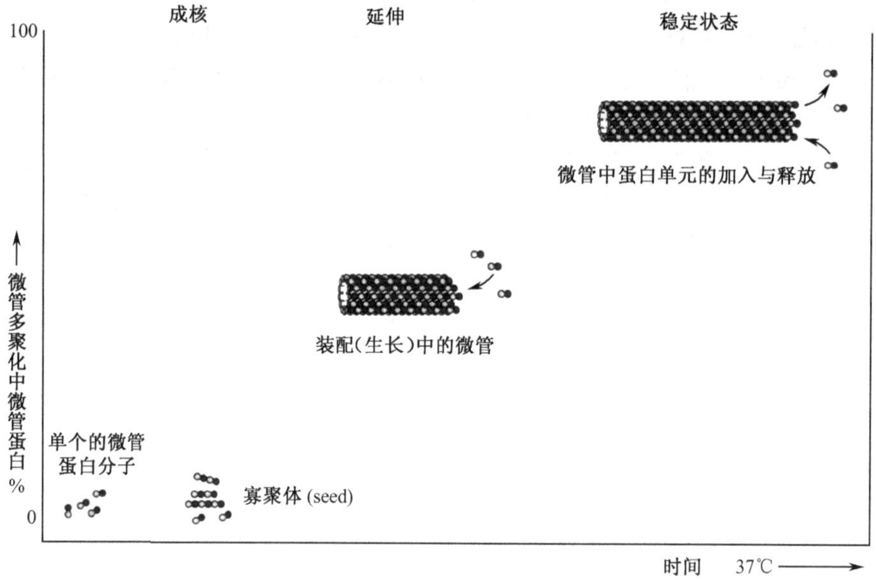

图 6.18 微管装配过程的示意图[39]
表示首先要有一个成核过程。这与朊病毒繁殖的成核过程（nucleation model）类似

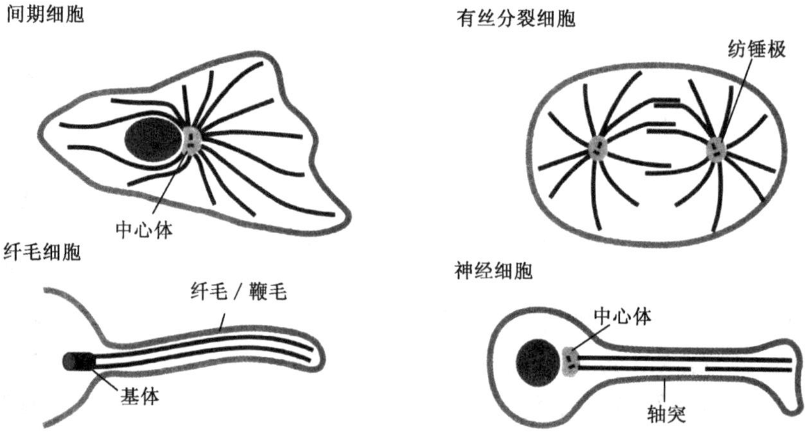

图 6.19 微管以中心粒或基体为成核
位点（nucleating site）进行装配。不同的成核位点中的不同的“晶核”装配出不同的产物：
纺锤丝、纤毛/鞭毛、轴突等

横切面电镜照片显示，纤毛是由 9 组双微管体围绕着中心的两个微管单体构成。它是以基体为成核中心装配起来的。基体也是由微管构成，其结构模式与纤毛极其相似（图 6.20），所不同的是基体外围的 9 组微管是三联体（triplet），而纤毛的外围则是 9 组双微管体。实际上，纤毛是以基体的 9 组微管三联体为组织中心或者说为“晶核”（seed）而装配起来的。在装配中，微管蛋白（tubulin）只装配到基体微管三联体中的两个微管上，从而使纤毛成为 9 组双微管体的构造。但是，纤毛中心的两个微管单体是怎样装配起来的，目前还不清楚；因为基体（或中心粒）的中心没有微管。

通过本章所述，我们可以推论：

（1）在细胞中存在着两种遗传系统——DNA 遗传系统和蛋白质遗传系统。从 PrP^{sc} 的发现到酵母中［URE3］、［PSI］及［Het-s］朊病毒蛋白的证实，说明朊病毒蛋白质（prion protein）不仅仅是一种感染性的病毒，而且可以是细胞中的一种非孟德尔式蛋白质遗传因子。

（2）因此，细胞中的蛋白质可以分为消耗性蛋白质与遗传性蛋白质，正如 DNA 可以分为非编码序列与编码序列那样。我们不妨把 DNA 遗传系统称之为密码遗传系统，把蛋白质系统称之为构象遗传系统。这里的构象，不仅指蛋白质分子本身构象的遗传，也指以蛋白质分子构象遗传为基础的蛋白质复合体的"构象"遗传（蛋白质分子的空间分布及空间方向），或称细胞结构的模式（pattern）遗传。这种遗传在本章的纤毛虫的皮层遗传（cortical inheritance）、纤毛及鞭毛的装配过程等，可以看得很清楚。

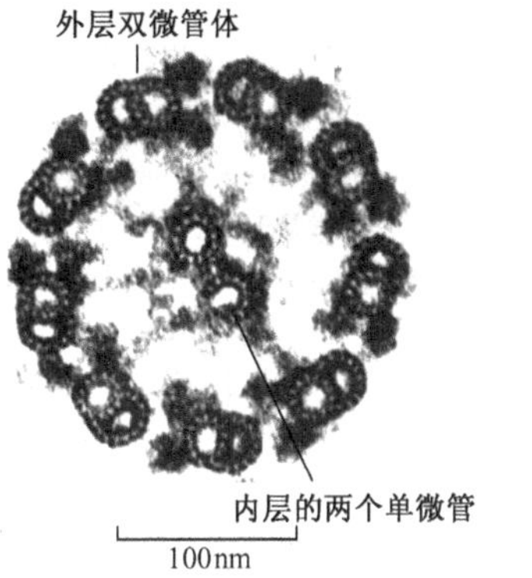

图 6.20　纤毛横切面的电镜照片[64]
表示纤毛外围是 9 组微管二联体，中心是两个微管单体

（3）蛋白遗传系统的存在，彻底排除了所谓"归根结底论"。在过去，只要谈论到细胞质遗传或蛋白质的遗传作用，如发育初期的卵质的巨大决定作用时，基因论者总是指出：不管生命活动中细胞质或蛋白质如何独立地发挥作用，但归根结底蛋白质都是由基因（DNA）产生的、决定的。现在，已经明确，由基因决定的蛋白质，只是消耗性蛋白质，而不是具有遗传功能的遗传性蛋白质。因此，蛋白质遗传对于基因来说只能"归根"，不能"结底"。遗传性蛋白是一种独立的、后生的（epigenetic）的遗传因子，它的一级结构虽然决定于 DNA，但决定它作为遗传因子的构象与功能却只决定于它自己，而不决定于基因（DNA）。

（4）蛋白质遗传，特别是蛋白质复合体遗传实际上是生物性状遗传的基础，它决定着生物遗传的主要框架。例如，微管不仅是装配鞭毛、纤毛等细胞器官的元件，而且也是构成细胞骨架的主要成分。细胞质中细胞骨架（如细胞皮质层、卵皮质层）的各种模式也是遗传的，笔者认为，可以称之为细胞内的"行为遗传"，它们主导着细胞的运动、感觉或胚胎发育中的形态形成。这还是一个尚未开发的领域。

（5）DNA 遗传是通过蛋白质遗传来发挥作用的。按照中心法则渠道产生出来的都是所谓消耗性蛋白质，或者说是工作分子。这些蛋白质一部分直接地以可溶性状态参与生命活动而在分子水平上决定生物的某些性状，如血红蛋白遗传病、黑尿症等。

发育生物学证明，生物的形态发生主要地决定于卵质，包括细胞骨架、各类细胞器及位于卵膜下的 cortex。这些部分都是以遗传性蛋白质为基础的细胞结构，属于蛋白质遗传系统。由中心法则产生出来的蛋白质要加入到这些结构中去，它就必须通过一个 prion 繁殖的过程，从消耗性蛋白质转变为遗传性蛋白质。从这个角度上看，DNA 遗传系统是通过蛋白质遗传系统来发挥作用的。一个广义的"中心法则"应该是 DNA 遗传系统通过蛋白质遗传系统的延伸，最终决定性状的形成。

（6）无疑，如果蛋白质遗传确立，将给遗传理论框架带来巨大的改变。许多重大的生物学概念如细胞的完整性、后天获得性遗传、胚胎发育机制、进化论，以至癌变、衰老等必将发生深刻的改变。它的巨大的理论意义，现在给以评价还为时过早。但是我们已经感到了蛋白质遗传给整个生物学，特别是给分子生物学所带来的巨大震撼。在这里。我愿意再一次重复 Griffith 写给 *Nature* 的话："用不着惊慌，一种蛋白质感染因子的存在将砸烂分子生物学的整个理论框架。"[9]

参考文献

[1] Prusiner S B. Science，1991，252：1515～1522.

[2] Prusiner SB. Science，1982，216：136～144.

[3] 田波. 病毒学集刊，1984，4：209～212.

[4] Prusiner SB，Bolton DC，Groth DG，et al. Biochemistry，1982，21：6942～6950.

[5] Belay ED. Annu Rev Microbio，1999，53：283～314.

[6] Avery O T，et al. J. Exptl. Med.，1944，79：137.

[7] Hershey A D，Chase M. J. Gen. Pyysiol.，1952，36：39.

[8] Pauling L. J. Am. Chem. Soc.，1940，62：2643.

[9] Griffith J S. Nature，1967，215：1043.

[10] Creutzfeldt H G. Uber eine eigenartige herdformige Erkrankung des Zentralnervensystems. Neurol. Psychiatry，1920，57：1～18.

[11] Gerstmann J. Uber ein noch nicht beschriebenes Reglexphanomen bei einer Erkrankung des zerebellum systems. Wien Med. Wochenschr，1928，78：906～908.

[12] Gerstmann J，Straussler E and Scheinker I. Uber eineeigenartige hereditar-familiare erkrankung des zerebellaren systems. Neurology，1936，154：736～762.

[13] Cuille J and Chelle P L. Pathologie animale. La maladie dite tremblant du mouton est-elle inoculable? C. R. Acad. Sci. (Paris)，1936，203：1552～1554.

[14] Cuille J and Chelle P L. Experimental transmission of trembling to the goat. C. R. Seances Acad. Sci.，1939，208：1058～1060.

[15] Gordon W S. Advances in veterinary science. Vet. Rec.，1946，58：516～520.

[16] Wilson D R，Anderson R D and Smith W. Studies in scrapie. Comp. Pathol.，1950，60：267～282.

[17] Pattison I H. Resistance of the scrapie agent to formalin. J. Comp. Pathol.，1965，75：159～164 .

[18] Zigas V and Gajdusek D C. Kuru：clinical study of a new syndrome resembling paralysis agitans in natives of the Eastern Highlands of Australian New Guinea. Med. J. Aust.，1957，2：745～754.

[19] Hadlow W J Scrapie and kuru.，Lancet，1959，II：289，290.

[20] Gibbs C J and Gajdusek D C. Infection as the etiology of spongiform encephalopathy (Creutzfeldt-Jakob disease). Science，1969，165：1023～1025.

[21] Gibbs C J，Gajdusek D C，Asher D M，et al. Creutzfeldt-Jakob disease (spongiform encephalopathy)：transmission to chimpanzees. Science，1968，161：388～389.

[22] Klatzo I，Gajdusek D C and Zigas V. Pathology of Kuru. Lab. Investig.，1959，8：799～847.

[23] Belay ED，Transmissible spongiform encephalopathies in human，Annu Rev Microbio，1999，53：283～314.

[24] Prusiner SB，Bolton DC，Groth DG，et al. Further purification and characterization of scrapie prions. Biochemistry，1982，21：6942～6950.

[25] Weber EL，Prion Biology，Rev Argent Microbiology，1999，31 (4)：205～218.

[26] Stahl N，Baldwin MA，Hecker R，et al. Glycosylinositol phospholipid anchors of the scrapie and cellular prion protein. Biochemistry，1992，31：5043～5053.

[27] Vey M，Pilkuhn S，Wille H，et al. Subcellar colocalization of the cellular and scrapie prion proteins. PNAS USA，1986，83：2310～2314.

[28] Meyer RK，Mckinley MP，Bowman KA，et al. Separation and properties of cellular and scrapie prion proteins. PNAS USA，1986，83：2310～2314.

[29] Oesch B，Westaway D，Prusiner SB. A cellular gene encodes scrapie PrP27～30，Cell，1985，40：735～746.

[30] Taraboulos A，Serban D，Prusiner SB. Scrapie prion protein accumulate in the cytoplasm of persistently infected cultured cells，The Journal of Cell Biology，1990，110：2117～2132.

[31] Korth C，Stierli B，Moser M，et al. Prion-specific epitope defined by a monoclonal antibody. Nature，1997，390：74～77.

[32] Rudd PM，Endo T，Colominas C，Prusiner SB，et al. Glycosylattion differences between the normal and pathogenic prion protein isoform. Proc Natl Acad Sci USA，1999，96 (23)：13044～13049 .

[33] Saeki K，Matsumoto Y，Hirota Y，et al. Three-exon structure of the gene encoding the rat prion protein and its expression in tissues. Virus Genes，1996，12：15～20.

[34] Prusiner SB. Prion diseases and the BSE crisis, Science, 1997, 278: 245～251 .
[35] Tanji k, Saeki K, Matsumoto Y, et al. Analysis of PrP mRNA by in situ hybridazation in brain, placenta, uterusand testis of rats. Intervirology, 1996, 38: 309～315.
[36] Jackson GS, Clarkke AR. Mammalian prion proteins, Curr Opin Struct Bio, 2000, 10 (1): 69～74.
[37] Alter M. How is Creutzfeldt-Jakob Disease acquired? Neuroepidemioligy, 2000, 19 (2): 55～61.
[38] Bessen RA, Kocisko DA, Raymond GJ, et al. Nature, 1995, 375: 700～798.
[39] Weissmann C. J Biol Chem, 1999, 274 (1): 3～6.
[40] Prusiner S B. Science, 1991, 252: 1515～1522.
[41] Jarrett J T and Lansbury P J. Cell, 1993, 73: 1055～1058.
[42] Weissmann C. Nature, 1995, 375: 628～629.
[43] Weissmann C. J Biol Chem, 1999, 274 (1): 3～6.
[44] Wickner R B, Edskes H K, Maddelein M-L, Taylor K L, Moriyama H. The Journal of Biological Chemistry, 1999, 274 (2) 555～558.
[45] Wickner R B. Annu. Rev. Genet. , 1996, 30: 109～139.
[46] Wickner R B. Science, 1994, 264: 566～569.
[47] Coustou V, Deleu C, Saupe S and Begueret PNAS USA 1997, 94: 9773～9778.
[48] Serio T R, Cashikar A G, Kowal A S, Sawicki G J, Moslehi J J, Serpell L, Arnsdorf M F, Lindquistl S L, Science, 2000, 289: 1317～1321 .
[49] Schoun J and Lacroute F C R. Acad. Sci. , 1969, 269: 1412～1414.
[50] Drillien R, Aigle M. and Lacroute, F. Biochem. Biophys. Res. Commun, 1973, 53: 367～372.
[51] Lacroute F J. Bacteriol. , 1971, 106: 519～522.
[52] Agle M and Lacroute F. Mol. Gen. Genet. , 1975, 136: 327～335.
[53] Cox B S. Heredity, 1965, 20: 505～521.
[54] Inge-Vechtomov S G and Andrianova V M. Genetika, 1970, 6: 103～115.
[55] Hawthorne D C and Mortimer R K. Genetics, 1968, 60: 735～742.
[56] Wickner R B. Science, 1994, 264: 566～569.
[57] Liebman S W and Irina L D. J. Biol. Chem. , 1999, 274: 1181～1184.
[58] Coustou V, Deleu C, Saupe S and Begueret PNAS USA. 1997, 94: 9773～9778.
[59] Rizet G. Rev. Cytol. Biol. Veg. , 1952, 13: 51～92.
[60] Wickner R B, Taylor K L, Edskes H K, Maddelein M-L, Moriyama H. and Roberts B T. Microbiology and Molecular Biology Reviews, 1999, 63 (4): 844～861.
[61] Massion D C and Wickner R B. Science, 1995, 270: 93～95.
[62] Massion D C, Maddelein M-L and Wickner R B. PNAS USA, 1997, 94: 12503～12508.
[63] Tompa P, Tusn¨₵dy G E, Cserz M and Simon I. PNAS USA, 2001, 98: 4431～4436.
[64] Albert B, Bray D, Lewis J, Raff M, Roberts K, Watson J M. Molecular Biology of The Cell, Third edition, New York & London: Garland Publishing, Inc. 1994.
[65] Beission J and Sonneborn T M. PNAS USA 1965, 53: 275～282.
[66] Lucocq J M, Warren G. EMBO J, 1978, 6: 3239～3246.
[67] Palazzo R E, Vaisberg E, Cole R W, Reider C L. Science, 1992, 256: 219～221.
[68] Jones H D, Schliwa M, Drubin D G, Annu. Rev. Biochem, 1993, 62: 323～348.
[69] Aizawa S. I, Vonderviszt F, Ishima R. and Akasaka K. J. molec. Biol. , 1990, 211: 673～677.
[70] Asakura S, Eguchi G and Lino T. J. molec. Biol. , 1966, 16: 302～316.
[71] Macnab R M. Science, 2000, 290: 2086, 2087.
[72] Yonekura K, Maki S, Morgan D G, et al. Science, 2000, 290: 2148～2152.
[73] Ikeda T, et al. J. Bacteriol. , 1987, 169: 1168.
[74] Homma M, et al. J. Bacteriol. , 1984, 159: 1056.
[75] Vonderviszt F, et al. J. Mol. Biol. , 1989, 209: 127.
[76] Trachtenberg S, DeRosier D J. J. Mol. Biol. , 1987, 195: 581.

第7章 RNA 遗 传

在中心法则中，RNA 只是作为一个中间环节被描述，真正的遗传模板是 DNA。但是，20 世纪 70 年代发现反聚合酶以后，在 Crick 修正后的最新版本的中心法则中[1]，我们看到 RNA 已不是过去的中间环节，而是具有与 DNA 同等地位的遗传模板（图 7.1）。然后，RNA 编辑、RNA 干扰的发现与研究（见后文），更使我们对 RNA 的遗传作用刮目相看。著名的分子生物学家 Pennisi 指出："基因占据生物学的中心舞台已经数十年。但是最近的工作提出，虽然基因经常是挂牌的名角（star billing），可它们更像一些木偶（puppets）。各种蛋白质，有时是 RNAs，在拉着线（strings），告诉基因在何时何地打开或关闭。"

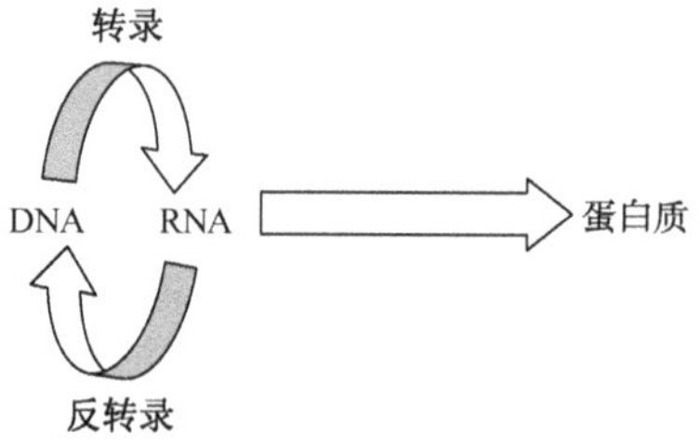

图 7.1 中心法则示意图（DNA 与 RNA：谁是谁的模板？）

7.1 RNA 世 界

7.1.1 生命早期的遗传物质

RNA 世界假说（RNA world hypothesis）认为在生命进化早期没有 DNA 和蛋白质，某些 RNA 序列可以催化 RNA 的复制[2]。也就是说，RNA 是生命早期的唯一遗传物质，它是生命的源头。在 RNA 遗传的基础上，才有了后来的 DNA 与蛋白质体系。事实上，RNA 的遗传作用并未在生命的进化中消失，在一定的程度上，RNA 仍在支配着 DNA 与蛋白质的命运。

W. K. Johnston 等[2]的工作证明某种 RNA 分子确实能够催化 RNA 复制中的多聚化。它使用 NTP 及 RNA 模板的编码信息使 RNA 引物（RNA primer）持续增加 14 个核苷酸的长度，等于 RNA 螺旋的一圈。这种多聚化是 RNA 模板依赖的，是按照引物的序列、长度，以及 RNA 模板的信息进行的，证明了引物的 3′是在与 RNA 模板逐一地、严格地配对的情况下进行的。结果，多聚化过程是逼真的；在引物被扩展 11 个核苷酸的情况下，对此等序列进行了克隆和序列分析，在 1100 个样品中有 1088 个是与模板准确匹配的（表 7.1）。

表 7.1　Johnston 的 RNA 复制的效率与逼真度[2]

模板	延伸中的相对效率				逼真度
	ATP	CTP	GTP	UTP	
-A-	0.0034	0.0014	0.0043	1.0 (5.3)	0.991
-C-	0.0002	0.0002	1.0 (5.4)	0.00004	0.9996
-G-	0.0002	1.0 (41)	0.0006	0.044	0.957
-U-	1.0 (87)	0.0001	0.085	0.0002	0.921
				平均值＝	0.967

Bartel 等使用存在于随机 RNA 序列的备用池（pool of random RNA sequences）中的 RNA-连接酶 ribozyme[4~6] 衍生物。某些衍生物能够使用 NTP（nucleoside triphosphate）及 RNA 模板的部分区域进行模板指导的引物延伸[6]。这些连接酶衍生物（ribozyme）通过与模板的不配对的一特异小段的杂交来识别并催化该引物——模板复合体［图 7.2(a)］的 RNA 复制。从使用特异模板的一小段来指导引物延伸来看，这些 ribozymes 不像复制 RNA/DNA 的酶的多聚化反应（polymerization）更类似于末端酶（telomerases）。

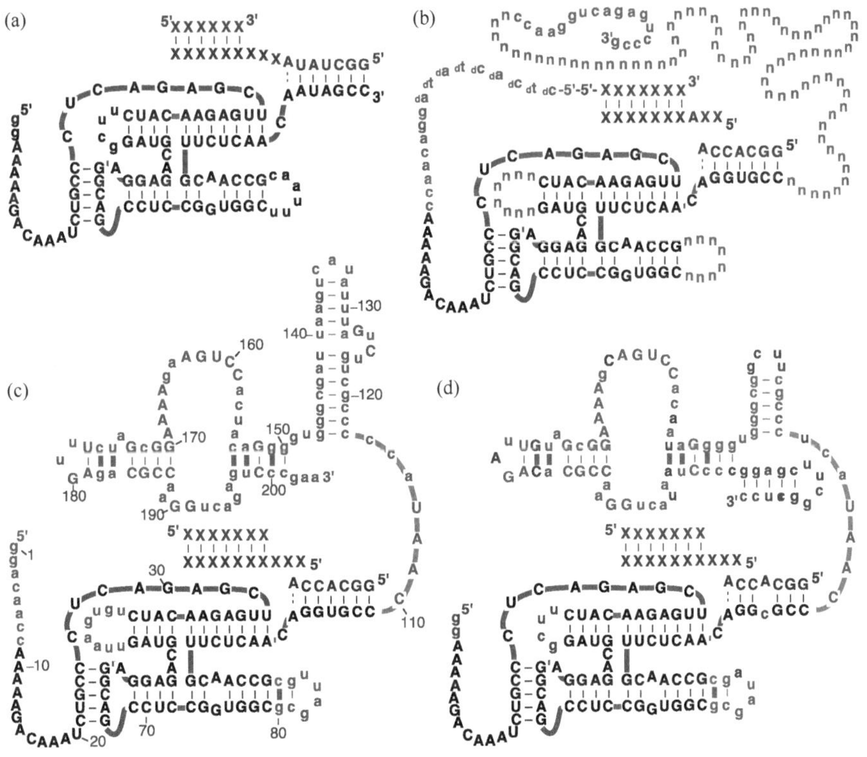

图 7.2　Ribozymes 的二级结构模型[3]

图中的短线表示碱基配对。(a) ribozyme 能促进有限的 RNA 多聚化[6]。它使用 NTPs 及适当模板（3′-XXXXXXXXXAUAUCGG-5′）的编码信息来扩展 RNA 引物（5′-XXXXXX-3′）。Ribozyme 能使用四种 RNA 核苷酸中的任何一种（以 X 表示）来使引物与模板配对。但是，模板的 5′区必须与 ribozyme 的 3′区配对才能发挥 ribozyme 的作用。该种 ribozyme 来自一种 RNA ligase ribozyme。(b) 含有 ligaseribozyme 的随机 RNA 序列备用池。(c) round-10 ribozyme。(d) round-18 ribozyme

从上述可知，W. K. Johnston 等[3]所描述的 RNA 复制虽然效率不高，却是真正的 RNA 自我复制。因为它不像 DNA 复制那样，需要许多蛋白质酶来进行加工。而这里的 RNA 复制，它不需要任何的蛋白质，完全由 RNA 酶（ribozymes）及 RNA 模板完成。而通常的 DNA/RNA 病毒的复制（繁殖）以及细胞的 DNA 复制都不是由纯粹的 DNA 或 RNA 系统完成的。因此，RNA 无疑地是一种分子模板（图 7.3）。

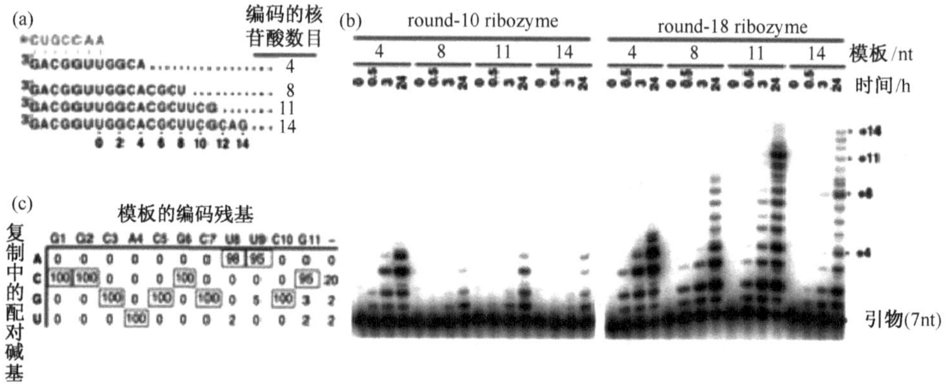

图 7.3　RNA 复制实验[3]

(a) 于此等多聚化反应中使用了 7 个核苷酸的引物［(a) 中的第一列］及含有 4～14 个编码序列的模板［(a) 中的 2～5 列］。(b) 对变性胶中的两种 ribozymes（round-10 和 round-18）产生的各引物扩展产物的 PhosphorImager 扫描，各反应中含有 5μmol/L ribozyme，2μmol/L 引物，2.5μmol/L 模板，以及 4mmol/L NTP。在多聚化测定条件下按图中所示时间培育。(c) 在 round-18 ribozyme 作用下，引物扩展中与模板碱基正确配对的概率。对全长为 11 个编码残基的引物扩展物进行了克隆，并对 100 个全长的克隆进行了序列分析。对模板碱基的正确的 Watson-Crick 配对的概率以方框内数字表示

7.1.2　非编码 RNA 的世界

RNA 存在于几乎所有高等的真核生物细胞中，对生物具有非常重要的调控功能。随着基因组测序等生物技术的进步和发展，越来越多的非编码 RNA 被发现，其功能也逐渐被鉴定出来。研究非编码 RNA 已经是当前生命科学研究的前沿热点。

7.1.2.1　非编码 RNA 的概况

非编码 RNA（ncRNA）是指不编码蛋白质的 RNA。其中包括 rRNA、tRNA、snRNA、snoRNA 和 microRNA（siRNA）等多种已知功能的 RNA，还包括未知功能的 RNA。这些 RNA 的共同特点是都能从基因组上转录而来，但不翻译成蛋白质，在 RNA 水平上就能行使各自的生物学功能。

非编码 RNA 从长度上来划分可以分为三类：① 小于 50nt，包括 microRNA（siRNA）、piRNA；② 50～500nt，包括 rRNA、tRNA、snRNA、snoRNA、SLRNA 和 SRPRNA 等；③ 大于 500nt，包括长的 mRNA-like 的非编码 RNA、长的不带 poly（A）尾巴的非编码 RNA 等。

7.1.2.2　非编码 RNA 的种类

细胞中含量最高的是 rRNA 和 tRNA，这两种是常见的广义上的非编码 RNA。

这里介绍的非编码 RNA 种类，是在狭义上的非编码 RNA，即不包括 mRNA、tRNA 和 rRNA 的其他 RNA 分子。在此主要介绍一下表达量相对比较高的 snRNA、snoRNA 和

microRNA。

(1) snRNA：snRNA（small nuclear RNA），也称小核 RNA。其功能是与蛋白质因子结合形成小核核糖蛋白颗粒（small nuclear ribonucleo-protein partcle，snRNPs），对mRNA 行使剪接的功能。snRNA 主要包括 5 种：U1、U2、U4、U5 和 U6。存在于 snRNP 中的蛋白质通称通用蛋白，也称 Sm 蛋白。除 U6 外，Sm 蛋白可以结合到其他所有 4 种snRNA的保守序列 $AAU_{4\sim5}GGA$ 上。这段 snRNA 的序列被称为 Sm 蛋白的结合位点，也可以作为判断一个 RNA 是否是 snRNA 的一个特征。

(2) snoRNA：snoRNA 称小核仁 RNA，功能是修饰 rRNA。snoRNA 可分为两类。一类是 C Dbox snoRNA，它是对 RNA 的碱基进行甲基化修饰的。其特点是含有 4 个 box：boxC、boxD、boxC’ 和 boxD’。另一类是 H/ACA box snoRNA，它对 RNA 的碱基进行甲尿嘧啶化修饰。其特点是形成一个双 stem，中间加一个 loop 区，中间的 loop 区中有一个 boxH，而在尾部的 tail 有个 boxACA。由于 boxH 和 boxACA 的一级序列特征不太明显；如 boxH 是 ANANNA，是很多富 A 区域都有的特征，而 boxACA 是 ACANNN，仅有 3 个碱基的明确信息。所以仅仅从一级序列特征上判断一个 RNA 是否为 snoRNA 是比较容易出错的。好在，H/ACA snoRNA 的二级结构非常明确。所以，用二级结构结合尾部的 boxACA的特征，联合判断一个 RNA 是否为 H/ACA snoRNA 是切实可行的。

snoRNA 在细胞中的含量较高，种类较丰富。这些 snoRNA 基因的缺失并不导致细胞死亡，甚至难以观察到表型的变化。现在看来，其修饰的不仅是 rRNA，而且还包含了 snRNA、mRNA 等。

(3) microRNA：又称 siRNA（small interfering RNA）是一类 21～23nt 的小 RNA，其前体 70～100nt，形成标准的 stem 结构，加工后成为 21～23nt 的单链 RNA。microRNA（siRNA）的作用机制是与 mRNA 互补，让 mRNA 沉默或降解。现在流行的 RNAi（RNA interference）技术就是利用这个机制，人工加入类似 microRNA（siRNA）的 smallRNA 来沉默对应的 mRNA 。

大量研究表明，高等生物多达一半以上的 DNA 转录为 RNA，其中绝大多数为 ncRNA。在生物发育的过程中 ncRNA 可能起着不亚于蛋白质的重要作用。但是，今天对整个 ncRNA 的世界还了解甚少，目前的主要任务是发现更多的 ncRNA 并研究其生物功能。要了解 ncRNA 的生物功能，就必须弄清楚在不同发育阶段中，细胞内所有蛋白质和 ncRNAs的功能，以及蛋白质、ncRNAs、DNA 之间的相互作用。这将是一条揭示生命奥秘的漫长道路。

7.2 RNA 干 扰

7.2.1 RNAi 的分子机制

RNA 对基因表达的调控称为 RNA 干扰（RNA interference，RNAi）。

RNAi 是一种转录后的基因沉默现象（post-transcriptional gene silencing，PTGS），是 dsRNA 触发细胞质中与其同源的 mRNA 的降解[9]，或在细胞核中 dsRNA 诱导同源的 DNA 的后生修饰（甲基化）而导致转录水平上的沉默。RNA 干扰是一种阻遏外来序列的有效手段，并在植物及动物发育中有重要作用[7]。

1998 年 A. Fire 和 C. C. Mello 在线虫（*Caenorhabditis elegans*）中发现 RNAi 现象[12]。

2006 年的诺贝尔医学和生理学奖授予了 Fire 和 Mello。

关于 RNAi 作用机制大概如下：在不同的生物中，不同来源的双链 RNA（dsRNA，约 500bp）被 DICER [含有解旋酶（helicase）、dsRNA 结合域及 PAZ 域] 裂解为一种具有特异序列的活性中间体——21～23 核苷酸长的双链的 siRNA（sequence-specific intermediate，又被称为 small interfering RNAs 或 guide RNAs）。然后，siRNA 结合核酸酶复合物（RISC 的蛋白质部分）形成所谓 RNA 诱导沉默复合物（RNA-induced silencing complex，or RISC）。激活的 RISC 依靠 siRNA 中的一条链（guide strand）去寻找互补的 mRNA 链，然后 RISC 中的核酸内切酶 Argonaute2（Ago2）在距离 siRNA 3′端 12 个碱基的位置切割mRNA。

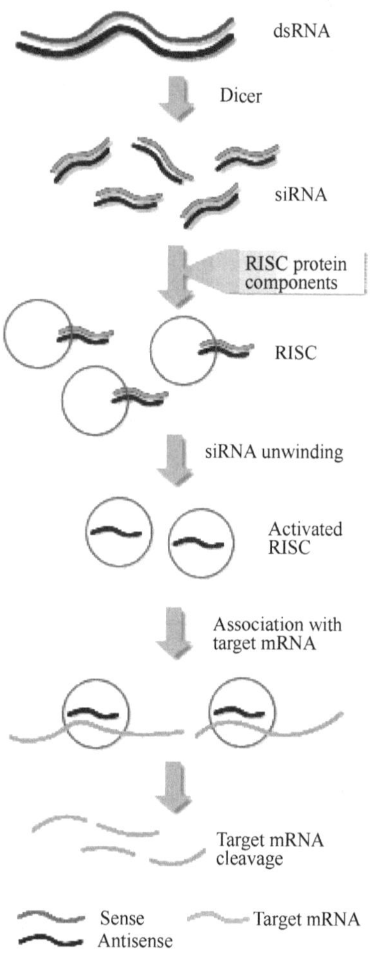

图 7.4 RNAi 的分子机制

Dicer 把 dsRNA 裂解为小的 siRNAs 分子。新形成的 siRNAs 与 RISC 的蛋白质部分（RISC protein components，如 Ago 蛋白）结合形成了 RNA 诱导沉默复合物（RISC）。RISC 将被激活，在最后保留下来的 siRNA 引导链（guide strand）的引导下对靶 mRNA 进行识别，并用 Ago 蛋白进行切割

在这个过程中，双链的 siRNA 是如何变成单链的没有详细的了解。据 Wang 等报道[8]，在果蝇 S2 细胞提取物中 siRNA 两条链都会与 Ago2 进行结合。siRNA中与引导链互补的一条 RNA 链（anti-guide strand）会作为 RISC 的底物被 Ago2 切割，从 Ago2 中除去，这对于 RISC 的激活是非常重要的。

图 7.4 和图 7.5 表示了 RNAi 的分子遗传机制。基因 *mut-7* 及 *rde-2* 如果发生突变则导致内源转座子在生殖细胞中的动员（mobilization），称之为增变现象（mutator phenotype）[11]。说明 RNAi 过程是造成转座子抑制的原因。如果基因 *rde-1* 和 *rde-4* 发生突变，则对线虫注射 dsRNA 后缺乏产生 RNAi 的响应，在生殖细胞中也不能动员转座子。

dsRNA 被转换为特异序列中间体（R，sequence-specific intermediate，又称 siRNA），然后引起同源的 mRNA 降解/沉默（silencing of target mRNA）。*rde-1* 及 *rde-4* 为从 dsRNA 产生 R 所需要；*rde-2* 及 *mut-7* 则被需要来响应 R 使靶 mRNA 沉默。基因突变及相关转座子的增变现象（mutator phenotype）表示于每一步中，也表示了 R 可能不来自 dsRNA。

7.2.2 siRNA 的产生与扩增

在线虫中，小量的 dsRNA 能够作用于大量的靶 mRNA[12]。这是因为 dsRNA 在转变为 siRNA 的过程中，至少有三种扩增的途径。①Dicer 酶 [含有解旋酶（helicase），dsRNA 结合域，及 PAZ 域] 可以把长的 dsRNA 截成 10～20 段，等于扩增 10～20 倍。②存在一种催化机制，siRNA 常常成倍地增加，以用于进一步的扩增。③短的 RNAs 能作为靶 mRNA 的引物，在 RNA 依赖的 RNA 聚合酶（RNA- dependent RNA polymerase，RdRP）的作用下，启动一个 RNA-指导的

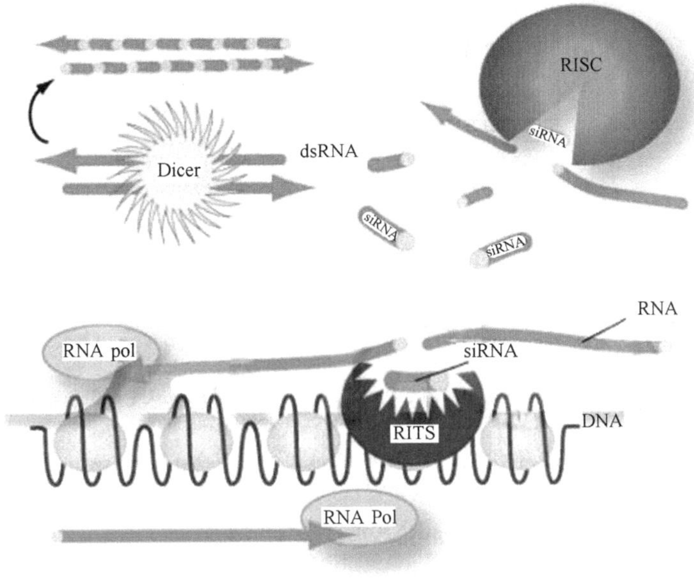

图 7.5 真核细胞中的 RNAi 的分子机制

在真核细胞中除了 RISC 对 mRNA 的切割外，还有 RITS（RNA-induced initiation of transcriptional gene silencing）对染色质 DNA 的类似的作用。RISC 与 RITS 都是使用 siRNA 与 Ago 来切割 mRNA。RISC 对 mRNA 的切割是反式作用（trans），而 RTIS 是结合到染色质上，对新生的 mRNA 的切割是顺式作用（cis）

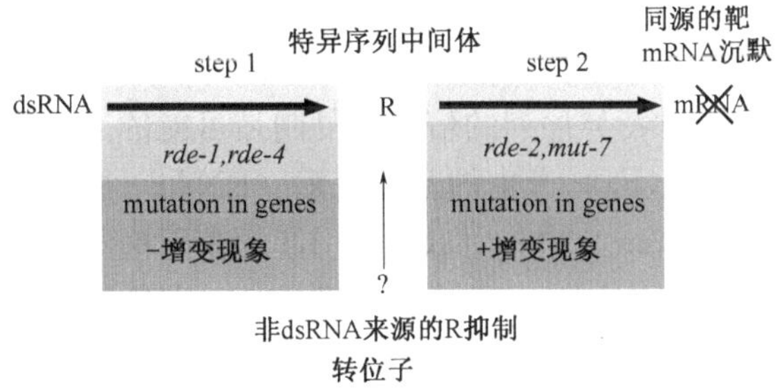

图 7.6 线虫 RNAi 产生的遗传机制[10]

RNA 多聚化反应，随后产生许多“次级 siRNAs”（“secondary siRNAs”），称之为靶指导的扩增（target-directed amplification）（图 7.6）。

首先 dsRNA 被切成短的 siRNA，使 dsRNA 转换成 ssRNA。这些单链的 siRNA（与蛋白质结合）如果没有识别同源的靶 mRNA，并与之配对，就会被降解掉。一旦反义的siRNA 与靶 mRNA 配对，则靶指导的 siRNA 的扩增就会发生。这时，与靶mRNA配对的siRNA小段将沿 mRNA 延伸（双向的或单向的），但只能延伸几百个碱基左右就停止，并从该区裂解下来而成为次级 siRNA。这种效应称之为“可迁移效应”（transitive effect）[16]。于是，siRNA 与靶 mRNA 的稳定化与“可迁移效应”的结合就形成了一个“链式反应”（chain reaction），在这个反应中，随着 Dicer 的作用、primer siRNA 的更新，以及新的一轮的扩增，将发生 siRNA 的多轮的复制。应该注意到，这种复制或扩增，并不是“自我复制/扩增”，

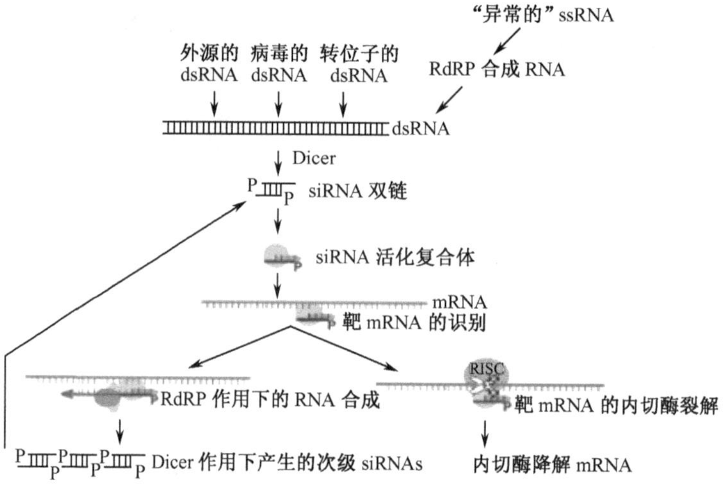

图 7.7　siRNA 的产生与扩增[16]

而是从 primer A 产生 primer B，primer C，primer D，……，或从 primer B 产生 primer C，primer D，primer A，……，这是一个从局部（primer）延伸为“全体”，再从“全体”裂解为若干局部（secondary siRNAs）的过程（图 7.7）。

7.2.3　RNAi 的遗传

如上所述，真正起转录后基因沉默作用的是来自 dsRNA 的小 RNA 分子（siRNA，small interfering RNA）。它们是一些专与某一基因特异结合的片段，而且在它们应该发挥作用的特异的时空中，含量相当丰富，暗示着它们也许能够复制。基因的沉默现象能够通过嫁接植物而扩散，也提示这种特异序列的信号的复制是可能的。注射 dsRNA 到线虫两性体（hermaphrodite），在子一代（F1）产生的基因沉默（RNAi）往往在 F2 代消失。但是，在母性生殖系（maternal germ line）中，由 RNAi 引起的基因抑制，可以偶尔地遗传到 F2 代及以后各代中（图 7.8）。Grishok 等证明[13]，如果 RNAi 在母体启动，它可以通过 F1 代的精子传到 F2 代，尽管该精子缺乏 RNAi 的靶基因。所以，RNAi 一旦启动，雄性生殖系细胞能够传递 RNAi，即使在缺乏内源靶基因的情况下。因此，RNAi 性状是后生的，可遗传的。它并不需要通过基因序列的改变——突变。

Grishok 等[13]已经能分离出启动可遗传的 RNAi 状态（在母性）的组织，该组织（在 F2 代内）的靶 mRNA 是被降解的。这使它们有机会检验图 7.5 中如果四个基因（*rde-1*、*rde-4*、*mut-7*、*rde-2*）的突变不产生 RNAi 响应，是否也不能启动可遗传的 RNAi。结果他们发现，*rde-1* 和 *rde-4* 突变虫体能够遗传 RNAi，即能够遗传 RNAi 介导的特异基因沉默，即使它们本身对注射的 dsRNA 不能产生 RNAi 响应。相比之下，*mut-7* 和 *rde-2* 的基因产物对于在 F2 代产生遗传的 RNAi 是必不可少的，说明它们对于启动或遗传基因沉默都是重要的。

RNAi 能够遗传的事实，由于近来发现线虫（*C. elegans*）的 *ego-1* 突变体（mutants）缺乏 RNAi 现象而加强[14]。*ego-1* 基因编码一种类似 RNA 依赖的 RNA 聚合酶（RNA-dependent RNA polymerase）。该酶主持 RNA 复制。可见 RNAi 现象与 RNA 复制有关。

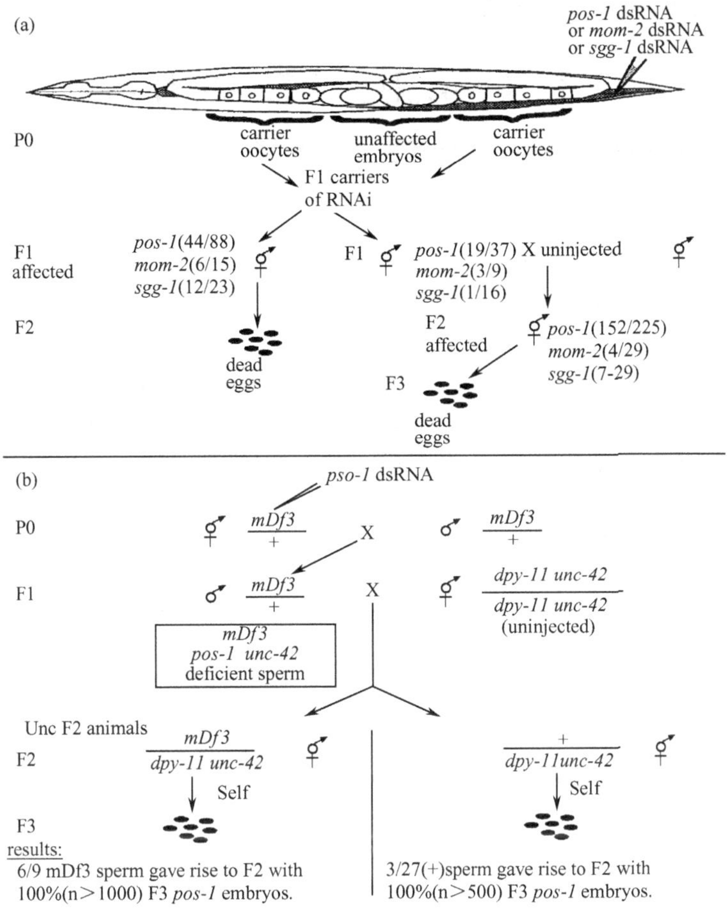

图 7.8 RNAi 遗传的母性建立（maternal establishment）与父性传递（paternal transmission）[13]

(a) 野生型线虫两性体 P0，被注射 dsRNA。注射的部位是肠（通常的 RNAi 注射部位）。[在(b) 图中注射 dsRNA 以同样的图式指向受体线虫遗传型] 三种 dsRNA（pos-1、mom-2、sgg-1）标注在注射针的上方，在分别的实验中注于虫体。两性型性腺对称地位于前后两部，呈 U 形。一些受精卵示于子宫中（白色卵圆形），矩形的成熟的卵母细胞排列于性腺的两臂。这些卵母细胞（carrier oocytes）遗传 RNAi 效应（F1 carriers of RNAi），并携带功能性母性mRNA。注射时已有的胚胎产生不受 RNAi 影响的 F1 代（unaffected F1 progeny）。之后，当 carrier oocytes和 unaffected F1 progeny 产生时，被注射的 P0 开始产生专有的 F1 代死胚胎，它们具有所注射的 RNA 的靶基因失活的表现型[15]（即 RNAi 效应或基因沉默）。潜在的 RNAi 效应的 F1 及 F2 携带者（carriers）被从受注射线虫中鉴定出来。在两性体情况下，carriers 被定义为“affected”（“受感染的”）；检出它们的标准是：这批动物至少产生 20%死胚胎，它们具有母性的靶基因失活的表现型。雄性的 carriers 的检出标准是：它的杂交子代（cross progeny）至少有一个“受感染的”F2 代两性体。三种 dsRNA 注射的每代的 carriers 的总数表示于圆括号内（如 44/88，其中 88 表示被测定动物的总数，44 是 carriers 的总数）。黑色卵圆形表示自 carriers（F1）开始的 F2 及 F3 代的死胚胎。(b) RNAi 的外基因遗传（extragenic inheritance of RNAi）。遗传的设计图解：产生 F1 雄性，它携带 *pos-1*（RNAi）及染色体 *pos-1* 座位缺失。该雄性 carrier 的 F2 代含有两种基因型：野生型表型动物，它遗传（+）染色体；及不协调表型（phenotypically uncoordinated，Unc）子代，它遗传 mDf3 染色体。图中的分数表示 RNAi 感染的 F2 两性体对杂交子代总数

总之，从图 7.8 可以看出，RNAi 现象是遗传的，是一种遗传效应。这种小 RNA 分子

是一种表观的（epigenetic）RNA 遗传。

7.3 RNAi 对基因表达的作用

7.3.1 RNAi 是对基因组的基因表达的反馈

RNAi 的发现使我们对于 RNA 调控基因大开眼界。这种小的 RNAs 分子根据它们的来源不同被称为 siRNAs（short/interfering RNAs）或 miRNAs（microRNAs）。它们借助与互补的 mRNA 的结合，触发 mRNA 降解（RNAi）或阻止 mRNA 翻译成蛋白质[17,18]（图 7.7）。

近来，知道 RNAi 的途径不仅限于作用于基因组或使 mRNA 沉默；在裂殖酵母中（*Schizosaccharomyces pombe*），RNAi 是装配着丝点（centromeres）和使配对型区（mating-type region）异染色质化[19~22]所必需的。Schramke 和 Allshire 指出[23]常染色质可因 RNAi 的作用而形成异染色质。另外，他们还发现，在同样的沉默机制下，在有性周期（sexual cycle）中可使用分散的内源 DNA 重复序列来抑制基因（图 7.9）。

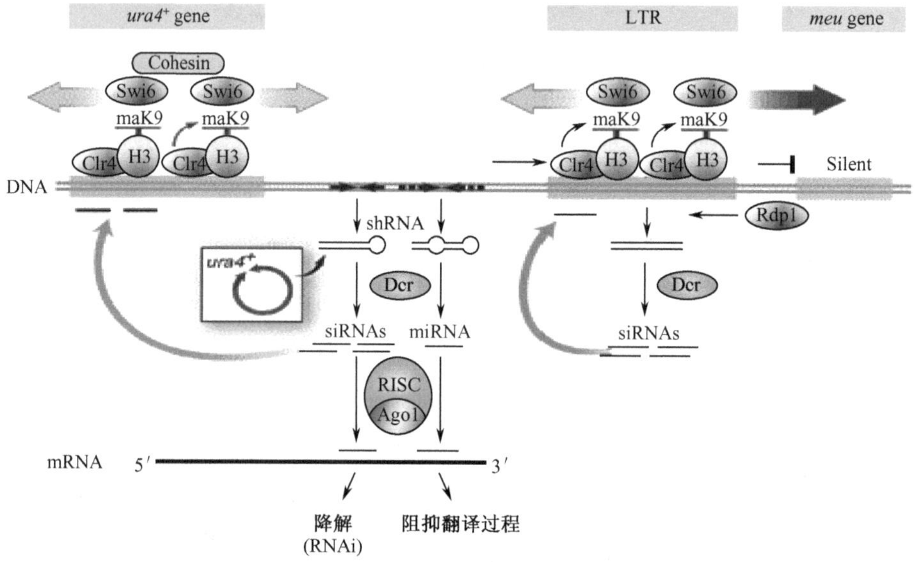

图 7.9 RNAi 对基因组的反馈[24]

像 RNAi-依赖的着丝粒及配对型区的异染色质装配[19~22]那样，酵母（*S. pombe*）的 siRNAs 可引导 *ura4*+位点（locus）及转座子的 LTRs（long-terminal repeats）从常染色质转变为异染色质。该过程包括在 Clr4 作用下（需要 Swi6 与 cohesin 的结合）对组蛋白 H3 的第 9 位的赖氨酸（meK9）的甲基化。Swi6 为异染色质自核心部位扩散所必需，并影响邻近的基因诸如 LTR 介导的 *meu* 基因的抑制[23]。对于着丝粒[19~21]和 LTR，siRNAs（short interfering RNAs）来自 Dcr 对退火而重叠的转录本的加工；这种转录本的形成需要 Rdp1 参加。Schramke 与 Allshire 使用质粒来编码 *ura4*+ shRNAs（环形箭头）；在其他生物，shRNAs（short hairpin RNAs）可以被基因组中的 DNA 反向重复序列（相对的箭头）所编码，转录出的 shRNAs 被 Dcr 加工成 siRNAs。miRNAs（microRNAs）的前体（shRNAs）由不完整的反向重复序列（相对的断续箭头）所编码，转录出的 shRNAs 也由 Dcr 产生。对于转录后的基因沉默而言，siRNAs 及 miRNAs 都是与它们各自的靶 mRNA 互补配对，触发 mRNA 降解（RNAi），或者通过含有 Ago 的 RISC（RNA-induced silencing complex）阻塞翻译过程用合成的发夹 RNA（shRNA）诱发 RNAi 过程曾被广泛地用来研究动植物的基因功能。Schramke 和 Allshire[23] 使用一种编码在质粒上的 *ura4*$^+$ shRNA 能够使 *S. pombe* 的 *ura4*$^+$标记基因沉默，并使异染色质形成。这种基因沉默依赖于 RNAi 结构：由 Dicer（它把 dsRNA 切割成 miRNA 或 siRNA），Ago1（Argonaute）及 Rdp1（RNA-dependent RNA polymerase）等构成。该结构可解释传统的 RNAi 沉默，但无法解释沉默总是伴随着异染色质的形成。因为这还涉及两个染色质因子的作用。使组蛋白甲基化的 Clr4 酶对于 *ura4*$^+$沉默及 *ura4*$^+$ siRNA 的产生是必需的。但是，染色质免疫沉淀实验表明，对于 *ura4*$^+$位点（locus）的修饰模式与对于着丝粒重复序列的模式[19~21]及配对区（mating-type region）的模式[22]是一致的；因此，在 *ura4*$^+$靶位的 RNAi 沉默是总与染色质的修饰伴随发生。虽然 *S. pombe* 的异染色质蛋白 1，Swi6，并不为 *ura4*$^+$沉默及 siRNA 生产所需要，但却为从 *ura4*$^+$位点扩展异染色质所必需。Swi6 也是形成异染色的质另一成分——cohesin 所需要。因此，异染色质的所有特性都是建立在 *ura4*$^+$位点的 RNAi 的沉默机制上。*ura4*$^+$的实验表明，RNAi 能使一个正常表达的基因沉默，并从该基因侧面启动异染色质的形成。但是，该项实验是以质粒上所编码的 shRNA 进行的。在自然状态下，该过程是怎样进行的? Schramke 和 Allshire 着眼于转座子来解决这个问题，因为在植物中，这些转座子是受 RNAi 过程、DNA 甲基化及组蛋白甲基化调控的[25,26]。基于 B. McClintock（因发现转座子，于 1983 年获得诺贝尔奖）的观点，他们设想转座子可能为邻近的宿主基因提供调控的序列；这也和早年提出的 Britten 和 Davidson 基因调控模型[27]的观点相呼应。该模型认为，基因组中分散的 DNA 重复序列，它们中的许多来自转座子，对发育中的基因表达起调节作用。虽然 *S. pombe* 的基因组并不像动植物的基因组那样充满了转座子，但它仍然含有 13 个 LTR（long-terminal repeat）逆转录转座子和 250 个分散的单独的 LTRs。Schramke 和 Allshire 选择了 11 个在减数分裂时被调控的基因，而且它们的附近都有 LTRs。在不同的 RNAi 因子（*dcr1*、*ago1*、*rdp1*）及染色质因子（*clr4*、*swi6*）的突变体的情况下，他们检验了这些减数分裂诱导的基因（*meu*）的表达。在此等突变体中，发现这些基因的启动子（promoters）如果位于 LTR 的 7kb 之内就不被抑制，而那些位于 10kb 之外者则处于沉默状态。另外，用 *ura4*$^+$基因来代替 LTR，就导致邻近基因的组成性表达；这就提供了 LTRs 是基因抑制所必需的直接证据，并说明了 LTRs 是 RNAi/Swi6 依赖的异染色质形成的靶位。因此，RNAi 的机制促进了转座子的 LTRs 对细胞分化的调控，及启动异染色质向邻近基因的扩展。

Schramke 和 Allshire 的工作[23]增强了 RNAi 依赖的染色质修饰作用在调控 *S. pombe* 的正常基因表达中的普遍性。简单的 *S. pombe* 基因组有利于该项研究，因为它的 RNAi 蛋白质及染色质因子各自只由一个基因来编码。在高等生物，RNAi 及染色质因子的数量及种类要复杂得多[28,29]。此外，动植物具有无数的 miRNAs[18]，而 *S. pombe* 中占优势的短 RNA 却是来源于着丝粒重复序列的 siRNA[30]。现在的问题是 Schramke 和 Allshire 等所揭示的 *S. pombe* 中的 RNAi 依赖的染色质沉默过程[19,22]如何在动植物中进行。有待解决的是蛋白质怎样响应 RNA 信号。是小 RNAs 分子直接地吸收染色质因子，还是 RNAs 因子把染色质因子激活后而通过其他途径吸收？对于这个问题，在植物中观察到的 RNA 指导的 DNA 甲基化[31]可能是解决问题的一条线索。与 *S. pombe* 中 Swi6 依赖的 RNAi 诱导的异染色质化相对应的是，RNA 指导的 DNA 甲基化主要地被限制在 RNA-DNA 序列同一性的区域（RNA-DNA sequence identity）[32]，它暗示 DNA 甲基转移酶（DNA methyltransferase）是把一种

RNA-DNA 杂交体作为识别的基质，并由此去结合组蛋白修饰酶[31]而导致异染色质化。这样，RNAi 与 DNA 甲基化的结构的成分经常是共存的（plants、mammals、*Drosophila melanogaster*、*Neurospora crassa* 和 *S. pombe*），一个 RNA 引导的基因组的变化实际上是 RNA 信号、DNA 甲基化及组蛋白修饰之间的全面的相互作用。

现在已经明确，RNA 从基因组上转录下来后能够反馈回去修饰基因组。这些修饰作用可以通过细胞分裂遗传下去并影响发育过程。“垃圾 DNA”主要由转座子及其碎片组成，这些序列片段是调控细胞分化与着丝粒功能的小 RNA 片段的来源。例如，在四膜虫（*Tetrahymena*）的大核的成熟过程中，RNA 能够指导与转座子序列有关的 DNA 的删除[33]。

7.3.2 RNAi 引导的同源 RNA 降解

在动物、植物及真菌等各类生物中引起转录后基因沉默（posttranscriptional gene silencing PTGS）/RNAi（RNA interference，RNAi）的机制都是大同小异，高度保守的，说明它古老的起源[34]。

基本的机制是 dsRNA 被加工成更小的片段（small interfering RNA，siRNA），该片段对同源 mRNA 进行识别与裂解，以及诱导 DNA 的甲基化而导致 PTGS/ RNAi 现象。

产生 dsRNA 有数种方式，包括对反向的 DNA 重复序列（inverted DNA repeats）的转录，有义及反义 RNA 的同时地合成，病毒复制，细胞的或病毒的 RNA 依赖的 RNA 聚合酶（RdRP）对单链 RNA 模板的转录活动 [如图 7.11 所示，通过 cRdRP（细胞的 RNA 依赖的 RNA 聚合酶）对“异常的”RNA 模板（提前终止的或缺乏 polyA 尾巴的模板）的转录或 vRdRP 病毒的 RNA 依赖的 RNA 聚合酶对病毒 RNA 的转录]。

使用线虫（*C. elegant*）做实验时，可以注射 dsRNA 或把线虫泡在含有 dsRNA 溶液中，或者喂以正在表达有义及反义 RNA 的微生物[35]（图 7.10）。

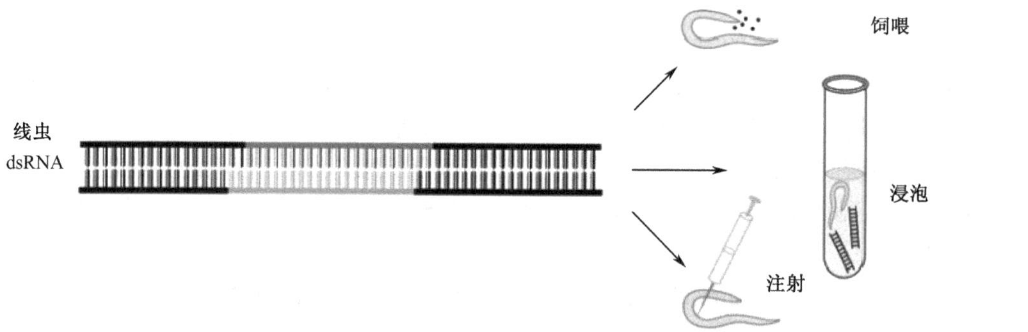

图 7.10 对线虫人工输入 dsRNAs[36]

PTGS/RNAi 产生的机制可分两步。第一步是利用 dsRNA 内切酶（如 RNase Ⅲ）的作用把 sRNA 加工成 21～25nt 的有义和反义的 RNA（siRNA）。这些 siRNA 首先发现于植物。在果蝇里，它们是由一种称为 Dicer 的 RNase Ⅲ所产生。Dicer 已在 *Arabidopsis*、线虫、哺乳动物及 *S. pombe* 中发现[38]它含有解旋酶、dsRNA 结合域及 PAZ 域。第二步因 Dicer 所产生的 siRNA 引导 RISC（RNA-induced silencing complex）裂解同源的单链 mRNAs。RISC 恰在反义 siRNA 与 mRNA 结合区域的中间切割 mRNA[39]，使 mRNA 进一步降解。虽然 RISC 的大多数蛋白质成分还不清楚，但已知道它含有内切酶、外切酶、解旋

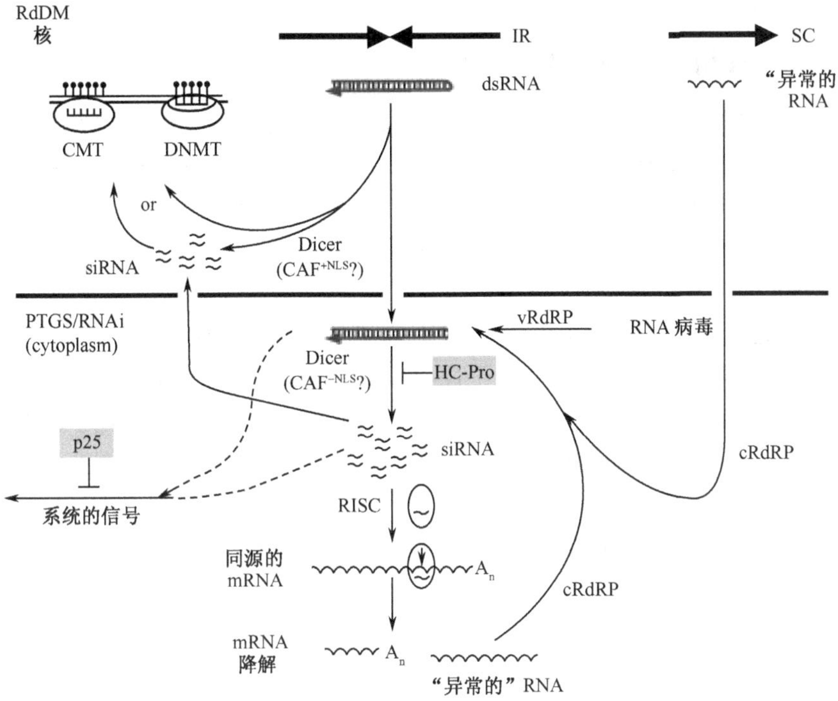

图 7.11 RNAi 模型[37]

在细胞核（NLS）或细胞质（-NLS）里，dsRNA 被Ⅲ型 RNase 裂解为小的干扰 RNA（siRNAs, small interfering RNAs）触发 RNA 指导的 DNA 甲基化（RdDM）及转录后基因沉默/RNA 干扰（PTGS/RNAi）。在细胞质里，siRNAs 与"RNA 诱导的沉默复合体"（RISC）联结而导致同源 mRNA 的内切裂解式的降解。在细胞核里，短的 RNAs 可能导致同源 DNA（粗箭头）甲基化，虽然也不能排除 dsRNA 直接触发 DNA 甲基化（RdDM）。RNA 触发 RdDM 既可以与染色体甲基化酶（CMT）作用并使它与同源 DNA 序列作用；或者打开 dsRNA 使其与同源的单链 DNA 配对，产生 RNA-DNA 双链和单链凸起，该结构可以吸引 DNA 重新甲基化转移酶（DNMT, *de novo* DNA methyltransferase）。DNA 甲基化以黑色圆球表示。dsRNA 的产生可以通过转录倒置的 DNA 重复序列（IR, inverted DNA repeats），或通过细胞的 RNA 依赖的 RNA 聚合酶（cRdRP）对"异常的" RNA 模板［提前终止的或缺乏 poly A 尾巴的模板］的转录；该种模板是在细胞核中从单拷贝（SC）基因合成，或者是在细胞质中经 RISC 裂解 mRNA 而成。复制中的 RNA 病毒是利用病毒 RdRP（vRdRP）产生 dsRNA。植物病毒的 PTGS 的抑制子（HC-Pro、p25）阻碍 siRNAs 的聚集和系统沉默信号。系统沉默信号的性质尚不清楚，但是它既包含 dsRNA也包括一种特殊的 siRNAs（点线示之）

酶，并具有同源搜索活性[40]。RISC 的另一成分是 PAZ/Piwi 蛋白族，它通过它的 PAZ 域与 Dicer 作用把 siRNA 吸收到 RISC 中[41]。细胞 RdRP（cellular RdRP）可能是 PTGS/RNAi 所需要的。但是它的作用及活性尚不清楚。该种蛋白在转入大量 dsRNA 或病毒 RdRPs 存在时可以省略[42]。只有当合成 dsRNA（如有义 RNA 的异常的提前终止或不正常的加工）以启动基因沉默时，才可能需要细胞 RdRP（cRdRP）[43]。

评论：PTGS/RNAi 现象的本质是不能正确地表达的基因产物（如不能正确终止或加 poly（A）尾巴的 mRNA）对基因的反馈调控。既然该基因已不能正确地表达信息（可能是细胞质环境的改变），就应该使它沉默。这种沉默不是 DNA 本身的突变，而是后生的基因沉默（epigenetic gene silencing）。这种后生的 DNA 甲基化是遗传的。这是一种对基因表达环境的一种可遗传的适应。

7.3.3 RNAi 引导的同源 DNA 修饰

RNA 引导的同源 DNA 序列的胞嘧啶（cytosine，C）的从头（*de novo*）甲基化是首次在类病毒感染转基因植物中发现的[44]。继之，又在非病原的植物系统中发现[45]。RNA 指导的 DNA 甲基化如同降解同源 RNA 一样，需要把 dsRNA 裂解为小的 RNA[46]。只有与引导 RNA（guide RNA）互补的 DNA 序列才能被甲基化，说明这是一个 RNA-DNA 相互作用的过程。最短 30 碱基对的 DNA 序列可以作为甲基化的靶序列；甲基化可以发生于所有的胞嘧啶（Cs）之上，包括那些并不存在对称的 CpG（在植物中为 CpNpG）岛[44]；任何 DNA 序列，包括那些并不转录的启动子序列，均可被甲基化。那些含有启动子序列的 dsRNAs自然可以指导同源的启动子的甲基化及转录沉默[46,47]。此外，作为 PTGS 效应而在细胞质中产生的 RNAs 也可进入细胞核而触发同源 DNA 的甲基化[48]（图 7.9，图 7.11）。

RNA 指导的 DNA 甲基化的蛋白质执行结构尚不明确，但起码要有 DNA 重新甲基化酶（*de novo* DNA methyltransferase，DNMT）[49]，以及能打开 dsRNA 的 RNA 解旋酶（RNA helicase）。RNA 指导的 DNA 甲基化是否需要 dsRNA 或小的 RNA 降解物尚不确定。一些研究认为，小 RNA 是用于接近部分地打开的 DNA 以形成 RNA-DNA 双链或 DNA 单链 loop。这些结构可以吸引 DNMT[50]。或者说，小 RNA 可能与 DNMT 相作用，并把该酶导引到同源 DNA 序列上去。所说的 DNMT 很可能是色甲基酶（chromomethylase），一种仅在植物中发现的具有色结构域（chromodomain）的甲基转移酶[51]。可以设想，小 RNA 通过色结构域与色结构酶相作用去指导同源 DNA 序列的甲基化或者维持非 CpGs 部位的甲基化[51]（图 7.9，图 7.11）。已经发现果蝇的组蛋白乙酰酶 MOF 的色结构域是起着 RNA 相互作用模块的作用[52]。MOF 的例子使人想到，导引 RNA（guide RNAs）不仅能进行 RNA 指导的 DNA 甲基化，也能对基因组的特异区域进行非甲基化的染色质修饰。后生沉默的一些特殊情况，如哺乳类[1,53]及果蝇[54]的 X 染色体的剂量补偿，某些哺乳类基因组记忆（imprinting）[55]，包括非编码 RNA、重叠意义及反义 RNA 等，都可能是上述的染色质修饰或甲基化现象。

7.4 RNA 编 辑

7.4.1 RNA 编辑是对中心法则的挑战

R. Benne 指出[56]：“无论如何，最近由于一些显然是非模板的核苷酸出现在不同遗传系统的 RNA 中的蛋白质编码区的研究报告，中心法则受到了更为严重的挑战。”

根据中心法则，mRNA 的序列与其 DNA 模板的序列是严格的一一对应的。这种序列的共线性是中心法则的基本概念。可是，1977 年因为 intron 的发现，中心法则及序列学说受到极大的震撼[57,58]。就是 Crick 本人也感困惑，但经过他的一番煞费苦心，尚能勉强地自圆其说[59]。不过 mRNA 与其 DNA 模板序列的严格对应已不可能，已从全面对应退而为部分对应。那些在 mRNA 成熟过程中被莫名其妙删掉的部分，就称为 intron——基因的非编码序列。所幸的是那些剩下的被称为编码的序列还是严格对应的！很明显，intron 不是中心法则所希望的东西，它是中心法则无可奈何的不速之客。1985 年在动物线粒体里发现一些 RNA 的 poly(A) 尾巴中有终止密码[60]，这又和中心法则开了个不大不小的玩笑。众所周知，poly(A) 尾巴是转录后才加上去的，与DNA模板根本谈不上对应关系，也绝不会有编码序列；而其中出现的这个终止密码却偏偏是64个编码子中的一个。好在，这个密码是在poly(A)之内，RNA编码的格局未被破坏，可以做例外视之。

在病毒、原生动物、哺乳动物及植物的RNA中都发现有U、A、C、G的删除、插入与替换。这种转录后的令人困惑的过程，称为RNA编辑（RNA editing）。在1990年左右，情况如表7.2所示。

表7.2 几种RNA编辑的资料

编辑情况	RNA来源	对编码序列的影响	可能的机制	文献
U插入/删除	锥虫(trypanosome)线粒体RNAs	广泛地改变序列；造成读框	gRNA导引	[61]~[62]
C→U变换	哺乳动物细胞核中的apolipoprotein-B RNA	造成终止密码	C脱氨基酶	[64]~[65]
C→U变换	植物线粒体RNAs	氨基酸置换	C脱氨基酶	[68]~[70]
C插入	变形菌(*P. polyce-phalum*) ATPase RNA	免除移码突变	?	[62]~[63]提及
A→I变换	真核生物核内RNAs(形成双链RNA)	RNA降解?	双链RNA依赖的脱氨基酶	[71]~[72]
G插入	副黏病毒(paramyxoviral) P RNAs	造成额外读框	stuttering聚合酶	[73]~[74]

RNA编辑（RNA editing）首先是1986年Benne等[75]在布氏锥虫（*Trypanosoma brucei*）及簇生短膜虫（*Crithidia fasciculata*）中发现。它们的线粒体的*cox*Ⅱ（细胞色素C氧化酶亚基Ⅱ）基因的mRNA 5′端含有4个非基因组编码的U残基，正是由于它们的插入而抑制了原来基因的移码，形成完整的开放阅读框，产生了有活性的*cox*Ⅱ[75]。*T. brucei*的线粒体DNA（mtDNA）含有大约一万个1kb的小环（minicircles）和50个22kb的大环（maxicircles)，它们彼此联结成网。那些小环的功能不明（后来发现能转录gRNA)，大环则含有基因（简称大环基因）。但是，锥虫的许多大环基因的转录本（RNA）是无功能的，因为它们不是缺乏适当的翻译起始密码，就是含有移码序列（frameshifts)。在某些锥虫（如*Leishmania tarentolae*、*Crithidia fasciculata*)，U的插入或删除是在大环基因（如大环中的MURF-2、MURF-3）的RNA的富嘌呤的小范围进行。RNA编辑的结果是增强它们的翻译能力；像基因移码框架被消除，建立AUG起始密码，同时改变了某些氨基酸，而在*C. fasciculata*的MURF-3 RNA中则从其读框中断开了一个潜在的起始密码。Benne认为，这表明RNA编辑可能对基因的表达有调控作用（正或负的)[76]。

笔者认为，RNA编辑（RNA editing）一词并不能在深度和广度上确切地表达出这种RNA的加工过程。所谓编辑（editing）是对已有文稿的修改与校对。但是就RNA编辑而言，就是上述的小范围的"编辑"，已经使DNA序列面目全非，而在许多情况下则是大范围的大刀阔斧的加工。例如，*T. brucei*的*cox*Ⅲ（细胞色素氧化酶亚单位Ⅲ）RNA以及MURF-3 RNA、MURF-4 RNA三个转录本的50%以上的序列都是由RNA编辑所产生。在*cox*Ⅲ的712个核苷酸中的167个位点上，发生了U残基的398个插入与9个删除![76]。难怪直到1988年，无论在*T. brucei*的细胞核里还是线粒体里都找不到*cox*Ⅲ基因的踪影。后来，Feagin 等[77]用 *C. fasciculata* 和 *L. tarentolae* 的 *cox*Ⅲ基因的保守区的部分核苷酸为探针，才证明 *T. brucei* 的 *cox* Ⅲ 基因是在线粒体基因组中。之后，他们首先确定了 *cox* Ⅲ mRNA的约 65%的顺序，惊奇地发现它 60%左右的核苷酸是 RNA 编辑的结果。这种编辑始于 3′端，遍及被测区域的 2/3。其中由于一个 U 的插入而形成了 UAA 终止密码子。在此之前，Feagin 等[78]还曾发现 *T. brucei* 的 CYb（细胞色素 b 蛋白）的 mRNA 5′端被插入了 34 个非编码 U 并随之引入 AUG 起始密码。这些大幅度的 RNA 编辑造成了 mRNA 的密码子的大部分，使它们从无义信使成为有义信使，而它们原来的基因，亦即基因组的 DNA 只不过是一串简略的意义模糊的序列（abbreviated or cryptic gene)[79]。

7.4.2 模糊基因

Simpson 与 Shaw 把被 RNA 编辑的基因称之为模糊基因（cryptogenes)[79]，中文文献中译为“隐秘基因”，本书笔者把它称为“模糊基因”。Simpson 等把模糊基因分为三种类型[80]：

类型Ⅰ：内部编辑的模糊基因（internal-edited crypogenes）

类型Ⅱ：5′端编辑的模糊基因（5′ edited cryptogenes）

类型Ⅲ：泛编辑的模糊基因（pan-edited cryptigenes）

属于类型Ⅰ的如 *cox*Ⅱ（在 *T. b*，*C. f*，*L. t.* 三种锥虫中都是），*MURF3*（*C. f.*），只在其转录本的蛋白质编码区内部进行编辑。属于类型Ⅱ的如 *CYb*（*T. b.*，*C. f.*，*L. t.*），*MURF2*（*T. b.*，*C. f.*，*L. t.*），*MURF3*（*L. t.*，*C. f.*），*cox*Ⅲ（*L. t.*，*C. f.*）等只在其转录本的 5′端蛋白质编码区内进行编辑。属于类型Ⅲ的如 *T. brucei* 的*cox*Ⅲ、*MURF3* 及 *MURF4*，在其转录本的全长进行编辑而产生一个全新的蛋白质（图 7. 12)。

MURF2

AuGuuuGGuuGuuuuAAuuuAGuuuuAuuuuuAuGuuuuGACUGuA [·································]

MURF3

[ ] AuAuuuAuuuuAuuuuuGuuGuuuuuuuG [·········] GuAuuuUGAuA [·························]

T
↑

*cox*Ⅲ-etc. -AuGuAuuuGuGuGuGuAAuuuuAuuGGuGuuuuUUUAGUUGuuGAuuAGuuAAuuuGu AuuG [ ]

图 7. 12 *C. fasciculata* 的 *MURF2*、*MURF3* RNA 及 *T. brucei cox*Ⅲ RNA 的编辑情况

基因组的原编码核苷酸以大写字母表示，插入的 u 残基以小写 u 表示。小段未被编码的序列以 [] 表示，大段(>200 核苷酸）未被编辑的序列以 [···] 表示。被删除的 U 残基以箭头→T 表示（在 A 与 G 之间删掉一个编码的 U）

除上述的锥虫，变形黏菌以及植物等的线粒体系统的模糊基因外，尚有其他遗传系统的 RNA 编辑（表 7. 2)。如哺乳动物的 apolipoprotein-B RNA，这种单拷贝基因的 RNA，因为在 2153 处以 U 取代了 C，使一个谷氨酸密码子（CAA）变成了终止密码子（UAA），导致了 apo-B48 蛋白质的产生，而且在鼠肝细胞中，这一过程受到甾体激素的调控[81]。在大鼠肝癌细胞中还发现，apo-B 的这种 C 转换需要至少含 26 个核苷酸的 gRNA 片段[82]。据报(Driscodl，1989)，此类小的 RNA 片段在体外（*in vitro*）编辑系统中也能进行 C 转换[83]。在真核细胞中（如 *Xenopus*)，还有对双链 RNA 的A→I的加工，RNA 中近 50%的 A 被加工[70,84]。另外，副黏病毒（paramyxovirus，SV5）的模糊基因 *P* 的 RNA，因为插入了两个

G 而消除了其移码序列并连接了两个开放读框，使之成为能产生 P 蛋白的 mRNA[73,74]。类似的情况也见于麻疹病毒（measles virus），在它的模糊基因 *P* 的 RNA（约 50%）中只插入一个 G，把编码中的氨基端区域与一富含半胱氨酸密码子的模糊序列（cryptic reading frame）连接起来而成为 P 蛋白的 mRNA[74]。

T. brucei 在不同发育时期，RNA 编辑的情况和程度也不同[62]，已知锥虫的寄生性发育分为昆虫阶段（入侵昆虫）与血流阶段（入侵哺乳动物血中），仅在昆虫阶段才能进行线粒体氧化呼吸活动；这个阶段的锥虫叫前期形式（procyclic forms）。而在血流阶段由于缺乏线粒体，所有的 ATP 只能由酵解提供，这个阶段的锥虫叫血流形式（bloodstream forms），这种形式又根据发育的前后再分为细长血流形式（slender bloodstream forms）与树桩血流形式（stumy bloodstream forms）。*T. bruei* 的 *cox* Ⅱ 与 *CYb* 模糊基因，在细长血流形式中只发现其未编辑的 RNAs（unedited RNAs），而在树桩血流形式和前期昆虫形式中则其编辑的 RNAs（edited RNAs）与未编辑的 RNAs（unedited RNAs）都有。对于 *MURF*2，*cox* Ⅲ 转录本，则编辑的 RNAs 在两个发育阶段都有。

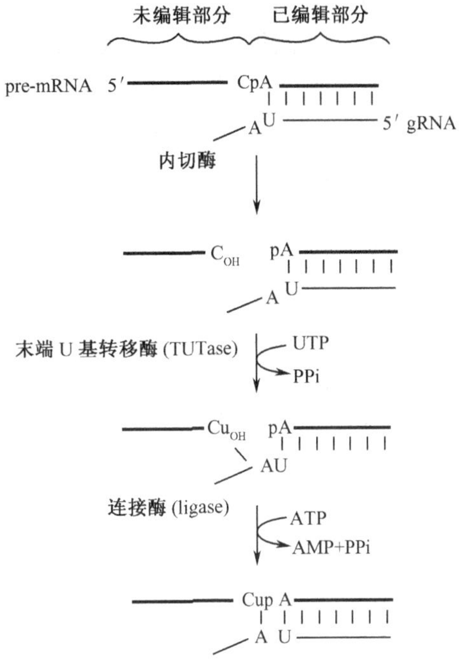

图 7.13 RNA 编辑的酶切模型[89]

7.4.3 RNA 编辑的模型

7.4.3.1 guide RNA（gRNA）模型

种种的研究表明，RNA 编辑并无既存模板可依[75,85]。在锥虫中发现有一些短的 RNA，以其 5′端开始与被编辑的模糊 mRNA 互补结合，以其 3′端提供增删某核苷酸（U、C、G 等）的信息，被称为导引 RNA(guide RNA)—gRNA[60]。有关删增的机制，仅限于一些针对

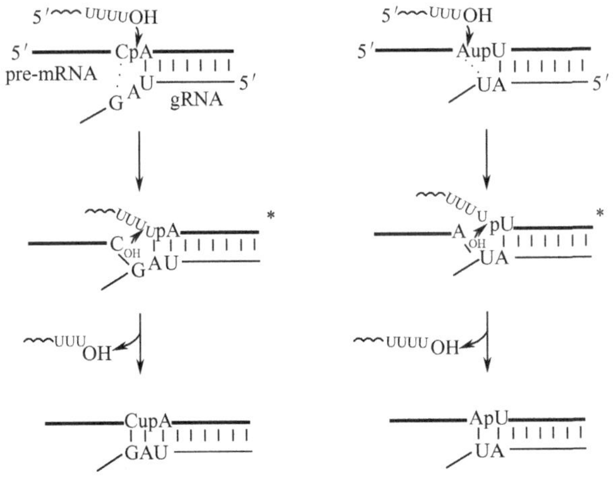

(a) U- 添加 (b) U- 删除

图 7.14 RNA 编辑的转酯模型[89]

锥虫 gRNA 的模型，如 Simpson model(1990；1996)、Cech model (1991)[86~88]等。前一模型主要是以简单的酶反应（endonuclease，ligase and TUTase）为机制（图 7.13），而 Cech model 则以转酯反应（transesterification）为主（图 7.14）。

7.4.3.2 高等动物的 RNA 编辑酶

20 多年前，Fox 等根据对植物线粒体基因，发现它的某些密码子与它的蛋白质产物的氨基酸密码子并不一致，因而说明“从 DNA 到蛋白质的序列信息的逐一地精确确定”的中心法则并不是普遍的（universal）的法则[90]。后来，才知道这是对线粒体（或叶绿体）的转录本（transcripts）进行了 RNA 编辑（RNA editing)[91~93]。但是，RNA 编辑并不限于植物线粒体，它存在于动物基因组的转录本的加工中[94]。2000 年，Wang 等[95]描述了细胞核里的 RNA 编辑酶，ADARs (adenosine deaminases acting on RNA)；并研究了它突变后的表现型（phenotype，abnormal features)[95~97]。他们指出这种对转录本的编辑是小鼠、果蝇的胚胎的正常发育所需要的。

ADARs 借助于移去 Watson-Crick 配对中的氨基（amino group）而把 RNA 转录本中的腺嘌呤核苷（adenosine，腺苷）转换为次黄嘌呤核苷（inosines，肌苷)[98]。次黄嘌呤核苷具有鸟嘌呤核苷（guanosine，鸟苷）的 Watson-Crick 配对特性[99]，因此这种转换将导致编码一种不同的氨基酸，而改变蛋白质。ADARs 能识别编辑部位的互补序列（ECS，editing site complementary sequence)，一种双链 RNA（dsRNA)；该部位经常位于转录本的下游 3′端内含子处[100]。目前还不知道 ADARs 为什么只转换腺嘌呤核苷，而不转换其他的核苷。

ADARs 具有 2 个或 3 个对 dsRNA 的结合域（dsRNA binding domains)，以及一个腺嘌呤核苷去氨酶结合域（adenosine deaminase domain)，它催化从腺嘌呤核苷到次黄嘌呤核苷的转换（图 7.15)。

脊椎动物有三个 *ADAR* 基因。*ADAR1* 是首先被发现的，它经常地与 *ADAR2* 在各种组织里共同表达。*ADAR3* 仅仅在脑里表达，尚不知道它是否有酶的活性[101]。

ADAR2 编辑 GluR-B（glutamate-sensitive ion-channel receptor subunit B）的 pre-mRNA。借助于腺苷的去氨基，ADAR2 把谷氨酸（glutamine，Q）转换为精氨酸（arginine，R)[100]。这是唯一的＞99％效率的编辑位点。这种氨基酸的转换对于产生一种组合的谷氨酸受体来限制钙离子的通透是关键性的。Higuchi 等[96]曾培育了一种杂合的小鼠，其等位基因缺乏一个拷贝的 *ADAR2* 基因。这些小鼠看来是正常的，并且对 GluR-B 转录本的 Q/R 位点的编辑能力没有减弱。如果小鼠两个 *ADAR2* 拷贝都缺乏时（纯合子），发育似乎也是正常的，但在断奶时期死亡。这些纯合子小鼠易于癫痫性发作，组织中含有没编辑过的 GluR-B 转录本。Higuchi 等通过遗传工程使这些纯合子的 GluR-B 转录本具有了原本 RNA 编辑产生的精氨酸（称为 GluR-B^R 转录本)，从而挽救了这种纯合子小鼠；这说明 GluR-B 转录本是 ADAR2 的主要靶标。

因为果蝇仅仅有一个基因专门地在 CNS（中枢神经系统）表达，所以可以容易地产生完全缺乏 ADAR 活性的果蝇[97]。这种突变果蝇的表现型与 ADAR2 杂合小鼠中所看到的是一致的。这种果蝇是活的，并有正常的寿命，但行动缓慢，不能飞，而且患有渐进性的脑神经退化。对转录本靶位的 RNA 编辑完全消失。

看来，RNA 编辑酶及其 RNA 编辑远比我们想象的重要和普遍。该过程的要害是把基因中的 intron（非编码序列）拉入到编码过程当中。如图 7.15 所示，编辑部位的互补序列(editing site complementary sequence，ECS）是 RNA 编辑酶（ADAR）进行编辑的必要的

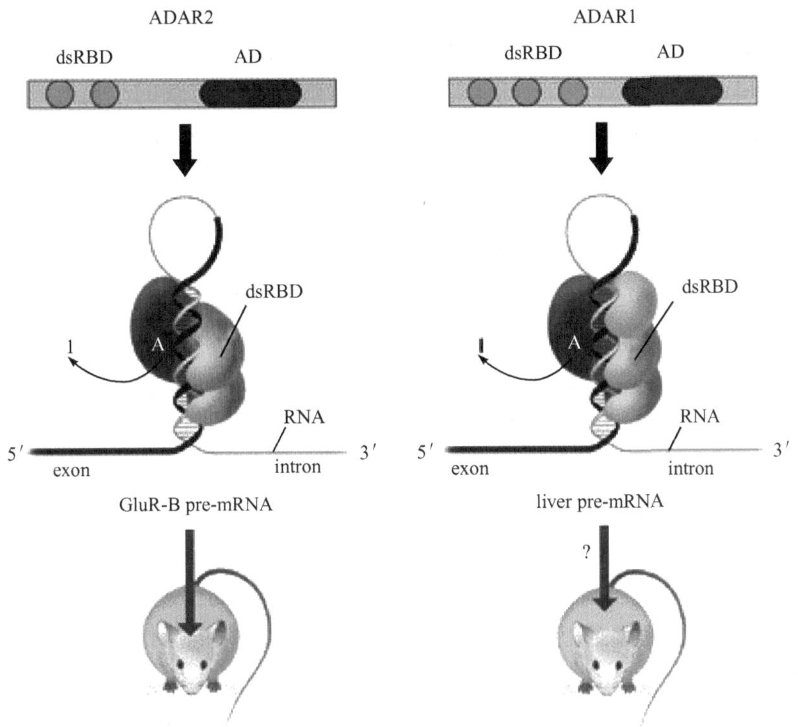

图 7.15 RNA 编辑酶的 RNA 编辑机制[102]

ADAR 编辑酶含有 3 个 dsRNA 结合域（dsRBD）和一个腺嘌呤核苷去氨酶结合域（AD）。它们在 ECS 标识区与转录本的被编辑的 dsRNA 区域（其中的一条链是 intron）相结合，使特异的腺嘌呤核苷去氨基。ECS（编辑部位的互补序列，editing site complementary sequence）经常位于转录本下游内含子处。它是一种被 ADARs 识别的双链结构（dsRNA）的标识，而不是转录本的特殊序列。被 ADAR2 编辑的最重要的转录本是在 Q/R 位的 GluR-B（glutamate-sensitive ion-channel receptor subunit B）转录本；重要转录本被 ADAR1 编辑的情况尚不太清楚

标识，非编码序列是 ECS（dsRNA）结构中必不可少的序列。看来 pre-mRNA 中的 introns 并不是等待删除的冗余序列，而是进行 RNA 编辑的主要序列。它不是编码序列，却是创造新密码子的结构中的序列。

综上所述，RNA 编辑具有以下特点：

（1）RNA 编辑从病毒到原生动物到哺乳动物以至植物，从细胞核转录本到细胞质转录本，普遍存在于生命界的各种遗传系统中。

（2）RNA 编辑对基因的加工幅度可大于序列的 50%；它通过对 pre-mRNA 核苷酸的添加、删除、替换而完成从起始密码，终止密码的设置到移码序列的消除，阅读框的建立等，编辑的功能几乎无所不包。它可以把一个意义模糊的“cryptic”基因原版即模糊基因（cryptogene）的 RNA 加工成为一个有义 mRNA 并能产生有一定功能的蛋白质。因此，RNA 编辑过程实际上是一个真正的为蛋白质编码的过程，或者说是一个为某些蛋白质制造真正模板的过程；它把来自模糊基因的毫无意义或意义模糊的转录本加工为一定蛋白质的 mRNA 模板。这样，DNA 模板就成了一个被动的遗传信息加工的对象，而失掉了遗传信息的模板或源头的意义。

（3）RNA 编辑在发育的不同时期，对一定的 RNA 的编辑情况也不同。说明有系统发育的特异性；*T. brucei* 的 *cox* Ⅲ RNA 的编辑发生于基因的全体，加工的范围大于 50%；而 *C. fasciculata* 和 *L. tarentole* 的 *cox* Ⅲ RNA 的编辑则发生于 5′端的小范围内。这说明 RNA 编辑有种的特异性。RNA 编辑的系统特异性与种的特异性，无可争辩地说明 RNA 编辑是遗传的。它是遗传系统中信息加工的一种重要形式。

（4）RNA 编辑并不按中心法则及序列假说进行；它既不是碱基序列的逐一地传递，也找不到任何用于 RNA 编辑的 DNA 或 RNA 模板（edited DNA or RNA templates）。锥虫中的 gRNA 或动物中的 ADARs 只不过是编辑中对核苷酸进行删除、插入或涂改的一支笔，谁来拿这支笔？仍然不得而知。这意味着，遗传信息的输入（即编码）并不一定是模板式的，在细胞中无疑存在着一种后生的（epigenetic）非模板式的信息输入的机制，而且这些编辑的信息显然不在 DNA/RNA 的模板之中。恰恰相反，DNA 或 RNA 模板中的信息是被一种不明的信息源所输入的。这是对中心法则的严峻的挑战！

“是否 RNA 编辑告诉我们一个早期的世界？以及为什么偏要进行这样一种明显神秘的 RNA 成熟的方式?”[103]可以看到，在中心法则通道之外，至少还存在着两种分子水平的遗传物质或分子模板：prion proteins 及 siRNAs，以及一个不明的信息源。一切的细胞功能及生物性状都是它们与中心法则通道中的 DNA、RNA 及蛋白质相互作用的结果。值得注意的是，在这种作用中，它们是已存的（preexisting）、后生的（epigenetic）、可遗传的（inheritable）独立于中心法则之外的。中心法则的运作并不决定它们。相反地，它们是对中心法则的运作却进行控制，对中心法则的产物进行加工。

现在，两个不容忽视的现实，已经浮现在分子生物学的海平面上：

（1）遗传模板已经从一元化（DNA）走向多元化（DNA、RNA、蛋白质、细胞模板）。

（2）中心法则已不是唯一的遗传信息通道。一个以多元遗传信息通道为基础的遗传信息框架必将形成。中心法则可能是这个框架的基底。

我们盯在 DNA 上的时间已经太久了。中心法则的遗传逻辑对生物学家的统治已经松动。分子生物学必将经历概念上的巨大变革。

参考文献

[1] Crick F. Nature，1970，227：561～563.
[2] Joyce G F，Orgel L E. In：The RNA World，Gesteland R. F.，Cech T. R.，Atkins J. F.，Eds. New York：Cold Spring Harbor Laboratory Press，1999，49～77.
[3] Johnston W K，Unrau P. J，et al. Science，292，2001：1319～1325.
[4] Bartel D P and Szostak J W. Science，1993，261：1411.
[5] Ekland E H，Szostak J W，Bartel D P. Science，1995，269：364.
[6] Ekland E H and Bartel D P. Nature，1996，382：373.
[7] Matzke M，Matzke A J M，Kooter Jan M. Science，2001，293：1080～1083.
[8] Rand T A，Petersen S，Du F and Wang X. Cell，2005，123（4）：621～629.
[9] Hammond S M，Caudy A A，Hannon G J. Nat. Rev. Genet.，2001，2：110.
[10] Phillip A S. and Phillip D Z. Science，2000，287：2431～2433.
[11] Ketting R F，et al. Cell，1999，99：133.
[12] Fire A，et al. Nature，1998，391，806.
[13] Grishok A，Tabara H，Mello C C. Science，2000，287：2494.
[14] Smardon A. et al. Curr. Biol.，2000，10：169.

[15] Tabara H, Hill R J, Mello C C, Priess J R, Kohara Y. Development, 1999, 126: 1.
[16] Plasterk R H A. Science, 2002, 296: 1263～1265.
[17] Denli A. Hannon G. Trends Biochem. Sci. 2003, 28: 196.
[18] Carrington J. Ambros V. Science, 2003, 301: 336.
[19] Volpe T, et al. Science, 2002, 297: 1833 .
[20] Volpe T, et al. Chromosome Res. 2003, 11: 137.
[21] Hall I, Noma K, Grewal S. PNAS USA, 2003, 100: 193.
[22] Hall I et al. Science, 2002, 297: 2232.
[23] Schramke V, Allshire R. Science, 2003, 301: 1069.
[24] Matzke M and Matzke A J M. Science, 2003, 301: 1060, 1061.
[25] Zilberman D, Cao X, Jacobsen S. Science, 2003, 299: 716.
[26] Gendrel A V, Lippman Z, Yordan C, Colot V, Martienssen R. Science, 2002, 297: 1871.
[27] Britten R, Davidson E. Science, 1969, 165: 349.
[28] Carmell M, Xuan Z, Zhang M, Hannon G. Genes Dev. 2002, 16: 2733.
[29] Schauer S, Jacobsen S, Meinke D, Ray A. Trends Plant Sci. 2002, 7: 487.
[30] Reinhart B, Bartel D, Science, 2002, 297: 1831.
[31] Aufsatz W, Mette M F, Winden J, et al. EMBO J. 2002, 21: 6832.
[32] Wassenegger M. Plant Mol. Biol. 2000, 43: 203.
[33] Yao M C, Fuller P, Xi X, Science, 2003, 300: 1581.
[34] Vance V B and Vaucheret H. Science, 2001, 292: 2277.
[35] Plasterk R and Ketting R. Curr. Opin. Genet. Dev. , 2000, 10: 562.
[36] Zamore P D. Science, 2002, 296: 1265～1269.
[37] Matzke M, Matzke A J M, Kooter Jan M. Science, 2001, 293: 1080～1083.
[38] Bernstein E, Caudy A A, Hammond S M, Hannon G J. Nature, 2001, 409: 363.
[39] Elbashir S M, Lendeckel W, Tuschl T. Genes Dev. , 2001, 15: 188.
[40] Carthew R W. Curr. Opin. Cell Biol. , 2001, 13: 244.
[41] Hammond S M, Boettcher S, Caudy A, et al. Science, 2001, 93: 1146～1150.
[42] Vance V B. and Vaucheret H. Science, 2001, 292: 2277.
[43] Wu S D, Jeong B, Zhang C, Cerutti H. Science, 2000, 290: 1159.
[44] Wassenegger M. Plant Mol. Biol. , 2000, 43: 203.
[45] Matzke M A, Matzke A J M, Pruss G, Vance V. Curr. Opin. Genet. Dev. , 2001, 11: 221.
[46] Mette M F, Aufsatz W, Winden J van der, Matzke M A, Matzke A J M. EMBO J. 2000, 19: 5194.
[47] Sijen T. et al. Curr. Biol. , 2001, 11: 436.
[48] Jones L, Ratcliff F, Baulcombe D. Curr. Biol. , 2001, 11: 747.
[49] Cao X, et al. PNAS USA, 2000, 97: 4979.
[50] Smith S S, Kan J L, Baker D J, Kaplan B E, Dembeck P. J. Mol. Biol. , 1991, 217: 39.
[51] Lindroth A M, et al. Science, 2001, 292: 2077.
[52] Akhtar A, Zink D, Becker P B. Nature, 2000, 407: 405.
[53] Ketting R F. et al. Cell, 1999, 99: 133.
[54] Grishok A, Tabara H, Mello C C. Science, 2000, 287: 2494.
[55] Smardon A, et al. Curr. Biol. , 2000, 10: 169.
[56] Benne R. TIG, 1990, 6, 6: 177～181.
[57] Jeffreys A J, Flavell R A. Cell 1977, 12: 1097～1108.
[58] Tilghman, S. M. Tiemeier, D. C. , Seidman, J. G. et al. PNAS USA, 1978, 75: 725～729.
[59] Crick F H C. Science, 1979, 204: 264～271.
[60] Attard G. Int. Rev. Cytol. 1985, 93: 93～145.
[61] Benne R, Van Den Berg J, Brakenhoff J P J, et al, Cell, 1986, 46: 819～826.

[62] Benne R. Biochim. Biophys. Acta, 1989, 1007: 131～139.
[63] Simpson L and Shaw J. Cell, 1989, 57: 355～366.
[64] Golden J W, Robinson S J, Haselkorn R. Nature, 1985, 314: 419～423.
[65] Kunkel B, Losick R, Strgier P. Genes Dev. 1990, 4: 525～535.
[66] Chen S H, et al. Science 1987, 238: 363～366.
[67] Gualberto J M, et al. Nature, 1989, 341: 660～662.
[68] Covello P S and Gray M W. Nature, 1989, 341: 662～666.
[69] Schuster W, Wissenger B, Unseld M and Brennicke A. EMBO J. 1990, 9: 263～269.
[70] Bass B L and Weintraub H. Cell, 1988, 55: 1089～1092.
[71] Schuster W, Wissenger B, Unseld M and Brennicke A. EMBO J. 1990, 9: 263～269.
[72] Bass B L and Weintraub H. Cell, 1988, 55: 1089～1092.
[73] Thomas S M, Lamb R A and Paterson R G. Cell, 1988, 54: 891～902.
[74] Cattaneo R, Kaelin K, Baczko K and Billeter M A. Cell, 1989, 56: 759～764.
[75] Benne R, Van Den Berg J, Brakenhoff J P J, et al. Cell, 1986, 46: 819～826.
[76] Benne R. TIG 1990, 6: 177～181.
[77] Feagin J E, Abraham J M, Stuart K. Cell, 1988, 53: 413～422.
[78] Feagin J E, Jasmer D P, Stuart K. Cell, 1987, 49: 337～345.
[79] Simpson L and Shaw J. Cell, 1989, 57: 355～366.
[80] Bessen R A, Kocisko D A, Raymond G J, et al. Nature, 1995 (375): 698～700.
[81] Tennyson G, Sbatos C, Higuichi K, et al. PNAS USA, 1989, 68, 500～504.
[82] Davies, M S, et al. J. Biol. Chem. 1989, 264, 13395～13398.
[83] Driscoll D M, Wynne, J. K, Wallis S C and Scott J. Cell, 1989, 58: 519～525.
[84] Jimelman D and Kirschner M. W. Cell, 1989, 59: 687～696.
[85] Stuart K, Feagin J E and Abraham J. M. Gene, 1989, 82: 155.
[86] Blum B and Simpson L. Cell, 1990, 62: 391～397.
[87] Thomas R. Cech. Cell, 1991, 64: 667～669.
[88] Frech G and Simpson L. Mol. Cell Biol. 1996, 16: 4584.
[89] Cech T R. Cell, 1991, 64: 667～669.
[90] Fox T D, Leaver C J. Cell, 1981, 26: 315.
[91] Covello P S, Gray M W, Nature, 1989, 341: 662.
[92] Gualberto J M et al. Nature, 1989, 341: 660.
[93] Benne R et al. Cell, 1986, 46: 819.
[94] Scott J. Cell, 1995, 81: 833.
[95] Wang Q, Khillan J, Gadue P, Nishikura K. Science, 2000, 290: 1765.
[96] Higuchi M, et al. Nature, 2000, 406: 78.
[97] Palladino M J, et al. Cell, 2000, 102: 437.
[98] Polson A G, et al. Biochemistry, 1991, 30: 11507.
[99] Basilio C et al. PNAS USA, 1962, 48: 613.
[100] Higuchi M, et al. Cell, 1993, 75: 1361.
[101] Melcher T, et al. J. Biol. Chem., 1996, 271: 31795.
[102] O'Connell M. Curr. Biol., 1997, 7: R437.
[103] Sollner-Webb B. Science, 1996, 273: 1182～1183.

第8章　动物发育的分子生物学

Morgan（1928）早就指出[1]：“明了基因对于发育中的个体如何发生影响，毫无疑义地将使我们对于遗传的概念进一步扩大，对于目前不了解的许多现象也多半会有所阐明。”随着人类基因组计划及一些重要动植物基因组计划的完成，功能基因组学（functional genomics）的研究兴起，发育生物学正是研究基因组功能的主要领域。于是，发育生物学开始研究生物基因在发育的不同时空中的调控网络，以揭示基因组的DNA序列如何利用输入与输出信息来完成对发育过程的调控。研究的手段包括大范围的干扰分析（large-scale perturbation analyses），基因组分析，并结合计算机技术，顺式-调控分析（*cis*-regulatory analysis）以及分子胚胎学等方法。这样，就使发育生物学真正地建立在DNA分子水平之上，能更深刻地阐述发育过程的时间-空间程序，以及性状遗传变异的本质。本章的最后将介绍有关基因调控网的一些先导性报道。

发育过程是生物进行遗传、变异的全过程，是遗传、进化、癌变、衰老等生物学过程的交叉点。在分子水平上对发育过程的研究将对遗传、癌变、衰老等重大生物学问题有进一步的认识或突破。Newmark（1982）认为[2]，如果把癌变和生物进化的遗传机制联系起来，则能更深刻地理解和癌症有关的各种遗传变化；Manes指出[3]：“癌最终可能会被认为是一个发育生物学的问题”，“胚胎癌细胞是否实际上只是一种正常的早期外胚层细胞”？至于衰老问题，早就应该纳入发育生物学中进行研究，“发育、生殖和衰老是顺次出现的。衰老的开始时间、持续时间和速度取决于生殖期，而生殖的开始、持续时间和速度又取决于发育”（Kanungo，1980）[4]。“因此，在基因水平上研究癌的发生，势必要和研究生物进化的遗传机制联系起来。那种认为分子生物学中的基础性研究同解决癌症问题无关的说法是完全不符合事实的”（徐洪基和吴旻，1982）[5]。

8.1　发育分化理论

8.1.1　Driesch-Morgan分化理论

这个理论由Driesch（1894）提出[6]，又被Morgan（1934）[7]所充实，而且至今仍为许多胚胎学家所赞同。该理论认为：在卵子受精后的卵裂期间，相同的细胞核分布在异质的细胞质中，因而在胚胎的某些区域，核内的某些基因被激活，而在其他区域则被抑制。在被激活基因的作用下，胚胎各部分中的细胞质将变得更为不同。这将会以级联式机制（cascade mechanism）使基因进一步激活，最后导致细胞的分化。Waddington（1956）进一步修正并发展了这个理论，他认为[8]：有一类细胞质基因是在那些已被化学组成不同的细胞质所激活的基因的诱导下产生的，胚胎分化可被这类细胞质基因所控制。由于细胞质基因相互竞争的结果，一种细胞质基因可以比别的细胞质基因处于更优势的地位，从而决定胚胎中与之有关的那些区域的命运。

比利时著名胚胎学家 Brachet (1974)[9]认为 Driesch-Morgan 理论仍然是解释形态发生的最好学说。Driesch-Morgan 认为，在胚胎早期的卵裂阶段核基因是被抑制的，以后它们将会被激活，并指导特定蛋白质的合成。基因在发育的特定阶段及特定的区域中被激活，形态发生的变化可因特殊基因的激活而引起。因此 Driesch 和 Morgan 的这种理论可以说是一种由全面抑制到分别激活的学说。

8.1.2 Caplan-Ordahl 分化理论

Caplan-Ordahl[10]认为：发育过程是发育全能向发育潜能缩减的过程，这可能是以前有活性的基因逐渐被抑制的结果，而不是基因被选择性激活的结果。也就是说，在胚胎早期全部基因都是有活性的或者是能够转录的，发育时的活动会使其中一些基因受到选择性的不可逆的抑制，另一些基因稳定在非抑制状态成为对新建表型特异的基因。根据这一理论，受精卵基因组的所有基因应该都可以转录。不过 Caplan 等又解释，虽然模型预期受精卵中所有基因都可以转录，但不能预期一个受精卵中存在着每一个基因的转录物。因为未抑制的基因可以有某种程度的转录，要是受精卵分裂的细胞的数量足够多，至少每个基因就应该有一个转录物，在这一意义上，可以把受精卵比作一个大肠杆菌，它至少转录 96%的遗传信息，可是其中大约 1/3 的信息每 300～1000 个细胞平均只转录一次。

上述截然相反的两种理论的主要区别是：Driesch-Morgan 认为，在发育过程中基因是由全面抑制走向分别激活，而 Caplan-Ordahl 认为，在发育过程中基因是由全面激活走向分别抑制。

8.1.3 基因群程序活动模型

该模型是李振刚-吴秋英 (1984) 提出的[11]：认为在染色体上存在着按不同发育时期进行活动的基因群，发育就是不同基因群的程序性活动：每一个基因群活动的结果是自身陷于抑制并激活下一个基因群。因此，在每一个发育时期只能有一个基因群在活动，整个发育过程是由一系列不同的基因群不断地激活与抑制的连锁反应，而不会是基因从全面抑制到分别激活 (Morgan，1934)，也不会是基因从全面激活到分别抑制 (Caplan，1978)。

该模型的要点如下。

(1) 染色体不仅是基因的载体，更重要的是基因活动的程序控制器：在染色体上存在着按不同发育时期进行活动的基因群。例如，醋蝇 (*D. melanogaster*) 的第 4 条染色体，如果它的左侧缺失，则会使其在胚胎发育期死亡、如果它的中间部分缺失，则会使其在幼虫期死亡，如果它的右侧缺失，则会使其在蛹期死亡。另外在发育中，体细胞染色体的丢失也明确无误他说明：有一个大的基因群活动于个体发育的早期阶段。例如，小麦瘿蚊 (*Mayetiole destructor*) 有 40 条染色体，在第五次卵裂时就有 32 条从体细胞中丢失，只剩下 8 条染色体用于以后的发育分化。而丢失的 32 条显然只用于减数分裂-配子发生-受精-卵裂的早期发育阶段。

(2) 染色体基因群的程序活动使发育循序进行：各个基因群之间既因激活-抑制机制而互相联系，又有一定的独立性。如图 8.1 所示，第 1 个基因群 A 是个体发育早期的一个大的基因群，从系统发育上看它是一个比较古老、保守的基因群。其他的基因群可称为后生基因群 (epigenetic gene group)。它们是进化上较晚出现的基因群。显然，在系统发育的一定时期中，每一个后生基因群都曾作为最后一个基因群而与 A 基因群相联系，当再产生新的后生基因群后，它便作为中间环节去激活下一个后生基因群，而它与 A 基因群的联系则降低至最低限度，但不会完全切断。在图 8.1 中，这种脆弱的联系以虚线表示，原来与之联系的基因称为保守的联系基因；而基因群之间的正常联系则以实线表示，与之联系的基因是后生的基因（epigenetic gene），称为联系基因。发育的进行有赖于这两种联系（转录活性）的竞争，或称剂量效应（dosage effect）。在特殊条件下，作为中间环节的后生基因群可能不去激活下一个基因群，而以保守的联系基因恢复了与 A 群有力的联系。例如美西螈（*Axolotl*）与虎螈（*Ambystoma tigninum*），前者成体用鳃呼吸，后者成体用肺呼吸，曾被动物学家认为是两个不同的物种。其实美西螈与虎螈是同一个种的蝾螈。美西螈由于生活在墨西哥某些缺碘的湖中，控制幼虫发育的基因群不能激活下一个基因群（控制成体的发育）而恢复了与第一个基因群 A 的联系，使之在幼虫期就进入性成熟，称之为幼期生殖（paedogenesis）。

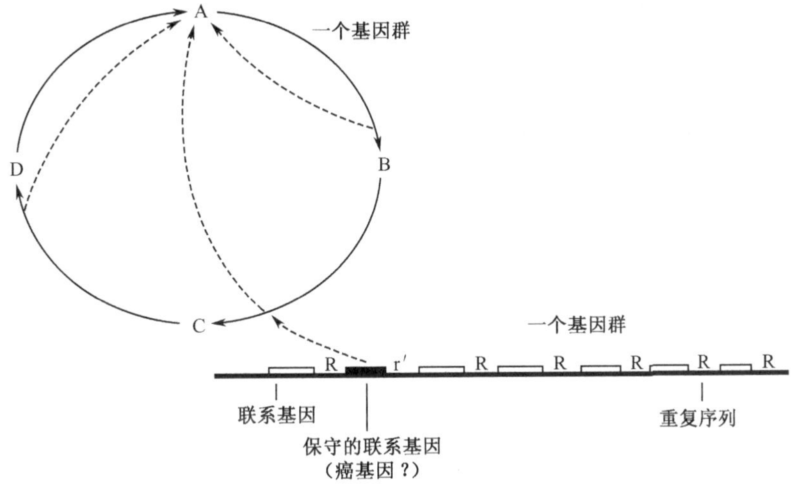

图 8.1　染色体基因程序性活动示意（依李振刚等，1984；略有修改）[11]

图中 A 为发育的起点，历经 A、B、C、D 几个发育阶段。基因群中的空心矩形代表正常基因，基因与重复序列（R、r）相间排列

（3）基因群的程序活动可能有赖于激素及重复序列的相互作用：激素是在一定发育阶段出现的活性蛋白质，能同时诱导许多基因的活动。重复序列在真核细胞中与基因的相间分布，普遍认为它在基因表达中有重要作用。

该模型认为发育与分化不是同一事件，而是密切联系的两个不同过程。发育是染色体基因群的程序活动，是细胞核里的转录事件，而分化则是某些基因在细胞质中的进一步表达，这就能很好地解释为什么小鼠脑细胞中的 mRNA 在它的肾细胞质中不存在，但在肾细胞核内却存在着相应的 mRNA（Davidson，1979）[85]，以及为什么果蝇已经分化的唾腺中的多线染色体上的膨胀泡（puffs）要因发育的时期不同而发生巨大的变化。

由图 8.1 可见，整个基因群的程序活动可视为个体发育的生物钟。只有在生殖系细胞中这个生物钟才能反复地进行活动，在体细胞中当进行到最后一个基因群（图 8.1 中的 D）时，这个基因群并不能再激活第一个基因群（图 8.1 中的 A），只能逐渐地陷于自我抑制，使它的基因活性逐渐地降低，这也许就是衰老的主要原因，因为无论是Orgel（1963）的错误成灾学说，还是 Hayflick 的终末分化（1975）理论，都不能解释突变的积累、错误成灾、末端分化等只发生于体细胞中，而不发生于生殖系细胞中。如果在体细胞中的后生基因群直接地激活了第一个基因群，这就意味着癌的发生！这将使体细胞中胚胎期表达的基因被激活，胚胎性（浸润、扩散、迅速分裂、胚胎抗原及酶）是癌细胞的主要特性。因此该模型认为，癌是起因于在错误的时间及空间所进行的错误的基因程序活动，是一个发育生物学的问题。而所谓癌基因正是模型中那个保守的联系基因（conservation connexion gene）。

该假说把发育、癌变、衰老置于一个统一的发育理论之下。第一次给予幼生生殖以理论的解释。该假说早在1984年即预言癌基因是发育基因（联系基因或保守的联系基因），已得到越来越多的事实的支持。笔者相信，该假说的另一个预见也将会得到证实：那些在发育中大量丢失染色体（含有发育初期基因）的动物，以及具有强大无性生殖能力的动物，将不会患癌。无性生殖及再生能力越强的动物，癌变的可能性越小[11]。

8.2　胚胎极性与背腹的决定——卵皮层的旋转与发育的启动[16b]

胚胎的前后端已由卵的动、植物极所决定。卵的外层是一层富含肌动蛋白（actin-rich）的、结构致密的皮层（cortex）。在卵受精后大约1h后，皮层突然逆时针旋转30°，这是一个发育启动的开关。转动后动物极细胞质中的色素颗粒层与植物极皮层的一部分交叉而出现一个灰色新月区（gray crescent）。这样，不仅决定了胚胎的背腹轴，导致了背腹不对称性（dorsaventral asymmetry）；而且启动了卵裂（cleavage）（图8.2）。在卵裂完成后，灰色新月区内陷，形成背唇（dorsal lip），进一步启动了细胞的一系列运动，而导致了三个胚层的产生以及器官、组织的分化。该灰色新月区与精子进入卵的位点遥遥相对；前者粗略地相当于未来胚胎的背部，后者则相应于腹部。由此可见，卵皮层的旋转运动包含着启动发育的极其重要的信息。如果人为地阻止皮层旋转，卵裂仍能正常进行，但产生的却是一个具有中央肠道（central gut），但缺乏背腹不对称性（dorsaventral asymmetry）的异常胚胎。

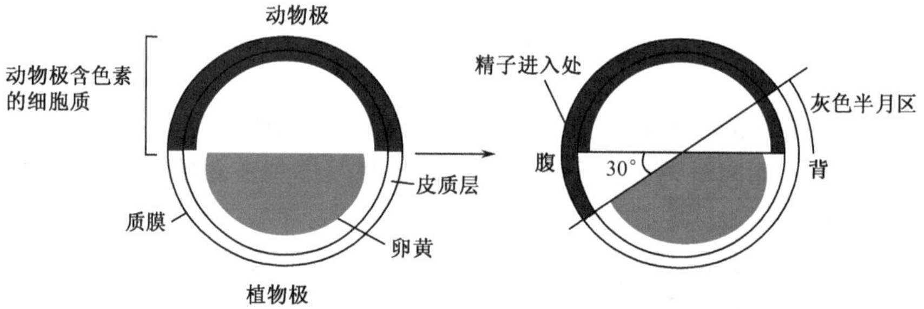

图8.2　皮层（cortex）的旋转[17]

8.3　器官组织的分化——诱导的分子机制

8.3.1　组织者

皮层旋转后，灰色新月区确立，界定了胚胎的背腹；而卵的动物极与植物极则规定了胚胎的前后端。动物极将是未来胚胎的外胚层，植物极将是内胚层，而中胚层则是植物极对动物极诱导的结果。然后在三个胚层相互运动、诱导下，产生了各类器官系统，完成了生物体的雏形。因此，中胚层的诱导与产生是胚胎诱导的主要事件。而这个主要事件中的主要事件则是 Spemann 的组织者（orga-nizer）的产生。

德国动物学家 Spemann 在 1924 年用两种颜色不同的蝾螈卵（浅色的 *Triton cristatus* 和深色的 *T. taeniatus*）进行种间移植实验。他把 *T. cristatus* 的早期原肠胚原口背唇上缘中央的一片组织移植到 *T. taeniatus* 同龄胚胎的腹侧预定外胚层中，结果在宿主神经板对面的腹侧又形成一个神经板而且发育成为一个次级胚胎。说明原口的背唇不仅能诱导神经板形成，它能使宿主的部分细胞发育成完整的胚胎。Spemann 就把原口背唇部分称为组织者（organizer）。

8.3.2　中胚层诱导

细胞的分化总是伴随着某种新蛋白的合成。在爪蟾的中胚层中有一种 α-肌动蛋白（α-actin）出现，它是中胚层细胞分化的特异标志物。

如果把爪蟾的囊胚的动物极部分和植物极部分分别切下来，并靠在一起接触培养；结果发现，在这个不完整的胚中也能很好地分化出中胚层组织来，并有 α-肌动蛋白基因的特异表达[12]，进而形成形状近乎完全的蝌蚪[13]（图 8.3）。后来人们发现，这种诱导并不必须使动物极部分与植物极部分的直接接触，在二者之间用滤膜隔开，照样可以诱导出中胚层组织的细胞。然而，若把二者分别在两个容器中单独培养，则见不到 α-肌动蛋白基因的表达。后来进一步的研究又发现：植物极的腹部和侧部细胞只能从相应的动物极细胞中诱导出腹部中胚层，而只有植物极的背部细胞才能诱导出像脊索和肌肉这样的背部中胚层细胞类型[14]。

中胚层的诱导过程可以"中胚层形成的三信号模型"[15]进行描述（图 8.4）：爪蟾卵受精后，因为皮层旋转的细胞质运动，植物极半球进一步分成了背植物极区（DV）和腹植物极区（VV）。在桑葚期，DV 区释放出诱导组织者（O）的信号，VV 区释放出诱导腹部中胚层（M）的信号。在原肠形成过程中由组织者释放第三种信号，使中胚层分成了形成体节（M_1）、侧板中胚层（M_2）和形成血岛（M_3）的三个区域。在原肠胚形成后期，组织者随之伸长，并分化为 O_1、O_2、O_3 三个区域，各区发出不同诱导信号对神经外胚层进行诱导，产生不同的神经组织。根据三信号模型，中胚层的产生是由植物极发出的诱导信号（即诱导物质）与动物极相互作用的结果。由植物极发出的诱导物质能够扩散几个细胞层而进入动物极[16a]。因此，在实验中更经常使用的方法是把动物极帽切下来放入各种诱导物质中（相当于自然状态下由植物极向动物极释放诱导物质），以探索各种中胚层诱导物质（因子）；称为动物极帽生物分析法（animal capa bioassay）。无疑，中胚层的诱导是动物胚胎发育的先端，对体轴的建立和生物体的整体规划都起着决定性的作用。

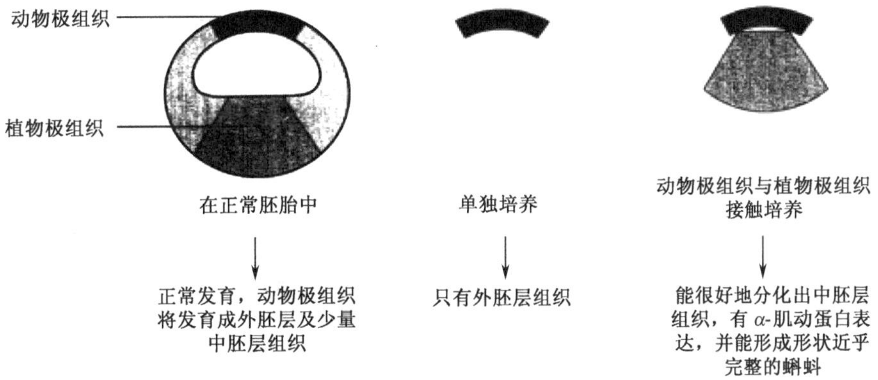

图 8.3　*Xenopus* 的中胚层诱导[17]

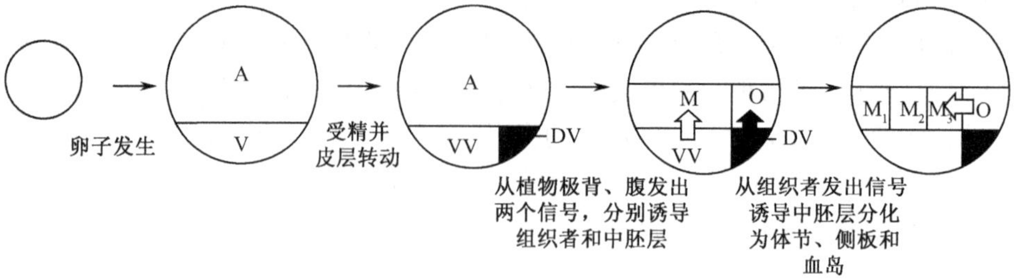

图 8.4　在早期 Xenpus 胚胎中胚层诱导的三信号模型（three-signal model）[17]

A：动物极；V：植物极；DV：背部植物极；VV：腹部植物极；O：组织者；M_1 M_2 M_3 分别是中胚层的体节、侧板、血岛三个区域

8.3.3　中胚层诱导的分子基础

利用接触培养法、动物极帽生物分析法（animal cap bioassay），人们研究了各种可能产生诱导作用的物质或因子。但是更切实的是用各种胚胎细胞的上清液，来调查活细胞内的中胚层诱导因子。结果发现碱性成纤维细胞生长因子（bFGF）和活性素(activin)具有很强的中胚层诱导活性。因而认为，在自然状态下的中胚层诱导因子主要就是 bFGF 和 activin 两种。另外还发现了一些与中胚层诱导有关的因子，如 Wnt 蛋白、视黄酸、Raf-激酶、BMP4、Vgl 蛋白和 noggin 等。这些因子有的本身具有中胚层的诱导作用或是在中胚层形成过程中起重要的修饰作用。

在一个胚胎中，由于细胞与诱导源之间距离上的不同就使它们所接触到的诱导物质的浓度也不同，诱导的结果也会不同。Ariizumi（1991）[18]用不同浓度的 activin 和处理时间进行中胚层诱导的实验，可以说明浓度、处理时间与诱导之间的相互关系。用 activin 处理爪蟾的预定外胚层片（动物极帽），在 20°C 培养，当 activin 浓度在 4～20pmol/L 时，这个外植体像气球一样膨胀。其中可观察到体腔上皮、间充质和血细胞样细胞的分化。当 activin 浓度在 40pmol/L 左右时，外植体再度伸长；其中有肌肉、间充质、脊索、神经组织的分化。若把 activin 浓度提高到 400pmol/L～2nmol/L 时，外植体表面无表皮分化，而使外层细胞散落在外，但内部生成了脊索和前脊索板中胚层。从背腹层次来看，activin 浓度与中胚层的诱导之间好像存在这样的关系：当activin浓度低（4～20pmol/L）时诱导腹侧中胚层，中度（约 40pmol/L）时诱导腹背侧之间的大部分中胚层，高浓度（400pmol/L～2nmol/L）时则诱导背侧中胚层的分化。如果把 activin 的处理时间也从短（10min）到长（3d）做同样实验，会发现其结果与不同浓度 activin 处理的结果相似。

以同样的方法对 FGF 的诱导效果的研究结果表明，较低浓度的 FGF 就能诱导出诸如 *xhox3* 和 *XIhbox6* 等基因（是在神经胚的后、侧中胚层中表达的基因）表达活性的急剧增加，紧接着就可以检测出肌肉特异性的肌动蛋白。但 FGF 的诱导效应并不随浓度的增加而发生类似 activin 那么明显的变化。即使是在高浓度条件下，FGF 也只能诱导像间充质、间皮这样的腹部组织[19a,19b]。如果用 activin 和 FGF 同时处理预定外胚层的细胞，就会发现细胞对 activin 剂量的反应效果得到了调整。FGF 使诱导某个特定基因表达的 activin 浓度放宽了，并降低了诱导基因表达所需的浓度。

从这些结果可以推断：activin 在前面讲的三信号模型中可能相当于胚胎的背植物分裂球所产生的信号，而 FGF 则可能代表了由腹部和侧部植物极细胞所发出的诱导信号。有实验证明：用 activin 处理过的动物极区具有与 Spemann 组织者相同的诱导功能，但用 FGF 处理过的动物极区却不具有这种诱导功能。这也支持了 activin 相当于胚胎的背植物分裂球所产生的信号，FGF 代表了由腹部和侧部细胞所发出的诱导信号的观点。

bFGF（碱性成纤维细胞生长因子）是一段由 146 个氨基酸组成的肽链。在爪蟾卵的形成过程中，bFGF 的 mRNA 就已经在卵细胞内转录并翻译，在未受精的卵子中已经有 bFGF 蛋白形式存在，其浓度为 7～200ng/mL（16～17ng/mL 这一浓度足够诱导中胚层的形成）。Shiurba 等[20]用 bFGF 和 aFGF（酸性 FGF ）的抗体对早期胚胎进行免疫组织化学染色，结果发现从卵形成到囊胚期为止全都有与抗体发生反应的抗原存在。在卵裂到囊胚期时的主要分布部位是在预定中胚层区域，染色程度在动物极较弱，赤道区域最强，越向植物极越弱，但在背腹轴上的分布则是均匀的。虽然在离体条件下bFGF具有很强的中胚层诱导活性，但目前尚不能下结论说它在胚胎发育初期起着中胚层诱导的作用，这是因为无论是 bFGF 还是 aFGF 都不具有信号序列，因而不能有效地从细胞中分泌出来。1992 年 Isaac 等[21]得到了 FGF 家族的另一个成员，称为胚胎 FGF（eFGF)。eFGF 具有一个信号序列，在受精卵中就有它的转录产物，合子基因组在囊胚后期就开始表达该基因，因此，eFGF 可能是真正的内源性中胚层诱导因子。

activin（活性素）是 TGF-β（变态生长因子 β）大家族的一员，为二价体结构，它有 A、AB、B 三种类型，其中在中胚层诱导研究中使用的一般为 activin A。Ariizumi[18]把 activin A 以不同量注射到蛙的囊胚腔中发现，注射量在 0.5～2.5pg 时，在形成的初级胚体腹部后端处又出现了一个次级尾的构造。如果注射量过大(2.5～5.0pg)，除了次极尾的形成外，头部神经系统的形成被抑制，结果产生一个肌肉头。遗憾的是在爪蟾卵中检测不到 activin mRNA 的存在，而且中胚层的诱导发生在 64 细胞期[22]，所以，把 activin A 作为中胚层诱导因子来考虑似乎有些勉强。但是 Asashima 等[23]从爪蟾未受精卵和囊胚中都能提取出具有很强的中胚层诱导活性的类 activin 蛋白组分。这种类 activin 蛋白组分在爪蟾未受精卵中的含量为每个卵不低于 1pg，换算成浓度，则为 0.5ng/mL 以上。它在未受精卵和囊胚中的含量基本相同。如果这种类 activin 蛋白的中胚层诱导活性不低于 activin A 的话，那么它在爪蟾卵中的浓度足可诱导中胚层的形成，并且它的含量可能是控制胚胎正常发育的最适量，在还没有搞清楚爪蟾卵内所含的类 activin 蛋白的真相之前，暂时把它笼统地称为 activin。

8.3.4 中胚层诱导的修饰因子

当然，在复杂的中胚层成型（patterning）过程中，不可能仅仅依靠 FGF 和 activin 两种因子就能完成。而且 FGF 和 activin 以及它们的受体在卵与发育初期胚胎中空间分布的区域性并不强。这很难解释它们内源信号中心的区域性以及它们所诱导的不同中胚层类型。有趣的是，把囊胚的动物极帽切成背腹两半放在相同浓度的中胚层诱导因子中培养，却能产生出不同类型的中胚层，说明囊胚的动物极半球在对诱导信号的反应能力上存在有区域性差异[24]。这种区域性的差异可能就是由中胚层诱导修饰因子形成的。所以，除了 bFGF 和 activin是确定的中胚层诱导因子外，还发现有一些在中胚层形成过程中起重要作用的修饰因子，如 Wnt 蛋白、视黄酸、Raf-1 激酶、BMP-4、Vgl 蛋白和 noggin 等。

前面已经提到过，用 bFGF 处理爪蟾囊胚的动物极帽只能诱导产生腹部中胚层。如果在动物极帽的顶端注射 Wnt 家族的成员之一 Xwnt8 RNA 进行培养，只能分化出外胚层，但把这个动物极帽再用 bFGF 处理，诱导出来的则不是腹部，而是背部中胚层[25]。这说明

Xwnt-8 具有修饰 bFGF 诱导效果的作用。Smith 和 Harland[26] 实验结果指出，noggin 蛋白具有修饰动物极帽对中胚层诱导因子反应效果的能力，使动物极帽向背部中胚层方向分化。外源性视黄酸对动物极帽虽不具有中胚层诱导能力，但是如果先加 activin 诱导动物极帽开始向背部中胚层分化，这时再加视黄酸就可以修饰细胞的分化途径使分化形成的中胚层具有腹部和后方的特征[27]。骨发生蛋白 4（BMP-4）是 TGF-β 家族的成员之一。如果把它与 activin一起加到动物极帽培养液中，那么只能形成腹部而不是背部中胚层[28,29]。这些修饰因子本身通常不具有中胚层诱导的能力，但是，却具有修饰其他诱导因子诱导效果的能力，因而，在研究动物早期胚胎发育的分子生物学机理方面是非常重要的。

可以想象，中胚层诱导修饰因子一般都应该存在于卵子或发育早期的胚胎中，但是目前对这些因子在卵子或初期胚胎中存在的具体情况还不十分清楚。对爪蟾的 wnt 家族中了解最多的是 Xwnt-8，它是从囊胚晚期开始在预定腹部中胚层中表达的产物。noggin 既不属于 FGF 家族，也不属于 TGF-β 家族和 Wnt 家族，它是 26kDa 大小的可分泌蛋白[30]。noggin 的转录产物并不存在于卵母细胞和卵裂阶段的胚胎中，但在囊胚期，它局部存在于预定背部中胚层，到原肠形成期时，noggin 基因在胚孔背唇中的表达水平达到最高。最近还有报道指出，Raf-1 激酶[31]、经过加工的 vgl 蛋白[32,33]也与中胚层诱导有关。

8.3.5　中胚层诱导过程中的基因表达

中胚层诱导因子，尤其是 activin，诱导的实质是打开一定的基因，使它们表达。表 8.1 中归纳了用 activin A 处理未分化预定外胚层片之后被诱导表达基因的一部分；这些基因的表达顺序与正常胚胎在自然发育进程中基因表达的顺序非常相似。尽管bFGF和 activin 都有中胚层诱导作用，但是用 activin 处理预定外胚层片 30min 后，*goosecoid* 基因开始表达。而用 bFGF 处理则不能诱导该基因表达。虽然这里所列的基因表达在时间上有一定的顺序，但是，前面提到过，activin 处理浓度和时间上的不同会产生不同的中胚层结构，所以它们之间是否有相关的因果关系尚待研究。*Xhox3* 基因是同源异型基因的成员之一。如果把 *Xhox3* 基因转录的 mRNA 注射到早期胚胎中，尽管原肠形成等形态上的变化还能照常进行，但是以后发育起来的胚体会出现脑小、眼缺失、胚体长度变短等现象。很明显，在将来位于前方的中胚层细胞中 *Xhox3* 基因过量表达，该中胚层就会出现后方化现象，也就是说，该前方的中胚层按照本来应该在身体后方分化的方式进行了分化。为此，脑等的诱导就受到了抑制。与此相反，如果用抗体来抑制 *Xhox3* 基因产物的作用，结果尾部的肌肉和鳍等的形成在不同程度上受到抑制[34]。这些结果说明 *Xhox3* 基因对胚胎后部的中胚层形成是非常重要的。如果用bFGF处理预定外胚层，*Xhox3* 基因大量表达，但用 activin 处理则表达很弱[35]，这与 *goosecoid* 基因情况恰好相反。说明了 bFGF 与 activin 在中胚层诱导过程中的不同作用：前方表达的同源异型基因由 activin 诱导，后方表达的同源异型基因则由 bFGF 所诱导。

同源异型基因被认为是一类躯体规划（body plan）的调控基因，一个同源异型基因的突变就有可能使身体中的某个完整的体节或体节上的某个完整结构发生整体变化（如昆虫的触角变成肢足）。同源异型基因的表达顺序性很强，而且表达的顺序与身体的前后轴位置有关。表达早的同源异型基因都在身体的前（头）部表达，表达越晚的越是在身体的后（尾）部表达。它们之间似乎存在一种承前启后的顺序关系。因此人们对早期表达的同源异型基因更感兴趣，但这方面的研究也更困难一些。Blumberg 等[36]着眼于组织者，把爪蟾早期原肠胚的原口背唇部（即组织者）收集起来建立了 cDNA 库并从中筛选出了 4 个含同源异型盒

（homeobox，各种同源异型基因的同源片段）的基因（*goosecoid*、*Xcadi*、*Xcad2*、*Xlab*），这些基因都在原口背唇部表达，在其他部位的表达很少。其中表达量最大的是 *goosecoid* 基因的产物。在完整固定的样品上对该基因转录的 mRNA 进行的原位杂交的结果证明了该基因的确仅限于原口背唇部表达[37]。并且，如果把 homeobox 转录的 mRNA 微注射到 32 细胞期的腹侧分裂球中就可以形成具有很大脊索和神经组织的次级胚轴。这说明对组织者的功能而言，同源异型基因起着决定性的作用。

表 8.1 activin 在爪蟾胚胎预定外胚层中诱导表达的部分基因[86]

基因名称	表达开始时间	功能
Mix. 1	30min	为同源异型基因，与果蝇的 *paired* 类似
goosecoid	30min	为同源异型基因，与果蝇的 *bicoid* 和 *gooseberry* 以及 *MiX. 1* 类似
Xbra	90～250min	相当于小鼠的 *Brachury*(*T*)基因
Xhox3	约 6h	为同源异型基因，与果蝇的 *even-skipped* 类似
XIHbox 1	约 11h	为同源异型基因，与果蝇的 *AntennapediaLEISI* 相当于小鼠的 *Hox. 3. 3*
XIHbox 6	约 13h	为同源异型基因，与果蝇的 *abdominal-B* 类似，相当于小鼠的 *Hox. 2. 5*
Xwnt-8	约 19h 以内	类似于癌基因 *int-1*
XMyoD	约 20h 以内	肌肉决定基因

8.4 发育程序的分子机制

发育过程中除了形态上的一系列变化外，程序上的特征也不可忽视。如上面介绍过：基因的表达在胚胎发育过程中有一定时间上的顺序（程序）。此外，某个基因在表达时间上的相对稳定性对发育中的相应细胞分化起着非常重要的作用。以果蝇为例就可以说明。果蝇的卵裂非常独特。最初的 12 次分裂仅为细胞核分裂，细胞质不分割：开始、细胞核在卵的中央分裂，然后向卵的表层移动。在第 13 次分裂结束后才开始形成完整的细胞，然后形成细胞性囊胚。细胞的形成在卵的后部比其他部位要更早一些；这些位于囊胚后部的细胞称为极细胞，之后成为原生殖细胞。果蝇中有一种gs（1)N26 突变体，这种雌果蝇产的卵几乎都发育成不育个体，究其原因发现是由于 gs（1） N26 突变体产的卵受精后，在发育过程中细胞核的移动时间晚于细胞形成的时间，即后部细胞质分割时核还没有移动进去[38]。这个例子说明在果蝇发育极早期发生的细胞核移动和细胞形成的过程仅仅在时间上的微小差异就能造成不育。

为了说明方便，人为地想象在胚胎发育过程中有一些计时装置存在于细胞内部，这些计时装置暂且称为发育定时钟（developmental timer，DT）。DT 不同于生物钟，主要不是计算物理学上的时间。例如，它与下列时间关系不大：受精后多长时间开始卵裂、囊胚形成、原肠胚形成等。这些时间的长短都是相对的，可以通过温度等因素的改变而改变。DT 则是一种更注重于完成第 13 次分裂后才开始由多核体细胞化，这与它从受精后发育的时间长短关系并不密切。更确切地说，发育定时钟（DT）不如说成是发育程序钟。时间的长短可以通过环境因子的改变而变化，但到达细胞化时的分裂次数是稳定的。不同动物的卵裂速度非常不同，如蛙的受精卵在 15℃条件下经 43h 可达囊胚早期、细胞数目达 33 000，而兔的受精卵在 37℃条件下经 43h 只能发育到 32 个细胞，小鼠则仅达 8 个细胞，但它们的发育阶段基本都是一样的：由受精卵经过卵裂到囊胚期、原肠胚、神经胚和尾芽胚等，最后长成一个生物体。那么决定这一系列发育事件出现的 DT 的机制是什么呢？也就是说 DT 是在什么基础之上来控制这一系列发育事件发生的程序？人们对很多可能的作用机制进行了研究，发现并不是一个定时装置就能决定所有发育事件的程序（开始和结束的顺序）。DT 走动的驱动力好像是来自细胞的分裂周期，似乎是由胚胎细胞质分裂的次数、核分裂的次数、DNA 复制的次数以及细胞的核质之比中的一个或几个因素决定的。

8.4.1 决定发育定时钟作用的因素

8.4.1.1 细胞质

众所周知，在卵裂初期，细胞核分裂与细胞质分裂具有相对的独立性。除去细胞核的受精卵仍可进行分裂，说明卵裂的过程主要是由细胞质驱动的。但是，卵母细胞核（生发泡）内的某种物质似乎对 DT 的建立起着重要作用。例如，Yamamoto[39] 用玻璃针把海星的未成熟卵切成两份，作成含有生发泡和不含生发泡的卵片、然后用 1-甲基腺嘌呤诱导卵成熟，对同步于成熟分裂的细胞质周期活性进行研究，发现前者表现出明显的周期性，而后者则检测不出周期性活性。如果在这种无核卵片中注射取自成熟卵生发泡的物质，那么这个无核卵片的细胞周期活性就得以恢复。但是这种无核卵片的 1 个细胞周期的长度比正常卵要长一些。如果在这种无核卵片中移植进卵裂球的细胞核，分裂周期就会与正常卵的相同。如果把精子核注射到处于不同细胞周期的两个无核卵片中，精子核就会发生与宿主卵片所处时期相对应的变化，这说明卵裂开始时的 DT 因子存在于细胞质内，生发泡内的物质似乎对启动细胞分裂有很重要的作用，但它并不是控制周期活性的物质。Shinagawa[40] 曾做过这样一个实验：把刚刚受精的爪蟾卵转 90°，尽快把卵沿赤道分成两份，成为动、植物半球的两个卵片，接着用秋水仙素抑制细胞核的分裂，并检查细胞质中分裂周期性活性的有无。结果发现，动物极半球的卵片中有明显的分裂周期性活性，而在植物极半球中却见不到这种活性。如果把受精的爪蟾卵转 90°，放置 30min 之后再重复上述实验，结果不仅动物极，而且植物极中也有了细胞分裂的周期性活性。这说明在爪蟾的受精卵的细胞质内已经贮存了控制细胞分裂的周期性活性的因子，而且分布于偏向动物极侧的细胞质内。这类细胞质因子控制着卵裂的速度及卵裂周期的长度；例如在 18℃ 条件下，一种欧洲蝶螈卵从受精到第一次卵裂需要约 380min、而爪蟾卵只需要大约 150min。如果用蝶螈激活卵的细胞质置换出一半爪蟾激活卵的细胞质，那么这个含一半蝶螈激活卵细胞质的爪蟾卵从激活到第一次卵裂的时间平均延长 1.5 倍。相反，如果用爪蟾激活卵的细胞质置换蝶螈卵的 40%细胞质，则可缩短激活至第一次卵裂的时间[41]。这种控制卵裂的速度及卵裂周期长度的细胞质活性因子，可以用 120 000g 离心爪蟾卵 1h，在上清组分中获得。它耐热并抗 RNase 处理，但用蛋白酶处理则失活，说明它是蛋白质因子。

受精卵的细胞质分裂次数对胚胎的形态形成和细胞的分化是否有影响？1902 年 Lillie 用含 KCl 海水激活一种沙蚕的卵子，发现这个激活卵在不发生卵裂的情况下经过一天的时间变得与担轮幼虫非常相似，还长出了纤毛，并能做旋转运动[42]。这种现象被称为“无卵裂分化”。脊椎动物中的一些实验结果也说明卵的细胞质对胚胎发育过程中的形态形成起着重要作用，从蛙的卵巢中取出未成熟卵用孕酮处理诱导其成熟分裂，而不使它受精，把它放在 Ranger 氏液里孵育发现，几乎在与正常对照组开始原肠内陷的同时，这个未受精的卵也发生了内陷的形态变化[43]。另外还有人用海鞘进行过这样的实验：把海鞘的受精卵放到含细胞松弛素 B 的海水中，由于卵裂沟的形成被抑制（但核分裂正常进行），受精卵就一直停止在一个细胞上：虽然细胞分裂受到抑制，但是分化似乎不受影响。用一种与表皮细胞内特有的抗原分子特异性结合的单克隆抗体对上述卵裂受到抑制的受精卵进行免疫化学检测发现，90%以上的卵中出现了表皮细胞的分化性状[44]。而这种只在表皮细胞中表达的抗原分子在正常发育的胚胎中要到尾芽期才开始出现。很明显、卵裂活动对细胞分化并不必需。

这些例子说明，虽然细胞质本身对 DT 的决定有关，但细胞质分裂的次数与 DT 的决定没有关系。卵子在分裂之前就为形态形成和细胞分化事先做好了准备。卵子的细胞质内可能已经贮存了早期胚胎发育过程中所需要的主要信息。

8.4.1.2　细胞核

既然对细胞分化和形态形成，受精卵实际上并不必须伴随细胞质分裂，那么细胞核的分裂是否必要呢？胞核分裂有两个过程：DNA 复制的过程和细胞核破裂到新核形成的过程，实验证明，后者并不影响 DT 启动，因为即使用秋水仙素等抑制马蛔虫早期胚胎的细胞核分裂，但分化特性仍能表现。然而 DNA 的复制对担轮幼虫的形成是必需的。尽管它无卵裂现象，但 DNA 的复制并没停止。如果抑制第 4、5 次 DNA 复制，担轮幼虫的形成就要受到抑制。所以，DNA 的复制在胚胎发育过程中对某些基因表达的开始具有决定性意义。乙酸胆碱酯酶（AChE）是一种在海鞘肌细胞中特异性表达的酶。在正常情况下，编码该蛋白质的基因在原肠期活化。但能够检测出该酶性的最早时期是神经胚期。如果用细胞松弛素 B 抑制细胞质的分裂，虽然卵裂被抑制了，但 AChE 的表达不被抑制。但是如果在抑制细胞质分裂的同时也抑制最初 7 次以内的 DNA 复制，就会抑制 AChE 表达；而那些从第 8 次开始被抑制 DNA 复制的胚胎中则有 AChE 的表达。这说明某些与细胞分化有关的基因的表达是由 DNA 的复制次数控制的，所以也可以说，当胚胎发育到一定阶段，DT 的作用与 DNA 复制密切相关。

根据大量的研究结果可以认为 DNA 复制对 DT 作用启动的控制机制可能有 3 种方式：

（1）基因本身在质上发生的变化。例如，像 5-甲基胞嘧啶这样特定碱基修饰的变化对转录的运转是必需的。这种变化容易在 DNA 复制之际出现。

（2）DNA 每复制一次可能在染色质的构造上发生一些阶段性修饰，当复制次数达到一定之后，与基因活化有关的调控因子和基因间的相互作用就成为可能。因此，DNA 复制的次数也有可能成为 DT 装置的一个定时因素。

（3）受精卵中可能存在有一定量的抑制因子，随着 DNA 复制的不断进行，这些因子逐渐被稀释，当其浓度被稀释到临界点以下时，基因就被从抑制状态下解放出来并开始表达。

以上不管是哪种方式都有待于进一步研究证实。

8.4.1.3　细胞核质之比

卵裂中，在完成每次分裂后子代细胞的体积不再恢复到母细胞原有的体积；而普通的体细胞在完成每次分裂后，子代细胞的体积都要恢复到母细胞原有的体积。因此，随着卵裂的进行，细胞核与质的比例逐渐增大。例如，海胆受精卵的核质之比为 1∶500 而当卵裂结束后的细胞核质之比是 1∶6。卵裂的另一个特点就是同步分裂向不同步分裂的转移。两栖类的受精卵一般要经过 12 次连续的同步分裂，然后进入非同步分裂期。由于分裂的非同步性，使得本来的 M 期和 S 期的细胞周期中出现了 G_1 期和 G_2 期的细胞。与此同时，胚胎自身的基因开始发生作用，细胞开始运动，有了形态形成的动向。这一转移期在发育早期非常重要，称之为中期囊胚转移期（MBT），它是由细胞的核质之比决定的。Kobayakawa 与 Kubota[45]用玻璃针把蝾螈的受精未分裂卵切成 1/2 和 1/4 卵体积的切割卵，并研究它们非同步分裂的开始程序。结果发现，1/2 卵体积的切割卵是在第 12 次，1/4 卵体积的切割卵是在第 11 次开始非同步分裂的。而对照组的正常卵在第 13 次才开始非同步分裂。Newport 和 Kirschner[46]也做了类似的实验。他们用头发把爪蟾的受精未分裂卵结扎成不断开的两部分，细胞核进入其中之一，另一半无细胞核。有细胞核的一半卵进行到第 3 次分裂时，有核卵片中的一个细胞核通过未断开的连接处进入到了另一半原来无核的卵片中，于是后者也开始了分裂周期。因此原来无核的卵片比有核的卵片晚两个分裂周期到达 MBT，但是二者到达 MBT 的分裂周期都是 11 次，而正常胚胎为 12 次。从细胞周期次数看，实验组比对照组少一个周期，但是从细胞核分裂次数来看，原来无核的卵片中迁移进来的细胞核到达 MBT 时实际分裂过 14 次但最后的核质比相同。基因表达的开始与细胞核质的比例有关这一点一般被人们所接受。DT 作用启动的控制机制可能就和上面提到过的抑制因子逐渐被稀释的解释一致。受精卵内存在有与染色质结合，抑制 RNA 合成的细胞质因子。在同步卵裂期中，由于 DNA 总量随卵裂而增加，但抑制因子总量不变，因而能够与新形成的染色质结合的抑制因子的比例（浓度）减小，当减小到临界点以下后就失去抑制效果，开始转录 RNA。

在自然界，一只雌性动物产的卵中常常有大有小，但它们到达 MBT 开始的时间好像并无明显差异，这可能是因为一个卵子的大小主要由营养物质所决定，而与发育有关物质的量（如抑制因子）并不随卵子的大小发生变化。

8.4.2 发育的蓝图与程序

在发育初期，囊胚的形成是由母体基因（确切地说，是母体信息）所决定的。预定中胚层在囊胚中期之前就已经被决定，此后的信号只不过是对已经决定了的模式(pattern)的加工。

动物的个体发育可以分成：母体发育信息储备期；发育定型期；个体形成期；个体成长与成熟期四个程序。母体发育信息储备期与配子形成期是同一过程，但只发生在卵子而不是精子的形成过程。在这一过程中，由母体基因产生的那些与早期胚胎发育有关的所有信息以 RNA 和蛋白质的形式储存在成熟卵的细胞质或生发泡内。受精使卵子激活后进入发育定型期。这时期胚胎内部的各种变化主要是由储存在卵子细胞质内的母体发育信息所控制，它决定了卵裂发生形式，速度，胚胎的前后、背腹轴和预定的内、中、外胚层的分化，决定了发育的类型。在囊胚中期过后，进入原肠期之前，合子核的基因开始表达。这时除必要的看家基因（house-keeping genes）表达外，与发育有关的基因也开始表达，其中如 *Mix.1* 和 *goosecoid* 基因等都属于同源异型基因。同源异型基因都是成簇排列在染色体上的，在表达时间上与在染色体上的排列顺序一致，保证了发育时序上的正确性。但是，早期的基因是怎样激活它们下游靶基因，仍然是一个需要解答的重要而关键的问题。从囊胚后期发育进入到个体成形期，合子基因中控制发育的基因（如同源异型基因）的表达指导胚胎形成体节、器官、系统，然后发育成肢体完整的个体。最后一个时期可以称为个体成长与成熟期，是个体由小到大，由不成熟到性成熟的成长过程；可以说是一个由各种激素调控的生理变化过程。但在某种意义上，这与母体发育信息贮备过程是一致的。整个的发育程序暗示了母亲是下一代发育类型的设计者。卵子的细胞质决定了动物早期胚胎发育的四维特性——形态变化特性和时序上的特性。卵细胞质内贮存的物质都是在卵子形成过程中形成的，这可能具有种延续的特别意义。在卵形成过程中母体发育信息是如何贮备的？细胞质与细胞核各起什么作用？这都是发育生物学需要解决的头等重要的问题。

8.5　形态发生的分子机制

8.5.1　*H* 基因/*Hox* 基因

动物形态发生（morphogenesis）主要是体节（body segments）的加工以及体型（body pattern）的形成。1894 年 Bateson 发现同源病变（homoeosis）现象[47]，即果蝇的某个基因突变后，肢体各部位的同源器官的生长会发生特定的错位。例如，果蝇 *Antp*（antennapedia，触角）基因突变使果蝇第二胸节的腿却长在头部应该长触角的部位，*bx*（bithorax，双胸）基因突变将使果蝇后胸发育成前胸；如果 *bx*、*pbx*（potbithorax，后双胸）同时发生突变，会使胸体节重叠而长成 4 个翅膀、8 条腿。Bateson 所观察到的同源病变现象为以后解开动物个体发育之谜找到了一条新的线索。文献中将这种能够导致同源病变现象的基因称为同源基因、定型基因、壕门基因等，不一而足。本书仍以 *homeotic*（或 *hox*）基因称之（简称 *H* 基因）。正常 *H* 基因（Homeotic gene）的功能是使器官发生在正确的位置上，如 *Antp* 基因的功能是使腿长在它应该长的地方（第二胸节）。事实上，即便是一个简单附肢（如腿）的形成也需要调动数以百计的基因的协作。这当中有大量的结构基因和调控基因，而 *H* 基因是属于调控基因的范围。

在胚胎发育中与动物体节-体型的决定有关的基因有两类[48]。①体节基因。这类基因决定体节的数目和极性，例如 *ftz*（fushi tarazu，少体节）基因突变会导致多处体节融合的现象。②*H* 基因。这类基因的作用是决定体节发生的顺序、部位；它们的表达在发育中是自发进行的，是自主性的调控基因。体节基因和 *H* 基因尽管在功能上各不相同，但是在基因结构的组成成分和基因的作用机制上却非常相似，它们都含有一段特异性序列——H 片段（homeobox）。因此，近代文献中把它们都称为 *homeotic* 基因（*H* 基因）。笔者认为，这两种基因，一种是体节的定量、定向的调控基因（原体节基因）；它们在染色体上的分布不集中，不沿胚胎 A-P(antero-posterior，前后）轴的发育起作用。另一种是定性、定位的调控基因（原 *H* 基因）；它们在染色体上的分布很集中，并且沿着胚胎 A-P 轴的发育起作用；目前文献中的 *Hox* 基因（Homeobox gene）就是专指这一类 A-P 型的 *H* 基因而言。

有关 *H* 基因的早期研究[49]，主要以果蝇为材料采用诱变和杂交互补实验、发现了同源病变现象，鉴定了一批 *H* 基因，确定了它们在染色体上的遗传学位点。它们常常成簇地（基因簇）沿直线排列在染色体上，主要有两个大的基因复合物：一个是 *ANT-C*（antennapedia complex），长约 320kb，其上包括有 *lab*（labial，唇）、*pb*（proboscipedia，喙）、*zen*（zerknullt，视叶）、*Dfd*（deformed，小眼畸形）、*Scr*（sex combs reduced，性梳减少）、*ftz*、*Antp* 等基因，另一个是 *Bx-C*（bithorax complex），长约 195kb，其上包括有 *UbX*（Ultrabithorax，超双胸）、*abx*（anterobithorax，前双胸）、*bx*、*bxd*（bithoraxoidl，双体胸）、*pbx*、*AbdA*(abdominal A，腹节 1)、*AbdB*(abdominal B、腹节 B）等基因；以及距离这两个基因复合物较远的其他一些基因，如 *cad*（caudal，尾）、*en*（engrailed，纹带）等。这两个基因复合物里的基因，除了 *ftz* 以外（属于非 A-P 型的 *H* 基因），都是沿着 A-P 轴起作用的。*ANT-C* 负责头和第一胸体节的发育，*BX-C* 负责胸部和腹部体节的发育。

从果蝇胚胎 cDNA 库和基因组 DNA 库里分离出的 *Antp*、*Ubx* 及 *ftz* 等基因中，发现它们都含有一段同源性很强的 H 片段序列[50]。以该 H 片段序列为探针，在果蝇以及许多动物中发现了近 90 个 *H* 基因[51]。这些基因的共同特点是其 H 片段序列都位于该基因 3′端的外显子上。果蝇的这段序列长 180bp；而鼠等的这段序列长度是 183bp。另外，这些基因大多都相当长（如 *Antp* 基因长约 100kb，*Ubx* 基因长约 70kb)；结构复杂，常常含有多个启动子、内含子和外显子［如 *Antp* 基因有 2 个启动子，8 个外显子，2 个末端加工区，还有一串 CAG/A 序列的重复片段，编码一种多聚谷氨酸。其重复次数在 200 拷贝左右、称为 M（中度）重复序列］；它们的转录方向多数是 5′→3′（少数，如 *Dfd*、*ftz* 是沿相反方向转录的）。

8.5.2 H 片段及其编码区—— *H* 基因可能是转录因子

Scott 等[51]以果蝇 *Antp* 基因的 H 序列为标准，对当时已知的 87 种 H 片段进行了比较。发现其中 ANTP 和 DFD 类的近 40 种 H 片段序列与果蝇 *Antp* H 片段的同源性在 90%～98%以上，说明 H 片段具有极高的保守性。其他四十多种的同源程度逐渐降低，最差的仅有 10%。那些同源性强的 H 片段很可能具有相同的进化来源，而那些同源性差的 H 片段表明 *H* 基因还可能存在有其他的进化来源。所以，又将这个独立的功能单位称为 H 编码区（homeodomain)。将其转录产物称为 H RNA（homeotic RNA)，其翻译产物称为 H 蛋白（homeoprotein)。实验证明 H 片段编码的是一种 DNA 结合蛋白[51]。它的氨基酸序列有 30%是碱性的精氨酸和赖氨酸，具有正电荷，可与 DNA 结合。它的第 32～51 位的氨基酸序列能够形成像原核生物 cro 蛋白所具有的特殊的“盘旋-换向-盘旋”（HTH，helix-turn-helix）方式的结构。这种结构被认为是 DNA 结合蛋白所特有的结构。DNA 酶印迹测定实验证明，H 蛋白所结合的 DNA 靶位点有着共同的同义序列 TCAATTAAATT，并且是重复拷贝的形式。这段序列上的点突变，能使 H 蛋白对于 DNA 的亲和性大大降低。

H 编码区可能是独立的功能单位。①H 编码区与 β-半乳糖苷酶基因所产生的融合蛋白，具有序列专一性的 DNA 结合能力。②H 片段通常是单独的外显子。③果蝇的一个 H 片段序列与另一个非 H 片段蛋白编码基因的外显子相结合，得到一个有功能的蛋白。④多数 H 编码区具有远远高于它周围其他基因进化上的高度保守性。

正因为 H 片段序列编码的是一种 DNA 结合蛋白，该序列属于 DNA 结合序列编码区。X 射线衍射分析其编码产物的结果也证实了这段区域的编码序列同源于原核生物和酵母等调控蛋白基因的编码序列[66～68]。进一步通过试管内进行的，与 H 片段基因自身 5′端侧翼序列的结合实验证明果蝇的几种 H 片段蛋白具有相似的结合位点[69,70]。最近，分别用细菌和昆虫的表达系统对其他 H 片段蛋白进行了研究，发现鼠 Hoxa-5 蛋白与自己启动子上的序列能发生反应[71,72]。另外，用共转染实验[73,74]证明果蝇通过 H 片段结合活性来调节转录。将果蝇 H 片段连同所连接的多拷贝的相近序列连接到能够产生各种 H 片段蛋白的表达载体细胞里，其中有些 H 片段基因（*ftz*、*prd*、*zen* 等基因）的共转染导致激活报告基因结构的转录，而另一些（如 *en*、*eve* 等基因）则没有这种作用。那些通过含 H 片段序列激活转录的蛋白还能增强这种作用，而那些不能激活转录的蛋白会抑制前者的活性。

这些实验结果表明，H 片段蛋白能识别一般启动子上的结合位点，而且还能对启动子施加不同的影响。也许各种 H 片段蛋白竞争同一个位点，结合位点上相近序列的差异形成蛋白亲和性的差异范围。因为所有的 *H* 基因都含有 H 片段，因此 *H* 基因可能都是各种各样的转录因子，它们含有的 H 片段是与 DNA 序列结合的功能单位。

8.5.3　*H* 基因的表达

通过 Northern 原位分子杂交和双抗免疫标记法，测定不同胚胎发育时期 H RNA 和 H 蛋白的含量与分布，来研究 *H* 基因在胚胎发育中的表达情况。或者，分离 *H* 基因并对它们进行重组改造，然后将它显微注射到胚胎干细胞中（基因打靶），因而改变了该基因的正常表达。以此来探明 *H* 基因的结构与功能（表达）的关系。

H 基因表达的研究结果表明：①*Hox* 基因的表达具有明确的程序性。这种程序性依赖于该基因在染色体上的相对位置，并且与躯干的相对位置相吻合。如果蝇的两大基因复合物 *ANT-C* 和 *BX-C* 内：*lab*、*pb*、…、*Abd-A*、…、*Abd-B* 等依次排列在染色体 3 的右臂上，它们对躯干所负责的部位依次是从头至尾；其表达的顺序恰恰也是自 *lab* 至 *AbdB*。这种基因表达上的衔接性很可能与 H 片段序列都位于该基因 3′端的外显子上有关。②每个 *H* 基因相互之间具有调控作用。这种相互关系表现在 *Hox* 基因之间，非 *Hox* 型 *H* 基因之间，以及这两类基因相互之间。例如，*eve* 产物是 *ftz* 表达所必需的，*ftz* 产物对于原肠期以后 *eve* 的表达有影响；*en* 受到 *eve*、*ftz*、*prd* 的调控，但对于 *UbX* 的表达有负调控作用。③同一个 *H* 基因对于其他基因的表达可能具有正负两种调控作用。如 *Hox* 基因依次表达时，相互间是正调控，而 *Ubx*、*Abd-A*、*Abd-B* 到发育后期会对前面的 *Antp* 起负调控作用。同样，*Abd-A*、*Abd-B* 对于胸腹部后期发育的 *Ubx* 也有负调控作用。*eve* 对于 *ftz* 是正调控，但对于 *wingless* 是负调控。综上，它们的表达在动物个体发育过程中形成一个庞大的调控网，这个调控网以 *Hox* 基因的表达为主干，既错综复杂，又很专一，并且具有准确的时序性。

8.5.4　*Hox* 基因的矩阵结构

这里的 *Hox* 基因是指那些沿着胚胎 A-P 轴的发育起作用的成串排列的 *H* 基因。在鼠染色体 2、6、11、15 上发现有许多 *Hox* 基因，它们像果蝇 *H* 基因那样成簇地沿直线排列在各自所在的染色体上[50,53,54]。每条染色体上的 *Hox* 基因构成一个 *Hox* 基因簇。即 *Hoxa*、*Hoxb*、*Hoxc*、*Hoxd*。每一个 *Hox* 基因簇含有 7～11 个 *Hox* 基因不等。由于这 4 条染色体对应位置上的 *Hox* 基因的结构和功能非常相似[52]，相互之间在染色体上的间隔也大体相等，使得整个 *Hox* 基因簇区域具有上下对应的基因对位性（paralogous），构成类似数学"矩阵"式的结构。如果每个基因簇为"行列式"的一行，具有上下对位关系的一组基因称为一个基因对位列。根据目前的研究结果，鼠含有 13 个这种 *Hox* 基因对位列，见图 8.5，这 13 个 *Hox* 基因对位列在结构和功能上与果蝇的 *Hox C*（*ANT-C* 和 *BX-C* 两个基因簇）很相似。像果蝇的 *lab*（唇）基因负责果蝇体节最前部的发育那样，鼠的第 1 对位列（图 8.5 中的 a-1、b-1、d-1）也负责鼠体节最前部的发育；果蝇 *Abd-B*（腹）基因负责果蝇体节最后部的发育，而鼠的第 9～13 对位列也负责鼠体节最后部的发育[55]。鼠的第 9～13 的 5 个对位列的 *Hox* 基因均含有一个与果蝇 *Abd-B* 相似的 H 片段序列，而且，和 *Abd-B* 一样，都不能编码一种保守性很强的 6 肽；而鼠的第 6～8 的 3 个对位列的 *Hox* 基因和果蝇 *Abd-B* 以外的其他 *Hox* 基因一样，都能够编码这种 6 肽[52]。可以推测：果蝇的这两个 *Hox* 基因簇，以及两栖动物、哺乳动物（鼠和其他高等脊椎动物）的 *Hox* 基因可能都是由最早的原始基因横向加倍，后来又发生整个 *Hox* 基因簇纵向的畸变和加倍而来[56]。

每个 *Hox* 基因在发育过程中都有自己的表达模式。采用 RNA 吸印和原位分子杂交证实，鼠的 *Hox* 基因只在胚胎发育时期表达，其表达具有严格的组织特异性和胚胎发育的程序性，并且具有明确的器官形态建成的前后区域界线。这些统称为 *Hox* 基因的表达模式。*Hox* 基因的表达模式使每个 *Hox* 基因乃至每个基因对位列在胚胎发育过程中都有自己负责的范围。每一个对位列均负责两个部分——中枢神经系统（CNS）和体节（somites）。两个对位列负责的范围会有重叠。这里给出的只是每个对位列负责范围的前沿。

哺乳动物 *Hox* 基因一般是在原肠胚形成时期（7.5～8.5 天）开始表达，并且持续表达至中期妊娠过程[57]。而且，在前体中胚层和伸展外胚层均有表达。一般某个或某几个 *Hox* 基因只负责一部分体节的发育，不过它们负责的前后区域界线却有很大的差别。如在发育过程的第 12 天，大部分 *Hox* 基因的转录水平达到最高峰，出现相同的高峰期。然后，在外胚层和中胚层发育出来的组织中继续表达。但是，由外胚层发育来的组织（脑和脊索）里，包括从中脑到菱脑乃至脊索颈的相当大的范围内，以及在中胚层发育来的生骨节（原脊椎），肌节以及体节轴旁中胚层产生的内脏组织中，每个基因表达的区域前沿界线有很大差别。而且，每一个基因都有自己的负责区域界限，这种区域界限在外胚层和中胚层产生的组织里、在其发育前期都是一致的，只是到发育后期才稍有差异。

8.5.5 *Hox* 基因在发育中表达的程序性

每个 *Hox* 基因在发育过程中按其在基因簇内的位置顺序依次表达。每个基因表达的区域界限所表现的变化十分有趣，似乎一个给定基因的表达的区域界限与它在基因簇上的位置直接相关（图 8.5）。例如：

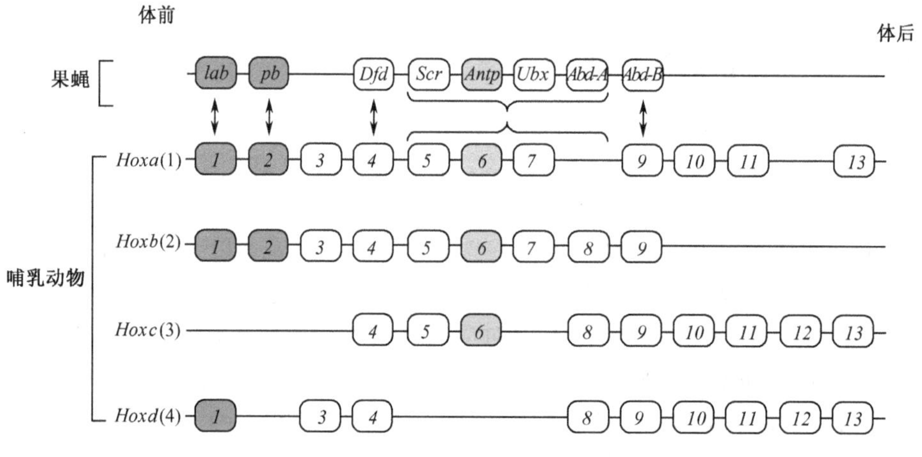

图 8.5　果蝇与哺乳动物 *Hox* 基因簇的比较[17]

每行的基因是依次地排列在一条染色体上。同列的基因（序号相同），它们的序列具有同源性。基因的序号与它们沿体轴自前而后的表达次序一致

（1）在鼠的躯干形成过程中，外胚层所产生的组织里 *Hoxa* 基因簇内基因的表达顺序是从第 1 到第 13 基因对位列。在发育过程中，这个基因簇上每个基因的表达都是从最 3′端到最 5′端逐个启动的，与胚胎发育从前至后的顺序相吻合。当基因在基因簇里的位置越靠近 5′端，其表达越迟开始，越位于肢体末梢[61]。这表明在肢体形成过程中，*Hox* 基因的表达呈梯度反应。例如，*Hoxa-1* 基因的转录一直延伸到神经管的脑脊髓才停止。然而，处于这个基因上游部分的 *Hoxa-3*、*Hoxa-4*、*Hoxa-5*、*Hoxa-6* 等基因的表达后推至后脑才停止[58]。同样，中胚层里的 *Hoxa-1* 基因表达的开始要早于第一个体节中胚层里其他基因的表达，如原脊椎Ⅰ里的 *Hoxa-3*，原脊椎Ⅱ里的 *Hoxa-4*、原脊椎Ⅲ～Ⅳ里的 *Hoxa-5*、原脊

椎Ⅷ里的 *Hoxa-6* 等[59]。*Hoxb* 基因簇也有类似的情况[60]。

（2）在鼠肢体形成的发育过程中，*Hoxd* 基因簇的表达模式与基因簇内基因的位置之间也有这种情况。当基因在基因簇里的位置越靠近 5′端，其表达也越迟开始，越位于肢体末梢[61]。

（3）人和鼠的畸胎瘤是研究试管内细胞分化的好材料。它们可以在试管内无限繁殖生长。当加入 RA（retinoic acid，视黄酸）等化学试剂以后，它们又可以转为分化生长。在这种诱发的细胞分化生长过程中，可以测定到 *Hox* 基因的表达。进一步的研究表明 *Hox* 基因表达的顺序梯度与所加 RA 的浓度梯度有关。例如，人 *Hoxb* 基因簇各基因的表达随着所加 RA 的浓度由低而高的梯度变化，其活性从 3′端至 5′端按顺序依次展开。基因簇 3′端的基因与 5′端的基因相比表达的速度快得多，所需的 RA 浓度也低得多。另外，在 NT2 细胞分化时观察到对于 RA 的诱导作用[62]，前 5 个对位列的基因要么活化得相当弱、完全不起反应，要么受 RA 的抑制。同样，鼠 *Hoxa* 基因簇的基因在 F9 和 P19 畸胎瘤细胞受到 RA 诱导进行细胞分化时，也是按顺序表现被诱导的。在鼠细胞里和在人细胞里一样，基因簇 3′端对 RA 敏感性要比 5′端敏感得多，对位列 13 和 12 不受 RA 的诱导。因此，不考虑 RA 诱导机制的话，用 RA 处理畸胎瘤细胞引起 *Hox* 基因表达的变化模拟的正是胚胎发育过程中 *Hox* 基因的顺序表达活性。可以认为：这个基因簇 5′端（*Abda* 一类）的基因对于 RA 或者不敏感、或者需要另外的信号。

（4）果蝇 *Hox* 基因在基因簇内的排列顺序与每一个基因表达的前区界线顺序之间有一一对应的关系（图 8.5）。然而，对于胚胎沿 A-P 轴发育的调控，果蝇 *ANT-C* 和 *Bx-C* 两个基因簇存在于同一行直线（染色体）上；而脊椎动物（如鼠的 *Hoxa*、*Hoxb*、*Hoxc*、*Hoxd* 四个基因簇）则存在于多行直线（染色体）上。这一方面可能反映了脊椎动物更加复杂的体态模式的进化程度，另一方面说明这种高级的进化程度要求输入和输出更加详细的位置信息。果蝇与高等脊椎动物之间这种单行性与多行性信息存储的关系与原始基因簇加倍的观点相符合。另外，同一列内基因之间的同源性比同一个基因簇内不同列的基因之间的同源性更强[52]。

8.5.6　*Hox* 基因的作用是确定体节发生的规定性

体节的发生有其一定的形态、部位和大小，不会任意改变。体节发生的规定性（identity）决定着体节发生的这些特性。由于每个 *Hox* 基因有自己的负责范围，某区域内某个 *Hox* 基因组合的表达就规定了该区域内所能产生信息的种类和含量。当该区域前某组基因的表达有不恰当的时候，就会导致该区域前发生体节规定性的改变。而该区域内所负责的体节规定性仍然不变，于是就出现了同源病变现象。也就是说，脊椎动物 *Hox* 基因组合的表达决定着体节形成的规定性。即：某一个体节的命运很早就被规定了（图 8.6）。因此，如果 *Hox* 基因的作用是确定的话，那么它所表现的表达自主性应当与正常组织的命运相一致。如果一个体节重新处于胚胎发育的不同水平上时，它就既不应当影响以后 *Hox* 基因的表达，也不应当影响以后体节发生的命运。这也许就是经典的胚胎移植实验里，被移植的部分之所以能够发育成该部分所能够形成的正常肢体的原因（图 8.7）。

（1）首先，鸡胚实验再次证实：移植后的体节，发育命运不会改变[63]。进一步又用转基因动物实验检测了 *Hox* 基因表达的稳定性。该实验首先将半乳糖激酶基因连接到 *Hoxa-7* 基因的后面，并获得了含有这个融合基因的转基因鼠。在 *Hoxa-7* 启动子的调控作用下，半

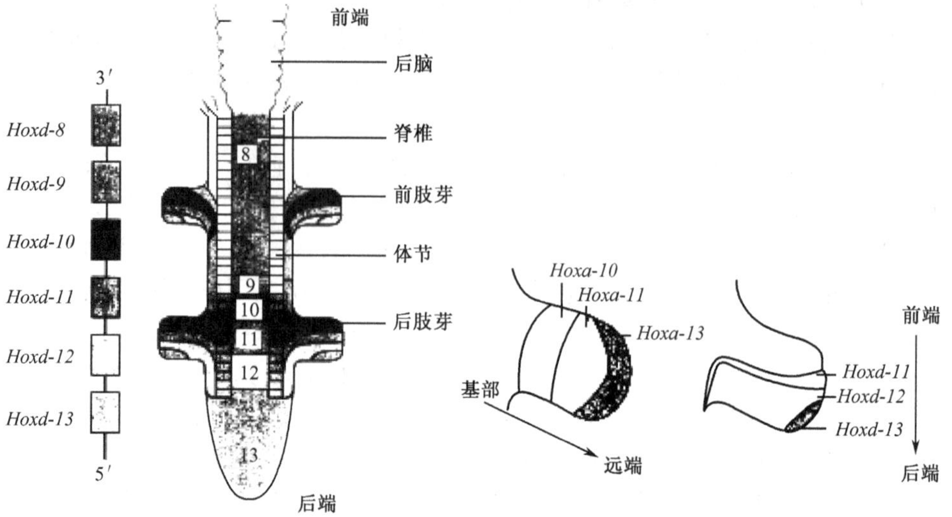

图 8.6　*Hox* 基因在身体及肢体表达的有序性[17]

左图胚体中的序号即为 *Hoxd* 的序号

乳糖激酶在新条件下得到了表达。表明：*Hoxa-7* 启动子的活性能够保持稳定，使得体节在新的位置上具有独立性。同时说明 *Hox* 基因对于个别体节的规定性具有确定作用。

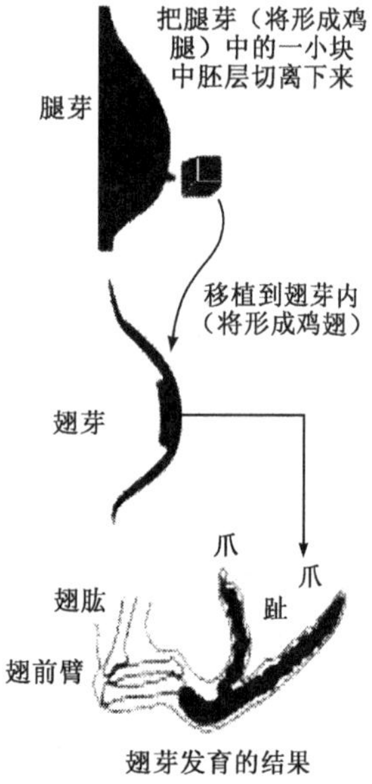

图 8.7　鸡胚移植实验[17]

（2）采用具有外来显性功能的转基因鼠可以进行更直接的功能分析。将 *Hoxa-7* 基因置于β-肌动蛋白启动子的控制下[64]，这个启动子可以在组织中异常表达 *Hoxa-7* 基因。由于 *Hoxa-7* 基因位于 *Hox* 基因区的边沿，使得整个 *Hox* 基因组合的表达都发生了改变。这种改变导致大多数钥匙齿状脊椎的形态发生显著的变化。可以观察到颈椎极端畸形者的第二颈椎基枕骨以及额外的一个脊椎（原颈椎）[57]。这些转基因鼠的第一颈椎在正常情况时不会产生脊椎体、而在这种情况下却多产生一个脊椎体；相反，它的第二颈椎却失去了第二个骨化中心，即牙轴。因此，*Hox* 基因的异常表达能够导致颅骨第一颈椎和第二颈椎的基部出现一定的形状。这时的形状与较晚期的颈椎是相似的。脊椎的这些变化就是所谓的同源转换。说明 Lewis 提出的果蝇 *Hox* 基因表达的模式同样运用于哺乳动物 *Hox* 基因 [65]，至少在脊椎的形成方面，某一组给定的 *Hox* 基因组合是沿着 A-P 轴延伸而起作用的。

8.6　非 A-P 型 *H* 基因：*En*、*Pax*、*Evx* 等

在研究并分离得到大量 A-P 型 *H* 基因的同时，也发现了大量非 A-P 型 *H* 基因。这些基因大多是前面提到的体节基因。它们在细胞遗传学上的位置大都远离 A-P 型 *H* 基因。有些是成对地存在于染色体上并起作用，有些除了含有同源性较差的 H 片段外，还有自己的同源片段。采用与 A-P 型 *H* 基因相类似的研究方法，在高等动物中分离了 3 种非 A-P 型 *H*

基因：*En*、*Pax* 与 *Evx*。

8.6.1 *En*（纹带）基因

En（纹带）基因是果蝇体节极性类基因，它只在果蝇每个体节 A-P 分界面后部的细胞带里表达，对每个体节后半部的发育起决定作用。这个基因在细胞遗传学上的位置远离 *Antp* 基因，含有一个 H 片段。用这个基因在鼠里分离到鼠的两个纹带基因：*En-1* 和 *En-2* 原位杂交分析表明[75]，这两个基因的表达是在鼠体节发育的早期阶段，在神经管的前部形成一条带。到胚胎发育的第 12 天，在神经管的中脑与后脑的连接处形成一个环。另外，*En-1* 基因在中胚层区域、生骨节演变来的原脊椎，在整个胚胎皮肤下生皮节产生的细胞以及四肢和尾芽处都有表达[76,77]。它在原脊椎的表达呈一种环形表达模式，并且，只存在于原脊椎，而不存在于椎间盘。

8.6.2 *Pax* 基因

果蝇 *prd*（paired，鸳鸯）分别与体节极性基因 *gsb-p*（gooseberry-proximal，远端醋栗）和 *gsb-d*（gooseberry-distal，近端醋栗）[78a]组成两种发育基因。这两种基因均为共同起作用（pair-rule）。除了 H 片段以外，*prd* 还另外含有一个进化上非常保守的序列，即鸳鸯片段（paired-box）编码区（384bp），编码一种 128AA 的肽链[98]。用果蝇鸳鸯片段序列从鼠里检测到一类含有鸳鸯片段基因，命名为 *Pax* 基因[78b]（paired-box）。已经分离到 8 个这类含鸳鸯框子的基因家族成员（*Pax1*～*Pax8*）。它们之间，有的含有相同的鸳鸯片段序列。它们不像 *Hox* 基因那样成簇地存在[99]。*Pax* 基因已在小鼠[100]、人类[101]、小鸡[102]、鹌鹑[103]和斑马鱼[104]等物种中发现。迄今，已分离出 8 种鼠类与 9 种人类的 *Pax* 基因[105]（图 8.8）。

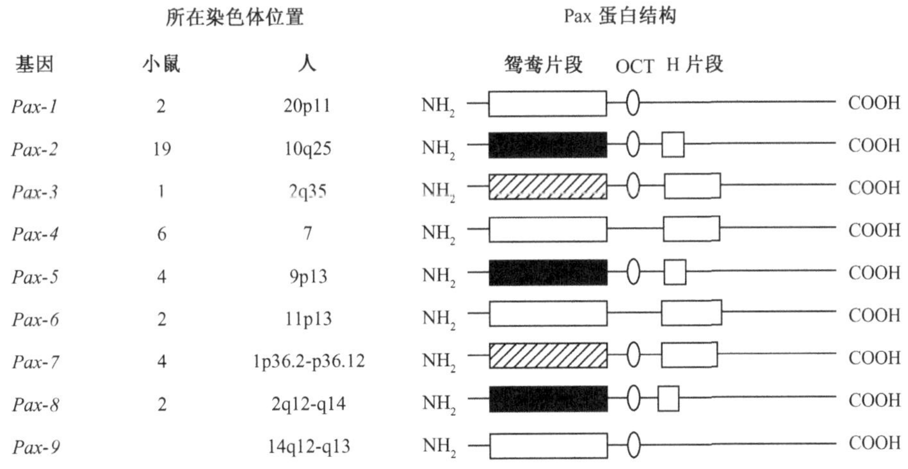

图 8.8　鼠与人类的 *Pax* 基因在染色体上的分布及它们的蛋白质分子的结构

Pax 基因按其鸳鸯片段及分子结构可分为四类：①*Pax-1* 与 *Pax-9*，它们编码鸳鸯片段并含有 OCT 序列（OCT：octapeptide sequence），但缺乏 H 片段；②*Pax-3* 与 *Pax-7*，除了鸳鸯片段及 OCT 外还编码一个完整的 H 片段；③*Pax-2*、*Pax-5* 与 *Pax-8*，除了鸳鸯片段及 OCT 外还编码一个部分的 H 片段；④*Pax-4* 与 *Pax-6*，编码鸳鸯片段及完整的 H 片段，但缺乏 OCT(依 Stuart，et al.，1994)[87]

其中的 *Pax-1* 基因，对生骨节细胞经过原位杂交分析，表明其活性开始于胚胎发育的第 9 天，像 *En-1* 基因那样，在中胚层体节初期受到诱导。到第 12 天时，其表达模式发生变化，使得其表达只见于生骨节的环形带，即椎间盘原基。因此，*Pax-1* 基因可能与 *En-1* 基因一起在指导脊椎形成过程中起某种作用。

除了生骨节的 *Pax-1* 基因以外，在体节中胚层的其他区域可以观察到 *Pax-3* 和 *Pax-7* 基因的表达[79,80]，其表达始于第 9 天体节的皮肌节，持续到胚胎发育的第 14 天。这个阶段开始的时候，皮板和肌节还不能区分。以后，*Pax-3* 和 *Pax-7* 基因的表达在发育过程中分别只限于皮板和肌节，以及由这些细胞产生的组织中。另外两个基因 *Pax-2* 和 *Pax-8* 的表达[81,82]是在与中胚层相连的间介中胚层。这些细胞进一步分化，将来形成原肾、中期肾及成熟肾，最终发育成肾和内分泌腺。

神经管发生过程中，*Pax* 基因和 *En-1*、*En-2* 基因一起表达。*Hox* 基因表达的顺序与其在染色体结构上的位置相吻合，呈明显的 A-P 轴性。*Pax* 基因的表达则与 *Hox* 基因完全不同，是沿着整个神经管的，不过是在 A-P 部分交界的特定的亚细胞群内。这说明他们在神经确定或神经脊、腹部的分化过程中起某种作用。

Pax-3、*Pax-6*、*Pax-7* 这 3 个 *Pax* 基因是在从神经管尾部到菱脑之间、所有膨胀区中具有分裂活性的细胞里表达。*Pax-2*、*Pax-8* 基因的表达始于胚胎发育第 9 天的膨胀区和中间区。然后到第 11 天，它们的表达集中在两个细胞群，即：将成为沟槽界膜的脊部和腹部细胞。这些细胞将成为早期接缝神经。

Pax 基因所编码的 mRNA 3.0～5.0kb；其中 *Pax-5* 例外，是 9.5～10kb[78b]。其中 *Pax-8*、*Pax-2* 和 *Pax-6* 是变通性断裂基因（alternative split genes）[97]。以 *Pax-8* 为例，它有 6 种 mRNAs。前四种（*Pax-8a*～*Pax-8d*）是在发育的肾中表达，是 7/8 两个外显子变通的结果。其他两个变通性断裂产物是在胎盘中表达的 *Pax-8e* 与 *Pax-8f*。*Pax-8a* 与 *Pax-8c* 也在胎盘中表达。这些变通性产物在与 DNA 结合能力方面是一样的。它们的异构（isoform）说明它们在顺式激活能力（*trans*-activational ability）方面不同。

它们的蛋白质是核转录因子（nuclear transcription factors）[106]。它们含有 360～480 个氨基酸。成对的功能域（paired domain）含有三个 α-helices。一个在氨基端，两个在近羧基端处。整体的同型功能区（homeodomain）含有 helix-turn-helix 结构[107]。

果蝇的另一个非 A-P 型基因 *eve* 含有一个与 *Antp* 和 *en* 基因的 H 片段序列元相关的 *eve* 型 H 片段序列。利用果蝇 *eve* 基因的同源性克隆了鼠的另一个基因 *Evx-1*。其表达是在神经管发生的第 10～12 天[83]。最初是在膨胀区的外沿，腹至沟槽界膜。然后，其表达延迟至基板膨胀区的细胞。甚至延至翼板膨胀区的细胞。这些细胞将成为早期中间神经元。最后，在脊椎发生中表达的 *En-1* 基因，在神经管里也表达[84]。最初检测到的转录因子位于腹区的一组亚细胞里。这些细胞将分化成机动神经。当这些细胞移动至腹角后，*En-1* 基因仍有表达。

总之，*H* 基因可以根据在胚胎发育过程是否沿 A-P 轴起作用而分为两类：A-P 型（*Hox*）和非 A-P 型。A-P 型 *H* 基因（*Hox* 基因）在结构组成上所具有的独特的成簇性，使它们集中地排列在一条或多条染色体上。它们的表达有三个特性：自主性、方向性和程序性；在早期胚胎发育过程中，对于躯体或肢体的形成，每个 A-P 型 *H* 基因都有自己的负责范围，尽管它们各自所负责的范围之间会有重叠、交叉；无论在躯干从头至尾的形成过程中，还是在肢体从顶端至末梢的形成过程中，它们的表达都是沿着染色体的 3′端至 5′端的方向逐个展开的，使它们的表达呈现某种程序性。这种程序性决定了动物胚胎发中各个部分沿着胚胎 A-P 轴发生的先后顺序。A-P 型 *H* 基因表达上程序性的分子基础可能是 H 片段都位于它所在基因的 3′端的外显子上，使得某个基因表达的区域界限与它在基因簇上的位置直接相关。鸡胚移植实验以及给 *H* 基因增加外源启动子和“插入失活”基因的转基因鼠实验从正反两方面证明：A-P 型 *H* 基因表达具有高度的自主性，并不受信息浓度变化的影响。因此，如果前面基因的表达受阻，影响的只是前面的基因，对于后面基因的表达并无影响，仅仅使该体节重新处于一个新的胚胎发育水平上，既不影响后面基因的表达，也不影响以后体节发生的命运。这就是经典的胚胎移植实验的分子基础。A-P 型 *H* 基因表达的这三个特性使得 *H* 基因具有决定胚胎体节发生规定性的功能。但是，对于这三个特性的分子基础尚不甚明了，可能的位置信息的实质和表现形式是什么，都不清楚。目前，仅仅知道 *H* 基因的作用机制是以转录因子的方式实现的，可能几种 H 蛋白相互竞争、对负责体节发育的结构基因或调节基因的行为进行直接的或间接的调控。果蝇与鼠 A-P 型 *H* 基因簇的区别似乎反映了随着动物进化程度的不断提高，胚胎发育时所需的信息有了更高的要求，在基因结构上表现出更复杂的模式。尚不了解同一个对位列内，不同的 *Hox* 基因的作用究竟有何区别?节肢动物和脊椎动物处于不同的进化分支上，搞清 *Hox* 基因在两者之间的进化过程以及在进化中的意义十分重要。

非 A-P 型 *H* 基因在染色体上的位置不具有 A-P 型 *H* 基因（*Hox* 基因）那样的成簇性，因而不具有 A-P 型 *H* 基因表达的那些特性，但是，在某些方面它们与 A-P 型 *H* 基因又非常相似：它们有 H 片段，并且具有多样性（多种 H 片段），它们不成簇存在，却常常成对存在；它们不沿 A-P 轴起作用，却在每个体节 A-P 分界面后部的细胞带或是某一群亚细胞里表达；似乎与 A-P 型 *H* 基因有一个不同的分工，它们对每个体节后半部的发育或是对某个器官的组成部分（如发育成脊柱的原脊椎或椎间盘原基、神经管发生过程中的早期接缝神经、早期中间神经元以及机动神经等）的发育起调节作用；如果说 A-P 型 *H* 基因的作用构成了动物胚胎早期发育基因调控网的主干，那么非 A-P 型 *H* 基因的作用就是这张网的肢节。和 A-P 型 *H* 基因一样，非 A-P 型 *H* 基因有自己的负责范围，其作用机制也是通过 H 转录因子的方式实现的。非 A-P 型 *H* 基因与 A-P 型 *H* 基因在结构和功能上的异同说明：两者可能具有相同的进化来源，而非 A-P 型 *H* 基因所表现的趋异也许正是适应体节基因对于胚胎发育过程中 A-P 轴以外，多方面发育的调控作用所必需的。

在 *H* 基因整张调控网上，作为枝节的非 A-P 型 *H* 基因的数量要远远大于主干基因（A-P 型）的数量。因为非 A-P 型 *H* 基因数量大，在染色体上的分布不集中，同一个非 A-P 型 *H* 基因的表达可能涉及多处体节分支的发育，使得从整体上了解非 A-P 型 *H* 基因相当困难。*ftz* 位于 *ANT-C* 基因复合物内，与 AntpH 片段序列的同原性极高，却具有完全不同的调节功能，是一个很特殊的体节基因；在进化上，很可能是原始的非 A-P 型 *H* 基因，将成为非 A-P 型 *H* 基因进化研究的突破口。

可以相信，有关 *H* 基因的研究将在这类基因调控的分子基础方面继续深入，特别是有关 A-P 型 *H* 基因（*Hox* 基因）位置信息的研究，H 转录因子的调控等。

8.7　细胞凋亡的概念

细胞凋亡（apoptosis）的概念是 Kerr 于 1972 年提出的。它是与病理情况下的坏死（necrosis）完全不同的细胞死亡方式，两者在形态上及生化指标上均有明显差别。凋亡的主要特点是：细胞内染色体凝结，胞浆大泡，DNA 断裂成 180～200bp 大小的片段，以及形成凋亡小体（apoptotic body）。现已发现凋亡是细胞死亡的主要形式，并且其发生受到程序化的调控，故也称为程序性细胞死亡（programed cell death）[88]。在胚胎发育过程中，尤其是在某些组织的形态发生中常常可见到细胞凋亡。组织中所产生的过量细胞大部分很快死亡，只有一小部分存留下来形成成熟的组织。例如，指（趾）间隙细胞死亡以形成指（趾），小鼠出生后涉及肾上腺皮质的变薄、后肾发育过程中间质细胞向上皮细胞的转变。更值得重视的是没有细胞适时适地的死亡，发育中的脑细胞就不能形成神经细胞间精确的连接，免疫系统也就不能清除攻击其自身组织的细胞。

8.7.1 免疫系统、后肾之神经系统发育中的细胞凋亡

细胞凋亡是多种因素通过细胞信号传导的平衡与不平衡而启动或抑制细胞程序死亡的过程。这种活化自身消除程序的发生。在 T 细胞库中特别明显。在胸腺中，增殖的双阴性（DN）细胞发育成双阳性（DP）细胞群。作为胸腺中最大的一群细胞，只有少部分 DP 细胞仍然增殖，大部分 DP 细胞是不增殖的小皮质胸腺细胞，在胸腺皮质区内死亡。细胞凋亡小体在胸腺皮质中可以长期观察到这些小体被吞噬细胞快速地吞噬，这是大部分 DP 胸腺细胞的命运。这种细胞程序死亡的过程可能是一种克隆消除（clonal deletion）过程，是胸腺中 xBTCR 库中自身耐受形成的主要方式。Kosek 等[89]将大鼠胚胎发育 13 天时的后肾间质分离出来培养，可见未诱导的间质表现出凋亡的所有形态特征，如细胞大泡，核碎片，核凝聚。而被诱导的间质层转化为上皮，但其周围仍可见具有凋亡的细胞。细胞内 DNA 降解为 200bp 的小片段也证实了凋亡的存在。但是，要发育为成熟的肾脏，还必须将间质细胞从凋亡中解救（rescue）出来。才能使其转变为上皮并分化。行使该功能也正是后肾发育的诱导者，即输尿管芽。在后肾发育过程中，输尿管芽伸入间质，使间质诱导分化并增殖，同时输尿管芽被诱导而分支。对诱导机制的研究发现，输尿管芽必须与间质接触才能使其被诱导。因此，分支的过程就允许越来越多的输尿管芽细胞与间质细胞接触。可以推测，诱导细胞与其靶细胞的接触可能只限于周边细胞，大多数位于间质实体中心的间质细胞将不被诱导，因而就发生凋亡。在过去 5 年中，研究者发现神经系统发育中存在着细胞凋亡现象[90]。胚胎发育的早期，自体所制造的神经元的数量要比神经系统最终需要的数量多得多。死亡使那些连接错误的神经元以及只有短暂的功能，而以后不再需要的神经元被清除掉。但是这种清除大多数是为了“大小匹配”（size-matching）。动物起初制造的过量的神经细胞，然后又将其中大部分清除掉，直到合适的数目留下来，这个过程的最后一个步骤即是“大小匹配”。在神经系统的许多部位，50%以上的神经元都于胚胎发育以前死亡，听起来这似乎是一种浪费，但它的确是解决复杂器官中出现的问题的一种方式。这个问题就是：基因并不能精确地支配要产生某种特定类型细胞的数量。例如，一块肌肉的最终大小并不是非常确定的，因而保证有足够的神经元以便支配肌肉活动的一种方式就是制造过量的神经元，从而让它们进行生存竞争。当然，这种竞争的确切性质仍是一个谜。

8.7.2 参与凋亡的基因

关于细胞凋亡的基因主要是来自对线虫（*Caenorhabditis elegans*）发育的研究。线虫全体透明，自受精卵开始即可跟踪它每一个细胞在发育中的命运。发现它的某些细胞有程序性自杀（programmed suicide）现象。导致细胞凋亡的基因是 *ced-3* 和 *ced-4*，而 *ced-9* 则对细胞凋亡起阻抑作用。

随着对凋亡分子机制的研究，已发现几种基因（包括癌基因和抑癌基因）参与对凋亡的

调控，可以将其分为细胞内凋亡的诱导基因（inducer）和抑制基因（suppressor)。在细胞凋亡的诱导基因中，抑癌基因 *p53* 与原癌基因 *c-myc* 在某些细胞对凋亡具有显著的影响。1991 年，Yonish-Rouach 等[91]，用电转移的方法将一种温度敏感性的 *p53* 突变体导入骨髓瘤细胞系，使其稳定表达。结果发现，在 32.5℃时野生型 *p53* 表达的转化克隆发生凋亡，而在 37℃时突变体的 *p53* 表达的克隆则不发生凋亡。某些细胞（如胸腺细胞）在其 DNA 受到损伤后（如离子辐射）需要 *p53* 来诱导凋亡，而糖皮质激素则不能。因此，*p53* 是某些细胞内 DNA 损伤而无法修复时而导致凋亡过程中的必需成分。*c-myc* 作为一种增殖成分而更为人们熟知。但在生长抑制的情况下（如生长因子缺失），它的存在却诱导凋亡[92]。此外，*c-myc* 的反义寡核苷酸抑制诱导激活的 T 细胞杂交瘤死亡，表明在该情况下诱导凋亡发生需要内源性 *c-myc* 的表达。因此，*c-myc* 可以诱导增殖和凋亡，而且，细胞如何决定发生哪一种反应要靠其他信号的作用，如生长因子或其他生存刺激信号的存在。目前仍认为，由于 myc 蛋白中促进细胞凋亡的活性区、转化区以及自身调节区是同一区域，它的表达只提供一个启动细胞的增殖与转化或细胞凋亡的信号，只有在第二个生长信号刺激后才能抑制细胞凋亡，促进细胞进入增殖状态，如果没有第二信号的作用则进入细胞凋亡过程[93]。能够产生凋亡抑制的最令人信服的例证是原癌基因 *bcl-2*。它起初是从滤泡性淋巴细胞瘤中分离出来的。将 *bcl-2* 基因转入骨髓原始细胞使其在细胞内高度表达，结果导致肿瘤的发生，并发现这些细胞的生存期明显延长，而细胞的增殖率未见明显增加。在 *bcl-2* 转基因鼠内也发现同样的结果，说明 *bcl-2* 的高表达也可以抑制细胞的死亡。并且又有人证实骨髓原始细胞的正常死亡也是通过细胞凋亡实现的。目前认为，*bcl-2* 不影响细胞的增殖，而是作为细胞凋亡的一个潜在抑制剂调节细胞的死亡。*bcl-2* 不仅在淋巴细胞系统表达，而且在一些非淋巴系统组织，如受激素调节的腺体、再生较快的组织、分裂后的神经细胞等也有表达[94,95]。在胚胎发育中，比如神经系统的发育中，是否 *bcl-2* 在神经元存活的选择过程中发挥作用还不能轻易下结论，这必须要证实在神经系统中有 *bcl-2* 的存在并行使功能。实际上，寻找该证据的工作一直在进行。目前已发现 *bcl-2* 在胚胎的脑和神经系统的整个发育过程中以及幼鼠的神经元中均有表达，而且常常是在神经元决定是生还是死的时候。*bcl-2* 表达的水平有助于决定神经元的命运，但这只是未经证实的假设。

另外，又发现几个基因具有 *bcl-2* 有关序列，已证实其中的 EB 病毒基因 *BHRF1* 可以抑凋亡。用免疫共沉淀的方法分离得到一种相关蛋白 bax，序列分析表明它是 *bcl-2* 家族的一个成员[96]。*bax* 和 *bcl-2* 之间氨基酸总的同源性并不高，但却集中于两个区域。在功能上，*bax* 与 *bcl-2* 作用相反，即 *bcl-2* 抑制许多系统的凋亡，而 *bax* 的共表达能克服这种作用并在适当的条件下允许凋亡继续进行。

尽管上述基因参与凋亡的证据并不都来自于对胚胎发育中凋亡的研究，但一些迹象使人们推测，物种与物种之间、器官与器官之间程序性细胞死亡的机制是共同的，如果真是这样，将会大大加快对胚胎发育中凋亡现象的理解进程。

20 世纪 90 年代发现哺乳动物的 *ICE* 基因（interleukin-1β-converting enzyme，白细胞介素-1β-转换酶）相当于线虫的 *ced-3* 基因（cysteine protease，半胱氨酸蛋白酶）[108]。*bcl-2* 基因（癌基因）则相当于线虫的 *ced-9*。因此，细胞的命运是由 ICE/ced-3-like 蛋白酶（ICErel-Ⅱ，ICErel-Ⅲ，Nedd-2/CH-1 及 CPP-32）与其上游调控因子（*bcl-2* 或其类似物）间的平衡所决定[109]。并进一步发现哺乳动物中的一种称为 apopain 的酶在细胞凋亡中起着关键作用。apopain 由 17kDa 及 12kDa 两个亚单位构成；是 CPP32 的活化形式。apopain/CPP32 是一种特异的 ICE/CED-3-like 家族的半胱氨酸蛋白酶（cysteine protease)。它能在第 216 位的天门冬氨酸裂解 PARP [poly (ADP-ribose) polymerase]，而导致细胞凋亡[110,111]。已知 PARP 参与 DNA 修复并在维护基因组完整中起着重要的作用（图 8.9，图 8.10）。

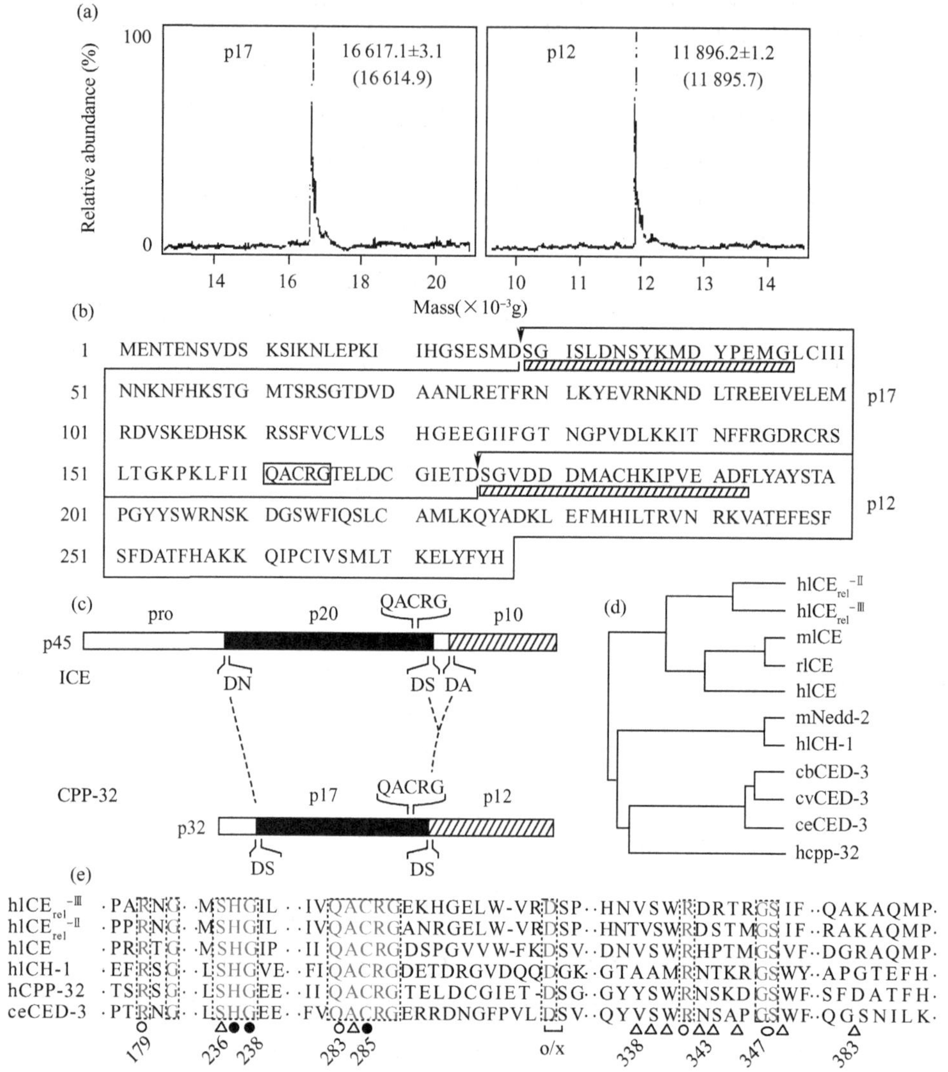

图 8.9　apopain/CPP-32（PARP 裂解蛋白酶，PARP cleavage protease）结构

(a) apopain/CPP-32 两个亚单位（17K、12K）的电喷射质谱（electrospray mass spectroscopy）分析。图中数字为根据（b）中序列计算所得。(b) 根据 CPP-32β 的 cDNA 克隆得出的 apopain/CPP-32 的一级结构，长方框表示两个亚单位的 N 末端序列。箭头所指是产生两个亚单位的裂解位点（Asp^{28}-Ser^{29}、Asp^{175}-Ser^{176}）。(c) ICE与 CPP-32 酶原（pro-enzyme）结构的比较。(d) 半胱氨酸蛋白酶 ICE/CED-3 家族所有已知成员的系统发生的关系。(e) 人类几个 ICE/CED-3 蛋白酶序列的比较。数字相应于人类 ICE 的残基序列位置。箭头示原酶裂解位置。方框内示对底物催化、结合位（binding pocket）的保守的残基。黑点示催化，白点示对于底物 P_1 门冬氨酸羧化侧链的结合位，三角形示 P_2-P_4 结合位[110]

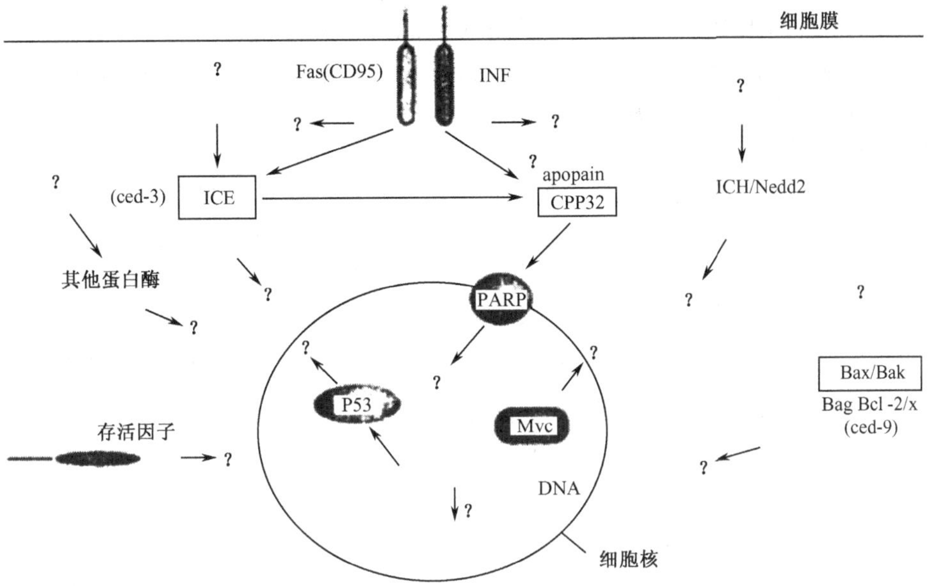

图 8.10　目前所知的具有细胞凋亡效应的各种因子，以及其间的未知的关系

由图中可见，比较明确的路线是 fas（CD95）→ICE→apopain/CPP-32→PARP→? 的凋亡路线，及 *bcl-2* 类的抗凋亡作用（依 Whyte and Evan，1995，略有修改）[112]

8.8　发育基因调控网

个体发育的蓝图是由一个巨大的基因调控网控制着。2002 年 Davidson 等揭示了海胆（sea urchin）的内胚层与中胚层分化的基因调控网[113]。他们使用了大范围的干扰分析（large-scale perturbation analyses），并结合计算机技术、基因组分析、顺式-调控分析（*cis*-regulatory analysis）以及分子胚胎学等方法与技术，得到了一个初步的基因调控网。该网包括 40 几个基因，网中的每一节点（node）都可以用顺式-调控分析在 DNA 序列水平上加以直接地证明。整个的调控网有助于阐述发育过程的内容与特点；诸如细胞怎样在胚胎中决定其命运，以及发育过程的时间-空间程序。

8.8.1　发育基因调控网的概念

基因组的调控系统通过输出与输入信息来完成对发育过程的调控的网路称为发育基因调控网。调控网的核心是编码转录因子的基因和控制这些基因表达的顺式调控元件（*cis*-regulatory elements），每一个调控元件都以其特异的序列位点接受调控网中其他转录因子的信息输入。调控网中各功能基因的联结是由调节基因的输出信息及功能基因对此类产物的靶位所组成。因此，这些联结可以用顺式调控分析来鉴别这些调控元件及其靶位，并测定它们的功能意义。

在发育过程中，胚胎的每一个区域内的细胞表达一套既定的基因。触发此等基因表达的信号除了来自其他分化中的细胞外，还来自卵细胞的母系调控分子，它们随着卵裂分配到特定的细胞以及胚胎的不同空间。最后，不论是细胞内或细胞间的信号，都由于引起编码转录因子的基因的活化或抑制而影响发育事件。基因编码的转录因子将由于顺式调控元件的响应而作用于胚胎的不同的时空中；发育调控网就依赖于这些模块的运作，而对发育进行着调控。此类顺式调控系统可以组合出新的、更精细的发育模式，增大了信息价值。例如顺式调控元件在与两个不同的转录因子作用时常以“与”逻辑（“and” logic）进行，每一个转录因子都提供一个空间域与顺式调控元件结合而激活基因转录[114]。基因只有在这种输入重叠时才能表达，这就定义了一种新的空间调控状态。

目前是以两种方式来考虑发育调控网的模型。一种是基于功能基因组（functional genome）的观点[115]。它把进入顺式调控元件的所有的输入信息都视为发生于发育的所有细胞和所有时间中；它给出了调控网的遗传决定框架并预示了基因组功能的顺式调控的靶位。一种是基于细胞核的观点[116]，它仅仅着眼于特定时间框架中的细胞核内所发生的那些相互作用；它阐明为什么一定的基因要在（或不在）一定的时间、一定的细胞内表达。测定由顺式调控的演替所控制的基因的空间表达，可以搞清楚任一特定发育事件的发生与演变。

8.8.2 海胆早期胚胎发育的分子事件

海胆内胚层原始细胞中的 veg_2 细胞系的特化的开始需要两种输入：一种是在 4～6 次卵裂期间，小分裂球的 Mic 信号传到 veg_2 环的前体细胞[117]，另一种是 nuclearization of β-catenin，亦即 β-catenin 积聚于所有的未来的内胚层细胞的核内[118]。β-catenin 是 Tcf 转录因子的辅基（cofactor），而且它起始的核内积累是自动的而不是信号依赖的。但是，内胚层细胞很快就激活一个编码 Wnt8 配价体的基因，当它（Wnt8）被邻近的细胞结合后就激发了使 β-catenin/Tcf 进一步核内积聚的信号传导路径。这样，Tcf 转录输入的内胚层机能下游就被一个内胚层内的信号回路所加强。

在 7～9 次卵裂时，小分裂球的子代已位于两个 veg_2 细胞盘的中央（图 8.11，10h 胚胎），小分裂球中 Delta 配价体表达并发出 Delta 信号[119,120]，Delta 激活邻近小分裂球的 veg_2 细胞的 Notch (N) 信号传导系统，这是 veg_2 细胞特化为中胚层所必需的（图 8.11，15h 胚胎[121]）。

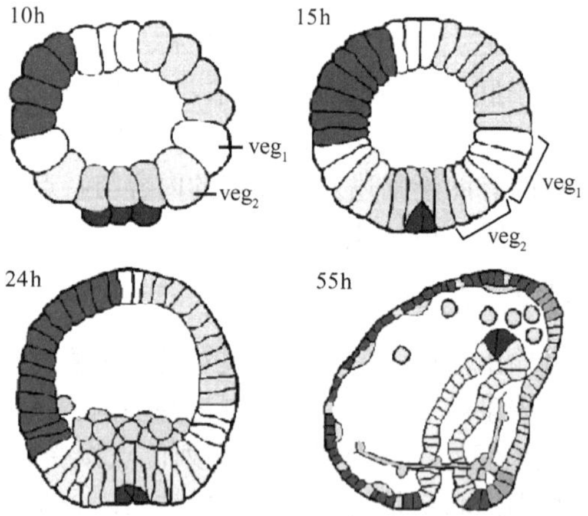

图 8.11 海胆（*S. purpuratus*）胚胎特化区域图解[113]

淡紫色，骨架发生细胞系（skeletogenic lineage）；深紫色，成体中胚层的小分裂球前体（small micromere precursors）；淡绿，内胚层 veg_2 细胞系，后期发育为内胚层者以黄色表示，发育为中胚层者以淡蓝表示；淡灰表示口部外胚层，深灰表示离/对（aboral）口的外胚层；白色表示该时期尚未分化的部分。10h 胚胎：卵裂 7 次后的囊胚；15h 的囊胚，约在第 9 次卵裂时期，已出现与骨架发生小分裂球细胞系直接邻接的中胚层前体的单一细胞环。24h 的间充质囊胚期胚胎，veg_2 内胚层特化及中胚层细胞分化完成。55h，晚期原肠胚，约 800 个细胞。可以看到形态发生中的内胚层细胞

在晚期囊胚中，骨架发生细胞系（skeletogenic lineage）的 Skeletogenesis Skeletogenic 功能表达。内胚层 veg_2 细胞系已分化出中胚层小盘，位于植物极中央[122]，它们的内胚层基因已关闭；内胚层基因只在中胚层小盘外围的 veg_2 细胞表达[123]。同时，Wnt8 信号从 veg_2 传到 veg_1，veg_1 的内胚层特化，以及 β-catenin 的核积聚作用在邻接的 veg_1 细胞中活化[118]。

如果我们从底部（而不是像图 8.11 那样从侧剖面）来观察胚胎的分化图像，细胞（或基因表达）命运的图案将是同心的（concentric）[124]。在中心是"小分裂球"，即 skeletogenic 小分裂球的第五卵裂姐妹细胞系；围绕着它们的是 skeletogenic 前体细胞；然后是 veg_2 中胚层前体；最后是 veg_2 内胚层前体。胚胎仍然是一个中空的细胞球体，但是内、中胚层分化已趋完成。在 20～24h，skeletogenic 细胞移进囊胚腔（blastocoel，图 8.11，24h 胚胎），外层剩下一个由内胚层 veg_2 细胞系分化出的预期的中胚层细胞的小盘，围绕着它的是内胚层前体。然后，从 veg_2 内胚层发出的晚期的 Wnt8 信号，使邻近的 veg_1 子代特化为内胚层，紧跟着发生了囊胚内陷，开始了原肠胚形成。原肠胚形成中，原肠消化腔顶端的 veg_2 中胚层内陷。紧跟着 veg_1 内胚层卷入，主要形成后肠[125,126]。

在开始 24h 的内胚层特化过程中，在一些细胞中的某些中胚层、内胚层的分化基因已经开始表达。

8.8.3　基于基因组观点的内胚层顺式调控网

整个网络图是来自扰动资料（perturbation data，通过基因作用的删除与阻遏的方法来研究基因的表达及相互关系）、WMISH（mount in situ hybridization）和 QPCR（quantitative real-time fluorescence polymerase chain reaction，对基因表达的时-空信息的测定）测定、顺式调控的计算机及实验资料、拯救实验（rescue experiments），以及实验胚胎学基本信息等的综合分析。

图 8.12 及图 8.13 中每一个基因的输出信息均以有色的线路表示。例如，来自基因 *gatae*(GenBank accession number，AF077676）的输出信息，以深绿线路示之，它分别地输入到 *lim*、*otx*、*foxa*、*foxb*、*not*、*bra*、*elk*、*pks* 和 *nrl* 等基因中。其他的网络线路类推。

关于顺式调控信息加工系统的一个例子是调控海胆胚胎的 *Endo16* 基因（见图 8.12 右下）。*Endo16* 编码一个大的多功能蛋白质，该蛋白质分泌到胚胎的内腔或幼虫中肠。*Endo16* 的表达始于早期胚胎的内胚层，然后通过内胚腔到达中肠[127]。它的调控系统的早期与晚期的表达状态，是由两个不同的调控模块所控制，每个长达数百碱基对。服务于这两个模块的是 9 个不同的转录因子。对它们之间的每一个相互作用的功能任务都加以测定[128,129]，并设计了计算机模型来描述该系统在不同时间中的调控输入以及它的靶位的转变与结合。*Endo16* 调控系统所执行的功能依赖于各种输入信息，以及这些信息的线性放大；但是也有许多非线性的运作，诸如把早期模块的调控传到晚期模块中去时模块间的信息转换，输入阈限的发现，以及各种逻辑的运作[128,129]。这个模型提供了对各种条件下的顺式调控系统（*cis*-regulatory system）的精确的预报。

在这里，我们可以看到一个活化的顺式调控网是如何使发育逐步地进行。然后，染色质结构、甲基化等表观遗传过程的变化，可以进一步稳定分化状态。图 8.12 和图 8.13 的过程可以充分地阐明从起始的母系输入到早期合子的响应、特化状态的稳定，以及调控基因表达的充分演绎。

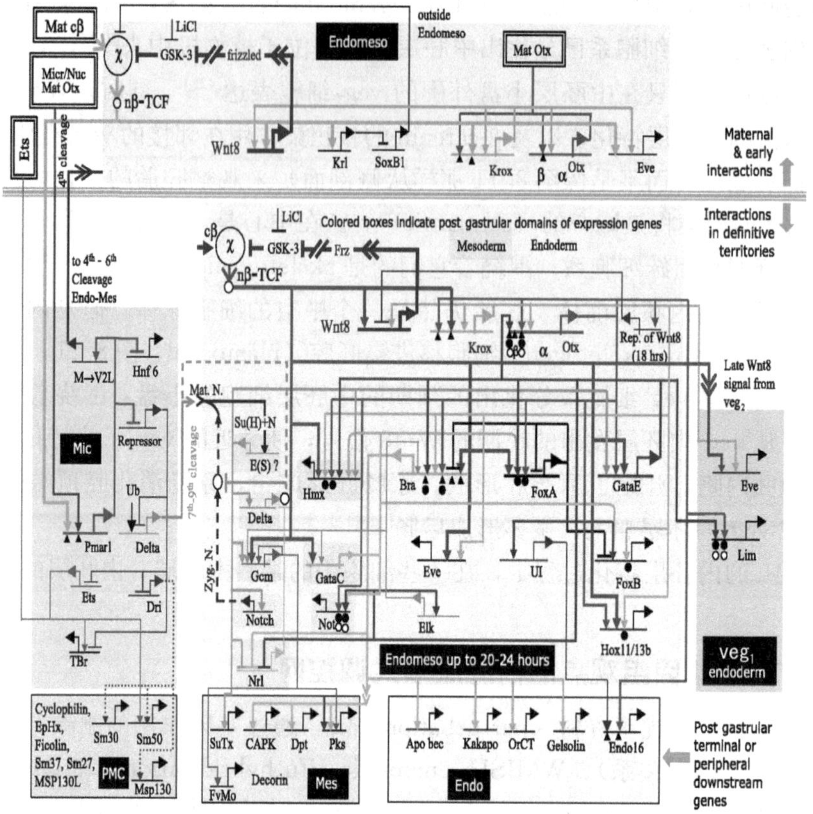

图 8.12　内胚层特化的调控基因网（基于基因组观点）[113]

顶部，三线线条以上，是最早期的相互作用；中层的图框中，不同的胚胎区域按图 8.11 的色彩编排，那里的各种基因则按照它们最终的表达地点安排。如黑色方框所指示，左侧的淡紫色区域代表进入前的骨架发生小分裂球（Mic，skeletogenic micromere）区；淡绿区域表示 veg_2 内胚层区域，其中最终表达在内胚层的基因以黄色背景表示，最终在中胚层表达的基因以蓝色背景示之；右侧的棕色方框代表 veg_1 内胚层区域。许多基因在开始表达时是广范围的，后期的表达则限于一定区域。图中底层的矩形框表示下游分化基因（PMC，“初始的”或骨架发生间充质）。箭头记号成直角弯曲后所联结的短的横线表示表达的基因（基因名字写在横线下面）的相应的顺式调控元件。箭头及 barred lines（受阻线：⊥）表示对输入信息的推断（激活或抑制）。每一输入箭头都预示一种特异转录因子在顺式调控元件上的靶位序列。在某些情况下，所预示的靶位已经实验鉴定，以实心的黑三角来标示它们在顺式调控元件上的正确的空间模式。在左上方的淡蓝箭头表示母系的 β-catenin（cβ）nuclearization system。这个转录系统（nβ-TCF）很快加速，然后被合子的 Wnt8（深蓝线）接管；合子连同母系来源的起始活化作用，以浅蓝线示之。SoxB1 与 Krüppel-like（Krl）的作用的资料来自[130,131]。Ets 的作用的资料来自[132]。“Micr/Nuc Mat Otx”是指在第四次卵裂时小分裂球细胞核的母系 Otx 的早期定位[133]。以“Repressor”标记的基因是推断性的；所有其他基因的标出是根据 DNA 序列的研究和多次的 QPCR（quantitative real-time fluorescence polymerase chain reaction）测定。“Ub”表示一种普遍存在的活性的正输入。图中的点线表示推断及间接的关联。小的空心环或实心环表示扰动效应（perturbation effects），两者的位点都可能是直接的输入。大的空心卵圆形代表细胞质在蛋白质水平上的生物化学反应，诸如那些对 nuclearization of β-catenin 的反应，Delta 对 N 的反应[134]；或者，Neuralized 效应，E3 ubiquitin ligase 对 Delta 的特异性[135,136]

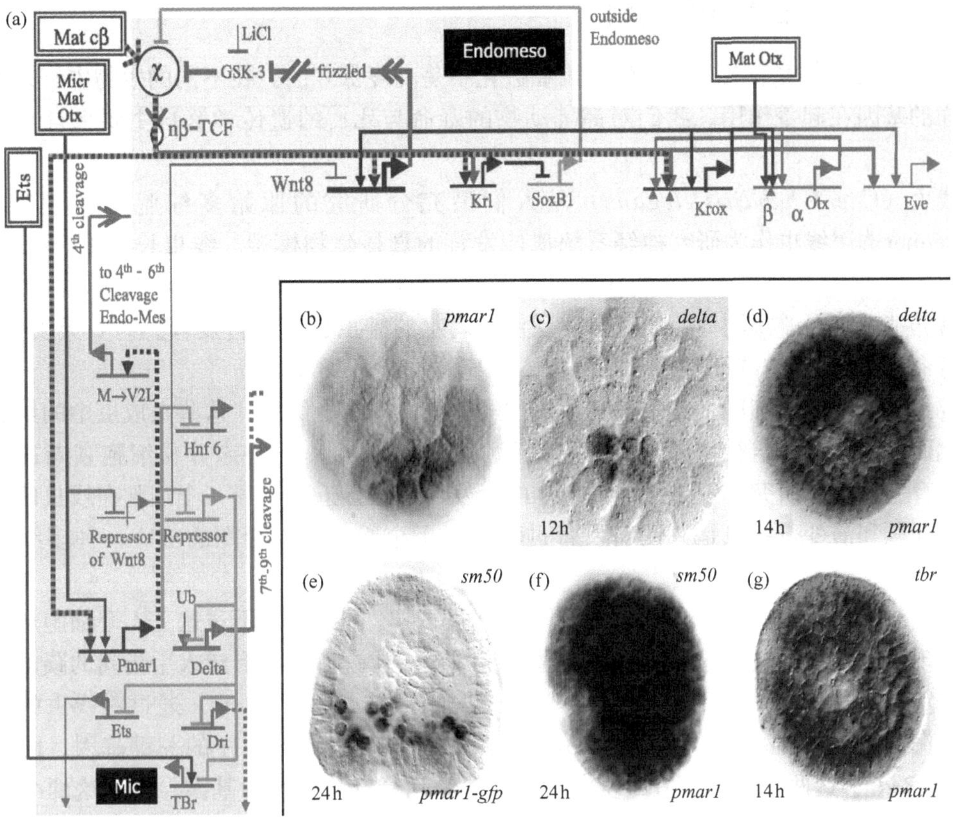

图 8.13　内胚层特化的初始事件[113]

(a) 第 4～7 次卵裂时，veg_2内胚层和小分裂球细胞核的调控网图解。母系输入以方框示之，而 β-catenin 的自动的核内积聚（autonomous nuclearization of β-catenin）则以阴影（断续）示之。四种早期合子的转录激活作用：内胚层领域内的 *krox*、*krl*、*wnt8*（都需要 β-catenin/Tcf 输入），以及小分裂球（mic）领域内的 *pmar1*，它除了需要 β-catenin/Tcf 输入外还需要母系 Otx 输入（maternal Otx input）。直接地或间接地，*pmar1* 还需要 M▭V2L（输送早期小分裂球信号到 veg_2）配价体的表达。(b)～(g)：所表达的基因在右上方示之，注射到卵内的 mRNA 在右下方示之，胚胎的发育时间在左下方示之。(b) *pmar1* 在小分裂球中的特定表达。(c) *delta* 在小分裂球中的特定表达。(d) 当 *pmar1* mRNA 注射入卵已在各处翻译时，*delta* 在所有胚胎细胞中表达。*pmar1* 作为抑制子行动。(e) *sm50* 表达，一种 skeletogenic 间充细胞专有的分化基因[137]。(f) *pmar1* 全面表达中的 *sm50* 的全面表达。(g) *pmar1* mRNA 全面表达中的 skeletogenic 调控者 *tbr* 在胚胎中的表达。(f) 与 (g) 表示整个胚胎已进入 skeletogenic mesen-chyme 的分化状态。同是 24h 的 (f) 的细胞已比 (e) 的细胞变圆，说明已向间充质细胞发展

8.9　衰老的分子遗传学

8.9.1　衰老是受遗传控制的

各种生物寿命不同，同种生物寿命相近。如苍蝇寿命为 30 天、大鼠为 3 年、鲤鱼为 10 年、青蛙为 15 年、兔为 20 年、象为 60 年、人最长寿命为 110～150 年、海龟为 100～175 年。桧 500 年、松 1000 年、橡树 2000 年、紫杉 3000 年、非洲木棉 5000～6000 年、澳洲苏铁 12 000～15 000 年。同卵孪生子的寿命十分相近，寿命具有家族遗传现象，双亲的寿命特别是母亲的寿命与后代的寿命密切相关，说明遗传基因决定生物的寿命。

8.9.2 衰老过程中的基因

真核生物中负责衰老与死亡的基因在进化中是高度保守的。在不同的生物中，几乎是完全一样的基因在起着作用。我们对高等动物的寿命与死亡的遗传学资料主要来自对线虫的研究。

线虫（*Caenorhabditis elegans*）是人们最充分研究的原始多细胞真核生物之一。S. Brenner选用线虫作为研究神经系统遗传发育的真核生物模型。线虫长约 1.2mm，整个生物由不到 1000 个细胞组成。野生线虫在土壤中以细菌（如大肠杆菌）为食，在实验室中很容易养殖。它是雌雄同体，通过自体受精或偶尔的雄虫受精进行发育。约 3 天发育成熟，平均寿命为 13 天。它的细胞有 6 条染色体，基因数约为 18 000。

成虫共有 959 个细胞，其中包括组成神经系统的 302 个细胞。这些在成虫中的细胞已完成分化而停止分裂。这很重要，因为它给我们提供了一个查看终末分化细胞衰老过程的机会。发育生物学家研究了线虫从卵到成体的全发育过程，追踪了每一个细胞在线虫的整个寿命中的起源和演变。线虫是人们对发育过程进行了全面的基因绘图的唯一一种多细胞真核生物。

人们注意到，在成虫发育过程中另外又产生了 131 个细胞，不过这 131 个细胞从未在成虫中出现，它们在经过了 6～8h 后，通过细胞凋亡而死去。这与形成人手指间的蹼的细胞一样，注定要自杀、消失。麻省理工学院罗伯特·霍威兹（R. Horvitz）通过对线虫的 131 个将要被淘汰而还没有死亡的细胞的研究，发现了许多控制死亡程序的关键基因。已经确定 *cod-3* 和 *ced-4* 这两个基因是造成发育中编程性细胞衰老、死亡的基因。如果这两个基因中有任何一个发生突变，细胞就不会衰亡，而是进一步发育成对线虫来说无用的、多余的细胞。这些细胞具有作为衰老基因的效应（抗衰老）的资格。在研究过程中，他们还发现另一个叫 *ced-9* 的基因，这个基因在细胞中的作用与 *ced-3* 与 *ced-4* 相反，可能是衰老的阻遏基因，或者是大肆宣扬的长寿基因。

在人类中有 *ced-9* 基因的同源基因，名叫 *bcl-2*，这个同源物可以转移到没有 *ced-9* 的线虫中，并能够阻断 *eed-3* 及 *ced-4* 基因产物的作用。这一事实显示出了这些基因惊人的进化保守性。人类也有 *ced-3* 基因的分子类似物，它在得到自杀指令的细胞中积极地推动细胞凋亡。而且，线虫的基因也在哺乳动物细胞中起作用。假定人和线虫在进化时间上相隔约 10 亿年，那么，负责细胞死亡的基因在人与线虫之间能够如此容易地互换，说明它们在多细胞动物的进化历史中是多么保守、重要。

它们（*ced-3*、*ced-4*、*ced-9* 等）可能是在线粒体中或附近发挥作用的。线粒体是细胞中参与能量产生的细胞器。在能量产生的副产物中有大量极具毒性的各种形式的氧，它们使 DNA 与其他生物大分子产生氧化性损伤而导致细胞衰老。这些基因调节着这种能迅速致细胞于死地的损伤。

对线虫的研究还使我们初步了解了控制整个生命的衰老与寿命的基因。1988 年，首先描述了 *age-1* 基因。*age-1* 中的某些突变使线虫的最长寿命增加一倍，即从 22 天增加到 46 天。所观察到的寿命的增加完全是在线虫生活史的繁殖后时期发生的。突变基因造成最长寿命增加的事实表明，在线虫中，正常 *age*-1 基因的功能可能就是抑制衰老阻遏基因发挥作用。对这个基因的研究表明，它调节着细胞处理能量代谢时所产生的毒性氧的能力。*age*-1 突变在实验室中很容易产生。所以在自然界中，这个突变也会不时自发地产生，并造成生物的寿命延长。但是，这个突变似乎并没有在进化中被自然选择下来。这说明寿命的延长，并不被自然界认为是一件对个体有利的事情。

除了 *age-1* 基因之外，线虫中还有一系列基因，这些基因总体称为“时钟”基因。这些基因的功能好像是通过某种方式调节着线虫通过其生活史的不同发育阶段前进的速率。时钟基因的等位基因适当组合可以使平均寿命以及最长寿命增加到原来的 4 倍。这些基因中一个叫 *clk-1* 的基因已被克隆并得到了比较详细的研究。业已发现同样的基因还存在于包括酵母、小鼠以及人在内的各种各样的物种中，而且是高度保守的。虽然对于人类中这些基因情况的了解很少，但是，小鼠与酵母中类似 *clk-1* 的基因似乎是与控制细胞中的代谢速度有关的。这与在线虫中所观察到的 *dk-1* 基因本身的情况一致，在线虫中，*dk-1* 基因控制着不同的生活阶段的前进速度。

8.9.3　衰老过程中的分子变化

8.9.3.1　胶原蛋白的老化

胶原（collagen）是一种在高等动物体内大量存在的纤维性硬蛋白质，是结缔组织中的主要蛋白质。它主要由甘氨酸、脯氨酸、羟脯氨酸组成，约占全部氨基酸残基的 2/3。胶原蛋白遍布于肌腱、脑膜、心包膜、皮下、真皮、软骨等组织中。胶原老化是因为胶原分子随时间的推移而发生进行性的交联键合，所形成共价键中的醛键会使胶原蛋白不溶性增强，使胶原的长度缩短，硬化，失去弹性、膨胀能力，结构晶体化，运动活力减退而老化。

8.9.3.2　自由基损伤

由于在代谢中分子的共价键断裂，变成了含有不成对电子的原子或原子基团，这种原子或原子基团叫做自由基。自由基是极不稳定的具有强烈氧化能力的氧化剂。Harman 给小动物喂抗氧化剂而延长了它的寿命。例如，使用还原剂盐酸 α-巯乙胺（半脱胺）使小鼠的半数存活期（50%动物死亡的时间）从 14.5 个月延长到 18.3 个月。Harman 认为，衰老至少有一部分是由于细胞膜或细胞中自由基损伤的逐渐积累。

人体内常见的自由基有超氧离子自由基、氢过氧基、羟自由基和有机过氧基等。它们主要是在代谢的氧化还原过程中产生的。由于自由基具有很强的氧化作用，所以很容易造成细胞特别是细胞膜，甚至 DNA 的损伤。例如，有机过氧基能使蛋白质发生交联而变性，自由基或过氧化物使关节液中的黏多糖解聚而诱发关节炎；超氧离子自由基、羟自由基使细胞膜上的不饱和脂肪酸产生过氧化反应，引起分子间的连锁聚合而使细胞膜丧失生理功能，使细胞衰老死亡。这主要表现在细胞膜上的不饱和脂肪酸在自由基作用下生成的脂褐质。脂褐质又叫脂褐色素，是细胞色素降解时释放出来的血色素基团等在有氧条件下，通过自由基的连锁反应，诱发不饱和脂质的过氧化作用而产生的。这些过氧化的脂褐质在细胞外膜及内膜（如内质网膜、线粒体膜等）积累，危害正常功能。随着时间的推移，它们逐渐在脑、骨骼肌、心肌、精巢、卵巢、肝、肾、体表中积累，被称为老年色素。在体表积累时则出现褐色斑点，也称老年斑，是衰老的外观标识之一。

8.9.4　衰老理论

8.9.4.1　错误成灾学说

错误成灾学说（error catastrophe theory）由 Orgel 于 1963 年提出[138]~[140]。错误成灾学说认为，在 DNA 复制、转录和翻译中发生误差，这种误差可以不断扩大，造成细胞衰老、死亡。例如，DNA 转录 mRNA 的过程发生微小的差异，带有该微小差异的 mRNA 会翻译出进一步偏离的蛋白质，该蛋白质如果属于 DNA 聚合酶会合成差异程度更大的 DNA，这样的差错经过每一次信息传递都扩大一些，形成恶性循环，使细胞内积累许多差错分子造成灾难，细胞正常功能不能发挥，致使细胞衰老、死亡。例如，在衰老组织中热不稳定型的葡萄糖-6-磷酸脱氢酶（G6PD）逐渐增加；小鼠肝、人成纤维细胞的 DNA 聚合酶的精确性随衰老而降低，使 DNA 复制率下降等。但是，有些事实并不支持该学说。例如，病毒是依靠宿主细胞的酶来复制其遗传物质（DNA/RNA）的，但它们在衰老的成纤维细胞中生长，并未改变它的特异感染性能及病毒诱导的复制酶的活性。另外，生殖系细胞的连续性和“永久细胞系”、癌细胞株等的无限制繁殖也与错误成灾说相悖。也未发现老年的人和动物体内蛋白质的氨基酸组成与其年轻时有明显区别。

8.9.4.2 体细胞突变理论（somatic mutation theory）

Koss 和 Scott（1939）首先报道全身辐射（剂量低，不致产生任何急性病状）的大鼠比未辐射的对照组死亡得早。接着有人报道受辐射的啮齿类动物（Sacher，1956；Henshaw，1975；Failla，1960）、人类（Warren，1956），老化和死亡的症状与正常个体的衰老和死亡的症状相似，只不过前者的肿瘤发生率较高。因而人们相信，辐射能使老化过程加速。

根据这些资料，Szilard 于 1959 年提出了衰老的“体细胞突变”学说[141],[142]。该学说认为在生物一生中，随机的和自发的突变能破坏有些分裂后细胞的基因和染色体，并逐渐增加它的突变负荷。这种突变的增加和功能基因的丧失，减少了功能性蛋白质的产生而呈现衰老。当细胞内的突变负荷超过临界值时，细胞就发生死亡。因此，有丝分裂后细胞的数量减少，机体的整个机能便降低。

Stevenson 和 Curtis[143] 及 Curtis[144],[145] 用小鼠验证了这一学说。他们将小鼠用 X 射线照射（400rad）或用化学突变剂如氮芥（0.125mg）进行处理，并测定它们的存活期，还测定年轻和年老的小鼠的再生肝细胞的染色体畸变（如在有丝分裂期姐妹染色单体不能分开频率以及染色体的断裂数）。他们观察到：①X 射线的“缩短寿命效应”依赖于剂量；②在照射小鼠的再生肝细胞中，染色体的畸变频率比较高；③氮芥在缩短寿命及染色体畸变频率方面都不能产生任何依赖于剂量的反应；④短寿命小鼠（平均寿命为 395 天，A/HEJ 品系）比长寿命小鼠（平均寿命为 600 天，C57BL/6J 品系）的染色体畸变率高（Crowley 和 Curtis，1963）。

另外，由于体细胞的随机突变，随年龄的增长加强了自身免疫（auto-immune），可使正常组织病变、死亡。而癌-肿瘤通过不表达表面抗原或自身抗原表达的异常等方式来逃避免疫应答，乘机加大癌的发生频率（Bumet，1974），使机体加速衰老。

8.9.4.3 终末分化假说（terminal differentiation hypothesis）

Hayflick[146]（1975）、Martin 等[147]（1975）认为，不同的物种在其生命周期的某一点上，其特异的遗传系会发生活性退化。这些退化具有组织特异性，反映了发生衰老的器官特有的分化程序。这个学说不依赖于突变，并解释了癌细胞可无限生长的原因。在同样的细胞类型中，癌细胞失去了它们起源组织的分化状态，因此能够无限地生长。许多细胞杂交株由于分化（终末分化）状态的去除而转变为肿瘤细胞系（neoplastic cell lines）。例如，永久性细胞或转化细胞与正常二倍体成纤维细胞杂交，能成为永久性的细胞。

8.9.4.4 细胞质分解物累积理论

Sheldrake[148]（1974）（1974. Nature，250：381）提出细胞的衰老可用细胞质分解产物

的累积来解释。他认为：分解产物积累到足够多时，就要危害细胞。哺乳动物的组织中，随年龄增长而出现的老年性色素和脂肪褐色素颗粒就是这种积累的例子。他认为细胞分裂方式有两种，即对称分裂和不对称分裂。对称分裂时，如果这些分解产物的累积和时间呈线性关系，那么，在每个细胞世代期间有一个累积量 x。随着细胞传代的时间逐渐加长，在以后的母代中，每个细胞内将有更多的积累，整个细胞群因此趋于衰老，以致死亡。不对称分裂时，其中一个子细胞接受了全部或大部分的累积产物，变得很容易死亡；另一个子细胞则由于没有接受或只接受了极少量的累积产物而“返老还童”。Sheldrake 认为细胞之所以能够“永生”，是由于进行不对称分裂的结果，是建立在另一部分细胞死亡的基础上的。例如，在各种植物的分生组织中，分生组织的不断生长和不断返幼是和在分化过程中或分化之后死去的那些细胞分不开的。卵细胞是卵母细胞不对称分裂后产生的。在动物和植物中，卵母细胞的后代中只有一个细胞变成卵，而其他的姐妹细胞则全部死亡。Sheldrake 提出的理论为植物分生组织的“永久性细胞”、植物的长寿等问题提供了比较合理的解释，但对衰老的本质问题还缺乏深刻的探讨。

8.9.5　抗衰老

亚里士多德早就说过：“动物中凡生长期长的，寿命也长”。后来的人们一般也认为动物的寿命相当于其生长期的 5～7 倍，这就是所谓布丰系数。

目前，延长寿命的主要办法是加强医疗保健，其实医疗保健只能保障人类的健康，并不能在延长寿命方面起主导作用。依靠医疗保健来延长人类的寿命，潜力是很有限的。据专家估计，即使把人类的三大疾病（癌、心血管病、脑血管病）百分之百地消灭了，人类的平均寿命也不过延长 10 年左右。“给岁月以生命，而不是给生命以岁月”（add life into years and not years into life），这是美国老年学家协会的座右铭。因此，最根本的办法是设法延长生长期。生长期每延长 1 年，则生命的最高界限便可延长 5～7 年，这是相当诱人的。

延长生长期自然就增加了平均寿命，每个人都希望活至高寿限 100～150 岁，并使衰老期缩短。即使所有老年疾病都被控制住，但机体最终仍然要死亡。因为生命系统像其他任何系统一样是受自然规律支配的。随着时间的推移，由于细胞内熵的增加，体系朝着更可能的平衡状态发展，因此就逐渐衰退并死亡。但人们有希望在找出衰老原因之后，即能通过控制衰老过程使平均寿命提高至 100 岁以上，衰老期（目前是指在 60 岁以后的 10 年左右）仍然可被进一步缩短。

由于生长期的延长还可预期推迟老年病的发生，如心血管和脑血管病、癌症、关节炎等，这些病发生于 40～50 岁，而此时正是一个人大有作为的阶段。推迟老年病的发生将会带来巨大的利益，国家也会由于这些人有长期的经验而得到好处。目前，为研究这些老年病问题花了很多钱和时间。例如，美国国立健康研究所在 1973 年对癌症研究所花的钱每人近 2 美元，而对老年医学的研究所花的钱仅为每人 2 美分。如果能找到延长成年期的方法，那就会推迟这些疾病的发生，许多钱和时间就能被节省下来。

值得一提的是，古老的马凯伊的食量效应（MeCay，1934）。马凯伊把大鼠分为限食组与对照组，限食组是中度偏低的饲料，定量饲喂；对照组是尽量给食，不加限制。结果发现，对照组大鼠的骨架到 175 天即停止生长，大鼠在两年半内全部衰老死亡；而限食组在 300 天、500 天、700 天、1000 天时仍能缓慢生长，这决定于何时取消定量限食而转入任意取食。整个限食组的寿命增长 50%～100%，肾硬变几乎完全消失，癌的发生率大幅度降低。据报道（Ross，1976），限食组实行严酷的定量限食，只喂以对照组食量的30%，动物的寿命增加一倍。近年来，对鼠类进行的自断奶后开始的中度限食实验，也获得了比较积极的结果（表8.2）。

表8.2 鼠类断奶后中度限食实验数据

文献	动物	限食程度	平均寿命/月	延寿率/%	最高寿命/月	延寿率
Merry (1981)	大鼠	50%	32.9	42.4	50	42.0
Yu (1982)	大鼠	60%	32.0	39.1	47	46.9
Masoro (1982)	大鼠	60%	～35.0	～52		
Weindruch (1985)	小鼠	～50%	42.9	56.6	51.1	45
Weindruch (1985)	小鼠	～40%	45.1	64.6	53.0	51.0

参考文献

[1] 摩尔根 T H. 基因论．卢惠霖译．北京：科学出版社，1959，19.
[2] Newark P. Nature，1982，396：393.
[3] Manes C. 肿瘤发育基因表达的现代概念．李振华译．生物科学动态，1982，6：81～84.
[4] Kanungo M S. Biochemistry of Aeing，Academic Press，Chapter 1，1980.
[5] 徐洪基，吴旻．生物科学动态，1982，6：1～9.
[6] Driesch H. In：Analytisch Theorie der Organischen Entwicklung，1894.
[7] Morgan T H. In：Embryology and Gentics. New York University Press，1934.
[8] Waddington C H. In：Priciples of Embeyology. N. Y.：Macmillan Press，1956.
[9] Brachet J. 分子胚胎学引论．傅文庆译．北京：科学出版社，1981.
[10] Caplan A I，Ordahl C P. Science，1978，201：120.
[11] Li Zhengang，Wu Qiuying. J. Theor. Biol.，1984，108：645～661.
[12] Gurdon J B，et al. Cell，1985，41：913～922.
[13] Nieuwkoop P D. Roux's Arch Dev Biol，1969，163：298～315.
[14] Dale L，Slack J M W. Development，1987，100：279～295.
[15] Smith J C. EMBO J. 1993，12：4463～4470.
[16a] Gurdon J B. Development，1989，105：27～33.
[16b] Gerhart J，et al. Development 1989，107（Supple）：37～51.
[17] Alberts B，et al. Molecular Biology of the Cell，third edition. Garland Publishing Inc，1994.
[18] Ariizumi T，et al. Int J Dev Biol，1991，35：407～414.
[19a] Green J B，et al. Developnient，1990，108：173～183.
[19b] Green J B A，et al. Cell，1992，71：731～739.
[20] Shiurba R A，et al. Development，1991，113，487～493.
[21] Lsaacs H V，et al. Development，1992，114：711～720.
[22] Jones E A. Development，1978，101：557～563.
[23] Asashima M，et al. PNAS USA，1991，88：6511～6514.
[24] Sokol S，Melton D A. Nature，1991，351：409～411.
[25] Christian J L，et al. EMBO J，1992，11：33～41.
[26] Smith W C，Harland R M. Cell，1992，70：829～840.
[27] Ruizi Altaba A，Jesscell T. Genes Dev，1991，5：175～187.

[28] Dale L, et al. Development, 1992, 115: 573～585.
[29] Jones C M, et al. Development, 1992, 115: 639～647.
[30] Smith W C, Harland R M. Cell, 1992, 70: 829～840.
[31] MacNicol A M, et al. Cell, 1993, 73: 571～583.
[32] Thomsen G H, Melton D A. Cell, 1993, 74: 433～441.
[33] Dale L, et al. EMBO J, 1993, 12: 4471～4480.
[34] Ruizi Altaba A, et al. Dev Growth Differ, 1991, 33: 651 ～670.
[35] Ruizi Altaba A, Melton D A. Cell, 1989, 57: 317～326.
[36] Blumberg B, et al. Science, 1991, 253: 194～196.
[37] Cho K W Y, et al. Cell, 1991, 67: 1111～1120.
[38] Niki Y. Dev Biol, 1984, 103: 182～189.
[39] Yamamoto K. Dev Biol, 1985, 107: 213～219.
[40] Shinagawa A J. Embryol Exp Morph. , 1985, 85: 33～46.
[41] Aimar C, et al. Cell Differ. , 1983, 13: 293～300.
[42] 佐藤矩行 . 科学, 1989, 59: 15～24.
[43] Smith L D, Ecker R E. Dev Biol, 1970, 22: 622～637.
[44] Nishikata T, et al. Dev Biol, 1987, 121: 408～416.
[45] Kobayakawa Y, Kubota H Y, J Embryol Exp Morph, 1981, 62: 82～94.
[46] Newport J, Kirschner M. Cell, 1982, 30: 675～686.
[47] Bateson W. *Materials for the study of Variation Treated with Especial Regards to Discontinuity in the Origin of Species*. London : Macmillan, 1984.
[48] Gehring W J, et al. Ann Rev Genet, 1986, 20: 147～173.
[49] Alistair D S, et al. The Genetic Basis of Development. Blackie Glasgow and London , 1982.
[50] McGinnis W, et al. Cell, 1984, 38: 675～680.
[51] Scott M P, et al. Bioch Biophys Acta, 1989, 989: 25～48.
[52] Kessel M, et al. PNAS USA, 1987, 84: 5306～5310.
[53] Colberg-Poley A M, et al. Nature, 1985, 314: 713～718.
[54] Joyner A L, et al. Cell, 1985, 43: 29～37.
[55] Duboule D, et al. Genomics, 1990, 7: 458～459.
[56] Caroll S B. Nature, 1995, 376: 479～485.
[57] Kessel M, et al. Science, 1990, 249 (29): 347～379.
[58] Gaunt S J, et al. Development, 1988, 104: 169～179.
[59] Dressler G R, et al. Differentiation, 1989, 41: 193～201.
[60] Graham A, et al. Cell, 1989, 57: 367～373.
[61] Dolle P, et al. Nature, 1989, 342: 767～772.
[62] Simeone A, et al. Nature, 1989, 346: 736～766.
[63] Kieny M, et al. Dev Biol, 1972, 28: 142～161.
[64] Balling R, et al. Cell, 1989, 58: 337～347.
[65] Lewis E B. Nature, 1989, 276: 565～570.
[66] Shephard J C W, et al. Nature, 1984, 310: 70, 71.
[67] Laughon A, et al. , Nature, 1984, 310: 25～51.
[68] Kissinser C R, et al. , Cell , 1990, 63: 579～590.
[69] Hoey Y, et al. , Nature, 1988, 332: 858～861.
[70] Desplan C, et al. Cell, 1988, 54: 1081～1090.
[71] Fainsod A, et al. PNAS USA, 1986, 83: 9532～9536.
[72] Odenwald W F, et al. Genes Dev, 1989, 3: 158～172.
[73] Jaynes T B, et al. Nature , 1988, 336: 744～749.

[74] Han K, et al. Cell, 1989, 56: 573～583.
[75] Joyner A L, et al. , Genes Dev, 1987, 1: 29～38.
[76] Davis C A, et al. , Genes Dve, 1988, 2: 1736～1744.
[77] Davidson D, et al. Cell , 1988, 57: 1131～1138.
[78a] Deutsch U, et al. Cell, 1988, 53: 617～625.
[78b] Adams B, et al. Genes Dev. 1992, 6: 1589～1607.
[79] Goulding M D, et al. EMBO J, 1991, 10: 1135～1147.
[80] Jcotes B, et al. , Mech Dev, 1991, 33: 27～38.
[81] Dressler G R, et al. Development, 1990, 109: 787～795.
[82] Plachov D, et al. Development, 1990, 110: 643～651.
[83] Bastian H, et al. EMBO J, 1990, 9: 1839～1852.
[84] Joynber A L, et al. Cell, 1985, 64: 29～37.
[85] Davidson E H, Britten R J. Science, 1979, 204: 1052～1059.
[86] 马海飞．发育生物学进展，陈吉龙，马海飞主编．北京：高等教育出版社，1994.
[87] Stuart E T, Kioussi C, Gruss P. Ann. Rev. Genet. , 1994, 27: 219～236.
[88] Williams G T, et al. Cell, 1991, 65: 1097.
[89] Koseki C, et al. J. Cell Biol. , 1992, 119: 1327～1333.
[90] Barinaga M, et al. Science, 1993, 259: 762～763.
[91] Yonish-Rouach, E. et al. Nature, 1991, 352: 345.
[92] Evan G I, et al. Cell, 1992, 69: 119～128.
[93] Bissonnette R P, et al. Nature, 1992, 359: 552.
[94] Williams G T, et al. Nature, 1990, 343: 75.
[95] Hockenbery D, et al. Proc Annu Meet Am Assoc Cancer Res, 1992, 33: A585.
[96] Oltvai Z N, et al. Cell, 1993, 74: 609.
[97] Kozmik Z, Kurzbauer R, Dorfler P, Busslinger M. Mol. Cell. Biol. , 1993, 13: 6024～6035.
[98] Dambly-chandere C, Burri M, Bopp D, Basler K, et al. Cell, 1992, 69: 159～172.
[99] Stapelton P, Weith A, Urbanek P, Kozmik Z, Busslinger M. Nature Genetics, 1993, 3: 292～298.
[100] Deutsch U, Dressler G R, Gruss P. Cell, 1988, 53: 617～625.
[101] Burri M, Tromvoukis Y, Bopp D, Frigerio G, Noll M. Embo J. , 1989, 8: 1183～1190.
[102] Guolding M D, Lumsden A, Gruss P. Development, 1993, 117: 1001～1016.
[103] Martin P, Carriere C, Dozier C, Quatannens B, Mirbal M-A, et al. Oncogene, 1992, 7: 1721～1728.
[104] Puschel A W, Gruss P, Westerfield M. Development, 1992, 114: 643～651.
[105] Walther C, Guenet J-L, Simon D, Deutsch U, Jostes B, et al. Genomics, 1991, 11: 424～434.
[106] Dressler G R, Douglass E C. PNAS. USA, 1992, 89: 1179～1183.
[107] Chalepakis G, Tremblay p, Gruss P. Development, 1992, 6: Suppl. 61～67.
[108] Yuan J, Shaham S, Ledoux S, Ellis J M, Horvitz J R. Cell, 1993, 75: 641～652.
[109] Gagliardini V, et al. Science, 1994, 263: 826～828.
[110] Nicholson D W, et al. Nature, 1995, 376: 37～43.
[111] Tewari M, et al. Cell, 1995, 81: 801～809.
[112] Whyte M, Evan G. Nature, 1995, 76: 17, 18.
[113] Davidson Eric H, Rast J P, et al. Science, 2002, 295: 1669～1678.
[114] Davidson E H. Genomic Regulatory Systems. Development and Evolution. San Diego: Academic Press, 2001.
[115] Arnone M and Davidson E H. Development, 1997, 124: 1851.
[116] Bolouri H, Davidson E H. Dev. Biol. , 2002, 246: 312～332
[117] Ransick A and Davidson E H. *Science*, 1993, 259: 1134.
[118] Logan C Y, Miller J R, Ferkowicz M J, McClay D R. Development, 1999, 126: 345.
[119] Sweet H C, Gehring M, Ettensohn C A. Development, 2003, 129: 1945～1955.

[120] Oliveri P, Carrick D M, Davidson E H. Dev. Biol., 2002, 246: 209～228.
[121] Sherwood D R, McClay D R. Development, 1997, 124: 3363.
[122] Ruffins S W, Ettensohn C A. Dev. Biol., 1993, 160: 285.
[123] Ruffins S W, Ettensohn C A. Development, 1996, 122: 253.
[124] Davidson E H, Cameron R A, Ransick A. Development, 1998, 125: 3269.
[125] Ransick A, Davidson E H. Dev. Biol., 1998, 195: 38.
[126] Logan C Y, McClay D R. Development, 1997, 124: 2213.
[127] Soltysik-Espanola M, Klinzing D C, Pfarr K, et al. Dev. Biol., 1994, 165: 73.
[128] Yuh C H, Bolouri H, Davidson E H. Science, 1998, 279: 1896.
[129] Yuh CH, Bolouri H, Davidson E H. Development, 2001, 128: 617.
[130] Howard E W, Newman L A, Oleksyn D W, et al. Development, 2001, 128: 365.
[131] Kenny A P, Kozlowski D, Oleksyn D W, et al. Development, 1999, 126: 5473.
[132] Kurokawa D, et al. Mech. Dev., 1999, 80: 41.
[133] Chuang C, Wikramanayake A. H, Mao C, Li X, Klein W. Dev. Genet., 1996, 19: 231.
[134] Jacobsen T L, Brennan K, Martinez-Arias A, Muskavitch M A T. Development, 1998, 125: 4531.
[135] Yeh E, Zhou L, Rudzik N, Boulianne G L. EMBO J., 2000, 19: 4827.
[136] Yeh E, et al. Curr. Biol., 2001, 11: 1675.
[137] Sucov H M, Hough-Evans B R, Britten R J, Davidson E H. Genes Dev., 1988, 2: 1238.
[138] Orgel L E. Proc. Nat, Acad. Sei. USA, 1963, 49: 517～521.
[139] Orgel L E. Proc. Nat. Acad. Sci. USA, 1970, 67: 1476～1480.
[140] Orgel L E. Nature, 1973, 243: 441～445.
[141] Szilard. Nature, 1959, 184: 958～960.
[142] Szilard. Proc. Not. Acad. Sci. USA, 1959, 46: 30～45.
[143] Stevenson, Curtis. Radiat Res, 1961, 15: 774～784.
[144] Curtis. Science, 1963, 141: 686～694.
[145] Curtis. Fed Proc, 1964, 23: 662～667.
[146] Hayflick L. Bioscience, 1975, 25: 629.
[147] Martin G M, et al. Adv, Exp. Med. Biol, 53: 67.
[148] Sheldrake. Nature, 1974, 250: 381.

第9章　癌的分子遗传学

9.1　癌与癌基因

癌，是呈现异常生长的细胞，是激活了癌基因（oncogene）的结果。正常细胞转变为癌细胞称为癌变（neoplastic），癌变的细胞恢复并活化了许多胚胎细胞所特有的基因及细胞功能，并能把这种基因表达模式（pattern）及功能在子代细胞中遗传下去；因此癌是一个发育中的分子遗传学问题。癌细胞（通常来自一种癌变细胞）集合而成的群体就是肿瘤（tumor）。肿瘤可能是良性的（benign），更可能是恶性的（malignant）；如果来自原始瘤的细胞迁移并浸润其他的组织，建立继发的肿瘤克隆，该肿瘤就是恶性的，称为转移灶（metastases）。转移灶的产生将导致癌症患者的死亡，因此恶性肿瘤是一个严峻的医学问题，迄今为止，我们知道有 200 余种基因与癌的发生有关，其中有 100 多种是所谓癌基因。大约每 5 个死亡的人中就有一人死于癌症。根据美国癌症学会 1993 年的统计，全世界每年约有 600 万人患癌，其中的一半将死于癌症。肺癌、胃癌、乳腺癌、直肠/结肠癌和宫颈癌是最常见的五种癌症（图 9.1）。

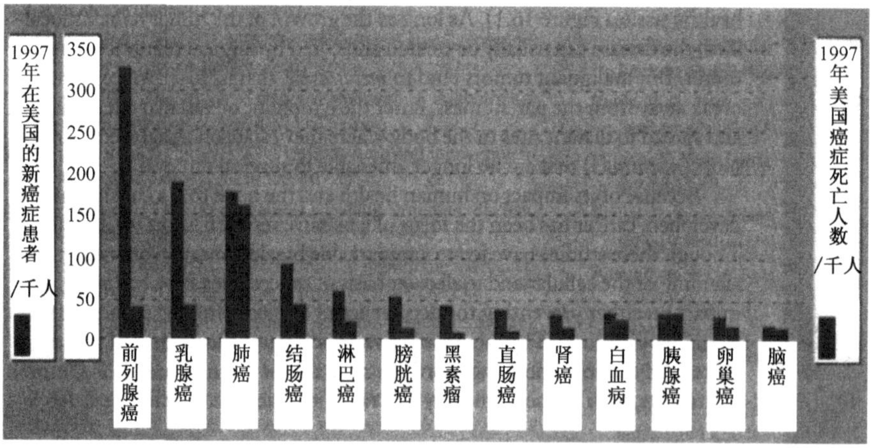

图 9.1　1997 年美国癌症学会（National Cancer Institute）公布的美国几种癌症患者及死亡人数

国际癌症研究中心认为，未来癌症发病人数将会以年均 3%～5%的速度递增，预计 2020 年全球将有 2000 万癌症新发病例，死亡病例将达 1200 万。从发病率来看，中低收入国家癌症发病率远高于发达国家。我国癌症呈明显高发态势，目前，城市中因癌症死亡已经占到死亡总数的 25%，农村为 21%。癌症患者年轻化趋势也比较明显。

癌基因（oncogene）的概念首先是由 Bishop 提出的，它是指一类可以引起肿瘤的基因，也称为转化基因（transforming gene）。癌基因首先是在 Rous 肉瘤病毒（RSV）中发现的。RSV 是一类逆转录病毒，它可以使细胞发生癌变或转化，而在这种病毒中存在一段核苷酸序列，它对 RSV 病毒的转化作用有着至关重要的作用，这一段核苷酸序列就称为癌基因，随后的研究发现，在各种动物，甚至单细胞生物的基因组中，普遍存在着与之结构相似的序列。为了便于区别，把存在于病毒中的癌基因称为病毒癌基因（viral oncogene，*v-onc*），把存在于动物基因组中的癌基因称为细胞癌基因（cellular oncogene）或原癌基因（proto-oncogene）。当原癌基因被诱发或突变而过度表达时，才称为癌基因（oncogene）。其实这些基因都是正常细胞中的正常基因，大多数是在胚胎发育中的重要基因；因而在成体体细胞中很少表达，或表达量很少。但在某些因素的诱导下高表达时，就引起细胞癌变。不管怎么说，笔者认为，"癌基因"一词缺乏严格的科学含义。首先，基因是与生物性状相对应的，而且它只与性状相对应；但癌变不是一种生物性状！其次，所有的基因及其对应的性状都是有性生殖遗传的，而癌基因及癌变只是"体细胞遗传"！说到底，癌变只是一种疾病，而且是不遗传的（指有性生殖的遗传）。人类遗传病是数以千计的，人们也没有以病名来命名致病基因的。所以，"癌基因"只不过是科学界的一个流行名词，借以显示基因的时髦而已。但是，它既然已经流行起来，我们也就只能人云亦云。

目前发现的癌基因有 100 多种，其中约半数的癌基因既存在于逆转录病毒，也存在于细胞基因组中。而另外半数的癌基因只存在于细胞基因组中，随着癌基因研究的不断深入，发现癌基因的产物在细胞信息传递，基因表达调控，尤其是细胞生长、分裂、分化以及凋亡等过程中都发挥着重要的作用。在动物个体发育中，癌基因产物对神经、肌肉、脑、肾、肺、皮肤及血液、等重要器官形成，乃至生殖细胞的形成都有重要的作用。很多细胞癌基因如 *ras*、*myc*、*jun*、*fos* 等在很多正常细胞中表达，并在细胞信息传递、基因调控、免疫细胞选择过程中发挥重要作用，癌基因中相当一部分是以癌基因命名的正常基因。它在个体发育的某个时期或在成熟个体的某些特定组织细胞中发挥正常功能。癌基因的致肿瘤作用仅仅是这类基因的表现之一[1]。

9.2 癌的发生——单克隆起源

大多数的原发癌（primary tumor）是来自单一的异常细胞（single abnormal cell）的克隆。也就是说，癌变是细胞单克隆起源的。这种观点得到了来自细胞水平与分子水平的支持[2]。众所周知，引起慢性粒细胞白血病（chronic myelogenous leukemia）的费城染色体（Philadelphia chromosome）是第 9 条染色体与第 22 条染色体长臂之间的易位。对易位后的 $9q^+$ 染色体上的"断-接位点"（the site of breakage and rejoining of the translocated fragments）的 DNA 序列分析表明：任一病人的所有白血病细胞都具有同一的"断-接位点"序列，但任何两个病人之间的"断-接位点"序列总有差异（数百至一千碱基）。这说明每一例白血病都源于一个细胞的突变。

X 染色体的失活现象也可以作为癌瘤单克隆起源的佐证。女性胚胎细胞所具有的两条 X 染色体在胚胎发育的 16～18 天之前都是有活性的。之后，有一条将随机地异染色质化而丧失活性。因此，在同一个体中的不同细胞中，它的 X 染色体失活（X-chromosome inactivation）来自父本的 X 染色体还是来自母本的 X 染色体，是完全随机的，是高度镶嵌的。但就单个细胞来说，X 染色体失活一旦发生，其失活模式将固定下来，并传给它所有的子细胞。所以，X 染色体失活的模式（父本/母本）可以作为一个群体细胞是单一细胞来源还是多个细胞来源的鉴别标志。对于绝大多数种类的肿瘤细胞的 X 染色体失活模式进行了分析；结果毫无例外地证明，同一个体中的同一肿瘤的所有细胞的 X 染色体失活都是同一模式。这强烈地暗示肿瘤的单克隆起源。

9.3 癌变的起因

9.3.1 基因突变

癌变是体细胞遗传的。因此，这种变化是与遗传物质密切相关的。首先是癌基因突变，即它的 DNA 序列发生改变而导致癌变。Tabin 及 Reddy 等[3a,3b]同时发现人膀胱癌细胞中的 *ras* 基因发生了点突变。他们从人膀胱癌瘤中提出的 DNA 可以转化 NIH3T3 小鼠的成纤维细胞。把这些 DNA 经 *Bam*H Ⅰ内切酶处理后，得到一段 6.6kb 的 DNA 具有同样的转化能力。但从正常细胞得到的同一段 6.6kb 的 DNA 却没有转化能力。对这两段 DNA 的序列分析表明，它们是个体 DNA 中含有 *ras* 基因的同一序列片段（*ras* 基因编码含有 189 个氨基酸的蛋白质 p21）。它们的不同仅仅是 p21 原来的第 12 位（自 N 端）的甘氨酸（GGC）突变为缬氨酸（GTC），仅仅是 G→T 的一个点突变。后来发现 p21 的氨基酸序列的第 12 位是癌基因的突变热点，另一个热点是第 61 位（表 9.1）。

表 9.1 人原癌基因 *ras* 及其癌变后的点突变的情况

ras 基因	肿瘤	P21 的氨基酸序列位点					
		…10	11	12	13	14…	61…
c-ras(*H*,*K*,*N*)	正常细胞	Gly	Ala	Gly	Gly	Val	Gln
H-ras	膀胱癌 T24	+	+	Val	+	+	+
	肺癌 Hs242	+	+	+	+	+	Leu
K-ras	肺癌 Calu-1	+	+	Cys	+	+	+
	肺癌 LC-10	+	+	Arg	+	+	+
	结肠癌 SW480	+	+	Val	+	+	+
N-ras	神经母细胞瘤 SK-N-SH	+	+	+	+	+	Lys
	肺癌 SW1271	+	+	+	+	+	Arg

9.3.2 基因表达模式的改变

引发癌变的另一原因是基因表达模式的改变[4]。此种改变并不涉及 DNA 序列的改变，如畸胎癌（teratocarcinoma）。如果把小鼠的早期胚胎移入成体鼠的肾或睾丸，该胚胎即失去正常发育的调控而迅速地陷于紊乱状态。结果就形成畸胎瘤。畸胎瘤中散乱地含有三个胚层衍生出来的 8～14 种分化得很充分的组织，如皮肤、骨、腺性上皮、神经细胞、肌肉细胞、牙蕾、毛囊等，并夹杂着一些未分化的胚胎性干细胞（undifferentiated stem cells）。在自然状态下，生殖腺（如睾丸）中的生殖细胞（germ cells）也可能因发育中的各种意外事故而形成畸胎瘤。如果把畸胎瘤中的单个胚胎干细胞注入正常小鼠腹腔，则会迅速地无限制地生长，形成畸胎瘤并在数周内将宿主杀死[5]。这种由胚胎干细胞发展起来的肿瘤显然已经具有恶性肿瘤性质，而被称为恶性畸胎癌（teratocarcinomas）。恶性畸胎癌肿瘤中仍然含有上述的 8～14 种分化充分的细胞类型，散落其间的胚胎性干细胞称为胚胎性癌细胞。反复地移植实验证明，只有这些胚胎性癌细胞转移后能形成畸胎癌，而那些业已分化了的绝大部分细胞则已失去了癌性（如壁性卵黄囊癌、绒毛膜上皮癌）。值得注意的是，Mintz 等[6]把 5 个胚胎性癌细胞注射到正常小鼠囊胚中，结果癌细胞失去了癌性并参与了胚胎的发育分化，形成了小鼠的各类正常的分化的细胞。如上所述，畸胎癌细胞是正常的早期胚胎细胞或生殖细胞转变而来，而畸胎癌的癌细胞又能失去癌性转变为正常的分化细胞，说明细胞的癌变（或其逆过程）可以不通过基因突变而实现。这种癌变的过程并不需要所谓癌基因的概念。

9.3.3　病毒致癌

逆转录病毒（retrovirus）作为癌基因的载体而致癌。逆转录病毒又称 RNA 病毒。它侵入宿主细胞后，把它的 RNA 逆转录成 DNA，然后插入宿主的基因组中。在适宜条件下，它又从宿主基因组中进入细胞质中进行 RNA 病毒的繁殖。在这种反复地感染过程中，病毒有可能把宿主基因组中的原癌基因（proto-oncogene）“拾取”（pick up）到它的 RNA 基因组中。在此过程中原癌基因的全部内含子丢失，而且编码区也发生某些突变，使其成为一种过度表达的癌基因（oncogene）。当这种携有癌基因的病毒潜入宿主基因组中，就会过量地表达而导致细胞癌变，如 *v-src* 与 *c-src* 基因（图 9.2）。

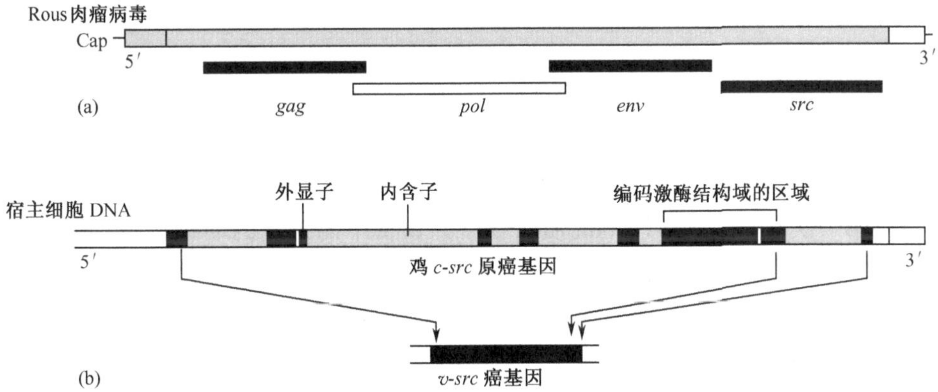

图 9.2　*v-src* 与 *c-src* 基因

v-src 基因中完全不含 introns，而且编码发生某些突变，使编码酪氨酸特异的蛋白激酶（tyrosine-specific protein kinase）的 *src* 成为一种过度表达的不可调节的癌基因[9]

已知有大量的原癌基因（*c-onc*）在病毒有着相应的癌基因（*v-onc*）[10]（表 9.2）。原癌基因在 RNA 病毒中转变为癌基因的过程，可能是原癌基因的序列被改变或被修剪，因而使其具有异常的活性；也可能是该基因被置于病毒的强大的启动子或增强子的控制之下而过量表达。

表 9.2　一些 RNA 病毒癌基因的来源与作用

癌基因	原癌基因的正常功能	病毒来源	病毒所诱发的癌瘤
v-abl	蛋白激酶(tyrosine)	小鼠	前 B 细胞白血病
		猫	肉瘤
v-erb-B	蛋白激酶(tyrosine)：表皮生长因子(EGF)受体	小鸡	白血病，纤维肉瘤
v-fes	蛋白激酶(tyrosine)	猫/小鸡	肉瘤
v-fms	蛋白激酶(tyrosine)：巨噬细胞集落刺激因子(M-CSF)受体	猫	肉瘤

续表

癌基因	原癌基因的正常功能	病毒来源	病毒所诱发的癌瘤
v-fos，*v-jun*	二者产物联合而形成 AP-1 基因调节蛋白	小鼠 小鸡	骨肉瘤 纤维肉瘤
v-kit	蛋白激酶(tyrosine)：Steel factor receptor	猫	肉瘤
v-raf	蛋白激酶(serine/threonine) 被 Ras 激活	小鸡/小鼠	肉瘤
v-myc	HLH 族的基因调控蛋白	小鸡	肉瘤，髓细胞瘤，癌
v-H-ras	GTP 结合蛋白	大鼠	肉瘤，红白血病
v-k-ras	GTP 结合蛋白	大鼠	肉瘤，红白血病
v-rel	与 NFκB 有关的基因调控蛋白	火鸡	成血细胞综合征
v-sis	血小板衍生的生长因子(PDGF)，B 链	猴子	肉瘤
v-src	与膜/细胞骨架相联系的蛋白质激酶(tyrosine)	小鸡	肉瘤

9.3.4 化学致癌

人类生活的环境及其饮食，无疑地含有许多致癌物质。众所周知，吸烟导致肺癌，紫外线的过量辐射能引起皮癌。最近西方国家研究证明乳腺癌的发病与饮食有关，特别是从妇女月经开始到第一次妊娠的年龄段的高质量饮食。饮食中的过量的动物脂肪及酒精将加大癌变，而水果及蔬菜会降低癌变。经常地服用非甾体抗炎药物（nonsteroidal anti-inflammatory grugs，NSAIDs），诸如阿司匹林（aspirin）、抗炎吲哚酸（indomethacin）等可以明显地降低结肠癌的致病。在亚洲，谷物或花生的霉菌所产生的黄曲霉素 B，能够诱发肝癌，因为

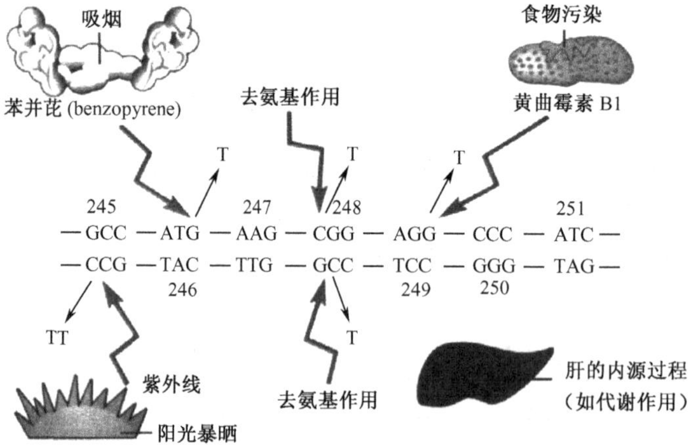

图 9.3 化学致癌示意图

各种致癌物对 *p53* 的突变诱发。这些突变发生在 50%的人类癌变中。值得注意的是除了因致癌物质引起的碱基替换外，内源代谢也可能引起胞嘧啶的氨基丢失（deamination）而导致 C→T 突变（*Cell and Molecular Biology*，third edition，eds by Geraid Karp，Higher Education Press of China，John Wiley & Sons，Inc. 2002，676）

黄曲霉素 B 能使抑癌基因 *p53* 第 249 位密码子的 G→T 的替换而使该基因突变。虽然食物或环境中的许多物质可以致癌，而在正常的代谢反应中也能引起 DNA 损伤而导致 DNA 突变（图 9.3）。

9.4　抑癌基因

癌变细胞中发生遗传性变动（genetic alterations）的大部分是关于细胞增生的基因。这些基因可分为增生基因（proliferation genes）和抗增生基因（antiproliferation genes）。增生基因是促进细胞增生，装备细胞周期的调控系统，驱动细胞通过 G_1 校验点（G_1 checkpoint）。抗增生基因是停止细胞周期的调控系统，使其解除装备。增生基因发生突变后的过量表达，引起细胞的过度增生。这种突变在二倍体细胞中只要两个等位基因中的一个发生突变即可，即突变体的表现型是显性的（dominant）。这种突变的增生基因就称为癌基因（oncogene），即致癌基因（cancer-causing gene）；而正常的增生基因就称之为原癌基因（proto-oncogene）。同样地，如果抗增生基因发生突变，使其抗增生活性受到抑制（inactive），则细胞将冲破正常的约束而大量增生；这种突变在双倍体细胞中必须是两个等位基因都发生突变，即突变体的表现型是隐性的（recessive）。如果两个等位的抑癌基因只有其中一个发生突变，细胞仍是正常的。因此，正常细胞中的抗增生基因又常常被称为肿瘤抑制基因（tumor-suppressor genes），或简称抑癌基因。从基因水平上讲，肿瘤的发生可以通过两个途径：一是原癌基因发生突变而不受抑癌基因的抑制；二是抑癌基因突变而不再对原癌基因起抑制作用。

9.4.1　杂合性丢失（LOH）

因为人类种群中存在着大量的变异，绝大多数个体中分别来自父本和母本的任何同源染色体或染色体区域的 DNA 序列都不会完全相同，这就是所谓杂合性或异质性（heterozygosity）。换言之，染色体某一基因座上出现微小缺失或失活，使其同源染色体相同位置上的基因呈杂合性；当同源染色体的该位置上也发生同样的微小缺失或突变时，则为杂合性丢失。例如，原来一对等位基因中的一个是野生型，另一个发生缺失或失活，这就是等位基因杂合性（allclic hcterozygosity）；如果野生型等位基因也发生缺失或失活，就成为等位基因缺失或失活的纯合态，称之为杂合性丢失（LOH，loss of heterozygosity），也称异质性丢失。如果一种杂合性丢失在许多个同种肿瘤中的同一染色体区域被反复地发现，则强烈地意味着该区域是某一抑癌基因的丢失，因为它的丢失或失活而导致癌的发生[11]。

利用设计的 DNA 杂交探针，对大量的结肠直肠癌（colorectal cancer）进行了系统的“扫描”。发现了几种不同的染色体区域的杂合性丢失。从而发现了三种抑癌基因：*APC* 基因、*p53* 基因以及 *DCC* 基因（表 9.3）。

表 9.3　与结肠直肠癌有关的几个抑癌基因

基因	所在染色体	在肿瘤中的突变频率/%
APC(adenomatous polyposis coli)	5	>70
DCC(deleted in colon carcinoma)	18	>70
p53	17	>70
HNPCC(hereditary non-polyposis colorectal cancer)	2	15

9.4.2 癌的遗传倾向——抑癌基因的单拷贝丢失

大多数癌并不遗传，都是后天的体细胞突变。但是，抑癌基因的单拷贝丢失却提醒我们，多数的癌都可能具有遗传性的癌变倾向。

抑癌基因只有它的两个等位基因都缺失或失活时，才失去对原癌基因的抑制，而导致癌变的发生。如果个体从其亲本继承的某一抑癌基因的两个等位拷贝中，只有一个基因缺失或失活，另一个基因是正常的，则抑癌功能仍然正常，但却造成了某种癌变的遗传性倾向(hereditary predisposition)。

9.4.2.1 *Rb* 基因

现以成视网膜细胞瘤（retinoblastoma）为例。该种肿瘤来自未成熟视网膜的神经前体细胞。它发病于儿童，发病率为两万分之一。该病分为遗传性的与非遗传性两种：在遗传性的病例中，多个肿瘤是独立发生的，并且是双眼发病；在非遗传性的病例中，则仅仅是一个肿瘤发生于一只眼中。在某些成视网膜细胞瘤病人（遗传性的与非遗传性的）的癌细胞中具有明显的异常的核型，以及第 13 条染色体上特异的同源带的缺失即杂合性丢失（loss of heterozygosity)。在大约 70%的成视网膜细胞瘤病例中都检测出该染色体区域的杂合性丢失。说明这种肿瘤的发生是由于某种抑癌基因的缺失（或失活、抑制、突变），而不是原癌基因转变为癌基因或病毒癌基因的插入。后来把这种抑癌基因称为 *Rb* 基因。可以查明，在未发病的遗传性病人的所有细胞中都是缺失了第 13 条染色体上特异的两条同源带中的一条，也就是 *Rb* 基因的一个拷贝。这就构成了病人对成视网膜细胞瘤的遗传倾向。在后来的进程中，只要病人视网膜上数以百万计的细胞中任一细胞发生一次突变，消除了 *Rb* 基因的另一个正常的拷贝（缺失或者失活），就会导致成视网膜细胞瘤的发生。对于非遗传性病人来说，他的细胞中 *Rb* 基因的两个拷贝都是正常的，只有两个拷贝都发生了突变，才能发病。*Rb* 基因两个拷贝的全部缺失，就意味着第 13 条染色体相应区域的杂合性丢失（loss of heterozygosity)[12]（图 9.4）。

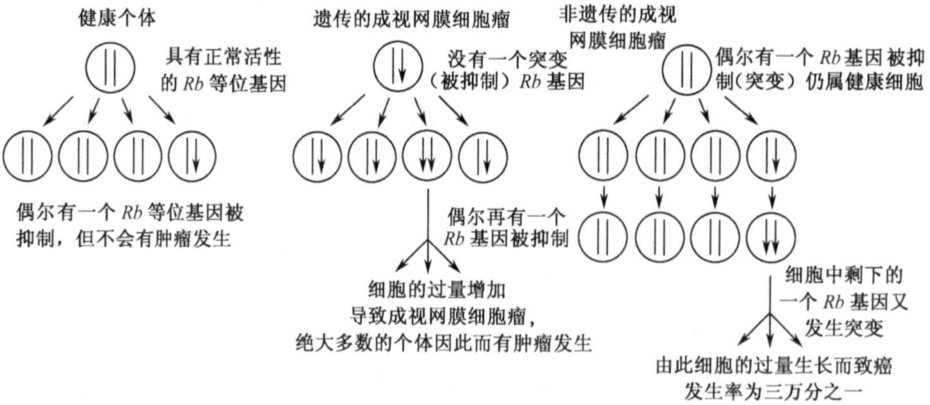

图 9.4　成视网膜细胞瘤的分子遗传机制[9]

Rb 基因在视网膜细胞的丢失是导致成视网膜细胞瘤发生的决定性因素。不容忽视的是 *Rb* 基因的丢失也是其他肿瘤（肺癌、乳腺癌、膀胱癌等）发生的主要的一步。*Rb* 基因在正常细胞中也进行正常表达；其产物的作用是细胞分裂周期中众多刹车器中的一个。它的这种

刹车作用受磷酸化作用调节。在 *Rb* 基因非磷酸化的情况下，它就与一些基因调控蛋白紧密结合，从而阻止了它们对 DNA 复制的促进，使细胞退出细胞周期。*Rb* 基因的两个等位拷贝的缺失或功能缺失性突变，将使细胞挣脱它的束缚而增生、癌变。

9.4.2.2　*p53* 基因

像 *Rb* 基因一样，个体如果从其亲本只继承了 *p53* 基因的一个有功能的拷贝，那么他也是倾向于癌变的。这种人极易在青壮年期在各种组织中独立地发生癌变。此种癌变的遗传性倾向是家族性的，被称为 Li-Fraumeni 综合征。该综合征病人的癌细胞中的 *p53* 基因的两个拷贝已经缺失（或功能缺失突变），而正常细胞中的 *p53* 基因则只有一个拷贝缺失或突变。这说明 *p53* 是一种典型的抑癌基因。

众所周知，在细胞周期中，Cdk（cyclin-dependent kinase）与 G_1 cyclin 结合后就成为触发 DNA 复制的蛋白激酶。如果在培养细胞中人为地提高 p53 蛋白的含量，则会停止细胞的增生（proliferating）。这是因为 p53 蛋白结合于 DNA，能诱导另一调控基因 *ras* 的转录；该调控基因的产物是一种 21kDa 的蛋白质（p21），能结合到 G_1 cyclin-Cdk 复合体上，阻遏了复合体的激酶活性，从而阻止了细胞进入 S 期，也就抑制了 DNA 复制与细胞增生。因此，*p53* 基因的缺失或突变，将卸掉一种控制细胞增生的闸门而导致癌变[7,8]。p53 蛋白（53kDa）在正常细胞中比起 Rb 蛋白来要少得多，只有在紧急或特殊情况下才大量产生。在人类癌症中，*p53* 缺失或突变是最常见的遗传损伤。约 50%的癌症病例中具有这种损伤。

9.5　原癌基因转变为癌基因的途径

迄今已发现 60 多个原癌基因。每一个原癌基因都可以转变为癌基因而导致这种或那种癌症的发生。这种转变的途径，目前所知有以下四种。

9.5.1　原癌基因编码序列的缺失或突变

例如 *erbB* 基因，它编码的是一种跨膜蛋白，是上皮生长因子（EGF）的受体。当 EGF 与该受体的细胞外一端结合后，受体的胞内一端则在细胞内产生刺激信号。EGF 与受体脱离后，则信号停止。如果原癌基因 *erbB*（*c-erbB*）编码序列中的胞外部分（extracellular EGF-binding domain）缺失，则该受体即使在 EGF 脱离或不存在的情况下，也不停止产生信号，从而导致细胞的增生。另外，本章 9.1 节及表 9.1 也描述了 *ras* 原癌基因由于在其编码的 P21 的氨基酸序列第 12 位或 61 位点的突变而导致膀胱癌、肺癌、结肠癌或神经母细胞瘤等。

9.5.2　基因放大

基因放大（gene amplification）现象，例如，在肺癌细胞中经常发现原癌基因 *myc* 的扩增[13]。这种扩增有两种方式：产生大量的双微体（double minute chromosomes），染色体上大段同源染色区（homogeneously staining region）的发生。这时，*myc* 基因的产物刺激细胞增生。

大段同源染色区（图 9.5 中的同源区）实际上是同一基因不断加倍的结果。由于理化因素的作用，可能使染色体一端的端粒（telomere）断裂而丢失。一旦这种染色体产生后，它经过 DNA 复制、染色单体融合以及不均等断裂（unequal breakage）等的轮番进行，而使该基因的拷贝数不断地加倍，最终成为染色体的一个可见的同源染色区。

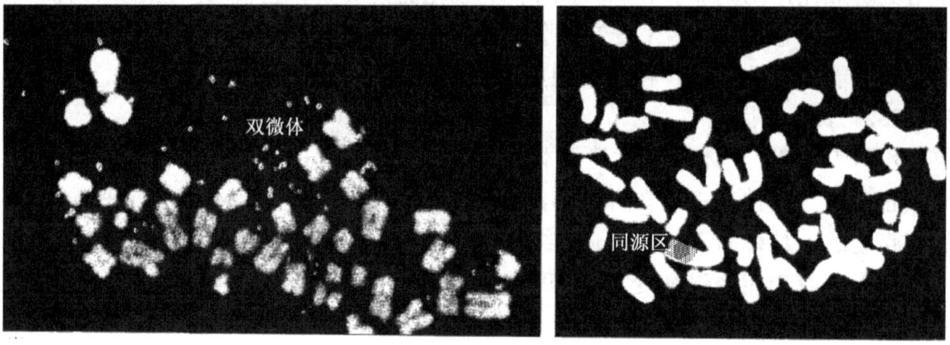

图 9.5 癌细胞中的染色体基因的放大[9]

含 *myc* 基因的双微体及染色体上的放大同源区是通过带有荧光探针的 *myc* 基因与染色体分裂相的原位杂交而获得

具有同一基因的大量拷贝的同源染色区也可通过重组、断裂而形成大量的双微体。如图 9.6 所示，该过程自 3 到 7，又自 7 到 3 是一个可以反复进行的过程，因而能反复地产生同源染色区及大量的双微体，是基因放大的一个恶性循环。

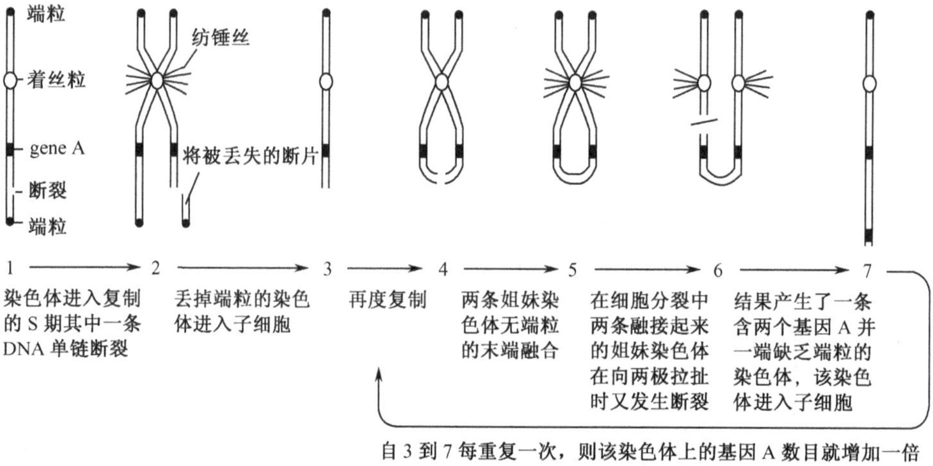

图 9.6 染色体基因放大的机制[9]

9.5.3 染色体重排

引起慢性粒细胞白血病（chronic myelogenous leukemia）的费城染色体（Philadelphia chromosome）是第 9 条染色体与第 22 条染色体长臂之间的易位。第 22 条染色体的 *bcr* 基因与第 9 条染色体的 *abl*（酪氨酸蛋白激酶，原癌基因）基因相衔接。结果使 Bcr 蛋白的氨基末端与 Abl 蛋白（tyrosine 蛋白激酶）的羧基端相连而产生一个 Bcr/Abl 融合蛋白，促使原癌基因 *abl* 过量表达，导致骨髓造血细胞克隆增生的慢性粒细胞白血病。类似的染色体易位（chromosome rearrangement）情况也可见于布氏淋巴瘤（Burkitt's lymphoma）。它是第 8 条染色体断端的 *myc* 基因与另一条断端携有抗体基因（人类共有三条这样的染色体）相衔接，由于 *myc* 基因处于一个不适宜的染色体环境而过量地表达。

9.5.4　RNA 病毒对原癌基因的插入诱变

RNA 病毒还因为把它的基因组插入到临近宿主细胞原癌基因的地方（距原癌基因 1 万碱基对之内），或者插入原癌基因之内，使原癌基因异常激活而导致癌变。在这种情况下，病毒的基因组并不含有原癌基因（*v-onc*）。这种情况称之为插入突变（insertional mutation）。插入突变的发生提供了一个追踪原癌基因的机会。因为它就在 RNA 病毒插入部位的附近。像 *Wnt-1*（*int-1*）原癌基因就是这样在小鼠的乳腺癌中发现的。该基因参与细胞间通讯及身体模式（body pattern）的调控[14]。因为 MMTV（mouse mammary tumor virus）插入到原癌基因 *Wnt*-1（*int-1*）的附近或内部，而使 *Wnt-1* 过量表达，导致小鼠乳腺癌的发生。这是因为 MMTV 末端重复序列中含有强大的增强子（enhancer），对临近的 *Wnt-1* 转录活性增强的结果。其他原癌基因如 *fgf-3*（*int-2*）、*Notch-1*（*int-3*）、*lck* 等也是因 RNA 病毒的插入突变而被发现的[15]。如图 9.7 所示。

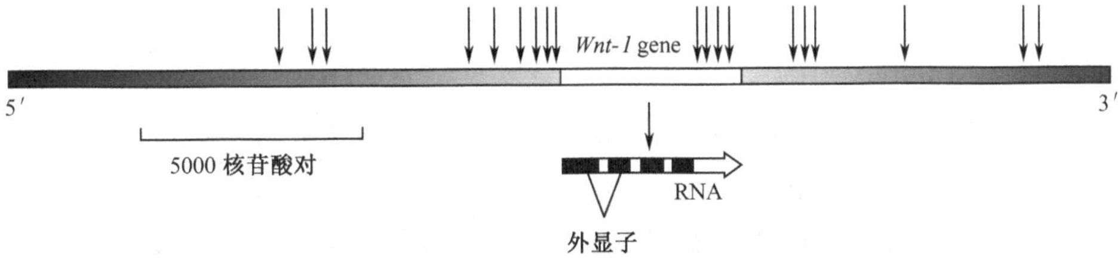

图 9.7　MMTV 对原癌基因 *Wnt-1*（*int-1*）的 19 种插入位点（以箭头表示）

这 19 个插入位点是从 19 个癌瘤中分离鉴定的。插入的位点从距离 *Wnt-1* 一万个核苷酸以上，到非常临近，甚至插入到 *Wnt-1* 的内部。由于增强子的增强作用是双向的，远距离的。所以图中 19 个插入位点，均可使 *Wnt-1* 过量表达[9]

9.6　单一突变不足以引起癌变——癌变的多阶段性质

基于 DNA 复制与修复的误差极限，即使在一个完全没有突变诱发因子的环境里，每次细胞分裂中每一基因不可避免地要有 10^{-6} 次自发突变。人类的一生大约进行 10^{16} 次细胞分裂，而寿命比人短得多的小鼠则只进行 10^{12} 次细胞分裂。因此，人的一生中，他的每一个基因就有发生 10^{10} 次突变的可能（对小鼠来说是 10^{6} 次）。原癌基因转变为癌基因，多数是通过突变。所以，对于癌变来说，问题不是它为什么会发生，而是为什么发生的频率如此低?

事实上，一次单一的突变不足以把一个健康的细胞转变为癌细胞。多方面的证据说明癌变是一个多阶段、多因子的过程[16,17]。一个简单的证据来自流行病学的研究结果：癌的发生是年龄的函数。如果癌的发生仅仅需要一次单一的突变，那么癌变的可能性每年都会是相近的，而不会随年龄的增长而增长。事实上，多数癌的发生都是随着年龄的增长而急剧地增加。从致癌到发病往往是一个漫长的过程。日本的广岛、长崎的市民在原子弹爆炸后的第 5 年才出现白血病（leukemias），在第 8 年达到高峰。慢性粒细胞白血病在开始时只是非致死地过量地产生白细胞达数年之久，此时已经发现费城染色体。后来，进程加速，造血系统中充满了的已不只是费城染色体，还有其他数种易位染色体。最后，将在数月内死亡。其他的实体瘤也具有类似的进程。例如，宫颈癌（carcinoma of uterine cervix）的初期，那些在正常情况下限于在表皮基底膜（basal lamina）增生的、扁平的、富角质的、不分裂的 1～2 层细胞，开始增生形成多层的病斑（patches of dysplasia），病斑中接近基底膜的细胞仍显示某种程度的分化，但远离基底膜的细胞则是增生的、异常的。这些病斑可以维持原状甚至退化，但少数能历经数年的演进而形成充满表皮生发层（basal layer）的所谓“原位癌”（carcinoma *in situ*）。原位癌中充满未分化的增生细胞而且具有各种不同的核型（karyotype）。不过它仍限于基底膜的表皮一侧。这时如果动手术把它彻底切除，仍可治愈。20%～30%的原位癌将继续发展，几年后将形成真正的恶性宫颈癌（malignant cervical carcinoma）。它的细胞会冲破基底膜（basal lamina）侵入下面的结缔组织。癌细胞一旦进入结缔组织，就会很容易地穿过疏松的毛细血管壁进入血液与淋巴液而开始了癌扩散（metastasis of cancer）。大约有千分之一的扩散的癌细胞，能够在新部位形成肿瘤（图 9.8）。

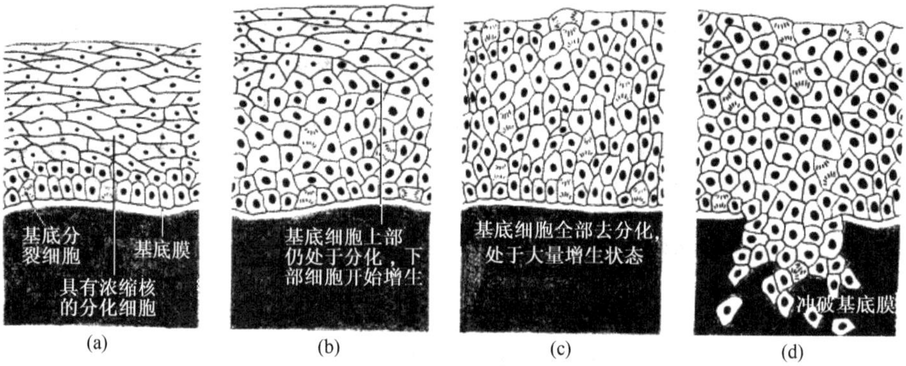

图 9.8　子宫颈癌的多步骤发展进程[9]

(a) 正常；(b) 病斑；(c) 原位癌；(d) 恶性肿瘤

9.7　细胞癌变多阶段性的分子基础

9.7.1　癌变的启动者与促成者

以皮肤癌为例[18]，对小鼠皮肤反复地涂以一种化学致癌剂，如苯并芘（benzopyrene）或 DMBA（dimethylbenzanthracene，二甲基苯并蒽），虽然在分子水平上我们能够发现它们已经诱发了基因突变，但是并不会出现皮肤癌。造成这种潜在的遗传损伤的致癌原（carcinogen）就称为肿瘤启动者（tumor initiator）。之后，如果对经过上述处理的皮肤反复地暴露于佛波醇酯（phorbol esters）或者施以简单的损伤，则皮肤癌将高频率地发生。促成癌瘤发生的这种因素就称为肿瘤促成者（tumor promoters）。促成者本身并不能引起 DNA 突变。例如，十四酰乙酸佛波醇（tetradecanoylphorbol acetate，TPA）是蛋白激酶 C 的激活者，或者作为磷脂酰肌醇细胞内信号通道的激活剂。

已经证实，由肿瘤启动者所造成的潜在的遗传损伤是不可逆的。它可以在很长的时期以后，被肿瘤促成者促成为肿瘤。肿瘤促成者（tumor promoter）的直接效应是明显地刺激以前受肿瘤启动者作用部位的细胞分裂，结果生成许多小的、良性的、疣状的瘤，称为乳头瘤（papillomas）。以前的肿瘤启动者作用的剂量越大，则诱发的乳头瘤越多。这可能是每一个乳头瘤都是来自一个突变细胞的单克隆。少量乳头瘤还会进一步恶化，即使在促成者撤除之后也会如此。这可能是乳头瘤中的某个细胞又发生另一次突变，或者发生了自发突变（spontaneous mutations）。另外，也可能是突变的基因组成性地表达，但并无增生效应，直到肿瘤促成者激活了其他的细胞增生所需的基因（图 9.9）。

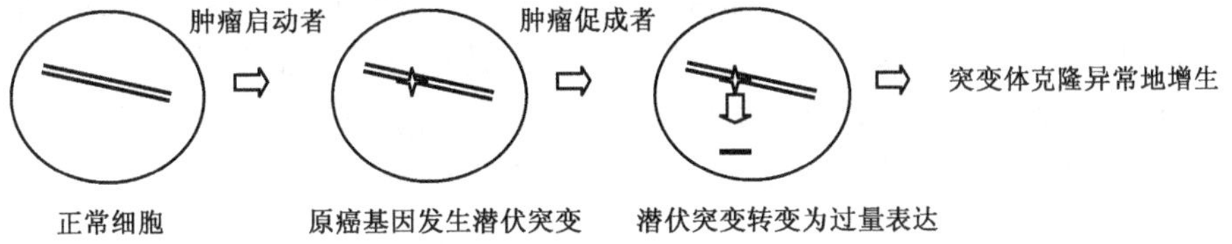

图 9.9　肿瘤启动者与肿瘤促成者

9.7.2　癌的多阶段发生的基因机制

以结肠直肠癌为例[11,19]。这种肿瘤的发生，是许多基因的逐步突变或活化的多阶段的渐进过程（图 9.10）。最早的事件是抑癌基因 *APC* 的缺失突变（即它的两个拷贝的消减）。结果是简单地加强了细胞的增生，使许多小的良性息肉（直径小于 1cm）在肠壁上高频率地出现；但并不影响细胞的分化途径与组织学模式。稍后而来的是 *K-ras* 基因的突变而被活化（表 9.1）。这时息肉增大，细胞分化及组织学模式紊乱，细胞开始由增生转向恶性生长。当含有此种 *ras* 癌基因的恶性结肠癌细胞进行细胞培养时，它们表现典型的转化细胞（transformed cells）特点，能够在半固体琼脂培养基中大量地增生（proliferation）。如果把此种 *ras* 基因消除掉，则细胞会逆转为非转化状态，并减弱增生。随后是抑癌基因 *DCC* 的缺失突变。*DCC* 突变很少在息肉中发现，此时肿瘤已由中期腺瘤进入晚期腺瘤。最后，是 *p53* 基因的缺失突变。本来，*ras* 基因借助与 p53 蛋白的结合而遏制细胞的增生。*p53* 基因的杂合性丢失（loss of heterozygosity），亦即该基因的两个拷贝的消减（elimination）是对肿瘤细胞最后的抑制作用的解除（如果把正常的 *p53* 转染到直肠癌细胞中，它们的恶性增长会再度被抑制）。而肿瘤细胞在迅速地增生过程中将加速积累突变，使肿瘤彻底地完成它癌变历程。并使它变为侵犯性的；这时的癌细胞将冲破表皮的基底膜（epithelial basal lamina），穿过肠壁的肌肉层，进入淋巴结、肝、肺等，开始了可怕的癌扩散（metastasis）。

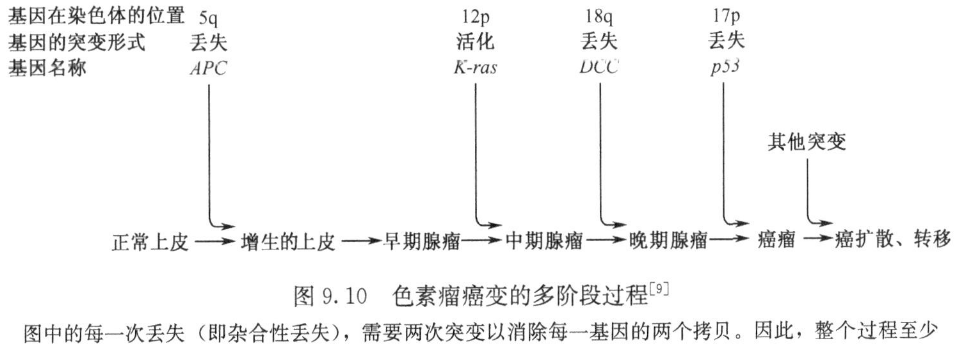

图 9.10　色素瘤癌变的多阶段过程[9]

图中的每一次丢失（即杂合性丢失），需要两次突变以消除每一基因的两个拷贝。因此，整个过程至少需要 7 次突变。图中的 5q 表示第 5 条染色体长臂，p 表示短臂

9.8　细胞癌基因与信息传递[20]

细胞癌基因所以能从相对狭小的肿瘤领域进入其他的生物学领域，如发育生物学、神经生物学，免疫学等，其主要原因之一，是它们在细胞信息传递中发挥着重要的作用。细胞作

为生命信息的基本单位，是一个开放的系统，在这个系统中有物质的输入输出，也有信息的输入输出；信息的接收、加工、传递都是由细胞的信息系统完成的。一个典型的细胞信息系统是由信号、探测器、传感器、调节器、第二效应器及靶分子等部分所组成。生长因子、激素、神经递质均可以作为信号，这些信号可以被探测器（受体）接受，经传感器、调节器、放大器的作用，产生第二信使，实现胞外至胞内的信息转换。第二信使有 Ca^{2+}、cAMP、cGMP、AA、IP3 等几种；第二信使作用于第二效应分子，第二效应分子多为 Tyr/Thr/Ser 蛋白激酶，第二效应器分子进一步与靶分子作用，最终影响基因表达或改变蛋白质的活性，从而影响细胞的生命活动进行，完成一个完整的信息传递过程（图 9.11）。

细胞癌基因产物在细胞信息传递系统中，除了不能充当第二信使外，可以充当从信号到第二效应器分子乃至靶分子中的任何角色。一些细胞癌基因在信息传导中的作用见表 9.4。

具有信号作用的 *int*、*sis* 的产物与生长因子 PDGF 和 FGF 同源[21,22]，这两种生长因子可以通过第二信使 IP3 和 DAG 的作用进入细胞信息系统。

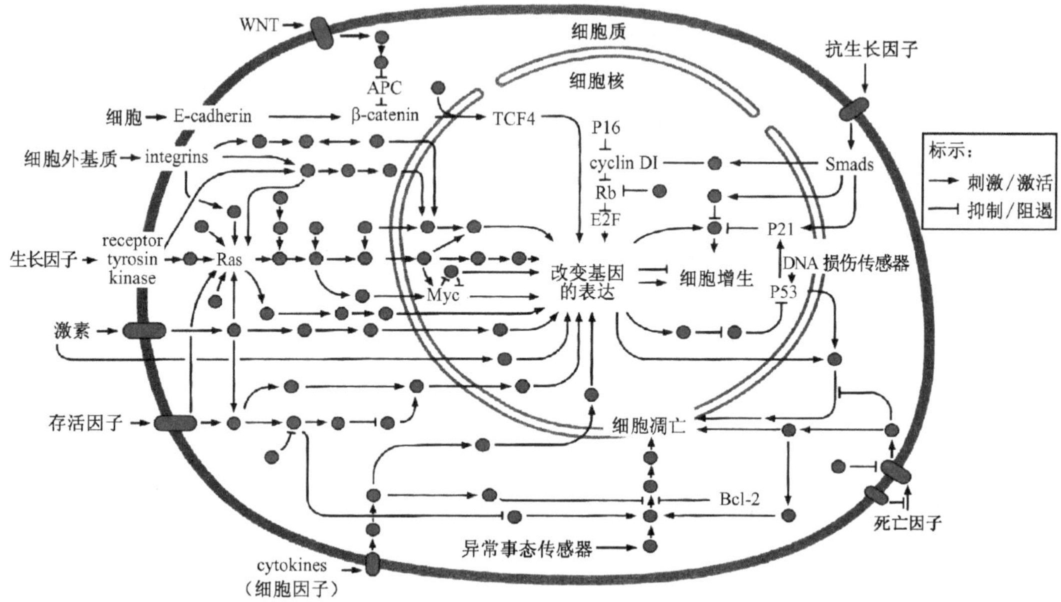

图 9.11 与人类细胞的癌变有关的重要的信号通道，并指出了它们在细胞中相互作用的位置（如细胞膜、细胞质、细胞核）

圆形或椭圆形表示信号蛋白分子。癌基因或抑癌基因常常相逢在同一通道中。APC，与结肠癌有关的抑癌基因 *APC* 的产物，是一种分子质量为 310kDa 的胞质蛋白。E-cadherin，上皮细胞钙依粘连蛋白。β-catenin，β-连环蛋白，一种细胞骨架蛋白。TCF4，T 细胞特异因子 4。Integrin，整连蛋白、整合蛋白，是质膜糖蛋白家族的受体蛋白，可与许多种配体包括细胞外基、糖蛋白、补体以及其他细胞相互作用。Receptor tyrosine kinase，受体蛋白酪氨酸激酶，具有蛋白激酶活性的跨膜糖蛋白，配体与之结合后可使其发生寡聚作用、蛋白酪氨酸激活、自身磷酸化、细胞底物磷酸化而使基因激活、DNA 合成，并使细胞增殖或分化。P21，癌基因 *ras* 的产物。P16，CKI 蛋白，在 G_1 期抑制 G_1-Cdk 活性，在癌细胞中常处于失活状态。Cyclin，细胞周期蛋白，一种核蛋白，是 DNA 复制及细胞分裂的关键成分，在不分裂的细胞中含量甚微，而在增殖或转化细胞中均有合成。E2F，转录因子，是 Rb 蛋白在细胞内的靶作用物，调节对增殖信号有应答的基因的表达，维持细胞在 G_0 期或启动细胞生长。Smads，Smad family 细胞内信号传导者，可被信号蛋白 TGF-β（转化生长因子 β）的抗生长效应所作用，使 Smads 在胰脏及其他组织内失活而抑制癌的发生（本图摘自 *Molecular Biology of the Cell*，Aiberts B. et al，fourth edition，pp. 1343，Garland Science，2002. 图中的中文为笔者翻译，对图的说明也是笔者所加）

表 9.4　癌基因及其在信息传递中的作用

在信息传递中的作用	癌基因
信号	*sis*, *int-2*, *hst*
探测器	*erb-B*, *mas*, *fms*, *neu*, *kit*, *ros*, *erb-A*
传感器	*src*, *yes*, *abl*, *fyn*, *lck*, *hck*, *lyn*
调节器	*K-ras*, *H-ras*, *N-ras*
效应器	*fps*, *raf*, *mos*
靶分子	*fos*, *jun*, *myc*, *myb*, *ski*

具有探测器功能的癌基因产物均为生长因子或其他激素的受体。例如 *erbB*，它编码上皮生长因子（EGF）的受体[23]。当 EGF 与该受体的细胞外部分结合后，受体的胞内部分在细胞内产生刺激信号；EGF 与受体脱离后，则信号停止。因此，EGF 与受体胞外部分的结合起着信号开关的作用。如果原癌基因 *erbB*（*c-erbB*）发生胞外部分（extracellular EGF-binding domain）的缺失突变，则该受体即使在 EGF 不存在的情况下，也不停止产生信号，导致细胞的增生。其他类似的还有 *trk*、*kit*、*neu*、*ros* 等基因。

具有传感器作用基因为 *src*、*abl* 等，这些细胞癌基因的产物定位于细胞膜胞质面，它们不具有跨膜或者膜内片段，与膜的连接是蛋白分子上氨基酸残基的脂肪酸化实现的[24]。*src*、*abc* 等基因产物的特点是都具有酪氨酸激酶（Tyr-PK）的活力。

具有调节器功能的细胞癌基因为 *ras* 基因家族[25]。*ras* 基因产物为 GTP 结合蛋白，具有 ATP 酶的活性。如果 *ras* 基因在一定部位发生点突变而转变为癌基因，则其蛋白质产物不能水解与其结合的 GTP，而始终处于异常活跃的状态；在不需要的情况下，也反常地传递胞内细胞增生信号，导致细胞癌变。

其他一些细胞癌基因位于信息传递系统的末端，担负着基因表达调控作用，同发育的关系尤为密切，如 *fos*、*myc*、*jun*、*myb*、*ski* 等。

细胞癌基因在细胞中，存在着同其他基因、细胞癌基因之间的相互作用。例如，在细胞中转入 *src*、*fms* 或 *fes* 基因，可以使细胞转化；但是，在细胞中注入 ras 蛋白抗体，*src*、*fms* 或 *fes* 基因等对细胞的转化作用即被抑制。同样，注入 Ras 抗体却不能抑制 *mos* 和 *raf* 等基因引起的细胞转化，有些细胞转化需 *ras*、*myc* 的共同作用[26]。在卵细胞的早期发育中，同时有 *myc*、*jun*、*fos*、*mos* 等基因表达，而在肾小球形成中的上皮和间充质细胞相互诱导中又有 *myc* 和 *erb-B* 相互作用。从细胞信息传递的角度看，PDGF、siserb-B、c-fms 等通过酪氨酸激酶的活性而影响 GAP，从而影响 *ras*-GTPase 活性。

9.9　与发育相关的癌基因

现已发现的癌基因可以分为 4 类：①生长因子、生长因子受体及蛋白激酶；②GTP结合蛋白；③核内蛋白；④其他。报道的 100 多种癌基因中，现已发现约有 20 多种与动物个体发育有关，如 *ras*、*jun*、*fos*、*myc*、*abl*、*kit*、*src*、*int-2*、*sis*、*bcl-2* 等，现把与发育有关的癌基因的分类及表达产物总结见表 9.5。

表 9.5　与发育有关的癌基因

癌基因	蛋白质特性、同源性或大小	细胞内定位	功能
cer-B	EGF 受体，170kDa	细胞质膜	结合 EGF TGF 酪氨酸激酶
c-neu	与 EGF 受体同源，185kDa	细胞质膜	酪氨酸激酶
c-fms	CSF-1 受体，140kDa	细胞质膜	结合 CSF-1，酪氨酸激酶
c-src	60kDa	细胞膜内表面	酪氨酸激酶
c-mos	37kDa	细胞质	丝氨酸/苏氨酸激酶
c-abl	15kDa	细胞质膜	酪氨酸激酶
c-fes	92kDa	细胞膜浆膜面	结合 GTE 及 GDP、GTE 酶
c-fps	98kDa		
Tas	21kDa	细胞核	结合 GTE 及 GDP、GTE 酶、
c-fos	5kDa	细胞核	与附属蛋白 DNA 结合
c-myc	62kDa		
N-myc	66kDa	细胞核	结合 DNA
L-myc	66kDa		
c-myb	75kDa	细胞核	结合 DNA
c-erb-A	T3 受体	细胞质或细胞该	结合甲状腺
sis	PDGF B 链 15kDa	分泌型蛋白	与 PDGF 受体结合为同源或异源二聚体

9.9.1　*myc* 基因

9.9.1.1　*myc* 基因的结构与功能

myc 基因及家族有 *c-myc*、*n-myc*、*s-myc* 及 *b-myc* 等几类，*myc* 基因的产物广泛存在于肿瘤细胞及生长旺盛的细胞内，并证实 *myc* 与细胞生长有关[27]。*myc* 基因表达产物为转录调节因子，Myc 蛋白具有 HLH-Zip 结构，生理状态下，Myc 同 Max 类蛋白通过 HLH-Zip 结构形成稳定的二聚体（Myc-Max）。Myc-Max 二聚体可以特异地结合 DNA 序列中的 CACGTC 核心序列。还有一类同 Myc 同源的蛋白质称为 Mxil，Mxil 也含有典型的 HLH-Zip 结构，Mxil 能同 Max 结合形成二聚体（Mxil-Max），Mxil-Max 二聚体也能同 DNA 核心序列结合，从功能上拮抗 Myc-Max 二聚体的功能。Ayer 等还发现另一种同 Myc 同源的蛋白质称为 Mad。这几种蛋白在生理状态下相互拮抗而发挥对细胞的调节作用[28,29]。Myc、Max、Mxil 及 Mad 蛋白的特定区域，均具有可被磷酸化修饰的残基，虽然这几种蛋白的磷酸化可能会引起蛋白结构及其稳定性的变化，但目前的证据表明，磷酸化对二聚体的形成及转录调节功能没有太大的影响，但是 Max 被磷酸化后，对 Max-Max 聚体的 DNA 结合活性产生抑制作用。

联系到细胞分裂期多种磷酸化酶的活性增强，推测，虽然在各个细胞周期 Max 蛋白浓度波动不大，但在分裂时 Max 处于磷酸化状态，从而抑制了 Max-Max 二聚体同核心序列结合能力，对 Myc-Max 二聚体同核心序列结合的拮抗作用被抑制，对生长基因的抑制随之解除，细胞方可顺利完成生长周期。总之 Myc 蛋白的功能有赖于 Myc-Max 二聚体的形成，Myc-maX 二聚体、Myc-Mad 二聚体及其相拮抗的蛋白因子 Mxil-Mad 等，共同构成精细的生长调控系统。Myc 蛋白的半衰期很短，约为 30min，这同其他核内癌基因或抑癌基因，如

myb、*fos*、*p53* 等相似。这种性质可能与它们参与细胞周期调节有关。细胞周期中，*myc* 基因的表达在 G 后期至 S 期最为明显，*myc* 表达对细胞 G_1 进入 S 期是极为重要的。由于 *myc* 基因细胞分裂周期的重要作用，推测 *myc* 在动物胚胎发育中有重要作用。

9.9.1.2　HLH-Zip 模式的蛋白质

Myc 同 Max 类蛋白通过 HLH-Zip（helix-loop-helix zipper motif）结构形成稳定的二聚体类似本书图 5.20 中的亮氨酸拉链二聚体。所不同的是每个 HLH 模式的蛋白质是一段短的 α 螺旋与一段长的 α 螺旋被一个弯曲的蛋白质侧环连接起来。然后，两个 HLH 结合为拉链二聚体（图 9.12），称为 HLH-Zip 二聚体。二聚体中的两个 HLH 可以是同型的（Max-Max），也可以是异型的（如 Myc-Max、Maxil-Max、Myc-Mad）。

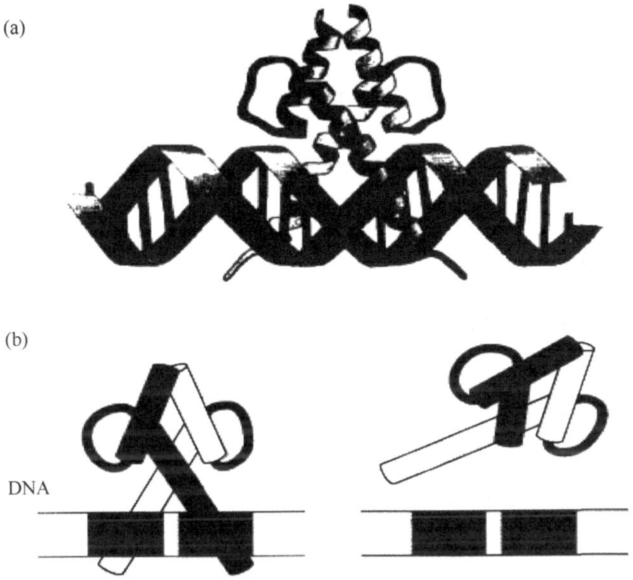

图 9.12　HLH-Zip 结构的蛋白质

(a) HLH-Zip 结构的蛋白质二聚体与 DNA 的特异序列相结合。(b) 左侧是有活性的 HLH-Zip 二聚体，右侧的一个 HLH 中的长 α 螺旋由于突变而变短，缺失了与 DNA 特异序列结合的部分；因而这种 HLH-Zip 二聚体不能与 DNA 正常结合。如果这种 HLH-Zip 二聚体数量过多将阻抑正常的 HLH-Zip 二聚体与 DNA 的结合[9]

9.9.1.3　*myc* 基因与发育的关系

myc 基因同哺乳动物原始基配子细胞（primordial germ cell，PGC）的发生有关，除了 *myc* 外，*jun*、*fos*、*mos* 等也与哺乳动物 PGC 的发生有关。小鼠 PGC 起源于 7～8 天胚胎的原条末端。这时用酸性磷酸酶染色方法可发现 10～100 个 PGC，它从发育的胚胎肠膜迁移到发育中的性腺途中，增殖活跃，当胚胎发育到 12～13 天时，性腺中的 PGC 达到 5000 个。当迁移停止后，PGC 的增殖也趋停止。小鼠发育到 13～14 天，PGCs 细胞进入减数分裂期。在第 12 天的 PGC 中 *c-myc* 的表达开始升高，高水平表达持续到第 15 天，这一时期，正是 PGC 分裂旺盛时期，并且是 PGC 进入到精子发生和卵子发生的关键时期，说明 *c-myc* 对 PGC 发育及精卵细胞发生有极其重要的作用[30]。

后肾发育的一个关键步骤是上皮和间充质细胞的相互诱导。有 4 种细胞参与肾的形成，其中输尿管芽的上皮细胞和两种间充质细胞中的一部分尤为重要。小鼠胚胎发育 13 天后，在输尿管芽上皮周围的间充质细胞开始分化，发育为肾小管上皮。通过原位杂交证实，在这部分发育为肾小管上皮的间充质细胞中有 *myc* 基因高水平表达[31]。

myc 家族是主要的转录调节因子，对很多生长旺盛的细胞都具有调节作用，不仅在 PGCs 细胞发育和肾的形成中有重要作用，而且对脑、肺、毛囊等的发育都有影响。它是一个普遍存在的功能十分重要癌基因。

表 9.6 总结了小鼠在发育时期和成年后各种不同的组织中 *myc* 家族的表达情况，*c-myc* 在胚胎发育及成年后都有比较高水平的表达，而 *l-myc* 及 *n-myc* 主要是在发育的个体中表达[32,33]。

表 9.6　*myc* 家族基因在不同发育阶段的表达

类型	脑	肾	肾上腺	胸腺	脾	肝	肺	心
	NB/A	NB/A	NB/A	NB/A	NB/A	NB/A	NB/A	NB/A
n-myc	++ −	++ −	++ −	− −	− −	− −	++ −	+++ ++
c-myc	++ −−	++ +	+ −	+ +	++ +	++ +	++++	+++ ++
l-myc	++ +−	++ −	− −	− −	− −	− −	++++	− −

注：NB 为初生小鼠，A 为成年小鼠，+表示 *myc* 表达阳性，−表示 *myc* 表达为阴性

9.9.2　*fos*，*jun* 基因

9.9.2.1　*fos*，*jun* 的结构与功能

fos 基因家族包括 c-*fos*、*fos*B、*Fos* 相关抗原（Fos-related antigen，FRA）。*fos* 基因的瞬时表达是最早发现的对多重外界刺激发生的应答反应之一。这些刺激包括 TPA、血清、钙离子通道等，它们在分化及不分化细胞中均能激活不同的路径。而且，*fos* 基因的产物 Fos 蛋白还能与染色质发生作用，这些结果都使人们推测，*fos* 基因是一个信号传导的核心，其瞬时诱导触发其他特异基因的表达。原癌基因 *c-fos* 是病毒癌基因 *v-fos* 在细胞内的类似物，编码 55kDa 的核蛋白。*c-fos* 与 *v-fos* 的不同主要在于 C 端区域[34]。

对 *jun* 基因家族的表达研究发现，它属于早期即刻反应基因家族，使静止细胞在受到促分裂信号的刺激后发生快速、瞬时表达，也是 TPA（12-*O*-tetradecanoyl phorbol-13-acetate，tumor promoter）和血清、生长因子诱导的增强子元件。研究表明，哺乳动物 AP-1 家族成员均通过与 AP-1 位点的相互作用而影响基因表达。但是，Fos 及 Fos 相关蛋白必须与 Jun 形成异源二聚体而识别 AP-1 位点，因为它们本身不能形成同源二聚复合体，而二聚体结构又是结合 DNA 的必要条件。Jun 蛋白则不同，所有 Jun 蛋白之间均可形成同源或异源的二聚体（如 JunB∶JunB 或 c-Jun∶JunB）。Fos 与 JunB 蛋白形成的二聚体要比 Jun 蛋白之间形成的二聚体具有更强的 DNA 结合能力[35]。随后，又发现 Fos 与 Jun 蛋白形成二聚体的过程是依靠两者间所谓的亮氨酸拉链（leucine-zipper）水性相互作用而实现的。在亮氨酸拉链的上游发现了一个富含带正电残基的区域，被称为碱性区（basic region），具有同 DNA 序列特异结合的特性，序列比较表明碱性区在所有的 Jun 和 Fos 蛋白中大都高度保守。此区若发生突变，虽然仍可形成二聚体，但丧失了 DNA 结合的能力；表明此区是 DNA 结合所必需的，除了亮氨酸拉链和碱性区域对二聚体形成及 DNA 结合有重要作用，Jun 蛋白还有 3 个短区域对体内转录有重要意义，这些区域由几簇带负电的氨基酸组成。

上述这些结构特点都高度适应着 Fos 与 Jun 的功能——作为转录因子在某些刺激下（如 TPA）使其蛋白产物增加，AP-1 活性改变，从而引起 AP-1 依赖基因转录活性的改变，进

而导致对细胞增殖分化的调控。

9.9.2.2　*fos*，*jun* 基因在发育中的组织及增殖细胞中的表达

在 *fos* 基因家族中，与胚胎发育关系研究较多的是原癌基因 *c-fos*。*c-fos* 表达的一个突出特点是，尽管存在于胚胎中的转录本几乎检测不到，但在胚胎外组织具有很高的水平。例如，鼠受孕 7 天时，主要是在胚胎外组织中可以看到 *c-fos* 高水平表达。进一步研究表明，这种可检测到的表达具有阶段性和组织特异性。在小鼠，羊膜、脏壁、卵黄囊、胎盘，在人的组织中也发现了同样的方式[36]。小鼠 *c-fos* mRNA 水平在妊娠16～17天的胚外组织中升高至平台期。第 14 天的胚肝、然后是皮肤、骨/骨髓中含有高水平 mRNA。从胚肝及骨髓中表达 *c-fos* 可能很大原因是由巨噬细胞群及其他造血细胞系组成性地或是在分化/成熟过程的某阶段表达 *c-fos*。对 *c*-Fos 蛋白和 mRNA 的原位定位已清楚地看到其他所有胚外组织细胞中的表达。此外，也看到胚外组织中合成 p55*c*-Fos 蛋白[37]。

有 3 种类型的刺激可诱导 *c-fos* 的表达：生长、分化和应激刺激。G_0 期静止细胞在生长因子作用下，*c-fos* 基因在几分钟内被激活，mRNA 水平在 30min 达到高峰，然后于 60min 降至低水平。这时由于转录率增加，也伴随着蛋白合成的增加。原代培养的羊膜细胞在体外培养后持续表达 *c*-Fos 蛋白达 2h，但在 15h 降到零。培养基中加入由胎盘或胚移植物产生的某些因子可以刺激 *c*-Fos 蛋白的重新表达。显然，羊膜中 *c-fos* 的组成性表达可能由胎儿和胎盘组织产生的内源性刺激因子来维持。只要促分裂剂与细胞受体结合，就会有 *c-fos* 的瞬时表达。但是，细胞接下来的反应并不都是表现为细胞分裂。许多体外实验表明，某些类型的细胞在受到刺激发生分化时，也伴随 *c-fos* 基因的激活和高水平表达。

总之，*fos* 作为一种核内原癌基因，在胚胎发育、细胞生长、分化的基因调控中具有非常重要的作用。可能由于它结合于染色质，尤其是脱氧核酸酶 I 敏感区而行使功能。*c-myc* 产物同样增加，但常常在 *c-fos* 表达稍后的时间里，这就产生了一个可能的“命令”模式：外界环境信号刺激导致某些基因激活事件的发生，随后 *c-fos* 和 *c-myc* 激活一系列引起 DNA 合成并能继续通过细胞周期的基因，或者是激活一系列调节细胞进入分化途径的基因[38]。

许多组织中 AP-1 蛋白通过结合于某些功能基因上游的 AP-1 位点而影响基因表达并参与多种生物过程。但 AP-1 转录因子的单个成员可能具有显著的组织特异性作用。通过对小鼠器官形成过程中 *c-jun* 与 *junB* 的表达研究发现，*c-jun* 表达范围相对广泛，尽管转录产物只限于某些组织中待定的细胞群，如发育中的软骨、肠和中枢神经系统。在软骨中，*c-jun* 的表达与软骨细胞膜的快速增殖有关，但在中枢神经系统中它的表达发生于分裂后的运动神经元。相反，*junB* 具有不同的、高度限定的表达方式。*junB* 的表达在小鼠发育的 14.5～17.5 天开始，主要限于分化中的表皮细胞和内胚层肠上皮，表明该基因具有更特异的作用，并调节与 *c-jun* 不同的靶基因[39]。当小鼠*c-jun*基因发生无效突变（null mutation），小鼠于妊娠中期即死亡，此时的鼠胚的大小及发育阶段通常是适宜的，这些突变体的死亡可能是在细胞增殖调控特异性改变的结果，也就是说 *c-jun* 对妊娠中期后的增殖是必需的。同样，也有可能突变体的死亡是由于某些直接或间接依赖 *c-jun* 表达的细胞或组织发生结构或功能缺陷[40]。与 *c-jun* 一样，*c-fos*的无效突变体亦能导致许多组织特异性功能缺陷，在胎盘、骨和中枢神经系统更显著。由这些实验结果可以推测，各种 AP-1 因子具有既特殊又不同的作用，与 AP-1 活性结合一起允许不同类型的组织对许多相同或相似的生理性刺激发生不同的转录应答，从而调控胚胎发育中的增殖或分化。但是，目前对 AP-1 及其单个成分（如 *fos*、*jun*）在不同生物学过程中到底有什么确切作用还了解甚少。对 AP-1 活性进行正负调控的各种成分组成了一个复杂网络，因此，为了更清楚地认识生命发生、发展的机制，还要去发现与识别细胞内其他的调节蛋白。

9.9.3 *ras* 基因

ras 基因家族包括 3 个成员：*H-ras*、*K-ras* 及 *N-ras*[25]。*K-ras* 最初是从大鼠中分离出的，而 *N-ras* 则是从神经母细胞瘤（neuro blastoma）中发现的，*ras* 家族具有相似的基因结构，表达产物为 21kDa 的蛋白质，命名为 p21 蛋白。同 *ras* 基因家族相关的癌基因（*ras*-related oncogene）有 *ral*、*mel* 和 *R-ras* 等，p21 可以结合 GTP 或 GDP，p21 通过半胱氨酸的 C 端与异戊二烯类化合物法尼醇（farnesol）连接，结合于细胞膜的胞质面[41]。在哺乳类细胞存在一类蛋白，分子质量约为 120kDa，它可以使 GTP 酶活性提高 200 倍以上，称为 GTP 酶激活蛋白（GTPase-activitingprotein），简称 GAP 蛋白。一般认为 Ras 蛋白的作用是通过 Ras-GAP 蛋白复合物实现的，Ras-GTP 蛋白复合物处于细胞信息传导的调节器地位，可以由 PDGF、EGF、CSF 等同发育密切相关的生长因子受体或是其他非受体磷酸化酶的作用下，发生酪氨酸残基的磷酸化，活化后的 Ras-GAP 蛋白复合物把生长因子的信号传递到效应分子上[42]。应用畸胎瘤细胞系和红白细胞白血病细胞系体外研究表明，*ras* 对卵细胞和胚胎发育的作用，主要是通过调节分裂过程来实现的[43]。Baum 研究了 *ras* 在南非爪蟾（*Xenopus laevis*）的卵母细胞成熟中的作用，通过显微注射 *ras* 基因和与 GTP 结合的 Ras 蛋白，均可以使卵母细胞趋向成熟[25,44]。在卵的发生与成熟的过程中，*ras* 基因一直都处于高水平表达状态。在成熟的卵母细胞中 *ras* 的 mRNA 高达 10^7 拷贝/细胞，受精卵进入胚期的第一个快速分裂期时仍保持在 4×10^5 拷贝/细胞；到尾芽期后下降到 30～50 拷贝/细胞。

9.9.4 生长因子及其受体

9.9.4.1 表皮生长因子

表皮生长因子（EGF）是一个包括 α-TGF、α-EGF、HB-EGF、TGF-β 等的家族。它们的共同受体是 EGF 受体。EGF 受体是细胞表面的一种糖蛋白，是原癌基因 *c-erbB* 的产物，属于酪氨酸激酶类；几乎存在于机体的所有组织[45]。在小鼠的胚胎研究中发现，EGF 受体最早出现于 8 细胞期，而在早期胚肝的表达水平最高[46,47]。EGF 同小鼠的皮肤、牙齿发生有关，能促进上颚闭合，新生小鼠眼睛睁开[48]。Grros、Goldin 等报道，EGF 还同肺、肝、肾的发育，颅面结构形成有关[49,50]。用 EGF 受体的抗体及反义 RNA 为工具研究 EGF 受体在发育中作用，发现 EGF 的主要作用是启动滋养外胚层细胞的分化[51]。

α-EGF 可以作为 EGF 受体的配体，而 α-TGF 同 EGF 受体结合后具有促进细胞分裂和正常细胞的非锚着依赖性生长（anchorage-independent growth）等作用[52]。α-TGF在小鼠胚胎发育的 7 天开始表达，随后表达水平下降，胚胎发育到 13 天时又出现一个表达高峰，胚胎发育后期，胎盘成为 α-TGF 的主要来源。α-TGF 是调节表皮生长的主要因子之一。Robert 等通过转基因小鼠研究了 α-TGF 过度表达对小鼠发育的影响，发现能引起毛发疏，毛囊减少，皮肤增厚，毛发生长迟缓[53]。综合现有的 α-TGF 研究的报道，认为 α-TGF 有如下 3 个方面的作用：①在发育中，控制皮肤的厚度，毛囊、毛发生长；②同 TGF-β 协同作用，同乳状瘤的发生有关；③同牛皮癣的发病有关。

9.9.4.2 成纤维细胞生长因子

成纤维细胞生长因子（FGF）是一个生长因子家族，主要包括酸性成纤维细胞生长因子

(α-FGF)、碱性成纤维细胞生长因子（β-FGF）、FGF-3、FGF-4、FGF-5、FGF-6，其中FGF-3 是癌基因 *int-2* 的表达产物，FGF-4 是癌基因 *hst* 的产物，FGF-6 又称为角质细胞生长因子（KGP)。FGF 家族是一类功能十分广泛的生长因子，对皮肤、胃、肠、肾、肺、心血管上皮以及中枢神经的发育有重要作用。

现已发现 4 种 FGF 的受体，分别命名为 FGFR1、FGFR2、FGFR3、FGFR4，所有FGF 受体都是跨膜的酪氨酸激酶[54]。FGF 家族对很多种类的细胞都具有促进分裂的作用，最早发现 FGF-6 在创伤恢复中发挥作用，随后发现在小鼠胚胎干细胞中有FGF-3的表达，并持续到原肠胚时期，主要功能可能是调节中胚层在形态形成中的移动及听骨的形成[22]。在小鼠中应用转基因方法转入突变的 FGF 受体基因，该突变基因的表达产物没有酪氨酸激酶活性，但具备同 FGF 配体结合的活性。所以突变受体基因表达后，可以竞争性地同 FGF 结合，从而抑制 FGF 的正常功能。转入小鼠的这种突变基因主要在小鼠的尾部及耳部的真皮和表皮中表达，在这两部分的皮肤中，FGF 的正常功能被抑制，引起的明显的形态异常。这种异常主要表现在基底层以及与基底层相连的基底上层细胞排列的原有规律被破坏，真皮与表皮之间的接触边缘异常。生化分析证实，FGF 被抑制后，在基底上层的角质细胞和毛囊的某些细胞中角蛋白表达增加，以及角化细胞的分化被抑制，认为 FGF 主要功能是调节发育中皮肤的角化细胞分化及蛋白的表达[55]。除此之外 FGF 还同中枢神经发育，胚胎期间充质细胞生长以及后肢、肠、肾、肺等器官的发生有关。在肢芽形成的早期 FGFR1 在肢芽的间充质细胞开始表达，随后包在这部分充质细胞外部的外胚层细胞中开始表达 FGFR2。当小鼠胚胎发育至 9.5～16.5 天，肺的支气管上皮及胃、肠管上皮中有 FGFR2 的表达。随后，肺间充质细胞开始表达 FGFR1。

FGF 家族是一类功能十分广泛的生长因子，对皮肤、胃、肠、肾、肺、心血管上皮以及中枢神经的发育有重要作用。

肾发育的主要一环是输尿管芽上皮对间充质的诱导分化形成肾小管上皮。反过来间充质细胞又诱导输尿管芽延长，形成输尿管系统。在肾的发育中 Myc 同间充质细胞生长有关，而 FGFR1 同输尿管芽上皮细胞生长有关。在小鼠胚胎早期阶段（9.5～10.5 天），在发育中的脑的生发层细胞中有 FGFR1 和 FGFR2 的同时表达，并且一直持续到发育成神经元及神经胶质细胞。在脑室层细胞也有 FGFR1 和 FGFR2 的表达，而在中脑和后脑中主要有 FGFR2 表达，脊索中主要是 FGFR1 表达。此外 FGFR1 和 FGFR2 还同骨、牙、心血管系统发育有关。

9.9.5　集落刺激因子受体

c-fms 基因的产物是一个 170kDa 左右的具有酪氨酸激酶活性的膜蛋白，称为集落刺激因子（CSF-1）受体，主要存在于单核/巨噬细胞表面，主要在脾脏、骨髓和胎肝中表达，在小鼠及人的发育过程中，主要在胚外组织中表达[56,57]。

9.9.6　*c-kit* 基因

c-kit 原癌基因的产物是一个跨膜的酪氨酸激酶，结构上同 CSF-1 受体血小板衍化生长因子受体（platelet-derived growth factor-B，PDGFR-B）及其他几种生长因子的受体有很大程度的同源性，但是到目前为止对 c-kit 受体的配体了解得还不很清楚[58]。有人认为人造血生长因子（KL）可以作为配体同 c-kit 受体结合，并能刺激肥大细胞和动物红细胞的再

生[59]，但是造血生长因子是否是 c-kit 受体的唯一配体，或者是不是受体的主要配体还有待进一步研究。

尽管 c-kit 受体结构及配体的了解还不十分清楚，但对它在发育中作用的研究已有报道。c-kit 主要同黑色素细胞的发生有关。在小鼠中，黑色素细胞起源于神经脊，沿背侧迁移，最后，迁到真皮和表皮，其中一部分细胞参与毛囊的发育。用抗 c-kit 蛋白的抗体，研究 c-kit表达情况，发现在小鼠 10.5 天胚胎的神经脊中没有 c-kit 蛋白的表达，但这时神经脊中的黑色素细胞已经发生，说明黑色素细胞不是开始就表达 c-kit 蛋白。胚胎发展到 11.5～12.5 天时，黑色素细胞沿背侧迁移，这时在背侧切片中，可以观察到高表达 c-kit 蛋白的黑色素细胞，黑色素细胞沿背侧迁移途中、不断分化，并在一定的分化程度时，表达 c-kit 受体。当胚胎发展到 13.5～15.5 天时。表达 c-kit 蛋白的细胞大量增加，并已迁移到发育中的肢芽、眼睑和腹面部分区域，这时在毛囊中也有了表达 c-kit 的细胞。当胚胎发育至 16.5～17.5 天时，黑色素细胞迁移基本完成，这时所有表达 c-kit 的黑色素细胞都集中在真皮、表皮和毛囊中。用抗 c-kit 蛋白抗体注入小鼠 8.5～17.0 天的胚胎中，发现抗体封闭 c-kit 受体的功能后，黑色素细胞的分化被阻断，本来全黑的小鼠品种产生黑白斑点的小鼠个体[60]。*c-kit* 基因坐落在 W 基因座位上，通过研究 W 位点突变的小鼠胚胎发育发现，*c-kit* 基因的突变还会影响到卵母细胞及精原细胞的发生，血液多功能干细胞及组织中肥大细胞的发育。在 *c-kit* 缺陷的小鼠中，肥大细胞比正常小鼠的减少 95%。严重的 *c-kit* 基因缺陷常常导致早期胚胎的死亡[61]。

总之，c-kit 受体主要同黑色素细胞发生有关，c-kit 对发育的功能是多方面的，它除了对卵母细胞、精原细胞、造血干细胞和肥大细胞发育的作用外，还可以与 CSF 配体结合，影响细胞骨架的重排及细胞的形态。

9.9.7 其他与发育相关的癌基因

9.9.7.1 *src* 基因

src 基因编码的蛋白质为酪氨酸激酶，*c-src* 编码的蛋白质约 60kDa[62]，称为 pp[60]。pp 末端被脂化后，结合于细胞膜的胞质面。在 NIN3T3 细胞转入 *src* 基因，*src* 基因表达后，细胞间的缝隙连接被抑制，而细胞内蛋白激酶 C 的活性被加强。Anne 等用温度敏感的 *src* 突变基因，转入 Rat-1 细胞中，研究 src 蛋白对细胞周期的影响，发现 *src* 基因表达后，可以使 G_0 期细胞进入细胞周期，并对通过 G_1 期有重要作用[63]。由此可见 *src* 对细胞内及细胞间的信息传递可能具有重要的功能，如果在体内也存在类似的功能，那它在发育中的作用将是十分重要的。Cotton 发现在鸡胚发育中多种细胞都有 *src* 的表达，其中以在神经组织中的表达最高，应用免疫化学方法证实 *c-src* 在鸡胚神经管、脑和心脏中表达水平很高，而在眼、肢芽和肝中表达水平较低。应用同样的方法证实在人类胎儿的脑皮质，肾索和心脏中都有高水平的 *src* 基因表达。进一步研究证实 *src* 在神经组织中的表达分为两个时期，在鸡胚发展第 4 期 *src* 开始表达，直到 12 期后（4.5～59h）表达水平开始下降，随后在神经元的终末分化阶段的小脑（2.5 天）和神经网（3.5 天）中又出现 *src* 的高水平表达[64,65]。在果蝇发育的研究中也发现 *src* mRNA 在脑及平滑肌发育中，都有高水平表达，证实 *src* 对发育的作用可能是多方面的。

9.9.7.2 *c-abl* 基因

abl 原癌基因有 *v-abl* 和 *c-abl* 两种。*c-abl* 编码一个具有酪氨酸激酶活性的，分子质量

约 150kDa 的蛋白质[66]。*c-abl* 在胚胎器官形成时期的多种细胞中表达[67]。Gertler 发现一种蛋白质，它通过同 Abl 蛋白协同而发挥作用，当这种蛋白发生突变后，它同 abl 蛋白的协同作用被阻断，果蝇的正常发育不能正常进行，从一个侧面证实 *c-abl* 对胚胎发育的重要性[68]。

9.9.7.3　*c-myb* 基因

c-myb 原癌基因编码的蛋白质，分子质量 75kDa，具有 DNA 结合蛋白的活性[69]。*c-myb*主要在未成熟淋巴细胞及骨髓细胞中表达[70]。也有报道 *c-myb* 在其他几种类型的细胞中表达，如在小鼠的胸腺细胞中有 *c-myb* 表达，但小鼠发育成熟进入成年后 *c-myb* 的表达逐渐减少[71]。在红白细胞白血病细胞系中转入 *c-myb* 基因，使 *c-myb* 过量表达，可以抑制细胞的诱导分化[72]，证实 *myb* 对血液细胞成熟分化有重要功能。

除了上述的几种癌基因外，还有一些癌基因，如 *mos*、*neu*、*rat*、*est* 等也同发育有关，随着癌基因研究的不断进展，发现的同发育有关的癌基因越来越多，虽然有相当一部分还不明白它们在细胞信息传递，基因调控中的具体功能，但是应用免疫组化方法、原位杂交方法、DNA 杂交、RNA 杂交、基因定点突变、转基因动物等方法，揭示出这些癌基因在胚胎发育中的重要作用。

9.10　表观遗传（epigenetics）与肿瘤

迄今为止，癌症研究最令人兴奋的进展就是发现表观遗传在癌症的各个阶段所起的关键作用。目前，人们已普遍接受染色质结构对基因表达存在影响的观点，大量的关于表观遗传调控在癌症发生和发展的各个阶段所起的关键作用的信息对临床实践的指导发挥着越来越重要的作用。肿瘤表观遗传学已成为一个新兴的热门研究领域。同时，相比 DNA 序列变化，表观遗传具有高度的可逆性和易于调控性，为癌症预防、诊断、预后分析及治疗提供了全新的思路和广阔前景。

表观遗传，又称后生遗传（epigenetics），它指所有不通过 DNA 序列改变（基因突变）就能影响基因表达，从而决定细胞乃至个体表型的、可体细胞遗传的（即可伴随细胞分裂传递下去）调控方式。包括 DNA 甲基化、组蛋白修饰、染色质重塑、miRNA、朊病毒等。

每一个多细胞生物个体都是由一个受精卵细胞发育分化为成千上万个种类繁多、形态功能各异的体细胞，但这些细胞都携带着基本一致的遗传信息——DNA 序列［除 T 细胞和 B 细胞发生过 V（D）J 重组之外］。而且，通过核移植、细胞融合或诱导特定基因表达等方法人工诱导的细胞重编程过程也基本不涉及 DNA 序列改变。因此，在细胞自我更新、定向分化、器官发育等生命过程中（也就是在细胞的发育、分化过程中），表观遗传调控就起着至关重要的作用。表观遗传调控过程一旦出错则会引发多种疾病，如癌症和多种内分泌疾病。因此，深入细致地理解表观遗传调控机制有着深远的科学和社会意义。

癌症的本质是遗传病还是表观遗传疾病？长期以来，人们普遍认为癌症是一种“遗传性”疾病，即主要是由若干（至少 2～3 个）基因突变累积导致靶细胞持续增殖、凋亡失控、侵袭能力增强等变化从而引发癌变。然而，近几年由于癌症基因组测序项目的实施，使人们开始重新审视这一理论。

（1）首先，人们发现基因被激活或失活，并不一定要通过 DNA 序列的改变（即基因突变），表观遗传调控失常也可和基因突变一样造成致癌后果。

a. 已知抑癌因子 VHL 的基因编码区的突变可阻断它的表达，从而造成恶性肾癌。然而即使很多患者没有 *VHL* 基因编码区的突变，该基因启动子高度甲基化也可以完全抑制 *VHL* 基因的表达而致癌[73]。

b. 很多癌变细胞里 *P16* 基因虽然序列正常，但其表达却受表观遗传抑制（如其启动子高度甲基化或 SWI/NF 功能缺失）而不能发挥抑癌功能[74]。

c. 此外，很多在发育过程中起重要作用的信号传导通路，包括 WNT、Hedgehog 和 TGF-β 等的关键成分亦可导致癌变。最近几年的研究表明这些信号传导通路也可以通过表观遗传的方式调控，如北京大学基础医学院尚永丰实验室发现 LSD1 可以调节 TGF-β 信号通路[75]。

这些证据都表明遗传（DNA 序列改变）和表观遗传两种方式可以导致同样的结果，这些研究奠定了表观遗传调控失常致癌的理论基础。

（2）最近几年发展起来的测序技术使得人们有可能测定同一种癌症的多个样本的全外显子序列，甚至全基因组序列，从而比较全面彻底地在分子水平上发现致癌原因。

这项技术发现，表观遗传调控基因所导致的癌症种类数量之多及发生频率之高远远大于人们以前的理解。已发现多个表观遗传调控因子在血液系统恶性肿瘤（包括各种白血病）、肺癌、乳腺癌、前列腺癌、肝癌、直结肠癌、胃癌、卵巢癌、淋巴瘤等多种癌症中以很高的比例出现。例如，*SNF5* 基因在高达 98％的 MRTs 中突变或缺失，而组蛋白甲基化酶 MLL2 的突变则在高达 89％的滤泡性淋巴瘤和近 30％的弥散性大 B 细胞淋巴瘤患者样本中被检测到[76],[77]。

（3）虽然很多癌症患者的癌细胞中有上百甚至更多的基因发生突变，但究竟哪些是真正的致癌因素，哪些是癌变过程中导致的或随机的附带突变（passengers）？全基因组测序技术为回答这个问题提供了强有力的工具——对同一种肿瘤的多个病例进行测序分析，如果有超过一定比例的患者都有某个基因的突变，则这个基因很可能就是这种癌症的致癌基因，而且这种“重复发生突变”（recurrent mutation）的基因数目越少，这些突变的基因越有可能是真正的致癌因素。

近几年的癌症基因组测序研究为表观遗传在癌症发生发展中的重要作用提供了大量的实验证据。仍以 MRTs 为例，这种死产率极高、发展极快（通常从发病到死亡不到 1 年）且对现有治疗手段极不敏感的儿童肿瘤，其基因组却很稳定，没有任何染色质片段扩增或缺失，更没有整条染色体的增多或减少。几乎所有的 MRTs 都有 *SNF5* 基因的双等位基因失活性的突变或缺失[78],[79]。因此，MRTs 可以说是第一个被发现的“表观遗传性”肿瘤，这说明癌症可能是一种简单的、纯粹的表观遗传性疾病。*Nature* 杂志也曾报道，视网膜母细胞瘤也是一种“表观遗传肿瘤”。对该肿瘤的全基因组测序发现，除 *Rb* 基因外，只有很少基因发生突变，但是很多基因却通过表观遗传方式被异常激活，因此，其致癌机制很可能是 RB 通过和染色质重塑复合物相互作用及影响 DNA 甲基化而激活 *SYK* 等癌基因[80]。此外，儿童成神经管细胞瘤和 Wilms’ 瘤也都呈现较高程度的基因组稳定性而少有基因突变，很可能是“表观遗传肿瘤”。

最后，验证表观遗传在癌症发生发展中的作用，还可以通过改变表观遗传的调控活性能否阻断或逆转癌变过程。美国食品药品监督管理局（Food and Drug Administration，FDA）批准的此类针对表观遗传的 4 个药物都在临床取得了很好的疗效。

参考文献

[1] Chrestopher C B. Oncogene and tumour suppressor genes in human malignancies, kluwer Academic Publishers, 1993, 1～15.
[2] Fearon E R, Hamilton S R, Vogelstein B. Science, 1987, 238: 193～197.
[3a] Tabin C J, et al. Nature, 1982, 300: 143.
[3b] Reddy E P, et al. Nature, 1982, 300: 149.
[4] Capecchi M R. Trends Genet., 1989, 5: 70～76.
[5] Kleinsmith L J, Pierce G B Jr. Cancer Res., 1964, 24: 1544～1551.
[6] Mintz B, Illmensee K. PNAS. USA, 1975, 72: 3585～3589.
[7] El-Deiry W S, et al. Cell, 1993, 75: 817～825.
[8] Hartwell L. Cell, 1992, 71: 543～546.
[9] Alberts B, et al. Molecular Biology of the Cell. third edition. Garland Publishing Inc., 1994.
[10] Wyke J A. Virus and Cancer. In: Introduction to the Cellular and Molecular Biology of Cancer. L M. Franks, N M. Teich. eds. 2nd ed. Oxford University Press, 1991, 203～229.
[11] Fearon E R, Vogelstein B A. Cell, 1990, 61: 759～767.
[12] Weinberg R A. Science, 1991, 254: 1138～1146.
[13] Wong A J, et al. Science, 1986, 233: 461～464.
[14] Rijsewijk F, et al. Cell, 1987, 50: 694～657.
[15] Varmus H E. Annu. Rev. Genet., 1984, 18: 553～612.
[16] Armitage P, Doll R Br J. Cancer, 1954, 8: 1～12.
[17] Vogelstein B, Kinzler K W. Trends Genet., 1993, 9: 138～141.
[18] Leder A, et al. PNAS. USA, 1990, 87: 9178～9182.
[19] Aaltonen L A, et al. Science, 1993, 260: 812～816.
[20] Biship J M. Ann. Rev. Biochem., 1983, 52: 301.
[21] Johnson A, et al. EMBO J, 1986, 5: 1535～1541.
[22] Wilkinson D G, et al. EMBO J, 1988, 7: 691～695.
[23] Schechter A, et al. Science, 1985, 229: 976～978.
[24] Sejersen T, et al. J. Cell Physiol, 1986, 127: 247～280.
[25] Baum E B, et al. Oncogen, 1990, 5, 5: 763～767.
[26] Adamson E D. Growth factors in development. In : Warshaw J. B. ed. The Biological Basis of Reproductive and Developmental Medicine. New York, Elsevier Press , 1983, 307～ 336.
[27] Olson E N. Genes Dve., 1990, 4: 1454～1461.
[28] Zerros A S, et al. Cell , 1993, 72: 233.
[29] Amati B, et al. Cell, 1993, 72: 233.
[30] Donovan P J, et al. Cell, 1986, 44: 831～838.
[31] Aufderheide E R, et al. J. Cell Biol., 1987, 15: 599～ 608.
[32] Coucouvanis E D, et al. Mechanisms of Development, 1993, 42: 49～58.
[33] Zimmerman K A, et al. Nature, 1986, 319: 780～783.
[34] Curran T, et al. Cell , 1984, 36: 259～268.
[35] Angel P, et al. Biochem Biophys Acta , 1991, 1072: 129 ～157.
[36] Milller R, et al. Nature, 1983b, 304: 454～456.
[37] Mason I, et al. Differentiation, 1985, 30: 76～81.
[38] Adamson E D. Development, 1987, 99: 449～471.
[39] Walkinson D G, et al. Development, 1989, 106: 465～471.
[40] Johnson R S, et al. Genes Dev., 1993, 7: 1309～1317.
[41] Bishop J M. Ann. Rev. Biochem., 1983, 52: 301.

[42] DeFeo D, et al. PNAS USA, 1981, 78: 3328～3332.
[43] Todokoro K, et al. Biochem Biophys Res Comm, 1986, 135: 1112～1118.
[44] Andeo L, et al. Dev. Biol. , 1993. 139, 1: 24～34.
[45] Downward J, et al. Nature , 1984, 307: 521～527.
[46] Adamson E D, et al. Differentiation, 1984, 27: 152～157.
[47] Wiley L M, et al. Dev. Biol. , 1992, 149: 247～260.
[48] Adamson E D. Dev. Biol. , 1990, 24: 1～29.
[49] Tyler M S, et al. Embryol J. Exp. Morph. , 1980, 58: 93～106.
[50] Gras J, et al. Ped. Res , 1986, 20: 473～477.
[51] Brice E C, et al. Dev. Genet. , 1993, 14: 174～184.
[52] Derynck R, et al. Cell, 1984, 38: 287～297.
[53] Vassar R, et al. Genes Dev. , 1991, 5: 714～727.
[54] Miki T, et al. PNAS USA , 1992, 89: 246～250.
[55] Sabine W, et al. EMBO. J. , 1993. 12, 7: 2635～2643.
[56] Coussens L, et al. Nature, 1986, 320: 277～280.
[57] Izhar M, et al. Dev. Biol. , 1986, 116: 510～518.
[58] Yarden Y, et al. EMBO J, 1987, 6: 3341～3351.
[59] Huang E. et al. Cell, 1990, 63: 225～233.
[60] Yoshida H, et al. Dev. Growth Differ. , 1993. 35, 2: 209～220.
[61] Prabir R, et al. Genes Dev. 1991, 5: 2265～2273.
[62] Wyke J. Nature, 1983, 304: 491, 492.
[63] Anne W, et al. Cell Growth Differ. , 1993, 4: 671～678.
[64] Cotton P C, et al. Mol. Cell Biol. , 1983, 3: 1157～1162.
[65] Sorge L K, et al. Cell, 1984, 36: 249～256.
[66] Witte O N, et al. Nature, 1980, 283: 826～828.
[67] Munller R, et al. Nature, 1982, 299: 640～644.
[68] Gertler F B, et al. Genes Dev. , 1993. 7, 3: 441～453.
[69] Klempnauer K H, et al. Cell, 1983, 31: 453～463.
[70] Duprey S P, et al. PNAS USA , 1985, 82: 6937～6941.
[71] Thiele C J, et al. Mol. Cell Biol. , 1988, 8: 1677～1683.
[72] Thompson C B, et al. Nature, 1986, 319: 374～380.
[73] Herman J G, Latif F, Weng Y, et al. 1994. Silencing of the VHL tumor suppressor gene by DNA methylation in renal carcinoma. Proc Natl Acad Sci USA, 91 (21): 9700～9704.
[74] Medo A, Herman J G, Mso L, et al. 1995. 5′CpG island methylation is associated with transcriptional silencing of the tumour suppressor p16/CDKN2/MTS1 in human cancers. Nat Med, 1 (7): 686～692.
[75] Wilson B G, Roberts C W. 2011. SWI/SNF nucleosome remodellers and cancer. Nat Rev Cancer, 11 (7): 481～492.
[76] Morin R D, Mendez-L M, Mungall A J, et al. 2011. Frequent mutation of histone-modifying genes in non-Hodgkin lymphoma. Nature, 476 (7360): 298～303.
[77] Pasqualucei L, Trifonov V, Fabbri, G. et al. 2011. Analysis of the coding genome of diffuse large B cell lymphoma. Nat Genet, 43 (9): 830～837.
[78] Lee R S, Trifonov V, Fabbri G, et al. 2012. A remarkably simple genome underlies highly malignant pediatric rhabdoid cancers. J Clin Invest, 122 (8): 2983～2988.
[79] McKenna E S, Sansam C G, Cho Y J, et al. 2008. Loss of the epigenetic tumor suppressor SNF5 leads to cancer without genomic instability. J Mel Cell Biol, 28 (20): 6223～6233.
[80] Zhang J, Benavente C A, McEvoy J, et al. 2012. A novel retinoblastoma therapy from genomic and epigenetic analyses. Nature, 2012, 48I (7381): 329～334.

第10章　突变、修复与重组

如果生物不能准确地复制它的DNA并及时修复其化学、物理损伤所引起的突变的话，生物就不能存活。复制的精确度和损伤修复的限度都尽显于自发突变的概率之中。在此限度内，各种类型的错误（突变）都会发生：碱基替换、小片段和大片段的插入和缺失、DNA序列的大规模重排。突变的发生及其修复，能够永久地影响生物的基因，并且因为癌症常常是体细胞突变引起的，所以令我们十分关注。

10.1　基因的突变

生物的基因的结构性变化所导致的遗传性变异，称为突变（mutation）。每个基因组每次复制发生突变的概率称为突变率（mutation rate）。不同生物的突变率相差很大，高等真核生物约为0.01，微生物约为0.003 4，反转录病毒约为0.2，其他RNA病毒约为0.67。

10.1.1　自发突变与诱发突变

在细胞的正常活动中，或细胞与环境的随机作用中所产生的具有一定突变率的突变称为自发突变（spontaneous mutation）。由某些能增加自发突变率的诱变剂（化学的或物理的）引起的突变称为诱发突变（induced mutation）。根据测量，发生在噬菌体、细菌中的自发突变，其每代每基因组的突变率为$3\times10^{-3}\sim4\times10^{-3}$，任一基因的突变率为$10^{-6}\sim10^{-5}$，任一碱基的突变率为$10^{-10}\sim10^{-9}$。一般认为，真核细胞的自发突变率与细菌相似，但没有精确地测量过。

10.1.2　转换突变与颠换突变[1]

DNA的Watson-Crick配对原则不是绝对的。在水溶液中，DNA是柔韧的，它的糖苷键可以转动，使得各种各样的碱基配对成为可能。嘌呤、嘧啶也可以从酮式转变为烯醇式、从氨基转变为亚氨基。因此能够引起T∶G、C∶A、A∶G、T∶C等不符合Watson-Crick配对原则的配对的出现。

一对碱基中的一个嘌呤被另一种嘌呤取代，同时一个嘧啶被另一种嘧啶取代，称为转换突变（transition mutation）。

一对碱基中的一个嘌呤被另一个嘧啶取代，同时一个嘧啶被另一个嘌呤取代，称为颠换突变（transversion mutation）（图10.1）。

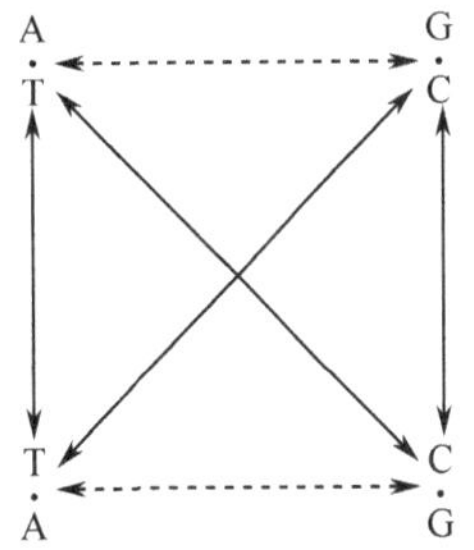

图10.1　转换和颠换

嘌呤取代嘌呤或嘧啶取代嘧啶的碱基对代换称为转换（虚线）；嘌呤取代嘧啶或嘧啶取代嘌呤的碱基对代换称为颠换（实线）

10.2 自发突变

至今，自发突变发生的原因和机制还很难说清楚。已经知道大肠杆菌的 *dnaQ* 基因所编码的 DNA 聚合酶Ⅲ的 ε 亚基有 3′→5′的校正活性。*dnaQ* 基因突变就会增加复制错误，提高自发突变。DNA 聚合酶Ⅰ的小片段也有 3′→5′校正活性。该小片段的编码突变，也会提高自发突变的频率。在细胞的正常活动中，或细胞与环境的随机作用中所产生的自发突变名目繁多，重要的有以下几种。

10.2.1 碱基的误配与修复

在细菌中，即使校正活性正常，仍有 10^{-8} 的配对错误。但实际上细菌复制错误却在 10^{-11}～10^{-10}。这是因为配对错误可以修正。在大肠杆菌 DNA 上的 GATC 序列是回文序列，是甲基化的位点，两个 GATC 序列之间相距超过 2kb。新生 DNA 在合成后 0.5～3min 之内，GATC 中的 A 尚未甲基化时，误配修复系统能够区分 DNA 双螺旋中哪一股发生了误配并对其修复。参与修复的酶类中，MutS 负责识别并结合误配位点，MutL 单独时无活性，但在有误配碱基的情况下，与 MutS 协作，形成 MutSLH 复合体，提高了 MutH 内切核酸酶的内切活性；*Mut*H 在尚未甲基化的 DNA 一股的误配碱基侧翼内切，根据切口是在 5′或 3′侧，由外切核酸酶Ⅰ（*Exo* Ⅰ）（3′外切）、外切酶Ⅶ（*Exo* Ⅶ）（3′或 5′外切）或重组蛋白 RecJ（5′外切，参与修复重组过程中的误配）等降解该股的错误段落，由 DNA 聚合酶Ⅲ重新合成正确配对的 DNA 段落，由连接酶封口。在修复过程中由单股结合蛋白（SSB）负责保护另一单股非误配的 DNA 链。

在真核细胞中，修复过程与大肠杆菌的过程类似，只不过由 MSH2 误配结合蛋白识别误配位点，然后与 MLH1、PMS1、PMS2 等形成复合体，进行切除（复合体中负责切断误配单股的酶是哪一个，还不清楚）。随后的过程与上述的大肠杆菌一致，进行 5′→3′或 3′→5′外切，DNA 聚合酶进行修复、连接等。

这种辨识正误的修复能力可远达 2kb，称为长程误配修复（long patch mismatch repair）[2]。长程误配修复能修复各种碱基误配，也能修复小小的插入，插入的长度一般要求小于 5 个不配对核苷酸，最多不能超过 8～12 个；重组中的误配、化学损伤也能修复，但主要是修复复制过程中的误配。另外，还有所谓极短程修复（very short patch repair，简称 VSR 或 VSP）。这种修复只限于 CTWGG（W＝A 或 T）。CCWGG 的第二个 C 是甲基化酶 Dcm 的作用位点。由于甲基化，5meC 脱氨基成 T，造成 TG 误配。极短程误配修复系统的内切酶可在 T 的 5′侧将 CTWGG 切断，得 5′- 磷酸和 3′- 羟基；下一步可能由 DNA 聚合酶Ⅰ和 DNA 连接酶修复；切点两侧切除修复的核苷酸约达 20 个之多。

10.2.2 DNA 中 U 的渗入与修复

DNA 中有 T 无 U。但是在 DNA 复制中，仍然不可避免地有 U 的渗入。在细菌的每一轮 DNA 复制中，渗入的 U 多达 1500～4000 个。S 期的人类细胞的每一个基因组发现有 10^4 个 U。这是因为在核酸代谢过程中，脱氧尿嘧啶核苷 5′磷酸核苷水解酶（deoxyuridine 5′- triphosphate nucleotido hydrolase）（大肠杆菌由基因 *dut* 编码）催化 dUTP→dUMP，作为 dTTP 的前体。如果 *dut* 发生突变，dUTP→dUMP 反应受阻，dUTP 浓度升高，结果

DNA 中约 18% 的 T 由 U 取代，虽然遗传信息不变，但生长慢、自发突变率高，重组率高，导致大肠杆菌死亡。DNA 中 U 的另一来源是胞嘧啶（C）自发脱氨基成为尿嘧啶（U）。由于 U 和 C 编码性质不同，C→U 可引起遗传信息改变，后果严重。

DNA 中的 U，不论由 U 取代 T 还是 C 脱氨基而来，均由尿嘧啶 DNA 糖苷酶（uracil-DNA glycosylase）（大肠杆菌由基因 *ung* 编码）切除。单纯性疱疹病毒尿嘧啶 DNA 糖苷酶结晶学分析已达 0.175nm[3]。许多细菌、酵母、动物、植物都有这种酶。该酶切断 C-N 糖苷键，得到游离的 U 和无嘌呤嘧啶酸。无嘌呤嘧啶酸由无嘌呤嘧啶裂解酶（AP-lyase）在其 3′端切断，再由 3′磷酸二酯酶作用，或由无嘌呤嘧啶内切核酸酶（AP-endonuclease）在其 5′切断，再经 5′磷酸二酯酶作用，结果形成一个适于 DNA 聚合酶操作的缺口（缺少一个核苷酸），最后由 DNA 聚合酶，连接酶修复。这种将一个错误碱基切除的修复，称为碱基切除修复（base excision repair，BER）。DNA 中自发或诱发产生的错误碱基并不限于尿嘧啶，还有次黄嘌呤或 5-羟尿嘧啶等，但都可以用 BER 法修复，不过所用的糖苷酶不同。

10.2.3 8-oxodG 突变与修复

细胞代谢过程中产生的羟基、过氧化物、单线态氧、分子氧、衰老都能使 DNA 上的 dG 氧化成为 8-氧代脱氧鸟嘌呤（8-oxodG）。辐射、化学致癌物等也能诱发 8-oxodG（见 10.3 节，诱发突变）。8-oxodG 在 DNA 复制时的配对行为和 dG 不同，既可和 dC 配对，也可和 dA 配对。当 DNA 聚合酶 α、δ、Ⅲ催化 DNA 复制时，8-oxodG 以和 A 配对为主(C/A 值分别为 1/200、1/5 和 1/8)。当 DNA 聚合酶 β、Ⅰ主持复制时，则 8-oxodG 以和 C 配对为主（C/A 值分别为 4 和 7)。因为 DNA 聚合酶Ⅰ和Ⅲ的校正活性不能切去 8-oxodG 对侧的 A，结果造成 GC→TA 颠换突变。如果用 8-oxodG 作为合成 DNA 的底物，则既可以和模板 DNA 的 dC 配对，也可和 dA 配对，从而造成 AT→CG 颠换。

8-oxodG 的错误配对由 MutM、MutY、MutT 来修复。其中 MutM 编码 8-oxodG DNA 糖苷酶，相当于大肠杆菌的 Fpg（甲酰胺基嘧啶 DNA 糖苷酶）能将 8-oxodG∶C 中误配的 8-oxodG 切去，然后由外切核酸酶扩大切口、DNA 聚合酶修复，连接酶封口。如果 MutM 未能将渗入的 8-oxodG 切去，下一轮复制时，8-oxodG 对侧可能掺入 dA。在这种情况下，MutY 会把误配的 dA 切去而成为无嘌呤酸，然后由无嘌呤酸内切核酸酶、DNA 聚合酶Ⅰ和连接酶修复。至于 MutT 途径，则是将 8-oxodGTP 分解为8-oxodGMP+PPi，从而使它不能进入 DNA。MutM、MutY、MutT 中任何一个基因发生突变，都将提高自发突变[4]，哺乳动物有相当于 MutM、MutY、MutT 的基因。

10.2.4 8-羟基脱氧鸟嘌呤/2-羟基脱氧鸟嘌呤

8-羟基脱氧鸟嘌呤（8-hydroxyguanine，8-OH-dG）和 2-羟基脱氧腺嘌呤（2-hydroxyadenine，2-OH-dA）都是正常细胞呼吸和氧代谢的产物，大量存在于细胞中。8-OH-dGTP 进入 A 的对面（与 A 误配），引起 AT→CG 颠换；2-OH-dATP 进入 G 的对面（与 G 误配），引起 GC→TA 颠换[5]。在大肠杆菌悬浮液中加 50pmol/L 的 8-OH-dGTP 和 2-OH-dATP,其突变频率分别高于自发突变 12 倍和 9 倍。2-OH-dA 无毒，不破坏复制，但可以在 DNA 复制过程中“位置特异性”地渗入，引起突变。用质粒 pSVK3，把 2-OH-dA 放在大肠杆菌染色体的限制性位点 *Sal* Ⅰ GTCG<u>A</u>C 和 *Afl* Ⅱ CTT<u>A</u>AG 的<u>A</u>位点时，对“+”链的 *Sal* Ⅰ和 *Afl* Ⅱ位点的诱变频率分别为 0.8%和 0.07%，对“−”链则分别为

0.3%和 0.1%；对“+”链引起的突变多为缺失；对“−”链来说，则引起 A→G 和A→T。

10.2.5　嘧啶并［1,2-α］嘌呤 10(3H)酮

丙二醛（malondialdehyde，MPA）和脱氧鸟嘌呤作用可以生成嘧啶并［1,2-α］嘌呤 10（3H）酮｛pyrimido［1,2 -α］purin 10（3H）one｝，简称 M_1G。M_1G 是健康人的天然成分，肝细胞和白细胞中含量达 10～5400 分子，但掺入 DNA 却成为引起突变的因素。将 M_1G 置于 M13M B102“−”链的 6256 位［序列为 5′-GGT（M_1G）TCCG-3′］，“+”链 6256 位置是 C 或 T，转化修复缺陷的大肠杆菌，结果出现大量 M_1G→A 和 M_1G→T 和少数 M_1 G→C，总突变频率约为 1%[6]。

10.2.6　5-fou

胸腺嘧啶经电离辐射照射或氧化剂的氧化作用，成为 5-甲酰尿嘧啶（5-formyluracil，5-fou），在 22 聚脱氧核糖核苷酸中定点插入，作为模板，用 Klenow 酶、嗜热菌（*Thermus thermophilus*）DNA 聚合酶或激烈火球菌（*Pyrococcus furiosus*）DNA 聚合酶进行 DNA 合成实验，结果在 5-fou 对侧渗入 dAMP 或 dCMP。错误渗入后，3′→5′外切活性不能修正，从而引起 T→G 突变[7]。

10.2.7　氧化氮（NO）

氧化氮（nitric oxide，NO）产生于生理、病理过程中，可导致血管扩张，并能自我氧化成为 N_2O_3。N_2O_3能使 G 脱氨基成黄嘌呤（xanthine，X）、C 脱氨基成 U，是一种 DNA 碱基的氧化损伤。该过程的 G→X 高于 C→U 两倍，ssDNA 比 dsDNA 反应快 10 倍[8]。

哺乳动物 DNA 碱基的氧化损伤多达一百多种。氧化损伤致变、致癌、致神经疾患。

10.2.8　O^6-烷化 G（O^6-alG）误配

酵母 *mgtl* 基因编码 DNA O^6-甲基 G（O^6-meG）转移酶，*mgtl* 缺陷突变体自发产生 O^6-烷化 G（O^6-alG）误配，提高自发突变。大肠杆菌有甲基转移酶（methyltransferase），能把 O^6-甲基 G 的甲基转移到自身的 Cys 上，使细菌对烷化发生适应[9]。Cys 被甲基化以后，甲基转移酶永远失去活性[10]。古细菌嗜酸热硫化叶菌（*Sulfolobus acidocaldarius*）、冰岛热棒菌（*Pyrobaculum islandicum*）、激烈火球菌（*Pyrococcus furiosus*）和滨海热球菌（*Thermococcus litoralis*）都有 O^6-alG-DNA 烷基转移酶（O^6-alG-DNA alkyltransferase，ATase）。这种 ATase 的热稳定性极佳，80℃半寿期为 0.5h（嗜酸热硫化叶菌）到 13h（滨海热球菌），最适温度为 75～100℃，但在 37℃也能保持烷基转移酶活性。把 ATase 事先与 O^6-alG 寡聚核苷酸温育，则因烷基转移到自己身上而失去 ATase 活性。冰岛热球菌 ATase 只有 15kDa，是已知最小的 ATase[11]。

10.3　诱发突变

10.3.1　紫外线辐射

紫外线的主要作用是使嘧啶光解，特别是使相邻的嘧啶形成二聚体。如果不及时修复，

就会引起下一步的复制错误而产生突变，1～2 个嘧啶二聚体就可以置细菌于死地。嘧啶二聚体（pyrimidine dimer）有两种，环丁烷嘧啶二聚体（cyclobutane pyrimidine dimer，CPD，Y=Y，Y：T 或 C）与嘧啶（6-4）嘧啶酮二聚体［pyrimidine（6-4）pyrimidone，Y（6-4)Y，Y：T 或 C］。在哺乳动物细胞 COS-7（来源于猴肾细胞的细胞系）的 DNA 复制中，先导链模板和滞后链模板中分别引入 T（6-4）T 和 T=T，观察其对复制的影响。结果滞后链模板中有 T（6-4）T 或 T=T，DNA 复制仍能分别达到对照（正常 DNA 模板）的 93%和 79%，如果先导链模板中有 T（6-4）T 或 T=T，那么分别只有 71%、58%能完成复制。先导链模板中有 T（6-4）T，诱变频率达 2.3%，滞后链模板中有 T（6-4）T，诱变频率达 4.7%；T（6-4）T 诱变以 3′T→C 为主。T=T 诱变频率较低，但各种突变都有[12]。

嘧啶二聚体的修复分光复活和暗修复两种。

（1）光复活作用（photoreactivation）：光复活作用直接逆转紫外辐射造成的嘧啶二聚体结构。光复活反应中，DNA 光解酶从光线中捕获能量并将其用于断裂嘧啶二聚体的共价键。直接地修复受损伤的碱基。

大肠杆菌光复活由 *phr* 基因编码的环丁烷嘧啶二聚体光解酶（cyclobutane pyrimidine dimmer photolyase，CPD 光解酶）（471 个氨基酸，35kDa）进行[13]。真细菌、古细菌和真核生物三大分支都有 CPD 光解酶，但许多动物（包括人）没有。光解酶进行光解要有还原型黄素腺嘌呤二核苷酸（reduced flavin adenine dinucleotide，FADH）和 5，10 -甲基四氢叶酸的谷氨酸盐（5，10-methyltetrahydrofolyglutarnate，MTHF）两种辅基，后者是收光天线，接收波长 350～560nm 的光，启动切割，把二丁基环切开，使两个嘧啶各自分离；其能量传递机制，有待研究[14]。CPD 光解酶不能光解嘧啶（6-4）嘧啶酮二聚体。嘧啶(6-4)嘧啶酮二聚体要由（6-4）光解酶［(6-4) photolyase］来修复。(6-4) 光解酶和损伤 DNA 结合的区域全长达 20bp，光解酶使 Y（6-4）Y（Y：T 或 C）的两个嘧啶各自分开[15]。（6-4）光解酶要吸收波长 350～600nm 的光，才有酶学活性。(6-4) 光解酶和dsDNA上 T（6-4）T 结合力很强（$K_D=10^{-9}$），和ssDNA上 T（6-4）T、dsDNA 和 ssDNA 上 $T_{Dewar}T$（T_{Dewar}：Dewar 价异构体）结合力较弱（$K_D=10^{-8}$）[16]。人虽然没有 CPD 光解酶，但是有（6-4）光解酶，并且已经克隆[17]。

果蝇、拟南芥和爪蟾也有（6-4）光解酶[15]。果蝇还有一种紫外线损伤 DNA 结合蛋白（UV-damage-specific DNA binding protein，D-DDB P1）。D-DDB P1 是一种核酸酶，能选择性地结合嘧啶（6-4）嘧啶酮二聚体，在二聚体两侧切断[18]。

（2）暗修复 —— 核苷酸切除修复（nucleotides excision repair，NER）：核苷酸切除修复酶不能区分各种不同的 DNA 损伤，而是识别 DNA 双螺旋形状上的扭曲，如胸腺嘧啶二聚体或碱基上存在大的化学附加物时产生的扭曲。由这种扭曲而引发一连串的修复事件，使含有损伤的一小段 DNA 单链片段被除去，并在 DNA 上留下一个单链缺口。然后由 DNA 聚合酶用未受损伤的单链为模板进行填补，修复了原始的核苷酸序列。它可以修复诸如无嘌呤嘧啶位点、胸腺嘧啶乙二醇、嘧啶二聚体、嘧啶（6-4）嘧啶酮光产物、庞大化学附加物、丝裂霉素 C、O^6-meG、N^7-ethG、N^3-ethA、链间交联等几乎一切导致双螺旋扭曲的 DNA 损伤，但不包括错误配对、环、脱氨基和单核苷酸插入。

参与 NER 的主要由四种蛋白质来完成。其中 UvrA 有 940 氨基酸残基，107kDa，每个细胞约有 20 个分子，呼救信号反应后增加到 150 个分子。UvrA 由 DnaK、DnaJ 和 GrpE 作为分子伴娘，保持其正确的折叠形式，执行 NER 功能。如果 DnaK 缺失，对 UV 100J/m²

的敏感性提高 80 倍[19]。UvrB 有 672 个氨基酸，82kDa，每个细胞约有 200 个分子，呼救信号反应后增加到 1500 个分子。UvrC 有 610 个氨基酸，69kDa，每个细胞有 10 个分子。UvrD 有 720 个氨基酸，每个细胞 3000 个分子，SOS 反应后增加到 4500 个分子。

修复 DNA 时，UvrA 以二聚体的形式（$UvrA_2$）结合在 DNA 上，并与 UvrB 结合成为 $UvrA_2B$ 复合体。$UvrA_2B$ 以它的解旋酶活性和 ATP 提供的能量沿 DNA 扫描，其中 $UvrA_2$ 负责检测双螺旋中的扭曲，一旦遇到扭曲，解旋不能继续进行。这时，因为 $UvrA_2B$ 结合损伤 DNA 的能力比结合非损伤 DNA 的能力高出约千倍，能把 UvrB 稳稳地定位在损伤位点，并释出单体 UvrA。UvrB 使 DNA 变性，在扭伤四周产生一个单链凸起。然后，UvrB 与 UvrC 结合，由 UvrB、UvrC 的内切核酸酶活性先在损伤位点 3′端 3～5 核苷酸处切断[20]，然后由 UvrC 的内切核酸酶活性在损伤位点 5′端 7～8 核苷酸处切断。切割后产生长度为 12～13个残基的单链 DNA 片段。UvrD 有解旋酶活性（解旋酶Ⅱ），它的任务是把长11～13 核苷酸、带有损伤位点的单股 DNA 片段和 UvrBC 释出。最后，由 DNA 聚合酶Ⅲ与 DNA 连接酶修复缺口（图 10-5）。

在人、啮齿类和酵母等真核生物中，都有相当于大肠杆菌 NER 的修复机制，修复过程较为复杂，切除长度可达 30 核苷酸［－5～（＋21～23)］，参与 NER 的基因为25～30 个。NER 与人类着色性干皮病、科克因（Cockayne）综合征、毛发硫营养不良（tricho-thiodystrophy）有关[21～25]。

10.3.2　电离辐射照射

电离辐射（γ 辐射和 χ 射线）造成 DNA 双股断裂，很难修复。电离辐射能直接攻击（离子化）DNA 骨架中的脱氧核糖。它还能通过产生活性氧簇（如 O_2^-、H_2O_2 和 OH·）攻击 DNA。

蛋白质激酶（DNA-dependent protein kinase，DNA-PK）能够修复 DNA 双股断裂。DNA-PK 由三个亚基组成，其中 70kDa 的蛋白质（简称 p70）和 80kDa（p80）组成的二聚体就是自体抗原（autoantigen）Ku；Ku 再和大于 450kDa 的 DNA-PKcs 共同组成 DNA-PK。其中，DNA-PKcs 是催化亚基（catalytic subunit)，Ku 是依赖于 dsDNA 或 ssDNA 的 ATPase，有 3′→5′解旋酶活性。Ku 结合于 DNA 的末端、发夹、切口（nick）或缺口(gap)，其结合无序列特异性。结合后能在 dsDNA 上位移，因此在线性 DNA 上可以结合三个以上的 Ku。如 DNA 连接成环，Ku 就像珍珠串在项链上一样，不能离去。Ku 和 DNA-PKcs 组成的 DNA-PK 必须和 DNA 断端结合才有修复活性。在双股断裂的重接过程中，Ku 保护 DNA 末端免遭降解，并与 DNA-PKcs 共同工作。由于两个 DNA 末端都结合着 DNA-PK，而 DNA-PK 有联合的倾向，所以能把两个断头带到一处。此时两个 DNA-PK 交互使对方的 Ku 磷酸化，激活了 Ku 的解旋酶活性，导致 DNA-PKcs 离去，把 DNA 末端两股打开，各自和对方连接起来。

10.3.3　碱基类似物

碱基类似物的分子结构跟 DNA 的自然碱基非常相似，因此在某些重要的生物反应中它能取代那些自然碱基。Freese 第一个指出在 DNA 复制期间，有少数碱基类似物能取代某一自然碱基，造成配对错误。

10.3.3.1 5-溴尿嘧啶（BU）

5-溴尿嘧啶（BU）是胸腺嘧啶的类似物，目前它是了解得最清楚、研究得最广泛的类似物之一，能引起点突变。BU 和与它相近的类似物 5-氯尿嘧啶、5-碘尿嘧啶都能引起噬菌体和细菌的突变。如果大肠杆菌在含 BU 的条件下生长，BU 就会渗入 DNA，取代胸腺嘧啶。在除去游离的胸腺嘧啶，并以类似的脱氧核糖核苷酸（5-溴脱氧尿苷、BUdR）来培养细胞，就能使渗入的类似物数量不断地增加，直到几乎所有的胸腺嘧啶都被取代为止。

虽然 BU 是胸腺嘧啶的类似物，但它偶尔也会跟鸟嘌呤错误配对，这种错误可能是因为 BU 也跟自然碱基一样，存在着异构体，能从一种结构形式变成另一种结构形式。这些异构形式只是一个氢键的位置不同，各自能与不同的互补碱基配对，例如腺嘌呤的普通形式（酮式异构体）与胸腺嘧啶配对，偶尔它也会变成稀有的烯醇式异构体与胞嘧啶配对。虽然这种配对错误随时都会发生，从而产生自发突变，但概率是非常低的；BU 诱变发生的重要性在于普通酮式 BU（它能取代 T，与 A 配对）会以较高的频率转变成异构的烯醇式 BU（它与 G 配对），结果在 BU 渗入 DNA 取代 T 后，某些 A-BU 对在第一次复制中能产生一个 A-T 对和一个 G-BU 对，在下一次复制时，这个 G-BU 对形成了一个 G-C 对和一个 A-BU 对，这时的 BU 已经回复到酮式了。这就是说，BU 诱发了 G-C 转换 A-T。注意这一过程与减数分裂后分离之间的同一性。

由于烯醇式 BU 能与鸟嘌呤配对，有时它也渗入 DNA 以代替腺嘌呤，从而能通过基本上相反的过程，诱发 A-T 转换 G-C［图 10.2(b)］。然而，烯醇式 BU 比普通的酮式 BU 少，因此逆向变化的频率，比诱发 G-C 转换 A-T 的频率低。

10.3.3.2 2-氨基嘌呤（2-AP）

胸腺嘌呤的另一个类似物 2-氨基嘌呤（2-AP）也是某些有机体的诱变剂，能诱发 T4 和大肠杆菌突变。AP 要依靠细胞将它转变成相应的脱氧核苷酸才有诱变效应。AP 一般极少渗入 DNA，渗入的概率比 BU 小得多。但它仍是一种非常有效的诱变剂，可能因为 AP 的稀有异构体频率比 BU 的稀有异构体频率高，因此 AP 所产生的配对错误比 BU 多。由于 AP 既可以与 T 配对，也可以与 C 配对，所以它可以诱发 A-T→G-C 和 G-C→A-T 的转换。但由于两种异构体存在的频率不同，因此诱发 G-C→A-T 转换的频率比 A-T→G-C 高得多［图 10.2（c)、(d)］。

另外，N^4-羟基胞嘧啶三磷酸的酮式与烯醇式各占一半，既可以和 G 配对，又可以和 A 配对，是强力诱变剂。

10.3.3.3 dP（6-[2-脱氧-β-D-呋喃核糖]-3,4-二氢-8H-嘧啶并-[4,5-C][1,2]噁嗪-7-酮）

dP 的 5′-三磷酸盐是 *Taq* DNA 聚合酶的绝好底物。既可与 A 配对，又可与 G 配对。以 dPTP 取代 dTTP，用 *Taq* 酶扩增 DNA，复制 30 轮后，加入 4 种常规的核苷三磷酸（NTPs）继续扩增，其中 A→G 为 4.4%、T→C 4.3%、G→A 1.1%、C→T 1.0%、A→C 0.8%、T→G 1.2%，既有转换，也有颠换，但没有插入或缺失[26]。

10.3.4 改变核酸中核苷酸组成的化学成分

如果说碱基类似物作为诱变剂是由于在 DNA 复制中代换了一个正常碱基，那么另一些化学诱变剂，如羟胺（HA）、亚硝酸（NA）和烷化剂的作用则是改变核酸中核苷酸组成的化学成分，它们的作用与复制无关。

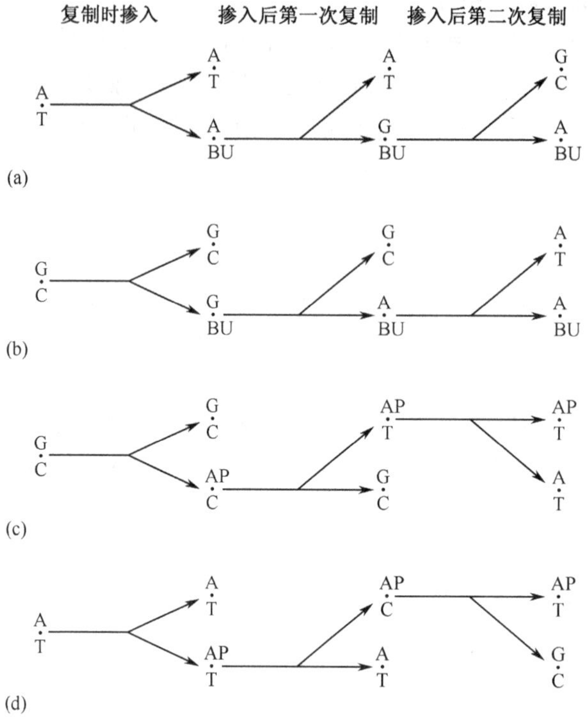

图 10.2　碱基类似物诱导的突变

(a) 5-溴尿嘧啶(BU)诱导的 A-T→G-C 转换。(b) 5-溴尿嘧啶诱导的 G-C→A-T 转换。(c) 2-AP 诱导的 G-C→A-T 转换。(d) 2-AP 诱导的 A-T→G-C 转换。(a) 和 (c) 复制时碱基类似物的普通异构体渗入 DNA 取代一个天然碱基,在渗入后的第一次复制时,碱基类似物能跟不同的天然碱基配对使下一次复制时形成碱基对代换(复制错误)。(b) 和 (d) 复制时由于一次错误配对,碱基类似物的稀有异构体渗入 DNA。渗入后的第一次复制时,碱基类似物正常配对使下一次复制时形成碱基对代换(渗入错误)。请注意:复制错误比渗入错误更为普遍,因此 5-溴尿嘧啶(BU)诱导的 A-T→G-C 转换频率比相反的 G-C→A-T 转换频率高,2-AP 诱导的 G-C→A-T 转换频率比 A-T→G-C 转换频率高。尽管如此,BU 诱发的突变由于上述原因仍能被它所修复

10.3.4.1　羟胺(NH_2OH,HA)

这是一种重要的诱变剂。因为它只与 C 起显著的反应,只诱发 G-C→A-T 的转换(图 10.3)。它是已知的最专一性的点突变诱变剂,如果一个基因内任何特定位置对羟胺发生反应,就表明那个位置上有一个 G-C 碱基对,而且 HA 诱发的突变是不能再由它回复的。HA 是一种还原物,在活细胞中,它跟各种各样的化合物分子起反应,产生过氧化氢等,其中绝大多数可能是非专一性诱变剂。因此 HA 用于游离噬菌体和转化 DNA 时是高度专一性的诱变剂,但用于处理完整细胞如细菌时,专一性就可能丧失。一般认为 HA 的作用是将胞嘧啶转变成一种碱基,能跟腺嘌呤配对以替代跟鸟嘌呤配对。

10.3.4.2　亚硝酸(HNO_2,NA)

这是一种非常有效的诱变剂,已经知道它能诱变 TMV、T2、T4、大肠杆菌和链孢霉等各种有机体的突变。在 TMV 和 T4 中,亚硝酸能从正反两个方面诱发 A-T→G-C 转换。亚硝酸诱导的 T4Ⅱ突变型,其转换正如人们预期的那样,在亚硝酸或碱基类似物的作用下是可回复的。亚硝酸的基本反应是氧化脱氨基作用,将鸟嘌呤转变成黄嘌呤,但由于黄嘌呤不能与任何其他碱基配对,因此这种转变对细胞是致死的。NA 还能以较低频率将胞嘧啶变成

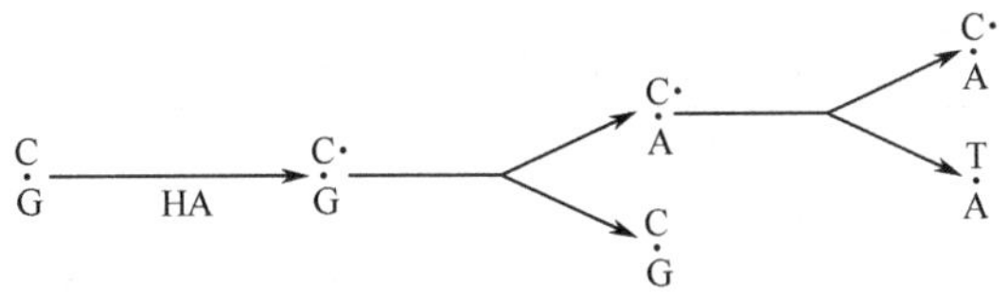

图 10.3 羟胺诱导的 G-C→A-T 转换的一种途径

羟胺使胞嘧啶转变为一种碱基（C·），能与鸟嘌呤或腺嘌呤配对。这种改变的发生与复制无关，最终导致 G-C→A-T 转换

尿嘧啶，将腺嘌呤变成假黄嘌呤。由于假黄嘌呤能与胞嘧啶配对，尿嘧啶能与腺嘌呤配对，这就导致 A-T→G-C、G-C→A-T 的转换。转换途径跟碱基类似物的代换相同。目前知道亚硝酸还能诱发 T4 和大肠杆菌的缺失突变，以及酵母菌的移码突变。

10.3.4.3 烷化反应

DNA 易受烷化剂的诱变。许多烷化剂是噬菌体，细菌、蚕豆、链孢霉和果蝇等各种有机体的诱变剂。在烷化剂中首先发现的是芥子气。在烷化反应中，甲基或乙基基团被转移到碱基的反应位点以及 DNA 骨架的磷酸上。烷化化合物包括亚硝酸胺、磺酸乙基乙烷（EES）、乙基磺酸甲烷（EMS）和强烈的诱变剂 *N*-甲基-N^1-硝基-*N*-亚硝酸胍（NG）等。鸟嘌呤（G）C^6原子上的氧是最容易发生烷基化的位点之一。这种甲基或乙基化的产物——O^6-甲基/乙基鸟嘌呤（O^6-ethG）常常与胸腺嘧啶（T）错配，导致受损 DNA 复制时 G-C 碱基对变成 A-T 碱基对。例如乙基磺酸甲烷（ethyl methane sulfonate，EMS）与 A、T、G、C 作用，可以生成多达 65%的 N^7-乙基 G（N^7-ethG）和少量的 O^6-ethG（2%）。但 O^6-ethG 是 EMS 诱变的主要因素。因为 O^6-ethG 是与 T 而不是与 C 配对，所以能够高效诱发 G-C→A-T。但同时生成的较多的产物 N^7-ethG（65%）的脱嘌呤作用也有一定的诱变效应。在大肠杆菌中，N^7-ethG 脱下后，无嘌呤位点对侧渗入的往往是 A，从而造成 GC→AT。用大肠杆菌的大片段 Klenow 酶或小牛胸腺 αDNA 聚合酶合成 DNA，在无嘌呤嘧啶位点对侧渗入以 A 为主，各种碱基依次是 A>G>C>T[27]。NG 也是微生物的一种高效诱变剂，能诱发碱基对转换、颠换和大段缺失，但不太可能诱发移码突变。

10.3.4.4 氧化反应

DNA 很容易受到活性氧簇的攻击（O_2^-、H_2O_2、·OH）。这些强烈的氧化剂是由电离辐射或产生自由基的诱变剂或细胞本身的代谢所产生的。例如，鸟嘌呤氧化后产生 7，8-二羟基-8-氧代鸟嘌呤，简称氧代鸟嘌呤（8-oxodG）。8-oxodG 有强烈的诱变能力。因为既能与腺嘌呤也能与胞嘧啶碱基配对。如果在复制时与腺嘌呤碱基配对，则产生 G-C→T-A 的颠换。这是人类癌症中最普通的突变之一。详情请见 10.2.3 节。

亚硫酸氢钠可以使单股 DNA 上的 C 氧化脱氨基成 U，也常在遗传工程诱变中使用。

10.3.5 嵌入剂

吖啶（acridine，ACR）、溴乙啶（ethidium）和原黄素（proflavin，亦称前黄素）等嵌入剂能导致一个或几个碱基对的缺失或插入而诱发移码突变（表 10.1）。嵌入剂是含有几个多元环的扁平分子，与 DNA 中同样扁平的嘌呤或者嘧啶碱基结合，如同在双螺旋 DNA 中的碱基相互结合或堆积那样。这些嵌入剂通过插入模板链碱基之间（使两个碱基对之间的间距加倍），导致 DNA 聚合酶在嵌入分子的对侧插入一个额外的核苷酸。或者，由于嵌入分子的存在而引起 DNA 模板的扭曲，使聚合酶跳过一个核苷酸。

表 10.1 几种诱变剂的诱变效应

突变类型	诱变剂						诱导恢复突变的诱变剂
	BU	AP	NA	HA	EES	ACR	
G-C→A-T 转换	++	+	++	++	++		AP^{++} BU^{+} (A-T→G-C)
A-T→G-C 转换	+	++	++		+		AP^{+} BU^{++} HA^{++}(G-C→A-T)
颠换					+		ESS?
移码突变			+		+	++	只有 ACR
缺失			+				无

注：表左面纵行内为能被诱变剂诱发的突变类型。右面纵行表示能诱发回复突变为野生型的诱变剂。
+、−号表示每种诱变剂诱发不同突变类型的相对效能

吖啶之所以重要，是因为它是最先发现的能诱导生长在细胞内的噬菌体发生移码突变的化合物。有一种吖啶类化合物叫原黄素，Crick 曾用作诱导 T4 噬菌体 rⅡ突变型的诱变剂。这类原黄素诱发的突变型最重要的特点是它们能被原黄素所回复，但不能被碱基类似物回复。这是因为吖啶诱导的移码突变是由于添加（+）或缺失（−）了一个或多个碱基对，因此由添加一个碱基对而诱发产生的突变型，有时能由邻近一个碱基对的缺失恢复了码组而被回复，但不能由一个碱基对的代换而回复。

虽然吖啶的诱变效应局限于噬菌体，但采用结构相当的 ICR191（institute of cancer research 191）化合物能够在细菌中诱发大量的移码突变，ICR191 化合物是具有旁链的吖啶，有时旁链是一种烷化剂。

目前在噬菌体、细菌、酵母中确实已找到了移码突变，在链孢霉或任何一种高等有机体中还没有确证，但某些具有异常特性的突变型已被解释为是移码突变。

10.4 DNA 突变(损伤)的修复

DNA 的损伤有两种后果。有些类型的损伤，如胸腺嘧啶二聚体或 DNA 骨架的切口和断裂，使得复制或者转录受阻。另一类型的损伤产生改变了的碱基，在复制上没有立即产生结构性后果，但是引起了错配，这可在复制之后导致 DNA 序列上永久性的改变。例如，通过脱氨基作用胞嘧啶转化成尿嘧啶产生 U∶G 错配，在一轮复制之后，成为一条子染色体上的 C∶G 到 T∶A 的转换突变。已在 5.2 节中对几种 DNA 损伤的修复，进行了必要的说明。表 10.2 对 DNA 损伤修复系统作一总结性的表述。

表 10.2 DNA 损伤修复系统

类型	损伤	酶
错配修复	复制错误	*E. coli* 中 MutS、MutL 和 MutH；人类中 MSH、MLH 和 PMS
光复活作用	嘧啶二聚体	DNA 光解酶
碱基剪切修复	受损的碱基	DNA 糖基化酶
核苷酸剪切修复	嘧啶二聚体	*E. coli* 中 UvrA、UvrB、UvrC 和 UvrD
	碱基上的大加合物	人类中 XPC、XPA、XPD、ERCCI-XPF 以及 XPG
双链断裂修复	双链断裂	*E. coli* 中 RecA 和 Red3CD
易损 DNA 合成	嘧啶二聚体或脱嘌呤位点	Y 家族 DNA 聚合酶，如 *E. coli* 中的 UmuC

这些 DNA 损伤修复系统最直接的方式是（指真正的修复）修复酶简单地将损伤逆转（撤销）。一种精致的剪切修复系统（excision repair system），是把受损的核苷酸从 DNA 上除去，然后以另一条未受损的链为模板，以便 DNA 聚合酶重新渗入正确的核苷酸。已知有两种剪切修复，一种仅仅将受损的核苷酸切除，另一种将包含损伤的一小段单链 DNA 切除。

但是，更精致的系统是重组修复（recombinational repair），当 DNA 两条链都受损伤（断裂）时采用这种修复。这种情况下，一条链不能作为另一条修复的模板。因此，在重组修复［也叫双链断裂修复（double-strand break repair）］中，序列信息从同源染色体第二条未受损的拷贝上找回。最后，当 DNA 聚合酶的复制进程被受损碱基阻碍的时候，一种特殊的移损（translesion）聚合酶，以一种不依靠模板和新合成 DNA 链之间碱基配对的方式经过受损位点进行拷贝。因为移损合成不可避免地具有很高的错误易发性（诱变性），所以细胞在迫不得已的情况下才采用此机制。

10.4.1　DNA 损伤的直接逆转

DNA 损伤的简单逆转修复的一个例子是光复活作用（photoreactivation）。光复活作用直接逆转紫外辐射造成的嘧啶二聚体结构。在光复活反应中，DNA 光解酶从光线中捕获能量并将其用于断开使两个嘧啶形成二聚体的共价键。换句话说，受损碱基被直接修复了。直接逆转的另一个例子是甲基化碱基 O^6-甲基鸟嘌呤上的甲基被切除（详见 10.2.8）。在此过程中，甲基转移酶把甲基基团转移到其自身的一个半胱氨酸残基上，从而使之从鸟嘌呤残基上除去。对细胞来说这个代价很昂贵，因为甲基转移酶不具有催化性，一旦接受一个甲基基团就不可再次被使用。

10.4.2　碱基切除修复

清除 DNA 受损碱基最普遍的方法是通过修复系统将受损的碱基切除并换成正确的碱基。两种主要的修复系统是碱基切除修复（base excision repair）和核苷酸切除修复（nucleotide excision repair）。在碱基切除修复中，一种糖基化酶（glycosylate）识别并通过水解糖苷键除去受损碱基。然后内切核酸酶把产生的脱碱基戊糖从 DNA 骨架上除掉。核酸内切性切割还除去自发水解产生的脱嘌呤和脱嘧啶的戊糖。受损核苷酸从骨架上完全除去以后，DNA 聚合酶和 DNA 连接酶用未受损的链作为模板，修复一条完整的链。

细胞中有多种具有不同损伤特异性的 DNA 糖基化酶。一种特殊的糖基化酶专门识别尿嘧啶（胞嘧啶脱氨基作用产生），另一种则负责除去氧代鸟嘌呤（鸟嘌呤氧化的结果）。在人的细胞核中总共鉴别出 8 种不同的 DNA 糖基化酶。

因为每个碱基都掩藏在 DNA 螺旋中，如何除去那些受损的碱基是一个难题。当糖基化酶沿 DNA 小沟纵向扩散、扫描时，是如何检测出那些包埋在 DNA 螺旋中的受损碱基呢？糖基化酶如何对其起作用呢？这是因为 DNA 具有令人惊叹的柔韧性，X 射线晶体学的研究揭示了当糖基化酶沿 DNA 小沟纵向扩散时，碱基是被弹出的，它突出于双螺旋之外，正好位于糖基化酶的特异性口袋中，便于对碱基进行甄别。DNA 双螺旋只要产生中等程度的结构扭曲就能使碱基弹出，所以碱基弹出的能量消耗不会太大（图 10.4）。

事实上，糖基化酶沿着 DNA 扩散的时候，不一定能将每一个碱基都弹出来进行检查与处理。因此，这些酶进行受损碱基扫描的详细机制仍然需要进一步研究。

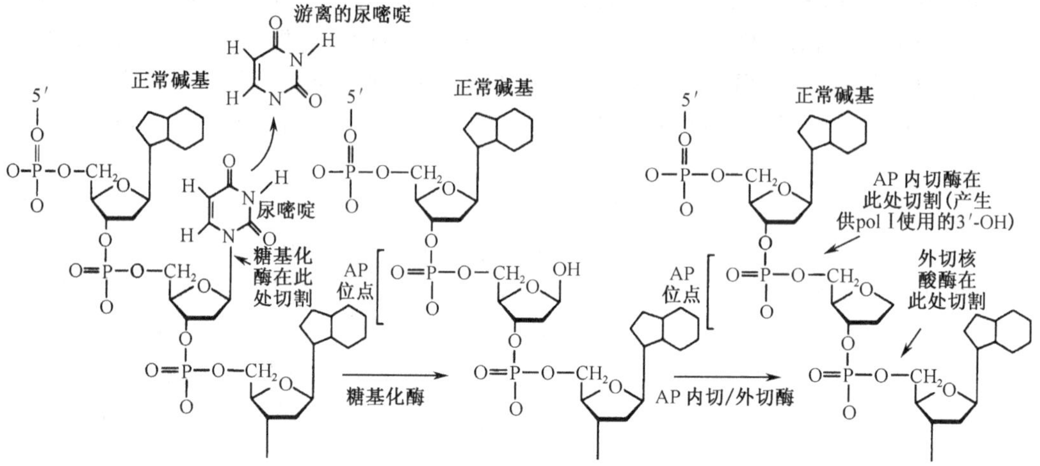

图 10.4　碱基切除途径：尿嘧啶糖基化酶反应[39]

尿嘧啶糖基化酶水解糖苷键以使尿嘧啶从DNA骨架上脱离，并留下一个AP位点（脱嘌呤位点，或者在此情况下是脱嘧啶位点）。AP核酸内切酶在AP位点的5′位置上切断DNA骨架，留出3′-OH；核酸外切酶在AP位点的3′位置上切割，留出5′磷酸，从而把切除脱碱基戊糖从DNA骨架上除掉。产生的缺口被DNA聚合酶Ⅰ填补

如果受损碱基在DNA复制之前没有通过碱基切除而被除去，这是不是意味着将不可避免地产生突变？在倾向于和A发生错配的oxoG例子中存在一种防故障机制（图10.5）。一种专门的糖基化酶可识别模板链上oxoG配对位置错误掺入A而产生的oxoG∶A碱基对。然而在这种情况下，糖基化酶会除去A。因此，修复酶把与oxoG配对的A认作突变，并除去虽没有受损但是却不正确的碱基A。

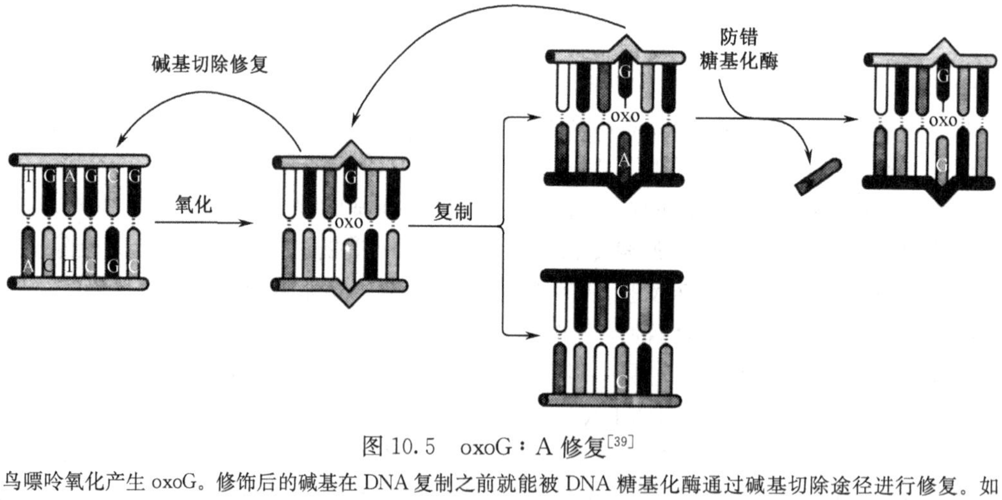

图 10.5　oxoG∶A修复[39]

鸟嘌呤氧化产生oxoG。修饰后的碱基在DNA复制之前就能被DNA糖基化酶通过碱基切除途径进行修复。如果复制发生在oxoG被除去之前，致使A被错误插入，那么防错糖基化酶能除去A，使A被C替换掉。这给DNA糖基化酶除去修饰的碱基提供了第二次机会

另一个防故障系统的例子是除去与G配对的T的糖基化酶。如我们所见，5-甲基胞嘧啶自发的脱氨基作用能形成T∶G错配，这在脊椎动物的DNA中常常发生。因为T和G都是正常的碱基，细胞如何识别哪一个才是不正确的碱基呢？这种糖基化酶能识别出T∶G错配中的T是5-甲基胞嘧啶脱氨基作用产生的，并选择性地除去T使其被C取代。

10.4.3　核苷酸切除修复（NER）

核苷酸切除修复（nucleotide excision repair，NER）酶不能像碱基切除修复酶（糖基化酶）那样区分各种不同的损伤，而是识别双螺旋形状上的扭曲，如胸腺嘧啶二聚体或碱基上存在大的化学加合物时产生的扭曲。这种扭曲引发一连串的事件，导致含有损伤的一小段单链片段（或小区）被切除。切除后，在 DNA 上产生的单链缺口由 DNA 聚合酶用未受损的链为模板进行填补，从而恢复原始的核苷酸序列。

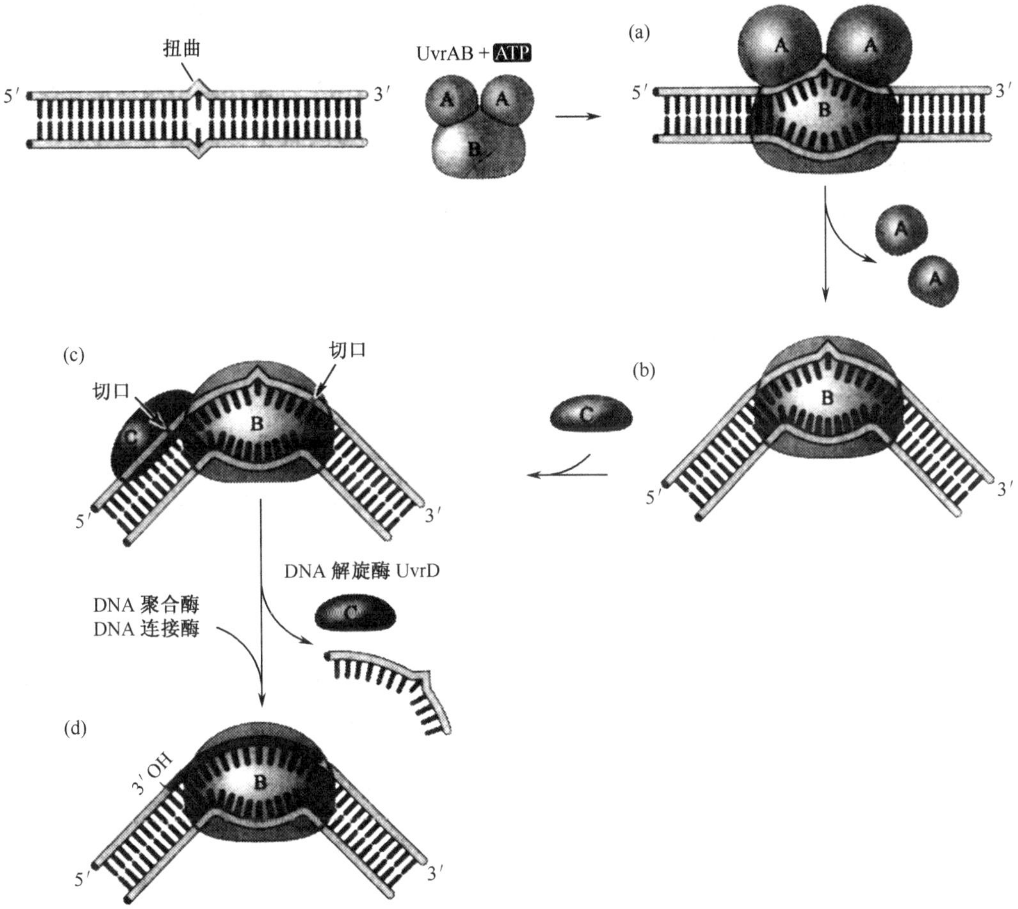

图 10.6　核苷酸切除修复途径[28]

(a) UvrA 和 UvrB 扫描 DNA 寻找扭曲。(b) UvrA 离开复合体。UvrB 在扭曲附近将 DNA 局部变性。(c) UvrC与 UvrB 形成复合体。在损伤的 5′侧和 3′侧产生切口。(d) DNA 解旋酶 UvrD 将单链片断从双螺旋上释放出来，DNA 聚合酶 Ⅰ 和连接酶对缺口进行修复和填补

E. coli 的核苷酸切除修复主要由 4 种蛋白质来完成：UvrA、UvrB、UvrC 和 UvrD（图 10.6）。UvrA 和 UvrB 组成的复合体扫描 DNA，其中 UvrA 负责检测螺旋中的扭曲。一旦遇到扭曲，UvrA 退出复合体，UvrB 使 DNA 变性，在损伤四周产生一个单链的凸起。然后，UvrB 征召 UvrC，UvrC 在损伤区产生两个切口：一个位于损伤 5′侧的 8 个核苷酸处，另一个位于损伤 3′侧的 4 个或 5 个核苷酸处。切割产生长度为 12 个或 13 个残基的单链 DNA 片段，此片段由 DNA 解旋酶 UvrD 释放出来。最后，DNA 聚合酶 Ⅰ（pol Ⅰ）和

DNA 连接酶填补产生的缺口。

较高等细胞中核苷酸切除修复的原理与 *E. coli* 中的基本相同，但是对损伤的检测、切除和修复系统更为复杂，涉及 25 个或者更多的多肽。其中 XPC 负责检测螺旋中的扭曲，这在 *E. coli* 中是 UvrA 的职能。与在 *E. coli* 中一样，DNA 被变性打开并在损伤四周形成一个凸起。凸起的形成涉及 XPA 和 XPD 蛋白的解旋酶活性（*E. coli* 中 UvrB 的对应物）以及单链结合蛋白 RPA。凸起在损伤部位的 5′侧产生的切割位点供核酸酶 ERCCl-XPF 切割，在 3′侧的供核酸酶 XPG 切割（代表 UvrC 的功能）。在高等细胞中，产生的单链 DNA 片段为 24～32 个核苷酸。与在细菌中一样，DNA 片段释放后产生的缺口被 DNA 聚合酶和连接酶填补。

UVR 蛋白是紫外线损伤修复所需要的。*uvr* 基因突变株对紫外线敏感，缺少除去胸腺嘧啶-胸腺嘧啶二聚体和胸腺嘧啶-胞嘧啶加合物的能力。事实上，这些蛋白质广泛识别各种类型的巨大加合物并将之修复。核苷酸切除修复对人类也很重要。人类可患上一种名为着色性干皮病的遗传病，此病使患者对光线极度敏感并导致皮肤损伤，包括皮肤癌。已经鉴定出 7 种基因（称为 *XP* 基因），这些基因的突变将导致着色性干皮病。这些基因对应的蛋白质参与人类的核苷酸切除修复途径（如 XPA、XPC、XPD、XPF 和 XPG，见上文），这突出说明了核苷酸切除修复在紫外线损伤修复中的重要性。

10.4.4　转录偶联修复

核苷酸切除修复不仅能修复整个基因组中的损伤，而且在转录过程中，如果转录模板受损而使某个基因的转录终止时，它还能拯救 RNA 聚合酶，此现象叫做转录偶联修复（transcription-coupled repair）。转录偶联修复的意义在于它将修复酶集中于正在活跃地被转录的 DNA（基因）上。实际上，RNA 聚合酶在细胞中起到一种损伤检测蛋白的作用。当它遇到 DNA 中的损伤时，RNA 聚合酶受阻，转录停止。此时，RNA 聚合酶把核苷酸切除修复的蛋白复合体征召到受阻的 RNA 聚合酶处（图 10.7），然后 RNA 聚合酶离开，让蛋白复合体留在那里进行修复。真核细胞中转录偶联修复的核心是通用转录因子 TFⅡH。TFⅡH 共有 6 个进化上保守的亚基；其中最大的亚基 p89，就是人 XPB，还有 DNA 解螺旋蛋白 XPA 和 XPD（p80，ERCC2），以及一个对转录酶Ⅱ大亚基 CTD 有激酶活性的亚基。转录中的 DNA 受到损伤时，转录下降，转录因子 TFⅡH 的激酶亚基失活并释出，其他亚基与核苷酸切除修复系统（NER）的复合体组成核苷酸切除修复体（nucleotide excision repairosome），TFⅡH 的有解链功能的解旋酶将损伤周围的 DNA 解旋，使修复工作顺利进行。非转录 DNA 受到损伤时，因为没有TFⅡH在现场，招募 TFⅡH 需要时间，其修复要比转录 DNA 滞后[40]。

原核生物中也存在将修复和转录偶联在一起的系统。大肠杆菌的 *mfd*（mutation frequency decline）基因编码的蛋白质是转录修复偶联因子（TRCF，1148 氨基酸）。TRCF 使中止于损伤处的 RNA 聚合酶退出现场，并招来 UvrA 等，对模板 DNA 上的损伤进行核苷酸切除修复。

10.4.5　双链断裂修复（DSB）—— 重组修复

切除修复（excision repair）用未受损的 DNA 链作为模板来修复另一条链上已受损的 DNA 片段。但是 DNA 中的双链断裂是由 DSB 途径（double-strand break repair pathway,

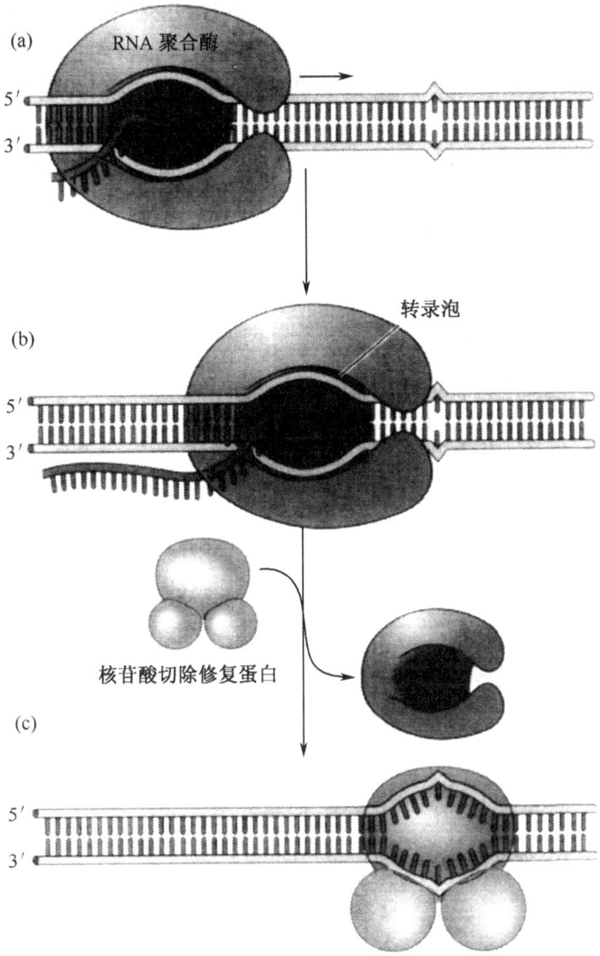

图 10.7　转录偶联的 DNA 修复[28]

(a) RNA 聚合酶在损伤上游正常地转录 DNA。(b) 当遇到 DNA 中的损伤时，RNA 聚合酶受阻，转录停止。(c) RNA 聚合酶招募核苷酸切除修复蛋白复合体到损伤部位上，然后从 DNA 上回退或者解离，以使修复蛋白能触及到损伤

双链断裂修复途径）进行的。此途径从同源的姐妹染色体中找回序列信息来修复 DNA 断裂。DSB 修复途径在常规的同源重组以及 DSB 修复中都具有重要的核心作用。

DNA 重组修复还帮助修复 DNA 复制中的错误。如果复制叉在 DNA 中遇到没有被核苷酸切除修复（nucleotide excision repair）纠正的损伤（如胸腺嘧啶二聚体），DNA 聚合酶有时会越过此损伤继续进行复制。这时，虽然错误的模板链不能使用了，但是正确的序列信息仍然能通过重组从复制叉的另一个子分子上取回。当重组修复完毕后，核苷酸切除修复系统又有一次修复胸腺嘧啶二聚体的机会。如果复制叉在 DNA 模板中遇到一个切口，复制叉越过切口将产生 DNA 断裂，这只能通过双链断裂修复途径进行修复。只有细胞中存在断裂的姐妹染色体时，DSB 修复途径才能起作用。在细胞周期的早期姐妹染色体尚未通过 DNA 复制形成以前，如果染色体发生断裂，将会通过异源末端连接（NHEJ）的防故障系统进行修复。如其名称所示，NHEJ 不涉及同源重组。取而代之的是，通过断裂末端突出的单链之间错排配对，断裂 DNA 的两个末端直接相互连接。此错排配对是通过小段

(可以短至一个碱基对)互补碱基之间的匹配完成的(偶然发现的微小同源性)。单链尾巴用核酸酶去除,缺口用 DNA 聚合酶填补。NHEJ 由 Ku 介导,它是在细菌、酵母和人类中发现的高度保守蛋白家族的一个成员。Ku 蛋白将断裂染色体末端排列配对,保护它们不受核酸酶作用,并募集其他修复蛋白。Ku 介导的 NHEJ 是一个低效的过程(在引入染色体断裂的 1000 个酵母细胞中仅有一个存活),在染色体断裂最初发生的位置上导致几个至几千个碱基的缺失。

10.4.6 移损 DNA 合成

一般地说,DNA 损伤是通过切除然后用未受损的模板重新合成来完成修复的。但是,有时正在复制的 DNA 聚合酶仍会遇到没有被修复的损伤,如嘧啶二聚体或脱嘌呤位点。即使细胞不能修复损伤,也有防故障机制使复制机器绕过受损的部位来继续进行复制。这种机制就叫做移损合成(translesion synthesis)(图 10.8)。不过,这个机制有高度的易错性,容易引起突变。但是移损合成使细胞避免了染色体不完全复制的更坏命运。

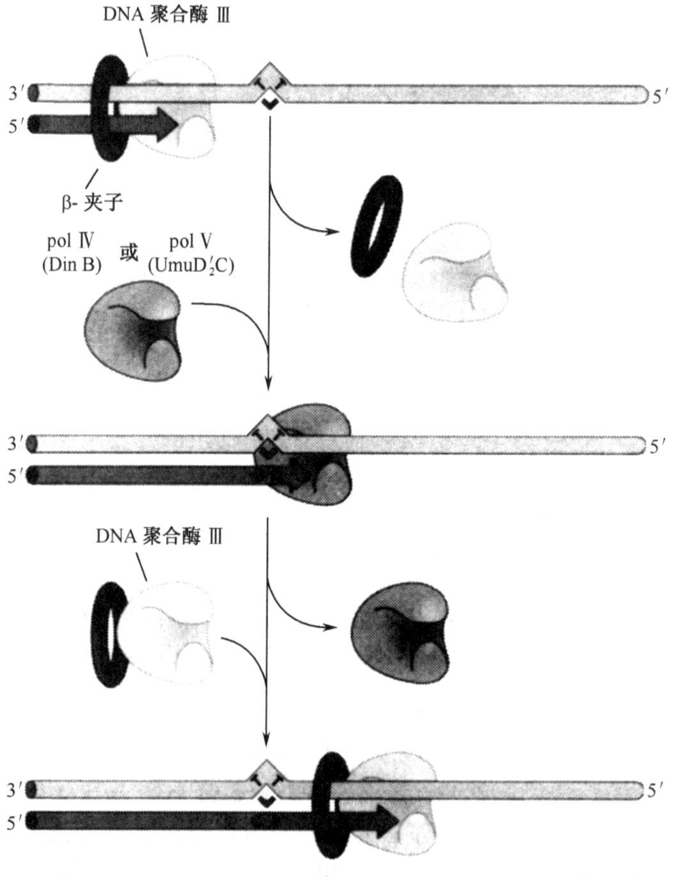

图 10.8 移损 DNA 合成[29]

复制时一旦在模板中遇到损伤,DNA 聚合酶Ⅲ与其滑动夹一起从 DNA 上脱离下来并被移损 DNA 聚合酶取代。移损 DNA 聚合酶越过模板链(上者)上的胸腺嘧啶二聚体继续进行 DNA 的合成。然后移损聚合酶被 DNA 聚合酶Ⅲ替换

移损合成是被一类特殊的 DNA 聚合酶催化的,此酶越过损伤部位直接合成 DNA。在

E. coli，移损合成是由 UmuC 和 UmuD′蛋白的复合体承担的。UmuC 是 DNA 聚合酶的一个独特家族的一员，称为 DNA 聚合酶的 Y 家族。

移损聚合酶的晶体结构见图 10.9。

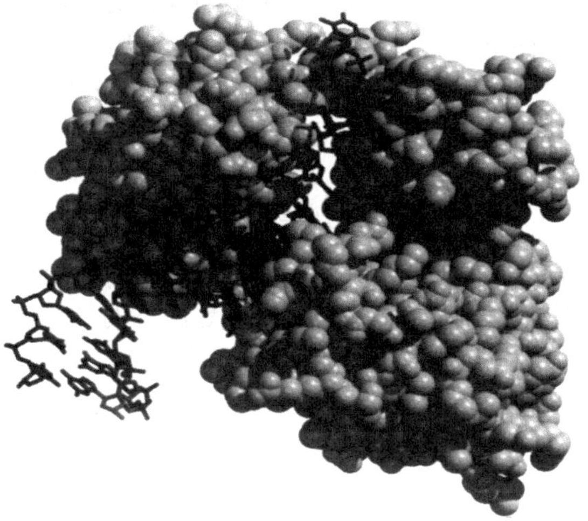

图 10.9　移损聚合酶的晶体结构[29]

此处显示的是移损 DNA 聚合酶（Y 家族）的晶体结构。它与模板 DNA 形成复合体

DNA 聚合酶按照它们氨基酸序列的彼此相似性而划分成若干家族，最近证实 UmuC 和其他几种移损 DNA 聚合酶是一个庞大而独特的 DNA 合酶家族的创始成员，该家族被称为 Y 家族，在三种生命领域——细菌、古细菌和真核生物中都有发现。DNA 聚合酶的 Y 家族成员能够特征性地越过阻碍 DNA 合成酶其他家族成员进行复制的 DNA 损伤，在未受损 DNA 模板上进行保真度 DNA 合成。这些聚合酶的另一个重要的性质就是，虽然它们是模板依赖性的，但是它们渗入核苷酸的方式不依赖于碱基配对。这解释了酶是如何越过模板链上的损伤合成 DNA 的。但是，因为酶没有从模板上“阅读”序列信息。所以移损合成有高发的易错性。移损聚合酶通过不按照碱基配对的方式插入核苷酸来越过损伤进行合成。虽然如此，插入的核苷酸却不是随机的 —— 有些移损聚合酶插入特定的核苷酸。例如，人的一个移损聚合酶 Y 家族成员在嘧啶二聚体对应位置上正确插入两个 A 残基。

因为它的高错误率，移损合成可能是最后的可选择的求助系统。它毕竟能使细胞存活下来，否则可能对复制是灾难性的打击。在正常条件下，*E. coli* 中没有移损合成酶，此酶只有在对 DNA 损伤应答的时候才被诱导合成。所以，编码移损聚合酶的基因是作为 SOS 反应（SOS response）途径的一部分来表达。损伤导致转录阻抑物（LexA）被分解，此转录阻抑物控制 SOS 反应涉及的基因的表达，包括 UmuC 和 UmuD（UmuD′无活性的前体）基因的表达。有趣的是，同一途径还负责 UmuD 到 UmuD′的蛋白质水解性转变。LexA 和 UmuD 的切割都是被 RecA 蛋白激发的，此蛋白质被 DNA 损伤产生的单链 DNA 激活。ReeA 是双功能蛋白质，它还参与 DNA 的重组。

移损聚合酶如何识别停顿的复制叉？移损酶如何取代 DNA 复制复合体上正常的复制聚合酶？移损聚合酶的延伸能力低，在通过损伤后复制不久就从模板上脱离下来，这时正常复制聚合酶怎样回来并取代在复制叉上的移损酶？这仍然是正常加工酶如何重新进入复制机器中的一些挑战性的问题。

10.5 突变不完全是随机过程

虽然我们习惯于将突变看成是随机的过程，但这并不是完全正确的。如果通过细微结构分析绘出许多等位点突变的遗传图，那么在所获得的突变谱中就会识别出基因内许多不同位置（即碱基对），并在每一位置上记录下突变重复发生的次数。在 Benzer 所绘制的 T4rⅡ区域中，2400 个自发突变有 308 个不同位置，而每一位置的突变概率都不相同；有许多位置只发生 1 次或 2 次 rⅡ突变，有许多位置突变多达 12 次。有一个例外的突变位置发生了 517 次（r17），另一个发生了 298 次（r131）。这种高频突变位置称为“热点”。

不仅自发突变有热点，诱发的突变也同样有热点，称为诱变的特异性。诱变的特异性是由碱基突变的特异性和突变碱基位置的特异性所决定的。例如羟胺只对 C 起作用，变 C 为 U；亚硫酸氢钠只对单股 DNA 上的 C 起作用，也是变 C 为 U。2-AP 既可以和 T 配对，也可以和 C 配对。因此 2-AP 诱变的结果，AT→GC 或 GC→AT 的数目应该大致相等。然而在 2-AP 诱发大肠杆菌 *lacI* 突变的 1000 例中，AT→GC 大于 GC→AT 5～10 倍；诱发 *trpA* 突变，出现少量颠换和移码突变，其机制不明。用 UV 诱发中国仓鼠 CHO 细胞的 APRT（腺嘌呤磷酸核糖转移酶）突变，测定因环丁烷嘧啶二聚体和嘧啶（6-4）嘧啶酮而引起的 GC→AT 的热点，结果证明 5′-TCC-3′的中间 C 是热点[30]。用 BrdU 诱发 λ 噬菌体 *c* Ⅰ 突变，其中 AT→GC 80 例，GC→AT 只有 3 例，以 AT→GC 为主；而用 BrdU 诱发 *T4* 突变，却以 GC→AT 为主。用 MNU（*N*-甲基-*N*-亚硝基脲烷）诱发大鼠 *H-ras* 基因突变，用 PCR 法测定 O^6-meG→A 的分布，结果 68%的 O^6-meG 发生在 GGT、GGA 的中间 G 上，而 AGG、GGG、TGT、TGC、CGA 和 CGC 的中间 G 却没有 O^6 甲基化了的。计算结果表明 G 的 5′侧翼是 Y（T/U 或 C）R（G 或 A）或 RR 的，O^6 甲基化成为 O^6-meG 最多；如果 G 的 3′侧翼是 RR，则抑制 O^6-meG 的生成。其他如苯并芘［benzo（o）pyrene，BP］、乙酰氨基芴（acetylaminofluorene，AAF）、4-硝基喹啉-1-氧化物（4-nitroquinoline-1-oxide，NQO）、3，4-环氧环戊（cd）、芘［3，4-epoxycyclopenta（cd）pyrene］、黄曲霉素 B 等的诱发突变，都有明显的诱发特异性。

10.6 呼救（SOS）系统

DNA 损伤、断裂、碱基修饰，DNA 交联、DNA 复制的底物短缺等，都可以抑制 DNA 延伸。DNA 延伸受到抑制时，细胞出现呼救信号（save our souls，SOS）反应。引起 SOS 反应的信号分子可能不是游离的 ssDNA，而是损伤的 dsDNA 的 ssDNA 尾或缺口处的 ssDNA。在大肠杆菌中，RecA 和 LexA 是 SOS 反应中发挥作用的关键蛋白。RecA 是同源重组的重要蛋白质，但它的原初功能是 SOS。LexA 是一种阻抑蛋白，平时阻抑 SOS 系统的各种基因（其中包括 *recA*）的表达。但是，一旦 DNA 受到损伤，SOS 系统立即启动；这时，ssDNA 尾或 ssDNA 缺口（>5 核苷酸）就与 ReeA 结合，激起 RecA 的蛋白酶活性，把 LexA 蛋白在 Ala^{84} 与 Gly^{85} 之间切断，使 LexA 失去阻抑作用，把受阻抑的基因解放出来，进行 DNA 修复。当 DNA 修复完了以后，ssDNA不复存在，RecA 不再有蛋白酶活性，整个 SOS 系统趋于平静。已知 SOS 调节子的基因有 20 个以上，18bp 的共有序列 YRCTG-TATATRYARACCAG（操纵区），是 LexA 结合的地方。

如果SOS系统发生突变，DNA损伤得不到修复。但是，并不会提高突变频率。事实上，如果SOS系统中的RecA缺陷，突变频率将大大降低。因为，如果DNA的损伤得不到修复，哪怕是轻伤，细胞也会死亡，杜绝了继续发生突变的可能。因为很多突变是在修复过程中发生的，修复不准确，就是突变。

SOS如何引起突变的道理还不明白[31]。一般认为DNA损伤的修复有复制前修复和复制过程中修复两类。所谓复制前修复就是光复活和NER，这和SOS系统并不相干。最不明白的是如何克服模板DNA损伤对复制造成的困难。UmuC和UmuD是SOS调节子的重要成员，必须诱导后才能表达UmuC和UmuD。UmuD在SOS诱变中不起作用，它需要RecA的蛋白酶活性把UmuD在Cys^{24}和Gly^{25}之间切开，得到12kDa的UmuD′才是活性形式。在SOS诱变中起作用的是$UmuD_2'$ C三元复合物，$UmuD_2C$或UmuDD′C都不诱变。

关于SOS系统中的DNA聚合酶，已知DNA聚合酶Ⅰ或Ⅱ的无效突变体仍能进行SOS诱变，说明SOS诱变并不必需聚合酶Ⅰ或Ⅱ，但不说明聚合酶Ⅰ、Ⅱ在场时根本不起作用。DNA聚合酶Ⅲ（参阅本书第4章表4.1）是肯定参加SOS诱变的。至于哪一种形式的聚合酶Ⅲ参加，还不明白。因为像DNA聚合酶Ⅲ这种高效率、高持续合成能力、高精确的酶，居然能忍受损伤模板，在损伤模板上进行移损合成（translesion synthesis），令人费解。近来发现UmuD′2 C在没有DNA聚合酶Ⅲ的条件下，仍然有DNA聚合酶活性（称为DNA聚合酶Ⅴ）[32]，才使SOS诱变问题比较明朗：UmuD′2C在有RecA、β滑卡、γ复合物装卡器和SSB的条件下，能利用损伤模板或无损伤模板进行DNA合成，但高度误导（error prone）；其跨越无碱基损伤（abasic lesion）的合成能力，比DNA聚合酶Ⅲ高100～150倍（图10.8）。在无碱基位点（abasic site）对侧常渗入dAMP，称为A律（A rule）；在定量的DNA聚合酶Ⅴ（UmuD′2 C）中加入大量DNA聚合酶Ⅲ，则能降低移损合成的效率，所以DNA聚合酶Ⅲ、Ⅴ两者竞争新生DNA的3′-OH生长点。

酿酒酵母的核DNA聚合酶有α、δ、ε、γ、ξ等几种酶。其中的ξ酶专司移损合成，它跨越环丁烷嘧啶二聚体的能力达10%，而α酶不及1%。酵母的Revlp蛋白既能把dCMP凭模板上的G加到DNA引物的3′端，也能在无嘌呤嘧啶位点的对侧插入C，还能在A或U的对侧以10%的可能性，在T或C的对侧以≤1%的可能性插入C。这些处于DNA 3′端的C都可由ε酶继续延伸；而α酶则不能[33]。这说明Revlp和UmuC、DinB同源。然而人的误配修复要用α酶[34]，这和大肠杆菌用DNA聚合酶Ⅲ进行移损合成是异曲同工。表10.3中列出参与突变的各种蛋白质，其中大肠杆菌除DNA聚合酶Ⅲ之外，其他蛋白质都属于SOS系统。

表10.3　参与突变的蛋白质[35]

生物名称	蛋白质名称	蛋白质大小/kDa	功能
大肠杆菌	LexA	22.7	转录调节，有自体蛋白酶活性
	RecA	38	激活LexA和UmuD，把Umn带到损伤处
	UmuD	15	DNA聚合酶Ⅴ，促进DNA跨损伤合成
	UmuC	45	DNA聚合酶Ⅴ，促进DNA跨损伤合成
	DNA聚合酶Ⅲ	(共10亚基，详见本书第4章表4.1)	主要的DNA聚合酶
	DinB/P	42.1	DNA聚合酶Ⅳ，参与自发突变

续表

生物名称	蛋白质名称	蛋白质大小/kDa	功能
酿酒酵母	Rad6p	19.7	与 Rad18 互作，参与损伤诱发的突变
	Rad18p	55	与 Rad6 互作，参与损伤诱发的突变
	Radii(Srs2p)	125	损伤诱发突变过程中起解旋酶作用
	Rad5p(Rev2p)	134	解旋酶类蛋白质
	Revlp	112	脱氧胞嘧啶转移酶；和 UmuC，DinB 同源
	Rev3p	173	DNA 聚合酶 ζ 的延伸亚基
	Rev7p	29	DNA 聚合酶 ζ 的亚基
	Rad30p	70	DNA 聚合酶 η；和 UmuC，DinB 同源

10.7 基因的重组

通过生物的有性生殖，所有的 DNA 都经过了不断的重组。在减数分裂的配对阶段，染色体间发生的遗传的交换（crossing over），是一种同源重组（homologous recombination）。在同一条染色体上的两个基因之间的重组频率取决于它们之间的线性距离，相距越远越易发生重组。根据这个道理，以线性排列的基因之间的重组频率的测量为基础所构建的遗传图，首次提供了染色体的结构信息。但转座子（transposon）可以随机地出现在染色体的不同位置上造成 DNA 的重排，从而改变了染色体的结构。这种“转座”及其他一些 DNA 重排是一种不同于同源重组的 DNA 重组。

10.7.1 同源重组

同源重组是细胞的一个基本过程，已知参与同源重组的基因有 27 种之多[36]。除了造成遗传多态性外，重组还能让细胞中未受损伤的一条同源染色体去修复另一条因损伤而丢失的 DNA 序列。特殊类型的重组还能调控某些基因的表达。例如，通过交换染色体的特定部分，细胞可以把本来休眠的基因转换到它们可以表达的区域。

同源重组的分子机制的阐明，促进了基因操作技术的发展。例如，在不同实验动物中进行“基因敲除”和“转基因”的技术是创造新的生物特性，以及确定基因功能的有效方法。

10.7.1.1 同源重组的模型

DNA 分子断裂和再结合是同源重组的主要特点。重组也常常涉及 DNA 链局部的破坏（destruction）和再合成。研究者提出了各种遗传交换的分子机制的模型，这些模型包括以下几个关键步骤。

a. 同源 DNA 分子的联会。所谓同源指的是两条 DNA 的序列中至少 100 个碱基对以上的序列相同或几乎完全相同。除了这种高度的相似性，DNA 分子可有少量的序列不同，如同等位基因（allele）之间的差异。

b. 引入 DNA 断裂。DNA 断裂既可以发生在 DNA 的单链上，也可以发生在 DNA 的双链上。根据 DNA 断裂的性质，基本上能区别下文描述的两种模型。

c. 在两条重组 DNA 分子之间，形成碱基互补的短片段起始区。当来自亲本分子的 DNA 分子单链区域与同源双链 DNA 分子互补链配对结合时，发生的这种配对过程，称为链侵入（strand invasion）。链侵入的结果是，两个 DNA 分子被相互交叉的 DNA 链联系在一起。这个交叉结构被称为 Holliday 联结体（Holliday junction）。

d. Holliday 联结体的移动。一个 Holliday 联结体可以通过配对碱基连续的解链和配对而沿着 DNA 移动。每次移动时，亲本 DNA 链上配对碱基断开，由相同的碱基配对形成重组中间体，该过程称为分支移位（branch migration）。

e. Holliday 联结体的剪切。在 Holliday 联结体处切断 DNA 重新生成两个分开的双螺旋 DNA，从而完成遗传物质的交换过程。这个过程叫做拆分（resolution）。在两个重组的 DNA 分子拆分时，哪两对 DNA 链在形成 Holliday 联结体时被切断，对于 DNA 交换程度有很大影响。

(1) Holliday 模型[37,38]。

它是解释同源重组的一个简单而又极为重要的经典模型。虽然现在已经发现了许多 Halliday 模型没有提及的涉及新的 DNA 合成的重组，但是 Halliday 模型仍然很好地解释了 DNA 链侵入、分支移位和 Halliday 联结体拆分等同源重组的核心过程。

如图 10.10（a）所示，配对的两条同源双链染色体（联会的同源双螺旋）。它们在同一基因座位上带有不同的等位基因（在图 10.10 中用符号 A/a、B/b、C/c 表示）。

重组是由于在每条同源双螺旋 DNA 分子的同一区域发生缺口而引发的［图 10.10(b)］。缺口的 DNA 单链断头从互补链的位置上释放出来，“侵入”并最终与同源 DNA 同一区域所发生的缺口的单链断头相联。如图所示，这种侵入是对称的，即两个分子同样区域的 DNA 相交换。链侵入产生关键的重组中间体-Holliday 联结体。

链侵入形成的 Holliday 联结体可通过分支移位沿着 DNA 移动，这种移位扩展了交换 DNA 的长度。如果两个 DNA 分子并不完全相同，如同一基因不同的等位基因间常有的少量序列上的差异，发生在这些区域的分支移位形成的 DNA 双螺旋（这种区域被称为异源双螺旋，heteroduplex DNA）将带有 1 个或若干个序列错配［图 10.10（d）中的 B 和 b 等位基因和旁边的放大图］。

修复这种错配将产生重要的遗传的结果。修复过程的完成需要通过切断交叉点附近的 DNA 链以拆分 Holliday 联结体，使错配的序列恢复正常配对。拆分以两种方式完成，结果形成两种截然不同的 DNA 产物。图 10.11 显示了分支 DNA 上两对剪切点的位置。为了使这些剪切点易于观察，将 Holliday 联结体旋转，形成一个没有交叉的、十字路口形状的结构。序列相同且极性相同的两条 DNA 链将被切断。剪切位点的两种方式在图 10.11 中分别被标为位点 1 和位点 2。

标为位点 1 的剪切位点位于初始没有切口（nick）的两条 DNA 链上［图 10.10（b)］。如果在 1 号位剪切，然后共价结合（由 DNA 连接酶催化），将会形成图 10.11 中左下角的 DNA 结构和序列。由于初始没有切口的两个双螺旋 DNA 的亲本 DNA 分子链通过拆分（在 Halliday 联结体处切断 DNA 完成遗传物质的交换，重新生成两个分开的双螺旋 DNA 的过程）而共价拼接在一起，所以这种产物被视为剪接（splice）重组产物。从等位基因的符号上可看出，在剪接重组过程中，产生断裂的位点附近的基因已经因为剪接后的交换而重新配对（两段 DNA 或两个基因互相匹配，其分子机制详见 10.7.1.2。RecA 蛋白是同源重组的关键蛋白质），所以这种重组又被称为“交换产物”（crossover product）。

与之相对，另一对剪切位点（在图 10.11 中图标为位点 2）位于两条因初始断裂而启动重组的 DNA 链上。经过拆分（resolution）和这两个剪切点的共价重结合形成的 DNA 分子

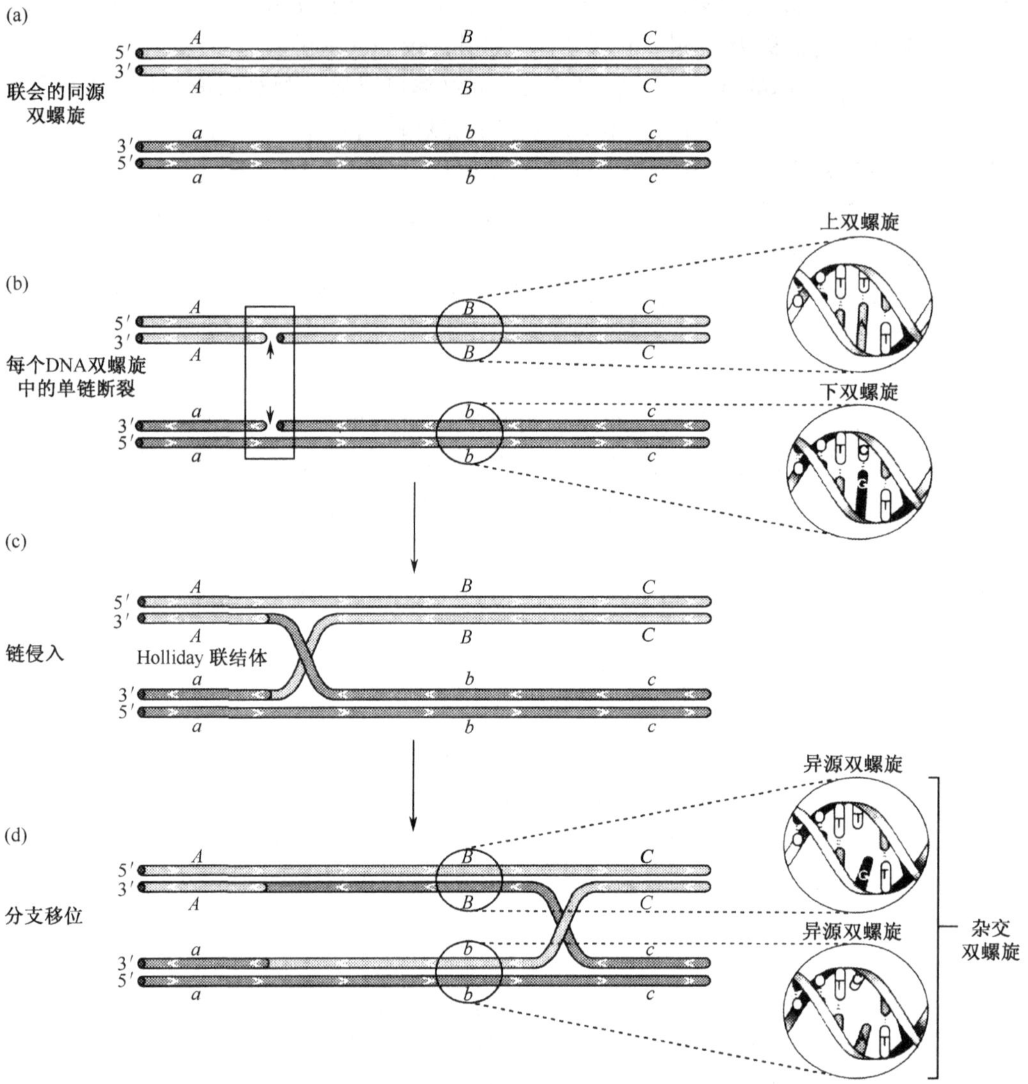

图 10.10　Holliday 模型中的分支移位[39]

在 DNA 单链上的小箭头标示 5′→3′的方向。*A* 和 *a*、*B* 和 *b*、*C* 和 *c* 分别代表了不同的等位基因。等位基因之间的序列差异不大，所以异源双链上同一基因座位，不同的等位基因之间就会形成错配［如（d）图右边的放大图所示］

包含一段外来 DNA 链（补丁），所以被称为补丁产物（patch product），如图 10.10 中的 3′AbC中的 b 段或 3′aBc 段中的 B 段。因为在剪接重组过程中，产生断裂的位点附近的基因并未因剪切后的交换而重新配对，所以又被称为非交换产物。

（2）双链断裂修复模型[40]。

同源重组经常因 DNA 双链断裂而启动。描述这种遗传交换反应的常用模型是双链断裂修复途径（double-stranded break-repair pathway）（图 10.12），它更加准确地描绘了许多重组事件。和 Halliday 模型一样，这个过程也是由同源染色体联会开始。但在这个模型里，始发事件是两条 DNA 分子中的一条发生了双链断裂（double-stranded break，DSB），而另外一条保持完整。因为双链 DNA 断裂较易发生（如下文），与 Halliday 模型中所提到的同

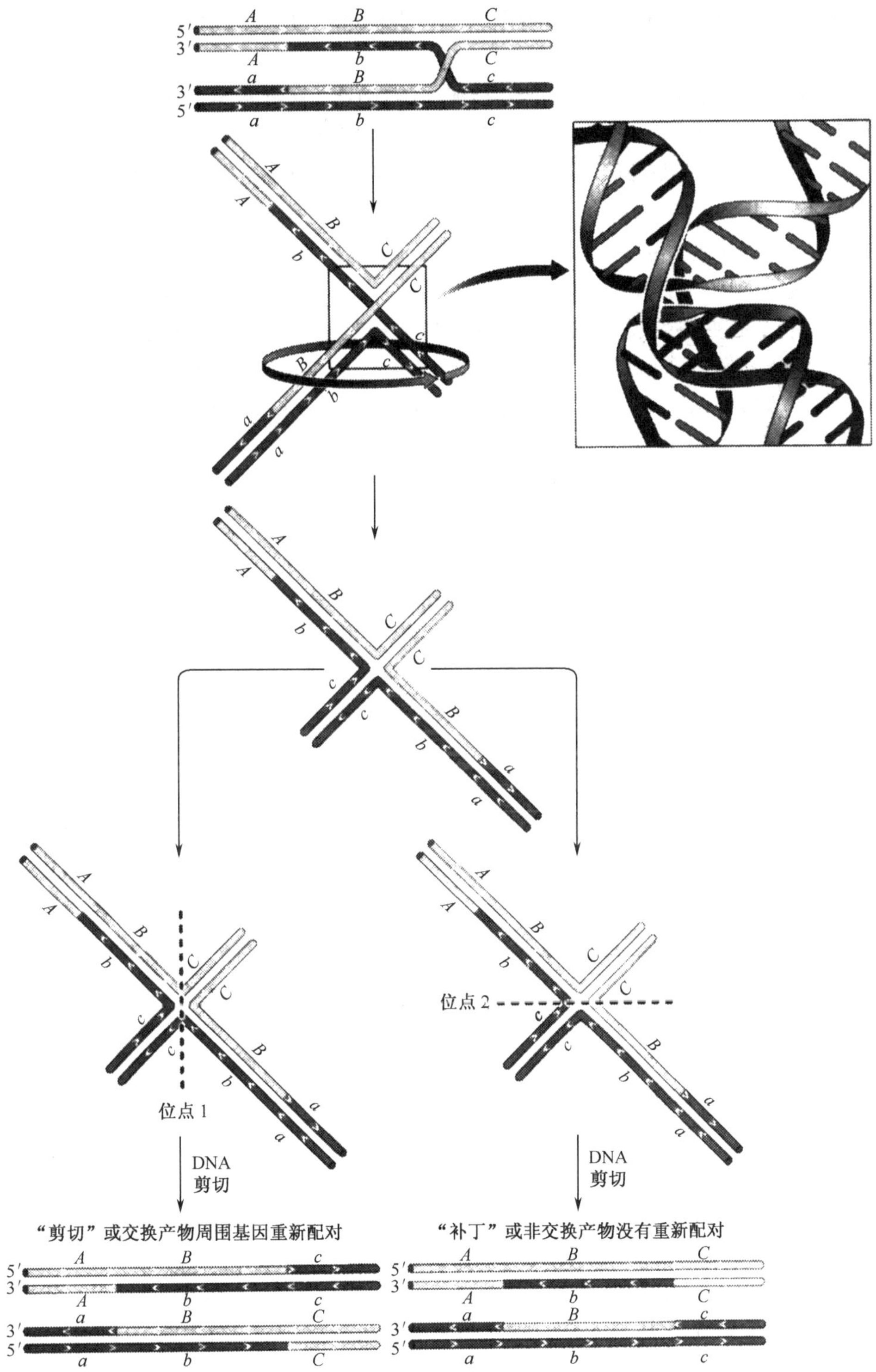

图 10.11　Holliday 联结体剪切[39]

拆分时有两对供剪切的位点。一对位点的剪切产生“剪切”或交换产物；另一对位点剪切将产生“补丁”或非交换产物。小插图显示一个 Holliday 联结体的结构。请注意，小插图中的 DNA 碱基完全配对

源成对断裂作为始动事件相比，双链 DNA 断裂更有说服力。然而，两条 DNA 分子中的非对称始发断裂，导致双链 DNA 断裂模型的后期重组过程也是非对称的。在下文，我们将看到这一点。

发生双链 DNA 断裂后，一种 DNA 裂解酶按顺序地降解断裂的 DNA 分子以产生单链 DNA 区域［图 10.12(c)］。这种降解有时在两条链的双链断裂处都进行，有时只在有 5′端结尾的链上进行。该过程在断裂的 DNA 上产生了叫做单链 DNA 末端的以 3′端结尾的单链延伸体。

由上述过程产生的单链 DNA 末端这时侵入到未断裂的同源 DNA 双螺旋中。开始是 3′端链单链入侵［图 10.12(c)］，然后是双链入侵［图 10.12(d)，其中入侵单链的 3′端延伸为深暗色的段落］。这两种情况中，每一条入侵单链都是和另一个 DNA 分子中的一条单链互补结合。因为入侵链以 3′端结尾，它们可以作为合成新 DNA 的引物。以同源 DNA 双链中的互补链作为模板，从这些 3′断端开始延长，以重新合成断裂处被破坏的 DNA 片段［图 10.12(d)，(e)］。

如果刚开始的两个 DNA 分子序列（两条同源染色体）在断裂附近并不完全一样（如前述的单碱基替换），那么在“双链断裂”修复模型中的重组过程中，其中一条染色体的一些序列信息就有可能丢失。如图 10.12 所示的重组事件，以深暗色双链为模板合成 DNA 的结果导致暗色 DNA 的序列信息的丢失。这是一种单向的遗传物质交流。

双链断裂模型所产生的重组中间体——两个 Halliday 联结体，以分支移位的方式沿着 DNA 移动，并最终被切断而结束重组事件。同样地，依据拆分 Halliday 联结体时所剪切的 DNA 链，可以决定最终 DNA 分子重组点侧翼序列的基因是否发生重新配对（匹配，也就是导致交换）。

（3）如何拆分有两个 Holliday 联结体的重组中间体。

如何剪切重组中间体的 Holliday 联结体，对终产物 DNA 分子的结构有很重大的影响。终产物重组点的侧翼序列是重新配对（剪接/交换产物）还是不进行重新配对（补丁/非交换产物）决定于拆分如何进行。因为经双链断裂修复模型途径所产生的中间体有两个 Holliday 联结体，所以难于预见哪种产物是由哪种可能的 Holliday 联结体剪切组合而产生的。实际上，一种简单的方法可判定是否产生了交换产物。

下面以图 10.13 中分别标为 x 和 y 的两个联结体来解释拆分中间体的不同方式。

对于每一个联结体，有两种可能的剪切方式（标为①和②）。决定拆分是否产生交换产物的简单规则如下：如果所有的联结体在同一个位置剪切，如都在①或都在②，那么就不会产生交换产物。如图 10.13（b）所示，两个联结体都在②剪切，产生了非交换产物。请注意等位基因 A/B 和 a/b 仍然在原来的染色体上没有发生重新配对。两含联结体同时在①剪切也会产生非交换产物。

与之相对，如果剪切发生在两个联结体不同的位置。就会产生交换产物。如图 10.13(c) 所示，x 联结体在①剪切，y 联结体在②剪切。请注意现在基因 A 和 b 相连，而基因 a 则和 B 相连，也就是侧翼基因重新配对。如果 x 联结体在②剪切，y 联结体在①剪切，也会产生交换产物。

为什么这条简单的规则是真实的？为理解这一点，比较本图中的联结体和图 10.11 中的单 Halliday 联结体，单联结体在①剪切产生交换产物，在②剪切则产生非交换产物。当你结合两个联结体的剪切结果时，便会有如下结论：

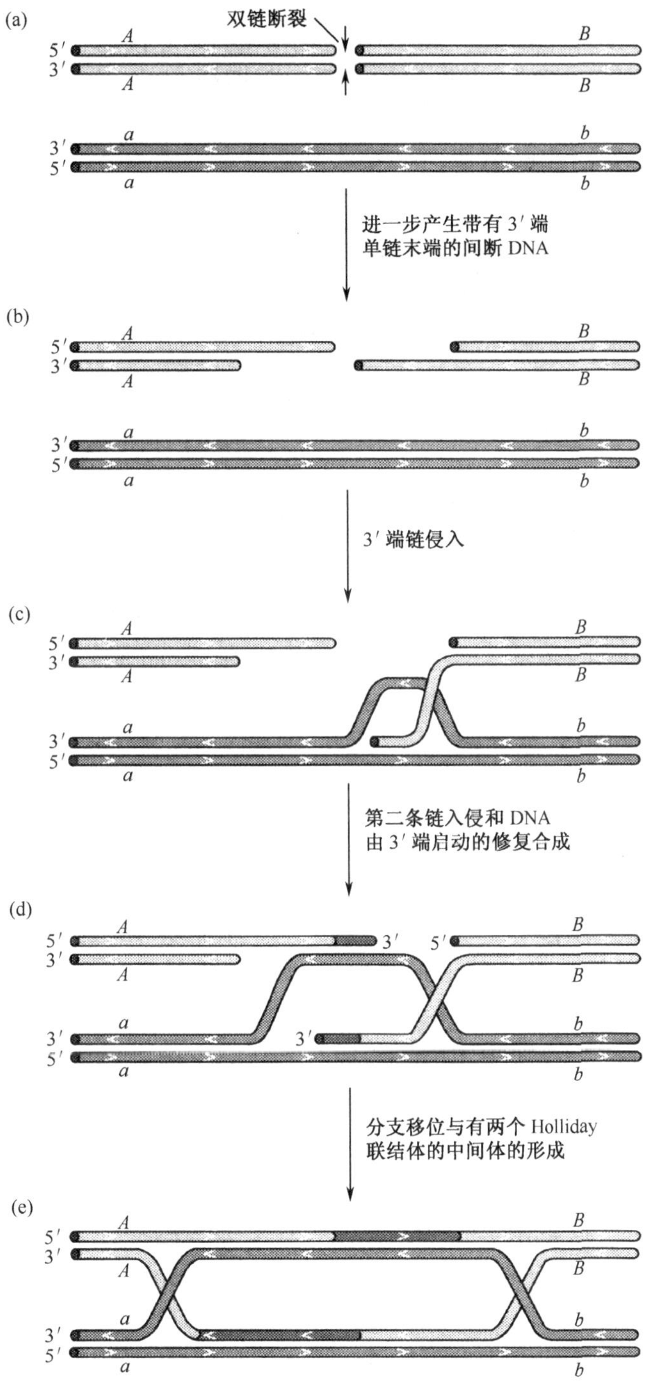

图 10.12　同源重组的双链断裂修复模型[39]

图示产生有两个 Holliday 联结体的重组中间体的过程

两个联结体都在②剪切，产生补丁产物（补丁＋ 补丁＝ 补丁，非重组产物）；
两个联结体都在①剪切，同样产生补丁产物（剪接＋剪接 ＝ 补丁，因为第二次剪接正好恢复了第一次剪切所造成的基因重新配对)；

若一个联结体在①剪切另一个在②剪切，就会形成交换产物（剪接＋补丁＝ 剪接），因为在①剪切形成的基因重新配对产物最终得以保留。

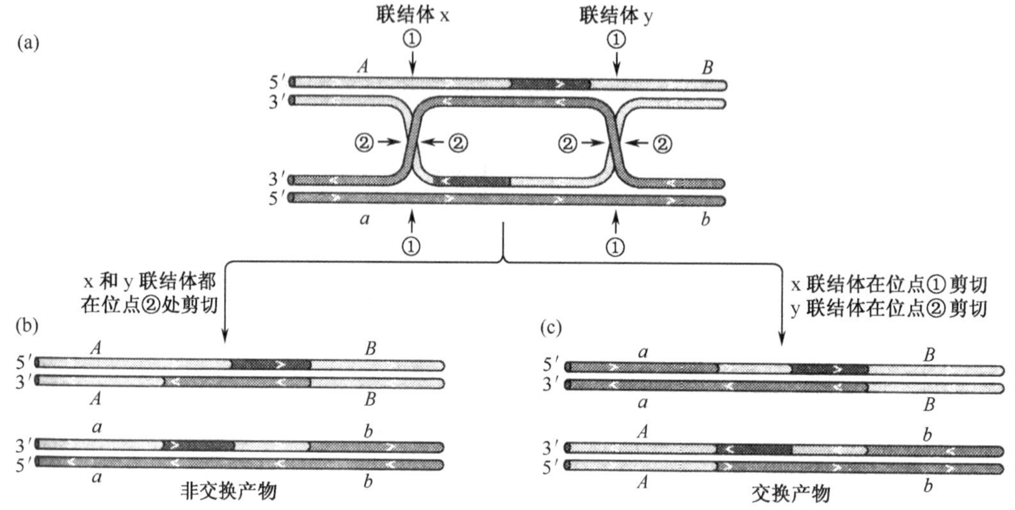

图 10.13 两种可能拆分双链断裂修复途径形成中间体的方式
亲本 DNA 分子和图 10.12 一样，标为深暗色的 DNA 是在重组中新合成的

（4）DNA 双链断裂与同源重组[41]。

如果 DNA 经常发生的双链断裂不能得到修复，细胞就会死亡。修复双链断裂的主要机制就是通过双链断裂修复途径启动的同源重组事件。DNA 的断裂由多种原因形成（如离子射线等）。许多类型的 DNA 损伤因为干扰了复制叉的进程而间接造成双链断裂。例如，一个 DNA 链上未修复的缺口能使经过的复制叉在此停滞（图 10.14）。

这些 DNA 断端会引发该 DNA 与其同源 DNA 的重组，进而修复这个断裂。同源重组除了能修复染色体 DNA 双链断裂外，还能促进细菌间的遗传物质交换。这种遗传物质交换发生在宿主细胞的染色体和经噬菌体转导或细胞结合而进入的 DNA 之间。在这些情况下，进入细胞的 DNA 为线性分子，提供能引发同源重组的 DNA 断端。

在真核细胞中，同源重组是修复 DNA 断裂和复制叉停滞的关键途径。另外，同源重组是减数分裂时同源染色体配对（匹配）的必要步骤。当细胞进入减数分裂时，产生一种特殊的蛋白质，介导 DNA 产生双链断裂从而引发重组。

10.7.1.2 引发同源重组的蛋白质机制

生物都能编码催化 DNA 重组的蛋白质。在重组中使用的蛋白质，有些是所有生物共用的，有些则因不同生物而异。

在大肠杆菌中，通过双链断裂修复途径（RecBCD pathway）引发重组的蛋白质[42]，已经得到详尽的研究。表 10.4 列出了在细菌和真核细胞（如酿酒酵母是最深入理解的真核细胞）中催化关键重组步骤的蛋白质。这些蛋白质是完成双链断裂修复路径关键步骤所必需的。除了这些负责重组的蛋白质外，DNA 复制酶、单链 DNA 结合蛋白、拓扑异构酶、连接酶等也在遗传物质交换过程中起着关键作用。

从理论上说，在 RecBCD 路径的重组中两个重组 DNA 分子中至少要有一个双链断裂，

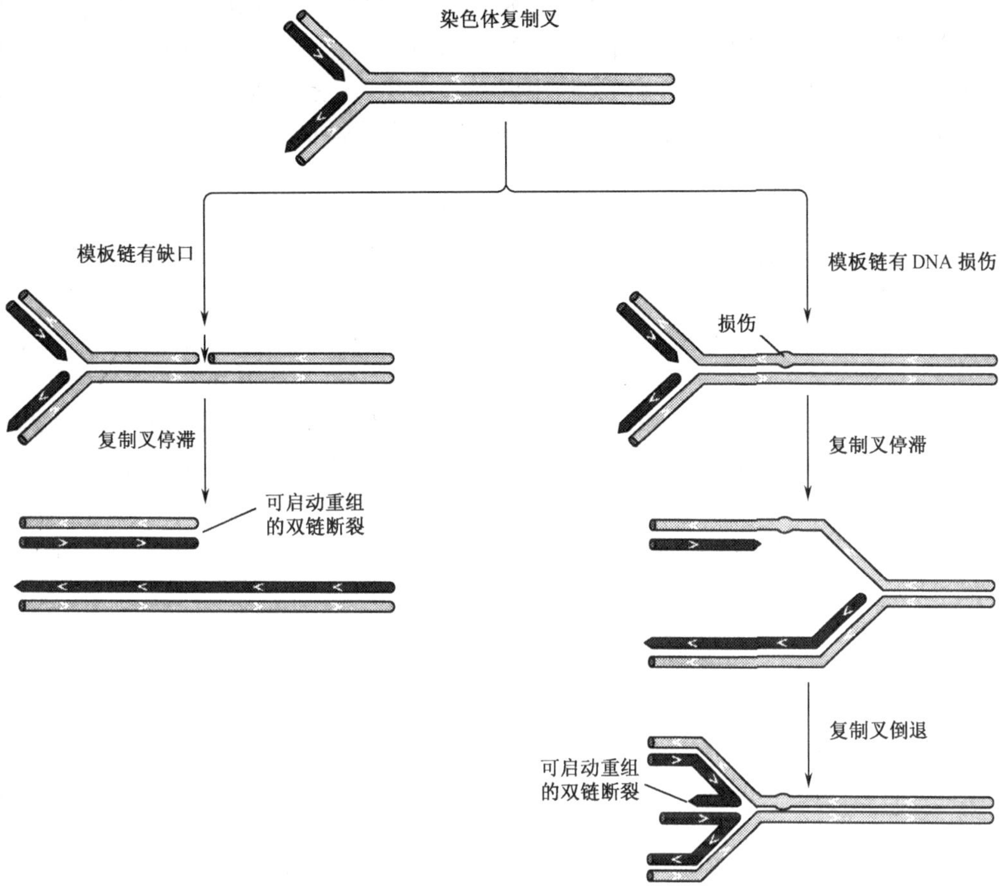

图 10.14　DNA 复制时模板上的损伤能导致双链断裂[39]

模板链上单个缺口造成双链断裂易于理解（左图）。不过模板上的一个造成复制叉停止的损伤也能形成双链断裂（右图）。右图例中，两条新合成的链可形成碱基互补链，导致复制叉向后退，这种结构有多种结局，断端可引发重组

但在表 10.3 中没有列出大肠杆菌的引入双链断裂的蛋白质。因为，迄今为止尚未发现细菌中有引入双链断裂功能的特殊蛋白质。实际上，DNA 损伤和复制叉停滞等事件是产生双链断裂（在染色体 DNA 上引发同源重组）的主要来源。

表 10.4　原核和真核细胞中催化重组过程的因子

重组步骤	大肠杆菌中的催化蛋白	真核细胞中的催化蛋白
同源 DNA 联会及链侵入	RecA 蛋白	Rad51，Dcml（减数分裂期）
引入双链断裂	无	Spoll（减数分裂期），HO（交配模式转换）
作用于 DNA 断端以产生用于侵入的单链	RecBCD（解旋酶/核酸酶）	MRX 蛋白（又称为 Rad50/58/60 核酸酶）
链交换蛋白组装	RecBCD 和 ReeFOR	Rad52 和 Rad59
Halliday 联结体识别和分支移位	RuvAB 复合体	未知
拆分 Halliday 联结体	RuvC	可能是 Mus81 或其他蛋白质

我们将依次讨论大肠杆菌的重组蛋白质如何在重组过程中通过双链断裂修复路径行使功能。首先讨论的是 RecBCD 酶如何作用于 DNA 的双链断裂点进而产生单链区；其次，解释产生链交换作用的 RecA 蛋白的结构和作用机制，当 RecA 蛋白结合在 DNA 单链上后，能发现 DNA 上的同源序列区并在这些同源区域间形成新的碱基对；再次，讨论促进分支移位的 RuvA 和 RuvB 蛋白；最后，介绍拆分 Halliday 联结体的酶 RuvC。

（1）RecBCD 解旋酶对重组 DNA 分子断端的加工[43]。

RecBCD 酶作用于断裂的 DNA 分子以产生单链 DNA 区域，也可协助链交换蛋白质 RecA结合到单链 DNA 末端。具有单链延伸端或“尾巴”的 DNA 分子是引发同源序列间的链交换的合适底物。RecBCD 所拥有的多种酶活性使细胞能够与进入细胞的 DNA 分子发生重组，或是降解它。

RecBCD 由 RecB、RecC、RecD 三个亚基组成（*recB* 基因、*recC* 基因和 *recD* 基因的产物），具有 DNA 解旋酶和核酸酶的活性。依靠 ATP 提供的能量，RecBCD 结合在 DNA 双链断裂处并沿 DNA 移动。在该蛋白质的作用下，DNA 被解旋，同时伴有或不伴有破坏一条或两条 DNA 结构的降解。RecBCD 蛋白的激活受控于一段特殊的 chi（cross-over hotspot instigator）DNA 序列。chi 位点能够提高同源重组的频率。

图 10.15 显示 RecBCD 作用于具有一个 chi 位点的 DNA 分子，使之受激活而进行重组的过程。RecBCD 蛋白通过双链断裂处进入 DNA，并在沿着 DNA 链前进的过程中解螺旋，使 dsDNA 不断地变成两条单链。RecB 和 RecD 亚基都是 DNA 解旋酶，利用 ATP 水解的能量解链。RecBCD 的核酸酶活性经常在解螺旋的过程中剪切各链，从而降解结合的 DNA。

RecBCD 具有两个解旋酶，其中 RecD 酶可沿着 DNA 5′端（图 10.15 中的下链）快速移动，RecB 酶则沿着 DNA 3′端（图 10.15 中的上链）慢速移动。因为这两个亚基以不同的速度移动，所以在解螺旋的过程中，会在上链堆积出一个 DNA 单链环。而且随着 RecBCD移入 chi 位点之外的远端序列（参照 RecBCD 酶进入的双链断裂），它不再依 3′→5′方向剪切 DNA，而是以更高的频率剪切另一条 5′→3′方向的 DNA 链。这些作用的综合结果就使双螺旋 DNA 具有一条突出的，chi 位点位于 3′端的单链尾巴。这种结构适于 RecA 蛋白的组装，并引发 DNA 链交换。RecBCD 遇到 chi 位点后酶活性变化的分子机制尚不清楚，可能与 RecD 的活性丧失或解离有关。RecBCD 产生的单链 DNA 尾巴必须被 RecA 蛋白结合，以备重组事件的发生。不过，细胞里同时有一种单链结合蛋白（SSB）也可以结合到这种 DNA 上。为了让 RecA 而不是 SSB 结合到 DNA 上，RecBCD 直接与 RecA 结合以利于该蛋白质的组装。

chi 位点能够提高约 10 倍重组发生率。在 chi 位点附近 10kb 左右的区域都能观察到重组概率的提高，但随着远离 chi 位点而逐渐降低。这是因为，双链断裂点和 chi 位点间的 DNA 被酶切成小片段而不能发生重组（图 10.16）。

chi 位点控制 RecBCD 核酸酶活性的能力使之可帮助细菌细胞免受噬菌体介导的外源 DNA 的入侵。8 个核苷酸的 chi 序列（CGTGGTGG）在大肠杆菌基因组中出现的概率极高，序列中多 G、T 而缺 A。在 chi 两侧 50～400 个碱基的范围内都维持着 G、T 多而 A 少的序列特点[44]，这正是 RecA 所喜欢结合的序列，因此是重组的多发区。理论上，大肠杆菌基因组上每 65kb 会有一个，总共 80 个 chi 位点。实际上，大肠杆菌染色体序列共有 1009 个 chi 位点。由于 chi 过多出现，大肠杆菌 DNA 进入大肠杆菌细胞时易于和 RecBCD 结合，产生 3′端单链 DNA，因此被激活以引发重组。反之，来自于其他物种的 DNA 没有过多的

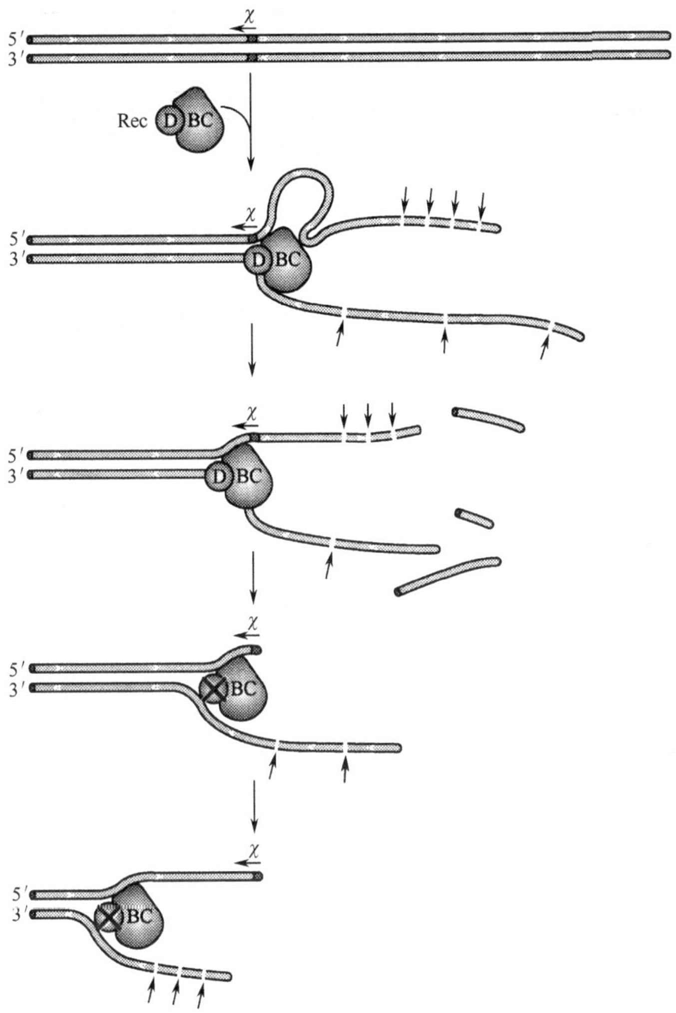

图 10.15　RecBCD 作用于 DNA 的步骤

请注意，RecBCD 蛋白能通过双链断裂中的任一个或两个断裂端进入 DNA 分子。但是 chi 位点的功能具有方向性。如图示 DNA 分子中，chi 位点的方向使它只作用于从右向左移动的 RecBCD 酶。RecBCD 具有两个解旋酶，RecD 酶可沿着 DNA 5′端（图 10.15 中的下链）快速移动，RecB 酶则沿着 DNA 3′端（图 10.15 中的上链）慢速移动。因为这两个亚基以不同的速度移动，所以在解螺旋的过程中，会在上链堆积出一 DNA 单链环。当 RecD 到达 chi 位点时，一个χ标在该酶上表示其已经脱落或丧失活性

chi 位点。RecBCD 作用于此 DNA 后，将导致其被过度降解，而无法被激活和用于重组。

总之，RecBCD 的 DNA 降解活性有多种后果。这种降解功能对于处理 DNA 断端，使之与 RecA 结合及链侵入是必需的。具有促进重组的重要作用。

(2) RecA 蛋白是同源重组的关键蛋白质[45a]。

RecA 是“链交换蛋白”（strand-exchange protein）酶家族的基本成员，这些蛋白质催化同源 DNA 分子的配对。配对过程涉及寻找两个分子间相配的序列和在两个分子间产生供配对的区域。

RecA 蛋白促进 DNA 配对和链交换的活性可以通过使用简单的 DNA 底物进行体外实验

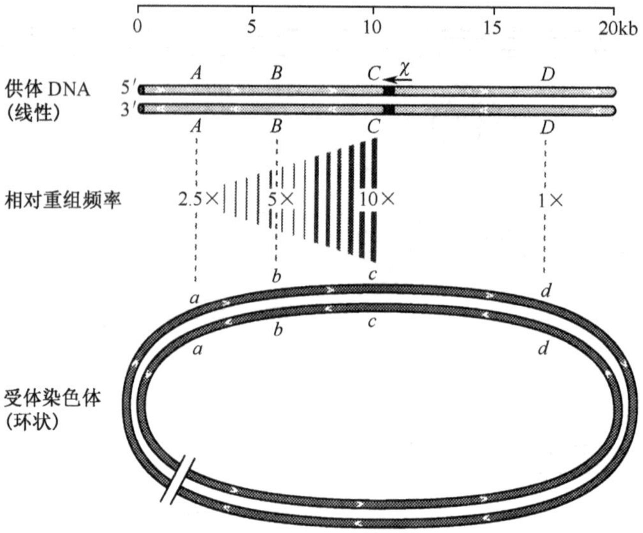

图 10.16 chi 位点的极性[39]

本图显示了一个 chi 位点特异性提高 chi 位点及其附近序列的重组频率。示例是一个经转化或转染进入细胞内的线性 DNA 和细菌 DNA 发生的重组事件。实际参与的 DNA 序列可能更长。例如，噬菌体转化经常传递约 80kb 的 DNA 片段。大肠杆菌染色体的长度约为 5Mb

而观察。图 10.17 列举了 DNA 配对和链交换的过程，以展示 RecA 的生化活性。这些 DNA 分子的重要特性是：①两条 DNA 分子序列互补；②至少其中一个分子上有与 RecA 结合的单链 DNA 区；③在互补区内存在一个 DNA 末端，使新形成的双链体中的 DNA 链相互缠绕。

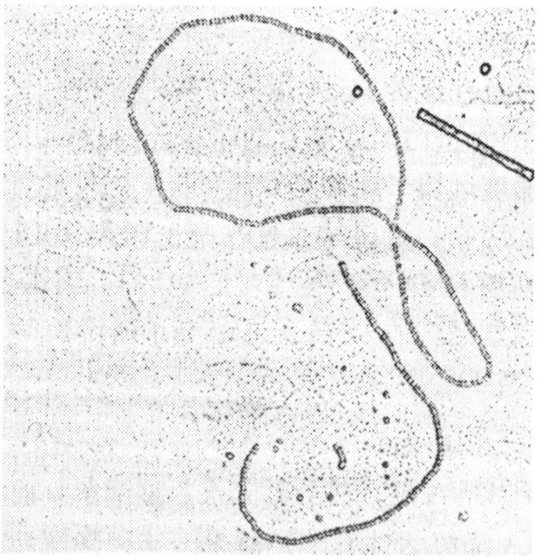

图 10.17 RecA 蛋白丝的电镜视图[45b]

全部或部分被 RecA 蛋白包裹的环状 DNA。图中有一个未结合 RecA 蛋白的 DNA 分子，可以看出结合 RecA 后，DNA 变长

活性 RecA 是核蛋白，是一种蛋白丝 DNA（图 10.17）。与多数涉及分子生物学功能的小而且离散的蛋白质（如单体、双体、六聚体等）不同，RecA 蛋白丝则非常大，且大小可

变，通常包括约 100 个 RecA 亚基与 300 个 DNA 核苷酸。RecA 蛋白丝可以容纳 1 条、2 条、3 条甚至 4 条 DNA 链。下面将会看到，有 1 条或 3 条 DNA 的 RecA 蛋白丝在重组中间体中更为常见。

RecA 蛋白在单链上的组装促成了链侵入。RecA 丝状结构中的 DNA 与没有蛋白质结合的单链 DNA 或 B-DNA 相比，高度延伸，其平均相邻碱基间距为 0.5nm，而不是常见的 0.34nm。所以，当 DNA 和 RecA 蛋白结合后，DNA 分子长度增长至原来的 1.5 倍。寻找同源 DNA 序列和 DNA 链交换就是在这种 RecA 蛋白丝内进行的。

RecA 蛋白的亚基互助地结合到 DNA 上形成蛋白丝。RecA 结合与组装到单链 DNA 上的速度远快于组装到双链 DNA 上的速度，从而解释了为什么需要单链 DNA 作为链交换的底物。蛋白丝沿 5′→3′加入 RecA 亚基来延长，这意味着以 3′端结尾的 DNA 链更易被 RecA 蛋白覆盖（图 10.18）。请注意，双链断裂修复模型的重组，正是有着蛋白丝结构的 DNA 分子参与了链侵入。

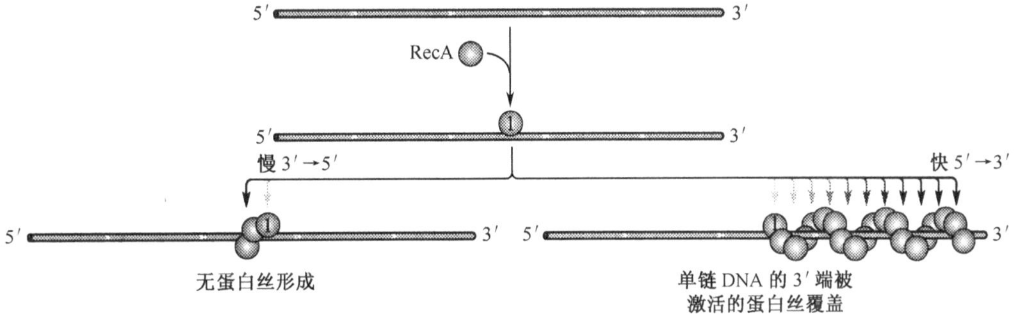

图 10.18　RecA 组装的方向

请注意，新 RecA 亚基结合到 DNA 3′端的速度远快于结合到其 5′端的速度。因为此组装的方向性，以 3′结尾的单链 DNA 分子更易于结合 RecA；NK，5′结尾的单链 DNA 末端难于成为蛋白丝组装的底物

新的配对 DNA 是以 RecA 蛋白丝的组装为基础完成的。RecA 催化链交换的过程可以分成不同阶段。首先，RecA 蛋白丝必须组装在其中一个参与的 DNA 分子上，组装要发生在具有单链 DNA 区域（如单链 DNA 末端）的 DNA 分子上。这个 RecA-单链 DNA 复合体是参与寻找同源序列的活性形态。在这个过程中，RecA 必须“寻找”和蛋白丝上的 DNA 碱基互补的另一条 DNA 分子。

RecA 能够促进寻找同源序列，这是因为蛋白丝结构具有两个不同的 DNA 结合部位：主要位点（结合在具有单链 DNA 区域的第一个 DNA 分子上）与次要位点（图 10.19）。次要位点可被双链 DNA 占据。它与次要位点的结合具有迅速、微弱且短暂的特性，但更重要的是此结合与 DNA 序列无关。因此，RecA 蛋白丝可以结合并快速筛选很长的 DNA 以寻找序列同源区。

RecA 蛋白丝如何检测同源序列的详细机制尚不清楚。实验证明 RecA 缠绕的ssDNA能通过自我识别（self-recognition）来识别 dsDNA 中相同的“＋”链，结合成为三股的 DNA 分子[46,47]。简言之，结合在次要位点的 DNA 暂时被解链并和在主要位点的单链 DNA 做同源性比对。这种“检验”被认为是以碱基配对进行，虽然检验初期并不破坏位于次要位点双链 DNA 的整体碱基对结构。实验显示起初的配对可能涉及双螺旋数个碱基的翻出。体外实验显示，仅 15 个碱基的序列配对就可提供 RecA 蛋白丝足够的信号以发现同源区域，从而

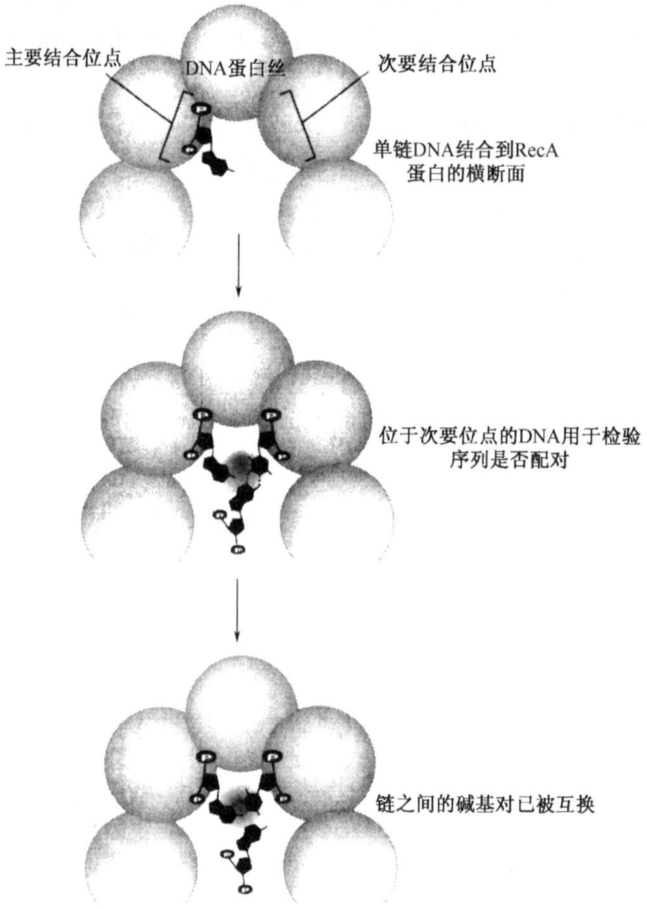

图 10.19　在 RecA 蛋白丝内寻找同源区和 DNA 链交换的两步模型[48]

启动链交换。当一个碱基互补的区域被定位后，RecA 促进这两个 DNA 分子形成一个稳定的复合体。这个与 RecA 结合的三链结构被称为连接分子（joint molecule），通常包含杂交数百个碱基对的 DNA，实际的链交换就发生在连接分子内。在主要位点上的 DNA 链可与在次要位点上的双链 DNA 的同源链形成碱基配对，链交换需要断开一对链之间的碱基对，然后形成一组新的同样的互补碱基对。完成链交换的同时，也要求新配对的碱基链相互缠绕，形成正确的双螺旋。RecA 倾向于结合到链交换后的 DNA 产物上，正是此结合实际驱动交换反应进行，进而形成新的 DNA 构型。

所有的生物都有 RecA 家族的链交换蛋白质，都有 RecA 同源物。研究得最详细的是真细菌的 RecA、古细菌的 RadA、真核生物的 Rad51 和 Dmc1，以及细菌噬菌体 T4 的 UvsX 蛋白。这些蛋白质可形成与 RecA 类似（图 10.20）的蛋白丝，并以类似的方式行使相似的功能；虽然这些蛋白质的部分功能因它们特殊的细胞学角色和反应对象而发生了特化。

（3）RuvAB 复合体[50]。

当重组的链侵入步骤完成后，两个重组的 DNA 分子被一个 DNA 分支连接起来，称为 Holliday 联结体（如前所述）。分支点的移动需要两个同源 DNA 双螺旋交换碱基对，细胞编码一些蛋白质可大幅提高分支移位速率。

RuvA 蛋白是一个特异性结合 Holliday 联结体的蛋白质，它可识别 DNA 联结体的结

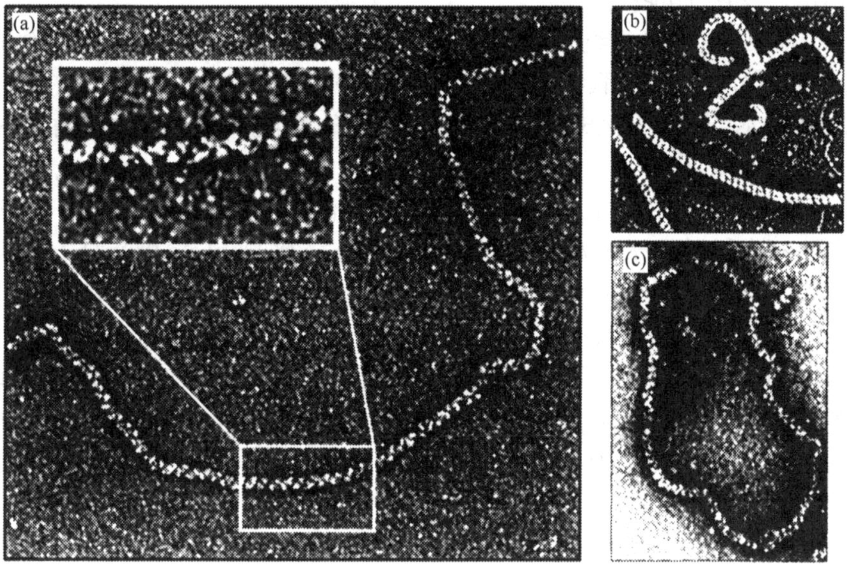

图 10.20　三类生物中类似 RecA 的蛋白质

图中显示（a）人类 Rad51；（b）大肠杆菌 RecA；（c）*A. fulgidus* RadA 3 种核蛋白丝。请注意电镜图片中的局部放大图揭示的蛋白丝的类似螺旋结构[49]

构，而不考虑相应的 DNA 序列。RuvA 蛋白识别并结合到 Holliday 联结体上，并与 RuvB 蛋白结合为 RuvAB 复合体。RuvB 是一个六聚体 ATP 酶，类似 DNA 复制过程中的六聚体解旋酶。RuvB ATP 酶提供能量，以促进碱基对交换，从而移动 DNA 分支。一个 Holliday 联结体上的 RuvAB 复合体的结构模型（图 10.21）展示出一个四聚体 RuvA 蛋白和两个六聚体 RuvB 蛋白如何同时促进 DNA 链交换的过程。

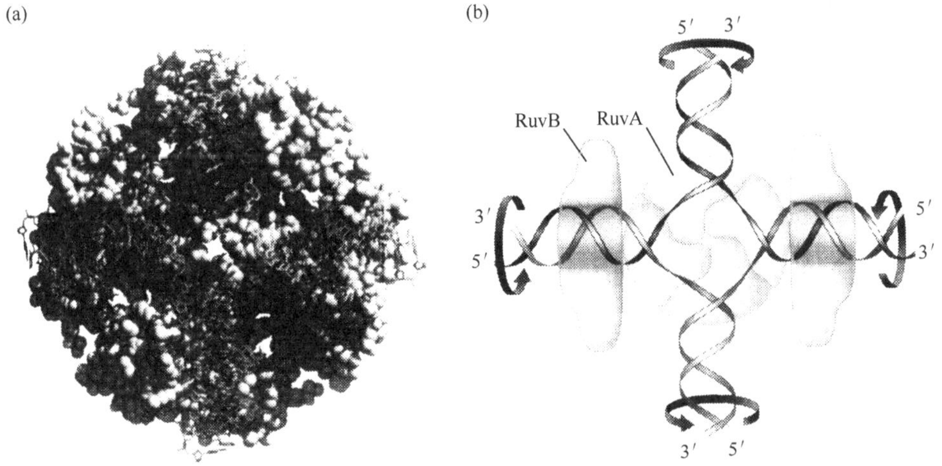

图 10.21　高分辨率 RuvA 结构图和 RuvAB 复合体与 Halliday 联结体结合的模式图

（a）RuvA 四聚体的晶体结构显示该蛋白具有四重对称性[51]。（b）有两个 RuvB 六聚体的晶体模式图。请注意，一个 RuvA 四聚体是如何以四重对称的形态结合到联结体上的。两个 RuvB 六聚体结合在 RuvA 对称的两侧，并起到马达的功能，以驱使 DNA 通过联结体。RuvB 六聚体以截面图表示，以显现穿过这些复合体的 DNA 链[52]

（4）RuvC 核酸内切酶[53]。

结束重组需要拆分两条重组的 DNA 分子间的 Holliday 联结体（或多个联结体）。在细菌中，RuvC 是拆分 Halliday 联结体的主要核酸内切酶。正是因 RuvC 能剪切RecA在体外实验中形成的DNA 联结体而被发现，并已经纯化。遗传学证据显示它的功能和 RuvA 和RuvB 相呼应。

RuvC 识别 Holliday 联结体后，特异地剪切两条同极性的同源 DNA 链。此剪切形成了 5′端磷酸基团末端和 3′-OH 末端，这些末端可以直接被 DNA 连接酶接上。依据哪一对 DNA 链被 RuvC 剪切，连接后的重组产物可以是剪接（交换）或是补丁（未交换）。图 10.22 显示了 RuvC 的结构及其如何与 DNA 联结体相互作用的模式图。

虽然 RuvC 依靠识别结构而不是特定序列而行使功能，但 RuvC 对 DNA 的剪切具有一定程度的序列特异性。剪切只发生在有 5′A/TTTG/C 序列的位点，在这段序列的第二个 T 后面剪切。DNA 中这类序列的位点较多，平均每 64 个碱基就会有一个。这种一定程度的序列特异性可保证在联结体拆分前至少有一些分支移位发生。没有这种序列特异性，Halliday 联结体可能刚产生就被 Ruvc 剪切，从而限制了参加链交换的 DNA 区域。

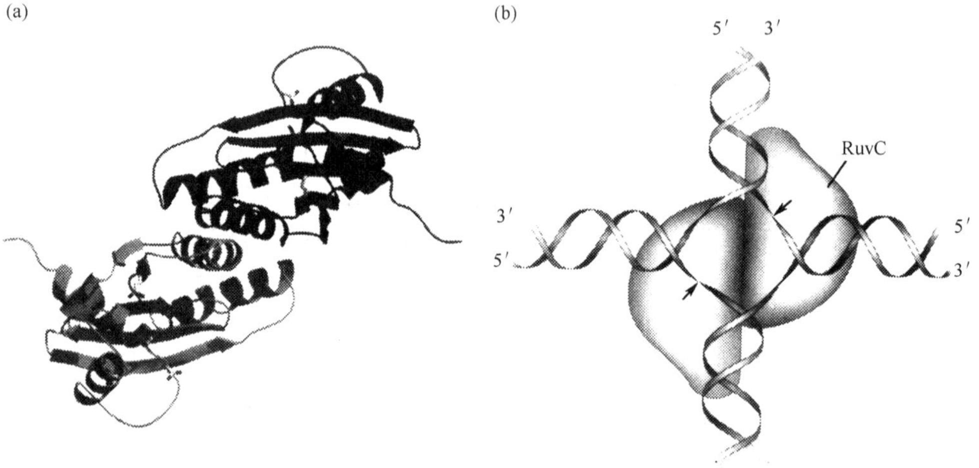

图 10.22　高分辨率的 RuvC 剪切酶结构图和与 Holliday 联结体结合的 RuvC 二聚体的模式图

(a) RuvC 蛋白的晶体结构[54,49]。(b) 一个 RuvC 二聚体结合到 Holliday 联结体上的模式图。请注意在该图中，一个 RuvC 二聚体是如何与 Halliday 联结体结合，并在两条相同的 DNA 链上引入对称的缺口[55]

10.7.1.3　真核细胞的同源重组

（1）同源重组与减数分裂。

细菌的同源重组可修复双链断裂的 DNA，启动损坏的复制叉和允许染色体 DNA 与以噬菌体感染或接合的形式进入细胞的 DNA 发生重组。同样地，在真核细胞中同源重组也是 DNA 修复和启动受损复制叉所需要。然而，真核生物的同源重组在减数分裂中显得更为重要。在减数分裂过程中，同源重组确保染色体正确配对，保证了基因组的完整性。这种重组可以使亲本染色体之间的基因发生重组，确保每套基因的多态性能够传递到子代中去。

同源重组保证减数分裂中染色体的分离。减数分裂有两轮核分裂，减少正常双倍体细胞（$2n$）的 DNA 含量（$2n$），成为配子的 DNA 含量（$1n$）。分离前，细胞中的每个染色体都有两个拷贝（同源染色体），分别来自父母双方。在 S 期，这些染色体进行复制从而获得了 DNA 四倍体（$4n$）。复制的产物 —— 姐妹染色单体聚在一起。这时，准备进行第一次分裂，这些复制了的同源染色体必须进行配对，并且排列在细胞的中心。正是这种同源染色体的配对需要同源重组。

这些事件都是井然有序地发生。同源重组必须在第一次核分裂前完成，从而使同源染色体正确地配对，然后分开。在此过程中，姐妹染色单体保持配对，在第二次核分裂中，姐妹染色单体才分开。这种分裂产生 4 个配子，每一个都具有每条染色体的一个拷贝（1n 的 DNA 含量）。

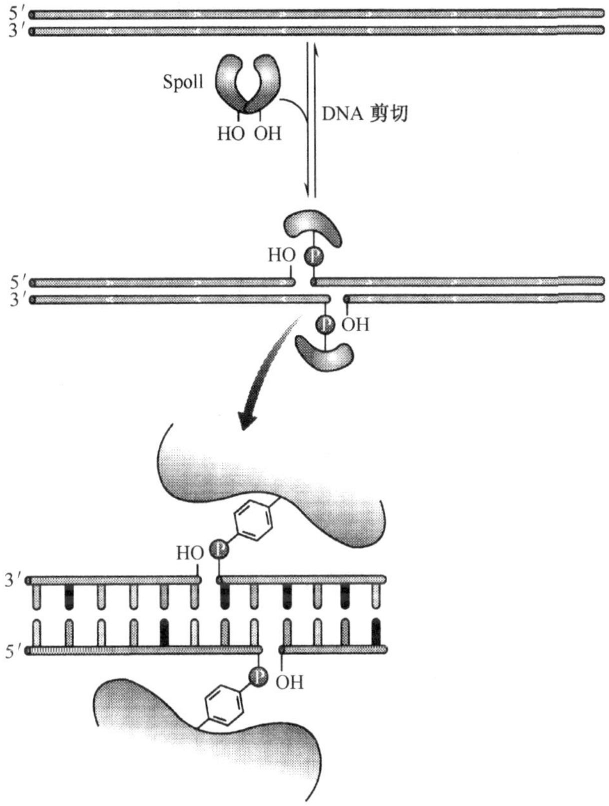

图 10.23　Spoll 进行切割的机制[39]

Spoll 蛋白中酪氨酸的—OH 基团对 DNA 进行攻击，生成一个蛋白质-DNA 共价连接。Spoll 的两个亚基是生成双链 DNA 断裂所必需的，一个亚基攻击其中一条 DNA 链。注意，由于此切割机制，DSB 能够通过简单的逆向反应而重接

如果没有重组，染色体通常无法在第一次减数分裂中正确地排列，容易引起染色体丢失。染色体的不恰当分离，被称之为不分离（non disjunction），会导致大量配子没有正确的染色体组成。具有过多或过少染色体的配子在受精后都不能正常发育。这种在减数分裂过程中发生的同源重组被称为减数分裂重组（meiotic recombination）。减数分裂重组也常常引起两个同源亲代染色体间基因的交换。交换的结果是亲本 DNA 分子上的等位基因在下一代发生了重新排列。

（2）Spoll 蛋白与减数分裂中的双链断裂[56,57a]。

细胞成功地完成减数分裂需要很多专用的基因的表达。其中的一个就是 Spoll，该基因编码一个蛋白质，可引入染色体 DNA 的双链断裂并进而启动减数分裂重组。

Spoll 蛋白可以在很多染色体位置上切断 DNA，它对序列没有特异性，但 Spoll 参与的

DNA 切割必须正好发生在已复制的同源染色体开始进行配对的时候。Spoll 切割的位置并非随机地分布在 DNA 上，它们多分布在核小体包装疏松的染色体区域，如控制基因转录的启动子区域、DNA 出现较高概率的双链断裂区域以及 chi 位点等，进而发生高频率的重组。

DNA 断裂的机制如下：Spoll 蛋白中一个特异的酪氨酸侧链可攻击磷酸二酯骨架，从而切断 DNA，并在蛋白质与受损的 DNA 链间生成共价键（图 10.23），Spoll 的两个亚基在两个 DNA 链的相差两个核苷酸处切开，形成一个黏性的双链断裂。Spoll 与 DNA 拓扑异构酶及位点特异性重组酶具有同样的 DNA 剪切机制。实际上，Spoll 和这些酶都有一定的同源性。

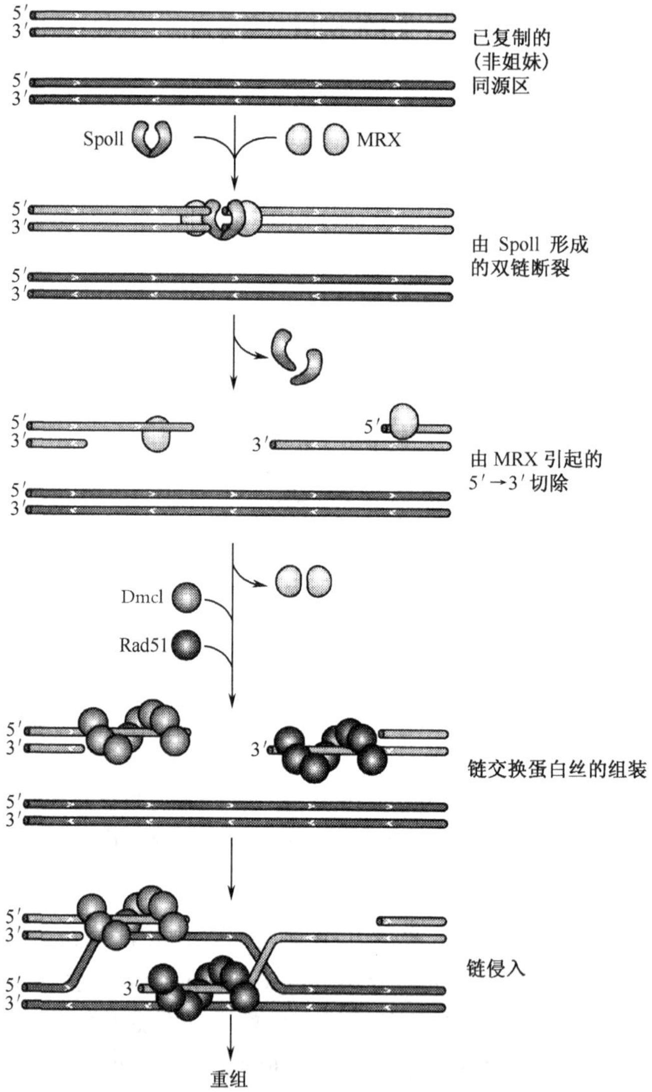

图 10.24　减数分裂重组的途径[57b]

减数分裂过程中双链断裂的形成需要 Spoll 和 MRX 复合体的参与。观察指出，DSB（双链断裂）的形成和后续的链处理，通常是由多种蛋白质的协调作用而完成。MRX 蛋白质负责切除断裂位点的 5′端 DNA，然后链交换蛋白 Dmcl 和 Rad51 组装到单链 DNA 尾上。以上两个蛋白质都参与了重组，但还不清楚它们如何共同作用。为便于理解，本图中显示它们正在形成独立的蛋白丝

Spoll 的切割涉及一个蛋白质-DNA 共价复合物，这导致了两个结果。第一，Spoll 切割处的 5′端的 DNA 可共价连接该酶。正是这些与 Spoll 相连的 5′DNA 端形成了单链 DNA 尾端的起始点，这种尾端可引起类似 RecA 的蛋白质的组装，并启动 DNA 链侵入（如下文所述）。第二，被切断的 DNA 磷酸二酯键的能量储存在蛋白质-DNA 的连接中，这样 DNA 链能通过简单地切割逆反应而被重接。这种重接发生在细胞获得停止减数分裂的信息之后。

（3）MRX 蛋白[57a]。

Spoll 催化 DNA 双链断裂，MRX 蛋白作用于被切开的 DNA 末端，引起 5′→3′切割，以便组装类 RecA 的链交换蛋白。例如细菌中观察的 RecBCD 路径，这个处理过程产生了很长的 3′端单链 DNA 片段（图 10.24）；但在减数分裂重组中，MRX 酶复合物负责催化该 DNA 处理过程。MRX 酶复合物尽管与 RecBCD 不同源，但也是一个多亚基的 DNA 核酸酶。MRX 酶复合物是由 Mrell、Rad50 和 Xrs2 三个亚基组成，并以三个亚基的首字母命名。

对断裂处的 DNA 处理完全由 DNA 链的 5′端开始，即与 Spoll 蛋白共价结合的 DNA 链（如前述）。3′端 DNA 链不被降解，所以此 DNA 处理反应称之为 5′→3′端切除。MRX 酶复合能够去除与 DNA 相连的 Spoll，然后通过 5′→3′的切割反应，生成长的 3′端单链 DNA，通常可达 1kb 或更长。

（4）Dmcl 蛋白[57a]—— 减数分裂重组中的特异表达蛋白。

真核生物编码两种被充分阐明的、与细菌 RecA 蛋白同源的蛋白质：Rad51 和 Dmcl。这两种蛋白质都在减数分裂重组中发挥作用；它们与 3′端单链 DNA 组装成链交换蛋白丝。Rad51 广泛地表达在进行细胞有丝分裂和减数分裂的细胞中，Dmcl 则仅在细胞进入减数分裂时被表达。

减数分裂中的链交换发生在两个特定类型的同源 DNA 之间。减数分裂重组发生在每个染色体都有 4 套完整的 DNA 双链分子拷贝，即两个同源染色体各复制生成了一对姐妹染色单体时（图 10.25）。尽管两个同源染色体可能有些序列上的差异，例如携带不同的等位基因；但这 4 套染色体中的 DNA 序列大部分都是相同的。有趣的是，依赖 Dmcl 的特性，使重组倾向发生于非姐妹同源染色单体之间，而不是姐妹染色单体之间。尽管这种选择机制的基础目前还不知道，但有其清晰的生物学解释：减数分裂重组可通过促进同源染色体间的交联，而帮助等待分裂的同源染色体联会（alignment）。

图 10.25 依赖 Dmcl 的重组倾向发生于非姐妹染色单体之间[39]

每一个显示的结构都是被复制的双链 DNA 分子，称为染色单体。配对的是姐妹染色单体，Dmcl 介导的重组发生在非姐妹配对间

通过上述的各种蛋白，可知减数分裂重组是多种蛋白共同作用的结果。参与形成双链断裂、处理 DNA 生成 3′端结尾的单链 DNA 和参与减数分裂重组过程中的链交换等关键步骤的多种蛋白质已被发现并定性，很多其他的蛋白质也参与了这一过程。此外，有很多蛋白质表现出与已知的重组酶间的作

用，并且它们似乎是在一个很大的多组分的复合体中行使功能。这些大型蛋白质-DNA 复合体被称为重组工厂（recombination factory）。

Rad52 是另外一个与 Rad51 相互作用的重要的重组蛋白[58]。Rad52 通过抵抗 RPA（真核细胞的单链 DNA 结合蛋白）的作用而启动 Rad51 蛋白丝（Rad51 的活性形态）的组装。因此，Rad52 与已知大肠杆菌的 RecBCD 蛋白有相似的活性，RecBCD 蛋白可帮助 RecA 结合在原本被 SSB（原核细胞中主要的单链 DNA 结合蛋白）所结合的单链 DNA 上。

我们期待在真核细胞中也发现能够启动重组过程中分支移位和 Holliday 联结体拆分的蛋白质。事实上，已经发现在真核生物中高度保守的 Mus81 蛋白能够启动这些功能，也为减数分裂所必需；它或许具有 Holliday 联结体拆分酶的作用。

如我们所看到的，减数分裂重组可使同源染色体配对、联会，并促进它们之间的遗传交换。这些重组反应通常导致亲本染色体间的遗传物质的交换。然而，依赖重组中间物的 Holliday 联结体的拆分结果，通过双链断裂修复途径的重组也能够产生非交换产物（见上文）。而且，非交换重组也会产生遗传后果，如引发基因转变。基因转变发生在当一个基因的等位基因丢失并被其他等位基因所替代时。

10.7.1.4　交配型转换[59]

同源重组除了促进 DNA 配对、DNA 修复和遗传交换外，还能够改变染色体特定位置的 DNA 序列。这种类型的重组有时是为了调控基因的表达。例如，在被表达的特定位置上，转换不同交配型基因，同源重组可对酿酒酵母的交配类型进行控制。酿酒酵母是单细胞真核生物，可以三种不同的细胞类型生存。酿酒酵母的单倍体细胞有两种交配型 a 或 α。当 a 和 α 细胞相接近时，它们能够进行融合（即交配）形成一个 a/α 双倍体细胞。这个 a/α 细胞然后可以经过减数分裂形成两个单倍体 a 细胞和两个单倍体 α 细胞。

1. 交配型基因编码转录调节蛋白——MAT cassette model[60]

这些调节蛋白控制靶基因的表达，该靶基因的产物决定细胞类型。在一个细胞中，可表达的交配型基因位于该细胞基因交配型基因座（mating-type locus，*MAT* locus）上。这样，在 a 细胞中 *a1* 基因出现在 *MAT* 基因座上，而在 α 细胞中，则 *α1* 和 *α2* 基因出现在 *MAT* 基因座上。在双倍体细胞中，此两种交配型控制基因都会表达。交配型基因所编码的调节蛋白，一起与其他 3 种细胞类型中发现的调节蛋白以多种协同方式作用，以保证在不同细胞类型中被正确表达。

细胞能够通过同源重组转换它们的交配型。各细胞除了 *a* 或 *α* 基因存在于 *MAT* 基因座上以外，另外还有一套 *a* 和 *α* 基因存在于基因组的其他位置，但并不表达。这些额外的沉默拷贝所在的基因座称之为 *HMR* 和 *HML*（图 10.26），被称为沉默盒（silent cassettes）。它们提供一个遗传信息的储藏室，用来转换细胞交配型。这种转换需要通过同源重组使遗传信息从 *HM* 基因座转换到 *MAT* 基因座。

2. 交配型转换始于特定位点的双链 DNA 的断裂——依赖合成的链退火（SDSA）模型[62]

交配型转换始于 *MAT* 基因座的双链断裂。这个反应由特异的 DNA 切割酶 —— HO 内切核酸酶（HO endonuclease）来完成。HO 是一种序列特异性的内切核酸酶，它的表达被严格控制，以确保必要的转换。酵母染色体上唯一携带 HO 识别序列的就是交配型基因座。HO 在染色体上切割形成一个黏性的断裂。与 Spoll 断裂相比，HO 只是水解 DNA，并不与 DNA 断裂处共价相连。

HO 引起的断裂，其 5′→3′的 DNA 切除反应与减数分裂重组的机制一样，其切除依赖

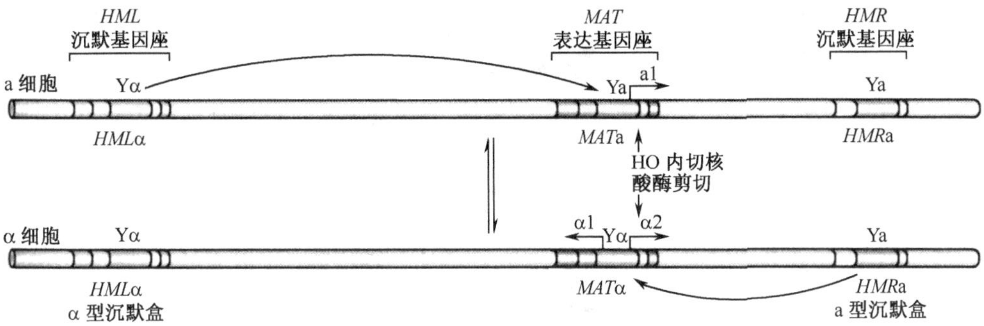

图 10.26　遗传基因座编码交配型信息[61,39]

尽管 3 号染色体带有 3 个交配型基因座，但是只有在 *MAT* 基因座上的基因可以表达。*HML* 编码一个沉默的 α 基因，而 *HMR* 编码一个沉默的 *a* 基因。如果重组发生在 *MAT* 和 *HML* 位置上，a 细胞就会转换成 α 细胞。如果重组发生在 *MAT* 和 *HMR* 位置上，α 细胞转换成 a 细胞

于 MRX 蛋白复合体，并对 5′端的 DNA 链具有特异性。一旦生成长的 3′单链 DNA 尾巴，它们就结合 Rad51 和 Rad52 蛋白（和其他帮助组装重组蛋白-DNA 复合体的蛋白质）。这些被 Rad51 蛋白包裹的链寻找同源染色体区域以启动链的侵入和遗传交换。

交配型的转换是单向性的，即序列信息（尽管并不是真正的 DNA 片段）从 *HMR* 或 *HML* 移动到 *MAT* 基因座，但是绝对不会从 *MAT* 移动到 *HMR* 或 *HML*。这样，在重组过程中，被切掉的 *MAT* 基因座总是接受者，而 *HMR* 和 *HML* 基因座在整个重组过程中是不变的。这种方向性源于 HO 内切核酸酶不能切割其在 *HML* 和 *HMR* 基因座上的识别序列，因为此区域的染色体结构使得酶无法接近这些位点。

由 Rad51 包裹的位于 *MAT* 基因座的 3′单链 DNA 末端可“选择” *HMR* 或 *HML* 基因座的 DNA 进行链侵入。如果 *MAT* 基因座的 DNA 序列是 a，则侵入会发生在有 α 序列的 *HML*；反之，如果 *MAT* 带有 α 基因，则侵入会发生在有 a 序列的 *HMR*。重组之后，被选择的 *HM* 基因座的信息也出现在 *MAT* 基因座。这种遗传改变不会依反方向地使 *MAT* 基因座的信息也出现在 *HM* 基因座。这种非交互的重组事件是基因转变的一个特例。

尽管 DSB（双链断裂）修复途径可以解释交配型转换的重组机制，但是在链侵入后，此重组途径不同于 DSB 修复机制。在 DSB 修复途径中，产生两种 Holliday 联结体中间型的拆分产物：剪接（交换产物）和补丁（非交换产物）（图 10.11）；这两种产物发生的概率相似。但是，在交配型转换中从未观察到有交换产物存在。说明交配型转换中的基因转变不是交换事件。所以，无 Holliday 联结体中间体的重组模型更适于解释交配型转换。为此，提出了一种新的无交换的重组模型，称之为依赖合成的链退火（synthesis-dependent strand annealing，SDSA）[62]。图 10.27 显示在这种机制下，如何发生交配型转换。如上所述，首先在重组位点引入 DSB [图 10.27(a)]，经过链侵入之后，侵入的 3′端作为引物启动新的 DNA 合成 [图 10.27(c),(d)]。值得注意的是，与 DSB 修复途径所不同的是，一个完整的复制叉在该处形成。前导链和后随链可同时进行 DNA 复制，但是与普通的 DNA 复制不同，新合成的链自模板上置换下来，*MAT* 的第二条旧链被 *MRX* 切除；其结果是新的双链 DNA 片段被合成，再连接到最初被 HO 内切核酸酶切断的 DNA 位点上，这个新的片段具有与模板相同的 DNA 序列。

这种交换型转换的重组模型的特点是：①完成重组需要切除在 *MAT* 基因座上的另一条原有的 DNA 链（由 *MRX* 引起的 5′→3′ 切除）[图 10.27(d) 下链]；②然后，新合成的

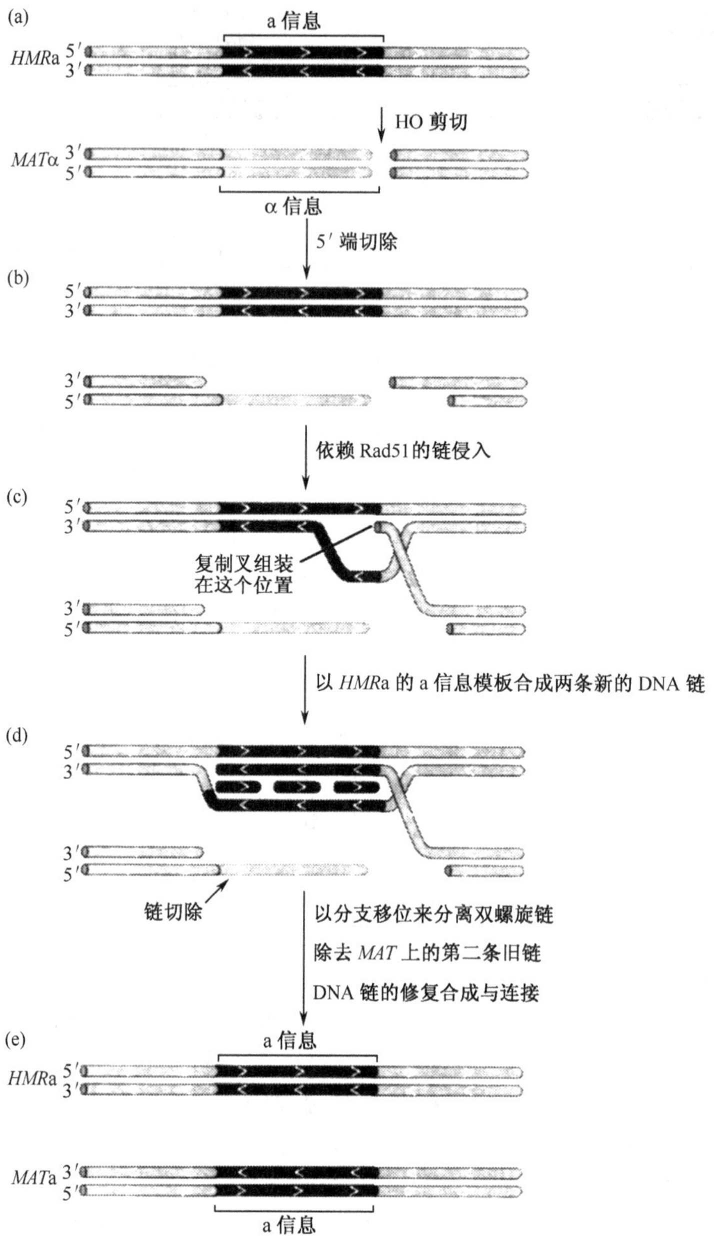

图 10.27　交配型转换的重组模型[63]

依赖合成的链退火（synthesis-dependent strand annealing，SDSA）。图示位于 *MAT* 基因座基因转变的步骤。编码 a 信息的 *HMR* 为黑色，编码 α 信息的 *MAT* 呈浅白色。当 SDSA 结束时，起初位于 *MAT* 区域的 α 信息被替换，即转变成为 *HMR* 区域的 a 信息

DNA——其亲本 DNA 分子（*HM* 座）信息的完全拷贝，替代原有的 DNA 信息（*MAT* 座）。这种机制更恰当地解释了在缺少 Holliday 联结体形成下的基因转变。

10.7.1.5　同源重组的遗传效应

同源重组的过程是如何改变 DNA 分子而产生特异的遗传变化的？同源重组的一个重要特点是，无论是何种序列，只要有足够的相似区域，它就可以发生在任何两个 DNA 区域之

间。这是因为同源重组没有一个步骤涉及特异 DNA 序列的识别，至于部分依赖序列的步骤（如经 chi 位点转化的 RecBCD 和被 RuvC 蛋白所剪切的 DNA），其所识别的都是很常见的序列。两个 DNA 分子间发生重组的关键步骤在于 RecA 家族的一个链交换蛋白质能成功地将两条分子配对，而任何具有能形成正确碱基配对的普通 DNA 链都可以指导这个过程。

1. 同源重组独立于序列特异性的遗传学含义

同源重组不依赖序列特异性的事实使我们认识到：任何两个基因间的重组频率和这些基因间的距离成正比。同源重组的这个基本特性使我们能够利用重组率来制作一个遗传图，以显示染色体上基因的顺序和距离。

但是 DNA 的不同区域的重组概率是有高低之分，高重组概率的区域称为“热点”，而重组概率低的区域称为“冷点”。当 DNA 的一个区域进行重组时，不会具有重组的“平均”概率，所以遗传图不会和物理图产生等比对应。因此，中间有热点的两个基因，在遗传图上要比在物理图上相距更远。反之，中间有冷点的基因在遗传图上的距离比它们的物理图距离要更接近（图 10.28）。我们已遇到两个能够从分子水平上解释染色体上存在冷点和热点的例子。靠近 chi 位点和 Spoll 剪切位点的区域是热点，拥有高于平均的启动重组概率，而这类位点较少的区域则是冷点。

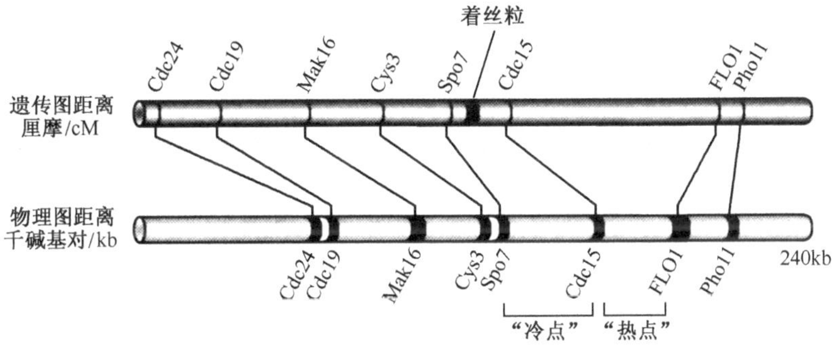

图 10.28　酵母染色体一段经典区域的遗传图和物理图的对比[64]

标记显示了不同基因的位置。注意遗传图上 Spo7 和 Cdc15 之间的区域，因为低交换频率，遗传图小于物理图；相反，Cdc15 和 FLO1 之间的区域，因为高频率交换，遗传图大于物理图

2. 同源重组时被修复的 DNA 可产生基因转变

基因转变经常发生在同源重组事件中，如细菌中遗传物质的交换和减数分裂中染色体的配对。假设一个减数分裂期的细胞在其同源染色体上分别为等位基因 A 和 a。DNA 复制后，将产生 4 个该基因的拷贝，基因型分别是 A、A、a 和 a。如果没有基因转变，将产生 2 个带有 A 等位基因的配子和 2 个带有 a 等位基因的配子。如果所产生的配子的基因型是 A、a、a、a（或者是 A、A、A、a），则说明发生了一个将 A 置换成 a（或相反）的基因转变事件。

在双链断裂修复过程中，基因转变以两种方式发生。首先，如果 A 基因与双链断裂处很接近时，当 3′单链 DNA 末端侵入同源双螺旋链并延伸，则可能会复制 a 信息，这个过程可以导致替换重组后染色体上的 A 信息［图 10.12(d)］。基因转变的第二种机制涉及修复重组中间体所产生的碱基错配。假如链侵入或分支移位包括 A/a 基因，则会形成一段异源双链 DNA，在一条链上有 A 序列，而另一条链上有 a 序列（图 10.29 和图 10.30）。带有碱基错配的 DNA 区域能被细胞错配修复酶识别和作用，这些酶能特异地修复 DNA 上的碱基错配。当碱基错配酶发现碱基错配后，会在两条链中的一条上切除一小段 DNA。然后，一个具修复作用的 DNA 聚合酶填补这个缺口，并产生正确的配对序列。当作用于重组中间体时，错配修复酶将随机选择被修复的一条链。因此，修复后产生的双链带有编码 A 信息的序列还是编码 a 信息的序列，取决于哪条链被修复酶修复，这就产生了基因转变。

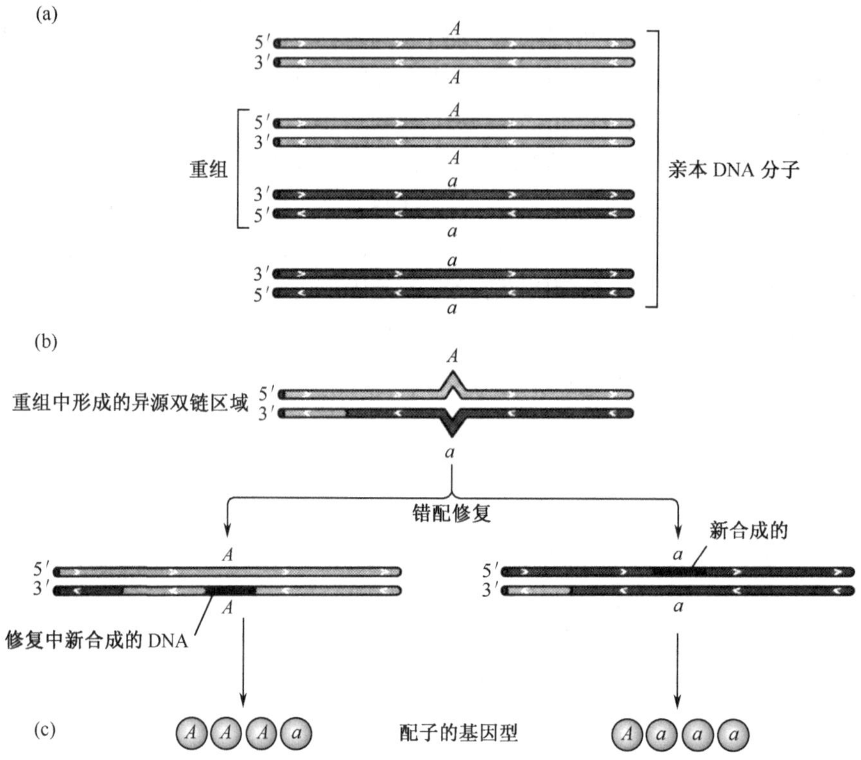

图 10.29　错配修复重组中间体的异源双链 DNA 可以导致基因转变

10.7.2　位点特异性重组

遗传过程中发生的 DNA 序列的重排，导致了一个更具动态性的基因组结构。许多 DNA 重排都是由两种遗传重组造成的；它们分别是保守性位点特异性重组（conservative siteapecific recombination，CSSR）和转座重组（transpositional recombination）。

保守性位点特异性重组（CSSR）发生在两段特定位置的短同源区之间，重组时发生精确的切割、连接，DNA 不丢失，不合成；重组是相互的（图 10.30）。转座则是发生在特定序列和非特定 DNA 位点之间。例如，病毒感染过程中病毒基因组插入到宿主细胞 DNA、DNA 片段倒位造成基因结构的变化以及转座因子（transposable element）从一个染色体位点向另一个位点移动。

这些 DNA 重排对染色体结构和功能有着深远的影响。对许多物种而言，转座是自然突变的主要来源，人类基因组中几乎一半的序列来自转座子。而且，正如我们将看到的，病毒感染和脊椎动物免疫系统的发育都是靠这种特殊的 DNA 重组完成的。

保守重组和转座具有共同的关键机制。已知的蛋白重组酶（recombinase）能够识别 DNA 分子上要发生重组的特定序列，它把这些特定序列集合在一起，形成一个蛋白质-DNA 的复合体，这个复合体使这些 DNA 位点衔接起来，形成联合复合体（synaptic complex)。在这种复合体中，重组酶催化 DNA 分子的断裂和重新结合，造成 DNA 片段的倒位或位移。一个重组酶通常可以完成所有步骤。这两种类型的重组都被精细地控制着，把在 DNA 中引入断裂和重组 DNA 片段对细胞带来的危害降到最低。不过，我们还会看到这两种重组类型在原理上还有一些关键的差异。

本章只讨论保守性位点特异性重组，对转座的讨论详见 2.14。

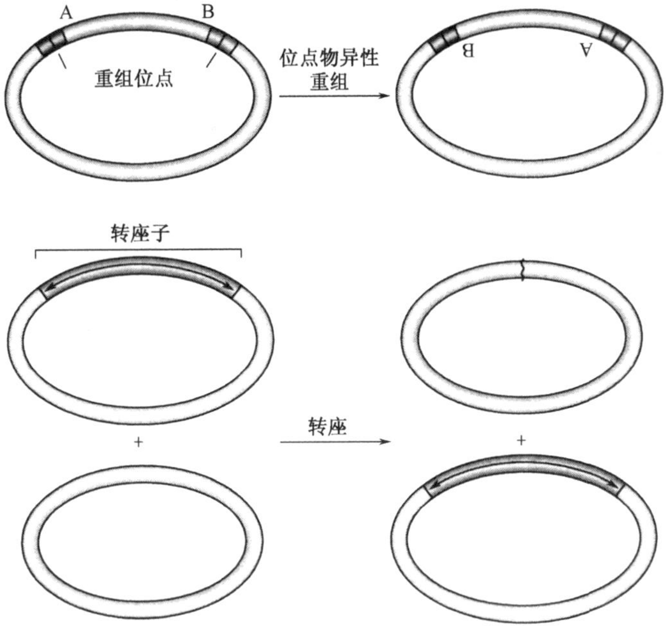

图 10.30　两类遗传重组[65]

上部的图显示的是位点特异性重组。两个重组位点（暗灰色）间重组的结果是包含 A 和 B 基因的 DNA 片段发生了颠倒。下图显示的是转座子从上部的 DNA 切除并插入到下部的 DNA 的不相关位点上

10.7.2.1　保守性位点特异性重组 (CSSR)[66]

保守性位点特异性重组的一个关键特性是发生移动的 DNA 片段都带有短而特殊的序列因子，叫做重组位点（recombination site），在这里可发生 DNA 交换。现以 λ 噬菌体基因组整合到细菌染色体中为例（图 10.31）。

λ 噬菌体整合时，重组总是精确地发生在位于两个重组位点之间的同样的序列上，一个

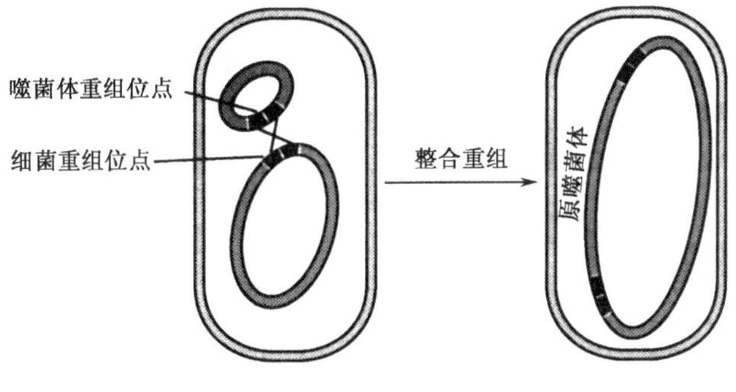

图 10.31　噬菌体基因组整合到宿主染色体[65]

在两个 DNA 分子之间 DNA 的交换常特异性地发生在重组位点。在图中按比例未显示 λ 噬菌体和细胞染色体的相对长度

在噬菌体 DNA 上，另一个在细菌 DNA 上。重组位点带有两类序列成分：重组酶特异结合的序列和发生 DNA 断裂及重新连接的序列。重组位点往往很短，大约只有 20bp，也可能会更长一些，并带有结合其他蛋白质的序列。

CSSR 能够产生 3 种不同类型的 DNA 重排（图 10.32）：①一个 DNA 片段在特定位点的插入（如 λ 噬菌体 DNA 插入细菌染色体）；②DNA 片段的丢失；③DNA 片段的倒位。无论重组结果是造成 DNA 插入、丢失还是倒位，都是由参与重组的 DNA 分子上的重组识别位点的结构决定的。

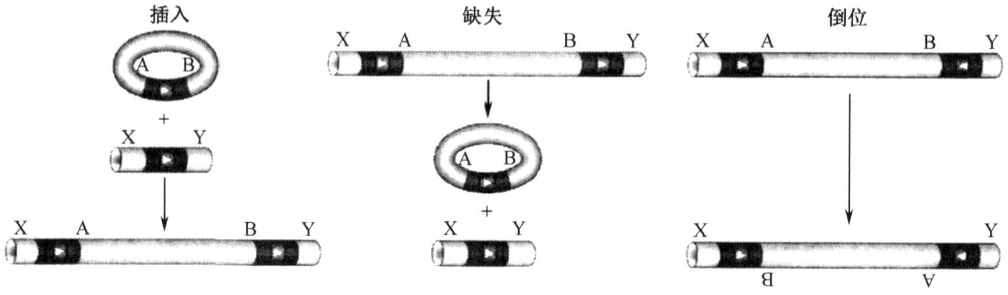

图 10.32 CSSR 重组的 3 种类型[65]

A、B、X 和 Y 代表位于不同 DNA 区段的基因。深色区块代表重组酶识别序列，白色箭头代表交换区，这些序列一起构成重组位点

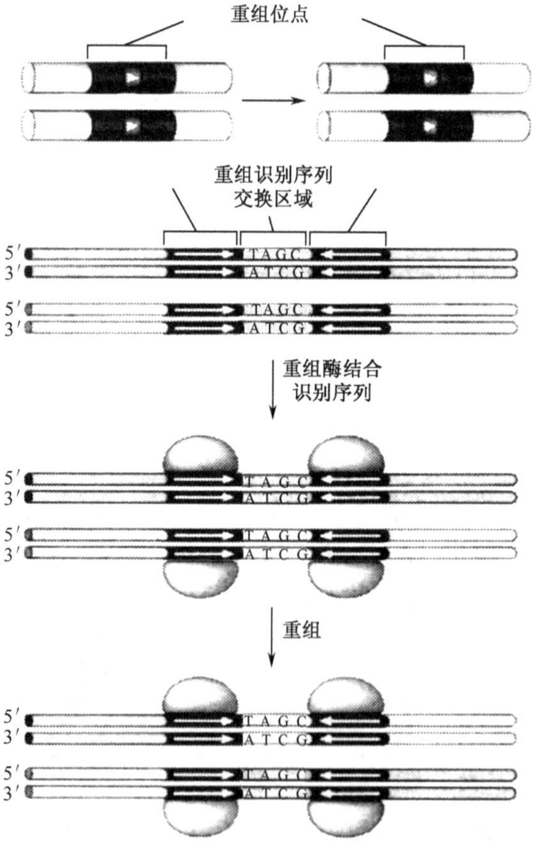

图 10.33 CSSR 过程中的结构。一对对称的重组酶识别序列[65,68]

分列在发生重组的交换区两端。重组酶亚基结合到这些重组位点。注意交换区的序列不是回文形式，导致了重组位点内部的不对称

每个重组位点（图 10.33）由一对对称排列的重组酶识别序列（recombinase recognition sequence）构成，识别序列中间所包围的是一个短的不对称序列，称为交换区（crossover region），DNA 的断裂和重新连接就在这里发生。

由于交换区是不对称的（以白色箭头表示），所以每个重组位点都带有特定的极性。在单个 DNA 分子上的两个位点所呈现的方向是两者以反向重复（inverted repeat）或同向重复（direct repeat）的排列。在一对反向位点间的重组将使这两个位点间的 DNA 片段发生倒位（图 10.32 右侧）；相反，以同样的机制发生在由两个同向重复位点间的重组将会去掉这两个位点间的 DNA 片段（缺失）；最后，当两个不同分子的重组位点在一起发生 DNA 交换的情况下，就特异地发生了插入。

1. 位点特异性重组酶对 DNA 的切断和重新连接[67]

保守的位点特异性重组酶共有两个家族：丝氨酸重组酶（serine recombinase）和酪氨酸重组酶（tyrosine recombinase）。这两个家族的基本原理都是在进行切断 DNA 时形成一个蛋白质-DNA 的中间体。对丝氨酸蛋白酶而言，该酶活性位点内丝氨酸残基的侧链对重组位点内的特定磷酸二酯键进行攻击（图 10.34），结果在造成 DNA 分子一个单链断裂的同时，在丝氨酸和这个 DNA 断裂位点上的一个磷酸之间形成一个共价连接。同样地，对酪氨酸重组酶来说，则是其活性位点上酪氨酸的侧链攻击 DNA 并与之结合。蛋白质-DNA 中间体中的蛋白质和 DNA 之间的共价连接保留了断裂的磷酸二酯键的能量。这样，DNA 链可以通过与断裂过程相反的方式被重新连接。在这个反向过程中，来自断裂 DNA 的一个羟基攻击连接蛋白质和 DNA 的共价键，这一过程共价地缝合了断开的 DNA，同时释放出游离的（不结合 DNA 的）重组酶。

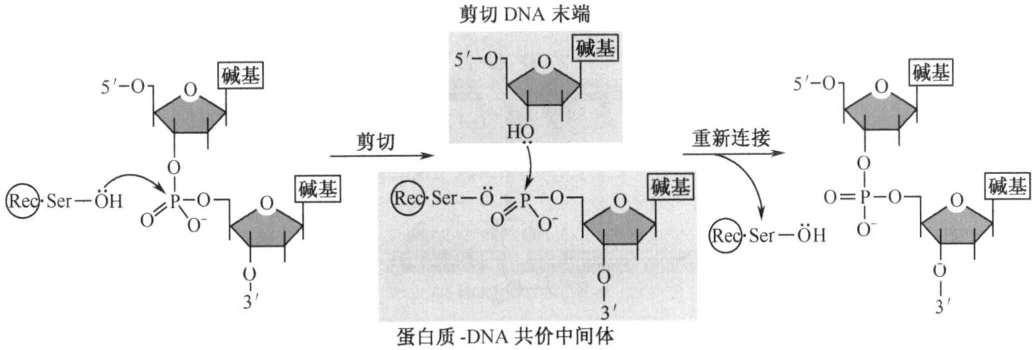

图 10.34　丝氨酸重组酶和酪氨酸重组酶的共价中间体机制[65]

图中所示，丝氨酸活性位点的一个羟基攻击磷酸基团，导致重组位点一条单链的断裂，然后断开的 DNA 上的羟基再攻击蛋白质-DNA 中间的共价键，从而逆转了断裂反应，使 DNA 缝合，并释放蛋白质。重组酶的标记为 Rec

从功能上来看，重组酶（recombinase）可以分为整合酶（integrase）、解离/倒位酶（invertase）两个家族。酿酒酵母的 FLP 蛋白催化 2μm 质粒特异位点 FRT 的重组，P1 噬菌体的 Cre 蛋白负责 P1 特异位点 *lax* 的重组，λ 噬菌体的 Int 蛋白负责 λ 噬菌体的整合与切离；FLP、Cre 和 Int 都属于整合酶家族。鼠伤寒沙门氏菌的 Hin 蛋白负责鞭毛抗原的变换，Mu 噬菌体的 Gin 和 P1 噬菌体的 Cin 蛋白负责尾丝的变换，Hin、Gin 和 Cin 都属于解离/倒位酶家族。

保守性位点特异性重组（CSSR）之所以被称为“保守”，是因为反应中被断开的每个

DNA 键都被重组酶重新连接起来，而 DNA 在被重组酶断开并重新连接的过程中不需要其他的能量（如 ATP 水解的能量）。这种通过共价中间体断裂 DNA 的机制并不局限于重组酶。DNA 拓扑异构酶和 Spoll 也是这种机制，后者在减数分裂期间诱导 DNA 双链断裂，以起始同源重组。

2. 丝氨酸重组酶在进行链交换前将 4 条单链全部切断[69]

CSSR（保守性位点特异性重组）通常发生在两个重组位点之间。如上所示，这些位点可以发生在同一个 DNA 分子上（如倒位和缺失），也可以在两个不同的分子上（如插入）。每个重组位点都是由双链 DNA 构成的。因此，在重组过程中，这 4 条 DNA 单链（两个 DNA 双螺旋）必须先断开再与另一个分子上的单链重新连接，以产生重排的 DNA。

丝氨酸重组酶在进行链交换前将 4 条单链全部切断（图 10.35）。一个重组酶蛋白分子要催化所有的断裂反应，所以至少需要 4 个亚基（四聚体）组成的重组酶。

亲本 DNA 双链分子的断裂产生 4 个双链 DNA 片段（根据它们所结合的蛋白质的不同分别标记为 R1、R2、R3 和 R4，如图 10.35）。要使重组发生，上边 DNA 分子的 R2 片段必

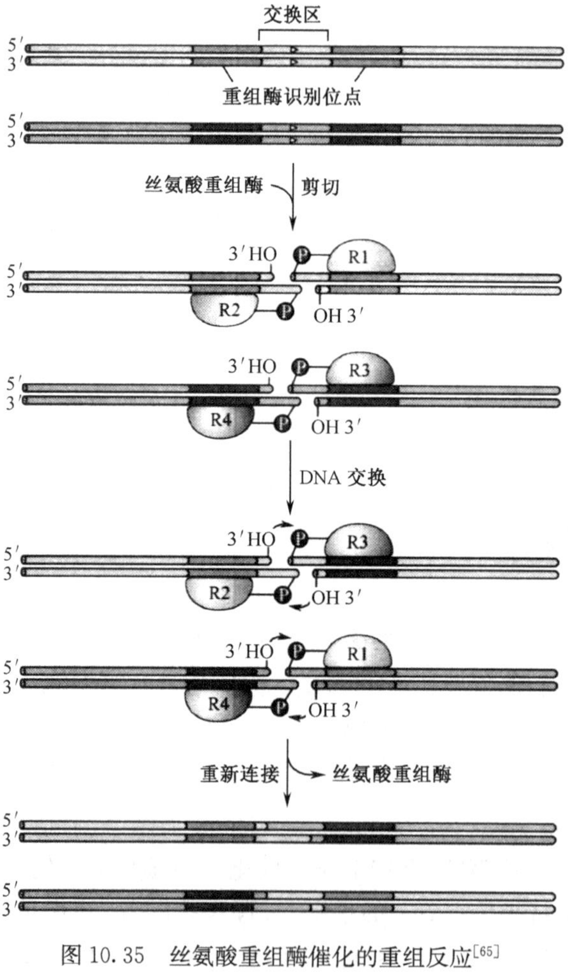

图 10.35　丝氨酸重组酶催化的重组反应[65]

4 条 DNA 单链各自被一个重组酶蛋白亚基断裂于交换区，4 个亚基被标记为 R1、R2、R3 和 R4。一个双螺旋中的两条单链的断裂位点相差两个碱基。这两个碱基在重组产物中形成一个杂交二倍体。图中所示的重组位点与图 10.33 中的类似

须结合到下边 DNA 分子的 R3 片段上；上边 DNA 分子的 R1 片段必须结合到下边 DNA 分子的 R4 片段上。一旦发生了 DNA 的交换，每个断裂 DNA 的 3′-OH 端就会攻击新配对片段上的重组酶-DNA 间的共价键。如上所述，这个反应释放了重组酶，而且共价地恢复 DNA 链间的连接，产生了重排的 DNA 产物。

3. 酪氨酸重组酶每次断裂和结合一对（两条）DNA 单链[70]

和丝氨酸重组酶不同，酪氨酸重组酶先完成两条 DNA 单链的断裂和重新连接，再对剩下的两条单链进行断裂和重新结合（图 10.36）。考虑到是两个 DNA 分子与它们的重组位点配对，因此同样需要 4 个分子的重组酶，每个断裂一条 DNA 单链。重组开始时，结合到左侧重组酶结合位点的亚基［在图 10.36(a) 中标记为 R1 和 R3］分别断裂各自结合的 DNA 分子上的单链，断裂发生在交换区的第一个核苷酸处。然后，上边 DNA 分子的右上单链和下边 DNA 分子的右上单链发生交换。在重组构型中，这两条 DNA 单链又结合到一起。这个“第一单链”交换反应所产生的一个分岔的 DNA 中间体称为 Holliday 联结体［图 10.36(b)］。一旦

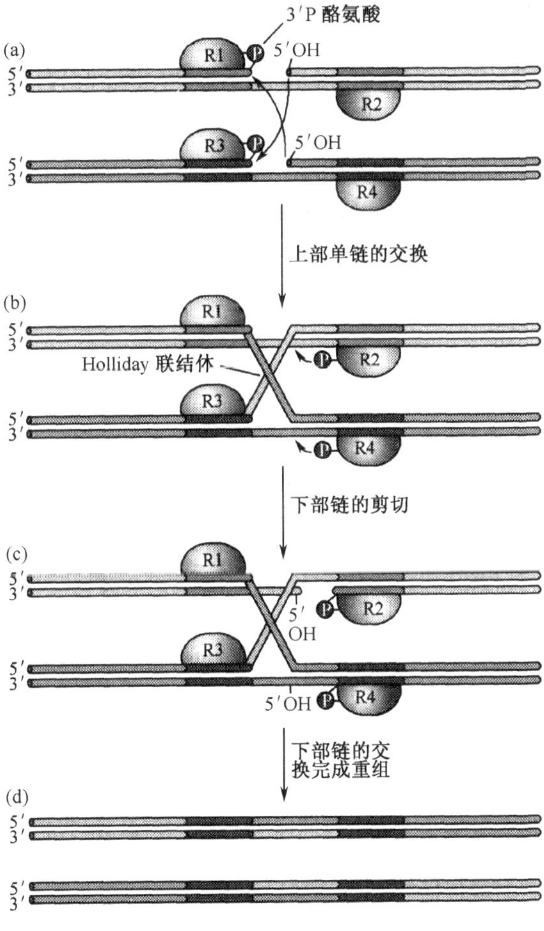

图 10.36　酪氨酸重组酶催化的重组反应[71]

第一步，由 R1 和 R3 亚基断裂 DNA［(a)］。如图所示，蛋白质与断裂的 DNA 通过 3′端磷酸-酪氨酸键连接。断裂 DNA 5′端的两个羟基各自攻击另一个 DNA 分子上蛋白质-DNA 的连接键后发生第一对单链的交换［(b)］。第二条单链的交换机制与上面相同，通过 R2、R4 亚基完成［(c)和(d)］

第一单链交换完成，另外两个重组酶亚基（如 R2 和 R4）就会对两个 DNA 分子的下单链进行断裂［图 10.36(c)］。它们再交换并经过与断裂反应相反的过程连接起来。这个“第二单链”的交换反应打开了 Halliday 联结体，得到重排的 DNA 产物。

4. 酪氨酸重组酶与 DNA 结合的结构揭示了 DNA 交换的机制[72]

酪氨酸重组酶的位点特异性重组机制已经很清楚了。这一蛋白质家族的一些成员的结构已经得到很好的了解，并揭示出其在重组中的作用。一个完美的例子就是 Cre 重组酶结合到两种不同构型的重组 DNA 上时的结构。下面介绍从这些结构得出的详细机制。Cre 是 P1 噬菌体编码的一种酶，其功能是在侵染过程中环化线性的噬菌体基因组。Cre 作用于 DNA 上的重组位点叫 *lox*，Cre-*lox* 是一个由酪氨酸重组酶家族催化重组的简单的例子。整个重组仅需 Cre 蛋白和 *lox* 位点。

Cre-*lox* 结构表明，重组需要 4 个 Cre 亚基，每个亚基结合到底物 DNA 上的一个结合位点（图 10.38）。DNA 的构象通常是一个四路交叉的十字路口结构，每个“臂”上都结合了一个 Cre 亚基。尽管乍看起来这个结构的四边是对称的，但实际上不是这样。Cre 有两种不同的构象，构象 1 的一对亚基用浅色标记，构象 2 的另一对亚基用暗色标记（图 10.37）。只有一种构象（浅色标记的亚基）能够切断和重新连接 DNA。因此，每次只有一对亚基处于活动状态。随着反应的进行，激活构象在两对亚基间来回交换，而这种交换对于控制重组过程的进行和保证“每次一条单链”的顺序交换机制是至关重要的。

10.7.2.2　位点特异性重组的生物学作用

很多噬菌体就是使用位点特异性重组将自己的 DNA 插入到宿主染色体中。位点特异性重组还可以改变基因的表达。例如，一个 DNA 片段的倒换可以决定两个基因中哪一个进行表达。位点特异性重组也被广泛地用于帮助环形 DNA 分子在复制、同源重组和细胞分裂过程中保持其完整性。

位点特异性重组的关键是重组酶与 DNA 的结合，对于一些重组反应来说，这个结合过程很简单，仅需要重组酶和它的 DNA 识别序列。与此相反，另外一些重组反应则需要辅助蛋白。这些辅助蛋白包括一些所谓的构筑蛋白（architectural protein）。它们结合到特定 DNA 序列上并使其弯曲，成为有利于重组过程进行的特异形状。构筑蛋白还可以控制重组反应发生的方向，如在阻止 DNA 切除这个反向反应的同时来确保一个 DNA 片段的整合。显而易见，这种调节作用对于具有逻辑性的生物学现象是至关重要的。另外，通过其他蛋白质对重组酶的调节可以控制某种 DNA 重组发生的时间，使其与其他细胞活动协调一致。

1. λ 整合酶催化病毒对宿主染色体的整合[75]

λ 噬菌体侵染细菌时，或者形成静止的溶原状态（lysogenic state），或进入裂解性生长（lytic growth）过程。溶原体的形成需要噬菌体 DNA 整合到宿主染色体上。同样地，要使噬菌体脱离溶原状态，开始复制并产生新的噬菌体颗粒，它就必须将自己的 DNA 从宿主染色体上切下来。对这一整合/切除过程的分析为我们提供了从分子水平上对位点特异性重组的最初了解。

为实现整合，整合酶蛋白（λInt）在两个特定位点之间催化重组的进行，这两个位点叫做 att 位点（附着位点）。attP 位点在噬菌体上（P 代表噬菌体），attB 位点在细菌染色体上（B 代表细菌，图 10.38）。λInt 是一个酪氨酸重组酶，所催化的单链交换机制遵循前面介绍

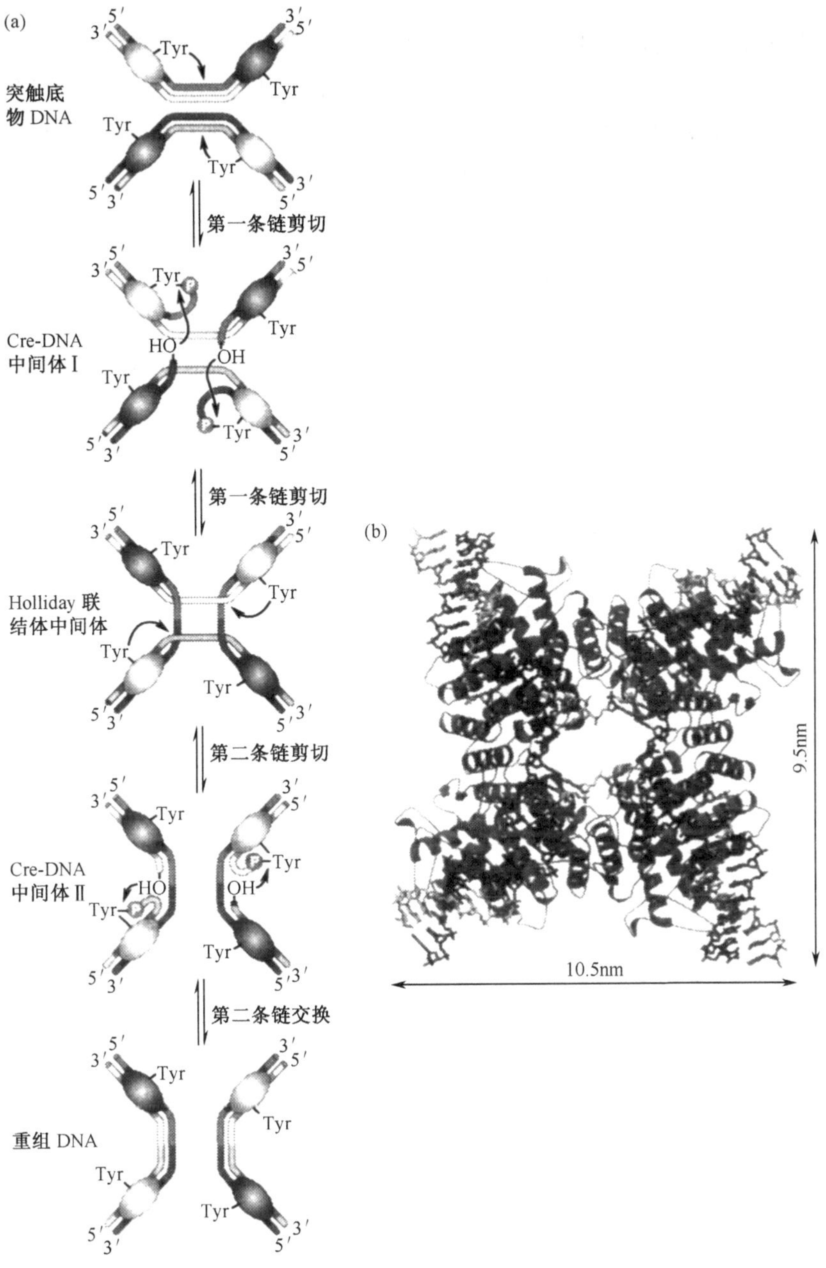

图 10.37　Cre 重组酶的位点特异性重组机制[73,74]

(a) 是一系列 Cre-DNA 中间体的结构，它反映了顺序的“每次一条单链”的交换机制。在每个分图中，两个浅色的亚基是活性构象。可以看出，当第一条单链断裂后亚基的浅、暗的颜色发生了交换，第二对单链上的 Cre 亚基变为重组的活性构象。(b) 所示为有 Cre 结合时 Halliday 联结中间体的晶体结构（对应于左边的第三个图)。右上、左下的两个亚基的构形与左上、右下的两个亚基的构形不同，因此复合体不是一个对称的四边形

的 Cre 蛋白的催化过程。然而，与 Cre 重组不同的是，λ 整合需要辅助蛋白的帮助来组装所需的蛋白质-DNA 复合体。辅助蛋白控制着反应过程，确保在噬菌体生命周期的正确时间进

行 DNA 的整合和切除。

对 λ 整合的调节中很重要的一点是 attP 和 attB 位点的高度不对称结构（图 10.38）。这两个位点都含有一个中央核心片段（约 30bp），这些核心重组位点都包含有两个 λInt 结合位点和一个发生单链交换的交换区（如前所述）。attB 仅由这个中央核心区组成，而 attP 则要长得多（240bp），它还带有许多其他蛋白质的结合位点。

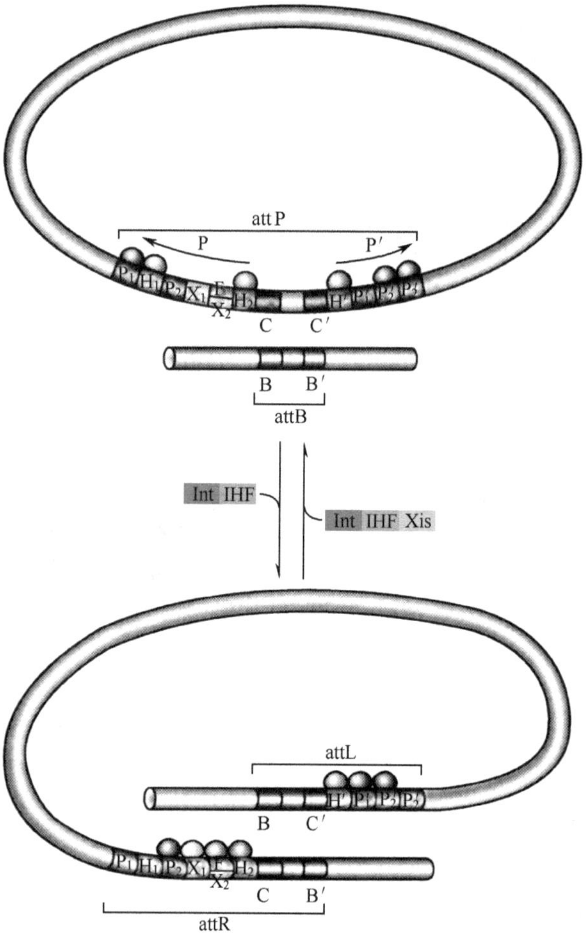

图 10.38 参与 λ 噬菌体整合和切除的重组位点显示出的重要序列因子[65]

C、C′、B 和 B′是核心的 λInt 结合位点，其他的蛋白质结合位点位于 attP 上及 C 和 C′位点两端。这些区域叫做“臂”，左边的叫 P 臂，右边的叫 P′臂。标记为 P_1、P_2 和 P′的小区块是臂上的 λInt 结合位点。H 是 IHF 的结合位点，X 是 Xis 的结合位点，F 是 Fis 的结合位点，其他的构筑蛋白这里不再做介绍。为了表示清楚，结合在核心位点上的 λInt 没有画出来。注意在结合或切除的重组过程中，并不是所有的蛋白质结合位点都有蛋白质结合。重组完成后。P 臂成为 attL 的一部分，而 P′臂变为 attR 的一部分

attP 核心区两端的 DNA 区域被称为“臂”，它们带有若干个蛋白质结合位点，包括 λInt 结合的其他位点（在图 10.38 中标记为 P_1、P_2和 P′）。λInt 是一个不寻常的蛋白质，因为它有两个结构域参与了序列特异性的 DNA 结合：一个结构域结合到臂上的重组酶识别位点；另一个结合到核心识别位点。另外，attP 臂上的位点还被几个构筑蛋白所结合，这些

蛋白质的结合控制了重组进行的方向和效率。

整合过程要求 attB、attP、λInt，以及一个叫做整合宿主因子（integration host factor，IHF）的构筑蛋白的参与。IHF 是一个序列依赖性的 DNA 结合蛋白，它能使 DNA 产生大角度大于 160°的弯曲（图 10.39）。attP 的臂上携带了 3 个 IHF 位点（图 10.38 上被标记为 H1、H2 和 H′）。IHF 的作用是将 DNA 臂上的 λInt 位点（λInt 与之结合较强）与中央核心区上的位点（λInt 与之结合较弱）聚合在一起，与后者的结合是催化重组所必需的。

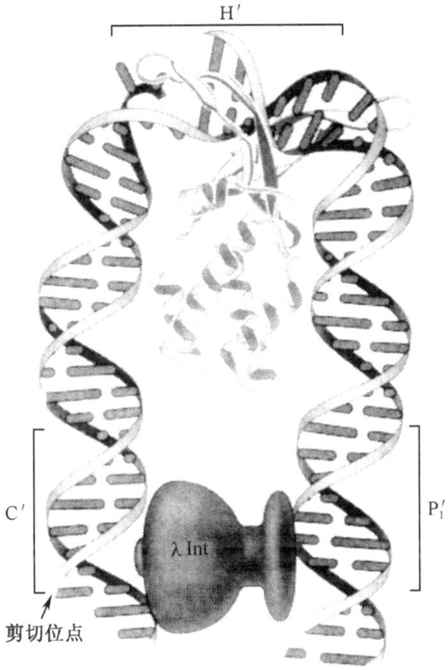

图 10.39　IHF 使 DNA 弯曲以便将 DNA 结合位点聚合在一起的模型[65,77]

位于 attP 的 P′臂上的 λInt 和 IHF 结合位点如图所示。IHF 结合到 H′位点后，将 DNA 弯曲，使一个分子的 λInt 同时与 P′1 和 c′位点结合。DNA 上 H′位点中的断裂表现为在其上出现一个缺口，并被用于 IHF-DNA 复合体的结构分析

当重组完成后，环形的噬菌体基因组稳定地整合到宿主染色体上。结果，在噬菌体和宿主 DNA 的结合处产生了两个新的杂交位点。这些位点被称为 attL（左侧）和 attR（右侧）（图 10.38）。这些位点都含有核心区域，但是臂区却被分开了（图 10.38 中 P 和 P′区域的位置）。所以，在新的重排结构中，两个核心区域都无法通过产生整合复合体的机制来组装成有活性的 λInt 重组酶复合体，因为对组装很关键的 DNA 位点不在正确的位置上。

2. λ 噬菌体的切除需要 Xis 蛋白

λ 噬菌体被切除是由一个噬菌体编码的构筑蛋白叫做 Xis（即切除）来完成。它结合到特定的 DNA 序列上并造成 DNA 的弯曲；其功能与 IHF 类似。Xis 识别 attR 一个臂上的两个主要序列单元（也存在于 attP 臂上，如图 10.38 中标记为 X_1 和 X_2）。和这些序列结合后，DNA 产生一个大的弯曲（大于 140°），通过在 attR 上聚合 Xis、λInt 和 IHF 一起构成有活性的蛋白质-DNA 复合体来促进切除过程。这个复合体将富有成效地与聚集在 attL 上的蛋白质发生相互作用，然后发生重组。

除了促进切除过程（attL 和 attR 之间的重组）以外，Xis 结合到 DNA 上也抑制了整合过程（attP 和 attB 之间的重组）。因为 Xis 和 attP 结合后的 DNA 结构与 λInt 和 IHF 正常结合到这些位点时的结构完全不同。Xis 是一个噬菌体编码蛋白，而且仅仅在噬菌体启动进

入裂解性生长的情况下才开始表达。Xis 在切除过程中作为辅助因子起到刺激作用，在整合过程中起到抑制因子的作用，这种双重功能保证了在 Xis 存在的情况下噬菌体基因组能够从宿主染色体中被切除，并保持游离的状态。

3. Hin 重组酶颠倒一段 DNA 片段，使特定基因表达[76]

沙门氏菌（*Salmonella*）的 Hin 重组酶通过将一个细菌染色体片段倒位，来控制两组基因中哪一组被表达。

Hin 重组是一类重组反应的代表，这些重组在细菌中是相当普遍的，被称为程序性重排。它的功能通常是让一部分细菌能够对周围环境的突然变化获得“预适应”。在 Hin 倒位的情况中，重组被用于帮助细菌躲避宿主免疫系统的攻击。

倒位过程所控制的基因能编码两种不同形态的鞭毛蛋白（H1 和 H2），它们是鞭毛纤丝的蛋白质组分。鞭毛位于细菌表面，因而通常是宿主免疫系统的识别目标。通过用 Hin 重组实现这两种鞭形态间的切换，至少使细菌群体中的部分个体避免被宿主免疫系统识别出其表面的结构。被 Hin 倒位的染色体区域长约 1000bp，其两端是叫做 hirL（左侧）和 hirR（右侧）的特异性重组（图 10.40），这些序列彼此间方向相反。Hin 是一种丝氨酸重组酶，它催化倒位的发生。在可倒位的片段上带有编码 Hin 的基因，同时作为一个启动子，当可倒位片段处于某种方向时，它将启动位于可倒位片段外、与 hirR 位点直接相近的一些基因的表达。当可倒位片段处于“开”的方向时，这些相近的基因将得到表达；但当它处于“关”的方向时，由于缺乏有功能的启动子，这些基因无法被转录。被这个“翻跟头”的启动子所控制的两个基因是 *fljB* 和 *fljA*。*fljB* 编码 H2 鞭毛蛋白，*fljA* 则编码针对 H1 鞭毛蛋白基因的转录抑制因子。H1 鞭毛蛋白基因位于较远的一个位点。这样，当在“开”的方向时，H2 鞭毛蛋白和 H1 的抑制因子被表达，这些细胞的表面毫无例外都是 H2 型鞭毛蛋白；而当处于“关”的方向时，H2 和 H1 的抑制因子都不表达，细胞表面只有 H1 型的鞭毛蛋白。

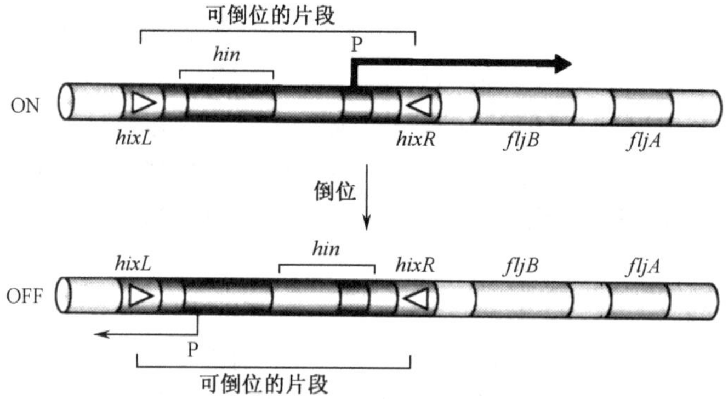

图 10.40　沙门氏菌 Hin 重组酶催化的 DNA 倒位[65]

hix 位点间 DNA 片段的倒位翻转了一个启动子（P）的位置，造成了两种不同形式的鞭毛基因表达

4. Hin 重组过程需要一个 DNA 增强子

Hin 重组过程除了需要 *hix* 位点外，还需要一段序列。这段序列（约 60bp）是一个增强子，它能将重组率提高 1000 倍左右。像其他增强子促进转录的作用一样，这段序列即使在离重组位点很远的情况下也能完成其功能。增强子要起作用还需要细菌的 Fis 蛋白（倒位促进

因子，factor for inversion stimulation，Fis)。像 IHF 一样，Fis 也是一个位点特异性的 DNA 弯曲蛋白。另外，它与 Hin 蛋白发生接触，这对重组过程很重要。

增强子-Fis 蛋白复合体激活了重组的催化步骤。Hin 可以在没有 Fis-增强子复合体存在的情况下与 *hix* 重组位点结合、配对，形成联合复合体（图 10.41）。Fis 要激活 Hin 重组，3 个 DNA 位点（*hix*L、*hix*R 和增强子）需要聚集在一起，而负 DNA 超螺旋极大地促进这3个复合体的形成，它能够稳定远距离的DNA位点的聚合。另一个细菌构筑蛋白 Hu 也能促进这个倒位复合体的组装。Hu 蛋白与 IHF 的结构很相似，但与 IHF 不同的是它与 DNA 的结合与序列无关。

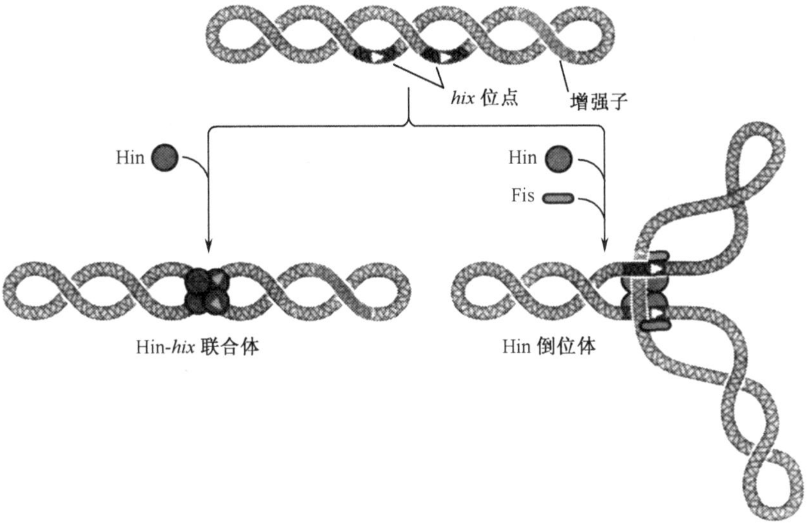

图 10.41　Hin 催化过程中重组复合体的形成[78]

Hin 蛋白能单独识别并与两个 *hix* 位点配对。当有 Fis 蛋白存在时，就可以形成 3 个片段的复合体，这个复合体叫做倒位体（invertasome），是促进重组的最活跃的复合体

是什么生物学基本原理控制着由 Fis-增强子复合体催化的 Hin 倒位呢？那就是确保重组仅仅发生在同一个 DNA 分子的两个 *hix* 位点之间。这种选择性要确保的是避免可倒位片段在 DNA 分子间重排过程中频繁跳跃而造成破坏细菌染色体的完整性。与 λ 噬菌体的整合和切除不同，Hin 所催化的倒位没有严格的调控，反而是随机发生的，所以在一群细胞中总有一些细胞带有两个方向的可倒位片段。

5. 重组酶将环状 DNA 分子多聚体转换成单体[79]

位点特异性重组对细胞中环状 DNA 分子的维护起着关键作用。像原核、真核细胞中的许多质粒一样，大多数细菌的染色体也是环状的，一些病毒基因组也是环状的。环状 DNA 分子自身的一个问题是，在同源重组过程中它们有时会形成二聚体甚至多聚体。而位点特异性重组可被用来将这些 DNA 多聚体恢复到单体形态。

两个相同的环状分子（两个细菌染色体）间发生 DNA 交换时，这一过程如图 10.42 所示。一个单独的同源重组会产生一个大的环状染色体，所有基因都有两份拷贝，即一个二聚的染色体。在细胞分裂时，这种二聚体会造成很大麻烦，因为将要分给两个姐妹子细胞的只有一个 DNA 分子，而不是两个。由于这种多聚体的问题，许多环形 DNA 分子上都带有

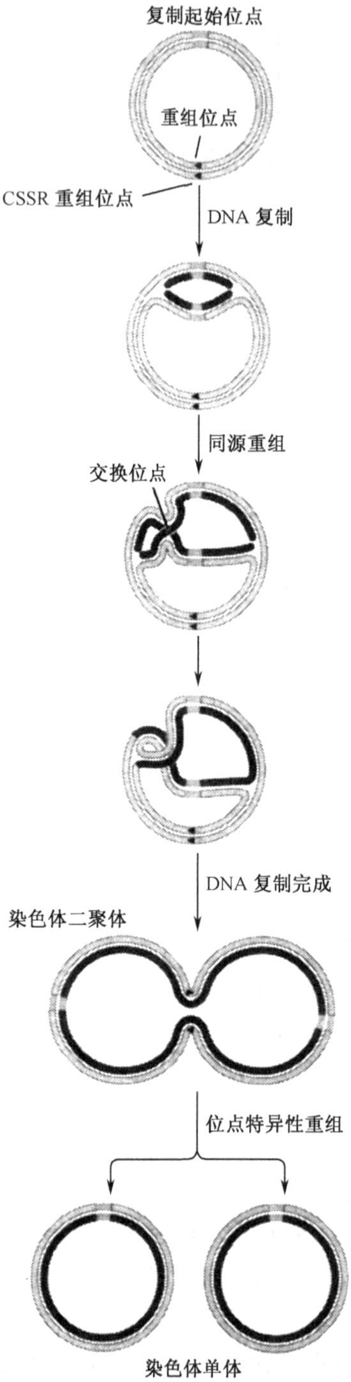

图 10.42　环形 DNA 能形成多聚体[65]

DNA 复制期间，两个子代 DNA 分子间的同源重组能产生一个染色体（或质粒）的二倍体。XerCD 重组酶催化的位点特异性重组将其变为细胞正常分裂所需的单倍体 DNA 分子

位点特异性重组酶的识别位点，有时又把这些酶称为解离酶（resolvase），因为它们能将二聚体（和多聚体）“解离”为单体。显然，对这些蛋白质来说，它们的关键功能是特异性地催化解离（一种 DNA 的删除反应）而不是相反的过程（将单体变为多聚体）。

Xer 重组酶催化了细菌染色体以及很多细菌质粒的单体化过程。Xer 是酪氨酸重组酶家族的一个成员，它的重组机制与前面讲过的 Cre 蛋白很相似。Xer 是一个异源四聚体，包含两个 XerC 蛋白亚基和两个 XerD 蛋白亚基。XerC 和 XerD 都是酪氨酸重组酶，但识别不同的 DNA 序列。所以 Xer 催化的重组位点必须要包含这两种识别序列。该位点在细菌染色体上叫做 *dif* 位点。交换区的一端是 XerC 的识别序列，另一端是 XerD 的识别序列（图 10.43）。染色体上只有一个 *dif* 位点，它位于 DNA 复制终止区内。当染色体形成二聚体时，该二聚体便有两个 *dif* 位点（图 10.42）。那么细胞如何确保在 *dif* 位点上由 Xer 介导的重组过程会将二聚体染色体转换为单体，而不是促成相反的过程呢？这个定向的调节是通过 Xer 重组酶和一个叫 FtsK 的细胞分裂蛋白之间的相互作用实现的。这个调节如图 10.43 和图 10.44 所示，其过程是：当 FtsK 蛋白不与XerCD 复合体的 *dif* 位点发生相互作用时，重组复合体构象仅具有 XerC 亚基活性，结果，XerC 将催化一对 DNA 单链的交换，形成 Halliday 联结中间体（见前面的关于酪氨酸重组酶基本原理的讨论）。由于 XerD 一直没有激活，重组无法完成，与 XerC 断裂反应相反的过程反而常常发生，结果是又重新产生了最初的 DNA 结构（图 10.43）。相反，当 FtsK 蛋白存在并与 XerCD 复合体发生相互作用后，复合体的构象发生改变，XerD 蛋白被激活。这时，XerD 催化第一对单链的重组，产生 Holliday 联结体；反应完成后，XerC 催化第二对单链的交换反应，产生重组后的 DNA 产物（图 10.43）。

FtsK 是一个附着在 DNA 上的 ATP 酶，是一种“DNA 动力蛋白”（DNA pumping protein），在同源重组过程中促进 DNA 的分支移位[81]。FtsK 还是一个膜结合蛋白，它被定位于细胞中发生细胞分裂的地方，其作用是在细胞分裂前将 DNA 从细胞中央移开，使细胞可以正常分裂（图 10.44）。

FtsK 对分裂位点的位置很关键，它确保了当细胞中出现二聚染色体时 XerD 被特异性地激活。这时，染色体在分裂细胞的中央被卡住，二聚染色体的一半被分到每个子细胞中。随后，二聚体上结合着 XerCD 蛋白的两个 *dif* 位点就会与 FtsK 蛋白发生相互作用。使位点特异性重组调控发生在细胞分裂周期中的合适的时间和地点上。

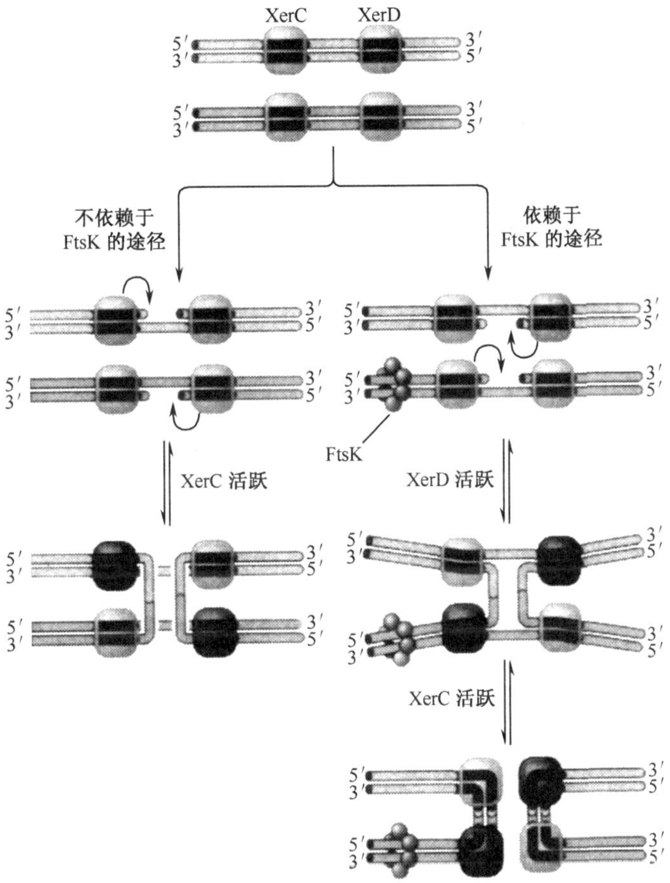

图 10.43　Xer 介导 *dif* 位点重组的途径[80]

没有 FtsK 存在时（左），仅 XerC 激活并推动单链交换形成 Holliday 联结中间体，这时由于 XerD 没有激活，重组无法完成，XerC 的反应也常常发生逆转。当有 FtsK 存在时（右）。XerD 被激活并催化形成 Holliday 联结中间体，XerC 催化第二对单链的交换后完成重组，得到染色体单体

10.7.3　V(D)J 重组

10.7.3.1　抗体与抗体基因[83]

免疫系统的作用是识别和防御外来生命体，如病毒、细菌和病原细胞等的入侵。脊椎动物用 B 细胞和 T 细胞来专门识别这些入侵者。B 细胞制造流通于血液系统中的抗体（antibody）；而 T 细胞制造细胞表面结合的受体蛋白，叫 T 细胞受体（T cell receptor）。这两类蛋白质识别“外部”分子后，便展开消灭入侵者的活动。为此，抗体和 T 细胞受体必须能识别大量的、多样的分子。它们通过 V(D)J 重组来产生多种多样的抗体和 T 细胞的受体。

抗体基因和 T 细胞受体基因是通过一系列的基因片段的序列特异性重排装配而成的。

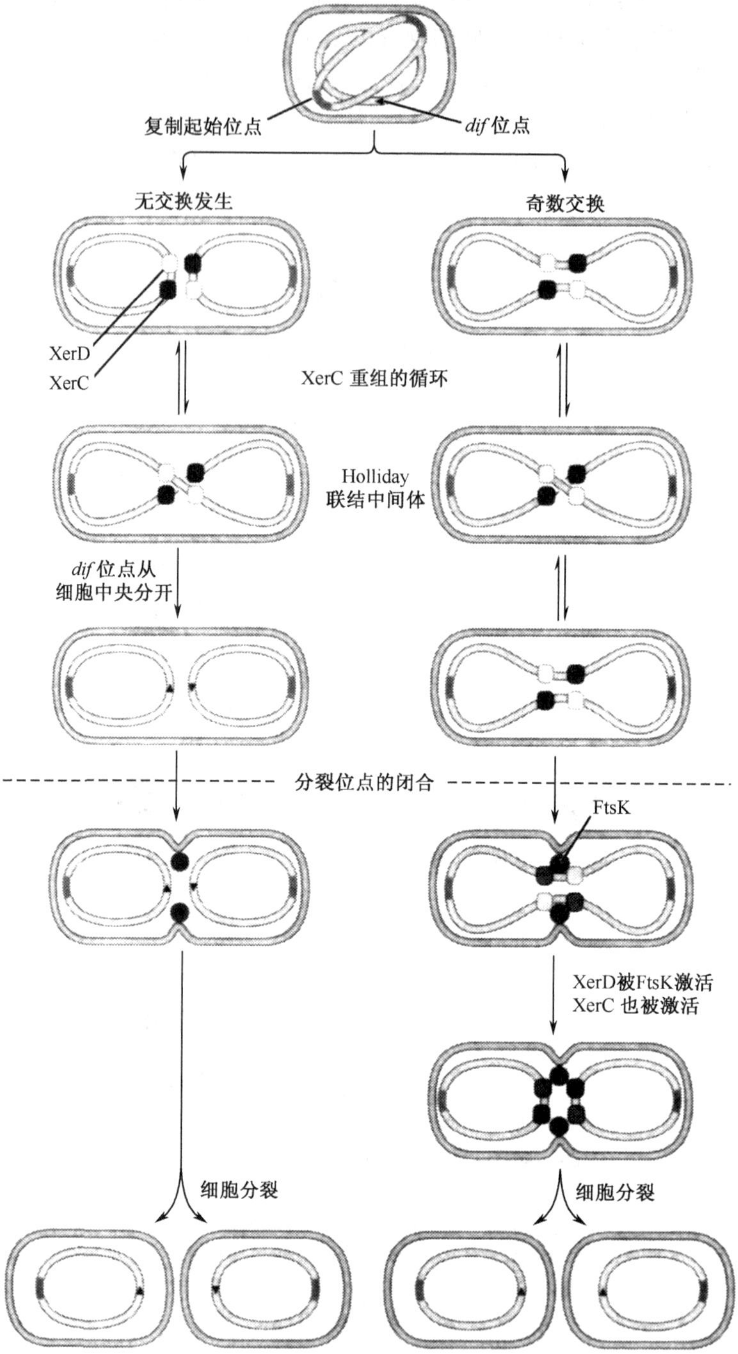

图 10.44　FtsK 对染色体分离的调节[82]

在细胞分裂前，图中所示的新复制起始位点移到细胞的两级，而以三角形表示包含 *dif* 的复制终点则停留在细胞中部。当 *dif* 位点复制完成后，两个子 *dif* 位点发生重组形成 Holliday 联结体，该联结体被 XerC 解离。如果复制后的染色体为单体形式，分离使联合复合体断开，*dif* 位点在细胞分裂前从细胞中部被移开；相反，如果染色体为二聚体（右侧图例），联合复合体仍被限制在细胞中央，位于细胞分裂位点的 FtsK 可以与之结合，FtsK 能激活 XerD。XerD 介导了重组发生，然后是 XerC 介导的重组过程，最后二聚体解离成单体，完成细胞分裂

要了解这个重组过程，就需要了解一下抗体分子的结构（图 10.45）。T 细胞受体与抗体的

分子结构相似，编码抗体分子的基因组区域如图 10.46 所示。抗体由两条轻链和两条重链构成，抗体蛋白与外源分子结合的部分叫抗原结合位点（antigen-binding site），这个结合区由抗体分子的 V_L和 V_H两个结构域构成，如图 10.45 所示。字母“V”表示这一段蛋白质序列是高度变化的。抗体分子的其他结构域叫做“C”区，即稳定区，它在不同的抗体分子之间没有太大变化。

如图 10.46 所示，编码抗体轻链（来自小鼠）的基因组区域叫做 κ 基因座，这个区域有 300 个基因片段，编码不同版本的轻链 V_L蛋白区。另外有 4 个基因片段编码一个短的蛋白质区域，叫 J 区，其后是编码 C_L结构域的一个单独编码区。V(D)J 重组可将 V 区和 J 区的 DNA 任意配对融合。所以，单从这一基因组区域重组产生的抗体轻链就有 1200 种变化，然后通过 RNA 剪切将这些基因片段与 C_L编码区结合在一起。

编码抗体重链的基因片段装配情况与此相似，不过它还有一个额外的基因片段类型，叫 D（多样性）片段［图 10.46（c）］，所以重链的情况更加复杂。例如，小鼠的一个特定重链基因组有 100 多种 V 区、12 种 D 区和 4 种 J 区，组装这个基因的 V(D)J 重组就会产生 4800 多种不同蛋白质序列。

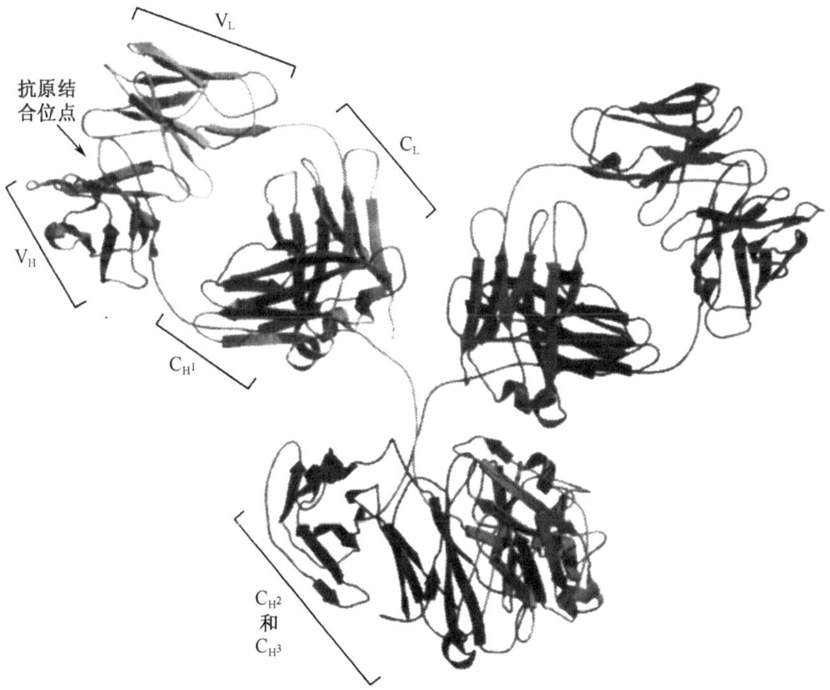

图 10.45　一个抗体分子的结构。由两条轻链和两条重链构成[83]

可变区以 V 表示，稳定区以 C 表示。每个字母右下角的字母表示轻链（L）、重链（H）。注意抗原结合区形成于 V_L和 V_H结构域的表面之间

10.7.3.2　V(D)J 重组[84]

由于具有功能的抗体可由任意的重链和轻链配对而成，所以在轻链和重链基因位点进行的重组对抗体蛋白结构的影响具有放大效应。V(D)J 重组中的早期活动是通过一种类似于转座子切除的机制实现的。

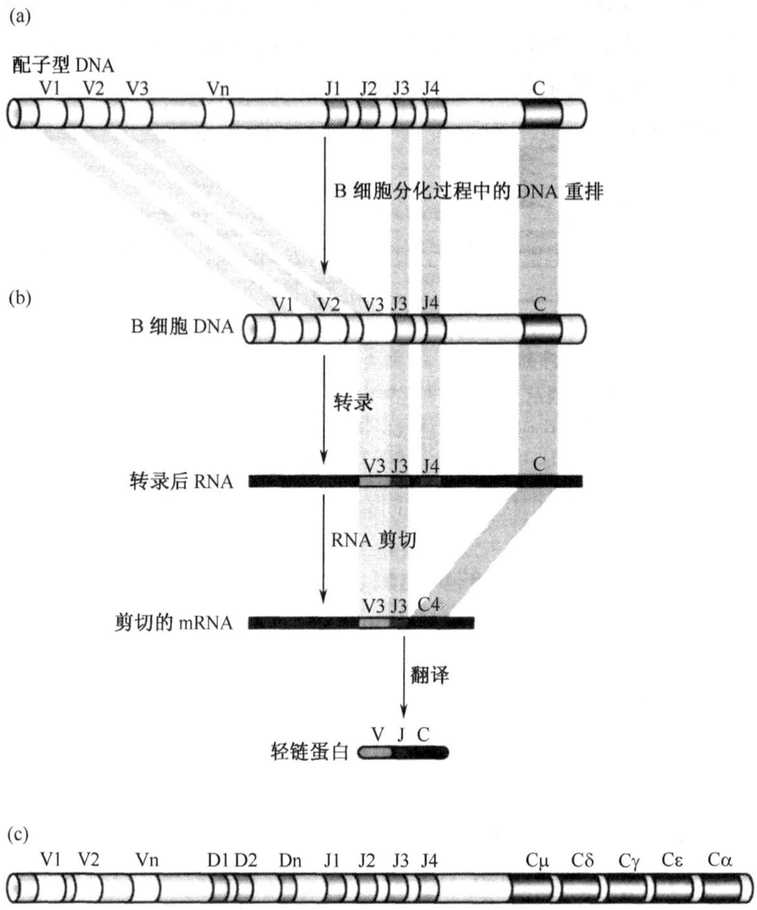

图 10.46　V(D)J 重组过程概述

上图所示为生成抗体蛋白轻链的步骤。(a) 细胞中（配子型 DNA）未经 V(D)J 重组的部分轻链 DNA 的遗传结构。(b) B 细胞发育过程中发生在两个特异性基因片段（V3 和 J3）间的重组。这是发生在不同 B 细胞前体中很多类重组事件中的一种，重组的基因座转录后通过 RNA 剪切并列在一起形成连续的基因片段，该 mRNA 翻译产生轻链蛋白。(c) 更加复杂的重链遗传区域的图例，它带有额外的“D”基因片段和多种类型的稳定区片段（Cυ、Cγ 等）

10.7.3.3　V(D)J 重组的分子机制[85,86]

被 V(D)J 重组所装配的基因片段两端的序列叫做重组信号序列（recombination signal sequence，RSS)。这些信号序列都有两个高度保守的序列基序（motif)，一个长 7bp（7mer)，另一个长 9bp（9mer)，这些基序能被重组酶结合（如下所述)。重组信号序列分为两类：一类是 7mer 和 9mer 的基序，中间为 12bp 的序列；另一类是两个基序中间为 23bp 的序列［图 10.47(a)]。重组常发生在一对信号序列之间，其中一个有 12bp 的间隔区，另一个有 23bp 的间隔区。这些成对的信号序列以反向重复的结构排列在要被连起来的 DNA 片段两端［图 10.47(b)]。

负责识别和断裂重组信号序列的重组酶由两个蛋白质亚基组成，分别叫 RAG1 和 RAG2［RAG 是重组激活基因（recombination activating gene）的缩写]。这些蛋白质的作用方式与转座酶相似（图 10.48)，它们识别重组酶信号序列，然后和这一对位点一起构成一个蛋白质-DNA 联合复合体。

复合体内的 RAG1 蛋白诱导重组信号序列和将要被重排的基因片段连接处的 DNA 单链

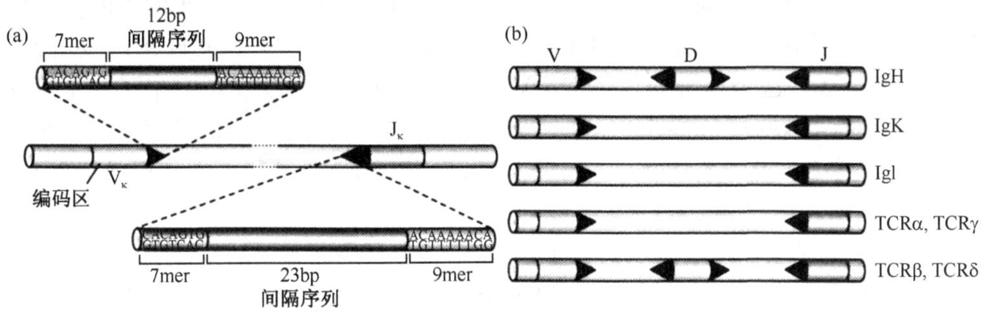

图 10.47　V(D)J 重组中重组信号序列的识别[87]

(a) 两类重组信号序列（RSS）的近观图，一类有 12bp 的间隔序列，一类有 23bp 的间隔序列，两类因子都有 7mer 和 9mer 的序列因子。间隔区核苷酸序列并不重要，而长度是至关重要的。(b) 编码抗体（*Ig* 基因）和 T 细胞受体蛋白（*TCR* 基因）的遗传区域中 RSS 重排的几个例子

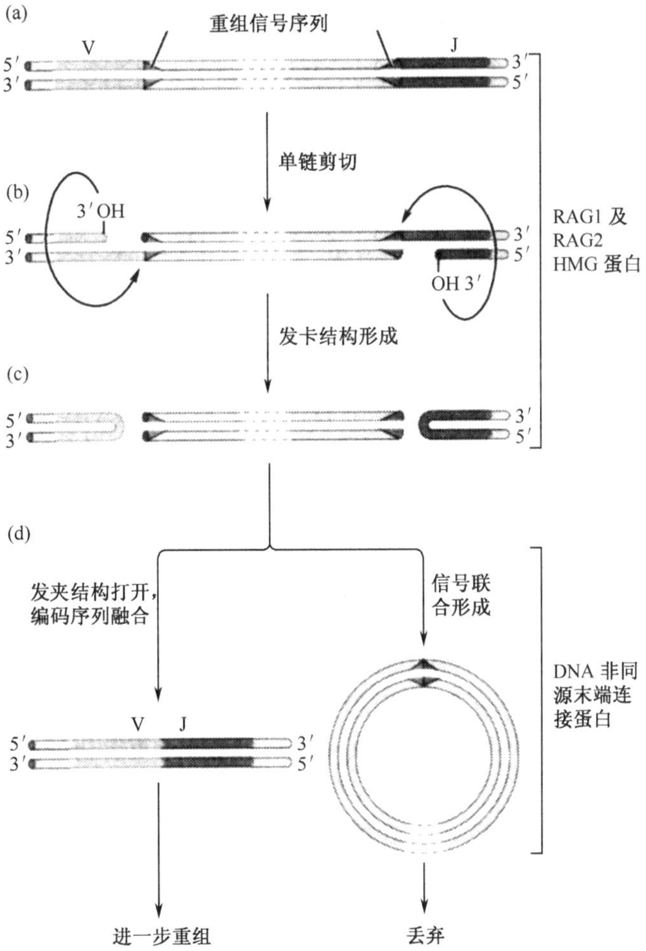

图 10.48　V(D)J 重组途径：发生断裂的机制类似于转座子的切除机制[88]

重组酶催化信号序列末端的单链断裂后产生了游离的 3′-OH，然后每个 3′-OH 开始攻击相对链形成一个发夹形的中间体。随后发夹结构水解并将 V 和 J 区连接起来形成一个编码联合体，携带重组信号序列的两个末端也连成一个信号联合体，前者可以继续进行重组，后者则被丢弃

的断裂［图 10.48(a)］。这样的位点断裂使得编码蛋白的片段具有了一个游离的 3′-OH 末端［图 10.48(b)］。然后，与以前看到的转座子切除反应一样，这个 3′-OH 末端攻击 DNA 双螺旋的另一条单链，这个攻击导致了 DNA 的断裂和重新连接反应，产生了一个发夹形的 DNA 末端。具有 DNA 发夹末端的序列是蛋白质编码片段，而重组信号序列末端现在是正常的 DNA 双链断裂［图 10.48(c)］。同理，每个重组的 DNA 片段两端都形成一个 DNA 发夹结构。

一旦联合复合体上的两个 DNA 序列被切开，又被 RAG 重组酶变成发夹形状后，细胞内的 DNA 修复蛋白接管任务，并完成剩下的重组反应［图 10.48(d)］。两个蛋白质编码片段上的 DNA 发夹末端必须被打开，而且这些末端还必须被连接到一起，细胞内的非同源末端连接蛋白参与了这一反应。有趣的是，DNA 的连接通常伴随着若干核苷酸的增减，这些增加的额外成分为生成的蛋白质分子序列增加了多样性。成对断裂的重组信号序列也在重组过程中连接了起来，结果产生了一个环形的 DNA 分子，通常会被细胞丢弃。

V(D)J 重组的 DNA 断裂与转座子切除这两种机制间的相似性是非常明显的。事实上，重组信号序列与转座子末端的末端反向重复序列也很相似，而且 RAG1 蛋白看起来很像是 DDE 转座酶蛋白家族的成员。这些现象和很多其他现象一起为我们提供的强有力的证据表明，V(D)J 重组这一高等动物免疫系统的关键特性是由 DNA 转座进化而来的。这个结论说明了可转座因子在细胞基因组进化过程中的关键作用。

参考文献

[1] Morgan A R. Trends Biochem Sci，1993，18：160～163.
[2] Cleaver J. Cell，1994，76：1～4.
[3] Savva R，et al. Nature，1995，373：487～493.
[4] Grollman A P and Moriya M. Trends Genet，1993，9：246～249.
[5] Inoue M，et al. J Biol Chem，1998，273：11069～11074.
[6] Fink S P，et al. PNAS USA，1997，94：8652～8657.
[7] Zhang Q M，et al. Nucleic Acids Res，1997，25：3969～3973.
[8] Caulfield J L，et al. J Biol Chem，1998，273：12689～12695.
[9] Rossi SC，Topal M D. J Bact，1991，173：1201～1207.
[10] Guzder S N，et al. Mutation ReS，1991，255：143～153.
[11] Skorvaga M，et al. PNAS USA，1998，95：6711～6715.
[12] Kamiya H，et al. Nucleic Acids Res，1998，26：2611～2617.
[13] Park H W. Science，1995，268：1866～1872.
[14] Hearst I E. Science，1995，268：1858～1859.
[15] Zhao X，et al. J Biol Chem，1997，272：32580～32590.
[16] Hitomi K，et al. J Biol Chem，1997，272：32591～32598.
[17] Todo T，et al. Science，1996，272：109～112.
[18] Kai M，et al. Bio Chem Biophys Acta，1998，1397：180～188.
[19] Yasui A，McCready S J. BioEssays，1998，20：291～297.
[20] Moolenaar G F，et al. J Biol Chem，1995，270：30508～30519.
[21] Hoeijmakess jan H，Bootsma D. Nature，1994，371：654～655.
[22] Sancar A. Science，1995，266：1954～1956.
[23] Friedberg E C，et al. Phil Trans R Soc Lond B，1995，347：63～68.
[24] Lehmann A R. Trends Biochem Sci，1995，20：402～405.
[25] Wood E D，et al. J Biol Chem，1997，272：23465～23468.

[26] Zaccolo M, et al. J Mol Biol, 1996, 255: 589～603.
[27] Shibutani S, et al. J Biol Chem, 1997, 272: 13916～13922.
[28] Zou Y, Van Houten B. EMBO J, 1999, 18: 4898.
[29] Ling H, Boudsocq F, Woodgate R, et al., Cell, 2001, 107: 91～102.
[30] Drobetsky E A, Sage E. Mutation Res, 1993, 289: 131～138.
[31] Altshuler M. Mutation Res, 1993, 294: 91～100.
[32] Tang M, et al. PNAS USA, 1999, 96: 8919～8924.
[33] Nelson J R, et al. Nature, 1996, 382: 729～731.
[34] Gibbs P E M, Lawrence C W. J Mol Biol, 1995, 251: 229～236.
[35] Friedberg E C, Gerlach V L. Cell, 1999, 98: 413～416.
[36] Kowalczykowski S C, et al. Microbiol Rev, 1994, 58: 401～465.
[37] Halliday R. Bioessay, 1990, 12 (3): 133～142.
[38] Halliday R. Genetic Research, 1964, 5: 282～304.
[39] Watson J D, et al. Molecular Biology of the Genes, chapter 9 or 10, 2004.
[40] Pastlink A, Eeken J C, Lohman P H. Mutat. Res. 2001, 480～481: 37～50.
[41] van den Bosch M, Lohman P H, Pastlink A. Biol Chem, 2002, 383: 873～892.
[42] Eggleston A K, West S C. Trends Genet, 1996, 12: 20～26.
[43] Smith G R. Annu Rev Genet, 2001, 35: 243～274.
[44] Tracy R B, et al. Cell, 1997, 89: 205～206.
[45a] Lusetti S L, Cox M M. Annu. Rev. Biochem., 2002, 71: 71～100.
[45b] Stasiak A, Egelman E H. Visualization Of Recombination Reactions. in Genetic Recombination. Kucherlapati R and Smith G, eds. ASM press., 1988, 265～307.
[46] Rao B J, Radding C M. PNAS USA, 1994, 91: 6161～6165.
[47] Rao B J, Radding C M. Phil Trans R Soc Lond B, 1995, 347: 5～12.
[48] Howard-Flanders, et al. Nature 1984, 309: 215～220.
[49] West S C, et al. Nature Reviews, 2003, 4: 1～12.
[50] West S C. Annu. Rev. Genet., 1997, 31: 213～244.
[51] Ariyoshi M, Nishino T, Lwasaki H, et al. Proc. Natl. Acad. Sci. U. S. A, 2000, 97: 8257～8262.
[52] Yamada K, et al. Mol Cell, 10: 677.
[53] Bennett R J, West S C. PNAS USA 1995, 92: 5635～5639.
[54] Ariyoshi M, Vassylye V D, Lwasald H, et al. Cell, 1994, 78: 1063～1072.
[55] Rafferty J B, et al. Science, 1996, 274, 416, 418.
[56] Keeney S, Giroux C N, Klecner N. Cell, 1997, 88: 375～384.
[57a] Lichten M. Current Biology, 2001, 11: R253～R256.
[57b] Lichten M. Current Biology, 2001, 11: R255.
[58] Symington L S. Microbiol. Mol. Biol. Rev. 2002, 66: 630～670.
[59] Haber J E. Switching of *Saccharomyces cerevisiae* mating-type genes. In Mobile DNA II, ed. Craige NL et al., ASM Press, Washington DC. 2002.
[60] Hicks J B, Strathern J N, Herskowitz I. The cassette model of mating-type interconversion. In DNA Insertion Elements, Plasmids and Episomes. ed. Bukhari A I, Shapiro J A, Adhya S L, Cold Spring Harbor, NY: Cold Spring Harbor Lab. 1977, 457～462.
[61] Haber J E. Annual Review of Genetic, 1998, 32: 566.
[62] Haber J E. Annual Review of Genetic, 1998, 32: 561～599.
[63] Haber J E. Annual Review of Genetic, 1998, 32: 579.
[64] Alberts B, et al. Molecular Biology of the Cell, 4th edition, 2002, 1138.
[65] Watson J D, et al. Molecular Biology of the Genes, chapter, 11, 2004.
[66] Baker T A. Nature, 1991, 353: 794～795.

[67] Hallet B, Sherrat D J. FEMS, 1997, 21: 157, 178.
[68] Craig N, et al. Mobile DNA. Ⅱ, ASM Press, 2002, 4.
[69] Smith M C, Thorpe H M. Mol Microbiol. 2002, 44: 299～307.
[70] Chen Y, Rice P A. Annu. Rev. Biophys. Biomol. Struct. 2003, 32: 135～159.
[71] Craig N, et al. Mobile DNA Ⅱ, 2002, ASM Press, color plate 1, chapter, 2.
[72] Jiang R, Gridley T. Curr. Biol, 1997, 7: R321～R323.
[73] Feng G, et al. Nature, 1997, 389: 41.
[74] Gopaul D N, Guo F, Van Duyne G D. EMBO J., 1998, 17: 4175.
[75] Gottesman M. Mol., Biol, 1999, 293: 177～180.
[76] Craig N L. Transposition, in *Escherichia coli and salmonella*, Washington DC: ASM Press, 1996, 2339～2362.
[77] Rice P, et al. Cell, 1996, 87: 1303.
[78] Craig N, et al. Mobile DNA Ⅱ, 2002, 246.
[79] Aussel L, et al. Cell, 2002, 108: 195～205.
[80] Aussel L, Barre F-X, Aroyo M, et al. Cell, 2002, 108: 195～205.
[81] Barre F X, et al. Genes Dev, 2000, 14: 2976～2988.
[82] Barre, et al. PNAS. USA., 2001, 98: 8189, 8194.
[83] Harris L J, Skaletsky E, McPherson A J. Mol. Biol., 1998, 275: 861～872.
[84] Blackwell T K, Alt F W, Ann. Rev. Genet., 1989, 23: 605～636.
[85] Tsai C L, Drejer A H, Drejer A H. Genes, 2002, 16: 1934～1949.
[86] Gellert M. Annu. Rev. Biochem., 2002, 71: 101～132.
[87] Bushman F. Lateral DNA Transfer, 2002, 345.
[88] Bushman F. Lateral DNA Transfer, 2002, 348.

第11章　植物发育的分子遗传学

植物的自养性使它们摆脱了食物链中个体间的大运动量的争斗而形成对固定生存空间的竞争。植物利用固定空间里的阳光、空气、水分和无机物质来生存和发展自己，而不是靠攫取、吞噬和消化其他有机体；这就要求它们有一个与动物完全不同的躯体蓝图，其目的是支撑起一个最大的接受阳光的面积。植物所特有的细胞壁是完成此项使命的主角。它使植物体坚韧，具有支撑作用，并能不断地扩展生存空间，但却使细胞固着在一起而不能运动。这就决定了植物的发育及形态发生的机制与动物完全不同。

植物体与植物细胞不能自由运动，它们被固定在一定的空间中，而又要在千变万化的环境条件中生长与繁殖，这就要求它们必须具有组织分化的高度可塑性和形态发生的全能性。这些特性是通过细胞内预存性的基因产物的定位、细胞间各种位置信息的交流而实现的。

人们早已注意到植物细胞具有一种能够反复起始发育程序的能力；而不是像动物那样一次性地、持续地通向终末分化和死亡。植物的基因产物如何运行在发育的轨道上？调节元件和调节因子如何控制发育程序的时空表达？对于植物发育的研究有待于一种完全不同于动物的全新思维的出现。

11.1　植物发育的分子遗传学特点

11.1.1　植物细胞分化的全能性

植物的单个体细胞具有分化、再生成为一株成熟的、可育的植物的能力。这种全能性表明植物的细胞在经历了发育过程后仍然保有着未经重排或改变的完整的基因组，也表明其基因表达模式（expression pattern of genes）具有完全的可塑性。

11.1.2　植物胚胎发育与个体形态发生是分开进行的

高等生物的发育包括四个过程：体型格局（body pattern）、生长（growth）、形态发生（morphogenesis）和细胞分化（differentiation）。这四个过程在脊椎动物的发育中是一个持续进行的、一次性的单向过程。自受精卵到原肠胚是体型格局形成时期，它规定了胚胎的极性与模式，即未来胚胎的首尾背腹。这时，看不出未来个体的形态特征。相继进行的细胞分裂（生长）、细胞的运动（形态发生）、细胞间的诱导分化等，才形成了一个初具个体形态结构特征的胚胎。

植物发育的胚胎并不是具有一定结构与形态的个体，而是一个种子中的休眠芽，它把发育与分化间隔为两个过程。休眠芽由子叶（cotyledon）与胚轴（embryo axis）两部分组成。子叶仅仅是一个储存大量营养物质，为种子萌发作准备的结构，类似于动物的卵黄囊或胎盘，在种子萌发后即消萎。胚轴才是未来植株的真正的胚胎，它只是一个蕴含着根、茎分生组织的毫无形态结构的细胞集团。它规定了未来植物个体的极性，含有未来植株形态发生的全部的、可以重复进行的基因表达模式，相当于体型格局（body pattern，又称主体模式）阶段。植物的分生组织相当于动物的干细胞（stem cell），分生组织通过细胞分裂，在形态发生的同时还产生新的分生组织。未来的根、茎、叶、花的形态发生，以至整个植株的形态均包含于胚轴的分生组织之中（图 11.1）。

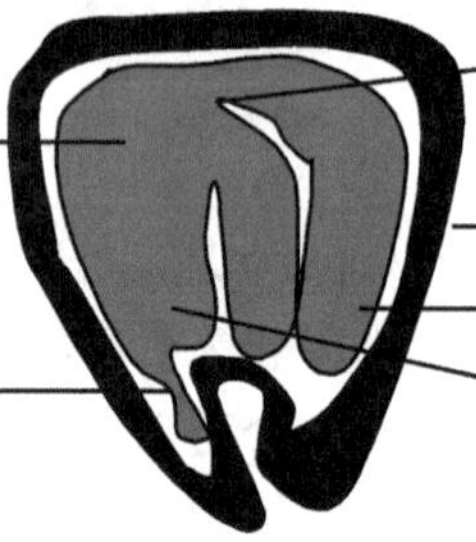

图 11.1　植物种子内的胚胎

11.1.3　植物形态发生中的非基因调控

高等植物具有无限的根、茎、叶、花的重复地形态发生的能力。这种新器官的重复发生，在没有相应基因的直接表达调控下也能完成。我们可以把根、茎、叶等器官的发生看做是基因表达后在根、茎端分生组织的细胞质中建立起来的形态发生模式。这种形态发生模式建立后即可自主运行。基因的表达调控只是在发育的开关转换的时期，如胚胎发生，组织分化，营养分生组织转变为花分生组织时发挥作用。植物的重复地形态发生是受生理反馈机制的调节，而与基因的即时表达无关。可见，植物的发育事件可区分为基因表达调控与生理水平调控两类[1]。人们往往把这种现象视为植物的特殊发育能力。其实这种情况与高等动物的成熟卵相似。实际上，在卵的成熟过程中，由于大量基因的活动，该卵的卵质中已经具备了发育至初期原肠胚全部物质及体型格局。只要受精，则卵裂、囊胚、原肠的形态发生立即自动运行，而无需基因表达调控的参与。所不同的是植物把这种形态发生的模式，包含于分生组织细胞之中。在高等植物休眠芽的胚胎两极的分生组织中，它以器官的原基（primordia），比如叶原基（leaf primordia）的形式不断地形成着。以后的事情只是这些原基的先后有序的重复生长（图 11.2）。

图 11.2　苗（茎）端分生组织，不断地形成叶原基
每一个叶原基将发育成为植物的一个结构单元——茎、叶和芽

11.1.4　植物的形态形成不能依靠细胞运动来完成

由于细胞壁的存在，植物细胞不能自由地运动。因此，不能像动物的形态发生那样依靠细胞的相互运动来完成。从受精卵到器官发生直至整个植株的建成，只能依靠像搭积木那样，通过细胞在不同方位的逐步叠加来完成。正因为如此，植物才只能依靠侧生器官的无限重复的发生来扩展自己的生存空间。侧生器官的重复产生，实际上也是一种以植株的结构单位（叶、茎、芽）为单位的搭积木式的形态建成模式。这是很耐人寻味的！

11.2　植物胚胎发育的极性 —— 发育的起点

植物发育的第一次分裂是合子的不对称分裂，从而产生极性，最后导致顶-基轴形成。所谓极性，是指物质向特定方向移动的趋势或倾向，反映在细胞水平上，就是细胞分裂之前，胞质组分不均匀地向某一方向聚集，聚集端和没有聚集的一端之间就形成了极性。在宏观水平上，茎向上生长、根向下生长都是一种极性的表现，究其根源，造成植物极性生长的茎端分生组织和根分生组织的分化就起源于合子胚的第一次不对称分裂。可见极性对于植物的生长发育起着极其重要的不可或缺的作用。

前面已经提到，拟南芥的合子细胞内含物是不均匀分布的，那么，卵细胞的情况又是怎样呢？电镜的系列切片确定卵细胞无明显的空间模式，极性是后生的（epigenetic）。为了深入地研究合子的极性发育，发育生物学家利用墨角藻（*Fucus spiralis*）的卵细胞及其受精之后的合子作为研究材料。墨角藻的卵细胞较大，75～100μm，无极性，无细胞壁，具有低紧张压和弱离子选择性。当与精子一起释放到海水介质中进行受精时，几小时后，合子可附着在底物上，可以通过改变环境因素的梯度方向（如溶液浓度梯度、单侧光照梯度）来研究对受精卵发育的影响[2]。墨角藻的早期发育如图 11.3 所示，受精后合子细胞起初并没有极性，但在受精后 4～10h 后已开始形成极性轴，合子中的某些内含物开始不均匀分布并积累，细胞极性生长。合子在背光侧隆起，呈梨形，像长出假根一样。

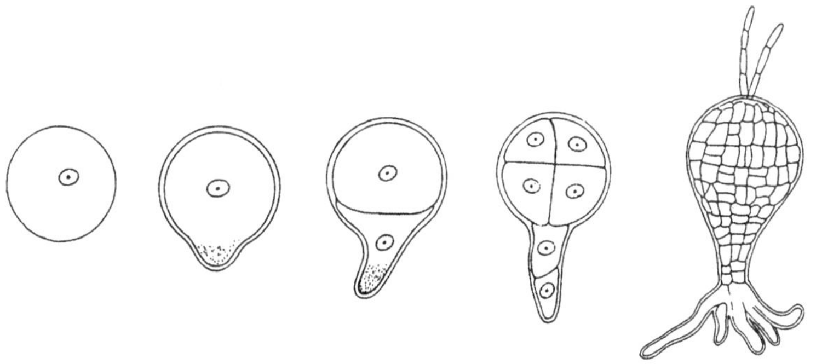

(a)　(b)　(c)　(d)　(e)

图 11.3　墨角藻早期发育的模式图[2]

(a) 受精后开始无极性，4～10h 后形成极性轴。(b) 受精后 10～12h，极轴固定，出现假根，分泌小泡与胞质颗粒在假根生长顶端局部积累。(c) 受精后 24h，合子第一次分裂，新细胞板与假根长轴垂直，两个子细胞大小不同，细胞组分也有区别。(d) 假根细胞分裂，分裂方向与合子第一次分裂方向平行，假茎细胞分裂方向则先垂直后平行于合子第一次分裂方向。(e) 形成球形假茎与多分枝的假根

合子的第一次细胞分裂平面与细胞伸长的方向垂直，产生两个大小不等的子细胞，小一点的为假根（rhizoid）细胞，较大的是假茎（thallus）细胞，它们分别发育为成熟植物中的固着器（holdfast）和藻叶（frond）。两个细胞中的细胞器组成不同：在背光侧的假根细胞含有丰富的高尔基体、线粒体；在向光侧的假茎细胞含有大部分的叶绿体。下一次分裂在假根细胞中是平行于第一次分裂，在假茎细胞中则先垂直后再平行于第一次分裂，如此继续进行下去，由此可以绘制每个细胞的实际谱系。墨角藻的合子胚发育模式非常类似于拟南芥的合子胚 8 细胞胚的发育模式。

如果用单侧光照射，然后作深入一步的分析可见：受精之后 4～10h，在合子中形成一个对环境刺激应答的极性轴，此轴是不稳定的，因为光梯度可以再重新定向极性轴的方向[3]；受精后10～14h,极性轴固定或稳定；受精后 14～18h，开始极性的表达。合子第一次分裂在受精后 18～24h 发生。

11.2.1 极性轴的形成——要求完整的肌动蛋白微丝的存在

极性轴的形成发生在明显可见的形态发生变化之前。给合子以单侧光照射 1h 后，如果把照射过的合子转到均匀光下或黑暗中几小时，则仍在背光侧长出假根，说明合子对光梯度有几小时的记忆，也暗示在这个阶段已形成一种极性轴。在单侧光照射过的合子中可检出一种不对称的电流，这是一种在假根端（+）流入，在假茎端（−）流出的跨细胞电流。此外，极轴的形成要求钾离子等和完整的肌动蛋白微丝的存在，一些破坏微丝装配的药物如细胞松弛素 B(cytochalasin B)处理，会使微丝解聚，而解聚了的微丝则分散到合子周围的质膜上，于是形成的假根方向是随机的。因此，人们推测光梯度的作用是产生质膜上蛋白不对称分布，并将质膜内的离子通道增补到背光侧。在向光侧的肌动蛋白可能是不稳定的，在背光侧的肌动蛋白微丝则稳定地连接到膜上，于是形成了极轴。然而这种初始的变化是不稳定的而且是可逆的。

11.2.2 极性轴的固定——必须有细胞壁存在

使用一个方向的光（光Ⅰ）照射，使极性轴形成之后，若在假根出现之前（受精后 10～14h)给以相反方向的光照射，并不能逆转原先建立的轴的极性，说明极轴被固定了。若在光Ⅰ之后，用细胞松弛素 B 处理该合子几个小时，再给以相反方向的光Ⅱ照射，几小时后长出的假根将是在光Ⅱ的背光侧，在此情况下，光Ⅰ不是定向光，而光Ⅱ才是定向光(图 11.4)。细胞松弛素 B 似乎是轴固定过程或轴固定结构形成的抑制剂。因为细胞松弛素 B 能使微丝解聚，说明轴固定与微丝的密切关系。

另外，毒伞素（phalloidin）既能结合微丝肌动蛋白（F-actin），又能结合荧光素罗丹明(rhodamine)。因此，通过毒伞素标记肌动蛋白[4]的实验表明，在极轴固定之前，微丝肌动蛋白均匀分布在合子周围，而在极轴固定之后，微丝肌动蛋白则在预定为假根的位置聚集，说明微丝肌动蛋白定位的初始信号与极轴固定相一致；而且微丝肌动蛋白再分布到假根形成位置，在时间上（受精后 10～14h）与轴固定过程相关，在空间上与轴伸长的区位相关。肌动蛋白的这种定位是在合子上看到的第一个稳定的不对称标志[5]。

极性轴的固定（假根的形成）必须有细胞壁存在。如果用酶除去合子细胞壁，再生细胞壁后，给以光Ⅰ处理，结果长出假根，可见不影响极轴的形成。如果光Ⅰ照射没有除去细胞壁的合子后，去细胞壁然后又再生，也不影响光Ⅰ极轴的形成。如果对原生质体做光Ⅰ处理，也会在再生壁的合子的背光侧长出假根；然而当合子制成原生质体，先光Ⅰ、后光Ⅱ处理后再生壁，假根将在光Ⅱ的背光侧长出。上述实验表明原生质体可以接受和记忆光的梯度，但是所形成的是一种不稳定的极轴，除非存在细胞壁，否则合子不能固定和稳定极轴。Berger 等[6]将受精后 24h 的合子通过激光束切除假根尖细胞壁，再通过渗透压作用使假根胞质皱缩，假根原生质体被挤出 1h 后，原生质体再生出细胞壁，24h 后，原生质体自我极化，像正常合子一样分裂。如果在两细胞期，将假茎细胞内含物除去，剩下的独立的假根细

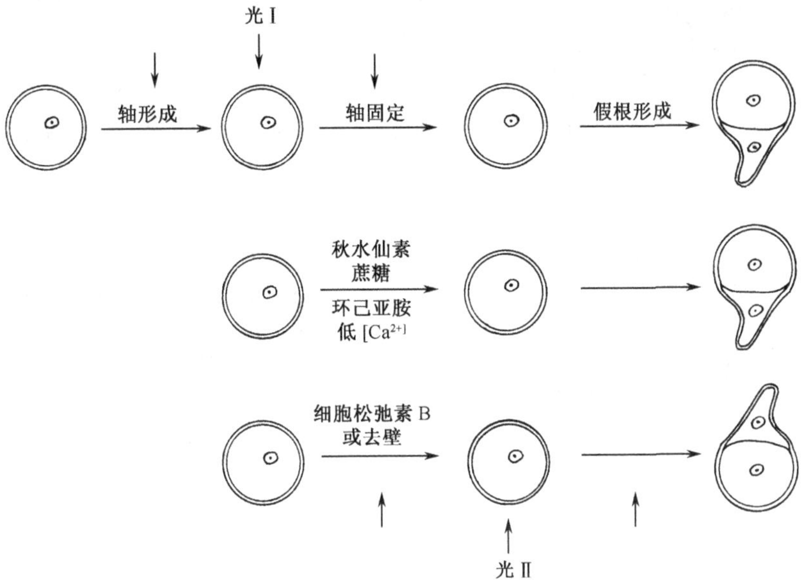

图 11.4　合子极性化试验[2]

受精后 12h 内，光Ⅰ照射合子，极轴形成并固定，再用光Ⅱ照射，假根仍在光Ⅰ的背光侧形成。蔗糖、秋水仙素、低浓度 Ca^{2+}、环己亚胺处理不影响极轴固定，而细胞松弛素 B 及除去细胞壁处理会阻止极轴固定，导致假根在光Ⅱ的背光侧形成

胞仍能正常发育，反之亦然。可见，细胞壁不仅是极轴固定所需，也是维持胚细胞分化状态所不可缺少的。值得注意的是，从 2 细胞期分离的完整假茎细胞在继续发育至 8 细胞期时，在原先假根端的一个或多个假茎细胞会重新分化为假根细胞，而且完全不依赖光照方向。分析表明，这种改变与残留的假根细胞壁有关。如果将假根细胞壁沿径向切去一半，则只有与残留细胞壁相连一侧的假茎胚细胞能重新分化为假根细胞，当假根细胞壁被完全除去后，假茎细胞就彻底发育为无假根的胚了，可见，假根细胞壁含有诱导假茎细胞向假根细胞分化的因子，这种诱导过程需要细胞壁-细胞壁间的长时间接触。同样，离体假根细胞在发育过程中，偶尔也会在由原来假茎细胞的细胞壁形成的腔内萌发出一个新的假茎细胞，它能够顶端延伸生长，如在假茎细胞壁上预先切一个洞，它能穿过洞口继续生长，并且保持非色素化。但是当假根细胞与假茎细胞壁的内壁长时间接触时，假根细胞顶端会出现径向分裂，并且有色素沉着。这些结果表明，细胞壁中的某些成分是细胞命运的决定因素，从图 11.5 可以清楚地看到这一点。

细胞壁的存在与微管定位有关。在拟南芥的合子中，可以看到微管逐步定位的过程（图 11.6）。在刚形成的合子中，微管（microtubes）随机排列，集中在核周区，随后微管主要集中在细胞皮层（cortex），尤其在细胞合点端形成明显的皮层微管带，相对于未来的顶-基轴横向排列，与细胞的伸长方向一致。而在合子细胞近端（珠孔端），微管主要是纵向排列。沿合子长度方向，微管排列方向逐渐变换，随着合子伸长，横向排列的微管逐渐增多。当细胞伸长至最大时，微管已沿细胞长度方向均匀分布，细胞核也随之伸长至最大。在细胞分裂之前的细胞核位置出现一条非常明显的微管带，又称为前期带（preprophase band，PPB），是未来细胞板形成位点的标志（Gunning and Hardham，1982）。

细胞壁可能给肌动蛋白微丝的附着提供一种外部基质。在未来生长假根的地方，细胞壁

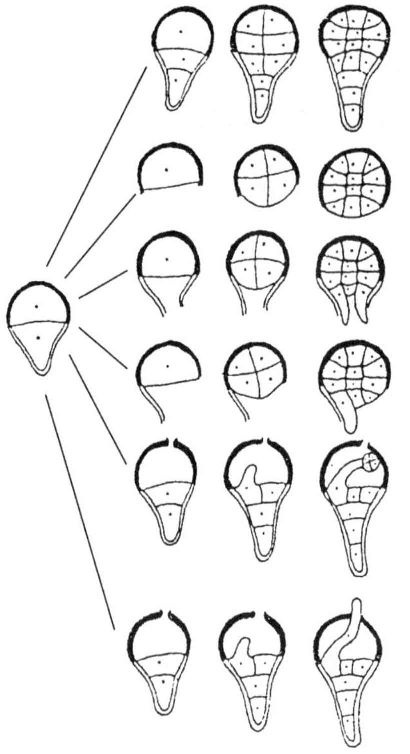

图 11.5　细胞壁切除对墨角藻胚胎发生的影响（Berger 等，1994）[6]

粗线表示原初假茎细胞壁，双行线表示原初假根细胞壁。(a) 完整的胚。(b) 除去假根细胞及细胞壁。(c) 除去假根细胞内含物；(d) 除去一半的假根细胞壁。(e)，(f) 除去假茎细胞内含物

纤维通过整合膜蛋白与细胞骨架纤丝连接，固定不对称的质膜，为 F 颗粒（F2 和 VnF 的总称，见下文）向极性生长点的定向运输提供胞质内的轨道，也使发育中的胚能够通过黏附大分子（VnF、F2）锚定在底物上，组成这种跨膜桥梁的复合物称为轴稳定复合物（axis stabilizing complex，ASC）[8]。它好像轨道一样，把一些黏着分子定向转移到未来假根形成区位的细胞壁中。

11.2.3　极性的表达——质膜、Ca^{2+}和跨细胞电位构成极性表达的三种主要因素

在墨角藻的合子细胞中，高尔基泡产生上面提到的 F 颗粒，其成分为硫化墨角藻聚糖（F2）和透明粘连蛋白类（vitronectin like）蛋白（VnF）。F 颗粒开始是均匀分布的，后来直接运送到假根长出的位置，储存在新形成的细胞壁中，使假根的细胞壁的组成与假茎细胞壁有所不同。这种运送要求靶部位处存在高浓度的肌动蛋白微丝网络，这是一种顶端生长（如根毛、表皮细胞的顶端生长）的轨道机制。它指导 F 颗粒到位，使假根尖处的 F 颗粒局部积聚，导致 F2 和 VnF 在合子细胞壁中的不对称分布。F 颗粒的局部积累要求 F2 分子的硫化，这种硫化作用也是合子附着在底物上所必需的（图 11.7）。

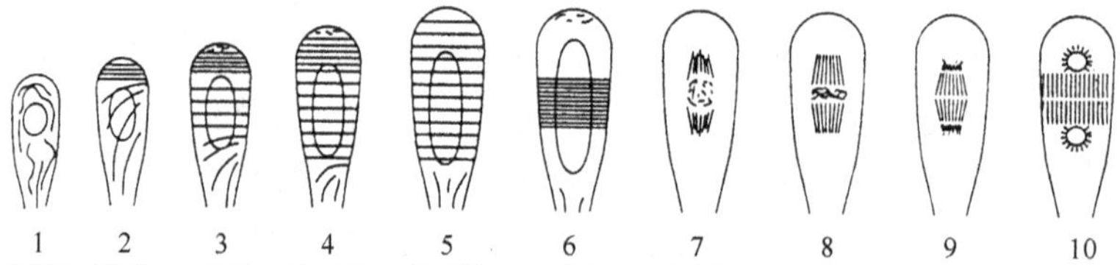

图 11.6　拟南芥合子中的微管分布的变化[7]

百分数表示在检查的 200 个合子中出现相应时期（1～10）的频率，从而反映各个时期持续的时间

合子对底物的附着，对其第一次分裂没有影响，但对于以后的胚的极性结构的保持是必不可少的。此外，在 ASC 锚定区存在高浓度的 Ca^{2+}，可增强小泡融合，贮存更多的离子通道，从而增大跨细胞电位和结构极性。用一种离子选择微电极可以测出这种电流的方向。因此，质膜、Ca^{2+} 和电位构成极性表达的三种主要因素。如果人为地破坏 Ca^{2+} 梯度，如 EGTA 螯合胞外的 Ca，或用离子通道封阻剂镧（La）、D-600、维拉帕米（verapamil）处理，将导致假根不能形成。在有花植物中，细胞壁的阴离子多糖有点类似硫化墨角藻多糖的

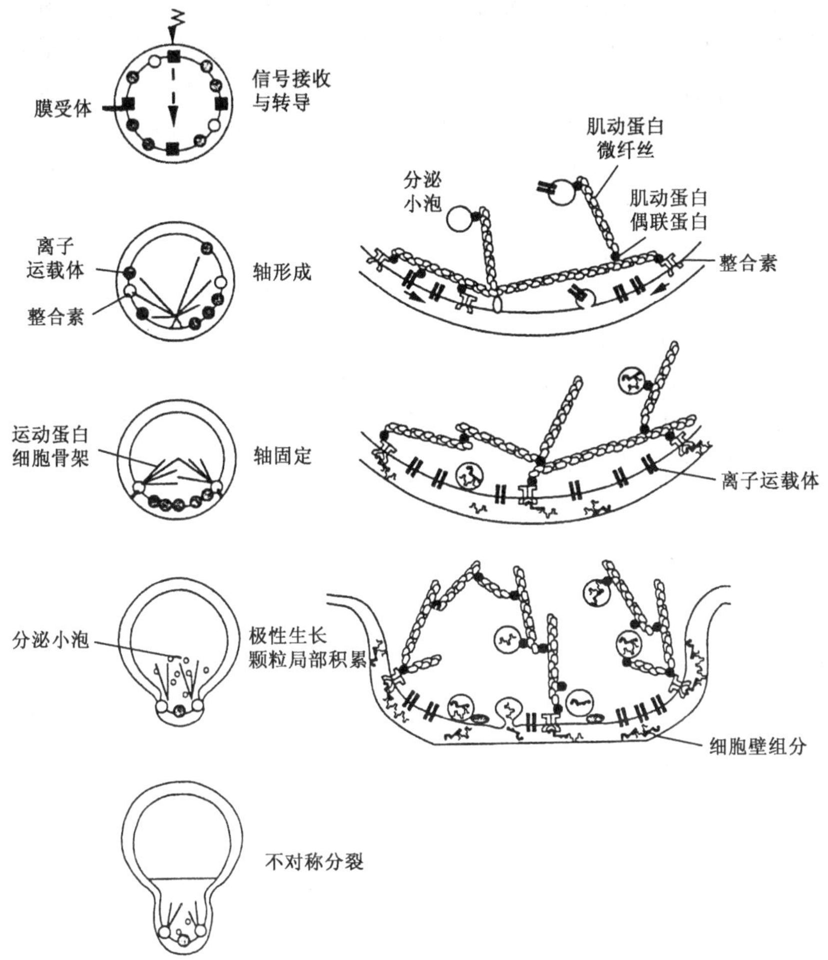

图 11.7　极性建立与生长的工作模型[9]

左列图示极性建立与生长的概况。受精后不久，整合膜受体感受环境信号如光，产生的信息传导至胞质内，合子形成极性轴，决定了未来假根顶端生长的位点。肌动蛋白细胞骨架重新组织化，膜上组分如整合素、离子转运蛋白被征集到不同的位置。当极性轴固定时，肌动蛋白细胞骨架与膜蛋白的结合以及膜蛋白与细胞壁组分的结合稳定化，分泌小泡选择性地在假根尖转运和融合，产生极性生长，然后进行不对称分裂。右列图示假根尖顶端生长点处的分子组织情况

作用，在胡萝卜、烟草、百合、菜豆中检出过 VnF，正在寻找墨角藻和高等植物组成 ASC 的有效组分（如 VnF、F2、整合素、离子通道蛋白）之间的相似程度，并寻找这些特异产物的基因。不管怎样，用墨角藻合子胚的这个系统所得到的研究结果为高等植物胚胎极性发育机制的探索提供了十分吸引人的模型。

11.2.4　极性的改变——生长素极性运输与胚胎的两侧对称形成直接相关

植物在球形胚时期，胚胎为辐射对称，到了心形胚期则转为两侧对称，发育的极性发生了改变。在模式建成一节中，我们已经在细胞水平上对这一转换的形态发生过程有所了解，却不清楚这一转换的机制是什么，是什么因素导致顶端分生组织区细胞分裂缓慢，其两侧区细胞则迅速分裂而隆起呢？Okada（1991）[10]在拟南芥中发现一种 pinformed 1(pinl-1) 突变

体，子叶部分或完全融合，同时花序轴上的叶序也异常，植物生长素极性运输（auxin polar transport）活性只有野生型的 14%，那么是否生长素极性运输系统与融合子叶存在着某种关联呢？突变表型显示 pinl-1 胚胎发生在子叶形成期之前出了故障，而且融合子叶表明胚胎似乎仍保持球形期的辐射对称状态。这时候，体外分析成为重要的技术手段。

1993 年，刘春明等成功地构建了原胚体外培养系统[11]。印度芥子（*Brassica juncea*）的早球形胚体外培养 12～15 天，即可进入子叶期，从球形胚过渡到心形胚需 2 天，到达鱼雷胚期再需 2～3 天。将生长素极性运输抑制剂加入到双层胚胎离体培养基中，并不影响胚的生长速度。使用三种不同的抑制剂包括三碘苯甲酸（2，3，4-triiodobenzoic acid，TIBA）、反式肉桂酸（trans-cinnamic acid）、9-羟基芴-9-羧酸（9-hydroxyfluorene-9-carboxylic acid，HFCA），均能引起子叶融合，融合子叶像一个衣领环绕茎端分生组织。在晚球形期已开始子叶融合，子叶在顶端原分生组织周围同时起始，而不是在顶端两侧形成两个子叶原基。在抑制剂处理的胚的横切面上，维管束的数目很难确定，因为胚轴区短，与正常胚相比发育迟缓，在领状子叶区，出现 6 个维管束。在纵切面上，大部分组织发育良好，仅有的差别是顶端分生组织出现得更早一些。使所有原胚都形成融合子叶的抑制剂最低浓度各不相同，TIBA 为 2μmol/L，HFCA 为 10μmol/L，反式肉桂酸需 80μmol/L，但它们诱导的柱状胚形态并没有差异。在此基础上，再增大抑制剂浓度 5～10 倍也不会诱导新的变异，而在亚适度抑制剂浓度下（如 HFCA 5μmol/L），有时会诱导只有一半融合的子叶出现。在大多数情况下，融合的一侧接触培养基[12]。因此，可以认为生长素极性运输与胚胎的两侧对称形成直接相关，那么，它又在什么阶段起作用呢？如果在心形胚期才加入抑制剂处理，则不会产生任何诱导作用，所有的胚都能长出正常的子叶。诱导只出现在球形胚期，表明形成两侧对称子叶的发育程序在球形胚期即已起始运行，其后子叶的形成过程则不再依赖生长素的极性运输。

当生长素极性运输被封阻后，胚形成领状子叶，表明生长素在胚中不是均匀合成的，同样，中心抑制也不可能，生长素可能在茎原基或环绕茎原基区合成。有两种模型来解释生长素极性运输的作用机制（图 11.8）。模型 A：生长素在茎原基合成，向相反两个方向运输到两个子叶形成区。一定量的生长素能刺激这两个区的细胞分裂，导致子叶形成，而在茎原基中的生长素浓度则抑制细胞分裂。当生长素极性运输被封阻后，生长素从茎原基向周围细胞随机扩散，导致领状子叶形成。模型 B：生长素在茎原基周围环形区细胞中合成，然后向子叶形成区运输，刺激这两个区的细胞分裂。当生长素极性运输被封阻后，生长素在环状区内积累，诱导领状子叶形成。

有人用 TIBA 处理柳叶菜（*Epilobium*）茎端，结果使叶原基的叶序被破坏，产生领状顶端，这似乎表明生长素极性运输在两侧对称形成中起特异的决定性作用。在体胚发生中，生长素极性运输所起的作用要明显得多，是体胚形态发生的前提。一旦该极性运输被封阻，体胚发生最多只进行到下一个阶段即停止发育。例如，在球形期用极性运输抑制剂处理则胚胎发生只能进行到早心形期，在心形期用抑制剂处理，则只有轴生长而没有子叶起始。另外，体胚发生早期需要外源生长素诱导一系列基因表达，而到了球形胚期外源生长素的存在则起抑制作用，因为体胚此时已经能够合成自身的生长素。这也表明高浓度的生长素能够抑制细胞分裂，这与前面模型 A 中的假设是一致的。

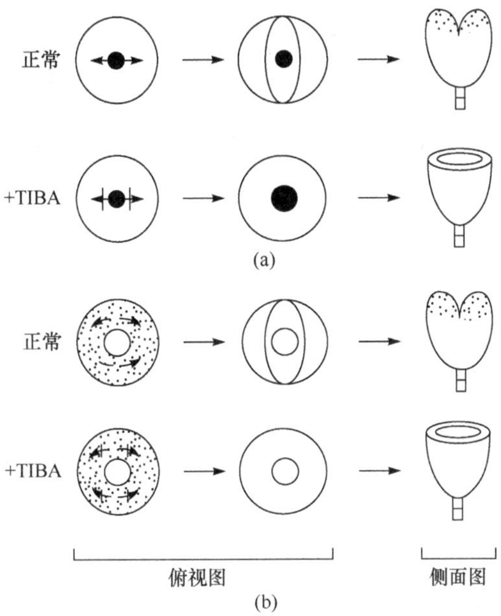

图 11.8　子叶起始时生长素合成和运输的模型[12]
(a) 生长素在茎原基中合成（黑圆区）。(b) 生长素在环绕茎原基的环形区合成（打点区），箭头表示运输方向

11.3　植物的体型格局的发育

体型格局的形成是发育四大过程之一（体型格局、生长、形态发生和细胞分化）。它是形成一个能够发育成未来成体结构与形态的胚胎框架。高等植物的体型格局形成于种子中的休眠芽。未来的植物成体将由胚胎中的分生组织产生。所有高等植物胚胎都含有幼苗发育成型的体型格局（body pattern，又称主体模式）—— 顶-基轴向模式（axial pattern）和辐射径向模式（radial pattern）。幼苗的主体组织结构实际上是通过一定的细胞分裂模式所完成的这两种模式的叠加。

双子叶种胚（休眠芽）是开花植物中较为原始的一类。其特征是两个子叶对生于上胚轴两侧。整个胚胎由上胚轴（epicotyl）、下胚轴（hypocotyl）和胚根（embryonic root）组成。茎端分生组织（shoot apical meristem）与根端分生组织（root apical meristem）在胚的两极。其中，胚根将发育成为成体的根系统，胚轴将发育成为成体的枝干。单子叶种胚有两点与双子叶种胚不同：①仅有一个子叶位于胚轴的上部；②胚根不含根端分生组织，不能形成未来植株的根。它由一条从下胚轴侧生的“苗生根”（shoot-borne root）代替，根端分生组织含于其中。

高等植物的早期胚胎发生历经球形（globular）、心形（heart-shaped）和鱼雷形（torpedo-shaped）三种胚形。这种变化在双子叶植物中最典型。植物胚胎从辐射对称的球形转变为两侧对称的心形是一个关键性的重大变化。此时，由于子叶原基及苗端分生组织的出现，整个胚胎的体型格局及极性已基本确定（图 11.9）。

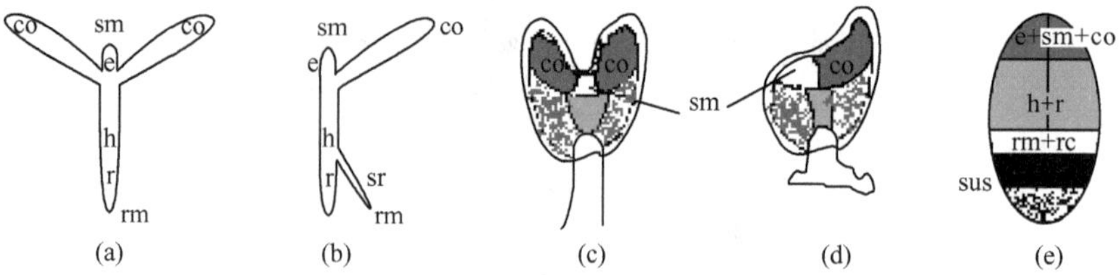

图 11.9 植物胚胎的体型格局[13]

(a) 双子叶植物胚胎（鱼雷形时期）。(b) 单子叶植物胚胎（鱼雷形时期）。(c) 双子叶植物胚胎（心形期）。(d) 单子叶植物胚胎（心形期）。(e) 8 细胞时期。sm 苗端分生组织，co 子叶，e 上胚轴，h 下胚轴，r 胚根，rm 根端分生组织，sr 苗生根，rc 根冠，sus 胚柄。在 (a)，(b) 的下胚轴中已可见到原始的上皮组织（epidermis），基底组织（underlying ground tissue），中央维管组织（vascular tissue）。8 细胞时期（octant stage）自顶部至底部已显极性，它们是：顶部区（深灰色，2 细胞）将来发育为上胚轴、苗端分生组织及子叶；中部区（浅灰色，2 细胞；白色，1 细胞）将来发育为下胚轴、胚根、根分生组织及根冠；底部区（黑色，1 细胞；黑点，1 细胞）将来发育为胚柄（suspensor）。8 细胞期将发育为球形胚，然后是心形胚，鱼雷形胚

11.3.1 体型格局是在心形胚时期建立的

当我们把拟南芥的胚胎整体固定、切片后，在解剖镜下观察时，可以清楚地看到顶-基轴向的元件包括茎分生组织（s）、子叶（l）、下胚轴（h）、根分生组织（r）；辐射径向的元件由表皮（e）、基本组织（g）和维管链（v）三种组织组成。并能跟踪观察到胚胎中的细胞排列情况，画出如图 11.10 和图 11.11 所示的模式，得到胚胎中的幼苗模式。受精 1 天内，沿顶-基轴已建立起 3 个空间区域：①顶部区，包括茎分生组织与大部分子叶；②中部区，由部分子叶、胚轴、胚根和部分根分生组织构成；③基部区则包括静止中心、中柱根冠原始细胞和根分生组织的其他部分。这些区域的划分是根据突变体的表型确定的。顶部区和中部区分别对应原胚中的上、下列细胞（心型胚中的 A、C 区），在双子叶植物中，胚根作为初生根的组成部分，而单子叶的胚根并不含有根分生组织，初生根由胚柄远端衍生的茎出根组成[13]。

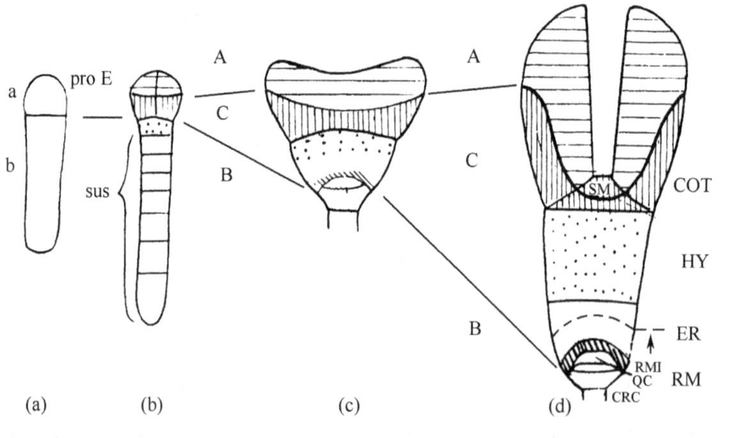

图 11.10 拟南芥胚中顶基轴形成的模式图[14]

(a) 合子不对称分裂产生顶细胞（a）、基细胞（b）。(b) 8 细胞期，原胚由两列各 4 个细胞组成，与胚柄通过基部区原始细胞相连。(c) 心形胚期。(d) 鱼雷胚期，粗线表示无性繁殖系边界；虚线表示胚根上端；CRC，中心根冠；QC，静止中心；COT，子叶；HY，胚轴；ER，胚根；RM，根分生组织；SM，茎分生组织；proE，原胚；sus，胚柄

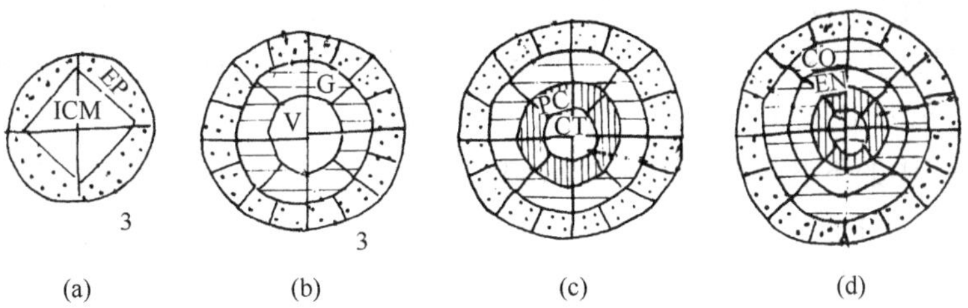

图 11.11 辐射径向形成的模式图[14]

在（a）、（b）中，横切面穿过胚的中心区，在（c）、（d）中，横切面穿过根原基。（a）原表皮期，原胚平周分裂产生外表皮层（EP）和内部细胞团（ICM）。（b）球形胚期，内部细胞团分裂成基本分生组织（G）和中心维管化原基（V）。（c）心形胚期，中柱鞘层（PC）环绕传导组织原基（CT），完成基本的辐射模式组织化。（d）鱼雷胚期，基本分生组织平周分裂产生皮层（CO）与内皮层（EN）

幼苗的体型格局在心形胚已可分辨。心形胚的 A、C、B 区可以追溯到 8 细胞期的 A、C、B 三列细胞（图 11.10）。幼苗的辐射径向元件 e、g、v 在球形胚也有对应的来源可查（图 11.11）。可以确定，幼苗的体型格局是在心形胚中决定的，这种决定发生在球形期末至心形期。例如，缺少子叶、叶和有功能茎端的番茄突变体的产生，正是因为在心形胚开始形成时发生了变异。在此之前的胚的早期发育即使发生某种不规则或不精确的分裂，在正常地通过心形胚后，仍然会产生正常的形态结构。例如，胚胎早期时的顶部细胞分裂比较随机，中部细胞产生细胞列，使胚轴延伸，但是这种细胞分裂对于主体模式建成并不重要，因为在突变体（fass）中，细胞分裂的模式完全改变，细胞形态也发生很大变化，然而体型格局的建立却不受影响，萌发的苗仍可以形成正常的组织器官[15]。例如，片蕊木科（Degeneraceae）植物的合子在第一次横向分裂后，原胚与胚柄的分裂就变得很不规则，但不影响心形胚中体型格局的建立，幼苗都能正常生长发育 Lydon（1990）[16]。

11.3.2 体型格局形成过程中的基因表达

要研究体型格局的表达，首先就要搞清在体型格局形成过程中到底有哪些基因在活动？然后才能从中筛选出体型格局形成的决定性基因。对于体积很小的胚胎，要研究其基因在不同的空间与时间中的活动，分子水平上的分析与组织化学技术相结合是最有力的工具。

1. 体型格局形成过程中的标志性基因与序列

Sterk 等（1991）证明[17]，胡萝卜的 *EP2* 基因的脂转移蛋白（lipid transfer protein，LTP）是胚胎发生中球形期上皮细胞层的标志。胰蛋白酶抑制子基因 *KT13* 可以作为沿胚轴或径向定位的一个有用的早期标志。因为它的 mRNA 特异地积累在大豆球形胚的基底区的组织中，可以用原位杂交定位[18]。另外，利用 ESTs 技术（expressed sequence tags，基因表达的序列标志），Hofte 等（1993）[19]已从拟南芥（*Arabidopsis thaliana*）广泛地收集 cDNA，然后进行部分序列分析（实际上等于得到各种mRNA的部分序列），得到了 1152 种基因表达的序列标志。利用这种技术可以分析各种基因在胚胎中的时空特异表达格局。Ludevid 等（1992）[20]就利用 ESTs 技术结合整体装片的原位杂交（whole-mount *in situ* hybridization）证明了液泡形成体中的 gamma-TIP 蛋白的表达格局，并指出它与细胞的延伸相对应。阿拉伯半乳聚糖蛋白（arabinogalactan proteins）在胡萝卜体细胞胚胎发生中起着重要作用。利用阿拉伯半乳聚糖蛋白单克隆抗体研究该基因在根分生组织中及发育中维管柱中的表达格局[21]。另外的一种阿拉伯半乳聚糖蛋白单克隆抗体 JIM4，能标记出胡萝卜体细胞胚胎心形期的表皮和子叶下面的对称细胞群，这种格局一直到鱼雷期胚胎（torpedo-stage embryos）才被发育中的下胚轴和子叶中维管组织所代替[22]。阿拉伯半乳聚糖蛋白单克隆抗体 JIM8，标记出 JIM8 抗原在油菜发育中的分布格局，它首先出现在受精后的合子细胞膜上，然后集中在中期球形胚的胚柄（suspensor）中[23]。

基因的时空特异性表达主要是转录因子识别顺式作用元件（启动子、增强子等）的过程，而一定的顺式作用元件（*cis*-acting elements）总是与一定的基因活性相联系。Kavanagh等（1987）提出[24]，可以利用 GUS（β-glucuronidase）作为高等植物的一个灵敏、通用的基因融合标记（gene fusion maker）。该酶是细菌的 *uidA* 基因所编码的葡萄糖醛酸酶，在转 *uidA* 基因植物中可被基因组顺式作用序列的调控而表达，并用组织化学方法检测出酶的活性。Butos 等（1991）[25]在烟草胚胎中使 GUS 与种子储藏蛋白基因的顺式作用序列融合，导致了子叶特异表达。Topping 等（1991）[26]利用增强子（enhancer）对 promoter-GUS 的激活，可以研究胚胎中的基因表达模式。使 promoter-GUS 在基因组中随机插入，GUS 的活性可以被发现于一些特异的细胞中；这是由于 GUS 插入部位的附近有增强子在活动。

苗分生组织可产生叶、腋芽、节和节间、花，而根分生组织只能产生根。分生组织形成的基因机制不明。但是，Yamamota 等（1991）[27]在从烟草中分离出一个基因——*TobRB7*，是在根分生组织中特异表达的。它的 5′末端上游的顺式作用元件(－636～0)可启动 *GUS* 基因在转基因烟草的根分生组织及某些未成熟中央区表达。Medford 等（1991）[28]从油菜的苗端分生组织分离出一组 mRNA，并进行了 cDNA 克隆，它们仅在苗端分生组织表达。其中的一个亚克隆 meri-5 在茎分支点及苗端分生组织中优先表达，但在根分生组织中只有少量表达，另一个亚克隆 meri-1 的启动区可使 *GUS* 基因在枝条顶端边缘部位的器官原基表达，而在中央区没有表达。Kohler 等（1992）[29]用差别杂交法从大麦克隆了 7 个在分生组织中超量表达的 cDNA ，其中 5 个与组蛋白基因同源，2 个与核糖体的某些蛋白质同源。

表 11.1　影响拟南芥胚胎的突变[30]

突变表型	突变体	等位基因数目
顶基轴式缺失		
顶部	*gurke*（*gk*）	9
中央	*fackel*（*fk*）	5
基部	*monopteros*（*mp*）	11
末端	*gnom*（*gn*）	15
径向轴式缺陷	*keule*（*keu*）	9
	knolle（*kn*）	12
形状改变	*fass*（*fs*）	2
	knopf（*knf*）	6
	mickey（*mic*）	8

2. 体型格局的突变体 —— 基因是通过突变而被发现的

参与建成体型格局的基因是通过检测突变体的相关基因检出的。根据拟南芥早期胚胎发育和幼苗表型选择一些突变体，然后进行互补群的分析，获得 9 个影响体型格局和主体组织结构的互补群（基因），每个互补群以 2～15 个等位基因突变体为代表（表 11.1），它们在以下 3 个方面影响体型格局及主体组织结构。

（1）顶基-轴向模式缺失。

有 4 个基因突变影响轴向（顶基）模式区的 4 个部分（图 11.12），它们是顶部区、基部区、中部区和末端区。顶部区缺失和基部区缺失形成一种互补关系，中央区缺失和末端区缺失形成另一种互补关系，这两类互补叠合起来便是完整的顶基轴向模式，说明这些缺失的表型是沿纵轴定界的。其中 *gurke* 基因突变影响子叶和茎分生组织形成，内部维管链顶部终止而不分叉。*monopteros* 基因突变缺失下胚轴和根，突变体只显示一小块轴顶茎分生组织和子叶，内部结构显示子叶分化良好，形成不成网的维管链。*gurke* 和 *monpteros* 两个基因功能互补。*fackel* 突变体的胚缺失中部胚轴，使子叶直接连到根上，其内部维管链在根顶端上分开，直接分叉到子叶中，子叶有些不正常；*gnom* 突变体缺失根和子叶，产生锥形或球形幼苗，内部结构亦缺陷，虽然有分化的维管细胞，但不形成维管链，仍显示良好的径向轴模式：在表皮组织之下，一圆形的基本组织围绕一堆中央的维管细胞团。由于幼苗结构原基在心形期可以显示，因此这 4 种突变体的胚也显示这些基本特点。*gnom*（*EMB 30*）基因已经被分离（Shevell，et al.，1994）[31]，它含有 3 个外显子，编码 1451 个氨基酸残基，蛋白质分子质量为 163kDa。GNOM 蛋白第 595～751 区共 157 个残基与酵母 Sec7 蛋白相应区有 489/5 的残基相同，而同源性可达 60%，与人 SEC7 蛋白也有最大同源，因此称为 Sec7 结构域。另外，GNOM 蛋白含有多个糖基化、磷酸化及十六烷基化（即肉豆蔻酰化，myristoylation）位点，但无疏水信号肽，可能是胞质蛋白。酵母 Sec7 含有 2009 个氨基酸残基，参与分泌蛋白的运输，在体内以磷酸化形式存在，GNOM 蛋白或许起相似的功能。令人不解的是人 SEC 7 蛋白却只含有 398 个残基，小得可怜。*emb 30-1* 突变位点发生在第 651 位的谷氨酸变成了赖氨酸，表明 Sec 7 结构域是蛋白功能所必需的。*gnom* 基因在所有植物组织中表达，并非胚胎特异基因。*gnom* 突变体苗还经常出现松散组织，这是由于细胞间的接触不紧密造成的，而且在子叶中，海绵细胞层与栅栏细胞层的位置恰好对换，表明 *gnom* 基因具有多效性。

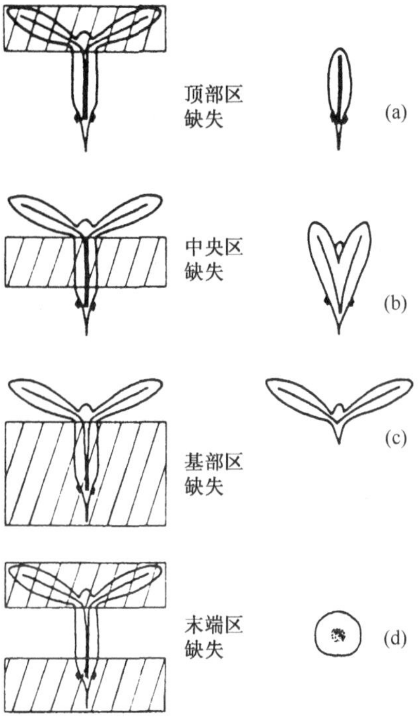

图 11.12　顶基模式元件缺失[30]
(a) *gurke*；(b) *fackle*；
(c) *monopteros*；(d) *gnorn*

（2）径向模式缺陷。

knolle 和 *keule* 基因突变影响径向模式，涉及三种组织。大多数 *knolle* 突变体幼苗看似圆形或管形，表面粗糙，因为缺乏形成良好的表皮层细胞，在球形胚阶段不能区分外层细胞和内层细胞，变成一些无规则分布的延长细胞团。*keule* 突变使表皮层缺陷，表面变得粗糙，

成长管状结构，子叶很少，内部结构如基本组织和维管细胞正常，缺陷似乎限于外层组织。

(3) 形状改变。

仅仅影响体型格局中各元件的比例而导致幼苗形状变异的特异基因（元件：见“体型格局是在心形胚建立的”一节）。分离到的形状突变体是根据其幼苗整体不正常但模式基因（轴向与径向模式，见表 11.1）正常来划分的。例如，*fass* 等位基因突变体使幼苗变得粗而短，顶基轴紧凑，但轴向（顶基）模式的元件都存在，子叶数有时增至3～4片。在细胞水平上，细胞圆形或不规则，无法像野生型细胞那样堆叠，因而幼苗整体形状发生变化。*knopf* 和 *mickey* 基因突变只引起幼苗某个部位细胞不正常。例如，*knopf* 突变体幼苗小而宽，苍白，表皮细胞呈柱状而不是正常的扁平状，内部有的无维管链而代之以整个基本组织。*mickey* 基因突变产生厚盘形子叶，且不成比例增大；下胚轴含有肿胀的表皮细胞和模糊的维管链。显然，形状突变体不影响体型格局的模式建成，各个模式元件齐全，但发育的比例不协调。初步的遗传学分析显示，总共大约有 40 个合子胚活动的基因涉及拟南芥等植物主体组织结构。

11.3.3 体型格局形成的基因

上一节中所述的种种基因的表达，只是在体型格局形成过程中的一些基因活动，也可以把它们看成是体型格局形成过程中的一些分子标记（markers）。它们并不一定与体型格局的决定有关。迄今为止，我们对体型格局的分子机制还一无所知。因为，必须把各个与体型格局形成有关的基因分离出来并进行分子水平上的分析，才有可能破解体型格局的分子机制。但是至今尚无任何此类基因的分子水平分析的报告。

不过，目前通过突变体遗传方法，已经知道了一些与植物胚胎发育（即体型格局形成）有关的基因。这是进一步探讨体型格局形成的分子机制的基础。例如，Jurgens 实验室自 1991 年来[32,33]，筛选出一批体型格局形成（pattern formation）的突变体，他们希望能在这些突变体中找到决定植物萌发后发育的基因。实际上，种子植物的胚胎发生和萌发后的生长发育是被休眠所中断了的同一个过程，前者是构建体型格局，而后者是在此原型上的扩展而已。决定后者的基因是寓于决定前者的基因之中的。另一个有趣的是 Lec（leafy cotyledon）突变体。Meinke 实验室（1992）[34]报道有一突变体在胚胎发生过程中，子叶表达出真叶的特征，如表皮细胞分化出毛状体，没有储藏蛋白的积累等。Meinke 认为这是一种同源异型突变体（homeotic mutant），是不无道理的。而同源异型基因是一类决定生物体型格局的基因。

这里应该提到拟南芥（*Arabidopsis thaliana*）。它像动物中的果蝇（*Drosophila*）、线虫（*C. elegans*）一样，已成为人们进行植物分子遗传学研究，特别是突变体遗传研究的模式植物。拟南芥可以在室内进行大量的试管养殖，每一个植株可以在8～10周之后产生数以千计的子代，以供突变体的筛选。拟南芥以其最小的植物基因组（7×10^7）而适于分子水平的分析（酵母 2×10^7，线虫及果蝇均为 10^8）。对拟南芥的细胞培养及遗传转化技术已经建立。在利用诱变剂所产生的数以千计的突变体中，已确定有 50 个左右的基因控制着植株体型格局的形成[35]（表 11.2）。

总之，植物胚胎的体型格局的研究还刚刚开始，目前仅仅是以突变体遗传学的方法，搜寻了不少与体型格局形成有关的基因。下一步将是把这些基因分离、克隆出来，测定它们的序列，判定它们在体型格局形成中的作用。因为成熟植物的器官的重复发生模式是早已决定于胚胎的体型格局之中，这些器官的变异将直接与作物的产量或质量有关。它将是 21 世纪绿色革命中的一个研究热点。根据目前对体型格局形成的有关基因的突变体遗传学分析，有两点结论值得注意：

（1）影响体型格局的各种突变并不阻碍胚胎发生的进行。因此，体型格局的形成与胚胎的形态发生是两个彼此独立的过程。

（2）沿着极性的顶-底轴而影响体型格局的突变，将从早期就改变胚胎形态发生（但不阻碍其进行）。

表 11.2　与体型格局的形成有关的基因[13]

基因	等位基因数	表现型	文献
双子叶植物：拟南芥（*Arabidopsis thaliana*）			
ampl	2	超数的子叶，叶序变异	Chaudhury A M. Plant，J. 1993，4：907～916
emb18（*109*F-*5*D）	1	发育停止在球形期或心形期。形成白色或淡绿色的愈伤组织，没有根或苗的发生，而是长出一些分支的毛状体	Health J D，et al. Planta. 1986，169：304～312
emb22（*115D-4A*）		胚胎延长为船形（green blimp），没有下胚轴及子叶的分化	Patton D A，et al. Am. J. Bot. 1990，77：653～661
Emb31（*130BA-2*）	1	下胚轴正常，子叶缩小；胚胎淡绿	文献同 *emb18*
fk	5	子叶与根融合；球形胚胎中细胞分裂异常	Jurgens G，et al. In：Plant Mol Biol，eds by Coruzzi G Puigdomenech P，1994
gn（*emb30*/*112A-2A*）	25	根缺失，子叶强烈缩小或缺失；合子分裂近于对称；在各种培养基中也无根产生	文献同 *emb22*
gk	10	顶端变圆形，没有或仅有退化的子叶	文献同 *fk*
hpt	3	超数的子叶	Mayer U，et al. Nature. 1991，353：402～407
hobbit		缺乏形成根分生组织能力	Benfey P N，et al. Trends Genet. 1994，10：84～88
keu	9	上皮细胞膨胀，自球形期发生异常的原基	文献同 *hpt*
kn	2	没有完好形成的上皮组织层；维管组织成块状；自 8 细胞期细胞分裂异常	文献同 *hpt*
lat	1	子叶缺失	Mayer U，et al. In：Cellular Communication in Plants. ed. by R. M. Amasino. NY：Plenum. 1993，93～98
lec	1	子叶变为真叶的同源异型构象	Meinke D W. Science. 258：1992，1647～1650

续表

基因	等位基因数	表现型	文献
双子叶植物：拟南芥（*Arabidopsis thaliana*）			
mp	13	下胚轴与根缺失，子叶融合	Benfey P N，et al. Development. 1993，118：575～587
pinl	2	子叶融合；生长素输送减少	Liu CM. Plant Cell. 1993，5：621～630
rtl	3	无根分生组织，某些胚胎缺乏苗分生组织。 类似 *mp*(allelic)	Barton M K，et al. Development. 1993，119：823～831
zll（*ram*）	1	胚胎中无根分生组织；但实生苗有不定根	文献同 *lat*
单子叶植物：水稻（*Oryza sativa*）			
apd-1（*odml4*）	1	苗和根发生于更多的顶端部位	Kitano H，et al. Plant J. 1993，3：607～610
clel	2	胚胎棒状；无器官原基	文献同 *apd-1*
odm-4	1	苗端随机定位	Nagatio Y，et al. Genet. 1989，78：11～15
odm-5	1	苗结构变异；无菌培养中第一叶异常，苗端伸长，叶序异常	文献同 *odm-4*
odm-6	1	苗与根分生组织可以形成，但很早败育	文献同 *odm-4*
odm-18	1	或者没有器官分化，或者根正常而苗退化	文献同 *odm-4*
odm-24	1	苗与根极其靠近（类似拟南芥的 *fk*）	文献同 *odm-4*
odm-22	1	无苗，根正常	文献同 *apd-1*
shpl	1	根在胚的顶端而不在侧面	文献同 *apd-1*

今后的工作则是分离、克隆这些基因，了解这些参与体型格局形成的基因产物的性质，进而阐明体型局形成的机制。有鉴于此类基因的保守性，它们在被子植物（angiosperms）、双子叶植物（dicots）、单子叶植物（monocots）中任一物种中的克隆，都有可能作为从其他物种分离同源基因的探针。这样，不仅能研究它们的进化关系，而且能研究体型格局形成的多样性、分歧性的分子机制[13]。

11.4 植物的形态发生

11.4.1 形态发生的分子基础

植物发育生物学的中心问题是了解基因在形态发生中的作用。对于开花植物来说，形态发生（the morphogenesis of plant）是一个因物种而异的、渐进的、精确的三维成形过程。它是细胞或组织的典型的构形（configuration）作用，并在植株成长中反复地进行。动物的形态发生都是在胚胎发育中完成，待到诞生或孵化时，成体动物器官与结构的特征已经具备；动物形态发生中的关键事件是细胞运动与胚胎造型（内陷、反折、套叠等）。植物的形态发生仅在胚胎期奠定，萌发后借助于分生组织的发育而产生幼苗与成体植株。而且，植物形态发生过程中由于细胞壁的存在不可能产生细胞运动与胚胎造型，而是依靠细胞分裂的模式、分裂方向以及延长的程度等方面的精细调控；是一种三维的搭积木活动。因此，研究基因对这些细胞分裂过程的调控是了解植物形态发生的分子遗传学的基础[35]。

目前还没有有效的生化分析技术把基因的表达与叶形、果实的形状结构以及植物形态发生的其他特性的决定联系起来。因此，基因如何调控形态发生过程主要是通过以下途径来进行研究。

(1) 激素途径（hormonal approach)：传统的观念认为，不同激素的不同的作用，是由于激素在胚胎或成体的各种组织中的相对浓度不同所致。Trewavas (1982)[36]认为，激素本身不会以不同的浓度分布于不同的组织之中；而是因为不同组织的细胞膜中含有不同浓度的激素受体。他指出激素受体是一类特异的蛋白质分子，它们的合成受遗传控制。许多实验证明他的观点是正确的。这有利于解释在植物一定区域内的局部的细胞分裂，分生组织的细胞层次以及发育中的各种器官、组织。

(2) 生物物理途径（biophysical approach)：Green (1987)[37]提出，用生物物理的观点，从分析表现型入手追溯到基因，是特别有效的。他以叶序的形态发生为例，认为这可归因于细胞骨架的行为，从而追溯到有关的基因。作为细胞骨架行为的微管（microtubules）布局决定着植物细胞壁中纤维素微纤维的排列方向，此等方向又指导着细胞的分裂面，细胞增殖延伸的方向以及细胞周长的增加[38]。但是，迄今为止，还找不到基因如何决定微管布局的任何线索。

(3) 突变体遗传分析（mutant analysis)：筛选形态发生的突变体，是寻找决定形态发生的基因的一种比较直接的途径。通过对突变体的形态的、遗传的以及分子水平的分析，应该能找到此等基因对形态发生的作用模式。如果植物的形态发生主要地依靠细胞的分裂的布局的不对称、细胞的加粗与延长，而这些细胞活动又是受基因的调控与决定，那么，它一定会因突变而被扰乱。通过突变体的遗传分析不仅能找出其决定性的基因，而且能找出整个形态发生过程的分子机制[39]。

11.4.2　植物细胞壁与形态发生

植物细胞由于细胞壁的存在，使其形态发生不能像动物那样通过细胞运动或胚胎变形（如内陷，反折等）来完成；而只能通过三维方向的细胞分裂，像搭积木一样地来完成。因此，在细胞分裂中细胞壁形成的部位与方向与形态发生是直接相关的。

1. 细胞壁的成分

细胞壁的主要成分是纤维素（cellulose)，另外还有半纤维素（hemicelluloses）及果胶（pectin)。纤维素分子是由至少 500 个葡萄糖残基共价结合的直链，60～70 个极性相同的纤维素链彼此部分重叠地、平行地以氢键联结成束，组成呈晶体排列的，长达数 μ 的纤维素纤维（cellulose microfibrils)。这些纤维素纤维彼此以 20～40nm 的距离交错分布成网并借助于半纤维素以氢键把它们连接起来。使整个网具有弹性（拉伸性)。果胶分子、伸展蛋白穿插其间，而增加细胞壁的抗压性能。上述的网状片层结构称为叠层（lamellae)。细胞壁往往由数层这样的叠层重叠而成[40]。半纤维素是异质性的分支多糖。它们的作用类似动物的纤维连接胶原。它们的种类很多，但都有一个长的，由一种糖残基以 β-1,4键连接成的主链，由它分支出一些由其他糖组成的支链。半纤维素的主链以氢键与纤维素纤维相连。主链与支链中的糖分子，因植物物种不同或发育阶段不同而不同。

果胶也是一种异质性的分支的多糖；其特点是含有带负电荷的半乳糖醛酸（galacturonic acid）残基。大量的负电荷使果胶具有很高的水合性并伴有正电荷云。类似于动物细胞空隙中氨基葡萄糖聚糖（glycosaminoglycans）。当 Ca^{2+} 加入果胶溶液后，可以形成半刚性的胶。果胶在细胞壁中层（middle lamella，又称中胶层、胞间层）含量丰富；这是细胞间黏结的主要层次。如果对植物组织以 Ca^{2+} 螯合剂处理，可使植物细胞分散。

细胞壁中数量相当多的伸展蛋白质，约占干重量的 5%。它含有丰富的羟脯氨酸，约占其氨基酸残基的 1/5；利用羟脯氨酸的羟基与阿拉伯糖、半乳糖等以糖苷键相结合。伸展蛋白以刚性的左手螺旋形式存在，它们可能参与微纤丝的方向排列，在细胞壁伸展中起重要作用。

除高等植物外，其他如藻类、真菌、细菌等的细胞壁在同多糖类和杂多糖类所组成的细胞壁物质中，都存在很大的差异。例如，藻类细胞壁中含有大量的多聚甘露糖醛酸（alginic acid），而在真菌的细胞壁中则含有壳多糖（chitin）。有些酵母菌细胞壁含有壳多糖，有些则含有多聚甘露糖。细菌的细胞壁则是由一个"袋形大分子"——胞壁质包围起来。胞壁质是由许多重复单位——肽聚糖（peptidoglycans）所组成。

2. 细胞壁的模板性

在细胞壁形成中纤维素纤维的伸展方向决定着细胞壁的生长方向，从而决定着细胞"搭积木"的方向，也就是影响着形态的发生（图 11.13）。虽然细胞内的膨胀压在各个方向是一致的，但是一个细胞的细胞壁的伸度（tensile strength）在各个方向是不一致的。在正在按一致方向分裂的细胞群中，那些在分裂中所形成的界壁，其厚度大（是两个细胞壁的厚度）、具有较大的抗压能力；而与界壁正交的那些细胞壁则较薄，具有较大的伸度。因此，每个细胞总是沿着与上述界壁垂直的方向生长（伸长）。

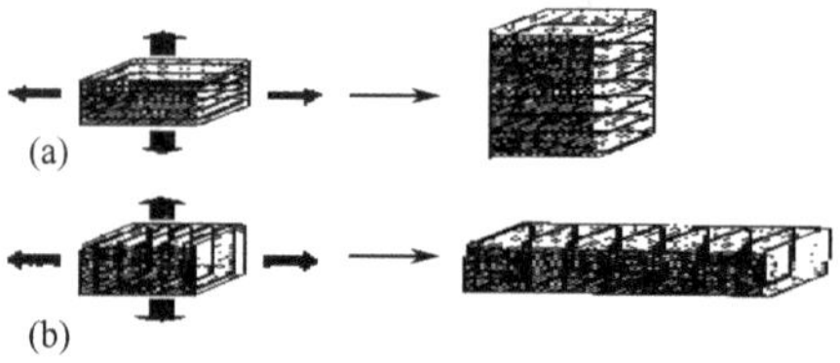

图 11.13 纤维素纤维（cellulose microfibrils）在细胞壁内的定向，影响着细胞伸长的方向[72]

（a）、（b）两个细胞群在开始时具有相同的形态。由于它们在分裂时细胞界壁中纤维素纤维的定向不同，使它们在生长中细胞伸长的方向不同。它可决定是侧生根或直生根

细胞壁是依靠纤维素纤维在细胞质膜外侧的定向排列完成的。而在细胞内侧皮层（cortex）中微管（microtubules）排列的方向完全与外侧纤维素纤维的排列方向一致；这使人相信是皮层中微管的排列方向决定了质膜外侧纤维素纤维的排列方向，为此，提出了一些模型（Brown，1985）。但是，值得注意的是这样的事实：如果使用微管解聚药物（microtubule-depolymerizing drug）处理植物组织，使皮层中的微管排列消失，并不影响新的纤维素纤维按既存的排列方向继续排列而形成完整的细胞壁。说明细胞壁的既存的纤维素纤维的排列方向，即使在微管不存在的情况下，仍具有模板（template）的作用，能使细胞壁继续扩增或复制。

11.4.3　影响形态发生的基因

在植物一生中有两个时期的形态发生：从受精到胚胎成熟（休眠），从萌芽到结籽（经由开花、配子形成）。现以玉米（maize）为例。玉米的胚胎从一个小的对称的原胚胎期（proembryo stage），通过转变期（transition stage）转变为细胞分裂的不对称分布；到达芽鞘期（coleoptilar stage）时在胚胎表面出现根端分生组织；然后是第一叶原基出现在根端分生组织的下面（Abbe and Stein，1954）。表 11.3 中列出了一些通过突变体遗传学分析所得到的影响玉米胚胎和植株的突变位点，我们把这些突变位点的符号（symbol）传统地视为基因的符号。

表 11.3　影响玉米胚胎和植株形态发生的基因（突变位点）[41]

symbol(基因)	染色体	表现型	参考文献
胚胎的形态发生			
dek1	1S-27	无籽粒；胚胎停止于原胚胎期；粉状胚乳；缺乏花青素、类胡萝卜素；致死	Sheridan W F，Clark J K，Trends Genet. 1987，3：3～6
dek9	5L	无籽粒；胚胎停止与芽鞘期；胚乳皱缩；花青素与类胡萝卜素减少；致死	Neuffer M G，Sheridan W F Maize Genet. Coop. News Lett. 1981，55：29～30
dek22	1L	无籽粒；胚胎停止于转变期；胚乳瓦解；致死	同 *dek1*
dek23	2L	无籽粒；胚胎停止于芽鞘期；缺乏苗端分生组织及冠；致死	同 *dek1*
bno *-747*B*		胚胎停止于近芽鞘期；暗褐色的胚乳；致死	同 *dek1*
rgh *-1210		胚胎停止于近芽鞘期；胚乳粗糙；致死	Sheridan W F，Neuffer M G. J. Hered. 1982，73：318～329
cp *-1418		胚胎停止于近芽鞘期；缺乏苗分生组织但形成根分生组织；胚乳瓦解；致死	Sheridan W F，Thorstenson，Y R. Dev. Genet. 1986，7：35～49
茎的形态发生			
an1	1L-104	花药穗：雄花两性花同株、矮株或中等；少数穗分支；对赤霉素响应	Emerson R A，Emerson S H. Genetics 1922，7：203～236
br1	1L-81	短枝型：短节间，短植株；对赤霉素不响应	Kempton J H. US Dept. Agric. Bull. 1921，925：1～28
bv2		短矮型：植株高度仅及正常植株的30%～50%	Piovarci A. Maize Genet. Coop. News Lett. 1982，56：157
ct1	8	紧凑型：半矮植株，穗分叉	Nelson O E，Ohlrogge，A J. Science，1957，125：1200
ct2	1S	紧凑型：半矮植株，雄穗棍状	Glover D V. Maize Genet. Coop. News Lett. 1968，42：151～152

续表

symbol(基因)	染色体	表现型	参考文献
茎的形态发生			
d1	3S-44	矮植株：雄花两性花同株，短矮紧凑，对赤霉素响应	Emerson R A. Am. Breeders Assoc. Ann. Rep. 1912，8：385～399
db1		二歧分支植株：二歧部位不定，通常在 4～8 节。可能与非整倍性有关	Micu V. Maize Genet. Coop. News Lett. 1980，54：63～64
id1	1L (near an1)	不确定生长：开花时需要延伸生长几日。无性全能性需与 gt1 和 pe1 结合	Singleton W R. J. Hered. 1946，37：61～64
py1	6L-69	矮株植物：叶短而尖，细的白色条纹	Suttle A D. The genetic interrelations of different types of dwarf corn，Unpublished thesis. Ithaca，NY：Cornell University
py1	6L-69	矮株植物：叶短而尖，细的白色条纹	Suttle A D. The genetic interrelations of different types of dwarf corn，Unpublished thesis. Ithaca，NY：Cornell University
根的形态发生			
agt1		无向地性：初生根对地心引力无响应	Doyle G G. Maize Genet. Coop. News Lett. 1978，52：77
rt1	3S-near Cg1	欠缺根：次生根少或缺乏	Jenkins M T. J. Hered. 1930，21：79～80 Miranda LT. Maize Genet. Coop. News Lett. 1980，54：18～19
叶的形态发生			
ad1	1L-108	幼苗叶粘连，雄穗分支	Kempton J H. J. Hered. 1920，11：317～322
Ce1		叶卷曲、缠绕	Chourey P S. Genetics. 1975，77：s11
Cg1	3S-35	玉米草：叶狭窄，极度分蘖	Singleton，W R. Am. Nat. 1951，85：81～86
cr1	3S-26	皱纹叶：植株短矮；叶阔而皱	Emerson R A. J. Hered. 1921，12：267～270
Hs1	7S-0	发鞘：叶鞘具丰富的发丝	Tavcar A. Jugoslav. Akad. Znanosti i Umjetnosti Prestampo. 1932，37：645～649
Kn1	1L	叶维管束局部组织增生成结节	Bryan A A.，Sass，J E. J. Hered. 1941，32：342～346
lg1	2S-i1	叶舌与叶耳消失；叶直立，包封	Emerson R A. Nebr. Agric. Exp. Stn. Ann. Rep. 1921，25：81～88
Rg1	3-67	破碎叶：老叶叶脉间缺乏组织而产生破洞与撕裂	Brink R A，Senn，P H. J. Hered. 1931，22：155～161
rgd1	6-8	破碎苗：幼苗叶窄似线；很难成长	Kramer H H. Phytochemistry，1957，7：1435～1436

续表

symbol(基因)	染色体	表现型	参考文献
叶的形态发生			
Tpl	7L-46	玉米荚：大量分蘖，叶窄，许多小的荚状穗，雄穗简单	Lindstrom E W. J. Hered. 1925，16：135～140
玉米穗的形态发生			
bal	3L-102	果穗及多数雄穗分支并缺乏小穗	Hofmeyer J D. J. Unpublished thesis. Ithaca，NY：Cornell University. 1930
bdl	7L-109	果穗与雄穗分支，无穗丝	Kempton J H. J. Hered. 1934，25：29～32
Bifl	8	花序不育：果穗与雄穗缺乏小穗；雄穗分支减少	Neuffer M G，Sheridan，K A. Maize Genet. Co-op. News Lett. 51～60，1977
ctol		玉米芯翻出；果穗成片状或管状，籽粒在内	Vahrusheva E I. Maize Genet. Coop. News Lett. 1975，49：95～97
fael		果穗顶端分支出一些小而圆的小果穗	Hake S，Veit B. Maize Genet. Coop. News Lett. 1988，62：2
Pnl	7L-112	果穗与雄穗具长而薄的纸状颖苞	Galinat W C. Maize Genet. Coop. News Lett. 1957，31：67
ral	7L-32	ramosa：果穗分支，雄穗成圆锥状	Beadle G W. Genetics. 1932，17：413～431
雄穗的形态发生			
bsl		不孕不育（果穗、雄穗）	Micu V. Genetical Studies of Maize. Kishinev，Moldavia，SSR：Shtiintsa，1981
Cltl	8	雄穗丛生；矮、发育异常	Neuffer M G，England，D. Maize Genet. Coop. News Lett. 1984，58：77～78
ct2	1S	半矮植物，雄穗棒状	Glover D V. Crop Sci. 1968，10：611～612
tel	3	雄穗或雄穗的某些部分变成果穗或果穗的某些部分；花序混杂	Matthews D L，Grogan C D，Manchester，C E. J. Agric. Sci. 1974，82：433～435
tll		无雄穗	同 *bsl*
tsl	2S-74	雄穗生雌花并下垂，如去掉则发育出带有不规则籽粒的果穗	Emerson R A. J. Hered. 1920，11：65～76
ubl		雄穗只一小穗（spike）	Neuffer M G，Jones，L，Zuber，M S. The Mutants of Maize，Madison，Wis：Crop Sci. Soc. Am. 1968

11.4.4　研究玉米突变体及其基因的途径

（1）玉米突变体材料的来源：在玉米遗传学原种中心（Maize Genetics Cooperation Stock Center）保持了 250 个连锁标记原种（linkage maker stocks），26 个 *waxy*(gene) 易

位（reciprocal translocations）突变体，24 个倒位（inversions）突变体，47 个 B-A 易位（B-A translocations）以及 865 个易位（reciprocal translocations）突变体。这都是些研究玉米发育遗传学的宝贵资源，可以随时索取。*Maize Genetics Cooperation News Letter* 每年要公布一次这些研究资料（865 个易位除外）；而 865 个易位突变体已公布在 1981 年的 *Maize News Letter*，55：140～145. 在研究玉米突变体时，这些资料具有广泛的用途[42]。例如，可以同这些资料对比，如发现相同或相似的突变体表现型，则可进一步进行等位基因的研究。

（2）第二步则可利用 B-A 易位技术[43]或 waxy 易位技术（the set of waxy translocation stocks）[44]把突变位点（基因）定位到染色体上。

（3）突变位点或基因的分离与克隆：利用玉米特有的一些转座子（transposon）如 Ac-Ds 系统、Spm 系统及 Mutator 系统，进行转座子标签/标记（transposon tagging）来分离基因，然后进行克隆[45]。当转座子插入某一基因的编码区时，就破坏了该基因的表达，而改变表现型。从而使我们把突变表型与转座子插入 DNA 的特异的突变位点联系起来。对转座子插入所引发的突变体筛选后（它比自发突变高 10^{-4}～10^{-3}），提取突变体 DNA，建立基因文库，以原插入的转座子为探针，就可把目的基因连同插入的转座子分离出来。

11.4.5 花的形态发生与分化

花的发育分两个阶段：第一阶段是茎的分生组织由营养分生组织转变为花分生组织。第二阶段则是花模式的形成及花器官的发生。植物分生组织由营养型转向生殖型的过程，称为花诱导（floral induction）；目前所知甚少。一旦诱导后，茎顶端分生组织可以一方面维持原来的营养分生组织而在侧面不断地产生花的分生组织，或者它完全转化为花分生组织。在花的分生组织中依次地产生着立体分布的花器官原基，由于这些原基在花芽中的相对的不同位置而发育成各种花器官（在双子叶植物是萼片、花瓣、雄蕊、雌蕊）；最后分化为 20 余种细胞，其中包括雄蕊和心皮中的配子细胞。在植物分子遗传学中的一个重要发现是花的发育的遗传控制对双子叶还是单子叶植物来说，都是高度保守的[46]。本节以拟南芥（*Arabidopsis thaliana*）为主来讨论花发育中的基因。

在植物发育中有两个阶段将有全新的一群基因表达，一是胚胎发生，再一个就是花的发育。花药和子房有10 000个特异基因表达，而花瓣与叶的表达基因则有 7000 个基因相同。

1. *花分生组织发生的基因*

现已发现有一小群基因对花的分生组织的发生是必需的。当它们突变后，茎（枝条）或类茎的结构将取代花的结构。目前已知有 5 个基因：*lfy*（leafy），*ap1*（apetala1），*ap2*（apetala2），*cal*（cauliflower）和 *ufo*（unusual floral organs）。

在这 5 个基因中，以 *lfy* 基因作用最强、表达最早。弱的 *lfy* 等位基因的突变能把最基底的花分生组织完全转变为花序枝条。如果突变体携带的是强的 *lfy* 等位基因，则产生异常的花，花被似叶的苞片包裹；另外，花瓣、雄蕊缩减或消失，花中多含类似叶片、萼片或心皮的器官[47]。稍后表达的可能是 *ap1* 基因。*ap1* 突变体表现的特征是：仅个别的基底花转变为花序枝条，而且不像正常枝条那样包被在叶腋之中；上部的花则转变为小的花簇，数朵花簇生于一个小柄之上[48]。值得注意的是，在 *lfy* 与 *ap1* 双突变体时，花分生组织无论在基底部还是在上部都完全转变为花序枝条。（同 *lfy*、*ap1*）；*cal* 基因的作用似乎与 *ap1* 类似。例如，*cal* 与弱的 *ap1* 的双突变体类似于一个强的 *ap1* 突变体，而 *cal* 与强的 *ap1* 则类

似于一个强 *ap1* 突变表现型的夸张。(同 *lfy*)(图11.14)。Kempin (1994) 指出，*cal* 与 *ap1* 的作用相似，其分子基础是这两个基因具有类似的 DNA 序列与表达模式[49]。*ap2* 对花分生组织的决定作用不如以上三个基因那么清楚。弱的、异质等位基因 *ap2-1* 类似于一个强的 *ap1* 等位基因；它们与 *lfy* 间的作用方式相似[50]。而且，*ap1*、*ap2-2*、*lfy* 的三突变体与 *ap1*、*lfy* 双突变体并无区别[51]。*ap2* 基因对花分生组织的作用不太清楚的原因还在于在苗的分生组织和花分生组织中都发现有 *ap2* 的 RNA。

图 11.14　花分生组织基因突变体的示意图 (依 Weigel, 1995)[51]

箭头表示茎顶端分生组织 (shoot apical meristems)。圆圈表示花。各种器官 (花、枝、叶) 的发生次序是自下而上。*lfy* 突变体：底部的花都完全地转变为叶腋生的枝 (shoot)，而上部的花则转变不完全，是一些被叶包裹起来的异常花。*ap1* 突变体：只有极个别的底部花转变为枝，且基部无叶。上部的花是几朵花簇生在一个花梗上的许多簇生花，表明花是部分地转变为枝 (花梗)。*lfy-ap1* 双突变体：所有的花都转变为枝。*tfl* (terminal flower) 突变体：茎分生组织转变为花分生组织。35S: *lfy*: *lfy* 组成性表达

lfy、*ap1*、*cal*、*ap2* 基因的产物都是转录因子。*lfy* 编码一种核蛋白，可在试管中与 DNA 结合，其 DNA 序列与其他已知转录因子不同[52]。*ap1* 和 *cal* 彼此相似，都属于 DNA 结合蛋白的 MADS 域的家族[53]。*ap2* 含有新的基序 (motif)[54] 与一类新的植物转录因子的 DNA 结合域有关[55]。Levin 等 (1995) 已指出，*ufo* 是一种既参与花分生组织也参与花器官发育的基因[56]。强的 *ufo* 等位基因的表现型与弱的 *lfy* 等位基因的表现型类似。但是，强 *ufo* 等位基因突变体很少能使花分生组织转变为苗分生组织，而最弱的 *lfy* 等位基因突变体也能做到这一点；而对比之下，花瓣、雄蕊则受到强 *ufo* 等位基因突变更剧烈的影响。这说明 *ufo* 在花分生组织上的作用仅相当于 *lfy* 的一小部分，而是 *lfy* 激活调控花瓣、雄蕊的一些基因的主要效应器 (effector)[56]。

最早克隆的调控花的结构的基因是金鱼草的 *DEF* 基因与拟南芥的 *AG* 基因[57]。这两个基因的序列具有很大的同源性；两者的蛋白质在相应的 56 个氨基酸的肽段中，有 40 个氨基酸相同，是一个高度保守的序列。另外，它与脊椎动物的血清反应因子 SRF (是人类 *c-fos* 基因和爪蟾肌动蛋白的转录调节因子)、酵母 PRTF 因子 (由 *MCMI* 基因编码，为交配型特异基因的转录因子) 也有同源性。这些基因共有的高度保守的同源序列被称为 MADS 盒 (MCMI-AGAMOUS-DEFICIENCE-SRF)。像 *ap1*、*ap2*、*ap3* 基因也属于 *MADS* 类型的基因。

花分生组织基因是决定植株由营养型转向生殖状态，即导向花的发育的。花诱导的信号开始时是通过对花分生组织基因的作用而影响花基因的表达的。因此许多关于花诱导的模型是建立在花诱导信号单独地作用于早期花分生组织基因的基础上的[58]。实际上，花诱导的信号不仅作用于早期表达的花分生组织基因，也作用于后来的基因。例如，在 *lfy-ap1* 双突

变体中，上部的花序枝条（inflorescence shoots）的转变往往不如基部的转变那么彻底。这说明这两个基因在生命周期的早、晚阶段是分别地、独立地被激活的[59]。这说明在花诱导过程中，花基因（floral genes）的表达逐渐地减少对花分生组织基因（flower-meristem-identity genes）活性的需要，到后来，花分生组织基因对一些花基因的激活就变得无足轻重了。最终，花基因的表达将直接地受花诱导信号的作用。一些植物（如 *Impatiens balsamina*），如果把外部的花诱导信号去掉，则可使花器官由生殖型逆转为营养型的发育。说明此等物种的器官基因（organ-identity）的表达是不断地从外部信号得到反馈[60]。

2. 花表达的时序基因（flowering-time genes）

花诱导（floral induction）需要一系列的外界信号。其中最重要的是光照日期（photoperiod）和短暂的低温暴露（vernalization）。

（1）花时序基因。

利用突变体遗传分析已筛选出 20 种不同的花时序基因突变体，其中多数是导致晚期花的（表 11.4）。另外，还知道有十几个基因是需要光和激素信号的。导致决不开花的突变体以及无需发生叶而直接萌发花的突变体，迄今尚未发现。

表 11.4　花时序基因（flowering-time genes）[51]

基因	基因名称释义	参考文献
晚期花（late flowering）		
CO	constans：编码一 zinc-finger DNA 结合蛋白。过量的表达将导致短日照的早花	Putterill J，Robson F，Lee K，et al. Cell. 1995，80：847～857
DET2	de-etiolated 2：去黄化	Chory J，Nagpal P，Peto C A. Cell. 3：445～459
EIN2	ethylene insensitive 2：乙烯敏感	Guzman P，Ecker J R. Cell. 1990，2：513～523
ETR1	ethylene resistant 1：抗乙烯	Bleecker A B，Estelle M A，Somerville C，et al. Science. 1988，241：1086～1089
FRI=*FLA*	frigida：调控花时及对低温响应	Clarke J H，Dean C. Mol. Gen. Genet. 1994，242：81～89
GI	gigantea：对光照、低温春化敏感	Redef G P. Genetics. 1962，47：443～460
LD	luminidependens：光照依赖	Lee I，Aukerman M J，Gore S L，et al. Plant Cell. 1994，6：75～83
FCA、*FD*、*FE*、*FHA*、*FLC*、*FPA*、*FT*、*FVE*、*FWA*、*FY*	late flowering：晚花基因	Lee I，Aukerman M J，Gore S L，et al. Plant Cell. 1994，6：75～83
VRN	Vernalization insensitive：春化不敏感	Weigel D. Annu. Rev. Genetics. 1995，29：19～39
早期花（early flowering）		
ELF1 *ELF2* *ELF3*	early flowering 1～3：早期花	Zagotta M T，Shannon S，Jacobs C，et al. J. Plant Physiol. 1992，19：411～418
EMF1、*EMF2*	embryonic flower：调控从营养性向生殖性的转变	Sung Z R，Belachew A，Shunong B，et al. Science. 1992，258：1645～1647

续表

基因	基因名称释义	参考文献
早期花（early flowering）		
HY1、*HY2*	long hypocotyl 1、2：加速开花对低红/远红比率的响应	Halliday K J，Koornneef M，Whitelam G C. Plant Physiol. 1994，104：1311～1315
PHYB	phytochrome B：光敏素 B，红/远红光受体。抑制早花	Halliday K J，Koornneef M，Whitelam G C. Plant Physiol. 1994，104：1311～1315
SPY	spindly：抑制对 ga（gibberellin signal）的响应，抑制早花	Jacobsen S E，Olszewski N E，Plant Cell. 1993，5：887～896
TFL	terminal flower：调控花序分生组织发育	Alvarez J，Guli C L，Yu X-H，Smyth D R. Plant J. 1992，2：103～116
仅在短日照的晚期花		
GA1	gibberellin insensitive：赤霉素敏感	Wilson R N，Heckman J W，Somerville C R. Plant Physiol. 1992，100：403～408
GA1	gibberellin requiring 1：赤霉素需要	Wilson R N，Heckman J W，Somerville C R. Plant Physiol. 1992，100：403～408
仅在短日照早期花		
ABA	abacisic acid deficient：脱落酸缺乏	Martinez-Zapater J M，Coupland G，Dean C，et al. Cold Spring Harbor Press，NY：Cold Spring Harbor，1994，403～433
ABI1	abacisic acid insensitive 1：脱落酸敏感	Martinez-Zapater J M，Coupland G，Dean C，et al. Cold Spring Harbor Press，NY：Cold Spring Harbor，1994，403～433
短日照下对开花起负调控作用		
COP1＝*FUSCA1* *DET1*＝*FUSCA2*	彼此是等位基因，编码一种核蛋白，是光敏素和光形态建成之间的重要调控基因。在短日照下对开花起负调控作用（constitutive photomorphogenic，*COP1*；De-etiolated，*DET1*）	Pepper A，Delancy T，Washburn T，et al. Cell. 1994，78：109～116
对日照不敏感（night-break/day-length-extension insensitive）		
PHYA	phytochrome A；光敏素 A	Johnson E，Bradly M，Harberd N P，et al. Plant Physiol. 1994. 105：141～149

（2）花时序表达的调控模型。

1994 年，Martinez-Zapater、Coupland、Dean 和 Koornneef 等提出了花时序调控模型，称为 MCDK 模型[61]（图 11.15）。该模型的中心思想是把开花看作一种被花抑制因子进行负调控的默认态/基态（default state）。这种设想的根据是：①在一定条件下，拟南芥（*Arabidopsis*）可以在完全黑暗中开花，而不依赖许多花时序基因的活性；②一些 *emf* 突变可以导致在长日照下的非常早期地开花，并且 *emf* 突变体的开花并不被短日照延迟[62]。这种

emf 突变对晚期开花突变（late-flowering mutations）的上位效应（epistasis），说明 *emf* 基因是花抑制因子的成分，或至少是花抑制因子的活性所需要的成分[51]。野生型的显性等位基因 *emf* 在胚胎发生的初期表达，是调控植株进行营养生长的基因。其产物抑制生殖生长的进行。随着植株的发育生长及外界因子（如长日照）的影响，*emf* 基因产物逐渐减少，对生殖生长的抑制逐渐消除，植株才出现开花现象。在此，植株的生殖生长为基态，发育自动地向生殖生长方向进行；而营养生长对于生殖生长是一种阻遏效应。在 *emf* 突变体中，由于 *emf* 部分或全部丧失功能，不能产生足够的阻遏效应，而使突变体在胚胎早期即进入生殖生长。

MCDK 模型认为，开花抑制因子的活性是处于正调控的和负调控的双层作用之下，而开花的时间则是这些调控作用平衡的函数。

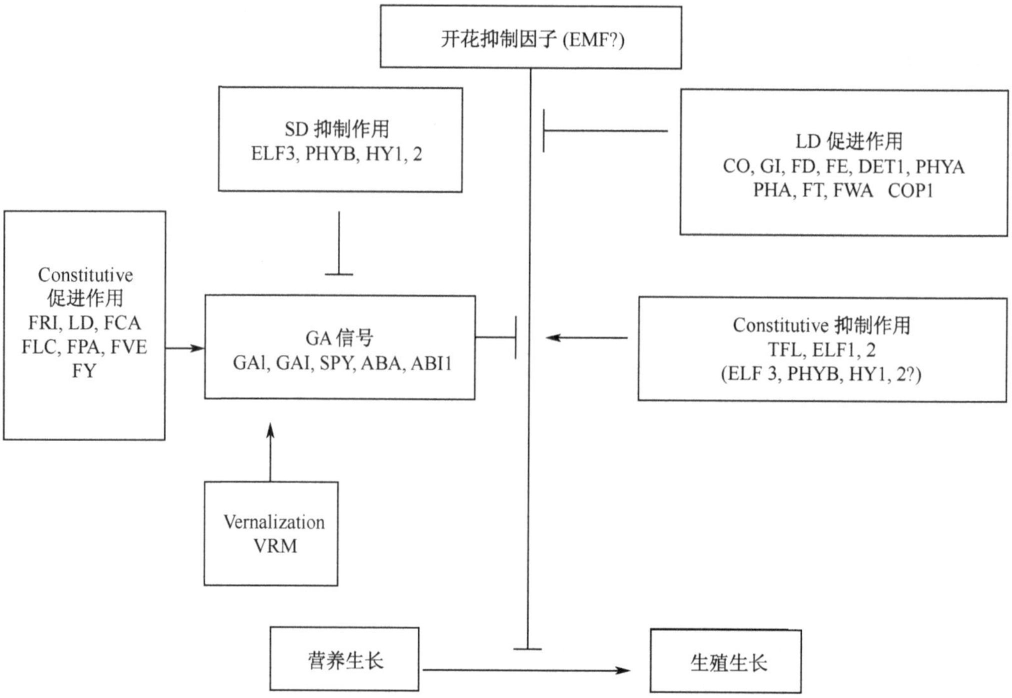

图 11.15　花时序调控的 MCDK 模型

请参阅课文内容及表 11.3 中的基因名称。图中 SD：短日照，LD：长日照。⊥ 表示负调控，即减弱或消除开花抑制因子的作用。→ 表示正调控，即增强开花抑制因子的作用。方框内所列出的有关基因有的是正的作用，有的是负的作用（依 Weigel，1995，略有改动）[51]

11.4.6　胚珠形态发生的基因

花发育的最后是在花药与心皮中产生配子（gametes）。植物经过几轮单倍期（haplophase）的细胞分裂后，其减数分裂的产物是形成一个独立的有机体——配子体（gametophyte）。开花植物的配子体大大简化，完全在植株的双倍体细胞的包围中发育形成，称为孢子体（sporophyte）。胚珠在心皮内发生。它由四部分组成：一个珠柄（funiculus），两层珠被（integuments），一个珠心（nucellus）。胚珠发育的分子遗传学研究刚刚起步。目前比较了解的有两个基因与胚珠的形态发生有关。

BELL(*BEL1*)基因：在 *bel1* 突变体中，两层珠被异常地发育成类似心皮的柱状体，顶端组织畸形。并发现在 *bel1* 突变体中，*AG* 基因得以充分表达[63]。类似的表现型也见于把甘蓝的 *AG* 基因（agamous，调控花器官及花分生组织的特性的基因）[64]转基因于烟草、拟南芥后，*AG* 基因组成性表达的结果[63]。这说明 *BEL1* 基因是一个特异地在珠被中对 *AG* 基因的抑制子。

BEL1 基因已被克隆，发现它编码一种同源功能域蛋白质（homeodomain protein）[51]。在其他系统中，该种蛋白经常直接与 MADS 功能域蛋白作用；如在酵母配对系统中 MCM1 与 MATα2 相互作用以抑制另一特异基因。因为 MADS 功能域蛋白类在花的发育中起着重要的作用，可以想象，*BEL1* 基因在花的表达中也一定与一个或几个 MADS 功能域蛋白有相互作用。它们很可能是 *FBP7* 与 *FBP11*；它们是在胚珠中特异表达的两个矮牵牛基因。在转基因植物中这两个基因的失活将导致像 *bel1* 突变体类似的表现型；胚珠转变为类似心皮的结构。说明这些基因是循同一途径而作用。

sup（superman）基因：它是珠被形态发生所必需的一个基因；也是花发育早期的一个地籍基因（cadastral gene）[65]。在对珠被的作用上，*sup* 突变与 *bel1* 突变不同的是它特异地作用于外珠被，而不像 *bel1* 作用于内外珠被。野生型的外珠被在胚珠中是不对称地生长，而在 *sup* 突变的胚珠中则是对称地生长。而且，在 *bel1* 与 *sup* 的双突变体中，*bel1* 的表现型能掩饰（masks）*sup* 的表现型。另外，在花发育早期，*ap3* 与 *sup* 均在外珠被表达（*ap3* 要比 *sup* 稍晚些），但 *SUP* 的一个主要作用是在花的中央部分（胚珠）抑制 *ap3* 这一器官特异性基因[66]。因此，*ap3* 突变体的珠被却是正常的。在 *sup*、*ap3* 双突变体中，这两个基因的相互作用在花发育早期及胚珠形态发生时期也是不同的；这表现在：仅仅是 *sup* 的早期的表现型在双突变体中被抑制[67]。这都说明 *sup* 基因在花发育早期（作为 cadastral gene）及在后来的胚珠发育中是具有不同的作用的。对 *sup* 基因的克隆，也说明 *sup* 基因是在早期器官原基形成时转录，然后在晚些时候又在胚珠中表达。

11.5　植物发育与形态发生中的基因

11.5.1　植物基因结构的特点

1. 植物基因的起始子序列

基因起始密码子（AUG）前后的序列称作起始子序列（initiator sequence）。它在核糖体识别和翻译的启动中有重要的作用[68]起始子序列的编排（context）决定了基因在核糖体识别和翻译的启动中的效率的高低。下面是植物与动物基因的起始子的通用序列：

植物：5′NNNNANA(U)NU(A)ANNNNANNAUGGCU 3′[N 为任意核苷酸，A(U)表示 A 或者 U]

动物：5′CCAC— CAUGGC 3′

由上可见，植物基因起始子序列较之动物基因的最大特点是：①AUG 上游缺乏 G 或 C；②序列的长度更长。这是因为 G∶C 之间具有三个氢键，结合力比 A∶T 间的两个氢键强；低比例的 G 和 C 意味着与核糖体 rRNA 结合力较弱，所以植物基因通过更长的起始子序列加强 mRNA 与 rRNA 间复合体的稳定性。更有甚者，有的植物基因不含起始子的共通序列，而动物基因在起始子序列上却是普遍的、保守的。

2. 植物基因的 polyA 信号序列

真核基因的 3′末端具有 polyA 信号序列（polyadenylation signal sequence），其任务是

确定在基因 3′末端的何处剪切，并将在该相应位置添加 polyA 尾巴。polyA 信号序列一般位于基因 3′末端前 15～23 个核苷酸处。动植物基因的 polyA 信号序列不止一个，究其原因不详，对它们如何进行选择、调控也不清楚。动物基因的polyA信号序列相当稳定、保守（AAUAAA），而植物基因的信号序列一般是：A/UAAUAAA/G，但各有差异，而且保守程度也各不相同[1]。表 11.5 列出了根据 48 个已克隆基因的 polyA 信号序列的统计数据。

表 11.5　植物基因的 mRNA polyA 信号序列[68]

核苷酸	位置						
	−3	−2	−1	U	1	2	3
A	21	47	47	—	47	47	28
C	7	—	1	—	—	—	3
G	8	—	—	—	1	—	10
U	12	1	—	—	—	1	7
共通序列	A/U	A	A	U	A	A	Pu*
(%)	69	98	98	—	98	98	79

* Pu 表示嘌呤核苷酸，核苷酸选择参照动物基因的 polyA 信号序列，以 U 为中心选择前后三个核苷酸出现的百分率所进行的统计

3. 植物基因的密码子偏好[69]

对于通用的密码子系统，植物基因在编码氨基酸时对同义密码子的选择是有偏好的（codon bias）。密码子偏好主要是指在密码子三联体的第三位上是选择 G、C 还是 A、U。研究结果显示，植物的叶绿体和线粒体基因在同义密码子第三位上更偏好使用 A、U，NNA/U 使用率超过 65%。大多数绿藻的核基因和蓝细菌基因密码子则强烈地偏好 NNG/C（大于90%）。高等植物基因不仅与绿藻密码子的偏好有差别，就是单子叶和双子叶植物基因在密码子偏好上也有差异。双了叶植物基因密码子偏好 NNA/U（55%左右），而单子叶植物基因则更偏好 NNG/C（75%左右）。明即使在不同植物种属间，植物基因间也可能存在密码子偏好。

11.5.2　植物的特有基因

1. 植物细胞壁蛋白基因

植物细胞不同于动物细胞的重要特征就是细胞壁。它在确定植物细胞形态、保护细胞和信号传导等方面起着重要作用[70]。植物细胞壁由木质素、植物凝血素、结构蛋白、特异的酶、多糖和腊质组成。其中多糖是细胞壁的主要成分，它由纤维素微纤丝（cellulose microfibril）、半纤维素（hemicellulose）及少量中性多糖（neutral polysaccharide）三部分组成。纤维素微纤丝占细胞壁干重的 20%～30%；半纤维素，双子叶植物以木葡聚糖（xyloglucan）为主，单子叶植物以木聚糖（xylan）为主，占细胞壁干重的 15%～20%。半纤维素通过氢键与纤维素微纤丝结合，并使纤维素微纤丝固着于胶状基质之中。在初生细胞壁中还含少量的中性多糖，包括阿拉伯聚糖、半乳聚糖、阿拉伯半乳聚糖（arabinogalactan）。

细胞壁各组分的合成、分泌及细胞壁的生长都必须与细胞的生长分裂协同进行，是一个复杂的过程；这将需要许多基因来决定细胞壁生长所需各组分的合成、运输及装配。细胞分裂时，细胞板在核之间重新形成。非纤维素成分以自主装配（self-assembly）添加到已存的细胞壁上，然后，纤维素微纤丝沉积上去，最后，半纤维素、果胶和蛋白质等基质组分添加

到细胞壁的相应位置。

植物细胞壁最丰富的结构蛋白有：伸展蛋白（extensin）、富甘氨酸蛋白（glycine-rich protein，Grp）、富脯氨酸蛋白（proline rich protein，Prp）、茄科植物凝血素（Solanaceous lectin，Sl）及阿拉伯半乳聚糖蛋白（arabinogalactan protein，Agp）[71]五类（表 11.6）。

表 11.6　五类植物细胞壁结构蛋白的特征及表达条件[71]

蛋白类型	蛋白质/%	糖/%	高丰度氨基酸	保守氨基酸基序	表达条件
伸展蛋白（双子叶）	45	55	O,S,K,Y,V,H	SOOOOSOSOOOOYYYK SOOOK SOOOOTOVYK SOOOOVYKYK	创伤,乙烯,红光,发育,真菌感染等
伸展蛋白（单子叶）	70	30	O,T,S,P,K	TPKPTOOTYTOSOKPO ATKPP	发育和创伤
Grp（双子叶）	100	0	G	GX	发育,创伤,病毒感染,干旱压力等
Grp（单子叶）	100	0	G	GG 和 GGY	发育,创伤,氯化汞,水压力等
Prp	80～100	0～20	O,P,V,Y,K	PPVYK 和 PPVEK	创伤,乙烯,光,红光,发育
Sl	55	45	O,S,G,C	?	创伤和病毒感染
Agp	2～10	90～98	O,S,A,T,G	AO	发育和创伤

注：O 为羟脯氨酸，其他见氨基酸的缩写符号表 11.7

表 11.7　氨基酸的缩写符号表

氨基酸	三个字母的简写	一个字母的符号
丙氨酸	Ala	A
精氨酸	Arg	R
天冬酰胺	Asn	N
天冬氨酸	Asp	D
天冬酰胺或天冬氨酸	Asx	B
半胱氨酸	Cys	C
谷氨酰胺	Gln	Q
谷氨酸	Glu	E
谷氨酰胺或谷氨酸	Glx	Z
甘氨酸	Gly	G
组氨酸	His	H
异亮氨酸	Ile	I
亮氨酸	Leu	L
赖氨酸	Lys	K
甲硫氨酸	Met	M
苯丙氨酸	Phe	F
脯氨酸	Pro	P
丝氨酸	Ser	S
苏氨酸	Thr	T
色氨酸	Trp	W
酪氨酸	Tyr	Y
缬氨酸	Val	V

表 11.6 显示这些细胞壁蛋白以含有保守的氨基酸基序及某些高丰度氨基酸为特征。最明显的是除 Grp 外的四类蛋白都有大量羟脯氨酸存在，但 Grp 与伸展蛋白在 DNA 水平又有较好的同源性，说明这五类细胞壁蛋白在进化上有相关性。因此，分离编码这些蛋白的基因对了解这些蛋白的功能和表达的调节是十分有益的。目前分离基因的工作集中于编码伸展蛋白、Prp 和 Grp 的基因。

伸展蛋白属于富含羟脯氨酸糖蛋白（hydroxyproline-rich-glycoprotein，Hrgp）家族，它们的组分和结构在双子叶和单子叶植物中存在差异。双子叶植物伸展蛋白的多数羟脯氨酸被 1～4 个阿拉伯糖糖基化，一些丝氨酸也被一个半乳糖糖基化，而单子叶植物的伸展蛋白则是所有丝氨酸和近半数的羟脯氨酸不被糖基化。同样，从单子叶与双子叶植物中分离到的伸展蛋白基因也显示出差异。伸展蛋白基因已经在甜菜（*Beta vulgaris*）、番茄（*Lycopersicum esculentum*）、胡萝卜（*Daucus carota*）、烟草和矮牵牛（*Petunia hybrida*）等双子叶植物，以及水稻、玉米和高粱（*Sorghum vulofare*）等单子叶植物中分离到，基因中存在保守的核苷酸序列重复单位。基因虽然在密码子第三位有变化，但多数并不导致氨基酸的变化（表 11.8）。伸展蛋白基因在所有组织都有所表达，在韧皮部和形成层有高水平的表达。伸展蛋白一旦进入细胞壁后，借助于它的酪氨酸残基间的二酚酯键交联，以及它与多糖和果胶的交联，就很快地转变为不溶性物质，增强了细胞壁的强度。伸展蛋白可能在细胞发育、伤口愈合中起一定作用。

表 11.8 植物伸展蛋白基因的序列特点[71]

基因类型	氨基酸序列重复	重复次数	核苷酸序列重复
烟草伸展蛋白基因	SPPPPTPVYK	6	TCTCCACCACCAACACCGGTTTACAAG
矮牵牛伸展蛋白基因	SPPPPTPVYK	1	TCNCCACCACCACCAACTCCCGTTTACAAG
玉米 *Thrgp* 基因	SPKPPTPKPTPPTYTP	5	AGCCCCAAGCCACCGACACCTAAGCCGACCCCC ACGTACACTCCA

富甘氨酸蛋白（Grp）是一种甘氨酸含量达 70%的疏水的细胞壁蛋白，并含有典型的短的氨基酸重复单位。其前体有信号肽，是一种受发育调控的蛋白质。在细胞质内还有另一种 Grp，它缺乏信号肽，它的表达和作用受各种环境因素调节。Grp 主要功能涉及植物维管系统形成和创伤愈合。Grp 通过氨基酸特定序列的反向 β 折叠结构为维管发育提供了弹性和韧性，并且可能通过酪氨酸残基与 Prp、木质素发生氧化聚合反应，导致 Grp 沉淀并最终木质化。Grp 以多基因家族的形式存在，如拟南芥就已确定有 6 个成员。*Grp* 基因有保守的 GGN 与伸展蛋白基因的 CCN 序段互补，即伸展蛋白基因的非编码链与 *Grp* 的编码链同源，反之亦然。由于这种同源性，曾在分离伸展蛋白基因过程中偶然分离到 *Grp* 基因。

富脯氨酸蛋白（Prp）是含有羟脯氨酸的细胞壁蛋白，分为两个亚类：正常细胞壁组分和根瘤细胞壁组分。后者包括组成根瘤细胞壁的 Prp 和固氮细菌感染过程必需的结瘤素，如 Enod2、Enod12、Enod75 等。正常植物细胞壁的 Prp 一般存在大量的 5 肽重复 PPxyK(x、y 可为缬氨酸、酪氨酸、组氨酸、谷氨酸中任意一种)。它含有等分子质量的脯氨酸和羟脯氨酸，羟脯氨酸位于特定的位置，如 5 肽重复的第二个位置。Prp 在细胞壁的沉积过程是通过细胞壁的过氧化物酶催化，在压力条件下将加快沉积过程。Prp 的高丰度酪氨酸可提高它与 Grp 及伸展蛋白的交联，而其高丰度赖氨酸产生的偏碱性可促进 Prp 与酸性果胶进行离子化反应。对应于 Prp 的氨基酸保守序列，*Prp* 基因也存在保守的核苷酸序列。例如，大豆的 *Prp* 基因含有保守的 CCACCAGTG/TTA-CAAG 序列，这段保守序列与伸展蛋白基因的保守序列是部分相同的。*Prp* 基因具有细胞和组织特异的表达模式。虽然一些 *Prp* 表达与伸展蛋白基因表达位于相同的细胞，但 *Prp* 通常和 *Grp* 基因有更相似的位置表达模式。

此外，植物细胞壁还含有过氧化物酶（Px）、磷酸化酶、蔗糖酶、α-露糖酶、β-甘露糖酶、β-1，3-葡聚糖酶、β-1，4-葡聚糖酶、多聚半乳糖醛酸酶，果胶甲基酯化酶、苹果酸脱氢酶、阿拉伯糖酶、α-半乳糖苷酶、β-半乳糖苷酶、β-葡萄糖醛酸苷酶、β-木糖酶、蛋白酶、抗坏血酸氧化酶（Aao）、肉桂醇脱氢酶（Cad）和 *S*-腺苷甲硫氨酸：咖啡酸 3-氧-甲基转移酶（Omt）等。它们参与细胞壁的形成、延伸以及特殊的木质化过程。这些细胞壁酶有一个共同的特征，都有信号肽序列，从而引导它们定位于细胞壁。例如，番茄的过氧化物酶基因 *Tpx*，具有 984bp 的开放读框，328 个氨基酸的序列 N 端有 22 个氨基酸的信号肽，成熟的多肽 pI 为 6.16，是一种阴离子过氧化物酶，有保守的酸碱催化区基序 FHCFV。它能催化 Prp 的沉积过程，以及催化肉桂醇形成木质素，导致纤维素微纤丝、果胶、结构蛋白和木质素之间形成硬性交联。

2. *植物细胞质膜蛋白基因*

植物细胞有一个巨大的膜系统。如线粒体、质体、微体和高尔基体等都是由膜围成的细胞器，另外还有质膜、核膜、液泡膜、内质网膜等，它们组成了完整的内膜系统。按照膜的流动镶嵌模型，它是一种由蛋白质和双分子层脂质形成的二维排列的流体结构。膜蛋白嵌于膜中，或埋入其中或贯穿其间，通过其疏水区与膜的疏水脂作用，两端的极性部分伸展于水相中，如 ATP 酶、NADH 氧化酶。有些膜蛋白以外周蛋白形式存在，依靠静电结合方式与膜的亲水表面结合，如细胞色素 C。膜蛋白占细胞蛋白总量的 20%～30%，而内嵌蛋白占膜蛋白总量的 70%～80%。

植物细胞的质膜是膜系统的一部分，是细胞的一种高度分化、行使多种功能的结构。它的功能是通过各种质膜蛋白完成的。其中的质子泵蛋白、通道（channel）蛋白、载体（carrier）蛋白、蛋白激酶等的基因都得到一定的研究（Sussman，1994）[73]。

（1）质子泵蛋白基因。

植物的细胞壁与细胞质之间存在着电势和 pH 梯度。细胞质相对于细胞壁有 −200～−140mV的电势差，而细胞壁比细胞质低两个 pH 单位。这些差异是由质膜上 ATP 驱动的质子泵提供的。植物细胞质膜不存在动物系统中的 Na^+、K^+-ATPase 质子泵，而与真菌类似，具有较简单的 H^+-ATPase 质子泵。植物的这类膜蛋白比真菌至少丰富 10 倍，占膜蛋白总量的 1%。H^+-ATPase 主要功能是以 ATP 为能源，将质子外排，建立并保持电化学梯度，为其他离子、溶质和营养物质提供穿膜作用力，也在气孔开放、韧皮部负载、细胞延长、胞质 pH 调节和耐盐中起一定作用。植物细胞除了质膜 H^+-ATPase（简称 P-型 H^+-ATPase）外，线粒体和叶绿体还存在 F。Fl-型 H^+-ATPase，液泡膜的 V-型 H^+ ATPase。

P-型 H^+-ATPase 的特殊之处是在代谢时通过蛋白质的天冬氨酸残基的磷酸化与去磷酸化改变活性。H^+-ATPase 基因已在几种植物中进行研究并给予命名，如拟南芥的 *AHA*，番茄的 *Lha* 和烟草的 *Pma*。它们都是多基因家族，*AHA* 至少有 10 个成员，*Lha* 有 6～8 个成员，*Pma* 已确定 4 个成员。它们的蛋白产物除了两个保守区：一个 ATP 结合位点和一个水解作用的中央亲水环外，还发现在 C 端存在一个自我抑制区，用胰蛋白酶处理除去此区后，H^+-ATPase 活性增加 2 倍以上，可能是激素和毒素作用的靶位。这类基因的表达主要是转录和转录后调节，在翻译水平也进行调节。例如 *Pma*，它的 mRNA 的较长的 5′前导序列可提高翻译效率 4 倍以上。

(2) 通道蛋白基因和载体蛋白基因。

植物细胞生长所需要的物质，除小分子可自由穿越质膜外，其他都通过质膜中的通道蛋白和载体蛋白，来完成它们的穿膜运输。通道蛋白和载体蛋白都是膜转运蛋白。通道蛋白的运输功能是顺质膜电化学梯度，是一个热力学被动过程，只需通道蛋白自身即可单独完成；而载体蛋白常是逆质膜电化学梯度，是一个热力学主动过程，需水解 ATP 或与质子泵偶联提供能量。已知植物细胞的质膜上有 K^+ 离子通道蛋白和载体蛋白、葡萄糖、蔗糖、氨基酸、短肽和硝酸载体转运蛋白，一些蛋白的基因已在拟南芥、菠菜等植物被克隆[74a]。表 11.9 列举了几类转运蛋白基因及其特征。

植物细胞的载体转运蛋白常与 H^+-ATPase 质子泵形成共转运体（cotransporter），来完成整个耗能的转运过程。转运蛋白可由一条肽链，也可由几条肽链组成，现已确定的转运蛋白大多数是一条肽链组成的。K^+ 转运蛋白是第一个也是研究得较清楚的膜蛋白。

表 11.9 已克隆的多种转运蛋白基因及其特征[74b]

基因类型	植物来源	转运蛋白类型	克隆片段大小/kb	筛选文库	氨基酸大小/个	特征
AKT1	拟南芥	K^+转运蛋白	2.65	cDNA 文库	838	6 个跨膜区及部分 SHAKER 蛋白特征
ATPTR2	拟南芥	二肽和三肽转运蛋白	2.8	cDNA 文库	610	高疏水性，具许多疏水区，但跨膜区未确定；转运蛋白对肽的侧链无特异性
CHL1	拟南芥	硝酸盐转运蛋白	1.9	cDNA 文库	590	12 个跨膜区
STP1	拟南芥	葡萄糖转运蛋白	4.4	基因组文库	522	12 个跨膜区
Ssc21	菠菜	蔗糖转运蛋白	1.95	cDNA 文库	525	12 个跨膜区

注：SHAKER 蛋白是果蝇中的一类 K^+ 转运蛋白

植物细胞中高浓度 K^+ 在保持膨胀压、信号转导和细胞分化中均有重要作用。K^+ 转运蛋白包括通道蛋白和载体蛋白，如拟南芥已分离到 *AKT1*、*AKT2*、*KAT1* 三个基因，其中 *AKT1* 和 *KAT1* 均编码 K^+ 载体转运蛋白，这些蛋白与 K^+ 有高亲和力，解离常数为 40～50μmol/L。在外界环境 K^+ 浓度低时，通过耗能转运并保持细胞内 K^+ 浓度；而 *AKT2* 基因[75]则编码 K^+ 通道转运蛋白，与 K^+ 有较低的亲和力，解离常数为 3.5mmol/L，主要在外界环境 K^+ 浓度高时转运 K^+。*AKT1* 编码 838 个氨基酸的多肽，有类似果蝇 *SHAKER* 基因家族的特征，有 6 个跨膜区（S1～S6）；在 S5 与 S6 之间有一个保守的孔形成（poreforming）区 H5，具有保守的氨基酸基序 TTV；在 S4 有一个保守的电势敏感（voltage sensing）区，特征为富含碱性氨基酸。在 *AKT1* 的氨基酸序列的 517～712 位之间有 6 个不完全的重复序列，这些重复序列类似动物红细胞的锚蛋白（ankyrin，锚蛋白是动物细胞骨架成分，连锁 Na^+ 通道到血影蛋白，限制 Na^+ 通道在细胞的位置），因此推测在植物中，K^+ 载体转运蛋白通过这些锚蛋白类似的重复序列与细胞骨架或调节蛋白相互作用。*KAT1* 基因的氨基酸序列除了缺乏锚蛋白类似的重复序列外，和 *AKT1* 基因的对应氨基酸序列高度同源。这

两个 K^+ 转运蛋白的同工型可能在不同的组织表达，并行使独特的功能，如帮助韧皮部细胞中糖类的运输或根毛吸收土壤内的营养[76]。并且两个 K^+ 转运蛋白同工型可能与不同的 H^+-ATPase 质子泵同工型偶联提供能量以完成转运。而 *AKT2* 编码的 K^+ 通道蛋白有 12 个跨膜区，但缺乏 K^+ 载体蛋白的特征，它只在外界高 K^+ 浓度条件下行使功能，不能介导主动的、高亲和性的 K^+ 吸收。

(3) 蛋白激酶基因。

蛋白激酶是所有真核细胞质膜信号转导的必要成分，已在植物细胞中确定了三类蛋白激酶：Cdpk、Rpk、Srk。Cdpk 是 Ca^{2+} 依赖蛋白激酶，大豆的 *Cdpk* 基因和拟南芥的 6 个成员的 *Cdpk* 基因家族编码的多肽均缺乏跨膜区，但在拟南芥 Cdpk 蛋白的 N 端已发现有保守的十四烷基化共通序列，推测在细胞骨架与质膜的结合中起作用。Rpk 是受体蛋白激酶，玉米 *Rpk* 基因编码的多肽的 C 端是激酶区，而 N 端是细胞外受体区，中间的一个跨膜区将它们隔开。拟南芥的 *Rpk* 基因家族编码三类蛋白，主要区别在于 N 端的受体区：S 受体激酶，与芸薹（*Brassica napus*）花粉自交不亲和的 S 位点的糖蛋白有同源性；富含亮氨酸重复的 RPK 蛋白，存在富含亮氨酸重复序列，涉及蛋白与蛋白相互作用。Srk 是传感子-调节子（sensor-regulator）蛋白激酶（Chang，et al.，1993），具有双功能，既可作为感受多种环境刺激的传感子，又可通过磷酸化传递信号，并抑制和激活其他蛋白的调节子。Srk 是过去只在原核细胞中发现的双功能蛋白激酶，在植物中涉及病原、毒性、趋化性、膨压变化等多种信号的转导。拟南芥的 *etr* 基因编码的 Srk 存在几个蛋白保守区，一个类似哺乳动物 Rpk 的细胞外疏水序列，作为外源配体的受体，紧接着一个跨膜区和一个含组氨酸的具自我磷酸化活性的内部疏水区；另外还有天冬氨酸区，当组氨酸上的磷酸被转移到天冬氨酸后 Srk 被激活。

3. 种子储存蛋白基因

在种子的储存物质中，储存蛋白占相当的比例，有的超过成熟种子总蛋白的 50%。这些蛋白只在胚乳或子叶中合成并大量积累在蛋白体（protein body）中，并在种子萌发时降解。植物都含有储存蛋白，只是比例各不相同。根据种子储存蛋白在不同的溶剂、盐浓度和 pH 条件下的溶解度的不同，储存蛋白可分为以下 4 种。

(1) 醇溶蛋白（prolamin），溶于醇类溶剂；在禾谷类植物，如玉米的种子储存蛋白中占 60%以上。它们的醇溶性质可能是由于蛋白的氨基酸组成中脯氨酸和亚氨基含量较高。

(2) 球蛋白（globulin），溶于中性 pH 和高盐浓度溶剂；在豆科植物中占有最大的比例（50%～75%），根据溶解所需的盐浓度，可再分为两个亚类：豆球蛋白（legumin），溶解于高的盐浓度；豌豆球蛋白（vicilin），溶解于较低的盐浓度。

(3) 清蛋白（albumin），溶于中性 pH 和低盐浓度溶剂；在种子储存蛋白中所占比例较小，常为水溶性蛋白。

(4) 谷蛋白（glutelin），溶于高 pH 溶剂。在某些植物和水稻的种子储存蛋白中有很高的比例（80%）。

从已获得的结果发现，在基因组中，种子储存蛋白由多基因家族编码，且成员数目变化很大，从几个成员到上百个成员（表 11.10）。例如，编码玉米醇溶蛋白的基因家族成员超过 100 个，水稻醇溶蛋白基因家族成员为 80～100 个，水稻谷蛋白基因家族成员为 5 个。

表 11.10　某些植物的种子储存蛋白基因[74b]

植物	储存蛋白基因	内含子数	拷贝数/单倍基因组
菜豆	云扁豆蛋白（phaseolin）基因	5	10～14
豌豆	豆球蛋白基因	3	4
大豆	伴大豆球蛋白（conglycinin）基因	4	15
	大豆球蛋白（glycinin）基因	—	15
玉米	玉米醇溶蛋白基因	0	100
小麦	麦醇溶蛋白基因	0	10～25

（1）玉米种子储存蛋白基因。

玉米种子储存蛋白包括醇溶蛋白和谷蛋白两类[77]。玉米醇溶蛋白有多种分子质量类型，可分为 19kDa、22kDa 两种主要组分（Zein1）和 10kDa、15kDa 两种次要组分（Zein2）。玉米醇溶蛋白是多基因家族编码的，其中 Zein1 分别由 *Z1a*、*Z1b*、*Z1c* 和 *Z1d* 共 4 个基因亚家族编码，*Z1a* 大约有 25 个成员，*Z1b* 和 *Z1c* 较小，有 15～20 个成员，*Z1d* 最小，只存在 5 个成员。*Z1a*、*Z1b* 和 *Z1d* 之间核苷酸序列有 80%～85%的同源，但都与 *Z1c* 有 65%的同源。*Z1a*、*Z1b* 和 *Z1d* 主要编码 19kDa 玉米醇溶蛋白组分，*Z1c* 编码 22kDa 玉米醇溶蛋白组分，*Z1b* 还少量编码 22kDa 玉米醇溶蛋白组分。Zein2 也分别由 *Z2a*、*Z2b* 和 *Z2c* 亚基因家族编码，但其成员可能只有 6 个，这 3 个亚基因家族与 Zein1 的 4 个亚基因家族的同源性很小。

玉米醇溶蛋白基因不含内含子，只在胚乳中特异性表达。它的 mRNA 水平在胚乳发育过程中不断变化，与胚乳的核 DNA 的显著增加相对应。玉米醇溶蛋白基因的调节信号还有待确定，但玉米醇溶蛋白的基因启动区已发现 4 个不同的蛋白结合位点，并且有两个只与胚乳细胞的核蛋白结合，具有组织特异性。此外，基因的 5′端非翻译区和 3′端非翻译区具有反向重复序列，这些反向重复序列可形成局部的双链结构，已有证据表明，5′端非翻译区和 3′端非翻译区的杂交能降低醇溶蛋白基因的 mRNA 的翻译效率。

玉米中谷蛋白约占种子储存蛋白总量的 15%，谷蛋白基因也没有内含子，并在胚乳中呈组织和发育特异性表达。蛋白基因编码与醇溶蛋白编码相似的信号肽序列，可能与两种蛋白都转运到同样的蛋白体中积累的机制相关。另外，两类基因在 5′端上游邻近序列，5′端非翻译区和 3′端非翻译区都显示出高度的同源结构。例如，在−330 区的保守序列(−330Box) GTGTAAAG，与 SV40 增强子的核心序列相似；这一序列在玉米、小麦、大麦的醇溶蛋白基因的相应位置都存在，表明可能与这些基因在种子成熟过程中的特异表达有关。谷蛋白基因与 19kDa 醇溶蛋白的基因在上游−250～−200bp 间存在 CAACAAA 和 ATGTCAA 两个 7 碱基的保守基序，中间以 11 个非保守的碱基相隔，形成 7-11-7 的特异序列排列，这个基因启动子中的特异结构，可能与玉米种子储存蛋白基因在玉米果实成熟时基因特异表达的调节有关。

（2）豆科植物种子储存蛋白基因。

豆科植物的胚胎在种子成熟过程中分化，胚胎细胞分裂后，绝大多数分化为子叶细胞。子叶细胞中积累了大量种子萌发时所需的营养物质，包括种子储存蛋白、胰酶抑制剂和凝集素。豆科植物的种子储存蛋白分为 11S、7S 球蛋白和 2S 蛋白三种。7S 球蛋白包括大多数糖苷化的蛋白，由 α、α′和 β 三个亚基组成。11S 蛋白包括 6 个亚基，每个亚基由一条碱性多肽和一条酸性多肽通过二硫键结合在一起。11S 和 7S 蛋白基因均编码一段信号肽序列，引导蛋白进入蛋白体中积累。

豆科植物的种子储存蛋白是由多基因家族编码的，基因间同源性较高，都含有内含子。并且在同源基因间甚至内含子所在的位置都是相同的。基因上游存在一些保守序列（豆球蛋白盒），如 CATG、CAACACA 等，这些序列在各种豆科植物中虽不尽相同，但都有增强子的功能，属于数量调节。基因表达具有组织和发育特异性。种子储存蛋白的 mRNA 在胚胎发生早期积累，到胚胎发育晚期时，子叶细胞内的 mRNA 比其他胚胎细胞中的 mRNA 降解速率高 7～20 倍，而非胚胎细胞的细胞核和细胞质中不能检测到 mRNA，所以种子储存蛋白基因的表达可能主要是在转录水平上调控的。

（3）水稻种子储存蛋白基因。

水稻种子储存蛋白积累于胚乳中，主要成分为谷蛋白（占 80%），也含有少量的醇溶蛋白（5%～10%）、清蛋白和球蛋白。谷蛋白和醇溶蛋白为多基因家族编码，如醇溶蛋白基因家族成员为 80～100 个。谷蛋白与豆科植物种子储存蛋白 11S 蛋白有相似特征，由一个前体分子（大约 500 个氨基酸）经过翻译后加工，形成一条碱性多肽和一条酸性多肽，并通过二硫键相连。基因编码一个 25 个氨基酸的信号肽序列，引导谷蛋白到蛋白体中积累。水稻谷蛋白基因主要分为两种类型（Ⅰ和Ⅱ），两者有 95%的同源。谷蛋白基因有 2～3 个内含子，其位置与 11S 蛋白基因相同，推测二类基因起源于共同的祖先基因。谷蛋白基因上游有（－330盒和一个保守的－300 豆球蛋白盒，推测它们与基因特异表达有关。3′端非翻译区具有相互重叠的 polyA 信号序列，可形成发夹结构，可能与转录终止相关。

水稻醇溶蛋白基因编码一个典型的 14 个氨基酸的信号肽序列，成熟肽富含谷氨酰胺、脯氨酸和芳香族氨基酸，缺乏大于 7 个氨基酸的重复序列，该特征是所有的禾谷类醇溶蛋白所共有。水稻和其他禾谷类醇溶蛋白的基因序列间缺乏同源性，可能它与其他禾谷类醇溶蛋白是起源于不同的基因。水稻的醇溶蛋白基因在基因组中拷贝数目比谷蛋白基因的多，但蛋白含量反而比谷蛋白少，其原因尚不清楚，因此通过对醇溶蛋白和谷蛋白基因的表达调控的研究将有助于人们对基因表达数量控制的认识。

4. 营养器官特异基因

植物营养器官是指除植物的生殖器官（花器官）以外涉及营养生长的器官，主要包括根、茎、叶三部分。所谓器官特异基因是指基因在某个器官内的高水平表达的基因，并非指仅限于在一个器官内表达的基因。

（1）根的特异基因。

根是植物中相对简单的器官，具有营养吸收和为整个植株提供支持的功能。利用差示筛选法已在根内分离到许多根特异基因[78]，如烟草的 *Tobrb7* 基因，拟南芥的 *ATRB7* 基因，以及大豆的 *Tip* 基因和拟南芥的 *TIP* 基因（编码 γ *TIP* 蛋白）等[79]。

Tobrb7 和 *ATRB7* 编码的是在不同植物中的同一种蛋白，大小分别为 250 和 253 个氨基酸，序列有较高的同源性，而且 Tobrb7、ATRB7、7-TIP 三种蛋白与许多膜蛋白包括哺乳动物的 MIP26、大肠杆菌的 Gipf、果蝇的 BIB 等，显示很大的序列同源性，所以推测 Tobrb7 和 ATRB7 是膜通道蛋白，作为整个膜通道系统的组分，参与根的细胞与细胞间的通道转运。*Tobrb7* 和 *ATRB7* 基因均是多基因家族（2～4 个成员），其中 *Tobrb7* 基因是在根分生组织和中柱区表达，而不在叶中表达。

TIP 基因编码液泡膜嵌入蛋白 Y-TIP，是 254 个氨基酸的通道蛋白，具有 6 个跨膜区，

并通过磷酸化调节蛋白活性。它的功能是作为水转运的通道蛋白，以及作为中央大液泡的离子和代谢物的转运蛋白，而这些离子和代谢物在小的分生组织细胞（无中央大液泡）是不能被转运的。*TIP* 是小的多基因家族，虽然蛋白产物同 *Tobrb7* 的蛋白类似，但却具有不同的表达模式。在拟南芥中，*TIP* 的表达具时空模式，主要在幼根形成组织（如根尖）表达，也在茎的维管束、叶柄、托叶和花的花托中表达，但在根的较成熟组织和茎的分生组织中则不表达。原位杂交证实只在初生根生长的 2、4、8 天表达，并且 mRNA 总是积累于根尖后的一条窄带的细胞内，即根顶端分生组织后的细胞延长区内。*TIP* 在细胞增大过程的中央大液泡形成时开始表达，且 mRNA 积累在细胞液泡化前后，此时细胞达到最大。在拟南芥的茎中，*TIP* 则有更明显的瞬时表达模式。当幼苗生长 2 天时，*TIP* 主要在根延长区表达，在胚轴也有少量表达；当幼苗生长 3～4 天时，*TIP* 在胚轴中的表达消失，在叶柄和子叶出现表达；到幼苗生长的第 4 天，*TIP* 主要在维管束表达，在叶肉仅少量表达，以后 mRNA 水平下降，且首先是维管束 mRNA 水平的下降。所以根和茎的 *TIP* 基因瞬时表达都显示出基因表达与细胞延长和分化的相关性。

对根特异基因的表达的调控的研究甚少，已知存在根优势表达的转录因子，如 CREB 类似因子和 ASF1，它们可能通过与 5′前导区的根基因特异元件结合以调控基因表达。

（2）茎的特异基因。

茎主要由维管组织组成，其中木质部和纤维是由高度特化的细胞组成，因而有特异表达的基因[80]。已经分离的许多维管特异基因编码的是细胞壁结构蛋白，如富含羟脯氨酸的糖蛋白类（伸展蛋白、Prp 和 Grp），其基因呈时间和细胞特异表达。几个合成酶基因也是以维管特异方式表达的[79]。例如，*Sam1* 和 *Gs3A* 基因，分别编码 S-腺苷甲硫氨酸合成酶和谷氨酰胺合成酶的胞质同工型，均参与木质化过程；*Sam1* 在木质部和韧皮部均表达，而 *Gs3A* 仅在韧皮部表达。同时木质素生物合成过程中，苯丙氨酸氨基裂合酶、肉桂醇脱氢酶、氧-甲基转移酶、木质素特异的过氧化物酶等的基因在维管组织中均高水平表达。

苜蓿（*Medicago truncatula*）的三个茎特异基因 *Msas1*、*Msas2*、*Msas3* 已经研究清楚（Abrahams et al.，1995）。*Msas1* 编码未知功能的 375 个氨基酸的蛋白质，N 端存在疏水区；*Msas2* 编码 S-腺苷同型半胱氨酸水解酶（Shh），参与甲基的循环，其氨基酸序列具有 Shh 酶类特征的 NAD^+ 结合区；*Msas3* 编码的蛋白质类似伸展蛋白，如富含脯氨酸、苏氨酸、缬氨酸、谷氨酰胺，但和伸展蛋白质有所不同，它不富含酪氨酸和赖氨酸，却富含（10%）甘氨酸；氨基酸序列中以 SPPP 重复单位最为普遍，TPPP、VPPP 和 APPP 重复单位也存在。三个基因在茎中均高水平表达，在叶和根中则低水平表达。三个基因在茎横向和纵向的表达中，具有不同的表达模式。在茎的纵向表达上，*Msas3* 在第 3～9 节间表达，量上有轻度变化，而在第二节间则无表达，也许第二节间太老了，不再需要伸展蛋白类型蛋白的合成；*Msas1* 在茎最幼嫩的延长区节间的表达递增，并受蔗糖浓度变化调节，可能是因为蔗糖在维管组织的作用类似植物生长素是一梯度分布；*Msas2* 在第 2～8 节间等量表达，而在第 9 节间则无表达。在茎的横向表达上，*Msas1* 在发育的木质部和幼木质薄壁组织表达，形成一个从茎中部突出的三角形表达区；*Msas2* 在发育幼茎的木质部和厚壁组织表达，形成围绕单个维管束的连续环状表达区；*Msas3* 在发育幼茎的木质部、幼茎和成熟茎的维管束的厚壁组织的冠区表达。此外，在创伤诱导时，三个基因的表达水平均下降，可能是创伤刺激防御和修复基因的表达，抑制发育基因的表达。

（3）叶器官特异基因。

多数叶器官特异基因的表达产物是参与光合作用过程，并受到光和光合作用的调控。C_3 和 C_4 植物有不同类型的叶细胞，C_3 植物的光合作用仅要求一种细胞类型，而 C_4 植物的光合作用要求维管束鞘细胞和叶肉细胞协同参与完成多步骤的 CO_2 固定过程。因此两种植物的叶特异基因表达模式是不相同的。

地球上最为丰富的一种蛋白质是核酮糖-1，5-二磷酸羧化酶/加氧酶（Rbc），它存在于叶绿体间质中，占叶片总可溶性蛋白的50%以上[81]。它催化卡尔文循环中最初的 CO_2 固定步骤，使核酮糖-1，5-二磷酸（Rubp）与 CO_2 形成两分子的3-磷酸甘油酸，同时也催化光吸收作用的第一步，使Rubp与 O_2 反应产生一分子磷酸甘油和一分子磷酸乙醇酸，因此，Rbc处于光合碳还原和光合碳氧化两个方向相反但又相互连锁的循环的交叉点上，对净光合速率起着决定性的影响。植物的Rbc分子质量达到560kDa，全酶由8个大亚基（RbcL，分子质量为55kDa）和8个小亚基（RbcS，分子质量为15kDa）组成，叶绿体的*rbcL*基因编码大亚基，核的*rbcS*基因编码小亚基，核编码的小亚基前体蛋白经加工进入叶绿体，在分子伴侣蛋白作用下与大亚基组装成全酶。其中大亚基排列成八聚体核心，并且一个大亚基的C端区与邻近大亚基的N端形成一个a/p桶状活性位点，在光合作用的 CO_2 固定中起作用，而相同数目的小亚基则位于顶部和底部，远离活性位点[82]。

*rbcL*基因在叶绿体基因组中以单拷贝存在，不含内含子，其蛋白质为475个氨基酸。在不同植物中，它们的活性位点的序列同源程度很高。植物核*rbcS*基因在核基因组中以多拷贝存在，可达10个以上，有内含子和信号肽。在生长发育过程中，*RbcS*基因家族成员有不同的表达水平，进而影响Rbc的催化活性[83]。在 C_4 植物（如玉米）的维管束鞘细胞和叶肉细胞，基因表达具有细胞特异性。当光照时*rbcL*、*rbcS*和编码NADP-苹果酸酶的基因在叶的维管束鞘细胞内特异表达，编码磷酸烯醇式丙酮酸羧化酶、NADP-苹果酸脱氢酶和丙酮酸二磷酸激酶的基因在叶肉细胞中特异性表达，协同维管束鞘细胞完成 CO_2 的固定过程；而在暗生长时，*rbcL*和*rbcS*主要在叶肉细胞中表达。在 C_3 植物（如豌豆）中，*rbcS*基因受光调节，主要在叶肉细胞、叶表皮的保卫细胞和叶中脉的绿色组织细胞表达。

同样地，叶绿体基因组的*psbA*基因也在叶中高水平表达。*psbA*基因[84]现已从菠菜、烟草、玉米、高粱等植物中得到。该基因位于叶绿体基因组大单拷贝区左侧邻近16S rDNA反向重复序列的一端，转录方向指向重复序列，与*rbcL*基因转录方向相反。各种植物的*psbA*基因间同源性较高，如菠菜和烟草基因间的同源程度达95%。*psbA*基因的产物的分子质量为34 500Da左右的前体分子，然后加工形成32 000Da的成熟蛋白，所以又称作32kDa蛋白，肽链中缺乏赖氨酸，富含疏水氨基酸。该蛋白与叶绿体类囊体膜紧密结合，参与PSⅡ中还原端的电子传递，而且是某些三氮苯类除草剂的结合位点，还可能是 HCO_3^- 或 CO_2 的结合蛋白。另一个重要的特征是它的转换速率很高，但其中的降解速率不依赖光合磷酸化的能量，而是依赖PSⅡ电子传递产生的能量。*psbA*基因的表达受光调节，表达水平随光强度的加强而提高，因此早期又被称作光基因。基因的表达具有组织特异性，如在玉米和高粱中，基因在叶肉细胞内较维管束鞘细胞内的表达水平高几倍，进一步的转录测试显示两种细胞内*psbA*基因转录速率的差异明显小于mRNA积累的水平，说明*psbA*基因可能通过转录后的调控导致基因表达的组织特异性[85]。

在叶中高水平表达的还有*gs2*基因编码质体谷氨酰胺合成酶同工型，它参与光呼吸产生氨的同化过程；而*Gs3A*基因编码的胞质同工型，则在茎的韧皮部特异表达，主要参与谷氨酰胺的运输[86]。*Lpt* 基因编码一种非特异脂转移蛋白（nonspecific lipid transfer protein），在菠菜、拟南芥和玉米等植物的叶器官特异表达，是多基因家族，多肽有信号肽序列。*Lpt* 基因主要在成熟叶、幼叶的普通表皮细胞及气孔复合物细胞中高效表达，可能参与叶表皮的病原反应。

5. 果实的特异基因

在番茄的成熟过程中，由于一些特异基因的表达，导致了番茄的各种亚细胞组成发生生理、生化改变，这些变化影响成熟番茄总的品质。果实软化是成熟过程的一部分，主要是细胞壁各种聚合物的水解过程。成熟的番茄含有的一些酶，如 β-1，3-葡聚糖酶、糖苷酶、纤维素酶（Cel）、聚半乳糖醛酸酶（Pg）等[87]参与水解过程。其中 Pg 和 Cel 在果实软化过程中高水平表达。番茄的 *Pg* 基因编码三个同工酶：Pg1、Pg2A 和 Pg2B，参与细胞壁果胶的降解，从而导致果皮组织剧烈软化。Pg1 为异源二聚体，由一条 Pg 多肽与一个糖蛋白组成，它在果实开始成熟时出现，但在已成熟的果实中仅占很少；Pg2A 和 Pg2B 随后出现在成熟过程中，构成了成熟番茄 Pg 活性的大部分。Pg2A、Pg2B 和 Pg1 可能共同为 *Pg* 基因的产物，是翻译后修饰的不同产物。*Pg* 基因表达受到严格的发育和瞬时调控，在未成熟的番茄绿果中没有 *Pg* 基因的表达。最先的表达在成熟初期，在整个成熟过程中不断积累，并保持到成熟晚期，番茄开始老化时。在成熟过程中，*Pg* mRNA 积累的动力学和数量与 *Pg* 转录的加快密切相关，这表明 *Pg* 基因表达的调控主要在转录水平，而不在翻译和翻译后水平。

纤维素酶（*Cel*）基因编码的是一种木葡聚糖酶，可降解木葡聚糖交联键而促进果实软化。果实的 *Cel* 基因是小的多基因家族[79]，它们编码区序列的同源性高（大于 90%），但 5′端非翻译区却有很大的差异。*Cel* 基因不仅在果实软化时高水平表达，而且在叶中也高水平表达，并且乙烯是它的重要调控因子，乙烯可能通过 *Cel* 基因 5′端非翻译区的序列元件调控。

除了番茄的这两类基因外，还分离到其他的果实特异基因，如番茄的 ABA 诱导蛋白基因 *Asr*，苹果的 *Ap* 基因和草莓的 *Sar* 基因，这些基因的分离为今后果实特异基因表达的研究提供了基础。

乙烯是果实特异基因表达的一个重要的调节因子。涉及乙烯合成的 Acc 合成酶和 Acc 氧化酶基因也在果实中特异表达。乙烯是一种重要的植物内源激素，它的产生又是植物在逆境胁迫（创伤、冷冻、病原菌感染）下的一种生理反应，可在高等植物的所有器官产生。乙烯的生物合成途径可以简单表述为：

甲硫氨酸（Met）

↓

S-腺苷甲硫氨酸（Sam 或 AdoMet）

↓ Acc 合成酶

1-氨基环丙烷-1-羧酸（Acc）

↓ Acc 氧化酶

乙烯

Acc 合成酶是乙烯生物合成的限速酶。不同植物的 Acc 合成酶序列同源程度在 30%～80%间，根据该酶产生的条件可划分为激素（生长素、乙烯等）诱导型、创伤诱导型、低温诱导型、病原诱导型、衰老相关型、成熟相关型等不同的同工酶。酶的氨基酸序列中存在5～6个高度保守区（Botella 等，1992），特别是酶活性位点的保守序列（表 11.11），但序列的其余部分彼此的差别很大，如西葫芦（*Cucurbita pepo*）中创伤诱导的酶和生长素诱导的酶在免疫化学上是不同的。

表 11.11　几种植物的 Acc 合成酶保守的活性位点比较[88]

酶来源	酶诱导条件	活性位点的保守序列	同源程度/%
番茄	创伤诱导	SLSKDMGLPGFR	65
夏南瓜	创伤诱导	SLSKDMGLPGFR	63
冬南瓜	创伤诱导	SLSKDMGLPGFR	63
番茄	成熟相关	SLSKDCGFPGFR	61
苹果	成熟相关	SLSKDCGLPGFR	53
麝香石竹	衰老相关	SLSKDMGMPGFR	57
冬南瓜	激素诱导	SLSKDLGLPGFR	52

与绿豆（*Phaseolus radiatus*）的一种 Acc 合成酶序列同源片段比较

Acc 合成酶基因是一个多基因家族。例如，在番茄中已分离到创伤型基因和诱导型基因，二者同源程度为 75%，在成熟过程中两种 Acc 合成酶基因均表达，而创伤时仅表达一种。绿豆 Acc 合成酶基因家族至少有 5 个成员。生长素（IAA）诱导的绿豆 Acc 合成酶基因[89]，在 IAA 诱导 30min 后基因开始表达，5h 时达到高峰，12h 后开始降低。以番茄 Acc 合成酶基因（*Leaacc 2*）作探针，通过 Northern 杂交研究该基因的表达（表 11.12），表中显示基因在不同组织和成熟阶段存在明显的表达差异。

表 11.12　番茄果实不同成熟阶段及不同组织的 *Leaacc 2* 基因的表达[74b]

绿果	变红	桃红	橙红	亮红	红透	雌蕊	雄蕊	花瓣
−	+	++	++++	++++	+++	−	+	−
叶片	叶柄	根	未成熟花药	成熟花药		凋谢花药	花粉	凋谢花瓣
−	−	−	−	++		++	−	+

注：−表示基因不表达，+表示基因表达，+的数目表示表达水平

6. 特化器官特异基因

(1) 块茎特异基因。

块茎是茎的特化储存器官。以马铃薯（*Solanum tuberosum*）典型的块茎为例。它的特征是有大量的淀粉及丰富的蛋白质积累。淀粉中的直链淀粉占 18%～23%。在蛋白质中还含有 Patatin Ⅱ型蛋白酶抑制剂（Pi-Ⅱ），Bowman-Birk 蛋白酶抑制剂和 Kunitz 胰蛋白酶抑制剂等，构成了 50%以上的块茎蛋白，这些蛋白在不严格意义上类似于储存蛋白，其中蛋白酶抑制剂对病原体及其他害虫有防御作用。

Patatin 积累于马铃薯块茎的空泡中，占马铃薯块茎水溶性蛋白的 40%以上，具有脂酰水解酶和酰化酶活性[90]。Patatin 的基因（*Pat*）是多基因家族，有 50～60 个成员。基因家族的各成员在马铃薯的 8 号染色体长臂上成簇排列；可分为 *Pat* Ⅰ和 *Pat* Ⅱ两个亚家族。*Pat* Ⅱ亚家族的 5′端非翻译区有一段 21bp 的插入序列（GATATTAGTTTTTATTAAT-TA），包括 48～54 个成员；*Pat* Ⅰ则缺乏 21bp 插入序列，仅包括 6～8 个成员。21bp 插入序列的功能了解尚少，可能在差异表达或 mRNA 的稳定性中起作用。所有 *Pat* 基因家族的产物均在 N 端存在 23 个氨基酸的信号肽序列，引导 Patatin 在空泡内积累，但基因家族成

员间存在着电荷和大小的不均一性，这是两个原因：第一是 *Pat* Ⅰ和 *Pat* Ⅱ基因编码的氨基酸有差异；第二是不同的 Patatin 的 N 端连接的糖基化位点的数量不同。Patatin 含有脂酰水解酶和酰化酶活性，它们只在块茎破裂后迅速增加，而在完整的细胞内则缺乏酶活性，其功能可能是在发芽时从细胞中转运类脂，在细胞受损后提供应答反应，抵抗病原体等。*Pat* Ⅰ和 *Pat* Ⅱ基因的表达是有差异的。*Pat* Ⅰ表达占块茎中 *Pat* 基因 mRNA 的 99%，且正常情况下在根、茎、叶中不表达。*Pat* Ⅱ表达只占块茎中 *Pat* mRNA 的 1%，还在根中低水平表达。当被分离的 *Pat* Ⅰ和 *Pat* Ⅱ基因的启动子被用来指导 *Gus* 或 *Cat* 报告基因在块茎相关的转基因马铃薯植物中表达时，观察到这两类基因之间的其他差别。*Pat* Ⅰ基因启动子指导的 *Gus* 表达在块茎中比在叶、茎或根中高 100～1000 倍，而且 *Gus* 表达主要发生在块茎的薄壁组织细胞。而 *Pat* Ⅱ基因启动子指导的 *Cat* 表达在块茎和根中都是低水平表达。进一步分析表明 *Pat* Ⅱ在块茎中的低水平表达实际上是由于 *Pat* Ⅱ仅在中柱鞘环和木栓等有限细胞内的高水平表达产生的。尽管 *Pat* 基因表达总是伴随着块茎的形成，但转基因分析证明，在形成块茎和不形成块茎的马铃薯种中，*Pat* Ⅰ的表达可被叶和茎中的蔗糖诱导，而 *Pat* Ⅱ基因的表达则不受蔗糖浓度的影响，这暗示了 *Pat* Ⅰ在块茎中的高水平表达机制是从其他器官或不形成块茎的马铃薯种进化而来的。

植物的储存器官，如块茎、种子、果实中常含有大量的抑制蛋白水解酶的蛋白因子。马铃薯块茎的 *Pi*-Ⅱ 基因编码的就是这样一种蛋白因子，它主要抑制胰蛋白酶和胰凝乳蛋白酶活性，同时还在抗病和受伤时起保护的作用[91]。马铃薯块茎的 *Pi*-Ⅱ 基因是小的多基因家族，已知两个成员的核苷酸序列同源性超过 95%，而不同植物的 *Pi*-Ⅱ 编码的氨基酸序列的同源性大约为 80%。*Pi*-Ⅱ 基因受环境和发育的调节，在正常生长条件下，*Pi*-Ⅱ 基因是块茎特异表达的，主要在与维管束相连的薄壁细胞内组成型表达，在叶、茎等器官中低水平表达。但当马铃薯的器官（如叶）受到伤害时，叶和茎中会出现 *Pi* -Ⅱ 基因的表达，也主要是位于与维管束相连的细胞内表达；而此时在块茎中的 *Pi*-Ⅱ 基因的表达消失。在未受伤的块茎和受伤植物的叶、茎中，*Pi*-Ⅱ 基因表达总与维管束关联，表明由受伤所产生的信号是通过维管系统被传送到植物的未受伤部分，激发不同的 *Pi*-Ⅱ 基因家族成员，并通过改变 mRNA的水平进行调节。

马铃薯块茎中淀粉合成的酶也进行高水平表达。现已分离到几种编码淀粉合成酶的基因（Muller-Rober 等，1992；Kuiper 等，1994）[92,93]，包括支链淀粉酶（Pbe），颗粒结合淀粉合成酶（Gbss），以及 ADP-葡糖焦磷酸酶的一个亚基（agpase S）的基因。其中 Gbss 催化直链淀粉的合成，而 Agpase 则是淀粉合成过程中调节的靶位点，它们均在块茎中进行高水平表达。

（2）根瘤特异基因。

固氮根瘤是根瘤菌与豆科植物共生而形成的一个新的特化器官。根瘤中特异表达的基因用 *Nod* 表示，其产物统称结瘤素（nodulin），意指豆科植物为完成根瘤的形成及其生物学功能而拥有的一套独特基因。有已发现些 *Nod* 基因也在豆科植物的叶、茎、花等器官中表达，甚至在非豆科植物中也发现存在这类基因的表达。在豆科植物中已分离到许多的根瘤特异基因，包括根瘤发育早期，即在固氮开始之前的早期结瘤素基因（*Enod*），如 *Enod2*、*Enod3*、*Enod5*、*Enod10*、*Enod12*、*Enod14*、*Enod40*、*Enod75* 等[94]，这些基因多是编码的细胞壁蛋白。晚期的结瘤素基因，如编码豆血红蛋白的 *Lbc3*，编码血红蛋白的 *Hb* 及 *Nod23*；参与根瘤新陈代谢的多种酶基因，如编码谷氨酰胺合成酶、蔗糖合成酶、脲酶、查尔酮合酶等的基因；还有一些未分类的结瘤素基因，如 *Nod22*、*Nod25*、*Nod26* 和 *Nod45*，它们在根瘤中特异表达，许多功能尚不确定，但其中的 *Nod26* 却已得到较深入的研究。

研究最广泛的是早期结瘤素基因之一 *Enod12*[95]，它属于 Hrgp 家族的细胞壁蛋白，N 端有信号肽序列，富含脯氨酸的两个 5 肽重复单位：PPQKE 和 PPVQG。*Enod12* 是小的多基因家族，豌豆中含有 *Enod12A* 和 *Enod12B*，四倍体苜蓿也含有它的两个成员，然而二倍体苜蓿只发现它的一个成员。豌豆的 *Enod12A* 和 *Enod12B* 基因具有完全相同的表达模式；除了 *Enod12B* 仅在幼嫩的根瘤内表达外，苜蓿的两个 *Enod12* 基因也相似。*Enod12* 基因表达的激活是在感染线（infection thread）启动穿透根皮层的早期，主要是在感染线通过的细胞及根瘤菌被释放的根瘤初生部细胞中表达，并在根瘤发育过程中保持表达。同时，在非共生器官的茎和花中 *Enod12* 也进行表达。*Enod12* 在不包括感染线的细胞内（如感染线将要通过的细胞）表达，可能是可溶的化合物脂多糖分子（Nod 因子）激活的[96]。

在根瘤菌和豆科植物根进行共生的过程中，几千个根瘤菌通过类似内吞的过程（internalization）侵入宿主细胞，该过程要求感染细胞有环菌膜（peribacteroid membrane，PBM）的形成。环菌膜保持根瘤菌与宿主细胞质间的分隔，并成为两个共生体间营养和信号交换的界面[97]。*Nod26* 编码一种 26kDa 的环菌膜蛋白[98]。Nod26 蛋白跨越环菌膜 6 次，C 端面向细胞质，可被位于环菌膜的一个 Ca^{2+} 依赖的（钙调素非依赖的）蛋白激酶磷酸化。Nod26 是一个通道蛋白，具有与通道蛋白（如哺乳动物的 MIP26、果蝇的 BIB、番茄 Tip）有类似的特征：具有相似位置的跨膜区及相似位置的内含子，参与穿越环菌膜的小分子转运。

大豆的 Nod26 在根瘤菌内吞之前激活，将在根瘤细胞中特异表达，而在正常的大豆根细胞中无表达，但有与 Nod26 类似的蛋白在大豆组织表达。*Nod26* 基因是转录水平调控的，*Nod26* 基因上游 TATA 盒和 CAAT 盒间有一个根瘤特异元件（CTCTT），基因上游 −206～−157 间有 3 个 9bp 的同向重复（ATTGTATT）被富含腺苷酸的 13bp 序列分隔；其中 2 个近端的重复是根瘤特异表达所必需的。在 −598 处存在一个反向重复序列：TTATGAACGATCGTTCCTAA，仅一个碱基不匹配。所有序列的基序都在 *Nod26* 基因表达控制中起重要作用。

7. 环境诱导基因

环境诱导基因是植物细胞由于内外环境的变化而诱导表达的一类基因。通过对环境诱导基因的分离和研究，可为我们对植物与环境的相互作用，基因的表达调控提供更多的信息。环境诱导基因的诱导因子主要包括激素、温度、病原体、水、光、干旱等。

（1）激素诱导基因。

植物生长素（AI）和脱落酸（ABA），已被广泛地应用到环境诱导基因的分离和研究工作中，得到大量有关 ABA 和 AI 诱导基因的结果。

生理学的研究已经证实，植物细胞和组织在面临外界环境胁迫，如低温、创伤、高渗水压、盐、干旱时，植物内源 ABA 水平将增加，显示 ABA 是植物细胞应答不同环境压力变化时的中介者。

在苜蓿中（Luo 等，1992）分离到的三个“ABA 与环境压力”诱导基因：*Um90-1*、*Um90-2*、*Um91-4*。它们编码的多肽分别含有 157、98、140 个氨基酸。基因间核苷酸序列同源性为 47%～59%，而蛋白质间氨基酸同源性达 73%～80%。同已知的几个其他 ABA 压力诱导基因相比也有很高的序列同源性。所有这些基因编码产物都包含 Gly_n-X_n 连续重复单位，其中 X 可为酪氨酸、天冬酰胺、组氨酸、苯丙氨酸、亮氨酸、丙氨酸、谷氨酰胺、天冬氨酸、谷氨酸、缬氨酸或丝氨酸。三个苜蓿基因产物的重复单位多以分散的形式存在，而非连续排列。三个基因编码的蛋白均富含甘氨酸(35%～40%)、组氨酸（7%～15%)、天冬酰胺（8%～14%)、酪氨酸（5%～10%)，但缺乏色氨酸和脯氨酸。此外，三个基因 3′末端含有几个保守的 polyA 信号序列，而且序列末端有重复的 C（A）簇，基因下游有重复的 G/T 簇，这些特征显示苜蓿的三个基因可能起源于一个共同的基因祖先。

用 *Um90-1* 作探针，通过杂交检测植株的 RNA 水平，已获得苜蓿基因在不同条件下的表达情况。当苜蓿幼苗的茎受低温、盐、ABA 处理时，*Um90-1* 基因高水平表达，其中以低温处理诱导的基因表达水平最高，而创伤和干旱处理诱导的基因表达水平相对较弱，但有明显的表达，而热激处理则无此基因表达；当用 ABA 分别处理幼茎、叶和根时，茎和叶有高水平基因表达，而根中无此基因表达。这说明该基因的诱导表达有组织特异性。但基因表达却无发育的时间特异性，因为当用 ABA 诱导不同时期幼苗和成熟植株时，均有基因的表达，只是更老的幼苗的基因表达水平高一些，并且随 ABA 处理时间的延长可增加基因的表达水平。

植物生长素（AI）也是一类重要的植物激素，在植物细胞的延长、分裂和特殊的发育变化中起着重要的作用。现已分离出多个 AI 诱导基因，有些基因是 AI 特异诱导产生的，而另一些则是包括 AI 在内的多种因素所诱导，如细胞分裂素、唾液酸和重金属等理化因子、创伤、环境压力等。对各种 AI 诱导基因都进行了不同程度的研究，如大豆的 AI 诱导基因 *Gh3*[99]，它的启动区包括三个 TGA 盒：TGACGTGGC(－235～－227)、TGACG-TAA(－86～－79)、TGACGCAG(－427～－420)；它们是植物核蛋白的强结合位点，具有提高 Gh3p 的 AI 诱导能力。－322～－304 是一个 GTCGGCGGCGCCCATTAGT 保守基序（在土壤杆菌的 AI 诱导基因的启动子也存在类似元件)，功能尚不十分明白；在－183～－108 的 76bp 片段内，包括两个功能独立的 AI 诱导亚片段，每一个为 25～32bp 长，且各自包括一个保守的顺式元件：TGTCTCCTCAATAAG(－176～－162)和 TGTCTCAATA-AG(－130～－119)；此外，在－249～－203 间还存在一个尚未确定的顺式元件。Gh3p 内的多个 AI 诱导元件的存在将导致 AI 诱导能力的总体水平高。

AI 不仅能诱导基因高水平表达（正调控)，也能诱导基因低水平表达（负调控)。Datta 等（1993）在大豆中分离到三个 AI 负诱导基因家族（auxin downregulated，Adr)：*Adr6*、*Adr11*、*Adr12*。在大豆黄化幼苗生长 5 天后，当胚轴用 AI 处理 24h 时。*Adr* 基因的 mR-NA 浓度从占总 mRNA 的 2.1%下降到 0.05%～0.1%，而 *Adr6*、*Adr11-2*、和 *Adr12-2* 基因表达水平分别下降了 100 倍、15 倍和 10 倍。这些 *Adr* 基因家族有组织特异性表达，并且受 AI 负诱导。

Adr 基因不仅被 AI 负诱导，而且也被光诱导。当光诱导时，不同的 *Adr* 基因的表达有明显的差异。*Adr6* 基因在所有组织中的表达水平明显提高；*Adr11-2* 基因在延伸胚轴中的表达下降，但在成熟胚轴中的表达水平没有变化；*Adr12-2* 基因表达除在延伸胚轴中无变化外，在其余所有组织中均加强。这些结果显示光可能影响 AI 的浓度变化而间接影响 *Adr* 基因的表达。

(2) 干旱诱导基因。

干旱是一种对植物的非生物胁迫。当干旱时，激发信号转导途径，改变植物细胞内基因的表达水平，进而导致植物在生理水平和发育水平的变化，如叶气孔的关闭，根毛、茎、叶代谢和光合作用的明显抑制，细胞微管蛋白合成的减少，植物激素水平的变化等，提高对干旱的耐受力。

植物细胞对干旱的应答主要是基因表达水平的改变，特异的干旱诱导基因的表达可增强细胞质的保护功能而促进失水细胞的耐受能力，促进对水的吸收能力，控制离子的积累，同时进一步调节其他基因的表达。这个过程是在不同环境胁迫下产生膨压丢失或细胞体积变化，这两种或一种变化可能激活一类活性伸展通道蛋白（stretch-activated channel protein），其中关键蛋白的构象或蛋白间的排列关系的改变，将导致细胞壁-细胞质膜连续体（continuum）的变化，进而激发一个信号转导途径，诱导基因表达。

一些干旱诱导基因的表达明显导致内源 ABA 浓度的提高，使它在失水细胞内积累。Bray（1993）[100]提出干旱诱导基因表达的三种不同的诱导方式：①ABA 必需方式，即基因表达必须存在 ABA；②应答 ABA 方式，基因表达既受 ABA 诱导，又受干旱诱导；③非 ABA 应答方式，基因表达不受 ABA 影响。

现在已分离到许多干旱诱导基因[101]，如拟南芥的 *ERO*、*RD*、*TMP*、番茄的 *Ars* 基因等，多数以多基因家族形式存在，可更快的应答干旱。其中 *RD* 基因[102]在拟南芥中已分离到 9 个：*RD2*、*RD19*、*RD21*、*RD22*、*RD29*、*RD17*、*RD20*、*RD28*、*RD26*。它们编码的产物各具特征，*RD19* 和 *RD21* 产物序列类似多种的巯蛋白酶，*RD22* 的产物的 C 端与蚕豆的未鉴定种子蛋白 Usp 同源，*RD28* 编码一种膜蛋白，与大豆的 Nod26 同源，*RD17* 产物与胚胎发育晚期富含蛋白 Rab 同源，其他的基因尚未发现同源的基因。各种基因在干旱条件下具有不同的表达模式，RD21 和 RD19 分别在干旱处理 1.5h 和 5h 后开始表达，*RD20* 和 *RD2* 在 7h 后表达。*RD22*、*RD28*、*RD17* 到 10h 才开始表达，而 *RD29* 却出现两次表达。此外，ABA 能诱导 *RD22* 和 *RD29* 基因表达，但不能诱导 *RD19*、*RD21* 和 *RD28* 基因表达，这说明有几个信号途径应答干旱胁迫时的 *RD* 基因表达。

有关环境诱导基因，在这只讨论了植物激素和干旱诱导基因。在植物面临的环境中还存在着许多的其他诱导条件，也分离到一些诱导基因。表 11.13 中列举了其中的几种诱导基因。

表 11.13 几种环境诱导基因的特征[74a]

基因	植物来源	可读框大小	氨基酸序列特征	功能	诱导条件
Wali6	小麦	264 bp	信号肽；F^{39*}，S^{40} 和 T^{64}，S^{65} 两个活性位点	抑制糜蛋白酶活性	铝
Pr4	菜豆*	141 bp	富含赖氨酸（14.9%）精氨酸（6.8%）	保护和治愈伤口	害虫，病原和创伤
Chs6	大豆	1167 bp	—	在受照射区积累黄酮等保护分子	太阳紫外光
Esi35	冰草*	759 bp	9 个富含丝氨酸重复序列 3 个富含赖氨酸重复序列	盐耐受	盐
CatB	水稻	1476 bp	催化保守区，血红素结合区 过氧化物靶信号序列	清除 H_2O_2	H_2O_2
Wcs66	小麦	1473 bp	富含甘氨酸，组氨酸，苏氨酸 7 个 A 重复多肽，14 个 B 重复多肽*	抗冻	低温

* F^{39} 表示氨基酸序列 39 位的苯丙氨酸；A 重复多肽：GEKKGVMENIKEKLPGGHGDHQQ；B 重复多肽：TGGTYGQQGHTGTT；菜豆：*Phaseolus vulgaris*；冰草：*Lophopyrum elongatum*

8. 叶绿体的基因

（1）叶绿体DNA。

环状的叶绿体DNA分子[103]周长40～45μm，分子质量约90MDa。每个细胞的叶绿体DNA含量0.8×10^{-14}～6.9×10^{-14}g。DNA分子大小120～160kb，最小的刺海松（*Codium fragile*）为85kb，最大的伞藻（*Acetabularia*）达2000kb（表11.14）。

叶绿体DNA分子大小的高度一致性，说明进化的选择作用使叶绿体DNA的大小限制在一定范围之内[104]。叶绿体基因组是光合细菌和蓝绿藻基因组的1/30～1/20，说明有一种进化缩小作用在叶绿体的共生起源之后短时期发生。一些较大的（如2000kb）叶绿体基因组可能是次级扩增的结果，因为它的蛋白质类型与其他的叶绿体是相同的。几乎所有的叶绿体DNA都是大小接近的单个环状分子，只有两种棕藻（*Plyaiella littoralis* 和 *Sphacelaria* sp.）存在多个不同的环（表11.14）。

（2）叶绿体的基因组。

高等植物的叶绿体DNA分子质量约150kb。自1976年建立了玉米的叶绿体DNA的物理图以来[105]，迄今已经发表了50多种植物叶绿体DNA物理图谱，这为叶绿体基因组结构和DNA全序列分析打下了良好的基础[106]。除了远缘的植物的叶绿体DNA物理图有某些差异外，同一种或不同种间的叶绿体DNA的限制性图谱都是相同的或相似的，即使无关的植物种至少也有30%的同源性。

目前已经测定了烟草[107]、水稻（*Oryza satia*）[108]和地钱（*Marchantia polymorpha*）的叶绿体DNA全序列[109]（图11.16），正在进行玉米、豌豆、纤细裸藻、松树（*Pinus*）和拟南芥的叶绿体DNA全序列的测定。

表11.14　不同植物叶绿体DNA的大小与构型[104]

种属	基因组大小/kb	构型	重复的大小/kb
被子植物	120	单环	10～76
（33个科90个属230个种）			
裸子植物			
Ginkgo biloba	158	单环	17
蕨类植物			
Osmunda cinnamomea	144	单环	10
Asplenium nidus	150	单环	未定
苔藓植物			
Marchantia nidus	121	单环	11
绿藻			
Codium fragile	85	单环	未定
Chlorella ellipsoidea	174	单环	23
Chlamydomonas smithii	199	单环	23
Acetabularia mediterranea	2000	未定	10
其他藻类			
Dictyota dichotoma	123	单环	未定
Cyanophora paradoxa	127	单环	10
Euglena gracilis	130～152	单环	6
Pylaiella littoralis	140	多环	未定
Sphacelaria sp.	150	多环	未定

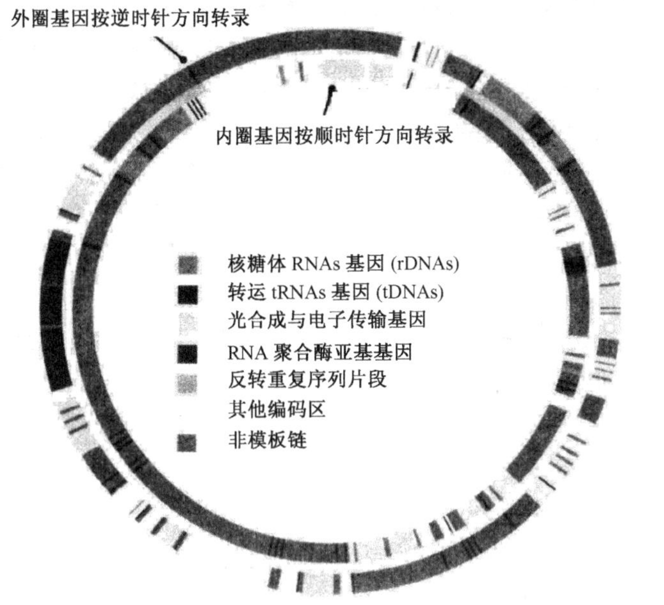

图 11.16　地钱（*Marchantia polymorpha*）叶绿体基因组的基因图。
整个基因组共 121 024 碱基对[109]

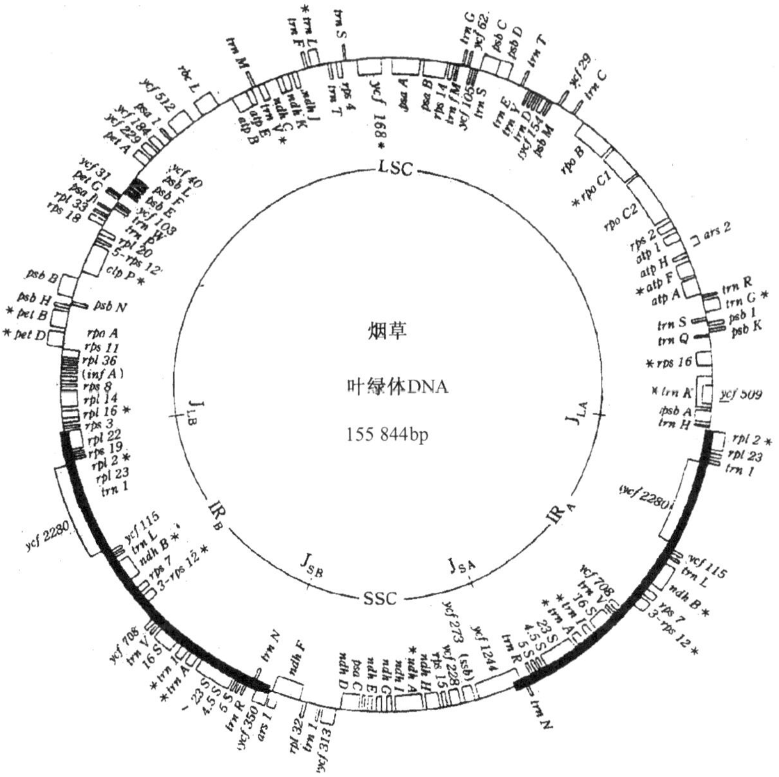

图 11.17　烟草叶绿体基因组的基因图[107]

烟草叶绿体 DNA 是 156kb 的环状分子（图 11.17），分 4 个区：86.5kb 的大单拷贝区（LSC）、18.5kb 的小单拷贝区（SSC）和两个等同的 25kb 倒位重复区（IRA、IRB）。但蚕豆、豌豆、一种苜蓿（*Medicago truncatula*）、松树和纤细裸藻的叶绿体 DNA 没有倒位重复区，而纤细裸藻含有 3 个拷贝的 5.6kb 同向重复 DNA 片段，串联排列）。将 IRA 和 LSC 之间的 *Bam*HⅠ片段 8 上的 *Bam*HⅠ切点定义为 0，核苷酸数目依次向 LSC 递增计数，定义编码 Rubp 羧化酶大亚基基因的链为 A 链，其互补链为 B 链。A 链包含 16 个 *trn* 基因；4 个 *rrn* 基因：16S *rrn*、23S *rrn*、4.5S *rrn* 和 5S *rrn* 基因；19 个蛋白基因；12 个 ycf 序列（其产物尚未被确定的潜在编码序列）；此外，在 A 链上还有两个自主复制序列 *ars1* 和 *ars2*。ARS 序列并不与主要复制起点毗邻，但它们可以起着复制起点的功能。B 链包含 20 个 *trn* 基因；4 个 *rrn* 基因即 16S *rrn*、23S *rrn*、4.5S *rrn* 和 5S *rrn* 基因；52 个蛋白基因；11 个 ycf 序列。显然 B 链的编码序列比 A 链要多一些。因此，叶绿体基因组平均含有大约 120kb 的单一序列，足以为 120 种蛋白编码。除了 *rrn* 和 *trn* 基因外，大约编码 100 个蛋白基因。叶绿体基因可以分为两大类（表 11.14），一类是有关叶绿体遗传系统，包含编码 rRNA、tRNA、核糖体蛋白、起始因子等的基因；另一类是编码光合系统的基因。

（3）叶绿体基因的特点。

a. 叶绿体基因与细菌基因的相似性。

对已报道的 38 种不同叶绿体 RNA（rRNA 和 tRNA）的基因，74 种蛋白质基因（表 11.15）的一些序列的分析，确定叶绿体基因与细菌基因有以下相似性。①在密码使用方面：使用通用密码，包括三个终止密码子 UAA、UAG、UGA。②启动子序列：在转录起始位点有类似原核基因−10 区、−35 区的结构，但位置可能不同。叶绿体基因含有类似 TATAAT ，以及 TTGACA 序列（Link，1984）。但是，叶绿体基因组中也有另外一些 5′上游区含有类似真核基因的 TATA 盒的启动子序列[110]，甚至无 5′上游启动子序列，这暗示叶绿体有多种 RNA 聚合酶[111]。③转录终止序列：在转录终止位点上游存在互补序列，可形成原核生物典型的转录终止茎环结构。④翻译起始：在转录起始的 3′端上游转录产物中含有类似原核生物 SD 的序列，它与翻译起始有关。⑤相邻基因共转录形成双顺反子的 mRNA，因而翻译起始、终止密码有时重叠。

但是，也有与原核生物不同之处：16S *rrn*-23S *rrn* 间隔区较大，因为位于间隔区的 *trn* 含有很长的间隔序列；*trn* 基因不编码 3′-CCA 末端。这些特点使叶绿体在进化过程中具有独特的地位。

b. 叶绿体的多顺反子转录单位。

与原核生物基因的操纵子（operon）结构相似，叶绿体基因组大多数是多顺反子转录单位，基因组中这样的转录单位大约有 50 个。例如，编码光系统Ⅱ和细胞色素 b_6/f 蛋白复合体的基因组织为一个操纵子；编码核糖体蛋白 S2 和 ATP 合酶亚基蛋白的基因组织为另一个操纵子（表 11.16）。从进化上看，植物叶绿体的这种连锁成簇的基因及转录现象可以追溯到其始祖光合细菌基因组。然而在藻类中并非完全如此，说明它们共生起源的过程有所不同。烟草和地钱叶绿体基因组全序列分析，以及其他植物叶绿体基因组部分序列和转录图的分析表明，这些转录单位的排列是高度保守的。虽然在一些转录单位中存在着大基因簇倒位重排，但在操纵子中具有共同功能的基因经常共处（colocalized）一起，这有利于亚基产生的协调和丰度的化学计量。这种组织行为也提供一些基因的差别转录调节的方式。一些操纵子中亦有不同功能的基因混合在一起，而在混合功能操纵子内特异基因的表达涉及多种水平的调节，如复杂的启动子/终止子组合、选择性 RNA 加工、不同的 RNA

表 11.15　叶绿体基因组基因[74a]

基因	产物	基因	产物
一、遗传系统的基因			
23S *rrn*	23S rRNA	*trnV*-UAC	Val-tRNA（UAC）
16S *rrn*	16S rRNA	*rps2*	30S 核糖体蛋白 CS2
7S *rrn*	7S rRNA	*rps3*	CS3
5S *rrn*	5S rRNA	*rps4*	CS4
4. 5S *rrn*	4. 5S rRNA	*rps7*	CS7
3S *rrn*	3S rRNA	*rps8*	CS8
trnA-UGC	Ala-rRNA（UGC）	*rps9*	CS9
trnR-ACG	Arg-tRNA（ACG）	*rps10*	CS10
trnR-UCU	Arg-tRNA（UCU）	*rps11*	CS11
trnR-CCG	Arg-tRNA（CCU）	*rps12*	CS12
trnN-GUU	Asn-tRNA（GUU）	*rps14*	CS14
trnD-GUC	Asp-tRNA（GUC）	*rps15*	CS15
trnC-GCA	Cys-tRNA（GCA）	*rps16*	CS16
trnQ-UUG	Gln-tRNA（UUG）	*rps18*	CS18
trnE-UUC	Glu-tRNA（UUC）	*rps19*	CS19
trnG-GCC	Gly-tRNA（GCC）	*rpl12*	50S 核糖体蛋白 CL12
trnG-UCC	Gly-tRNA（UCC）	*rpl5*	CL5
trnH-GUG	His-tRNA（GUG）	*rpl13*	CL13
trnI-GAU	Ile-tRNA（GAU）	*rpl14*	CL14
trnI-CAU	Ile-tRNA（CAU）	*rpl16*	CL16
trnL-UAA	Leu-tRNA（UAA）	*rpl20*	CL20
trnL-CAA	Leu-tRNA（CAA）	*rpl21*	CL21
trnL-UAG	Leu-tRNA（UAG）	*rpl22*	CL22
trnK-UUU	Lys-tRNA（UUU）	*rpl23*	CL23
trnM-CAU	Met-tRNA（CAU）	*rpl32*	CL32
trnM-CAU	Met-tRNA（CAU）	*rpl33*	CL33
trnF-GAA	Phe-tRNA（GAA）	*rpl36*	CL36
trnP-UGG	Pro-tRNA（UGG）	*rpl36*	CL36
trnS-GGA	Ser-tRNA（GGA）	*rpoA*	RNA 聚合酶亚基 α
trnS-UGA	Ser-tRNA（UGA）	*rpoB*	亚基 β
trnS-GCU	Ser-tRNA（GCU）	*rpoC1*	亚基 β'
trnT-GGU	Thr-tRNA（GGU）	*rpoC2*	亚基 β''
trnT-UGU	Thr-tRNA（UGU）	*tufA*	延长因子 Tu
trnW-CCA	Trp-tRNA（CCA）	*infA*	起始因子 1
trnY-GUA	Try-tRNA（GUA）	*clpP*	一个蛋白酶亚基
trnV-GAC	Val-tRNA（GAC）		

续表

基因	产物	基因	产物
二、光系统的基因			
rbaL	Rubiaco 大亚基	*petB*	细胞色素 b_6
		petD	亚基Ⅳ
psaA	PSⅠ P700 脱辅基蛋白 A_1	*petG*	亚基Ⅴ
psaB	P700 脱辅基蛋白 A_2	*atpA*	H^+-ATP 酶亚基 $CF_1\alpha$
psaC	9kDa 蛋白	*atpB*	亚基 $CF_1\beta$
psaI	I 蛋白	*atpE*	亚基 $CF_1\varepsilon$
psaJ	J 蛋白	*atpF*	亚基 CF_0 Ⅰ
psbA	PSⅡ D1 蛋白	*atpH*	亚基 CF_0 Ⅲ
psbB	47kDa 蛋白	*atpI*	亚基 CF_0 Ⅳ
psbC	43kDa 蛋白	*ndhA*	NADH 脱氢酶 ND1
psbD	D2 蛋白	*ndhB*	ND2
psbE	细胞色素 559（8kDa）	*ndhC*	ND3
psbF	细胞色素 559（4kDa）	*ndhD*	ND4
psbH	11kDa 磷蛋白	*ndhE*	ND4L
psbI	I 蛋白	*ndhF*	ND5
psbJ	J 蛋白	*ndhG*	ND6
psbK	K 蛋白	*ndhH*	49kDa 蛋白
psbL	L 蛋白	*ndhI*（*frxB*）	18kDa 蛋白
psbM	M 蛋白	*ndhJ*	
psbN	N 蛋白	*ndhK*（*psbG*）	27kDa 蛋白
petA	细胞色素 f	*frxC*	31kDa 蛋白

稳定性、翻译和蛋白转换的调节。一般来说，多顺反子的组织可以使用较少数目的转录起始位点，但在某种情况下，由于多个启动子的活性又可以使同一操纵子中进行选择性转录而增加 RNA 类型的复杂性。

表 11.16　一些叶绿体操纵子的基因组织[74a]

操纵子	基因产物
16S-*trnl*-*trnA*-23S-4.5S-5S*rrn*	rRNA，tRNA
rpl23-*rpl2*-*rps19*-*rpl22*-*rps3*-*rpl16*-*rpl14*-	核糖体蛋白，起始因子 1-RNA 聚合酶
rps8-*infA*-*rpl36*-*rps11*-*rpoA*	α 亚基
rpoB-*rpo*-*C1*-*rpoC2*	RNA 聚合酶 β、γ 亚基
psbB-*psbH*-*petB*-*petD*	PSⅡ 和细胞色素亚基
psbA-*psbK*-*psbD*-*psbC*-*orib2*-*trnG*	PSⅡ 亚基 orib2，tRNA
psaA-*psaB*-*rps14*	PSⅠ 亚基，核糖体蛋白
aspl-*atpH*-*atpF*-*arpA*	ATP 合酶

c. 叶绿体的 RNA 聚合酶。

藻类和高等植物的叶绿体含有两种不同类型的 RNA 聚合酶（Rpase）[112,113]。一种类型是在制备中表现为紧密地与 DNA 缔合成为 DNA-蛋白质复合物，称为结合的 RNA 聚合酶；在藻类中它可能是一种单亚基酶，优先合成 rRNA。另一类型是可溶性的 RNA 聚合酶；它已经从玉米叶绿体中纯化，由多个亚基（7～14 种多肽）组成。这些亚基已经分离，并用一种 RNA 聚合酶进行酶联免疫测定显示有 7 个亚基[114]，分子质量分别为：38kDa、75kDa、80kDa、102kDa、110kDa、145kDa、150kDa，其中 150kDa、145kDa 在免疫学上和 *E. coli* Rpase 的 β 和 β′ 亚基相似，但未在离体下证明其在叶绿体启动子区特异起始转录。

至于叶绿体 RNA 聚合酶是由细胞核编码还是由叶绿体基因组编码仍未确定。一些实验证明，高等植物叶绿体 RNA 聚合酶是由核基因组编码的[112]，后来还发现一种非光合的寄生植物（*Epifagus*，山毛榉寄生属）的质体基因组缺乏 *rpoB*、*rpoC1* 和 *rpoC2* 但却能积累质体 RNA，进一步证明质体内的 RNA 聚合酶由核编码的。然而，叶绿体基因组确实存在为 RNA 聚合酶编码的序列；衣藻叶绿体 DNA 中存在可以和大肠杆菌 RNA 聚合酶基因杂交的序列[113, 115]，陆生植物叶绿体 DNA 的一些区段可编码类似于大肠杆菌 RNA 聚合酶的 α、β、β′ 亚基，而被定为 *rpoA*、*rpoB*、*rpoC* 基因座，其中 *rpoC* 断裂为两部分 *rpoC1* 和 *rpoC2*。另一个证据是玉米叶绿体 RNA 聚合酶的 38kDa、120kDa、78kDa 和 180kDa 亚基的 N 端序列分别精确地对应玉米 *rpoA*、*rpoB*、*rpoC1* 和 *rpoC2* 基因序列[116]。这些都是叶绿体是合成 RNA 聚合酶的场所的证据。

还有一种可能性是 RNA 聚合酶的某些亚基由核编码，在细胞质合成以后输入叶绿体。在叶绿体发育早期，某种未知的细胞特异因子激活了核编码的质体 RNA 聚合酶的转录活性，导致质体编码的 RNA 聚合酶水平提高，转而激活光合装置的合成和装配基因的转录，呈现一种级联调节。

d. 叶绿体基因的内含子。

叶绿体基因结构的最明显的差别是它们的内含子的数目和大小不同。例如，纤细裸藻的叶绿体基因组至少有 50 个内含子，占基因组的 20%，纤细裸藻的许多基因含有多个内含子。蚕豆则只有 6 个内含子。烟草的 *rpl2* 有内含子而菠菜则无。在陆生植物有已知有 3 个蛋白基因缺乏内含子，而被子植物则具有大的内含子（451～949bp），甚至有的 1 个基因（*psbA*）有 4 个大内含子。

11.5.3　植物发育调控基因的分离

基因分离是研究基因的结构与功能，进行克隆及基因工程的必要前提。目前常用的办法是构建染色体基因组文库或 cDNA 文库，然后从中筛选目的基因。此法的优点是具有普遍性、通用性，但步骤繁杂，筛选工作量大。如果对某一调节基因的产物（调控蛋白）了解的话，可以把它纯化后制成成抗体。用这些特异的蛋白质抗体筛选相应的 cDNA 文库，就可得到目的 cDNA 克隆。Sung 等应用这种方法成功地分离了胡萝卜体细胞胚胎发生过程中发育调控的特异性件基因[117]。此外，也可对纯化的调控蛋白进行部分序列分析，从氨基酸顺序推测编码它的核苷酸序列，然后人工合成一段寡聚核苷酸作为探针来筛选 cDNA 文库，或以此为引物用 PCR 方法在体外直接扩增。以上这些方法只有在已经知道其特异蛋白，并必须分离纯化以后方可进行。可是发育调节基因及其产物（调节蛋白）往往是微量地存在于发育过程的一个很短的时期内，使对其分离与提纯很难；而且调控基因的调控不一定通过其蛋白质产物参与调控。所以在在分离这些基因时，就不能从蛋白质入手。

实际上，我们对绝大多数发育中的基因的序列、产物都知之甚少。在基因产物未知的情况下一般有两种方法可以用来分离控制发育的基因，一种是从影响某一发育过程的突变体入手，在比较突变型和野生型生型基因中，找到正常发育过程的基因，称为转座子标记（transposon tagging）技术。另一种方法是从某一特定的生理过程或发育阶段出发，利用差异筛选（differential screening）原理来分离目的基因，称为减法杂交与差异筛选（subtraction hybridization and differential screening）。

1. *转座子标记*（transposon tagging）

转座子（transposon）是美国科学家 McClintock 在玉米中发现的一种可以移动的遗传因子。现代分子生物学的研究证明它含有转位酶、解体酶等基因位点，两端具有重复序列。它的序列可以在基因组中转位，插入其他 DNA 序列中。这样，当它正好插入某一基因的外显子区域时，就能破坏这一基因的表达，从而导致表型的改变，因此，我们可以在无需知道基因产物，以及这一基因作用方式的情况下，将特异基因 DNA 序列与某一突变表型直接联系在一起。

转座子标记的操作过程是首先进行亲本杂交，其中的一个亲本必须含有某种活跃的转座子。然后对子代中目的性状进行突变筛选。选择比自发突变率 $10^{-4}\sim10^{-3}$ 范围内的突变，这样的突变很可能是转座子插入到目的基因所造成的。用突变植株提取 DNA，构建基因文库。用标记的转座子序列作为探针筛选，这样，转座子就可以作为一种分子标记来分离突变的基因。筛选出的克隆中，对转座子两端的序列进行亚克隆，这是些被转座子插入的目的基因的序列。这些亚克隆可反过来作为探针，用以筛选野生型植物的基因文库，得到完整的野生型基因。应用转座子标记技术，在植物上已成功地分离了几种调节基因，如调节花色素苷合成的 *CI* 基因[118]，控制种子蛋白积累的*Opaque-2*基因[119]。

因为这种方法使用的条件是：①亲本之一必须含有活跃的转座子。②所用的转座子还必须已经分离、克隆，否则将无法对其进行标记作为探针。③由于转座子在突变植株的基因组中插入的位置很多，并不一定都是插入到目的基因之中。所以，用转座子为探针得到的基因，并不只是预期的目的基因，还要进一步鉴别。这也是件麻烦事。④另外，要得到一个目的性状突变的植株，必须筛选大量的子代（10 000以上）。如果筛选的性状只在成熟植株中才表达的话，就需大面积地种植。如果筛选的性状只有通过特定的生化分析手段才能检测，则工作量将更大。

因此，该项技术目前还只能用于少数富含活跃转座子的植物，如玉米和金鱼草。

2. *减法杂交和差异筛选*

该法是分离低丰度发育调节基因的常用方法。由于植物的不同组织或不同发育阶段，基因表达不同，所以不同组织或不同发育时期期都有特异的信使 RNA 出现。为了叙述方便，表达特异基因的组织称为（+），作为对照不表达特异基因的组织称为（－）。

减法杂交（subtraction hybridization）的基本步骤是：将从（+）组织提取的（+）mRNA（注意：是该组织含有的全部 mRNA）逆转录为（+）cDNA，然后与过量的（－）mRNA 作溶液杂交。在（+）、（－）两种组织中都表达的基因产物将形成 mRNA/cDNA 双链杂交分子，而仅在（+）组织中特导表达的 mRNA 转录成的 cDNA 仍保持单链状态，用羟基磷灰石柱层析可将双链和单链分子分开，得到的 cDNA 单链即为差异表达的序列[119]。

差异筛选是一种在没有特异探针的情况下，筛选 cDNA 文库的一种方法，从表达特异的组织（＋）中提取（＋）mRNA，逆转录为（＋）cDNA，然后构建 cDNA 文库。用两张硝酸纤维素膜或尼龙膜复制两份完全一致的文库菌落或噬菌斑（注意：每一个菌落或噬菌斑中只含一或少数几种 cDNA），分别用带有标记的（＋）cDNA，（－）cDNA 作为探针，作原位杂交，筛选出只与（＋）cDNA 杂交而不和（－）cDNA 杂交的克隆，这些克隆则认为是（＋）组织特异表达的克隆。

在实际应用中，这两种方法常常结合使用，因为从理论上减法杂交可以得到（＋）组织特异表达的 cDNA 序列，但由于杂交条件的限制，各种不同的序列退火条件也不尽相同，所以选出的单链中仍有一部分是由于杂交退火不完全所形成，并非都是特异表达的序列。如果用这些选出的单链作一个部分 cDNA 文库（sub-DNA library）则特异表达序列在部分文库中就得到很大程度的富集，然后对这样的一个部分文库进行差异筛选，则筛选的工作量会大大减少。这样，不但容易获得目的序列，还使这种方法的灵敏度大大提高，对极其微量表达的基因（mRNA$<10^{-5}$）也可以克隆到它的序列。

这种方法较转座子标记有其独特的优势，它不需已知并克隆转座子，也不需要去筛选突变体，因此可以用于多种发育过程的研究。它也使得过去难以深入研究的生理学问题找到了入手点。但是这种方法也有它的局限性，它只能用来分离在转录水平上控制性状的基因，因为它必须通过转录的 mRNA 去追踪它的基因，如果生理发育的性状控制发生在转录之后，如对 mRNA 的转录后加工或是对翻译的控制，则无法用这种方法来克隆它的基因。另外，对于那些 mRNA 转录量太低的，也难以检出。

11.5.4　植物发育调控基因功能的研究

1. 同源异形基因

同源异形基因（homeotic gene）是 1983 年在果蝇中发现的一段约 180 个碱基长的核苷酸序列，它编码一个 60 左右个氨基酸的蛋白质，具有高度的保守性，它可以控制果蝇体节的发育，它的突变可导致果蝇体节的改变，故称为控制发育的总开关（master switch）。*homeo*基因编码的 hemeo 蛋白质，具有特殊的二级结构：α-螺旋-转角-α-螺旋（HTH），用抗体对其进行细胞化学定位发现，它是一种 DNA 结合蛋白。它通过对 DNA 的结合，在转录水平上调节基因的表达。通过分子杂交技术和对已克隆调节基因核苷酸序列的计算机分析，已发现植物中也存在与 *homeo* 基因高度相似的序列[120]。

例如，金鱼草的一种突变体，发生突变时花瓣变成萼片，雄蕊变成雌性器官，用差异筛选的方法，比较了野生型和突变型植物的基因，从而克隆出了其中发生突变的基因 *DEF*，通过序列分析，推测出它编码的 DEF A 蛋白的氨基酸序列，发现它和酵母中的 homeo 蛋白的氨基酸顺序非常相似[121]。另外，已经证实胡萝卜叶原基的起源受 *hemeo* 基因的调节[122]。

2. 反义 RNA

反义 RNA 可以阻抑与之相应基因的转录物（RNA）的表达，从而影响到表型性状。人们利用这一特性将发育调控基因与其转录调节区域反接，这样就人工构成反义 RNA 基因。将其导入植物，进一步确定基因的作用。植物中最清楚的一种调控基因是在番茄果实成熟过程中，与果实软化有关的多聚半乳醛酸（PG，polygalacturonase G）酶的基因，用它的 cDNA与启动子反接后，形成反义 RNA 系统，导入正常的植株，发现 PG 酶活性大大降低[123]。利用这一技术与同位素标记、原位分子杂交结合起来，可以人为监测特定基因的表达，以研究在发育过程中该基因在不同时、空中的功能。用一种番茄花器官中分离出来的特异cDNA，构建反义RNA系统，并用^{35}S标记的反义RNA作原位杂交，结果表明，它仅仅在绒毡层中表达，这种组织特异性表达的基因，可能参与花粉成熟过程中必需物质的运送，随着对不同发育阶段及不同组织中特异表达的调控基因研究的增多对它们的功能才能更了解。

参考文献

[1] Lyndon RF, Francis D. Plant Mol. Biol, 1992,19:51～68.

[2] Goodner B, Quatrano RS. Plant Cell, 1993, 5:1471.

[3] Kropf DL. Microbioi. Rev, 1992, 56:316.

[4] Kropf DL, et al. Plant, Cell, 1989,1:191.

[5] Kropf DL, et al. Science, 1988,239:187.

[6] Berger F, et al. Science, 1994,263～1421.

[7] Webb MC, Gunning ES. Planta, 1991,184:187.

[8] Quartrano RS. Genetics of Pattern Formation and Growth Control (Mahowald A., ed.). New York: Alan. R. Liss, 1990,31.

[9] Goodner B and Quartrano RS. Plant Cell, 1993,5:1471.

[10] Okada K, et al. Plant Cell, 1991,3:677.

[11] Liu CM, et al. Plant J, 1993,3:291.

[12] Liu CM, et al. Plant Cell, 1993,5:621.

[13] Jurgens G, Torres Ruiz RA, Berleth T. Annu Rev Genet, 1994,28:351～371.

[14] Jurgens G. Cell, 1995, 81:467.

[15] Torres Ruiz RA, Jorgens G. Development, 1994,120:2967.

[16] Lydon RF. Plant Developement: The Cellular Basis. London: Unwin Hyman Ltd. 1990,203.

[17] Sterk P, Booij H, Schellekens GA, Van Kammen A, De Vries SC. Plant Cell, 1991,3:907～921.

[18] Perez-Grau L, Goldberg RB. Plant Cell, 1989,1:1095～1109.

[19] Hofte H, Desprez T, Amselem J, et al. Plant J, 1993,4:1051～1061.

[20] Ludevid D, Hofte H, Himelblau E, et al. Plant Physiol, 1992,100:1633～1639.

[21] Knox JP, Linstead PJ, Peart J, Cooper C, Roberts K. Plant J, 1991,1:317～326.

[22] Stacey NJ, Roberts K, Knox JP. Planta, 1990, 1(80):285～292.

[23] Pennell RI, Janniche L, Kjelbom P, Scofield GN, Peart JM, Roberts K. Plant Cell, 1991,3:1317～1326.

[24] Jefferson RA, Kavanagh TA, Bevan MW. EMBO J, 1987,60:3901～3907.

[25] Bustos MM, Begum D, Kalkan FA, et al. EMBO J, 1991,10:1469～1479.

[26] Topping JF, Wei W, Lindsey K. Development, 1991,112:1009～1019.

[27] Yamamota YT, Taylor CG. Plant Cell, 1991,3:371～382.

[28] Medford JI, Elmer JS. Plant Cell, 1991,3:359～370.

[29] Kohler S, Coraggio I. Planta, 1992,186:227～235.

[30] Mayer V, et al. Nature, 1991, 53:402.

[31] Shevell DE, et al. Cell, 1994, 77:1051.

[32] Mayer U, Torres Ruiz RA, Berleth T, et al. Development, 1993,117:149～162.

[33] Jurgens G, Torres Ruiz RA, Laux T, et al. In: Plant Molecular Biology, eds by Coruzzi G, Puigdomenech P. Berlin: Springer-Verlag, 1994.

[34] Meinke DW. Science, 1992,258:1647～1650.

[35] Finkelstein R, Estelle M, Martinez-Zapater J, et al. In: Temporal and Spatial Regulation of Plant Genes. Verma D P S and Goldberg RB, eds. New York: Springer-vertag, 1988,1～25.

[36] Trewavas AJ. Physiol Plant, 1982,55: 60～72.

[37] Green PB. Am Zool, 1987,27:657～673.

[38] Galatis BJ. Cell Sci, 1980,45:211~244.
[39] Sheridan WF, Clark JK. Trends Genet. , 1987,3:3~6.
[40] Bolwell GP. Int. Rev. Cytol. , 1993,146:261~342.
[41] Sheridan WF. Ann. Rev. Genet. , 1988,22:353~385.
[42] Sheridan WF. Maize for Biological Research. Charlottesville, Va: Plant Mol. Biol. Associ. 1982.
[43] Beckett JB, J. Hered. , 1978,69:27~36.
[44] Anderson EG. Brookhaven Symp. Biol. , 1956,9:23~36.
[45] Schmidt RJ, Burr FA, Burr B. Science, 1987,238:960~963.
[46] Veit B, Schmidt RJ, Hake S, et al. Plant Cell, 1993,5:1205~1215.
[47] Schultz EA, Haughn GW. Development, 1993,119:745~765.
[48] Bowman JL, Alvarez J, Weigel D, et al. Development, 1993,119:721~743.
[49] Kempin SA, Savidge B, et al. Science, 1994,267:522~525.
[50] Shannon S, Meeks-Wagner DR. Plant Cell, 1993,5:639~655.
[51] Weigel D. Annu. Rev. Genetics, 1995,29:19~39.
[52] Weigel D, Alvarez J, Smyth DR, et al. Cell, 1992,69:843~859.
[53] Mandel MA, Gustafson-Brown C, Savidge B, et al. Nature, 1992,360:273~277.
[54] Jofuku KD, den Boer B GW, Van Montagu M, et al. Plant Cell, 1994,6:1211~1225.
[55] Weigel D. Plant Cell, 1995,7:388~389.
[56] Weigel D. Annu. Rev. Genetics, 1995,29:19~39.
[57] Yanofsky MF, Ma H. Nature, 1990,346:35~39.
[58] Schultz EA, Haughn GW. Development, 1993,119:745~765.
[59] Weigel D, Alvarez J, Smyth DR, et al. Cell, 1992,69:843~859.
[60] Battey NH, Lyndon RF. Ann. Bot. , 1988,61:9~16.
[61] Martinez-Zapater JM, Coupland G, Dean C, et al. In: Arabidopsis. Meyerowitz E M & Somerville C R. Cold Spring Harbor, NY: Cold Spring Harbor Laboratory. 1994,403~433.
[62] Sung ZR, Belachew A, Shunong B, et al. Science, 1992,258:1645~1647.
[63] Ray A, Robinson-Beers K, Ray S, et al. Proc. Natl. Acad. Sci. USA, 1994,91:5761~5765.
[64] Bowman JL, Smyth DR, Meyerowitz EM. Development, 1991,112:1~20.
[65] Gaiser J, Robinson-beers K, Gasser CS. Plant Cell, 1995,7:333~345.
[66] Jack T, Fox GL, Meyerowitz EM. Cell, 1994,76:703~716.
[67] Gaiser J, Robinson-beers K, Gasser CS. Plant Cell, 1995,7:333~345.
[68] Heidecker, G. Annu, Rev. Plant Physiol. , 1986, 37: 439.
[69] Campbell, WH, Gowri, G. Plant Physiol. ,1990, 92:1.
[70] Varner JE, Iin LS. Cell, 1989, 56:231.
[71] Showalter AM. Plant Cell, 1993, 5:9.
[72] Alberts B, et al. Molecular Biology of the Cell, third ed. Garland Publishing, Inc. 1994.
[73] Sussman MT. Annu. Rev. Plant Physiol. Plant Mol. Biol. , 1994,45:211.
[74a] Steiner HY, et al. Plant Cell, 1994, 6: 1289.
[74b] 刘良式,等. 植物分子遗传学,北京:科学出版社,1998.
[75] Schaehtman DP, et al. Science, 1992, 258:1654.
[76] Kochain LV, et al. Plant Physiol, 1989, 79:771.
[77] Kirihara JA, et al. Mol. Gen. Genet, 1988, 211: 477.
[78] Aeschbacher RA. Annu Rev Plant Physiol Plant Mol Biol, 1994, 45: 25.
[79] Edwards JW, Coruzzi GM. Annu Rev Genet, 1990, 24:275.
[80] Hong J C. Biol Chem, 1987, 262: 8367.
[81] Spreitzer RJ. Annu Rev Plant Physiol Plant Mol Biol, 1993, 44:411.
[82] 吴相钰,吴光耀. 植物分子生物学 . 北京:科学出版社,1995,114.

[83] Donald RG. K and Cashmore AR. EMBO J, 1990, 9: 1717.
[84] Whitfeld PR, Bottomley W. Annu Rev Plant Physiol, 1983, 34:279.
[85] Kubicki A, et al. Plant Mol Biol, 1994, 25: 669.
[86] Edwards JW, et al. PNAS USA, 1990, 87: 3459.
[87] Della Penna D, et al. Plant Physiol, 1990, 90: 1372.
[88] Botella JR, et al. Plant Mol. Biol, 1992, 20:425.
[89] Rottmam WH. J Mol Biol, 1991, 222:937.
[90] Mignery GA, et al. Gene, 1988, 62:27.
[91] Keil M, et al. EMBO J, 1989, 8: 1323.
[92] Muller-Rober B. EMBO J, 1992, 11:1229.
[93] Kuipers AG J, et al. Plant Cell, 1994, 6: 43.
[94] Nap JP and Bisseling T. Science, 1990, 250:948.
[95] Csanadi G, et al. Plant Cell, 1994, 6:201.
[96] Yang WC, et al. Plant Cell, 1994, 6: 1415.
[97] Verma D P S. Plant Cell, 1992, 4～373.
[98] Miao GH, Verma D P S, Plant Cell, 1993, 5: 781.
[99] Liu ZB, et al. Plant Cell, 1994, 6:645.
[100] Bray EA. Plant Physiol, 1993, 103: 1035.
[101] Kiyosue T, et al. Plant Mol Biol, 1994, 25: 791.
[102] Yamaguchi-Shinozaki K, et al. Plant & Cell Physiol, 1992, 33: 217.
[103] Manning JE, et al. PNAS USA, 1971, 68:1169.
[104] Palmer JD. Annu. Rev. Genet, 1985, 19:325.
[105] Bedbrook JR, et al. PNAS USA, 1976, 73:4309.
[106] Palmer JD. Nucleic Acids Res, 1982, 10:1593.
[107] Shinozaki K, et al. EMBO J, 1986, 5:2043.
[108] Hriatsuka J, Shimada H. Mol. Gen. Genet, 1989, 217, 183.
[109] Ohyama K, et al. Nature, 1986, 322: 572.
[110] 郑国锠,翟中和. 细胞生物学进展. 北京:高等教育出版社,1993,28.
[111] Sugiura M. Plant Mol Biol, 1992, 19:149.
[112] Lerbs S, et al. EMBO J, 1985, 4:1661.
[113] Ohme M, et al. FEBS Lett, 1986, 200: 87.
[114] Lerbs S. Planta, 1984, 162:289.
[115] Muller SG, et al. Nucleic Acids Res, 1986, 14:1029.
[116] Jolly SO, Bogorad L. PNAS USA, 1990, 77, 822.
[117] 金振华,宋仁美. 生物工程学报,1990, 6(1):6～10.
[118] Paz-Ares J, et al. EMBO J. 1987, 6:3553～3555.
[119] Gasser CS. Ann Rev Plant Physiol Plant Mol. Biol, 1991, 42:625～649.
[120] Sommer H, et al. EMBO J, 1990, 9:605～613.
[121] Sommer H, et al. EMBO J, 1992, 11:251～263.
[122] Aleith F, Richter G. Planta, 1991, 183:17～24.
[123] Sheehy RE, et al. PNAS USA, 1988, 85:8805～8809.

第12章 中心法则导论

对于中心法则（central dogma），Crick F. 自信地认为：“一个好的理论不但要给出预言，而且要给出惊人的预言，并且在以后能被证明是对的”[207]。不幸的是，后来被 Crick 称为“最惊人的发现”的逆转录现象，并不是他的预言，反而使他立刻对“central dogma”进行了修改[23]；稍后，面对内含子（introns）的发现，他又无奈地说：“对我们来说，内含子的存在完全是件想不到的事。”[207]之后，“想不到的事”就接二连三地冲击着中心法则；除了本章所曾提到的 RNA 编辑、朊病毒等外，RNA 干扰、prion proteins、组蛋白密码、DNA 表观遗传（genetics）等也成为 21 世纪对中心法则的新挑战！

看来，本章（自 2000 年本书第一版至今）对中心法则的讨论还是有一定意义的，因此有保持其原来的论述框架的必要。我愿意把它稍加修改，放在这里继续接受时间的考验。对于该章应该补充的一些新的内容，请参阅本书“RNA 遗传”及“蛋白质遗传”两章，以及拙著《现代分子生物学论纲》[208]中的有关章节。

12.1 引　　言

1958 年，Crick F. 在《论蛋白质合成》一文中[1]，以其远见卓识提出了中心法则（Central Dogma）。在此基础上，他预见性地论述了 mRNA（template RNA）、tRNA（adopter）、三联体密码（triplets），甚至细胞质中核糖体（microsomal particle）等的存在。这些具有丰富想象力的科学预见，在十年左右时间里都被一一证实，导致了分子生物学的崛起！成为 20 世纪自然科学界令人瞩目与惊叹的事件之一。于是，DNA 双螺旋模型成了近代生物学的标志；遗传学已成为一部与 DNA 连锁离合的故事；而分子生物学则是一部从 DNA 到蛋白质的中心法则的宏伟演绎。

成功的科学依赖于理论与实验的不断地相互作用。一个具有远见的观点的提出，必然为科学研究提供了成功的理论框架（theoretical framework），并对科学技术产生巨大的促进。从中心法则的提出到分子生物学的诞生，以及 DNA 重组技术、基因工程的发展，正是这种相互作用的范例。

从 20 世纪 50 年代起，DNA 双螺旋的旋风高擎着中心法则的大旗席卷了古老的生物学的每一个角落。在庆幸生物学获得新生与活力的同时，人们发现在“现代科学中，生命与非生命的界限几乎已经消失掉了”（Asimov，1960）[2]。Commoner 不无讽刺地说：“生物学应当改造成为核酸及其创造物的化学。”[3]诚然，从 DNA 的复制到蛋白质的合成，中心法则在分子水平上，揭开了生物学的新的一页。但对于自蛋白质以后，基因是怎样通过细胞的分化、发育而决定个体性状的？中心法则的理论框架已显得过于简单而穷于应付。化学诱变的先驱者 Auerbach 在十五届国际遗传学会的演讲中说：“双螺旋的发现是我们在理解突变方面的巨大飞跃；但这既不是突变研究的开始，也不是突变研究的终结……我们知道许多现象不能用DNA的简单化学反应来说明。”性状的“突变是在活细胞内发生的一种过程，这样的过程不能用单纯的物理或化学模式进行充分地描述”[4]。

DNA重组技术对生物学研究的渗透已经是无孔不入；从形态学的研究到遗传学的分析以至神经活动无一例外的都是DNA分析！但是，在人们对它的成功与效率的惊叹之余，发现这种极端分子化的研究技术，似乎已把生物学引入了还原论的死胡同。正如“分子生物学的先驱者之一S. Brenner在1985年的一次电台谈话中所说：许多科学家已经变成了“Zombies”（木鸡，怪人），他们无需再去思考重大的生物学问题，而只是单纯地到实验室去利用此类技术的效能来收集大量资料。所展示的实验技巧是值得赞美的，所获得的结果是可以发表的，但是研究的策略却压根没有了。实质上，这是科学的培根哲学（Baconian philosophy of science）的翻版。它坚持归纳法（inductive method），亦即，事实与信息的收集的本身就会不可避免地导向普遍原理的建立与开展[2]。方兴未艾的基因组计划，实际上是这种分子生物学归纳法的顶峰杰作，它究竟能建立什么普遍原理和发现，尚需拭目以待！*Nature*杂志的前主编J. Maddox说：“现在有那么一群叫做分子生物学家的人，他们的文章无视整体的植物与动物，也很少言及生理学。对于这些人来说，实验资料大部分来自所谓凝胶……”[5]。

自20世纪70年代开始，随着逆转录酶的发现[6]。掀起了对分子生物学多年以来最大的冲击[7]。内含子的发现，更使Crick感到困惑[15]！到了80年代，不连续转录（discontinous transcription）[8]、非翻译序列（untranslated sequence）[9]、伴刀豆球蛋白A肽链一级结构的重排[10]、RNA alternative splicing[11]，以至RNA编辑（RNA editing）[12]等现象的发现，加之，以蛋白质为模板的肽链合成[13]、朊病毒（Prion）[14]、RNA干扰现象[207]等，可以说已使中心法则处于惊涛骇浪之中。在21世纪的生物学大潮中，已经找不到来自中心法则的“预言”，而对其理论框架却提出了越来越多的质疑。E. Pennisi在2001年指出[207]：“基因占据生物学的中心舞台已经数十年。但是最近几年的工作提出，虽然基因经常是挂牌的‘名角’，可是它们更像是一些‘木偶’。各种蛋白质，有时是RNAs在拉着‘线’，告诉基因在何时何地打开或关闭。”看来，自从分子生物学崛起后，关于DNA的轰轰烈烈只不过是一场DNA木偶戏！

中心法则是一个伟大的法则，它具有坚实的科学基础和合理的理论内核。但在科学的王国里并不信奉什么教义或信条（dogma）。中心法则像其他科学法则一样，并不是包容一切和无懈可击的，并且有其内在的局限性。本章的目的是想在中心法则与越来越多的冲击性实验的相互作用中，找出这个理论的局限性，并展望一个更合理的理论框架。

12.2 中心法则的提出及修正

12.2.1 从DNA双螺旋模型到中心法则

1953年J. D. Watson和F. Crick提出了DNA双螺旋互补结构模型[16]。DNA热潮席卷了整个生物学界。因为这个模型“暗示了DNA自我复制的机制，并使我们能首次从原子水平上提出遗传物质自我复制的详细假说”（Watson and Crick，1953）[17]。但是Watson和Crick清楚地知道仅仅具有复制能力并不一定就是遗传物质，他们说：“一种遗传物质必须以某种方式行使两种功能，即自我复制和对细胞高度特异性影响。我们的DNA模型为第一个过程提出了一种简单的机制，但目前还不知道它如何完成第二个过程。”[17]Watson当时曾对 Crick 说："关于核酸最重要的是我们不知道它们如何行动。"[18] "如果能确切证明遗传特异性只是携带在 DNA 上，并且阐明在分子水平上，这种结构如何对细胞行使特异性影响，那么无疑将对这种模型和提出的复制机制提出更多的证据。"[17]

1958 年 Crick 的中心法则的提出，实际上是一个企图在分子水平上完成第二过程的理论。通过从 DNA 到蛋白质的"三部曲"来说明 DNA 如何影响与决定细胞的高度特异性。它是 DNA 互补复制模型的必然延伸。目的是把 DNA 确定为名副其实的遗传物质及生物性状的决定者。

12.2.2　序列假说

F. Crick 说："我本人的思想（还有我的许多同事）是基于两个基本原理，我称为序列假说（sequences hypothesis）和中心法则（central dogma）。对于它们二者的直接的证据是无足轻重的，但我发现它们非常有助于去把握这些极复杂的问题。"所谓序列假说是假设"核酸片段的特异性完全由其碱基序列所表达，而且这种序列是某一蛋白质的氨基酸序列的密码"。"遗传物质的主要作用是控制（不一定是直接地）蛋白质的合成。""蛋白质的主要作用是作为酶而活动。生命系统中的绝大多数化学反应是被酶所催化的，而所有已知的酶都是蛋白质。"[18]

不言而喻，细胞以至生物性状的特异性是通过被酶/蛋白质所催化的"生命系统中的绝大多数化学反应"来完成的，而蛋白质是由核酸决定的。因此，DNA/RNA 碱基的线性序列是遗传信息的唯一来源。遗传信息的传递是通过严格的序列对应来实现的。

序列假说是中心法则的中心，中心法则是序列转换的法则。

12.2.3　中心法则

中心法则（central dogma），用 Crick 的话可以表述为："信息一旦进入蛋白质，它就不可能再输出。详细点说，信息的传递从核酸到核酸或从核酸到蛋白质或许是可能的，但从蛋白质到蛋白质或从蛋白质到核酸则是不可能的。此处所说的信息是指序列的精确决定，既指核酸中的碱基也指蛋白质中的氨基酸残基。"[18]

1976 年，这个法则在 J. D. Watson 的《基因分子生物学》一书中[19]，做了更具体的描述：RNA、DNA 与蛋白质之间的关系通常概括为下面的公式（通常叫作中心法则）：

$$\circlearrowleft \text{DNA} \longrightarrow \text{RNA} \longrightarrow \text{蛋白质}$$

式中，箭头表示遗传信息的传递方向。围绕着 DNA 的箭头表示 DNA 是它自身复制的模板，DNA 和 RNA 之间的箭头表示所有的细胞的 RNA 分子都是以 DNA 为模板制造出来的。与此相仿，所有的蛋白质都是由 RNA 模板决定的。最重要的是后面两个箭头都是单方向的，即蛋白质从来不作为 RNA 模板，RNA 也从来不作为 DNA 的模板。[19]

值得注意的是，上述关于中心法则的单程性的强调，是在中心法则提出大约 20 年之后，Temin 的反转录酶的发现 6 年之后[6]，又明确地叙述的。关于从 DNA 到 RNA 的单程性，在 Crick 的"论蛋白质合成"一文的原始说法是："信息的传递从核酸到核酸或从核酸到蛋白质或许是可能的……"这里的"从核酸到核酸"，说的比较含混；但事隔 20 年之后，Watson 的"RNA 从来不作为 DNA 的模板"的说法，显然是对 Crick 的"从核酸到核酸"

的最权威的解释。而 Temin 的反转录酶的工作只是作为“单程性”的一个例外，写在这个解释的“附注”里。事后，Crick 对此解释并无异议。

综合 Crick“本人的思想”以及后来 Watson 对中心法则的解释，可以看出中心法则的要点有以下三个。

（1）所谓遗传信息，是指核酸中的碱基序列及蛋白质中的氨基酸序列。生物的全部遗传信息都包含于这种大分子的遗传信息之中。

（2）从 DNA 到 RNA 到蛋白质的遗传信息流是严格的单程路线。“由于信息一旦进入蛋白质，就不可能再行输出”，而蛋白质又是形成一切性状的工作分子，所以性状形成的一切信息都包含于 DNA 之中。

（3）序列假说是中心法则的中心，中心法则是序列转换的法则。因此，中心法则要求基因的 DNA 序列与其所转录的 RNA 序列、蛋白质的氨基酸序列必须有严格的共线性。否则，序列假说将不存在，而从根本上动摇了中心法则。

所有上述三点，都不言而喻地表明：DNA 含有生命系统的全部遗传信息；或者说，DNA 是一切遗传信息的源头，是生命遗传信息的唯一载体。

12.2.4 逆向转录的发现

1970 年 H. M. Temin 等在 RNA 病毒中发现了反转录酶（reverse transcriptase）[20]，从而证明了从 RNA 到 DNA 的逆向转录。*Nature* 杂志立即在同卷（226）的“News and Views”栏目中，以赫然的标题“*Central Dogma Reversed*”发表评论：“过去 20 年来分子生物学的基本信条是遗传信息流从 DNA 到 RNA 到蛋白质的翻译是严格的单程路线。但是，在本期第 1209、1211 页，Baltimore、Mizutani 及 Temin 都各自独立地提出，RNA 肿瘤病毒中含有以病毒 RNA 为模板去合成 DNA 的一种酶，从而逆转了遗传转录的方向。”[21] Temin 在事过两年之后，仍撰文指出：“尽管 Crick 的原始公式并不排斥从 RNA 到 DNA 的遗传信息的逆向流动，一种生物体似乎并不需要的传递。但是很多生物学家认为，一旦揭示出这种逆向传递，就会动摇中心法则。”[22]

12.2.5 中心法则的修正

在 Temin 和 Baltimore 等关于逆转录的工作发表后，Crick 立即撰文，重新解释了中心法则[23]。Crick 认为，Temin 等的工作与他原来的观点并无矛盾，至于中心法则因此而被动摇更是误解。

对于 RNA→DNA 的传递方式，Crick 争辩说：“我从来也没有认为它不能发生，而且就我所知也从来没有任何一位我的同僚认为它不能发生。”[23]这种争辩显然是软弱无力的。他在提出中心法则时（1958）[18]，虽然没有谈到 RNA→DNA 的传递不能发生，但也没有明确 RNA→DNA 可能发生。不错，Crick 在表述中心法则时是说：“从核酸到核酸或从核酸到蛋白质的信息传递是可能的。”“从核酸到核酸……”似乎既可指 DNA→RNA，也可指 RNA→DNA；也就是说，DNA 与 RNA 可能互为模板。但细读其文[18]，不难发现，“从核酸到核酸……”显然指的是从 DNA 到 RNA，根本不含有从 RNA 到 DNA 的意思。该文在解释 RNA 时强调：“在细胞质中至少有两种类型的 RNA”，即模板 RNA（template RNA）与代谢 RNA（metabolic RNA）。什么是模板 RNA 呢？Crick 说得很明确，首先它

“是位于 microsomal particles 内”（即现在所说的核糖体内）的，其次它是“在 DNA 指导下在核内合成”的。显然，在核糖体内的“模板 RNA”，只能作为合成肽链的模板，而根本没有可以作为合成 DNA 的模板的含义。

更何况，长期以来，科学界在谈到中心法则时，总是以“单程性”传递作为它的特点。这在 Crick 最亲密的同僚 Watson 所著的《基因的分子生物学》[19]一书中表达得非常明确（见前述），Crick 从来没有提出这种单程性的说法是对中心法则的误解。

事实上，只是在 Temin 等的工作提出后，才使 Crick 慌忙地对中心法则进行了修正，把原来“严格的单程”[21]修正为“中途单程式”的中心法则（图 12.1）。

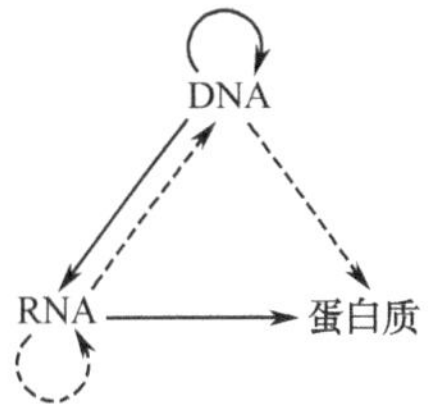

图 12.1　Crick 修改后的中心法则（Crick，1970）[23]

Temin 等的反转录酶的发现是 Crick 所始料不及的。否则就没有立刻修正中心法则的必要。可以看出，在修改后，Crick 仍然坚持单程性是中心法则的基本路线（在图 12.1 中以实线箭头示之），而反转录只不过是像 DNA 直接合成蛋白质一样的例外（均以虚线箭头示之）。在 1970 年以后的分子生物学研究已经证明，反转录酶及反转录过程并不是仅仅存在于病毒中的一种例外，在真核细胞中也普遍存在，如第二章所说的“反转录转座子”。

但总的说来，这并没有损害中心法则的基本思想：遗传信息一旦进入蛋白质则不可能再行输出。

12.3　对中心法则的挑战

毋庸置疑，单程性与共线性是中心法则的两大支柱。Temin 等发现的反转录现象是冲向中心法则单程性的第一个浪头。紧跟着是第二个浪头，基因内含子的发现[24]；人们感到“它是完全出乎意料的并与所预言的相反”，既然“DNA 的碱基序列与氨基酸序列的共线性（co-linearity）已在原核生物中普遍确立，为什么在更复杂的体系里情况就不一样，这是毫无理论根据的”[25]。这两个呼啸而来的浪头，对于经过 Crick 修正后的中心法则，并未构成真正的威胁，但毫无疑问地动摇了中心法则的权威性，并预示着更大浪头的来临。

12.3.1　蛋白质中的遗传信息并不一定来自核酸——DNA/RNA 序列与蛋白质中氨基酸序列的非共线性

Crick 把中心法则明确地表述为：“信息一旦进入蛋白质，它就不可能再输出。详细点说，信息的传递从核酸到核酸或从核酸到蛋白质或许是可能的，但从蛋白质到蛋白质或从蛋白质到核酸则是不可能的。此处所说的信息是指序列的精确决定，既指核酸中的碱基也指蛋白质中的氨基酸残基。”[26]

这就是说，唯有核酸是遗传信息的源头。蛋白质中的氨基酸序列只能由核酸的碱基序列来决定。但事实并非完全如此。

12.3.1.1　以蛋白质为模板的肽链合成（protein template mechanism）

多肽抗生素是细菌产生的抗生素中的一大类。它们的相对分子质量从几百到几千不等，常含有一些罕见的氨基酸，如 D-氨基酸、β-氨基酸、二氨基丁酸、鸟氨酸（ornithine，

Orn）及羊毛硫氨酸等。多数呈环状并对动植物来源的肽酶和蛋白酶有抗性。这些多肽抗生素的合成并不按中心法则的程序进行。它们根本不为 DNA 所编码，不以 mRNA 为模板，也不在核糖体上合成。它们的合成作用在用 DNase、RNase 彻底处理后仍然进行；对在核糖体上的蛋白质合成的抑制剂如氯霉素、嘌呤霉素也不敏感。Lipmann F. 等的工作（1971，1976，1984）证明[27~29]，它们是直接由某些多酶体系合成的。这些酶能按一定的次序吸附特定的一种氨基酸。被合成的肽链中的氨基酸的序列是由这种酶上所吸附的氨基酸的序列所决定。按 Lipmann 的研究，合成的步骤是：

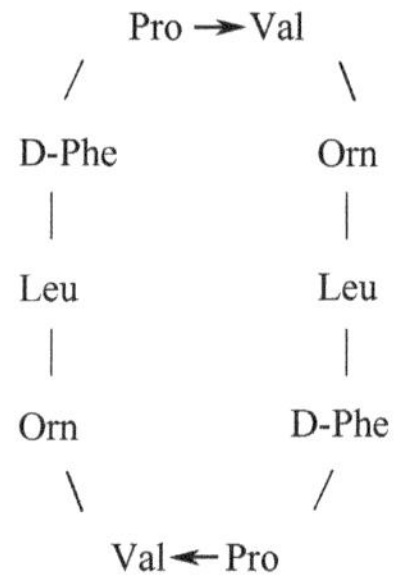

图 12.2　GS 的一级结构
L-氨基酸的 L 均未标出，箭头示 N 端到 C 端

（1）被合成的肽链的氨基酸序列及肽链的长度，由酶上的氨基酸作用位点的序列及位点的数目所决定。

（2）酶蛋白含有活化中心，即含 4′-磷酸泛酰巯基乙胺的蛋白［简写为4′-(P)-Pan］。它具有转硫醇作用（transthiolation），转肽作用（transpeptidation）。这个4′-(P)-Pan 蛋白能携带氨基酸或正在合成中的肽链依次经过酶的各氨基酸位点，使肽链自 N 端依次延长而完成肽链合成。

现以短杆菌肽（Gramicin S，GS）为例。GS 是由 *Acillus brevis*（短杆菌）的一些菌株所产生的环十肽（图 12.2）。

GS 合成酶体系由轻酶（LE，100 000Da）和重酶（HE，280 000Da）各一份组成。LE 含有消旋化酶，可把 L-Phe 经活化、硫酯化最后消旋成为 D-Phe（需 ATP、Mg^{2+}）。HE 不含消旋化酶，但含有重要的蛋白4′-(P)-Pan，它通过转硫醇和转肽作用转移并延长肽链。另外，HE 含有与 Pro、Val、Orn、Leu 等氨基酸以 1∶1∶1∶1 的比例结合并依次排列的特定位点，可使上述氨基酸活化、硫酯化。

1. LE 的消旋化作用及 HE 对氨基酸的活化作用

LE-SH ＋ L-Phe ＋ ATP

↓

(L-Phe ～ AMP)LE-SH ＋ PPi

↓ 硫酯化、Mg^{2+}

LE-S ～ L-Phe＋ AMP

↓ 消旋化、Mg^{2+}

LE-S ～D-Phe

HE	-SH＋L-Pro -SH＋L-Val -SH＋L-Orn -SH＋L-Leu	＋4ATP→	HE	-S～L-Pro -S～L-Val -S～L-Orn -S～L-Leu

2. GS 的合成步骤

GS 的合成步骤示意如图 12.3 所示：图 12.3 中 LE 已完成消旋化，HE 已完成氨基酸活化。式中 L 氨基酸的 L 均未标出。＊＊＊SH 表示4′-(P)-Pan 蛋白。LE 把消旋化的D-Phe转移给4′-(P)-Pan 蛋白，它依次通过2，3，4，5氨基酸活化位点，通过转硫醇和转肽反应来逐步地转移并延长肽链。最后，它把形成的 5 肽转给第 6 位，然后与已在第 5 位形成的五肽首尾相联形成环十肽的短杆菌肽 S(GS)。

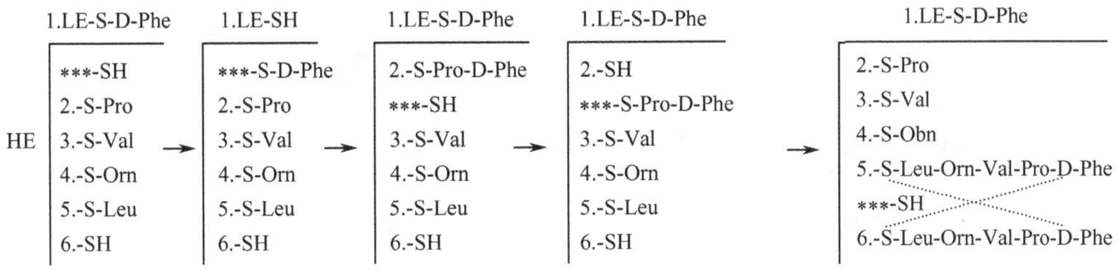

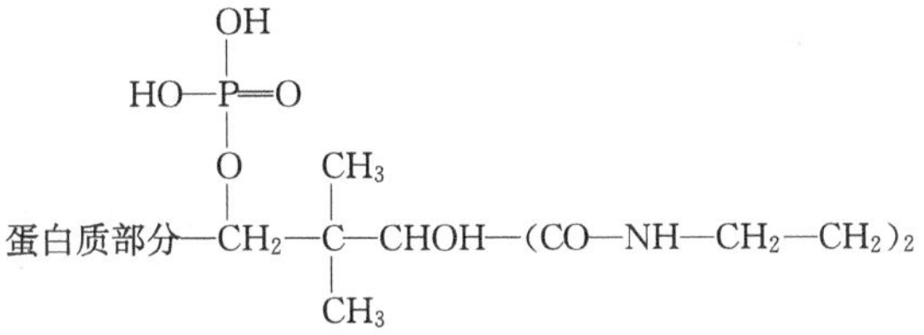

图 12.3　4′-(P)-Pan 的结构

其他的多肽抗生素还有：短杆菌酪肽（tyrocidin）、伊短菌素（edeine）、多黏菌素（polymyxin）[包括大肠杆菌素(colistin)、环杆菌素(circulin)]、分枝杆菌素（mycobacillin）、丙甲菌素（alamethicin）、鹿铃菌素（suzukacillin）、放线菌素（actinomycin）、缬氨霉素（valinomycin）、恩镰孢菌素（enniatin）、蜡状菌素（cerexin）、亮肽素（leupeptin）、短杆素（brevistin）、致畸素（malformin）、喹喔啉抗生素(quinoxaline antibiotics)[包括醌霉素(quinomycin)、三霉素(triostin)]、鹅膏蕈碱（amanitin）、鬼笔毒环肽（phalloidine）等。除此而外，还有不属于多肽抗生素的，如胞壁质（murein）中的交联肽、谷胱甘肽（glutathion）等。

3. 蛋白质模板的分子结构与功能

1995 年 Stachelhaus T. 等研究了细菌、真菌编码蛋白质模板的几个基因：细菌中的 *grs*、*srfA* 操纵子及真菌中的 *acvA* 基因[31]（图 12.4），指出在这些基因中都是按一定次序间隔地排列着对特定氨基酸的活化识别区。对同一氨基酸来说，不同基因的活化识别区是同源的，所以又把活化识别区叫同源区。同源区之间则以非同源区相隔。这种结构模式很像断裂基因（splitting gene）中的外显子与内含子排列的高层次结构。每一个同源区实际上是一个大约 650 个氨基酸的编码区，其中还包括对特异氨基酸的腺苷化（adenylation）与硫酯形成（thioester formation）的模块（modules）。

Stachelhaus T. 等还对 *srfA* 操纵子中的同源区进行了取代实验，如把 Leu 同源区代之以 Cys，则合成的肽链的氨基酸次序就发生相应的改变。说明每一个同源区都是一个独立的功能单元。

按照中心法则，所谓遗传信息“是指序列的精确决定，既指核酸中的碱基也指蛋白质中的氨基酸残基”[26]。所以，蛋白质中的氨基酸序列是一种遗传信息；它只能由核酸的某一序列所决定。

但是，多肽抗生素的合成说明：

（1）并不是所有的肽链都被 DNA 或 RNA 所编码。有些肽链的遗传信息完全不按中心法则产生。因此，中心法则作为一个科学法则来说，就失去了普遍的意义。

（2）多肽抗生素是由多酶体系完成的，肽链中的遗传信息纯系蛋白质之间相互作用的结果。这说明遗传信息的产生起码有两种方式。

①模板式：这是按中心法则与序列假说进行的公认的形式。遗传信息的传递完全通过序

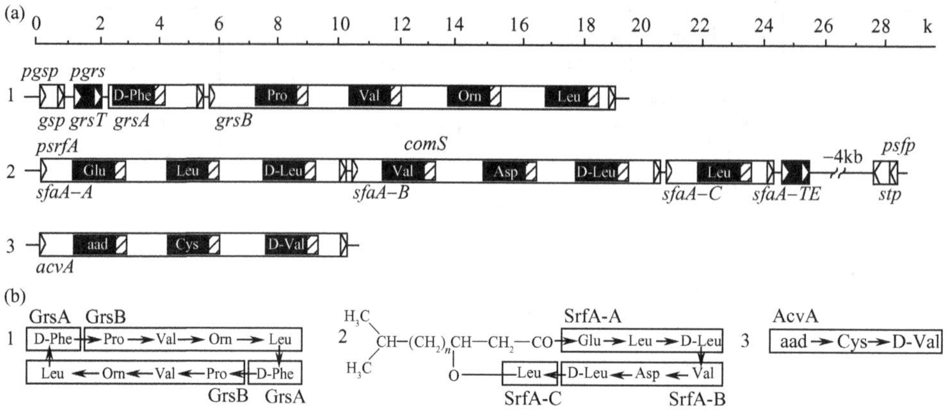

图 12.4　肽链合成酶的结构

(a)1,2为细菌的操纵子 *grs*(1)、*srfA*，3 为真菌基因 *acvA*，aad：δ(L-α-aminoadipyl)。每个同源区由大约 650 个氨基酸的编码区构成，含有腺化作用（黑色框）与硫酯化（斜纹框）模块（modules）。它们被非同源区（白色框）间隔。各基因名称及启动子（如 *pgsp*）均以小号字标之。(b) 以蛋白质为模板（肽链合成酶）合成的产物的一级结构：1. Gramicidin S（GS）；2. Surfactin；3. ACV[δ-(L-α-aminoadipyl)-cysteinyl-D-valine]。各结构上下表出合成酶的名称（依 Stachelhaus，et al.)[32]

列的翻版而进行，它遵守的两个原则就是从核酸到蛋白质的单程性和共线性。

②加工式：如多肽抗生素的合成，是通过蛋白质之间的相互作用而完成。这个过程并不受 DNA 的操纵，而更多地受环境的影响。在这里，中心法则的共线性已无意义。因此，中心法则并不是合成蛋白质的唯一渠道，DNA 也不是遗传信息唯一的源头；中心法则已失去作为遗传信息传递的普遍法则的意义。

(3) 在多肽抗生素的合成中，我们看到把蛋白质上的特定氨基酸的吸附序列，转换为另一种蛋白质的氨基酸序列。我们可以把它称为蛋白质体系的序列假说。

多肽抗生素的合成意味着蛋白质不仅仅是遗传信息流的终点（模板式），而且也是遗传信息流的中继加工站。这个加工站里的工作分子（重酶、轻酶）是由 DNA 编码的，但是在加工新的肽链时并没有把 DNA 的序列信息如实地传递下去，而是把核酸的遗传信息（序列信息）进行了彻底的加工，转换为完全不同的序列信息输出到多肽链中。这种加工与输出的形式也是遗传的。

如果说肽链（包括多肽抗生素）中的氨基酸序列就是遗传信息，那么就不能否认合成它的多酶体系中的氨基酸吸附位点的序列也是遗传信息；这使我们面临着两个令人惊讶的结论：

第一，这种遗传信息并不被 DNA 所编码，因此在形成这种遗传信息的过程中必然有非 DNA 编码的信息的输入。

第二，序列信息（遗传信息）可以从蛋白质输出到蛋白质。

综合以上所述，遗传信息流的传递示意如下。

P+P+……
+←— 信息输入
DNA ——→RNA ——→P　信息加工、转换 ……→P′
————————————→————————————→
模板式　　　　加工式
中心法则　　　不符合中心法则

人们往往要争辩，虽然这些肽链不是由 DNA 所编码，但是参与这种蛋白质模板结构的酶却都是 DNA 编码的。因此，归根结底这些多肽链还是由 DNA 所决定的。按照中心法则，所谓“由 DNA 决定”就是由 DNA 编码，或者 DNA 编码的传递。否则，就谈不到“DNA”决定。这种争辩的本身就背离了中心法则。更有趣的是，这种辩解的本身就是承认这些由蛋白质输入到多肽链中的遗传信息是 DNA 遗传信息流的延续与转换加工。否则谈何“归根结底”？谈何“由 DNA 决定”？

Crick 断言：“分子生物学的中心法则所谈的是序列信息的逐一残基的传递。它阐明这种信息不可能从蛋白质输入蛋白质或核酸。”[30] 可是，以蛋白质为模板的肽链合成恰恰相反，它不是 DNA“信息的逐一残基的传递”，而是 DNA 遗传信息的彻底加工与转换，是以多酶体系的氨基酸吸附位点序列为模板来合成由非 DNA 编码的序列信息（遗传信息）所组成的肽链！并且是从蛋白质输入到蛋白质。这是对中心法则的严重挑战！

12.3.1.2　蛋白质的遗传信息的翻译后加工

在生物化学及分子生物学里，翻译后修饰或加工（post-translational modification or processing）一词的含义是：“通过一系列化学反应把一条新合成的肽链转换为功能性蛋白质。这些修饰作用包括诸如去掉甲硫氨酸上的甲酰基（*N*-formyl）、磷酸化作用、乙酰化作用、羟基化作用、从硫氢基形成二硫键、辅基的联结以及肽键的裂解以使蛋白原（酶原）转变为蛋白质（酶）等反应。”[33] 由此看来，所谓翻译后修饰或加工是一种使新合成的肽链转变为功能性蛋白质的过程，它包括对某些氨基酸的修饰及一些小肽段（如信号肽，肽链中间或末端某些片段）的删除，但不改变氨基酸的排列顺序，是一种分子合成后的成熟过程。不仅在肽链合成后有翻译后修饰，RNA 合成后有转录后修饰（post-transcriptional modification），DNA 合成后也有复制后修饰（postreplicative modification）。这些修饰作用往往在加工（processing）一词下被分别地加以解释。所以，修饰或加工是在遵守中心法则的基础上的修改（不改变信息序列的精确决定），类似照相后对底片的修版。修版是为了更逼真。同样的，对核酸或肽链的修饰加工是为了更好地发挥遗传信息大分子的功能，而不会改变其遗传信息的排列顺序。不会破坏中心法则的共线性。

然而，我们这里要谈的不是上述意义的“修版”，而是“改版”。也就是肽链中氨基酸序列的彻底改变。它已完全破坏了中心法则的共线性，使我们已无法根据氨基酸序列去推断 DNA 的序列。这是对蛋白质的遗传信息真正的加工。

现以刀豆球蛋白 A（concanavalin A，ConA）为例：20 世纪 80 年代中期几个实验室（Carrington，1985；Bowles，1986；Chrispeels，1986）的研究[34] 证明从 Con A 原到 Con A 不仅有一些小肽段的切除，还有肽段的倒位及剪除，最后形成了一条全新的与原 DNA 编码完全不同的肽链（图 12.5）。

Con A 原分子可分为五个部分，自 N 端开始是 29 肽的信号肽，接着是 N 端半分子，经

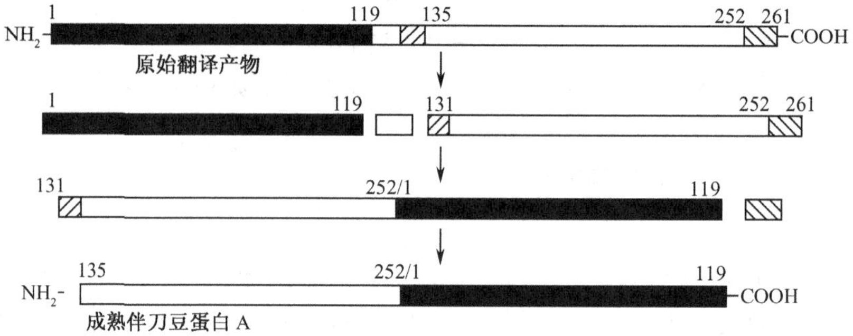

图 12.5　Con A 原分子翻译后加工为 Con A 分子示意图

首先是天冬酰胺内切酶在 Con A 原的中央的连接肽中的一个天冬酰胺的 C 端一侧（130～131）切开，产生两个半分子；然后再分别地切去两个半分子的 C 端的小肽（120～130；253～261）。然后，两个半分子倒位相接，而在连接肽被切去的部位产生了成熟分子的 C 端与 N 端；新生的 Con A 分子共 237 个氨基酸残基（Cooper，et al.，1993）[35]

过 15 个残基组成的连接肽后，是 C 端半分子，最后是 C 端 9 肽。Chrispeels 实验室（1986）[34]报道 Con A 原是一个糖蛋白，糖链属于 *N*-糖苷键连接的高甘露糖型。在整个 Con A 原的分子中，只有在连接肽中有一个可以糖基化的天冬酰胺。Con A 原的成熟为 Con A，取决于它的糖基化。如果用衣霉素抑制 Con A 的糖基化，则只能有很少的活性 Con A 形成。这是因为 Con A 的成熟过程必须在蛋白质体中进行，而未糖基化的 Con A 原不能被从内质网/高尔基系统传送到蛋白质体中。Bowles（1986）等研究了巨刀豆子叶中 Con A 原的加工过程，指出首先是天冬酰胺内切酶在 Con A 原的中央的连接肽中的一个天冬酰胺的 C 端一侧切开，产生两个半分子。再在此酶作用下，分别地切去两个半分子的 C 端的小肽。然后是 Con A 原分子的原来的 N 端与原来的 C 端闭合，而在连接肽被切断的部位产生了成熟分子的 C 端与 N 端。自 N 端至 C 端共 237 个氨基酸残基。这样，因为改变了肽链的起点和终点，就引起了氨基酸序列的巨大改观，使一级结构在整体上发生了彻底的改变。据此，我们可以看到：

（1）从 Con A 原到 Con A，DNA 的遗传信息被大幅度地剪接重排，DNA 如其说是肽链的模板，倒不如说是编辑肽链的一份底稿。在形成功能性肽链的过程中，DNA 的信息已被改得面目全非。

（2）这种对遗传信息的加工改造，完全破坏了 DNA 编码与肽链氨基酸序列之间的共线性，已经超越了翻译后修饰的范畴。糖基化所引发的一系列过程，是一个新的非 DNA 信息的加入过程。

（3）“这一例子是对肽链全是由核酸决定的这一传统观念的一个挑战”![35]

12.3.1.3　朊病毒

朊病毒（Prion）是谜一样的传染病原（infectious pathogens），其分子结构完全不同于已知的细菌、真菌、寄生物、类病毒以及病毒等，它是一种蛋白质病原[36]。它能引起传染性的人及动物的神经软化病，如人类的 Kuru 病、CJD 病（Creutzfeldt-Jakob diseas）、GSS 病（Gerstmann-Straussler-Scheinker syndrome）；动物的羊瘙痒病（scrapie）、牛海绵样脑软化病（bovine spongiform encephalopathy，BSE）又叫疯牛病（mad cow disease）、传染性水貂脑软化病（transmissible mink encephalopathy）以及马鹿与麂的慢性萎缩病（chronic wasting disease of mule deer and elk)。所有这些病目前是无可救药的[37~39]。在被朊病毒感染的病体中发现有一种特殊的蛋白质，这是一种传染性的、抗蛋白酶的、分子质量为27～30kDa的蛋白质，被称为 PrP 27-30。在正常个体中没有此种蛋白质。已知 PrP 27-30 是一种水解产物；完整的朊病毒的分子质量为33～35kDa，具有抗蛋白酶的性能，被称为 PrP^{Sc}；而正常的 PrP 基因的产物，是一种分子质量为 33～35kDa，但却对蛋白酶敏感的蛋白质，称为 PrP^{C}。PrP^{Sc}与 PrP^{C} 在一级结构上是完全相同的，但在化学二级结构上不同；PrP^{Sc} 比 PrP^{C}具有很高的 β 折叠结构[46]，它经过有限的水解，移去 N 端的 67 个氨基酸而成为一个 141 个氨基酸的抗蛋白酶核心，即是 PrP 27-30[40,41]。在整个羊瘙痒病感染期间，PrP mRNA 的水平维持不变，因而检测出正常的 PrP 基因的产物，是一种分子质量为 33～35kDa，但却对蛋白酶敏感的蛋白质，称为 PrP^{C}。其在正常细胞中的功能不明。而 PrP^{Sc}是 PrP^{C} 的一种异常的异构体（abnormal isoform），具有抗蛋白酶的性能[42]。分子杂交实验证明，每 ID_{50}单位的朊病毒中具有 *PrP* 基因编码序列者小于 0.004，说明 PrP^{Sc}不是感染性朊病毒颗粒的组分[50]。它形成后经过水解，主要地以 PrP 27-30 的形式存在。*PrP* 基因位于人的第 20 染色体，小鼠的第 2 染色体，说明它早在哺乳动物出现之前即已存在[51~53]。*PrP* 基因是开放阅读框（open reading frame）并被完全包含于一个外显子（exon）之内。这排除了可通过不同的 RNA 剪接产生不同的 PrP 分子的可能，但也不能排除通过 RNA 编辑（RNA editing）或蛋白质裂解（splicing）产生不同类型 PrP 的可能。例如，仓鼠 *PrP*(*HaPrP*)基因是 2 个外显子被一个 10kb 的内含子（intron）间隔，外显子 1 编码 5′的非翻译的先导序列（leading sequence），而外显子 2 编码 PrP 以及 3′的非翻译区。小鼠 *PrP*(*MoPrP*)基因则有 3 个外显子，只有外显子 3 相当于 *HaPrP* 基因的外显子 2。以上两种基因的启动子（promoter）都是富 GC 的多拷贝序列，适于转录因子 Spl 的结合。虽然 *PrP* 的功能不明，但是知道 *PrP* mRNA 在成年动物脑中是组成性（constitutively）地表达；在隔膜（septum）中，*PrP* mRNA 与胆碱乙酰转移酶（choline acetyl transferase）在发育中是平行增加的；*MoPrP* 的序列近 30%与小鸡中富有乙酰胆碱受体-诱导活性（acetylcholine receptor-inducing activity）组分中的一种分子是相同的。

羊瘙痒病感染的培养细胞的脉冲跟踪实验说明正常的 PrP^{C}蛋白质转变为朊病毒蛋白 PrP^{Sc}是一个翻译后加工过程，后者是前者的一种异常的异构体（abnormal isoform）[42]。所谓朊病毒的感染繁殖就是由正常的 PrP^{C}蛋白质转变为 PrP^{Sc}的过程。该过程目前并不清楚，只是提出了各种设想，以解释朊病毒感染后的指数性增长。其中比较简单的模型是假设一个 PrP^{Sc}分子可与一个 PrP^{C}分子结合为异质型二体，随即转化为 2 个 PrP^{Sc}分子。下一轮则是两个 PrP^{Sc}分子与 2 个 PrP^{C}分子相结合，而产生 4 个PrP^{Sc}……依次类推[42]。

现已证明，朊病毒（PrP^{Sc}）分为许多品系（strains），如水貂的一种类似羊瘙痒病的朊病毒（TME，transmissible mink encephalopathy）就分为 HY（hyper）与 DY（drowsy）两个品系。Bessen 等证明（1995）[43]，HY、DY PrP^{Sc}与正常的 PrP^{C}相感染时，PrP^{C}将分别地被转换为 HY 朊病毒与 DY 朊病毒。也就是说，PrP^{C}将依它所接触的模板而被分别改造为 HY 或 DY PrP^{Sc}。另外，在酵母中也发现了两种品系的朊病毒（PrP^{Sc}）分子（URE3、Psi）(表12.1)，它们是酵母中两种正常蛋白分子（Ure2p、Sup35p）的 prion 形式。其中 Ure2p 是与 Gln3p 共同参与氮的调控。Ure2p 发现正常的好氮源供应（可能根据 glutamine 的浓度）后，就抑制作为正转录因子的 Gln3p。在 Gln3p 调控的基因中，有一种 *DAL5* 基因，产生乌囊酸盐透性酶（allantoate permease，Dal5p）。allantoate 是一种氮源，它的结构与脲基琥珀酸盐（ureidosuccinate，USA）非常相近，因此在Dal5p的输送中往往混入。但在好氮源存在时，由于Ure2p对Gln3p的抑制，USA的吸收也被抑制[44]。当Ure2p被转换为URE3（prion形式）后，则其氮调控的能力大减，USA被大量输入。另外一种蛋白分子Sup35，其正常功能是翻译终止作用。Sup35和Sup45都是作为翻译释放因子的亚单位而识别终止密码（UAA、UGA、UAG），把肽链从最后一个tRNA上释放下来。Sup35的prion形式称作Psi，它使翻译不在终止密码处释放肽链，并通过无义抑制（nonsense suppressor）而继续进行。是对终止密码的“通读”（readthrough）。

表12.1　酵母的朊病毒及其相应基因[45]

朊病毒	染色体的相应基因	正常基因的活动	prion 的活动
[URE3]	*ure2*	Ure2p-｜Gln3p→Dal5p	USA 吸收
[Psi]	*sup*35	翻译释放	ter readthrough

关于正常的PrP^{C}分子如何转变为PrP^{Sc}分子，即朊病毒的复制，目前有重折叠模型（refolding model）[47]与聚集模型（nucleation model）[48]（图6.3）。

总之，朊病毒，作为一种能够自我繁殖的传染病原体，使我们有可能偏离中心法则做出各种设想，这些设想一旦被证实，就会震撼或推翻中心法则。

（1）朊病毒像其他含有核酸的病毒及类病毒一样能感染宿主并在宿主细胞内繁殖。因此，它是与其他病毒处于同一进化阶梯的病原体，称之为“朊病毒”。含有核酸的病毒的繁殖一向是核酸作为遗传物质的重要依据，而朊病毒是不含核酸的蛋白质病原体，它的感染与繁殖对此提出了挑战。

（2）不错，动物及人类的基因组内确实存在着一个与朊病毒相应的基因（prion protein gene），但是它的产物只是PrP^{C}，而不是PrP^{Sc}。PrP^{C}必须与PrP^{Sc}结合，以PrP^{Sc}为模板使其本身转变为PrP^{Sc}。所以，朊病毒的繁殖是朊病毒把自己的立体构型的信息输入到PrP^{C}的结果。因为这是个繁殖过程，自然就是一个遗传信息的遗传过程。这种遗传过程是蛋白质与蛋白质之间遗传信息的输出与输入的过程。这与中心法则的蛋白质不能输出信息的概念是矛盾的。

（3）如果说病毒是一种生命的存在形式（如果不是的话，用它来证明DNA是生命的遗传物质就难以自圆其说了），那么朊病毒的繁殖就是一个从无生命（蛋白质分子）到有生命（能繁殖、感染的朊病毒）的过程，就无法否认有遗传信息的传递（从PrP^{Sc}到PrP^{C}）。而这种传递只不过是蛋白质分子的构型的改变。这说明遗传信息并不仅仅是中心法则所说的信息大分子中的一级序列。信息大分子的构型也是一种信息，而且可以是一种遗传信息。

12.3.2　RNA中的遗传信息并不一定来自DNA——模糊基因与RNA编辑的发现

根据中心法则，mRNA的序列与其DNA模板的序列是严格地一一对应的。这种所谓共线性是中心法则的基本概念。可是，1977年因为intron的发现，中心法则及序列学说受到极大的震撼[54,55]。就是Crick本人也感困惑，但经过他的一番煞费苦心，尚能勉强地自圆其说[56]。不过mRNA与其DNA模板序列的严格对应已不可能，已从全面对应退而为部分对应。那些在mRNA成熟过程中被莫名其妙删掉的部分，就称为内含子——基因的非编码序列，所幸的是那些剩下的、被称为编码序列的还是严格对应的！很明显，内含子不是中心法则所希望的东西，它是中心法则无可奈何的不速之客。1985 年在动物线粒体里发现一些 RNA 的 polyA 尾巴中有终止密码[57]，这又和中心法则开了个不大不小的玩笑。众所周知，polyA 尾巴是转录后才加上去的，与 DNA 模板根本谈不上对应关系，也绝不会有编码序列；而其中出现的这个终止密码却偏偏是 64 个编码子中的一个。好在，这个密码是在 polyA 内，RNA 编码的格局未被破坏，可以做例外视之。但是，在病毒、原生动物、哺乳动物及植物的转录后的 RNA 中偏偏又发现有 U、A、C、G 的删除，插入与替换，极大地改变了 RNA 编码的格局，显然就不能作例外视之了。这种转录后的令人困惑的过程，称为 RNA 编辑（RNA editing）。对此，Benne 指出："无论如何，最近由于一些显然是非模板的核苷酸出现在不同遗传系统的 RNA 中的蛋白质编码区的研究报告，中心法则受到了更为严重的挑战。"[58]。迄今为止，情况如表 12.2 所示。

表 12.2　RNA 编辑的情况

编辑情况	RNA 来源	对编码序列的影响	可能的机制	文献
U 插入/删除	锥虫（trypanosome）线粒体 RNAs	广泛地改变序列；造成可读框	gRNA 导引	[59] ～ [61]
C→U 变换	哺乳动物细胞核中的 *apolipoprotein*-B RNA	造成终止密码	C 脱氨基酶	[94]、[95]
C→U 变换	植物 线粒体 RNAs 叶绿体 RNAs	氨基酸置换	C 脱氨基酶	[64] ～ [67]
C 插入	变形菌（*P. polycephalum*）ATPase RNA	免除移码突变	?	[60]、[61] 提及
A→I 变换	真核生物核内 RNAs（形成双链 RNA）	RNA 降解？	双链 RNA 依赖的脱氨基酶	[67]、[68]
G 插入	副黏病毒（paramyxovirus）P RNAs	造成额外读框	聚合酶打滑	[70]、[71]

RNA 编辑首先是 1986 年 Benne 等[59]在布氏锥虫（*Trypanosoma brucei*）及簇生短膜虫（*Crithidia fasciculata*）中发现。它们的线粒体的 coxⅡ（细胞色素 C 氧化酶亚基Ⅱ）基因的 mRNA 5′端含有 4 个非基因组编码的 U 残基，正是由于它们的插入而抑制了原来基因的移码突变，形成完整的开放阅读框，产生了有活性的 coxⅡ[59]。*T. brucei* 的线粒体 DNA（mtDNA）含有大约一万个 1kb 的小环（minicircles）和 50 个 22kb 的大环（maxicircles），它们彼此联结成网。那些小环的功能不明（后来发现能转录 gRNA），大环则含有基因（简称大环基因）。但是，锥虫的许多大环基因的转录本（RNA）是无功能的，因为它们不是缺乏适当的翻译起始密码，就是含有移码序列（frameshifts）。在某些锥虫（如 *Leishmania tarentolae*、*Crithidia fasciculata*），U 的插入或删除是在大环基因（如大环中的 *MURF-2*、*MURF-3*）的 RNA 的富嘌呤的小范围进行。RNA 编辑的结果是增强它们的翻译能力；像基因移码框架被消除，建立 AUG 起始密码，同时改变了某些氨基酸，而在 *C. fasciculata* 的 *MURF-3* RNA 中则从其阅读框中断开了一个潜在的起始密码子。Benne 认为[58]，这表明 RNA 编辑可能对基因的表达有调控作用（正或负的）。

植物方面，除了线粒体的 RNA 编辑外（表 12.2），也发现了叶绿体 RNA 编辑（Hoeh,

1991)[67c]。在叶绿体基因组上总共检查出 9 个基因的转录物上存在 21 个 RNA 编辑位点 (Kudla，1992)。但在检查过的 *rpoA*、*rpoC*、*rpl16*、*rpl23* 的转录物上没有编辑位点。

例如，玉米的叶绿体 *rpl2* 基因，由于 C→U 的 RNA 编辑，使它的 DNA 上的起始位点 ACG 变成了转录物上的 AUG，创造了一个起始密码子，而将一种非翻译转录物转变为可翻译的转录物。C→U 转换不仅产生起始密码子，而且也可以在内部位点发生，导致氨基酸的替换。例如，在 *ndhA* 基因中有 4 个内部位点 C→U，使氨基酸 G→L；*ndhB* 有 6 个内部位点 C→U，使氯基酸 S→L。除此以外，*ndhB*(6)、*petB*(1)、*psbF*(1)、*psbL*(1)、*rpoB*(4)都存在着 RNA 编辑位点（括号内的数字表示 RNA 编辑位点数目）。RNA 编辑可以在有内含子的基因（*rpl2*、*ndhA*、*ndhB*、*petB*）上发生，也可以在无内含子的基因（*psbF*、*psbL*、*rpoB*）发生。在叶绿体基因的 RNA 编辑中以C→U转换为主，由它所发生的高频率的氨基酸转换有 Ser→Phe（密码子第二碱基 C→U），Ser→Leu（密码子第一碱基 C→U）和 Pro→Leu（密码子第二碱基 C→U）等；较低频率发生的氨基酸的转换是 Thr→（F）Met（密码子第二碱基 C→U）。

笔者认为，RNA 编辑（RNA editing）一词并不能在深度和广度上确切地表达出这种 RNA 的加工过程。所谓编辑（editing）是对已有文稿的修改与校对。但是就 RNA 编辑而言，就是上述的小范围的“编辑”，已经使 DNA 序列面目全非，而在许多情况下则是大范围的大刀阔斧的加工。例如，*T. brucei* 的 *cox* Ⅲ（细胞色素氧化酶亚单位Ⅲ）RNA 以及 *MURF*3 RNA、*MURF*4 RNA 三个转录本的 50%以上的序列都是由 RNA 编辑所产生。在 *cox*Ⅲ的 712 个核苷酸中的 167 个位点上，发生了 U 残基的 398 个插入与 9 个删除![58]难怪直到 1988 年，无论在 *T. brucei* 的细胞核里还是线粒体里都找不到*cox* Ⅲ基因的踪影。后来，Feagin 等[72]用 *C. fasciculata* 和 *L. tarentolae* 的 *cox* Ⅲ基因的保守区的部分核苷酸为探针，才证明 *T. brucei* 的 *cox* Ⅲ基因是在线粒体基因组中。之后，他们首先确定了 *cox* Ⅲ mRNA 约 65%的顺序，惊奇地发现它 60%左右的核苷酸是 RNA 编辑的结果。这种编辑始于 3′端，遍及被测区域的 2/3。其中由于一个 U 的插入而形成了 UAA 终止密码子。在此之前，Feagin 等[73]还曾发现 *T. brucei* 的 CYb（细胞色素 b 蛋白）的 mRNA 5′端被插入了 34 个非编码 U 并随之引入 AUG 起始密码。这些大幅度的 RNA 编辑造成了 mRNA 的密码子的大部分，使它们从无义信使成为有义信使。而它们原来的基因，亦即基因组的 DNA 只不过是一串简略的意义模糊的序列（abbreviated or cryptic gene）[61]；Simpson 与 Shaw 称为 Cryptogenes[74]，中文文献中目前称为“隐秘基因”，笔者把它称为“模糊基因”。Simpson 等把模糊基因分为以下三种类型[61]。

类型Ⅰ：内部编辑的模糊基因（internal-edited cryptogenes）。

类型Ⅱ：5′端编辑的模糊基因（5′edited cryptogenes)。

类型Ⅲ：泛编辑的模糊基因（pan-edited cryptogenes)。

属于类型Ⅰ的如 *cox*Ⅱ（在 *T. b*、*C. f*、*L. t.* 三种锥虫中都是)，*MURF*3(C. f.)，只在其转录本的蛋白质编码区内部进行编辑。属于类型Ⅱ的如 *CYb*(*T. b.*，*C. f.*，*L. t.*)，*MURF*2 (*T. b.*，*C. f.*，*L. t.*)，*MURF*3(*L. t.*，*Cnf.*)，*cox*Ⅲ(*L. t.*，*C. fn*)等只在其转录本的 5′端蛋白质编码区内进行编辑。属于类型Ⅲ的如 *T. brucei* 的 *cox* Ⅲ、*MURF*3 及 *MURF*4，在其转录本的全长进行编辑而产生一个全新的蛋白质（图 12.6）。

除上述的锥虫，变形黏菌以及植物的线粒体、叶绿体系统的模糊基因外，尚有其他遗传系统的 RNA 编辑（表 12.2）。如哺乳动物的载脂蛋白 B RNA，这种单拷贝基因的 RNA，

MURF 2 AuGuuuGGuuGuuuuAAuuuAGuuuuAuuuuuAuGuuuuGACUGuA[······························]

MURF 3 []AuAuuuAuuuuAuuuuuGuuGuuuuuuuG[·········]GuAuuuUGAuA[·······················]

T
↑
cox Ⅲ -etc.-AuGuAuuuGuGuGuGuAAuuuuAuuGGuGuuuuUUUAGUUGuuGAuuAGuuAAuuuGu AuuG[]

图 12.6　*C. fasciculata* 的 *MURF2*、*MURF3 RNA* 及 *T. brucei cox* Ⅲ RNA 的编辑情况

基因组的原编码核苷酸以大写字母表示，插入的 U 残基以小写 u 表示。小段未被编码的序列以 [] 表示，大段（>200 核苷酸）未被编辑的序列以 [·········] 表示。被删除的 U 残基以箭头→T 表示（在 A 与 G 之间删掉一个编码的 U）

因为在 2153 处以 U 取代了 C，使一个谷氨酸密码子（CAA）变成了终止密码子（UAA），导致了 apo-B48 蛋白质的产生，而且在鼠肝细胞中，这一过程受到甾体激素的调控[75]。在大鼠肝癌细胞中还发现，apo-B 的这种 C 转换需要至少含 26 个核苷酸的 gRNA 片段[76]。据报道（Driscodl，1989），此类小的 RNA 片段在体外（*in vitro*）编辑系统中也能进行 C 转换[77]。在真核细胞中（如 *Xenopus*），还有对双链 RNA 的 A→I 的加工，RNA 中近 50%的 A 被加工[68,69]。另外，副黏病毒（paramyxovirus，SV5）的模糊基因 P 的 RNA，因为插入了两个 G 而消除了其移码序列并连接了两个开放读框，使之成为能产生 P 蛋白的 mRNA[70,71]。类似的情况也见于麻疹病毒（measles virus），在它的模糊基因 *P* 的 RNA(约 50%)中只插入一个 G，把编码中的氨基端区域与一富含半胱氨酸密码子的模糊序列（cryptic reading frame）连接起来而成为 P 蛋白的 mRNA[71]。

T. brucei 在不同发育时期，RNA 编辑的情况和程度也不同[60]，已知锥虫的寄生性发育分为昆虫阶段（入侵昆虫）与血流阶段（入侵哺乳动物血中），仅在昆虫阶段才能进行线粒体氧化呼吸活动；这个阶段的锥虫叫前期形式（procyclic forms）。而在血流阶段由于缺乏线粒体，所有的 ATP 只能由酵解提供，这个阶段的锥虫叫血流形式（bloodstream forms），这种形式又根据发育的前后再分为细长血流形式（slender bloodstream forms）与树桩血流形式（stumy bloodstream forms）。*T. brucei* 的 *cox* Ⅱ 与 *CYb* 模糊基因，在细长血流形式中只发现其未编辑的 RNAs(unedited RNAs)，而在树桩血流形式和前期昆虫形式中其编辑的 RNAs(edited RNAs）与未编辑的 RNAs(unedited RNAs）则都有。对于 *MURF*2、*cox* Ⅲ 转录本，则编辑的 RNAs 在两个发育阶段都有。

种种的研究表明，RNA 编辑并无既存模板可依[59,62]。仅在锥虫中发现有一些短的 RNA，以其 5′端开始与被编辑的模糊 mRNA 互补结合，以其 3′端提供增删某核苷酸（U、C、G 等）的信息，被称为导引 RNA(guide RNA)——gRNA[57]。有关删增的机制，仅限于一些针对锥虫 gRNA 的模型，如 Simpson model[80~82]、Cech model[81]等。前一模型主要以简单的酶反应（endonuclease，ligase and TUTase）为机制，而 Cech model 则以转酯反应(transesterification）为主。后来根据 Kable 等的研究，比较肯定 Simpson 等的酶反应模型[83]（图 12.7)。

RNA 编辑的特点可见本书 7.4“RNA 编辑”。

12.3.3　DNA 是编码遗传信息的活字版

传统遗传学的中心概念是染色体基因决定论。“基因论认为个体上的种种性状都起源于生殖质内的成对的要素（基因)”[85]。简言之，基因决定一切性状，而基因本身自决。或者

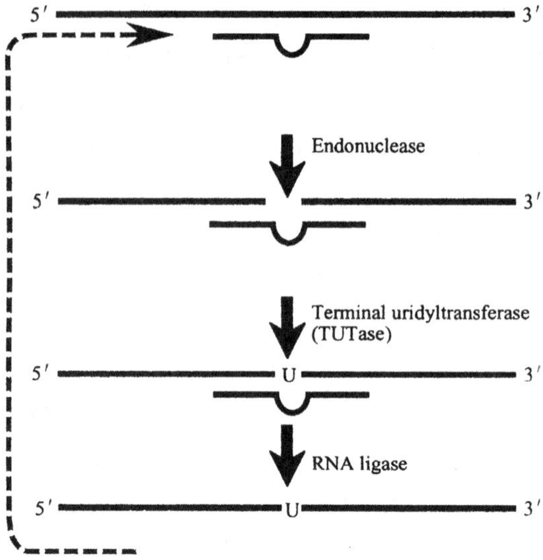

图 12.7　锥虫 RNA 编辑的 U 插入机制

目前比较肯定的是酶反应模型。该过程是在 gRNA 导引下，经过一种酶复合体（含有 endonuclease、TUTase、RNAligase 三种酶）的催化完成。首先，内切酶（endonuclease）在靶位（删 U 或插入 U 处）把 RNA 切开并移去 U，或者 UTP 提供 U 基，U 基末端转移酶（TUTase）把 U 添加进去，然后用 RNA 连接酶（RNA ligase）连接。目前认为，U 基（Uresidues）每次只插入一个而不是一群（依 *Genes* Ⅶ，B Lewin，2002，pp737；Sollner-Webb B，1996，略有修改)[84]

说，基因是生命系统中独立的、稳定的、自我决定的遗传物质，它决定一切性状，但不被任何性状所决定。DNA 双螺旋结构及自我复制能力被认为是证明了基因的稳定性、自决性。继基因论之后，“一个基因，一个酶”[86]，“一个顺反子，一条多肽链”[87]的理论则更具体地说明了基因与它所决定的产物之间是严格的 1∶1 的对应关系。而中心法则进一步在分子水平上，并以信息论的观点把这种 1∶1 的关系表述出来。这就是所谓从 DNA 到蛋白质遗传信息的共线性与信息传递的单程性。因此，中心法则认为，一切遗传信息都源于 DNA，DNA 是蛋白质分子中遗传信息的唯一源头。DNA 的这种自决性、单程性、共线性要求基因的 DNA 序列应是一块铸好的模板或者是一张摄好的底片；从 DNA 到 DNA，从 DNA 到 RNA 到蛋白质是一个精确的“铸造”或“翻版”过程。

转座子（transposon）的发现[88]，是动态 DNA 观念的第一个信号。它揭示了一段可能包括一个基因或几个基因的 DNA 或者一个基因中的 DNA 的一段[89]可以插入、重组，或者切离（excision）。很像活字印刷中的“活字”。内含子（intron）的出现，也是“完全出乎意料和与预言的相反”，而使分子生物学家困惑不解[90]。实际上，intron 的存在说明基因并不是一个“稳定的实体”（Morgan，1928），也不是“一个不容分割的功能单位”（Benze，1961）；它说明遗传信息（即编码序列）在基因内不是连续的模板一块，而是由若干独立的编码单元（exon）拼凑而成。

事实上，近年来的许多实验都证明，DNA（基因）不是静止的、连续的模板一块，它包含着许多非交换（noncrossover）的可组合的单元。基因在个体发育中、在转录、成熟为 mRNA 的过程中，好像一块可拼凑的活字版。那么由于拼凑过程中的增、删、颠倒，就失去了从 DNA 到 RNA 到蛋白质的共线性，更失去了“基因自决”的意义！因为，人们不禁要问：谁来给 DNA、mRNA 排版？谁来决定基因的重排（gene rearrangements）？

12.3.3.1　DNA 水平上的基因重排

1. *原核生物的基因重排*

“基因重排是微生物的特点（endemic）”[91]。这些基因重排为微生物提供了稳定明显的表现型（scorable phenotype)。这些含有重排基因的细胞能够逃避监视（evade surveillance）或者响应新的环境条件。即使由于时机不利，不能发挥作用，它们会暂时地被未重排的基因所稀释，并以低频率传代。

现举三个例子。其中两个例子是丝状氰化菌（*Filamentous cyanobacteria*），在异形细胞（heterocytes）的分化过程中发生基因重排，转而进行固氮（nitrogen fixation)[92]。另一个例子是枯草杆菌（*Bacillus subtilis*）在孢子形成过程中母细胞（mother cell）的基因重排使细胞进一步发育[93]。所有这三种基因重排都是由于基因内部一个 DNA 单元（DNA element）的切离（excision）而使 DNA 重排成为具有固氮或进一步发育能力的基因。

这三种 DNA 单元分别为 11kb、55kb、42kb[92,94,95]，是三个中断因子（interrupting element)，它们分别插在一个基因中间，间断了它的编码而使其不能表达；但每一单元内却又编码一位置性特异重组酶（site-specific recombinase）该酶识别其单元两端的短的重复序列并催化其切离（excision）而成为一个非复制的环状 DNA 分子。然后把基因剩余的部分接合起来，而成为一个功能性的基因。每一种重排都是在一系列信号传导、基因活化、甚至在响应环境信号（environmental cues）的作用下，而发生形态分化后才发生。对氰化细菌（cyanobacteria）来说，这种重排发生在异形细胞（在 Anabaena，10%～20%的细胞）的每一条染色体上，但绝不发生在营养细胞（vegetable cell）中[94]（图 12.8，图 12.9)。对枯草杆菌来说，基因重排可见于每一个母细胞，但绝不发生于前孢子（forespore)[95]。异形细胞与母细胞都是终端细胞，不传代；而营养细胞与前孢子均传代，它们保持着中断因子（interrupting elements）并在历次分化中进行切离。

```
           <---11kb---->                            <-----55kb----->
     ----[  ]-[]-[ ]----------[  ][ ]-[ ][  ]--[  ]-----//-----[]-[  ]---------[
     E nif  K D'  xisA          nifD  H   U   S     xisF          fdxN  nifB     rbc
```

图 12.8　Anabaena 7120 营养细胞中，11kb DNA 单元中断了固氮基因 D (*nifD*)，把它分割为 D 与 D′两部分。*xisA* 为 11kb 单元内编码重组酶的基因。55kb 中断了 *fdxN* 基因，把它分割为 *fdxN* 以及图中 *S* 与 *xisF* 之间的部分。*xisF* 为 55kb 内编码重组酶的基因（仿 Haselkorn R. 有重大修改)[91]

```
                                    fdxN
     ---m[  ]-[  ][ ]-[ ][  ]-[]-[  ]---------[
     E  nif  K   D  H  U  S   nifB            rbc
```

图 12.9　Anabaena 7120 异形细胞中 11kb 与 55kb 切离（excise)、重排，*nifD* 基因与 *fxdN* 基因恢复完整的情况（仿 Haselkorn R. 有重大修改)[91]

在枯草杆菌（*Bacillus subtilis*）孢子发育中的母细胞内孢子形成基因的重排则更有趣。Stragier 等发现[96]，一个 42kb 的中断因子（42kb element）把孢子形成中的一个重要基因 *SigK* 隔开为两部分；但这两部分又各自独立地成为两个基因。一个是 *SpoI*VCB 基因 ，它是开放阅读框，编码一个 17kDa 的蛋白质，它具有的 20 个氨基酸的氨基末端与 SigK 的氨基末端一样。另一个是 *Spo*ⅢC 基因，可编码一多肽，它有一个与 *SigK* 类似的羧基末端。

当 42kb 切离后，*SpoⅣ*CB 与 *Spo*ⅢC 可读框接合起来而成 *SigK* 基因。*SigK* 基因编码一个 27kDa 的蛋白质，是形成孢子外衣（spore coat）蛋白所必需。42kb 中断因子里含有 *CisA* 基因，或称 *SpoⅣ*CA，在切离前与 *SpoⅣ*CB 基因相邻；它编码一特异位置重组酶（site-specific recombinase）[97]，使 42kb 切离。该酶含有 500 个氨基酸，相对分子质量 57 481。另外一个小分子质量的酶 SpoⅢD（被 *Spo*ⅢD 基因编码）或许也为切离所需，它是 *CisA* 转录及其机能所需，但它只在母细胞中活动[93]（图 12.10）。

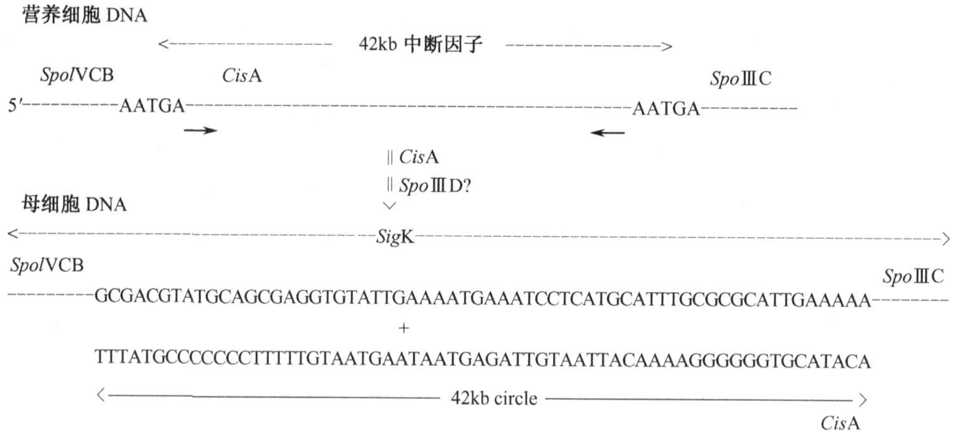

图 12.10　枯草杆菌（*Bacillus subtilis*）孢子发育中 42kb 中断因子在母细胞内的切离情况

5′AATGA 是切离（excision）、重排发生的部位，该部位的一侧的 21bp（箭头所示）是 55kDa 的 cisA 重组酶的结合部位；*Cis*A 的结合往往跨过重组序列 AATGA，这可能是由两个 *Cis*A 完成（仿文献 [91]，有重大修改）

在此我要强调的是：*SigK* 基因的重排是一个基因被分割为两个基因，它并不因编码区中断而丧失编码功能；42kb 切离后，*SpoⅣ*CB 与 *Spo*ⅢC 两个基因又恰好连接为一个基因（*Sig*K）。这使我不禁想起真核基因的内含子与外显子！42kb 中断因子像是个内含子，而 *SpoⅣ*CB 与 *Spo*ⅢC 则像二个被隔开的外显子。它告诉我们，真核细胞在 RNA 水平的剪接加工过程，原核细胞提前在 DNA 水平进行了！因为原核细胞的mRNA不经剪接，是直接地从 DNA 转录下来的！我认为这是很重要的一点。它说明真核细胞在 RNA 水平所进行的剪接加工，其本质也是个基因重排过程！当在真核基因中发现内含子后[98,99]，曾使很多人困惑不解，因为根据中心法则的共线性，内含子的出现实在出人意料[100]。其实，内含子的出现并不奇怪，它的前身不就是原核基因中的中断因子么？

内含子的“出人意料”暴露了中心法则理论的缺陷！

2. 真核基因的重排

（1）淋巴细胞中免疫球蛋白基因的 DNA 重排。

免疫球蛋白基因是 DNA “活字排版”最典型最生动的例子。它说明基因也有一个发育过程；在不同的环境压力下，它们是高度可塑的。一个小鼠可产生 10^6～10^9 种抗体。哺乳动物所具有的这种几乎无限的抗体多样性的能力完全来自少数几种免疫球蛋白分子（IgM、IgD、IgG、IgA、IgE）内部不同片段（segments）重排的结果。这种重排为万花筒所望尘莫及。唯有用“活字排版”才能比拟。

一个抗体的基本亚单位是一个免疫球蛋白分子（Ig）。Ig 分子由两个重链（HC）和两个轻链（LC）构成。在它们的氨基端是氨基酸序列的可变区（variable region），剩余的部分则是恒定区（constant region）。在 Ig 分子中，HC 与 LC 的可变区是并列地（juxtaposed）形成有能力的抗原结合部位（antigen-binding site）[101]。可变区是在 pre-B 淋巴细胞（precursor B lineage cells）时期在体细胞中由生殖质的 DNA（germline DNA）的各个片段重排、装配起来的，是先于抗原的识别而独立发生的。每一个成熟的 B 淋巴细胞表面表达一种 Ig 分子，作为一种抗原的受体[103]，它含有某一种 HC 和 LC 变化区的序列。哺乳动物所具有的几乎无限的抗体多样性，大部分是来自可变区形成时的各 DNA 段落的重排[102]（图 12.11）。

```
① 小鼠胚胎时 Ig 的重链 DNA。

<--------------- 可变区 DNA 片段 -----------------> <---- 恒定区 DNA 片段 ---->

                                                     μ   δ  γ3  γ2b    ε    α
5′g--{ }-{ }-\\-{ }---[ ]-[ ]-\\-[ ]---<>-<>-<>-<>---()-()-()-()-()-() ()-()-3′
     V1  V2      Vn     D1  D2      D12    J1 J2  J3  J4            γ1      γ2a
         (n=300～2000)
② 在 B- 淋巴细胞中的 DNA 重排。         ↓ DNA 片段剪接
                            5′ --{ }-{ }[ ]<>-<>---()-()-()-()-()-()-()-()-3′
                                 V    V2 D2 J3 J4    μ  δ  γ3          ε  α
                                         <---- 转录区 ---->
③ 细胞核 RNA。                                  ↓
                                 5′ --{ }[ ]<>-<>---()-3′
                                       V2 D2 J3 J4    μ
                                              ↓
④ mRNA。                            5′ { }[ ]<>---()-3′
                                      V2 D2 J3     μ(or δ、γ3、α···)
```

图 12.11　免疫球蛋白分子（Ig）重链的 DNA 重排示意图

免疫球蛋白 HC 可变区（variable region）是由 V(variable)、D(diversity)、J(joining)各类 DNA 片段装配起来的。每一类节段实际上是若干序列不同的 DNA 节段的集合。它们很像分类放置的活字。在鼠类，V 节段有 200～2000 个、D 节段约有 12 个、J 节段有 4 个。每一 HC 可变区都是这三类节段排列组合的结果。这同活字排版没什么区别。具体地说，在 Ig 可变区中含有三个氨基酸序列超变化区（hypervariable regions），它们相互作用以形成抗原识别位点（antigen-recognition site）而被称为互补决定区（complementary-determining regions; CDRs）。V 节段编码可变区域的主体包括 CDRs 1 及 CDRs 2。CDRs 3 是由 V、D 及 J 重排而成[104]。CDRs 1及 CDRs 2 的异质性、多样性来自生殖系编码的 V 节段的多元性[105]，再加上 V、D、J 三种节段的不同形式的排列组合所产生的巨大的异质性，就构成了抗体多样性的分子基础。附加的多样性还来自不同的 HC 和 LC 可变区的组合，以及恒定区的不同种类。根据 HC 的恒定区序列又分为几个种类（isotype）：α、δ、μ、ε、γ1、γ2a、γ2b、γ3。每一种类由一种恒定区基因所编码[104]。抗体的类型（class）是根据它的重链（HC）的不同种类所定义。它们具有不同的免疫效应（immunologic effector functions），分别称为 IgM、IgD、IgG、IgA、IgE。B 系细胞（B lineage cell）在表达了 IgM 后（为响应抗原刺激及补体固定所必须，由 $C\mu$ 基因编码），也就是在响应了抗原刺激后，借助 DNA 重排（class-switch recombination）取代了 Cμ 区基因（$C\mu$ 基因），以新的基因区代之而产生新的种类、从而产生新的抗体类型（class）。这种类型级的 DNA 重排允许已经发生的可变

区 VDJ 的 DNA 重排的继续存在，使抗体更加多样化。

总之，数以亿计的抗体的多样性，完全是由免疫球蛋白分子中一些有限的 DNA 片段（V、D、J、C）重排的结果。这与活字排版没有区别。现以重链 DNA 的重排为例。

（2）脑与脊髓细胞中的 DNA 重排。

Matsuoka 等[106]发现，由于大脑在活动中要识别和记忆许多不同的外界信号，因此作为信息分子的 DNA，也可能像在免疫系统中那样发生 DNA 重组。

他们把微生物的 β-半乳糖苷酶基因（*LacZ*）反向地重组入 pUC18 内的 β-肌动蛋白基因的增强子-启动子（EP）附近。然后注射到小鼠的受精卵中。只有在 DNA 发生重排的情况下，*LacZ* 转为正向后，它才能被转录而产生 β-半乳糖苷酶。用 X-gal 处理后产生蓝色。结果发现，在转基因小鼠出生后，很快地在淋巴组织以及脑、脊髓产生蓝色。在脑、脊髓的 70 多个不同区域出现蓝色，而且主要地出现在脑的感觉区（图 12.12）。

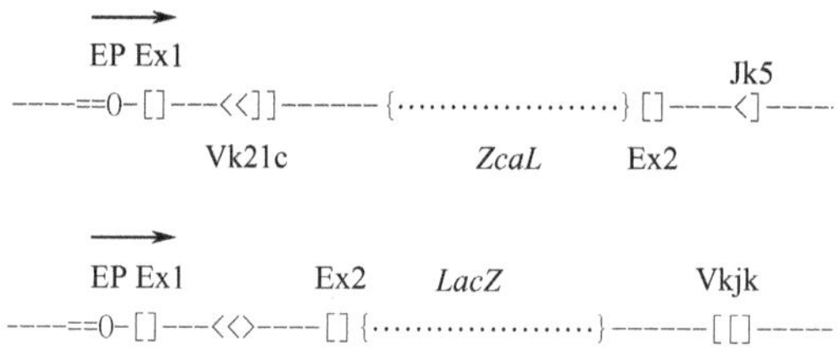

图 12.12　报告基因（*LacZ*）及其附近的 DNA 片段

（Ex2、Vk21c、Jk5）的重排情况示意

图中的上列为重排前，下列为重排后。EP，是 β-肌动蛋白的增强与启动子。Ex1、Ex2 是 β-肌动蛋白的两个外显子；Vk21c、Jk5 是小鼠 Ig 的两个 DNA 片段（V、J），它们前端的部分（以≪、＜分别示之）是 V、J 两个 DNA 片段的重组信号序列。图中的 *ZcaL* 表示倒置的 *LacZ*

（改绘自文献［106］）

12.3.3.2　RNA 水平上的基因重排

自发现内含子（intron）[54,55]后，证明大多数真核基因是由外显子（exon）与内含子（intron）两种成分组成。人们把在 mRNA 成熟过程中被删除的那些片段称为内含子，保留在成熟的 mRNA 中的那些片段称为外显子。但是，人们很快发现内含子里面有外显子[107]，外显子里面有内含子[108]，有的序列单元在形成不同的 mRNA 中时隐时现，有时是外显子，有时是内含子[109]。以至形成外显子不显，内含子不含，内含、外显不分的局面。这种情况充分说明，作为基因的 DNA 模板，其中的序列并没有被固定化为一定外显的外显子或一定内含的内含子。从 DNA 到 mRNA 的过程，对于某序列单元的取舍（外显或内含）是变通的（alternative），因此，是一个活字排版的过程。

如前所述，DNA 模板本身就是一个可供取舍拼凑的活字版。而从 DNA 到 mRNA 则是对遗传信息的第二轮的取舍、排版，我们不妨把这种过程称为 RNA 水平上的基因重排。

另外，病毒、噬菌体的基因以相互重叠为特点。如 SV40 病毒的 *VP1*、*VP2*、*VP3* 基因有 122 个核苷酸三重重叠，但阅读框不同。ΦX174 病毒的全序列由 5375 个核苷酸组成，为 9 个蛋白质编码，其中蛋白质 B 基因完全在蛋白质 A 基因内，蛋白质 E 基因完全在蛋白质基因 D 之内，而蛋白质 A 的终止密码的最后一个与 C 蛋白质的起始密码的第一个相重叠，D 蛋白基因的终止密码的最后一个也与 J 蛋白基因的起始密码的第一个相重叠。也就是说，ΦX174 的 9 个基因就有 6 个基因在不同程度上重叠。基因重叠的本身就意味着在同一段

DNA 序列内，可以组合重排出不同的编码序列。这同利用同一排的活字可以排印出不同的句子是一样的。这也说明了基因的活字性质。

1. 外显子及内含子的变通性重排

Intron 的发现已经出乎中心法则的意料，但更出乎意料的是，自 20 世纪 80 年代末，发现基因中的外显子、内含子并非是固定的，而是可以在形成 mRNA 的过程中互相转换的。这样一来，“一个基因、一条肽链”就成了问题；共线性遭到严重破坏。基因在 RNA 水平再次成为可重排的活字版。

1987 年开始评述这种重排时[110,111]，据称在熟知的实验动物中已知约 50 种基因。事过两年，再来评述时，已不胜枚举了(Smith，et al.，1989)[112]。这种 RNA 重排，在噬菌体、病毒，以至各种真核生物中普遍地存在着。由这种重排所产生的蛋白质分布非常广泛，如细胞收缩器、细胞外基质、细胞膜受体、细胞骨架、多肽激素、中间代谢的酶、DNA 转位酶等。有理由相信目前在实验动物所发现的这些，只不过是 RNA 重排冰山的一角！

根据现有资料，这种剪接多样性（alternative splicing）可有下列几种形式，如图 12.13 所示。

在这种变通性的（alternative）RNA 重排中，它既能删除编码序列（exon）又能把非编码的序列（intron）加入到成熟的 mRNA 之中，“因此，在变通性断裂基因（alternatively spliced genes）中，外显子（exon）与内含子（intron）之间的传统的区别变得模糊起来”[110]。实际上，同一基因中的序列在不同的重排情况下，外显子与内含子互相转换、互相渗透，以致你中有它，它中有你，它就是你，你就是它。所谓外显子、内含子、外单元、内单元、外元、内元等名堂只不过是依据 mRNA 成熟后的结果而返回到 DNA 模板去做的命名，大可不必争论孰优孰劣。其实，外显子、内含子等的命名只不过是基因的一种表现型，而把基因理解为可以重排、拼凑的若干编码序列的集合单元才是问题的实质。

2. 基因间的变通性重排

在发现基因内的 RNA 重排（alternative splicing）的热潮中，人们也发现了基因间（或说是两个转录本间）的编码序列（外显子）的重排，即基因间的变通性重排（Trans-splicing）。这种两个 RNA 分子间的重排，已在体外实验中实现[124,125]。它们的重排是借助于 RNA 二联体的形成。两个 RNA 分子的插入序列（intervening sequences）之间配对，以氢键间断地相联，然后发生分子间重排。它说明分布在不同基因内的编码单元同样地可以拼接、重排；就像散放各处的活字可以拣取排版一样。有实验证明，来自哺乳动物细胞的 RNA 含有重复单元（repetitive elements）并可形成分子间的网络（networks）[126]。这表明分子间的 RNA 重排在活体内是完全可能的。

事实上，在原生动物锥虫（*Trypanosoma bruicei*）中已经发现了这种 RNA 分子间的重排[127]。锥虫的 mRNA，不是来自一个 DNA 模板，而是两个 DNA 模板的转录本的不同编码单元拼接而成，人们称为不对称转录（discontinuous transcription）[128]。它首先在锥虫的 *VSG*（variant-specific surface glycoprotein）基因的转录过程中发现。已知 *VSG* 基因无内含子，根据中心法则的共线性原理，其 mRNA 序列应与 *VSG* 基因序列一一对应，二者的长度应该相等。但以 *VSG* 的 cDNA 为探针，检测的结果表明，cDNA 比 VSG 基因长 35 个核苷酸，这 35 个序列是作为一个完整的编码单元接在 *VSG* mRNA 的 5′端。人们把它称做微小外显子（mini-exon）。这个微小外显子是基因组中另外一个重复基因所编码。它约有 200 个

(a) 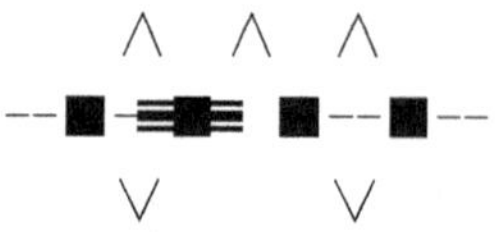

外显子里有内含子（retained intron）（编码单元里有可转换为非编码的单元）。例如，纤连蛋白（fibronectin）[108]、血小板源性生长因子（PDGF）A链[113]、果蝇P因子转位酶[114]等基因

(b) 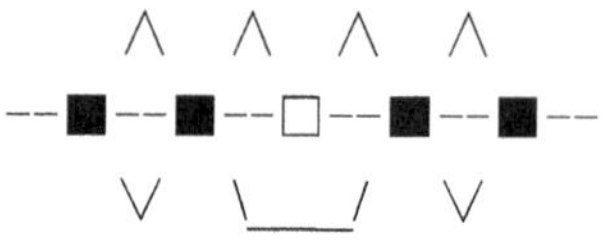

内含子里有外显子（cassette）（非编码单元里有可转换为编码的单元）。例如，神经细胞黏附分子（NCAM）[115]、肌钙蛋白-T[116]等基因。其中，肌钙蛋白-T（troponin）基因可能产生64种异形蛋白（isoform）

(c) 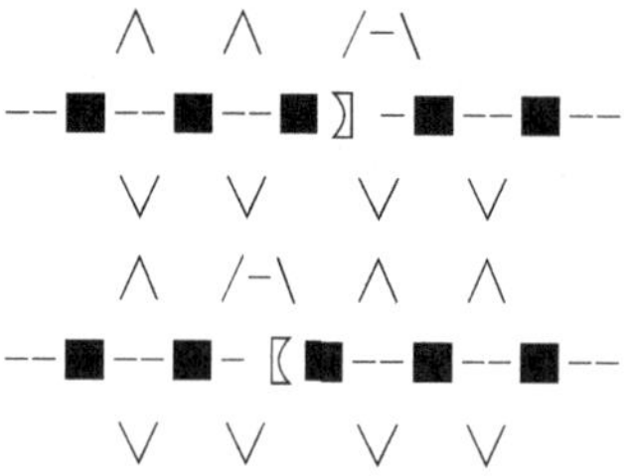

内含子的5′渗入外显子（internal donors site）（非编码单元之5′区可转换为编码区之3′区）

内含子的3′渗入外显子（internal acceptor site）（非编码单元之3′区可转换为编码区之5′区）。例如，腺病毒的*Ela*基因[117]，SV40的*T/t*基因[118]，果蝇的*Ultrabithorax*基因[119]及*transformer*基因[120]

(d) 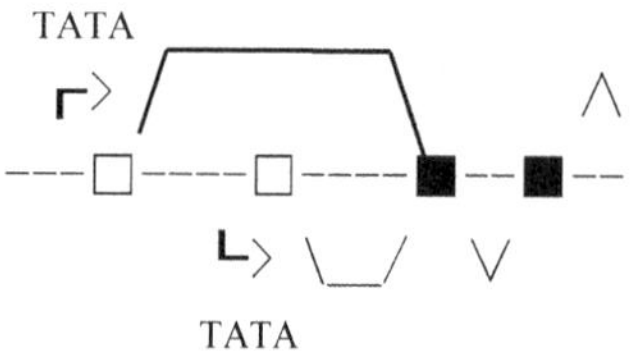

起始的编码单元只可二中择一；当选择第一个时，则第二个编码单元转换为非编码单元，而选择第二个时则第一个不参与编码，也就是说，第二个单元有时是外显子，有时是内含子。而第一个单元则有时是外显子，有时既不是外显子，也不是内含子（alternative promoters）。例如，肌球蛋白轻链1/3（*MLC 1/3*）基因[121]

(e) 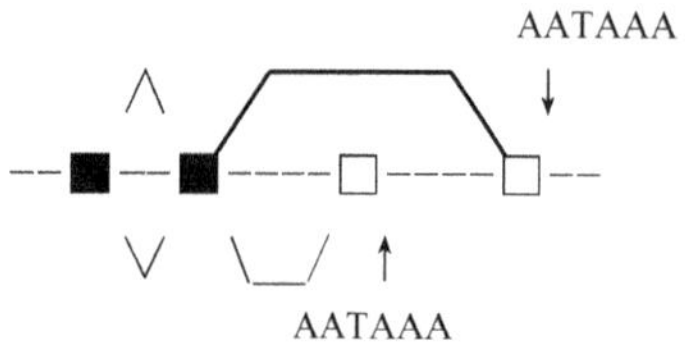

最后的编码单元只可二中择一；当选择最后一个时，则最后第二个转换为非编码单元，而选择最后第二个时则最后第一个不参与编码。也就是说，最后第二个单元有时是外显子，有时是内含子。而第一个单元则有时是外显子，有时既不是外显子也不是内含子（alternative polyadenylation site）。例如，α和β原肌球蛋白基因[93]，免疫球蛋白μ重链基因[94]，降钙素/*CGRP*基因[90]

(f) 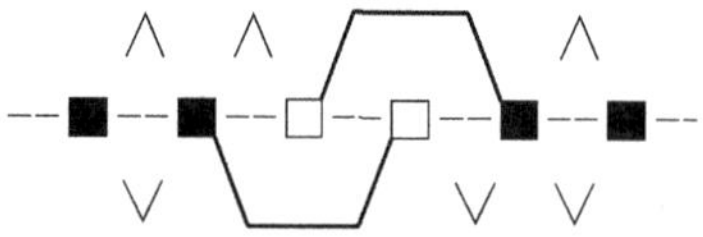

当中二个编码单元只可二中择一；当选择其中之一时，另外一个则转换为非编码单元。也就是说，它们有时是外显子，有时是内含子（mutually exclusive）。例如，α和β原肌球蛋白[122]、肌钙蛋白-T（troponin-T）[116]、肌球蛋白轻链1/3[121]、丙酮酸激酶[123]等基因

图12.13　RNA重排（alternative splicing）模型

■、≡、□均表示编码序列。其中，□表示有时是外显子，有时是内含子的序列，≡表示外显子里的内含子（有时是外显子的一部分，有时是内含子）∧、∨、__/、/‾‾\\等符号的跨度内都是内含子（非编码序列）。promoters、polyA位点分别以TATA、AATAA表示（依Smith，et al.略行修改）[112]

拷贝，每个为 1.35kb。这种 1.35kb 重复单元的初级转录本是一个 140 个核苷酸的 RNA 分子（140nt 序列），它的 5′端就是 35nt 的微小外显子。然后，35nt 从 140nt 序列转移、拼接到 *VSG* mRNA 前体的 5′端。研究表明，锥虫的其他 mRNA 都有这种不连续转录[129]。应该提到的一点是，锥虫有的染色体并没有含这种微小外显子的基因，但该染色体所产生的 mRNA 都具有 35nt 序列。这说明分布在不同染色体上的基因之间，同样地可以进行编码单元的拼接。它生动地说明 DNA 模板的活字版性质！

3. 跳跃转录

跳跃转录（jumping RNA transcription）是在冠状病毒（coronavirus）的转录过程所发现[130]。冠状病毒的全部基因组是一条单链 RNA。转录时先在模板 RNA 上合成一段先导 RNA，然后脱离下来又与模板 RNA 下游结合，以此先导 RNA 为引物继续转录[130]。一种缺陷干扰性（defective-interfering）小鼠肝炎病毒（MHV）的 RNA 分子，就是把基因组的三个互不相邻的区域，通过跳跃转录而拼接成一个开放式读框[131]。

这种跳跃转录实际不需要内含子的拼接。因为是在整个基因组上进行，也可以看成是基因间的 RNA 重排。

4. mRNA 成熟后的重排-非翻译序列

Huang 等发现[132,133]噬菌体 T4 的基因 60 的编码区内有一段 50 个核苷酸的不被翻译的序列，它插在第 46 位甘氨酸密码子和第 47 位亮氨酸密码子之间。这是在编码区内的一段非编码序列。这 50 序列是：TAGCCTTCGGGCTATCTTAGAAATACCTCATAA TTAAGAGATTATTGGA。当翻译时，它能形成某种二级结构，如图 12.14 所示。

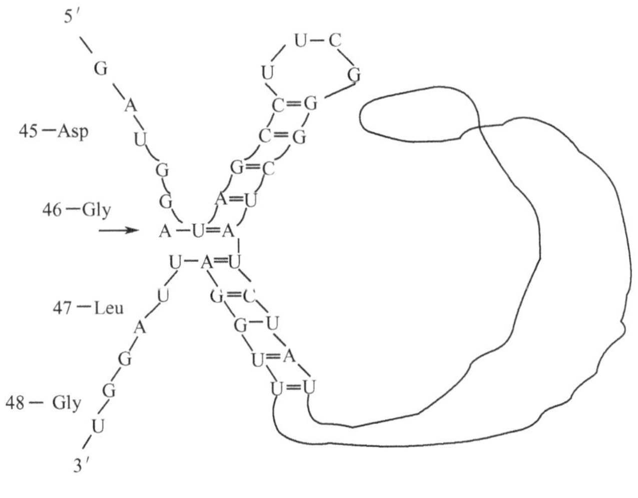

图 12.14　基因 60 的 mRNA 中的非翻译序列（untranslated sequence）与其两侧的编码序列所形成的二级结构

（依 Gold 略有修改）[132]。图中左侧为编码序列的一部分，仅表示出四个氨基酸的编码；右侧的发夹结构为非编码序列（50nt）。箭头所指是^{46}Gly 的最后一个密码子（A）与 50nt 中的 UAG 相接的部位

当编码序列的第 46 位甘氨酸与第 47 位亮氨酸的密码子在 mRNA 所形成的二级结构中相邻接时，在翻译过程中核糖体能绕过 50nt 的发夹结构，顺利通过全部编码序列，产生一

种较大的完整的蛋白质。在另一种二级结构中，则 50nt 序列中的终止密码（UAG）伸展于第 46 位氨基酸密子（GGA）之后，核糖体到此即中断肽链的延长，只产生一个 46 个氨基酸的多肽。在这里，我们看到 DNA 活字版的另一种形式，它不靠剪接而靠二级结构来改变模板的长度。

由于 mRNA 中有一个 50nt 序列，因此 mRNA 序列与其产物的氨基酸序列就不能一一对应，也就破坏了 mRNA 与蛋白质的共线性。就 50nt 序列来说，简直是和外显子、内含子（外单元、内单元、内元、外元）的定义者们开玩笑；你说它是外显子，可它不编码，你说它是内含子[132]，可它偏偏外显（即在 mRNA 分子中出现）！这说明对 DNA 序列的外显（子）、内含（子）的划分根本不能反映 DNA 作为遗传信息模板的本质。它再一次告诫我们，DNA 上没有固定化的外显子、内含子。笔者大胆地提出 DNA 是一种遗传信息的活字版，所谓一个基因，只不过是一个编码的活字模块。模块的内部以及模块之间都可以进行重排或重组。

12.3.3.3　活字模板的意义

作为模板的 DNA 可以分为以下几种情况。

1. 典型活字版

如免疫球蛋白基因的重排（immunoglobulin gene rearrangements），脑细胞中基因的 DNA 重排[134]，模糊基因（cryptogenes）的 RNA 编辑（RNA editing）[135]等。

2. 准活字版

如变通型断裂基因（alternative splicing genes）[112]、含中断因子（interrupting element）的原核生物的基因重排[136]等。尤其是变通型断裂基因已在真核生物（包括有关的病毒）中大量发现[110~112]，甚至在噬菌体中也已发现[132]。

3. 稳定的活字版

此类基因多是一些家务性、常用性或通用性的基因，如多肽类激素基因、受体的基因、珠蛋白基因、组蛋白基因、rRNA 基因、tRNA 基因等。有些基因是断裂基因，在 BNA 水平也要进行剪接；有些基因在 RNA 水平只剪不接，如组蛋白基因（hDNA）、tRNA 基因，hDNA 在转录后要在其转录本两侧共剪除 100～200bp，tDNA 在转录后要在其转录本两侧共剪除 60bp。因为有这些剪、删、接的活动，表明它们有活字的性质或有活字版的结构。但在活字排版的过程中，它们只按一种模式而不千变万化（像免疫球蛋白基因）或变通（像变通型断裂基因），所以我把它叫作稳定的活字版。这就像文章中的"成语"或"套话"，排好后拿来就用，不再重排。

另外，本文提及的基因间重排，病毒的重叠基因等也都说明了 DNA 模板的活字版性质。尤其是基因间重排的研究才刚刚开始，相信随着研究的深入，DNA 模板的活字性质会更加清楚。这种性质的揭露，起码告诉我们：

（1）DNA 模板并非遗传信息的最后版本。

恰恰相反，它只是一份非常粗糙的初稿。例如，在大量的变通性断裂基因（alternative splicing genes）情况下，每一个基因只是一个模棱两可（或多种可能）的句子，它要通过 RNA 的不同方式的重排，才能最后定型。像肌钙蛋白-T 基因所包含的遗传信息，通过重排可以有 64 种表达方式。在模糊基因（cryptogenes）的情况下，每一个基因只有通过 RNA 编辑，才能定型为有一定意义的 RNA。对于免疫球蛋白基因来说，把它比拟成一个活字版并不过分。而那些稳定的基因类型，在 DNA 版本与其 RNA、蛋白质的序列之间也往往不同。因为它们仍要经过一定程度的 RNA 剪裁或翻译后修饰。

(2) 真正的遗传信息的模板是 mRNA。

从 DNA 到 mRNA 要经过删、增、剪、接、重排等，是一个遗传信息的加工过程，而从 mRNA 到肽链合成则是严格地按照遗传信息序列的对应关系进行。因此，肽链的真正的模板是 mRNA，而不是 DNA。所谓基因可以定义为遗传信息的储存与加工的单元。

(3) 在中心法则中，DNA 的确是遗传信息的源头，但它不会是遗传信息的唯一源头。

因为 DNA 作为模板来说，它是“模糊的”(cryptic)、“活字的”(movable)、“变通的”(alternative)。在从 DNA 到 mRNA 到肽链的过程中，不断有新的遗传信息加入。譬如一条河流，它所包容的水并非全部来自它的源头；在它漫长的流程中，不断有各种支流注入。

按照中心法则与序列假说，DNA 序列只能是某一蛋白质的氨基酸序列的编码；亦即，它只编码“序列”，传递“序列”，是被定义为一种典型的凝固的模板；而不可能去编码一个动态的遗传信息加工的“程序”。像 DNA、RNA 的重排，RNA 的编辑，这些复杂加工的程序的信息并没有被规定在 DNA 的编码之中。因此，要解释清楚在传递过程中的信息加工，必须把中心法则纳入一个更大的信息系统之中。否则，我们将无法说明是谁在主持着 DNA、RNA 的重排？是谁在主持着 RNA 编辑？

12.4　中心法则在生命系统中的地位

12.4.1　DNA 模板与细胞模板

Watson 与 Crick 认为：“一种遗传物质，必须以某种功能行使两种功能，即自我复制和对细胞的高度特异性影响。”[137] 根据这个定义，DNA 是当之无愧的遗传物质。但是，已有足够的资料证明，细胞中能自我复制并对细胞有高度特异性影响的物质并不仅仅是 DNA，还有细胞中各级水平的非 DNA 模板，现分述如下。

12.4.1.1　细胞膜

对于细胞来说，膜是无所不在的。细胞的各种功能，绝大部分都是在膜上进行的；细胞的各种形态是依靠膜来塑造的。可以说，没有膜就没有细胞。中心法则从 DNA 复制到蛋白质合成，哪一步也离不开膜！从细胞的起源进化上看，如果不是膜先于 DNA，至少二者也是同时发生的！在细胞起源上，一个先有膜，后有核酸的细胞是可以理解的；但一个没有膜而却有核酸的细胞是不可想象的！这就排除了膜是由 DNA/RNA 所发生与决定的可能性 。从膜的发育进化上看，所有的膜都是来自细胞质膜的内陷，各种膜构成了细胞的外围、内界(ER)、细胞核、各种细胞器。可以说，细胞是膜的拓扑变化的结果（图 12.15）。再加上 Watson 和 Crick 对遗传物质的定义，膜像 DNA 一样，是不折不扣的遗传物质。

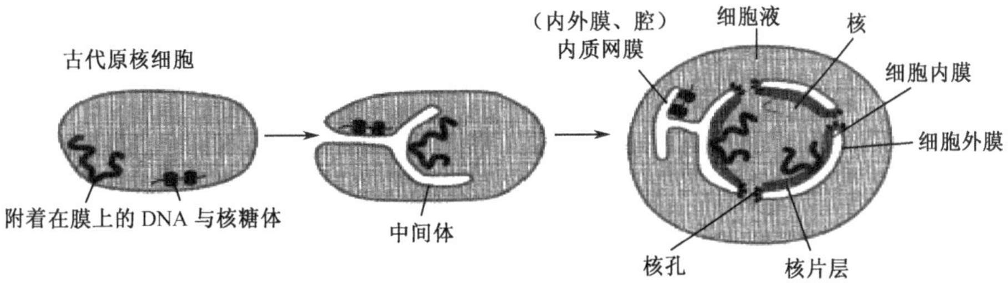

图 12.15　膜系统的进化

著名的胚胎学家 Maclean 早在 1977 年就指出："如果将分离的细胞核悬浮在一种培养液内就能够制造出细胞质结构的话，那么我们就能理所当然地说，完整细胞的装配并不需要预先存在的细胞质模板……"然而，"像内质网以及细胞核膜和质膜要想正确地装配起来都必须预先存在这些膜，尽管卵细胞和胚胎细胞往往只会有很少量的内质网"[138]。Maclean 的观点已被近代细胞分子生物学家所认可，在国际权威的 *Molecular Biology of the Cell* 一书中(该书的作者之一就是 Watson)明确指出："没有预存的 ER，就不可能制造出新的 ER。"因为"细胞不能重新（*de novo*）制造这些膜"[139]。毋庸置疑，建造膜的蛋白质以及酶都是 DNA 所编码的、决定的。但是所有的蛋白质以及由酶所合成的其他物质，都必须以预存的膜的结构为模板来合成新的膜。否则，由 DNA 所决定的这些物质，只不过相当于建筑工地上的砖瓦堆而已。例如，内质网里的许多由特异蛋白质分子组成的转位器（translocators），肽链的合成与释放，可溶性蛋白进入内质网膜腔（lumen）进行加工，都必须借助于它的作用。没有预存的内质网膜，就装配不出来新的转位器（图 12.16）。

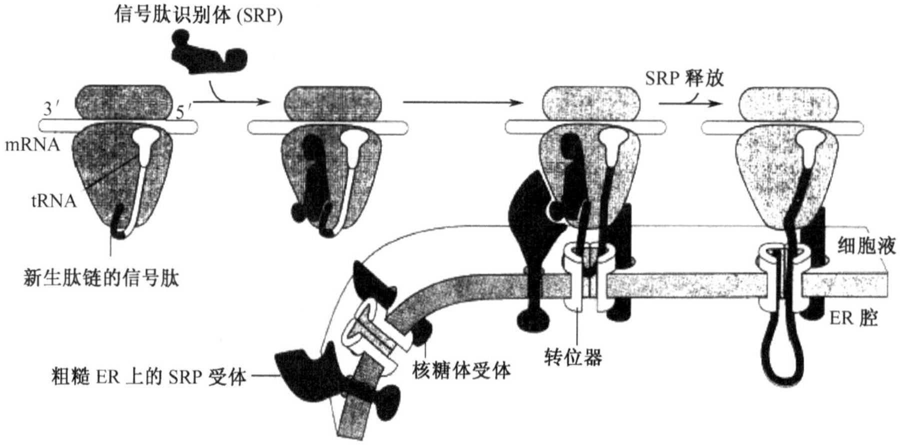

图 12.16　肽链在粗糙 ER 上的合成及肽链进入 ER 腔[139]

近代的细胞分子生物学家们已认识到，在合成新的膜（如 ER）时，预存的膜的结构信息是装配蛋白质及各种大分子的蓝图或模板。如果把细胞中的内质网膜全部去掉，细胞就永远也不会有新的内质网膜产生；尽管制造它的蛋白与酶还在正常地产生着。"失去了模板，就意味着永远失去了这种结构。"[138]正如，对 DNA 模板来说，重要的不是核苷酸由谁决定，而是 DNA 中的核苷酸的排列顺序（结构信息）决定着它本身的复制与再生。

12.4.1.2　细胞器

细胞除了膜结构外，就是由膜围成的各种细胞器。按照 Watson 和 Crick 对遗传物质的定义，细胞器对细胞有高度特异性影响是不成问题的。剩下的问题，就是细胞器是否也具有自我复制的能力？或者说，细胞器是否也是遗传模板？在众多的细胞器中，细胞核因孟德尔定律及摩尔根的基因论而取得至高的遗传器的地位。另外，线粒体与叶绿体因为具有 DNA，作为遗传物质也就当之无愧。其他的不含 DNA 的细胞器，长期以来认为是受细胞核控制的；不能作为遗传物质。

但是，近代细胞分子生物学的越来越多的资料证明，各种细胞器都是能够自我复制的非 DNA 模板；它们是遗传物质。首先，各种细胞器都是由像 ER 一样的膜构成的囊状体。这些膜，在上一节中已经指出它们是遗传性的模板。在细胞分裂过程中，细胞器是采取渐渐拉长，而后一分为二的方式进入子细胞；而不是采取崩溃后重新产生的方式。细胞分子生物学家们已明确地指出："细胞不能重新（*de novo*）构建它们的那些以膜为界的细胞器，它们要求细胞器本身的信息。"[139,140] "这样，要构建某种以膜为界的细胞器所需要的信息不能仅仅拘泥于决定细胞器蛋白质的 DNA。构成某种预存在细胞器膜中的特异蛋白的表观信息（epigenetic information）也同样需要"[139]；在细胞分裂中细胞器通过逐渐拉长而不是另行产生来增殖，说明由 DNA 所决定的各类分子必须加入到预存模板中才能使模板增殖。没有预存的模板，不管它的组成分子如何齐全、丰富，永远不会有新的细胞器的产生。

"像线粒体和叶绿体一样，细胞器不能以它们的各个组成成分自发地装配起来；它们只能从各自预存的细胞器的生长、裂解中产生……"，如"高尔基氏体和内质网膜在没有少量预存结构的情况下不可能制造出新的拷贝来"。"在细胞分裂中，诸如高尔基体和内质网膜都裂解为许多小的碎片并囊泡化，因为这种高度的囊泡化可以使它们在细胞分裂中更均匀地分配。"[141]不言而喻，在细胞分裂后的子细胞中，细胞器就是以这些裂解的碎片或囊泡为预存的模板而产生。

12.4.1.3　细菌细胞壁

用青霉素（penicillin）去处理许多细菌，会使它们失去细胞壁。因为青霉素能够抑制肽聚糖（peptidoglycan）的合成。一旦肽聚糖不能形成，其他的细胞壁成分也随之丢失。如果在高渗溶液中用高浓度的青霉素处理细菌，它们将因失掉细胞壁而成为圆形的原生质体（protoplast），或者称为 L-体（L-body）。在一般情况下，大多数原生质体能够恢复青霉素所造成的损伤，并再生出新的细胞壁。如果用青霉素对某些类型细菌（如 *Salmonella*，*B. megaterium*）进行很长时间的处理，那么就会产生完全没细胞壁的原生质体 L-体，它的细胞壁再也不会重新合成[137,142]。这是由于原来的细胞壁完全被青霉素破坏了的缘故。能够产生肽聚糖的那些酶，虽然在原生质体中仍正常产生，但是那些酶显然需要有一点预存的细胞壁作为模板，才能制造新的细胞壁。正如 Maclean 所说："失去了模板就意味着永远失去了这种结构"，"需要有预先存在的模板来安排和组织新的结构。"[143]Grun 也说："按 DNA 的指令，蛋白质一旦合成，它寻找什么样的沉积位置则取决于预存的结构。"[144]本书植物的发育一章中，对植物细胞壁的叙述中也提到，植物细胞壁的生长与分裂也是依预存模板进行的。

12.4.1.4　皮层遗传

纤毛虫（*Paramecium*、*Stentor*、*Oxytricha*、*Stylonychia* 和 *Pleurobráchia*）的皮层及细胞表面是独立遗传的，即皮层遗传（cortical heritance）。实验证明，因人工显微手术或偶然事件而造成其表面形态（如花纹、纤毛排列）的变异能够遗传下去，形成一个保持此种变异的群体。这种变异体在与正常个体进行接合（conjugate）后，它们的接合后个体（exconjugants）仍然保持其皮层形态的变异并继续成功地把它传给子代[145,146]。有时两个虫体接合配对后因不能分开而成为双体（doublet），有的甚至成为典型的两侧对称（mirror-image symmetry）形态（双方融合成具有同一前、后端与相反的左右侧）。这些双体怪物经过反复的无性、有性生殖（接合），仍能继续地保持其双体形态特性，并形成群体[147a]。我国动物学家张作人在 20 世纪 60 年代也做过同类实验[147b]。众所周知，纤毛虫的接合生殖（conjugation）包括交换细胞核基因与细胞质，从而使两个细胞达到基因型及细胞质的遗传上的一致。如果皮层形态特点是由细胞核内的基因或细胞质内的基因来决定的，那么纤毛虫在后天获得的皮层形态变异在经过有性的接合生殖之后，应该恢复正常。但事实上，皮层一旦变异，不管它通过反复的无性（autogamies）还是有性（conjugation）生殖，都会稳定地遗传下去。这说明它们的皮层能独立地控制它本身的性状遗传而不受细胞核内基因的决定。当然，那些装配皮层性状的物质无疑是核内基因的产物，它们仍正常地产生着，但决定装配形式的是预存的皮层结构模式（pattern）。所不同的是纤毛虫不能形成没有皮层的 L 细胞，它的皮层的任何破损将造成虫体内容物的泄漏而死亡。因而不会有细菌细胞壁那种再生现象，但其本质都说明它们是遗传性模板。纵然中心法则的遗传信息流畅通如常，如无预存的结构（或结构单元）作为模板，则完整的构建不会完成。它们也像 DNA 模板一样，其本身的信息（包括改变了的信息）都会忠实地复制、拷贝，但显然是独立于 DNA 模板之外的模板，否则，丢失的结构与功能会因中心法则的正常运转而修复。事实是，失去了或改变了细胞模板就意味着出现了永久性的分化，也就是出现了能稳定遗传的变异。我们在这里看到了细胞内遗传信息的多层次特征。中心法则的遗传信息流只限于核酸与蛋白质这两类大分子；DNA 模板只是细胞中众多模板的一种，它之所以重要，是由于它为其他的模板提供复制过程中所需的材料（蛋白质）和工具（酶），因而对它们具有一定的影响力。但是这些材料如何装配，则由更高层次的已存模板所决定。

12.4.1.5　糖原——一种非 DNA 的分子模板

所有糖原的合成都需要有一小段预存的糖原为模板（引物）才能进行。

笔者认为，在这里有机会把糖原的合成与肽链的合成做一简单的比较，是特别有趣的；它将发人深省！其实，它们的合成机制是很相似的。不过，肽链是中心法则的产物，因而被称为遗传信息大分子，糖原的合成因与中心法则无缘，而无此殊荣。

1. 糖原合成单元的活化

糖原合成的单元是葡萄糖，它在合成前要活化（正如氨基酸在合成肽链前被活化）。

$$\text{葡萄糖}+\text{ATP}\rightarrow\text{AMP-葡萄糖}+\text{ADP}$$

$$\text{氨基酸}+\text{ATP}\rightarrow\text{AMP-氨基酸}+\text{ADP}$$

2. 糖原合成单元的运载

活化了的氨基酸必须以 RNA 来运载；活化了的葡萄糖则必须以 UDP 来运载。

$$\text{AMP-葡萄糖}+\text{UTP}\rightarrow\text{UDP-葡萄糖}+\text{PPi}$$

$$\text{AMP-氨基酸}+\text{tRNA}\rightarrow\text{tRNA-氨酰}+\text{AMP}$$

在此不同的是氨基酸有 20 余种，需要 20 余种专一性很高的氨酰-tRNA 合成酶把活化后的氨基酸与其相应的 tRNA 联结起来。而葡萄糖只有一种，UTP 也只有一种，因此只需要一种酶——UDPG(焦磷酸化酶）即可。

3. 糖原合成需要模板

肽链合成需要以 mRNA 为模板，糖原的合成必须以预存的多聚葡萄糖链为模板。这是因为糖原合成酶不能单独从 UDP-葡萄糖形成糖原；它是把 UDP 所运载的葡萄糖转移到已经存在的多聚葡萄糖链上而使其不断延长。最好的受体是糖原本身，或者来自其他多糖的多聚葡萄糖链，至少含四个单元的葡萄寡糖。

$$\text{UDP-葡萄糖}+(\text{葡萄糖})_n\rightarrow\text{UDP}+(\text{葡萄糖})_{n+1}$$

$$\text{tRNA-氨酰}+\text{mRNA-(AA)}_n\rightarrow\text{tRNA}+\text{mRNA-(AA)}_{n+1}$$

由此可以看到，糖原的合成也像前述的细菌细胞壁、皮层遗传一样，必须以预存的糖原为模板。“可以肯定如果细胞内不存在糖原，那么即使把细胞核内的基因全部激活也不会再合成糖原。失去了模板就意味着出现了永久性的细胞质分化”[143]。

糖原合成与肽链的合成的机制非常相似；所不同的是肽链是 20 余种氨基酸的聚合，糖原是葡萄糖的同聚物。因此，只是在运载体及模板方面有复杂与简单之分。可以说，糖原合成是一种简化了的分子模板的合成。

12.4.1.6 朊病毒——蛋白质分子模板

12.3.1.3 已谈到朊病毒是一种能够迅速繁殖、传染的蛋白质病原体。PrP^{Sc}以其本身为模板，把正常的 PrP^{C}转变为病原体 PrP^{Sc}。这两种蛋白质分子的一级结构是相同的，也就是，是同一基因所编码。但它们的立体构象不同，PrP^{Sc}比 PrP^{C}具有高得多的 β 折叠结构。事实是 PrP^{Sc}能作为 PrP^{C}的模板，把 PrP^{C}转换为 PrP^{Sc}，而 PrP^{C}却不能作为模板把 PrP^{Sc}转换为 PrP^{C}！所以 PrP^{Sc}是不折不扣的遗传模板。Bessen 等（1995）的工作对这种转变的机制提出了解释[148]，如图 12.17 所示。

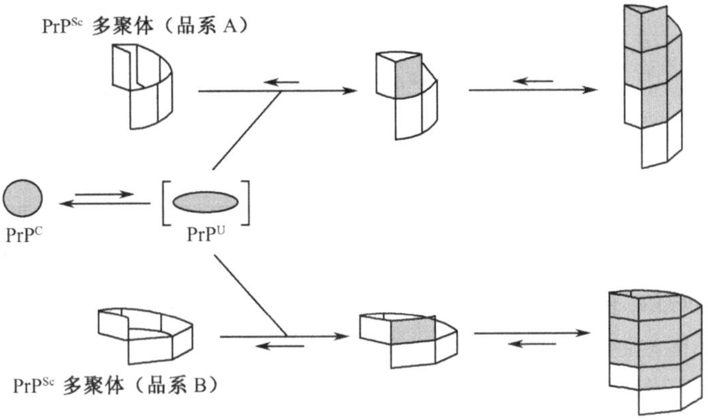

图 12.17 朊病毒繁殖的成核依赖的蛋白质多聚化模型
(nucleation-dependent protein polymerization model)[148]

该模型认为 PrP^{C}单体是以可溶性构象存在（阴影圆）。在某种细胞内条件下，一种展开的 PrP 分子（PrP^{U}，阴影椭圆）或不溶性构象（阴影矩形）可能与 PrP^{C}处于快速的平衡当中；但平衡中前两种的分子稀疏。因此，在缺乏 PrP^{Sc}的条件下，不溶性构象分子的浓度太低而无法“成核”或多聚化。但在 PrP^{Sc}多聚体（nucleus or seed）存在的情况下，则不溶性构象分子（阴影矩形）由于分子间的相互作用而保持平衡状态，并不断地加入到 PrP^{Sc}多聚中而使其增长。换言之，PrP^{Sc}多聚体能够直接地催化加到它上面的 PrP^{C}单体的构象变化[149]。如图 12.17 所示，朊病毒的不同品系是由于 PrP^{Sc}多聚体的分子排列不同。同一种单体的 PrP 构象分子可以被包装进不同的 PrP^{Sc}多聚体；或者不同的 PrP 构象分子被吸收进不同的 PrP^{Sc}多聚体。

笔者认为 Bessen 的模型所描述的复制机制，与前述的细胞模板的复制机制不谋而合。Bessen 模型可以是对所有细胞模板复制的近代分子生物学的合理的解释。这个模型的要害是 PrP^{Sc}是以各种固有的多聚体的形式存在（类似细胞壁、皮层、糖原等多聚体），而 PrP^{C}却是以游离的、可溶性的单分子状态存在。PrP^{C}加入到 PrP^{Sc}多聚体中，就像蛋白质分子加入到细胞壁或 ER 中一样，要按照预存的模板安排。在这里，PrP^{C}要加入到 PrP^{Sc}多聚体里去，就必须改变构型才能排列进去。相信在诸如 ER 的转位器（translocators）等拷贝过程中，可能也有类似情况。

综上所述，生命系统中的模板是多元的、多层次的。DNA 模板只是分子模板的一种，不能否认像上述的糖原及朊病毒多聚体是另外的两种分子模板。另外，还有很多如质膜、细胞壁、内质网膜、皮层等细胞级的非分子模板，我们称为细胞模板。这些模板也同DNA模板一样，能够自我复制并对细胞有高度特异性的影响。如果说DNA是遗传物质，其他的模板也是遗传物质。换言之，DNA并不是生命系统中的唯一遗传物质，也不会是全部遗传信息流的源头。生物性状是多层次的各种模板相互作用的结果。像中心法则所认定的那样：DNA决定RNA，RNA决定蛋白质，所以DNA决定一切性状，就显得过于简单和武断了。

12.4.2　分子生物与细胞生物

作为遗传信息的模板既然有分子模板与细胞模板的区别，笔者认为生物界也可分为分子生物与细胞生物。

这种分类并非标新立异，而是在分子水平上研究生命系统的必然结果。长期以来，有关病毒、类病毒以及一切大分子物质状态的感染原在生命系统中的分类地位一直悬而未决，莫衷一是。笔者认为以中心法则为标准，把生物界分为分子生物与细胞生物更为确切些。

那些仅仅含有核酸/蛋白质模板，并在中心法则的程序范围内来复制其本身的生命系统叫分子生物。如病毒、类病毒、朊病毒以及其他能够自我繁殖的生物大分子感染原。其中，虽然朊病毒的发现是对中心法则的挑战，但朊病毒的一级结构的模板仍是核酸，朊病毒的繁殖属于翻译后修饰（post-translation modification），没有超出中心法则程序的范围。

那些不仅含有核酸/蛋白质模板，而且含有细胞模板的生命体系叫细胞生物。细胞生物仅按中心法则是不能复制其本身的。因为细胞的特异性及其完整性是DNA模板与其他分子模板、细胞模板相互作用的结果。细胞模板都含有其特有的遗传信息，是DNA模板所不能代替的。DNA模板可能参与了一切，但它不能决定一切。这包括原核生物、真核生物及一切具有细胞结构的生物。

这种分类不仅不否定中心法则，而是肯定了中心法则的普遍性，并对中心法则在生命系统中的地位表达的更确切。避免了分子生物学家对生命的过于简单的还原论式的概念。从历史上看，分子生物学的有关遗传物质、遗传密码、中心法则等概念的揭示主要是以病毒、噬菌体的实验为依据的。这就导致了把复杂的生命现象，特别是遗传现象都还原为简单的分子事件。正如分子生物学的奠基人之一Wilkins M. H. F. 所说：“Hershey和Chase证明噬菌体DNA把病毒遗传信息从亲本带给后代，有助于在概念上完成一种十分重大的革命”；“核酸分子结构及其功能关系的单纯性，说明了基本生物学现象的单纯性，搞清楚了生物学现象的本质，从而能用大分子结构首次广泛地阐明生命过程”[150]。从简单到复杂是生命现象发生、发展的特征。把生命现象一概还原为分子水平上的“单纯”，这是很多物理学家、化学家在研究生命现象时的一厢情愿，是企图把复杂的生命现象分子化、物理化的一种物理学的思维逻辑。

事实上，中心法则在分子生物与细胞生物中的地位是不同的。例如，对噬菌体来说，当它把自己的DNA模板注入菌体后，DNA→RNA→蛋白质，就是它生命的全过程。一旦外壳蛋白合成后，病毒的包装是自动进行的。所以，DNA含有噬菌体生命的全部信息，是它遗传信息的唯一源头；DNA→RNA→蛋白质，是它遗传信息流的唯一通道，真正是它生命的中心法则。而对细胞生物来说，DNA→RNA→蛋白质的遗传信息流仍然存在并适用。但是由于细胞模板的存在，DNA已非遗传信息的唯一源头，中心法则也不是遗传信息流的唯一通道，它只能是细胞中分子层次的主要通道。它显然已不具有像在分子生物中的那种至尊无二的地位了。

12.4.3　密码遗传与模式遗传

“除了核酸分子以外，已没有理由去相信其他分子也携带着遗传信息”[151]。“遗传信息都编码在由两条 DNA 长链构成的双螺旋分子内”[152]。“按照严格的结构概念来看，基因组被认为是用于建立各种细胞组分的各个独立分子行动计划的一个嵌合体”[153]。

中心法则所支撑的近代遗传学可以明确地表述为 DNA 密码遗传学。

12.4.3.1　模式遗传是非 DNA 密码遗传

从分子模板与细胞模板的划分，以及前面章节中对中心法则挑战的诸多事实来看，笔者认为，把生物遗传仅仅看做 DNA 密码遗传是片面的。所谓密码遗传只是 DNA 分子模板的遗传。除此以外，还有众多的细胞模板以及基因表达、调控方式，性状诱导、分化类型等的遗传。这些遗传的共同特点是非 DNA 编码遗传，是分子模板、细胞模板以及细胞质中某些未知的可遗传的分子框架等相互作用的更高层次的遗传格局；我们可以称为型式遗传（pattern genetic）。DNA 的密码遗传是所有遗传过程的起点，它肯定地参与了模式遗传过程，但它并不能直接地决定这个过程。Halliday R. J. 在 1988 年就指出：“遗传学与分子生物学先前对信息传递和遗传机制的全部概念都是以 DNA 结构为依据的。是否需要一种完全不同的机制来解释体细胞遗传?”[154]事实上，光依靠对 DNA 序列的杂交、克隆、测序等实验是无法解释模式遗传的。比方说，“如果，在有机体的发育中，各个部分的出现是由分子的形态因子的扩散所决定，那么它们以何种浓度才足以使发育正常”[155]？DNA 中是没有为发育中众多分子的浓度的编码的。例如，后螠（*Bonelia*）的雌、雄个体完全是由不同的外界环境因素诱导发生。它的幼虫如果附着在雌体的吻上则全部发育为雄体，仅 4mm 长，由吻部潜入雌体寄生，身体结构简单；其他在海水中自由生活者则发育为远较雄者复杂的雌体，体长约 12cm，营自生生活。如果把吻上与海水中的幼虫互换，则转移到吻上者仍发育成雄体，海水中的仍为雌体。雌、雄个体的基因型是完全相同的，只因外界诱导因素的不同而发生不同的遗传格局，使雌雄个体在形态、结构上截然不同，判若两个物种。值得注意的是，引发这种模式遗传的产生或转变的信息既没有“编码在由两条 DNA 长链构成的双螺旋分子内”[152]，也不是基因组的“用于建立各种细胞组分的各个独立分子行动”[153]。它往往是来自细胞外的各种因子所造成的。再如细胞癌变就是一种典型的体细胞的模式遗传。癌基因的过量表达以及一系列胚胎性基因的活动就构成了癌变的特异的模式遗传。“近来的发现推进了我们对癌基因行动的了解：一些转录因子被细胞癌基因所编码，而转录因子的活性则由于对各种细胞外刺激因子的响应而被调节。而且，某些细胞核的癌蛋白（如 *fos* 癌基因所编码的 Fos 蛋白）好像是细胞癌蛋白网络的近基因端，它把细胞外的刺激和转录结构联结起来并使细胞的一些基因的节目得以表达”，“外界的刺激诸如生长因子及佛波酯（phorbol esters）等产生的信号由细胞质的癌蛋白传递；进入细胞核中，*fos* 基因的转录被打开，那么 Fos 蛋白就成为产生特异转录复合体的中间体。可能其他的细胞核癌蛋白如 Myc、Myb 也控制着一些特异的基因系列”[156]。这些研究清楚地表明，癌变的遗传格局将因外界因子的进入而触发；遗传格局一旦形成，将通过细胞分裂而代代遗传下去。这种情况下，“细胞的表现型很清楚地被某种外界因素，即生长因子（growth factor）所改变”；“如果外界的信号能改变基因表达的模式（pattern）并打开细胞的表现型（phenotype），这是否意味着对分子生物学的中心法则（central dogma）的否定（即信息流只能从核酸到蛋白质，而不能反向进行）"[154]。

可见，在生命系统中，不仅有以中心法则为通道的DNA密码遗传，而且还存在着以遗传格局为内容的模式遗传。

12.4.3.2 模式遗传是可遗传的

模式遗传并不仅仅是一种瞬时表达的体细胞遗传（如癌变）。很多与DNA密码突变无关，但又能影响或改变性状的遗传格局的分子水平或亚细胞水平的变异，一旦形成后具有与密码遗传同等的遗传能力。在诱发某种遗传格局的外在因素去掉后，此种变异了的遗传格局仍能代代遗传下去。这与DNA密码遗传的"表现型"（phenotype）有本质的区别，因为基因的表现型是与诱发它的因素密切关联的。一旦诱发的因素或条件消失，则相应的表现型也要消失，不会遗传下去。不仅前面章节中所谈的细胞模板的遗传是模式遗传，就是DNA密码遗传的"表现型"，如果它因某种非DNA密码的因素而被固定下来，不因该因素的有无仍能代代遗传下去，也应属于模式遗传。因为这是一种DNA分子水平上的表达模式或格局的遗传，并不涉及DNA突变。众所周知，近代遗传学认为，只有DNA突变才能遗传。

（1）草履虫的血清型（serotype）遗传。

在草履虫的纤毛及体表都携有一种250～310kDa的特异蛋白，它决定着虫体的血清型[157]。将草履虫注射到兔子体内后，便起免疫反应而产生抗血清（antiserum），此种抗血清可使作为抗原的草履虫品系麻痹。每一品系具有表达几种血清型的潜力，每种血清型都由一个基因编码，每一同质接合（homozygous）的品系在一定时期只表达一种血清型。某些环境因素，如温度、pH、食物或盐分含量的改变，以亚致死量的特异性抗血清、胰蛋白酶、胰凝乳蛋白酶进行处理等均会引起血清型的改变。表达后的血清型都能通过无性分裂和接合生殖而稳定地代代相传；Sonneborn[158]曾报道，他的实验室中的51A、51B和51D血清型草履虫在26℃下保持其各自的血清型历4年而不变。

关于血清型遗传，可由下述的实验说明[159]：把纯质接合产生的41品系、变种1中的一种血清型虫体41G，由它正常的生长温度24℃移置于36℃下2.5h，然后返回24℃（该虫体每4h分裂一次）。经过数小时后，50%的虫体从41G转变为41D。如果处理的时间延长，则会使100%的虫体由41G转变为41D。对照组的虫体因未经36℃处理，仍保持41G未变。很显然，这是血清型的模式遗传；它并不涉及血清型基因的突变，而是在一定的外界因素的诱发下，使众多的血清型被抑制，仅仅表达并稳定地遗传其中的一种。这时，在虫体内只能测到一种血清型的mRNA[160,161]，在大核内具有该血清型的基因可达1000个拷贝[162]。

（2）大肠杆菌β-半乳糖苷酶合成的模式遗传。

把37℃下生长在合成的琥珀酸培养基上的大肠杆菌B株分为两组，对照组与实验组。该培养基含有5×10^{-6}mol/L维持性浓度的甲硫基-β-D-半乳糖苷诱导物（thiomethyl-β-D-galactoside，TMG）。在实验组，把TMG的浓度增高至诱导性浓度，即5×10^{-4}mol/L，直到*lac*操纵子被充分地诱导。然后再把实验组被充分诱导了的大肠杆菌放回维持性诱导物（TMG）浓度（5×10^{-6}mol/L）的琥珀酸培养基中使它们充分生长（如经过180代分裂）。经过持续地对β-半乳糖苷酶的检测发现，实验组的大肠杆菌已转变为持久性地诱导形，其行为像组成性的（Lac^{CST}）突变体。对照组的大肠杆菌没有发现任何的β-半乳糖苷酶的活性。上述实验，首次为Monod所进行[163]，并被Novick和Weiner所补充[164]。

这种诱导型的转变并不是真的产生了突变体，而是巧妙地建立了一种开放式的诱导模式。当实验组菌体培养于5×10^{-4}mol/L TMG的诱导性培养基中，β-半乳糖苷酶及β-半乳糖苷透性酶的高水平转录活性被充分诱导后，立即转移到 5×10^{-6}mol/L 的 TMG 培养基中时，已被诱导出来的高浓度的β-半乳糖苷透性酶把低浓度的 TMG 浓缩起来（100 倍以上）；使菌体仍能像在诱导性培养基中一样地被诱导，使 *lac* 操纵子的转录开关持续地、代代相传地被“打开”，好像是组成性突变体。其实是一种非 DNA 密码突变的模式遗传。

（3）T2 噬菌体 DNA 修饰系统的模式遗传。

Luria 和 Human 因研究 T2 噬菌体的所谓宿主诱导的修饰作用（host-induced modi fication）而发现 DNA 限制-修饰作用（DNA restriction-modification）研究的先端[165,166]。继之，Arber 发现了 DNA 特异位点的修饰-限制作用是微生物保护自己、消灭外来 DNA 的一种遗传性状[167]。

已知 T2 噬菌体能在大肠杆菌（*E. coli*）B 株上正常生长。这是因为在正常情况下，T2 的所有的胞嘧啶（cytosine）都被羟甲基胞嘧啶（5′-hydroxymethylcytosine，HMC）取代，紧接着，新生的 HMC DNA 的 70%在 *E. coli* B 株内被糖基化（glycosylation）。像修饰系统的甲基化一样，糖基化使 T2 免受 *E. coli* B 株限制系统的酶所降解。因此，T2 免遭菌体酶解的能力也是 T2 感染细菌的重要遗传性状。

根据 Revel[168]、Luria[169]报道：先把 T2 培养于 *E. coli* B 株（r^+m^+，具有完整的限制与修饰系统），结果由每个菌体都产生一个含 100～200 个 T2 的噬菌斑；每个 T2 子代又可开始一轮新的感染。如果把正常生长于 B 株（r^+m^+）的 T2 转移培养于*E. coli* B rgl/4，一种缺乏限制-修饰系统的双突变体（r^-m^-）；T2 仍能正常地生长。但是，把在 B rgl/4 菌株生长了一轮的 T2 再放回 B 株（r^+m^+）去培养，则 T2 失去了在 B 株生长的能力无法形成噬菌斑！这样，这些 T2 就变成一种能够在 B rgl/4 正常生长，但不能在 B 株生长的噬菌体。显然，它们改变了感染菌体（*E. coli*）的性状。

但是，这些改变了遗传性状的 T2，并不是由于它发生了突变。这是因为 B rgl/4 菌株缺乏使 T2 DNA 糖基化的酶（uridine diphosphoglucose pyrophosphorylase），未经糖基化的 T2 将被 B 株（r^+m^+）中的限制内切酶所降解，而失掉了在 B 株（r^+m^+）上生长的能力。但 B rgl/4 菌株（r^-m^-）没有限制系统（restriction mechanism），所以 T2 仍能在其中生长。所以，这种遗传性状的改变与 DNA 密码突变无关，而是 T2 DNA 修饰模式的改变。要证明这点，只要把 T2 放到具有糖基化能力但缺乏限制系统的 *Shigella dysenteriae*（*S. dysenteriae* 是与 *E. coli* 相近的微生物）（r^-m^+）菌体培养基中，生长一轮后，T2 DNA 被糖基化，就又恢复了在 B 株（r^+m^+）生长的能力。在这里，我们看到 T2 感染性状的改变既不涉及 T2 DNA 的突变，也不涉及 *E. coli* 的突变；它只是 T2 DNA 被修饰的模式的改变所引起的。

（4）果蝇对 CO_2敏感性状的模式遗传。

在对果蝇进行无氧麻醉中，L’ Heritier 和 Teissier 发现了 CO_2敏感品系[170]。正常的果蝇在纯 CO_2麻醉下可达 5h 而仍能存活，它们是正常的抗性品系。敏感品系则接触 CO_2 30s 后即不能复苏而死亡。果蝇对 CO_2 敏感的性状是由于一种叫作 sigma 的杆状 RNA 病毒所致。sigma 感染不是接触感染，因此正常的果蝇，即抗性品系要获得此敏感性状，必须把 sigma 注射到成体蝇中。也可通过敏感型雌蝇与抗性型雄蝇杂交而获得稳定的 CO_2敏感品系（stabilized CO_2-sensitive strains）。可见，sigma 就像宿主细胞质中的一种常驻成分，类似叶绿体、线粒体。它的传递只能通过性细胞或转基因手段，而且主要地通过卵细胞质传递。在成熟的卵母细胞中因为拥有大量的细胞质，含有约 10^6 个 sigma，而成熟的精母细胞中则少得多。所以，稳定的敏感品系的雌蝇能把CO_2敏感性状传给所有的子代，雄蝇则只能传给少量子代。

稳定敏感品系的CO_2敏感性状，可因把产卵雌蝇置于30℃下6天左右而完全消除；该雌蝇的所有子代都转变为CO_2抗性品系。当雄蝇精子发生期间若置于30℃下，则其精子也失去传递CO_2敏感性状的能力。但是，如果把成熟的精子置于30℃下，则其仍然具有传递CO_2敏感性状的能力[171,172]。

30℃显然不是杀死sigma的温度。这是一种对果蝇的基因及其体内病毒基因相互作用模式的改变的热诱导。早在20世纪50年代，就已经知道CO_2敏感性状是果蝇基因与*sigma*基因共同作用的结果。例如，果蝇的*re*基因能明显地减少sigma病毒在其细胞内的复制；双隐性纯合（*rere*）的果蝇，使病毒复制的速度低于其细胞分裂的速度，结果使CO_2敏感型果蝇的有些卵缺少sigma，而其后代转变成CO_2抗性型果蝇。另外，sigma的*p*基因则抑制sigma病毒感染*rere*基因型果蝇的能力；*v*基因能使sigma顺利通过卵、精细胞传递，而v^-则起抑制作用[173,174]。因此，CO_2敏感型向抗性型的转变是宿主基因与病毒基因在热诱导下相互作用模式的转变；是一种模式遗传。

（5）发育中的模式遗传。

发育、分化过程中所展现的遗传程序，可能是更高层次的模式遗传。是在分子模板与细胞模板相互作用基础上的一种更精密的分子网架的构建。它是动态的、渐成的，与外界因素密切相关；是生命的遗传程序，并代代相传。因为是遗传模式的一种连续转换过程，其中任一环节的改变将导致发育的中断。所以，很难获得发育中独立进行转变的模式遗传的例证。但也并非绝对地无案可循。本节前面提到的后螠的雌、雄的诱发与转变就是一个很好的例子。下面再举两例。

a. 哺乳动物的畸胎癌（teratomas）：畸胎癌是一种罕见的、含有胚胎的所有的三个胚层的8～14种分化充分的成体组织（如上皮、神经、骨骼、肌肉组织、牙蕾、毛囊等）的肿瘤；在这些纷乱的组织（已失去癌性）中间散布着胚胎性的癌细胞。把单个的胚胎性癌细胞注入小鼠的腹膜腔，则会产生新的畸胎癌并可能在数周间杀死动物[175]。

早在20世纪70年代（Stevens，1970）就发现，将一个细胞时期的小鼠卵移入雄鼠的睾丸内，能够诱发畸胎癌[176]。畸胎癌的一个癌细胞种植到新寄主内后，就可以产生一个完整的畸胎瘤，并可以反复地转移，代代相传（Kleinsmith and Pierce，1964）。Mintz等[177]把起源于雄性黑色刺鼠（agouti black）129品系的腹水型的129-畸胎癌（含有颜色基因*steel*为标记，基因型为*S1j*/＋）在同基因雄鼠的腹膜腔内移植传代约200代，证明其能够稳定地代代遗传。然后，从此肿瘤中取出癌细胞注射到棕色的非刺鼠（nonagouti brown）C57b/b品系的胚泡中；每个胚泡注射五个癌细胞。再把胚泡移植到假孕的寄养母鼠的子宫内，发生妊娠，并生出活的正常小鼠。有三只活鼠是细胞遗传嵌合体（cellular genetic mosaics），在许多发育上互不相关的组织中，含有大量来源于129-肿瘤细胞所提供的组织成分。这些组织正常地发挥作用并合成品系类型（129）的等位基因（strain-type alleles）所编码的、具有组织特异性的蛋白（如免疫球蛋白、血红蛋白、肝脏蛋白等），并且具有嵌合型的皮毛颜色（棕黑相间的条纹）。使嵌合体雄鼠与C57b/b雌鼠交配，能获得全黑色的后代。这说明具有*S1j*/＋皮毛基因型及X/Y型染色体的癌细胞在移植到胚泡（C57b/b）内后，已由癌的遗传模式转变为正常的胚细胞，正常地参与了分化，有的形成了有生殖功能的精子。

畸胎癌可以从正常的性细胞诱导产生，又可以逆转为正常的细胞。为我们提供了一个模式遗传很好的例证。说明畸胎癌细胞与正常细胞的基因组是完全一样的，它们之间的相互转变不是因为突变，完全是基因作用模式，亦即遗传模式的转变。而且，模式一旦形成，能够代代遗传；除非再接受新的一轮的诱导。

b. 果蝇的孕盘（imaginal discs）：果蝇幼虫体内有各种的孕盘，每一种孕盘都预定地发育为成体的某一部分。孕盘是发育中分化诱导的正常产物，与基因突变无关。所以，每一种孕盘就代表一种稳定的遗传格局、一种遗传模式。一个个的孕盘可以说是模式遗传的活样本。

孕盘的遗传模式一旦形成，就会稳定地遗传下去。可以把整个的孕盘或孕盘的一部分，从幼虫中分离出来，进行离体或活体（*in vivo* 或 *in vitro*）培养。孕盘细胞在离体培养基中能继续地分裂、传代，并保持其遗传特性[178]。也可以把孕盘或其碎片移植到另外的成虫腹腔，它会继续生长，并在细胞的不断的分裂、传代中稳定地保持其遗传格局。由于成虫生命有限，往往要不断地再移植；可以历经数月或数年的许多代的转移，其遗传特性不变[179]。

稳定遗传的孕盘有时能转变（transdetermined）为另一种孕盘。例如，本来要表达为果蝇腿的孕盘细胞，可以转而表达为翅或触角。转变了的细胞可以进一步再转变，有时候能返回其原本的遗传格局[179]。这种遗传格局的转变绝非 DNA 的密码突变，因为所有孕盘的 DNA 都是一样的。而且，突变大多要引起发育的紊乱；转变（transdetermined）的频率远大于自发突变（spontaneous mutations）；化学突变剂（chemical mutagens）不能加大孕盘转变的频率。都说明孕盘的转变不是由于突变，而是遗传模式的转变。

小结：上述种种事实说明，模式遗传是一种与 DNA 密码遗传不同的遗传方式。首先，DNA 密码遗传的改变必须通过 DNA 突变，而模式遗传的改变则不需 DNA 突变，只是一种遗传格局的改变。其次，模式遗传并不等于密码遗传中的表现型（phenotype）。表现型与其诱发因素是同在的、并存的，当诱发因素消失后则相应的表现型也随之消失。而模式遗传一旦建立，不管其诱发因素是否存在，将稳定地遗传下去。最后，模式遗传并不是拉马克主义（Lamarckism）式的后天获得性遗传（inheritance of acquired characters）。后天获得性遗传的中心思想是诱发因素与性状变异的一致性，是生物性状变异对诱发环境的直接适应；而模式遗传的转变与其诱发因素并无一致性或适应性可言。另外，模式遗传的转变，是否能通过有性生殖遗传下去并不重要，它无碍于我们对这种遗传形式的理解和建立。但至少像我们所看到的，在单细胞生物中它具有与密码遗传同等的遗传能力，包括通过有性生殖遗传的能力；在多细胞的或高等的生物，模式遗传通过有性生殖而遗传的，也不乏例证，例如畸胎癌可由诱发性细胞产生又可逆转为性细胞。其他，如果蝇的 CO_2 敏感性，也能稳定地传给后代。

综观本章所述，可以看出中心法则在生命系统中的地位并不显赫，也不是至尊无二的遗传信息的源头。首先，作为遗传的模板，DNA 模板只是众多模板中的一种，尽管它是极重要的一种。它可能参与了所有性状的形成，但并不见得直接地决定所有的性状。它所直接决定的只是蛋白质分子以及直接由蛋白质分子决定的生物性状。其次，中心法则是以序列假说为基础的，全部的遗传信息必须经过序列模板的转录或转译，是遗传信息流的唯一渠道。但事实并非如此，撇开细胞模板、蛋白质模板不说，就是从 DNA 经 RNA 到蛋白质的全过程来看，遗传信息的传递也不是纯粹模板式的；在这中心法则的三部曲中的每一部都有非编码式、非模板式的遗传信息的渗入与加工；如 DNA 的重排、转录本的可变剪接、RNA 编辑、不连续转录、通过糖基化的肽链重排等。最后，除了以 DNA 突变为基础的密码遗传外，还存在着更高层次的模式遗传。因此，生物的遗传是一个多层次的、动态的、多形式（模板式、加工式）的程序过程。中心法则应当在复杂的生命系统中找到自己应有的位置。它是遗传信息流中的一条大河，是分子模板的主流与中心。除了在本书所说的分子生物中它是至尊无二、唯一的遗传信息的源头与渠道外，在真正的、独立的生命系统中，它只是遗传信息流中的一个重要的层次、一个遗传信息传递的重要的形式。中心法则切忌不要妄自尊大。

12.5 中心法则与遗传信息流

近代遗传学的奠基人 T. H. Morgan 把他的基因论称为粒子遗传理论。“像化学家和物理学家假设看不见的原子和电子一样，遗传学者也假设了看不见的要素——基因”[180]。原子有蜕变，基因有突变；原子只能来自原子（通过蜕变），基因也只能来自基因（通过突变）。不难看出，基因论是脱胎于物理、化学的原子-分子论。

众所周知，原子-分子论是解释无生命物质多样性的理论基础，而遗传学应该是解释生物多样性的理论基础。但就是在这个关键问题上，粒子遗传论与原子-分子论却发生了“错位”。原子-分子论认为无生命界的形形色色的物质并非仅仅来自原子的蜕变，而是来自原子、分子相互作用发生的重组；原子蜕变只是原子之间的变来变去（逃不出元素周期表），是物质基本粒子变化的基础。由原子而分子，由小分子而大分子，由无机分子而有机分子是重组模式的不断的变化与演进。近代遗传学却认定，一切遗传性状的变化及生物的形形色色（进化）都是来自基因（DNA）的突变！忽视甚至否定了以基因为基础的更高一级的，各种遗传物质单元（分子模板、细胞模板）的重组模式的遗传。

分子生物学崛起后，这方面的情况并无改变，只是把基因具体化为 DNA。“最近 20 年来，已经知道在所有活细胞内，遗传信息都编码在由两条 DNA 长链构成的双螺旋分子内”；“根据中心法则，遗传信息连续地从 DNA 传到 RNA，从 RNA 传到蛋白质”[181]。

近代遗传学的许多困惑，其根源在于我们只认定中心法则的密码遗传，而忽视了模式遗传；认定了 DNA 分子模板，而忽视了细胞模板。“密码”的概念已经根深蒂固；密码的突变是生物遗传、变异、进化的唯一来源。实际上，中心法则指给我们的是研究生命遗传信息的一条无法返回的通幽小路，置身其中不乏情趣，但到头来的是巨大的蛋白质悬崖！密码在模板中已被固化，遗传信息流到达蛋白质已是终点。无论是序列还是信息流向都是单维的、单程的、固化的。如果考虑到大部分突变都是有害的，那么，密码遗传能赋予生命系统的有用信息究竟有多少？

其实，遗传的多样性主要来源于遗传物质的重组。孟德尔法则的精髓就是遗传物质的自然重组。基因工程的巨大生命力也在于遗传物质的人工重组。生命系统的千变万化是由于基因本身的重组、DNA 分子模板与细胞模板以及细胞质中未知结构的相互作用与重组。如果这些重组是体细胞遗传的当代瞬时表达，它就是所谓表现型（phenotype）。如果这些重组能脱离其诱发因素（环境）而持续表达，并在真核细胞中能通过有性生殖，就成为模式遗传（pattern genetic）。模式遗传的特点就是无需 DNA 的突变而是通过重组来推进生命的遗传、变异。这是自然界物质演变的主要法则；无论是生命界还是无生命界都是如此。

12.5.1 多维的遗传框架

生物的遗传特异性是不是全部都编码在 DNA 上？就连 Watson J. D. 与 Crick F. 也拿不

准。他们在建立DNA双螺旋结构时，以一种谨慎的口气说："如果能确切地证明遗传特异性只是携带在DNA上，并且阐明在分子水平上，这种结构如何对细胞行使特异性影响，那么无疑将对这种模型和提出的复制机制提供更多的证据。"[182]但是，分子生物学的发展，只是更细致地研究了DNA上所携带的信息，发现了DNA遗传密码；而越来越多的研究证明，能够自我复制、携带遗传特异性并对细胞有特异性影响的，不仅仅是DNA，更不仅仅是DNA密码。正如Maclean N. 所说："基因表达的控制不是单向的、单途径的体系，遗传所依靠的，除DNA外，还有其他一些模板。"[183]

12.5.1.1　细胞的重建

众所周知，作为分子生物的病毒是可以重建的。用病毒核酸和病毒蛋白质，人工重建具有侵染活力的烟草花叶病毒（TMV）在20世纪50年代就已成功[184]。λDNA的人工包装已成为近代基因工程的一项通用技术。因为病毒只含有DNA模板，病毒蛋白质按中心法则合成。所以，病毒的自我包装能力必然包含于DNA序列之中。DNA模板是蛋白质结构及装配行动的信息源头。对分子生物来说，遗传信息流是单维的。

但是，细胞是不能重建的，更谈不上自我装配。对细胞生物来说，细胞一旦破碎，即使它保有完整的DNA模板及一切亚细胞成分，已不可能重新装配起来成为一个细胞。从1857年至今已100多年了，"细胞只能来自细胞"（omnis cellua e cellua，Virchow，1857）的教条仍然有效，Virchow当含笑于九泉之下。这说明细胞中的遗传信息是多元的；DNA模板在细胞生物中已不是遗传信息的唯一源头。细胞中的许多性状并不都是仅仅沿着以DNA为源头的这条遗传信息流产生出来的。否则，它会像病毒一样，能够自动地装配起来。例如，染色质或核糖体的自动装配。整体细胞的重建已经不像病毒那样，是来自同一遗传信息源头的不同分子产物的相互作用；而是来自不同遗传信息源头的产物的更为错综复杂的相互作用。而且，已经不仅仅是分子水平（核酸、蛋白质）的相互作用，而是不同层次间的相互作用。这种装配不仅要求在时间上是有序的，而是要求一个严格的时空坐标。在严格的时空坐标中不同层次的遗传信息的相互作用的结果就是种种的表现型与模式遗传。细胞的不能重建，也许与细胞中尚不为人知的精密网架结构有关。可能，在完整的活细胞中保持着一种精密的动态的框架，细胞破坏后，它也随之破坏。只有当我们彻底了解了这种遗传信息的多维结构时，我们才有可能人工重建细胞。Handler认为只要能在试管中合成DNA、RNA与蛋白质，就可对"向细胞的人工合成进军"，"有各种理由保持乐观"[185]，我看他乐观得为时过早。

12.5.1.2　孤雌生殖与"孤雄生殖"

细胞中遗传信息的多维性，可以在精卵细胞的结构与功能上生动地表现出来。对于有精子、卵子分化的高等动物来说，世界上只有孤雌生殖（parthenogenesis），而没有孤雄生殖（parthenspermatogenesis）。这是因为卵细胞中保有全部的模板（分子模板、细胞模板）及遗传信息，只要给以触发（受精或其他刺激），生命的程序即可开始。而精子中主要的是保存了完整的DNA模板，却丢失了大部分细胞模板及细胞质中某些框架结构。这说明，对于细胞生物来说，仅仅保有DNA模板，即中心法则的单维信息流是不行的。一个具有生命力的正常细胞，在遗传信息上必须是多维的。精细胞是一种缺乏完整的多维遗传信息的细胞；它虽然是个完整无损的细胞，但它没有持续地发育、分化的能力。

按照著名胚胎学家Raven Chr. P. 的意见，卵细胞是一个包含着三套信息的多维遗传信息系统。首先，皮质信息传递到细胞质内，在皮质场的控制下被解码而导致细胞质的运动与分化；然后，皮质与细胞质的信息共同进入细胞核内，引起不同基因的活化。最后，基因信息在活化基因的控制下，通过不同的蛋白质合成而解译[186]。

细胞不能像病毒那样的重建，以及孤雌生殖的事实，都充分地说明了作为生命单元的细胞，它的遗传信息的多维性。从而把中心法则，即以 DNA 为源头的单维信息流，放在了比较客观的、恰如其分的地位上。

12.5.2 中心法则的信息渗入

任何一条大河都不可能没有支流的注入，任何的源头都不可能是无本之源。在从 DNA 到蛋白质的流程中，DNA 是否是唯一的信息来源？作为源头的 DNA 信息是完全自觉的么？

如前所述，作为 DNA 的信使——RNA，在经过 RNA 变通性剪接（RNA alternative splicing）或 RNA 编辑之后，已经很难说是原来 DNA 的信使，其原本的 DNA 信息已被篡改，甚至面目全非。这种 DNA 与 mRNA 编码序列的共线性的破坏，说明有新的信息的掺入。如果说 RNA 编辑是少数现象，可是 RNA 变通性剪接已经是转录后不容忽视的相当普遍的现象。

即使 DNA 本身，它本身也有大幅度重排的现象，如本书所提到的免疫球蛋白基因，通过重排能产生十亿以上的抗体基因。而且，这种重排并不是免疫球蛋白基因所专有的。而且在信息不断变化的脑细胞中也有[187]。看来，这种重排的能力是与细胞的特有机能相配合，为细胞的特有需要所诱导的一种 DNA 的固有特性。

值得注意的是，这些 DNA 重排必须在一定的活细胞中进行，要求严格的时空坐标。它不可能像病毒重建那样，脱离开活细胞在试管里自动进行。因此，DNA 的重排行为并不包含于它的序列之中！必然有外来信息的渗入！我们不禁要问：DNA 决定一切，谁来决定 DNA？

12.5.3 中心法则信息流的延伸

在这里应该指出的是，蛋白质并不是信息流的终点。

什么是信息？F. Crick 回答说："此处所说的信息是指序列的精确决定，既指核酸中的碱基也指蛋白质中的氨基酸残基。"[188]根据中心法则，一切蛋白质中的信息，即蛋白质中氨基酸的序列，都是由 DNA 决定的[189]。但是，正如本章中所提到的，很多以蛋白质为模板合成的多肽抗生素，它们的氨基酸序列根本不为 DNA 所编码，而是由多酶体系中的吸附氨基酸的位点序列所决定。如果说，作为模板的蛋白质是由 DNA 所决定的，那么由这些蛋白质模板合成的多肽，只能是中心法则信息流的延伸。这种延伸已不是"序列的精确决定"，而是信息的加工，是对来自 DNA 的信息的改变。所以，信息流的延伸就是新信息的加入。前述的刀豆球蛋白 A（concanavalin A），从 Con A 原到 Con A，来自 DNA 的编码的氨基酸序列被大幅度的加工、重排。DNA 的原编码序列只不过是构建 Con A 的一个活字版，或者是一份供大幅度删改的底稿。

在这里，蛋白质中来自 DNA 的信息的确像 Crick 所说，没有输出。但蛋白质并没有作为信息流的终点，而是作为信息的转换站，成为新的"序列的精确决定"的起点。因此，我把它成为称为中心法则信息流的延伸。

应该指出的是，图 12.18 中所说的信息延伸包括了渗入的信息。

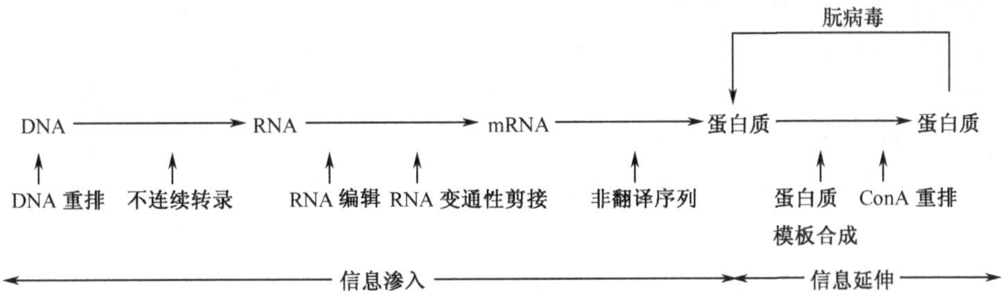

图 12.18　中心法则信息流程的信息渗入与延伸

总之，我们可以看到：

(1) 在生命系统中的遗传信息流是多元、多层次的。它们在细胞中构成了一个精密的时、空框架。对于这种框架，目前所知甚少。中心法则只是分子层次中的一条主流。

(2) 在中心法则的信息流程中，不断地有非 DNA 编码信息的渗入。DNA 是个起点，但 DNA 编码不是遗传信息流的唯一源头。

(3) 遗传信息流不是单纯的序列决定或者模板决定，在信息渗入过程中是非模板式的序列加工。所以，信息流并不等于模板流。

(4) 蛋白质不是遗传信息流的终点，而是一个遗传信息的转换点。

12.6　中心法则的未来

12.6.1　中心法则将作为遗传信息通道之一而存在

中心法则因为从分子水平上论述了基因就是 DNA 而大行其道。DNA 已成为基因的代名词，近代遗传学事实上已成为以中心法则为法则的核酸遗传学。

12.6.1.1　基因的泛化与 DNA 的困惑

近代遗传学是以孟德尔定律与摩尔根基因论为基础的。近代遗传学的基因是严格地限制在染色体之上的。摩尔根在《基因论》中斩钉截铁地说：“基因论认为个体上的种种性状都起源于生殖质内的成对的要素（基因），这些基因互相联合，组成一定数目的连锁群；认为生殖细胞成熟时，每一对的两个基因依孟德尔第一定律而彼此分离……”但是，由于基因已被中心法则彻底地分子化为 DNA，遗传学的发展就不得不依附于分子生物学的发展。遗传学家们在以此为荣不久，就不得不为此作出牺牲。因为不仅细胞核里有 DNA，细胞质里也有 DNA。基因的 DNA 化，导致了基因的移位与泛化。基因已不再仅仅是位于染色体上的成对的要素；存在于细胞质中并不依孟德尔两定律分配的那些 DNA 分子也就顺理成章地称为基因。基因工程实际上是基因移位与泛化的成功应用。它往往是把高等动物的染色体基因的细胞核遗传，通过与质粒（plasmid）的重组，转化为低等生物（大肠杆菌、酵母等）的细胞质遗传。因此，近代遗传学以染色体为遗传核心的基因论从理论与实践上被淡化了。

另外，遗传学是研究物种性状的传递与变异的科学。Morgan 说：“有多少种可能的性状，生殖质内便会有多少独立的成对要素。”[180] 因此，基因与越来越复杂的生物性状是正相关的。这本来对遗传学已是不争之事实。中心法则使基因 DNA 化后，分子遗传学家本来认为用 DNA 的量的变化来说明物种及生物性状在进化中的逐渐的复杂化是理所当然的。但事与愿违，反而导致了所谓 C 值悖论（C value paradox）的困惑！Lewin 在其权威性的 *Genes*

一书中就比较客观地论述了这个问题[190]。他指出："单倍体基因组的DNA含量与物种的形态复杂性并不密切相关……沿着进化树攀缘而上，有机体的复杂性与DNA含量之间的关系变得模糊起来……一个令人困惑的特点是*C*值差异巨大的某些物种，复杂性相差并不大。一种非比寻常的*C*值范围可见于两栖类，在那里最小的基因组略小于10^9bp而最大的则接近10^{11}bp。很难相信不同的两栖动物需要在基因数量上表现100倍的差异。"如以具体生物而言，两栖鲵（*Amphiuma*）的2*C*值是168pg，肺鱼（*Protopterus*）是100，而人类却仅仅是6.4pg[191]。这用调控系统的复杂化或相间排列的非编码序列或重复序列的增多来解释，都无济于事。因为它们的发生也应该同样与进化平行。

谁料人类基因组计划完成的结果又出来一个*N*值悖论！无异于给*C*值悖论火上加油（详见本书第二章）！

笔者认为，人们在*C*值上的困惑，其根源在于我们认定了生物的全部遗传信息都包含于DNA之中。所以，对于DNA的含量不与进化过程平行的现象百思不得其解。其实，*C*值悖论正是反映了DNA并不包含全部遗传信息。甚至可以说，大部分DNA并不是编码DNA，很难说它们是遗传物质。而在细胞生物中除了DNA之外，还有细胞模板以及其他非DNA的分子模板；就是在中心法则的信息流中，如DNA重排、RNA编辑、RNA变通性重排、以蛋白质为模板的肽链合成等都是对DNA原有信息的加工，是新的信息的加入。如果本书所定义的"分子生物"也有一棵进化树的话，我敢说不会发生*C*值悖论或*N*值悖论。因为，分子生物的全部遗传信息都包含于它的DNA/RNA之中。

有识之士早就看到："从历史上看来，自有遗传学以后，染色体就占有遗传学研究的一个中心地位。""可是注意力逐渐地转移到基因表现的问题上时，便认识到分析基因的作用时必须考虑整个细胞和整个生物体"。"应该认识到，颗粒单位也可存在于细胞质中，除了它们不附着于染色体上，因而不显示孟德尔氏分离外，它们具有基因的所有性质"[192]。

Raven Chr. P. 在其《卵子发生》一书中指出："基因只是在体型的整个框架的范围内控制种的特异性征；但是这个体型的类群特性（也就是决定一个发育中的动物行为，例如，一个真骨鱼或一个无尾两栖类），是由受精卵的细胞质内或皮质内所存在的因素所决定的"。"显然，细胞核基因一般只是在整个体型已经大体确定之后，才开始表现出它们的活动，并且它们是通过与周围的细胞质的相互作用来体现它们的活动的"[193]。

12.6.1.2 中心法则是遗传信息的主要分子通道

中心法则是1958年提出的。自那时起，分子生物学走过了半个世纪。分子生物学逐渐走向成熟。但是令人奇怪的是，分子生物学的发展并没有充实、丰富中心法则；相反地，几乎每一步新的发展，都是中心法则所始料不及的麻烦与冲击！Intron在中心法则的理论框架中是完全不必要的，它的出现是出乎意料的。另外还有Temin的反转录酶，以蛋白质为模板的肽链合成等。到了20世纪90年代，RNA编辑，RNA变通性剪接，不连续转录等都是对中心法则的严峻挑战。如果再考虑到*C*/*N*值悖论以及在性状形成中细胞完整性的不容破坏，以及21世纪崭露头角的朊病毒蛋白、RNA干扰等，都无可争辩地说明：中心法则的遗传信息不可能包含细胞的全部信息；它也不可能是唯一的遗传信息流的通道。

这并不意味着Crick当时提出的是一个错误的法则。恰恰相反，他当时是以确定的事实，非凡的预见才建立了中心法则，并使它与近代遗传学接轨，功不可没！问题是，当时分子生物学尚在襁褓之中，有关DNA作为遗传物质，以及用中心法则来解释DNA控制一切性状的种种设想，都是以病毒、细菌的实验资料为根据的。所以，中心法则是完全适用于

“分子生物”的法则。它在原核生物中也没碰到多大麻烦。但是，当分子生物学推进到真核细胞时，由于核、质的明显区分，细胞质的进一步复杂化、独立化；中心法则的信息流已处于（与在分子生物、原核生物中）完全不同的时、空框架中。原来的那种中心法则决定一切而不被一切所决定的教义（dogma）已不适用。中心法则必须在一个复杂的信息网络中流通，并不可避免地在与其他信息流的相互作用中发生改变。首先，细胞中 DNA 能够重排的活字版性质、RNA 编辑、RNA 变通性剪接等性质，已使中心法则遗传信息的模板式传递、精确的序列决定、共线性等核心观点发生动摇；而且这种在中心法则的信息流通过程中，新的遗传信息的不断加入，DNA 原有序列被大幅度改编，说明 DNA 肯定不是细胞的全部遗传信息的载体。就是蛋白质分子的序列信息也并非全部由 DNA 模板所决定。从宏观上看，细胞的 DNA 在细胞被破碎，但各种组分无损的情况下，不能像病毒那样重建，就雄辩地说明：所谓包含全部遗传信息，并决定与控制一切性状的中心法则，并不适用于细胞生物。可以预见，随着分子生物学在真核细胞生物中的推进，中心法则将愈来愈失去它控制一切性状的地位与意义。但是它的“三步曲”的框架仍在，人们还会叫它中心法则。它将作为细胞遗传信息网络中一条主要的分子水平的通道而永存。

12.6.2　广义中心法则——遗传信息的渗入、转换与反馈

Crick 的中心法则是一条被模板固化的、封闭的（单程性，蛋白质信息的不可输出性）遗传信息通道。

根据本书所谈到的分子模板与细胞模板、密码遗传与模式遗传、DNA 重排、RNA 重排（RNA 编辑、RNA 变通性剪接、不连续转录），以蛋白质为模板的肽链合成，朊病毒蛋白质以及 RNA 干扰等事实，可以看到在细胞生物中，中心法则的整个信息流程是处于与其他遗传信息的相互作用中，它们互相渗透，互相影响，互为因果。从流程的形式上看中心法则是模板式的密码遗传，但在其每一步中，都有外来信息的渗入，这是非模板（密码）式的加工。在这种错综交叉的信息网络中，中心法则的基因表达被纳入一定的模式遗传轨道。因此，在细胞生物中的中心法则是开放式的；Crick 的固化的、封闭的、以蛋白质为盲端的中心法则已不适用，中心法则决定一切而不为其他所决定的地位已经不复存在（图 12.19）。

中心法则的核心思想是：“信息一旦进入蛋白质，它就不可能再输出。”“此处所说的信息是指序列的精确决定，既指核酸中的碱基也指蛋白质中的氨基酸残基”。[194]

因此，以蛋白质为模板合成的肽链中的氨基酸序列，理所当然的是遗传信息。这些信息并非随机拼凑，而是由多酶体系中的氨基酸位点所精确决定的。但是，这种序列是非 DNA 编码的、不是 DNA 所直接决定的。是由 DNA 编码的蛋白质经过信息转换后合成的。在本书中称为中心法则的延伸。从理论上讲，蛋白质既然通过信息转换可以合成肽链，那么，也应该能合成 RNA。例如，多核苷酸磷酸化酶（polynucleotide phosphorylase）可以随机地把二磷酸核苷合成 RNA[195]。如果再考虑到 Temin 的反转录酶（reverse transcriptase）以及能把 DNA 整合到基因组的多核苷酸连接酶（polynucleotide ligase）[196]；那么，细胞中的 DNA 编码的蛋白质通过信息转换而合成的 RNA，应该能像病毒 RNA 一样，反转录为 DNA，然后整合到基因组中。正如 Temin 所说：“现在得出的普遍性结论是在适当条件下，所有 DNA 聚合酶都能把遗传信息从 RNA 转录到 DNA。”“我们只能这样推断，某些生物系统能利用以前未被发现的方式，即 RNA 到 DNA 的方式传递遗传信息。这种新的遗传信息传递方式，在引起肿瘤病毒中首先发现，这只是有趣的巧合”[196]。

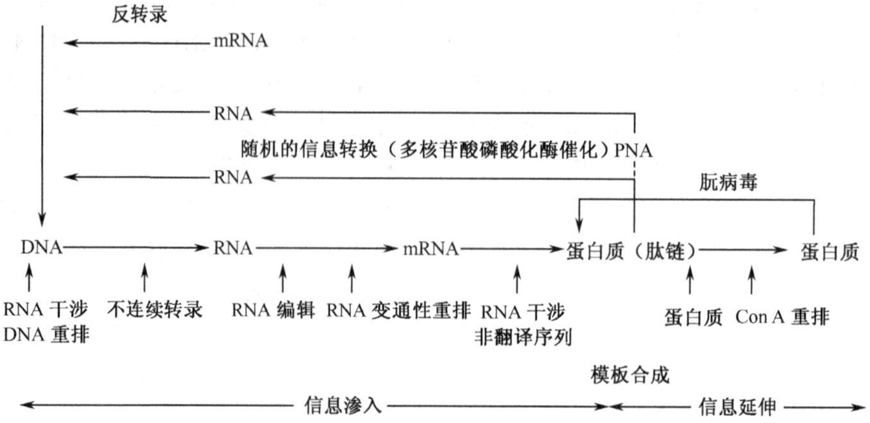

图 12.19　广义中心法则

遗传信息流的信息渗入、转换与反馈。这个理论框架的意义是它与中心法则构成了一个良性循环。中心法则的终点是它的起点，它的终点则是中心法则的起点。正是由于这种首尾相接的关系，它以中心法则的终点为信息转换站，反中心法则的运行方向而行之，从蛋白质经 RNA 到 DNA，最后，把信息注入中心法则的起点（DNA），不断地丰富中心法则的信息

1995 年 Bohler C. 等[197]发现以 *N*-(2-aminoethyl) 甘氨酸为单位的肽（polyamide）以其羰亚甲基（carbonyl methylene linker）与胞苷结合而形成一种“肽核酸”（peptide nucleic acid，PNA）。以此种 PNA 为模板可以合成多聚鸟苷 RNA，就像以多聚胞苷 DNA 合成多聚鸟苷 RNA 一样！在这里，我们似乎找到了一些从蛋白质到 RNA 的线索。在从蛋白质到 RNA 再到 DNA 的不可逾越的通道中似乎感到了一线曙光（图 12.20）。

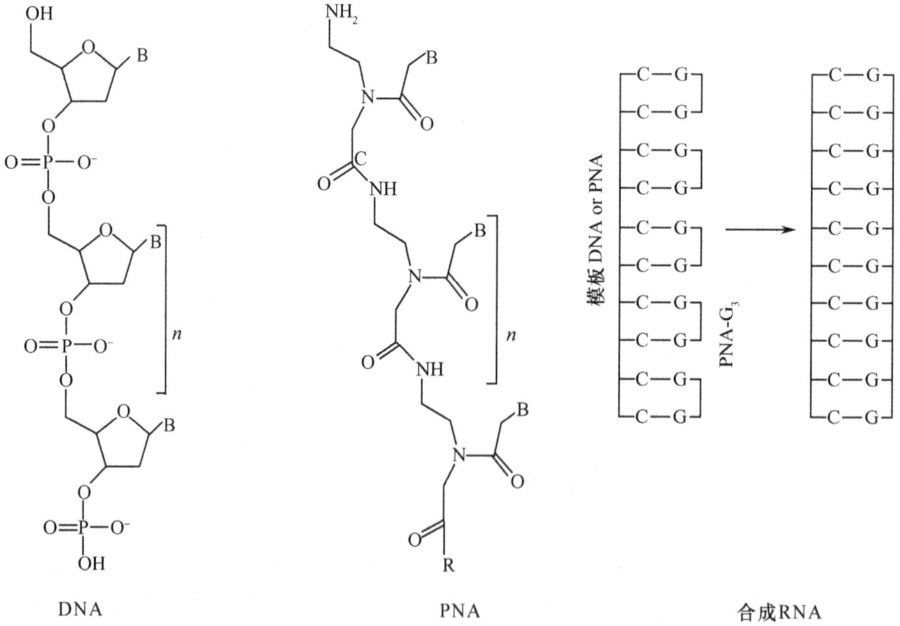

图 12.20　以 PNA 为模板合成 RNA（Bohler C.，1995）[197]

因此，中心法则通过信息转换、逆转录、整合等将把非编码的 DNA 整合到基因组中是完全可能的；其中有的可能转变为编码 DNA，起码是成为基因组的一部分。

这种信息的转换与反馈并不违反中心法则。因为它是在中心法则之外的信息传递过程，但却是与中心法则密不可分的信息过程。这些过程并非笔者的臆断；如以蛋白质为模板的肽链合成、多核苷酸磷酸化酶催化合成 RNA、PNA 合成 RNA（同聚体）、病毒 DNA 对基因组的整合、RNA/mRNA 的反转录等，都是早已为人所知的事实。本书只是指出它们与中心法则的密切关系。

这个框架的意义是它与中心法则构成了一个良性循环。中心法则的终点是它的起点，它的终点则是中心法则的起点。正是由于这种首尾相接的关系，它以中心法则的终点为信息转换站，反中心法则的运行方向而行之，从蛋白质经 RNA 到 DNA，最后，把信息注入中心法则的起点（DNA），不断地丰富中心法则的信息。

中心法则的原意是维护基因（DNA）决定一切性状的观念。从分子水平上说，就是 DNA 决定蛋白质，蛋白质不能决定 DNA。为此，必须坚持 DNA 含有全部遗传信息，这种信息只能从 DNA 流向蛋白质而不能倒流。这里应该注意到，中心法则的信息流是专指模板式的序列（碱基或氨基酸序列）的精确决定。而在信息的转换过程中，无论是从蛋白质到蛋白质，还是从蛋白质到 RNA 都是加工式的序列合成，合成的序列与原蛋白质或核酸的序列没有对应关系，即没有序列的精确决定关系。因此，整个的信息转换与反馈框架并不违反中心法则的运行原则（序列的精确决定原则），但它却使中心法则的信息概念发生改变。首先，它说明中心法则的 DNA 并不含有全部的遗传信息，因为它被反馈信息不断地补充，并在其流程中被外来信息渗入。其次，蛋白质的信息不能输出，在 Crick 的中心法则的流程里是可行的；但是在信息的转换与反馈过程中，蛋白质以非模板式、非编码式的形式，仍能把中心法则以外的信息注入中心法则的 DNA 中。

可以说，由 Crick 的中心法则再加上本书的中心法则信息的渗入、转换与反馈的框架，构成了一个广义的中心法则。Crick 的中心法则只有在分子生物中才是适用的。而在细胞生物中，应该扩展为广义中心法则。广义中心法则是开放式的、核酸与蛋白质相互作用的信息网络，但它保存了 Crick 中心法则的合理框架（DNA→RNA→Protein）与原则（精确的序列信息不能从蛋白质倒流）。

12.6.3　中心法则与还原论

中心法则以及由其而崛起的分子生物学是近代的原子-分子论以及物理学的信息论在生物学中的典型还原论。“从本质上讲，生命只能从化学术语角度来理解”[198]。

还原论是生物学始终摆脱不了的幼稚病。随着生物学的研究由宏观到微观的逐步推进，物理学家、化学家总是跃跃欲试地企图用已知的物理、化学知识来解释一个宇宙中最复杂的现象——生命。于是生命现象总是处于不断地被还原中进行研究，生物学总是在被还原中逐步推进。所以，还原论总是帮助生物学弄清生命现象的一个层次。这是它的好处和功劳。但是，还原论者总是企图证明，他们的还原，已经抓住了生命的本质。实际上，这是科学上的坐井观天！物理学至今还搞不清宇宙的来源，连宇宙的大小还在争论不休！这说明它本身的理论还是幼稚的。生物学欢迎它们参与来搞清生命的某一层次，但并不幻想它们会搞清生命的本质。生命现象是比物理、化学现象更高层次的现象，它有其自身的更高层次的规律。还原并不等于本质！

生物学的还原论并非自今日始，当生物学已经积累了相当的生理学、解剖学的知识后［如哈维（Harvey W.）的《心血运动论》(*Exercitatio anatomica de motu cordis et sanguinis in animalibus*)]，人类社会已进入了产业革命时期。机械学兴起，机器就像当今的电脑一样大行其道。法国的梅特利（La Mettrie，1709～1751）写了一本名著叫《人是机器》(*L'homme-machine*)。他认为人也无非是个“极复杂的机器”、“自己上发条的机器”、“垂直站立的机器”。这种把生命还原为机械的观点，反击了宗教关于生命的神秘观点，大大推动了解剖学、组织学、生理学的发展。促使人们对生命系统中的机械机制与原理进行了详尽的研究。可以想象，当时的《人是机器》的轰动，并不亚于现在的“基因是 DNA”、“生命的本质是核酸”。否则，梅特利不会因此而名垂青史。

在“人是机器”的思潮下，科学家种种梦想与发现并没有证实人真的是机器，但却清楚了生命系统中的各种机械机制。流传至今，形成了《生物力学》、《仿生学》等独立的学科。

20 世纪中期，随着生物化学、电子计算机、信息论的发展，氢键、信息的概念引入生物学，以氢键为联系的 DNA 双螺旋结构的发现、遗传密码（实际上是氨基酸密码）的破译、中心法则的提出，使物理学家、化学家惊喜地发现生命原来如此的单纯！正如著名的物理学家、分子生物学家维尔肯斯（Wilkins M. H. F）在其诺贝尔获奖演说中所表达的：“当我拜读 Schrodinger 的‘什么是生命’一书时，就感到十分有趣，并为生命过程是由一种高度复杂的分子结构所控制的概念所打动……遗传物质是一种纯化学物质，其分子结构特别简单……这样，对一个纯粹的化学物质做出具有深刻含义的生物活性的结论，与物质本性的许多边缘知识的显著增长是相符的……核酸分子结构及其功能关系的单纯性，说明了基本生物学现象的单纯性。”[157] 紧跟着在其他一些介绍现代生物学的著作中，则毫不迟疑的断言：“现代科学中，生命与非生命的界限几乎已经消失掉了……最后必然会出现一个决定性的阶段，由于偶然的化合，形成了具有复制能力的核酸分子，这就是生命的开始。”[199] 这一次，生命不再是机器，而是被彻底地还原为核酸！

从 DNA 双螺旋结构诞生至今，基因工程并没有能随意的制造新的生命，物种的绝灭却在加速地进行！基因工程延续至今转化为蛋白质工程。这倒与中心法则的名实相符，蛋白质是中心法则的终点。

认为只要搞清了 DNA 的结构及其功能就能搞清生命的本质，只要把人的 46 条染色体 DNA 集中到试管里就等于浓缩了全人类，这是对生命系统的误解。人类基因组计划已近完成，耗资超过 300 亿美元。我敢说它既解决不了癌症，更解决不了生命的本质。但它为人类积累了最丰富的遗传信息资料，为今后研究生物 DNA 信息的结构、功能以及调控提供了最宝贵的资料。

12.6.4 分子生物学的未来

什么是生命？科学发展到今天，要回答这个问题仍然为时过早。至今为止，生物学所研究过的只不过是生命的一些特征和过程。时至今日，人们只能审慎地回答：生命是一个有序的过程[200]。生命的特征在于生命过程的有序性和完整性。这种有序性、完整性是“核酸分子结构及其功能关系的单纯性”所说明不了的！例如，生命现象的一个高级有序过程是动物的“自我意识”，你为什么意识到你就是你？无论多么高级的电脑，它意识不到它本身的存在。这就是生命的特征、生命与无生命的界限。这种特征怎样用核酸分子的结构及其功能关系的单纯性来解释？恐怕现有的全部物理、化学定律也无法打开这个黑箱！再如细胞的完整性。细胞一旦粉碎，即使 DNA 的结构及其功能是完整的，也无法恢复细胞的生命。这说明 DNA 并不是生命的复制者，只是细胞中的一种复制分子。DNA 并不等于生命，DNA 所编码的是合成蛋白质的信息，并不编码遗传过程，DNA 只有在完整的细胞中才有生物活性。分子生物学并不是生物学的全部，而只是近代生物学的领先的学科。

中心法则是从核酸到蛋白质的信息流的科学。从中心法则的流程上看，蛋白质是它的终点。自蛋白质以后，所谓 DNA 决定一切性状，只不过是根据蛋白质参与一切代谢活动，而进行的推论。首先，参与一切并不等于决定一切；只能说它与一切有关。这种“有关”有时可能是决定性的，大部分情况下只是不同程度的相关。譬如砖、水泥参与了建筑物的一切，但不能说它们决定了建筑物的一切。建筑物的一切性能与施工程序是依靠蓝图的设计而进行，并不是砖与水泥的自动组合。同样的，DNA 上只有制造蛋白质（构建有机体的“砖与水泥”）的蓝图而没有性状发育的蓝图。在发育中，细胞的 DNA 上不同基因的程序性表达，是受细胞质的控制或是与细胞质相互作用而发生的。众所周知，发育早期，即从卵裂到囊胚期，决定着动物体型的构建，亦即背腹分化、对称面的建立，这些极重要的事件，实际上是动物的门、纲、甚至目的遗传特征，它们不是被卵核，而是被卵的细胞质所决定。不论是基因，或者是整个细胞核都和这些早期而基本的形态发生事件无关[201]。这种观点不能说成是胚胎学家的偏见，就连近代遗传学的创始人 Morgan 也在 1934 年提出，发育是先从细胞质的卵裂开始的；在卵裂期间，细胞核是等能的，由于随着卵裂它们被分布在异质的细胞质中，而使细胞核的遗传活性发生变化[202]。1936 年 Harvey 证明卵裂可以在无核的情况下进行到囊胚[203]。Briggs 和 King[204]的核移植实验更进一步说明，当细胞发育分化到原肠期时，细胞核仍然是等能的。所有这一切都说明，中心法则的信息流并不能包容生命过程的全部信息，也不是遗传信息流的唯一通道。更不能决定生命系统的全部遗传特征。[205～207]

但是，中心法则的重要性是不可抹杀的；它的合理内涵也不容否定。随着对生命现象的分子水平研究的不断深入，中心法则在生物学中终将找到它恰如其分的地位。一个以中心法则为基础更加合理的、分子信息的理论框架必将形成。

遗传密码的发现，中心法则的确立，分子生物学的崛起，毕竟是 20 世纪的伟大事件。它使古老的生物学之船又重新扬帆远航，开辟了崭新的分子航道。当它完成这次航行时，生物学之船上将升起一面新增的航旗，上面写着：基因组学！

下一个航程将是什么？可以想象，由于人类社会的急功近利和经济利益，分子航道上将依然是繁忙的。但不会进一步发展什么“原子生物学”、“量子生物学”……人们在经过半个世纪的 DNA 热之后，一切生物学问题都还原到 DNA 来解释的热情会逐渐冷却；将转而用整体的、综合的观点去考虑一些重大的生物学问题。如高级神经活动、人造细胞、发育、癌变、衰老等。生物进化、后天获得性遗传、生态平衡等也将成为热门话题。正如中国的一句禅语：一阴一阳，无始无终，始者自始，终者自终！

参 考 文 献

[1] Crick F H C. On protein synthesis. Symp. Soc. Exptl. Biol. ,1958,12:138～163.

[2] Asimov I. The Intelligent Man's Guide to Modern Biology. Vol. 2. The Biological Science,Basic Books. New York,1960.

[3] Commoner B. Science,1961，133:3466.

[4] Charlotte A. Heredity，1978,40:177～187.

[5] Maddox J. Is moiecular biology yet a science? Nature,1992,355:201.

[6] Temin H M,Mizutani S. Nature,1970,226:1211.

[7] News and Views,Central Dogma Reversed，Nature,1970,226:1198.

[8] Borst P. Ann. Rev. Biochem. ,1986,55:701～732.

[9] Huang W M, et al. Science, 1988, 239: 4843.
[10] 王克夷. 生命的化学, 1988, 8: 1.
[11] Christopher W, et al. Alternative Splicing in the Control of Gene Expression, Annu. Rev. Genet. 1989, 23: 527～577.
[12]Cech T R. RNA Editing: World's smallest intron? Cell, 1991, 64: 667～669.
[13] Lipmann F. Ann. Rev. Biochem., 1984, 53: 1.
[14] Prusiner S B. Molecular Biology of Prion Diseases. Science, 1991, 252: 151～152.
[15] Crick F H C. Science, 1979, 204: 264～271.
[16] Watson J D, Crick F H C. Nature, 1953, 171: 737.
[17] Watson D, Crik F H C. Cold Spring Harbor Symp Quant. Biol., 1953, 18: 123～131.
[18] Crick F H C. Symp. Soc. Exptl. Biol. The Biological Replication of Macromolecules, 1958, Ⅻ: 138～163.
[19] Watson J D. Molecular Biology of the Gene, Third edition. 1976, W. A. Benjamin, Inc.
[20] Temin H M, Mizutanal S. Nature, 1970, 226: 1211.
[21] News and Views, Central Dogma Reversed, Nature, 1970, 226: 1198.
[22] Temin H M. Scientific American, 1972, 226: 23～33.
[23] Crick F. Nature, 1970, 227: 561～563.
[24] Tilghman S M, Tiemeier D C, et al. PNAS USA, 1978, 75: 1309～1313.
[25] Robin Halliday J. Theor. Biol., 1988, 132: 253～262.
[26] Crick F H C. The Biological Replication of Macromolecules. Symp. Soc. Exptl. Biol., 1958, Ⅻ: 138～163.
[27] Lipmann F. Science, 1971, 173: 875.
[28] Lipmann F. 蛋白质. 核酸. 酵素. 1976: 25～26.
[29] Lipmann F. Ann. Rev. Biochem., 1984: 53, 1.
[30] Crick F. Central Dogma of Molecular Biology. Nature, 1970, 227: 561～563.
[31] Stachelhaus T, Marahiel M A. J. Biol. Chem., 1995, 270: 6163.
[32] Stachelhaus T, Schneider A, Marahiel M A. Science, 1995. 269: 69～72.
[33] Stenesh J. *Dictionary of Biochemistry and Molecular Biology*. second edition. John Wiley & Sons Inc. 1989.
[34] Voelkerl T A, Staswick P, Chrispeels M J. EMBO J. 1986, 5(12): 3075～3082.
[35] Cooper A A, Stevens T H. BioEssays, 1993, 15: 667～674.
[36] Prusiber S B. Science, 1982, 210: 136.
[37] Masters C L, Gajidusek D C, Gibbs Jr J. Brian, 1981, 104: 535.
[38] Hsiao K, et al. Nature, 1989, 338: 342.
[39] Hsiao K, et al. N. Eng. J. Med., 1991, 324: 1091.
[40] Oesch B, et al. cell, 1985, 40: 735.
[41] Locht C, Chesebro B, Race R. PNAS USA, 1986, 83: 6372.
[42] Prusiner S B. Science, 1991, 2521: 1515～1522.
[43] Bessen R A, Kocisko D A, Raymond G J. et al. Nature, 1995, 375: 698～700.
[44] Turoscy V, Cooper T G J. Bacteriol., 1987, 169: 2598～2600.
[45] Wickner R B. Annu. Rev. Genet., 1996, 30: 109～139.
[46] Pan K M, et al. PNAS USA. 1993, 90: 10962～10966
[47] Prusiner S B. Science, 1991, 252: 1515～1522.
[48] Jarrett J T, Lansbury P J. Cell, 1993, 73: 1055～1058.
[49] Chernoff Y O, Lindquist S L, et al. Science, 1995, 268: 880～883.
[50] Basler K, et al. cell, 1986, 46: 417.
[51] Sparkes R S, et al. RNAS USA, 1986, 83: 7358.
[52] Liao Y C J, Lebo R V, et al. Science, 1986, 233: 364.
[53] Robakis N K, et al. Biochem. Biophys. Res. Commun, 1986, 140: 758.
[54] Jeffreys A J, Flavell R A. Cell, 1977, 12: 1097～1108.
[55] Tilghman S M, Tiemeier D C, et al. PNAS USA, 1978, 75: 725～729.

[56] Crick F H C. Science, 1979, 204: 264～271.
[57] Attard G. Int. Rev. Cytol., 1985, 93: 93～145.
[58] Benne R. TIG, 1990, 6, 6: 177～181.
[59] Benne R, Van Den Berg J, et al. Cell, 1986, 46: 819～826.
[60] Benne R. Biochim. Biophys. Acta, 1989, 1007: 131～139.
[61] Simpson L, Shaw J. Cell, 1989, 57: 355～366.
[62] Stuart K, Feagin J E, Abraham J M. Gene, 1989, 82: 10～155.
[63] Powell L M et al. Cell, 1987, 50: 831～840.
[64] Chen S H, et al. Science, 1987, 238: 363～366.
[65] Gualberto J M, et al. Nature, 1989, 341: 660～662.
[66] Covello P S, Gray M W. Nature, 1989, 341: 662～666.
[67a] Schuster W, Wissenger B, Unseld M, et al. EMBO J, 1990, 9: 263～269.
[67b] Schuster W, Brennicke A. Plant Mitochondria. Brennicke A, Kuck U. 1993.
[67c] Hoch B, et al. Nature, 1991, 353: 178.
[68] Bass B L, Weintraub H. Cell, 1998, 55: 1089～1109.
[69] Jimelman D, Kirschner M W. Cell, 1989, 59: 687～696.
[70] Thomas S M, Lamb R A, Paterson R G. Cell, 1988, 54: 891～902.
[71] Cattaneo R, Kaelin K, Baczko K, Billeter M A. Cell, 1989, 56: 759～764.
[72] Feagin J E, Abraham J M, Stuart K. Cell, 1988, 53: 413～422.
[73] Feagin J E, Jasmer D P, Stuart K. Cell, 1987, 49: 337～345.
[74] Simpson L, Shaw J. Cell, 1989, 57: 355～366.
[75] Tennyson G, Sbatos C, Higuichi K, et al. PNAS USA, 1989, 68: 500～504.
[76] Davies M S, et al. J. Biol. Chem. 1989, 264: 13395～13398.
[77] Driscoll D M, Wynne J K, Wallis S C and Scott J. Cell, 1989, 58: 519～525.
[78] Simpson L, Shaw J. Cell, 1989, 57: 355～366.
[79] Blum B, Bakalara N and Simpson L. Cell, 1990, 60: 189～198.
[80] Blum B, Simpson L. Cell, 1990, 62: 391～397.
[81] Thomas R Cech. Cell, 1991, 64: 667～669.
[82] Frech G, Simpson L. Mol. Cell Biol. 1996, 16: 4584.
[83] Kable M L, Seiwert S D, Heidman S, et al. Science, 1996, 273: 1189.
[84] Sollner-Webb B. Science, 1996, 273: 1182～1183.
[85] 摩尔根 T H. 基因论. 卢惠霖译. 北京:科学出版社, 1959, 18.
[86] Beadle G W, Tatum E L. PNAS USA, 1941: 27: 499～506.
[87] Benzer S. Proc. Natl. Acad. Sci. U. S. A. 1961, 47: 403～415.
[88] McClintock B. Cold Spring Harbor Symp. Quant Bill. 1952, 16: 13.
[89] Golden J W, Robinson S J, Haselkorn R. Nature, 1985, 314: 419～423.
[90] Hlliday R J. Theor. Biol. 1988, 132: 253～262.
[91] Haselkorn R Annu. Rev. Genet. 1992, 26: 113～130.
[92] Golden J W, Carrasco C D, Muligan M E, et al. Bacteriol. 1988, 170: 5034～5041.
[93] Losick R, Stragier P. Nature, 1992, 355: 601～604.
[94] Golden J W, Robinson S J, Haselkorn R. Nature, 1985, 314: 419～423.
[95] Kunkel B, Losick R, Strgier P. Genes Dev. 1990, 4: 525～535.
[96] Stragier P, Kunkel B, Kroos L, et al. Science, 1989, 243: 507～512.
[97] Sato T, Samori Y, Kobayashi Y. J. Bacteriol. 1990, 172: 1092～1098.
[98] Jeffreys J, Flavell R A. Cell, 1977, 12: 1097～1108.
[99] Tilghman S M, Seidman J G, et al. PNAS USA, 1978, 75: 6187～6191.
[100] Holliday R J. Theor. Biol. 1988, 132: 253～262.

[101] Kabat E A J. Immunol. 1988,141:525～536.
[102] Tonegawa S. Nature,1983,302:55～581.
[103] Cooper M D,Burrows P. B-cell differentiation. In:Immunoblobulin Genes ed. ,Honji T,Alt F W,Rabbitts T H, ed. New Yok Academic,1989,1:1～21.
[104] Tonegawa S. Nature,1983,302:575～581.
[105] Kabat E A. J. Immunol. 1988,141:525～536.
[106] Matsuoka M,Nagawa F,Okazaki K,et al. Science,1991, 254:81～86.
[107] King C R,Piatiforsky J. Cell,1983,32:707～712.
[108] Schwarzbauer J E, Patel R S, Fonda D, Hynes R O,EMBO J. 1987,6:2573～2580.
[109] Breitbart RnE,Nguyen H T,Medford R M,et al. Cell,1985,41:67～82.
[110] Andreadis A,Gallego M E,Nadal-Ginard B. Ann. Rev. Cell Biol. 1987,3:207～242.
[111] Breitbart R E, Andreadis A, Nadal-Ginard B. Ann. Rev. Biochem. 1987,56:467～495.
[112] Smith C W J,Patton J G,Nadal-Ginard B. Ann. Rev. Genet. 1989,23:527～577.
[113] Collins T, Bonthron D T, Orkin S H. Nature,1987,328:621～624.
[114] Laski F A,Rio C, Rubi G M. Cell,1986,44:7～19.
[115] Santon M J, Brthels D,Vopper G,et al. EMBO J. 1989,8:385～392.
[116] Breitbart R E,Nadal-Ginard B. Cell, 1987,49:793～803.
[117] Berk A J,Sharp P A. Cell, 1978,14:695～711.
[118] Ziff E B. Nature,1982,287:491～499.
[119] Beachy P A, Helfand S L, Hogness D S. Nature,1985,313:545～551.
[120] Boggs R T, Gregor P, Idriss S,et al. Cell,1987,50:739～747.
[121] Periasamy M,Strehe E E,Garfinker L I,et al. Biol. Chem. ,1984,259:13595～13604.
[122] Helfman D M, Cheley S,Kuismanen E,et al. Mol. Cell Biol. ,1986,6:3582～3595.
[123] Noguchi T, Inoue H,Tunaka T. J. Biol. Chem. ,1986,261:13807～13812.
[124] Konarska M M,Padgett R A, Sharp P A. Cell,1985,42:165～171.
[125] Solnick D. Cell,1985,42:157～164.
[126] Jelinek W R J. Mol. Biol. ,1977,115:591～601.
[127] Nelson R G, Parsons M, Barr P J,et al. Cell,1983,34:901～909.
[128] Borst P. Ann. Rev. Biochem. ,1986,55:701～732.
[129] Walder J A,et al. Science,1986,233:569.
[130] Makino S,Soe L H,Shieh C K,et al. Virol. 1988,62:3870～3873.
[131] Makino S, Shieh S, Soe L,et al. Virology,1988,166:550～560.
[132] Gold L. Ann. Rev. Biochem. 1988,57:199～233.
[133] Huang W M,et al. Science,1988,239:4843.
[134] Matsuoka M,Nagawa F,Okazaki K,et al. Science,1991,254:81～86.
[135] Simpson L,Shaw J. Cell,1989. 57:355～366.
[136] Haselkorn R. Ann. Rev. Genet. ,1992,26:113～130.
[137] Watson J D,Crick F H C. Cold Spring Harbor Symp. Quant. Biol. ,1953,18:123～131.
[138a] Maclean N. The Differentiation of Cells,chapter 4, Edward Arnold :1977.
[138b] N. 麦克利恩. 细胞分化. 严绍颐译. 北京:科学出版社,1982:129～130.
[139] Alberts B,Bray D,Lewis J,et al. Molecular Biology of the Cell,third edition. Garland Publishing,Inc. 1994. 560.
[140] Warren G. Annu. Rev. Biochem. ,1993,62:323～348.
[141] Lucocq J M,Warren G. EMBO J. ,1987,6:3239～3246.
[142] Stanier R Y,Doudoroff M and Adelberg E A. In:General Microbiology. London : Macmillan. 1971.
[143] Maclean N. In:The Differentiation of Cells,chapter 4,Edward Arnold, 1977.
[144] Grun P. Cytoplasmic Genetics and Evolution, Published by Columbia Univ. Press,1976,341.
[145] Sonneborn T M. In:The Nature of Biological Diversity,The Univ. of Michigan Inst. of Sci. and Tech. Series. ed. Allen J

M,New Yorkk:McGraw-Hil,1963.
[146] Nanney D L. Science,1968,160:496~502.
[147a] Landman Otto E. Annu. Rev. Genet. 1991,25:1~20.
[147b] Zhang Z R,Pang Y B. Sci. Sin. ,1981,24:122~132.
[148] Bessen R A,et al. Nature, 1995,375:698~700.
[149] Come J H,Fraser P E,Lansbury P T. PNAS USA. 1993,90:5959~5963.
[150] Maurice H F W. Nobel Lectures Physiology or Medicine,1942~1962:754~782.
[151] Watson J D. In:Molecular Biology of the Gene,chapter 9, 3th edition,W. A. Benjamin,Inc. 1976.
[152] Temin H M. Scientific American, 1972,226(1),23~33.
[153] Jacob F,Monod J, J. Mol. Biol. ,1961,3:318~356.
[154] Halliday R J. Theor. Biol. 1988,132:253~262.
[155] Maddox J. Nature,1992,355:201~201.
[156] Herrlich P,Ponta H. TIG,1989,5(4):112~116.
[157] Forney J D,Epstein L M,Preer L B,et al. Mol. Cell Biol. ,1983,3:466~474.
[158] Sonneborn T M. Genetics in the 20th Century, edited by L. C. Dunn,The Macmillan Co. ,New York, 1951.
[159] Beale G H. Proc. R. Soc. (London) B,1958,148:308~314.
[160] Caron F,Meyer E. Annu. Rev. Microb. ,1989,3:23~42.
[161] Pbeer J R. J. Protozool. ,1989,36:182~184.
[162] Finger I. In:Paramecium, a Current Survey,ed. Van Wagtendonk W J. New York:Elsevier,1974,131~164.
[163] Monod J. In:Enzymes: Units of Biological Structure and Function,ed. Gaebler O H. Henry Ford Hosp. Int. Symp. New York:Academic,1956,7~28.
[164] Novick A,Weiner M. PNAS USA,1957,43:553~565.
[165] Luria S E. Cold Spring Harbor Symp. Quant. Biol. ,1953,18:237~244.
[166] Luria S E,Human M L. J. Bacteriol. ,1952,64:557~569.
[167]Aber W,Lynn S. Annu. Rev. Biochem. ,1969,38:467~500.
[168] Revel H R. Virology,1967. 31:688~701.
[169] Luria S E. Sci. Am. ,1970,222(1),688~701.
[170]L'Heritier P H,Teissier G C R. Seances Acad. Sci. Ser. D,1937,205:1099~1101.
[171] Brun G,Plus N. In The Genetics and Biology of Drosophila,ed. M . Ashburner. T. R. F. Wright. New York:Academic. 1980,2:624~702.
[172] Peer L B, Preer J R. In Cell Biology:A Comprehensive Treatise. ed. Goldstein L,Prescott D M,New York Academic. 1977,1:319~373.
[173] Ohanessian-Guillemain A. Annls Genet. 1959,1:59~68.
[174] Ohanessian-Guillemain A. Annls Genet. 1962,5:1~64.
[175] Kleinsmith L J and Pierce G B. Jr. Cancer Research,1964,24:1544~1551.
[176] Stevens L C. Devel. Biol. ,1970,21:362~382.
[177] Mintz B,Illmensee K. PNAS USA,1975,72:3585~3589.
[178] Edwards J S,Milner M J,Chen S W. Roux Arch,1978,185:59~77.
[179] Hadorn E. In:The Genetics and Biology of Drosophila. ed. Ashburner M, Wright T R F,Academic Press,New York & London,1980,2c:555~617.
[180] Morgan T H. In:The Theory of The Gene,Chapter 1, New Haven Yale University Press, London. Humphrey Milford. Oxford. University Press,1928.
[181] Temin H M. Scientific American,1972,226(1):23~33.
[182] Watson J D and Crick F H C. Cold Spring Harbor Symp. Quant. Biol. ,1953,18:123~131.
[183] Maclean N, In:Control of Gene Expression,Chapter 5,Academic Press,1976.
[184] Fraenkel-Conrat H and Singer B. Biochem. Biophys. Acta,1957,24:540~548.
[185] Handler P. In:Biology and the Future of Man. Chapter 2, Oxford University Press,1970.
[186] Raven Chr P. In:oogenesis. Chapter 9,Pergamon Press,New York & Paris,1961.

[187] Matsuoka M, Nagawa F, Okazaki K, et al. Science, 1991, 254: 81～86.
[188] Crick F H C. Symp. Soc. Exptl. Biol. The Biological Replication of Macro-molecules, 1958, (Ⅻ): 138～163.
[189] Watson J D and Crick F H C. Cold Spring Harbor Symp. Quant. Biol., 1953, 18: 123～131.
[190] Lewin B. In: GENES. III. John Wiley & Sons Inc., 1987; 367～369.
[191] Rees H and Jones R N, In: Chromosome Genetics. Edward Arnold Limited, 1977, 19.
[192a] Wagner R P and Mitchell H K. In: Genetics and Metabolism. Chapter 1, 12, John Wiley & Sons Inc., 1955.
[192b] R. P. 魏格纳, H. K. 密契尔. 遗传与代谢. 盛祖嘉、刘祖洞、沈仁权译. 北京: 科学出版社, 第一、十二章, 1959.
[193] Raven Chr P. In: OOGENESIS. Chapter 9, Pergamon Press, 1961. Chr. P. 瑞温著. 卵子发生. 李汝祺 张宗炳 译. 北京: 科学出版社, 1965.
[194] Crick F H. C. Symp. Soc. Exptl. Biol. The Biological Replication of Macro-molecules, 1958, (Ⅻ), 138～163.
[195] G-Manago M, Ortiz P J, Ochoa S. Science, 1955, 122(3176): 907～910.
[196] Temin H M. Scientific American, 1972, 226(1): 23～33.
[197] Bohler C, Nielsen P E, Orgel L E. Nature, 1995, 376: 578～581.
[198] Handler P. In: Biology and the Future of Man. Oxford University Press, 1970.
[199] Asimov I. In: The Intelligent Man's Guide to Modern Science. Vol. 2, The Biological Sciences, Basic Books, New York, 1960.
[200] Eigen M. Ber Bunsenges Phys. Chem. 1985, 89: 658.
[201] Brachet J. In: Biochemical Cytology. Chapter 8, Academic Press, 1957.
[202] Morgan T H. Embryology and Genetic. Columbia Univ. Press, New York, 1934.
[203] Harvey E B. Biol. Bull., 1936, 71: 101.
[204] Briggs R and King T J. In: Biological Specificity and Growth. Buler E. ed. Princeton Univ. Press, 1955.
[205] Frances Crick. 狂热的追求. 吕向东、唐孝威译. 1994. 合肥: 中国科学技术大学出版社.
[206] 李振刚. 现代分子生物学论纲, 天津: 天津科学技术出版社, 2003.
[207] Pennisi E. Science, 2001, 293: 1064～1067.

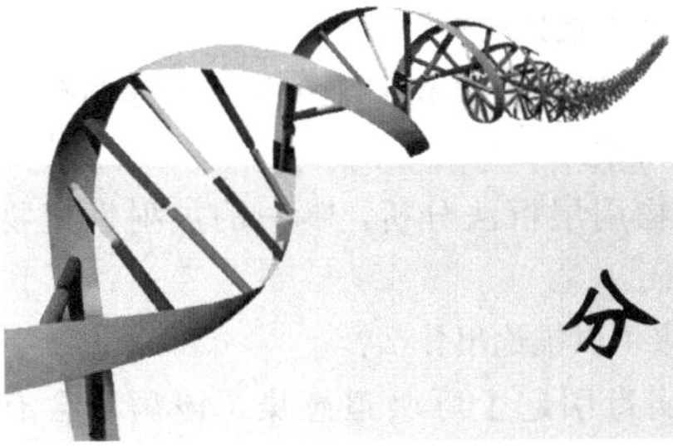

分子遗传学习题

1. 解释下列名词：①印记基因（imprint gene）；②N值悖论（N value paradox）；③转座子（transposon）；④顺反子（cistron）。
2. 写出 DNA 和 RNA 内的主要碱基、核苷、脱氧核苷、核苷酸及脱氧核苷酸的名称。
3. A-T 与 G-C 相比，哪一个碱基对含有较多的氢键？
4. DNA 分子内同一链中的一些按 $5'\rightarrow 3'$方向的相邻碱基对称为最近邻序列。对于一个特定的 DNA 分子来说，一些最近邻序列频率是 AG＝0.15，GT＝0.03，GC＝0.08，TT＝0.10（最近邻序列都是按 $5'\rightarrow 3'$方向写的）。试问 CT，AC，GC 和 AA 的最近邻序列频率应该是多少？如果 DNA 的两条链是平行的，那么你能知道其中的哪些最近邻序列频率，它们应该是多少？
5. 解释下列名词：①染色体单线性（mononemy）；②核小体（nucleosome）；③复杂度（DNA complexity）；④朊病毒（prion）。
6. 长度为 16.4μm 的一个 DNA 分子的相对分子质量约是多少？
7. 下列 DNA 分子中的哪一个的双链比较容易分离？为什么？
   (a) AGTTGCGACCATGATCTG
   TCAACGCTGGTACTAGAC
   (b) ATTGGCCCCGAATATCTG
   TAACCGGGGCTTATAGAC
8. 下列 DNA 分子变性后，哪一个分子较可能复性形成原来的结构？为什么？
   (a) ATATATATAT
   TATATATATA
   (b) TAGCCGATGC
   ATCGGCTACG
9. 下列 DNA 分子变性后，在它们复性中哪一个需要较高的复性温度？
   (a) GTGCTGCATCAGATGCAC
   CACGACGTAGTCTACGTG
   (b) ATCGCGGTACCCCGATAT
   TAGCGCCATGGGGCTATA
10. 考虑一种蛋白质是十分极性的（即高度带电的），并且有一个小的非极性区。非极性区很紧密地结合在 DNA 内的碱基上。这种蛋白质的加入会引起：
    (a) DNA 沉淀
    (b) 双链分开
    (c) DNA 变得更稳定
11. 解释下列名词：①断裂基因（split gene）；②RNAi（RNA interference）；③回文结构（palindromic DNA）；④表观遗传（epigenetic inheritance）。
12. 当 DNA 在蒸馏水中时，双链便分开。这是为什么？
13. 如果煮沸具有 OD_{260}＝1.0 的 DNA，它的 OD_{260}增到 1.37，表明双链转变成单链的 DNA。温度回到 25℃时，如果 DNA 是在低离子强度和不含有多价阳离子的溶液（如 0.01mol/L NaCl）中，OD_{260}便保持一样；但是如果离子强度是高的（如 0.5mol/L NaCl），OD_{260}便降至 1.12。
    (a) 解释上述结果。
    (b) 通过各种化学方法（如用亚硝酸处理），可以使碱基对中的两个碱基共价结合。当这种 DNA 被煮沸，然后再回到 25℃时，OD_{260}会有什么变化（假定 DNA 在 0.5mol/L NaCl 中）？
    (c) 推测线状的 poly（dG∶dC）的 OD_{260}变化怎样（假定离子强度是高的）？
    (d) 推测环状的 poly（dG∶dC）的 OD_{260}变化怎样（假定离子强度是高的）？
    (e) 具有如下结构的 DNA 分子在 0.5mol/L NaCl 中被煮沸，然后回到 25℃。那么，煮沸前的 OD_{260}和煮沸后再冷却的 OD_{260}的比值是多少？
    ATGCATATATGCAT
    TACGTATATACGTA

14. 在含有重同位素（如^{15}N或^{13}C）的培养基中培养细菌，那么细菌DNA可被密度标记。如果两条链都被标记，那么相对于正常的轻（LL）DNA来说，就称为重（HH）DNA。如果等量的HH和LL DNA混合，加热到100℃，再慢慢冷却到允许复性发生，那么DNA的25%将是HH，25%将是LL，50%将是HL（杂种）。假定45μg HH DNA和5μg LL DNA混合，加热到100℃，再复性，那么将产生多少HH、HL和LL DNA？
15. DNA在纯甲醇中，DNA的光密度值增加37%。若用水稀释，使甲醇浓度降低20倍，那么DNA便恢复正常的光密度值和双链结构。为什么？
16. 试述线状DNA分子可以形成环状的一些方式。
17. 为什么在溴化乙锭存在时，DNA的超螺旋比线状分子具有较高的密度？
18. 对下列正确的各项（A、B、C、D）打√。

　① cDNA中的c的意思是：
　　A. 拷贝
　　B. 环状DNA
　　C. 致癌DNA
　　D. 是与某RNA互补的DNA
　② 卵裂期的分子特点是：
　　A. rRNA合成加速
　　B. 转录量加大
　　C. DNA复制只有M-S期
　　D. 基因活跃
　③ 抑癌基因是：
　　A. 抗增生基因
　　B. 显性突变型
　　C. 造成癌遗传倾向的基因
　　D. *ras*基因
　④ T4噬菌体互补测定：
　　A. 一种测定互补转录的方法
　　B. 由RNA序列推断其DNA模板的技术
　　C. 对T4噬菌体互补突变型的测定
　　D. 由单链DNA推断其互补链

19. 从λ噬菌体抽提的DNA是线状双链的，而且带有5′-P、单链的黏性末端，长度是12个核苷酸残基。假定该λDNA是：

　(1) 用细菌碱性磷酸酶处理；
　(2) 用γ^{32}P-ATP和多核苷酸激酶处理；
　(3) 使低浓度DNA在0.1mol/L NaCl中于5℃放置一周，以形成Hershey环；
　(4) 用DNA连接酶处理；
　(5) 用脾磷酸二酯酶和DNase Ⅱ（小球菌核酸酶）消化。

消化的产物用层析法分析，唯一的放射性产物是^{32}P-GMP。

从这些结果可以推论出什么？

20. 人的腺病毒引起上呼吸道感染。该病毒含有20×10^6Da的双链DNA。当分离DNA的轻和重链，再用电子显微镜观察时，见到图1所示的结构。如果DNA单链用外切核酸酶Ⅲ预处理，那么便见不到这些环状形式。该腺病毒DNA结构会是什么样的？

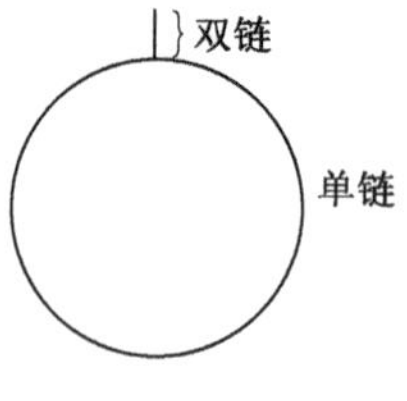

图1

21. 已知T4基因组的$C_0t1/2$值为0.3，求其基因组的大小。
22. 图2是假想的真核生物C_0t曲线。

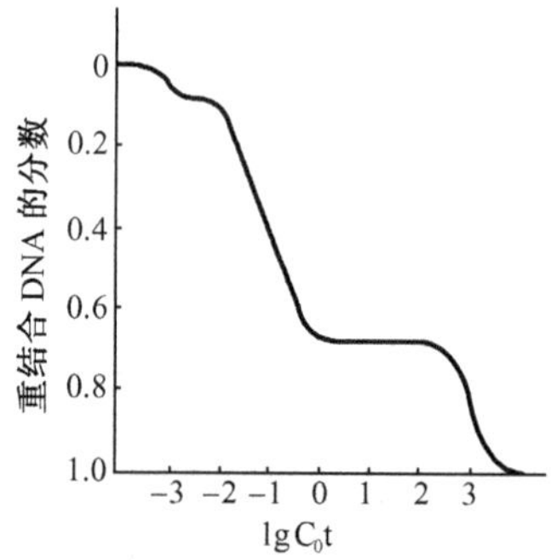

图2

　(a) 该DNA中含有多少单拷贝？含有多少重复序列？含有多少卫星DNA？
　(b) 如果单拷贝序列相当于每个基因组有一个，那么每个基因组中有多少个重复序列及卫星DNA？

23. 怎样区别具有同样相对分子质量的单链DNA与单链RNA？
24. 如何鉴别同样大小的23S rRNA和噬菌体RNA？
25. 对下列正确的各项（A、B、C、D）打√。

　① Divison-Britten基因调控模型是：
　　A. 用于原核细胞的模型

B. 是转位基因的调控模型
C. 是一种重视重复序列的调控模型
D. 用于真核细胞的调控模型

② *p53* 基因：
A. 是编码朊病毒的基因
B. 它编码的蛋白质的分子质量是 53kDa
C. 它所编码的肽链由 53 个氨基酸组成
D. 是一种抑癌基因

③ 反义 RNA 是：
A. 能够逆转录的 RNA
B. 在翻译水平调节基因表达的一种 RNA
C. 互补转录所产的 RNA
D. 可由互补转录产生的 RNA

④ 人类基因组计划：
A. 对人类基因组的 3×10^9 个核苷酸对进行了测序
B. 指出人类基因组约含有 30 万个基因
C. 人类基因组约含有 3 万个基因
D. 它于 2002 年已彻底完成

26. 对于原核细胞的 DNA 复制来说，下列酶中的哪种酶是必需的？
(a) 聚合酶Ⅰ（聚合活性）；
(b) 聚合酶Ⅰ（5′→3′外切核酸酶活性）；
(c) 聚合酶Ⅲ；
(d) DNA 连接酶。

27. 如图 3 所示，在滚动环延长的分支中，子链的末端（箭头指示的）是哪种化学基团（如 3′-P、5′-P 等）。

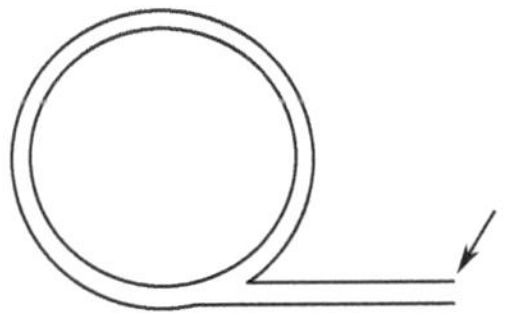

图 3

28. 如果线状 DNA 分子按 Y 结构复制，根据 DNA 结构和 DNA 聚合酶的性质，为什么不能使两条链都按同一方向（图 4）增长复制？

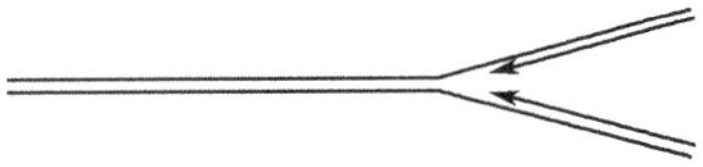

图 4

29. 怎样用实验证明一些小片段（Okazaki 片段）存在于复制叉区？

30. 把两个尿嘧啶片段结合在一起，采用什么样酶的作用次序？

31. 大肠杆菌 DNA 双向复制需要 40min。此外，已知在 37℃，即使在某一培养基内的每单位时间所合成的 DNA 比其他培养基内多，但是核苷酸向增长链上加入的速率在所有培养基内都是一样的。那么解释大肠杆菌怎样能在一些培养基内每 22min 分裂一次？

32. 供体 DNA 片段通过转化进入受体细胞，如果没有整合，在受体细胞内能够复制吗？解释为什么。

33. 一种大肠杆菌菌株在含有^{3}H-胸嘧啶核苷（^{3}H-dT）的培养基上培养 5s。然后冷冻，用超声波打碎细胞，使 DNA 断裂成大小约为 5×10^5Da 的片段。如果离心这些破碎的细胞，发现几乎所有的放射性都在管的底部。如果用乙醚或丙酮处理提出物，便没有放射性在底部，而总是在上层液中。如果细胞用^{3}H-dT 标记 5s，然后在非放射性 dT 中培养 1min，在管底部便没有放射性。解释这是为什么？

34. 如果大肠杆菌用^{14}C-甲基化酶标记几秒钟，^{14}C 便掺入到 DNA 中。这说明什么，它具有什么功能？

35. 写出由下列双链 DNA 完全转录可能产生的两个 RNA 的序列，并指出每个转录产物的 5′端和 3′端：

5′-A G C T G C A A T G -3′
3′-T C G A C G T T A C -5′

36. 解释下列名词：①基因组（genome）；②基因组当量（genome equivalent）；③基因组印记（genomic imprinting）；④基因组文库（genome library）。

37. 下列哪些是 RNA 合成的步骤？
(a) DNA 聚合酶结合到 DNA 上
(b) RNA 聚合酶结合到 DNA 上
(c) σ 因子结合到 RNA 聚合酶上
(d) σ 因子结合到 DNA 聚合酶上

38. 下列哪些是由 DNA 样板直接合成的？
(a) mRNA
(b) tRNA
(c) 阻遏物
(d) rRNA
(e) 蛋白质

39. 解释下列名词：① RNA 聚合酶的核心酶；

②RNA聚合酶的全酶；③σ因子；④启动子；⑤操纵基因。

40. 传统遗传学认为，一个DNA特定区段（一个基因）只能有一种编码序列。分子遗传学的发展怎样打破了这种传统的观念？

41. 在超螺旋DNA上的新RNA链的起始速率比线状DNA或缺口环的新RNA链的起始速度要大，为什么？

42. 放线菌素D、利福平和利迪链菌素的作用方式有何不同？

43. 在刚合成的一个mRNA分子的起点和终点上存在什么化学基团？

44. 对于下列的每一个二倍体基因型指出：①能否产生β-半乳糖苷酶；②β-半乳糖苷酶的合成是否是诱导型（Ⅰ）或组成型（C）；③以乳糖作为唯一的碳源，是否每个细胞都能生长？

(a) $I^+z^-y^+/I^-z^+y^+$

(b) $I^+z^+y^+/O^ci^+z^-y^+$

(c) $I^+z^-y^+/O^cz^+y^+$

(d) $I^+z^+y^-/I^-z^-y^+$

(e) $i^-z^+y^-/I^-z^+y^+$

(f) $I^-z^+y^+/I^+O^cz^-y^+$

(g) $I^+p^-z^+/I^-z^-$

(h) $I^+O^cz^-y^+/I^+z^+y^-$

(i) $I^+p^-O^cz^-y^+/I^+z^+y^-$

(j) $I^+p^-O^cz^+y^-/I^-z^+y^-$

45. 如果把乳糖加到预先在缺少所有糖的营养培养基上培养的一种 *lac*⁺ 大肠杆菌菌株培养物中，那么mRNA合成，酶合成，以及酶活性发生什么变化？假定所加入的乳糖量在生长两代后耗尽。

46. cAMP-CAP系统的作用保证下列的哪一点？

(a) cAMP水平不会变得太高

(b) 一些酶在需要时产生

(c) 一些酶在不需要时不产生

47. 解释下列名词：① 移码突变（frame sift mutation）；② 组成性合成（constitutive synthesis）；③ 增强子（enhancer）；④ alternative splicing gene。

48. 假定在含有乳糖作为唯一碳源的培养基上培养大肠杆菌，基因型是$i^-z^+y^+$。然后加入葡萄糖。那么将发生下列哪种情况？（只有一个答案是正确的）

(a) 不发生什么变化

(b) 细胞不再利用乳糖

(c) 不再产生 *lac* mRNA

(d) 阻遏物将结合到操纵基因上

49. 有一个基因型为$i^+z^+y^+$的细胞，在既不含葡萄糖也不含乳糖的培养基（即用一些其他碳源）内有多少种蛋白结合到组成 *lac* 操纵子的DNA上？如果葡萄糖存在时有多少种？

50. 一个DNA分子具有下列结构

W：T A C G G G A A T T A G A G T C G C A G G A T C

C：A T G C C C T T A A T C T C A G C G T C C T A G

W链（Watson链）是编码链，并从左向右转录。写出它所编码的蛋白质氨基酸顺序。

51. 下列氨基酸变化中的哪些可由一个碱基变化产生？

(a) Met→Arg

(b) His→Glu

(c) Gly→Ala

(d) Pro→Ala

(e) Tyr→Val

52. 用交替共聚物GUGUGUGUGU……作为体外蛋白质合成系统的mRNA。假定体外系统内不需要起始密码子AUG，那么由该mRNA产生什么样的肽？

53. 假定体外系统不需要特定的起始密码子，那么以下列重复的聚合物作为mRNA分子，有哪些氨基酸可掺入到蛋白质中？

(a) CGACGACGA……

(b) AUGAUGAUG……

(c) AUAAUAAUA……

54. 试解释起始密码子常常出现于蛋白质内而不作起始密码子的事实。只有在什么情况下，终止密码子可出现在蛋白质内而不起终止作用？（不考虑校正的可能性）

55. tRNA的作用是：

(a) 使氨基酸彼此结合

(b) 把氨基酸带到相对于另一氨基酸的正确位置上

(c) 增加氨基酸的有效浓度

(d) 使mRNA结合到核糖体上

56. 假定在化学诱变下，以致在Ile结合到任一异亮氨酰-tRNA后就直转换成Val。那么在相继的蛋白质合成中，结果应该是

(a) 所有的 Ile 位置将含有取代的 Val
(b) 不能合成蛋白质
(c) 过早的链终止
(d) 某些 Ile 位置被 Val 插入

57. 在原核细胞中，一个为相对分子质量 50 000 的蛋白质编码的基因，它的 DNA 分子质量约为多少？

58. 假定不存在多核糖体蛋白质合成系统，而是以许多单一的核糖体随时结合到一个 mRNA 上。那么同具有多核糖体的系统相比较，每单位时间所合成的蛋白质数是多、是少或是相等？为什么？

59. 解释下列名词：①蛋白质控制下的肽链合成；②RNA编辑（RNA editing）；③遗传图距（map distance）；④gRNA。

60. 在肽链合成时，链终止正常发生，因为：
(a) 相应于链终止三联体的 tRNA 不能结合一个氨基酸
(b) 没有具有相应于链终止三联体的反密码子的 tRNA
(c) mRNA 合成停止在链终止三联体

61. 在接近一种病毒 RNA 的 5′端的碱基序列是
5′-CGAAGAUGCCCUUUGUAGCCAG……
(a) 该蛋白质的最初五个氨基酸的编码序列如何确定？
(b) 位置 16～18 的 UAG 密码子能否引起终止？为什么？

62. 在多顺反子的 mRNA 中，mRNA 所编码的各蛋白质常常不是等量合成的。
(a) 一种共同现象是所合成的各蛋白质的量从 mRNA 的一端到另一端连续地减少。这称为极性。那么对于极性的现代解释是什么？
(b) 所合成的不同的蛋白质的量常常也不相等。当在噬菌体 mRNA 中合成时，所产生的相对量通常精确地按实际需要的比例而合成，这叫做翻译控制。那么这种控制的可能机制是什么？

63. 在体内和体外，一个 30S 与一个 50S 核糖体亚基结合的必要条件是什么？

64. 解释下列诱变剂引起突变的基础：5-溴尿嘧啶、2-氨基嘌呤、亚硝酸、吖啶橙。再指出它们是引起换同（如由 GC 对置换 AT 对，或反之）、换异（如由 TA 对置换 AT 对）还是引起移码。

65. 在什么情况下，链终止密码子的出现会不引起蛋白质活性的丧失？

66. 为什么一个单一氨基酸的取代不总是引起蛋白质活性降低（即一种突变型蛋白质）？哪种氨基酸突变最可能产生一种突变型蛋白质？

67. 亚硝酸通过胞嘧啶和腺嘌呤的脱氨引起突变，因此将它们分别转变成尿嘧啶和次黄嘌呤（配对像鸟嘌呤一样），那么由亚硝酸能引起下列的哪些氨基酸变化？Arg → His；Leu → Ser；Tyr → His；Met → Ile；Gly → Asp。

68. 通常一些突变是隐性的，也就是说，在二倍体生物体中，如果存在一个突变型和野生型等位基因，该生物体在表型上便是野生型。指出显性突变的五个实例。

69. 误义与无义校正之间有什么区别？由一个突变型氨酰合成酶可以发生哪种校正？

70. 一种误义校正是以一种特定氨基酸代替突变蛋白质中的“错误”氨基酸。试述可能发生误义校正的两种方式。为什么误义校正常常是弱的？如果一种误义校正使氨基酸 Y 代替氨基酸 X，那么能够预料它校正所有突变体中“错误”氨基酸 X 突变吗？为什么？

71. 由下列的哪一点可以校正含有一个单一碱基加入的移码突变？
(a) 一种突变型氨酰合成酶
(b) 一种含有能够识别链终止突变的反密码子的 tRNA 分子
(c) 一种含有四个碱基长的反密码子的 tRNA 分子
(d) 一种能够化学修饰特定氨基酸的酶促系统

72. 给下列正确的各项打√。
① *Hox* 基因是：
A. 一种癌基因
B. 一种调控基因
C. 含有 homeobox 的基因
D. 一种看家基因
② siRNA 是：
A. 核糖体 RNA
B. 一种单链 RNA
C. RNA 干扰（RNA interference）中的 RNA 小分子
D. 反转录 RNA
③ 反义 RNA 是：
A. 能够反转录的 RNA
B. 在翻译水平调节基因表达的一种 RNA
C. 互补转录所产的 RNA

D. 可由互补转录产生的 RNA

④ Dicer 蛋白是：

A. 是一种蛋白质二聚体

B. DNA 复制的调控因子

C. 是一种消化 RNA 的核酸酶

D. 是 RNA 干扰过程中切割 dsRNA 的酶

73. 下列的哪一点是对 DNA 修复的正确陈述？

(a) 胸嘧啶二聚体通常在同一链内的相邻胸嘧啶之间形成

(b) 胸嘧啶二聚体通常是在不同链内的胸嘧啶之间形成

(c) 光复活酶在 UV 照射的细胞内切断所有的胸嘧啶二聚体

74. 假定有一个能除去某些试剂所产生的损伤一半的修复系统。那么下列的哪一点在①单打击和②多打击生长曲线时正确？

(a) 在无修复情况下产生 40%成活的剂量，应当使有修复存在产生 80%的成活

(b) 在无修复情况下的 n%成活所需要的剂量的两倍，则是有修复存在时 n%成活所需要的剂量

75. 为什么大多数核酸酶的活性受 EDTA 等螯合剂的抑制？

76. 怎样才能用噬菌体 T4（大肠杆菌的）的多核苷酸激酶标记一个 DNA 分子的末端？如何完成对大多数天然存在的线状 DNA 分子的这种标记？

77. 大肠杆菌的限制酶具有哪些生物学作用？

78. 一些细菌菌株排泄大量的核酸酶，这种排泄对于细菌有何益处？为什么哺乳动物胰脏分泌大量的核糖核酸酶和脱氧核糖核酸酶？人的血液中富含核酸酶，它们具有哪些作用？

79. 为什么大多数核酸酶在 1mol/L NaCl 中失去作用？

80. 胰 DNase 是一种强核酸酶，然而它最终很少把 DNA 完全地水解成单核苷酸。如果酶促水解在悬浮于大的缓冲液槽中的透析管内进行，那么水解便是完全的。为什么？

81. 末端转移酶是一种把核苷 5′-P 加到 3′-OH 上的 DNA 聚合酶。它具有哪些聚合酶所没有的性质？怎样利用末端转移酶把两个 DNA 分子结合在一起？

82. 酵母 DNA 含有 32.8%的胸腺嘧啶（按照摩尔碱基计算）。计算其他碱基的摩尔分数。

83. *E. coli* 的一 DNA（染色体）的相对分子质量＝2.2×10^9。

(a) 该 DNA 含有多少核苷酸对？

(b) 该 DNA 分子有多长？

(c) 平均一个 *E. coli* 细胞体积＝1.57×10^{-12} cm^3，该 DNA 占细胞体积多少份？

84. *E. coli* 每 40min 分裂一次。因此它的 DNA（相对分子质量＝2.2×10^9）在 40min 内（或少些）可复制一次。计算：

(a) 每分钟产生的核苷酸间结合的数；

(b) 用 mm/min 和 μm/min 表示染色体复制的速度（假定只有一个增长点）；

(c) 复制期间双螺旋解链的速度（r/min）。

85. 由含有 1000 个核苷酸的 mRNA 所编码的一个蛋白质的相对分子质量是多少？

86. 如果 75%的 *E. coli* 染色体为特定的一些蛋白质编码，那么可以产生多少平均 M＝60 000 的不同蛋白质？

87. 含有 80 个核苷酸残基的为 tRNA 编码的基因的 M 是多少？

88. 在同样的温度，离子强度和浓度条件下，噬菌体 T2 DNA（M＝1.3×10^8）的剪切熔解片段复性 19.2%和 T7 噬菌体的剪切熔解 DNA 的复性速度一样快。T7DNA 的 M 是多少？

89. 假定每个基因有 900 对碱基，并且有 1/3 的 DNA 不为蛋白质编码，那么人的一个体细胞（DNA 量为 6.4×10^9 对核苷酸）有多少基因？

90. 试述真核细胞基因调控的特点？

91. 试从分子水平上讨论基因的动态性。

92. 在同一实验条件下测得 *E. coli* 及 mouse satellite DNA 的 C_0t 1/2 值分别是 9×1.0 及 7×10^{-4}。已知 *E. coli* 的基因组是 4.5×10^6bp，那么 mouse satellite DNA 的复杂度（χ_m）是多少？

93. 什么是 RNA 编辑？以 RNA 编辑的事实如何理解中心法则？

94. cDNA 文库与 genomic DNA 文库有什么区别？在应用上各有什么优缺点？

95. 什么叫限制性内切核酸酶？试举出能产生 blunt ends，5′sticky ends 和3′sticky ends的限制性内切核酸酶各一个。

96. DNA 与基因的关系如何？单拷贝 DNA、重复 DNA 在遗传中各有什么作用？在基因组中有哪些重复 DNA？它们的作用是什么？

97. 何谓 DNA 复性反应？何谓 C_0t 1/2 及 DNA 序列复杂度？它们在 DNA 分析中有些什么用处？

98. 试述染色质基本单位的结构。染色质如何进行复制与转录？

99. 何谓 exon？何谓 intron？何谓 split gene？何谓 alternatively splicing gene？它们的意义是什么？

100. 什么叫转基因克隆技术？它与传统的转基因技术有什么不同？

101. Benzer 用一般遗传学方法测出 T4 噬菌体 rⅡ突变型的一个 cistron 中含有许多个突变子（或重组子）并且指出一个突变子的大小是1～3 个核苷酸，后来证明这是科学上的一个惊人的预见。请回答：

(1) 他的工作对基因概念的发展有何意义？

(2) 你能说出在当时的条件下（没有 DNA 序列分析技术，遗传密码还没发现）用什么样的研究方案能得出一个突变子是 1～3 个核苷酸的结论。

102. 从大肠杆菌中分离的 DNA 样品含有 15.1%的腺嘌呤。那么其他碱基的百分含量是多少？（注：均按摩尔碱基计算）

103. (a) 计算相对分子质量为 3×10^7（摩尔 DNA）的一个双链的 DNA 分子长度。

(b) 这种 DNA 的一个分子占有多大体积？

(c) 这样一个分子的 DNA 含有多少圈螺旋？

104. 噬菌体 T2 DNA 的电镜像显示出整个分子是一条连续的细丝，直径为 20Å，长度为 50μm，试求它的近似分子质量是多少？

105. 小牛胸腺 DNA 的浮力密度是 1.699g/cm^3，试求它的 G-C 含量是多少？

106. 一个小牛胸腺 DNA 样品在 0.15mol/L NaCl＋0.015mol/L 柠檬酸钠中的 T_m＝86。在同样条件下，已知碱基组成的 DNA 样品得到图5(a)所示的 T_m 值。

(a) 计算小牛胸腺 DNA 的 G＋C 含量。

(b) 由图5(b)所示的状态，导出 G＋C 含量对于 T_m 关系的简单方程。

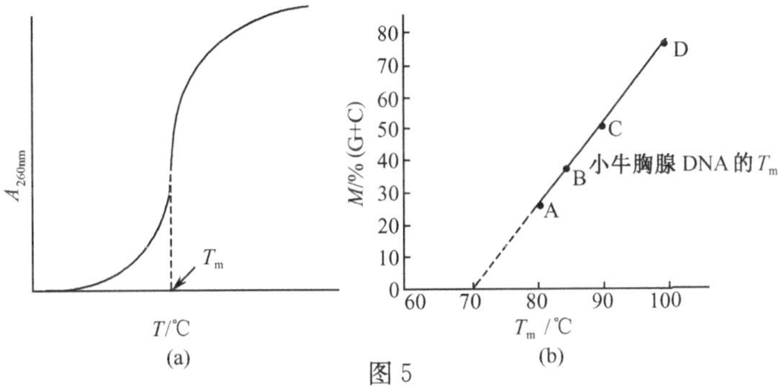

图 5

(a) 双链 DNA 的溶解曲线。(b) G＋C 含量和 T_m 的线形关系（仅在 25%～85% G＋C之间保持线性关系）

习题答案

1. ① 印记基因（imprint gene）：由于一些可遗传的修饰作用（如甲基化）使配子（精子或卵子）中某个单一的等位基因的活性（monoallelic activity）在胚胎发育中具有标记性特点，称为印记基因。

   ② N 值悖论（N value paradox）：物种的基因数目与其进化程度或生物复杂性不对应的现象称为 N 值悖论。如人类基因组只含有 30 000 多个基因，而只含有 1000 个体细胞的线虫却含有 20 000 个基因，比线虫高级的果蝇则仅含有14 000个基因。

   ③ 转座子（transposon）：转座子是染色体（或质粒）上的一段独立的 DNA 序列，它作为一个可以重组但不交换的遗传单元，能在原位保留其本身的情况下，从一个位点转移到另一个位点。

   ④ 顺反子（cistron）：Benzer 认为一个顺反子是遗传上一个不容分割的功能单位。实际上是为一个肽链编码的 DNA 片段，它含有若干突变单位、重组单位。

2. 碱基：腺嘌呤，胸腺嘧啶，鸟嘌呤，胞嘧啶，尿嘧啶；

   核苷：腺苷，鸟苷，胞苷，尿苷；

   脱氧核苷：脱氧腺苷，胸苷，脱氧鸟苷，脱氧胞苷；

   核苷酸：腺苷酸，鸟苷酸，胞苷酸，尿苷酸；

   脱氧核苷酸：脱氧腺苷酸，胸苷酸，脱氧鸟苷酸，脱氧胞苷酸。

3. A-T 有 2 个氢键；G-C 有 3 个氢键。

4. CT=0.15（相当于 AG，因为都是按 5′→3′方向写的，并且 DNA 的两条链是反平行的）；AC=0.03；GC=0.08；AA=0.1 如果 DNA 的两条链是平行的，那么只有 AA 是已知的，应该是 0.10。

5. ① 染色体单线性（mononemy）：每一条染色单体中自始至终仅含一条连续的 DNA 双螺旋链。

   ② 核小体（nucleosome）：染色质结构的重复单位。由组蛋白八聚体[（H3＋H4＋H2A＋H2B）×2]，左向外绕 2 圈（166bp）DNA，再加上 0～80bp 的 DNA 联络丝及一个分子 H1 所组成。

   ③ 复杂度（DNA complexity）：是 DNA 分子中无重复的核苷酸序列的最大长度。DNA 分子或基因组的复杂性是指它所含信息内容的多少，因此，它只与单一序列的核苷酸数目有关，而与序列的拷贝数量无关。例如，一个 DNA 分子中，300 核苷酸的序列是单一序列，60 核苷酸的序列有 30 个拷贝，20 核苷酸的序列有 45 个拷贝，这个 DNA 分子的复杂性是：300＋60＋20。

   ④ 朊病毒（prion）：一种只含蛋白质而不含核酸的感染原，可导致人、畜的中枢神经退化疾病。

6. 双链 DNA 的质量/长度约为 $2\times10^6/\mu m$，所以相对分子质量约为 32.8×10^6。

7. DNA 双链的熔解温度（T_m）随 GC 含量的增加而增加，所以容易分离的是分子（a）；因为（b）中的较长的 GC 配对区需要较高的链分离温度。

8. 是（b），因为（a）变性后，它的单链容易回折形成发夹结构。

9. 分子（b），因为含有较长的 GC 配对片段的 DNA 分子，需要较高的链分离温度，所以复性时也需要较高的复性温度。

10. （b），因为碱基的有效溶解度增加。

11. ① 断裂基因（split gene）：基因的编码序列（exon）被非编码序列（intron）所间断的真核基因，在其 mRNA 成熟过程中，将把内含子（intron）剪去而形成完整的编码序列。

    ② RNAi（RNA interference）：是一种 RNA 对基因表达的干扰现象。是一些小的 RNA 分子，

它们能引起相应的 mRNA 降解及 DNA 的甲基化，导致基因的沉默。

③ 回文结构（palindromic DNA）：基因组中一种特殊的 DNA 序列，它的特点是两条互补链在相反方向上序列相同；每条单链则对半互补，中央富 AT。

④ 表观遗传（epigenetic inheritance）：一种由蛋白质或 RNA 分子所引起的基因表达及表达模式的改变；这种改变并不涉及 DNA 的突变。

12. 因为双链带电荷，相互排斥。

13. (a) 如果离子强度是很低的，分离链的磷酸糖骨架及其附近区都带电荷并互相排斥，因此阻止碱基对的再形成。在高离子强度时，可形成分子内和分子间碱基对，所以 OD_{260} 降低。

(b) 当煮沸时，OD_{260} 将增到 1.37；但是在 25℃时，OD_{260} 将回到 1.00。

(c) 在回到 25℃将形成一些链间碱基对，所以 OD_{260} 将稍有减少。

(d) 在回到 25℃后，因为所有碱基对都将再次形成，所以 OD_{260} 降到 1.00。

(e) 比值将是 1∶1。因为每条链的碱基形成回文结构，即碱基 1～7 的序列互补于14～8 的序列。因此每条链都将自身回折形成一个双链发夹形结构。

14. 在变性前混合物是 45/50 的 HH 和 5/50 的 LL。在复性后应该有 $(0.9)^2=0.81$HH，$(0.1)^2=0.01$LL，以及 $2\times(0.9)\times(0.1)=0.18$HL，则 HH、HL 和 LL 分别是40.5μg、9.0μg 和0.5μg。

15. 在纯的甲醇中，DNA 单链分离不完全。

16. 线状 DNA 分子形成环状可以通过单链末端的黏合；重复末端之间的重缔合；双链末端通过外切转变成单链末端，单链末端之间再以氢键结合。

17. 溴化乙啶可以在 DNA 的两碱基对之间嵌入，而造成 DNA 分子的密度减小。因为超螺旋比线状分子所嵌入的溴化乙啶少，所以超螺旋比线状分子所减小的密度就少。

18. ①D；② A、C；③A；④C。

19. 用磷酸酶和多核苷酸激酶处理产生 ^{32}P 标记的 5′-P 末端。退火和连接产生一个共价闭合环。这时 ^{32}P 结合到 3′-OH 末端的碱基上。脾磷酸二酯酶和 DNaseⅡ（小球菌核酸酶）消化，消化结果产生 ^{32}P 标记的 3′-OH 末端碱基的裂解。因此，鸟嘌呤是在 3′-OH 末端上，按照互补性，胞嘧啶是 5′-P 末端的第 13 位碱基。

20. 腺病毒 DNA 带有倒转的末端重复。也就是说，沿着每条链的碱基顺序是 HO-3′-ABCD…D，C′B′A′-5′-P，其中有撇的字母表示同无撇的碱基可以形成互补对的碱基。外切核酸酶Ⅲ处理后，使双链区变成单链区。

21. 因为 $C_0t\ 1/2$ 直接与 DNA 样品的复杂度（χ）成正比：

$$\chi=\alpha C_0t\ 1/2 \qquad 式 (1)$$

在一般标准条件下（阳离子浓度为 0.18N，片段大小为 400 个核苷酸），所求得的 $\alpha\approx5\times10^5$（L · nt/mol · s）。因此（1）式可写成：

$$\chi=5\times10^5C_0t\ 1/2(核苷酸对) \qquad 式 (2)$$

可见，$C_0t\ 1/2$ 值直接反映 χ 的大小，并且由其可以计算出 χ 值。用 C/C_0（或复性的分数）对 C_0t 的对数（或 C_0t 值）作图所得到的曲线，称为 C_0t 曲线。实验证明原核生物基因组相当于一个完全不重复的序列，即原核生物基因组的大小（N，核苷酸对数）等于其复杂度 χ，所以可由测定得到的 $C_0t\ 1/2$ 值代入式（2）中求出 χ 值。一般用 *E. coli* 基因组（$N=\chi=4.5\times10^6$ 核苷酸对）的 $C_0t\ 1/2$ 值（8mol 核苷酸 · s/L）作为标准，只要测知其他 DNA 的 $C_0t\ 1/2$ 值，便可计算其复杂度，也就是它的基因组的大小。

解：T4 基因组的大小为：$N=(4.5\times10^6/8)\times0.3/8\approx1.7\times10^5$ 核苷酸对。

22. DNA 约有 30%单拷贝，60%重复序列，10%高度重复的卫星 DNA。这三种序列的 $C_0t1/2$ 分别是 10^3、10^{-1} 和 10^{-3}。因为在有重复序列的复性反应中，$C_0t\ 1/2$ 并不因其基因组的大小而增减，而是与 DNA 序列的重复频率成反比。因此每个基因组的拷贝数是：单拷贝 DNA 为 $10^3/10^3=1$，重复 DNA 为 $10^3/10^{-1}=10^4$，卫星 DNA 为 $10^3/10^{-3}=10^5$。

23. ①用特异的核酸酶（DNase 或 RNase）进行酶促消化可以区别单链 DNA 与单链 RNA；②RNA 被碱水解，而 DNA 不被碱降解；③二苯胺实验鉴别核糖与脱氧核糖；④酸水解，随之层析或电泳鉴别尿嘧啶与胸腺嘧啶。

24. 噬菌体 RNA 含有一些核糖体结合位点。

25. ①C、D；②B、D；③B、D；④A、C。

26. (c)。因为通过化学诱变使 *E. coli* 的 DNA 复制成为温度敏感型时，只要使它的聚合酶Ⅲ对温度敏感，而聚合酶Ⅰ、聚合酶Ⅱ对温度并不敏感的情况下，*E. coli* 的 DNA 复制就会成为温度敏感型。这说明聚合酶Ⅲ对 DNA 复制是必需的。

27. 3′-OH。
28. DNA 的两条链是反平行的，而 DNA 聚合酶只能把 5′-核苷三磷酸加到 3′-OH 末端上，断续复制。
29. 当用碱沉淀时，脉冲标记的 DNA 出现在小片段中。如果脉冲追踪，放射性 DNA 具有同样平均大小，为细胞 DNA 的主要部分。
30. 聚合酶Ⅰ（聚合酶），连接酶。
31. 在第一次复制完成之前，正在合成的 DNA 分子将起始第二次 DNA 合成。
32. 不能，因为它未必有复制的起点。
33. 说明新合成的 DNA 可能是结合在膜上。
34. 甲基化酶可将甲基（CH_3^-）共价连接在 DNA 分子的特定碱基上。这些特定核苷酸的甲基化，可以保护 DNA 不受限制性内切核酸酶的作用。
35. 5′-CAUUGCAGCU-3′和 5′-AGCUGCAAUG-3′。
36. ① 基因组（genome）：一个生物体的细胞中或病毒中所含有的完整的整套基因。例如，细胞核基因组、叶绿体基因组、噬菌体基因组。

    ② 基因组当量（genome equivalent）：所构建的基因组文库中，所有载体中的插入片段总长度与基因组的总长度相等，称为一个基因组当量。因为载体中的 DNA 片段来自基因组 DNA 的随机的酶切片段，彼此有一定程度的重叠，因此 4～5 个基因组当量的 DNA 复杂性，能覆盖基因组序列的 95%左右。如要把覆盖率提高到 98%～99%，则需要 6～10 个基因当量。

    ③ 基因组印记（genomic imprinting）：同源染色体在配子发生中经过生殖细胞专一性修饰，此类修饰进入配子并受精后将随同胚胎中的亲本染色体进行复制，而使两个亲本来源的等位基因具有不同的活性，称为基因组印记。当该个体进入配子发生期间，原来的印记被抹去，并根据发育中的个体的性别而引入新的印记。

    ④ 基因组文库（genome library）：把某一生物的基因组 DNA 进行限制性内切核酸酶切后，克隆在载体中。所有这些插入了外源基因组 DNA 片段的载体分子的集合体，将包含该生物体的整个基因组，称为基因组文库。
37. (b)，(c)。
38. (a)，(b)，(d)。
39. ①RNA 聚合酶的核心酶：β，β′，α，ω 四聚体；

    ②RNA 聚合酶的全酶：核心酶加上 σ 因子；

    ③σ 因子：负责识别启动子的亚基；

    ④启动子：含有 RNA 聚合酶起始顺序的 DNA 区；

    ⑤操纵基因：阻遏物结合位点。
40. 这是所谓的“一个基因一个酶”结果；也就是说，一个基因内的突变永远不影响一种以上酶的活性。1977 年在大肠杆菌噬菌体 Φχ174 中发现了与此相反的现象，即 Sanger 等发现的重叠基因。
41. RNA 聚合酶对 DNA 的结合是对超螺旋转数敏感的。
42. 放线菌素嵌入并一般抑制转录；利福平抑制 RNA 合成的起始；利迪链菌素抑制链的延长。
43. 5′-三磷酸基团和 3′-OH。
44. (a) 能，I，是；

    (b) 能，I，是；

    (c) 能，C，是；

    (d) 能，I′，是；

    (e) 能，C，是；

    (f) 能，I，是；

    (g) 不能，都不是，不是；

    (h) 能，I，是；

    (i) 不能，都不是，不是；

    (j) 能，I，不是。
45. 在加入乳糖后不久 mRNA 就开始合成，随之酶合成。合成持续两代，在乳糖用尽时，引起阻遏作用，关闭 mRNA 合成，以致酶合成停止。β-半乳糖苷酶的活性继续保持，但会随着细胞分裂而减弱。
46. (b)，(c)。
47. ① 移码突变（frame sift mutation）：由于缺失或插入而导致突变位点以后的三联体密码可读框改变。

    ② 组成性合成（constitutive synthesis）：一种蛋白质或其 mRNA 以近乎恒定的速率合成而不依赖于其他有关分子的存在与否。

    ③ 增强子（enhancer）：常核或常核病毒的一种

顺式（*cis*-acting）DNA 序列，它可位于基因 5′上游或 3′下游数千碱基处而增强 promoters 的作用。作用可以是双向的。

④ alternative splicing gene：断裂基因（split gene）的初级转录本中的 introns 与 exons 并不按常规进行剪接，而是在 intron 与 exon 互有转换、增减的情况下进行。因此，一个基因可以编码出多条肽链。例如，肌钙蛋白-T（troponin-T）基因可以编码出 64 种异形蛋白。

48. (a)，(b)，(c)。

49. 两种。一种。

50. Met，Pro，Leu，Ile，Ser，Ala，Ser。

51. (a)，(d)。

52. Val-Cys-Val-Cys-Val-Cys…

53. (a) Arg，Asp，Thr

(b) Met，Asp

(c) Ile，Asn

54. AUG 作为起始信号，要靠近核糖体结合位点或某些其他的特定顺序。当终止密码子不按解读码时，将不起终止作用。

55. (b)。

56. (a)。

57. 一个氨基酸的平均分子质量是 100，因此该蛋白质相当于有 500 个氨基酸，折合 15 00 个碱基对。一对互补配对的脱氧核苷酸残基的平均分子质量是 618，所以该 DNA 的相对分子质量约是 10^6。

58. 少，因为对于多核糖体来说，由一个单一的 mRNA 分子可以同时地合成若干个蛋白质分子。

59. ① 蛋白质控制下的肽链合成：微生物的一些多肽抗生素，其氨基酸序列不是由 DNA 编码，而是由某些多酶体系合成。被合成的肽链的氨基酸序列是由酶体上吸附氨基酸的位点序列所决定。

② RNA 编辑（RNA editing）：向 mRNA 中插入、删除核苷酸（U、C、G、A）的一种转录后加工过程，可使意义不明的转录物，具有明确的可读框（通过消除移码突变，产生起始密码、终止密码等），翻译出有功能的蛋白质。

③ 遗传图距（map distance）：在遗传连锁图上任意两个遗传标记之间的距离。以两个遗传标记的重组频率为 1%时，为一个图距单位。

④ gRNA：即 guide RNA。一种引导 RNA 编辑的小 RNA 分子，它能决定核苷酸对 mRNA 的插入或删除。

60. (b)。

61. (a) 在 AUG 密码子开始是正确的。

(b) 不能；因为它不在由 AUG 密码子产生的读码中。

62. (a) 因突变产生一些依赖 ρ 的转录终止位点而造成极性。这不是总发生的。

(b) 在 mRNA 上有若干核糖体结合位点，它们对核糖体有不同的亲和性。另外，每个顺反子的 AUG 起始密码子不都具有相同的起始效率，取决于相邻的序列。

63. 甲酰甲硫氨酰-tRNA 和 mRNA，体内需加上一些其他物质；体外需要高的 Mg^{2+} 浓度。

64. 5′-溴尿嘧啶是取代胸嘧啶的碱基类似物，常常同鸟嘌呤配对，引起换同。2-氨基嘌呤取代腺嘌呤和鸟嘌呤，能同胸嘧啶和胞嘧啶配对，引起换同。亚硝酸引起脱氨，使鸟嘌呤成黄嘌呤，腺嘌呤成次黄嘌呤，胞嘧啶成尿嘧啶。次黄嘌呤同胞嘧啶配对，尿嘧啶同腺嘌呤配对，引起换同。黄嘌呤不同碱基及类似物配对。吖啶橙嵌入并引起移码。

65. 如果它在非常靠近蛋白质的末端出现。

66. 氨基酸可能不在蛋白质的活性区或这种取代可能不影响蛋白质的构象。由极性到非极性氨基酸的变化，以及由非极性到极性氨基酸的变化最可能导致突变。

67. Arg→His；Met→Ile；Gly→Asp。

68. 一个突变型变构酶的调节活性丧失，以致在它不该有活性时有活性，多半使细胞用尽必需底物；一个突变型蛋白质是多亚基酶的部分，其单一的缺陷亚基消除所有活性；一个结合阻遏物的操纵基因突变，使共结合的阻遏物紧密到不能被除去；一个有多种活性的酶（如 *E. coli* 聚合酶Ⅰ）突变，消除一种活性而不消除其他活性，因此改变一些活性的基本比例等。

69. 误义校正是一种氨基酸被另一种氨基酸取代。它可能是一种突变型氨酰合成酶。无义校正是一种氨基酸代替链终止密码子的位点。

70. 有以下的可能：(a) 一种识别错误 tRNA 的突变型氨酰合成酶；(b) 一种tRNA的识别环突变，

以致它常常负载错误氨基酸；(c) 一种 tRNA 的反密码子突变；(d) 一种 tRNA 在靠近摆动碱基的反密码环内突变，以致降低密码子-反密码子特异性。为使所有正常蛋白质不会易变，误义校正必然是弱的。一种 Y 对 X 的误义校正未必对所有 X 型突变起作用，因为 Y 取代不可能总是产生一种有功能的蛋白质分子。

71. (c)。

72. ①C；②C；③B、D；④A、D。

73. (a)。

74. (b) 对于①和②都是正确的。

75. 几乎所有核酸酶的酶促活性都需要 Mg^{2+} 离子。

76. 用碱性磷酸酯酶除去末端 5′-P，产生 5′-OH。用多核苷酸激酶把 γ^{32}P-ATP 的 ^{32}P 转移到5′-OH末端上。

77. 破坏外源 DNA。

78. 胞外核酸酶能降解环境中的以及由细胞分解产生的核酸。降解的产物能在代谢上被再利用。胰脏分泌一些核酸酶到肠中，降解消化过程中的核酸。血液的一些核酸酶破坏由病毒释放的核酸，因为病毒核酸常常是侵染性的，血液中富含核酸酶是必要的。

79. 在这样高的离子强度下，酶不能结合到 DNA 上。

80. 酶受反应中所产生的核苷酸抑制。

81. 末端转移酶不需要模板。可把 poly dA 链加到一个 DNA 分子上，而把 poly dT 链加到另一个 DNA 分子上。这两个 DNA 分子可通过 poly dA 与 poly dT 之间的氢键接合在一起。

82. A=32.8%，G=C=17.2%。

83. (a) 一对互补配对的脱氧核苷酸残基的平均分子质量为 618，据此可以算出它的核苷酸对是：3.56×10^6；

(b) 每个核苷酸对沿 DNA 双螺旋轴向上升 3.4Å，据此（1000Å=1μm=10^{-3}mm）据此可以算出该核苷酸的长度为：1.21mm；

(c) 已知 DNA 螺旋直径是 20Å=20×10^{-8}cm，因此，可以把该 DNA 分子看成是一个长 0.21cm，直径 20×10^{-8}cm 的圆柱体，据此可计算出该 DNA 分子的体积（$\pi r^2 l$）是 3.8×10^{-15}cm^3，或是总细胞体积的 0.24%。

84. (a) 根据上题可知 *E.coli* 染色体 DNA 共有 3.56×10^6 核苷酸对，据此可以算出：$(3.56\times10^6)\times2=7.12\times10^6$ 核苷酸/40min=1.78×10^5核苷酸结合/min；

(b) 根据上题可知 *E.coli* 染色体 DNA 全长 1.21mm，据此可以算出：1.21mm/40min=0.03025 mm/min=30.25 μm/min；

(c) 根据每 DNA 螺旋有 10 个核苷酸对，可以算出：　3.56×10^6/10 =356 000r

356 000r/40min=8900r/min

85. 一个氨基酸的平均分子质量为 120。1000 个核苷酸约合 330 个氨基酸，因此该蛋白质的相对分子质量约为 40 000。

86. $0.75\times3.56\times10^6$ 编码核苷酸=2.67×10^6 核苷酸=890 000密码子。M=60 000的蛋白质约含有 500 个氨基酸。所以可产生 1780 个不同的蛋白质。

87. 已知核苷酸的平均分子质量是 618。所以该基因的相对分子质量是 49 440。

88. $(1.3\times10^8)\times(19.2\times10^{-2})=2.5\times10^7$。

89. 4.07×10^6。

90. A. 在原核生物全部连锁的 genome，转而分散到多条染色体上成为多个连锁群，增强了调控的灵活性（如染色体重组），稳定性（如移码突变）。

B. 转录与翻译分开，使调控更加精细。

C. 基因不再受操纵子的控制，编码序列（exon）与非编码序列（intron）相间排列，加大了自我调控的能力，使一个基因可能表达出多个蛋白质。

D. 具有三种不同的 RNA 聚合酶。

E. mRNA 的寿命长，稳定。与原核生物 mRNA 的快速反应形成鲜明的对照。

91. 免疫球蛋白及脑细胞分子的重组、转座子、alternative splicing、RNA editing 等都说明基因的动态性。

92. $\chi=\alpha\cdot C_0t\ 1/2$　　$4.5\times10^6=\alpha\cdot9\times1.0$

$\alpha=0.5\times10^6$

因此，$\chi m=0.5\times10^6\times7\times10^{-4}=3.5\times10^2$

93. A. 使 DNA 与其 mRNA、蛋白质之间失去了共线性。

B. RNA 编辑中的 DNA 模板中的编码序列都是意义不清的，失去了遗传信息模板的意义。

C. 最终的意义明确的遗传信息模板是经过 RNA

编辑加工了的 mRNA。

D. 上述的一切构成了对中心法则的挑战。

94. cDNA 文库的克隆含有完整的编码区（不含 intron），但对基因组覆盖不全，一些 mRNA 丰度太小的基因很难克隆，只能用原核质粒为表达载体。Genome 文库，覆盖面全，含有 exon，intron 的天然基因，但很多是因随机切割而不完整，表达载体不受限制，可以整合到宿主染色体中而表达与遗传。

95. 限制性内切核酸酶是一种能在双链 DNA 内识别一特定序列，并在一定位点进行切割的内切核酸酶。Blunt end：*Hae* Ⅲ，*Eco*R Ⅱ，*Alu* Ⅰ；5′ sticky end：*Eco*R Ⅰ，*Bam*H Ⅰ；3′sticky end：*Apa* Ⅰ，*Pst* Ⅰ。

96. DNA 不等于就是基因。单拷贝 DNA 主要是编码基因、重复 DNA，它们有高度重复、中度重复，中度重复 DNA 主要起调控作用，也有能转录的。高度重复 DNA 的作用不详。

97. 两条分开的 DNA 互补链在一定条件下又重新进行碱基配对形成双链结构的过程叫 DNA 复性。

C_0t 1/2 是复性一半时的 DNA 单链初始浓度与时间的乘积，它为研究 DNA 复性提供了一个与浓度无关的归一化的时间参量，可以在各种 DNA 浓度大不相同的情况下，对各种 DNA 的复性速度进行研究。

复杂度是 DNA 无重复序列的最大长度，它能说明 DNA 的组织情况，在 DNA 复性实验中，测定 C_0t 1/2 值，即可根据公式计算出复杂度，并进而分析 DNA 分子或基因组中各种序列成分（单一序列、中等重复序列、高度重复序列）及其重复频率。

98. 染色质是由核小体重复单位组成。染色质的核小体是扁圆柱体，高约 6 nm，直径为 11 nm，由组蛋白八聚体左手超螺旋外绕 DNA 166bp，0～80bp 联络丝及 1 分子 H1 组成。

复制与转录见本书有关章节。

99. exon 是 DNA 中的编码序列。intron 是介于 exon 之间的非编码序列，含有 exons 与 introns 的基因叫 split gene。mRNA 成熟过程中，exons 与 introns 不按常规进行剪接，exons 与 introns 有删减、互换的现象。

100. 在个体克隆（核移植）之前，先对供体体细胞进行批量的转基因，通过细胞的传代培养进行筛选、稳定性选择。选择出能稳定表达转基因性状的细胞后，以此体细胞进行个体克隆。它的特点是通过细胞群体的传代培养，先对所转基因的细胞进行筛选，结果可靠、快捷。而传统的转基因，则是依靠对转基因后的个体进行筛选，费时费力，而且容易发生基因漂移。

101. (1)（略）

(2) 通过大量的成对突变型的杂交，测定其最小的重组频率为 0.02%，即 0.02 个遗传图距。根据 T4 噬菌体的基因组是 2×10^5 bp，以及 1500 个遗传图距，可知：

$$(0.02/1500)\times2\times10^5=2.6\text{ bp}$$

因而指出一个突变子是 1～3 个核苷酸，暗示了三联体密码的存在。

102. 大多数来源的双链 DNA 含有等摩尔的腺嘌呤和胸嘧啶，以及等摩尔的鸟嘌呤和胞嘧啶，即 A=T，G=C。

所以如果 A=15.1%，那么 T=15.1% 以致 G+C=(100−30.2)%=69.8%。

103. (a) 一对互补配对的脱氧核苷酸残基的平均分子质量约为 618（摩尔核苷酸对）。因此该 DNA 分子含有：

$3\times10^7\div618=48\ 544$ 核苷酸对

每个核苷酸对沿双螺旋轴向上升 0.34nm。所以，

长度 $=48\ 544\times3.4=165\ 049\text{Å}=16.50\mu\text{m}$

(b) 可以把该分子看成是长 16.50×10^{-4} cm 和直径 20×10^{-8} cm（DNA 双螺旋的直径为 20Å）的圆柱体。所以，

体积 $=\pi r^2 l=3.14\times(10\times10^{-8})^2\times(16.50\times10^{-4})=5.18\times10^{-17}\text{cm}^3$

(c) 每圈螺旋有 10 个核苷酸对。所以 4 8544 核苷酸对=4854 圈螺旋

104. 电子显微镜照相及放射自显影等技术，是测定 DNA 分子质量的最常用的方法。电镜像或放射自显影像可以显示出 DNA 分子的形状，测定出其整个分子的链长（l）；用核苷酸间的距离（D，文献中确定为 0.52nm，按照 Watson-Crick 模型为 0.34nm）除其链长，可求得 DNA 分子中核苷酸残基的数目（N）；核苷酸残基的数目乘单个核苷酸的平均分子质量（$\overline{M}$ 为 618）。便可求出整个 DNA 的分子质量（M），即

$$M=l\cdot\overline{M}/D=N\cdot\overline{M}$$

式中的 l 与 D 的单位均为 nm，如果都换成以 μm 为单位，那么便可求出每微米长的 DNA 相对分子质量，即

$$\overline{M}/D \approx 2\times10^6/\mu m$$

这样，当测定出 DNA 的链长时，便可方便地算出 DNA 的近似分子质量。

解：因为 $\overline{M}/D \approx 2\times10^6/\mu m$，所以 $M \approx 50\times2\times10^6 \approx 1\times10^8$。

105. 应用超离心技术，可以测定核酸的沉降常数和分子质量，其基本原理与测定蛋白质的分子质量相同。用沉降速度法测定 DNA 的分子质量时，由于它具有极大的黏度，所以应采用极稀的溶液。利用不同 DNA 在离心力场下的沉降行为不同，可以将不同的 DNA 分离开来，可以了解各种 DNA 的碱基组成及空间构象。用氯化铯密度梯度沉降平衡超离心法测定 DNA 浮力密度时，待达到平衡后，通过离心机上的光学系统测定 DNA 与转头的中心轴之间的距离，按下式可计算出未知 DNA 的浮力密度：

$$\rho = \rho_0 + 4.2\omega^2(r^2 - r_0^2)\times10^{-10}$$

式中，ρ 为未知 DNA 的密度；ρ_0 为标准 DNA 的密度；ω 为角速度（弧度/秒）；r 为未知 DNA 与转轴之间的距离（cm）；r_0 为标准 DNA 与转轴之间的距离（cm）。因为 G-C 对比 A-T 对的密度大，所以 G-C 的百分比与 DNA 的浮力密度之间成正比关系，用下列公式可测定 DNA 的碱基成分：

$$\rho = 0.100(\text{G-C}\%) + 1.658(\text{g/cm}^3)$$

解：因为小牛胸腺 DNA 的浮力密度 $\rho = 1.699\text{g/cm}^3$

所以

$$\begin{aligned}\text{G-C}\% &= \rho - 1.658/0.100\\ &= 1.699 - 1.658/0.100\\ &= 0.41\ \text{mol/L}\end{aligned}$$

106. 由于 DNA 的组成成分嘌呤碱及嘧啶碱具有强烈的紫外吸收，所以 DNA 也有强烈的紫外吸收，最大吸收值在 260nm 处。利用这一紫外吸收特征，可以对 DNA 进行定量测定。核苷酸和核酸的紫外光吸收系数（摩尔消光系数）用 ε(P)表示；ε(P)是每升溶液中含有 1g 原子核酸磷的消光值（DNA 分子中碱基和磷原子的含量相等），或称光密度或光吸收。

$$\varepsilon(P) = A/CI \qquad \text{式(1)}$$

式中，A 为光密度；C 为每升溶液中磷的摩尔数[每升中磷的含量(W)/磷的原子量(30.98)]；I 为比色杯内径的厚度（cm），一般为 1。

由于

$$C = W/30.98 \qquad \text{式(2)}$$

把式（3）代入式（2）

$$\varepsilon(P) = 30.98A/W\,I$$

可见，只要测定 DNA 溶液的磷含量（g）和紫外吸收值，就可以求得它的ε(P)值。由于在 DNA 双螺旋结构中堆集的碱基之间的电子相互作用减低了对紫外光的吸收，所以 DNA 分子的ε(P)值均较其所含核苷酸单体的ε(P)值总和要低。

一般来讲，RNA 的含磷量约为 9.5%，每毫升溶液含 1μg RNA 的光密度（A）为 0.022～0.024，因此 RNA 的 ε(P)（260nm，pH7.0）为 7700～7800；DNA 含磷量为 9.2%，每毫升溶液含 1μg DNA 钠盐的光密度（A）为 0.020，因此 DNA 钠盐的 ε(P)（260nm，pH7.0）为 6000～8000。据此，可以进行核酸定量：

DNA（μg/mL）

＝（OD_{260}/0.020 · I）×稀释倍数

RNA（μg/mL）

＝（OD_{260}/0.024 · I）×稀释倍数

DNA 的变性是指其双螺旋解开，氢键断裂。温度升高，酸碱度的改变，乙醇、丙酮等有机溶剂，以及尿素、酰胺等试剂均可引起 DNA 变性。将 DNA 的稀盐溶液加热到 80～100℃几分钟，双螺旋结构即发生氢键断裂，两条链彼此分离，形成无规线团，称为螺旋→线团转变。随着这种结构上的改变，DNA 便发生 260nm 处紫外吸收值升高（增色效应），比旋下降，黏度降低，浮力密度升高，酸碱滴定曲线改变等一系列物理化学性质的改变，同时失去生物活性。

通常把 ε(P)值达到最高值的一半时的温度称为“熔点”或熔解温度（T_m）。DNA 的 T_m 值一般为 70～85℃。T_m 值可作为衡量 DNA 样品均一性的标准，均质 DNA 的熔解过程发生在一个较小的温度范围之内，异质 DNA 熔解过程发生在一个较宽的温度范围之内。一般说离子强度较低的介质中，DNA 的 T_m 值较低，而且熔解的温度范围较宽，而在较高的离子强

度时，其 T_m 值较高，熔解的温度范围较窄。

在 pH7.0，0.15mol/L NaCl + 0.015 mol/L 柠檬酸钠中 DNA 的 T_m 值与 G-C 含量之间有正比关系，所以测定 T_m 值，可由下列公式推算出 DNA 的碱基的百分组成：

$$G\text{-}C\% = (T_m - 69.3) \times 2.44$$

解：当加热一种双链 DNA 溶液时，观察到紫外光吸收（A_{260nm}）增加[图5(a)]。熔解温度 T_m 值几乎随着 DNA 的 G+C 含量线性变化[图5(b)]。

(a) 由图5(b)可预言小牛胸腺 DNA 含有约40%的 G+C。

(b) %G+C 和 T_m 之间呈线性关系。然而，图5(b)所示的曲线不是开始于 0℃。为了简化起见，可以想象纵轴向右移，以致曲线外推至原点（0%G+C 在 70℃）。这时该曲线的方程是 $y=mx$，其中 $y=\%G+C$，m=斜率，$x=T_m-70$。斜率［由标准样品 A 和 C 求，见图5(b)］是

$$(50-25)/(90-80)=25/10=2.5$$

所以

$$\%G+C=(2.5)(T_m-70)$$

对于 $T_m=86$ 来说：

$$\%G+C=2.5(86-70)=40\%$$

上述方程仅对于给定的离子条件下是符合的。